U0291394

国家出版基金项目

水利水电工程爆破手册

主　编　吴新霞

副主编　赵　根　卢文波　刘美山

中国水利水电出版社
www.waterpub.com.cn
·北京·

内 容 提 要

本手册是国家出版基金项目，由长江水利委员会长江科学院和中国水利学会工程爆破专业委员会组织国内水利水电工程爆破界的专家、学者和工程技术人员编撰的一部大型专业工具书，采用通俗易懂的语言，全面、系统、与时俱进地总结、提炼、概括、升华了水利水电工程爆破行业取得的实践经验和科技成果。经过编审人员推敲、讨论，最终确定为 14 章，主要内容包括绪论、爆破基础理论、爆破器材与起爆技术、边坡及地基开挖爆破、地下工程开挖爆破、水下爆破、水下岩塞爆破、围堰拆除爆破、水工建（构）筑物拆除爆破、级配料开采爆破、爆破安全控制、爆破安全监测、抢险救灾爆破、二氧化碳致裂爆破等。本手册力求既全面系统，又突出重点，强调"实用性、指导性、科学性、新颖性"，是水利水电工程爆破行业献给我国爆破事业的一份珍贵礼物。

本手册概念清晰、系统完整，囊括了水利水电工程爆破领域的方方面面，不仅对从事爆破理论研究的科研技术人员有很大帮助，而且对从事工程爆破设计、施工、管理和指挥的技术人员有很大的指导意义，同时本手册还可供港口、军工、人防、城市地铁、铁道交通、矿山能源、应急抢险等有关工程爆破的技术人员及高等院校的相关师生参考。

图书在版编目（ＣＩＰ）数据

水利水电工程爆破手册 / 吴新霞主编. -- 北京：中国水利水电出版社，2022.2
ISBN 978-7-5226-0530-2

Ⅰ．①水… Ⅱ．①吴… Ⅲ．①水利水电工程－爆破施工－手册 Ⅳ．①TV542-62

中国版本图书馆CIP数据核字(2022)第042220号

书 名	水利水电工程爆破手册 SHUILI SHUIDIAN GONGCHENG BAOPO SHOUCE
作 者	主 编 吴新霞 副主编 赵 根 卢文波 刘美山
出版发行	中国水利水电出版社 （北京市海淀区玉渊潭南路 1 号 D 座 100038） 网址：www.waterpub.com.cn E-mail：sales@mwr.gov.cn 电话：(010) 68545888（营销中心）
经 售	北京科水图书销售有限公司 电话：(010) 68545874、63202643 全国各地新华书店和相关出版物销售网点
排 版	中国水利水电出版社微机排版中心
印 刷	北京印匠彩色印刷有限公司
规 格	184mm×260mm 16 开本 42 印张 1022 千字
版 次	2022 年 2 月第 1 版 2022 年 2 月第 1 次印刷
印 数	0001—2000 册
定 价	**260.00 元**

凡购买我社图书，如有缺页、倒页、脱页的，本社营销中心负责调换

《水利水电工程爆破手册》
编委会名单

主　　编：吴新霞

副 主 编：赵　根　卢文波　刘美山

编写人员（按姓氏笔画排序）：

王文辉　王秀杰　朱　莅　朱学贤　严　鹏　李　鹏

李必红　杨招伟　张文煊　陈　云　陈　明　周先平

周桂松　胡英国　饶　宇　倪锦初　路　东　黎卫超

序

　　自 20 世纪 90 年代以来，随着西电东送和西部大开发战略的实施，我国开始了三峡、小湾、锦屏、溪洛渡、向家坝、乌东德、白鹤滩以及南水北调等一大批国家乃至世界瞩目的重大水利水电工程建设，水利水电工程爆破技术在岩石高边坡及基础开挖、地下洞室群开挖、堆石坝级配料开采、水工围堰爆破拆除以及大型引调水工程水下岩塞爆破等方面取得了显著进展，攻克了 700m 级水电站坝肩高边坡开挖爆破质量安全控制、300m 级高拱坝建基面岩体开挖爆破成型与保护、高地应力巨型水工地下洞室群爆破开挖控制、特高堆石坝级配料爆破开采、复杂环境下水工围堰爆破拆除以及大直径深水岩塞爆破等系列关键技术瓶颈，完成了水利水电工程领域从常规爆破到精细控制爆破的时代跨越。

　　新时期工程爆破技术面临更高的要求和挑战，实现爆炸能量高效利用和爆破有害效应的有效控制是响应国家建设节能环保型社会、经济可持续发展的必然要求。当前，我国水利水电工程建设重心逐渐转向西部高寒、高海拔地区，施工环境更加严酷，爆破作业的绿色化和智能化要求更加迫切。在智慧建造对我国水利水电工程建设发展发挥重要引领作用的时代背景下，爆破作为重要的工程建设手段，唯有从技术原理、设计方法、技术措施与决策方式等全方位加快智慧改造，才能满足工程建设高质量发展的时代需求。

　　长江水利委员会长江科学院和中国水利学会工程爆破专业委员会围绕水利水电工程建设的新形势、新使命和新要求，组织编撰了《水利水电工程爆破手册》，全面、系统、科学地总结和提炼了水利水电工程爆破领域的理论与技术等成果。手册具有较高的学术和工程应用价值，可为我国水利水电工程爆破领域的技术发展和进步提供成熟的理论支持与技术借鉴。参与编撰手册的作者为高质量完成编撰工作，投入了大量时间和精力，他们在内容上反复打磨，力求精益求精，手册得以出版，实属不易，难能可贵。

　　本人非常愿意向广大爆破从业者推荐这本《水利水电工程爆破手册》。手册的出版正逢其时，意义重大，希望能为进一步攻克水利水电工程爆破难题，更好地为未来我国水利水电工程爆破实践提供技术支撑和保障。

中国工程院院士

2022 年 2 月 1 日

前言

　　改革开放40余年来，我国水利水电工程建设事业取得了举世瞩目的成就，水电装机容量和发电量均居世界第一。在这波澜壮阔的建设过程中，工程爆破技术作出了重大贡献，也取得了巨大成就。进入21世纪后，中国开始由基建大国向基建强国昂首阔步迈进，爆破作为一项重要的工程建设技术，必将在21世纪我国持续快速发展的国民经济建设中继续发挥不可替代的作用。正所谓"真正的大国重器，一定要掌握在自己手里。核心技术、关键技术，化缘是化不来的，要靠自己拼搏"，展望未来，水利水电行业必将有更多的工程爆破任务和爆破新技术应用领域，期待我们广大爆破工作者去开拓完成。在这种形势下，编撰出版一部《水利水电工程爆破手册》既是对水利水电行业多年爆破技术成果总结的需要，亦是未来中国水利水电工程爆破事业发展的需要。长江水利委员会长江科学院和中国水利学会工程爆破专业委员会秉承这种需求和夙愿，经过长达数年的调研、酝酿与安排，于2017年开始组织业内数十名专家及工程技术人员着手《水利水电工程爆破手册》的编撰工作。

　　《水利水电工程爆破手册》是一部大型专业工具书，内容丰富，实用性强，成熟度较高，涵盖理论、设计、施工、测试与管理，并要有一定的前瞻性。全书立足保持全面性、新颖性、科学性、指导性、实用性，使其适用于爆破设计、研究、施工和测试的工程技术人员和中、高等相关专业院校师生以及爆破施工管理与行业管理人员。毋庸置疑，组织编撰这样一部大型专业工具书，对我国水利水电事业发展具有重要意义，是中国水利水电爆破行业从业人员理应承担的一项光荣而艰巨的任务，长江水利委员会长江科学院和中国水利学会工程爆破专业委员会始终以高度负责和极其认真的态度来组织和落实这项工作。在《水利水电工程爆破手册》编委会的统一指导下，将编写者分成"爆破基础理论""爆破器材与起爆技术""边坡及地基开挖爆破""地下工程开挖爆破""水下爆破""水下岩塞爆破""围堰拆除爆破""水工建（构）筑物拆除爆破""级配料开采爆破""爆破安全控制""爆破安全监测""抢险救灾爆破""二氧化碳致裂爆破"等13个编写组。在编写过程中，编写组成员建立了工作群，实时展开讨论，并多次在武汉召开《水利水电工程爆破手册》编写研讨会。与会人员经过认真、激烈的讨论交流，充分发表意见、建议，拟定了编写提纲，明确了编写目标，确定了编写内容分工。为了保证编写质量和编写进度等各项预期目标的顺利实现，确定了各编写组负责人及编写进度计划，还制定了中间成果的检查计划和最终成果的审查计划。本手册的第1章和第2章由李鹏、严鹏负责，第3章由黎卫超、周桂松负责，第4章由胡英国负责，第5章由朱学贤负责，第6章由赵根负责，第7章由黎卫超负责，第8章由朱莅负责，第9章由王秀杰负责，第10章由胡英国负责，第11章和第12章由饶宇、王文辉负责，第13章由刘美山、吴新霞负责，第14章由杨招伟负责。主编吴新霞、副主编赵根、卢文波、刘美山对手册进行了后期审定工作。

为了将《水利水电工程爆破手册》打造成精品，在编写过程中召开了两次审稿会，全部编写人员参加，另外邀请部分非参编人员对编写成果提出宝贵意见。此外，还邀请了涵盖水利水电工程爆破领域各个专业的知名老专家、中青年学者、管理人员和相关部门领导座谈讨论，广泛听取他们的意见和建议，以使手册内容更客观、更全面。通过上述工作，确保了手册文字叙述简洁、数据图表齐全、形式和格式符合工具书的出版要求；内容上达到全面、系统与新颖的要求，并按照现行的国家标准《爆破安全规程》（GB 6722）及水利水电行业相关爆破规范进行统一，使其既能适应现代爆破设计、研究、施工、测试及相应管理工作的需要，又能与国际接轨，同时体现中国特色。各编写人员按照手册的定位、内容、范围和要求，进行了经常性的沟通和协调。《水利水电工程爆破手册》从谋篇布局、章节安排到执笔撰写、修改定稿都要求字斟句酌、精雕细刻、反复推敲，最终铸就精品，可以说本手册是我国水利水电工程爆破行业集体智慧的结晶。

本手册编撰过程中参阅引用了大量文献资料，在此对文献作者表示衷心的感谢！每章后列出了主要参考文献，对于需要进一步了解某些问题的读者，可能有所裨益。

特别要感谢中国水利水电出版社，为本手册成功申报了国家出版基金资助，在编写过程中相关编辑多次与手册编写组成员进行交流，也为手册的部分章节做了配套多媒体，使手册内容更加生动。

编撰手册既是一项功在社会、利在千秋的公益性事业，也是一件艰辛而又令人敬畏的工作。尽管我们做了很大的努力，争取将本手册打造成精品，但由于编者的学识所限，手册中错误之处在所难免，敬请各位专家和读者指正。

最后，对于支持和帮助完成本手册的领导和国内外专家谨致由衷的感谢！

编委会

2022 年 2 月

目录

扫描二维码，获取本书配套数字资源

第 **1** 章 绪论

CHAPTER ❶

20 世纪 50 年代中期，伴随我国第一个五年计划的实施，中国水利水电工程爆破技术开始步入快速发展期：50—60 年代以定向爆破筑坝和光面爆破技术为代表；70 年代伴随葛洲坝水利枢纽的开工建设，预裂爆破和建基面保护层爆破技术逐步推广使用；80 年代《水工建筑物岩石基础开挖工程施工技术规范》（SDJ 211—83）实施以后，我国水利水电工程爆破技术在深孔台阶爆破、孔内及孔间微差顺序爆破、邻近新浇混凝土的爆破、保护层开挖爆破、坝基快速优质高效开挖爆破、围堰及岩坎拆除爆破及爆破效应测试等方面取得了长足进步，解决了以三峡工程为代表的一系列大型水利水电工程建设过程中遇到的高陡边坡开挖、地下洞室群开挖、坝基开挖、级配料开采及围堰拆除等工程技术难题；特别是 21 世纪以来，南水北调、龙滩、小湾、糯扎渡、锦屏、向家坝、溪洛渡、乌东德、白鹤滩以及国家 172 项节水供水重大水利工程等一批大型水利水电工程开工建设，以此为依托，水利水电工程爆破技术得到迅猛发展，现已总体进入国际领先行列。

2008 年 5 月发生了汶川特大地震，以武警水电部队等为代表的水利水电工程爆破人员，深入抗震救灾第一线，爆破技术在道路抢通、危石处置和危房拆除等方面，特别是在唐家山堰塞湖抢险中，发挥了重要作用。

水利水电工程爆破技术在国家实施"一带一路"倡议过程中也发挥了巨大作用，《水工建筑物岩石基础开挖工程施工技术规范》（DL/T 5389—2007）和《水电水利工程爆破安全监测规程》（DL/T 5333—2005）已翻译成英文出版，中国技术和中国标准走向国际将是今后一段时间我国水利水电工程爆破人的重要使命。

1.1 发展历程

1.1.1 爆破理论

爆破是利用炸药的爆炸能量对周围岩石、混凝土和土介质等进行破碎、抛掷或压缩，达到预定开挖、填筑或处理等目的的工程技术。它是通过理论分析、现场试验和工程应用建立起来的一项专门科学与应用技术。

水利水电工程爆破，广泛应用于各类土石方开挖、围堰等结构物拆除以及大坝填筑级配料和砂石骨料的开采等。由于水利水电工程的特殊性,水利水电行业是对爆破技术要求最为严格的行业之一:爆破过程对基岩的保护和对边坡的成型控制最严,甚至需要在开挖边界和轮廓面进行"雕琢";大坝填筑料开采需要同时满足块度和级配的要求等。在水利水电工程建设中,爆破开挖效果的好坏是影响施工质量、安全和进度的一个重要因素。

1.1.1.1　发展阶段

伴随现代炸药、起爆器材的发明与应用,爆破效应量测技术的进步以及相关学科的发展,爆破理论经历了早期发展、确立和发展、现代发展等不同发展阶段。

1. 爆破理论的早期发展阶段

17 世纪早期,德国马林(Marlin)和韦格尔(Weigel)在弗雷斯帕格(Freisberg)矿山首先用炸药掘进坑道,开创了爆破采矿的历史,并逐步提出了计算炸药量的方法,开始出现了早期爆破理论,形成了包括炸药量与岩石破碎体积成比例理论、利文斯顿(C. W. Livingston)爆破漏斗理论和流体动力学理论,这个阶段一直持续到 20 世纪 60 年代。

2. 爆破理论的确立和发展阶段

从 20 世纪 60 年代初日野熊雄提出冲击波拉伸破坏理论和 U. 兰格福斯(U. Langefors)等人提出爆炸气体准静态破坏理论开始,到 70 年代 L. C. 朗(L. C. Long)明确提出爆破作用三个阶段为止,历时 10 余年。

此阶段,利用高速摄影机等现代测量仪器,初步发现和揭示了爆破破坏的本质现象,丰富和完善了爆破理论的内容。爆破破岩机理的冲击波拉伸破坏理论、爆炸气体准静态破坏理论、冲击波和爆生气体联合作用理论开始确立。尽管对爆破破碎的主因是冲击波压力还是爆炸气体准静态作用方面存在激烈争议,冲击波和爆炸气体联合作用理论最终为大多数人所接受。

3. 现代爆破理论的发展阶段

现代爆破理论的发展阶段起始于 20 世纪 80 年代,其标志有裂隙介质爆破理论、爆破损伤和分形理论以及爆破过程计算机模拟技术等。随着实验技术和交叉学科的发展,爆破理论和爆破技术呈现一派蓬勃发展的新景象,3 年一届的国际爆破破岩学术会议(Frag-blast)等爆破领域国际会议推动了当代爆破技术的传播和进步。

此阶段,随着裂隙岩体爆破理论的深入研究,开始重视岩体结构面对岩石爆破效果和岩石动力特性的影响,采用计算机模拟技术再现爆破过程,用以研究裂纹的产生、扩展,预测爆破块度组成和爆堆形态。许多新思想和新方法开始引入到爆破理论研究,例如把爆破过程视为一个复杂的系统工程,利用系统工程、信息论、控制论、耗散结构论、协同论、突变论以及分形理论、非线性理论等,探讨岩石破碎机理,爆破理论已可解决复杂的工程爆破问题。

1.1.1.2　岩石爆破力学模型

长期以来,爆破破岩力学模型一直是岩石动力学和岩石爆破领域的重要研究课题。岩石爆破力学模型的发展历程分为弹性模型、断裂模型、损伤模型、流固耦合模型、基于岩体天然块度的爆破块度分析模型等五个阶段。

1. 弹性模型

弹性模型研究始于 20 世纪 60 年代，代表性模型有 Harries 模型和 Favreau 模型。

Harries 模型是建立在弹性应变波基础上的简化准静态模型，该模型认为作用于孔壁的爆生气体压力引起的切向拉应变是形成裂缝的主要原因，并以应变值大小决定径向裂纹个数，用 Monte Carlo 法确定爆破裂缝分割的破碎块度。

Favreau 模型是建立在爆破应力波理论基础上的三维弹性模型。该模型充分考虑了压缩应力波及其在各个自由面的反射拉伸波和爆生气体膨胀压力的联合作用效果，以岩石动态抗拉强度作为破坏判据。该模型具有模拟炸药参数、孔网参数及岩石炸药匹配关系等爆破因素的综合能力，并可预报爆破块度。

1983 年，我国马鞍山矿山研究院推出了 BMMC 露天矿台阶爆破三维数学力学模型，该模型利用岩石单位表面能作为破坏判据，成为我国第一个较完整的爆破数值计算模型。

2. 断裂模型

基于断裂理论的爆破模型主要有 NAG - FRAG 模型和 BCM 模型。NAG - FRAG 模型认为应力波使岩石中原有裂纹激活而形成裂缝，而爆生气体压力引起的后续作用使裂缝进一步扩展，岩石爆破破坏范围及破坏程度取决于受应力波作用激活的裂纹数量和裂纹扩展速度。但该模型用一维载荷作用下的裂缝发展情况来模拟三维应力场作用下的爆破过程，显得过于简单。

BCM 模型也称层状裂缝岩石爆破模型，该模型基于 Griffth 裂纹扩展判据，预测得到的爆破漏斗轮廓与实际出入较大。

3. 损伤模型

美国 Sandia 国家实验室从 20 世纪 80 年代初就开展了岩石爆破损伤模型研究。爆破损伤模型考虑了岩石内部客观存在的微裂纹及其在爆炸载荷作用下的损伤演化对岩石断裂和破碎的影响，比以往的岩石爆破模型更能反映岩石爆破破碎过程的真实特征。

较早基于统计规律的典型岩体损伤模型为 Kipp - Grady 损伤模型（K - G 模型），该模型认为岩石中含有大量的钱币状原生裂纹，这些裂纹的长度及空间分布是随机的，服从韦伯分布；在外荷载作用下，其中的一些裂纹被激活并扩展，从而引起岩体的性能劣化。

TCK 模型是用得最多的损伤模型，该模型认为岩石的抗压强度远高于其抗拉强度，所以岩石动载破坏本构模型可分为两部分：当岩石处于体积压缩状态时，属于弹塑性材料，而处于体积拉伸状态时发生脆性断裂，且断裂裂纹形态与应变率有关。该模型在模拟岩石拉伸方面较为准确，基于该模型，国内学者引入压损伤，建立了拉压损伤本构模型，并应用于金沙江乌东德和白鹤滩水电站的建基面开挖损伤数值仿真。

目前，损伤力学在岩石爆破机理研究中的应用已成为岩石爆破模型发展的一个主要方向。

4. 流固耦合模型

进入 21 世纪后，国内外学者为了真实展示爆破中岩体破碎和抛掷过程，基于流体动力学和断裂力学等基础理论，采用有限元、离散元及其耦合方法等，建立了模拟爆破破碎过程的流固耦合分析模型。

结合有限元法和离散元耦合分析方法，基于理想气体状态方程，Munjiza 等人提出了分析爆破破岩过程的流固耦合方法。Mohammadi 等人在 FEMDEM 的基础上，利用等效孔隙介质中的流体模拟爆生裂纹中的爆生气体流动，建立了爆破破岩过程数值模拟双网格模型。Xiang 等人提出了 Multipshase - FEMDEM 岩体爆破破裂分析模型。中国科学院力学研究所基于离散元方法，结合 JWL 方程，提出了分析爆破破裂及抛掷过程的 CDEM 模型。

上述流固耦合模型已可初步模拟高压气体作用下岩体的破裂和抛掷过程，尽管仍难以准确模拟爆生裂纹中爆生气体的流动过程，且在工程尺度的爆破精细模拟方面仍有待进一步完善，但为岩体爆破破碎全过程模拟提供了新的方法与技术。

5. 基于岩体天然块度的爆破块度分析模型

工程岩体随机分布有节理、裂隙和断层等结构面。2018 年，长江水利委员会长江科学院开始了基于岩体天然块度的爆破块度分析模型的研究：将爆破块度进行分区考虑，针对小粒径块度，提出了以筛分拟合的级配系数、爆源参数以及岩性参数为核心变量的计算公式；对于中、大粒径块度，建立了以结构面切割形成的天然块度为主要变量的预测方法。该模型的主要特征是考虑了岩体结构面对爆破块度的影响，是以后的重要发展方向。

1.1.2 水利水电工程爆破

新中国成立后，我国水利水电工程爆破技术才得到逐步发展。从人工钢钎凿孔爆破到手风钻钻孔的浅孔爆破，过渡到洞室爆破、深孔爆破，其间走过一段没有正规爆破设计、凭借经验和个人技艺决定爆破方式与规模的发展过程。

20 世纪 60 年代前后，三门峡工程（1958 年）和刘家峡水电站（1964 年）进行了深孔爆破的设计，采用了电雷管起爆，但规模不大，没有在全行业推广应用。20 世纪 70 年代，葛洲坝水利枢纽工程开工，由于工程开挖量超过 1 亿 m^3，采用手风钻为主钻孔爆破技术无法满足开挖规模和进度要求，于是引入孔径为 80～150mm 的潜孔钻，进行深孔台阶爆破，出现了爆破对基岩的破坏以及爆破振动影响控制问题。为此，1973 年葛洲坝水利枢纽建设者利用停工时期专门开展深孔爆破试验，包括深孔台阶爆破基岩破坏范围、爆破应力波及地震波的传播与衰减规律、爆破对坝基软弱夹层的影响、预裂爆破及深孔爆破参数试验等研究工作，确定了深孔台阶爆破及预裂爆破参数、爆破振动传播与衰减规律、爆破作用影响范围。基于葛洲坝水利枢纽工程爆破实践，编制形成了《水工建筑物岩石基础开挖工程施工技术规范》（SDJ 211—83），为以后水利水电工程基础开挖采用深孔台阶爆破、预裂爆破奠定了基础。自此以后，深孔台阶爆破、预裂爆破在水利水电行业得以推广应用。

改革开放后，随着国家经济建设的蓬勃发展，围绕以三峡、鲁布革、东江、东风和小浪底等为代表的一系列大型水利水电工程建设过程中所遇到的爆破技术难题，开展科研攻关，促进了我国水利水电工程爆破技术的迅猛发展。

进入 21 世纪后，随着南水北调中线、龙滩、小湾、拉西瓦、锦屏、向家坝、糯扎渡和溪洛渡等一批大型水利水电工程的建设，依托高山峡谷地区水电站高边坡、大型地下厂房洞群和超长隧洞开挖，提出并建立了水利水电精细爆破技术体系。引汉济渭工程、丰满水电站重建工程、白鹤滩、两河口和双江口等一批大型水利水电工程的开工建设，为爆破技术的发展提供了很好的科研和实践平台，爆破新技术、新工艺、新方法不断涌现。

我国的水利水电工程爆破技术已总体进入国际领先行列，特别是在高山峡谷地区岩质高陡坝肩边坡和河床坝基的开挖成型控制爆破技术、高地应力条件下深埋地下洞群和超长隧洞的爆破开挖技术、土石坝填筑料爆破直接开采技术、堰塞湖爆破分流技术、堤防防洪抢险爆破破堤分洪技术、老旧坝体加固和电站扩建控制爆破技术和全排孔岩塞爆破技术等方面已居于世界领先地位。

1.2　应用现状

1.2.1　主要爆破技术

水利水电行业爆破条件复杂，尤其是对爆破技术的要求及其控制更严于其他行业，因此所使用的爆破方法和技术多种多样。进入 21 世纪以来，我国修建了一批大型水利枢纽和水电工程，施工过程中面临了许多工程难题。例如，高边坡开挖成型与动力稳定、深埋地下洞群、超长水工隧洞的开挖程序、爆破技术和围岩稳定，坝基和建基面保护层快速开挖，临时及部分永久建筑物的爆破拆除，土石坝填筑级配料的大规模爆破开采等。在解决这些工程爆破技术难题中，众多爆破新技术被开发、改进和采用。这些在工程实践中不断发展完善的爆破技术，提高了工程质量，保证了施工期和运行期工程的安全。

1.2.1.1　高陡边坡爆破开挖技术

我国大型水电站建设往往处于深山峡谷中，数百米级高陡边坡的大规模高强度爆破开挖成为关系到工程成败的关键问题。三峡永久船闸最大开挖高度达 170m，直立墙最大开挖深度 67.8m；小湾、溪洛渡、锦屏一级、乌东德、白鹤滩等大型水电站边坡开挖高度在 300～700m 之间。爆破产生的冲击波和地震波将对处于临界稳定状态的边坡有重要影响。随着边坡的开挖规模增大、高度增高、坡度变陡、开挖持续时间加长，爆破效应对边坡开挖的爆破安全影响问题日益突出。

在高陡边坡开挖中发展和采用了光面爆破、预裂爆破和微差起爆技术，有效地控制了轮廓面的超欠挖，保证了边坡的稳定并大大减少边坡开挖量，取得了良好的开挖效果。三峡永久和临时船闸开挖中，大量采用常规预裂爆破和有侧向临空面的预裂爆破，仅临时船闸预裂钻孔进尺就达 2753 万 m，且都形成了良好的保留壁面。小湾水电站的高边坡最大开挖高度近 700m，开挖部位岩体节理、裂隙和破碎带局部发育，其高边坡开挖具有地质条件复杂、开挖质量要求高、开挖高差大、开挖强度高、爆破振动要求严、施工难度大等特点。施工过程中通过广泛采用预裂爆破、深孔梯段微差顺序起爆等技术，基于岩体质点振动速度、岩体声波速度等测试反馈爆破设计，通过爆破监测试验不断优化爆破方式和改进、调整爆破参数，来保证边坡质量与稳定。

溪洛渡水电站高边坡工程，开挖涉及面广，边坡陡峻，高差达 536m。边坡受层间层内结构面和柱状裂隙的切割、风化、卸荷影响等，边坡部分岩体破碎，存在局部块体失稳问题，同时边坡覆盖层易受爆破振动影响，稳定问题复杂且严峻。通过采用精细爆破技术和可靠支护等措施，同时利用安全监测等信息来优化施工工艺，改进爆破参数，以保证边坡稳定及岩体开挖质量。

乌东德水电站边坡开挖高度大，坡比小，采用"一次预裂（高度 15m）、二次爆破（每次爆破高度 7.5m）、分层出渣、锁口支护、速喷封闭、随层支护、系统跟进"的高边坡快速开挖、快速支护技术，实现边坡稳定开挖，同时改善爆破方式，以保证开挖后岩体质量。

白鹤滩工程边坡存在岩石风化卸荷、崩滑、断层、层间和层内错动带，对边坡稳定和边坡岩体变形都有很大影响。通过现场跟进爆破监测试验，加强爆破开挖控制，调整爆破方式，改善爆破装药结构，保证边坡开挖稳定。

经过三峡永久船闸、小湾、溪洛渡、白鹤滩和乌东德等大型水电工程高陡边坡开挖实践与锤炼，形成了以中深孔台阶爆破、深孔预裂及光面爆破、缓冲爆破等为核心的岩石高边坡开挖爆破技术。

在实现大规模开挖的同时，水利水电行业对高边坡及建基面的爆破开挖保护控制最为严格，对各种边界面进行的"雕琢"最多。在进行高效开挖的同时，实现保留岩体的保护，就必须对爆破设计、施工及安全监测全过程进行精确控制。量化设计、精心施工、科学管理，以及爆破振动跟踪监测与监测信息快速反馈制度的建立、推广与完善，大大提高了岩体开挖质量，逐步形成了具有水利水电行业特色的精细爆破体系，即通过定量化的爆破设计和精心爆破施工，进行炸药爆炸能量释放与介质破碎、抛掷等过程的精密控制，既达到预定的爆破效果，又实现爆破有害效应的有效控制，最终实现安全可靠、绿色环保及经济合理的爆破作业。

1.2.1.2 大型地下洞室群爆破开挖技术

水利水电工程中，不仅存在大量隧洞开挖，还有由多条引水隧洞、厂房、交通洞、尾水洞和竖井等组成的立体交叉组合复杂的地下洞室群。其特点是规模庞大、结构复杂、围岩稳定的问题突出，施工干扰大。由于钻爆法适应性强、成本低，特别适用于岩体坚硬、地质条件复杂和断面巨大的洞室开挖，因而在水利水电工程大型地下洞室群施工中得到了广泛应用。

我国大型水利水电工程地下洞室群开挖，在推广光面爆破、预裂爆破技术和采用先进爆破器材的同时，贯彻精细爆破技术理念和管理，将精细爆破技术作为爆破开挖工程中的技术核心和保障。在爆破过程中不断进行精细爆破的理论探索和工程实践，在地下洞室群开挖工程中保留岩体的爆破成型、爆破振动及爆破损伤控制达到了很高的水平，在不同地质条件下都获得了高质量的工程效果。

锦屏一级水电站地下厂房洞室，规模巨大，洞室群体结构非常复杂，地质构造、结构面分布与洞室群的关系复杂。主厂房水平埋深 100～380m，垂直埋深 160～420m。主厂房与调压室中心间距为 145m。其关键技术问题在于高应力条件的影响和复杂地质条件的干扰。工程施工中，通过控制应力释放技术，如薄层开挖、分区开挖，随层（区）支护，采取"先洞后墙，以小保大"的施工方法，合理安排相邻洞室施工程序，来调整应力释放时间。同时采取锚索预留锚固力技术、个性化分段爆破施工技术等，合理搭配使用预应力锚索、光面爆破、预留保护层和超前支护等手段维护洞室群开挖过程中的稳定性和开挖后的工程质量。

溪洛渡左岸水电站地下主厂房规模巨大，其下部开挖，具有结构复杂，开挖轮廓成形要求高，施工工期紧等特点。在施工过程中，采取合理的施工通道布置和有序的分层开挖施工，同时结合大规模开挖施工前期的爆破试验，总结改进钻爆参数、装药结构和爆破网络，通过精细的开挖控制，确保了结构体型和良好的施工质量，平均开挖不平整度9.1cm，半孔率为89.3%，最大错台值5.7cm，最大超挖值16.8cm。开挖分层及开挖控制技术值得同类工程借鉴。

白鹤滩地下洞室群规模巨大，具有"高边墙、大跨度、高地应力、复杂地质条件"的特点。在高应力开挖卸荷过程中，含错动带岩体遭遇了不同程度的变形破坏问题。开挖过程中，同时考虑顶拱、边墙等应力集中、变形的影响，改进开挖方案，利用预裂爆破、光面爆破、缓冲爆破、掏槽爆破等技术进行搭配组合，考虑预留保护层的方法进行洞室开挖试验方案的优化。同时，通过爆破振动监测，调整装药量、装药结构和起爆网路等以减小爆破对围岩的扰动，维护围岩稳定性。

经过锦屏一级、溪洛渡和白鹤滩等大型工程地下洞室的开挖实践，形成了分层开挖方案优化、预裂爆破与光面爆破相结合的深埋地下洞群爆破施工方法与技术。

1.2.1.3 大型水工围堰拆除爆破技术

水电站岩坎、混凝土围堰或土石围堰中的混凝土心墙等经常要采用爆破方式进行拆除，属于临水爆破的作业范畴。一般是充分利用其顶面、非临水面及被爆体内部廊道等无水区进行钻爆作业，特殊情况也可能涉及水下钻孔和爆破作业，是一种爆破要求严且技术含量高的爆破工程。

围堰拆除爆破要求一次爆破完成，能满足泄水或进水要求。同时，在爆破区域附近有各种已建成的水工建筑物，实施爆破时要确保它们不受到损害。保证达到此效果的核心技术是"高单耗、低单段"的设计思想，并通过接力起爆网路来实现。通过三峡工程三期碾压混凝土围堰（以下简称三峡三期 RCC 围堰）、向家坝纵向围堰和溪洛渡导流洞围堰爆破拆除等系列工程实践，取得了爆破设计、施工和水下爆破破坏机理方面的大量成果，提出了水下爆破装药量及单位耗药量的计算方法，建立了一套涵盖各种建筑物的爆破振动安全控制标准及飞石防护、水击波危害控制的工程措施与方法。

向家坝水电站按工程总体设计要求，施工期第 6 年枯水期时，需拆除二期纵向围堰结合段。需拆除的堰体长 90.1m，堰体断面呈梯形形状，顶部宽度 6.0m，底面宽 15.0m，高 16.0~23.0m，拆除方量约 20500m³，堰体材料为 C25 素混凝土，采用控制爆破拆除施工方法。拆除围堰周边环境非常复杂，爆破难度大，安全控制要求高，爆破块体和爆碴堆积方向控制要求高，爆破方量大，施工精细化程度要求高。通过方案比选，选择坡面倾斜孔为主的炮孔布置方案，调整爆破参数，采用工业电子雷管进行网路连接，严格控制单段药量，实施一次性爆破拆除，满足了爆破振动安全要求，爆破效果良好。

溪洛渡水电站左岸导流洞进出口围堰堰体复杂，拆除爆破钻孔数量多、长度大，难度高。其中，进口围堰采用下闸关门爆破，出口围堰采用提闸开门爆破。受地形条件限制，围堰距被保护建筑物很近，必须严格控制爆破振动和飞石危害。爆破前开展了围堰稳定复核、爆破块度与爆堆形状预报以及保护建筑物振动安全标准研究等方面工作，通过前期爆破试验，改进爆破参数和施工方式，以精细化爆破技术进行个性化爆破方案设计，解决了围堰紧邻的建（构）筑物爆破安全控制难度大、围堰结构体形及周边条件复杂等难题。

目前我国采用爆破技术完成的水利水电工程的施工围堰（混凝土围堰、砌石围堰或混凝土心墙围堰）或岩坎的拆除工程已有百余项，且有关拆除爆破技术已在非洲卡里巴水电站等国际水利水电工程项目中得到推广应用。

1.2.1.4　水下及岩塞爆破技术

水下爆破技术主要应用于港口、航道疏浚炸礁，水库或湖底水下岩塞爆破，以及软基爆炸加固等。

随着航道和港口建设的蓬勃发展，我国每年采用水下爆破炸礁或岩体开挖的方量达 500 万 m^3 以上。三峡工程为实现 156m 的蓄水目标，在涪陵至铜锣峡长江段 107km 的航道中，水下炸礁总方量达 106 万 m^3；上海港洋山深水港区一期工程仅航道北侧大礁盘炸礁量就达 10.3 万 m^3；大连港 30 万 t 级进口原油码头港池整治工程，水深在 30m 以上，总面积 23.4 万 m^2，炸礁总方量 49.3 万 m^3；福建炼油乙烯项目海底原油输送管线工程，炸礁长度为 2588m，其中水深超过 30m 的长 1200m，水深最深处达到 51m，炸礁总工程量为 5.5 万 m^3，是国内最深的水下炸礁。在重大水下炸礁工程中采用 GPS 精确定位系统，有效地解决了在水深流急、风大浪高、暗流复杂多变、多台风、雨季等恶劣天气影响下的定位问题，实现了钻孔精度的有效控制，为我国在深水礁石区进行小坡比、深窄沟施工积累了成功的经验，也为深海水区爆破作业奠定了基础。

岩塞爆破是水下爆破的一种形式，为了引水、放空水库、灌溉、发电等需要，修建通向水库、湖泊底部的引水洞或放空洞，在隧洞末端设置岩塞挡水，保证隧洞的干地施工。当洞内工程完成后，将岩塞炸除，使隧洞与水库或湖泊连通。水下岩塞爆破不受库（湖）水位消涨的影响，也不受季节的限制，省去了围堰工程，且具有工期短、工效高、投资少的优点，可保证水库的正常运行与施工互不干扰。通过长甸水电站、刘家峡水电站等工程的岩塞爆破实践，围绕岩塞爆破参数试验与确定、岩塞爆破水击波压力与涌浪高度控制以及岩塞爆破施工工艺等，进行了持续不断的创新和凝练，形成了大直径全排孔岩塞爆破关键技术。

软基爆炸加固技术主要用于港口工程建设中的软弱地基爆炸加固处理。进行港口工程建设过程，若地基的稳定承载力不能满足工程设计要求，根据具体工程条件可以采用水下爆炸挤淤法、爆炸置换法和爆炸加固法等进行地基加固处理。经过多年理论研究、现场试验和工程实践，已总结提出了一套完整的淤泥软基爆炸处理新技术，并先后应用于连云港建港、深圳电厂煤码头、珠海高兰港口、粤海铁路通道轮渡码头港口防波堤等工程建设中，筑堤总长超过 60km，为沿海港口建设作出了重大贡献。

1.2.1.5　堆石坝级配料开采爆破技术

在水利水电工程领域，用爆破法开采堆石坝级配料的技术得到广泛应用，如南盘江天生桥一级水电站、清江水布垭水电站、大渡河长河坝水电站与双江口水电站等。从西北口水电站建设开始，通过现场试验研究，采用了爆破法开采主堆石级配料并直接上坝填筑的施工方法。在天生桥一级水电站，不仅主堆石料采用爆破法开采直接上坝填筑，而且粒径更小的过渡料也采用爆破法开采后直接上坝填筑，与此同时还开展了爆破块度分布理论和块度预测预报模型研究。

影响爆破块度分布的因素有很多，主要包括炸药性能、装药结构、起爆方式、地质条件、岩石强度、节理裂隙等。针对爆破块度分布预测问题，已有很多学者结合爆破破碎机理和工程经验展开研究，提出了 BCM、NAG - FRAG、Kuz - Ram 等多种块度预测模型，这些主要分为两大类，即理论模型和经验模型。其中理论模型的共同特点是用某一理论为基础，在一定的假设条件下，将爆破机理与块度预测联系起来建立的模型，但该模型因假设条件苛刻，与实际情况相差较远而难以令人信服，或因引入的未知参数（其很难确定）太多、计算程序复杂，难以在工程中推广运用。而经验模型尽管忽略了一些相关影响因素，但仍有较好的实用性，其中 Kuz - Ram 模型是爆破块度预测中运用最为广泛的模型。这一模型是依据库兹涅佐夫（Kuznezov）平均块度计算和罗森 - 拉姆勒（Rosin - Rammler）分布函数的组合而提出。它从爆破参数导出 R - R 分布函数的指数，将爆破参数与块度分布联系起来。该模型对块度分布曲线的粗粒径部分预测具有较高精度。

近年来有些学者运用分形几何等来研究爆破后的块度分布。从分形角度观察岩体的各种断裂几何形状发现其具有统计的相似性，因此可用块体的分形构造描述爆破岩块的形成过程，研究其分布规律。

1.2.1.6　爆破振动控制技术

爆破振动是工程爆破作业无法消除的负面效应之一，也是传播及影响范围最广的效应之一。随着我国城市化进程加快，城市工程爆破环境条件更加复杂，加之公民安全、环保和维权意识的大幅提高，对爆破振动安全控制提出了更高的要求。新型爆破器材的研发使用和电子起爆技术的全面普及使我国爆破振动控制技术跃上了一个新台阶。

振动控制技术的进展主要体现在振动控制理论的进步、爆破振动控制技术的发展以及爆破振动控制指标的完善。振动控制理论主要包括振动强度控制、振动频率控制、振动频谱控制、振动衰减规律及干涉降振理论。爆破振动控制技术的发展主要体现在新型爆破振动预测及控制模型（基于单孔爆破振动基波的叠加组合预测）、基于工业电子雷管应用的爆破振动干扰降振法、基于爆破振动源基频影响的爆破降振方法、基于移动网络的远程实时爆破振动量测系统、深孔台阶爆破逐孔起爆降振技术、复式掏槽降振技术，以及机械预切槽与控制爆破组合减振法等。爆破控制指标的发展主要体现在对振动频率与爆破振动速度允许值影响研究的深入以及爆破控制指标制定的人性化、功能化。

1.2.1.7　水利水电工程重建（改扩建）工程爆破技术

国外由于水电开发比较早，以欧美国家为例，由于能源结构已经发生变化，对部分已经达到设计年限的大坝，以拆除为主，一般不予复建。我国在 20 世纪 40—50 年代修建的水电站，部分也到了设计年限，由于我国能源紧张以及工程的不可替代性，一般采用加固或拆除重建，这部分水电站在国内所占的比例比较高，丰满水电站的重建就是其中的典型。

原丰满水电站，经多次检查和诊断发现原大坝安全处于危险状态，国家电网决定对该电站进行全面治理，拆除原有大坝，并在其下游邻近位置重建挡水建筑物，是迄今为止最大的水电站重建工程。丰满水电站新建大坝坝轴线位于原丰满大坝坝轴线下游 120m，开挖区域距原坝下游边缘最小距离不足 10m。新坝基坑爆破距现有电站较近，爆破地震波及飞石对旧坝、现有发电设备的运行将造成一定影响，特别是在冬季，低温将使地表表层被冰冻，冰冻后岩体的力学性质发生明显变化，在此条件下爆破地震波的传播规律以及建筑物的爆破振动安全控制标准将可能发生变化，同时低温对爆破器材、爆破效果、施工机械以及防护措施均有显著的影响，这些为丰满重建工程的爆破施工与控制提出了严峻的挑战。在工程重建过程中，围绕岩体表层冰冻后力学参数的变化特性、严寒条件下的爆破振动衰减规律和爆破振动安全控制标准以及严寒地区爆破施工工艺等关键问题和技术，开展了现场试验研究，并得到了工程实践检验：新坝坝基爆破开挖过程中，老坝正常工作，厂房正常运行，爆破开挖轮廓良好，需保护的建筑物的实测振动速度均在安全控制范围以内。各项施工指标与数据均表明，丰满水电站重建工程的爆破开挖是成功的。

1.2.1.8　自然及工程灾害应急抢险处置爆破技术

近年来，爆破技术应用范围越来越大，它已被广泛应用到应急抢险中泄洪槽开挖、决口封堵石料开采、道路抢通、孤石处理、危房拆除等方面。抢险爆破技术要求：根据抢险要求和爆破环境、规模、对象等具体条件，精心设计，采用各种防护等技术措施，严格控制爆炸能量释放过程和介质的破碎过程，确保危害控制在规定的限度之内，保证抢险人员、设备安全，防止险情加剧或灾害进一步扩大。

对于地质灾害的爆破处理，应根据处理区域的地形地貌、周围环境、危岩体的形成原因和现状、交通条件、所能采用的机械设备等因素，合理采用裸露爆破、浅孔爆破、深孔爆破及其组合等爆破施工技术方案。

2008年5月，四川汶川地震形成的唐家山堰塞湖抢险爆破，使用炸药达10t，数百名武警水电官兵在现场抢险爆破专家的指挥下，采用裸露爆破或浅埋集中药包爆破的方法开挖泄洪通道，最终排除了险情。

2016年3月，湖北坪江水库由于上游出现滑坡意外险情，将滑坡方量达40多万 m³，后续还可能导致1000多万 m³ 的滑坡，需要在雨季到来前对导流洞可爆堵头实施爆破，对水库进行放空处理，同时要求爆后放空管完全切割贯通，使水库水流顺利放空，确保混凝土支撑墩及洞外周边保护物的安全。从出现滑坡险情到要求堵头开启的时间不足10天，采用数值仿真、模型试验及现场监测相结合的综合方法，研究危急情况下水电站放空洞可爆堵头快速开启技术，提出了采用聚能药包切割钢管快速开启可爆堵头的应急抢险新方法。采用该方法，在预定的时间内快速放空水库，实现了其应急抢险的阶段性目标。

2016年7月，湖北第二大湖泊梁子湖因强降雨，水位居高不下，需要对牛山湖实施破垸分洪。此次破垸爆破长度达1km，总共布设333个孔。破垸分洪后，调蓄梁子湖水约5000万 m³，梁子湖水位降至保证水位以下。同时，永久性实现了牛山湖的退垸还湖，修复了湖泊水生态系统。

爆破技术在应急抢险方面起到了十分重要的作用，能够在有限时间内快速、准确地解决安全隐患，是保障人民生命财产安全的重要技术手册。

1.2.1.9　爆破安全管理

随着我国工程爆破科技的不断发展，爆破安全技术与管理水平也得到了很大提高。多年来，我国工程爆破技术人员十分重视爆破有害效应的监控和研究，并制订相应的防护措施。

为了使爆破安全技术管理科学化和法制化，2003年国家制定并颁布了强制性国家标准《爆破安全规程》（GB 6722—2003）。2010 年，中国爆破行业协会组织了大批专家对 GB 6722—2003 进行了修编，更好地体现了与时俱进、规范管理和与国际接轨，修编后的《爆破安全规程》（GB 6722—2014）于 2014 年颁布实施。

为提高从事工程爆破技术人员的素质，加强工程爆破专业队伍的管理，由公安部主持，中国爆破行业协会协助对全国工程爆破人员进行爆破安全技术培训考核及发证，实行持证上岗。对爆破公司实行等级管理制，对重大爆破工程设计施工进行安全评估，逐步推行爆破工程监理制度，使中国工程爆破安全管理更加有序化和规范化。早期中国水利学会工程爆破专业委员会配合中国工程爆破协会开展了相关培训和企业定级工作，有力地推动了水利水电行业爆破事业的健康发展。目前，爆破企业定级及爆破人员培训均由企业和人员所在地的公安机关及爆破行业协会负责。

1.2.2 水利水电工程精细爆破

我国水利水电行业已经建立起比较完善的开挖爆破设计与施工技术体系。进入 21 世纪后，随着小湾、糯扎渡、锦屏、溪洛渡、向家坝、乌东德及白鹤滩等一大批大型、特大型水电站的建设，在地下厂房洞室群（尤其是其中跨度超过 30m 的顶拱、长达数百米的岩锚吊车梁及垂直高度达 70～80m 级的岩石高边墙）和高陡边坡（尤其是 300m 级高拱坝的空间曲面形拱肩槽边坡）爆破开挖、堆石坝级配料开采中，开挖爆破的技术要求和难度随之大大提高，给我国水利水电爆破工作者提出了新的课题——水利水电工程爆破技术下一步应往何处发展？

2008 年，中国工程爆破协会在汪旭光院士主持下，在武汉召开了"精细爆破"专题研讨会，对"精细爆破"概念、理论内涵、实践的可行性等做了详细阐述。精细爆破是利用爆炸力学、岩石动力学、结构力学、材料力学以及工程爆破等的最新研究成果并利用飞速发展的信息技术，秉承传统和创新控制爆破理念，通过定量化的爆破设计和精心爆破施工，炸药能量释放与介质破碎、抛掷等过程的精密控制，实现更科学、更精确、更安全、更绿色环保、更经济合理的爆破工程。

2008 年，中国工程爆破协会主持召开了"溪洛渡水电站大坝拱肩槽开挖精细爆破技术研究与应用"鉴定会，以钱七虎院士为组长、汪旭光院士和冯叔瑜院士为副组长的专家组一致认为"溪洛渡水电站大坝拱肩槽开挖贯彻精细爆破理念，初步创立了水电工程开挖精细爆破技术体系，在科研、设计、施工、管理、环保等方面实现了系列创新，总体达到国际领先水平"，该技术获得 2008 年度中国工程爆破协会科技进步特等奖，以此为主要创新点的"300m 级溪洛渡拱坝智能化建设关键技术"获得 2015 年度国家科技进步二等奖。

水利水电工程精细爆破发展历程是从三峡工程永久船闸高边坡开始，在左岸电站厂房钢管槽及坝基保护层开挖爆破中开展了大量工程实践，在"精雕细刻"型爆破与施工技术方面积累了丰富经验。随后伴随小湾、溪洛渡、向家坝和白鹤滩等一大批特大型水电站的建设，在地下厂房洞室群和高陡边坡的爆破开挖实践中，采取了基于爆破影响范围控制的量化爆破设计，配合以精心的钻孔、装药及起爆施工，并辅助以爆破振动跟踪监测与监测信息快速反馈技术，使岩体开挖成型质量达到了完美的程度，并实现了爆破振动等有害效应的有效控制，逐步形成了具有水利水电行业特色的"精细爆破"概念及技术体系。

　　精细爆破，即根据爆破对象的地质条件和工程要求，通过定量化的爆破设计、精心的爆破施工，实时的爆破监测反馈及科学的管理，进行炸药爆炸能量释放与介质破碎、抛掷与堆积等过程的精密控制，既达到预定的爆破效果，又实现爆破有害效应的有效控制，在控制的同时，逐步实现爆破过程的可预见性，最终实现安全可靠、绿色环保及经济合理的爆破作业。其核心内容是"定量设计，精心施工，实时监控，科学管理"。

　　精细爆破秉承了传统控制爆破的理念，但与传统控制爆破有着明显的区别。精细爆破的目标与传统控制爆破一样，既要达到预期的破碎、压实、疏松和切割等爆破效果，又要将爆破破坏范围、建构筑物的倒塌方向、破碎块体的抛掷距离与堆积范围以及爆破地震波、空气冲击波、噪声和破碎物飞散等的危害控制在规定的限度之内，实现爆破效果和爆破危害的控制。

　　与传统控制爆破相比，精细爆破在定量化的爆破设计、炸药爆炸能量释放和介质破碎过程控制、爆破效果及负面效应的可预见性等方面，提出了更高的要求。精细爆破注重利用爆炸力学、岩石动力学、结构力学、材料力学和工程爆破等相关学科的最新研究成果，采用较传统的半理论半经验方法更科学的定量化爆破设计计算理论、方法和试验手段，对爆破方案和参数进行优化；通过爆破作用过程的仿真模拟，实现爆破效果及效应的可预见。精细爆破更注重根据爆破介质的力学特性、爆破条件及工程要求，依赖性能优良的爆破器材及先进可靠的起爆技术，辅以精心施工和严格管理，实现炸药爆炸能量释放、介质破碎、抛掷及堆积等过程的精密控制。

　　现代水利水电工程建设过程，大坝基础开挖、高陡边坡开挖、地下洞室群开挖、溢洪道及渠道开挖、水下岩石开挖、围堰等临时结构物拆除以及筑坝级配料的开采等，均秉承精细爆破的理念，确保工程爆破效果，严格控制爆破有害效应。

1.2.2.1　精细爆破的技术支撑条件

　　自新中国成立到 20 世纪末，我国在爆破作用的控制与利用技术研究方面已取得了重要进展，爆破技术已广泛用于岩土和其他介质的破碎、压实、疏松、切割等作业，以及在特殊环境［如闹市区建（构）筑物的拆除、人体内胆结石的破碎］、特殊条件（如高温、高压）、特殊要求（如爆炸加工、爆炸合成、地震勘探）等情况下的爆破工程。

　　进入经济全球化和信息化的 21 世纪后，日新月异的科技发展给我国工业技术带来新的革命。爆破基础理论研究的突破，计算机技术的应用，爆破器材的革新，检测技术的进步，钻爆机具的改进和自动化装药设备的出现，为传统工程爆破技术出现变革和飞跃创造了条件，也为以量化爆破设计与精细施工为重要特征的水利水电工程爆破技术的发展及推广应用奠定了基础。

　　而随着爆炸力学、岩石动力学、工程力学等基础理论研究领域的不断发展，以及计算机技术、工程地质勘探技术、爆破试验技术和爆破测量技术的进步，定量化的爆破设计已成为可能。定量化的爆破设计不仅仅限于设计计算过程的定量化，还可实现爆破效果及爆破有害效应的可预见。地质勘探和测量新技术、新设备的出现，使爆破前可以获得更为详细和可靠的地质与地形等爆破条件，为破碎和抛掷堆积等爆破效果的正确预测提供保证；优良的便携式和遥控式爆破振动监测仪器设备的出现，能实现地面振动数据的实时采集、传输与快速的资料分析，使得重要工程开展爆破振动等有害效应的跟踪监测及监测信息快速反馈成为可能；动光弹、高速摄影、钻孔电视、岩体CT和激光扫描等先进量测设备的应用，为爆破效果与爆破损伤效应的检测与量化评价提供了可能，为水利水电工程量化爆破设计和爆破有害效应的有效控制提供了技术支撑。

适应不同岩性和爆破条件的高性能及性能可调控炸药、不同爆速导爆索、高精度延期雷管及电子雷管的研制成功，使得对炸药爆炸能量的释放、使用及转化过程的有效控制成为可能。例如性能可调控炸药的出现，为真正实现炸药与岩石阻抗相匹配创造了条件，从而可以大大提高炸药能量的利用率；高精度延迟雷管和电子雷管的研制成功，将在控制结构倒塌过程、改善岩石破碎效果、实现抛掷堆积控制以及降低爆破振动效应等方面可发挥显著作用，工业电子雷管及电子起爆系统的推广应用成为水利水电行业爆破技术创新的重要方向。

爆破工程施工中机械化水平和自动化水平的提高，尤其是以3S（RS、GIS、GPS）技术为代表的信息技术在爆破工程的应用，使得爆破工程测量放线、钻孔、装药堵塞等各项工序的精度和可靠性大大提高，为现代水利水电工程精细化的爆破施工提供了施工技术支持。

另外，随着西部大开发战略的实施以及"一带一路"中水电工程的建设等，面临复杂地质条件下修建大型水利枢纽工程、长距离输（调）水或交通隧洞、高陡路堑边坡等艰巨任务，需要进行大规模、高强度岩体爆破开挖，基于地质与环境灾害控制的需要，对爆破施工质量、爆破效应控制等提出了更高的要求。

正是基于我国爆破量化设计与信息化施工技术方面的快速发展，以及源于对传统爆破技术革新和进步的巨大需求，我国工程爆破行业内出现了"精细爆破""精确爆破""精准爆破"等类似概念和与之配套的爆破设计与施工技术体系。

1.2.2.2 精细爆破的内涵

精细爆破不是一种爆破方法，而是涉及爆破设计、施工、监控和管理的一种理念。精细爆破的关键技术主要有定量设计、精心施工、实时监控和科学管理。

定量设计的主要内容包括：①爆破工程地质条件的综合分析，包括岩石类型与岩性、岩体结构及发育程度、地形地貌和水文地质条件等，确定控制与影响爆破效果的主要结构面及其与抵抗线方向的关系、临空面数量和岩体约束程度；②爆破设计理论与方法，包括临近轮廓面的爆破设计原理与计算方法，爆破孔网参数与装药量计算，炸药选型的理论与方法，装药结构设计计算理论，起爆系统与起爆网路的设计方法，段间毫秒延迟间隔时间选择等；③爆破效果的预测，包括给定地质条件和爆破参数条件下爆破块度分布模型及预测方法，爆破后抛掷堆积计算理论与方法等；④爆破有害效应的预测预报，包括爆破影响深度分布的计算理论与预测方法，爆破振动和冲击波的衰减规律，爆破飞石的抛掷距离计算等。

精心施工的主要内容包括：精确的测量放样、钻孔定位与钻孔精度控制，基于现场爆破条件（包括抵抗线大小与方向的变化、不良地质条件情况等）的反馈设计与施工优化，精心装药、堵塞、联网与起爆作业等。

实时监控的主要内容包括：爆破块度和堆积范围的快速量测；爆破影响深度的及时检测；爆破振动、冲击波、噪声和粉尘等的跟踪监测与信息反馈；炸药与雷管性能参数的检测等。

科学管理的主要内容：建立考虑爆破工程类型、规模、重要性、影响程度和工程复杂程度等因素的爆破工程分级管理方法；爆破工程设计与施工的方案审查与监理制度；爆破技术人员的分类管理与培训体系；爆破作业与爆破安全的管理与奖惩制度等。

根据水利水电工程爆破的技术特点与要求，结合三峡、小湾、溪洛渡等水利水电工程爆破定量设计、精心施工、实时监控和科学管理的理论与实践，水利水电工程精细爆破理论与技术体系如图 1.1-1 所示。

1.2.3 典型工程实例

1.2.3.1 溪洛渡水电站高陡边坡开挖爆破

溪洛渡水电站是金沙江上已建最大水电站，坝高 278m，边坡开挖涉及面广，边坡陡峻，高差大，上下施工干扰严重。边坡受层间层内结构面和柱状裂隙的切割、风化、卸荷影响等，边坡部分岩体破碎，存在局部块体失稳问题。同时，边坡的稳定问题较为复杂和严峻，爆破后极易在保留岩体中产生隐裂隙，预裂面效果难以控制，随着开挖高度的增加，爆破对边坡的影响将增大。通过拱肩槽开挖过程中每次梯段爆破效果分析，优化调整爆破参数、预裂爆破参数、爆破方式和起爆网路，以达到减少爆破对边坡影响的目的。同时依据施工过程中施工程序的反馈和优化，贯彻精细爆破理念，在各个环节引进新技术和新工艺，如钻机、钻杆的改进，扶正器的加装等；优化跟进的支护施工技术，通过安全监测进一步确保稳定性，为类似工程提供良好的经验。

1.2.3.2 白鹤滩水电站坝基消能-聚能联合控制开挖爆破

白鹤滩水电站坝基岩性复杂，左岸坝基高程 665.00m 以下、右岸坝基高程 590.00m 以下为第一类柱状节理玄武岩（厚 50～57m），河床坝段选择 6～11m 厚的角砾熔岩为建基面。河床坝基角砾熔岩上部的保护层采用消能-聚能联合控制爆破技术进行一次性爆破开挖，实际推广应用面积超过 5000m²。

坝基保护层消能-聚能联合控制爆破技术是在垂直（或竖直）炮孔底部安装高波阻抗消能结构、铺设沙垫层形成消能-聚能结构，利用冲击波在消能-聚能结构表面和底面的两次反射降低垂直孔爆破对孔底的冲击影响，增加对建基面以上岩体的破碎作用。当消能-聚能结构采用高波阻抗材料时，在消能-聚能结构与柔性垫层结构交界面处发生二次反射，使通过消能-聚能结构中的冲击波能量仅有 12%～15%传入坝基保留岩体中，从而能有效地保护建基面。现场测试结果表明，采用保护层垂直孔消能-聚能联合控制爆破技术，孔底以下 1.0～2.0m 岩体内的振动速度较常规爆破降低 30%～56%；能有效控制孔底损伤，有利于保护建基面岩体，爆破影响深度为 0.68～0.79m，且可获得与水平光爆或水平预裂爆破相当的建基面开挖成型效果。保护层垂直孔消能-聚能联合控制爆破技术的工作面大小不受限制，在缓倾角及反弧基础的开挖中均得到良好的应用，可明显加快施工进度。

1.2.3.3 锦屏二级水电站大型水工隧洞群开挖爆破

锦屏二级水电站是雅砻江上一座超大型引水式地下电站，是西电东送的骨干电站之一。其 4 条引水隧洞、2 条辅助洞及 1 条施工排水洞组成 7 条平行的大型深埋隧洞群，平均洞线长度约 17km，隧洞沿线上覆岩体最大埋深达 2525m，弱卸荷区围岩表面实测应力

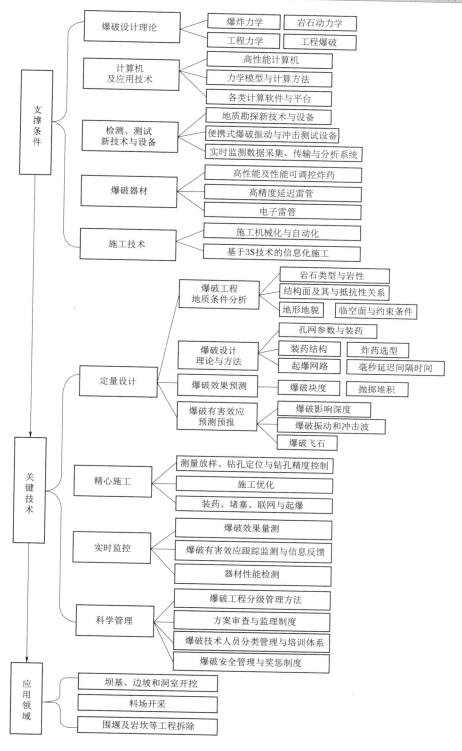

图 1.1-1 水利水电工程精细爆破理论与技术体系

为 60～90MPa。工程规模巨大、地应力极高、岩爆灾害频发、工程地质条件极其复杂，是目前世界上总体规模最大、综合难度最高的水工隧洞群工程。

项目建设过程中，开展了特高地应力大型水工隧洞群爆破开挖关键技术研究，分析了爆破冲击荷载和开挖卸荷耦合作用下围岩及锚固系统的振动及损伤特性，结合理论研究、工程类比、多参量实时监测分析，确定了特高地应力大断面深埋超长隧洞开挖爆破安全控制标准，提出了在特高地应力条件下基于爆破法地应力快速释放、涵盖开挖程序及爆破参数优化的岩爆主动防治方法，并结合其他岩爆防治措施，形成了高地应力条件下深埋隧洞岩爆灾害的防治体系。发展了"精确钻孔定位""微循环控制爆破""弱振动爆破与机械处理相结合"等精细爆破施工工艺，配合采用了纳米材料喷混凝土、水胀式锚杆、机械涨壳式预应力锚杆等为核心的综合支护技术。该项研究成果成功应用于锦屏二级大型洞室群施工中，减少了岩爆的发生频率和规模，确保隧洞围岩、地下结构以及人员安全，保障工程优质、按期完工。

1.2.3.4　三峡三期 RCC 围堰拆除爆破

三峡三期 RCC 围堰与大坝平行，轴线位于坝轴线上游 114m 处，全长约 580m，围堰顶高程 140.00m，顶宽 8m。围堰迎水面高程 70.00m 以上部分为直立坡，高程 70.00m 以下为 1∶0.3 的斜坡；背水面高程 130.00m 以上为直立坡，高程 50.00～130.00m 为 1∶0.75 的斜坡。三峡三期 RCC 围堰拆除长度达 480m，设计由高程 140.00m 拆除至高程 110.00m，拆除高度达 30m，炸药埋置位置最大水深 35m，拆除方量达 18.6 万 m^3，其爆破拆除工程量、难度之大，为当时世界围堰拆除之最。

在前期研究、试验和专题设计的基础上，该围堰拆除采用预埋药室定向倾倒法爆破的方案。集中药室爆破技术通常应用于大方量的山体开挖洞室爆破中，将该技术应用于围堰拆除爆破中尚没有先例。为验证爆破倾倒的可靠性、爆破缺口形状、产生的水击波等，于 2005 年 10 月和 11 月在长江水利委员会长江科学院前坪试验基地进行了两次 RCC 围堰 1∶10 模型倾倒爆破试验，验证爆破参数的合理性、围堰倾倒的可靠性和爆破影响的安全性。

所有炮孔及预置药室均采用当时世界上最先进的数码雷管（即现在的工业电子雷管）。每个预置药室和炮孔均装 2 发工业电子雷管，其余孔装 1 发工业电子雷管。整个爆破网路总延时 12888ms、总段数 961 段。2006 年 6 月 6 日 16 时，三峡三期 RCC 围堰按预定时间起爆。通过布置在大坝、基础帷幕灌浆区、左岸电厂中控室等关键部位的监测资料表明：实测爆破产生的振动值均小于安全允许控制标准，尤其是堰块倾倒产生的触地振动远小于事前预计值；实测最大涌浪爬高为 3.8m，与爆前预测值基本一致；经水下爆后地形测量，爆破缺口形成较好；各堰块全部倾倒在堰前上游，并陷入在堰前淤泥中；围堰爆后 110.00m 高程基本平整。

三峡三期 RCC 围堰拆除工程在围堰施工时就考虑如何拆除，把将来的围堰爆破拆除施工方案融入围堰的施工建设中，预置了爆破所需的药室和炮孔，减少了围堰爆破拆除的施工难度和工作量，是围堰拆除理念的创新。以往的围堰拆除大多采用钻孔爆破法，而三峡三期 RCC 围堰充分利用堰前的临空条件，采用预置集中药室爆破倾倒方案，在围堰拆除工程中是一大创新。该工程所凝练的科技成果获得 2008 年国家科技进步奖二等奖。

1.2.3.5 丰满水电站原大坝爆破拆除

丰满水电站位于吉林省吉林市境内的松花江上，为中国第一座大型水电站，被誉为"中国水电之母"，始建于1937年，是当时亚洲规模最大的水电站，现为东北电网骨干电站之一。2012年10月，国家发展和改革委员会公告核准水电站重建工程，原混凝土大坝需要爆破拆除。

丰满原大坝长1080m，高92.7m，分为60个坝段。按照整体拆除计划，其第5～第43坝段将被爆破拆除，拆除总长度684m，高度27.5m。丰满原大坝待拆除混凝土体量大、本体结构复杂，外界环境复杂、约束条件高，拆除过程中采用"松动爆破精雕细刻"，形成符合拆除要求的坝体缺口和预期的坝体体型，然后利用机械进行清理；整个过程"严防死守"，通过实施有效的安全防护措施，保证原大坝、新坝及周边建筑物的安全，确保对上下游及周边群众无影响，安全、环保、高效地完成了原大坝拆除。

1.2.3.6 南水北调工程

南水北调总体规划包括东线、中线和西线三条调水线路。目前东线和中线工程已经完工，西线工程仍在规划中。

南水北调中线水源工程之一丹江口大坝加高工程，采用控制爆破技术拆除部分老坝体混凝土。混凝土拆除施工包括：混凝土坝段坝后混凝土结构拆除、局部坝体混凝土以及初期混凝土施工栈桥墩等建筑物混凝土拆除。具有拆除爆破影响控制难、爆破施工与其他施工项目相互干扰大、施工工期紧等特点。由于组织得当，施工技术和施工方法运用合理，本拆除工程施工按照工期计划要求完成，爆区附近新浇混凝土、爆区下游电站厂房及中控室、机电设备、爆区附近高压输电线路、爆区附近微波站等均未受到爆破拆除的影响。

在南水北调中线工程施工中，还有大量的隧洞开挖，大多采用了钻爆法施工。如中线京石段应急供水工程（石家庄至北拒马河段）中的釜山隧洞，采用双洞布置方案，两洞之间岩体厚度为18m，洞身采用圆拱直墙型断面（宽7.3m、高8.1m），总长2664m，采用钻爆法施工，开挖质量控制较好，超欠挖较少，加快了施工进度和节约了工程成本。

1.3 技术展望

我国是一个人均水资源贫乏的国家，水资源开发与利用仍然是我们水利工作者的重任。在水资源开发，特别是西部水资源开发中，有大量的爆破技术需要研究。例如，在古代西北一些地区民间所用的坎儿井、水窖等储水方式，是合理利用水资源的好经验。因此，能不能采用爆破技术，营造现代坎儿井、修洞建渠、构筑西北地区输水网络、实现区域内部跨流域调水，是西部水资源开发利用中的重要课题。

随着我国水电工程建设向西部推进，大多数水电工程都将建设在高山峡谷地区，在高山峡谷地区修建水电站面临诸多难题，例如高陡边坡和大型地下洞室群的开挖，在工程本身规模不断扩大的基础上，又面临复杂的地质条件和高地应力的施工环境。传统的爆破理念和爆破工艺面临巨大的挑战，需要采用精细爆破和智能爆破的理念与技术手段，实现安全、高效和绿色的爆破作业。

随着我国现代化建设的发展，爆破作业环境越来越复杂，对爆破安全的要求越来越高。不仅要严格控制爆破的振动、爆破冲击波、噪声、粉尘等影响，还要预防电干扰等对爆破作业的威胁，同时还要关注水土保持、环境保护等问题。虽然在上述领域已经取得长足的技术进步，但在工程实践中，往往提出新的要求，需要我们不断地去努力解决。

创新是爆破技术发展的源泉和动力。近几年来，爆破器材、钻孔技术、测量技术、安全技术等方面的研究发展很快，例如高精度导爆管雷管、电子雷管、现场炸药混装等，已在水利水电工程爆破中得到广泛应用。随着新一代信息技术的迅猛发展以及中国制造2025战略的不断推进，水利水电工程爆破也需要跟上步伐，逐步转型，不断将信息技术、智能技术与传统水利水电爆破深度融合，实现信息的互联互通，推进爆破数字化和智能化。

1.3.1　传统爆破

1.3.1.1　边坡开挖爆破

目前几乎所有的大、中型水电站露天开挖采用深孔台阶爆破法，并将其与预裂爆破、光面爆破和缓冲爆破等组合起来形成一套确保保留岩体质量的安全优质高效的开挖方法。

西部峡谷地区的高坝建设，地处高应力地区，地质条件更加复杂、工程规模更大。例如高边坡工程，无论是边坡的开挖高度、开挖坡度、开挖方量、开挖强度，都是前所未有的；小湾水电站高边坡的开挖高度达到 697m，且全部在卸荷岩体中开挖，月开挖强度超过 100 万 m³；溪洛渡水电站开挖边坡高度达 400m，近乎直立陡边坡。开挖爆破面临包括保留岩体的开挖成型和爆破影响控制等诸多难题。对于成型控制主要采用预裂爆破，但复杂地质和高地应力条件下的高边坡爆破及预裂爆破设计理论还有很多需要研究解决的地方；开挖爆破对保留岩体近区的损伤问题也一直没有得到很好的解决。因此，需要在了解复杂地质和高地应力条件下的岩体爆破特性的基础上建立精细爆破技术体系，建立复杂地质条件岩质高陡边坡开挖爆破方法与安全控制标准，研究避免或减小爆源近区岩体损伤和中远区振动影响的爆破方法。

1.3.1.2　深埋洞室群开挖爆破

国家重大工程建设及西部大开发中，面临复杂地质条件下修建大型水利枢纽工程、长距离输（调）水或交通隧洞等艰巨任务。白鹤滩、锦屏、乌东德、小湾和溪洛渡等大型水电工程，均涉及中高地应力的大跨度地下厂房洞室群开挖，岩壁梁及其洞室直立高边墙成型要求高，爆破振动控制严，堪称精细爆破的典范。

在地下爆破领域，对于高地应力和复杂地质条件下的大型地下洞室群、超长隧洞开挖和深部岩体开挖，重点研究合理的爆破开挖程序、爆破参数及爆破对围岩的损伤控制措施，并解决上覆围岩保护及渗流控制相关的安全问题。

1.3.1.3　保护层开挖爆破

水工建筑物基础开挖至今没有完全舍弃分层开挖这一严格规定，水利水电行业各主要设计、施工与科研单位都在为加快保护层开挖寻找新途径。孔底加柔性垫层一次爆除保护层法、水平预裂爆破取消保护层法、水平光面爆破法一次爆除保护层等新技术相继出现并得到推广应用。

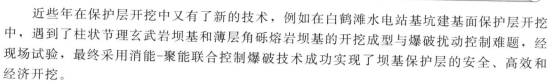

近些年在保护层开挖中又有了新的技术，例如在白鹤滩水电站基坑建基面保护层开挖中，遇到了柱状节理玄武岩坝基和薄层角砾熔岩坝基的开挖成型与爆破扰动控制难题，经现场试验，最终采用消能-聚能联合控制爆破技术成功实现了坝基保护层的安全、高效和经济开挖。

1.3.1.4 级配料开采爆破

用爆破法开采堆石坝级配料已在我国得到全面推广应用，主堆石级配料和过渡料均采用深孔台阶爆破法开采后直接上坝填筑。

对于堆石料开采爆破，应用现代信息技术的最新成果，研究并建立基于 GPS、GIS 和 RS 的爆破反馈设计理论与方法，完善机械化和信息化钻爆施工技术，努力实现高台阶深孔梯段爆破的精细化；重点研究复杂地质、地形和施工环境条件下的石方精细爆破技术，解决石方开挖、边坡成型与邻近建（构）筑物和设施设备保护等综合技术问题。

1.3.1.5 围堰及岩坎拆除爆破

我国目前的水电开发主要在西部，水利水电开发向高难度、巨型化发展，围堰拆除的难度也日益增大。需要重点解决被保护物的爆破安全控制标准、爆破振动控制、爆渣块度和爆堆成型、冲渣效果及过流、被保护物的安全防护等技术难题，从而形成整套满足过流条件又能保证导流洞、尾水洞围岩及附属设施安全的围堰控制爆破拆除技术，促进我国的围堰爆破拆除水平的进步。

1.3.1.6 起爆系统

起爆系统先后经历火雷管起爆、电雷管起爆、非电毫秒起爆和电子雷管起爆等阶段。我国水利水电系统主要采用基于非电毫秒起爆的接力起爆网路及孔内、孔间微差顺序起爆法。普通非电起爆系统，尽管具有安全可靠，便于操作，成本低廉的特点，但是雷管误差大，大规模的非电起爆网路中极易导致重段和串段；随着规模的增大，爆破有害效应的控制难度越来越大，提高起爆系统的精度是趋势和方向，我国公安部已明确提出了推广应用工业电子雷管起爆的时间表。

国内外工程应用证明，工业电子雷管起爆系统是一种全新的起爆系统，与以前的起爆系统相比，最大的进步就是做到了真正的精确毫秒级，给爆破方案选择、爆破参数设计和爆破施工都会带来一场革命。现阶段应加强性能可调控炸药和起爆、传爆器材的研制，开发工业电子雷管起爆系统和低能导爆索非电起爆系统。

1.3.1.7 爆破测试技术

爆破测试技术和爆破监测工作得到迅速发展，但是在传感器频响方面与国际先进产品仍有一定差距。现在工程爆破影响监测的要求更高，需要及时传输、即时分析、及时反馈监测信息。需要研制新型的爆破振动、冲击波和噪声测试仪器，实现爆破有害效应监测的便携化、自动化和信息化。特别需要研制宽频带、高精度振动传感器，以实现更精确测量。

在水利水电工程爆破行业，钻孔（包括钻孔地形测量、钻孔定位及孔斜控制技术）、装药、起爆、抛掷堆积控制、出渣、运输等机械化、信息化施工过程中，对应用智能爆破又有强烈的需求。需要研发快速便捷的爆破测试新技术，加强信息化爆破设计和施工的基础理论与应用关键技术研究，实现工程设计的智能化、可视化以及爆破施工的机械化、信息化。

工程爆破施工装备技术也需要创新配套。我国现有大中型露天深孔爆破的钻孔、装药、填塞、铲装、运输工序已实现了机械化作业，但仍需要发展卫星定位系统、测量新技术，实现配套推广、提高自动化程度。

此外，在抢险救灾和水利水电工程反恐等领域，对水利水电工程爆破技术提出了许多新的要求，如堰塞湖爆破快速分流技术、堤防防洪抢险爆破破堤分洪技术、水利水电工程反恐防爆技术等。

1.3.2 智能爆破的发展与展望

1.3.2.1 基本概念

智能爆破是将物联网、大数据、云计算等新一代信息技术及人工智能技术与爆破设计、施工、管理、服务等生产活动的各个环节相融合，建立具有信息深度自感知、智慧优化自决策以及精准控制自执行等功能特性的计算机综合集成爆破技术，解决人类专家才能处理的爆破问题，达到安全、环保、优质、高效的工程目的。

（1）爆破设计。建立露天（地下）爆破智能化设计系统，综合利用面向对象技术、地理信息系统、虚拟现实技术、多维数据库理论和地质统计学方法，进行现场条件下的爆破参数设计、爆破过程的数值模拟和爆破效果预测。

（2）爆破器材管理。爆破器材智能管理中的重要组成部分——智能追溯系统，主要包括爆破器材追溯管理、追溯应用子系统、全生命周期检验监控管理、重点场所视频监控管理和爆破器材流通监管等内容。

（3）爆破现场监测管理。爆破全程智能监控系统是爆破现场智能监测管理的重要组成部分，采用物联网技术的爆破全程智能监控系统是实现爆破安全的又一大重要举措。

（4）爆破振动监测与分析。系统建立"测振网格"，采用计算机网格技术使得分布在各地的测振工作站可实时进行数据交换，共同完成爆破测振计算任务的自动分析和处理，使计算处理的速度大大提高。

1.3.2.2 技术框架

智能爆破依托物联网建立其总体架构，主要由感知层、传输层和应用层构成。

物联网就是"物物相连的智能互联网"，具有三层意思：①物联网的核心和基础仍然是互联网，是在互联网基础上的延伸和扩展的网络；②物联网用户端延伸和扩展到任何物品与物品之间，进行信息交换和通讯；③物联网网络具有智能属性，可进行智能控制、自动检测和自动操作。物联网的技术涉及感知、传输、应用及系统集成等四类技术。

感知层主要任务是对物体静（动）态属性信息的及时、全面感知。感知层通过条码、射频识别、传感器、工业仪表等内在的采集设备获取信息。感知技术和设备正向多功能、低功耗、小型化、高可靠、低成本及多传感器信息融合方向发展。

传输层主要任务是基于多网融合化的网络实现物联网信息的可靠传输。传输层通过无线或有线模式，将信息传输到中央数据库中，建立海量的数据储备。应用层是将海量数据进行分类、整理、挖掘分析，建立各种算法，优化制度，应用在各种专业领域。传输技术和设备正继续向高安全、高可靠、多媒体、高带宽、融合化方向发展。

应用层主要任务是通过对物联网信息的处理实现对物联网世界中物体的识别、定位、跟踪、运算、监控、管理。应用层由应用支撑子层和应用子层构成。应用支撑子层主要包括信息开放平台、云计算平台和服务支撑平台等信息平台。信息处理技术与设施正向智能化、普适化、高效能方向发展。应用子层主要包括爆破器材智能管理、爆破现场智能监测管理和爆破振动智能监测与分析等智能应用系统。

集成平台主要任务是支持上述三层中各类设备（系统）间信息、知识、过程的集成协同和安全处理。集成平台技术正向服务化、协同化、标准化、高安全方向发展。

1.3.2.3　智能爆破应用系统

1. 爆破智能设计系统

（1）智能设计前提。主要包括三维可视化仿真与信息管理、安全控制标准建立及通过试验确定各类爆破参数。三维可视化仿真与信息管理，主要包含：智能化爆破安全监测三维可视化仿真大数据管理，水利水电工程施工数字化工程建模，根据爆破施工信息的时空特性，建立符合施工过程动态管理的三维可视化、数字化建模方法，建立高效、易用的三维数字化工程动态管理的数据体系；爆破作业三维可视化场景仿真，包括设计开挖面（体）、实际爆破作业面（体）、超（欠）场景可视化仿真，爆破计划与爆破动态过程的三维可视化管理、爆破作业流程与状态的可视化显示、爆破安全控制标准的可视化管理、爆破作业场所安全时间和安全范围的可视化管理、爆破场所职业健康环境条件的三维可视化管理、爆破工程实时场景三维漫游技术等。此外还需确定不同保护对象的安全控制标准，通过试验获得不同岩体类别、不同开挖部位、不同炮孔类型的爆破参数。

（2）智能设计内容。主要包括爆破参数及装药结构设计、起爆网路设计、安全复核、安全警戒设计、爆破效果与爆破有害效应的预测预报等。爆破设计者只需给出开挖部位及岩体类别，就可自动给出推荐的爆破参数（孔径、台阶高度、钻孔角度、孔深及炮孔布置）；还能自动确定出保护对象距离爆区的距离及相应的爆破安全控制标准，并根据爆破振动传播规律计算允许单段起爆药量；根据单孔药量及孔深给出装药结构；根据炮孔布置平面图及最大单段允许药量、单孔药量，给出推荐的起爆网路；对所有可能的爆破有害效应均进行自动复核等。

（3）信息反馈。爆破后，现场人员将爆破效果等及时反馈，通过约定的反馈信息评价体系，来决策是否对试验获得的参数进行适当调整，以便更好地指导后续设计。根据实测爆破有害效应值，实时修正前期爆破有害效应预报模型。

2. 爆破器材智能管理

（1）爆破器材追溯管理。爆破器材追溯管理系统围绕重点爆破器材流通中的商品及经营者，以其产品的生产经营企业信息采集系统为基础，整合企业现有信息资源，通过对基础数据的采集、整合、处理、存储，建立"行业级爆破器材流通追溯管理系统"，包括原料信息追溯管理系统、市场信息追溯管理系统、爆破器材流通追溯体系管理平台。

（2）行业级爆破器材追溯平台。统一建设技术标准，应用物联网、5G等新技术，实现平台建设的互联互通、成本可控及信息无线移动化，打造涵盖所有爆破器材的一站式爆破器材追溯平台。

追溯应用子系统包括爆破器材追溯模型管理、爆破器材交易信息管理、跟踪与追溯管理和召回管理等内容。

（3）全生命周期检验监控综合管理。爆破器材在生产流通的过程中，需要经历相关部门的检验，只有在所有检验都符合要求时，爆破器材才是符合流通条件的安全爆破器材。对爆破器材生产、加工、批发、零售、使用等环节中进行全生命周期检验监控管理，相关部门需要对检验监控信息进行统一标准、统一采集、统一管理，实现检验监控信息全产业链管理，安全预警与联合执法。

（4）重点场所视频监控管理。重点建立视频监控网络，对爆破器材生产、加工、配送企业进行实时监控。在生产、加工环节，可以对重点爆破器材生产加工企业的重点生产加工工序安装视频监控设备，或使用企业现有的视频监控设备，并接入到爆破器材安全信息共享交换平台，使得企业和相关监管部门可以实时监控生产加工过程。在流通环节，可以对重点流通场所安装视频监控设备，或使用企业现有的视频监控设备，接入到爆破器材安全信息共享交换平台，使得企业和相关监管部门可以实时监控重点流通场所的爆破器材流通过程。在使用环节，爆破器材使用过程是视频监控的重点，可以在爆破现场安装视频监控设备，或使用企业现有的视频监控设备，接入到爆破器材安全信息共享交换平台，使得企业和相关监管部门可以实时监控爆破现场的重点相关区域。

（5）爆破器材流通监管。建立爆破器材企业综合管理系统，对爆破器材生产企业流通进行监管，争取做到对所有爆破器材电子监管码的全覆盖。从生产、流通、运输、储存直至配送的全过程都处在爆破器材监管部门的监控之下。实时查询每一盒、每一箱、每一批重点爆破器材生产、经营、库存以及流向情况，如果有问题时可以迅速追溯和召回。对存在可疑和隐患的情况进行信息预警。爆破器材监管和稽查人员可以通过移动执法系统便利地在现场适时稽查。

3. 爆破现场智能监测管理

爆破现场智能监测管理主要依赖爆破全程智能监控系统。采用物联网技术的爆破全程智能监控系统是实现爆破安全的一大重要举措。

爆破全程智能监控系统的构成及工作原理：主要由数据采集器、连锁起爆器、智能化数据处理中心站三部分构成；通过智能系统的运作，使爆破管理真正实现了信息化、标准化和流程化。

（1）数据采集器。智能数据采集器采集爆破作业工作参数，并与作业标准对照，自动找出违章事件并报警，使现场的安全员第一时间发现违章事件。

（2）连锁起爆器。连锁起爆器钥匙有闭锁和爆破两把，由爆破员与安全员分别携带，只有当起爆器同时插入两把钥匙时才能爆破。连锁起爆器使爆破员和安全员的工作相互配合、互为补充，杜绝了违规爆破，确保了爆破安全。

（3）智能化数据处理中心站。数据采集完成后，安全员将采集器数据直接传输到智能化数据处理中心站。中心站接收到数据后，可对数据进行分析处理，并实现网络报警、自动打印"爆破时控卡"、监督管理连锁、网络签字和网络查询等功能。

爆破全程智能监控系统技术实现了爆破全程监控，其主要作用体现在爆破过程流程化管理、管理人员远程监督一线爆破人员、简化上报时控卡程序和自动检索爆破违规现象等方面。系统全面实现了过程数字化、网络化和智能化管理，确保爆破工作的每个细节都得到监督和控制，爆破监管人员可远程指导和改进爆破管理工作，大大提升安全管理水平，具有较大的应用推广价值。

4．爆破振动智能监测与分析

根据现场爆破振动测试仪器的新要求，采用基于物联网技术的爆破振动无线监测系统，该系统包括多个检波器、爆破记录仪、中央服务器和终端监测管理系统，能够远程实时监控多个工程爆破点。在爆破现场安装检波器，接收爆破振动并转化为电信号，传输至爆破记录仪。爆破数据处理后由记录仪中内置的无线传输模块传输到中央服务器，在中央服务器进行解码处理得到所需数据。爆破数据在中央服务器中统一管理和存储，用户通过因特网在线登陆终端监测管理系统，获取爆破现场的数据资料。无线传输与有线传输网络相比，结构简单、施工容易、工作量少、组网灵活、综合成本低、可扩展性好。爆破记录仪内嵌 RFID 和 GPS 两个模块，用于爆破设备的认证，爆破时的卫星定位和精确定时，能够精确监控每次爆破的时间地点。爆破数据由爆破记录仪多路信号并行采集并处理。满足数据实时性是爆破数据传输的重点和难点。无线传输模块通过 GPRS、CDMA、EDGE、4G、5G、Wi-Fi 网络进行传输，爆破数据由指定服务器接收。

早在 2011 年，中国工程爆破协会为了检验爆破远程测振系统功能，选择四川宜宾向家坝水电站二期纵向围堰拆除爆破振动数据，进行远程实时上传和处理试验。当年 11 月 10 日，长江水利委员会长江科学院实施了向家坝水电站二期纵向围堰拆除爆破，采用测振仪现场采集爆破振动数据，通过爆破测振数据转发器将远在千里之外的围堰拆除爆破振动数据实时上传到爆破远程测振系统，并利用测振网格快速完成测振数据的分析处理。整个数据上传和处理的过程仅历时不足 3min。爆破远程测振系统的成功应用标志着我国爆破行业的信息化工作上了一个新台阶。目前，在线监测振动数据实时上传已实现，下一步需实现所有爆破有害效应在同一系统中上传，通过大数据分析对上传数据进行去伪留真，同时服务于大众。

参 考 文 献

[1] 齐金铎. 现代爆破理论 [M]. 北京：冶金工业出版社，1996.

[2] HUSTRULID W. Blasting principles for open pit mining [M]. Colorado：CRC Press，1999.

[3] 杨军，金乾坤，黄风雷. 岩石爆破理论模型及数值计算 [M]. 北京：科学出版社，1999.

[4] 张西前. 节理岩体边坡爆破动力稳定性分析研究 [D]. 西安：西安理工大学，2006.

[5] ANG K K. Finite Element Analysis of Wave Propagation Problems [R]. Sydney：University of New South Wales，1986.

[6] 邹定祥. 计算露天矿台阶爆破块度分布的三维数学模型 [J]. 爆炸与冲击，1984，4 (3)：48-59.

[7] MARGOLIN L. 破坏的数值模拟 [C]//中国长沙岩石力学工程技术咨询公司. 第一届爆破破岩国际会议论文集. 长沙：长沙铁道出版社，1983：203-210.

[8] 刘殿书. 岩石爆破破碎的数值模拟 [D]. 北京：中国矿业大学，1992.

[9] DOWDING C H，AIMONE C T. Multiple blast-hole stresses and measured fragmentation [J]. Rock Mechanics and Rock Engineering，1985，18 (1)：17-36.

[10] 刘殿书，于滨，杜玉兰，等. 岩石爆破损伤模型及其研究进展 [J]. 工程爆破，1999，5 (4)：78-84.

［11］ 庙延钢，王文忠，王成龙. 工程爆破与安全［M］. 昆明：云南科技出版社，2001.

［12］ GRADY D E，KIPP M E. Continuum modeling of explosive fracture in oil shale. International Journal of Rock Mechanics and Mining Sciences & Geomechanics Abstracts，1980，17：147－157.

［13］ MUNJIZA A，OWEN D R J，BICANIC N. A combined finite－discrete element method in transient dynamics of fracturing solids ［J］. Engineering Computations，1995，12 (2)：145－174.

［14］ 冯春，李世海，马照松，等. CDEM 数值方法及其在爆炸冲击领域的应用 ［C］// 第五届全国强动载效应及防护学术会议暨复杂介质/结构的动态力学行为创新研究群体学术研讨会论文集. 中国力学学会爆炸力学专业委员会，中国兵工学会爆炸与安全技术专业委员会，2013：433.

［15］ MOHAMMADI S，POOLADI A. A two－mesh coupled gas flow－solid interaction model for 2D blast analysis in fractured media ［J］. Finite Elements in Analysis and Design，2012，50：48－69.

［16］ YANG P，XIANG J，CHEN M，et al. The immersed－body gas－solid interaction model for blast analysis in fractured solid media ［J］. International Journal of Rock Mechanics and Mining Sciences，2017，91：119－132.

［17］ 张正宇，等. 现代水利水电工程爆破 ［M］. 北京：中国水利水电出版社，2003.

［18］ 汪旭光，郑炳旭，张正忠，等. 爆破手册 ［M］. 北京：冶金工业出版社，2010.

［19］ 谢先启，卢文波. 精细爆破 ［J］. 工程爆破，2008，14 (3)：1－7.

［20］ 张正宇，等. 水利水电工程精细爆破概论 ［M］. 北京：中国水利水电出版社，2009.

第2章 爆破基础理论

CHAPTER ❷

2.1 爆破作用原理

2.1.1 岩石爆破

炸药在岩石中爆炸，是一个高温、高压、高速的瞬态过程，岩石在爆破作用下呈现动态特征。

2.1.1.1 岩石爆破经典理论

岩石爆破经典理论主要包括爆轰气体膨胀破坏理论、冲击波反射破坏理论、气体膨胀和冲击波共同作用理论。

1. 爆轰气体膨胀破坏理论

这种理论认为，爆破时岩石的破坏主要是由于装药空间内爆炸气体产物的准静态作用造成的剪切作用而造成的，即爆轰气体产物的膨胀作用，用以克服介质的阻力，使岩石质点发生移动，并在阻力最小的方向质点运动速度最大，在偏离这一方向的岩石质点位移量逐渐减小，从而使岩石受到剪切作用。

2. 冲击波反射破坏理论

这种理论认为，爆破时岩石的破坏主要是由于自由面上应力波反射产生的拉伸波造成的。当炸药爆炸产生的高温高压气体以冲击波的形式向岩石中传播，随后衰减为应力波，当应力波传到岩石自由表面时，由于反射作用产生拉应力，而岩石的抗拉强度比其抗压、抗剪强度小很多，故较易产生拉伸破坏。

3. 气体膨胀和冲击波共同作用理论

这种理论认为，爆轰气体膨胀对岩石造成的剪切作用和爆炸冲击波的传播及其反射引起的拉伸等复杂应力状态都是岩石爆破破坏的重要原因。但是爆炸气体产物膨胀的准静态能量，是破碎岩石的主要能源。冲击波作用的重要性则与所破坏的介质特性有关。苏联的A. H. 哈努卡耶夫（А. Н. Ханукаев）根据岩石波阻抗将岩石分为以下 3 类：

第一类，高阻抗岩石，波阻抗为 $10 \times 10^6 \sim 25 \times 10^6$（含 10×10^6）$kg/(m^2 \cdot s)$。例如致密而完整的坚硬岩石，在爆破过程中以应力波反射拉伸破坏为主。

第二类，中等波阻抗岩石，波阻抗为 $5 \times 10^6 \sim 10 \times 10^6$（含 5×10^6）$kg/(m^2 \cdot s)$。这

类岩石虽然坚硬，但裂隙较发育，例如大理石、石灰岩、砂岩等。这类岩石在爆破过程中，应力波反射拉伸和爆轰气体推力都起作用。

第三类，低波阻抗岩石，波阻抗为 $2\times10^{6}\sim5\times10^{6}$（含 2×10^{6}）$kg/(m^{2}\cdot s)$。这类岩石较松软，如泥灰岩、土壤等。这类岩石在爆破过程中，爆轰气体的准静态膨胀起主要作用。

气体膨胀和应力波共同作用的观点，更切合实际情况，为大多数研究者所接受。其破坏作用原理如下：

（1）在应力波作用下，岩体内形成初始裂隙网络。

（2）应力波到达自由面发生反射，在反射拉伸波作用下，自由面表面岩石可能发生片落。

（3）气体渗入应力波形成的径向裂隙中起气楔作用，增大了裂隙前端岩石内的拉应力，裂隙继续扩展，直至把岩石抛掷出去。

对于不同性质的岩石和不同的爆破目的，可以选择合适的爆破作用应力波强度和爆炸气体作用时间，以达到良好的爆破效果。例如，对坚硬岩石要得到好的爆破效果，就需要提高炸药爆炸在岩石中产生的应力强度并保持足够的爆炸气体作用时间。对于料场开采，若不希望过分粉碎或石材受到损伤，应当降低冲击波应力值，并延长爆炸气体作用时间。

2.1.1.2　无限岩石介质中的爆破现象

集中药包在无限介质中爆炸，炸药在极短的时间内，转化为气体状态的爆炸产物，体积增加千倍左右，压力高达 $1\sim10GPa$，温度达 $2000\sim5000℃$，冲击波速度高达每秒数千米，并以动压力的形式作用于药包周围岩体。在爆炸的同时，巨大的爆炸能量自药包中心以球面扩展方式传递给周围介质，使介质产生各种不同程度的破坏，并产生振动现象，称为爆破的内部作用（见图 2.1-1）。

药包在岩体中爆炸后，爆轰波和高温、高压爆炸气体迅速膨胀作用在孔壁上，介质直接承受药包爆炸而产生的巨大冲击作用，受到超高压冲击荷载的岩体呈塑性状态甚至流动状态，一定范围内坚硬的岩石产生粉碎性破坏；若介质为塑性岩石（黏土质岩石、凝灰岩、绿泥岩等），则药包近区岩石被压缩成致密的、坚固的硬壳空腔，即爆腔；在这个区域外侧有一个变形较高的区域，岩体受强烈三向压缩作用，使岩体结构产生粉碎性破坏，形成粉碎区。对大多数岩石，粉碎区一般只有药包半径的几倍。

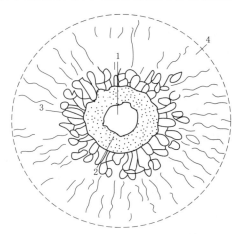

图 2.1-1　爆破内部作用示意图

1—爆腔；2—粉碎区；3—破裂区；4—振动区

随着冲击波的向外传播，其强度逐步下降，冲击波衰变为压应力波，岩体径向受压、切向受拉。当应力波引起的径向应力低于岩石的抗压强度时，岩石不再被压坏；但切向拉应力大于岩石的抗拉强度时，岩石被拉断，产生径向裂隙。继应力波之后，爆炸气体充满爆腔，以准静压力的形式作用在空腔壁和并楔入径向裂隙，使径向裂隙继续扩展和延伸。

受冲击波、应力波的强烈压缩作用，岩石积

蓄弹性变形能。当破裂区形成、径向裂隙张开、爆腔内爆炸气体压力下降到一定程度时，岩石积蓄的弹性变形能开始释放，并转变为卸载波向爆源中心传播，产生了与压应力波方向相反的向心拉应力波。当此拉伸应力波的拉应力值大于岩石的抗拉强度时，岩石拉断，形成爆腔周围岩石中的环状裂隙。径向裂隙和环向裂隙的相互交错，将岩石割裂成块，形成破裂区。

破裂区以外的岩体中，由于应力波引起的应力状态和爆轰气体压力建立起的准静态应力场均不足以使岩石破坏，只能引起岩石质点做弹性振动，这个区域叫作振动区。离爆炸中心愈远，振动的幅度愈小。

以上所述的粉碎区、破裂区和振动区之间并无明显、截然分开的界线，各区的大小与炸药的性质、装药量、装药结构以及岩体力学特性有关。

2.1.2 爆破漏斗理论

当药包埋置在靠近地表时，药包爆破后除产生内部破坏作用以外，还会在地表产生破坏作用。当药包爆炸后，压缩应力波到达自由面时，产生反射拉伸应力波。当拉伸应力波峰值大于岩石抗拉强度时，岩石被拉断，随着反射拉伸波传播，岩石将从自由面向药包方向形成"片落"破坏。从自由面反射回岩体中的拉伸波，即使它的强度不足以产生"片落"，但是反射拉伸波同径向裂隙末梢处的应力场相互叠加，也可使径向裂隙向前延伸。随着爆破气体产物不断膨胀，岩体内裂缝继续扩展，使岩体表面向上隆起，形成鼓包。当最小抵抗线继续减小时，爆破产生的能量使鼓包破裂，爆破产生的残余气体裹挟破碎岩块，形成岩块抛掷及爆破漏斗，多余的爆炸气体能量以空气冲击波的形式在空气中传播，产生巨大声响，并使个别碎块进一步飞离爆堆，形成飞石，表现出爆破外部作用。

2.1.2.1 集中药包的爆破漏斗

炸药在有限深度岩体中爆破时，如果药包具有使部分介质逸出临空面的内能，往往形成倒立圆锥形的爆破坑，称为爆破漏斗（见图 2.1-2）。

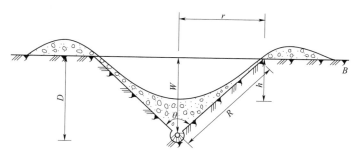

图 2.1-2 爆破漏斗

置于自由面下一定距离的球形药包爆炸后，形成爆破漏斗的几何参数如下：

（1）自由面：被爆破岩石与空气接触的面称之为自由面或临空面。

（2）最小抵抗线 W：自药包中心到自由面的最短距离，即表示爆破时岩石阻力最小的方向，因此，最小抵抗线是爆破作用和岩石移动的主导方向。

（3）爆破漏斗半径 r：爆破漏斗的底圆半径。

（4）（爆破作用半径）R：药包中心到爆破漏斗底圆圆周上任一点的距离，简称破裂半径。

（5）爆破漏斗深度 D：自爆破漏斗尖顶至自由面的最短距离。

（6）爆破漏斗可见深度 h：自爆破漏斗中岩堆表面最低洼点到自由面的最短距离。

（7）爆破漏斗张开角 θ：爆破漏斗的顶角。

在爆破工程中，将爆破漏斗半径 r 和最小抵抗线 W 的比值定义为爆破作用指数 n，即

$$n = r/W \tag{2.1-1}$$

根据爆破作用指数 n 值的不同，爆破漏斗有如下 4 种基本形式：

（1）标准抛掷爆破漏斗：爆破漏斗半径 r 与最小抵抗线 W 相等，即爆破作用指数 $n = r/W = 1.0$，漏斗张开角 $\theta = 90°$，形成标准抛掷爆破漏斗的药包称为标准抛掷爆破药包。

（2）加强抛掷爆破漏斗：爆破漏斗半径 r 大于最小抵抗线 W，即爆破作用指数 $n > 1.0$，漏斗张开角 $\theta > 90°$，形成加强抛掷爆破漏斗的药包称为加强抛掷爆破药包。

（3）减弱抛掷爆破（又称加强松动爆破）漏斗：爆破漏斗半径 r 小于最小抵抗线 W，即爆破作用指数 $1 > n > 0.75$，漏斗张开角 $\theta < 90°$。

（4）松动爆破漏斗：药包爆破后只使岩石破裂，几乎没有抛掷作用，从外表看，不形成可见的爆破漏斗。此时的爆破作用指数 $n \leqslant 0.75$。

2.1.2.2　延长药包的爆破漏斗

传统上，按药包长径比（药包长度与其直径的比值）的不同可将药包分为集中药包（长径比不大于 4）和延长药包（长径比大于 4）。

与球形集中药包相比，延长药包的爆炸作用有两个明显的特点：一是冲击波阵面是柱面波，其能量在垂直药包轴线方向扩散，能流密度随距离的平方衰减，在均匀介质中，其爆炸效应的表现特征和物理量具有轴对称特点；二是在不计重力和黏聚力等作用条件下，其爆炸作用也遵循几何相似律，且基本上符合平方根定律，即有 $\dfrac{R_2}{\sqrt{q_2}} = \dfrac{R_1}{\sqrt{q_1}}$，其漏斗特征量和应力波参数仅是比例距离 $\overline{R}_c = \dfrac{R_c}{\sqrt{q}}$ 的函数。

在爆破漏斗形态上，球形集中药包漏斗呈倒立圆锥形，延长药包漏斗形状为中上部平直、下端衔接近似于半球形的封闭曲面。从漏斗表面状态观察，两种药包在相同的设计爆炸作用指数时其径向形状基本相似；爆破漏斗纵剖面随埋深的变化，两种药包也很相似。

2.1.2.3　利文斯顿爆破漏斗理论

利文斯顿根据岩石爆破效果与能量平衡的关系，将岩石爆破时变形和破坏形态分为弹性变形、冲击破裂、碎化破坏和空中爆炸等 4 种类型。炸药爆炸后，爆炸能量消耗在岩石的弹性变形、破裂与破碎、岩块的抛掷与飞散以及空气冲击波与噪声等方面。随着药包深度的变化，消耗在各方面的能量所占比例也不同。利文斯顿爆破漏斗的临界深度和最佳深度等关键参数计算如下：

1. 临界深度

使药包爆破破坏刚好由内部爆破作用转为松动爆破作用的最大埋置深度称为临界深度，用 h_b 表示。

$$h_b = E\sqrt[3]{Q} \tag{2.1-2}$$

式中　Q——药包重量，kg；

　　　E——岩石的应变能系数，m/kg$^{1/3}$。

2. 最佳深度

使爆破漏斗体积达到最大值时的药包埋置深度称为最佳深度。

最佳深度炸药爆炸能量中，消耗于破碎岩石的能量比最大，而消耗于岩石的抛掷及空气冲击波和声响等方面的能量比较小，因此，爆破能量有效利用率为最大。

药包深度与临界深度之比称为深度比，最佳深度与临界深度之比称为最佳深度比，最佳深度 h_0 为

$$h_0 = \Delta_0 h_b = \Delta_0 E\sqrt[3]{Q} \tag{2.1-3}$$

式中　Δ_0——最佳深度比，根据试验，Δ_0 随岩石性质不同而异，通常脆性岩石取 0.5～0.55，软弱岩石取 0.9～0.95。

3. 爆破漏斗特性曲线

为了更全面地表示漏斗的特性并消除由 Q 变化而引起的曲线变化，将 V/Q 即"单位质量炸药所爆下的岩石体积"作为纵坐标，各任意深度 h_y 与临界深度 h_b 之比——深度比 Δ 作为横坐标，对一定岩石可以得出 V/Q-Δ 曲线，如图 2.1-3 所示。

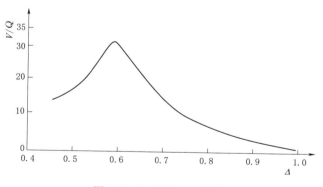

图 2.1-3　V/Q-Δ 曲线

通过漏斗试验，可以求出 E 及 Δ_0，当现场所用药量 Q 为已知时，则由式（2.1-3）很容易求出最佳深度 h_0。以此为爆破最小抵抗线，可获得最好的爆破效果。

2.1.3　爆破装药量计算

由于岩体的复杂性，一般仍沿用体积法来计算装药量 Q。

2.1.3.1　装药量计算公式

在一定的岩石炸药匹配条件下，爆破的土石方体积同所用的装药量成正比，即

$$Q = qV \tag{2.1-4}$$

式中　Q——装药量，kg；

　　　q——炸药单耗，即破碎单位体积岩石的炸药消耗量，kg/m^3；

　　　V——爆破漏斗体积，m^3。

炸药单耗包含将被爆岩体与保留岩体切断、破碎和将它抛掷至一定范围堆积起来所需的炸药量。U. 兰格福斯认为，装药量 Q 与抵抗线 W 的关系以式（2.1-5）表示：

$$Q = K_2 W^2 + K_3 W^3 + K_4 W^4 \tag{2.1-5}$$

式中　K_2、K_3——与岩石的弹塑性有关；

　　　K_4——与重力有关。

在垂直孔台阶爆破中，对于一般花岗岩，式（2.1-5）可由式（2.1-6）表述：

$$Q = 0.07 W^2 + 0.35 W^3 + 0.004 W^4 \tag{2.1-6}$$

式（2.1-5）是岩石爆破力学理论中最基本的公式，其适用范围很广。其中各项都有明确的物理意义。第一项表示克服张力形成断裂面所需要的能量；第二项代表符合相似定律的部分，表示介质体积变形所需要的能量；第三项表示介质克服重力场所需要的能量。

分析表明：①当 $0.1\text{m} \leqslant W \leqslant 1.0\text{m}$ 时，式（2.1-6）中的第一项占总能量的 16% 以上，是不能忽略的，抵抗线小、炸药单耗高就是这个道理；②当 $W > 20.0\text{m}$ 时，第一项占总能量的比例小于 1%，可以忽略，而第三项则上升到占总能量的 18% 以上，不能忽略；③当 $1.0\text{m} < W \leqslant 20.0\text{m}$ 时，爆破装药量可以不考虑岩石重力和黏聚力的影响，主要用于使介质体积变形所需要的能量，其药量计算公式可以只采用第二项，即

$$Q = k_3 W^3 \tag{2.1-7}$$

式（2.1-7）是工程爆破常用的体积药量计算公式。

对于集中药包抛掷爆破，其药量计算通式为

$$Q_{抛} = f(n)KW^3 = (0.4 + 0.6n^3)KW^3 \tag{2.1-8}$$

式中　$f(n)$——爆破作用指数函数，当 $n > 1$ 时，为加强抛掷爆破；当 $n = 1$ 时，为标准抛掷爆破；当 $n < 1$ 时为减弱抛掷爆破；

　　　K——标准炸药单耗，与被爆岩体性质有关。

松动爆破装药量的计算公式为

$$Q_{松} = (0.33 \sim 0.35)KW^3 \tag{2.1-9}$$

当最小抵抗线大于 20m 时，采用以下修正公式：

$$Q = (0.4 + 0.6n^3)\sqrt{\dfrac{W}{20}}KW^3 \tag{2.1-10}$$

根据我国工程实践经验，当最小抵抗线不大于 25m 时可以不修正，最小抵抗线大于 25m 时，宜采用式（2.1-11）计算：

$$Q = (0.4 + 0.6n^3)\sqrt{\frac{W}{25}}KW^3 \qquad (2.1-11)$$

柱状装药量计算原理与集中药包装药量计算相同，即抛掷爆破装药量为

$$Q = KVf(n) \qquad (2.1-12)$$

松动爆破装药量为

$$Q = (0.33 \sim 0.6)KV \qquad (2.1-13)$$

2.1.3.2 爆破炸药单耗计算方法

岩石爆破破碎过程实际上是使岩石块度变小的过程，其实质是使单位体积岩石表面积增大的过程。爆破炸药单耗则分"体积单耗"及"表面积单耗"，体积单耗是炸除单位体积岩石所消耗的能量，表面积单耗是使单位体积岩石表面积增大所消耗的能量，通常所讲的炸药单耗均是体积单耗。

炸药单耗不仅影响岩石破碎块度、岩块飞散距离和爆堆形状，而且影响每个爆破施工循环的有效进尺、钻孔工作量、劳动生产率、材料消耗、施工成本、围岩稳定性等。因此，合理确定炸药单耗具有十分重要的意义。

炸药单耗与多种因素有关，其中主要有：岩石物理力学性质、炸药性质、药卷直径和炮孔直径、炮孔深度等。因此，要精确计算炸药单耗是很困难的，现有的理论或经验计算公式都是近似的，计算结果还需通过试验调整。

目前存在许多计算炸药单耗的经验公式，这里列出其中两种隧洞开挖爆破设计时炸药单耗计算公式。

1. 修正的普氏公式

该公式具有下列简单的形式：

$$q = 1.1K_e\sqrt{\frac{f}{S}} \qquad (2.1-14)$$

其中

$$K_e = \frac{525}{P} \qquad (2.1-15)$$

式中　　q——炸药单耗，kg/m^3；

　　　　f——岩石坚固性系数；

　　　　S——隧洞断面面积，m^2；

　　　　K_e——考虑炸药爆力的校正系数；

　　　　P——所用炸药的爆力。

2. 明捷利公式

除岩石坚固性、隧洞断面面积和炸药爆力外，明捷利还通过大量试验，研究了装药直径、炮孔深度、装药密度对炸药单耗的影响，并在试验基础上提出了下列计算炸药单耗的经验式：

$$q = \left(\sqrt{\frac{f-4}{1.8}} + 4.8 \times 10^{-0.15S}\right)cK\varphi e \qquad (2.1-16)$$

式中 c——考虑装药直径的系数；

  K——考虑炮孔深度的系数；

  e——炸药爆力校正系数，爆力为 360mL 时，校正系数 $e=1$；

  φ——装药密度的校正系数，在通常的装药条件下，$\varphi=0.78\sim0.8$。

2.1.4 爆破块度及抛掷堆积计算

2.1.4.1 爆破块度

爆破块度是定量评价爆破质量的重要指标。在水利水电工程中，满足合理块度分布的填筑石料是堆石坝能达到各项质量要求的根本保证。

爆破块度分布的影响因素主要为地质因素和爆破孔网参数两方面。岩体性质在某种程度上决定其可爆性，岩体结构面对爆破后岩体块度分布有着重要影响，对一些粒径的爆破岩块来讲更有着决定性的影响。爆破孔网参数对爆破块度的影响主要表现在抵抗线、排间距、装药结构、填塞长度及台阶高度等对其的影响。

在单位炸药消耗量大体不变的条件下，爆破平均块度随着抵抗线减小而减小。抵抗线和排距确定后，孔间距的选择对于块度分度的影响很大。

堆石坝级配料中的细料，一般依靠炮孔内药包周围的压缩破坏来获得，当要求提高堆石坝填筑料中的细料含量时，耦合装药是必备条件之一。

填塞长度与装药长度的比值对爆破块度分布有着重要的影响，孔口填塞段是产生大块的主要部位之一。

岩体爆破块度模型，按其所应用的理论和方法可划分为三类：应力波模型、分布函数模型和能量模型。

1. 应力波模型

这类块度预测模型以应力波在岩体中传播规律为基础，将岩体划分成单元，计算单元岩体内的应力、应变状态以及应力波能量，根据不同的岩体爆破理论分析其爆破机理，并将之应用于块度的预测计算。其共同之处是爆破机理与块度预测相联系，属于理论模型。

（1）Harries 模型。由澳大利亚 G. 哈里斯（G. Harries）于 20 世纪 70 年代初提出，将岩体视为以炮孔为中心的厚壁圆筒，爆炸应力波的传播使得与炮孔轴线垂直的平面内岩石质点产生径向位移，当由径向位移引起的切向应变值超过岩石动态极限抗拉应变值时，岩体中形成径向裂缝。裂缝的初始方位预先规定三个固定方向和一个随机方向，裂缝长度由计算确定，两条相邻裂缝间的距离即是爆破岩块的线性尺寸。

（2）BMMC 模型。马鞍山矿山研究院邹定祥等人于 1982 年提出，把台阶岩体均匀地划分成有限个单元，根据应力波理论计算出应力波能量在台阶岩体内的三维分布。假定单元岩体的应力波能量全部转化为岩体破坏形成新表面的表面能，且每个单元岩体均匀地破碎成线性尺寸相同的碎块，由此求出均质岩体爆破时线性尺寸的 $x_j \leqslant x_i$ 碎块筛下累积率 $F(x_j \leqslant x_i)$。

（3）BCM 模型。BCM 模型是由美国 L. G. 马戈林（L. G. Margolin）等人提出的一种层状裂缝模型，可对岩体中的应力波传播、破坏与破碎进行计算模拟，通过炸药类型、炮孔排列方式和炮孔间距以及炮孔起爆时差控制爆破块度分布。此模型将爆区划分成若干单元，并假定单位体积内的裂缝数目服从负指数分布。

（4）能流分布的三维数学模型。1987年马鞍山矿山研究院刘为洲等人从研究炸药爆炸产生的应力波能量在台阶岩体中的分布规律出发，引入Bond破碎功理论，建立了一个计算块度分布的数学模型。将台阶岩体划分成若干单元，计算炮孔壁处的单元应力张量和单元比能，按应力波在岩体中传播时的能量衰减规律，求得岩体内各单元的比能量。假定Bond功指数在岩体爆破中保持不变的前提下，得到了爆后各单元的块度尺寸。

2. 分布函数模型

这类模型的特点是通过块度分布函数（主要是R-R分布）对爆破块度进行预测，不考虑爆破机理，属于经验模型。各模型都通过不同的途径在爆前求得R-R分布函数的两个分布参数。

（1）KUZ-RAM模型。由南非C.Cunningham建立。模型认为爆破块度服从R-R分布，其分布参数——均匀性指数和特征块度可由爆破参数计算确定。

（2）BOND-RAM模型。马鞍山矿山研究院郑瑞春等人于1988年提出，他们以Bond破碎功理论为基础，将R-R分布与Bond破碎功理论相结合来建立此模型。

（3）贝兹马特尔内模型。苏联B.X.贝兹马特尔内等人于1971年提出了一个计算节理裂隙岩体爆破块度分布的数学模型，以爆前岩体被节理裂隙切割成天然岩块的概率分布和完整岩体爆破成碎块的概率分布为基础，应用随机破碎理论，推导出节理裂隙岩体爆破块度的R-R分布函数。

3. 能量模型

此类模型按破碎的能量原理，通过爆破漏斗和台阶爆破试验，得到块度预测的经验公式，不涉及爆破机理，属于经验模型。

（1）GAMA模型。1971年巴西Da Gama在不同规模的漏斗爆破和台阶爆破试验基础上，按照Bond破碎功理论得到了一个计算均质连续岩体爆破块度分布的经验公式。该模型以单位炸药消耗量和最小抵抗线作为块度分布参数。

（2）JUST模型。澳大利亚G.D.JUST和D.S.Henderson于1971年提出了爆破块度分布随抵抗线变化的经验关系式。该模型以获得最大破碎体积的药包埋置深度为块度分布的参数之一，用破碎梯度作为块度分布指数。

2.1.4.2 抛掷堆积计算

爆堆形状是衡量爆破效果的重要指标之一，它不仅仅反映了爆破参数、装药结构的合理性，而且直接影响铲装、运输效率和经济效益，即爆堆的前冲距离、隆起高度、后翻高度等直接影响着爆破效果的优劣。国内外在洞室爆破抛掷堆积计算中已积累了丰富经验和比较成熟的计算方法。

早在20世纪60年代，我国爆破工作者就提出了用于抛掷堆积计算的"体积平衡法"，并成功应用于定向爆破筑坝工程。

体积平衡法的原理是，堆积体的体积来源于爆破抛掷的有效方量，根据物质守恒理论进行方量平衡。该计算方法的特点是在对堆积体形状等做出一些假定的前提下，应用爆破漏斗、可见漏斗深度、抛掷距离、坍塌范围等经验计算公式，用边计算、边图解的方法进行初步计算，然后根据爆破漏斗内的爆破面积、抛掷面积、抛掷距离、堆积面积进行面积平衡。有了各列药包的剖面爆破面积、抛掷面积、土石松散系数 ΔV、各剖面距离，可以计算爆破区抛掷总方量 V_A；根据堆积面积及土石坍散范围，可以计算堆积体总的堆积方量 $V_堆$。

堆积总方量：

$$V_堆 = V_A \Delta V(1-K_r) \tag{2.1-17}$$

其中

$$V_A = \sum A_{ai} d_i + \sum A_{bi}\left(1-\frac{1}{\Delta V}\right)d_i \tag{2.1-18}$$

$$V_堆 = \sum A_堆 C_i \tag{2.1-19}$$

式中　$V_堆$——堆积体堆积方量，m^3；

A_{ai}、A_{bi}——各列药包剖面的抛掷面积和松动面积，m^2；

d_i——各剖面间的距离，$\sum d_i$ 应等于爆破区纵向爆破漏斗的总宽度，m；

$A_堆$——堆积体剖面面积，m^2。

随着计算机技术和相关学科的发展，大多用计算机模拟爆破过程和预测爆破效果，模拟爆堆形态。于亚伦等提出采用弹道理论模型和 Weibull 模型预测爆堆形态。

岩石抛掷过程遵循弹道理论，理想弹道方程为

$$y = (x-x_0)\tan a - \frac{g(x-x_0)}{2V_0^2 \cos\alpha} + y_0 \tag{2.1-20}$$

式中　x_0、y_0——岩石移动初始坐标，m；

x、y——岩石运动坐标，m；

V_0——岩石初始速度，m/s；

α——抛掷角，(°)；

g——重力加速度，m/s^2。

弹道法确定岩石的运动轨迹主要取决于岩石抛掷的初速度和抛掷角两个参数。爆堆形状的确定一般假定沿岩石抛掷方向爆堆剖面轮廓线具有 Weibull 分布函数曲线特征。Weibull 模型为概率统计模型，是一种实用型的随机变量模型，忽略了在爆炸能作用下岩石破裂和抛掷的复杂计算过程，而用概率统计的方法描述台阶爆破后爆堆的最终形状，即爆堆轮廓形态符合 Weibull 分布。

2.1.5　水下爆破

在水中、水底或水下固体介质内进行的爆破作业称为水下爆破。

2.1.5.1　水中爆炸的物理现象

水中爆炸与陆地爆破作用特征不同，与水介质的易流动性、弱黏滞性和微压缩性密切相关。炸药在水中爆炸时，爆生气体产物的温度可达 3000℃，爆炸初始压力约为 4GPa，对药包周边耦合的水界面激起具有突跃性、强间断的冲击波和水的扩散运动，仅在数倍药径区内以数倍水的声速（1500m/s）的球面冲击波形式向外传播。随后，爆炸生成的高压气体以气泡形式继而膨胀做功，使水快速扩散，并做惯性运动，因而导致气泡压力骤降而出现的稀疏波跟随向外传播，故造成水中爆炸作用场各点的冲击波超压迅速下降，呈指数衰减，冲击波作用时长仅为毫秒级。

当气泡压力降低至静水压力以下时,爆源周围水体开始做反向运动,并压缩气泡到达静水压力平衡点,之后由于水的惯性运动,导致气泡过渡压缩,然后气泡再次膨胀对水体做功,如此往复,在水中形成多次脉动压力,其大部分能量转化为水体扩散滞后流。所以,水中爆炸作用场特性只受水中冲击波、脉动压力和滞后流运动等因素影响。由于爆生气体产物膨胀后的密度低于水的密度,因此气泡在脉动过程中不断向水面浮升,体积亦不断做周期性的压缩-膨胀-压缩的循环变化,直至到达水面与大气连通时冲出散逸而产生水羽喷发。

1. 深水爆炸

极限状态下,大约有 1/2 的炸药化学能转化为水中冲击波;另有 1/3 或更大部分能量以热能形式消耗于水体之中;而气泡脉动压力所占的能量较小,约为水中冲击波能量的 1/3 或更少。因此,水中冲击波是水中爆炸主要影响因素。气泡第一次脉动压力一般约为冲击波峰值压力的 10%～20%,但其压力作用时间长,远超过冲击波压力作用的持续时间,具有振动频率低、作用时间长的特点。气泡脉动过程中,大部分初始能量消耗在气泡迅速地做横向和纵向位移而产生的紊流运动上。

2. 浅水爆炸

浅水爆炸作用特性与药包的比例埋置深度有关。除产生水中冲击波和脉动压力外,还将产生复杂的水面现象,包括:浅水爆炸产生的水中冲击波在自由水面上反射造成快速飞溅的羽状水柱;气泡浮升至水面突入大气时产生的水喷现象;近水底爆炸引起强烈的衰减很慢的地震波及对水底介质强扰动和冲击形成水底爆坑;由于爆炸对水面作用和水柱回落产生一连串的波浪向四面传播与水面障碍物撞击,产生破碎浪压力和涌浪爬高现象;近水面爆炸使水体横向抛散,水面出现明显瞬时凹形区,爆心上空形成抛散水柱等。

2.1.5.2 水下岩石爆破的破坏机理

水下岩石爆破主要是利用炸药能量将水下岩石进行爆除,通常有水下裸露药包爆破法和水下钻孔装药爆破法。

由于水下裸露药包爆破法是在不具备钻孔作业条件下进行的爆破,一般用以处理孤石为主的水下爆破中,但由于其药包暴露在水中,具有炸药水中爆炸的特性,特别是水中冲击波对周围环境的影响较大,而爆破效果则明显比钻孔爆破差,且每次爆破的规模受到很大的限制。

大规模水下岩体开挖和破碎一般采用钻孔爆破法。水下爆破孔内一般都有水,装药后孔内炸药处于水耦合状态。在炸药爆炸应力波传播到岩石与水的分界面前,岩石破碎作用机理与陆地爆破的作用机理是相同的,一旦爆炸应力波传播到岩石与水的分界面时,应力波将在两种介质的界面处出现反射和透射现象,此时既会出现透射到水中的压缩波,也会出现反射至固体介质中的拉伸波,这与陆地岩石爆破时入射波几乎全部反射形成拉伸波不同。同时,由于水压力的作用。相当于给岩石临水自由面增加了一个预应力,也会抵消一部分反射拉应力的作用。因此,水下岩石爆破临水自由面的反射破坏作用没有陆地爆破的明显,并随着水深的增加,爆破漏斗半径将变小。破碎后的岩块运动由于受到水的阻力,其抛掷距离将大大减小,这也是水下爆破若达到一定的水深,一般不会产生爆破飞石的原因。炸药能量在破碎岩石的同时，有部分炸药能量通过破碎岩石的缝隙作用到水体中，产生水击波或动水压力，并产生涌浪。

2.1.5.3 水对爆破作用影响分析

1. 水下和陆地固体介质工程爆破的主要差异

水下和陆地固体介质工程爆破的主要差异，表象为固体介质的表面介质不同，分别为水和空气。

水作为一种近似不可压缩的介质，其可压缩系数为 5×10^{-5}，是空气的 $(3 \sim 5) \times 10^3$ 倍，密度是空气的 780 倍；黏滞系数是空气的 100 倍，声速约为空气的 5 倍。

固体介质表面的水或空气对其爆破作用的内在本质差异主要反映在以下 3 个方面：水体的声阻抗远大于空气的声阻抗；当水深较大时，要考虑不同水深静水压力约束对固体介质的约束作用，特别是提高其抵抗受拉破坏能力的影响，而空气介质在此方面的影响可以忽略不计；由于两者的黏滞系数与密度相差较大，爆破破碎块体抛掷运动阻力也相差极大，由此导致的结果是同等装药条件下，两者的抛掷距离可相差到几倍至几十倍。

2. 水体对爆腔的影响

爆腔内的爆生气体压力达 $10^4 \mathrm{MPa}$，即使在 100m 水下，对爆破体增加的水压力仅为 1MPa，与爆生气体压力相比显得微不足道，水对爆腔的作用可以忽略不计。

3. 水体对破裂半径的影响

炸药在水下固体介质中爆炸，由于水压作用将对破裂区的半径产生影响，在其他条件不变的条件下，水深越大，破裂区半径越小，如要达到相同的破裂半径（爆破效果）则必须增加炸药装药量。炸药品种及介质性质一定的条件下，破裂半径 R_c 与药量 Q 的 1/3 次方成正比，与介质极限强度 σ_c 的 $1/\alpha$ 次方成反比：

$$R_c = Q^{1/3}(k/\sigma_c)^{1/\alpha} \tag{2.1-21}$$

式中　k——系数，当炸药品种及爆破介质一定时，为常数；

　　　α——固体介质中的压力衰减指数，$\alpha = 1 \sim 3$，在塑性变形区内取为 3，应力波的衰减指数低于冲击波的衰减指数。

水是不可压缩的，水下固体介质相当于受到一个预压应力作用。在不考虑水深对炸药爆轰性能影响条件下，如需达到陆地爆破同样的破裂半径，则药量应增加。如 C30 混凝土取其动抗拉强度 3MPa，在 34m 水深处爆破如要求达到陆地爆破同样的破裂半径，则药量应增加 17.5%；在 26m 水深处爆破如要求达到陆地爆破同样的破裂半径，则药量应增加 13.3%。

4. 水体对破碎效果的影响

固体介质爆破产生的应力波在两种介质的界面处将出现反射和透射现象，反射拉应力是造成固体介质爆破破坏的重要原因。

根据界面连续条件和牛顿第三定律，分界面两边的质点运动速度相等和应力相等两个条件，假设传播的入射波为正入射纵波时，则可推导得出：

$$Q_2/Q_1 = (K/F)^{3/\alpha} = (1 + 0.01h/[\sigma])^{3/\alpha}F^{-3/\alpha} \tag{2.1-22}$$

式中　Q_1、Q_2——陆地、水下固体介质对应点达到相同爆破破碎效果的设计装药量；

　　　　F——反射系数的绝对值；

　　　　K——动抗拉强度提高系数；

　　　　α——固体介质中的压力衰减指数，$\alpha=1\sim3$，在塑性变形区内取为3，应力波的衰减指数低于冲击波的衰减指数；

　　　$[\sigma]$——固体介质的动抗拉强度，MPa；

　　　　h——固体介质某处的水深，m。

将 $F=0.5\sim1.0$，$\alpha=1.5\sim3.0$，$[\sigma]=1.5\sim3.0$MPa 分别代入式（2.1-22）进行图解，得出 Q_2/Q_1 与水深 h 的关系，如图 2.1-4～图 2.1-6 所示。

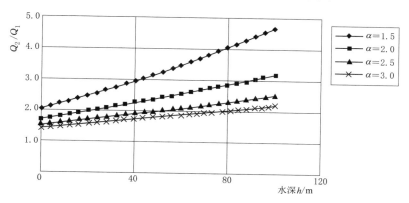

图 2.1-4　Q_2/Q_1-h 的关系（$\sigma=2$MPa，$F=0.7$）

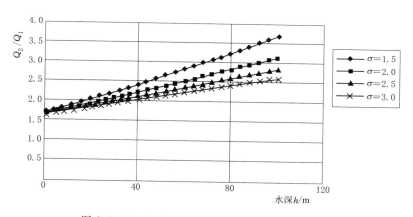

图 2.1-5　Q_2/Q_1-h 的关系（$\alpha=2$，$F=0.7$）

从图 2.1-4～图 2.1-6 的图解结果，可以得到如下几点认识：

（1）无论何种组合情况，欲取得相同的爆破破碎效果，水下固体介质爆破的设计装药量将大于陆地（无水）同类固体介质的爆破设计装药量；且随着水深增大，水下爆破的设计装药量增大越明显。

（2）深水条件下，反射系数 F 对固体介质爆破的设计装药量影响非常显著。反射系数的绝对值愈小，其设计装药量的增加也越大。

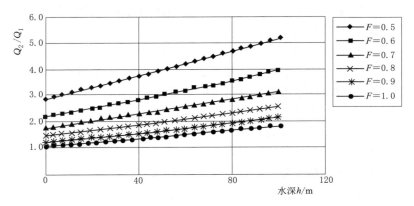

图 2.1-6　Q_2/Q_1-h 的关系（$\sigma=2\mathrm{MPa}$，$\alpha=2$）

5. 水体对抛掷距离的影响

水体对水下爆破影响最大的是爆破抛掷距离，大量资料表明，当水深超过 6m 时，水下爆破的石块将不会飞出水面，也就是说水下爆破的抛掷高度不会超过 6m，而陆地爆破的抛掷距离为水下爆破的几倍，甚至几十倍。抛掷速度的增加对水平抛距的增加影响不大，而块度的增加对抛掷距离的增加影响较大；爆破块体越小，水的阻力越大，对抛掷越不利。

6. 水下爆破块度预测

早期水下爆破一般要求爆破块度较小，便于水下清渣，随着水下出渣设备能力不断提高，反而要求爆破后的岩体块度不能太小，以提高挖抓效率。水下爆破块度预测也可以采用陆地爆破中的 KUZ-RAM 模型。由于水深的关系，将降低炸药爆炸性能，影响炸药爆炸能量的发挥，因此，需进行试验修正相关参数。

7. 水下台阶爆破单位炸药消耗量 q

水下爆破单位炸药消耗量 q 的影响因素很多，主要有岩石的物理力学指标、自由面条件、爆破水深，以及炸药的性能指标等。

水下爆破的装药量计算经验公式很多，差异较大。常见的计算公式如下所述。

（1）瑞典公式。我国在水下和半水下爆破中常用的经验公式早期主要借鉴瑞典的水下爆破装药量公式，在多个水电站的围堰拆除爆破中获得了应用。

$$q_{水}=q_{陆}+0.01H_{水}+0.02H_{介质}+0.03H_{台阶} \qquad (2.1-23)$$

式中　$q_{水}$——水下钻孔爆破的单位炸药消耗量，$\mathrm{kg/m^3}$；

　　　$q_{陆}$——相同介质的陆地爆破单位炸药消耗量，$\mathrm{kg/m^3}$；

　　　$H_{水}$——水深，m；

　　　$H_{介质}$——炸药在介质中的埋深，m；

　　　$H_{台阶}$——钻孔爆破的台阶高度，m。

（2）日本工业与火药协会公式。由日本工业与火药协会编写的《新爆破手册》认为，水下岩石爆破的装药方法、装药量的设计与地面相同，但为了补偿由于水压所减少的爆破效果，提出了一个修正公式：

$$L_\alpha = HC_\alpha \tag{2.1-24}$$

式中　L_α——增加的装药量，kg/m^3；

　　　H——水深，m；

　　　C_α——修正系数，取值范围为 $0.005 \sim 0.015$。

当岩体有沉积层覆盖时，修正公式为

$$L_\beta = H_0 C_\beta \tag{2.1-25}$$

式中　L_β——装药量，kg；

　　　H_0——覆盖层厚度，m；

　　　C_β——修正系数，取值范围为 $0.01 \sim 0.03$。

根据式（2.1-23）和式（2.1-24）计算的水下钻孔爆破中岩石的标准装药量为软岩用 $0.5kg/m^3$，中硬岩用 $0.8kg/m^3$，硬岩用 $1.0kg/m^3$。

（3）由刘殿中、杨仕春主编的《工程爆破实用手册》中提出考虑水深影响的单孔装药量 Q 的计算公式：

$$Q = KWaH\left(1.45 + 0.45e^{-0.33\frac{H_0}{W}}\right) \tag{2.1-26}$$

式中　W——最小抵抗线，m；

　　　a——孔间距，m；

　　　H——台阶高度，m；

　　　H_0——水深，m；

　　　K——岩石的单位炸药消耗量，kg/m^3，参照一般土岩爆破选择。

（4）综合考虑受水深影响的炸药爆速降低系数以及水深、覆盖层、台阶高度的影响，长江水利委员会长江科学院得到水下爆破单位炸药消耗量计算公式如下：

$$q_{水下} = q_{陆地}/k_D^2 + 0.01H_水 + 0.02H_{覆盖层} + 0.03H_{台阶} \tag{2.1-27}$$

式中　$q_{水下}$——水下爆破单位炸药消耗量，kg/m^3；

　　　$q_{陆地}$——陆地爆破单位炸药消耗量，kg/m^3；

　　　k_D——炸药爆速降低系数；

　　　$H_水$——覆盖层以上的水深，m；

　　$H_{覆盖层}$——覆盖层厚度，m；

　　　$H_{台阶}$——钻孔爆破的台阶高度，m；

其余符号意义同前。

2.2　爆破振动理论

2.2.1　爆炸冲击波、应力波与地震波

岩体中岩石爆破过程，在炮孔周围产生爆炸冲击波，并很快衰减为应力波，再衰减为

地震波。爆破地震波所携带的能量只占炸药爆炸总量的很小部分，为 2%～6%。

2.2.1.1　爆炸冲击波

1. 冲击波的特性

炸药爆炸威力很大，促使介质的密度、压力、温度、速度等状态参数发生急剧变化，产生陡峭的波阵面，形成非周期性脉冲，并以超音速传播时，这种波称为冲击波。

根据传播介质的不同，冲击波可分为空气中冲击波、水中冲击波和岩石中冲击波等。本节只讨论空气冲击波及岩石中冲击波。

2. 爆炸空气冲击波的传播与衰减

炸药在空气中爆炸时，在装药空间内瞬时转换成高温、高压爆炸产物。爆炸产物猛烈地向外膨胀，冲击周围空气，使周围空气局部压力和温度上升，形成空气冲击波。

在空气冲击波形成初始阶段，爆炸产物的飞散速度接近于炸药爆速，冲击波初始压力约为 10^2 GPa 数量级，同时在爆炸产物中形成稀疏波。随着爆炸产物继续膨胀，爆炸产物的膨胀速度不断下降，冲击波波阵面压力也相应地下降。当爆炸产物压力降到空气压力 P_0 时，爆炸产物依靠惯性作用，继续膨胀运动。因空气阻力作用，爆炸产物最终停止膨胀，并达到最大直径，体积达到最大值，压力低于空气压力 P_0。此时，周围空气开始对爆炸产物进行压缩，从而使爆炸产物压力增高，爆炸产物开始第二次膨胀和压缩的脉动过程。爆炸产物与周围空气的界面，最初是分开的，以后由于脉动过程，使得界面越来越模糊，最后爆炸产物与周围空气混合在一起。

空气冲击波传播过程中波阵面压力是迅速衰减的，并且初始阶段衰减快，后期衰减减缓。试验表明，其衰减是按指数规律进行的，如图 2.2-1 所示。

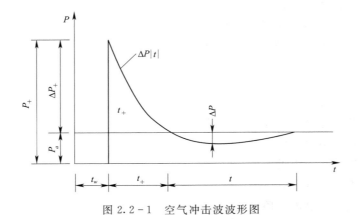

图 2.2-1　空气冲击波波形图

炸药在密闭的洞室内发生爆炸时，由于洞室内壁的限制，爆炸产生的高温、高压产物无法及时向外扩散，空气冲击波将在壁面间来回多次反射，因而造成壁面所受的超压随时间的变化关系十分复杂，远比自由大气中的情形复杂得多。爆炸波在结构内壁发生的反射等作用，不仅使结构承受超压作用的峰值强度明显提高，作用持续时间也大为延长，由此可对结构及其内部的人员、设施造成严重的破坏和杀伤后果。

反映爆炸空气冲击波的参数主要包括空气冲击波超压、正压作用时间及冲击波冲量。

爆炸空气冲击波在空气中传播遵循几何相似规律。

炸药触地爆炸产生的空气冲击波强度常用勃路德公式计算：

$$\Delta P = \frac{0.975}{\overline{R}} + \frac{1.445}{\overline{R}^2} + \frac{5.085}{\overline{R}^3} - 0.019, 0.1 \leqslant \Delta P \leqslant 10 \qquad (2.2-1)$$

式中　$\overline{R}$——比例距离，$\overline{R} = \dfrac{R}{Q^{1/3}}$；

　　　ΔP——超压；

　　　R——爆心距，m；

　　　Q——一次起爆的炸药量，kg。

而国防工业设计规范中，相应的计算公式为

$$\Delta P = \frac{0.84}{\overline{R}} + \frac{2.7}{\overline{R}^2} + \frac{7}{\overline{R}^3} \qquad (2.2-2)$$

对深孔台阶爆破，当采用毫秒微差起爆方式时，其空气冲击波的计算式为

$$\Delta P = 1.43 \left(\frac{Q^{1/3}}{R} \right)^{1.55} \qquad (2.2-3)$$

爆炸空气冲击波作用下，建（构）筑物的破坏不仅与空气冲击波超压、正压作用时间及冲击波冲量有关，而且还取决于建（构）筑物的类型、材质参数与自振周期等因素。

3. 岩体中爆炸冲击波的传播与衰减

当药包在岩体内部爆炸时，由爆炸而产生的瞬时压力可达数十万大气压力，使得邻近药包岩体失去刚性，变成似流体介质，产生似塑性流动破坏。

冲击波在岩体中传播时衰减很快，作用范围很小，一般不超过装药半径的3～7倍。岩体的似流体状态终止，冲击波陡峭波前被削减，逐渐衰变为应力波。当该压缩应力波通过之后，形成拉伸应力波以及后续的横波，在岩体压碎圈以外，使岩体发生拉断和剪断破坏。当纵波（P波）和横波（S波）经过介质反射后，可使离炮孔较远的自由面附近形成裂纹。

应力波向外传播使它所携带的能量急剧衰减，最后应力波转为地震波。地震波只能引起岩体质点弹性振动而不能破碎岩体。

爆炸作用还形成瑞利波、勒夫波等表面波。对于具有三维空间的脆性岩体破坏而言，其主要有拉断和剪断及塑性流动三种破坏形式。

设岩石初始状态参数为 P_0、U_0、E_0、$u_0 = 0$，冲击波速为 D，波头上岩石状态参数突变为 P、U、E、u，得到岩体中爆炸冲击波的基本方程为

$$\left.\begin{array}{l} \dfrac{D}{D-u} = \dfrac{U_0}{U} \\[3mm] \dfrac{D_u}{U_0} = P - P_0 \end{array}\right\} \qquad (2.2-4)$$

$$E - E_0 = \frac{1}{2}(P + P_0)(U_0 - U) \qquad (2.2-5)$$

式 (2.2-4) 和式 (2.2-5) 中 4 个未知数只有 3 个方程，还需要通过试验求解各参数。

2.2.1.2　爆炸应力波的传播与衰减

应力波是外力作用下引起应力和应变在介质中传播的结果，故也可称为应变波。

应力波的产生有两种情况：一种是冲击波随着距离和时间的增加而衰减成应力波，另一种是由于外力不够猛烈、不够稳定、未构成冲击波，只形成应力波。

应力波形比较平缓，不如冲击波陡峭。应力上升时间比应力下降时间短，即应力波衰减较慢，作用范围较大，一般可达装药半径的 120~150 倍。波阵面上的介质状态参数不像冲击波那样突变，但仍能促使介质变形和破坏。应力波速等于介质中声速。炸药爆炸破坏岩石主要发生在这一区域内。其作用区域有：①自由面（临空面），产生反射拉伸波的破坏作用；②爆破中区（即紧接冲击波作用的爆破近区以外部分），产生径向压应力和切向拉应力的破坏作用。爆破中区的破坏范围大小，取决于炸药能量和岩石性质等因素。

应力波的应力峰值、上升时间、作用时间和应力波所传递的冲量、能量等称为应力波参数。这些参数与岩石的物理力学性质、岩体的结构特征、炸药性质、药包形状、装药结构等因素有关。

1. 应力峰值

通常按声学近似方法或根据爆轰产物等熵膨胀后与炮孔壁的碰撞机理，计算耦合装药或不耦合装药在炮孔壁上产生的最大冲击压力，并把它看作是应力波的初始径向应力峰值。

耦合装药的初始径向应力峰值为

$$P_2 = \frac{1}{4} \rho_0 D_1^2 \frac{2}{1 + \dfrac{\rho_n D_1}{\rho_m C_l}} \qquad (2.2-6)$$

不耦合装药的初始径向应力峰值为

$$P_2 = \frac{1}{8} \rho_0 D_1^2 \left(\frac{d_\tau}{d_b}\right)^6 n \qquad (2.2-7)$$

径向应力峰值与距离的关系力为

$$\sigma_{r\max} = \frac{P_2}{\bar{r}^a} \qquad (2.2-8)$$

式中　$\bar{r}$——岩体中质点到装药中心的距离与炮眼半径的比值，（耦合装药时，炮眼半径与装药半径相同）；

　　　　P_2——应力波最大初始压力，Pa；

　　　　d_τ——药包直径，mm；

　　　　a——应力衰减指数；

$\rho_0 D_1$——炸药的波阻抗，$kg/(m^2 \cdot s)$；

$\rho_m C_l$——岩石的波阻抗，$kg/(m^2 \cdot s)$；

d_b——炮眼直径，mm；

n——爆生气体与炮孔壁相碰时的压力增大系数，$n=8\sim10$。

2. 应力衰减指数经验关系表达式

中国科学院武汉岩土力学研究所提出应力衰减指数与岩石波阻抗的关系式为

$$\alpha = -4.11 \times 10^{-7} \rho_m C_\rho + 2.92 \tag{2.2-9}$$

苏联学者提出应力衰减指数与岩石泊松比间的经验关系为

$$\alpha = 2 \pm \frac{\nu}{1-\nu} \tag{2.2-10}$$

式中，"$\pm$"号对冲击波取加号，对应力波取减号。

切向拉应力峰值为

$$\sigma_{\theta\max} = \frac{\nu}{1-\nu} \sigma_{r\max} \tag{2.2-11}$$

3. 应力波的作用时间

应力上升时间与下降时间之和称为应力波的作用时间。上升时间和作用时间与岩性、炮孔装药量、距离等因素有关。它们之间的关系式为

$$t_r = \frac{12}{K} \sqrt{r^{2-\nu}} q_b^{0.05} \tag{2.2-12}$$

$$t_n = \frac{84}{K} \sqrt[3]{r^{2-\nu}} q_b^{0.2} \tag{2.2-13}$$

式中 t_r——上升时间，s；

t_n——作用时间，s；

K——岩石体积压缩模量，MPa；

ν——岩石泊松比；

q_b——炮眼装药量，kg；

$\overline{r}$——比例距离。

4. 应力波的波长

应力波周期与波速的乘积为应力波的波长，即

$$\lambda = t_s C_p \tag{2.2-14}$$

5. 比冲量和比能量

所谓比冲量和比能量，即单位面积传给岩石的冲量和能量，其表达式为

$$I = \int \sigma_r(t) \mathrm{d}t \tag{2.2-15}$$

$$W = \int \sigma_r(t) V_r(t) \mathrm{d}t \qquad (2.2-16)$$

式中　I——比冲量，m/s；

　　　W——比能量，$\mathrm{m}^2/\mathrm{s}^2$；

　　　σ_r——径向压力峰值，Pa；

　　　V_r——质点速度，m/s。

2.2.1.3　爆破地震波

爆破地震波可分为体波和面波，体波又可分为纵波和横波，面波又可分为瑞利波和勒夫波。其中，瑞利波沿自由面传播时衰减很慢，振幅大，周期和扰动持续时间长，其地震效应对地面建筑物、结构物和露天边坡危害最大。

1. 纵波

纵波质点运动方向与波的前进方向一致，使介质压缩和膨胀，所以纵波又称压缩波或 P 波。纵波通常具有周期短、使介质体产生压缩与膨胀变形、振幅小等特征。

2. 横波

横波质点的振动方向与波的前进方向垂直，引起介质的剪切波动，所以横波又称剪切波或 S 波。S 波又分为 SV 波和 SH 波。相对于地表面而言，使介质在包含传播方向的垂直平面内运动的 S 波以 SV 表示，它的运动平面垂直于分界平面；而水平偏振波称为 SH 波，它的运动平面平行于分界面。横波通常周期较长、振幅较大，使介质体产生剪切变形。由于流体的剪切模量 G 为 0，故在流体中不存在横波，横波只在固体介质中传播。

3. 瑞利波

当岩体存在着一个自由面时，除纵波和横波外，还能产生瑞利波。瑞利波（R 波）传播时，质点在波的传播方向和表面层的法线方向组成的平面内做逆进的椭圆运动，而在与该平面相垂直的水平方向上，没有横向分量的运动。瑞利波只在弹性体的表面传播，并不深入弹性体的内部，因此，瑞利波又称表面波。传播速度小于岩体内的纵波和横波，在泊松比为 0.25 的情况下，瑞利波是横波速度的 0.919 倍。

沿边界面传播的瑞利波强度随深度很快衰减，频率愈高衰减愈快。瑞利波的能量主要分布在表面附近，集中在 1 个波长的深度内。当震源辐射出能量为 100，则沿着表面方向上纵波、横波和面波所占的能量比例分别为 7%、26% 和 67%。由于纵、横波的能量衰减与距离的二次方成反比，瑞利波的能量衰减与距离的一次方成反比，在地震波中瑞利波是优势波。

4. 勒夫波

勒夫波是在层状岩石中沿层面传播的表面波。勒夫波（L 波）传播时，质点在与波的传播方向相垂直的水平横向内做剪切型振动，没有垂直分量的运动。只有在半无限空间上至少覆盖有一低速的地表层时，勒夫波才会出现。勒夫波在层状介质中的传播速度介于最上层横波速度与最下层横波速度之间。

2.2.2　爆破振动衰减规律

无论是对于爆破振动作用下的建（构）筑物动力响应还是爆破损伤的控制，国内外均采用质点峰值振动速度作为依据。

中国和俄罗斯，爆破地震波引起的质点峰值振动速度衰减规律一般采用萨道夫斯基公式：

$$V = K \left(\frac{Q^{1/3}}{R} \right)^{\alpha} \qquad (2.2-17)$$

式中　V——质点峰值振动速度，m/s；

　　　Q——最大单段药量，kg；

　　　R——爆心距，m；

　K、α——与场地、装药等有关的参数。

若已知 K 和 α，则可据实际采用的 Q 及 R 来确定质点峰值振动速度。

式（2.2-17）也是我国《爆破安全规程》（GB 6722—2014）中所采用的衰减公式。

欧洲国家和美国等习惯采用的质点峰值振动速度衰减公式为

$$V = K \left(\frac{Q^{1/2}}{R} \right)^{\alpha} \qquad (2.2-18)$$

这种以药量和爆心距为影响因素的经验公式还有很多，如美国矿业局的公式、兰格福斯公式及印度规范公式等，它们都可以统一写成如下形式：

$$V = K Q^{B} R^{-A} \qquad (2.2-19)$$

式中　K、A、B——场地参数。

上述公式不能直接反应诸如炸药种类、装药结构、钻孔孔径及岩性参数等因素对质点峰值振动速度的影响。针对钻孔爆破近区的爆破振动传播，卢文波和 Hustrulid 等基于柱面波理论、长柱状装药中的子波理论以及短柱状药包激发的应力波场 Heelan 解的分析，推导了式（2.2-20），解决了上述问题。

$$V = \frac{P_0}{\rho C_P} \left(\frac{b}{R} \right)^{\alpha} \qquad (2.2-20)$$

式中　b——炮孔半径，m；

　　　P_0——炮孔内爆生气体的初始压力，Pa；

　　　ρ——岩石密度，kg/m³；

　　　C_P——岩石纵波速度，m/s；

　　　α——爆破振动衰减指数。

无论哪种爆破振动速度衰减计算公式，确定与爆破条件及地形地质条件相关参数 K、α 是一个关键性的环节，是应用爆破振动计算公式的前提条件。在降振要求不高的情况下，可从《爆破安全规程》（GB 6722—2014）中爆区不同岩性的 K 值、α 值表中选择，或类似条件下取值即可，但 K、α 波动范围大，精度低。在比较重要的控制爆破防振设计与施工过程中，仍需通过爆破试验来确定当地的 K 值、α 值。

2.2.3　爆破振动叠加效应

爆破地震波在近区和中远区的衰减特性有很大差别，这种差异主要受爆源特性和岩体介质特性所影响。一般来说，近区爆破振动波形峰值大、衰减快、频率高、波形较窄，持续时间较短；而中远区峰值较低、衰减慢、频率低、波形拉宽，持续时间较长。

微差爆破中，各分段爆破振动波形在近区一般是分离的；但在中远区，各分段爆破引起的振动可能发生叠加导致振速峰值增大。另外，我国的塑料导爆管延期雷管的延期通过控制燃烧剂的燃烧时间来实现，其延时精度误差较大，微差爆破时起爆网路发生串、重段的现象时有发生，导致出现雷管延期偏差带来的爆破振动叠加问题。采用工业电子雷管后，这一问题有望得到改进甚至解决。

2.2.3.1　爆破地震波的衰减参数

1. 衰减参数的定义

在完全弹性体中，若已知爆源的具体参数，通过在岩体界面上使用已知的边界条件，从理论上可以预测因炸药爆炸引起的应力波场，并可以推导应力波经界面反射和折射后形成的体波的衰减和面波的弥散。但是观测值与理论预测值之间存在着极大的差异，主要差异在于随爆心距的不同，振动场中振幅的损耗远超过了因几何扩散及界面的反射所引起的振幅衰减。这种额外的振幅耗损通常被称之为衰减。

在地震学中，爆破地震波传播过程的衰减常用品质因子 Q_0 描述：

$$Q_0^{-1} = \frac{1}{2\pi} \frac{\Delta W}{W} \tag{2.2-21}$$

式中　ΔW——当一正弦波通过黏弹体时，一个周期内的能量损耗；

　　　W——该周期内贮存的最大弹性势能。

而在工程爆破领域，表示吸收介质的衰减通常用衰减系数 α 表示，如式（2.2-17）所示。品质因子 Q_0 和衰减系数 α 的关系为

$$\frac{1}{Q_0} \approx \frac{\alpha\lambda}{\pi} = \frac{2\alpha C_P}{\omega} = \frac{2\alpha}{k} \tag{2.2-22}$$

式中　λ——波长，m；

　　　C_P——纵波速度，m/s；

　　　ω——圆频率，s^{-1}。

由式（2.2-22）可见，介质的衰减系数越小，或介质的 Q_0 值越大，能量的耗损越小，该介质就越接近完全弹性体。

2. 衰减参数的确定方法

测定岩体衰减参数的方法可以分为室内和野外测定两大类。室内测定方法包括岩样的脉冲法、谐振杆法、谐振球法及缓慢的应力周期（扭摆）法等。野外测定岩石介质衰减参数的方法，主要是通过在离震源不同位置记录振动波形，将不同位置波形进行比较与分析，最终来确定衰减参数。通常用得最多的方法是频谱比法和脉冲上升时间法。

（1）频谱比法。为说明频谱比法，现分析一频率为 ω 在衰减介质中传播的球面简谐波 $A(R, \omega)$，在频率域内该球面简谐波离震源距离 R_1、R_2 处的幅值谱比为

$$\frac{A_2(R_2, \omega)}{A_1(R_1, \omega)} = \frac{R_1}{R_2} \exp[-\alpha(R_2 - R_1)] \tag{2.2-23}$$

在已知 R_1、R_2 和 A_1、A_2 条件下，由式（2.2-23）即可确定 α。

可求得地质品质因子 Q_0：

$$Q_0 = \frac{\omega}{2\alpha\omega c_P} \qquad (2.2-24)$$

实际的爆破振动（假设是一球面波）$u(R, t)$ 包含了很多频率成分，在具体计算时需把 $u(R, t)$ 转换为频率域内来进行。

（2）脉冲上升时间法。脉冲上升时间被定义为瞬变波形第一个波形的最大峰值幅值与第一波形上升部分的最大斜率的比值。脉冲第一个波形的上升时间与脉冲在岩体中的传播距离呈线性关系：

$$\tau = \tau_0 + \frac{ax}{Q_0 C_\omega} \qquad (2.2-25)$$

式中　　a——常数，其值近似为 0.5。

通过确定不同测点处第一个波形的上升时间，由上式可确定 Q_0 值。

（3）岩石介质中面波的衰减。爆破的中远区，面波往往携带着爆破振动的大部分能量。对衰减较小的近似弹性固体中瑞利波的衰减，Press 和 Healy 推导了一个用两类体波的衰减常数表示的瑞利波衰减表达式 α_R：

$$\alpha_R = \frac{\alpha_P (C_P/C_R) \left[4(1 - C_R^2/C_S^2) C_S^2/C_P^2 \right] + \alpha_S (C_S/C_R) \left[4(1 - C_R^2/C_P^2) - (2 - C_R^2/C_S^2)^3 \right]}{\left[4(1 - C_R^2/C_S^2) C_S^2/C_P^2 \right] + \left[4(1 - C_R^2/C_P^2) - (2 - C_R^2/C_S^2)^3 \right]}$$

$$(2.2-26)$$

式中　　α_P——纵波衰减参数；

　　　　α_S——横波衰减参数；

　　　　C_P——纵波波速，m/s；

　　　　C_S——横波波速，m/s；

　　　　C_R——面波波速，m/s。

因此，如果知道岩石介质 P 波和 S 波的衰减参数，可由式（2.2-26）确定面波的衰减参数。

对面波的衰减参数，也可用频谱比法直接算得。

2.2.3.2　基于单孔爆破振动实测资料的爆破振动场模拟

用质点峰值振速（PPV）来预报和控制爆破振动，使用简便，但该方法不能提供爆破振动的频率分布及振动历程等参数。针对重要建（构）筑物的爆破振动影响评价和控制，需要精确确定爆破振动大小及其各种参数的时程分布，这可通过爆破振动模拟得到实现。

单孔爆破振动场的模拟一般可分为两类：其一是爆源和爆破振动控制点的相对位置固定，首先在该控制点实测典型单孔起爆时的振动波形，然后利用该实测单孔爆破激发的振动波形来预测常规生产爆破时在该控制点引起的振动场；另一类情况是，利用给定点的实测单孔波形，预测控制点的爆破振动场。

第一类爆破振动场的模拟通常采用混合模拟法，设在某测点单孔起爆时的振动波形为

$V_s(t)$，则在多孔延迟爆破情况，在该测点总的爆破振动场 $V(t)$ 可表示为

$$V(t) = \sum_{i=1}^{n} V_s(t - T_i)[a_i H(t - t_i)] \qquad (2.2-27)$$

式中　a_i——各炮孔的药包影响系数，它取决于使用的炸药种类和单孔炸药量；

　　　n——起爆的炮孔个数；

　　　t_i——延迟时间，s；

　　$H(x)$——Heaviside 函数，其定义为

$$H(x) = \begin{cases} 1, x \geq 0 \\ 0, x < 0 \end{cases} \qquad (2.2-28)$$

若各炮孔中的装药情况完全一致，则有 $a_i = 1$。

第二类的爆破振动场模拟涉及爆破地震波的衰减机制以及地震波与自由面的相互作用问题。

如图 2.2-2 已知 C 点的实测结果，需预测 B 点的爆破振动场。此时必须利用 C 点的实测单孔爆破振动波形，先确定 B 点的单孔爆破振动波形，然后利用第一类的爆破振动场模拟中所用方法，获得 B 点的爆破振动模拟场。

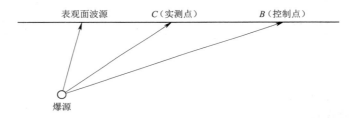

图 2.2-2　第二类情况的爆破振动模拟

任何一点的爆破振动场是由该点的 P 波、SV 波及 R 波引起的振动综合效果。地震波在频域内的幅值谱函数可统一表示为

$$A(R, \omega) = \left(\frac{1}{R}\right)^n A_0(R_0, \omega) \exp\{-\alpha(\omega)R\} \exp(-i\omega R/C) \qquad (2.2-29)$$

式中　n——平面波（$n=0$）、球面波（$n=1$）和柱面波（$n=0.5$）；

　　$\alpha(\omega)$——各种波的衰减常数；

　　　C——波的传播速度，m/s；

　　　A_0——爆心距为 R_0 处入射波的幅值谱，m/s。

现已知 C 点处的幅值谱函数 $A_C(R_C, \omega)$，故对 B 点入射波的幅值谱为

$$A_B(R_B, \omega) = A_C(R_C, \omega)\left(\frac{R_C}{R_B}\right)^n \exp\{-\alpha(\omega)(R_B - R_C)\} \qquad (2.2-30)$$

将 B 点的幅值谱通过傅里叶逆变换，即可获得时域内的解，即爆破振动历时曲线。

对于面波，由于波沿自由面传播，对于自由面上垂直向的测点，其振动完全由传到此

处的面波引起，故用上述方法获得的爆破振动历时曲线即是实际振动历程曲线。对于 P 波和 SV 波引起的垂直向振动，由于该运动是入射波和反射波叠加后的结果，故用 C 点的实测振动曲线预报 B 点的振动曲线时必须先确定 C 点的入射波波形，然后用式（2.2 - 30）结合傅立叶逆变换确定 B 点的入射波波形，最后由入射波和反射波的关系最后确定 B 点在垂直向的振动历程。

2.2.3.3 爆破振动的叠加问题

在大规模分段微差爆破中，爆破振动的叠加效应对爆破振动荷载特性具有重要影响。

1. 多孔延期爆破振动叠加放大系数

下面给出了某单孔爆破问题中爆心距分别为 20m、80m、200m 处的爆破振动波形。

通过图 2.2-3～图 2.2-5 可以看出，在近区的爆破振动荷载峰值很高，振动频率高，主振相持续时间短；而在远区荷载峰值降低，振动频率变小，振动周期和主震相持续时间变长。利用爆破振动场模拟方法，可确定两孔、三孔延期起爆情况的爆破振动叠加放大系数随距离的变化关系。

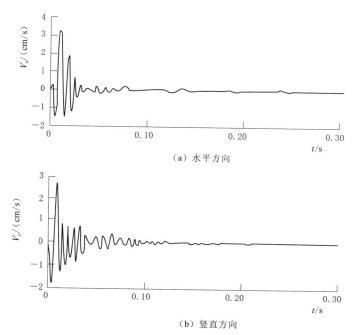

（a）水平方向

（b）竖直方向

图 2.2-3　爆心距为 20m 处的质点水平方向、竖直方向振速时程

两孔延期起爆情况下，水平向振动叠加放大系数与爆心距的对应关系如图 2.2-6 所示。

三孔延期起爆情况下，水平向振动叠加放大系数与爆心距的对应关系如图 2.2-7 所示。

通过对比可以看到，在相同的延期时间条件下，三孔延期起爆产生的振动叠加效应比两孔延期起爆产生的振动叠加效应要大。而不论是两孔还是三孔情况，延期时间越长，产生的振动叠加效应越小。

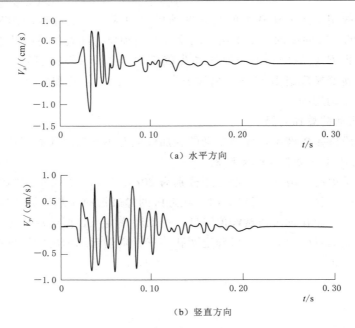

图 2.2-4　爆心距为 80m 处的质点水平方向、竖直方向振速时程

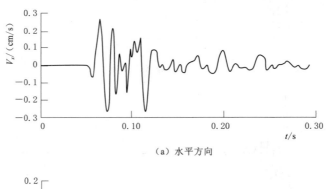

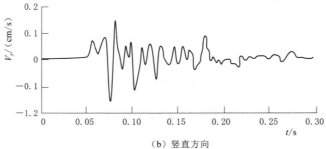

图 2.2-5　爆心距为 200m 处的质点水平方向、竖直方向振速时程

另外，不难发现，爆破振动叠加放大系数随爆心距的增大而越来越大。很明显，由于岩体介质的阻尼特性，远区爆破振动波形拉宽，各分段的振动持续时间变长，因而叠加的可能性和叠加后振动放大系数也变大。

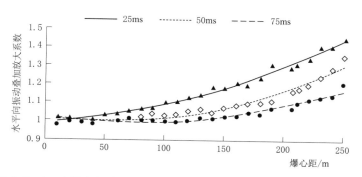

图 2.2-6　水平向振动叠加放大系数与爆心距的对应关系（两孔延期）

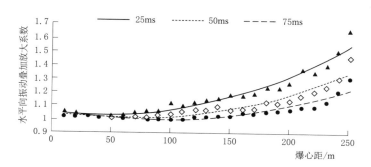

图 2.2-7　水平向振动叠加放大系数与爆心距的对应关系（三孔延期）

2. 爆破振动产生叠加的起始位置

在工程实践中，确定爆破振动叠加起始位置可采用波形叠加法。在计算模型中，可以选取距爆源任意距离的节点，考察微差爆破在该点产生的爆破振动波形。先以水平向振动波形为依据，由近及远考察各节点，如果能找到某一爆心距处节点的某两段波形即将发生重叠，那么就可粗略估计出该点即为微差爆破各段振动产生叠加的起始位置。

以两孔延期 50ms 爆破为例，如图 2.2-8（a）所示，两孔延期 50ms 起爆时，在爆心距 20m 处，两段爆破振动波形是完全分离的；在爆心距 80m 处，两段波形依然尚未发生叠加，但波形已经非常靠拢，有开始发生叠加的趋势，如图 2.2-8（b）所示；到爆心距 85m 处，两段振动波形开始发生叠加，如图 2.2-8（c）所示；而在爆心距 200m 处，可以看到，爆破振动波形已经很大部分发生了叠加，如图 2.2-8（d）所示。

表 2.2-1 列出了两孔、三孔装药对应于不同延期爆破时振动产生叠加的起始位置。

表 2.2-1　　两孔、三孔装药对应于不同延期爆破时振动产生叠加的起始位置

装　药　状　况	两　　孔			三　　孔		
延期时间/ms	25	50	75	25	50	75
起始位置/m	30.0	85.0	130.0	20.0	50.0	110.0

可以看到，延期时间越长，微差爆破各分段振动产生叠加的起始位置也越远离爆源。

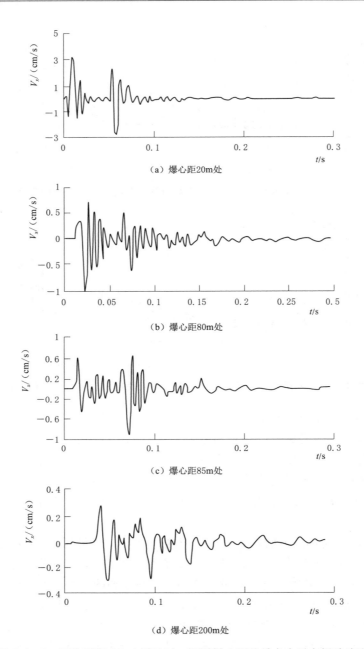

（a）爆心距20m处

（b）爆心距80m处

（c）爆心距85m处

（d）爆心距200m处

图 2.2-8　两孔延期 50ms 爆破时，不同爆心距处质点水平向振动波形

2.2.4　爆破振动的影响因素

　　振动速度与炸药量成正比，与质点距离成反比。影响爆破振动的因素根据其可控制性分为两类：一类是人为不可控制因素，如地形、地质条件、场地条件、传播途径等因素；另一类是人为可控因素，即爆破参数。要控制爆破振动有害效应，主要是通过合理选择爆

破参数来实现。

2.2.4.1 岩体地质条件的影响

从爆源向外传播的地震波，本应呈对称辐射状态，但岩体等介质并非各向同性，介质内软弱结构面和地应力分布也不均匀对称，影响到各方向地震波强度及其破坏影响程度大小不一。

岩体介质条件对爆破地震波的传播特性起到决定性影响。岩体种类、软硬程度及风化程度等各种性质影响着爆破振动的传播与衰减规律：岩体越坚硬，越完整，岩体介质的阻尼作用越弱，对爆破振动幅值、频率等的衰减作用越大，从而爆破振动衰减越慢，振动主频越高；而岩体越软弱，风化程度越强，爆破振动衰减越快，振动主频越低。

岩体的地质构造对爆破振动的衰减也有显著的影响。地震波通过断层、节理、裂隙、软弱带时，会发生透射、反射，反射的拉伸波会使原有裂隙进一步张开，且可能导致新裂隙的产生，加速岩体的破坏，同时，反复的爆破振动作用也会削弱这些软弱结构面的力学指标。爆破振动通过这些软弱或破碎岩体时，振动衰减指数 α 增大，振动衰减加快。而且节理、裂隙、软弱带、断层等结构面具有高频滤波作用，爆破振动的高频成分衰减较快，主频降低，波形拉长，主振相持续时间变长，叠加效应更显突出，且低频的爆破振动也有可能对建（构）筑物的稳定性造成影响。

另外，地层在地震波作用下产生动力反应，其强弱随地层固有频率不同而异。同样在地震波作用下，不同固有频率地层反应不一。当爆破振动主频接近地层固有频率，将产生较强振动效应。

2.2.4.2 地形条件的影响

爆破振动传播中遇到沟槽及山谷等凹形地貌时，由于传播距离增大，振动强度会减弱。凹形地貌对爆破振动波具有明显的衰减作用，其衰减指数的大小与凹形地貌的宽、深度有关。深度对爆破振动波衰减的影响比宽度大，爆破振动波衰减指数随凹形地貌宽度和深度的增加而增加，但随宽度增加的幅度较小，而随深度增加的幅度较大，呈单调上升。凹形地貌对爆破振动波的屏障作用，主要是起对面波的阻隔。凹形地貌对面波的阻隔效应（衰减效应）与波长有关，波长越短阻隔效果越好。爆破振动波经过凹形地貌后，其主频降低，而持续时间略有增加。

爆破振动传播中经过山包、边坡、陡坎等凸形地貌时，大多情况下爆破振动强度随高程增大而增大。凸形地貌对爆破振动波具有明显的放大效应，其放大效应的大小即爆破振动波的放大系数与凸形地貌的高、宽度有关，还与最大段药量、爆源距、爆源比例距离有关。质点振动放大系数先随凸形地貌高度增加而增加，在凸形地貌高度达到某一临界值时放大系数达到最大值；当凸形地貌高度超过这一临界值时，放大系数随凸形地貌高度的增加而减小。凸形地貌对爆破振动波放大的实质就是自由面上折射波叠加的结果，凸形地貌的放大作用需满足一定的爆炸能量条件，即一定爆源比例距离范围。凸形地貌放大效应还与岩性有关，结构完整、节理不发育的岩体放大系数比结构破碎、节理发育的岩体大。

2.2.4.3 场地条件的影响

爆破振动特性同时也受到爆破场地条件的影响，比如露天明挖时，场地比较开阔，而洞室开挖场地相对封闭，它们的振动传播规律存在较大区别。洞室开挖与露天明挖相比，爆破振动的衰减指数 α 值要小，爆破振动衰减较明挖要慢。而且露天明挖的爆破振动主频较低，而洞室开挖的爆破振动主频相对较高。这种特性在各类工程爆破振动测试中均得到了反映。

2.2.4.4 爆心距及传播路径的影响

在爆破荷载作用下，近距离范围内爆破振动迅速衰减，中远距离范围内爆破振动衰减趋缓，爆源近区的爆破振动衰减场地参数 K 值、α 值较远区要大。爆破地震波在传播过程中，虽然其振动强度不断衰减，但爆破振动信号的能量主振频带在一定距离范围内有往低频集中的趋势。因此，在一定距离范围内，距爆区远处的破坏效应有可能增大。而对于微差爆破，先后延期起爆的各段装药，其在近区的爆破振动波形是分离的，但在远区可能产生叠加，因此，不同爆心距处的振动叠加效应是不同的。一般来说，越往远区，爆破振动波形叠加的概率越大。

即使对于同次爆破，相对爆源不同方向（爆破抵抗线后冲向），侧向或正前方的振动衰减规律也不尽相同。例如抛掷爆破和深孔台阶爆破产生的振动，在抵抗线背向（后冲向）和抛掷前方（前冲向）的衰减规律就存在差别。后冲向较前冲向的 K 值要大，而其 α 值较前冲向要小。这说明在抵抗线后冲向的爆破荷载较前冲向要大，而衰减也相对较慢。

2.2.4.5 建筑物类型的影响

低矮建筑物抗震性能比高大、细长（如烟囱、水塔、电视塔等）建筑物好很多。跨度大、空旷建筑物及承重结构物易被振坏。砖墙砌缝受振易开裂，夯土墙抗震性能则比较好。地下建（构）筑物（如地下厂房、隧洞等）比地面建筑物抗震性能好，位于爆源上方的建筑物抗震性能较差。

而不同建筑物的结构对爆破振动强度承受能力也不一样，跨度大的建筑物和横梁容易出现裂缝，比较高的建筑物其顶部受到的振动比底部大。

2.2.4.6 爆源特性

爆源特性是影响着爆破振动荷载特性的重要因素。爆源特性不同，爆破振动荷载特性也不同，对岩体的破坏效应均不相同。不同的爆破规模（装药量）、爆破方式、装药结构、钻爆参数等都会影响爆破振动的幅值和频谱特性。在其他条件相同的情况下，爆源特性也影响着爆破振动波形的主振相持续时间，而爆破振动波形主振相持续时间越长，各分段爆破产生的振动叠加的可能性越大。

1. 爆破规模

大药量多炮孔的大规模爆破，比如说大区微差爆破，其爆破振动的持续时间长，频率较低，对建（构）筑物的稳定性影响较大；而小药量爆破的振动持续时间相对较短，频率相对较高，对建（构）筑物的影响相对较小。

2. 爆破类型

不同类型的爆破引发的爆破振动也有较大的差别。相同总装药量的微差爆破比齐发爆破所产生的振动小。齐发爆破的频域范围相对较窄，而且易集中在较低频率段；微差爆破的频域范围相对宽广，排间微差一般小于 30Hz，逐孔微差一般小于 50Hz。在起爆方式由齐发爆破向排间微差再向逐孔微差变化时，微差段数增加，爆破振动信号的能量主振频带有往中、高频发展的趋势。

对于洞室开挖中，掏槽爆破的振动特性与崩落孔爆破的也有差异。掏槽爆破只有一个临空面（掌子面），因此掏槽爆破是在较大夹制作用下的强抛掷爆破，夹制作用导致更多的爆炸能量向岩体内部传播，而崩落孔爆破时由于临空面的增加，夹制作用减弱，相应初始能量值也减小。爆破介质的夹制作用和振动衰减公式中的场地系数 K 有一定的对应关系。具体而言，在地质条件基本相同的情况下，夹制作用大，则公式中 K 值较大；夹制作用小，则 K 值也减小。掏槽孔爆破振动衰减公式中的 K 值较大，崩落孔爆破的 K 值小一些。而两者的衰减指数 α 值相差不大。

此外，同样药量台阶爆破产生的振动要比洞室爆破的幅值要小，主频要高。起爆方式也影响爆破振动的频谱特性，沿炸药中的爆轰波传播方向，爆破振动峰值大、频率低。

3. 炮孔孔径和孔深

炮孔孔径和孔深对爆破振动衰减规律的影响也主要表现在场地系数 K 上。实测资料表明，当爆心距相同时，深孔台阶爆破产生的振动效应比浅孔爆破的要强。大孔径炮孔产生的爆破振动效应一般要大于小孔径的；大孔径爆破的场地系数 K 大于小孔径爆破振动的场地系数，而衰减指数小于小孔径爆破振动的衰减指数。在同样的爆破条件下，随着孔深、孔径的增大，爆破振动主振能量越集中，也越倾向于低频方向。故孔径和孔深的增大不仅会影响爆破地震波的频谱组成，而且还会使爆破振动幅值增大。但是当孔深大到一定程度时（高台阶爆破），孔深的增加对爆破振动影响不明显。

4. 装药结构

集中药包与条形药包的振动特性有较大差异。相同药量的条形药包爆破产生的振动，均小于集中药包，而振动频率也小于集中药包。集中药包爆破时，介质中产生的冲击波是球面波，球面波以药包为中心向周围均匀发散传播。条形药包爆破时，药包中部冲击波波阵面为圆柱形，两端波阵面形状为近似椭球形。在爆破近区，集中药包的冲击波强度高于条形药包相应区域的强度。条形药包的爆炸反应时间是集中药包的 5～10 倍，可等效为多个集中药包的叠加，使得激发地震波的振速和频率发生改变。

在实际的爆破开挖工程中，为了得到整齐的开挖轮廓，或者达到减振、阻裂等目的，通常会采用具有特定装药结构的预裂爆破及光面爆破技术等。预裂爆破采用不耦合装药，导致作用在炮孔孔壁的压力相对台阶爆破要小，所以其产生的初始能量值也相应要小得多，但预裂爆破时一般处于较大的夹制约束状态，其产生的振动有其特定的规律。

预裂爆破振动衰减经验公式的 K 值远小于台阶主爆破，而其 α 值也比较小。在爆源近区，预裂爆破产生的振动远小于台阶主爆破，而当爆心距较大时，预裂爆破产生的振动可能超过台阶爆破，成为主要的振动源。在相同的爆心距范围内，预裂爆破产生的地震波主频也高于主爆破。

此外孔内药包直径一样，比下部直径小、中部大、上部居中的药包结构爆破的地震波强度大，而空气间隔装药比连续装药的爆破振动效应要低。

5. 微差间隔时间

在采用传统塑料导爆管雷管条件下，根据微差爆破机理，一定的微差间隔时间虽然不能使各段的振动波完全脱离，但可以使各段振动波主振部分的最大幅值得到分离，从而呈现出各段单独作用的效果。因而，各段爆破振动波形是否叠加也取决于微差间隔时间的选取。微差间隔时间越长，各分段爆破振动产生叠加的可能性越小。故随着爆破规模的增大，微差间隔时间也需要增长。

在采用工业电子雷管和高精度塑料导爆管雷管条件下，甚至可以通过爆破振动的相位控制实现削峰降振。

6. 雷管延期精度

导爆管延期雷管的延期药一般由矿物和化学材料组成，它的精度受多种复杂因素影响，雷管的实际延期时间具有很强的随机性。应用设计的微差延迟时间引爆爆破网路时，按导爆管雷管的延期精度水平，爆破网路的实际延期时间会有所改变。雷管延期精度对爆破振动波形叠加的影响是不易控制的。而雷管延期精度较差时，爆破过程中容易发生重段或串段现象，从而会增强爆破振动效应。

7. 炸药性能的影响

炸药性能对爆破振动波幅值也有显著影响，对振动波频率影响不大。低爆速炸药爆炸产生的地震动比常规炸药爆炸产生的地震动小得多，从爆破振动速度随距离衰减曲线来看，其衰减规律符合一般爆破地震动的衰减规律，但衰减指数 α 超过了萨道夫斯基经验公式中 α 的 1.3～2.0 倍的范围。而从低爆速炸药和常规炸药的爆破振动速度幅值-时间衰减公式可以看出，低爆速炸药爆炸产生的地震波衰减更快，在相同的振动速度下，产生的比冲量比常规炸药小，从而对周围建构筑物的损伤和破坏也比常规炸药小。

2.2.5 爆破振动效应分析方法

爆破过程必然有一部分炸药能量转化为地震波，并在岩石或土壤介质中以爆源为中心向外传播时，在一定范围内，爆破地震波会造成爆源附近建（构）筑物在不同程度上破坏。爆破地震波的特征、传播规律及其对传播介质、建（构）筑物及附属设备的影响，通称为爆破振动效应。因此，爆破振动效应实际上是由不同频率、不同幅值的波动在一个有限时间范围内组合的随机过程的结果。

2.2.5.1 爆破振动时频分析

爆破振动信号分析与处理是对振动信号进行分析、变换、综合、识别等加工处理，以达到提取信息和便于利用的目的。振动信号分析方法总的说来可分为两大类，即频域分析法和时域分析法。频域分析是把一个复杂信号分解为一系列正交函数的线性组合，把信号从时域变换到频域中进行分析，其中最基本的是把信号分解为不同频率的正弦分量叠加，即用傅里叶变换的方法来进行信号分析，这种方法也称之为频谱分析。时域分析也称为波形分析，研究信号的幅值等参数、信号的稳态和交变分量随时间的变化情况，其中最常用的是把一个信号在时域上分解为具有不同延时的简单冲击信号分量的叠加，通过卷积的方法进行系统的时域分析。

爆破振动信号作为一种非平稳信号，长期以来人们将其简化为平稳信号问题通过傅里叶等变换来处理。近年来随着科学技术的发展和进步，特别是新的数学工具的出现，已普遍开始应用小波变换、小波包分析和 HHT 变化分析等非平稳随机信号分析方法对爆破振动信号进行分析。

2.2.5.2 爆破振动反应谱

1943 年 M. A. Biot 提出了反应谱的概念，其直观定义是：一组具有相同阻尼、不同自振周期的单质点体系在某一地震动时程作用下的最大反应。反应谱分为加速度反应谱、速度反应谱和位移反应谱。

反应谱用作计算在地震作用下结构的内力和变形。反应谱理论考虑了结构动力特性与地震动特性之间的动力关系，通过反应谱来计算由结构动力特性自振周期、振型和阻尼所产生的共振效应。地震时结构所受的最大水平基底剪力，即总水平地震作用力 F 为

$$F = k\beta(T)G \tag{2.2-31}$$

式中 k——地震系数；

$\beta(T)$——加速度反应谱 $Sa(T)$ 与地震动最大加速度 a 的比值，它表示地震时结构振动加速度的放大倍数，$\beta(T) = Sa(T)/a$。

反应谱理论也存在以下的局限性：

（1）反应谱理论尽管考虑了结构的动力特性，但它仍然把地震惯性力作为静力来对待，只能称为准动力理论。

（2）表征地震动的三要素是振幅、频谱和持续时间。在制作反应谱过程中，虽然考虑了其中的前两个要素，但未反映地震动持续时间对结构破坏程度的重要影响。

（3）反应谱是根据弹性结构地震反应绘制的。引用反映结构延性的结构影响系数后，也只能笼统地给出结构进入弹塑性状态的结构整体最大地震反应，不能给出结构地震反应的全过程，更不能给出地震过程中各构件进入弹塑性变形阶段的内力和变形状态，因而也就无法找出结构的薄弱环节。

2.2.5.3 工程结构的爆破振动动力分析

动力分析理论求取的不是结构的某种最大反应或其近似估计，而是反应的时间历程，从而能获得更多的反应信息，以便做出更好的抗震设计。动力分析方法根据选定的地震波和结构恢复力特性曲线，采用逐步积分的方法计算地震过程中每一瞬时结构的位移、速度和加速度反应，从而观察结构在强振作用下弹性和非弹性的内力变化以及结构构件开裂损坏直到倒塌的全过程。

2.3 相似理论及其在爆破工程中的应用

在爆破工程中，研究复杂爆破现象时，常常需要进行模型试验。模型试验与原型试验相比，它具有典型性好、易于实现、经济性好等优点。模型实验可以把模拟对象的主要规律呈现出来，直接地观察这些规律的演变过程，能够帮助我们更广泛和更深入地去认识问题和解决问题。模型实验的关键是如何设计一个已知的模型实验，使它能够代表未知的原型，并且如何把模型实验所得的结果转换到原型上去。

相似理论是指导模型实验、整理分析实验结果并使其推广到实际中去的基本理论。相似理论是研究设计模型实验时应遵循的法则；相似理论寻求模型实验与实际问题之间相互联系的客观规律的一般方法。

2.3.1　相似三定理

在模型实验或相似现象中，模型与原型几何相似是一个十分重要的因素，但并不是决定相似的唯一因素。例如在应力分析中，除了要求模型与原型几何相似以外，还要求二者受力情况和边界条件等因素保持相似，否则模型中任一点的应力状态与原型中相应点的应力状态就不可能保持相似。

实际上，两种物理现象的相似是指表述现象的各物理量在空间上的相对应点、在时间上的相对应瞬间各自互成一定的比例关系，且被约束在一定的数学关系之中。物理相似包括运动学相似、动力学相似、时间相似、材质相似和边界条件相似等内容。

2.3.1.1　相似第一定理

相似第一定理为相似现象以相同的方程式描述，彼此相似的现象，其相似指标为 1，或相似判据的数值相同。即 $C_i = 1$ 或 $\pi = idm$。相似第一定理也叫正定理，用于描述相似现象的性质，决定着模型试验必须测量哪些物理量。

当用相似第一定理指导模型研究时，先导出相似判据，而后在模型试验中测量所有与相似准则有关的物理量，借此推断原型的性能。这种测量和单个物理量泛泛的测量有所不同。由于各物理量处于同一准则中，故几何相似得到保证，便可找到各物理学相似常数间的倍数关系。模型试验中的测量，就在于以有限试验点的测量结果为依据，充分利用模型的倍数关系，来推算所需的物理量。

2.3.1.2　相似第二定理

设一物理系统中有 n 个物理量，其中有 k 个物理量的量纲是相互独立的，则这 n 个物理量可表达成（$n-k$）个相似准则的函数关系。当相似准则数超过一个时，如何确定相似准则数量，相似第二定理回答了这一问题。

相似第二定理也称为相似逆定理，用于描述现象研究结果如何向同类现象推广，决定着模型试验中整理试验结果的原则。

2.3.1.3　相似第三定理

对于同一类现象，如果单值量相似，且由单值量组成的相似准则在数值上相等，则现象相似。简言之，现象的单值量相似，则现象相似。相似第三定理，用于描述现象相似的根据，决定着模型试验所应遵守的条件。

所谓单值量，是指单值条件中的物理量。所谓单值条件，是指从一群现象中，根据某一个现象的特性，把该具体现象从中区分出来的那些条件。具体说单值条件有：系统的几何条件、介质条件、物理条件、系统的初始条件（或时间条件）和边界条件等。

同样是相似准则值相等，相似第一定理未必能说明现象相似。而相似第三定理从单值条件上对其进行补充，从而保证了现象的相似。因此，相似第三定理是构成现象相似的充要条件，严格地说，也是模型试验应遵循的指导原则。在实际研究中，要求模型与原型的单值条件全部相似是很困难的。

上述三个相似定理就是相似理论的中心内容。相似第一定理和相似第二定理明确了相似现象的性质，但并没有告诉我们判断相似性所需的条件。相似第三定理补足了前两个定理，说明了判断相似性的充分和必要条件。但由相似理论的全部内容来看，用以判断相似现象共性的东西是相似判据（相似第一定理和相似第二定理），它描述了相似现象的一般规律，所以，掌握确定相似判据的方法，对应用相似理论来解决实际问题，具有十分重要的意义。

2.3.2 量纲分析

确定相似判据有两个方法——分析方程式的方法及量纲分析的方法，后者实际上是利用 π 定理的方法。虽然两个方法对过程所作的数学描写不一样，但给出的结果是相同的。

自然界许多现象，已经得到描述它的方程（微分方程、积分方程、积分-微分方程），但对于单值条件稍为复杂的情况，数学求解往往是很困难（例如弹性理论）的，这时利用相似理论确定相似判据，通过模型实验来解决实际问题就显得格外重要。这种方法的优点是：①结构严密，结论可靠；②程序明确，检查方便；③各种成分的地位一览无遗。

假如所研究的现象还没有找到描述它的方程式，但对该现象有影响的物理量是比较清楚的，这时，可以根据量纲分析（即 π 定理）的方法来确定相似现象的相似判据，建立各物理量之间的基本关系，为寻找描述现象的数学方程提供依据，尤其像工程爆破这样有百年实践经验积累，已有许多反映各物理量之间数量关系的经验公式，应用量纲理论予以总结提高，并发现新的内在作用规律，对工程爆破学科的发展无疑是很有意义的。

2.3.2.1 量纲基本概念

量纲分析是 20 世纪初提出的在物理领域中建立数学模型的一种方法，它在经验和实验的基础上利用物理定律的量纲齐次原则，确定各物理量之间的关系。

1. 有量纲量和无量纲量

在描述一个物理现象中，总是要引入表征现象的物理量，这些量的大小用数来表示，这些数有的与测量单位有关，有的则与测量单位无关。人们把与测量单位有关的物理量，称为有量纲量，如压力、密度、体积均是有量纲量；与测量单位无关的物理量，称为无量纲量，如绝热指数 γ，应变 ε，这些无量纲量一般都是同类事物的比例。

2. 基本测量单位和导出测量单位

一种物理现象可以用多个物理量来表示，这些物理量之间的关系就表现为某种物理规律。在这种规律中，若对其中某些量选定了测量单位，那么其余的物理量可以用这些基本测量单位来表示，因此，前者称为基本测量单位，后者称为导出量的测量单位。导出量的测量单位用基本测量单位表示的方法叫作量纲。

在力学中，常用长度、时间和质量三个彼此独立的单位作为基本单位，其量纲分别用 $[L]$、$[T]$ 和 $[M]$ 来表示。其他物理量 $[A]$ 的量纲都可以用它们的幂次乘积组合来表示：

$$[A]=[M]^{\alpha}[L]^{\beta}[T]^{\gamma} \tag{2.3-1}$$

如求力 F 的量纲，在公式 $F=ma$ 中，质量 m 的量纲为 $[m]=[M]$，加速度 a 的量纲为 $[a]=[L][T]^{-2}$，因此，力的量纲为：$[F]=[ma]=[M][L][T]^{-2}$

3. 量纲相关和量纲无关

某个物理量 $[A]$ 与一组物理量 $\{A_i\}$ 均为有量纲量，若 $[A]$ 的量纲不能用 $\{A_i\}$ 的量纲组成同次幂乘积的形式，称物理量 A 与 $\{A_i\}$ 是量纲无关的，或称量纲相互独立，反之称为量纲相关。

对于有三个基本量纲的物理系统，量纲相互独立是指任何两个基本量纲的乘、除、改变幂次等，都不能产生第三个基本物理量的量纲。

如能量的量纲 $[E] = ML^2T^{-2}$，与密度的量纲 $[\rho] = ML^{-3}$、长度 L 的量纲是无关的；而长度 L、速度 V、加速度 g，其量纲 $[V] = [LT^{-1}]$，$[g] = [LT^{-2}]$，而 $[L][g] = [V]$，所以彼此是量纲相关的。

4. 量纲齐次性

用数学公式表示一个物理定律时，等号两端必须保持量纲的一致，或称量纲齐次性。量纲分析就是利用量纲齐次原则来寻求物理量之间的关系。

在工程系统中用 $[L]$、$[F]$、$[T]$ 作基本量纲的，被称为力（量纲）系统。而用 $[L]$、$[M]$、$[T]$ 作基本量纲的系统则称为质量（量纲）系统。

$[F]$ 和 $[M]$ 通常都认为受到牛顿第二定律 $F = ma$ 的制约，并按这一规律进行相互间的转换，即 $[F] = [MLT^{-2}]$，$[M] = [FL^{-1}T^2]$。上两式所示的方程叫作量纲方程。任一物理方程都可以有自己的量纲方程。

2.3.2.2 π 定理

设 n 个各自独立的有量纲量 $a_1, a_2, \cdots, a_n$，组成某一物理现象，服从 $f(a_1, a_2, \cdots, a_n) = 0$ 是与量纲单位的选取无关的物理定律；在上述关系式中，设有 $K \leqslant n, a_1, a_2, \cdots, a_k$ 是一组相互独立的基本量纲。在力学中，独立量纲的数目通常不多于 3 个。设独立量纲参数的最大数目为 K，则量 $a_1, a_2, \cdots, a_n$ 的量纲，可用 K 个参数 $a_1, a_2, \cdots, a_k$ 的量纲表示。现取 K 个独立量纲作为基本量，并将其量纲标记为

$$[a_1] = A_1, [a_2] = A_2, \cdots, [a_k] = A_k \tag{2.3-2}$$

其余各量的量纲则为

$$\left. \begin{array}{l} [a_{k+1}] = A_1^{m_1} A_2^{m_2} \cdots A_k^{m_k} \\ [a_{k+2}] = A_1^{p_1} A_2^{p_2} \cdots A_k^{p_k} \\ \vdots \\ [a_n] = A_1^{q_1} A_2^{q_2} \cdots A_k^{q_k} \end{array} \right\} \tag{2.3-3}$$

从而可得无量纲量：

$$\left. \begin{array}{l} \pi_1 = \dfrac{a_{k+1}}{a_1^{m_1} a_2^{m_2} \cdots a_k^{m_k}} \\ \pi_2 = \dfrac{a_{k+2}}{a_1^{p_1} a_2^{p_2} \cdots a_k^{p_k}} \\ \vdots \\ \pi_{n-k} = \dfrac{a_n}{a_1^{q_1} a_2^{q_2} \cdots a_k^{q_k}} \end{array} \right\} \tag{2.3-4}$$

$a_1, a_2, \cdots, a_n$ 均是原度量单位制度量的各量；$\pi_1, \pi_2, \cdots, \pi_{n-k}$ 是相互独立的无量纲量，且 $f(1, 1, \cdots 1, \pi_1, \pi_2, \cdots, \pi_{n-k}) = 0$ 或 $f(\pi_1, \pi_2, \cdots, \pi_{n-k}) = 0$ 或 $\pi_1 = f(\pi_2, \pi_3, \cdots, \pi_{n-k})$ 量

纲理论的这个普遍结论称为 π 定理。

量纲量之间的任何物理关系式，都可以表示为无量纲量之间的关系式；这正是量纲方法对于研究力学与物理问题起作用的原因。

在实际研究中，所用的参数愈少，对函数关系式的限制就愈多，研究起来就愈简单。在特殊情况下，如果基本度量单位的数目，等于有独立量纲之参数的数目，那么借助量纲方法，就完全可以确定这一关系式。

2.3.3 爆破量纲分析实例

这里采用量纲分析讨论爆破问题的建模方法，并介绍量纲分析在爆破模拟中的应用。

2.3.3.1 爆破工程中的主要物理量及量纲

工程爆破中，把长度 l、质量 m 和时间 t 的量纲 $[L]$、$[M]$、$[T]$ 作为基本量纲，记以相应的大写字母 L、M 和 T。于是其余物理量可以用 $L^\alpha M^\beta T^\gamma$ 的形式来表示，并称为该物理量的量纲。

工程爆破中，主要涉及的物质是炸药、爆破介质，介质破坏特征所表征物理量的量纲见表 2.3-1。

表 2.3-1　　　　　　　　　　　爆破所涉及的物理量量纲

对象	序号	特征物理量	参数符号	量纲
炸药	1	药量	Q	M
	2	密度	ρ_e	ML^{-3}
	3	比能	U	$L^2 T^{-2}$
	4	爆炸气体绝热指数	γ	
	5	爆轰速度	D	LT^{-1}
介质性质	6	密度	ρ	ML^{-3}
	7	纵波速度	C_p	LT^{-1}
	8	介质应力	σ	$ML^{-1}T^{-2}$
	9	弹性模量	E	$ML^{-1}T^{-2}$
	10	断裂强度因子	K_μ	MT^{-2}
破坏特征	11	炸药埋深	W	L
	12	爆破漏斗底面半径	r	L
	13	应力波传播距离	R	L
重力场	14	重力加速度	g	LT^{-2}

2.3.3.2 工程爆破中药量计算公式

炸药包在介质中爆破破坏作用，表征炸药的物理量为密度 ρ_e、炸药量 Q、单位质量炸药的能量（比能）U，表征介质性质的物理量为密度 ρ、纵波速度 C_p、介质应力 σ、断裂强度因子 K_μ，表征介质破坏的几何参数为炸药埋深 W、爆破漏斗底面半径 r，共有 9 个独立的物理量，根据量纲分析的 π 定理可知，可以组合成 6 个无量纲参数。

在 9 个独立的物理量中选择 3 个独立量纲作为基本量：$[\rho_e]=ML^{-3}$，$[W]=L$，$[U]=L^2T^{-2}$，用这 3 个基本量表示其余 6 个物理量。

例如，对于药量 Q，$[Q]=[\rho_e]^{m_1}[W]^{m_2}[U]^{m_3}$ 方程两边用基本量纲表示：

$$M^1=(ML^{-3})^{m_1}L^{m_2}(L^2T^{-2})^{m_3}=M^{m_1}L^{-3m_1+m_2+2m_3}T^{-2m_3} \qquad (2.3-5)$$

依据量纲齐次原则有 $m_1=1$，$m_2=3$，$m_3=0$，$Q=\pi_1\rho_eW^3$。

可求出其余项：

$$\left.\begin{array}{l}\pi_1=\dfrac{Q}{\rho_eW^3},\pi_2=\dfrac{K_u}{\rho WU},\pi_3=\dfrac{\sigma^2}{\rho^2C_P^2U},\\[3mm]\pi_4=\dfrac{r}{W},\pi_5=\dfrac{C_P^2}{U},\pi_6=\dfrac{\rho}{\rho_e}\end{array}\right\} \qquad (2.3-6)$$

选定 $\dfrac{Q}{\rho_eW^3}$ 为因变量，其于作为自变量，则其函数关系可表示为

$$\frac{Q}{\rho_eW^3}=F\left(\frac{K_u}{\rho WU},\frac{\sigma^2}{\rho^2C_P^2U},\frac{r}{W},\frac{C_P^2}{U},\frac{\rho}{\rho_e}\right) \qquad (2.3-7)$$

式中 $\dfrac{Q}{\rho_eW^3}$——爆破单位介质所需要的炸药量；

$\dfrac{K_u}{\rho WU}$——单位质量介质克服张力形成新断裂面所需能量与炸药比能之比；

$\dfrac{\sigma^2}{\rho^2C_P^2U}$——单位质量介质体积变形所需要的能量与炸药比能之比；

$\dfrac{r}{W}$——爆破破坏作用的特征参数，$\dfrac{r}{W}=n$；

$\dfrac{C_P^2}{U}$、$\dfrac{\rho}{\rho_e}$——炸药和介质性质相互关系的参数，在炸药和介质条件确定的条件下为常数。

则式（2.3-7）只有 3 个无量纲变量，即有

$$\frac{Q}{\rho_eW^3}=F\left(\frac{K_u}{\rho WU},\frac{\sigma^2}{\rho^2C_P^2U},n\right) \qquad (2.3-8)$$

若令 $K_2=\dfrac{K_u}{U}$，$K_3=f_1\left(\dfrac{\sigma^2}{\rho C_P^2U},\rho n\right)=\dfrac{1}{\rho}f_1(k,n)=Kf(n)$ 在一定的介质中使用同一种炸药进行爆破的条件下，式（2.3-8）可以化为

$$QU=F(K_2W^2U,K_3W^3U) \qquad (2.3-9)$$

此为一个能量组合公式，等式的左边是炸药的总能量，右边是它消耗的有效能量，根据能量迭加原理得到

$$QU = \eta(E_1 + E_2) = F_1(K_2 W^2 U + K_3 W^3 U) \tag{2.3-10}$$

式中　E_1——克服张力形成新的表面积所消耗的能量；

　　　E_2——使介质体积变形所需要的能量；

　　　η——转化有效能量的比例。

如果用炸药埋深 W 的幂次项组合出多项式函数，则上述能量公式可化为炸药量 Q 的公式，可以表示为

$$Q = K_2 W^2 + K_3 W^3 \tag{2.3-11}$$

式（2.3-11）就是爆破药量计算的基本公式，按照上述分析，第一项（W^2）的物理意义是表示克服张力形成断裂面所需要的能量；第二项（W^3）表示介质体积变形所需要的能量。

2.3.3.3 考虑高程的爆破振动计算公式

工程中通常采用以装药量和爆心距为主要影响因素的质点峰值振速衰减经验公式，没有反映质点峰值振速随高程变化的规律。工程实测资料表明，峰值振速与测点至爆心的高程差有关，随着高程的增加，峰值振动往往会增大，或者衰减减慢。故对于边坡开挖爆破振动预测，高程是一个很重要的影响因素。下面通过量纲分析对考虑高程影响的爆破振动峰值衰减公式进行推导。

边坡条件下，爆破振动峰值速度受爆源、场地介质条件（如岩性、节理和地质构造等）、爆心距及高程差因素影响。选择段最大药量 Q（量纲 M）、爆心距 R（量纲 L）、爆源到测点的高程差 H（量纲 L）、岩石中的纵波速度 C_P（量纲 LT^{-1}）、岩石密度 ρ（量纲 ML^{-3}）作为影响爆破振动峰值振速 V（量纲 LT^{-1}）的主要物理量。则 V 与 Q、R、H、C_P 和 ρ 之间的函数关系可表示为

$$V = f(Q, R, H, C_P, \rho) \tag{2.3-12}$$

选取 Q、R、C_P 作为基本物理量，根据 π 定理，则有

$$\pi = Q^{\eta_0} R^{\theta_0} C_P^{\gamma_0} V \tag{2.3-13}$$

$$\pi_1 = Q^{\eta_1} R^{\theta_1} C_P^{\gamma_1} \rho \tag{2.3-14}$$

$$\pi_2 = Q^{\eta_2} R^{\theta_2} C_P^{\gamma_2} H \tag{2.3-15}$$

根据量纲和谐原理对 π、π_1、π_2 的待定指数求解后，有

$$\pi = \frac{V}{C_P} \tag{2.3-16}$$

$$\pi_1 = \frac{\rho R^3}{Q} \tag{2.3-17}$$

$$\pi_2 = \frac{H}{R} \tag{2.3-18}$$

由此得到无量纲量所表达的关系式为

$$\frac{V}{C_P} = F\left(\frac{\rho R^3}{Q}, \frac{H}{R}\right) \qquad (2.3-19)$$

为了在形式上与常用的质点振速峰值预测公式保持一致，取新的 π_3 项代替 π_1：

$$\pi_3 = \sqrt[3]{\pi_1} = \frac{\sqrt[3]{\rho}\,R}{\sqrt[3]{Q}} \qquad (2.3-20)$$

则有

$$\frac{V}{C_P} = F\left(\frac{\sqrt[3]{\rho}\,R}{\sqrt[3]{Q}}, \frac{H}{R}\right) \qquad (2.3-21)$$

写成幂指形式：

$$\frac{V}{C_P} = k\left(\frac{\sqrt[3]{\rho}\,R}{\sqrt[3]{Q}}\right)^{\alpha'}\left(\frac{H}{R}\right)^{\beta} \qquad (2.3-22)$$

式中　k、α'、β——常数，令 $K = kc_P\rho^{\alpha'/3}$ 且 $\alpha = -\alpha'$ 则有

$$V = K\left(\frac{\sqrt[3]{Q}}{R}\right)^{\alpha}\left(\frac{H}{R}\right)^{\beta} \qquad (2.3-23)$$

2.3.4　爆破模型试验

2.3.4.1　模型试验基本概念

模型试验是按一定的几何和物理相似关系，用模型代替原型进行测试研究，并将研究结果用于原型的试验方法。

模型试验的主要作用如下：

（1）对复杂的、尚未或难以建立准确数学模型的结构力学行为进行研究，为设计或施工方案提供参考和依据，直接服务于工程目的。

（2）为建立新的理论或计算（数学）模型提供依据。

（3）检验新的理论或计算（数学）模型的正确性或实用性。

在工程爆破中，同样需要进行一些小型模型模拟试验来代替实际爆破。要使这些小比例的模型试验能真实地反映全尺寸原型的实际爆破情况，在实验中就必须遵守爆破模拟的相似律，即按照原型与模型无量纲量一致的原则设计模型试验。

根据相似第三定律，为确保模型和原型的现象相似，必须保证由单值条件下物理量所组成的无量纲量（相似准则）在数值上相等，模型和原型的有关参数满足相似条件。

模型试验参数选择中，必须首先考虑和确定长度缩尺，即原型与模型间的几何比例。长度缩尺应满足人们对系统性能预测所提出的精度要求。一般来讲，长度缩尺越大，误差也越大。

为能满足相似准则的要求，设计爆破试验时通常会用到相似材料。用单一的天然材料直接作为相似材料应用面较窄，而采用石膏、石英砂、河沙等天然材料，水泥、氧化锌、

树脂等人工材料，经过配比试验配制而成的模型材料，其密度可控制为 $1500\sim2700kg/m^3$，弹性模量为 $0.5\sim50GPa$，单轴抗压强度为 $0.5\sim50MPa$，选择范围较宽。

2.3.4.2 爆破模型试验实例

实例选择三峡三期 RCC 围堰拆除爆破倾倒模型试验。三峡三期 RCC 围堰与大坝平行，轴线位于坝轴线上游 114m 处，全长约 580m，围堰顶高程 140.00m，顶宽 8m。围堰迎水面高程 70.00m 以上部分为直立坡，高程 70.00m 以下为 1：0.3 的斜坡；背水面高程 130.00m 以上为直立坡，高程 50.00～130.00m 为 1：0.75 的斜坡。二阶段横向围堰设计采用预埋药室定向倾倒法爆破。

1. 试验内容

为验证爆破倾倒的可靠性、爆破缺口形状、产生的水击波等，于 2005 年 10 月 24 日、2005 年 11 月 8 日在长江水利委员会长江科学院前坪试验基地进行了两次 RCC 围堰 1：10 模型倾倒爆破试验。通过试验，验证爆破参数的合理性、围堰倾倒的可靠性和爆破影响的安全性。

（1）1：10 模型倾倒试验条件。根据围堰的结构特点，在试验水池内制作了两个高 5m，长度分别为 6m、8m 的混凝土模型，模拟高程 90.00m（原型高程，以下类同）以上部位围堰。当预埋药室内装药后，即向水池内充水，充水深度为 4.5m，模拟围堰爆破拆除时的堰内外水位均为 135.00m 的条件。

（2）爆破参数试验优化。两个模型分两次进行试验，每次试验取两组不同爆破参数。通过爆破倾倒过程、爆破缺口形状等的分析，优化爆破参数。

（3）1：10 模型堰块倾倒形态观察范围及设备。1：10 模型堰块倾倒试验时，用摄像机拍摄记录围堰的倾倒过程；用数码相机拍摄记录堰块倾倒后的形态。

（4）1：10 模型堰块爆破水击波观测范围及系统。1：10 模型堰块爆破试验时，在围堰前、堰后大坝轴线、围堰轴线侧向等水域布置水击波观测点，用水击波测试系统记录爆破产生的水击波。在水击波测点处放置长江中常见的鱼类（鲴鱼、鲫鱼、鲢鱼、鳊鱼、黄金鱼、鲤鱼等），观察鱼类受爆破冲击波时的反应及受损情况，从而对水击波的大小有一个直观的认识。

（5）1：10 模型堰块爆破振动观测范围及设备。进行 1：10 模型爆破试验时，在围堰基础、堰后大坝轴线（模型 11.4m 处）、附近位置布置振动传感器及记录仪，测试堰块爆破时及倾倒过程中产生的振动。

（6）模型几何相似处理。试验时仅考虑几何相似。模型试验材料采用与碾压混凝土相似的常态混凝土，因此，模型的材料密度、弹性模量与原型基本一致，模型与原型几何相似，其几何比例尺为 L_r。

（7）爆破几何相似处理。药量比例为：集中药包 $Q_r=L_r^3$；条形药包 $q_r=L_r^2$。

2. 试验参数

1：10 围堰模型药室布置横剖面图如图 2.3-1 所示，模型试验中集中药室装药量 Q 按式（2.3-24）计算：

$$Q=eK_dKW^3(0.4+0.6n^3) \qquad (2.3-24)$$

式中　Q——装药量，kg；

　　　e——以 2 号岩石炸药为基准的炸药换算系数，乳化炸药取 $e=1.15$；

　　　K_d——双向药包作用时的系数，一般取 $K_d=1.2$；

　　　K——与爆破介质有关的标准炸药单耗，kg/m^3；

　　　W——药包的最小抵抗线，m；

　　　n——爆破作用指数。

其中 K 应按式（2.3-25）计算：

$$K=K_1/W+K_2+K_3W \qquad (2.3-25)$$

式中　K_1、K_3——爆破介质和炸药种类有关，在爆破介质、炸药不变的条件下应为
　　　　　　　　常数；

　　　K_2——与炸药、介质性质有关。

水下标准抛掷爆破单位炸药消耗量 K_2 为

$$K_2=[0.4+(\gamma/2450)^2]+HC_a \qquad (2.3-26)$$

式中　γ——爆破介质密度，kg/m^3；

　　　H——药室中心处水深，m；

　　　C_a——水深影响系数，一般为 $0.005\sim0.015$。

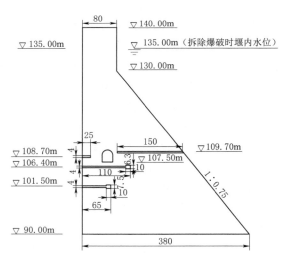

图 2.3-1　1:10 围堰模型药室布置横剖面图（单位：cm）

模型试验混凝土的密度度取 $2400kg/m^3$，试验时药室中心处水深为 3.5m，水深影响系数 C_a 取 0.015，按式（2.3-26）进行计算：得到 $K_2=1.41$。

抵抗线对单位炸药消耗量的影响是非线性的，抵抗线低于一定值时（2m）单位炸药消耗量将增加，抵抗线大于一定值（20m）单位炸药消耗量也将增加。1 号、2 号、3 号三个药室在模型中的最小抵抗线分别为 22cm、60cm、36cm，模型试验的最小抵抗线均小于 2m，因此，需采用较高的单位炸药消耗量。

根据兰格福斯的实践经验：K_1 取 0.07，K_3 取 0.004，K_2 取计算值 1.41，按式（2.3-25）进行计算：1 号药室相应的 K 值为 1.73，2 号药室相应的 K 值为 1.53，3 号药室相应的 K 值为 1.61。

三峡工程三期上游 RCC 围堰倾倒爆破初步设计方案中，预埋药室 1 号、2 号、3 号的爆破作用指数分别取 1.1、1.25、1.3。

考虑到模型尺寸、自重相对较小，两端又都有临空面，在模型试验中，预埋药室 1 号、2 号、3 号的爆破作用指数分别取 1.35、0.6～0.9、1.1，以检验设计爆破作用指数选取是否合理。

3. 试验情况

（1）第一次模型试验。

第一次模型试验的长度为 6m，1 号、2 号、3 号药室内装乳化炸药，断裂孔内装防水导爆索。

为便于取得更多的试验数据，2 号药室的爆破作用指数在 2m 段、4m 段分两种爆破参数进行试验，分别取爆破作用指数为 0.60、0.87；1 号、3 号药室的爆破作用指数分别取为 1.35、1.1。

（2）第二次模型试验。

第二次模型试验的长度为 8m，1 号、2 号、3 号药室内装乳化炸药，断裂孔内装防水导爆索。第二次模型试验将 2 号药室的药量作适当降低，并把长度 8m 分为 4m 一个区，分别取爆破作用指数为 0.6、0.76；1 号、3 号药室的爆破作用指数与第一次模型试验相同，分别取为 1.35、1.1。

4. 试验结论

通过围堰模型的两次试验，可得出以下主要结论：

（1）在形成爆破倾倒缺口的前提下，能实现高程 110m 以上堰体顺利倾倒，如排除临空面影响，堰块倾倒过程、倾倒后的形态，与设计预期相符。

（2）1 号、2 号、3 号药室能形成爆破缺口，断裂孔能形成较好的断裂面，说明所设计布置的药室、断裂孔的位置是合理的。

（3）两次模型试验的爆破参数调整，主要针对 2 号药室，单个药室的爆破作用指数 n 从 0.60 调整至 0.87，从爆破缺口形状来看，单个药室的爆破作用指数为 0.87 时爆破效果较好。但从 2 号药室未对廊道底板造成破坏的情况来分析，2 号药室的炸药作用没有破碎到该处，因此，对廊道底部的混凝土破碎还需采取增加辅助药包的爆破措施，如在靠近预埋廊道底板的排水孔内装少量的炸药，对该部位的混凝土予以破碎。

（4）在第一次试验中，3 号 PP-R 管药室均存在 10cm 左右的残留；第二次模型试验中 2 号 PP-R 管药室大部分残留在原药室高程，且药室高程以下混凝土大部分未破坏，说明药室内的炸药未完全爆轰。因此，普通乳化炸药在浸水 4 天后，炸药的性能可能已发生了改变，在实际围堰拆除中需采用抗水、抗压性能高的炸药才能满足要求。

（5）从两次试验的起爆网路实现的段与段之间的时间间隔来分析，第一次模型试验的爆破振动波形基本未叠加，而第二次模型试验的爆破振动波形有叠加现象，说明第一次模型试验的时间间隔较合理，而第二次模型试验的时间间隔是按原型的时间比尺进行模拟的，反而时间间隔偏短，由此在实际围堰拆除爆破中，药室之间的时间间隔应采用比原设计大才合理。

2.4 爆破数值模拟

2.4.1 数值模拟方法

随着计算机及数值算法的发展，各种数值模拟方法广泛应用于爆破动力效应分析中。数值模拟方法可针对不同工程及其地形地质条件建立相应的数值模型，不但能给出任意考察点处的动力响应参量，包括质点振动速度、加速度和位移等，而且能给出岩体体内应力、应变及变形等的时程分布情况，可为爆破振动特性、岩体开挖损伤区等方面的研究提供了有效途径。

常用的数模方法包括采用连续介质的 FEM、FDM 和基于非连续介质的 DEM、DDA、RFPA 等，以及近年来兴起的非连续-连续耦合数值计算方法，用于开挖损伤区内岩体变形、裂纹扩展与传播、损伤以及爆破诱发振动等系列爆破响应的数值仿真。

2.4.2 常用爆破数值模拟软件

2.4.2.1 ANSYS LS-DYNA

动力有限元方法的迅速发展，已成为解决流体弹塑性计算和爆炸模拟问题的一个重要手段。有限元方法已很好地解决了小变形弹性问题，但在计算爆炸这类问题时却遇到了不少困难，主要问题在于爆炸冲击问题往往会表现出几何非线性（大变形）、材料非线性（材料本构方程的复杂性）、边界非线性（炸药与孔壁形成滑移面）三种非线性。

LS-DYNA 程序是功能齐全的几何非线性、材料非线性和接触非线性程序。它以拉格朗日（Lagrange）算法为主，兼有欧拉（Euler）算法和任意拉格朗日欧拉（ALE）算法；以显式求解为主，兼有隐式求解功能；以结构分析为主，兼有热分析、流体-结构耦合功能；以非线性动力分析为主，兼有静力分析功能。

炸药在介质中爆炸是一个动力学问题，其解法往往求助于数值分析方法。对于弹性介质中的动力问题和波的传播问题，也往往采用有限差分法和有限单元法。与有限差分法相比，有限元法最明显的优点是离散网格的划分比较灵活，并可采用不同类型的单元。

有限元方法分析动力学问题的过程大致包括以下几个主要步骤：

（1）连续体的离散化。

（2）选取单元的位移模型。

（3）用变分原理导出单元的动力学方程。

（4）经整体集合建立总体运动方程。

（5）求解本征值问题确定体系的动力特性。

（6）在时间域上积分离散体系的运动方程。

LS-DYNA 程序具有拉格朗日算法、欧拉算法和任意拉格朗日欧拉算法。

拉格朗日算法的单元网格附着在材料上，随着材料的流动而产生单元网格的变形。但是在结构变形过于巨大时，有可能使有限元网格造成严重畸变，引起数值计算的困难，甚至程序终止运算。

任意拉格朗日欧拉算法和欧拉算法可以克服单元严重畸变引起的数值计算困难，并实现流体固体耦合的动态分析。任意拉格朗日欧拉算法是先执行一个或几个拉格朗日时步计算，此时单元网格随材料流动而产生变形，然后执行任意拉格朗日欧拉时步计算：保持变形后的物体边界条件，对内部单元进行重分网格，网格的拓扑关系保持不变，称为 Smooth Step；将变形网格中的单元变量（密度、能量、应力张量等）和节点速度矢量输运到重分后的新网格中，称为 Advection Step o Euler 算法则是材料在一个固定的网格中流动，在 LS-DYNA 中只要将有关实体单元标志欧拉算法，并选择输送（Advection）算法。LS-DYN 还可以将欧拉网格与全拉格朗日有限元网格方便地耦合，以处理流体与结构在各种复杂载荷条件下的相互作用问题。

对于同一物理过程，分别以上面三种方式来描述其变形，分析它们的差别：

1. 拉格朗日

对于拉格朗日描述，空间网格的节点与假想的材料点是一致的，也就是说，网格变形，材料也跟着网格变形，所以对于大变形情况，网格可能发生严重畸变。

2. 欧拉

对于欧拉描述，可以这样理解，即有两层网格重叠在一起，一个是空间网格固定在空间中不动，另一层附着在材料上随材料在固定的空间网格中流动，并通过下面两步来实现：首先，材料网格以一个拉格朗日步变形，然后拉格朗日单元的状态变量被映射或输送回到固定的空间网格中去。这样网格总是不动和不变形的，相当于材料在网格中流动，从而可以处理流体流动等大变形问题。

3. 任意拉格朗日欧拉

对于任意拉格朗日欧拉描述，与欧拉描述一样，可以理解有两层网格重叠在一起，但空间网格可以在空间任意运动，其余与欧拉描述一样，有物质的输送在两层网格中发生。该方法可以处理一类问题：整个物体有空间的大位移，并且本身有大变形。

2.4.2.2 FLAC3D

FLAC3D 软件的数值计算是基于 P. A. Cundall 提出的一种显式有限差分法，其求解过程具有下列几个特点：

（1）连续介质被离散为若干互相连接的实体单元，作用力均被集中在节点上。

（2）变量关于空间和时间的一阶导数均用有限差分来近似。

（3）采用动态松弛方法，应用质点运动方程求解，通过阻尼使系统运动衰减至平衡状态。

FLAC3D 方法在计算中不需通过迭代满足本构关系，只需使应力根据应力-应变关系，随应变变化而变化，因此较适合处理复杂的岩体工程问题。

FLAC3D 计算流程如图 2.4-1 所示。

由以上原理可以看出，无论是动力问题，还是静力问题，FLAC3D 程序均由运动方程用显式方法进行求解，这使得它很容易模拟动力问题，如振动、失稳、大变形等。对显式法来说，非线性本构关系与线性本构关系并无算法上的差别，对于已知的应变增量，可很方便地求出应力增量，并得到不平衡力，就同实际中的物理过程一样，可以跟踪系统的

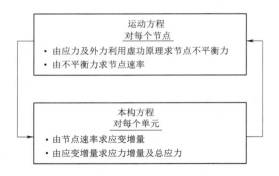

图 2.4-1　FLAC3D 方法计算流程

演化过程。在计算过程中，程序能随意中断与进行，随意改变计算参数与边界条件；因此，较适合处理复杂的非线性岩体开挖卸荷效应问题。

2.4.2.3　DDA 数值仿真计算

非连续变形分析（Discontinuous Deformation Analysis，DDA）是石根华教授于 1984 年提出的一种平行于有限元和离散元的数值分析方法，能够模拟节理裂隙岩体产生大变形和大位移的数值分析方法。DDA 方法以天然存在的不连续面切割岩体形成块体单元，根据系统最小势能原理建立总体平衡方程式，将刚度、质量和荷载矩阵加到联立方程的系数矩阵中去，采用罚函数法强迫块体界面约束求解。由于它能够很好地模拟非连续介质大位移、大变形的静、动力分析等传统有限元方法难以解决的问题，现已日益广泛地应用大坝、边坡、隧洞的稳定性分析。

对于爆破过程的模拟，由于混凝土破碎机理的复杂性，目前国内外多采用 DDA 来进行模拟。DDA 对于混凝土在爆破作用的动态破碎及抛掷过程的仿真模拟大变形、大位移方面有其突出优点。三峡围堰拆除设计时采用非连续变形分析对三峡围堰爆破抛掷、倾倒过程进行模拟分析。

因为大位移和大变形包含在非连续变形分析中，块体位置、块体形状和块体接触随荷载步或时间步而变化。在块体系统中，块体的运动不允许块体之间受拉和嵌入，对每一种接触有 3 种模式：张开、滑动和锁定。

DDA 将岩体视为非连续块体单元，块体与块体之间用虚拟的弹簧来传递相互的作用力。计算中的每一时步，用如下判据加以判别：

（1）不允许存在法向拉应力，即 $\sigma_n \leqslant 0$。

（2）剪应力遵循 Mohr - Coulomb 准则：

$$|\sigma_s| \leqslant c + \sigma_n \tan\varphi \qquad (2.4-1)$$

式中　c——节理的黏聚力，Pa；

　　　φ——内摩擦角，（°）。

块体系统运动变形时必须满足两个条件：块体界面间不嵌入和无张拉。该条件的满足通过在各接触位置加上或去掉刚硬弹簧实现。根据经验，弹簧刚度系数 $P = (10 \sim 1000)E$，

E 为块体弹性模量。

2.4.3 典型爆破数值模拟案例

2.4.3.1 边坡爆破振动动力稳定性分析

对含缓倾断层的高边坡岩体，断层与其他软弱结构面或者软弱介质组合成潜在滑动面，可能导致边坡体出现爆破振动动力学失稳。而对含反倾或陡倾顺层边坡，由于断层的存在，使得爆破地震波穿过断层后的幅值和频谱特性发生改变，对边坡动力稳定性的危害性发生改变。本实例考虑断层厚度、断层充填介质波阻抗及断层产状等因素对高边坡开挖爆破振动传播规律的影响进行研究。

1. 断层对爆破地震波传播的影响模拟

（1）模型建立。数值模拟研究采用大型动力有限元分析软件 LS-DYNA，建立了含不同厚度反倾角或顺层断层的高边坡爆破振动计算模型。具体进行以下几方面的模拟：

1）断层厚度的影响。模拟了断层厚度为 1.0m、2.0m、4.0m 三种工况。

2）断层充填介质波阻抗的影响。计算中选取断层充填介质弹性模量分别为 0.8GPa、2.0GPa、5.0GPa、10.0GPa，对应的密度分别为 1000kg/m³、1500kg/m³、2000kg/m³、2500kg/m³，泊松比均取为 0.3。因此，模拟断层充填介质与两侧岩体介质的波阻抗比分别为 1:13.2、1:6.8、1:3.7、1:2.4 四种工况。

岩石与断层介质参数见表 2.4-1。

表 2.4-1　　　　　　　　　　　　岩石与断层介质参数

材　料	密度 /(kg/m³)	弹性模量 /GPa	泊松比	屈服应力 /MPa	切线模量 /GPa	抗拉强度 /MPa
岩石	2700	60.0	0.23	100	1.0	10.0
断层充填介质	1000～2500	0.8～10.0	0.3	50	0.5	5.0

3）断层产状的影响。模拟了断层为反倾角断层与陡倾顺层断层两种工况。模型中断层倾向与竖直方向夹30°角。

组合上述各种情况进行了大量的数值模拟。计算模型为平面模型，模型大小、形状、断层分布及与爆源相对位置等如图 2.4-2 所示。图 2.4-2（a）对应于含反倾角断层的高边坡爆破开挖计算工况，图 2.4-2（b）对应于含顺层断层的高边坡爆破开挖计算工况。图 2.4-2 中，$ABCDE$ 边设置为无反射边界，以模拟无限岩体；其他为自由边界。爆源模拟了单孔爆破情况，炮孔深 10m，堵塞 2.0m，装药长 8.0m，孔径 90mm，药径 70mm，采用不耦合装药结构。

（2）计算模型和材料参数。采用 LS-DYNA 内嵌的高能炸药材料和 JWL（Jones-Wilkins-Lee）状态方程来模拟炸药爆轰过程及爆轰产物与周围介质的相互作用过程。

在 LS-DYNA 中，MAT_PLASTIC_KINEMATIC 选项卡可以用来模拟爆破荷载下岩石的本构关系，此材料模型考虑了岩石介质材料的弹塑性性质，并且能够对材料的强化效应（随动强化和各向同性强化）和应变率变化效应加以描述，同时带有失效应变。

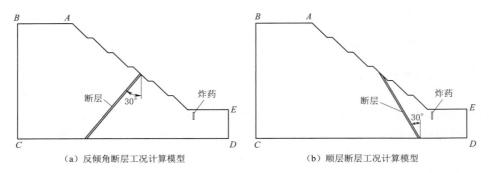

（a）反倾角断层工况计算模型　　　　　（b）顺层断层工况计算模型

图 2.4 - 2　计算模型示意图

鉴于 MAT_PLASTIC_KINEMATIC 材料模型不能考虑岩石材料的抗拉强度，所以使用 MAT_ADD_EROSION 选项卡来设置岩石的抗拉强度。

（3）计算结果分析。采用平均衰减率来评价断层对地震波的衰减效果。由于断层通常延伸较长，本研究沿断层延伸方向，在断层两侧各取了 5 个节点，两侧的节点位置前后一一对应。通过这 5 组节点振速变化分析得到衰减率，取其平均值作为断层的衰减率。

1）断层厚度的影响。比较了断层厚度对爆破振动传播规律的影响。以图 2.4 - 2（a）所示的反倾角断层工况下的计算模型为例，分别就断层厚度为 1.0m、2.0m、4.0m 等三种工况进行模拟。

从模拟结果来看，断层对爆破振动的衰减率是随着断层厚度的增加而变大的。断层厚度从 1.0m 增大到 2.0m，水平方向振速平均衰减率提高 0.45%～5.54%，竖直方向振速平均衰减率提高 0.98%～8.98%；而断层厚度从 2.0m 增大到 4.0m，水平方向振速平均衰减率提高 2.66%～9.64%，竖直方向振速平均衰减率提高 1.28%～8.98%。可见，断层厚度的变化对振动平均衰减率的影响并不是特别大。

2）断层充填介质参数的影响。工程上通常采用波阻抗参数来表征岩石动力特性，评价地震波通过不同介质时的振动衰减效应。当断层充填介质波阻抗约为两侧岩石介质波阻抗的 1/13.2 时，视断层厚度不同，水平方向振速衰减率为 79.09%～88.84%，竖直方向振速衰减率达到 75.11%～91.68%；而当断层充填介质波阻抗约为两侧岩石介质波阻抗的 1/2.4 时，视断层厚度不同，水平方向振速衰减率在 46.4%～65.04% 之间，竖直方向振速衰减率在 39.33%～60.67% 之间。表明断层介质与两侧岩石介质的波阻抗比对振动衰减率的影响是比较大的。由此说明，断层对地震波的衰减效果极大程度地受着断层充填介质与两侧岩石介质的相对力学性能的影响。

3）断层产状的影响。断层的产状对爆破地震波作用下岩石高边坡的稳定性同样具有重大的影响。不同倾向的断层对爆破振动的响应是不同的。

对于图 2.4 - 2（a）所示的反倾角断层，由于断层所受夹制作用大，同时背爆侧的块体在迎爆侧块体之上，可以看到断层迎爆侧岩体质点的振速比背爆侧岩体质点振速要大，重力惯性作用也使得该侧块体振速相对更小。

对于图 2.4 - 2（b）所示的顺层断层，计算结果显示，无论是水平向还是竖直向，断层背爆侧质点振速一般均小于迎爆侧；但是在断层出露部位附近，可能出现背爆侧的质点竖直向振速比迎爆侧相应部位的质点竖直向振速要大。这可能因为断层上部块体的重力惯性作用，振动更易传递到下部块体上，导致下部块体竖直向振速增大。总体来说，只在距断层出露的坡面附近一定深度范围以内才会出现上述情况。

另外，计算结果表明，在断层出露的地方，节点的振速较埋藏在岩体内的节点振速显著增大。原因可能是体波在表面转换成面波导致该部位产生畸变而加剧振动。沿着断层深入岩体方向，越往岩层里面，断层两侧的节点的振速越小。这也反映了岩体内部夹制作用增大的现象。

总体来说，地震波通过断层都会产生一定程度的衰减。反倾角断层对地震波的衰减作用较顺层断层要差一些，有时可能会出现竖直向振动变大的情况。由于含有顺层断层结构的高边坡岩体存在可能滑动的空间，其在爆破振动作用下的动力稳定性问题目前较为突出，研究得也较为广泛。

2. 微差爆破条件下爆破地震波通过断层后的叠加效应

以图 2.4 - 2（a）所示的反倾角产状的含断层高边坡模型为例，计算了单段爆破和多段微差爆破两种情况，通过对比多段微差爆破相对于单段爆破产生的振速峰值放大系数，研究了断层厚度、充填介质的波阻抗特性以及分段延迟时间等对震动效应叠加的影响。

计算中，设置了四排炮孔分段延期起爆，每排炮孔一段，共分 4 段爆破。岩石参数、断层厚度及断层充填介质参数均采用了前述计算模型中的参数，分段延迟时间分别采用了 25ms、50ms 及 75ms 三种情况，比较了不同的断层厚度、断层充填介质特性和分段延迟时间情况下，多段微差爆破时，边坡的不同高度台阶上质点的振速峰值放大效应。

（1）断层厚度的影响。在断层充填介质（弹性模量 0.8GPa、密度 1000kg/m³、泊松比 0.3）与两侧岩石介质（弹性模量 60.0GPa、密度 2700kg/m³、泊松比 0.23）的波阻抗比为 1 : 13.2，分段延期时间采用 25ms 的情况下，断层厚度分别取 1m、2m、4m 时，各台阶上质点振速放大系数随台阶高度的变化关系如图 2.4 - 3 所示。

图 2.4 - 3 中可以看到明显的趋势，随着台阶距爆源高差的增大，由于爆心距的增大以及断层的影响，对应的质点振速叠加放大系数也越大。而且，断层厚度越大，产生的振速叠加放大系数也相应要大一些。

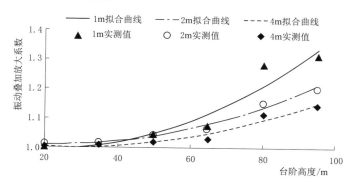

图 2.4 - 3 质点振速放大系数随台阶高度的变化关系

（2）断层充填介质特性的影响。在断层厚度为 2m，分段延期时间采用 25ms 的情况下，断层充填介质与两侧岩石介质波阻抗比分别为 1 : 13.2、1 : 6.8、1 : 3.7、1 : 2.4

时，各台阶上质点振速放大系数随台阶高度的变化关系如图 2.4-4 所示。

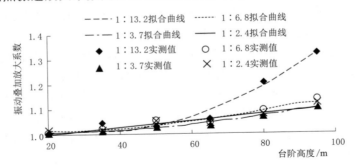

图 2.4-4 质点振速放大系数随台阶高度的变化关系

同样，随着台阶距爆源高差的增大，由于爆心距的增大以及爆心距的影响，对应的质点振速叠加放大系数也越大。而且，断层充填介质与两侧岩石介质波阻抗比越小，亦即断层充填介质相对两侧岩石介质越"软"，产生的振速叠加放大系数就越大。

3. 小结

通过 LS-DYNA 数值模拟手段，研究断层厚度、断层介质参数及断层产状等因素对爆破振动传播规律的影响特性，取得以下一些结论：

（1）断层对爆破振动的衰减效应是随着断层厚度的增加而变大的；断层厚度的变化对地震波通过断层时的衰减效应影响不显著。

（2）随着断层介质与两侧岩石介质的波阻抗的增大，断层对地震波的平均衰减率下降。断层介质与两侧岩石介质的波阻抗比对振动的衰减效应影响较大。

（3）总体来说，地震波通过断层都会产生一定程度的衰减。反倾角断层比顺层断层对地震波的衰减效应要小一些。

（4）在断层出露的地方，节点的振速较埋藏在岩体内的节点振速显著增大。原因可能是体波在表面转换成面波导致该部位产生畸变而加剧振动。沿着断层深入岩体方向，越往岩层里面，断层两侧的节点的振速越小。

（5）地震波经过断层后，幅频特性会发生变化。在分段数繁多的大规模爆破中，由于岩体地质结构等对地震波幅频特性的影响，有时即便采用微差爆破技术，仍可能导致远区爆破振动的叠加放大效应。研究表明，断层厚度越大，断层充填介质相对于两侧岩石介质越"软"，或者各分段微差延迟时间越小，造成的振动叠加放大效应就越明显。

2.4.3.2 三峡三期 RCC 围堰爆破倾倒数值仿真模拟

针对三峡三期 RCC 围堰 1:10 的爆破模型试验，采用 DDA 程序，开展了爆炸荷载作用下的响应分析，模拟了上部拆除堰体爆破倾倒的运动情况以及堰块倾倒后的形态，为三峡三期 RCC 围堰爆破设计提供依据。

1. 计算模型及基本假设

对于围堰 1:10 模型，采用二维计算模型，计算高程为 90.00～140.00m（原型）。决定堰体翻转的主动力矩主要为重力矩，为实现围堰的倾倒，需在上游迎水面底部形成三角形的爆破开口，典型开口断面如图 2.4-5 所示。开口形成后，围堰上部由于失稳而向上游一侧倾倒，其中开口的深度和角度是决定倾倒成功的关键。

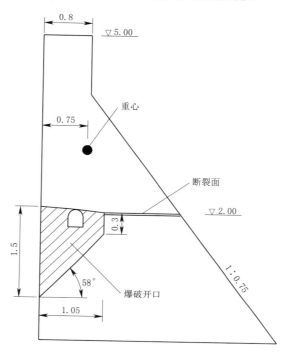

图 2.4-5 典型开口断面（单位：m）

用 DDA 数值模拟围堰的翻转过程作以下基本假设：

（1）由于混凝土材料爆破后的整体性较好，局部的爆破开口对整个围堰没有实质性破坏，因此可将开口后的上部围堰视为刚体。

（2）围堰混凝土为均质材料。

（3）堰体翻转过程中与保留堰体碰撞前后满足动量守恒。

（4）计算中不考虑碰撞后堰体转动以外的其他运动形式。

2. 计算参数

计算参数包括混凝土的材料参数、节理面参数和计算时步参数。混凝土的材料参数：弹性模量 $E=25.5\text{GPa}$，泊松比 $\nu=0.17$，密度 $\rho=2400\text{kg/m}^3$，为简化计算，将水介质的作用简化为静力效应，将材料的容重设为浮容重；结构面强度，摩擦角 $\phi=35°$，黏聚力 $c=0.5\text{MPa}$，抗拉强度 2MPa；破坏块体的结构面强度：摩擦角 $\phi=25°$，黏聚力 $c=0$；刚硬弹簧系数 $P=1200\text{GPa}$；计算时步参数为：总时步为 25000 步，时间步长 $\Delta t=0.00015\text{s}$。

3. 爆破荷载

对爆破荷载进行合理的简化，将荷载曲线简化为三角形波，加载到峰值压力的升压时间为 $100\mu\text{s}$，卸载时间为 $500\mu\text{s}$，总计算时间为 $600\mu\text{s}$。在密闭容器中，炸药爆炸产生的压力只与爆速和密度有关，而模型试验与原型爆破均在混凝土药室内，炸药密度原型在 $1100\sim1200\text{kg/m}^3$，模型试验在 $900\sim1000\text{kg/m}^3$，炸药爆速原型要求 4500m/s，模型试验在 $3000\sim3500\text{m/s}$。峰值压力 $p_0=\rho D^2/8=1125\times10^6\sim1531.25\times10^6\text{Pa}$。

假设爆振荷载以冲击荷载方向垂直作用在于三个药室的边界面，荷载作用的次序按药室起爆的时间顺序，1 号药室先起爆，2 号药室滞后 17ms，3 号药室滞后 1 号药室 34ms。根据药室尺寸的不同确定三个药室作用荷载的峰值分别为 70t、420t、140t。

断裂孔荷载作同样的假设，升压时间 $100\mu s$，卸载时间 $500\mu s$，总计算时间为 $600\mu s$。其峰值压力计算得到原型为 2.40MPa，模型为 2.03MPa。

4. 1:10 模型倾倒过程模拟结果分析

根据上面所建立的力学模型，采用 DDA 对围堰 1:10 模型的倾倒过程进行模拟，倾倒过程如图 2.4-6 所示。

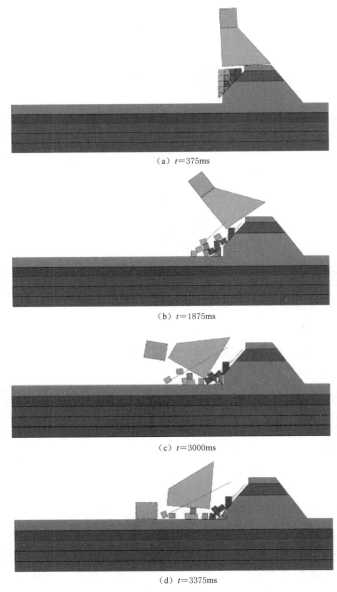

（a）t=375ms

（b）t=1875ms

（c）t=3000ms

（d）t=3375ms

图 2.4-6 围堰 1:10 模型倾倒过程模拟

计算结果：0.27s断裂面出现裂缝，开始翻转；1.83s拆除堰块与下部残留堰块闭合，发生碰撞；3.06s拆除堰块与地面发生碰撞，3.36s堰块完全倒地。倾倒部分与残留体最近距离为0.8m；顶部矩形块与倾倒部分脱离，距离为0.5m。

对比模型试验结果：第一次模型试验倒地时间分别为第一块3.4s、第二块2.6s，倾倒部分与残留体最近距离为1m，顶部矩形块与倾倒部分脱离，距离为0.75m。第二次模型试验倒地时间分别为第一块3.0s、第二块3.4s。计算与模型试验的结果误差范围为1.96%～15.0%，表明了数值计算方法的可靠性。

参 考 文 献

［1］ HUSTRULID W. Blasting principles for open pit mining［M］. Colorade：CRC Press，1999.

［2］ 杨军，金乾坤，黄风雷. 岩石爆破理论模型及数值计算［M］. 北京：科学出版社，1999.

［3］ 邹定祥. 计算露天矿台阶爆破块度分布的三维数学模型［J］. 爆炸与冲击，1984，4（3）：48－59.

［4］ MARGOLIN L. 破坏的数值模拟［C］// 中国长沙岩石力学工程技术咨询公司. 第一届爆破破岩国际会议论文集. 长沙：长沙铁道出版社，1983：203－210.

［5］ DOWDING C H，AIMONE C T. Multiple blast－hole stresses and measured fragmentation［J］. Rock Mechanics and Rock Engineering，1985，18（1）：17－36.

［6］ 刘殿书，于滨，杜玉兰，等. 岩石爆破损伤模型及其研究进展［J］. 工程爆破，1999，5（4）：78－84.

［7］ GRADY D E，KIPP M E. Continuum modelling of explosive fracture in oil shale［J］. International Journal of Rock Mechanics and Mining Sciences & Geomechanics Abstracts，1980，17（3）：147－157.

［8］ MIURA A，MIZUKAKI T，SHIRAISHI T，et al. Spread behavior of explosion in closed space［J］. Journal of Loss Prevention in the Process Industries，2004，17（1）：81－86.

［9］ 杨科之，杨秀敏. 坑道内化爆冲击波的传播规律［J］. 爆炸与冲击，2003（1）：38－41.

［10］ 庞伟宾，何翔，李茂生，等. 空气冲击波在坑道内走时规律的实验研究［J］. 爆炸与冲击，2003，23（6）：573－576.

［11］ 李欢秋，卢芳云，吴祥云，等. 应力波在有地下复合结构的岩石介质中传播规律研究［J］. 岩石力学与工程学报，2003，22（11）：1832－1836.

［12］ 李秀地，郑颖人，李列胜，等. 长坑道中化爆冲击波压力传播规律的数值模拟［J］. 爆破器材，2005，34（5）：4－7.

［13］ PRITCHARD D K，FREEMAN D J，GUILBERT P W. Prediction of explosion pressures in confined spaces［J］. Journal of Loss Prevention in the Process Industries，1996，9（3）：205－215.

［14］ 段卓平，恽寿榕. 密闭爆炸容器实验研究及数值模拟［J］. 中国安全科学学报，1994（3）：1－7.

［15］ ZHU W H，XUE H L，ZHOU G Q，et al. Dynamic response of cylindrical explosive chambers to internal blast loading produced by a concentrated charge［J］. International Journal of Impact Engineering，1997，19（9－10）：831－845.

［16］ 张正宇，等. 现代水利水电工程爆破［M］. 北京：中国水利水电出版社，2003.

［17］ 张继春. 岩体爆破的块度理论及其应用［M］. 重庆：西南交通大学出版社，2001.

［18］ 冯叔瑜，马乃耀. 爆破工程［M］. 北京：中国铁道出版社，1980.

［19］ 于亚伦，高焕新，张云鹏，等. 用弹道理论模型和Weibull模型预测台阶爆破的爆堆形态［J］. 工程爆破，1998（2）：1－6，19.

[20]　MA G W，AN X M. Numerical simulation of blasting‐induced rock fractures [J]. International Journal of Rock Mechanics and Mining Sciences & Geomechanics Abstracts，2008，45（6）：966‐975.

[21]　WANG Z L，LI Y C，WANG J G. Numerical simulation of tensile damage and blast crater in brittle rock due to underground explosion [J]. International Journal of Rock Mechanics and Mining Sciences & Geomechanics Abstracts，2007，44（5）：730‐738.

[22]　ZHU Z M，XIE H P，MOHANTY B. Numerical investigation of blasting‐induced damage in cylindrical rocks [J]. International Journal of Rock Mechanics and Mining Sciences & Geomechanics Abstracts，2008，45：111‐121.

[23]　LANGFORS U，KIHLSTROAM B. The modern technique of rock blasting [M]. New York：John Wiley and Sons Incorporation，1963.

[24]　PREECE D S，BURCHELL S L. Variation of spherical element packing angle and its influence on computer simulations of blasting induced rock motion [C] // Proceedings of the 1st international conference on discrete element methods. Cambridge，Mass：MIT，1993：25‐99.

[25]　CHO S H，KANEKO K. Influence of the applied pressure waveform on the dynamic fracture processes in rock [J]. International Journal of Rock Mechanics and Mining Sciences & Geomechanics Abstracts，2004，41：771‐84.

[26]　DONZE F V，MAGNIER S A，BOUCHEZ J. Numerical modeling of a highly explosive source in an elastic‐brittle rock mass [J]. Journal of Geophysical Research，1996，101（1）：3103‐3112.

[27]　DONZE F V，BOUCHEZ J，MAGNIER S A. Modeling fractures in rock blasting [J]. International Journal of Rock Mechanics and Mining Sciences & Geomechanics Abstracts，1997，34（8）：1153‐1163.

[28]　SONG J，KIM K. Micromechanical modeling of the dynamic fracture process during rock blasting [J]. International Journal of Rock Mechanics and Mining Sciences & Geomechanics Abstracts，1996，33（4）：387‐394.

[29]　NING Y J，YANG J，MA G W，Chen P. W. Modelling Rock Blasting Considering Explosion Gas Penetration Using Discontinuous Deformation Analysis [J]. Rock Mechanics and Rock Engineering，2011，44（1）483‐490.

[30]　ZHAO J，CAI J G. Transmission of elastic P‐blast waves across single fracture with a nonlinear normal deformational behaviour [J]. Rock Mechanics and Rock Engineering，2001，34（2）：3‐22.

[31]　ZHAO J，ZHAO X B，CAI J G. A further study of P‐blast wave attenuation across parallel fractures with linear deformational behaviour [J]. International Journal of Rock Mechanics and Mining Sciences & Geomechanics Abstracts，2006，43（2）：776‐788.

[32]　崔铁军，马云东，王来贵，等. 基于 PFC3D 的露天矿边坡爆破过程模拟及稳定性研究 [J]. 应用数学和力学. 2014，35（7）：759‐765.

[33]　VYAZMENSKY A，STEAD D，ELMO D，et al. Numerical analysis of block caving induced instability in large open pit slopes：a finite element/discrete element approach [J]. Rock Mechanics and Rock Engineering，2009，43（1）：21‐39.

[34]　CAI M，KAISER P K，MORIOKA H，et al. FLAC/PFC coupled numerical simulation of AE in large‐scale underground excavations [J]. International Journal of Rock Mechanics and Mining Sciences & Geomechanics Abstracts，2007，44（4）：550‐564.

[35]　HADJIGEORGIOU J，ESMAIELI K，GRENON M. Stability analysis of vertical excavations in hard rock by integrating a fracture system into a PFC model [J]. Tunnelling and Underground Space

Technology，2009，24（1）：296－308.

[36] XU J X，LIU X L. Analysis of structural response under blast loads using the coupled SPH－FEM approach [J]. Journal of Zhejiang University－Scierce A，2008，9（9）：1184－1192.

[37] RANDLES P W，LIBERSKY L D. Normalized SPH with stress points [J]. International Journal for Numerical Methods in Engineering，2000，488（1）：1445－1462.

[38] LU Y，WANG Z，CHONG K. A comparative study of buried structure in soil subjected to blast load using 2D and 3D numerical simulations [J]. Soil Dynamics and Earthquake Engineering，2005，25（4）：275－288.

[39] 张玉明，白春华，张奇，等. 炸药性能对爆炸地震波幅值影响的对比试验研究 [J]. 北京理工大学学报，2001，（6）：669－674.

第 **3** 章

CHAPTER ❸

爆破器材与起爆技术

3.1 爆破器材

3.1.1 工业炸药

炸药是在一定的外界激发能作用下，能够在极短时间内发生剧烈化学反应，并释放能量、生成大量的热和气体产物的物质。炸药的化学成分主要由碳（C）、氢（H）、氧（O）、氮（N）四种元素组成，某些炸药中也含有少量的氯、硫、金属及其他盐类。若认为一般炸药只含有碳、氢、氧、氮四种元素，则无论是单质炸药还是混合炸药，都可以把它们写成通式，其中碳（C）、氢（H）是可燃元素，氧（O）是助燃元素，氮（N）是载氧体。

一般情况下，炸药的化学及物理性质稳定，是比较安全的化合物或混合物。但不论环境是否密封，炸药量多少，甚至在外界零供氧的情况下，当外界能量的作用使得炸药或其局部获得了足够的活化能量后，炸药就会发生剧烈的化学反应，对外界进行稳定的爆轰式做功。炸药爆炸时，能释放出大量的热能并产生高温高压气体，对周围物质起破坏、抛掷、压缩等作用，并伴随有强烈的声、光、热等效应。炸药是人们经常利用的一种特殊能源，它不仅用于军事目的，而且广泛应用于铁路、公路、水利水电、矿业、石油、农业、金属加工等国民经济各个部门，通常将前者称为军用炸药，后者称为工业炸药。

3.1.1.1 炸药化学变化及爆轰

1. 炸药化学变化的基本形式

在外界能量作用下，炸药化学变化可能以不同的速度传播，同时在其变化性质上也有很大差别。按化学变化性质和传播速度的不同，可将炸药化学变化分为四种基本形式：热分解、燃烧、爆炸和爆轰。

（1）热分解。炸药和其他物质一样，在常温下也会进行分解作用，所以每一种炸药均有使用期。但一般炸药分解速度很慢，不会形成爆炸，当温度升高时，分解速度加快，当温度继续升高到某一定值（爆发点）时，热分解就能转化为燃烧乃至爆炸。因此炸药运输及贮存时应注意避免高温及阳光直射。炸药仓库应注意通风，保持常温，储量不应高于设计值，堆放不应过密，防止温度升高时热分解的加剧而引起爆炸事故。

（2）燃烧。在一定条件下，绝大多数炸药都能稳定燃烧而不爆炸。如焚烧法销毁炸药就是利用了炸药的燃烧特性。炸药的燃烧过程和爆轰过程是不同的，燃烧反应区的能量是通过热传导和热辐射而传入未燃炸药的，燃烧速度远低于爆轰速度，但是随着温度和压力的增加，燃速也会显著增加，当达到某一极限值时，燃烧的稳定性就被破坏，炸药很快地由燃烧变成爆轰。例如，1993年深圳某化学仓库，数百吨硝酸铵发生燃烧，在救火过程中产生了爆炸，发生了人员伤亡事故。因此，采用焚烧法销毁炸药时一定要严格按《爆破安全规程》（GB 6722—2014）来操作。

（3）爆炸。爆炸是炸药化学反应过程中的一种过渡状态。当炸药受到足够大的外能作用，如猛烈撞击、雷管引爆时，就会发生剧烈的化学反应，产生高温、高压气体，传播速度极快，而且可变，通常达每秒数千米，即使裸露在空气中，也能进行高速的爆炸反应。一般来说，爆炸过程是很不稳定的，如深孔中的柱状药包，当药包半径大于炸药稳定传爆半径时，雷管引爆炸药后，爆炸冲击波向两端传播，很快过渡到稳定传播的爆轰；而当药包半径小于炸药稳定传爆的临界半径时，雷管引爆炸药后，爆炸冲击波同样向两端传播，但可能会衰减到很小爆速的爆燃状态乃至熄灭。所以在小直径炮孔或超深炮孔爆破的场合，为确保稳定爆轰，常加一根导爆索来加强传爆。

（4）爆轰。炸药以最大而稳定的爆速进行传播的过程叫理想爆轰（简称爆轰）。爆轰是炸药化学变化的最高形式，此时，炸药的能量释放得最充分。炸药的爆轰速度与外界压力、温度等条件无关，在给定条件下，炸药的爆轰速度均为常数。

炸药化学变化的四种基本形式虽然在性质上有不同之处，但是它们之间有着密切的联系，在一定条件下可以互相转化。在一定条件下，炸药的热分解可以转变为燃烧，而燃烧随着温度和压力的增加又可能转变为爆炸，直至过渡到稳定的爆轰。因此应深入了解炸药化学变化不同形式的性质，既要确保炸药运输和贮存过程中的安全，又要在使用中充分利用炸药能量使其发挥最大作用。

2. 爆轰反应机理

在起爆和传爆过程中，引发炸药爆轰反应机理与炸药的化学、物理结构以及装药条件有关，热的作用机理可分为：均匀灼热机理、不均匀灼热机理、混合反应机理。

（1）均匀灼热机理。均匀灼热机理多发生在质量较密实、结构均匀、不含气泡或气泡少的液体炸药或单质固体炸药中，即所谓均相炸药。爆轰反应的发生，是由于炸药均匀受热或在冲击波作用下紧邻冲击波阵面的一薄层炸药均匀地受到强烈压缩，使这一薄层炸药温度均匀突然升高所致。反应首先发生在某些活化分子处，并能在 $10^{-3} \sim 10^{-7}$ s 时间内完成。

（2）不均匀灼热机理。这种机理发生在物理性质与结构不均匀、含有较多气泡的粒状非均相炸药中，或发生在由氧化剂与可燃剂组成的混合炸药中。该机理的基本观点认为，爆轰反应是由于在炸药中个别点处形成高热反应源所致。这种高热反应源称为"热点"，是由初始冲击波作用于炸药而产生的。首先是作用于紧邻冲击波阵面的一薄层炸药中的气泡，气泡被绝热压缩，温度突然骤增，形成热点，由此热点面扩展至该层炸药，使之产生爆炸反应导致爆轰。热点可能是由于气体的绝热压缩，或是硬质掺和物摩擦，或是药层间、颗粒间相对位移产生摩擦而形成。

（3）混合反应机理。这种机理发生在各种成分的物理化学性质差异很大的混合炸药中。爆轰反应首先在易于分解的成分中发生，然后各分解产物之间相互作用，或分解产物与尚未分解或汽化的成分产生反应。

3. 爆轰波传播过程模型

爆轰波具有冲击波的一般特点，是非周期性的脉冲波，爆轰波的最前端是一个陡峭的波阵面。波阵面的传播速度称为波速，它以超音速传播。在波阵面处，介质的状态参数（压力、密度、温度等）发生突跃变化，如图3.1-1所示。

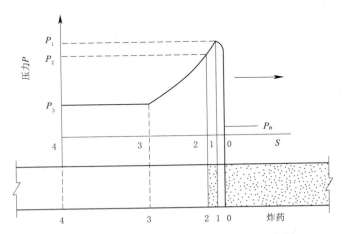

图3.1-1　柱状药包爆轰压力变化模型示意图

爆轰波尖峰的压力 P_1 很高，可达几万兆帕，该处是炸药发生化学反应与未发生反应的分界面（图3.1-1中0～1）；紧接爆轰波尖峰之后，是炸药化学反应区（图3.1-1中1～2），该区中压力下降，形成查普曼（Chapman）-朱格（Jouguet）面，简称C-J面（图3.1-1中2-2），该处的压力 P_2 被称为炸药的稳定爆轰压力，它比爆轰波尖峰压力 P_1 小；在炸药化学反应区之后，是爆轰产物绝热膨胀区（图3.1-1中2～3），该区爆轰产物开始膨胀，体积增大，压力下降；如果炸药的爆轰是在密闭或半密闭条件下进行的，压力会趋于一个稳定值 P_3，称为爆轰产物气体的准静压力，或称气体静压区（图3.1-1中3～4）。

4. 爆轰参数的理论计算

目前通常还是采用C-J理论模型来计算炸药的爆轰产物，C-J理论假设爆轰波是一个强间断面，它遵循流体动力学的三个基本守恒定律。为了建立爆轰波的基本方程，对于爆轰过程做如下假设：

（1）炸药药柱的直径为无穷大，且这个药柱的端面同时起爆。

（2）平面爆轰波（燃烧波）是一个包含化学反应的强间断面。

（3）忽略起爆后短暂的不稳定过程。也就是说，把间断面看成是定常的，不随时间而变。

（4）忽略黏性、扩散、导热等输送现象（因为这些过程与爆轰过程相比，是非常缓慢的，在爆轰过程中来不及产生重大影响）且不计体积力。这样，在药柱中传播的是稳定传播的平面波，如图 3.1－2 所示。图 3.1－2 中，P_0、T_0、ρ_0、U_0、E_0 为爆轰波阵面前介质的压力、温度、密度、质点速度、单位质量的内能，P、T、ρ、U、E 为爆轰波阵面后介质的压力、温度、密度、质点速度、单位质量的内能。

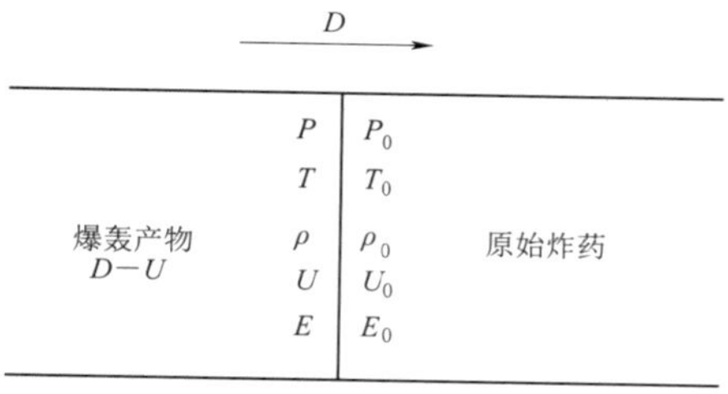

图 3.1－2　爆轰波的 C-J 模型

将坐标系取在爆轰波阵面上，坐标系与爆轰波一起运动，站在坐标系上观察，如果 $U_0 = 0$，炸药以速度 D 流入反应区，炸药瞬时地变为爆轰产物，然后以速度 $D-U$ 流出化学反应区。根据质量守恒、动量守恒、能量守恒就可以建立起流体动力学的三个守恒方程，分别为

$$\rho_0 D = \rho(D-U) \tag{3.1-1}$$

$$P - P_0 = \rho_0 DU \tag{3.1-2}$$

$$PU = \frac{1}{2}\rho_0 DU^2 + \rho_0 D(E-E_0) \tag{3.1-3}$$

式中　ρ_0、ρ——原始炸药和爆轰产物的密度，kg/m^3；

　　　P_0、P——原始炸药和爆轰产物的压力，Pa；

　　　D、U——炸药的爆轰传播速度和波后质点的传播速度，m/s；

　　　E_0、E——原始炸药和爆轰产物的比内能，J。

由式（3.1-1）和式（3.1-2）可得波后质点速度及炸药爆速公式分别为

$$U = \sqrt{(P-P_0)(v_0-v)} \tag{3.1-4}$$

$$D = v_0\sqrt{\frac{P-P_0}{v_0-v}} \tag{3.1-5}$$

式中　v_0、v——原始炸药和爆轰产物的比容，比容为密度的倒数。

将 D 和 U 代入式（3.1-3），可得到著名的 Hugoniot 方程

$$E - E_0 = \frac{1}{2}(P+P_0)(V_0-V) \tag{3.1-6}$$

将式（3.1-5）变形，就可得到 Rayleigh 波速方程

$$P - P_0 = \frac{D^2}{V_0^2}(V_0-V) \tag{3.1-7}$$

可以看出，Hugoniot 方程在 $P-V$ 平面上是一条双曲线，Rayleigh 波速方程在 $P-V$ 平面上是一条直线。Rayleigh 线与 Hugoniot 曲线在 $P-V$ 平面上的关系如图 3.1-3 所示。

图中的切点 M 就是所说的 C-J 点，A 点为起始状态，K 点为波阵面后的状态，代表的是强爆轰点，L 代表的是弱爆轰点。根据 C-J 条件，爆轰波若能稳定传播，那么，

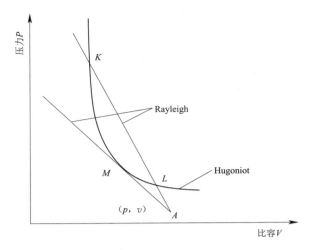

图 3.1 - 3　$P - V$ 平面的 Rayleigh 线与 Hugoniot 曲线关系

爆轰反应终了的产物状态应与切点所代表的状态相对应,也就是说,每种爆轰产物挑选最小的爆轰速度作为正常的传爆速度,否则爆轰波在自由传播时,就不能是稳定的,在稳定爆轰时,存在式 (3.1 - 8) 的关系。

$$D = D_{min} \tag{3.1 - 8}$$

为了计算爆炸过程中高温、高压气体之间的关系,通常还需引入爆轰产物的状态方程

$$f(P, V, T) = 0 \tag{3.1 - 9}$$

利用上述的式 (3.1 - 1)、式 (3.1 - 2)、式 (3.1 - 6)、式 (3.1 - 8)、式 (3.1 - 9) 共五个方程,就可以解出 5 个独立的未知数,他们构成了炸药爆轰参数计算的基础。

5. 爆轰波传播的影响因素

(1) 药柱直径。药柱直径影响爆速的机理:当药柱无外壳爆轰时,由于爆轰产物的径向膨胀,除在空气中产生空气冲击波外,同时在爆轰产物中产生径向稀疏波并向药柱轴心方向传播,形成药柱周边稀疏波干扰区,使药柱周边得不到充分反应,爆炸能量减少,爆轰参数受到影响,式 (3.1 - 10) 表明爆速随药柱直径增大而增加。

$$D = D_0 \left(1 - \frac{a}{d_c} \right) \tag{3.1 - 10}$$

式中　D——药柱的爆轰速度,m/s;

　　　d_c——药柱直径,mm;

　　　D_0——药柱的理想爆轰速度,m/s;

　　　a——反应区厚度,mm。

设药柱的临界直径为 d_k,经计算比较,临界直径为反应区厚度的两倍,或 $a = 0.5 d_k$,代入式 (3.1 - 10) 得

$$D = D_0 \left(1 - \frac{d_k}{2 d_c} \right) \tag{3.1 - 11}$$

由式（3.1-11）可知，临界直径愈小，接近理想爆速的极限直径也愈小。

（2）炸药密度。一般增大炸药密度可以提高理想爆速，但临界直径和极限直径也将发生变化。但是炸药密度对临界直径的影响规律是随炸药类型的不同而变化的，因此，密度影响爆速的规律也随之而变。

对于混合炸药，密度与爆速的关系比较复杂。试验表明，单质炸药爆速与密度之间存在式（3.1-12）的线性关系：

$$D = a + b\rho_0 \tag{3.1-12}$$

式中　D——药柱的爆轰速度，m/s；

　　　a、b——与炸药有关的系数。

（3）炸药粒度。炸药粒度的大小及混合炸药各组分混合的均匀程度，对爆轰波传播过程有很大影响，但不会影响炸药的理想爆速。粒度小一般能提高炸药的反应速度，减小反应时间和反应区宽度，从而减小临界直径，提高爆速。

单质炸药的粒度与临界直径之间，有式（3.1-13）的经验关系：

$$d_k = \frac{as}{1 + bs} \tag{3.1-13}$$

式中　s——炸药粒度的特征线性尺寸；

　　　a、b——与炸药有关的系数。

（4）药柱外壳。药柱外壳的坚固程度及其质量对于爆轰波传播有很大影响。药包壳越坚固、质量越大，约束条件越好，就越有助于阻止或减弱药柱爆炸时的侧向扩散，使反应区爆炸反应充分，能量损失少，有效能利用率高，爆轰波能以较高的速度进行稳定传爆。所以，虽然药柱外壳不会影响炸药的理论爆速，但外壳能够减小炸药的临界直径。

外壳折算成药柱直径的增量 Δd_σ 可按阿弗别利亚提出的公式近似估算：

$$\Delta d_\sigma = 2\frac{\rho_m}{\rho_0}\Delta \tag{3.1-14}$$

式中　Δd_σ——炸药外壳折算成药柱直径的增量，mm；

　　　ρ_m——炸药壳体材料密度，g/cm^3；

　　　ρ_0——炸药密度，g/cm^3；

　　　Δ——炸药壳体实际厚度，mm。

起爆能大小、起爆药包位置、药柱的径向间隙等对炸药的传爆及爆速也有一定的影响。

3.1.1.2　炸药基本性能

炸药的主要性能指标有氧平衡、密度、标准生成焓、安定性、相容性、感度、爆炸特性和爆炸作用等。炸药的爆炸特性是综合评价炸药能量水平的特性参数，有爆热、爆温、爆速、爆压及爆容五项，爆热、爆温、爆压及爆容这四项又称为炸药的热化学参数。炸药爆炸时对周围物体的各种机械作用，统称为爆炸作用，常以做功能力（爆力）、猛度及殉爆距离表示。研究炸药的爆炸作用，有助于合理设计装药和充分发挥炸药的效能，例如减少或消除管道效应、利用聚能效应进行切割钢板等。

水利水电爆破工程常用炸药的密度、爆速、猛度、爆力、殉爆距离（冲击波感度）等指标来综合衡量炸药的爆炸性能及爆炸作用。

1. 炸药的氧平衡

氧平衡是指炸药中的氧用来完全氧化可燃元素以后，单位质量炸药所多余或不足的氧量，是衡量炸药本身提供的氧是否足够完全反应，与炸药的爆速、爆压、爆热、做功能力都有密切的关系，是炸药的一个重要参数。

根据所含氧的多少，可以将炸药的氧平衡分为：

（1）零氧平衡：炸药中所含的氧刚好将可燃元素完全氧化。

（2）正氧平衡：炸药中所含的氧将可燃元素完全氧化后还有剩余。

（3）负氧平衡：炸药中所含的氧不足以将可燃元素完全氧化。

零氧平衡的炸药威力最强，放热量最大；负氧平衡的炸药，爆轰产物中就会有一氧化碳、氢甚至会出现固体碳；而正氧平衡炸药的爆轰产物，则会出现一氧化氮、二氧化氮等气体，两者都不利于发挥炸药的最大威力，同时会生成较多的有害气体。因而混合炸药时将负氧与富氧的组分进行比例混合，使其尽可能达到零氧。目前常见的炸药都是负氧型的，常用硝酸铵或高氯酸铵来平衡氧。

2. 炸药的密度

炸药的密度是指单位体积内所含的炸药质量。炸药的体积若为晶体本身的体积，则为晶体密度；若为具有一定形状的装药或药柱制成品的体积，则为装药密度；若为容器内装填炸药的体积，则为装填密度。

由于晶体的体积是不易压缩的，所以炸药本身的晶体密度就是装填密度的理论极限。炸药密度与炸药的许多爆炸性能，如爆速、爆热、爆压、猛度及比容等都有密切关系，是计算这些参数必须具有的数据之一。一般来讲，对于有机炸药，爆速随着装填密度的增加而线性增加，而对于无机炸药（如起爆药中的雷汞、叠氮化铅等）则几乎无变化，甚至存在"压死"的情况。爆压则与密度平方相关，这点对于有机炸药和无机炸药通用。密度对爆容、爆热均有一定的影响，但没有一定相关性规律。

3. 标准生成焓

炸药的标准生成焓是标准状态的稳定单质合成标准状态的炸药分子所发生的焓变，是进行炸药热力学参数和爆轰参数计算的基本数据，它直接影响爆热，进而影响爆温、爆速、爆压、做功能力等。

4. 安定性

安定性指的是在一定条件下，炸药保持其物理、化学性能不发生超过允许范围变化的能力，是评定炸药能否正常使用的重要性能之一。对炸药的制造、储存和使用具有重要实际意义的是其化学热安定性，它与炸药的分子结构、相态、晶型及杂质含量等有关。

5. 相容性

炸药的相容性是指炸药和其他物质混合或接触时，所构成的系统与各组分相比，在规定时间和一定条件下，其物理、化学、爆炸性能改变的情况，是衡量炸药能否安全使用的重要标志之一。

6. 感度

感度是指炸药在外界能量作用下发生爆炸的难易程度，此外界能量被称为初始冲能或起爆能，通常以起爆能定量表示炸药的感度。感度是炸药能否实用的关键性能之一，是炸药安全性和作用可靠性的标度。感度具有选择性和相对性，前者指不同的炸药选择性地吸收某种起爆能，后者则表示危险性的相对程度。根据起爆能的类型，炸药感度主要可分为热感度、撞击感度、摩擦感度、起爆感度、冲击波感度、静电火花感度、激光感度、枪击感度等。

（1）炸药的热感度。炸药的热感度是指在热能的作用下，炸药发生爆炸的难易程度，通常用爆发点表示。爆发点是在标准容器（伍德合浴锅）中，重量 0.05g 炸药在 5min 内受热而发生燃烧或爆炸反应时的最低温度。显然，爆发点越高，则表示炸药的热感度越低。不同的炸药爆发点是不同的，雷管为 175~180℃，硝铵类炸药为 280~320℃。

（2）炸药的机械感度。炸药的机械感度是指炸药在撞击、摩擦等机械作用下发生爆炸的难易程度。它通常用爆炸概率法来测定。表 3.1-1 为几种炸药的撞击感度和摩擦感度。

表 3.1-1 几种炸药的撞击感度和摩擦感度

炸药名称	EL 系列乳化炸药	2 号岩石铵梯炸药	TNT	黑火药	黑索金
撞击感度/%	≤8	20	4~8	50	70~75
摩擦感度/%	0	16~20	0	—	90

（3）起爆感度。炸药的起爆感度是指在其他炸药的引爆下，猛炸药发生爆轰的难易程度。猛炸药对起爆药爆轰的感度，一般用最小起爆药量来表示，即在一定的实验条件下，能引起猛炸药完全爆轰所需的最小起爆药量。在工程爆破中，习惯上用雷管感度来区分工业炸药的起爆感度。即凡能用一发 8 号工业雷管可靠起爆的炸药称其具有雷管感度；凡不能用一发 8 号工业雷管可靠起爆的炸药称其不具有雷管感度。

在工程实践中，人们在需要高感度炸药的同时，又希望炸药具有低感度的特性。也就是说，希望炸药在使用的时候具有高感度，以保证起爆和传爆的可靠性；而在生产、贮存、运输等非使用场合，希望炸药又具有低感度，以确保安全。根据需要，人们把炸药的感度又分为"使用感度"和"危险感度"。所谓使用感度是指炸药在预定起爆方式所施加起爆能的作用下发生爆炸反应的难易程度。对于爆破作业人员来说，一般都希望炸药在使用时具有较高的使用感度，以减少炸药拒爆的概率，有效地防止盲炮事故。所谓危险感度则是指炸药在外界施加的各种非正常起爆能的作用下发生爆炸的难易程度。无论是炸药的生产者还是使用者，都希望炸药具有较低的危险感度，以保证炸药在生产、运输、搬运和贮存等非使用环节的安全，避免发生意外爆炸事故。

7. 爆炸特性

（1）爆热。在一定条件下，单位质量炸药爆轰时所放出的热量称为爆热，是炸药借以做功的能源，与爆压、爆温和做功能力都有密切关系。爆热分为定容爆热及定压爆热，以爆热弹测得的是定容爆热，根据炸药及其爆轰产物标准生成焓以盖斯定律计算得到的是定压爆热。在实际使用中，爆热是指在定容下所测出的单位质量炸药的热效应，通常用 Q_v 表示。

爆热计算的理论基础是炸药爆炸变化反应式和盖斯定律，即通过炸药的生成热，利用盖斯定律计算其爆热。盖斯定律指出，化学反应热效应与反应进行的途径无关，而仅决定于系统的初始状态和最终状态，如图3.1－4所示。炸药和爆炸产物的生成热可以由物理化学手册查出，表3.1－2给出了温度为291K时主要炸药和主要化合物的定压生成热。

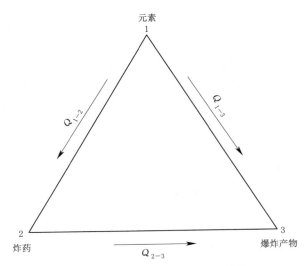

图3.1－4　计算爆热的盖斯三角形

表3.1－2　　　　　　　　　　温度为291K时主要炸药和主要化合物的定压生成热

物质名称	分子式	摩尔质量/(g/mol)	生成热/(kJ/mol)
碳（固）	C	12	0
氧（气）	O_2	32	0
氢（气）	H_2	2	0
氮（气）	N_2	28	0
水（气）	H_2O	18	241.8
水（液）	H_2O	18	286.1
一氧化碳（气）	CO	28	112.5
二氧化碳（气）	CO_2	44	395.4
一氧化氮（气）	NO	30	−90.4
二氧化氮（气）	NO_2	46	−50.0
二氧化氮（液）	NO_2	46	−13.0
叠氮化铅	PbN_6	291	−483.3
雷汞	$Hg(ONC)_2$	284.6	−268.2
黑索金	$C_3H_6N_3(NO_2)_3$	222	−65.4

续表

物质名称	分子式	摩尔质量/(g/mol)	生成热/(kJ/mol)
梯恩梯	$C_6H_2(NO_2)_3CH_3$	227	73.2
硝酸铵	NH_4NO_3	80	365.5
硝化甘油	$C_3H_5(ONO_2)_3$	227	369.7
太安	$C_5H_3(ONO_2)_4$	316	541.3

（2）爆温。炸药爆炸时所释放的热量全部用来定容加热爆轰产物能达到的最高温度称为爆温，它取决于炸药的爆热和爆炸产物的组成。爆温越高，气体产物的压力越高，做功能力越强。在爆炸过程中温度极高而且变化极快，单质炸药的爆温一般为 3000～5000K。不言而喻，在如此变化极快、温度极高的条件下，用实验方法直接测定爆温是极为困难的，一般采用理论计算。理论计算时，假设炸药爆炸是在定容下进行的绝热过程，爆炸过程中所放出的热量全部用于加热爆炸产物，且爆轰产物的热容只是温度的函数，而与爆炸时所处压力（或密度）及状态无关。一般来说，此假设并不完全符合于事实，但是由于过程的瞬时性，此假设完全可以采用。通过推导可得爆温计算公式为

$$t = \frac{-a + \sqrt{a^2 + 4bQ_v}}{2b} \tag{3.1-15}$$

式中　a、b——待测定常数，常用爆轰产物的 a、b 值见表 3.1-3；

　　　Q_v——定容下的爆热，J/mol。

表 3.1-3　　　　　爆轰产物的 a、b 值

爆轰产物	a	$b/(\times 10^{-4})$	爆轰产物	a	$b/(\times 10^{-4})$
双原子分子	20.08	18.83	三原子分子	37.66	24.27
四原子分子	41.84	18.83	五原子分子	50.21	18.83
水蒸气	16.74	89.96	三氧化二铝	99.83	2
食盐	118.41	0	碳	26.10	0

爆温也是炸药的重要爆轰参数之一，在起爆、传爆过程、爆轰理论及爆轰产物状态方程研究中都有重要的意义。爆温越高，炸药做功能力就越大。在实际使用炸药时，需根据具体条件选用不同爆温的炸药，例如在坚硬岩石和大抵抗线爆破中，通常选用爆温较高的炸药，从而获得较好的爆破效果。

（3）爆压。当爆炸结束，爆轰产物在炸药初始体积内达到热平衡后的流体静压值称为爆炸气体压力，简称爆压。炸药爆轰波在化学反应区终了时，C-J 面上的压力称为爆轰压力，也称 C-J 压力，与炸药装药密度的平方成正比。炸药在密闭容器中爆炸时，其爆轰产物对器壁所施的压力称为爆炸压力。炸药在密闭容器中爆炸时所产生的压力可以利用

理想气体状态方程式来计算：

$$p = nRT\frac{m}{V} \tag{3.1-16}$$

式中　　p——炸药的爆压，MPa；

　　　　n——每千克炸药爆炸生成气体的摩尔数，mol；

　　　　R——气体常数，其值为 0.0082L·MPa/(mol·K)；

　　　　T——爆生气体的体系温度，K；

　　　　$\frac{m}{V}$——炸药装药量与装药容积之比，即装药密度，kg/L；

　　　nRT——炸药力（或比能），对于一定的炸药，nRT 为定值，以 F 表示，L·MPa/kg。

　　因此，计算爆压的公式又可写为

$$p = F\rho_0 \tag{3.1-17}$$

式中　　ρ_0——装药密度，kg/L。

（4）爆容。炸药的爆容（或称比容）是指 1kg 炸药爆炸后形成的气态爆轰产物在标准状况下（1.01325×10^5 Pa，273K）的体积，常用 V_0 表示，其单位为 L/kg。爆容大小反映出生成气体量的多少，是评价炸药做功能力的重要参数。爆容越大，表明炸药爆炸做功效率越高。

假设标准状态下，炸药爆轰产物中的水仍为气态，则炸药爆炸气体产物的体积之和即为炸药的爆容。爆炸反应方程确定后，1mol 该炸药的爆容为

$$V_0 = \frac{1}{M} \times 22.4\sum n_i \times 1000 \tag{3.1-18}$$

1kg 该炸药的爆容为

$$V_0 = 22.4\sum n_i \tag{3.1-19}$$

式中　　V_0——炸药的爆容，L/kg；

　　　　M——炸药的摩尔质量，g/mol；

　　　$\sum n_i$——炸药爆炸气体产物的总摩尔数，mol。

（5）爆速。药柱直径达到或超过极限直径时，爆轰波在炸药中稳定传播的速度称为爆速，与炸药化学性质及密度有关。爆速不仅是衡量炸药爆炸性能的重要参数，还可以用来推算其他爆轰参量。就工业炸药而言，当药柱直径一定时，存在有使爆速达到最大值的密度值，即最佳密度。再继续增大密度，就会导致爆速下降，当爆速下降至临界爆速，爆轰波就不能稳定传播，最终导致熄爆。爆速可采用半经验半理论公式计算，也可通过计时法、光学法（高速摄影法）和导爆索法（Dautriche 法）等测定。

8. 爆炸作用

（1）爆力。爆力又称炸药做功能力或炸药威力，炸药的爆力是表示炸药爆炸做功能力的一个指标，它表示炸药爆炸所产生的冲击波和爆轰气体作用于介质内部，对介质产生压缩、破坏和抛移的做功能力。炸药的爆热、爆温愈高，生成的气体体积愈多，爆力就愈

大。而炸药的爆力愈大，破坏岩石的能量愈多。爆力取值大小取决于炸药的爆热、爆温和爆生气体的体积。炸药的做功能力通常采用铅铸法、爆破漏斗法、弹道抛掷法、理论测算法等取得，国内通常采用铅铸法来测试炸药做功能力的大小，通常单位为 mL；发达国家爆破主要采用现场混装炸药方式，由于这种炸药无雷管感度，难以用常规试验方式测量做功能力，因此通常根据炸药配比的理论测算，以与单位重量（或体积）ANFO 炸药做功能力的比值来表征炸药威力大小，即相对重量威力或相对体积威力。

（2）猛度。炸药猛度是指炸药爆炸瞬间产生的爆轰波和爆炸气体产物直接对与其接触的固体介质局部产生破碎的能力。爆速的高低决定猛度的大小，爆速愈高，猛度愈大，爆破对岩石直接破碎的作用愈强。通常单位用 mm 表示。

（3）殉爆距离。某一炸药装药爆轰时引起位于与它相隔一定距离处的其他装药发生爆轰的现象，称为殉爆，它也反映了炸药对冲击波的感度。首先爆轰的炸药称为主发炸药或主爆炸药，被殉爆的炸药称为被发炸药或被爆炸药。主发炸药爆轰时，被发炸药 100% 殉爆的两装药间的最大距离，称为殉爆距离；而被发炸药 100% 不殉爆的最小距离，称为殉爆安全距离。殉爆距离既与主发炸药的密度、药量、爆轰性能及外壳有关，也与被发炸药的引爆物性、物理化学特性、装药结构、相对于主发炸药的取向、承受表面及中间介质的种类（气体、液体或固体）有关。殉爆距离可实际测定。为了防止殉爆，在建筑炸药工厂、车间、实验室及药库时，必须考虑构筑物之间的殉爆安全距离，此距离可用经验公式计算。为了确保爆轰的有效传递，在工程爆破装药时，也必须考虑殉爆距离。

（4）管道效应。炸药的管道效应也称沟槽效应或间隙效应，是指当药卷与孔壁间存有月牙形空间时，爆炸药柱出现能量逐渐衰减直至拒爆的现象。对于这一现象，美国 Lex. L. Udy 等人通过一系列试验认为，炸药的管道效应是由于药柱外部炸药爆轰产生的等离子体造成的。如图 3.1-5 所示，药柱起爆后在爆轰波阵面的前方有一等离子层，它对前方未反应的药柱表层产生压缩作用，抑制该层炸药的完全反应。等离子光波波阵面与爆轰波波阵面分开得越大，或者等离子波越强烈，等离子体对未反应炸药药柱的压缩范围和作用越大，使得爆轰波能量在药柱传播中衰减得越大。随着等离子波作用的进一步增强，就会引起未反应的药卷爆轰的熄灭。试验结果表明，等离子光波的速度约为 4500m/s。表 3.1-4 列述了部分炸药的管道效应测试值。

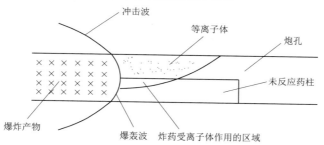

图 3.1-5　在小直径炮孔中等离子效应对
未反应炸药影响示意图

表 3.1-4	部分炸药的管道效应测试值		
炸药类型	EL 系列乳化炸药	EM 型乳化炸药	2 号岩石硝铵炸药
管道效应（传爆长度）值/m	>3.0	>7.4	1.9
试验条件	取内径为 42～43mm，长 3m 的聚氯乙烯塑料管（或钢管），然后将直径为 32mm 的受试药卷一节连着一节地放入其中，用一只 8 号雷管起爆		

在地下工程开挖作用中，采用小直径炮孔不耦合装药爆破时，炸药的管道效应相当普遍地存在着，它是严重影响爆破质量的重要因素之一。研究结果表明，在实际工程中采用如下技术措施可以减少或消除管道效应，改善爆破效果。

1）填塞等离子体的传播：①用水或岩屑充填炮孔与药卷之间的月牙形空隙；②每装数个药卷后，装一个能填实炮孔的大直径药卷；③给药卷套上硬纸或其他材料做成的隔环，隔环外径稍小于炮孔直径。

2）沿药柱全长放置导爆索起爆。

3）采用散装炸药，使炸药全部充满炮孔不留空隙。

（5）聚能效应。使炸药爆炸作用的能量集中于一定方向的效应，称为聚能效应，又称之为诺尔曼效应。能形成聚能射流的装药称为聚能装药，能形成聚能效应的装置称为聚能装置。

不同装药结构之所以出现不同的穿甲能力，这是由于它们的爆轰产物飞散过程不同造成的。当普通药柱爆轰后，爆轰产物沿着近似垂直于原药柱表面的方向向四处飞散，此时，起有效作用的仅仅是药柱端部的爆轰产物。而当带有锥形空穴的装药爆炸后，爆轰波传至锥形空穴的顶部后，爆轰产物流基本上沿着锥形空穴壁面的法线方向向装药轴线飞散，此时各股爆轰产物流便相互作用，并在锥形空穴的轴线方向形成了能量集中的一股聚集流体。这股流体在锥形空穴表面一定距离上聚集的密度最大，速度也达到最大值（1200～1500m/s）。能形成聚能流的空穴称为聚能穴。聚能效应只发生在距装药底部一定距离处。随着装药距离的增大，聚能效应迅速减弱，直至最后消失。

影响聚能效应的因素主要有：炸药的密度和爆速、装药尺寸、装药结构、药形罩的尺寸和材料等。

3.1.1.3　常用工业炸药指标及参数

工业炸药又称民用炸药或商业炸药，是由氧化剂、可燃剂和其他添加剂等组分，按照氧平衡的原理配制并均匀混合制成的爆炸物，广泛用于矿山开采、土建工程、农田基本建设、地质勘探、油田钻探、爆炸加工等众多领域，是国民经济中不可缺少的能源。工业炸药应具有足够的能量水平，令人满意的安全性、实用性和经济性，本节将系统介绍我国通过工厂模式生产的常用工业炸药。

根据《工业炸药分类和命名规则》（GB/T 17582—2011）的规定，按其组成特征和物理特征，将工业炸药分为四大类 14 小类，见表 3.1-5；按其使用对象或效能，将工业炸药分为岩石爆破、煤矿爆破、露天爆破、硫化矿爆破、地震勘探及爆炸加工（含复合、压接、切割、成型等）六种，某种炸药同时具有几种用途时，按其中的主要用途表示。工业炸药用途在命名中省略"爆破"二字，如岩石乳化炸药；煤矿爆破在工业炸药命名中其用途表示为"煤矿许用"，如三级煤矿许用乳化炸药、二级煤矿许用膨化硝铵炸药。

表 3.1-5 工业炸药的类别、简称和代号

工 业 炸 药 类 别		简称	代号
含水炸药	乳化炸药	乳化	RH
	乳化铵油炸药①	重铵油	ZAY
	水胶炸药	水胶	SJ
铵油类炸药	多孔粒状铵油炸药	多孔粒	DKL
	粉状乳化炸药	粉乳	FR
	膨化硝铵炸药	膨化	PH
	乳化铵油炸药	重铵油	ZAY
	改性铵油炸药	改铵油	GAY
	黏性粒状炸药	黏粒	NL
	粉状铵油炸药	粉铵油	FAY
硝化甘油类炸药	胶质硝化甘油炸药	胶硝甘	JXG△
	粉状硝化甘油炸药	粉硝甘	FXG△
其他	铵梯炸药	铵梯	AT△
	液体炸药	液	Y△

注 标注△的炸药在我国目前的工业生产中已很少制造或使用。

① 乳化铵油炸药作为含水炸药使用时为抗水型乳化铵油炸药，作为铵油类炸药使用时为普通型乳化铵油炸药。

水利水电工程爆破中常用的包装型的工业炸药有乳化炸药、粉状乳化炸药、铵油类炸药、膨化硝铵炸药以及水胶炸药。

1. 乳化炸药

乳化炸药是氧化剂的微小液滴均匀悬浮在由可燃剂、表面活性剂和气泡（或珍珠岩或玻璃微球）组成的油状介质中形成的乳胶状混合炸药，也属于含水炸药。这类炸药的氧化剂水溶液构成分散相，非水溶液的油构成连续相，是油包水型乳胶体。乳化炸药的生产工艺简便，原料来源广泛，组成中不含爆炸性物质，低毒，对环境污染小，其产品的机械感度、热感度低，但爆轰感度较高，且有较强的抗水性，猛度和做功能力也可按需要调节，目前已成为我国占主导地位的工业炸药。按照用途，乳化炸药可分为岩石型、露天型和煤矿型三种，已广泛用于矿山、铁道、水利建设、水下爆破、地质勘探、油井压裂等爆破作业中，岩石型乳化炸药是水利水电工程爆破中使用最广泛的工业炸药之一。

2. 粉状乳化炸药

乳胶基质经喷雾干燥后形成的类似粉末状的工业炸药称为粉状乳化炸药。粉状乳化炸药结合了胶质乳化炸药与粉状炸药的性能优点，通过将氧化剂水相和可燃剂油相充分乳化，制得了准分子状的油包水型乳胶基质，再使后者雾化脱水，形成水含量低于3%的粉体。与乳化炸药相比，粉状乳化炸药除了仍具有乳化炸药高爆速、高猛度的优点外，由于

93

其水含量低，故做功能力高于乳化炸药，但抗水性低于乳化炸药。另外，由于粉状乳化炸药中的氧化剂与可燃剂仍然能紧密接触，故无须引入敏化气泡，也具有较高的爆轰感度，也是水利水电工程爆破中常用的一种工业炸药。国家标准《乳化炸药》（GB 18095—2000）规定的乳化炸药主要性能指标见表 3.1-6。

表 3.1-6　《乳化炸药》（GB 18095—2000）规定的乳化炸药主要性能指标

指　标	岩石乳化炸药		煤矿许用乳化炸药			露天乳化炸药	
	1 号	2 号	一级	二级	三级	有雷管感度	无雷管感度
药卷密度/(g/cm³)	0.95～1.30		0.95～1.25			1.10～1.30	—
炸药密度/(g/cm³)	1.00～1.30		1.00～1.30			1.15～1.35	1.00～1.35
爆速/(m/s)	≥4500	≥3200	≥3000	≥3000	≥2800	≥3000	≥3500
猛度/mm	≥16	≥12	≥10	≥10	≥8	≥10	
殉爆距离/cm	≥4	≥3	≥2	≥2	≥2	≥2	
做功能力/mL	≥320	≥260	≥220	≥220	≥210	≥240	
撞击感度	爆炸概率≤8%						
摩擦感度	爆炸概率≤8%						
热感度	不燃烧不爆炸						
炸药爆炸后有毒气体含量/(L/kg)	≤80					—	
可燃气安全度	—		合格			—	
使用保证期/d	180		120			120	15

注　1. 表内数字均为使用保证期内有效，使用保证期自炸药制造完成之日起计算。
　　2. 混装车生产的无雷管感度露天乳化炸药的爆速应不小于 4200m/s。
　　3. 用户有特殊要求的产品，其爆炸性能可由供需双方协商确定。

3. 铵油类炸药

铵油类炸药是以铵油炸药为主要组分各类混合炸药，包括多孔粒状铵油炸药、重铵油炸药、改性铵油炸药、粉状铵油炸药、黏性铵油炸药等。铵油炸药（ANFO）是由硝酸铵和燃料油及其他固体可燃物、表面活性剂等附加剂组成的混合炸药，通常以零氧平衡原则确定各组分配比，是一种无梯炸药。所用的硝酸铵有多孔粒状、结晶状及粒状三种；燃料油有柴油、机油和矿物油等，以轻柴油最为适宜；固体可燃物有木粉。根据硝酸铵的种类分为多孔粒状及粉状两种，或根据用途可为煤矿型、岩石型、露天型三类。

铵油炸药原料来源丰富，制造工艺简单，成本低廉，生产、使用安全，被称为"简单炸药"或"廉价炸药"，其缺点是起爆感度低（需用起爆药引爆），不抗水，易产生静电，吸潮及固结的趋势较为强烈。应用最广泛的一种铵油炸药是含粒状硝铵为 94.5% 与轻柴油为 5.5% 的氧平衡混合物。为了减少铵油炸药的结块现象，可适量加入木粉作为疏松剂，铵油炸药的性能不仅取决于它的配比，也取决于它的生产工艺。在水利水电工程爆破中一般用于采用现场混装车进行装药。

4. 膨化硝铵炸药

膨化硝铵炸药由膨化硝酸铵、复合燃料油和木粉组成。膨化硝酸铵是一种改性硝酸铵，为片状结构，多微孔（孔径为 $10^{-5} \sim 10^{-2}\,\mathrm{mm}$），这类微孔能形成热点，故具有较高的感度。膨化硝铵炸药是一种高威力、低成本、易制备、不结块的新型无梯粉状硝铵工业炸药。现已形成一系列产品，按用途有岩石型、煤矿许用型、露天型和震源药柱型；按性能有普通型、抗水型、高威力型、低爆速型和安全型等。这些产品已在我国获得广泛应用，取得了可观的经济效益和社会效益。

膨化硝铵炸药的优点为：①不采用单质炸药敏化剂，消除了梯恩梯的毒性和污染，提高了生产安全性；②产品成本大幅度降低；③具有优良的爆炸性能和物理性能，应用效果好。不足之处是抗水性较差和密度较低。几种主要膨化硝铵炸药的组分与性能见表3.1-7。

表 3.1-7 　　　　　　　　　　几种主要膨化硝铵炸药的组分与性能

组分与性能		岩石膨化硝铵炸药	煤矿许用膨化硝铵炸药	
			2 号	3 号
组分/%	硝酸铵	92±2.0	86±2.0	83±2.0
	木粉	4±1.0	3.5±0.5	3.5±0.5
	燃料油	4±1.0	3.5±0.5	3.5±0.5
	氯化钠		7±1.0	10±1.0
物理性能	装药密度/(g/cm³)	0.85～1.00	0.88～1.00	0.88～1.00
	水质量分数/%	≤0.3	≤0.3	≤0.3
	储存期/月	≤6	≤6	≤6
爆炸性能	爆速/(m/s)	3300～3700	—	≥5000
	猛度/mm	13～16	—	
	殉爆距离/cm	5～10	—	
	做功能力/mL	330～360	—	
	爆热/(kJ/kg)	3803	3062	2288
	爆温/K	2757	2486	2207
	爆压/GPa	4.954		

5. 水胶炸药

水胶炸药是由氧化剂水溶液、可燃剂（非敏化型可燃剂）、敏化剂（敏化型可燃剂）、胶凝剂和其他添加剂组成的混合炸药，是一种含水炸药。水胶炸药各组分均匀而紧密地结合，有利于爆轰的激发和传播，所以水胶炸药的爆轰感度比较高，能被工业雷管可靠起爆。水胶炸药优点如下：①抗水，可在水下使用；②感度低，使用安全；③密度可调，可更好地与不同岩性匹配；④输送便利，易于机械化操作；⑤炮烟少，爆炸产物中有毒气体含量低。目前水胶炸药主要用于岩石爆破和地质勘探，在水利水电工程爆破中应用较少。

6. 胶质硝化甘油炸药

胶质硝化甘油炸药是以硝酸铵和硝化甘油（或与其他硝酸酯的混合物）为主要能量成分的硝铵炸药。硝化甘油先被少量硝化棉吸收，再与氧化剂、可燃剂、附加物等混合，制得的可以任意捏合成形的塑胶体，故简称为胶质炸药或爆胶。在国外称为代那迈特（Dynamite），因其主要成分感度高，加工与使用的危险性较大，在我国已极少生产使用。

7. 铵梯炸药

铵梯类炸药是以硝酸铵为氧化剂，木粉为可燃剂，梯恩梯为敏化剂，并按一定比例均匀混合制得的硝铵炸药，通常为粉状，故又称粉状铵梯炸药。铵梯炸药由于其组成简单、原料广泛、成本低廉、加工方便而在国内外用了近两个世纪。由于它含有对人体毒害和对环境污染的梯恩梯，现已被无梯工业炸药所取代。

8. 深水爆破专用炸药

我国工业类抗水炸药的抗水标准一般为 0.2MPa，也就是说常规工业抗水炸药只能适用于小于 20m 水头条件下爆破。适合于深水条件下（水深大于 20m）的炸药主要为非常规抗水类工业炸药，主要包括乳化炸药、水胶炸药等。

（1）乳化型深水爆破专用炸药。乳化炸药的敏化方式有物理敏化、化学敏化和物理化学联合敏化三种方式，主要依靠小气泡或微气泡的"敏化热点"起爆机理形成爆轰。在深水条件下，受先爆炸药的水击波"减敏"作用影响，常规乳化炸药容易导致"压死"拒爆的现象。因此，深水应用乳化炸药应采取更为可靠的敏化方式。

由于玻璃微球敏化的乳化炸药单位体积中的热点数相对较多，热点之间的平均距离相对较小，炸药薄层的化学反应对"热点"的扩散和渗透的依赖程度相对较小，玻璃微球敏化的乳化炸药爆轰性能随静水压力增大下降幅度并不明显。因此，采用玻璃微球为主的敏化方式制备乳化炸药更适用于深水爆破。

（2）水胶型深水爆破专用炸药。水胶炸药是通常采用硝酸甲胺为主的水溶性敏化剂和密度调节剂，同时采用膨胀珍珠岩作为次要敏化剂并辅助调节密度。硝酸甲胺是一种爆炸性敏化剂，以液态形式存在，其物理状态与水相似，可近似看作不可压缩的物质，在体系内硝酸甲胺以分子状态与硝酸铵、硝酸钠等氧化剂分子在溶液中进行充分接触，与水胶炸药本身的水凝胶体系具有良好的匹配相容性。同时，可以增加高能物质铝粉的含量来增加炸药体系内的热点灼热核，改善其在深水中的起爆感度。通过提高硝酸甲胺和铝粉的含量比例，适当降低膨胀珍珠岩的含量，可有效减少深水静压力和渗透作用的影响，提高激发爆轰的灼热核，改善整体爆炸性能，解决常规类抗水工业炸药在深水爆破作业中不耐压、拒爆、半爆或炸药威力小等问题。因此，提高硝酸甲胺、铝粉含量，降低膨胀珍珠岩含量的水胶炸药适用于深水爆破。

9. 其他特殊炸药

（1）低爆速炸药。低爆速炸药是指一类极限爆速较低的炸药。低爆速炸药具有较大的极限直径，其极限爆速通常为 1500～2000m/s。在水利水电工程爆破中低爆速炸药主要应用于光面爆破和预裂爆破等领域。

（2）黏性粒状炸药。黏性粒状炸药是由多孔硝酸铵、柴油和黏稠爆炸剂按一定比例配制而成的。黏性粒状炸药既具有一定的流散性，又具有一定的黏结性，同时爆炸性能良好，成本较低。

（3）含高能添加物的工业炸药。工业含铝炸药是在工业炸药中加入少量铝粉制成的工业炸药。铝粉在爆炸反应中的作用是它在爆轰波阵面后的二次反应放出热量，从而增加爆热，提高爆炸威力。

（4）含退役火药的工业炸药。为了国防安全，国家武器弹药仓库中储备了数量较多的火炸药，但火炸药是有储存寿命的。超过储存期的火炸药必须退役并火烧焚毁或开发其他用途，否则会对仓库的安全造成严重威胁。从安全生产考虑，退役火药一般在水中粉碎成一定细度的粉末，然后再加入混合炸药中，与其他成分进行混合、交联，制得的含退役火药的工业炸药，其外观一般为凝胶状。

3.1.1.4　现场混装炸药

所谓现场混装炸药，系在地面站制作炸药前驱体（多孔粒状硝酸铵、氧化剂水溶液、油相溶液、敏化剂、乳胶基质等），混装炸药车将上述原料或半成品载至爆区，在现场经车载生产工艺设备运行敏化（均匀混合）后、机械化装填至炮孔内的一类工程爆破炸药。按生产的混装炸药种类分为现场混装乳化炸药，现场混装粒状铵油炸药和现场混装重铵油炸药三种类型。

与传统包装炸药相比，具有本质安全性高、生产作业效率高、装药施工的连续性与耦合性好等优势，有利于减少现场爆破作业人员，降低爆破成本，改善爆破效果，实现爆破行业生产、配送、爆破作业一体化的发展模式。

3.1.2　工业雷管

工业雷管是起爆器材中最重要的一种，根据其内部装药结构的不同，分为有起爆药雷管和无起爆药雷管两大系列。根据《工业雷管分类与命名规则》（WJ/T 9031—2018）的规定，按引爆雷管的初始冲能分为导爆管雷管、工业电雷管、电子雷管、磁电雷管、继爆管等。在工业电雷管和导爆管雷管中，都有秒延期、毫秒延期系列产品；导爆管雷管已向高精度短间隔系列产品发展。

有起爆药雷管的内部装药，是由起爆药和加强药两部分装配而成的。尽管起爆药，由雷汞、氮化铅演变为二硝基重氮酚（DDNP），但其敏感度高的特性并没有改变，受热能、针刺、摩擦等外能作用后极易引爆，雷管的组装、运输、贮存和使用的安全性较差，意外事故常有发生。起爆药属禁运物质，不允许设专厂生产。因此，凡是雷管生产厂家，都必须自建起爆药生产车间，自产自用。在起爆药的生产过程中，除安全性差外，还排出大量含汞、铅或酚的有害废水，严重污染环境和水源，危害农作物和人的身体健康。

无起爆药雷管，是一种没有起爆药只装有加强药的新型安全雷管。无起爆药雷管中取消了敏感度极高的起爆药，故可最大限度地减少在制造、运输、贮存和使用全过程的安全隐患，避免制造起爆药所带来的危害等，是雷管发展史上具有突破意义的进步。

3.1.2.1　雷管基本结构及性能

雷管的基本结构可分七部分：管壳、猛炸药、起爆药、加强帽、延期元件、点火元件和卡口塞，如图 3.1-6 所示。其中前四部分为各类有起爆药雷管所共有，后三部分因雷管种类不同而有所不同。如电雷管的点火元件为电引火头，导爆管雷管的点火元件为导爆管，瞬发雷管则没有延期元件，电子雷管的延期元件则为具有电子延时功能的专用集成电路芯片。

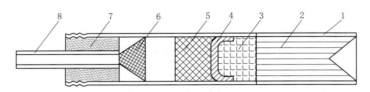

图 3.1-6　传统雷管基本结构示意图
1—管壳；2—猛炸药；3—起爆药；4—加强帽；5—延期元件；
6—点火元件；7—卡口塞；8—脚线（塑料导爆管）

传统雷管上述各部分的位置是：在管壳底部压装猛炸药，在猛炸药上面装起爆药，再装加强帽、延期元件、点火元件与卡口塞。由于电子雷管与传统雷管延期元件不同，致使点火元件的位置也不一样，传统雷管点火元件位于延期元件之前，点火元件作用于延期元件实现雷管的延期功能，由延期体引爆雷管的主装药部分，而电子雷管点火元件位于延期元件之后，由延期元件作用到点火元件上，再由点火元件作用到雷管主装药上。

工业雷管作为重要的起爆器材，其性能主要体现为起爆能力。雷管的起爆能力由猛炸药的装药量决定，工业雷管按其装药量多少分为 10 个等级，号数越大，其雷管内装药量越多，雷管的起爆能力越强。我国的工业雷管一般有 6 号和 8 号两种，单发 6 号雷管猛炸药装药量不低于 0.4g。为了可靠起爆工业炸药，水利水电工程爆破常采用 8 号雷管，其装药量为不低于 0.6g。

雷管底部轴向起爆力最强，侧向起爆能力较弱。为了充分发挥雷管的起爆能力，保证雷管起爆炸药的可靠性，应将雷管的装药部分全部插入药包中，并且使雷管底部聚能穴朝向与药包传爆的方向一致。

雷管的起爆能力通常采用铅板穿孔试验来检验。将雷管直立于 5mm 厚的铅板上且底部平面与铅板表面紧密接触。起爆雷管后，炸穿铅板孔径大于雷管外径时，雷管的起爆能力视为合格，否则视为不合格。

3.1.2.2　导爆管雷管

导爆管雷管是指利用导爆管传递的冲击波能直接起爆雷管，由导爆管和雷管组装而成，管壳多为金属材料，也分瞬发管和延期管。涂抹在塑料导爆管内壁上的混合粉末通常为奥克托金、黑索今等猛炸药，少量铝粉和少量变色工艺附加物组成的混合粉末。每米导爆管药量为 14～18mg，爆速为 1600～2000m/s。

导爆管雷管是随着瑞典诺贝尔炸药公司于 1973 年提出的塑料导爆管系统而出现的。导爆管受到一定强度的激发能作用后，管内出现一个向前传播的爆轰波，当爆轰波传递到雷管内时，导爆管端口处发火，火焰通过传火孔点燃雷管内的起爆药（或火焰直接点燃延期体，然后延期体火焰通过传火孔点燃起爆药），起爆药在加强帽的作用下，迅速完成燃烧转爆轰，形成稳定的爆轰波，爆轰波再起爆猛炸药，从而引爆雷管。根据《导爆管雷管》（GB 19417—2003）的规定，导爆管雷管按抗拉性能分为普通型导爆管雷管和高精度型导爆管雷管；按延期时间分为毫秒导爆管雷管、1/4秒导爆管雷管、半秒导爆管雷管和秒导爆管雷管。

1. 普通型导爆管雷管

普通型导爆管雷管具有抗静电、抗雷电、抗射频、抗水、抗杂散电流的能力，这使其使用安全，网路连接方便、可靠，简单易行，发展迅猛。目前，在水利水电工程爆破中得到了广泛应用，例如在台阶爆破、边坡开挖爆破、地下洞室开挖爆破、保护层开挖爆破、级配料开采爆破、围堰及岩坎拆除爆破、水下钻孔爆破、水工建筑物拆除爆破等几乎所有的水利水电工程爆破中均采用塑料导爆管雷管作为起爆器材。国产导爆管延期雷管的技术标准见表3.1-8和表3.1-9。但这种传统的塑料导爆管非电起爆系统也有自身的缺陷，主要表现在：

表 3.1-8　　　　　　　　　　国产非电半秒延期雷管技术标准

段别	延期时间/s	段别	延期时间/s
1	≤0.3	6	2.5±0.20
2	0.5±0.15	7	3.5±0.30
3	1.0±0.15	8	4.5±0.30
4	1.5±0.20	9	5.5±0.30
5	2.0±0.20	10	6.5±0.40

表 3.1-9　　　　　　　　　　国产非电毫秒延期雷管技术标准

段别	延期时间/ms	段别	延期时间/ms
1	<13	10	380±35
2	25±10	11	460±40
3	50±10	12	550±45
4	75+15	13	650±50
	75−20	14	760±55
5	110±15	15	880±60
6	150±20	16	1020±70
7	200+15	17	1200±90
	200−20	18	1400±100
8	250±25	19	1700±130
9	310±30	20	2000±150

（1）误差大。例如MS2段雷管的延时是25ms，但误差却达到±10ms；而MS15段雷管的延时是880ms，但误差却达到了±60ms。误差大带来了一个不容忽视的问题，当低段雷管和高段雷管组合使用时，高段雷管的误差已经超过了低段雷管的延时，容易导致

起爆顺序紊乱。

（2）雷管延时的分布容易导致重段。传统塑料导爆管雷管的延时顺序是 25ms、50ms、75ms、110ms、150ms 等，许多段有公约数 5，当网路比较大的时候极容易重段。

（3）雷管脚线的抗拉强度偏小。在孔内有水，装药困难的情况下，容易损坏导爆管脚线，导致拒爆发生。

2．高精度导爆管雷管

高精度导爆管雷管其本质与普通型导爆管雷管是一样的，只是其延时精度较高，其延时误差控制在±2%。对于用于地表（孔间）低延时的雷管，为了避免出现类似于普通塑料导爆管出现公约数 5，易出现"重段"现象，高精度导爆管雷管低延时分别是 9ms、17ms、25ms、42ms、65ms、100ms 等，高精度导爆管雷管大延时有 400ms、600ms、1000ms 等。

3．使用导爆管雷管应注意的事项

导爆管可以从轴向引爆，也可以从侧向引爆。轴向引爆是指把引爆源对准导爆管管口，侧向起爆是指把爆炸源设置在导爆管管壁外方，在爆破工程中导爆管网路侧向起爆还分为正向起爆和反向起爆，一般聚能穴宜采用反向起爆，防止聚能穴产生的金属射流切断导爆管从而发生拒爆现象，导爆管的连接一般采用连通器或者雷管捆扎多根导爆管簇方式。因此在塑料导爆管雷管使用时，还应注意以下事项：

（1）不得在有瓦斯、煤尘等易燃易爆气体和粉尘的场合使用。

（2）连接导爆管网路时，导爆管簇被雷管激爆的根数应不超过 20 根，具体根数依相应雷管的起爆能力而定，网路连接前应做试验确定。

（3）导爆管簇被捆扎雷管引爆时，宜采用反向起爆，或者正向起爆时在聚能穴上用胶布或炮泥堵上，以减少飞片对前方导爆管的损伤。

（4）爆区太大或延期较长时，防止地面延时网路被破坏。

（5）高寒地区塑料硬化会影响导爆管的传爆性能。

3.1.2.3 电子雷管

电子雷管，是一种可随意设定并准确实现延期发火时间的新型电雷管，具有雷管发火时刻控制精度高、延期时间可灵活设定两大技术特点。电子雷管的延期发火时间，由其内部的一只微型电子芯片控制，延时控制误差达到亚毫秒级。电子雷管的延时误差可控制在 1～2ms，在一定程度上克服了传统非电起爆雷管误差大带来的困难，电子雷管最大的优点是在网路联接完成后，可以对整个网路进行导通检查。

电子雷管和传统电雷管（工业电雷管和磁电雷管）的"电"部分基本上是相同的，对传统电雷管来说，这部分不外乎就是一根电阻丝和一个引火头，点火电流通过时，桥丝加热引燃引火头和邻近的延期药，由延期药长度来决定雷管的延期时间；在电子雷管内，也有一个这种形式的引火头，但前面的电子延期芯片取代了传统电雷管和导爆管雷管引火头后面的延期药。两类雷管的管壳和发火部分非常相似，因此，电雷管和导爆管雷管的大量现行工业标准仍然适用于电子雷管。

根据《工业电子雷管信息管理通则》（GA 1531—2018）的规定，电子雷管生产过程中，在线计算机应为每发雷管写入用于通信、控制的一组数字、字符或其混合信息体，即

UID 码，UID 码长度应不少于 13 位字符且不应重复，上传后应不能擦除或修改，掉电情况下不丢失，应能使用配套软件或起爆器设备读取和显示；以及写入用于同起爆器数据进行核对的一组数字、字符或其他混合信息体，即起爆密码，起爆密码长度应不少于 8 位字节且应随机生成，应在生产时或在芯片生产时注入，上传后不能擦除或修改，掉电情况下不丢失，任何软件、起爆器或设备不能读出、显示或导出，起爆时，自动与从全国工业电子雷管密码中心下载的起爆密码进行比对和校验；为了便于统一管理我国工业电子雷管，将工业电子雷管 UID 码、起爆密码和雷管壳体码组合，经加密编码后形成的一组数字、字母或其混合信息体，即工作码，工作码由 UID 码、起爆密码和雷管壳体码三码绑定，使用 SAM 卡密钥无人工干预、自动加密形成，未使用的工业电子雷管工作码应能重复下载，人工不能查看或修改工作码管理和储存过程。依据工作码，电子雷管计算机管理系统可以对每发雷管实施全程管理，直至完成起爆使命。此外，管理系统还记录了每发雷管的全部生产数据，如制造日期、时间、机号、元器件号和购买用户等。

电子雷管具有下列技术特点：

（1）电子延时集成芯片取代传统延期药，雷管发火延时精度高，准确可靠，有利于控制爆破效应，改善爆破效果。

（2）前所未有地提高了雷管生产、储存和使用的技术安全性。

（3）使用雷管不必担忧段别出错，操作简单快捷。

（4）可以实现雷管的国际标准化生产和全球信息化管理。

国产的电子雷管具有两线制双向无极性组网通信、孔内在线编程和检测能力，可实现宽范围（0～16000ms）、小间隔（1ms）延期时间的孔内设定和校准，可对起爆能量进行有效管理，起爆精确性好、可靠性高、使用安全性好，同时具有防水、耐压、抗冲击、环保等特点。雷管内置产品序列号和起爆密码，可实现密码授权起爆。内嵌抗干扰隔离电路，使用安全，网络设计简单，操作使用方便。实际工程爆破应用表明，使用电子雷管爆破作业可控性好，振动主振频率可控、干扰减振效果明显，爆破飞石、噪声危害减小，破碎度均匀、边坡残留明显减少，炸药能量利用效率高，工程爆破的综合效益提高显著。一般延期 1～100ms 范围内误差为小于 0.5ms，延期 101～16000ms 范围内误差为 0.5%。

3.1.2.4　工业电雷管

工业电雷管的品种较多，性能也较复杂。根据《工业电雷管》（GB 8031—2015）的规定：按用途可分为普通电雷管、煤矿许用电雷管和地震勘探用电雷管三类。根据工业电雷管的延期时间的单位不同，又分为以秒为单位的 1/4 秒延期电雷管、半秒延期电雷管、秒延期电雷管和以毫秒为单位的毫秒电雷管（又称微差电雷管），国家标准《工业电雷管》（GB 8031—2015）规定的毫秒延期电雷管的延期时间见表 3.1-10，秒延期电雷管的延期时间见表 3.1-11。

表 3.1-10 与表 3.1-11 中，除末段外，任何一段延期电雷管的上规格限为该段名义延期时间与上段名义延期时间的中值（精确到本表中的位数），下规格限为该段名义延期时间与下段名义延期时间的中值（精确到本表中的位数）加一个末位数；末段延期电雷管的上规格限为本段名义延期时间与本段下规格限之差，再加上本段名义延期时间。

表 3.1－10 《工业电雷管》（GB 8031—2015）规定的毫秒延期电雷管名义延期时间系列

段别	第1毫秒系列/ms			第2毫秒系列/ms			第3毫秒系列/ms		
	名义延期时间	下规格限	上规格限	名义延期时间	下规格限	上规格限	名义延期时间	下规格限	上规格限
1	0	0	12.5	0	0	12.5	0	0	12.5
2	25	12.6	37.5	25	12.6	37.5	25	12.6	37.5
3	50	37.6	62.5	50	37.6	62.5	50	37.6	62.5
4	75	62.6	92.5	75	62.6	87.5	75	62.6	87.5
5	110	92.6	130	100	87.6	112.4	100	87.6	112.5
6	150	130.1	175.0	—	—	—	125	112.6	137.5
7	200	175.1	225.0	—	—	—	150	137.6	162.5
8	250	225.1	280.0	—	—	—	175	162.6	187.5
9	310	280.1	345.0	—	—	—	200	187.6	212.5
10	380	345.1	420.0	—	—	—	225	212.6	237.5
11	460	420.1	505.0	—	—	—	250	237.6	262.5
12	550	505.1	600.0	—	—	—	275	262.6	287.5
13	650	600.1	705.0	—	—	—	300	287.6	312.5
14	760	705.1	820.0	—	—	—	325	312.6	337.5
15	880	820.1	950.0	—	—	—	350	337.6	362.5
16	1020	950.1	1110.0	—	—	—	375	362.6	387.5
17	1200	1110.1	1300.0	—	—	—	400	387.6	412.5
18	1400	1300.1	1550.0	—	—	—	425	412.6	437.5
19	1700	1550.1	1850.0	—	—	—	450	437.6	462.5
20	2000	1850.1	2149.9	—	—	—	475	462.6	487.5
21	—	—	—	—	—	—	500	487.6	512.4

注 表中第2毫秒系列为煤矿许用毫秒延期电雷管时，该系列为强制性。

表 3.1－11 《工业电雷管》（GB 8031—2015）规定的秒延期电雷管名义延期时间系列

段别	1/4秒系列/s			半秒系列/s			秒系列/s		
	名义延期时间	下规格限	上规格限	名义延期时间	下规格限	上规格限	名义延期时间	下规格限	上规格限
1	0	0	0.125	0	0	0.25	0	0	0.50
2	0.25	0.126	0.375	0.50	0.26	0.75	1.00	0.51	1.50
3	0.50	0.376	0.625	1.00	0.76	1.25	2.00	1.51	2.50

段别	1/4秒系列/s			半秒系列/s			秒系列/s		
	名义延期时间	下规格限	上规格限	名义延期时间	下规格限	上规格限	名义延期时间	下规格限	上规格限
4	0.75	0.626	0.875	1.50	1.26	1.75	3.00	2.51	3.50
5	1.00	0.876	1.125	2.00	1.76	2.25	4.00	3.51	4.50
6	1.25	1.126	1.375	2.50	2.26	2.75	5.00	4.51	5.50
7	1.50	1.376	1.625	3.00	2.76	3.25	6.00	5.51	6.50
8	—	—	—	3.50	3.26	3.75	7.00	6.51	7.50
9	—	—	—	4.00	3.76	4.25	8.00	7.51	8.50
10	—	—	—	4.50	4.26	4.74	9.00	8.51	9.50
11	—	—	—	—	—	—	10.00	9.51	10.49

20 世纪 60 年代，随着各种类型的电雷管相继出现，水利水电工程爆破普遍采用电雷管起爆网路。20 世纪 70 年代末、80 年代初，随着导爆管雷管在全国各水利水电工程成功地得到推广使用，相继研制成功了一些相应的器材，使得电雷管逐步被导爆管雷管替代。目前导爆管起爆系统在水利水电工程爆破中占据主导地位，电雷管仅作为起爆雷管使用。

3.1.2.5 磁电雷管

磁电雷管是指在电雷管的基础上通过电磁感应产生的电能来激发雷管起爆。磁电雷管的雷管结构与电雷管结构基本一致，只是雷管脚线与绕在环状磁芯上的线圈相连接。磁电雷管根据线圈位置可分为内置式磁电雷管和外置式磁电雷管，其中内置式磁电雷管可用于油气井内。

磁电雷管需要特定频率、足够大的能量才能起爆，因此磁电雷管对杂电、漏电、静电具有良好的保护能力，抗静电、雷电、防射频能力高于普通电雷管，不需进行网路串联设计，但是磁电雷管必须用特定高频起爆器，且不适用于具有瓦斯、煤尘爆炸危险的工作面。磁电雷管与普通电雷管一样，在水利水电工程爆破中大多数只作为起爆雷管使用，极少采用磁电雷管起爆炸药。

3.1.3 导爆索

自 1879 年出现以来，导爆索经历了两个阶段的发展：1879—1919 年期间，导爆索外壳主要用的是软金属外壳，由于当时使用的猛炸药为硝化棉、梯恩梯、苦味酸等，在导爆索直径较小时，如没有坚固的外壳不能引起爆轰；1919 年，随着猛炸药太安和黑索今的出现，在导爆索直径较小时，没有坚固的外壳也能引起爆轰，自此以后的导爆索外壳主要是纤维或塑料皮。

1. 导爆索的结构

导爆索主要由药芯和外壳两个部分组成，药芯部分直径 3～4mm，由粉状猛炸药太安（季戊四醇四硝酸酯）或黑索今（环三亚甲基三硝胺）构成，外壳是用棉、麻等纤维材料编制或使用塑料皮，直径为 5.7～6.2mm。棉线普通导爆索结构简图如图 3.1-7所示。

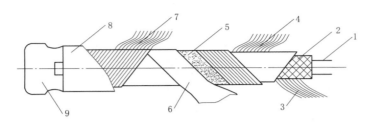

图 3.1-7　棉线普通导爆索结构简图

1—芯线；2—黑索金或太安；3—内线层；4—中线层；5—沥青层（内层防潮）；

6—纸条层；7—外线层；8—涂料层；9—防潮帽或防潮层

如果导爆索使用塑料皮外层，可将图 3.1-7 中的沥青层、纸条层、外线层和涂料层去掉。

2. 导爆索的品种

导爆索按包缠物的不同可分为线缠导爆索、塑料皮导爆索和铅皮导爆索；按用途分有普通导爆索、震源导爆索、煤矿导爆索（安全导爆索）和油井导爆索；按能量分有高能导爆索和低能导爆索。导爆索的品种、性能和用途见表 3.1-12。

表 3.1-12　　　　　　　　　　　　导爆索的品种、性能和用途

名　称	外表	外径/mm	药量/(g/m)	爆速/(m/s)	用　途
普通导爆索	红	≤6.2	12～14	≥6500	露天或无瓦斯爆炸危险的地下用
震源导爆索	红或黄	≤9.5	38	≥6500	地震勘探震源用
煤矿导爆索	红		12～14①	≥6000	有瓦斯、矿尘爆炸危险的地下用
有枪身油井导爆索	蓝或绿	≤6.2	18～20	≥6500	油井、深水井爆破作业
无枪身油井导爆索	蓝或绿	≤7.5	32～34	≥6500	油井、深水、高温中的爆破作业
铅皮导爆索	灰	5.0	17	≥6500	油井射孔枪用

① 加消焰剂 2g/m。

表中各品种的导爆索装药量都较大，一般都在 10g/m 以上，因此称其为高能导爆索，用这种导爆索组成的网路起爆时噪声很大。主要用于露天台阶深孔、洞室、地下深孔的爆破，起引爆炸药的作用。

另有一种装药量很少的导爆索（一般在 1.5～2.5g/m 之间），被称为低能导爆索。这种导爆索一般不能直接起爆炸药，爆炸所产生的噪声较低，同时由于它的爆速高，克服了导爆管网路起爆时由于打断网路而产生拒爆的缺点，主要用来敷设炮孔外的导爆索网路，起传爆作用，也称其为传爆线，但必须由雷管起爆。

普通导爆索目前产量最大、应用范围广，水利水电工程中的预裂爆破及光面爆破均采用导爆索来传爆炸药。

3. 导爆索使用应注意的问题

作为起爆器材，导爆索有一个最重要的特点：它的爆轰是需要外界起爆能来激发，工程爆破中大多使用普通导爆索，其线药量 $12\sim14g/m$，传爆速度不小于 $6500m/s$。

导爆索在使用过程中应注意以下几个问题：

（1）普通导爆索不能在烈日下长时间暴晒，以防止内外层防潮涂料熔化渗入药芯使药芯钝感。

（2）导爆索敷设在水下时，应将导爆索两端切口（索头）处用蜡或环氧树脂密封完好，以防止水从索头处渗入药芯使药芯潮湿从而不能起爆。

（3）敷设导爆索网路时，防止导爆索折角，并尽量避免交叉。

（4）搭接导爆索网路时，搭接长度不能小于 150mm，并要捆扎牢固紧密，支索传爆方向与干索爆轰波方向的夹角不大于 90°，环形网路中，支、干索之间要用三角形连接。

（5）为了防止炮孔引索跌入炮孔内，露出炮孔的索头不能低于 0.5m，填塞炮孔时，要用石头把索头压住。

（6）同一导爆索网路中，应使用同批次的导爆索，以避免导爆索由于起爆力、感度、爆速的差别而发生拒爆现象。

（7）切割导爆索只能用锋利的小刀，不能用剪刀，切割导爆索前应当细心检查，对质量有怀疑的段应当切掉，切掉的废料集中作销毁处理。

（8）禁止撞击、抛掷、践踏或向整卷导爆索上投掷任何物体，也不能用明火企图去点燃导爆索药芯，以免引起爆炸。

3.2 起爆网路

在工程爆破中，为了使工业炸药起爆，必须由外界给炸药局部施加一定的起爆能量。根据施加能量的方法不同，起爆方法大致可分为下列三类：

（1）非电起爆法：即采用电以外的能量来激发雷管引起工业炸药爆炸。属于这类起爆方法的有导爆索起爆法和导爆管起爆法。

（2）电起爆法：即采用电能来激发雷管起爆工业炸药。如工程爆破中广泛使用各种电雷管的起爆方法。

（3）其他起爆法：如水下超声波起爆法、电磁波起爆法和电磁感应起爆法等。

上述前两类起爆法是目前在水利水电工程爆破中使用最广泛的起爆方法。

在水利水电工程爆破中究竟选用哪一种起爆方法好，应根据环境条件、爆破规模、经济技术效果、是否安全可靠以及工人掌握起爆操作技术的熟练程度来确定。例如，对大规模爆破深孔爆破和一次起爆数量较多的炮孔爆破，应采用导爆管雷管和导爆索起爆；对比较重要的爆破，如水下岩塞爆破和大型围堰拆除爆破，应采用电子雷管、高精度导爆管雷管和导爆索起爆。

3.2.1　电起爆网路

3.2.1.1　普通电雷管起爆网路

电起爆网路由电雷管、导线、起爆电源和测量仪表四部分组成。电爆网路的连接方式有串联电起爆网路、并联电起爆网路及串并联混合电起爆网路，各种普通电雷管起爆网路均需要计算网路的总电阻以及流经每个雷管的电流，计算出来的流经每个电雷管的电流值满足要求，方能联网进行起爆。

普通电雷管起爆网路在 20 世纪 60—70 年代广泛地应用于各类爆破中。由于 70 年代末 80 年代初导爆管雷管的出现，其网路连接方便、可靠，简单易行，逐步淘汰了普通电雷管。目前，水利水电工程爆破中已不再使用普通电雷管起爆网路。

3.2.1.2　工业电子雷管起爆网路

1. 工业电子雷管起爆系统的组成

工业电子雷管起爆系统主要由工业电子雷管和起爆器组成，应用编码器还会更便于联网工作，也有利于在大型起爆网路中实现级联模式。工业电子雷管在我国还属于方兴未艾的产品，产品的生产厂家不同，其功能和操作也有区别，以下是国际上比较通用的产品应用方式。

（1）编码器。编码器的功能，是在爆破现场对每发雷管设定所需的延期时间。具体操作方法是，首先将雷管脚线接到编码器上，编码器会立即读出对应该发雷管的 UID 码，然后，爆破技术员按设计要求，用编码器向该发雷管发送并设定所需的延期时间。

编码器首先记录雷管在起爆回路中的位置，然后是其 UID 码。在检测雷管 UID 码时，编码器还会对相邻雷管之间的连接、支路与起爆回路的连接、雷管的电子性能、雷管脚线短路或漏电与否等技术情况予以检测。对网路中每发雷管的这些检测工作只需 1s，如果雷管本身及其在网路中的连接情况正常，编码器就会提示操作员为该发雷管设定起爆延期时间。

（2）起爆器。电子起爆系统中的起爆器，控制整个爆破网路编程与触发起爆。起爆器的控制逻辑比编码器高一个级别，即起爆器能够触发编码器，但编码器却不能触发起爆器，起爆网路编程与触发起爆所必需的程序命令设置在起爆器内。

起爆器通过双绞线与编码器连接，编码器放在距爆区较近的位置，爆破员在距爆区安全距离处对起爆器进行编程，然后触发整个爆破网路。起爆器会自动识别所连接的编码器，首先将它们从休眠状态唤醒，然后分别对各个编码器及编码器回路的雷管进行检查。起爆器从编码器上读取整个网路中的雷管数据，再次检查整个起爆网路，起爆器可以检查出每只雷管可能出现的任何错误，如雷管脚线短路，雷管与编码器正确连接与否。起爆器将检测出的网路错误存入文件并打印出来，帮助爆破员找出错误原因和发生错误的位置。

只有当编码器与起爆器组成的系统没有任何错误，且由爆破员按下相应按钮对其确认后，起爆器才能触发整个起爆网路。电子雷管起爆系统的典型结构如图 3.2-1 所示。

2. 工业电子雷管及其起爆系统的安全性

工业电子雷管用户目前普遍关心的仍然是安全问题。工业电子雷管本身的安全性，主要决定于它的发火延时电路。就点燃雷管内引火头的技术安全性来说，传统延期雷管靠简

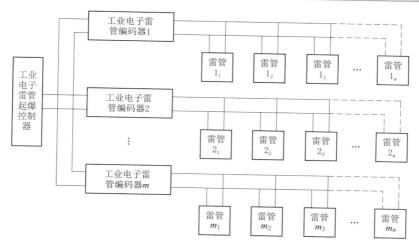

图 3.2-1 工业电子雷管起爆系统的典型结构图

单的电阻丝通电点燃引火头，而工业电子雷管的引火头点燃，通常除靠电阻、电容、晶体管等传统元件外，关键是还有一块控制这些元件工作的可编程电子芯片。如果用数字 1 来表征传统电阻丝的点火安全度，则电子点火芯片的点火安全度为 100000。

与传统电雷管比较，工业电子雷管除受电控制外，还受到一个微型控制器的控制，且在起爆网路中该微型控制器只接受起爆器发送的数字信号。

工业电子雷管极其起爆系统的设计，引入了专用软件，其发火体系是可检测的。雷管的发火动作也是完全以软件为基础。在雷管制造过程中，每发雷管的元器件都要经过检验，检验时，施加于每个器件上的检验电压均高于实际应用中编码器的输出电压。通不过检验的器件，不能用于生产雷管。此外，还要对总成的工业电子雷管进行 600V 交流电、30000V 静电和 50V 直流电试验。

电子起爆系统服从"本质安全"概念。除上述工业电子雷管的本质安全性外，系统中的编码器同样具有良好的安全性，编码器只是用来读取数据，因此它的工作电压和电流很小，不会出现导致雷管引火头误发火的电脉冲，即使不慎将传统的电雷管接在编码器上，也不会触发雷管发火。此外，编码器的软件不含任何雷管发火的必要命令，这意味着即使编码器出现错误，在炮孔外面的编码器或其他装置也不会使雷管发火。

在网路中，编码器还具备测试与分析功能，可以对雷管和起爆回路的性能进行连续检测，会自动识别线路中的短路情况和对安全发火构成威胁的漏电（断路）情况，自动监测正常雷管和缺陷雷管的 UID 码，并在显示屏上将每个错误告知其使用者。在测试中，一旦某只雷管出现差错，编码器会将这只雷管的 UID 码、它在起爆回路中的位置和它的错误类别告诉使用者。只有使用者对错误予以纠正且在编码器上得到确认后，整个起爆回路才可能被触发。

在工业电子雷管起爆网路中，雷管需要复合数字信号才能组网和发火，而产生这些信号所需要的编程在起爆器内。经计算，杂散电流误触工业电子雷管发火程序的概率是 1/16 万亿。

3. 工业电子雷管起爆网路在水利水电工程中的应用

工业电子雷管的起爆控制系统由于本身负载能力的限制，安全性的考虑，根据电子起爆系统中接入雷管的数量的不同分为小规模起爆和大规模起爆两种不同的起爆系统。

工业电子雷管优缺点：通过集成电路块取代了传统延期药，实现了精确延期，有利于控制爆破效应；提高了雷管生产、运输、使用的技术安全性；可实现雷管的信息化管理，但是电子雷管的成本太高，与塑料导爆管雷管相比，还缺乏经济竞争力，大量使用还有待于成本的降价。目前，在水利水电工程爆破中仅在某些重要工程的重点部位进行使用，例如三峡三期 RCC 围堰爆破拆除工程、长甸改造工程进水口岩塞爆破工程、刘家峡洮河口排沙洞岩塞爆破工程、杨房沟水电站拱肩槽有地质缺陷部位开挖爆破等。

随着工业电子雷管技术的发展，工业电子雷管的制造成本将会逐步降低，加上公安部门从反恐和维护社会公共安全方面提出了加速推广应用工业电子雷管的需求，3～5 年之内，工业电子雷管将实现全面推广应用。

3.2.2　非电起爆网路

3.2.2.1　导爆索起爆网路

导爆索起爆法，是利用导爆索爆炸时产生的能量去引爆炸药的一种方法，但导爆索本身需要先用雷管将其引爆。由于在爆破作业中，从装药、填塞到连线等施工程序上都没有雷管，而是在一切准备就绪，实施爆破之前才接上起爆雷管，因此，施工的安全性要比其他方法好。

此外，导爆索起爆法还有操作简单，容易掌握，节省雷管，不受杂散电流影响，在炮孔内实施间隔装药简单等优点，因而在水利水电工程爆破中广泛采用。

1. 起爆药包的加工

使用导爆索制作起爆药包，可把导爆索放置于药卷内部或沿药卷外部与之紧密接触即可。常见的导爆索起爆药包形式如图 3.2-2 所示。

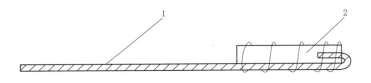

图 3.2-2　导爆索起爆药包示意图
1—导爆索；2—炸药

2. 导爆索的连接方式

在导爆索网路的连接中，支线的端头必须朝着主干线的传爆方向，其间夹角不得小于90°。否则，由于主干线爆炸产生的爆炸力、碎屑和其他发射物，在爆轰波通过连接点到达支线之前，先把支线炸断。如图 3.2-3 所示，支线与主干线的连接一般采用搭接法，搭接时，两根导爆索重叠的长度不得小于 15cm，中间不得加有异物和炸药卷，捆绑应牢固；导爆索本身的接长，可采用扭结或水手结；为使支线导爆索可同时接受两个方向传来的爆轰波，支线与主干线必须采用三角形连接法。

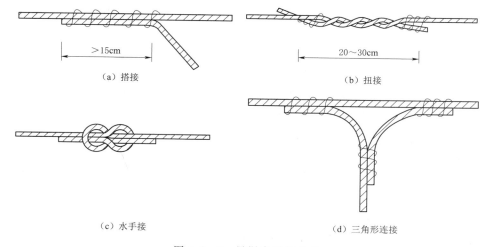

（a）搭接 （b）扭接

（c）水手接 （d）三角形连接

图 3.2-3　导爆索连接方式

3. 导爆索的起爆

因为导爆索本身需要先用雷管将其起爆，为了起爆可靠，应采用两个雷管。雷管与导爆索连接时，应将两个雷管顺着导爆索并排放置，且让雷管的聚能穴端朝着导爆索的传爆方向，然后用胶布将它们牢固地绑捆起来，以确保雷管与导爆索之间紧密接触。为了防止同雷管连接的导爆索一端受潮，起爆导爆索的雷管应绑紧在距导爆索端部 15cm 处，如图 3.2-4（a）所示。

作为一种附加的安全措施，可将雷管与一根长 45～50cm 的导爆索尾线连接，在进行起爆准备工作时，这个已连好雷管的导爆索尾线，必须放在远离主干线的适当位置。只有当一切与爆破无关的人员撤离爆破区之后，才能用水手结的连接方式，把已连好雷管的导爆索尾线连接到主干线上，如图 3.2-4（b）所示。

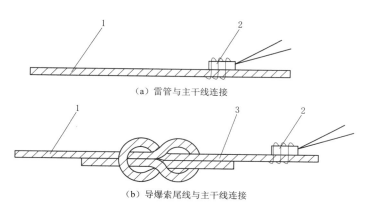

（a）雷管与主干线连接

（b）导爆索尾线与主干线连接

图 3.2-4　导爆索起爆的连接方式
1—导爆索主干线；2—雷管；3—导爆索尾线

4. 导爆索起爆网路在水利水电工程中的应用

目前，在水利水电工程爆破中很少单独使用导爆索起爆网路，大多数情况都是与导爆管起爆网路或电子雷管起爆网路一起使用，其中导爆索起爆网路适用于深孔、洞室、预裂和光面爆破中。

人们常利用导爆索爆速高的特性，在深孔内用导爆索起爆爆速较低的铵油炸药或重铵油炸药，孔外则采用导爆管起爆网路实现微差爆破。

在洞室爆破中导爆索起爆网路一般作为辅助起爆网路使用：在同一药室的主起爆体和副起爆体之间，或同时起爆的不同药室的起爆体之间用导爆索串联，可以保证药室的准爆性能。另外在实现硐室爆破微差起爆时也可以采取在导硐内由导爆索起爆不同段别的导爆管雷管的起爆网路。

光面爆破与预裂爆破一般采用普通药卷进行间隔装药的减弱装药结构，导爆索起爆网路可以将这些间隔的药卷连接起来实现同时起爆。

3.2.2.2　导爆管起爆网路

导爆管起爆网路由击发元件、传爆元件和起爆元件组成。网路中的击发元件是用来击发导爆管的，有击发枪、电容击发器、普通雷管和导爆索等。传爆元件可以采用导爆管、导爆索、非电传爆雷管等；起爆元件可以由雷管或导爆索构成。

导爆管起爆网路的传爆形式有两种：一种是顺序式（接力）的，即从前往后按网路节点（传爆节点）逐步传递下去，可以是一条传爆线路，也可以出现多条传爆支路，但传爆过程是不可逆的，只能是前一级节点向后一级节点或上一级节点向下一级节点传爆，反之则不行；另一种是回路式的，传爆节点形成回路，每一个节点都可能向相邻的节点传爆。水利水电工程爆破中多采用接力式的导爆管起爆网路。

1. 导爆管起爆网路的基本连接方式

（1）簇联。网路连接多采用"一把抓"的方法，也称"簇联"。将导爆管沿雷管径向用胶布、聚丙烯塑料带等捆扎材料均匀绑在雷管管体的主装药部位。捆扎前应采取防止雷管射流和飞片击伤导爆管的措施，一般可用胶布或聚丙烯塑料带将雷管聚能穴部位包住，并尽可能将导爆管分开，如图3.2-5所示。

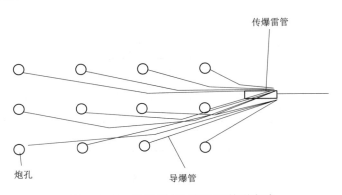

图3.2-5　导爆管起爆网路的簇联方式

簇联作为微差起爆网路中的一个主要环节较多地被采用，例如把从几个炮孔或几个药包中引出的导爆管绑扎在孔（洞）外雷管的四周，然后再把孔（洞）外雷管串联在一起。

（2）串联。即接力式连接，如图3.2-6所示。它是将传爆雷管依序串联在传爆干线上，当炮孔中的起爆雷管都为同一段别时，炮孔内的炸药就按传爆雷管的延时及其累积值依序间隔爆破，从而达到延时起爆的目的。但是，如果在网路设计中仅采用单一的接力连接，那么，一旦因某种偶然因素影响造成传爆干线在某处被切断，则导致了整个起爆网路的传爆过程中断。因此，在网路设计中，必须合理地进行接力式的连接设计。

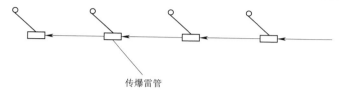

传爆雷管

图 3.2－6　导爆管起爆网路的串联方式

对于控制爆破，当采取孔（洞）外微差起爆时，把几个炮孔或几个药包分成一组，在孔（洞）外把每一组从炮孔（药包）中引出导爆管绑扎在一定段别毫秒雷管上，然后把孔（洞）外已绑扎好的毫秒雷管串联在一起组成串联网路。

（3）交叉搭接连接。即在两组以上单一串联网路之间的合适位置利用传爆雷管进行搭接，如图 3.2－7 所示。交叉搭接连接具有双重作用：一是提高了整个起爆网路的可靠度；二是实现了起爆网路排间时差阶段同步，可以避免前、后排爆破发生重、串段现象。

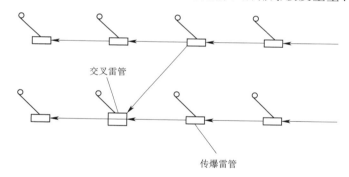

交叉雷管

传爆雷管

图 3.2－7　导爆管起爆网路的交叉搭接连接方式

（4）复式连接。即在每个炮孔（药室）内布置两发起爆雷管，这两发起爆雷管分别由来自两个传爆干线上的传爆雷管引爆，如图 3.2－8 所示。

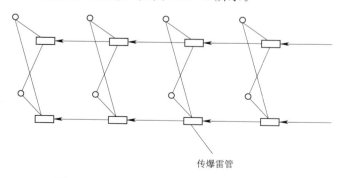

传爆雷管

图 3.2－8　导爆管起爆网路的复式连接方式

（5）并联。为提高网路的可靠度，炮孔内起爆雷管及孔外传爆雷管均采用两发以上并在一处捆绑。此时，只要其中任一发雷管起爆，则全部传爆雷管或起爆雷管均被引爆。

2. 微差导爆管起爆网路

在水利水电工程爆破中，毫秒延期微差导爆管起爆网路形式多种多样，都是通过使用毫秒延期塑料导爆管雷管实现微差爆破，根据簇联、串联、并联、交叉搭接、复式连接这5 重基本连接形式，进行灵活、巧妙的组合来构成。一般分为孔内延时微差起爆网路、孔外延时微差起爆网路和孔内及孔外两者组合的延时微差起爆网路。

（1）孔内延时微差起爆网路。在这种网路中传爆雷管（传爆元件）全用瞬发塑料导爆管雷管（MS1 段），而装入炮孔内的起爆雷管（起爆元件）是根据实际需要使用不同段别（MS2～MS15 段）的毫秒延期塑料导爆管雷管。当干线导爆管被击发后，干线上各传爆瞬发非电雷管顺序爆炸，相继引爆各炮孔中的起爆元件，通过孔内各起爆雷管的延期后，实现微差爆破，如图 3.2 - 9 所示。

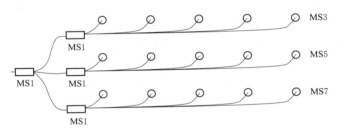

图 3.2 - 9　孔内延时微差起爆网路

（2）孔外延时微差起爆网路。在这种网路中，炮孔内的起爆毫秒延期塑料导爆管雷管都为同一段别，通过在孔外的传爆雷管串、并联及搭接，就构成了孔外延时微差起爆网路。在水利水电工程爆破中，孔外延时微差起爆网路中孔内的起爆雷管一般采用高段别（MS11～MS15 段）毫秒延期塑料导爆管雷管，孔外传爆雷管一般采用低段别（MS2～MS5 段）毫秒延期塑料导爆管雷管。如图 3.2 - 10 所示，图中箭头指向为起爆顺序，A 为孔（段）间延期时间间隔，一般用 MS2 段、MS3 段等；B 为孔（段）间延期时间间隔，一般用 MS4 段、MS5 段等。

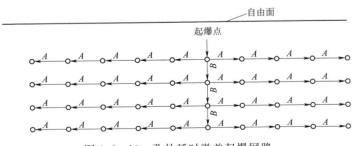

图 3.2 - 10　孔外延时微差起爆网路

（3）同孔分段延时微差起爆网路。在水利水电工程深孔梯段爆破中，为了控制爆破振动，保障爆破效果，采用分段装药的装药结构，如图 3.2 - 11 所示，形成同孔分段延时微

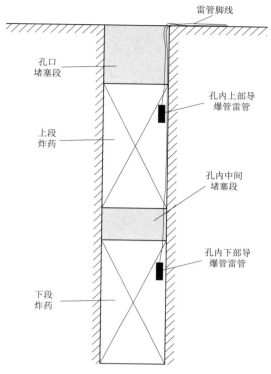

图 3.2-11 孔内分两段微差爆破的装药结构

差起爆网路。

一般孔内下段炸药用高段别导爆管雷管（MS13、MS15），孔内上段炸药用较低段别导爆管雷管（MS11、MS13）；或孔内上、下段炸药用同一段别导爆管雷管，然后孔外采用低段别雷管分段，从而完成同孔内微差爆破。依同理，同孔内还可设计更多段进行微差爆破，但在具体设计时，必须注意以下两点：

1）孔内中间填塞段长度不得小于炸药的殉爆距离，一般填塞长度取 1m 即可满足要求。

2）孔内采用不同段别导爆管雷管时，上段炸药的导爆管雷管段别应低于下段炸药的雷管；采用同段别导爆管雷管时，上、下段炸药的导爆管雷管脚线应做好标记，采用低段别导爆管雷管进行间隔，保证上段炸药先于下段炸药起爆。

（4）高精度导爆管雷管逐孔起爆网路。逐孔起爆网路是指爆区内处于同一排的炮孔按照设计好的延期时间从起爆点依此起爆，同时，爆区排间炮孔按另一延期时间依次向后排传爆，从而使爆区内相邻炮孔的起爆时间错开。逐孔起爆网路的特点是：先爆炮孔为后爆炮孔多创造一个自由面；爆炸应力波靠自由面充分反射，岩石加强破碎；相邻孔爆破相互碰撞、挤压，增强岩石二次破碎；同段起爆药量小，可减小爆破振动。

典型高精度导爆管雷管逐孔起爆网路如图 3.2-12 所示，其敷设方法为：孔内同段，地表分段。例如，图 3.2-12 中孔内均采用 400ms，孔外分别采用 9ms、17ms 和 42ms 延时。

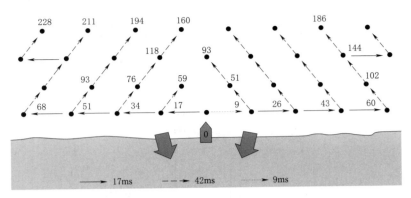

图 3.2 - 12　高精度导爆管雷管逐孔起爆网路

3. 接力式导爆管起爆网路的可靠度评估

网路设计的可靠度 R_d 可以用网路的准爆率来衡量。设单个导爆管雷管的准爆率为 p，则其拒爆的概率为 $(1-p)$。有 n 个导爆管传爆雷管组成的簇联节点其拒爆概率为 $(1-p)^n$，即当簇联雷管数为 n 时，网路的准爆率为

$$p_1 = 1 - (1-p)^n \tag{3.2-1}$$

根据贝叶斯估计法，拒爆率 $\overline{p}$ 为

$$\overline{p} = \frac{1+\mu}{n+2} \tag{3.2-2}$$

式中　μ——所抽查的 n 个雷管中拒爆的个数。

依据导爆管雷管质量检查标准中抽样检查实施方案，导爆管雷管起爆能力按 B 类不合格进行逐批检验，抽样 20 发如有一发拒爆，再抽样 20 发检查，全部合格，则接受该批样本。也就是说，抽检 40 个样本，有 1 个雷管拒爆，也能视为合格。则准爆率的估计值为

$$\hat{p} = 1 - \overline{p} = 1 - 2/42 = 0.95238 \tag{3.2-3}$$

（1）串联系统。所谓串联系统是指将 n 个元件（或分系统）串联起来的系统，如图 3.2 - 13 所示。在该系统中，只要第 i 个（任意一个）元件失效，则在第 i 个分系统以后所有元件均已失效，也即整个串联系统失效。

图 3.2 - 13　串联系统

简单的串联系统的设计可靠度是各个分系统的可靠度乘积：

$$R_d = \prod_{i=1}^{n} R_i \tag{3.2-4}$$

式中　R_d——系统的设计可靠度；

R_i——第 i 个分系统的可靠度。

由于 R_i 小于 1，因此 $R_d < R_i$，即串联系统的可靠度总是小于各个分系统可靠度的。同时，随着串联分系统的个数 n 增多，系统总的可靠度下降得越多。

（2）并联系统。由 n 个分系统并联在一起，只有在所有的分系统都失效时，它才会总失效的系统，如图 3.2-14 所示。

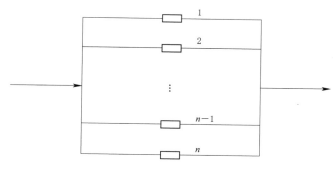

图 3.2-14 并联系统

并联系统中只要有一个分系统是好的，系统就是好的，其可靠度为

$$R_d = 1 - \prod_{i=1}^{n}(1 - R_i) \tag{3.2-5}$$

因为 $1 - R_i < 1$，所以在并联系统中，随着并联分系统数目的增多，系统的可靠度较单个分系统的可靠度大得多。

（3）串并混联系统。由并联分系统和串联分系统相互混合连接构成的系统，称为串并混联系统。它的可靠度为串联（即并）和并联（即交）的可靠度的组合。

若串联网路中共有 m 个节点，每个节点均由 n 个雷管并联组成，则此线路中最后一节点的准爆率定义为该网路的准爆率，用 p_m 表示，显然有

$$p_m = p_n^m = [1 - (1 - p)^n]^m \tag{3.2-6}$$

例如，如果接力网路用的是单发传爆雷管，则 $n=1$，即前面提到的串联系统；若每个节点由 2 个导爆管雷管并联组成即前面提到的导爆管复式连接（串并混联系统），则 $n=2$；这两种起爆网路在不同节点数时的准爆率 p_m 可由式（3.2-6）计算，结果见表 3.2-1。

表 3.2-1　　　　　不同节点数接力网路的准爆率 p_m

m	1	2	4	8	15	20	25
单发接力网路	0.95238	0.90703	0.82270	0.67683	0.48101	0.37688	0.29530
复式接力网路	0.99773	0.99547	0.99096	0.98200	0.96652	0.95571	0.94482

4. 提高导爆管起爆网路可靠度的技术措施

（1）传爆雷管采用双发复式连接。由式（3.2-6）可知，p 值由生产厂家的工艺水平

确定，在网路设计时取为定值。因此，欲使 R_d 提高，就必须增大 n（即应采取合理的并联贮备）。图 3.2-15 为 n 取不同值时的 R_d-K 曲线。一般我们在进行常规深孔梯段孔间微差爆破非电网路设计时，常取 $n=2$，同时还采用了其他一些辅助措施，例如敷设导爆索。

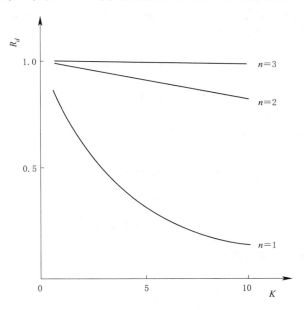

图 3.2-15　不同 n 值时的 R_d-K 曲线

（2）采用排间传爆雷管搭接。

（3）采用复式交叉网路。所谓复式交叉网路是指对于同一排炮孔采用两条接力传爆干线传爆，同时在该两条支路上对应的传爆结点处进行交叉搭接的非电接力式起爆网路。

5. 导爆管起爆法的评价

（1）优点。操作简单轻便，使用安全、准确、可靠；能抗杂散电流、静电和雷电；原料是塑料，金属和棉纱的用量少；导爆管运输安全。

（2）缺点。不能用仪表检测网路连接质量；爆炸时产生冲击波，不适用于有瓦斯与矿尘爆炸危险的矿山。

3.2.2.3　导爆索导爆管雷管混合起爆网路

导爆管与导爆索混合起爆网路，其网路可靠，可实现微差起爆，连接简单，且安全性好；其主要缺点是成本高，不适用于总延时很大的微差起爆网路，在露天爆破时噪声大。

在导爆索导爆管雷管混合起爆网路中，导爆索往往是作为辅助起爆网路与导爆管起爆网路配合使用。

1. 导爆管雷管-导爆索混合起爆网路

以导爆管雷管作为传爆干线，把塑料导爆管雷管直接连接在按预定时间间隔实行顺序起爆的各个炮孔或各组炮孔之间的支干线上，组成塑料导爆管雷管-导爆索混合微差起爆网路，如图 3.2-16 所示。当用导爆管雷管起爆导爆索时，必须注意起爆雷管的方向性。

2. 导爆索-导爆管雷管混合起爆网路

以导爆索作为传爆干线，把导爆索直接连接到各炮孔内的延期非电塑料导爆管雷管，

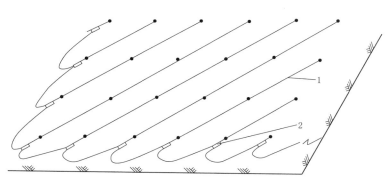

图 3.2 - 16　导爆管雷管-导爆索混合起爆网路
1—导爆索；2—导爆管雷管

组成导爆索-导爆管雷管混合起爆网路，如图 3.2 - 17 所示。采用导爆索引爆导爆管网路可以避免导爆索网路中不能使用孔内延时爆破的缺点，又使导爆管网路的工作面混乱的局面得到根本的改善。导爆索与导爆管应垂直连接，连接形式可采用 T 形结或绕结。

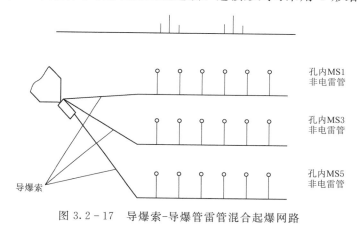

图 3.2 - 17　导爆索-导爆管雷管混合起爆网路

3.2.3　电-非电复合起爆网路

目前，水利水电工程爆破中已不再使用电雷管起爆网路。在以导爆管雷管起爆网路为主的电雷管-导爆管复合起爆网路中，电雷管只用于起爆，利用电力起爆网路可以实现远距离起爆，准确控制起爆时间的特点。随着起爆器材的技术革新，在一些重要的水利水电工程爆破中开始采用电子雷管和非电高精度导爆管雷管的复合起爆网路。

高精度非电复式起爆系统尽管在国内已经有非常成功的应用经验，其精度和可靠性已经得到了充分的验证，但该系统和一般非电起爆系统都有一个共同的缺陷，就是网路连接完成后，无法进行逐孔的整体校验，只能通过地表的外观检查来确定是否安全。而电子雷管起爆系统在完成联网以后，可以在电脑系统中进行逐孔的校验，即在全部工作完成后，起爆前还可以对起爆网路进行检查。但电子雷管起爆系统在有水有压的复杂情况下，起爆可靠性也会相应降低。

为了克服上述两种系统的各自缺陷，充分发挥各自的优势和特性，以保证网路的安全可靠性，在水利水电工程的关键部位进行爆破作业时，例如，水下岩塞爆破，考虑到工程的重要性，必须确保起爆系统100％的可靠，多采用电-非电复合起爆网路（电子雷管起爆网路和非电高精度导爆管起爆网路两套系统复合）。下文将以水下岩塞爆破为例，简单介绍电-非电复合起爆网路设计。

（1）高精度雷管起爆网路。首先根据工程特性，孔内选择大延时的高精度导爆管雷管，如延期时间600ms、800ms、1000ms等；排（圈）间选用中等延时的高精度导爆管雷管，如延期时间65ms、100ms等；段（孔）间选用小延时的高精度导爆管雷管，如延期时间9ms、17ms等。然后在高精度起爆网路的起爆线处用定制的长脚线小延时的高精度导爆管雷管2发一并接力连接作为非电起爆系统的总起爆线。

（2）电子雷管起爆网路。首先根据非电高精度雷管的起爆网路延时对应设置孔内电子雷管的延期时间，确保电子雷管起爆网路与非电高精度起爆网路一致，然后在高精度起爆网路的起爆线处连接2发电子雷管，其延期时间与长脚线小延时的高精度导爆管雷管相同，最后将电子雷管进行组网连接。

（3）电-非电复合起爆网路。首先将非电高精度导爆管雷管起爆网路的总起爆线和电子雷管起爆网路信号传输线引到洞外，然后在洞外的非电高精度雷管的脚线上连接两发电子雷管，将这两发电子雷管进行组网连接，其延期时间与长脚线小延时的高精度导爆管雷管相同，组成最终的电-非电复合起爆网路，由电子雷管起爆器统一管理起爆。

3.3　爆破器材试验及起爆网路试验

3.3.1　工业炸药性能试验

工业炸药在储存期间，常因温度、湿度以及其他环境因素的变化导致炸药变质。根据《爆破安全规程》（GB 6722—2014）的有关规定，爆破工程使用的工业炸药应做现场检测，检测合格后方可使用。水利水电工程爆破现场对使用的炸药进行质量检测最常用的是殉爆试验、爆破漏斗试验、连续爆轰试验及爆速测试，对炸药性能有特殊要求的水利水电工程爆破，还会对炸药的密度、猛度以及抗水性进行检测试验。

1. 密度测试

工业炸药（药卷）的密度测定方法有：天平量筒法、密度杯法、直接测量法和排水法，水利水电工程爆破中通常采用直接测量法和排水法测试药卷密度。

（1）直接测量法。取药卷试样，称其质量，精确至0.1g；并用直尺测量药卷长度，精确至1mm；再测量药卷周长，精确至1mm。药卷密度计算如下：

$$\rho = \frac{4\pi m}{C^2 L} \qquad\qquad (3.3-1)$$

式中　ρ——药卷密度，g/cm^3；

　　　m——药卷质量，g；

C——药卷周长，cm；

L——药卷长度，cm；

π——圆周率。

（2）排水法。取药卷试样，采用电子静水力天平称其在空气中的质量 m_1，然后将称重后的样品浸入水中，称其质量 m_2，则药卷密度计算如下：

$$\rho = \frac{m_1}{m_1 - m_2} \rho_w \qquad (3.3-2)$$

式中　ρ——药卷密度，g/cm^3；

$\quad\quad m_1$——药卷空气中质量，g；

$\quad\quad m_2$——药卷水中质量，g；

$\quad\quad \rho_w$——水的密度，一般取 $1.0g/cm^3$。

2. 猛度测试

工业炸药的猛度测定方法有铅柱压缩法、铜柱压缩法、平板炸孔试验和猛度弹道摆试验，水利水电工程爆破中通常采用铅柱压缩法测试炸药猛度。

铅柱压缩法又称黑斯猛度试验法，于 1876 年提出。方法要求在规定参量（质量、密度和几何尺寸）条件下，炸药装药爆炸对铅柱进行压缩，以压缩值来衡量炸药的猛度。试验装置如图 3.3-1 所示。

在铅柱一端面处，经过圆心用铅笔轻轻画十字线，端点编号。在十字线上距交点 10mm 处再轻轻画上交叉短线，用游标卡尺沿十字线依次测量。测量时游标卡尺端部应伸到交叉短线处。取 4 个测量值的算术平均值作为试验前铅柱高度的平均值，用 h_0 表示，精确至 0.02mm。在钢底座基础上，依次放置铅柱（画线端面朝下）、钢片、试验用样品装药，使系统在同一轴线上。用绳将装置系统固定在钢底座上。取出炸药装药中心的雷管壳，换成雷管。检查无误后，然后连接起爆线、起爆。爆炸后，擦拭试验后铅柱

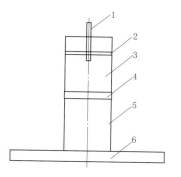

图 3.3-1　试验装置图
1—雷管；2—带孔圆纸板；3—炸药；4—钢片；5—铅柱；6—钢底座

上的脏物，卡尺依次测量 4 个点的高度，取算术平均值作为试验后铅柱高度的平均值，用 h_1 表示，精确至 0.02mm。铅柱压缩值为

$$\Delta h = h_0 - h_1 \qquad (3.3-3)$$

式中　Δh——铅柱压缩值，mm；

$\quad\quad h_0$——爆前铅柱高度的平均值，mm；

$\quad\quad h_1$——爆后铅柱高度的平均值，mm。

每次试样做两个平行样，进行平行试验。对于粉状混合炸药，其平行试验的压缩值相差不得大于 1.0mm，对其他物理状态的混合炸药，其平行试验的压缩值相差不得大于 2.0mm。若平行试验超差，允许重新取样，再做 2 个平行试验，按上述规定执行。若仍超差，则为不合格，应查找原因。对于合格的试样，然后再取平行试验的算术平均值，精

确至 0.1mm，该值即为试样的铅柱压缩值，也称之为猛度。

3. 爆速测试

工业炸药的爆速测定方法有：测时仪法（爆速仪）、光学法（高速摄影法）、导爆索法以及示波器法，水利水电工程爆破中通常采用测时仪法测试炸药爆速，也可采用导爆索法测试炸药爆速。

（1）导爆索法。将被测炸药装在某一直径（雷管敏感炸药：如乳化炸药、岩石硝铵类炸药为 25～40mm；非雷管敏感炸药：混装炸药车现场加工的乳化炸药或铵油炸药为 60～110mm）和长度（雷管敏感炸药为 500～800mm，非雷管敏感炸药为 800～1500mm）的钢（塑料）管或纸筒中，两端封闭，仅一端留一小孔插入雷管。如图 3.3-2 所示，在药卷外壳上留 2 个（编号 A、B）间距为 200mm（雷管敏感炸药）或 400mm（雷管不敏感炸药）的小孔插入导爆索。将一长度为 1～2.5m 的标准导爆索固定在铅板上，使导爆索的中点对准铅板上的 C 处刻线，然后引爆雷管。传爆过程：当爆轰波传到 A 点时，分成两路传爆，一路由 A 点经导爆索 AC 段向前传爆，另一路由 A 点经炸药 AB 段传入导爆索 BC 段，两个方向的爆轰波在 K 处相遇，留下显著的爆痕，爆炸后测量 CK 间的距离 h。按下式计算被测炸药爆速：

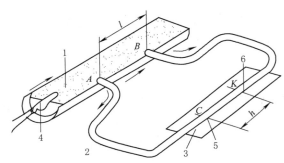

图 3.3-2　导爆索法测爆速示意图

1—被测炸药；2—导爆索；3—铅（或铝）板；
4—导雷管；5—中点；6—相遇点

$$D = \frac{D_0 l}{2h} \tag{3.3-4}$$

式中　D——被测炸药爆速，m/s；

　　　D_0——标准导爆索爆速，m/s；

　　　l——插入导爆索的两孔间距，m；

　　　h——导爆索中点至显著爆痕点 K 的距离，m。

（2）单段爆速仪法。用单段爆速仪直接记录爆轰波在药卷中两点间的传播时间，来计算出炸药爆速。单段爆速仪测试系统示意图如图 3.3-3 所示，这种方法的基本原理是利用炸药爆轰波阵面的电离导电特性或压力突变，测定波阵面依次通过药柱各探针所需的时间从而求得平均速度。用单段爆速仪测出由安装在炸药两端的一对探针（传感元件）给出的两个信号之间的时间间隔 t，便可求得待测炸药的平均爆速。

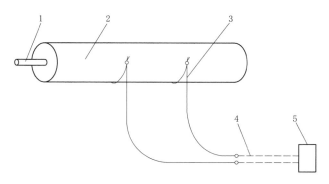

图 3.3－3　单段爆速仪测试系统示意图

1—被测炸药；2—雷管；3—探针；4—母线；5—单段爆速仪

　　测试时，一般采用漆包线制作成探针，插入药卷，并且固定在试样上。安装好后，两引出线应在电性能上保持断开状态。取探针间距 L，靠近起爆端的测点距离应不小于 60mm，靠近末端的测点距离应不小于 20mm。爆速仪处于待测状态，再起爆，记下仪器测得的资料，然后按式（3.3－5）计算被测炸药的平均爆速：

$$D = \frac{L}{t} \times 10^3$$

（3.3－5）

式中　D——被测炸药爆速，m/s；

　　　L——两探针的间距，mm；

　　　t——单段爆速仪显示时间，μs。

　　（3）连续爆速仪法。爆速测试时，将探头电缆（探针杆）插入炸药试样或炮孔药柱中，当药卷从一端起爆时，在高温高压作用下，原处于短路状态的探头电缆（探头杆）被炸断变成断路，而爆轰波阵面的电离现象使探头电缆（探头杆）的电阻丝和外层导体（线）之间又发生导通，随着探头电缆（探头杆）前侧炸药起爆过程的进行，探头电缆（探头杆）将会随之被消损；随着探头电缆（探头杆）长度的减短，其电阻随之减小，探头电缆端电压相应减小。如果测定了电阻的时间变化，就可以连续测定爆轰波的推进时间和距离，即爆速的变化，也就可以连续测定炸药爆轰状态的变化，炸药连续爆速测试示意如图 3.3－4 所示。

　　连续爆速仪可以自动记录探头端电压随探头消损而下降的过程。使用分析软件将上述记录数据转换成距离随时间变化的散点图，图中任意两点间的斜率就是这两点间的爆速值。根据连续爆速仪所得数据，可得到炸药在孔内爆轰的传爆过程曲线图，不但可测定炸药的平均爆速，还可测得炸药在爆轰过程中的任一瞬时爆速，从而更直观地反映出孔内炸药连续爆速变化的情况。

　　4. 殉爆距离试验

　　在水利水电爆破工程中，炸药的殉爆性能指标对于确定间隔装药的间隔长度，盲炮处理的补孔距离和合理的孔网参数都具有指导意义。殉爆距离表示了炸药的殉爆能力，是检验产品质量好坏的主要标志之一。在炸药品种、药卷直径、药量、约束条件、爆轰传递方向等条件给定后，殉爆距离既反映了被发药卷的冲击波感度，又反映了主发药卷的引爆能力。

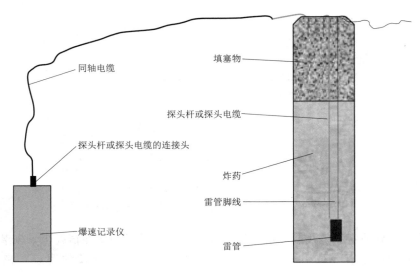

图 3.3 - 4　炸药连续爆速测试示意图

　　工程中常采用下述方法进行殉爆距离测试：找一沙土地面，先将其捣固，然后用与药卷直径相同的木棒在地面上压出一半圆槽，将两药卷放入槽内，药卷中心在一直线上，将先爆药卷（称作主发药卷）的聚能穴端与后爆药卷（称作被发药卷）的平面端相对，测量两药卷的距离，如图 3.3 - 5 所示。随后引爆主发药卷，如果被引爆的被发药卷完全爆炸（不留残药和残纸片），则改变两药卷的端部距离，重复试验，直到不殉爆为止。取连续 3 次不发生殉爆的最大距离，作为该炸药的殉爆距离。水利水电爆破工程现场试验一般只进行指定距离的殉爆性能检测，殉爆距离只需不小于 1 倍药径即可。

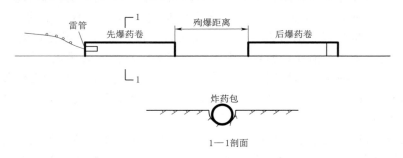

图 3.3 - 5　炸药殉爆距离试验原理示意图

5. 爆力检测（爆破漏斗试验）

　　工业炸药爆力测定方法有：铅铸扩孔法（此法由特劳茨提出，经 1903 年第五次应用化学国际会议讨论，将此法作为测定炸药作功能力的国际标准方法，又称特劳茨试验）、弹道臼炮法、漏斗坑法（爆破漏斗试验）、水下爆炸试验和弹道摆试验，水利水电工程爆破中通常采用漏斗坑法来测爆力。

　　在均匀介质（土壤、沙或岩石）中具有一定深度的孔内装入定量炸药，引爆后可形成一个漏斗形坑。用相同质量被测炸药与参比炸药在同样条件下所形成的漏斗坑的体积比来衡量被测炸药的相对做功能力。例如测试现场使用的乳化炸药的爆力，可选取几组等量的标准炸药（已知其爆力）和乳化炸药进行漏斗试验，分别计算其爆破漏斗的容积，由此来推算被测炸药的爆力。爆破漏斗剖面如图 3.3-6 所示。

爆破漏斗的容积按式（3.3-6）计算：

$$V = \pi r^2 h / 3 \tag{3.3-6}$$

式中　V——爆破漏斗容积，m^3；

　　　r——爆破漏斗平均半径，m；

　　　h——爆破漏斗最大可见深度，m。

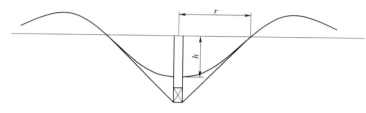

图 3.3-6　爆破漏斗剖面图

6. 连续传爆性能试验

炸药起爆后，爆轰波能以最大的速度稳定传爆的过程，称为理想爆轰。在一定条件下，炸药达不到理想爆轰，但还能以某一定常数稳定传播爆轰的过程，称为稳定传爆。

起爆能的大小不同，炸药爆轰过程中的情况将发生相应的变化。如果起爆能不足，那么产生的冲击波速度低，激不起炸药的化学反应或者激起的炸药化学反应速度低，冲击波传播过程中不能得到足够的能量补充而很快衰减，这种情况下将出现炸药拒爆或爆轰中断现象。工业上广泛使用的低感度混合炸药，很容易受外界条件影响而发生爆速降低和传爆距离减小的现象。

因此，在水利水电工程中，对一些关键部位的深孔爆破，需要对炸药进行连续传爆性能试验。将使用的炸药连续连接 3～5m，将雷管置于炸药的一端，起爆后，做两组试验，炸药完全爆轰，则满足要求。若出现半爆，传爆中断的情况，则炸药的连续爆轰性能不满足要求。

在深孔爆破中采用低感度混合炸药装药时，为保证全部的爆轰和爆破效果，往往在装药的适当位置，安放由感度较高的炸药药包作为中继起爆药包，或采用导爆索。

7. 抗水抗压性能试验

炸药爆炸的性能一般都会受到静水压力和渗流作用的影响，使得炸药爆炸性能下降，甚至出现拒爆现象。在大型水下爆破施工中，从装药到起爆，间隔时间很长，有时长达几十小时，如岩塞爆破由于工序复杂，从装药到起爆一般都长达数天时间。为了保证爆破效果，对炸药的抗水抗压性能就有特殊的要求，因此，需要通过试验对使用炸药的抗水抗压性能进行检验。

所谓抗水性，实际上就是防止和最大限度地减少炸药组分中硝酸铵等可溶性组分在水中的溶解，同时防止外部水分渗入炸药内部，以保证炸药爆轰敏感度和爆炸性能不致显著恶化的能力。

炸药的抗水抗压试验一般是在爆破的深水中进行，先是将炸药在深水中浸泡一定时间（以现场可能发生的最长浸泡时间为准），如水下爆破或围堰拆除爆破，一般在几小时到几十小时，岩塞爆破考虑到装药后脚手架、施工平台的拆除以及集渣坑内进行充水等工序，一般浸泡的时间都在7天以上，甚至是需要浸泡10天时间，然后对浸泡后的炸药进行各项性能检测试验。对于没有深水条件的试验场地，也可以采用自制承压装置进行模拟深水条件的作用，炸药现场浸泡试验示意如图3.3-7所示。

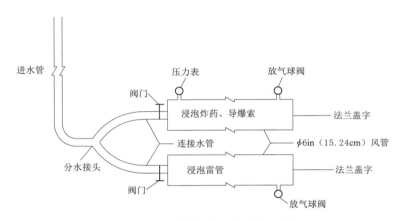

图 3.3-7　炸药现场浸泡试验示意图

对炸药的抗水抗压性能试验需要进行浸水前后的对比测试。对现场使用的炸药，随机抽取一定数量进行密度、爆速、猛度及殉爆距离等测试，分别测试未浸泡与浸泡后的性能，对比分析浸泡后炸药性能的变化，如果性能下降的不严重，可通过调整孔网参数以保证爆破效果；如果性能下降很严重，爆破效果就不一定能够保证，需要采用抗水抗压性能更好的炸药，或者采取一定的防水措施，保证爆破效果。

炸药抗水抗压性能除了进行密度、爆速、猛度及殉爆距离的测试，最重要的是能在相应水深条件下正常起爆和传爆。对于有深水条件的试验场地，直接将炸药连续绑扎3~5节，在一端插入雷管，然后起爆，以是否正常起爆，是否正常传爆来评价炸药的抗水抗压性能。对于没有深水条件的试验场地，可采用自制的承压装置进行模拟深水条件下的起爆试验，试验装置如图3.3-8所示，评价炸药抗水抗压性能同样是看炸药是否正常起爆，是否正常传爆。

3.3.2　雷管准爆性及延期时间检验

水利水电工程爆破中的任何炸药，都必须借助于起爆器材，并按照一定的起爆顺序来提供足够的起爆能量，才能根据工程需要的先后顺序，准确而可靠地爆破。因此，对于第一批进货以及大爆破使用的雷管，应在使用前进行准爆性试验及毫秒延期时间测试。

1. 准爆性及起爆性能检验

取10发雷管，用另一发雷管同时起爆需测试的10发雷管，将10发雷管中1发雷管插入需用雷管起爆的炸药（应为合格炸药，直径大于其临界直径、小于现场所采用的炮孔

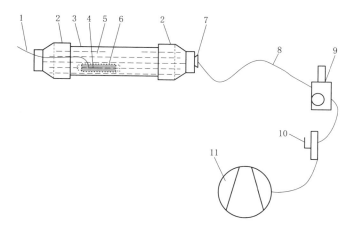

图 3.3-8 抗水抗压试验装置图

1—雷管导线；2—PVC管密封堵头；3—PVC管；4—雷管；5—水；6—炸药；

7—气接头；8—气管；9—调压阀（压力表）；10—铜球阀；11—小型空压机

直径）中，用起爆器引爆。平行做 3 组，如炸药被完全引爆，则雷管起爆性能满足要求。

2. 延期时间测试

雷管的延期时间是指向雷管输入激发能开始至雷管爆炸所经历的时间。延期时间测定是依据时间间隔测量原理，即测定起始电压脉冲信号和截止电压脉冲信号之间的时间间隔。

水利水电工程中一般采用高频声压测试仪进行雷管延期时间测试。测试时，将声压探头放置在圆心处，将待检测的雷管均匀布置在以声压接收探头为中心的圆周上，测试圆的半径一般可取 3m，如图 3.3-9 所示。

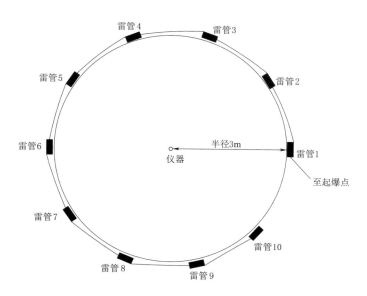

图 3.3-9 雷管延期时间测试示意图

理论上，抽样数量越多，检测结果越精确。一般每个段别雷管单组抽样数应不少于 5 发，但考虑成本控制抽样数量亦不可能太大，一般抽检 10 发既可满足统计精度要求又兼顾经济性。

测试出各雷管的实际起爆时间后按下式计算各段别雷管的延期时间、误差。

$$\overline{X} = \frac{1}{n} \sum_{i=1}^{n} X_i \tag{3.3-7}$$

$$S = \sqrt{\frac{1}{n-1} \sum_{i=1}^{n} (X_i - \overline{X})^2} \tag{3.3-8}$$

式中　$\overline{X}$——样品延期时间均值，ms；

　　　X_i——第 i 发样品延期时间，ms；

　　　n——被测雷管样品数量；

　　　S——样品延期时间标准差。

例如，某次采用声压测试仪实测 MS1 段、MS3 段、MS5 段、MS11 段、MS13 段、MS15 段导爆管雷管的延期时间，实测雷管起爆的声压信号如图 3.3 - 10 所示。

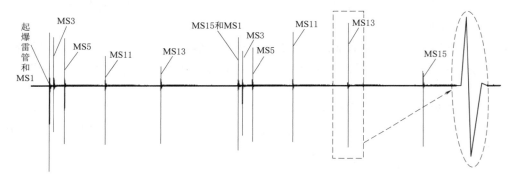

图 3.3 - 10　导爆管雷管延期时间测试实测爆破声压信号图

3.3.3　导爆索传爆性能及爆速检验

1. 起爆性能试验

导爆索内含猛炸药，其爆炸后具有较大的起爆能量，能够将与之连接的炸药可靠起爆。取 1kg 需要用导爆索引爆的炸药，做成 5 个 200g 重的小药卷（也可直接采用成品小药卷）绑扎在导爆索上，用导爆索起爆炸药卷，平行做 3 组。爆轰不完全视为不合格；若出现半爆或拒爆，应先检查雷管状况，如是雷管半爆或拒爆，则应重新进行试验；炸药完全爆轰，则导爆索合格。

2. 传爆性能试验

导爆索爆炸后要能够可靠地起爆与之搭接的另一导爆索，取 8m 长导爆索，切成 1m 长的 5 段和 3m 长的 1 段，按图 3.3 - 11 所示方法连接。用雷管起爆，平行做 2 次。各段导爆索完全爆轰为合格；若出现半爆或拒爆，应先检查雷管状况，如是雷管半爆或拒爆，则应重新进行试验。

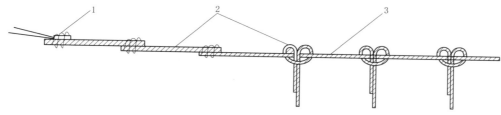

图 3.3－11　传爆性能试验示意图
1—雷管；2—1m 长导爆索；3—3m 长导爆索

3. 耐水性能试验

取 5m 长导爆索 1 根，两端用蜡或环氧树脂封口，卷成直径大于 25cm 的索卷，浸入 0.5m 深、常温的静水中，索头露出水面。浸 24h 后，取出切成 1m 长 5 段。用雷管引爆，完全爆轰为合格。对抗水性能有特殊要求的，应按相应的抗水要求进行耐水性能试验。

4. 爆速测试

导爆索的爆速测试方法有：①利用已知爆速的导爆索进行对比测试；②测时仪法；③光学法（高速摄影法）。其中，测时仪法和高速摄影法与工业炸药爆速测试方法相同。

利用已知爆速的导爆索进行对比测试，如图 3.3－12 所示，取 112cm 长标准导爆索和待测导爆索各一根，在每根导爆索的一端离端面 3cm 处作记号 A。取 180mm × 50mm × 5mm 铅板一块，在板长的中央画中线并做记号 O。将两根导爆索的另一端并齐与起爆雷管扎在一起，雷管底部与 A 记号并齐。将铅板平放在钢板或其他固体介质上，引爆雷管。导爆索起爆后爆轰波从两根导爆索分道传播，至铅板某处相遇。相遇处铅板被炸出凹痕，测出该处与 O 点的距离 S（cm），并记录凹痕是在标准导爆索一侧还是在待测导爆索一侧，如凹痕在 O 处，则待测导爆索的爆速与标准导爆索的爆速相同。

若凹痕在标准导爆索一侧，则待测导爆索的爆速按式（3.3－9）计算：

$$D_x = (100 + S)D/(100 - S) \qquad (3.3-9)$$

若凹痕在待测导爆索一侧，则待测导爆索的爆速按式（3.3－10）计算：

$$D_x = (100 - S)D/(100 + S) \qquad (3.3-10)$$

式中　D_x——待测导爆索爆速，m/s；

　　　D——标准导爆索爆速，m/s；

　　　S——铅板中心 O 至显著爆痕点 K 的距离，cm。

在水利水电工程爆破中一般采用测时仪法对所使用的导爆索进行爆速测试。

3.3.4　起爆网路试验

对于重要的工程爆破，例如围堰及预留岩坎拆除爆破、水下岩塞爆破等，为保证起爆的可靠性，应该通过起爆网路的模拟试验来检验所采用的起爆网路的可靠性。

为节约起爆器材，减少试验工作量，起爆网路试验一般只进行实际网路的主传爆干线和最后一排孔传爆支线的简化模拟，因为该简化模拟试验已能反映整个起爆网路传爆可靠

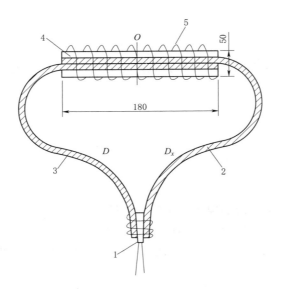

图 3.3 - 12　对比法测导爆索爆速示意图（单位：mm）

1—雷管；2—被测导爆索；3—标准爆速的
导爆索；4—铅板；5—细绳

性和最大的实际延期时间。条件允许，也可进行全网路模拟。

　　起爆网路模拟试验在陆地进行时，测试起爆网路的延时；涉及水下爆破时，应在爆破时可能的最大水深条件下浸泡若干天（计划装药天数＋联网天数＋其他工作天数＋2 天）后，进行深水条件下的起爆网路及水下传爆性能试验，同时进行水击波测试。

3.4　现场混装炸药技术

3.4.1　现场混装炸药技术发展概况

　　现场混装炸药技术是集炸药半成品制备运输、现场混制、装填爆破于一体的机械化生产作业方式，相对于传统包装炸药人工装药的方式，具有安全、高效、经济、环保等优点，其原材料地面站储备、半成品生产运输到现场混制的整个过程中，都不是真正意义上的炸药，直至最后装入炮孔才成为炸药，因此消除了传统包装炸药在生产、运输、储存、使用过程中存在的炸药流失隐患，提升了工业炸药的本质化安全水平。

　　现场混装炸药技术在 20 世纪 70—80 年代已在美国、加拿大、澳大利亚等发达国家普遍应用，主要应用领域为大型露天矿山的爆破开采。目前，在欧美国家的工业炸药应用中，现场混装炸药应用占比已达 80％以上。我国于 20 世纪 80 年代引进美国埃列克公司（IRECO）现场混装炸药车技术，并在平朔煤矿、南芬铁矿、德兴铜矿等少数大型露天矿山应用，但采取"自产自用"的作业模式。1993 年始，中国葛洲坝集团易普力股份有限公司（以下简称葛洲坝易普力公司）在中国三峡工程施工过程中，第一次将现场混装爆破技术应用到水电工程领域，其安全、优质、高效、环保、经济的特点赢得了用户和社会的高度评价。

经过 30 余年的发展，现场混装炸药车技术在大型露天和地下矿山开采、国家重点工程建设中得到了较快的推广应用。我国现场混装炸药年生产使用量占比逐年提高，截至"十三五"末期，现场混装炸药占全国工业炸药年产量近 30%，但仍远低于国际上发达国家的应用水平。当前国外工业发达国家普遍采用了地面站集中制备乳胶基质、运输车远程配送、现场敏化装药的混装炸药生产服务系统（即乳胶基质远程配送系统），实现了"一站多点"爆破服务体系。以澳大利亚 Orica 公司为例，年产混装炸药 100 多万 t，一般依托大型矿山开采工程建设一座乳胶基质生产基地，采用集中生产乳胶基质和远程配送的方式向周边工程和国际工程辐射，这也将是我国未来现场混装爆破技术发展的方向。

3.4.2 现场混装炸药生产系统组成

现场混装炸药生产系统主要由现场混装炸药车、地面制备站及其他辅助设备等三类装备组成。地面制备站负责提供多孔粒状硝酸铵、氧化剂水溶液、油相溶液、敏化剂、乳胶基质等，现场混装炸药车将上述原料或半成品载至爆区，经车载生产工艺设备运行混合后装填至炮孔内，经敏化后在炮孔内形成炸药，现场混装炸药生产系统组成如图 3.4-1 所示。

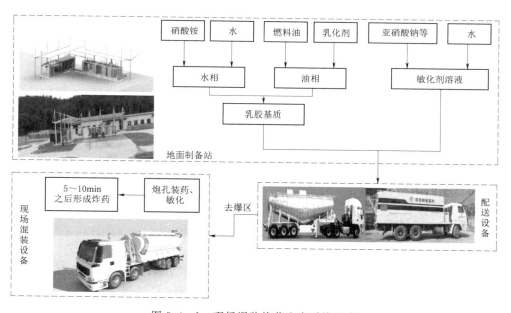

图 3.4-1 现场混装炸药生产系统组成

3.4.2.1 地面制备站

地面制备站是现场混装炸药车配套的地面辅助设施，是加工现场混装炸药原料、半成品和储存炸药原料的场所，一般简称地面站。它可分为固定式和移动式两大类。地面制备站建设符合《民用爆炸物品工程设计安全标准》（GB 50089—2018）、《建筑设计防火规范》（GB 50016—2014）及《现场混装炸药车地面辅助设施》（JB/T 8433—2018）标准的要求。

1. 固定式地面站

固定式地面站（见图 3.4-2）是为现场混装乳化炸药混装炸药车提供配套服务，具有产能大、安全、可靠等特点。固定式地面站是在工厂生产技术基础上发展起来的，这种类型的地面制备站实际上是一个小型加工厂，由于不需要附建炸药仓库，只需要设置原材料储存和生产车间等，故安全性大大提高。

图 3.4-2　固定式地面站

目前，国内固定式地面站分为水油相制备地面站及乳胶基质制备站两种类型；相应配备的现场混装乳化炸药车分别为车上制备乳胶基质型与车载乳胶基质型。它适用于服务年限长的矿山、水电工程和一点建站多点配送的大型乳胶基质配送站。

（1）固定式地面站生产工艺。固定式地面站一般由水相制备系统、油相制备系统、乳化系统、敏化剂制备系统、自动化控制系统、视频监视系统等组成。目前，国内固定式地面站采用的乳化技术主要有静态乳化及机械剪切乳化等两种方式，其中静态乳化技术因其突出的安全性能，是今后的主要发展方向，其工艺流程如图 3.4-3 所示。

现以固定式地面站静态乳化工艺为例简要介绍其生产工艺技术。固定式地面站静态乳化工艺是一种自动化程度高、安全可靠的具有国际领先水平的生产工艺技术，该乳胶基质连续化全自动工艺设备设有完善的安全连锁保护装置和电子监控系统，以西门子 S7-300 作为核心控制，现场触摸屏和上位机工控机分别在现场监控和远程监控。现场温度、压力、流量、液位经采集和处理，实时显示在触摸屏和上位机，一旦系统出现超温超压过电流等故障，立即会报警和显示，伴有声光和语音提示，并实现自动停车等安全连锁反应，从而保证了生产线的安全运转，在自动化系统中变频器和 PLC、流量计均采用国外产品，性能好，工作可靠。工艺流程如下：

1）水相溶液配制：水经流量计自动定量加入水相制备罐，打开蒸汽阀（蒸汽气压不宜超过 0.4MPa）进行加热，当温度升到 60～70℃时，就可以加硝酸铵。将经破碎机破碎后的硝酸铵由螺旋输送机送入水相制备罐，同时开动搅拌，继续加热到符合工艺温度要求时，进行自动保温程序，保温备用。水相制备罐的温度都通过电动调节阀自动调节控制，使水相控制在工艺要求范围内。

2）油相溶液配制：将添加了乳化剂的油相材料加入油相制备罐，进行搅拌制备；同时可根据不同工艺要求，可对油相进行加热处理，并将加热至工艺温度后的油相材料保温备用。油相制备罐的温度都通过电动调节阀自动调节控制，使油相控制在工艺要求范围内。

3）连续乳化：配制好的水相溶液经放料阀、水相管路、水相过滤器，在 PLC 的控制

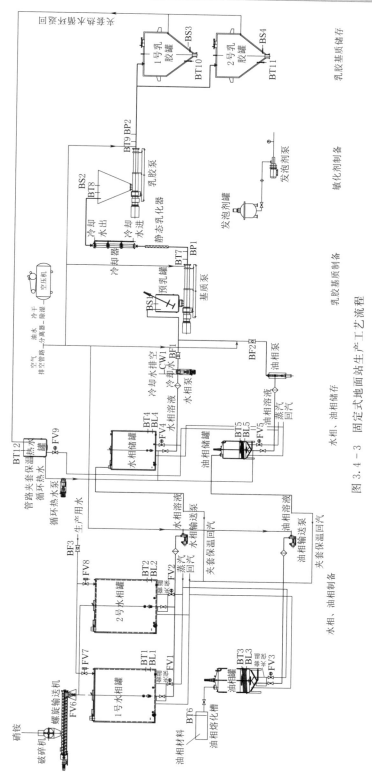

图 3.4-3 固定式地面站生产工艺流程

下，由水相输送系统输送，经水相流量计计量，送入预乳罐。配制好的油相溶液经放料阀、油相管路、油相过滤器，在 PLC 的控制下，由油相输送系统输送，经油相流量计计量，送入预乳罐。水相和油相溶液按工艺配比由微机自动测控连续进入粗乳器进行初乳，然后由基质输送泵送精乳器进行精乳。

（2）固定式地面站生产设备配置。固定式地面站主要根据生产工艺流程确定设备配置，通常配置为：①加料系统；②原料制备系统；③各相连续计量输送系统；④粗乳器；⑤精乳器；⑥乳胶储罐；⑦动力控制柜；⑧微机测控全自动化控制装置及操作平台；⑨视频摄像监视监听系统；⑩录像存盘系统。

加料系统：破碎机、螺旋输送机、定量加水装置。

原料制备系统：水相制备罐、水相储存罐、油相制备罐、油相储存罐、敏化剂罐。

各相连续计量输送系统：水相泵、油相泵、基质输送泵、敏化剂输送泵、乳胶输送泵、水相流量计、油相流量计、发泡剂流量计、水油相过滤器、发泡剂过滤器、各相管路及阀门。

2. 移动式地面站

移动式地面站（见图 3.4-4）相对于固定式地面站来说，移动式地面站可以依据爆破施工现场和现场混装炸药车的需要变更位置，即移动式地面站将相关生产设备集成装在几辆半挂车上，根据需要由牵引车将其拖至需求地点，因为生产设备集成度高、且没有固定建筑，所以其机械化、自动化程度更高，实现了一次投资多次使用，它适用于相对服务时间短的水利、电力、公路、铁路小型采矿等工程爆破。

图 3.4-4 移动式地面站

与混装炸药车配套使用，用于贮存和加工炸药原料及半成品的移动式设施，具有建设周期短、移动方便及占地面积小等特点。随着国内矿山、水利、电力等大型工程的迅猛发展，移动式地面站也得到较大发展，目前，移动式地面站前沿代表产品为模块化、组合式的模块地面制备站。

（1）移动式地面站生产工艺。与固定式地面站生产工艺相似，移动式地面站生产工艺一般也是由水相制备系统、油相制备系统、乳化系统、敏化剂制备系统、自动化控制系统、视频监视系统等组成，工艺流程图如图 3.4-5 所示。

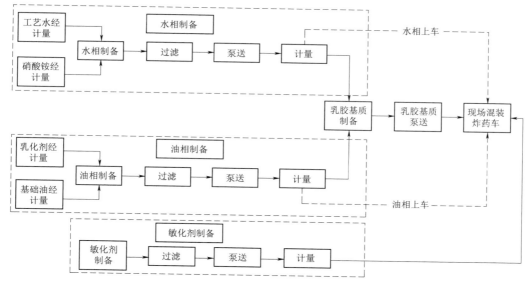

图 3.4-5 模块化地面站工艺流程图

与固定式地面站的不同点是：移动式地面站是将各个生产系统分别集成放置在不同的移动车上，形成功能不同的设备单元，典型的移动式地面站由半成品制备车、动力车和车外走道等组成。动力车是汽、水、电供给中心，制备车是乳化炸药半成品的制备中心，移动式地面站的典型结构组成如图 3.4-6 所示。同样，移动式地面站采用的乳化技术主要有静态乳化及机械剪切乳化等两种方式。

（2）移动式地面站生产设备布置。移动式地面站生产设备配置按功能主要有原料制备及乳胶基质制备等两种配置。原料制备站由水相加料系统、水相制备系统、水相输送系统、发泡剂制备系统、电气控制系统组成。破碎机、螺旋输送机亦可安装在车厢外，硝铵破碎后经螺旋上料机输送到水相制备罐中，溶解制成合格水相溶液。乳胶基质制备站在原料制备站基础上，增加制乳系统，该系统由水相储罐、油相储罐、水相输送计量系统、油相输送计量系统、乳化装置等组成，其中乳化装置可依据不同需求配置静态乳化或机械剪切式乳化器。

在移动式地面站基础上，为满足移动式地面站生产规模可扩展、生产功能可变化、生产设备易互换、可重复安装等方面需要，形成了模块化地面站。模块化地面站集成了现场混装乳化炸药所需的原料、乳胶基质半成品等生产装备及配套的动力设施，其工艺流程主要由水相制备、油相制备、敏化剂制备及乳胶基质制备等四部分组成。模块化地面站兼顾了功能和工艺之间相关单元模块的划分，其建造采用集成化制造，充分利用工厂的设备和场地资源及管理优势，提高制造质量、缩短制造周期、节约制造成本，同时减少了安装现场对人力、材料等各种资源的依赖和需求，同时在质量保证、缩短周期和降低成本方面与传统的分散流程式的现场安装有着不可比拟的优势，模块化地面站包含动力模块、制备模块和制乳模块等，如图 3.4-7 所示。

3.4.2.2 现场混装炸药车

现场混装炸药车是一种专门为爆破现场提供炸药制备及装药服务的特种结构专用车，

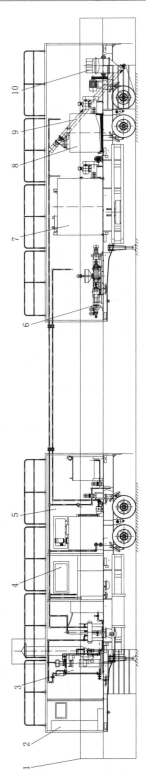

图 3.4 - 6　移动式地面站典型结构组成

1—钢平台；2—电气动力间；3—燃油锅炉；4—化验间；5—油相间；6—乳化系统；
7—水相制备罐；8—水相储存罐；9—螺旋上料机；10—破碎机

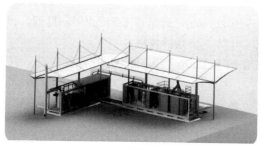
（a）示意图

（b）实景图

图 3.4-7 新型模块化的移动式地面站

一般简称混装车。混装车按生产的混装炸药种类分为现场混装乳化炸药车，现场混装粒状铵油炸药车和现场混装重铵油炸药车等三种类型。混装车符合《危险货物道路运输规则》（JT/T 617—2018）、《道路运输液体危险货物罐式车辆 第 1 部分：金属常压罐体技术要求》（GB 18564.1—2019）、《现场混装乳化炸药车》（JB/T 8604.3—2006）、《现场混装铵油炸药车》（JB/T 8604.2—2006）、《现场混装重铵油炸药车》（JB/T 8432.1—2006）等规范、标准要求，所生产炸药符合《工业炸药通用技术条件》（GB 28286—2012）标准的要求。

随着科技的不断进步，混装车已成为高度的机电液一体化集成制造成果，整车一般由储存容器、机械执行装置、液压系统、电控系统等几个部分组成。目前，先进的数字化 PLC 控制技术与负载敏感液压系统等已成熟地应用到装药车上。PLC 控制技术通过对工艺系统中流量、温度、压力、转速等工艺参数 PID 控制，提高了混装车的控制水平；负载敏感液压系统能实时传递液压系统所需压力-流量需求，能依据需求提供适合液压流量和压力，并通过在负载敏感液压系统中加入电子传感器和执行回路，使液压系统的调节品质和功能得到显著改善，使得液压系统中的各个执行液压元件可靠地实现系统功能动作控制。负载敏感液压系统与 PLC 的配合使用，使得整车系统运行具有稳定可靠、调整快速、计量准确等特点，生产时炸药组分配比准确、炸药质量更加稳定。在车载的触摸式控制屏上可现场设定制药参数，实现了对装药量的设定及累加功能，装药效率随意调整，装药参数字控数字化；控制盘上控制开关简单、适用、快捷；可实现自动打印装药记录，并可通过 WEB 网络实现与国家监管管理部门、矿山管理网络系统相互联接通信，提升了混装车自动化管理水平。

1. 现场混装乳化炸药车

现场混装乳化炸药主要由水相（硝酸铵水溶液）、油相（柴油和乳化剂的混合物）、干料（多孔粒装硝酸铵或铝粉）和敏化剂等四大部分混制而成。现场混装乳化炸药车就是生产现场混装乳化炸药的特种结构专用车辆，是集制药、装药、计量、控制为一体的完整的工作系统，它生产的散装乳化炸药具有组分简单，成本低廉，生产、储存、运输和使用整个使用流程安全性高等显著特性，是乳化炸药当前和未来的一个主要技术发展方向。

现场混装乳化炸药车是将现行爆炸危险性工业炸药生产、储存、运输变成非爆炸危险性普通化工原料生产、储存、运输的一种重要方法，混制的乳化炸药具有最佳的防水性能，且密度可调，最适用于含水炮孔爆破，且相对于铵油炸药其密度高、炸药的体积威力大。炮孔直径在 100mm 以上。现场混装乳化炸药车输药效率为 200～280kg/min，计量误差为±2%。目前，该车已形成系列化，按照载量，有 8t、12t、15t、20t、25t 等 5 个品种规格。

现场混装乳化炸药车可现场混制纯乳化炸药和最大加 30% 干料的两种乳化炸药，按其制乳方式可分为车上制乳和地面制乳两类。

（1）车上制乳。车上制备乳胶基质型现场混装乳化炸药车工作流程为：水相、油相、敏化剂的配置在地面站进行，混装车将地面站制备合格的水、油相、敏化剂及其他辅助材料装车运输至爆破现场，经车载乳化器在爆破现场完成乳胶基质制备及即时敏化后装入炮孔，再经 5～10min 发泡，最终在炮孔内形成炸药，整个制药、装药过程安全可靠。但需注意，车上制乳在现场都为高温作业，高温敏化。该车优点是乳化器安装车上，用不完的原料可返回入库，节约环保。缺点是混装车保温性能要求高，不宜长距离运输，服务半径小。该车适用于一站一点，服务半径 150m 左右。车型结构如图 3.4-8 所示。

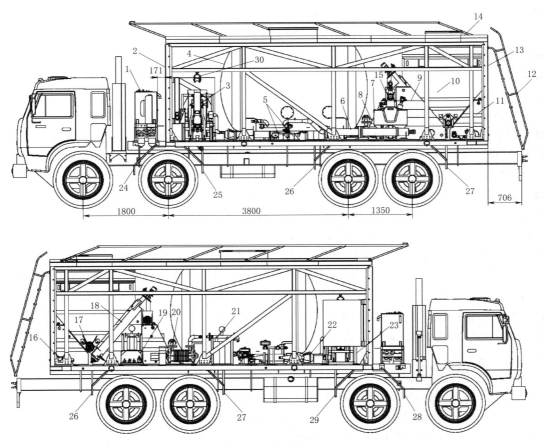

图 3.4-8　现场混装乳化炸药车结构（单位：mm）

1—前端框架；2—前墙；3—软管卷盘；4—水相溶液罐；5—敏化剂泵；6—乳胶基质泵；7—乳胶基质料斗；8—敏化剂料箱；9—油相料箱；10—多孔粒状硝酸铵罐；11—水箱；12—爬梯；13—后墙；14—顶板；15—输料螺旋；16—油相泵；17—多孔粒状硝酸铵输送螺旋；18—侧螺旋；19—油相流量计；20—乳化器；21—水相流量计；22—水相泵；23—阀块支架；24～29—挡泥板；30—滑轮

（2）地面制乳。车载乳胶基质型现场混装乳化炸药车工作流程为：乳胶基质、敏化剂的配置在地面站进行，混装车将地面站制备合格的乳胶基质、敏化剂及其他辅助材料装车运输至爆破现场，在爆破现场完成炸药的混制与装填，采用即时敏化技术，最终在炮孔内形成炸药。车载的乳胶基质本身是一种稳定的氧化剂，不具备雷管感度。由于车上制备乳胶基质受汽车底盘及环境影响较大，制备的乳胶基质与地面站制备的相比，乳化炸药质量易波动，故目前国内现场混装乳化炸药车应用主流为车载乳胶基质型。

车载乳胶基质型混装车结构（见图3.4-9），主要由汽车底盘、动力输出系统、液压系统、乳胶基质箱及乳胶基质泵送系统、微量元素添加系统、水气清洗系统、螺杆泵装置、软管卷筒支架装置、电气自动控制系统、灭火器等部件组成。

基本工艺原理如图3.4-10所示。

乳胶基质通过乳胶基质泵输送到混合器同时加入微量元素A和微量元素B，经混合器搅拌，然后由漏斗进入螺杆泵，混合后的药浆靠螺杆泵的压力将药浆压入软管卷筒、经输药软管送入炮孔。再经5～10min发泡即成为炸药。

图3.4-10中的所有的工作机构都在电气控制下自动完成：乳胶基质的输入量靠调流控阀调定马达转速而控制，微量元素通过流量计手动控制，制成的炸药质量稳定可靠。螺杆泵出口处装有压力传感器，当缺料空转时或超压时都会报警停机，使用时非常安全。

2．现场混装粒状铵油炸药车

现场混装粒状铵油炸药是由多孔粒装硝酸铵与柴油按配比（94.5%：5.5%）均匀混合而成，现场混装粒状铵油炸药具有工艺简单、成本低等优点，但炸药体积威力相对较低。

现场混装粒状铵油炸药车就是生产现场混装铵油炸药的特种结构专用车辆，其通过车载输送、制药螺旋输药系统，实现现场混制粒状铵油炸药，它结构简单、生产效率高，主要应用于冶金、水利水电、交通、煤炭、化工、建材等大中型露天矿等工程爆破采场中，适用于大直径（一般为80mm以上）干孔装药，作为向单排孔或多排孔装填粒状铵油炸药。现场混装粒状铵油炸药车工作前，先在地面站将多孔粒状硝酸铵和柴油装入车上料箱，待驶到作业现场后，由车载系统将多孔粒状硝酸铵和柴油按一定配比均匀掺混，并装入炮孔。现场混装（多孔）粒状铵油炸药车按其输送方式可分为螺旋输送和风力输送两类。螺旋输送又分为侧螺旋式、高架螺旋式两种，如图3.4-11所示。

现场混装粒状铵油炸药车输药效率为200～450kg/min，计量误差为±2%。目前有4t、6t、8t、12t、15t、20t、25t等多个规格可供选择。

（1）侧螺旋式现场混装粒状铵油炸药车（以下简称侧螺旋式铵油车）。输药螺旋放在车的侧面，围绕转轴可旋转200°。优点是输药螺旋位置低，便于操控，螺旋直径较大，输药效率高，最高可输送效率为450～750kg/min；缺点是移一次车，只能装一个炮孔，辅助时间较长。

BCLH-15型现场混装粒状铵油炸药车如图3.4-12所示，主要由动力输出系统，汽车底盘、液压系统、螺旋输送系统、燃油系统、干料箱、梯子、散热器、电器控制系统、灭火器等部件组成。

基本工艺原理如下：

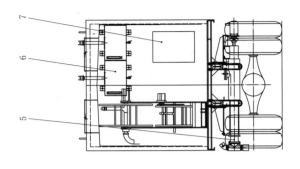

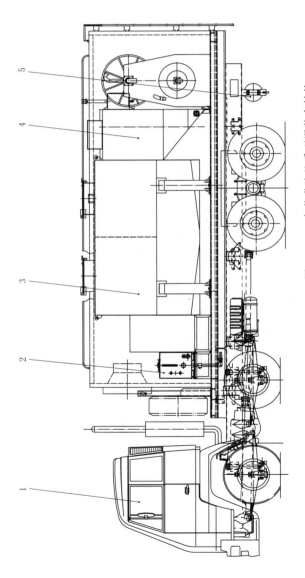

图 3.4 - 9 车载乳胶基质型混装车结构

1—汽车底盘；2—液压系统；3—乳胶基质料箱；4—干料箱；5—泵送系统；6—敏化系统；7—电控系统

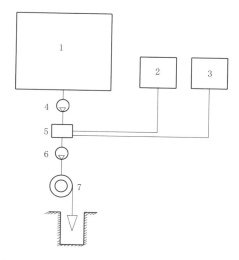

图 3.4-10　车载乳胶基质型混装车工作原理图

1—基质箱；2—微量元素 A；3—微量元素 B；4—基质泵；5—混合器；6—螺杆泵；7—软管卷筒

（a）侧螺旋式

（b）高架螺旋式

图 3.4-11　现场混装粒状铵油炸药车

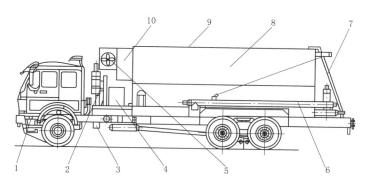

图 3.4-12　现场混装粒状铵油炸药车结构

1—汽车底盘；2—排烟管总成；3—动力输出系统；4—液压系统；5—散热器总成；6—螺旋输送系统；

7—蹬梯部分；8—干料箱；9—走台板；10—燃油箱

BCLH-15 型现场混装粒状铵油炸药车需有一个地面站与其配套使用,如图 3.4-13 所示。地面站包括:孔粒状硝酸铵上料塔,把多孔粒状硝酸铵装入车上干料箱内;柴油贮罐及泵送装置,将燃油送入车上油箱内,所需原料装入车后,装药车驶入爆破现场。

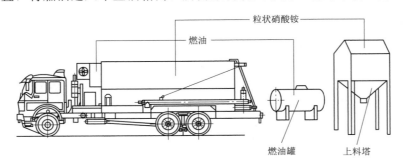

图 3.4-13　BCLH-15 型现场混装粒状铵油炸药车地面设施示意图

现场混装粒状铵油炸药车的工作原理,如图 3.4-14 所示。

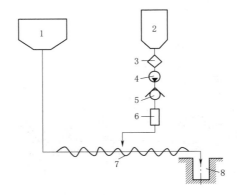

图 3.4-14　现场混装粒状铵油炸药车(侧)原理

1—干料箱;2—燃油箱;3—滤油器;4—燃油泵;5—单向阀;6—燃油计量器;7—干料螺旋;8—炮孔

　　启动取力器,动力来源于汽车发动机,驱动汽车变速箱和取力器通过万向传动轴驱动主油泵,产生的高压油驱动各液压马达使输料螺旋和燃油泵旋转。操作十字导航键,把侧螺旋提出卡槽并旋转到炮孔的上方。计数器设置炮孔的装药量,按下启动键,箱体螺旋将料箱内的多孔粒状硝酸铵按一定的量输送到混装车尾部,再由斜螺旋提升到一定高度,和定量的柴油共同在侧螺旋内搅拌均匀送到炮孔中,侧螺旋既是输送装置又是混拌装置。装药量倒计数为 0 时工作系统停止,移到下一炮孔,重复以上程序。

　　(2)高架螺旋式多孔粒状铵油炸药车(见图 3.4-15)。其把可以旋转的最后一级输料螺旋放在车厢顶部,围绕转轴可旋转近 360°,所以称其为高架螺旋式现场混装粒状铵油炸药车。优点是一次移位可装多个炮孔,缩短了辅助时间。高架螺旋的出料口处装有 2m 长的输药软管,有利于对准炮孔。同时输药管是由机械转臂拖而旋转,因此降低了工人的劳动强度。缺点是输料螺旋放在车厢顶上,增加了车的高度,通过能力下降,如果不增加车的高度,料箱就会降低高度,容积减小。

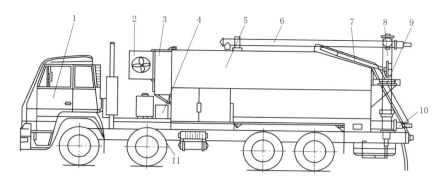

图 3.4 - 15 高架螺旋现场混装粒状铵油炸药车

1—汽车底盘；2—液压系统；3—燃油系统；4—电气控制系统；5—干料箱；6—高架螺旋；
7—高架螺旋支撑装置；8—立螺旋；9—立螺旋旋转装置；10—箱体螺旋；11—动力输出系统

工作原理如下：

高架螺旋式现场混装粒状铵油炸药车工作原理如图 3.4 - 16 所示，动力来源于汽车发

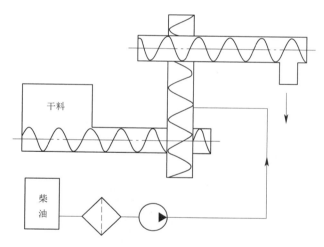

图 3.4 - 16 现场混装粒状铵油炸药车（高架）原理

动机，汽车发动机驱动汽车变速箱和取力器通过万向传动轴驱动主油泵，产生的高压油驱动各液压马达使输药螺旋和供油泵转动，箱体螺旋把料箱内的多孔粒状硝酸铵按一定的量输送到车厢尾部，由立螺旋提升到高架螺旋内，再由高架螺旋搅拌均匀并送到炮孔中，柴油泵按比例将柴油从立螺旋下部注入，和多孔粒状硝酸铵混合便成为炸药。从立螺旋下部注入的好处是搅拌的会更均匀，缺点是立螺旋底部会漏油，停车时管路内的剩余燃油会渗到料箱内，增加了设备的危险性。

燃油箱与多孔粒状硝酸铵料箱连接在一起，多孔粒状硝酸铵料箱内有隔板将料箱隔成容积相同的小料仓。箱底螺旋（主螺旋）贯穿于料箱底部，主螺旋上方有挡板承担物料重量，挡板与侧壁的间隙足以使物料自流入螺旋，挡板与仓壁以螺栓连接，可以拆卸。

螺旋机构是输送硝酸铵的主要部件，用不锈钢材料制成，螺旋心轴选用无缝不锈钢管

以减少自重产生的挠度，螺旋两端各有轴头，轴上装有轴承、链轮或马达，不锈钢外壳及轴承支架。垂直螺旋立在料箱后部或前部，两端分别与箱体螺旋、顶螺旋相连接。垂直螺旋外壳分上下两部分，下半部一端固定于车架，另一端固定于料箱伸出的支臂上，上半部可与顶螺旋一起回转，举升油缸的支点位于其上。顶螺旋是螺旋输送的最后一级，它可以垂直螺旋为中心作双向回转运动。顶螺旋出口与下料胶管连接，物料因此而自动流入炮孔，举升油缸装在垂直螺旋与顶螺旋之间，不工作时，顶螺旋放在主药箱顶部的托架上。

　　3．现场混装重铵油炸药车

　　现场混装重铵油炸药车（重铵油车），是现场混装乳化炸药车和现场混装粒状铵油炸药车两种车功能结合后形成的多功能车，也称多功能现场混装炸药车。它可将乳化炸药和多孔粒状铵油炸药的比例在 100∶0 和 0∶100 之间随意调整进行混制，当以乳化炸药为主（≥50%），多孔粒状铵油炸药为辅（≤50%）时，混制的炸药称为重乳化炸药，常用比例为 7∶3，适用于岩石硬度较大的有水炮孔；当以多孔粒状铵油炸药为主（≥50%），乳化炸药为辅（≤50%）时，混制的炸药称为重铵油炸药，常用比例为 5∶5，这种炸药用于岩石硬度较大的无水炮孔；还可以混制全部为多孔粒状铵油炸药或全部为乳化炸药的炸药。即多功能车可以混制纯乳化炸药、多孔粒状铵油炸药、重乳化炸药和重铵油炸药，可以满足各种不同的爆破工程，水孔、干孔都适用，整车外形如图 3.4-17 所示。

图 3.4-17　现场混装重铵油炸药车（多功能车）

　　重铵油车在装水孔时装药效率可达 200kg/min，干孔时可达 450kg/min，计量误差为 ±2%，目前有 8t、12t、15t、20t、25t 等多个规格可供选择。重铵油车主要由汽车底盘、动力输出系统、液压系统、乳胶基质泵送系统、燃油系统、干料输送系统、微量元素添加系统、水气清洗系统、螺杆泵装置、润滑减阻系统、电气自动控制系统等组成，外形与现场混装粒状铵油炸药车类似。工作原理如图 3.4-18 所示。

　　乳胶基质在地面站制备完成后，泵送到重铵油车上的乳胶基质料箱内；多孔粒状硝酸铵经地面上料装置装入重铵油车上的多孔粒状硝酸铵料箱内，燃油和敏化剂等炸药原料也分别装入重铵油车上的料箱内。待驶到爆破现场后，启动取力器，对准炮孔，即可混制装填炸药。

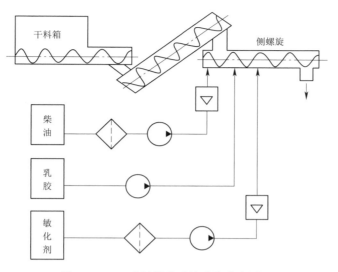

图 3.4-18　现场混装重铵油炸药车原理

当混制乳化炸药时，启动系统将乳胶基质和敏化剂泵入螺旋输送装置内，混合均匀的炸药靠自重落入漏斗，经螺杆泵泵出，经输药软管装入炮孔。当选用多孔粒状铵油炸药时，启动干料输送螺旋和燃油泵送系统，将多孔粒状硝酸铵及柴油充分混合均匀并经侧螺旋泵入炮孔。当选用重铵油炸药时，会有两种选择：第一种以多孔粒状铵油炸药为主时，炸药通过螺旋输送系统送入炮孔；第二种以乳化炸药为主时，混制好的炸药将通过螺杆泵输送到炮孔内。

4. 井下（地下）现场混装炸药车

井下（地下）现场混装炸药车按照装药品种可分为井下（地下）现场混装乳化炸药车和现场混装铵油炸药车两类。

井下（地下）现场混装乳化炸药车将地面制备站制备合格的乳胶基质罐装入车载料箱内，驶往井下爆破现场，经车载泵送装置将乳胶基质泵送入炮孔，乳胶基质在炮孔内经敏化后形成乳化炸药，现场混装乳化炸药车主要实现自动装填和敏化工艺。由于乳化炸药具有防水、环保、无返料等优点，该种车型将是今后井下现场混装炸药车的发展方向，典型结构如图 3.4-19 所示。

3.4.3　现场混装爆破技术应用典型案例

3.4.3.1　现场混装铵油炸药车应用案例

现场混装铵油炸药生产系统具有生产工艺简单、成本低廉、生产效率高、投资建设费用少、建设周期短等优势，可以在较短时间内为工程建设项目提供爆破服务，与需投入较大地面站建设资金的混装乳化炸药生产系统相比，现场混装铵油炸药生产系统在中型或小型水电工程中有着更高的应用价值，故现场混装铵油炸药生产系统特别适合在受投资经费影响较大的中小型水电站中应用。

洪家渡水电站属乌江干流规划的梯级水电站，大坝为混凝土面板堆石坝，坝高

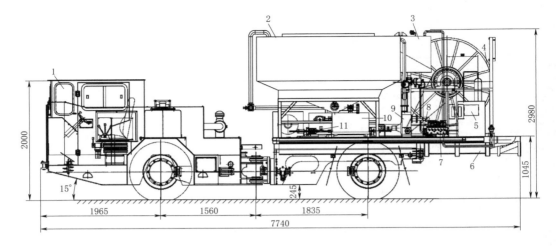

图 3.4-19　井下（地下）现场混装乳化炸药车结构（单位：mm）

1—底盘；2—基质储罐；3—水箱；4—软管卷盘；5—电控系统；6—基质泵送系统；

7—二次车架；8—液压系统；9—水循环系统；10—水、气清洗系统；11—A、B剂系统

179.5m，坝体填筑需石料 836.31 万 m^3，主要取自于大坝附近的料场。鉴于该工程技术要求高，施工强度大，经主管部门批准，于 2002 年在该电站投资建设了一套 2000t/年生产能力的现场铵油炸药生产系统，在上坝料的开采中使用混装铵油炸药。通过应用现场混装生产系统，取得了以下社会效益和经济效益：

（1）改善了施工安全。现场混装铵油炸药车在储存与运输环节中只是原材料，所以安全性高，消除了成品炸药在储、运环节的隐患。

（2）保证了施工质量。现场混装铵油炸药为颗粒状炸药，流动性高，不存在药粉卡孔现象，减少了卡孔造成的炮根与盲炮。

（3）提高施工效率。现场混装铵油炸药车生产炸药效率高，单班作业能力 20t/班（8h/班），单台混装车就能够满足洪家渡料场高峰期的作业进度。

（4）有利于环境保护。不存在由于硝酸铵水溶液造成的"废水"污染和炸药或半成品含梯恩梯、亚硝酸钠（$NaNO_2$）等有毒组分造成的危害，同时由于炸药呈颗粒状，相对于粉状铵油炸药消除了炸药粉尘对装药人员呼吸道的危害。

（5）不仅减少了投资，降低了炸药生产成本，同时钻孔爆破成本也相对降低。现以洪家渡电站料场级配料的开采为例予以说明。料场岩石为白云质与鲕状灰岩，硬度为 9 级，梯段高度 15m，采用 Atlas742 型钻机造孔，孔径为 89mm，使用混装铵油炸药相对于使用其他炸药带来的钻爆成本下降见表 3.4-1。

表 3.4-1　　　　　　　　　混装铵油炸药带来的钻爆成本下降幅度

项　目	相对于粉状的铵油炸药	相对于 ϕ70mm 包装乳化炸药
主堆石料爆破	11%	27%
过渡料爆破	16%	32%

3.4.3.2　混装车技术在向家坝水电站太平料场爆破应用

向家坝水电站太平料场地处云南省昭通市绥江县境内，位于五角堡北西侧山坡上，料场以石灰岩为主，月产量为 40 万 m³ 左右，采用现场混装乳化炸药车生产混装乳化炸药。

混装车装药效率高，每分钟可生产混装乳化炸药 200～450kg，1～2min 完成一个炮孔的装药工作，比人工装药提高工效数十倍。

混装车并不运送成品炸药，料仓内盛装炸药的原料，这些原料按一定的比例在爆破现场混制并装入孔内，入孔后经 5～10min 发泡后成为炸药，而且混装车计量准确，计量误差小于±2％。

使用混装乳化炸药，可在同一炮孔内装填两种以上不同密度、不同能量级的炸药，适应复杂岩层爆破要求。炸药和炮孔的耦合性好，有利于改善级配料的爆破粒径分布，提高小于 5mm 细料的含量，过渡料的级配质量明显提高。而混装乳化炸药流动性好、耐水性强、装药连续性好，能保证水孔爆破的质量，有利于级配料爆破规模化施工，加快施工进程。

为混装车提供原材料的地面站，其建设安全级别降低，减小了安全距离，减少了占地面积，节省投资。

3.4.3.3　现场混装乳化炸药车在三峡工程的爆破应用

从 1993 年三峡工程第一爆开始，现场混装炸药车就服务于三峡爆破工地，在举世闻名的三峡工程中立下赫赫战功。2006 年，三峡三期 RCC 围堰成功爆破，标志着三峡大坝全线到顶，三峡三期 RCC 围堰已完成挡水的历史使命。这次拆除的围堰为三峡三期 RCC 围堰为重力式结构，其右侧与右岸白岩尖山体相接，左侧与混凝土纵向围堰上纵堰段相连。围堰总长 546.5m：从右至左分为右岸坡段、河床段和左岸头段。堰顶宽 8m，堰顶高程 140.00m，堰体最大高度 121m。迎水面高程 70.00m 以上为垂直坡，高程 70.00m 以上为 1∶0.3 的边坡；背水面高程 130.00m 以上为垂直坡，高程 50.00～130.00m 为 1∶0.75 的台阶边坡，其下为平台。围堰爆破拆除总长度 480m，拆除坝体工程量 18.6 万 m³，使用炸药 192t。

围堰右岸 5 号堰块及左接头段采取钻孔炸碎法拆除，6～15 号堰块采用预埋药室与预埋断裂孔进行倾倒的爆破方案。完成此拆除工作，使用的炸药需要具有如下性能参数：50m 水下浸泡 7 天后，爆速能达到 4500m/s、爆力大于 320mL、猛度大于 16mm，一般工业炸药性能难以达到这一要求。葛洲坝易普力公司在总结过去混装车生产乳化炸药工作基础上，研制了具有高爆速、高威力、高抗水的现场混装乳化炸药。

为保证在深水长时间浸泡的乳化炸药性能，研制的乳化炸药的黏稠度非常大；同时，现场混装乳化炸药车无法进入洞室，使得输送距离较远，这样给高效乳化、乳化炸药泵送提出了高技术要求。高速乳化、高压力输送这两个安全性最敏感的问题阻挡着爆破施工，必须及时给予安全处理。葛洲坝易普力公司创新性提出采用水膜润滑减阻技术输送乳胶基质，即混装车将生产乳胶基质通过安装在输送泵出口的水环减阻装置将乳胶基质泵送至洞室内的装药机内，装药机负责将乳胶基质敏化后按量装入药室。这样，具有可远距离、多次泵送特点的混装乳化炸药生产技术，满足了工程要求。这次爆破使用的炸药制造装填设备是为其专门生产的两台 BCRH－15 型现场混装乳化炸药车、一台装药机及一套移动式地面站。现场混装乳化炸药车单台载药量15000kg，装药效率200～280kg/min。装药车在堰顶通过约30m的输药软管长距离输送至廊道，再经装药器二次泵送装入炮孔。

2006年5月28日开始装药施工，6月6日下午起爆，共生产混装乳化炸药152.72t，在水深38m以上环境下浸水3天（充水至起爆），爆破达到了预期目的，取得良好效果。

3.4.4　现场混装炸药技术发展展望

近年来，一种新型的生产作业模式正在国内逐渐发展开来，即生产、配送、爆破作业一体化的发展模式（以下简称一体化模式）。《民用爆炸物品安全管理条例》第九条规定：国家鼓励民用爆炸物品从业单位采用提高民用爆炸物品安全性能的新技术，鼓励发展民用爆炸物品生产、配送、爆破作业一体化的经营模式。

3.4.4.1　国外一体化模式的发展

一体化模式起源于欧美国家，从当前民爆一体化发展情况看，美国、澳大利亚、加拿大民爆一体化服务技术应用最广泛且技术先进，其中澳大利亚ORICA公司、美国NELSON公司、南非AEL公司、挪威和瑞典的DYNONOL公司等都是将民爆生产与爆破技术相互促进与提升的成功典范，也是当前全球应用民爆一体化服务模式最为成功的企业。

国外的一体化服务模式概括其特点和优点可归纳为以下几个方面：

（1）地面制备站集中生产。国外选址建站的主要模式是依托一个大型项目、几个项目中心位置、硝酸铵厂附近建设地面制备站，最终的结果均是实现集中生产，达到"一站多点"的服务模式。地面制备站的集中生产能充分利用机械化生产替代人工劳动，获得更高的生产效率；原材料的供应实现集中管理，乳化基质质量稳定；不重复建站，生产设备设施投资少；避免了危险点增加、安全管理点分散，无论是经济性还是安全性都能获得不同程度的提高。

（2）配送体系发挥重要作用。对于乳化基质远程配送这种"一站多点"服务体系，地面制备站作为配送中心，在一定范围内项目辐射点越多、配送距离越大，这种集中生产的成本越经济，因此在远程配送体系下乳化基质生产后直接采用乳化基质配送车配送成为该模式的重要环节。

（3）现场储存站与现场混装炸药车的广泛应用。在爆破现场附近建设乳化基质储存站，乳化基质远程配送至储存站，现场混装炸药车在就近储存站点装载乳化基质、柴油、多孔粒状硝酸铵等原材料和半成品，短途运输至爆破现场，充分发挥其强大的制药、装药功能特点，实施多品种混装炸药不同装药结构的爆破作业，爆破效果好，经济性佳。

这种作业模式的优点是集中生产有利于稳定乳胶基质产品质量，有利于实现规模经济，有利于减少生产点重复布置；作业体系开放度高，远程配送提高了区域辐射面积，并便于现场作业点的灵活拓展；生产作业全过程不涉及成品炸药生产、运输、储存，本质安全度高。

3.4.4.2　我国一体化模式的发展

基于以上成熟经验，我国提出了新型混装炸药一体化作业模式，该一体化作业模式由集中生产、远程配送、现场爆破三个子单元组成，其生产作业流程如图3.4-20所示。

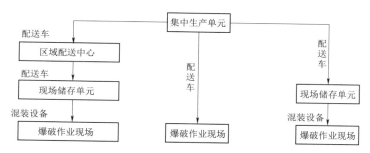

图3.4-20　我国一体化作业模式

在集中生产单元，地面站负责混装炸药半成品的集中制备；在远程配送单元，可采取"一站式"配送方式，直接采用配送车将混装炸药半成品配送至爆破作业现场，对过于分散的配送区域，也可设区域配送中心将混装炸药半成品分发至爆破作业现场；在现场爆破单元，设置专门存储区，停放混装车，储存混装炸药半成品及原材料。相对于我国传统的"一站一点"作业方式，这是一种技术模式的创新，需要相应行政监管体系与技术体系的配套与完善。

在相应技术体系的配套中，地面站生产、现场爆破施工在我国经历20余年的现场混装炸药技术发展历程中已逐步完善，但乳化基质的远程配送体系仍然存在诸多难点，也是目前制约该模式发展的关键因素。在我国，实现乳化基质的远程配送，需要满足一定的必备条件：

（1）乳化基质的技术性能。乳化基质是生产现场混装乳化炸药和现场混装重铵油炸药的主要半成品，联合国编码为UN.3375，可作为液态危险货物的5.1项氧化剂进行运输。公路运输时，乳化基质必须取得有资质单位的检测报告，即按照联合国《关于危险货物运输的建议书——试验和标准手册》第五修订版系列8试验检验合格，包括热稳定性试验、隔板试验、克南试验及通风管试验等四项试验内容。

（2）乳化基质的配送设备。实施乳化基质长距离、大吨位、安全可靠远程配送时，需要专业配送车辆进行支撑方可进行，配送车辆要求满足可快速装卸、结构合理、操作方便等。目前国内普遍采用混装车兼做配送车辆，其造价高、装载量小、运输距离短、配送成本高、经济性差，且混装车结构特点决定了它不适宜长距离运输，最大的缺点是削弱了混装车现场制药、装药的主要功能，发挥不了其应有的生产效率。

参 考 文 献

［1］ 欧育湘. 炸药学［M］. 北京：北京理工大学出版社，2014.
［2］ 汪旭光，郑炳旭，张正忠，等. 爆破手册［M］. 北京：冶金工业出版社，2010.
［3］ 韦爱勇. 工程爆破技术［M］. 哈尔滨：哈尔滨工程大学出版社，2010.
［4］ 张正宇，赵根，等. 塑料导爆管起爆系统理念与实践［M］. 北京：中国水利水电出版社，2009.
［5］ 王玉杰. 爆破工程［M］. 武汉：武汉理工大学出版社，2007.
［6］ 张立. 爆破器材性能与爆炸效应测试［M］. 合肥：中国科学技术大学出版社，2006.

［7］ 马亚. 一种深水爆破水胶炸药的实验研究［J］. 煤矿爆破，2018（3）：13－16.

［8］ 胡葵. 数码电子雷管及其起爆系统的安全性能分析［J］. 中国金属通报，2018（5）：294－295.

［9］ 李创新，刘仕佳，常根召，等. 电子雷管推广使用问题探究［J］. 煤矿爆破，2018（2）：14－16.

［10］ 汪齐，胡坤伦，王猛，等. 深水静压作用下含水炸药爆炸性能的研究［J］. 火工品，2017（3）：41－44.

［11］ 侯志明. 深水耐压型乳化炸药的配方研究［J］. 科技与创新，2017（14）：72－74.

［12］ 范道龙. 一种深水型乳化炸药性能检测装置的研究及应用［J］. 化工管理，2017（14）：224－225.

［13］ 卢良民. 乳化炸药在水下爆破中抗水抗压性能的实验与机理探讨［J］. 低碳世界，2016（16）：246－247.

［14］ 赵根，吴新霞，周先平，等. 深水条件下岩塞钻孔爆破关键技术及应用［J］. 工程爆破，2016，22（5）：13－17.

［15］ 薛里，孟海利. 电子-导爆管雷管混合起爆网路在隧道爆破中的应用［J］. 铁道建筑，2016（3）：70－74.

［16］ 赵根，吴新霞，周先平，等. 电子雷管起爆系统及其在岩塞爆破中的应用［J］. 爆破，2015，32（3）：91－94，149.

［17］ 颜景龙. 中国电子雷管技术与应用［J］. 中国工程科学，2015，17（1）：36－41.

［18］ 谢胜，刘博. 电子雷管起爆网路的构建及其应用［J］. 现代矿业，2014，30（9）：183－184，187.

［19］ 刘磊. 乳化炸药在水下爆破中抗水抗压性能的实验研究与机理分析［D］. 昆明理工大学，2010.

［20］ 吴新霞，赵根，王文辉，等. 工业电子雷管起爆系统及雷管性能测试［J］. 爆破，2006，23（4）：93－96.

［21］ 汪旭光. 乳化炸药［M］. 北京：冶金工业出版社，2008.

［22］ 冯有景. 现场混装炸药车［M］. 北京：冶金工业出版社，2014.

［23］ 李宏兵. 乳胶远程配送系统相关技术研究［J］. 爆破，2010，27（2）：88－91.

［24］ 周桂松. 混装炸药一体化作业新型模式研究［C］. 工业炸药现场混装技术应用与发展工程前沿技术研究. 2015：26－32.

［25］ 仲峰，苗涛，刘侃. 混装乳化炸药车装药控制系统关键问题的研究［J］. 爆破，2011，28（4）：90－92，96.

［26］ 佟彦军，冯夏庭，孙伟博，等. 现场混装重铵油炸药车自动控制系统设计［J］. 金属矿山，2012（7）：126－129.

［27］ 刘咏竹，仲峰. BCRH 型乳化炸药车装药控制系统的研究与开发［J］. 爆破，2013，30（1）：110－113.

［28］ 邱位东. 工业炸药现场混装技术的发展现状与新进展［J］. 科技创新导报，2013（10）：96－97.

［29］ 仲峰. 现场混装炸药车监控系统车载终端的开发与应用［J］. 矿业研究与开发，2014，34（2）：89－91，128.

［30］ 张小友. 基于 PLC 的模块化乳胶基质地面站控制系统研究［J］. 采矿技术，2017，17（6）：88－90，101.

［31］ 张小勇，陈曦. 模块化乳胶基质地面制备站的研制［J］. 大科技，2017，（36）：308－309.

［32］ 周桂松，等. 铵油炸药混装车在中小型水电站中的应用研究［J］. 长江科学院院报，2003，20（B12）：128－130.

［33］ 马坦，刘涛. 混装车技术在向家坝水电站太平料场爆破中的运用［J］. 城市建设理论研究：电子版，2012（12）：1－8.

［34］ 周桂松，等. 现场混装车技术爆破开采水电站面板堆石坝料的研究［C］. 中国水利电力第七届工程爆破学术交流会议. 2009：242－249.

［35］ 张小勇，周宇，杨敏会，等. 30t 级乳胶基质配送车的设计研究［J］. 爆破器材，2018，47（1）：37－42.

第 4 章

CHAPTER ❹

边坡及地基开挖爆破

4.1　深孔台阶爆破

4.1.1　基本概念

4.1.1.1　定义与分类

台阶爆破是在地面上以台阶形式推进的石方爆破方法。通常将孔径大于50mm，孔深大于5m的台阶爆破统称为深孔台阶爆破。我国于2020年颁布执行的《水工建筑物岩石地基开挖施工技术规范》（SL 47—2020）是对《水工建筑物岩石基础开挖工程施工技术规范》（SL 47—94）的修订，修订过程中将"水工建筑物岩石基础开挖"改为"水工建筑物岩石地基开挖"，同时，《水工建筑物岩石地基开挖施工技术规范》（SL 47—2020）还将建基面定义为"与水工建筑物直接相连的岩基面"，因此，本章章名从原定的"边坡及基础开挖爆破"改为"边坡及地基开挖爆破"。

4.1.1.2　要求

深孔台阶爆破是我国水电站边坡的主要开挖方式。由于水电工程开挖要求的特殊性，爆破应满足以下要求：

（1）爆破时保留岩体的破坏范围小、爆破地震效应小、空气冲击波强度小以及爆破飞石少。

（2）爆破石渣的块度和爆堆应能适合挖掘机械作业。

4.1.2　深孔台阶爆破设计

4.1.2.1　台阶要素

台阶爆破设计中，应对台阶要素统筹兼顾。台阶要素确定得准确与否决定了爆破效果的好坏。深孔台阶爆破要素如图4.1-1所示。

4.1.2.2　台阶爆破的设计依据

要确定合理的台阶爆破参数，需考虑以下因素：①岩石性质及地质构造；②台阶高度；③爆破规模；④岩石可爆性；⑤爆破效率；⑥装运方法；⑦钻孔爆破成本；⑧环境安全措施等。

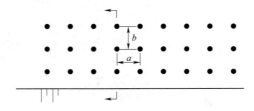

（a）平面布置图

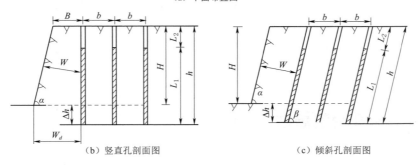

（b）竖直孔剖面图　　　　　　　　　（c）倾斜孔剖面图

图 4.1-1　台阶爆破要素

W_d—底盘抵抗线；W—最小抵抗线；B—台阶眉线到第一排孔的距离；H—台阶高度；a—孔距；b—排距；
L_1—装药段长度；L_2—填塞长度；h—孔深；Δh—超深；α—坡面角；β—斜孔倾角

4.1.2.3　台阶爆破参数的确定

深孔台阶爆破的主要参数包括：孔径、孔深、超深、抵抗线、孔距、排距、填塞长度以及单位体积炸药消耗量等。合理确定爆破参数对改善爆破效果、降低开挖成本有重要作用。

1. 布孔方式

露天台阶爆破一般采用垂直钻孔与倾斜钻孔两种方式，特殊条件下采用水平炮孔布置。垂直孔和倾斜孔爆破，从原理上和施工上均有差别。表 4.1-1 列出二者差别的比较，在水利水电工程爆破中，二者都得到广泛应用。

表 4.1-1　　　　　　　　　　**垂直钻孔爆破与倾斜钻孔爆破比较表**

比较项目	垂 直 钻 孔	倾 斜 钻 孔
钻孔难度	钻孔施工方便，塌孔率低	钻孔难度稍大，塌孔率稍高
钻孔角度	钻孔角度易控制，偏差小	钻孔角度较难控制，偏差大
爆破块度	爆破块度不易保证，大块率高	爆破块度易控制，大块率低
抵抗线	底部与上部抵抗线不同，底部抵抗线大，爆后易留底坎	抵抗线均匀，底部不易留底坎
爆炸能量	爆炸能量利用率不如倾斜孔爆破。因底部阻力大，要求底部药量也大	爆炸能量利用率优于垂直孔爆破，底部增加的药量也低于垂直孔爆破
爆破振动	爆破振动较大，台阶后冲方向拉裂范围较大，对后一循环的第一排钻孔不利	爆破振动较小，台阶后冲方向拉裂较小

深孔台阶爆破布孔方式有单排布孔和多排布孔两种，多排布孔又分矩形（含正方形）和梅花形（三角形），如图 4.1-2 所示。

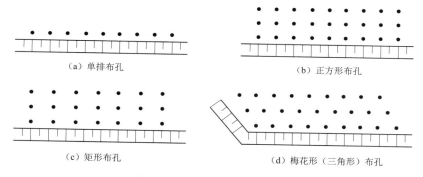

（a）单排布孔　　　　　　　　　　　　　　（b）正方形布孔

（c）矩形布孔　　　　　　　　　　　　　　（d）梅花形（三角形）布孔

图 4.1-2　炮孔平面布置方式

2. 台阶高度

台阶高度主要考虑地质情况、马道设置、钻孔精度、施工道路布置、爆堆高度与装载设备匹配的影响等。水利水电工程中，设计单位一般会作出明确规定。岩性较差的部位，台阶高度不宜设置过高，以免开挖后失稳。根据三峡、小湾以及金沙江下游多座巨型水电站的开挖实践，坝肩以上边坡的台阶高度一般取 8～15m，坝肩与坝基边坡的高度一般在 5～10m。

3. 钻孔和装药直径

孔径主要取决于钻机类型、台阶高度、岩石性质和作业条件等。我国《水工建筑物岩石地基开挖工程施工技术规范》（SL 47—2020）明确规定，台阶爆破钻孔直径不宜大于 150mm，紧邻保护层的台阶爆破、预裂爆破、光面爆破及缓冲孔爆破钻孔直径不宜大于 110mm。

水电工程坝基开挖中，一般采用药径小于孔径的装药方式（即不耦合装药），其目的在于减弱爆破对保留岩体的破坏。对于水工建筑物次要部位以及料场开采中，为了提高爆破效率，可采用耦合装药的方式进行。

4. 抵抗线

抵抗线是台阶爆破最重要的参数之一，它由钻孔直径、岩石性质、炸药特性和爆破要求综合确定。抵抗线过大，会造成残留根底多、大块率高以及爆破振动大；抵抗线过小，不仅浪费炸药，增大钻孔工作量，且易产生爆渣抛散、飞石与噪声等有害效应。抵抗线与炸药威力、岩石可爆性、岩石破碎要求、炮孔直径、台阶高度以及坡面角等多种因素有关。设计中，抵抗线的确定可由经验公式估算，并在爆破试验中进行优化调整。常见的抵抗线估算的经验公式有如下几类。

（1）兰格福斯公式。瑞典兰格福斯的计算底盘抵抗线 W_d 的公式如下：

$$W_d = \frac{d_b}{33}\sqrt{\frac{\rho_b s}{C_r fm}} \tag{4.1-1}$$

式中　d_b——炮孔底部直径，mm；

　　　ρ_b——炸药密度，kg/m³；

　　　f——炮孔底部夹制系数；

　　　C_r——岩石常数，一般变化范围为 0.15～0.45，通过试验确定；

m——炮孔间距系数，即孔距与抵抗线的比值，依据实际值计算；

s——炸药的质量威力，乳化炸药可取 0.9。

（2）巴隆公式。我国常用苏联巴隆的公式计算底盘抵抗线 W_d：

$$W_d = 0.9 \sqrt{\frac{p}{qm}} \qquad (4.1-2)$$

式中　W_d——底盘抵抗线，m；

p——炮孔集中装药度，kg/m；

q——炸药单耗，kg/m³；

m——炮孔间距系数，即炮孔间距与底盘抵抗线 W_d 的比值，间距系数的取值与爆破目的有关。对爆破块度无级配要求的或需获得某些粒径占多数的台阶爆破，间距可取大值，一般可达 1.5～2.0 倍抵抗线。

（3）达维道夫公式。

$$W_d = 53kd \sqrt{\frac{\rho_b}{\rho_r}} \qquad (4.1-3)$$

式中　d——炮孔直径，m；

ρ_b——炸药密度，kg/m³；

ρ_r——岩石密度，kg/m³；

k——岩体地质因素修正系数，一般在 1.0～1.2 范围内选择。

（4）按台阶高度和孔径估算法。

$$W_d = (0.6 \sim 0.9)H \qquad (4.1-4)$$

$$W_d = kd \qquad (4.1-5)$$

式中　H——台阶高度，m；

k——系数，取值范围为 25～45；

d——炮孔直径，m。

可采用多个方法来估算底盘抵抗线范围，通过现场爆破试验确定合理的抵抗线 W 以及最大可允许的底盘抵抗线 W_d。

5. 孔距与排距

孔距 a 是同一排炮孔中，相邻两钻孔中心线的距离，可按式（4.1-6）计算：

$$a = mW \qquad (4.1-6)$$

式中　a——孔距，m；

m——孔距系数；

W——最小抵抗线，m。

排距是多排孔爆破时，相邻两排炮孔间的距离。采用等边三角形布孔时，排距与孔距可采用式（4.1-7）计算：

$$b = a \sin 60° \qquad (4.1-7)$$

式中 b——排距系数，m。

采用多排孔爆破时，每孔都有一合理的负担面积 S，由此可采用式（4.1-8）确定排距 b：

$$b = S/a \qquad (4.1-8)$$

式中 S——单孔爆破负担的面积，m²。

6. 超深

超深是指在深孔内超过台阶底盘标高的那一段孔深，其作用是降低装药中心的位置，以克服台阶底部的岩体阻力，形成平整的底部平面。超深与岩石的构造和性质最为密切，当岩石比较坚硬时超钻深度较大，岩石比较软弱或节理裂隙发育时，选择较小的超深。

超深与台阶高度、炸药性质、孔斜、抵抗线和施工情况等因素有关，国内一般采用式（4.1-9）计算：

$$\Delta h = (0.15 \sim 0.35) W_d \qquad (4.1-9)$$

式中 Δh——超深，m。

计算中，软岩取小值，硬岩取大值。

7. 填塞长度

确定合理的填塞长度和保证填塞质量，对改善爆破效果和提高炸药能量利用率具有重要作用。填塞长度过大将减小单孔装药量，降低装药中心位置，造成台阶上部岩石破碎效果不佳；填塞长度过短，则炸药能量损失过大，将产生较强的空气冲击波、噪声、飞石等，并影响炮孔下部破碎效果。

填塞长度一般按式（4.1-10）确定：

$$L_2 = (0.7 \sim 1.0) W \qquad (4.1-10)$$

式中 L_2——填塞长度，m；

　　　W——最小抵抗线，m。

对于垂直深孔，取 $L_2 = (0.7 \sim 0.8) W$；倾斜深孔取 $L_2 = (0.9 \sim 1.0) W$。

应当指出，填塞长度也与填塞材料、填塞质量密切相关，水利水电工程深孔台阶爆破多采用钻屑作为填塞材料。

8. 炸药单耗

爆破 1m³ 岩石所需用的炸药量为炸药单耗，以 q 表示。炸药单耗是台阶爆破的重要指标。当被爆岩体的方量确定后，炸药单耗由大变小可使被爆岩体的爆破由抛掷、松动转变为内部药包爆破形式，其取值决定于爆破目的。q 值与岩石性质、爆破要求、炸药性能、施工条件等因素有关。炸药单耗确定的估算法可由式（4.1-11）表示：

$$q = f(0.07W + 0.35 + 0.004/W) \qquad (4.1-11)$$

式中 f——与爆破效果有关的系数，通过试验确定。

从式（4.1-11）可以看出，无论抵抗线过小或过大，如果需要达到同样的爆破效果，炸药单耗都将增加，较优的抵抗线范围为 2~6m。

表 4.1-2 列举了我国常用的各种岩石炸药单耗，仅供参考，最终值应对各种因素综合分析后通过试验确定。

表 4.1 - 2　　　　　　　　　各种岩石松动爆破炸药单耗 q 值表

岩石名称	岩 石 特 征 描 述	岩石坚固性系数	炸药单耗 /(kg/m³)
页岩、千枚岩	风化破碎	2～4	0.33～0.45
	完整，微风化	4～6	0.40～0.52
板岩、泥灰岩	泥质，薄层层面张开，较破碎	3～5	0.37～0.52
	较完整，层面闭合	5～8	0.40～0.56
砂岩	泥质胶结，中薄层或风化破碎	4～6	0.33～0.48
	钙质胶结，中厚层，中细粒结构，裂隙不甚发育	7～8	0.43～0.56
	硅质胶结，石英质砂岩，厚层，裂隙不发育，未风化	9～14	0.47～0.68
砾岩	胶结性差，砾石以砂岩或较不坚硬的岩石为主	5～8	0.40～0.50
	胶结好，以较坚硬的岩石组成，未风化	9～12	0.47～0.64
白云岩、大理岩	节理发育，较疏松破碎，裂隙频率大于 4 条/m	5～8	0.40～0.56
	完整、坚硬	9～12	0.50～0.64
石灰岩	中薄层或含泥质的，或鲕状、竹叶状结构，裂隙较发育	6～8	0.43～0.56
	厚层，完整或含硅质、致密	9～15	0.47～0.68
花岗岩	风化严重，节理裂隙很发育，多组裂隙交割，裂隙频率大于 5 条/m	4～6	0.37～0.52
	风化较轻，节理不甚发育或风化的伟晶粗晶结构	7～12	0.43～0.64
	细晶均质结构，未风化，完整致密岩石	12～20	0.53～0.72
流纹岩、粗面岩、蛇纹岩	较破碎	6～8	0.40～0.56
	完整	9～12	0.50～0.68
片麻岩	片理或节理发育	5～8	0.40～0.56
	完整坚硬	9～14	0.50～0.68
正长岩 闪长岩	较风化，整体性较差	8～12	0.43～0.60
	未风化，完整致密	12～18	0.53～0.70
石英岩	风化破碎，裂隙频率大于 5 条/m	5～7	0.37～0.52
	中等坚硬较完整	8～14	0.47～0.64
	很坚硬完整致密	14～20	0.57～0.80
安山岩 玄武岩	受节理裂隙切割	7～12	0.43～0.60
	完整坚硬致密	12～20	0.53～0.80

岩石名称	岩石特征描述	岩石坚固性系数	炸药单耗/(kg/m³)
辉长岩 辉绿岩	受节理切割	8～14	0.47～0.68
橄榄岩	很完整、很坚硬致密	14～25	0.60～0.84

4.1.3 装药结构

装药结构指炸药在炮孔内的分布状态和形态，当单孔装药量确定后，就要对装药结构进行设计，装药结构的分类方式有以下三种。

（1）根据装药的密实程度分类。根据装药的密实程度可分为耦合装药和不耦合装药。用以表征耦合装药和不耦合装药的参数是不耦合系数。耦合装药指炸药充满炮孔的整个空间；不耦合装药的炸药只充满炮孔的部分空间，又分为径向不耦合装药和轴向不耦合装药。

（2）根据药卷形态分类。根据孔内的药卷形态，可分为同直径药卷装药结构和变直径药卷装药结构。

1）同直径药卷装药结构，即沿着炮孔轴线装相同直径的炸药。这种装药结构施工操作简单，在抵抗线相差不大的炮孔中常用。对于抵抗线变化较大的深孔台阶爆破，这种装药方式要么由于炮孔底部的夹制作用而造成底部留坎，要么因上部岩体过度破碎，造成能量浪费。

2）变直径药卷装药结构，即在炮孔轴线不同深度装不同直径炸药。在有斜坡的台阶爆破中，炮孔底部的抵抗线一般都大于上部的抵抗线；另外由于炮孔底部的夹制作用大于上部，因此采用底部装大直径药卷，上部装小直径药卷的装药方式比较合理。

（3）根据装药的连续性特征分类。

1）连续装药结构，装药沿着炮孔轴向连续装药。这种装药方式的优点是操作简单；缺点是炸药能量分布不均匀，如填塞长度设计不合理，顶部容易产生大块或飞石，如图4.1-3（a）所示。

2）分段装药结构，将深孔中的药柱分为若干段，用空气、岩渣或水隔开，或将炸药捆绑在竹片上隔开。这种装药方式的优点是提高了炸药装药的高度，使炸药能量分布更加均匀，缺点是工艺复杂，工效低，如图4.1-3（b）所示。

3）孔底间隔装药，在孔底留出一段长度不装药，以空气、水或柔性材料作为间隔材料。这种装药方式的优点是能减少爆破对底部岩石的破坏，缺点是施工工艺复杂，如图4.1-3（c）所示。

4）混合装药结构，孔底装高威力炸药，上部装普通威力炸药。这种装药方式的优点是能减少台阶根部的底坎；缺点是施工工艺复杂，如图4.1-3（d）所示。

4.1.4 钻孔与装药技术

4.1.4.1 钻孔

钻孔精度是保证爆破效果最主要的因素之一。钻孔精度包含钻孔的开口偏差、孔深偏

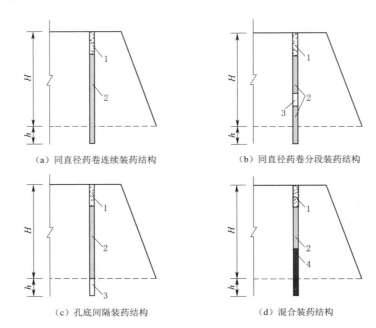

（a）同直径药卷连续装药结构　　　　　（b）同直径药卷分段装药结构

（c）孔底间隔装药结构　　　　　　　（d）混合装药结构

图 4.1-3　露天台阶爆破装药结构示意图
1—填塞；2—普通炸药；3—空气；4—高威力炸药

差和钻孔方向上的偏斜度三方面。钻孔直径越小，钻杆直径也越小，其钻孔方向上的相对偏斜度会越大。实践证明，垂直钻孔平均偏斜 8mm/m；增设定位措施后，钻孔偏斜度可减至 5mm/m。

倾斜钻孔的精度更难控制，偏斜度甚至高达 18mm/m，增设导轨及固定样架等措施后，可控制在 5mm/m 以内。

目前世界上已有钻机监测控制系统，从钻进速度、钻头转速、转矩和钻压等参数中计算出单轴抗压强度和回转性能，并据此自动调整钻机的工况。

所有炮孔钻好后，在装药前必须进行清孔。

4.1.4.2　装药

1. 人工装药

人工加炮棍进行装药时，药卷直径一般小于孔径 20mm，可保证顺利下药。例如 ϕ110mm 炮孔，装 ϕ90mm 炸药；ϕ100mm 炮孔装 ϕ80mm 药卷；ϕ90mm 炮孔装 ϕ70mm 药卷等。当炮孔较浅时，底部装药可用炮棍压实。

当钻孔较密，每孔装药量不能连续装药时采用间隔装药方式。分段药卷之间用导爆索串联，或用同段雷管分别起爆。炮孔内间隔装药的中间间隔段通常采用空气间隔或充填沙、钻屑等。

散装炸药也可以采用人工法按设计装药量装入孔内。

2. 机械装药

由于人工装药的功效低，促使了机械装药技术的发展。采用机械装药方法，可以大大提高炮孔内的装药密度，从而提高每米钻孔的爆破效率。

4.1.5 起爆网路

多孔毫秒延期起爆技术是目前水电工程岩石台阶开挖爆破最为常用的一种起爆技术。多孔毫秒延期起爆的原理为：①相邻孔的应力波相互叠加，增强岩石的破碎效果；②先爆孔为后爆孔创造新的自由面；③爆落岩石之间相互碰撞增强破碎。

4.1.5.1 毫秒延期间隔时间的选择

多孔毫秒延期爆破合理间隔时间选择，应考虑破碎和减振两个方面的影响。

（1）经验算法，考虑爆破作用过程，可用式（4.1-12）表示：

$$\Delta t = \left(\frac{2W}{V_P} + K_1 \frac{W}{C_p} + \frac{S}{\overline{V}} \right) \times 1000 \qquad (4.1-12)$$

式中　Δt——合理时差，ms；

　　　W——最小抵抗线，m；

　　　V_P——岩体中弹性纵波波速，m/s；

　　　K_1——系数，表示岩体受高压气体作用后在抵抗线方向裂缝发展的过程，一般可取为 2～3；

　　　C_p——裂缝扩展速度，m/s；

　　　S——破裂面移动距离，m；

　　　$\overline{V}$——破裂体运动的平均速度，m/s。

（2）兰格福斯（U. Langfors）法，兰格福斯提出采用式（4.1-13）计算排间延期间隔时间：

$$\Delta t = KW \qquad (4.1-13)$$

式中　Δt——合理时差，ms；

　　　K——经验系数，一般取值为 3～5，软岩取大值，硬岩取小值；

　　　W——最小抵抗线，m。

4.1.5.2 起爆顺序

尽管多排孔布孔方式有正方形、矩形和三角形，但是起爆顺序却千变万化，归纳起来主要有以下几种类型。

1. 排间顺序起爆

排间顺序起爆亦称逐排起爆，就是依照炮孔布置方式以一个临空面为首排，依次按照爆破网路设计的起爆时差各排顺序爆破，如图 4.1-4 所示。这种起爆顺序又分为排间全区顺序起爆和排间分区顺序起爆。其主要优点是设计、施工简便、爆堆分布比较均匀整齐。

随着工业电子雷管的推广使用，最方便的起爆顺序是孔间顺序起爆。

2. 排间奇偶式顺序起爆

从自由面开始，由前排至后排逐步起爆，在每一排里均按奇数孔和偶数孔分成两段起爆，如图 4.1-5 所示。其优点是实现孔间毫秒延期起爆，能使自由面增加。爆破方向交错，岩块碰撞机会增多，破碎较均匀，减振效果好。适用于压渣较少，或 3～4 排孔的爆

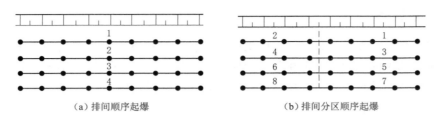

（a）排间顺序起爆　　　　　　　　　　（b）排间分区顺序起爆

图 4.1-4　排间顺序起爆示意图

破。缺点是向前推力不足。

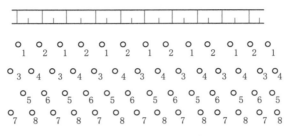

图 4.1-5　排间奇偶式顺序起爆

3. 波浪式顺序起爆

即相邻两排炮孔的奇偶数孔相连，同段起爆，其爆破顺序犹如波浪。其中多排孔对角相连，称之为大波浪式（见图 4.1-6）。它的特点与奇偶式相似，但可减少毫秒延期段数，且推力较奇偶式大，破碎效果较好。

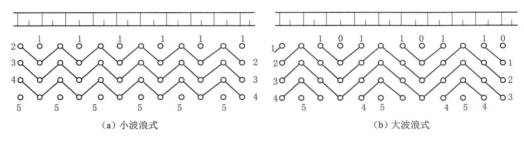

（a）小波浪式　　　　　　　　　　　　（b）大波浪式

图 4.1-6　波浪式顺序起爆

4. V 形顺序起爆

即前后排同段相连，其起爆顺序似 V 形（见图 4.1-7）。起爆时，先从台阶临空面中部爆出一个 V 形的空间，为后续炮孔的爆破创造自由面，然后两侧同段起爆。该起爆顺序的优点是岩石向中间塌落，加强了碰撞和挤压，有利于改善破碎质量。由于碎块向自由面抛掷作用小，多用于挤压爆破和槽沟爆破。

5. 梯形顺序起爆

即前后排同段炮孔连线似梯形（见图 4.1-8）。该种起爆顺序碰撞挤压效果好，爆堆集中，适用于拉槽爆破。

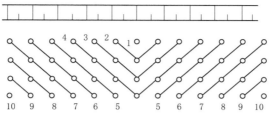

图 4.1-7　V 字形顺序起爆

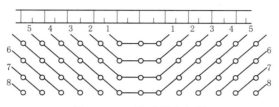

图 4.1-8　梯形顺序起爆

6. 对角线顺序起爆

从爆区侧翼开始，同时起爆的各排炮孔均与台阶坡顶线相斜交，毫秒延期爆破为后爆炮孔相继创造了新的自由面。其主要优点是在同一排炮孔间实现了孔间延期，最后的一排炮孔也是逐孔起爆，因而减少了后冲破坏，有利于下一爆区的爆破作业。适用于开沟和横向挤压爆破（见图 4.1-9）。

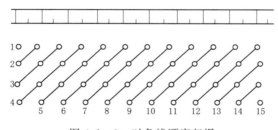

图 4.1-9　对角线顺序起爆

7. 径向顺序起爆

径向顺序起爆如图 4.1-10 所示，这种起爆顺序有利于爆破挤压。

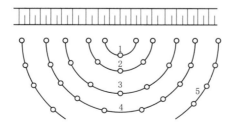

图 4.1-10　径向顺序起爆

8. 组合顺序起爆

组合顺序起爆为两种以上起爆顺序的组合,如图4.1-11所示。

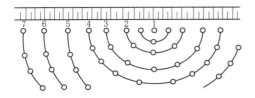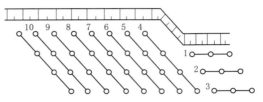

图 4.1-11 组合式顺序起爆

虽然起爆顺序方式多样,但起爆顺序的确定应根据地形、地质条件、爆破器材的种类、数量以及施工人员技术水平等因素综合确定。

4.1.6 设计程序

台阶爆破的设计程序有很多种,参照国内水利水电行业的要求,常用设计程序如下:

(1)选定台阶高度。工程招标文件、大型岩石高边坡设计一般都规定了台阶高度,如未提出要求,应根据工程特点先确定台阶高度。

(2)钻孔直径和钻孔角度。根据工程特点和台阶高度,选定钻孔直径,同时确定是采用垂直钻孔还是倾斜钻孔。

(3)确定炸药单耗和炮孔装药结构。根据工程所在区的地质情况和岩体结构选定炸药单耗,确定装药结构;一般接近保护层部位、需要降低爆破振动的部位,宜采用不耦合装药;采石料场及水工建筑物的次要部位可用耦合装药,以减少钻孔量。

(4)抵抗线。计算抵抗线,尤其注意调整好第一排孔的抵抗线。实际选用时不能直接用抵抗线的上限值,要考虑钻孔偏差及爆破的其他要求,选择小一些的抵抗线。

(5)在以上参数的基础上,确定填塞长度。

(6)炮孔孔深。确定超钻深度,并根据台阶高度及超钻深度算出孔深。

(7)其余孔网参数。依据以上参数确定方法,依次确定各个爆破参数的初步设计值。

(8)输出爆破设计文档。

4.1.7 工程实例

表4.1-3给出了我国部分水利水电工程深孔爆破参数。

表 4.1-3 我国部分水利水电工程深孔台阶爆破参数

工程名称	岩性	台阶高度/m	孔深/m	底盘抵抗线/m	孔距/m	排距/m	孔斜/(°)	孔径/mm	炸药直径/mm	填塞长度/m	炸药单耗/(kg/m³)
三峡工程	花岗岩	10~13	10	2~2.5	4.5	2.5	60~90	105	80	3	0.77
葛洲坝工程	砂岩	6~8	6~8	4.25	4.5	4.25	60/75/90	170	130/90/55	2	0.53
溪洛渡水电站	玄武岩	10~15	10~15	3	4	3	75	90	70	2.5	0.45

续表

工程名称	岩性	台阶高度/m	孔深/m	底盘抵抗线/m	孔距/m	排距/m	孔斜/(°)	孔径/mm	炸药直径/mm	填塞长度/m	炸药单耗/(kg/m³)
乌江渡水电站	灰岩	30	30	4.5～4	4.5	4.5	75	100	80	—	0.35
龙羊峡水电站	花岗岩	8	8.5	3	3	3	75	150	100	2	0.60
东风水电站	白云岩	10	10～12	3	3	2.5	80	115	80	2.5	0.70
水布垭水电站	灰岩	10	11	2.5～4.5	5	4.5	85	—		4.8	0.45
拉西瓦水电站	花岗岩	15	15	2～2.5	4	2.5	—	120	80	2.5	0.65
杨房沟水电站	花岗闪长岩	10	10～12	3	3	2.5	—	90	70	3	0.42
东江水电站	花岗岩	10	10	4.5	3	2.5	60～80	100	100	3	0.45
锦屏一级水电站	大理岩	5～15	5～15	4.5	5	4.5	60～90	105	70	3	0.55

4.1.7.1 大岗山水电站边坡深孔台阶爆破

1. 工程特点

大岗山水电站位于大渡河中游上段的四川省雅安市石棉县挖角乡境内，装机 4 台，机组单机容量 65 万 kW，总装机容量 260 万 kW。电站正常蓄水位 1130.00m，坝顶高程 1135.00m。工程枢纽建筑物由混凝土双曲拱坝、水电塘、二道坝、右岸泄洪洞、左岸引水发电建筑物等组成。左岸坝顶以上边坡采用深孔台阶爆破的开挖方式，开挖方量约为 320 万 m³，开挖高度为 300m（每 30m 高设置一级马道），开挖面积约 10 万 m²，开挖坡比一般为 1∶0.5。工程地质条件较差，基岩裸露，崩坡积层零星分布，边坡内发育 10 余条岩脉和断层，走向总体以 NNE 向为主，裂隙较为发育。

2. 爆破参数

通过多次爆破试验，该工程露天深孔台阶爆破的爆破参数见表 4.1-4。

表 4.1-4 　　　　　大岗山水电站深孔台阶爆破参数

钻孔直径/mm	孔距/m	排距/m	孔深/m	超深/m	填塞长度/m	炸药单耗/(kg/m³)	药卷直径/mm
115	4.5	4.5	10	1	3	0.55	90

3. 起爆网路设计

爆破中采用梅花形布孔，孔间分段选用 MS3 段雷管延时，排间时差采用 MS5 段雷管延时，为保证网路安全可靠，采用了掩盖和清除孔口附近的松石等保护措施，以防飞石砸断起爆网路。

4. 爆破效果

（1）爆破振动。爆破过程中，进行了全过程的爆破振动监测，爆破振动峰值在 10cm/s 以内，爆破波形分段明显，振动控制效果良好。

（2）爆堆形态。爆堆中部略高于马道约 2m，预裂孔前 3～5m 范围内下降约 2m，爆堆适度集中，有利于减少坡前反铲挖渣工作量。

（3）适宜的爆破分区及爆破规模控制，保证了施工进度，同时达到边坡安全振动速度控制的要求。

4.1.7.2　两河口水电站高陡边坡爆破

1. 工程特点

两河口水电站位于四川省甘孜藏族自治州雅江县境内，为雅砻江中游"龙头"梯级水库电站，总装机容量 300 万 kW，设计多年平均年发电量为 110 亿 kW·h，电站总投资达 664 亿元。枢纽建筑物由心墙堆石坝、溢洪道、泄洪洞、放空洞、发电厂房、引水及尾水建筑物等组成。两河口大坝采用当地材料建设，坝高 295m。两河口水电站开挖工程Ⅱ标主要为左岸边坡的开挖支护施工，其高差达 606m，战线达 2km，施工内容繁杂，含高陡边坡开挖，各种类型支护，涵盖面广。边坡开挖采用深孔台阶爆破的开挖方式。

2. 爆破参数

该工程露天深孔台阶爆破的爆破参数见表 4.1-5。

表 4.1-5　　　　　　　　　两河口水电站高陡边坡深孔台阶爆破参数

钻孔直径 /mm	孔距 /m	排距 /m	孔深 /m	超深 /m	填塞长度 /m	炸药单耗 /(kg/m³)	药径 /mm
90～115	4.5	4.0	12～13	0.5	2.5	0.4～0.45	70

3. 起爆网路设计

孔内采用 MS11～MS15 段雷管延时，孔间采用 MS2 段、MS3 段进行接力，排间采用 MS5 延时，中间起爆。

4. 爆破效果

爆破振动峰值合格率在理想范围内，爆堆中部略高于马道约 3m，爆堆适度集中。适宜的爆破分区及爆破规模控制，保证了施工进度，同时满足边坡安全振动速度控制的要求。

4.1.7.3　锦屏二级水电站进水口边坡深孔台阶爆破

1. 工程概况

锦屏二级电站进水口位于雅砻江大河弯西端景峰临时桥下游 550～730m 的右侧凹岸，为独立岸式进水口。进水口边坡基本以 4 号进水口（进水口编号自下游往上游排序）轴线为界分成上下游侧边坡，主要开挖工程量集中在进水口下游侧。开挖顶部高程为 1762.00m，底部高程为 1616.00m，高差约 150m。高程 1644.00m 以下边坡为垂直边坡；1644.00m 以上边坡坡比为 1：0.2 和 1：0.25；高程 1644.00m 以上根据岩体条件采用相应的设计坡比开挖，开挖涉及大量的深孔台阶爆破。

2. 爆破参数

通过多次爆破试验，该工程露天深孔台阶爆破的爆破参数见表 4.1-6。

表 4.1-6 锦屏二级水电站深孔台阶爆破参数

钻孔直径 /mm	孔距 /m	排距 /m	孔深 /m	超深 /m	填塞长度 /m	炸药单耗 /(kg/m³)	药径 /mm
90	4.5	2.5	12	1～1.5	2.5	0.45	70

3. 起爆网路设计

孔内采用 MS11～MS15 段雷管延时，孔间采用 MS2 段、MS3 段进行延时，排间采用 MS5，中间起爆。

4. 爆破效果

锦屏二级水电站进水口边坡开挖，自 2008 年 7 月开始施工，2010 年 2 月施工完毕，爆破振动控制合格率较为理想，适宜的爆破分区及爆破规模控制，保证了施工进度，同时满足边坡安全振动速度控制的要求。

4.1.7.4 黄登水电站建基面深孔台阶爆破

1. 工程概况

黄登水电站是澜沧江上游曲孜卡至苗尾河段水电梯级开发方案的第六级水电站，是当时在建的世界最高碾压混凝土重力坝，坝高 203m。工程左岸坝基开挖边坡最大高度 214m；右岸坝基开挖边坡最大高度 198m，涉及大量的深孔台阶爆破。岩性以变质火山细砾岩为主，夹变质凝灰岩。冲沟内发育的第四系堆积体主要由孤石、块石及碎石组成，孤石、块石及碎石缝隙中填充粉砂土，其堆积体天然状态下处于极限平衡状态，可能产生圆弧形破坏，天然状态下稳定条件较差。

2. 爆破参数

该工程露天深孔台阶爆破的爆破参数见表 4.1-7。

表 4.1-7 黄登水电站深孔台阶爆破参数

钻孔直径 /mm	孔距 /m	排距 /m	孔深 /m	超深 /m	填塞长度 /m	炸药单耗 /(kg/m³)	药径 /mm
110	4.0	2.5	15	1	3	0.5～0.6	90

3. 起爆网路设计

爆破网路中孔内（预裂孔除外）均采用 MS11～MS15 段雷管延时，排间采用 MS5 段、MS9 段非电管接力，孔间采用 MS2 段、MS3 段非电雷管接力。

4. 爆破效果

黄登水电站坝基建基面开挖施工中，爆破振动控制均在允许范围内；合理的深孔台阶爆破参数，有效控制爆破扰动，避免了因复杂地质原因可能引起建基面的进一步开挖或加大基础处理的工程资金的投入，经济效益显著。

4.1.7.5 大花水水电站深孔台阶爆破

1. 工程概况

大花水水电站拦河大坝为抛物线双曲拱坝与左岸重力坝组合体。双曲拱坝坝顶高程 874.00m，坝底高程 738.50m，最大坝高 134.5m，坝顶宽 7.0m，坝底厚 23.0～25.0m，厚高比 0.171。重力坝坝顶高程 874.00m，底部高程 800.00m，上游面铅直，下游坡比 1：0.8，顶部宽 20.0m，底部宽 78.4m。该工程坝基右岸坡面除沿垂直河向断层发育有较典型的溶沟、溶槽外，无大型冲沟发育，坡面较完整。坝基左岸地形不平整，以泥质页岩软弱地层为界，坝基最大开挖高度为左岸 165m、右岸 160m。

2. 爆破参数

该工程露天深孔台阶爆破的爆破参数见表 4.1-8。

表 4.1-8 大花水水电站深孔台阶爆破参数

钻孔直径 /mm	孔距 /m	排距 /m	孔深 /m	超深 /m	填塞长度 /m	炸药单耗 /(kg/m³)	药径 /mm
90	4.0	2.5	10	0.5	2.0	0.35	65

3. 起爆网路设计

爆破中孔内采用 MS10 段雷管进行延时，排间采用导爆管雷管 MS5 接力，孔间雷管采用导爆管雷管 MS3 或 MS2 延时。

4. 爆破效果

建基面开挖轮廓尺寸、超欠挖、平整度、半孔率、爆破影响深度及爆破质点振动速度等检测成果均满足要求，开挖边坡整体处于稳定状态，建基面开挖单元工程合格率 100%，优良率 95%。

4.1.8　缓冲孔爆破

水利水电工程岩石边坡爆破应保证最终边坡壁面光滑、平整，确保保留岩体长期稳定。因此，在紧邻设计边坡应设置缓冲爆破孔，以减小前排主爆孔爆破对设计边坡的不利影响。缓冲孔一般布置一排或两排。图 4.1-12 为这种爆破的基本模式。

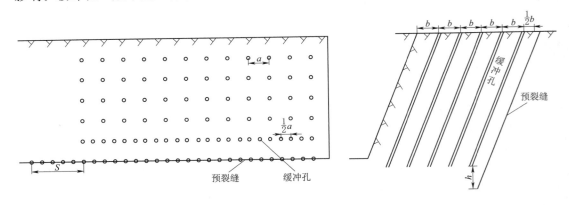

图 4.1-12　缓冲孔爆破设计示意图

缓冲孔的布孔和装药原则为：缓冲孔的孔距、缓冲孔至主爆孔的排距宜较前排主爆孔孔距、排距减小 1/3～1/2；缓冲孔至预裂孔（或光爆孔）的距离取其最小抵抗线的一半。缓冲孔区炸药单耗与前排主爆孔相同，按每个爆破孔爆破的体积及单耗来确定缓冲孔装药量。

布置有缓冲孔的台阶爆破起爆顺序有两种：①深孔台阶有序微差爆破—缓冲孔爆破—光面爆破；②预裂爆破—深孔台阶有序微差爆破—缓冲孔爆破。缓冲孔爆破的目的在于减少主爆区炮孔爆破对保留岩体造成破坏。

4.2 浅孔台阶爆破

浅孔台阶爆破是指孔深不超过 5m，孔径在 50mm 以下的爆破，由于人工成本高，小台阶大孔径爆破也常采用。浅孔爆破法设备简单，方便灵活，工艺简单，其在沟槽开挖、二次破碎、边坡危岩处理、石材开采、地下洞室等工程中得到较广泛应用。

浅孔台阶爆破与深孔台阶爆破，二者的基本原理是相同的，工作面都是以台阶形式向前推进，不同点仅仅是孔径、孔深、爆破规模等比较小。

4.2.1 炮孔布置

浅孔台阶爆破一般采用垂直孔，炮孔布置方式和爆破设计方法与深孔台阶爆破类似，只不过相应的孔网参数较小。浅孔台阶爆破的炮孔布置分为单排孔和多排孔两种，单排孔一次爆破量较小。多排孔排列又可分为平行排列和交错排列，如图 4.2-1 所示。

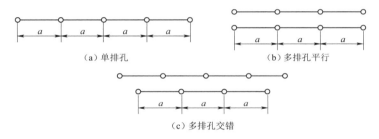

（a）单排孔   （b）多排孔平行

（c）多排孔交错

图 4.2-1   浅孔台阶爆破炮孔布置示意图

4.2.2 爆破参数

爆破参数应根据施工现场的具体条件和类似工程的成功经验选取，并通过实践检验修正，以取得最佳参数值。

1. 炮孔直径

由于采用浅孔凿岩设备，孔径多为 36～42mm，药卷直径一般为 32～35mm。

$$L = H + \Delta h \tag{4.2-1}$$

式中 L——炮孔深度，m；

  H——台阶高度，m；

  Δh——超深，m。

浅孔台阶爆破的台阶高度 H 一般不超过 5m。超深 Δh 一般取台阶高度的 $10\% \sim 15\%$，即

$$\Delta h = (0.1 \sim 0.15)H \tag{4.2-2}$$

如果台阶底部辅以倾斜炮孔，台阶高度可适当增加，如图 4.2-2 所示。

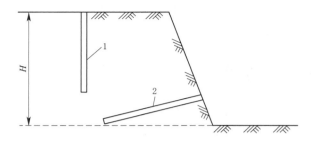

图 4.2-2　小台阶炮孔图
1—垂直炮孔；2—倾斜炮孔

2. 炮孔间距

$$a = (1.0 \sim 2.0)W_1 \tag{4.2-3}$$

或

$$a = (0.5 \sim 1.0)L \tag{4.2-4}$$

3. 底盘抵抗线

$$W_1 = (0.4 \sim 1.0)H \tag{4.2-5}$$

在坚硬难爆的岩石中，计算时应取较小的系数。

4. 炸药单耗

与深孔台阶爆破相比，浅孔台阶爆破的炸药单耗值应大一些，一般 $q = 0.5 \sim 1.2\text{kg/m}^3$。

4.2.3　起爆顺序

浅孔台阶爆破由外向内顺序开挖，由上向下逐层爆破。一般采用毫秒延期爆破，当孔深较小、环境条件较好时也可采用齐发爆破。

4.2.4　质量保证措施

4.2.4.1　容易出现的问题

（1）爆破飞石。这是岩石浅孔爆破最常出现的问题，也是危及爆破安全的首要问题。就爆破技术而言，主要有 3 个原因：①炸药单耗过大，多余能量使岩石整体产生抛散；②对岩石临空面情况掌制不好或个别炮孔药量过大；③炮孔填塞长度不足或填塞质量不好，也是个别飞石产生的原因。

（2）冲炮现象。这给二次钻孔带来很大困难，也影响岩石二次破碎的效果，直接关系到爆破施工的进度和成本费用。冲炮现象在浅孔爆破中很容易出现，特别是孔深小于 0.5m 的浅孔，如果最小抵抗线方向和药孔方向一致，再加上填塞不佳（就是填塞良好，相对于岩石而言，填塞段也是强度薄弱处），炸药能量就会首先作用于强度薄弱部位，形成冲炮。

（3）爆后残留根部。如果爆破不能一次炸到应有的深度，在地表残留有岩石根底，会给挖运工作带来很大麻烦。岩石残根需要二次处理，既费时又费力。

4.2.4.2 质量保证措施

（1）合理的炸药单耗。炸药单耗的这一选择范围已把对岩石的抛散药量包括在内，如运用不当，势必产生大量飞石。具体数据可通过现场试验确定。

对于整体性好的致密岩石可取大值；而对松软或有一定风化的岩石，或者环境条件较差的爆破，可取小值。另外，对于有侧向临空面的前排装药，炸药单耗还可以缩小到 $0.50 kg/m^3$ 以下，这样前排的岩石既通过后排岩石的挤压而进一步破碎，同时又对飞石起阻碍作用。

（2）充分利用临空面。确定单孔药量应考虑临空面的多少和最小抵抗线 W 的大小，只有这样才能避免由于个别炮孔药量过大而导致飞石。通常临空面个数多取小值；反之，取大值。此外，当实施排间秒差或大延期起爆时，有可能由于前排起爆而改变了后排最小抵抗线的大小，出现意想不到的飞石。当一次起爆药量在振动安全许可的范围内，可尽量采用瞬发雷管齐爆或小孔间延期（如 5ms 以内）起爆。

（3）避免最小抵抗线与炮孔在同一方向。浅孔爆破，尤其是孔深小于 0.5m 的岩石爆破，如没有侧向临空面，而又垂直水平临空面钻孔起爆，往往产生飞石或出现冲炮，爆破效果均不理想。较好的方法应是钻倾斜孔，以改变最小抵抗线与炮孔在同一方向，使炸药能量在岩石中充分起作用，可有效克服冲炮现象。钻孔倾斜度（最小抵抗线与药孔间的夹角）一般取 $45°\sim75°$ 为宜。

（4）确保填塞长度。填塞长度通常为炮孔深度的 1/3，而对夹制性较大的爆破需加大单孔药量或需严格控制爆破飞石时，则填塞长度取炮孔深度的 2/5 较为稳妥，这样既能防止飞石又可减少冲炮的发生。

（5）合理分配炮孔底部药量。浅孔爆破对于底部岩石的充分破碎应是整个爆破的重点，一旦残留根底，势必给挖运工作带来很大麻烦。只有底部岩石得到充分破碎，则上部岩石即使没有完全破裂，也会随着底岩的松散而塌落或互相错位产生裂缝，挖运十分便利。要清除爆破残根，除钻孔上须超深外，还应合理分配炮孔底部药量，即在所计算的单孔药量不变的前提下，底部药量比常规情况应有所增加。据实爆经验，底部药量以占单孔药量的 60%～80% 为宜，当数排孔同时起爆时，靠近侧向临空面的炮孔系数取小值，反之取大值。

4.3　预裂爆破与光面爆破

4.3.1　基本概念

4.3.1.1　定义

沿边坡线按照设计的边坡高度、坡度，采用控制爆破技术形成边坡轮廓的开挖方法，称为边坡控制爆破。基本的轮廓控制爆破技术包括预裂爆破和光面爆破。

预裂爆破是在爆破开挖过程中，沿设计开挖轮廓线预先爆出一条裂缝，以防止爆破区外保留岩体或其他建筑物破坏的一种技术。

光面爆破是沿最终设计开挖线布设密孔，采用不耦合装药或低威力炸药，在开挖区主爆孔爆破后才起爆的一种爆破技术。

4.3.1.2　预裂爆破与光面爆破的特点

（1）预裂爆破特点：①预裂孔内炸药提前起爆，在主爆区与保留区岩体区域内形成贯穿裂缝，有效保护保留岩体；②预裂缝可切断爆区传来的裂缝，避免其扩展进入保留岩体内；③采用预裂爆破开挖的岩面平整美观，超欠挖量少，可以减少混凝土的回填量，使其得以广泛推广应用。

（2）光面爆破特点：①炮孔间距比抵抗线小；②每个炮孔装少量炸药，有时有些炮孔不装药；③它形成的壁面不平整度与保存的半孔率达到预裂爆破的相同水准；④与预裂爆破相比，它的抵抗线小，装药量少，夹制作用小，爆破振动影响较轻，对保留岩体的损伤更轻微；⑤由于它是在主开挖区的炮孔爆破之后爆破，因此它对防止主炮孔爆破的振动，比预裂爆破差。

4.3.1.3　预裂爆破与光面爆破的局限性

（1）钻孔量大，钻孔速率较慢，施工周期长。

（2）钻孔精度要求高，施工成本大。

（3）钻孔工艺较为复杂，对钻孔工人素质要求更高。

4.3.2　预裂爆破设计

4.3.2.1　一般原则

（1）预裂孔按设计开挖坡面布置，炮孔倾角应与设计边坡角度一致，炮孔底部高程在同一平面上。

（2）预裂孔孔径应根据开挖台阶高度、开挖区岩体性质与钻机钻头直径确定。

（3）预裂孔与主爆孔间应留有一定距离，用于缓冲孔布置，且在进行预裂爆破设计时，预裂孔布置应向主爆孔两侧延展一定距离 L，根据实际工程经验，L 的取值一般为 5～10m，如图 4.3 - 1 所示。

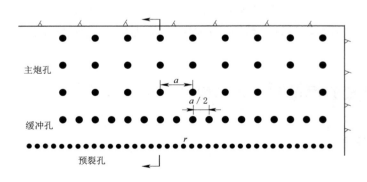

（a）孔位布置图

图 4.3 - 1（一）　预裂孔布孔示意图

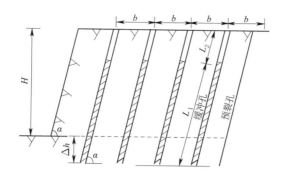

（b）炮孔剖面图

图 4.3-1（二） 预裂孔布孔示意图

4.3.2.2 预裂爆破参数确定

预裂爆破的主要参数有线装药密度、孔间距、装药量，其与岩体岩性特征、炸药性质和地质条件密切相关。

1. 线装药密度的确定

（1）经验数据法。在爆破设计时，往往需要结合当地实情对相关数据进行适当调整。本手册建议的经验值见表 4.3-1。

表 4.3-1　　　　　　　　　　　预裂爆破参数经验数值表

岩石性质	岩石抗压强度 /MPa	钻孔直径 /mm	钻孔间距 /m	线装药量 /(kg/m)
软弱岩石	50 以下	80	0.6～0.8	100～180
		100	0.8～1.0	150～250
中硬岩石	50～80	80	0.6～0.8	180～300
		100	0.8～1.0	250～350
次坚石	80～120	90	0.8～0.9	250～400
		100	0.8～1.0	300～450
坚石	>120	90～100	0.8～1.0	300～700

注 药量以 2 号岩石硝铵炸药为标准；间距小者取小值，反之取大值；节理裂隙发育者取小值，反之取大值。

（2）经验公式法。预裂爆破的爆破参数除经验数据法外，重要工程应在施工前通过爆破试验或结合生产性试验来确定适合该工程的线装药密度计算公式，一般工程也可采用类似工程的经验公式计算。下面介绍《水电水利工程爆破施工技术规范》（DL/T 5135—2013）推荐的预裂爆破经验计算公式通式［见式（4.3-1）］和不同工程及单位通过试验获得的预裂爆破经验计算公式，大多基本相近，但有的相差甚远，如式（4.3-5）计算值仅为式（4.3-3）计算值的 38%、式（4.3-6）计算值仅为式（4.3-2）计算值的 42%，建议采用多个公式进行计算并与经验数据对比分析确定。

1）推荐的预裂爆破经验计算公式通式：

$$q = K[\sigma_压]^\alpha a^\beta d^\gamma \qquad (4.3-1)$$

式中　　　q——线装药密度，kg/m；

$[\sigma_压]$——岩石极限抗压强度，MPa；

a——炮孔间距，m；

d——炮孔直径，m；

K、α、β、γ——系数、指数，与地形、地质条件有关，应通过试验求得。

2）长江水利委员会长江科学院计算公式：

$$q = 0.034[\sigma_压]^{0.63} a^{0.67} \qquad (4.3-2)$$

式中　q——线装药密度，kg/m；

$[\sigma_压]$——岩石极限抗压强度，MPa；

a——炮孔间距，m。

3）葛洲坝工程计算式：

$$q = 0.367[\sigma_压]^{0.5} d^{0.86} \qquad (4.3-3)$$

式中　q——线装药密度，kg/m；

$[\sigma_压]$——岩石极限抗压强度，MPa；

d——炮孔直径，m。

4）长江三峡工程左岸大坝与电站厂房开挖爆破采用的计算式：

$$q = 0.83[\sigma_压]^{0.5} a^{0.6} \qquad (4.3-4)$$

式中　$[\sigma_压]$——岩石极限抗压强度，MPa；

a——孔距，cm。

5）清江高坝洲工程计算式：

$$q = 0.367[\sigma_压]^{0.5} d^{0.86} \qquad (4.3-5)$$

式中　q——线装药密度，g/m；

$[\sigma_压]$——岩石极限抗压强度，MPa；

d——孔径，mm。

6）飞来峡工程计算式：

$$q = 0.36[\sigma_压]^{0.63} a^{0.67} \qquad (4.3-6)$$

式中　q——线装药密度，g/m；

$[\sigma_压]$——岩石极限抗压强度，MPa；

a——孔距，cm。

2. 预裂爆破参数间的关系

（1）装药量与岩石强度的关系。炮孔壁不被压坏，主要与炸药量和岩石抗压强度有关，实践表明，预裂爆破的装药量与岩石的抗压强度大致成正比（见表 4.3-2）。

表 4.3－2   国内外预裂爆破线装药密度与岩抗压强度的关系

$R_{压}$/MPa	10	20	25	70	80	150
$Q_{线}$/(kg/m)	0.15	0.2	0.25	0.35	0.40	0.60

（2）孔距与装药量的关系。选定孔径后，预裂爆破的成败主要取决于孔间距与装药量。一般装药量随孔间距增大而增加，表 4.3－3 列出了砂岩预裂爆破试验的有关资料。

表 4.3－3   砂岩预裂爆破试验孔距与线装药密度的关系

a/cm	45	60	70	100	130
$Q_{线}$/(g/m)	105	150	165	200	220

注   表中数据为 $[R_{压}]=20\text{MPa}$、$d=90\sim110\text{mm}$ 时的取值。

（3）孔距与孔径的关系。钻孔间距 a 与钻孔直径 d 的比值 E 称为孔径比。E 是一个重要的指标，它的大小决定钻孔的数量。水利水电行业的预裂爆破中，E 通常为 $8\sim12$；国内其他行业由于对保留岩体质量要求低，E 值用得比较大，达到 $10\sim20$。

4.3.2.3 地质条件的影响

岩石愈完整均匀愈有利于预裂爆破。非均质、破碎和多裂隙的岩层则不利于预裂爆破。当岩层与预裂面大致平行，易形成超挖；与预裂面垂直的裂隙，往往使裂缝不能连接起来，形成欠挖。与预裂面斜交的裂隙，却又易使预裂缝偏离中心线并与另一孔连起来，形成更为严重的超欠挖，如图 4.3－2 所示。

选择预裂爆破参数时，应考虑岩石的裂隙率或者裂隙密度以及主要裂隙组走向的影响。对于裂隙不发育、层面近于水平、厚度较薄的岩石，预防出现超挖现象的办法是减小孔距和顶部装药量，减小填塞物的深度。

4.3.3 光面爆破设计

4.3.3.1 抵抗线

光爆孔抵抗线按式（4.3－7）确定：

$$W_{min}=(10\sim20)d \qquad (4.3-7)$$

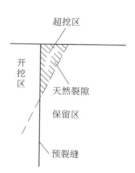

图 4.3－2   超挖形成示意图

式中 W_{min}——光爆孔最小抵抗线，m；

    d——钻孔直径，cm。

4.3.3.2 孔距

光爆孔的孔距可采用式（4.3－8）计算：

$$a=(0.6\sim0.8)W_{min} \qquad (4.3-8)$$

式中 a——光爆孔的孔距，m；

    W_{min}——光爆孔的最小抵抗线，m。

4.3.3.3 装药量的确定方法

装药量的确定可按式（4.2－9）计算光面爆破的装药量：

$$Q_线 = qaW_{min} \tag{4.3-9}$$

式中 $Q_线$——线装药密度，kg/m;

      q——炸药单耗，为 $0.15\sim0.25$kg/m³，软岩取小值，硬岩取大值;

      a——孔间距，m;

    W_{min}——最小抵抗线，m。

     其他方面，光面爆破与预裂爆破在施工控制方面的要求基本一致，可参照预裂爆破执行。

4.3.4 预裂和光面爆破的使用条件

     工程爆破的目的或原则，是在保证开挖质量的前提下，以最简捷的爆破方式来获得良好的社会和经济效益。目前，水利水电工程的边坡开挖采用预裂爆破较多，近年来，采用光面爆破的施工逐渐增多，它们都能得到高质量的平整壁面。

     选择爆破方法时，一般应考虑下列因素的影响。

     (1) 根据边坡所处的结构特点和工程要求合理选择爆破方式。例如，三峡工程的永久船闸的闸室高60m，两道闸室间60m厚的岩体需保留，选择光面爆破比预裂爆破更有利。

     (2) 要认真分析地质条件、节理裂隙的组合情况，以及它们对裂缝形成的影响。

     (3) 施工队伍的经验及掌握复杂起爆技术的熟练程度。

     (4) 预裂爆破在半无限介质中爆破成缝，势必对缝两侧岩体产生较强的振动和损伤。如果它的一侧，在 $2\sim4$ 倍预裂孔深的厚度处存在自由面，此时的预裂爆破不仅对其裂缝的形成有利，而且对保留区岩体的损伤也较半无限体情况更佳。

     (5) 采用光面爆破时，应注意到主爆区爆破对保留岩体的损伤。

     (6) 在进行高边坡开挖时，顶部一、二层宜采用光面爆破。

4.3.5 预裂爆破与光面爆破的施工

4.3.5.1 钻孔

     预裂爆破实践表明，预裂壁面的超欠挖和不平整度主要取决于钻孔精度。

     (1) 一般钻孔质量的好坏取决于钻孔机械性能、施工中控制钻孔角度的措施和工人操作技术水平。以上三个影响钻孔质量的因素中，工人操作技术水平最为重要。

     (2) 预裂孔的放样、定位和钻孔施工中角度的控制决定着钻孔质量。施工放样的平面误差应小于5cm。钻孔定位是施工中的重要环节，对于不能自行行走的钻机，必须铺设导轨;对于能自行行走的钻机必须注意机体定位。钻孔过程中，应有控制钻杆角度的技术保证措施。

     (3) 在预裂面内的钻孔左右偏差比在设计预裂面前后方向的钻孔偏差危害要小。

     (4) 预裂爆破的钻孔深度应在15m以内，过大的钻孔深度，一般易使钻孔精度难以控制而对其预裂爆破效果不利。

4.3.5.2 装药结构及装药施工

     (1) 预裂爆破基本采用连续或间隔的将药卷绑扎在导爆索上的装药结构形式。连续装药结构是将 25mm、32mm 或 35mm 等直径的标准药卷连续绑在导爆索上，亦可将较大药卷改装为细药卷后绑在导爆索上。间隔装药结构是将上述直径的标准药卷或改装药卷按一定间距绑在导爆索上，同时其间距值应通过计算确定。药卷的直径与孔径之比值宜为 0.25～0.5。

（2）制作药卷时，应合理确定炮孔内各不同长度段的装药量。一般，炮孔底部 1～2m 范围的装药量应比正常装药段大 1～4 倍，其取值视孔深而定，深者取大值；扣除填塞长度后，炮孔顶部 1m 范围的装药量约为正常线装药量的 1/2 或 1/3；炮孔中部的装药量采用计算的线装药量。

（3）装药时，宜将加工好的药串捆在竹片上缓缓送入孔内。在其下放过程中，应使竹片贴紧保留岩壁一侧。

4.3.5.3 填塞

填塞物冲出炮孔会影响预裂缝的形成。因此预裂爆破时，对炮孔进行适当填塞，尽量延长爆生气体在孔内的作用时间对增加裂缝宽度是有利的。常采用的填塞长度为 1～2m。

4.3.5.4 起爆

由于预裂爆破是在夹制条件下的爆破，振动强度很大，有时为了防震，可将预裂孔分段起爆（见图 4.3-3），一般采用 25ms 或 50ms 延时的毫秒雷管间隔。在分段时，一段的孔数在满足振动要求条件下应尽量多，实践证明，孔数较多的预裂爆破有利于预裂成形和壁面平整。

当预裂孔与主爆区炮孔一起爆破时，预裂孔应在主爆孔爆破前引爆，其时间差应不小于 75ms。

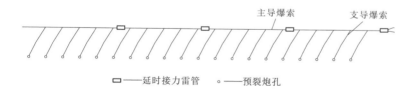

图 4.3-3　预裂爆破起爆网路示意图

4.3.6　质量评价

4.3.6.1　质量验收内容

（1）主控项目：半孔率、坡面平整度和边坡坡率。

（2）一般项目：裂缝宽度、坡面观感、爆破振动速度、爆破影响深度。

4.3.6.2　主控质量验收检测数量和检测方法

1. 检测数量

（1）半孔率指标检测数量，按不同的地质区段（或同一地质区每 100m 分 2 段）分别进行全面统计计算。

（2）坡面平整度和边坡坡率指标检测数量，开挖层每 100m 等间距检测 6 个断面，检测断面应在两个残留炮孔中间。

2.检测方法

（1）半孔率检测方法：量尺误差应小于 0.2m。

（2）坡面平整度和边坡坡率指标检测方法：在确定检测断面前方架设全站仪，从坡脚开始垂直向上每隔 1m 测量一个坡面坐标，计算出坡面平均坡率，再根据平均坡率计算各测点的偏差，即坡面凹凸差，凹陷取正值，凸起取负值。

4.3.6.3　质量评价标准

（1）不同岩性边坡预裂爆破或光面爆破坡面半孔率的质量标准，见表 4.3-4。

表 4.3-4　　　　　　按半孔率验收光面爆破或预裂爆破的质量标准（SL 47—2020）

岩石等级	半孔率	质量等级
硬岩（Ⅰ级、Ⅱ级）	>80%	合格
中硬岩（Ⅲ级）	>60%	合格
软岩（Ⅳ级、Ⅴ级）	>30%	合格

（2）光面爆破或预裂爆破形成的边坡面应平顺，平整度小于 150mm 为合格，局部地质原因的超标凹凸差，应据实确定。

（3）光面爆破或预裂爆破形成的边坡坡率应符合表 4.3-5 规定的质量标准。

表 4.3-5　　　　　　光面（预裂）爆破边坡坡率评价标准（SL 47—2020）

项目	允许偏差/(°)	质量等级
倾斜坡面坡率	2	合格
垂直坡面坡率	2，不允许倒坡	合格

（4）检测数量和检测方法。

1）预裂爆破裂缝宽度的检测数量为每 100m 等间距检测 6 个点；检测方法为尺量。

2）坡面观感的检测数量为全部检查；检测方法为建设单位组织施工单位、监理单位现场共同观察。

光面或预裂爆破残留的半孔壁面上应没有明显肉眼可见的爆破裂缝，坡面观感应达到稳定、平整、美观的要求。

4.3.7　工程实例

我国部分水利水电工程高边坡开挖预裂爆破参数见表 4.3-6。

表 4.3-6　　　　　　我国部分水利水电工程高边坡开挖预裂爆破参数

工程名称	岩性	台阶高度/m	孔深/m	孔距/m	孔斜/(°)	孔径/mm	药径/mm	填塞长度/m	线装药密度/(kg/m)	底部装药结构
三峡工程	花岗岩	10～13	10	0.8～1	60～90	110	32	1.0	0.6	孔底装药量取常规段的 4 倍，加强长度 1m

工程名称	岩性	台阶高度/m	孔深/m	孔距/m	孔斜/(°)	孔径/mm	药径/mm	填塞长度/m	线装药密度/(kg/m)	底部装药结构
葛洲坝工程	砂岩	12~18	16	0.8	80	65	32	1.0	0.2	底部药量增加650g
溪洛渡水电站	玄武岩	15~20	15	1	65	110	32	1.2	0.4	孔底装药量取常规段的4倍，加强长度1.5m
乌江渡水电站	灰岩	7~17	5~15	0.9~1	53~65	90	32	0.8~1.0	0.33~0.5	孔底装药量取常规段的3倍，加强长度1.5m
龙羊峡水电站	花岗岩	8~10	10~11	1	75~85	90~110	32	1.0	0.4~0.45	孔底装药量取常规段的4倍，加强长度1.5m
水布垭水电站	灰岩	12	12.5	0.9	90	110	32	1.2	0.38	底部药量增加700g
拉西瓦水电站	花岗岩	10	10	0.6~0.8	90	90	32	0.8~1.0	0.45	孔底装药量取常规段的4倍，加强长度1m
东江水电站	花岗岩	10~20	10~20	0.7	75~90	90~110	32	0.55~1.35	0.5	孔底装药量取常规段的3倍，加强长度1m
锦屏水电站	砂板岩大理岩	10	8.4~11.2	0.8	90	90	32	1	0.35	底部药量增加600g
黄登水电站	变质玄武岩	10	10	1	85	90	32	0.5~0.6	孔底装药量取常规段的4倍，加强长度1m
两河口水电站	变质砂岩	9	9	1.0~1.2	74.5	90	32	0.5~1.5	0.25~0.35	底部药卷为上层药卷的两倍
双江口水电站	花岗岩	10	10	1	90	100	70	1.0	0.35	底部药量增加650g

4.3.7.1 白鹤滩柱状节理玄武岩预裂爆破与光面爆破试验

白鹤滩水电站岩石高边坡的典型特征为需要在独一无二的柱状节理玄武岩中开挖形成平整的坝基。因此在柱状节理玄武岩中成功实施轮廓控制爆破，并有效控制爆破影响深度是工程关注的焦点。白鹤滩左岸高程660.00m以下正式进入柱状节理玄武岩的爆破开挖。柱状节理玄武岩较破碎，易松弛，岩性与普通玄武岩存在明显区别，因此需要开展专项爆破试验。为确定合理的爆破参数，共计规划了3个试验区，如图4.3-4所示。

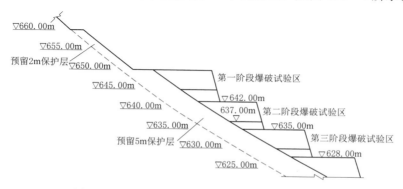

图4.3-4 柱状节理预裂爆破和光面爆破试验区

1. 预裂爆破和光面爆破的对比试验

首先进行预裂爆破和光面爆破的对比试验，为保证比较变量的惟一性，预裂爆破和光面爆破采用的钻爆参数相同，选取的爆破试验区参数见表 4.3 - 7。

表 4.3 - 7　　　高程 660.00～645.00m 试验区预裂爆破与光面爆破参数对比

主要参数	预裂孔或光爆孔	缓冲孔	爆破孔
孔径/mm	76	90	90
间排距/m	0.60	1.8×2.2	3×1.7 3×2.5 3×2.0
线装药密度/(g/m)	280	—	—
填塞长度/m	0.3～0.5	1.5	2.0
单孔药量/kg	4.3	15.1	18.5
最大单段/kg	14.2（4孔一响）	15.1（1孔一响）	18.5（1孔一响）
装药结构	预裂孔或光爆孔：竹片绑扎间隔装药，$\phi25mm$ 药卷底部加强 1.4kg。缓冲孔：$\phi70mm$ 药卷绑扎竹片上间隔装药，底部 1.1m 加强装药 4.5kg。爆破孔：$\phi70mm$ 药卷连续装药		
爆破网路	孔内 MS15 段，孔间 MS2 段、MS3 段，排间 MS5 段，中间起爆		

表 4.3 - 8 中给出了预裂爆破与光面爆破的爆破效果对比，基于相关的测试统计结果，由于柱状节理的易松弛特性，光面爆破的振动与损伤深度均大于预裂爆破，两种爆破半孔率基本相同，超欠挖值及平整度在两种试验工况下也无明显区别。

表 4.3 - 8　　　　　　　爆破试验区检测（或监测）成果表

爆破试验	质点振动 /(cm/s)	爆破损伤深度 /m	开挖面超欠挖 合格率/%	开挖面平整度 合格率/%	开挖面半孔 合格率/%
光面爆破	9.1	1.3～1.4	100	96.8	96.3
预裂爆破	6.8	1.0	100	98.7	90.1

上述类似实验重复了多次，并取得相近的试验结果。试验结果证明在柱状节理玄武岩中，预裂爆破的控制效果优于光面爆破，并在此基础上进一步开展了预裂爆破的优化试验。

2. 预裂爆破参数的优化试验

基于之前的试验结果，在高程 642.00～637.00m 坝基中部毗邻保护层顶面上下游共 40m 长范围内进行柱状节理玄武岩两组预裂爆破的对比试验，试验预裂孔间距 0.6m、0.7m 两种，线密度分别为 260g/m、280g/m，其他钻爆参数相同，详细参数见表 4.3 - 9。

表 4.3-9　　　　　　　　　　左岸高程 642.00～637.00m 试验区爆破参数

主要参数	预裂孔	缓冲孔	爆破孔
孔径/mm	76	90	90
间排距/m	0.6（上游试验四区） 0.7（下游试验五区）	1.8×2.2	2.5×4.0
线装药密度/(g/m)	260（上游试验四区） 280（下游试验五区）		
填塞长度/m	0.5	2.0	2.0
单孔药量/kg	4.86～4.78	2.02～9.26	4.32～12.98
最大单段/kg	15.4（4孔一响）	9.3（1孔一响）	14.1（1孔一响）
装药结构	预裂孔：竹片绑扎间隔装药，ϕ25mm 药卷底部加强 2.0kg；缓冲孔：ϕ70mm 药卷绑扎竹片上间隔装药，底部 1.1m 加强装药 4.5kg；爆破孔：ϕ70mm 药卷连续装药		
爆破网路	孔内 MS15 段，孔间 MS2 段、MS3 段、MS4 段，排间 MS5 段，中间起爆		

爆破过程中，详细进行了爆破振动与岩体损伤深度检测，表 4.3-10 给出了此次预裂爆破对比试验的相关测试结果。

表 4.3-10　　　　　　　　　　爆破试验区检测（或监测）成果表

爆破试验区	孔距/m	线装药参数/(g/m)	质点振动/(cm/s)	爆破损伤深度/m	开挖面超欠挖合格率/%	开挖面平整度合格率/%	开挖面半孔合格率/%
上游区	0.6	260	6.3	0.9～1.0	96.1	95.7	95.7
下游区	0.7	280		1.0～1.1	96.1	94.2	92.3

试验结果表明，采用线装药密度 280g/m、孔距 0.7m 的预裂爆破损伤深度偏大，线装药密度 260g/m、间距 0.6m 条件下的预裂爆破检测成果可达到预期目标。基于以上试验成果，白鹤滩水电站左右岸坝基柱状节理玄武岩开挖中采用该预裂爆破参数取得了成功。

4.3.7.2　杨房沟水电站建基面预裂爆破试验

1. 工程概况

杨房沟水电站是雅砻江中游河段一库七级开发中的第六级，是国内首个百万千瓦级采用 EPC 总承包管理模式的水利水电工程。工程为 I 等大（1）型。杨房沟水电站两岸边坡较陡，尤其是局部岸坡坡度在 $60°\sim70°$ 以上，两岸地形基本对称，呈 V 形谷，坝址出露地层主要为燕山期花岗闪长岩。该工程的主要特点为断层发育，且穿透了多个坝段的建基面，工程面临在节理岩体中实施预裂爆破并形成平整轮廓的关键技术难题。

2. 预裂爆破参数

通过多次爆破试验，确定的爆破参数见表 4.3-11。

表 4.3-11　　　　　　　　　　杨房沟水电站建基面预裂爆破参数表

台阶高度 /m	孔深 /m	孔距 /m	孔斜 /(°)	孔径 /mm	药径 /mm	填塞长度 /m	线装药密度 /(kg/m)
10	10	70	60～90	70	32	1.0	260

3. 预裂爆破效果

坝肩槽开挖爆破整体质量优良：轮廓面上残留的炮孔半圆痕迹均匀；相邻两炮孔间岩面的不平整度满足质量标准要求，坡面平均超挖值为 4.5cm，无欠挖；残留炮孔壁均无明显的爆破裂隙（宽度大于 0.5mm），无裂隙张开、错动及层面抬动现象；III_1 类岩体的半孔率为 95%；单元质量评定优良率为 95% 以上。

4.3.7.3　向家坝水电站右岸建基面预裂爆破试验

1. 工程概况

向家坝水电站为 I 等大（1）型工程，工程枢纽建筑物主要由混凝土重力挡水坝、右岸地下引水发电系统、左岸坝后厂房及左岸河中垂直升船机等组成。右岸坝肩边坡开挖高度 66.0m，在高程 351.00m、318.00m 处设有两个台阶，沿水流方向最大开挖长度约 123m。右坝肩自然边坡高陡，无冲沟切割，出露地层岩性以厚层至巨厚层砂岩为主，夹少量薄层粉砂岩、泥质粉砂岩、粉砂质泥岩。坝肩部位主要结构面为层间错动带、层面和节理裂隙，出露有 2 级软弱夹层。岸坡卸荷裂隙最大长度可达 30m 左右，张开较明显并夹泥。

2. 预裂爆破参数

通过右岸坝肩的多次爆破试验，确定的爆破参数见表 4.3-12。

表 4.3-12　　　　　　　　　　向家坝水电站建基面预裂爆破参数表

台阶高度 /m	孔深 /m	孔距 /m	孔斜 /(°)	孔径 /mm	药径 /mm	填塞长度 /m	线装药密度 /(kg/m)	底部加强装药
10	10	0.8	60～90	90	25	0.8	360	ϕ32mm 加强药卷，加强装药段控制在 700g

3. 预裂爆破效果

根据边坡预裂面成型情况，在软弱夹层或层间结合带半孔率偏低，孔位偏差最大为 8cm，不平整度最大为 11cm。边坡开挖面其余部位炮孔均可见半孔，半孔率达 100%，孔位偏差在 3cm 以内，坡面不平整度在 8cm 以内。根据爆破振动监测结果，右岸坝肩保留边坡岩体爆破影响深度在 1m 范围以内，且多数情况下岩体爆后声波波速变化率较小，属轻微爆破破坏或未破坏。

4.3.7.4　构皮滩水电站右岸建基面预裂爆破试验

1. 工程概况

构皮滩水电站拦河大坝为抛物线形双曲拱坝，大坝开挖边坡分左岸坝段、河床坝段和右岸坝段三部分，最大开挖高差达到 321m。右岸上游侧边坡在拱座高程以下拱肩槽走向正北，为斜交逆向坡。边坡总体稳定条件较好，因此均设计为垂直边坡，每 15m 高设置一级宽 3.0～4.5m 的马道。坝基及拱座岩体的总体质量较好，局部发育有规模较大的层间错动带。

2. 预裂爆破参数

通过右岸坝肩的多次爆破试验，确定的爆破参数见表4.3-13。

表4.3-13　　　　　　　构皮滩水电站建基面预裂爆破参数表

台阶高度/m	孔深/m	孔距/m	孔斜/(°)	孔径/mm	药径/mm	填塞长度/m	线装药密度/(kg/m)	底部加强装药
10	10	1.0	75	105	32	1.0	350	ϕ32mm 加强药卷，加强装药段控制在700g

3. 预裂爆破效果

测试结果表明：工程质量控制较好，坡面超挖控制在规范要求的范围以内，预裂爆破大大地减弱了爆破震动对基础面的破坏影响，从爆后声波测试成果来看，波速值均未超过设计标准，爆破效果良好。

4.3.8　聚能预裂爆破技术

1. 基本原理

"聚能预裂爆破"是将"聚能爆破"应用于预裂爆破的新技术，它利用不耦合装药结构以及聚能药卷的聚能作用，在裂缝开始形成的同时聚能射流沿着裂缝喷射，其气刃作用能进一步加强裂缝的扩展和延伸，大大降低预裂爆破的单位面积装药量和单位面积造孔量。

双聚能槽聚能药卷是通过特制的异形管装入粉状或者乳胶炸药制作而成，聚能管及聚能槽的张角通过试验确定，其形状如图4.3-5（a）所示。

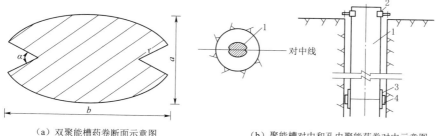

（a）双聚能槽药卷断面示意图　　　　　（b）聚能槽对中和孔内聚能药卷对中示意图

1—PVC双聚能槽药卷；2—地面对中线；3—连接套管；4—孔内柔性层对中装置

图4.3-5　双聚能预裂爆破示意图

2. 聚能爆破施工技术

如何保证聚能药卷处于炮孔中心，并使聚能槽的方向一致，使其在同一平面内，是聚能预裂成缝技术的关键。它包括孔内对中和孔口对中，孔内对中主要保证聚能药卷处于炮孔中心，孔口对中使聚能槽的方向一致。孔内对中和孔口对中均采用特制的对中装置，如图4.3-5（b）所示。

聚能管可以采用人工或者机器装药。粉状炸药采用锥形容器人工直接灌装，乳化炸药采用装药机装药。聚能药卷采用全孔导爆索进孔起爆，有两种起爆方式，一种是将导爆索绑在聚能管外面；第二种是将导爆索放在聚能管内。

3. 聚能预裂爆破在工程中的应用

小湾水电站水垫塘为复式梯形断面，总长度约450m（包括二道坝及其后护坦长度），底板宽70～90m。该地段河床冲积层厚度一般为15～20m，分布的基岩岩性主要为黑云花岗片麻岩、角闪斜长片麻岩夹片岩。在进行水垫塘底板保护层、二道坝坝基开挖时，成功采用了"聚能预裂爆破"这一新技术，并根据工程的实际情况，对其工艺、方法进行了进一步完善。

采用的爆破参数如下：

（1）钻孔直径。结合小湾工程钻孔机械设备的性能及水垫塘、二道坝基础结构特点，选择 YQ－100B 型潜孔钻作为聚能预裂孔的主要钻孔机具，钻孔直径为89mm。

（2）钻孔间距。通过爆破生产性实验，确定小湾聚能预裂孔孔距为200cm。

（3）不耦合系数。聚能预裂爆破采用的是特制的异形药管（装满粉状铵梯炸药的PVC管），其中 $a=25mm$，则不耦合系数 E 值为4.56。

（4）钻孔深度。综合考虑钻机的机械性能、钻杆自身沉降引起孔底超挖，及爆破循环次数和施工进度等因素，确定预裂孔一次钻孔深度按12～15m控制。

（5）线装药密度。根据小湾地区岩体特性，微新岩石的抗压强度一般为110～150MPa，参照其他水利工程的经验，及特制聚能药管（PVC管）的结构特征和技术要求，确定线装药密度为430～450g/m。

（6）填塞长度。填塞长度一般按经验公式 $L_1=(1～1.2)a$ 考虑，实际施工中的填塞长度根据爆破效果进行不断调整修正，一般取100～120cm为宜。

聚能预裂爆破与常规预裂爆破相比具有明显的技术经济优势：

（1）聚能预裂孔距为200cm，常规预裂孔距为80cm，聚能预裂爆破造孔费用仅占常规预裂爆破的40%左右。

（2）聚能预裂需要的导爆索、炸药、雷管等爆破器材费用占常规预裂爆破的40%左右。

（3）聚能预裂所用聚能管、连接套管、对中环等辅助材料费用比常规预裂高约400%，人工装药费用比常规预裂高约100%。

（4）综合考虑以上因素，聚能预裂爆破总费用占常规预裂的40%～50%，单位面积节约费用26～38元/m²。在小湾水垫塘、二道坝建基面开挖使用聚能预裂爆破施工总面积2万多m²，节约工程造价100余万元。

聚能预裂孔数仅为常规预裂的40%，同时由于聚能管装药可以在炸药库同时进行，基本上不占直线工期，大大缩短了爆破作业的循环时间，加快了施工进度。

4.4　基础保护层爆破

由于重要水工建筑物必须建在坚硬、完整的新鲜基岩上，建基面应具有足够的承载能力和良好的抗渗性能；为控制爆破对建基面岩体的损伤，通常在建基面开挖时预留一定厚度的岩体保护层，对保护层采取严格的控制爆破技术。

4.4.1 保护层厚度的确定

4.4.1.1 经验确定

为保护岩体，保护层的厚度应大于台阶爆破的底部损伤深度。在工程经验的基础上，《水工建筑物岩石地基开挖施工技术规范》（SL 47—2020）提出了确定保护层厚度的经验确定法，见表4.4-1。

表 4.4-1　　　　　　　　　　　保护层厚度的经验建议值

岩体特性	节理裂隙不发育和坚硬的岩体	节理裂隙较发育、发育和中等坚硬的岩体	节理裂隙极发育和软弱的岩体
h/d	25	30	40

注　h 为保护层厚度，mm；d 为台阶炮孔底部的药卷直径，mm。

大量试验表明，岩体损伤深度与孔内药卷直径存在一定比例关系，通过三峡、葛洲坝、小湾、溪洛渡、白鹤滩等工程实践，不同岩体的深孔台阶爆破底部破坏深度损伤范围见表4.4-2。

表 4.4-2　　　　　　国内部分工程深孔台阶爆破底部破坏深度实测值

工程名称	基岩性状	炮孔底部破坏深度
葛洲坝水利枢纽	缓倾角的砾岩、砂岩、黏土质粉砂岩与黏土岩	$40d$
万安水电站	粉砂岩和砂质页岩裂隙发育、岩石破碎	$(20\sim30)d$
东江水电站	微风化花岗岩	$(8\sim15)d$
安康水电站	千枚岩、裂隙断层发育	$30d$
鲁布革水电站	白云岩、石灰岩、裂隙发育	$30d$
飞来峡水利枢纽	中细粒花岗岩弱风化带	$(31\sim37)d$
三峡工程	闪云斜长花岗岩弱风化中限	$(20\sim27)d$
小湾水电站	混合岩	$31d$
溪洛渡水电站	玄武岩	$25d$
白鹤滩水电站	柱状节理玄武岩	$33d$
乌东德水电站	层状灰岩	$30d$

注　d 为炮孔底部药卷直径，mm。

4.4.1.2 试验确定

通过现场爆破试验，检测炮孔底部的损伤范围，并由此确定预留保护层的厚度。检测台阶爆破孔底破坏深度的方法为声波法。采用声波法衡量爆破损伤深度的标准总体分为两类：①声波波速降低率；②设计认定声波值的大小。

4.4.2 保护层分层开挖法

保护层分层开挖的目的在于保护保留基岩的质量,是一种"层层剥皮"的方法。它虽对保证质量有好处,却大大降低了保护层开挖的速度。根据《水工建筑物岩石地基开挖施工技术规范》(SL 47—2020)规定,保护层分层开挖应按下述程序进行:

第一层:只能钻至距水平建基面1.5m。例如保护层厚4m,首先只能进行2.5m孔深的小台阶爆破。当保护层只有1.5m或更小时,则不存在本层的开挖。若保护层略大于1.5m(不宜大于50cm),可采用第二层的开挖法。本层开挖钻孔直径不得大于40mm。

第二层:对节理不发育、较发育、发育和坚硬、中等坚硬的岩体,炮孔深度只能为1m,对节理裂隙极发育和软弱的岩体,孔深为0.8m,规定不大于60°的钻孔角度是为了减小对保留岩体的破坏力。本层使用的孔径小于40mm。

第三层:对节理裂隙不发育、较发育、发育和坚硬、中等坚硬的岩体中,不再留撬层,炮孔可钻至建基面。节理裂隙极发育和软弱岩体留0.2m撬挖层。本层使用的孔径小于40mm。

需要说明的是,由于施工效率低,保护层分层开挖法已逐渐被淘汰。随着爆破控制技术的提高,水利水电工程建设中,已普遍实现保护层一次爆除的目标。

4.4.3 孔底设柔性垫层的保护层一次爆除法

孔底设柔性垫层的保护层一次爆除法指的是对预留的保护层采取一次钻至建基面,在炮孔底部设置不同结构的垫层,采用孔间毫秒延期起爆网路,一次爆除保护层。图中4.4-1给出了该技术的设计示意图和装药结构图。

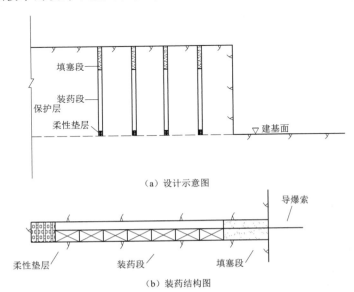

(a) 设计示意图

(b) 装药结构图

图4.4-1 孔底设柔性垫层的保护层一次爆除法设计示意图

该技术的设计要点如下：

（1）采用小台阶多排毫秒延期爆破。

（2）合理地设置柔性垫层，柔性垫层的设计主要包括垫层长度、垫层位置和垫层材料的选择。一般而言，垫层应设置在建基面之上，同时为避免爆破根底，垫层长度不宜过大。

（3）采用不耦合装药、弱振动、小爆破的爆破方式。

以东风水电站保护层一次爆除为例，保护层采用孔底设置柔性垫层，手风钻台阶爆破一次爆除的方案，爆破参数见表4.4-3。炮孔底部柔性垫层为塑料袋装木屑。

表 4.4-3　　　　　　　　　　　手风钻台阶爆破参数表

项　　目	试　验　编　号	
	880813	880917
台阶高度/m	2.4	2.4
钻孔角度/(°)	90	90
柔性垫层厚度/m	0.2	0.2
孔深/m	2.6	2.6
孔距/m	1.0	1.0
排距/m	1.0	1.0
孔径/mm	40	40
药卷直径/mm	32	32
爆区面积/m²	10.5×8	8×10
爆破孔排数/排	10	8
炸药单耗/(kg/m³)	0.56	0.56

采用孔间毫秒延期爆破起爆方法，起爆网路如图4.4-2所示。爆破后炮孔底部影响深度小于0.4m，爆破后石渣堆积集中，块度均匀，开挖深度均达到2.4m，爆破效果良好。以上效果表明，进行合理的设计，采用孔底设置柔性垫层的保护层一次爆除法可取得比较理想的爆破效果。

4.4.4　保护层一次爆除的水平光面爆破法

保护层一次爆除的水平光面爆破法是指对主体部位的岩体进行爆除时，光爆面以上的岩体作为保护层，在设计的轮廓线上密集钻光爆孔并进行不耦合装药，形成平整的开挖面。典型的钻爆设计和炮孔装药结构如图4.4-3所示。

以三峡工程双线五级永久船闸保护层开挖为例，介绍保护层一次爆除的水平光面爆破法。基岩为闪云斜长花岗岩，其间夹有花岗岩脉、伟晶岩、闪斜煌斑岩等。水平建基面保护层开挖以微新岩石为主，下部还有少量的弱风化岩体。开挖总面积约26万 m²，保护层

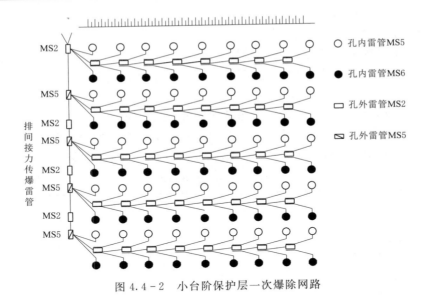

图 4.4-2 小台阶保护层一次爆除网路

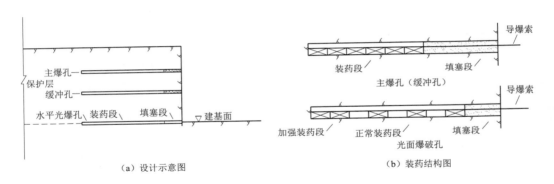

（a）设计示意图   （b）装药结构图

图 4.4-3 保护层一次爆除的水平光面爆破法设计示意图

厚 2.5~4.0m，总方量约 74.3 万 m³。开挖高峰强度为 9 万 m³/月。

保护层开挖爆破采用水平光面爆破法，爆破参数见表 4.4-4。

表 4.4-4　　　　　三峡永久船闸建基面保护层水平光面爆破参数

孔别	孔深 /m	孔径 /mm	孔距 /m	排距 /m	填塞长度 /m	药卷直径 /mm	炸药单耗 /(kg/m³)	线装药密度 /(g/m)	装药形式
主爆孔	5	46	1.4		1.2	32	0.55	—	连续不耦合
缓冲孔	5	46	1.0	1	1.0	25	0.53	—	连续不耦合
光爆孔	5	46	0.5	1	0.8	25	—	180	串状装药

爆破效果表明，基岩表面不平整度可以控制在 20cm 以内（主要受水平钻孔精度的控制），可以大大减少清基工作量；同时爆破振动速度远小于设计标准，爆破控制效果良好。

4.4.5 水平预裂取消保护层法

水平预裂取消保护层开挖法是指在开挖区域形成先锋槽后，采用水平预裂辅助以浅孔台阶爆破的方式开挖最后一层岩体。该技术在溪洛渡、乌东德等大型水电站的基坑建基面开挖中被广泛采用，该技术的简要设计示意如图 4.4-4 所示。

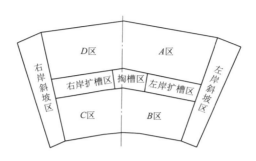

（a）先锋槽开挖设计示意图

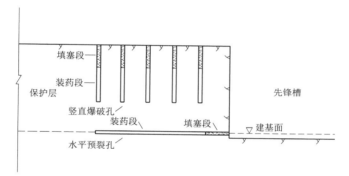

（b）设计示意图

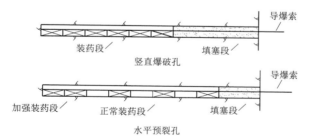

（c）装药结构图

图 4.4-4 水平预裂取消保护层法设计示意图

水平预裂取消保护层法早在 20 世纪 70 年代开始被探索，以东风水电站的保护层开挖为例介绍水平预裂取消保护层的开挖方法。

（1）水平预裂爆破的选择。采用 CLQ15 和 CLQ-80 潜孔钻钻孔，钻孔直径为 $90\sim110\text{mm}$，炮孔间距为 0.8m，药卷直径为 32mm，不耦合系数为 $2.5\sim4.5$。预裂孔深为 $2\sim3$ 倍台阶高度，预裂面到台阶爆破孔底的间距控制在 $0.5\sim0.8\text{m}$。与垂直预裂爆破相同，当它与台阶爆破同时进行时，水平预裂爆破超前起爆 110ms。

（2）水平预裂爆破效果。试验结果证明，孔间起伏差 0～15cm 时，残留的半孔率可达 95%～100%；起伏差达到 25cm 以上时，半孔率将有明显下降。开挖结果表明水平预裂爆破控制效果良好。

4.4.6   消能-聚能联合控制爆破技术

4.4.6.1   现有保护层开挖技术的对比

将已有的保护层开挖技术进行分类对比，见表 4.4-5。不同开挖方式的优缺点分述如下：

表 4.4-5   常见的坝基保护层开挖方法的优缺点

序号	坝基保护层开挖方法	优　点	缺　点
1	传统的保护层分层爆破法	传统方法，可控开挖效果	开挖分层多，施工工序较为复杂，人工撬挖工作量大
2	孔底柔性垫层小台阶爆破法	施工速度相对较快，工艺简单	开挖平整度较差，孔底损伤控制效果有限
3	水平预裂辅助以浅孔台阶爆破法	开挖成型效果好	需要开挖先锋槽以创造预裂孔水平钻孔工作面，施工进度受限
4	保护层一次爆除的水平光面爆破法	开挖成型效果好	按照一定方向逐步推进，一次爆除宽度受钻孔长度限制，施工进度较慢
5	水平聚能预裂爆破法	可适当增大炮孔间排距，开挖成型效果好	水平聚能装药要求高，施工工艺较复杂

（1）传统保护层分层开挖由于开挖分层多达 3 层，施工干扰大，施工进度慢且施工步骤烦琐，"层层剥皮"的施工方法已越来越难以适应工程施工进度要求。

（2）柔性垫层施工方法的运用不适应裂隙发育、脆性较大的岩石，且传统的柔性垫层多采用易燃物质，作用效果有限，因而在很多工程中限制了其使用。

（3）水平预裂法施工方法较第一种工艺上先进，参数也容易确定，工效较高，但建基面预裂爆破孔的钻设需要水平工作面，导致在施工中前次爆破的清渣工作与钻孔工作施工干扰大，影响施工进度。

考虑到垂直孔台阶爆破方案的开挖效率高，长江科学院等单位研究并提出了垂直爆破孔孔底设置松砂垫层的小台阶毫秒微差爆破技术，长江科学院和中国葛洲坝集团联合提出了孔底聚能爆破的设想并在三峡进行了现场试验；水电八局研发了水平聚能预裂爆破技术。以上技术在不同工程条件下，均取得了不错的效果，但由于适用性、工程造价以及操作要求的原因，尚未被广泛采用。

4.4.6.2   岩石基础开挖成型消能-聚能联合控制爆破技术

武汉大学、中国长江三峡建设管理有限公司以及长江科学院等单位联合研发了岩石基础开挖成型消能-聚能联合控制爆破技术。

1. 技术原理

该技术通过在装药底部设置高波阻抗（介质密度和波速的乘积）的锥形或球形垫块，将炮孔中往孔底传播的爆炸冲击波反射并聚集到水平或斜向上方向，从而加强炮孔底部水平侧向和上部岩体的破碎，实现了建基面的水平向聚能爆破切割；通过在炮孔底部和高波阻抗垫块之间铺设低波阻抗的松砂垫层，进一步消减经由高波阻垫块透射的爆炸冲击波能量，实现垂直向的孔底消能减振。图4.4-5给出了该爆破技术的原理示意图。

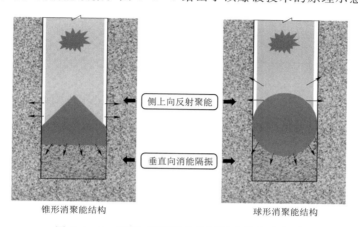

图 4.4-5 消能-聚能联合控制爆破技术示意图

2. 试验验证

为验证这一技术的有效性，白鹤滩水电站坝基开挖过程中开展了大量试验。部分试验参数及相关测试成果见表4.4-6。

表 4.4-6　　　　　　　　　部分试验参数及相关测试成果

参　　数	试　验　一	试　验　二	试　验　三
间排距/m	1.5×1.5	1.5×1.5	1.5×1.5
孔径/mm	90	90	90
药径/mm	70/32	70/32	70
线密度/(g/m)	2000	2000	
单孔药量/kg	6.2	6.2	6.0
单段药量/kg	12.4	12.4/6.2	6.0
装药结构	孔底1节 φ70mm 药卷加强，其余均为2节 φ32mm 药卷捆绑连续装药，消能球顶面高程与建基面高程一致	孔底1节 φ70mm 药卷加强，其余均为2节 φ32mm 药卷捆绑连续装药，消能球顶面高出建基面5cm	均为3节 φ70mm 药卷捆绑连续装药，建基面超钻5cm+球
爆破网路	8排孔，孔内 MS13，孔间 MS2，排间 MS3，两孔一段，中间起爆	8排孔，孔内 MS13，孔间 MS2，前四排两孔一段，排间 MS3，后四排单孔单段，排间 MS5，单边起爆	4排孔，孔内 MS13，孔间 MS3、MS2，单孔单段，排间 MS5单边起爆

续表

参　数	试　验　一	试　验　二	试　验　三
振动监测分析	10m 处最大质点峰值振速 9.14cm/s，超过控制标准	由前 4 排孔引起的 10m 处的最大质点峰值振速为 12.29cm/s，超标；由后 4 排孔引起的 10m 处的最大质点峰值振速为 4.69cm/s，未超标	10m 处最大质点峰值振速 4.90cm/s，未超过控制标准
损伤深度检测分析	爆破损伤深度：0.70～0.74m 控制较好，均未超标	爆破损伤深度：0.69～0.72m 控制较好，均未超标	爆破损伤深度：0.70～0.74m 控制较好，均未超标

试验结果表明：

（1）孔底增设了消能-聚能结构后，炮孔底部 1.0～2.0m 范围内实测振动速度较未设消能-聚能结构的工况可大幅降低，振动幅值从 32.0～35.0cm/s 降低到 15.0～19.0cm/s，降低比例为 20%～60%，对孔底以下保留岩体的保护效果非常显著。

（2）比较常规的几种轮廓爆破技术，对建基面以下岩体，水平预裂爆破诱发的振动值最高，消能-聚能爆破与光爆孔基本相等，前者比后两者高 20%～40%。

（3）采用消能-聚能爆破技术对保护层进行开挖，爆破损伤深度均在 0.8m 内，符合设计控制标准。

（4）垂直孔消能-聚能爆破，工作面不受限制，而且全采用垂直孔，钻孔速度快。因此，从施工效率来看，保护层垂直孔消能-聚能爆破较传统水平预裂和水平光爆方案高。

4.5　水工岩石高边坡开挖爆破控制技术

4.5.1　基本概念

水利水电工程由于地处深山峡谷，两岸边坡高陡，边坡开挖成为控制工程质量和进度的关键因素。表 4.5-1 给出了西南地区部分重大水利水电工程高边坡的相关统计参数。由于深山峡谷通常采用拱坝这一坝型，开挖需要形成平整的坝基、多面临空的船闸闸首、复杂的拱肩槽空间曲面等，开挖爆破成型的要求极为严格。水利水电工程岩石高边坡开挖爆破控制技术包括了开挖规划设计、开挖爆破设计、爆破质量控制、爆破效应监测以及开挖爆破信息化管理等方面的内容。

表 4.5-1　　　　　中国西南地区部分重大水利水电工程高边坡开挖参数

序号	高边坡名称	自然坡高 /m	开挖工程量 /万 m³	开挖坡高 /m	自然坡度 /(°)
1	小湾水电站	700	294.5	687	47
2	锦屏一级水电站	650	305	530	55
3	乌东德水电站	560	236	430	43

续表

序号	高边坡名称	自然坡高 /m	开挖工程量 /万 m³	开挖坡高 /m	自然坡度 /(°)
4	大岗山水电站	610	210	380	40
5	天生桥水电站	400	178	350	50
6	溪洛渡水电站	550	276	410	60
7	白鹤滩水电站	600	289	480	42
8	向家坝水电站	350	161	200	50
9	紫坪铺水电站	350	156	280	40
10	糯扎渡水电站	800	261.5	300～400	43

4.5.2 高边坡爆破特点

4.5.2.1 基本原则

（1）采用自上而下分层分块开挖的施工程序。边坡体上部，一般岩石风化比较严重，不利于安全和稳定，上部宜用小台阶法开挖，一般台阶高度为 3～5m。待边坡的上部形成一定压重后（一般为正常施工台阶的 2～3 倍高度），再转入正常高度的台阶开挖。

（2）地下工程先于明挖工程，原因为：①使明挖与洞挖各自独立进行，施工干扰小；②地下工程的抗震能力一般高于边坡工程，其失稳的规模及影响也小于边坡工程；③可在明挖施工之前对地质情况做进一步了解，从而对边坡支护设计做出调整；④可提前完成地下排水系统，从而有效降低边坡内水压力；⑤可对边坡应力、位移的变化过程作全面观测，适时对边坡进行预加固或补充加固。

（3）开挖中应适时对边坡进行支护。在开挖过程中，坡体要经过急剧变形、缓慢变形，最后达到稳定状态三个阶段。因此，每个台阶开挖工作与相应的加固支护工作应做到基本同步，结束后方可转入下一台阶的钻孔爆破与支护作业。

（4）施工程序应满足便于施工布置，有利于施工组织和确保施工工期的原则。

4.5.2.2 总体方案

（1）我国水利水电工程高边坡的爆破程序有两种：①预裂爆破—深孔台阶微差爆破—缓冲孔爆破；②深孔台阶微差爆破—缓冲孔爆破—光面爆破。缓冲孔的引入是水工岩石高边坡爆破控制技术的重要特征。

（2）高边坡深孔台阶爆破参数设计与一般石方开挖的基本方法相同，但参数的选择需与高边坡的稳定和服役期建基面的岩体质量要求密切相关。

（3）水工边坡工程中考虑爆破参数时，首先应该保证边坡的稳定，这将涉及两方面的条件：一是自稳条件，二是加固手段。因此，合适的爆破方案不仅应与所采用的钻孔、装载、运输机械相匹配，而更应与边坡稳定条件和加固手段相匹配。

（4）在远离设计边坡的部位，可适当增大台阶高度，但是不宜超过 15m。邻近边坡爆破时，台阶高度不宜超过 10m。

4.5.2.3 爆破设计

（1）水利水电工程岩石高边坡的爆破参数确定可总体参照露天深孔台阶爆破的参数确定，但由于工程的特殊要求，其量值往往取小值，以实现精细控制。

（2）深孔台阶有序微差爆破、缓冲孔爆破、轮廓爆破是实施边坡开挖爆破技术的三个主要环节。有序微差爆破主要在于控制爆破的震动影响和对基础岩石的破坏。预裂或光面爆破控制最终边坡的平整度，这是至关重要的措施。缓冲孔爆破是主爆区与预裂或光面之间的一种爆破，它由一排或二排炮孔组成，目的在于防止主爆区炮孔爆破对预裂壁面造成损坏或使光面爆破有比较整齐的抵抗线。图 4.5-1 是这种爆破模式的基本图式。

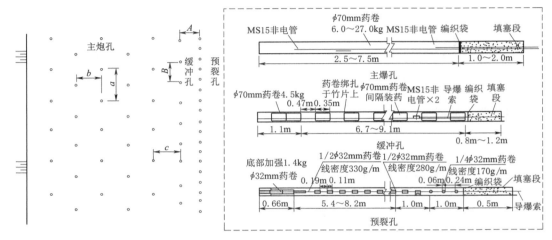

图 4.5-1 水电工程岩石高边坡爆破设计示意图

（3）主爆区爆破孔采用常规深孔台阶爆破法，靠近最终边坡面的爆破不宜采用大于六排以上的多排布孔，更不宜采用压渣爆破法。网路使用有序微差爆破，将单段药量降至合理的限度，以减少爆破振动对保留岩体的影响。

（4）水利水电工程中，常常涉及特殊部位的边坡开挖爆破。例如船闸的闸室、电厂钢管槽以及岩坎保护下的基坑等陡立边坡的开挖，由于它们对坡面成型、坡体稳定等都有极高的要求，在采用上述爆破程序时，还应增加辅助的施工预裂措施。

4.5.3 高边坡爆破控制技术

4.5.3.1 岩石高边坡爆破安全控制标准

爆破安全控制标准是水电工程岩石高边坡爆破设计和安全控制的重要指标。大量观测结果表明，爆破地震破坏程度与质点振动速度的相关性比较密切。因此，在工程中大多用质点振动速度衡量爆破震动效应。

在水利水电工程岩石高边坡开挖爆破中，一般采用坡脚的质点振动速度作为边坡开挖施工的爆破控制指标。基于已有工程实践，我国部分重大水利水电工程的爆破振动安全控制标准见表 4.5-2，详细的爆破振动安全控制标准制定见第 11 章。

表 4.5－2　　我国部分重大水利水电工程采用的爆破振动安全控制标准

工 程 名 称	岩体分类	爆破振动速度/(cm/s)
三峡船闸永久二期工程边坡	微风化花岗岩	15～20
	弱风化花岗岩	10～15
	强风化花岗岩	10
小湾水电站岩石高边坡	Ⅱ类岩体	10～15
	Ⅲ类岩体	7.5～10
	Ⅳ类岩体	5～7.5
溪洛渡水电站岩石高边坡	Ⅱ类岩体	10～15
	Ⅲ类岩体	5～10
	Ⅳ类岩体	3～5
白鹤滩水电站岩石高边坡	块状玄武岩	10
	柱状节理玄武岩	5
乌东德水电站岩石高边坡	Ⅱ类岩体	10～12
	Ⅲ类岩体	8～10
	Ⅳ类岩体	5～8
锦屏一级高边坡	Ⅱ类岩体	15
	Ⅲ类岩体	12
	Ⅳ类岩体	10
拉西瓦水电站岩石高边坡	Ⅱ类岩体	12～15
	Ⅲ类岩体	10～12
	Ⅳ类岩体	5～8
东风水电站岩石高边坡	Ⅱ类岩体	12
	Ⅲ类岩体	10
	Ⅳ类岩体	5
杨房沟水电站岩石高边坡	Ⅱ类岩体	15
	Ⅲ类岩体	10
	Ⅳ类岩体	5
乌江渡水电站岩石高边坡	Ⅱ类岩体	18
	Ⅲ类岩体	12
	Ⅳ类岩体	8

工 程 名 称	岩体分类	爆破振动速度/(cm/s)
龙羊峡水电站岩石高边坡	Ⅱ类岩体	15
	Ⅲ类岩体	10
	Ⅳ类岩体	5
二滩水电站岩石高边坡	Ⅱ类岩体	15
	Ⅲ类岩体	10
	Ⅳ类岩体	8
构皮滩水电站岩石高边坡	Ⅱ类岩体	12～15
	Ⅲ类岩体	10～12
	Ⅳ类岩体	5～8

4.5.3.2　水电工程岩石高边坡开挖质量评价与检测

为了有效地控制爆破对边坡的影响，在爆破施工过程中有必要进行适当的仪器跟踪监测。通过对监测资料的分析，归纳提出不同类型、不同地质条件下的边坡爆破安全控制标准；及时将监测成果反馈给爆破设计，以便优化爆破设计，确保达到施工期安全开挖边坡的目的。

（1）爆破振动沿边坡面传播规律的观测。一般采用观测爆破质点振动速度的方法得到爆破振动沿边坡面的传播规律。将振速观测数据用式（4.5-1）和式（4.5-2）进行回归分析，以求出场地常数 K、α、β。由于边坡的几何特征，式（4.5-1）和式（4.5-2）在常规爆破振动衰减公式的基础上考虑了高程效应。

$$V = K\left(\frac{Q^{1/3}}{R}\right)^{\alpha}\left(\frac{Q^{1/3}}{H}\right)^{\beta} \tag{4.5-1}$$

$$V = K\left(\frac{Q^{1/3}}{R}\right)^{\alpha} e^{\beta H} \tag{4.5-2}$$

式中　V——质点振动速度，cm/s；

　　　Q——单段药量，kg；

　　　R——爆源至测点的水平距离，m；

　　　H——高度差，m。

（2）重要部位、重要断面的爆破安全监测。开挖中应结合工程施工特点及设计要求，对重要部位、重要断面进行安全监测。监测方法包括：爆破时边坡岩体运动参数（质点振速、质点震动加速度、质点振动位移）的监测；爆破时岩体动力学参数（质点动应变、质点动应力）监测；爆破引起的岩石边坡体及底部基岩破坏、松动范围检测（如钻孔声波穿透测量、同孔声波及小区域地震剖面法测量、压水试验、岩体表面宏观调查等）。

（3）爆破对边坡岩体破坏影响范围监测。进行本项监测的目的在于：确定不同爆破方法及所采用的爆破参数对边坡岩体的影响程度，据此做到对边坡开挖爆破进行优化设计，根据监测成果进一步完善或修正爆破安全控制标准，使之更趋合理。常用观测方法有：地质描述和裂隙调查；质点振动监测；弹性波法监测；压水试验；钻取岩芯；钻孔电视等。

（4）其他需要的观测。随着计算机技术的发展，在研究岩质边坡开挖问题时，已开展了爆破动力影响下的岩质边坡稳定分析计算工作。实际施工中对一些部位的岩体参数、动力参数及岩体破坏影响程度进行观测。将其观测成果与计算结果相比较、分析，以求改进和完善原有的计算方法和程序，使其更符合实际情况；同时也有可能利用这些观测成果作为原始数据，对边坡岩体的安全稳定做进一步的计算分析研究。

1. 典型的岩石高边坡爆破监测方案

（1）爆破振动监测。爆破振动测点布置在爆区正后冲方向上一台阶坡角处，位于边坡马道的内侧。其他测点沿大坝轴线自下而上布置，质点振动测试示意如图 4.5-2 所示。

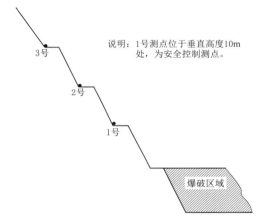

图 4.5-2　质点振动测试示意图

需要说明的是以上测点布置是爆破监测时的首选方案，但当周围条件不允许时，需采取替代方案。替代方案的原则为尽量靠近目标测点位置，通过爆破振动衰减规律，推算目标测点的爆破振动峰值。另外，为增强爆破监测的可靠性，视工程需要，可在控制点位置适当增加爆破监测点。

现场监测采用的振动速度传感器是三向振动速度传感器。在具体监测过程中，重点监测部位同一测点一般布置一台三向速度传感器（可同时测量竖直向、水平径向和水平切向的振动速度），用石膏固定在所需监测的部位，然后将记录仪与其相连。爆破振动信号传递到测点时，记录仪自动记录信号。爆后利用专门编制的爆破振动分析软件将记录仪采集到的振动信号输入电脑中，进行存储与分析处理。

（2）岩体爆破影响范围检测。爆破时，需要对岩体的爆破影响范围进行检测，方法如下：

1）从爆区表面钻斜向的声波孔，穿过爆区到达保留预裂面，穿过预裂面 6~8m，全孔深 8~12m，如图 4.5-3（a）所示，孔径为 90mm。爆破试验区钻设两组声波测试孔，每组声波孔包含 3 个相互平行的钻孔，孔间距为 1.0m，如图 4.5-3（b）所示。

2）爆破前进行第一次声波测试（包括单孔和跨孔）。测试完后将孔内灌满沙子，对炮孔进行保护。

3）爆破后待爆渣清理到合适高程，将炮孔中的细沙用高压风吹出，在尽量短的时间内进行爆破后的声波测试（包括单孔和跨孔）。

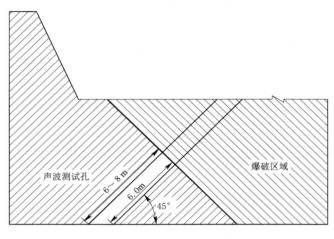

（a）声波孔布置剖面图

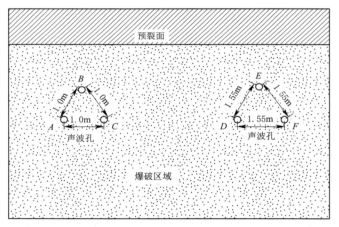

（b）声波孔布置平面图

图 4.5－3　声波测试方案示意图

4.5.3.3　水利水电工程高边坡开挖爆破信息化管理

随着信息技术的发展，现代工程的质量管理与操作流程向信息化和智能化方向转变。因此水利水电工程高边坡的爆破开挖管理也步入了信息化时代，以白鹤滩水电站为例，结合工程建设，建立了水利水电工程高边坡开挖爆破的信息化管理系统。

开挖爆破管理信息系统的主要内容是围绕爆破设计审查、爆破器材管理以及爆破测试结果的反馈和优化等环节展开。从功能角度，爆破信息管理系统分为爆破设计的提交与联合校审、爆破器材管理、爆破测试管理、简报管理以及用户信息管理等五大板块。

1. 爆破设计联合校审

进入到爆破任务信息管理界面后，可进行爆破设计提交、爆破设计审查，由施工单位提交爆破设计初稿，上传全部爆破设计内容，如爆破装药结构和爆破网路等，如图 4.5 - 4 所示。

图 4.5 - 4 爆破设计审查模块

2. 爆破器材管理

此模块主要是对爆破器材的使用数量进行统计和管理。包括炸药、雷管等使用数量，以及运输状态等信息，如图 4.5 - 5 所示。

图 4.5 - 5 爆破器材管理模块

3. 爆破测试管理

进入该功能界面后，可以查看爆破监测数据信息表。该表列出了所有爆破监测数据的基本信息，可以查看数据详情。爆破振动监测数据详情，包括爆破时间、仪器编号、传感器灵敏度系数、爆破振动波形图等信息，如图4.5－6所示。

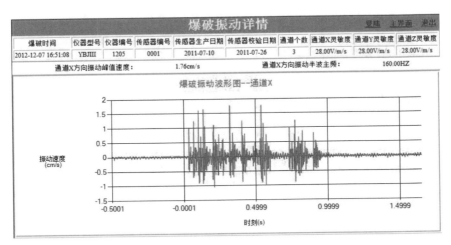

图4.5－6　爆破振动信息表

4. 爆破资料管理

进入该功能界面后，可以查看振动监测简报信息表。包括简报上传日期、上传人员、简报名称、查看简报、下载简报及删除简报等功能，点击查看简报后，可以对爆破振动监测简报文档进行查阅和打印等。

4.5.4　工程实例

4.5.4.1　小湾水电站岩石高边坡

1. 工程概况与地质条件

小湾水电站为抛物线型混凝土双曲拱坝，最大坝高292m，总装机规模4200MW。两岸边坡的原始地形陡峻、变化复杂、表层风化卸荷严重，开挖高度最高达687m。左岸高程1245.00～1460.00m为坝端边坡，边坡岩体为风化卸荷岩体。高程953.00～1245.00m为坝肩槽边坡，分布的角闪斜长片麻岩岩体结构较完整，风化卸荷浅，顺坡向卸荷裂隙不发育。右岸高程1110.00m以下主要为角闪斜长片麻岩，高程1110.00m以上主要为黑云花岗片麻岩，由于蚀变和F_{11}断层等的影响，岩体完整性差、强风化、强卸荷岩体厚10～15m，陡倾角节理和节理密集带发育。

2. 总体方案

根据边坡的特点，开挖爆破整体方案是：自上而下分层分区开挖，同层根据台阶面特点，当开挖区宽度超过30m时，采用垂直边坡方向前后分区爆破，纵向分区，横向也分区；当宽度小于30m时，采用垂直边坡方向前后不分区爆破，即沿澜沧江流向纵向分区，横向不分区。

3. 爆破参数

爆破参数见表 4.5－3。

表 4.5－3　　　　　　小湾水电站岩石高边坡开挖爆破参数表

炮孔类型	孔径/mm	孔距/m	排距/m	药径/mm	填塞长度/m	装药结构
预裂爆破	89	0.8	—	底部：32 中上部：25	1.0～1.5	间隔装药
缓冲孔爆破	89	2.0	与预裂孔：1.2～1.5 与前排主爆孔：2	60	1.5	连续装药
主爆破孔	89	4.0	2.0	70 及 60	1.5～2.0	连续装药
加强孔	89	1.5～2.0	2.0	70 及 60	1.5～2.0	连续装药

4. 起爆网路

孔内采用 MS13 段雷管延时，排间时差一般采用 MS5 段雷管接力，孔间分段选用 MS2 段或 MS3 段雷管接力。孔内雷管分别安放在装药段底部及中部（正向或反向起爆），以保证较高的准爆率。

预裂爆破提前起爆对附近的传爆网路会造成影响，为保证网路安全可靠，应采用掩盖和清除孔口附近的松石等保护措施，预裂爆破孔的填塞物不允许有碎石等坚硬块状物，以防飞石砸断起爆网路。

5. 爆破效果

小湾水电站的建基面开挖体形及超欠挖、不平整度、预裂残孔率均满足规范和设计要求。坝基开挖后表层岩体初期爆破影响深度一般为 1.2～2.0m，最终岩体爆破影响深度一般为 1.5～1.8m，建基面开挖施工质量控制较好，总体满足规范和设计要求。

4.5.4.2　三峡工程钢管槽爆破开挖

1. 工程概况

在三峡一期工程岩石开挖施工中，左岸厂房 1～6 号机钢管槽的爆破开挖成型质量和围岩稳定，一直是有关部门密切关注的重点问题。三峡工程钢管槽的开挖有以下特点。

（1）形状复杂：三峡水利枢纽左岸厂房 1～6 坝段引水钢管槽共有 6 条，相互平行，槽宽 16.6m，最大开挖深度 32.9m，最小开挖深度 16.2m，开挖长度为 57.56m；两侧边墙直立，最高处有 28.3m，最低处有 11.6m；钢管槽上游为一长 29.6m、坡度为 1∶0.72 的缓坡。

（2）地质条件差：钢管槽围岩岩性为前震旦纪闪云斜长花岗岩，呈灰白色，属中粗粒结构，有微风化，岩质坚硬。由于多期构造活动及长期风化应力的作用，裂隙发育。

2. 开挖方案与爆破参数

针对钢管槽的地质特点和考虑边界条件对槽成型的影响，采用全断面爆破开挖方式，各槽自高程 93.00m 左右下降，采用 1.0m、1.5m 的小台阶下降至高程 90.00m，再用 2.0m 高的两个小梯段开挖至高程 86.00m，其余采用 4.0m 高的台阶开挖。

根据爆破试验结果，在施工中实际采用的爆破参数如下：孔深为 $1.5\sim4.0m$；孔径为 $40\sim45mm$；光爆孔孔距 $50\sim70cm$，主爆孔孔距 $130\sim150cm$，缓冲孔孔距 $100\sim110cm$，主爆孔排距为 $110\sim130cm$；乳化炸药药径在主爆孔及缓冲孔中为 $32mm$，光爆孔中为 $25mm$ 及 $28mm$；主爆孔及缓冲孔填塞长度为 $60\sim100cm$，光爆孔填塞长度为 $30\sim40cm$；单耗为 $0.45\sim0.5kg/m^3$，光面爆破线装药密度为 $150\sim200g/m$。起爆方式和起爆网路见图 $4.5-7$。

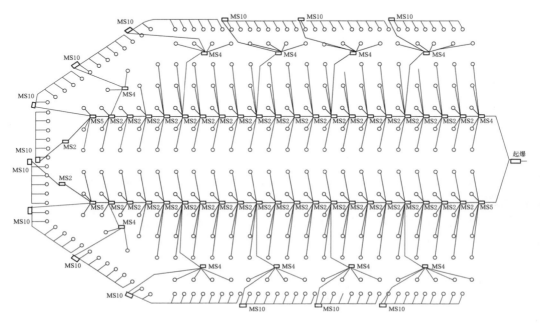

图 4.5 - 7 三峡钢管槽爆破网路设计示意图

3. 控制质量的其他技术措施

由于钢管槽形状复杂、地质条件复杂，除在钻爆设计和施工上严格按上述孔网参数要求外，还采取了以下技术措施，确保钢管槽的成型。

（1）控制开挖程序。在揭露高程为 $90.00m$ 和 $81.70m$ 平台的保护层施工时，一般都滞后于槽子的开挖，先将槽子下降到一定高程，等锁口锚杆完成后再开挖保护层，这样可以用高程 $90.00m$ 以上保护层做压重。

（2）控制施工方法。在槽子开口部位和槽子与隔墩边界交界处，如对高程 $90.00m$ 开口处，应在高程 $92.00m$ 时就在侧壁和上游坡进行光面爆破；再如在开挖隔墩高程为 $81.70m$ 平台时，槽子下降到高程 $83.00m$ 时交界处就进行光爆。否则，就可能炸坏隔墩，不利于隔墩的成型与稳定。

（3）及时进行锚杆支护。布置锚杆的目的有两个：一是考虑安全，因为钢管槽要下降 $30m$ 左右，槽壁不稳定的岩体对下面施工人员的安全构成很大威胁，所以必须进行锚固；二是利用锚杆与围岩之间的黏接力，将周围岩石的裂隙闭合，防止裂隙在重复爆破荷载下的张开和发展，保持隔墩稳定。实践证明，锚杆对隔墩的成型和安全非常有利。

4. 开挖控制效果

钢管槽采用全断面开挖时，爆堆一般呈反抛物线形，槽中间堆积较高，如 2.8m 孔深，中间爆堆高可达 4m 左右；侧壁壁面与爆堆之间有空沟，分离较为明显，爆破块度适中，$1m^3$ 左右的大块较为少见，可用 $1m^3$ 左右的反铲装运。从现场实际装运效果来看，反铲效率较高。

爆后槽子两侧直立壁面和上游斜坡壁面成型及平整度较好，除有地质缺陷的部位外，壁面光爆残留半孔率都在 90% 以上；孔表面除极少数有微裂隙外，绝大部分都很完整。声波测试表明，无论是槽壁，还是高程 90.00m 平台、81.70m 平台或是隔墩前沿，爆破对壁面和建基面的破坏范围都非常有限，仅 0.1～0.2m。

4.5.4.3 溪洛渡水电站岩石高边坡

1. 工程概况

溪洛渡水电站拦河大坝为混凝土双曲拱坝，最大坝高 278m，总装机容量 12600MW。溪洛渡水电站两岸边坡主要包含两部分，第一部分是拱肩槽以上边坡，即 610.00m 高程以上边坡；第二部分是拱肩槽边坡，主要是 610.00～400.00m 高程边坡，开挖方量约 400 万 m^3，开挖高度 210m，水平向最大长度为 68.6m，开挖轮廓面约 4.4 万 m^2。两岸的地质条件都很复杂、岩性不均一，柱状节理发育，地下水丰富，钻孔时均要穿越层间层内错动带、挤压带、岩体裂隙等结构面以及多条地质勘探洞。

2. 总体方案

根据边坡的特点，开挖爆破整体方案是：自上而下分层分区开挖，同层根据台阶面特点，当开挖区宽度超过 30m 时，采用垂直边坡方向前后分区爆破，纵向分区，横向也分区；当宽度小于 30m 时，采用垂直边坡方向前后不分区爆破，即沿金沙江流向纵向分区，横向不分区。

3. 爆破参数

具体爆破参数见表 4.5-4。

表 4.5-4　　　　　　　溪洛渡水电站岩石高边坡开挖爆破参数表

炮孔类型	孔径 /mm	孔距/m	排距/m	药径/mm	填塞长度/m	装药结构
预裂爆破	90～105	0.7～1.0		底部：32、中上部：25	1.5～2.5	间隔装药
缓冲孔爆破	90	2.0	与预裂孔：1.5～1.8m；与前排主爆孔：2m	50	1.5～2.5	连续装药
主爆破孔	90	4.0	2.5	70	2.5～4.0	连续装药

4. 起爆网路

（1）起爆时差。排间时差一般采用 MS5 段雷管延时，大于孔间分段时差，确保后排孔晚于前排孔起爆，同时为后排创造良好自由面。段间选用 MS2 段或 MS3 段雷管延时。

（2）孔内雷管段别及安设部位。孔内雷管段别的选用应保证其延时误差不大于排间雷管延时时间。当排间延时雷管采用 MS5 段时，孔内原则上应采用 MS15 段以下的较大段别雷管。孔内雷管应分别安放在装药段底部及中部（正向或反向起爆），以保证较高的准爆率。

（3）起爆方式。起爆方式应同时考虑充分利用侧向已有自由面及微差爆破为后排创造瞬间新的自由面。每隔 8 段增加一路排间连接雷管，在保证炮孔排间顺序起爆的同时，提高大区爆破网路的准爆率。预裂爆破提前起爆对附近的传爆网路会造成影响，为保证网路安全可靠采用掩盖和清除孔口附近的松石等保护措施，预裂爆破孔的填塞物不允许有碎石等坚硬块状物，以防飞石砸断起爆网路。

5. 爆破效果

溪洛渡水电站的建基面开挖体形及超欠挖、不平整度、预裂半孔率均满足规范和设计要求。坝基开挖后表层岩体初期爆破影响深度一般为 0.8～1.0m，最终岩体爆破影响深度一般为 0.9～1.2m，建基面开挖施工质量控制较好，满足规范和设计要求。

4.5.4.4 三峡船闸直立边坡

1. 工程概况

三峡永久船闸是长江三峡枢纽永久通航建筑物，为双线五级连续船闸，闸室全长1621m，直立墙最大高度 68.5m，双线闸室四面直立墙边坡累计面积达 34 万 m²，工程量很大。由于永久船闸采用衬砌混凝土结构，直立墙成型技术要求很高，开挖难度很大。

永久船闸直立墙成型开挖是从花岗岩中人工挖出 4 条路堑式双线双向垂直边坡，是一种特定情况下的岩石高陡边坡开挖，当时国内外理论和实践均无先例。直立墙开挖具有以下特点：①地质条件复杂；②直立墙设计结构对地质条件反应敏感，不利岩体和坡段多；③直立墙成型技术要求高，边坡变形限制严；④施工干扰大，安全问题突出；⑤工程量大，强度高，工期紧。

2. 爆破方案

根据设计要求及国家"七五""八五"科技攻关的相关成果，武警水电部队在开挖前进行了确定相关爆破参数的试验，其中直立墙成型开挖爆破技术是爆破试验的主要内容。经多次试验论证后，采用如图 4.5-8 所示的方案。

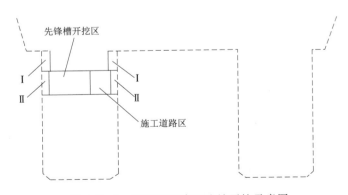

图 4.5-8　三峡船闸直立边坡开挖示意图

图 4.5-8 中虚线为直立坡开挖轮廓线，Ⅰ为首层保护层，采用潜孔钻光面爆破，Ⅱ

为以下各层保护层，采用手风钻钻孔、小台阶光面爆破。保护层开挖在相应台阶的槽挖（图中先锋槽与施工道路开挖）结束后立即进行。

3. 爆破参数

台阶高度的设置，既要满足便于施工操作的要求，又要满足钻孔精度的要求。将首层保护层台阶高度设为10m，以下各层设为5m，可以很好地满足这两方面的要求。根据永久船闸的周边环境、地质条件、岩体特性及爆破试验效果，爆破参数设置如下：

（1）主爆孔。台阶高度10m，主爆孔排数1～2排，钻孔孔径89mm，前沿抵抗线2.0m，孔距1.8～2.0m，装药结构为直径50mm卷装乳化炸药、连续装药，填塞长度1.0～1.2m，单耗0.50～0.60kg/m³。

（2）缓冲孔。1排，钻孔孔径89mm；抵抗线1.8m，孔距1.5m；装药结构为卷状乳化炸药、连续装药，药卷直径为32mm（上部）至50mm（下部）；填塞长度1.5m；单耗0.55～0.60kg/m³。

（3）光爆孔。孔径89mm，孔深11m；抵抗线1.2m，孔距0.7～0.8m；合理配置装药结构，底部段为直径32mm药卷炸药、中部段为直径25mm药卷炸药，连续装药，上部段直径25mm药卷炸药间隔装药，填塞长度0.8～1.0m，在填塞段中间视岩石及地质情况设置50g左右的小药卷。

爆破网路是取得良好爆破效果的关键。直立墙成型开挖中采用的是非电孔间微差网路，主爆孔单孔单段，缓冲孔两孔一段，光爆孔8～10孔为一组，每组光爆孔用导爆索连接在一起；孔内用高段别雷管延时，孔外用低段别雷管接力；起爆方式为V形起爆。

4. 爆破效果

（1）经肉眼观察，半孔率大于95%，孔壁未见明显爆破裂隙，相邻两孔间起伏差基本控制在15cm内，直立墙边坡平整。

（2）永久船闸入槽开挖爆破时，即进行爆破振动跟踪监测，共进行爆破振动监测209次。监测结果表明，离爆源中心距10m处的岩石质点振动速度一般小于10cm/s。同时，针对洞内新浇混凝土共进行了216次测试，实测值均在设计规定范围内。表明开挖爆破未对边墙造成破坏，也未对新浇筑混凝土造成安全影响，符合设计要求。

（3）直立墙成型后，共进行了542次声波测试，布置测孔近6000个，测试结果表明，爆破对岩体损害范围在0.2～4.8m之间，一般在2m以下，符合设计要求。

综上所述，永久船闸直立墙成型开挖爆破技术是成功的。

4.5.4.5 乌东德水电站岩石高边坡

1. 工程概况与地质条件

乌东德水电站大坝为混凝土双曲拱坝，设计坝顶高程988.00m，最低建基面高程718.00m，最大坝高270m。工程所在区为陡倾层状灰岩、大理岩、白云岩，开挖体型较难控制。层状岩体在不同的岩层中呈现不同的构造特征，主要体现在层状构造的不规则性、岩层的发育方向、层状节理的长度和粗细等方面。复杂的层状岩体一方面会对爆炸应力波的作用起到不利的导向作用，也会对爆生气体的气楔扩展产生误导作用，使轮廓爆破沿着非预定方向发展。因此其开挖体型和开挖质量较难控制。

2. 总体方案

根据边坡特点，开挖爆破整体方案是：自上而下分层分区开挖，同层根据台阶面特点，当开挖区宽度超过40m时，采用垂直边坡方向前后分区爆破，纵向分区，横向也分区；当宽度小于40m时，采用垂直边坡方向前后不分区爆破，即沿金沙江流向纵向分区，横向不分区。

3. 爆破参数

爆破参数见表4.5-5。

表4.5-5 乌东德水电站岩石高边坡开挖爆破参数表

炮孔类型	孔径/mm	孔距/m	排距/m	药径/mm	填塞长度/m	装药结构
预裂爆破	105	0.7～0.9	—	底部32、中上部25	1.0～1.5	间隔装药
缓冲孔爆破	90～105	1.5～2.0	与预裂孔排距：1.5～2.0；与前排主爆孔排距：2.5	60～70	1.5～2.5	连续装药
主爆破孔	90～105	1.5～2.0	2.5	70～80	1.5	连续装药

4. 起爆网路

（1）起爆时差。经试验确定，主爆孔和缓冲孔孔内延时采用MS12段雷管；排间延时采用MS5段雷管，孔间延时采用MS3段雷管，设计起爆时差时确保后排孔晚于前排孔起爆，同时为后排形成良好自由面。孔内雷管分别安放在装药段底部及中部，以保证较高的准爆率。

（2）起爆方式。起爆方式总体为预裂孔先起爆，随后依次是主爆孔和缓冲孔起爆。乌东德水电站采用的是塑料导爆管起爆网路，预裂爆破提前起爆对附近的传爆网路可能会造成影响，因此为保证网路安全可靠，采用了掩盖和清除孔口附近的松石等保护措施，同时预裂爆破孔的堵塞物不允许有碎石等坚硬块状物，以防飞石砸断起爆网路。

5. 爆破效果

乌东德水电站大坝建基面开挖高程为987.65～718.00m，按开挖台阶统计共完成单元评定56个，合格单元56个，合格率100%，评定优良单元55个，优良率为98.2%。大坝建基面开挖平均超挖值为7.6cm，无欠挖。开挖平均半孔率为94.0%，不平整度最大值为28.9cm，平均值为5.51cm。爆破质点振动速度左、右岸平均值分别为8.85cm/s、8.82cm/s。左岸坝肩槽1～6号坝段平均开挖爆破影响深度为0.63m，右岸坝肩槽9～15号坝段平均值为0.59m。大坝建基面开挖体形及超欠挖、不平整度、预裂残孔率均满足规范和设计要求。坝基开挖后表层岩体初期爆破影响深度一般为0.6～1.2m，最终岩体爆破影响深度一般为0.6～1.8m，建基面开挖施工质量控制较好，总体满足规范和设计要求。

4.5.4.6 锦屏一级水电站岩石高边坡

1. 工程概况与地质条件

锦屏一级水电站两岸高边坡地质条件的复杂程度和高边坡开挖施工难度均属世界级难题。大坝左岸施工区域山体雄厚，谷坡陡峻，基岩裸露，相对高差千余米，为典型的深切

V 形谷。岩体风化程度受岩性、构造及地下水活动影响明显，且风化作用主要沿裂隙和构造破碎带进行，具有典型的裂隙式和夹层式风化特征。岩体沿构造破碎带、长大节理裂隙密集发育带局部有强风化。

2. 总体方案

根据边坡的特点，开挖爆破整体方案是：自上而下分层分区开挖，同层根据台阶面特点，当开挖区宽度超过 40m 时，采用垂直边坡方向前后分区爆破，纵向分区，横向也分区；当宽度小于 40m 时，采用垂直边坡方向前后不分区爆破，即沿雅砻江流向纵向分区，横向不分区。

左坝肩自上而下分层开挖，台阶高度分为 7.5m 和 15.0m 两类；距建基面 30m 范围内的台阶爆破台阶高度不大于 7.5m，距建基面 30m 范围外的台阶爆破台阶高度为 10.0m。开挖采取边坡预裂、台阶分排或分层微差爆破。预裂高度按两个爆破台阶进行，即预裂台阶高有 7.5m 和 15.0m 两种。马道预留 2m 保护层。爆区前后宽度 15～20m，7～8 排主爆孔。爆区长度按一次爆破量控制在 2.0 万 m³ 左右考虑，爆区长度一般为 60～100m。

3. 爆破参数

爆破参数见表 4.5-6。

表 4.5-6 锦屏一级水电站岩石高边坡爆破参数表

炮孔类型	孔径/mm	孔距/m	排距/m	药径/mm	填塞长度/m	装药结构
预裂爆破	90	0.6～0.8		底部：32 中上部：25	1.0～1.5	间隔装药
缓冲孔爆破	76	2.0	距预裂孔：1.5 距前排主爆孔：2.5	70	1.5～2.5	连续装药
主爆破孔	76	4.0	2.5	60	2.0～4.0	连续装药

4. 起爆网路

（1）起爆时差。排间时差一般采用 MS5 段雷管延时，大于孔间分段时差，确保后排孔晚于前排孔起爆，同时为后排孔形成良好自由面。孔间分段时差采用 25ms 或 50ms，选用 MS2 段或 MS3 段雷管延时。

（2）孔内雷管段别及安设部位。孔内雷管段别的选用保证其延时误差不大于排间雷管延时时间。当排间延时雷管采用 MS5 段时，孔内原则上采用 MS15 段以下的较大段别雷管。孔内雷管应分别安放在装药段底部及中部（正向或反向起爆），以保证较高的准爆率。

5. 爆破效果

锦屏一级水电站的建基面开挖体形及超欠挖、不平整度、预裂半孔率均满足规范和设计要求。坝基开挖后表层岩体初期爆破影响深度一般为 1.2～2.0m，最终岩体爆破影响深度一般为 1.5～1.8m，建基面开挖施工质量控制较好，总体满足规范和设计要求。坝肩槽开挖过程中，除个别测点振动值超标外，其他爆破振动监测数据均符合爆破振动安全控制标准要求。

参 考 文 献

［1］　汪旭光，郑炳旭，张正忠，等. 爆破手册［M］. 北京：冶金工业出版社，2010.

［2］　张正宇，等. 现代水利水电工程爆破［M］. 北京：中国水利水电出版社，2004.

［3］　张正宇，赵根，吴新霞，等. 三峡三期碾压混凝土围堰拆除爆破研究［J］. 工程爆破，2003，9（1）：1-8.

［4］　卢文波，李海波，陈明，等. 水电工程爆破振动安全判据及应用中的几个关键问题［J］. 岩石力学与工程学报，2009，28（8）：1-12.

［5］　刘殿书. 岩石爆破破碎的数值模拟［D］. 北京：中国矿业大学，1992.

［6］　杨小林，王树仁. 岩体爆破损伤模型的评述［J］. 工程爆破，2000，3（2）：71-75.

［7］　杨军，金乾坤，黄风雷. 岩石爆破理论模型及数值计算［M］. 北京：科学出版社，1999.

［8］　杨军，金乾坤，黄风雷. 应力波衰减基础上的爆破损伤模型［J］. 爆炸与冲击，2000，3（2）：241-246.

［9］　高文学，刘运通，杨军. 脆性岩石冲击损伤模型研究［J］. 岩石力学与工程学报，2002，19（2）：153-156.

［10］　卢文波，董振华. 确定周边控制爆破围岩影响深度的动力损伤计算方法［J］. 工程爆破，1996，2（4）：55-59.

［11］　李宁，张平，段庆伟. 裂隙岩体的细观动力损伤模型［J］. 岩石力学与工程学报，2002，21（11）：1579-1584.

［12］　夏祥，李俊如，李海波，等. 广东岭澳核电站爆破开挖岩体损伤特征研究［J］. 岩石力学与工程学报，2007，26（12）：234-241.

［13］　王志亮，郑明新. 基于TCK损伤本构的岩石爆破效应数值模拟［J］. 岩土力学，2008，29（1）：230-234.

［14］　刘美山，余强，张正宇，等. 小湾水电站高陡边坡开挖爆破试验［J］. 工程爆破，2004（3）：68-71.

［15］　姚金阶，朱以文，袁子厚. 岩体爆破的损伤统计演化理论模型［J］. 岩石力学与工程学报，2006，25（6）：1106-1110.

［16］　王家来，刘积铭. 岩石爆破破岩机理的损伤力学分析［J］. 岩石力学与工程学报，1996，15（增1）：515-518.

［17］　宗琦. 岩石炮孔预切槽爆破断裂成缝机理研究［J］. 岩土工程学报. 1998，20（1）：30-34.

［18］　卢文波. 爆生气体驱动的裂纹扩展速度研究［J］. 爆破与冲击，1994，14（3）：264-268.

［19］　戴俊，杨永琦. 光面爆破相邻炮孔存在起爆时差的炮孔间距计算［J］. 爆炸与冲击，2003，23（3）：253-257.

［20］　宗琦，陆鹏举，罗强. 光面爆破空气垫层装药轴向不耦合系数理论研究［J］. 岩石力学与工程学报，2005，24（6）：1047-1051.

［21］　付玉华，李夕兵，董陇军. 损伤条件下深部岩体巷道光面爆破参数研究［J］. 岩土力学，2010，31（5）：1420-1426.

［22］　朱传云. 预裂与光面爆破对围岩的影响［J］. 爆破，1994，8（2）：33-39.

［23］　卢文波. 三峡工程临时船闸与升船机开挖中的爆破方案优化和爆破振动控制［J］. 岩石力学与工程学报，1999，18（5）：497-502.

［24］　凌伟明. 光面爆破和预裂爆破破裂机理的研究［J］. 中国矿业大学学报，1999，19（4）：79-87.

［25］　颜事龙，徐颖. 水耦合装药爆破破岩机理的数值模拟研究［J］. 地下空间与工程学报，2005，1（6）：921-944.

［26］　刘殿书，谢夫海，陈寿峰. 起爆方式对岩石爆破破碎影响的数值模拟研究 ［J］. 中国矿业大学学报，1999，28（6）：605-608.

［27］　杨仁树，岳中文，肖同社，等. 节理介质断裂控制爆破裂纹扩展的动焦散试验研究 ［J］. 岩石力学与工程学报，2008，27（2）：244-250.

［28］　胡英国，吴新霞，赵根，等. 水工岩石高边坡爆破振动安全控制标准的确定研究 ［J］. 岩石力学与工程学报，2016，35（11）：2208-2216.

第 5 章 地下工程开挖爆破

CHAPTER ⑤

5.1 隧洞开挖爆破设计

5.1.1 基本概念

在水利水电工程建设中，地下工程开挖占有重要地位。诸如导流洞、引水洞、尾水洞、交通洞、施工支洞、灌浆洞、排水洞、斜井、竖井以及地下厂房洞群开挖等。由于钻爆法对地质条件适用性强、开挖成本低，特别适用于硬岩、软岩大变形、断层破碎带等有不良地质的隧洞以及长度较短的隧洞施工，即使将来掘进机在技术上更完善了，它仍是地下工程开挖的主要施工方法。爆破开挖是建设地下工程的第一道工序，它的成败与好坏直接影响到围岩稳定及后续工序的正常进行和施工进度，是地下工程建设最重要的组成部分之一。

地下工程爆破指在地表以下岩体内部空间进行的开挖爆破作业，是工程爆破的一个重要组成部分。对于断面较小，且围岩条件较好的隧洞，一般采用全断面掏槽爆破方式开挖，即由隧洞中间向外依次布置掏槽孔、崩落孔、周边孔，再装药爆破炸碎围岩的开挖方式；对断面大或围岩条件较差的隧洞，一般采用分部开挖，即顶部导洞采用掏槽洞挖爆破方式，下部分若干层采用台阶爆破的开挖方式。地下工程开挖爆破施工与露天开挖爆破施工相比具有以下主要特点：

（1）由于照明、通风、噪声、地下水等影响，爆破作业条件差，加之与初期支护、出渣进料运输、混凝土二次衬砌等工序交叉进行，致使爆破作业面受到限制，增加了爆破的施工难度。

（2）爆破自由面少，岩石的夹制作用大，炸药单耗高。

（3）对爆破质量要求高。既要爆破后洞室断面达到设计标准，不能欠挖以及产生过大的超挖，又要预防飞石崩坏风管、水管、电线等。为充分利用围岩自承力，还要在施工中尽量减少爆破对围岩的扰动，确保围岩完整。

5.1.2 围岩分级和围岩稳定性

5.1.2.1 围岩分级

岩体开挖后，洞室周围岩体应力发生变化，导致岩体应力重新分布。将应力发生显著变化区域的岩体（围岩）根据工程地质成因、岩体结构、地质构造进行综合分析，以评定洞室围岩性质，判断围岩是否稳定，确定围岩压力，提出支护设计方案和确定施工方法。

国外对工程岩体分级的研究开展较早。18 世纪，俄国人就提出了将岩石分为坚石、次坚石、软石、破碎岩石和松散岩石等的五级岩石分级法；1861 年欧洲人霍夫曼提出了按开采工具将岩石划分为六级的方法。这两个早期分级，主要是为施工服务的。20 世纪初，陆续出现了为支护设计和确定地压力服务的分级方法，如著名的普罗托奇雅可诺夫的分级（普氏分级）（1926 年）、太沙基的分级（1946 年）。20 世纪 50 年代以来，出现了以评价工程岩体（围岩）稳定和相应支护型式为目的分级，主要有劳弗尔根据毛洞稳定时间为指标的分级，迪尔（1969 年）按岩石质量指标 RQD 值为指标的分级，宾尼威斯基（1973 年，南非）的 RMR 值分级，巴顿（1974 年，挪威）岩石质量系数 Q 值分级，以及日本国铁的按弹性波速度的分级等等。其中普氏分级、RMR 值分级、RQD 值分级、Q 值分级体系应用较广泛。

我国地下工程施工设计中采用的围岩分级主要有六种。

（1）普氏分级法。苏联 M. M. 普罗托奇雅可诺夫根据岩石坚固系数 f 和岩体弱化系数 A，对围岩进行分级，20 世纪 50 年代后期到 70 年代初期，我国铁道、水电、冶金、煤炭、国防等工程部门都沿用普氏分级及后来的修正普氏分级方法。

（2）宾尼威斯基分级法（RMR 指标）。南非人宾尼威斯基主要根据岩石的单轴抗压强度、RQD、不连续面间距、不连续面方向、不连续面性状和地下水条件等六个方面的参数综合评分来确定围岩分级，曾获得一定的推广，缺点是必须依赖有经验的地质人员。

（3）巴顿分级法（岩石质量系数 Q）。挪威 N. 巴顿根据岩石质量对围岩进行定量评价、分级。在我国 20 世纪 60—80 年代很多工程多采用巴顿围岩分级法。

（4）国家标准工程岩体分级法（岩体基本质量指标 BQ）。我国于 1994 年由水利部主编、建设部颁发了国家标准《工程岩体分级标准》（GB 50218—94，现已废止，更改为 GB/T 50218—2014）。该标准在总结国内外工程岩体（围岩）分级方法基础上，采用分两步划分的方法进行工程岩体定级，即先根据影响工程岩体稳定性的主要因素——岩石强度和岩体完整性，对岩石坚硬程度、岩石风化程度、岩体完整程度、结构面结合程度进行定性划分，根据岩石的单轴饱和抗压强度（R_c）、岩体的完整性（K_v、J_v）进行定量划分，确定工程岩体基本质量级别；然后再针对具体工程的性质，根据岩体的赋存环境条件的不同进行修正，确定工程岩体级别。该标准属于国家标准第二层次的通用标准，适用于各部门、各行业的岩石工程。考虑到岩石工程建设和使用的行业特点，各部门还根据自己的经验和实际需要，在该标准的基础上进一步作出详细规定，制定了适合各自行业的工程岩体分级标准。国家标准《岩土工程勘察规范》（GB 50021—2001）将岩石的坚硬程度和岩体的完整程度各分五级，二者综合又分五个基本质量等级，与国家标准《工程岩体分级标准》（GB/T 50218—2014）基本一致，适用于除水利、铁路、公路和桥隧工程以外的工程建设岩土工程勘察。

（5）国家标准锚喷支护规范分级。建设部颁布的国家标准《岩土锚杆与喷射混凝土支护工程技术规范》（GB 50086—2015），由原国家冶金工业部主编，其围岩分级中，考虑了岩体的完整性、结构面性状、岩石强度、地下水和地应力状况等自然地质因素，在定性方面考虑了岩体完整性状态，定量方面则增添了岩体声波指标和岩体完整性系数，适用于矿山井巷、交通隧道、水工隧洞和各类洞室等地下工程锚喷支护的设计与施工。冶金、煤炭工业系统多采用该规范中围岩分类法。

（6）国家标准勘察规范分类。建设部颁发的《水利水电工程地质勘察规范》（GB 50487—2008），由水利部主编，其以岩石强度、岩体完整程度、岩体结构类型为基本依据，以岩层走向与洞轴线的关系、水文地质条件为辅助依据进行围岩初步分类，适用于规划阶段、可研阶段、及深埋洞室施工之前的围岩工程地质分类；以控制围岩稳定的岩石强度、岩石完整程度、结构面状态、地下水和主要结构面产状五项因素之和的总评分为基本判据，以围岩强度应力比为限定判据进行围岩工程地质详细分类，主要用于初步设计、招标设计、施工图设计阶段的围岩工程地质分类，水利水电工程多采用此围岩分类方法。《水工隧洞设计规范》（SL 279—2016）、《水利水电工程锚喷支护技术规范》（SL 377—2007）、《水工建筑物地下工程开挖施工技术规范》（DL/T 5099—2011）、《水力发电工程地质勘察规范》（GB 50287—2016）等规范围岩分类方法与规范《水利水电工程地质勘察规范》（GB 50487—2008）详细分类方法一致。

5.1.2.2　围岩稳定特征

根据《水利水电工程地质勘察规范》（GB 50487—2008），各类围岩稳定性评价如下：

Ⅰ类：稳定围岩。围岩可长期稳定，一般无不稳定块体。一般可不支护。

Ⅱ类：基本稳定围岩。围岩整体稳定，不会产生塑性变形，局部可能产生掉块。仅局部需支护。

Ⅲ类：局部稳定性较差围岩。围岩强度不足，局部会产生塑性变形，不支护可能产生塌方或变形破坏，完整的较软岩可能暂时稳定。需进行支护。

Ⅳ类：不稳定围岩。围岩自稳时间很短，规模较大的各种变形和破坏都可能发生。需进行支护，局部加强支护。

Ⅴ类：极不稳定围岩。围岩不能自稳，变形破坏严重。需加强支护。

在确定围岩类别后，就可对洞室围岩稳定性进行判断，对选择支护及施工措施具有决定性意义。根据《水利水电工程锚喷支护技术规范》（SL 377—2007），对各类围岩喷锚支护措施主要有喷混凝土、挂网、锚杆、钢拱架或钢格栅拱架等，具体支护措施及参数视洞室开挖跨度而异。

5.1.3　地下洞室规模及类型划分

5.1.3.1　地下洞室规模划分

水利水电工程地下洞室规模可根据地下洞室开挖尺寸和断面大小划分如下：

（1）特小断面：面积（指设计开挖断面，下同）小于 10m^2 或跨度小于 3.0m。

（2）小断面：面积为 10～30m^2 或跨度为 3.0～5.5m。

（3）中断面：面积为 30～60m^2 或跨度为 5.5～7.5m。

（4）大断面：面积为 60～120m^2 或跨度为 7.5～12.0m。

（5）特大断面：面积大于 120m^2 或跨度大于 12.0m。

5.1.3.2 地下洞室类型划分

水利水电工程地下洞室按照倾角（洞轴线与水平面的夹角）可划分为平洞、斜井和竖井三种型式，其划分原则如下：

（1）倾角小于 6°（10.51%）为平洞。

（2）倾角 6°～75°为斜井。

（3）倾角大于 75°为竖井。

平洞可采用轮式机械的无轨运输方式，随着施工机械性能的提高与施工技术的发展，局部地段坡度达 14% 左右时，仍可采用无轨运输方法，相应限制坡长小于 150m。但是如考虑有轨作业，则其隧洞的坡度不宜超过 2.0%。由于有轨作业洞内空气质量好，所以长隧洞中较为通用，但它灵活性差，对洞口场地要求较高。

斜井一般采用卷扬机提升系统牵引有轨运输；竖井一般采用升降机运输。

5.1.4 炮孔分类

隧洞开挖爆破的炮孔布置按其所在位置、爆破作用、布置方式和有关参数的不同可分为掏槽孔、崩落孔、周边孔。隧洞爆破炮孔布置如图 5.1-1 所示。

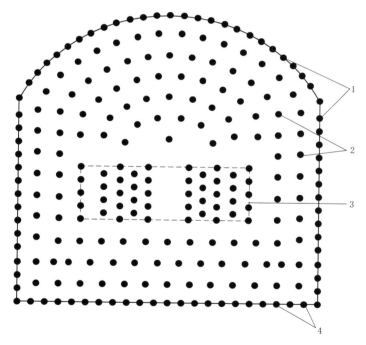

图 5.1-1　隧洞爆破炮孔布置图
1—周边孔；2—崩落孔；3—掏槽孔；4—底板孔

针对隧洞开挖爆破一般只有一个自由面的特点，为提高爆破效率，通常在开挖断面的中下部布置几个炮孔，爆破时首先起爆，先在开挖面上炸出一个槽腔，为后续炮孔的爆破创造新的自由面。这些首先起爆的几个炮孔称为掏槽孔。

布置在掏槽孔与周边孔之间的炮孔称为崩落孔。其作用是扩大掏槽孔炸出的槽腔，崩落开挖面上的大部分岩石，同时为周边孔创造自由面。

沿隧洞设计轮廓布置的炮孔称为周边孔。其作用是炸出较平整的隧洞断面轮廓。

掏槽孔和周边孔的爆破是关键。掏槽爆破为崩落孔和周边孔的爆破创造了有利条件，直接影响开挖循环进尺；周边孔爆破关系到隧洞开挖边界的超欠挖和对围岩的影响程度。

5.1.4.1　掏槽孔

1. 掏槽型式

隧洞开挖爆破效果取决于掏槽爆破的效果，掏槽孔的炮孔利用率决定了隧洞开挖的炮孔利用率。因此，合理选择掏槽方式及其爆破参数，使岩石完全破碎以形成槽腔，是决定隧洞爆破效果的关键。

掏槽方式的选择，主要决定于隧洞断面大小、岩石性质、岩层地质条件和循环进尺要求等。在隧洞开挖中按掏槽孔的方向可分为斜孔掏槽、直孔掏槽和混合掏槽（由斜孔掏槽和直孔掏槽组合），斜孔掏槽和直孔掏槽对比见表5.1-1。

表 5.1-1　　　　　　　　　斜孔掏槽与直孔掏槽对比表

掏槽方式	斜　　孔	直　　孔
定义	掏槽孔与工作面按一定角度斜交布置	掏槽孔垂直于工作面，互相平行布置，并留有不装药的空孔
常见型式	单向掏槽、锥形掏槽、楔形掏槽、复式楔形掏槽	平行龟裂掏槽、角柱掏槽、螺旋掏槽
优点	适用于各类岩层的爆破，掏槽效果好； 槽腔体积较大，能将槽腔内的岩石全部或大部抛出，形成有效的自由面，为崩落孔爆破创造有利的破岩条件； 槽孔的位置和倾角的精确度对掏槽效果的影响较小	炮孔垂直于工作面，炮孔深度不受隧洞断面限制，便于进行中深孔爆破； 掏槽参数可不随炮孔深度和隧洞断面改变，只需调整装药量； 易于实现多台钻平行作业和采用凿岩台车钻孔，有利于施工机械化； 爆堆集中而有利于装岩；抛掷距离小，不易崩坏设备
缺点	钻孔的角度在空间上难以掌握，多台钻机同时作业时互相干扰较大； 斜孔掏槽深度受隧洞开挖宽度的限制； 掏槽参数与隧洞断面和炮孔深度有关； 爆堆分散，岩石抛掷距离较大	炮孔数目多，占用雷管的段数多； 装药量大，炸药消耗高，掏出的槽腔体积较小； 槽孔的间距较小，对槽孔的间距和平行度要求高

2. 斜孔掏槽

斜孔掏槽是指掏槽孔方向与开挖断面斜交的掏槽方式。它的种类很多，如锥形掏槽、楔形掏槽等。

（1）锥形掏槽。由数个掏槽炮孔呈角锥形布置，各炮孔以相等或近似相等的角度向工作面中心轴线倾斜，孔底趋于集中，但互相并不贯通，爆破后能形成锥形槽。锥形掏槽适用于中硬岩以上（$f \geqslant 8$）坚韧岩石或急倾斜岩层。

根据掏槽炮孔数目的不同分为三角锥、四角锥、五角锥等。锥形掏槽炮孔平面布置如图 5.1 - 2 所示。

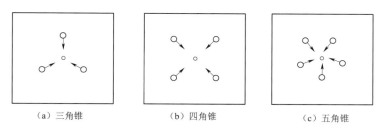

（a）三角锥　　　　　　　（b）四角锥　　　　　　　（c）五角锥

图 5.1 - 2　锥形掏槽炮孔平面布置图

锥形掏槽炮孔倾斜角度 α（炮孔与开挖掌子面的最小夹角）一般为 $55°\sim75°$，孔底距离 d 为 $0.1\sim0.4$m，岩质越硬，α、d 越小。孔底较其他孔超深约 0.2m。常见锥形掏槽炮孔布置如图 5.1 - 3 所示，常用锥形掏槽炮孔主要参数见表 5.1 - 2。

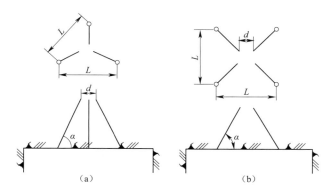

（a）　　　　　　　　　　（b）

图 5.1 - 3　常见锥形掏槽炮孔布置图

表 5.1 - 2　　　　　　　　　　　　　常用锥形掏槽孔主要参数表

岩石坚固性系数 f	炮孔倾角 $\alpha/(°)$	孔底间距 $d/$m
$4\sim6$	$75\sim70$	0.40
$6\sim8$	$70\sim68$	0.30
$8\sim10$	$68\sim65$	0.20
$10\sim13$	$65\sim63$	0.20
$13\sim16$	$63\sim60$	0.15
$16\sim18$	$60\sim58$	0.10
$18\sim20$	$58\sim55$	0.10

（2）楔形掏槽。楔形掏槽由数对（一般为 $2\sim4$ 对）对称的相向倾斜的掏槽炮孔组成，爆破后能形成楔形槽。楔形掏槽可以分为水平楔形掏槽和垂直楔形掏槽两种型式。楔形掏

槽炮孔平面布置如图 5.1-4 所示。

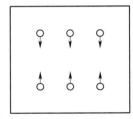

（a）水平楔形掏槽　　　　　　　（b）垂直楔形掏槽

图 5.1-4　楔形掏槽炮孔平面布置图

水平楔形掏槽适用于岩层层理接近于水平的围岩或整体均匀的围岩，由于向上倾斜钻孔作业较困难，一般较少采用。垂直楔形掏槽适用于层理大致垂直或倾斜的各种围岩，由于其钻孔较方便，被广泛采用。

楔形掏槽炮孔倾斜角度 α（炮孔与开挖掌子面的最小夹角）一般为 $55°\sim70°$，孔底距离 d 一般为 $0.1\sim0.3\mathrm{m}$，岩质越硬，α、d 越小。孔底较其他孔超深约 $0.2\mathrm{m}$。对于较为坚硬难爆的岩石，可采用双楔形或复式楔形掏槽。常见楔形掏槽炮孔布置见图 5.1-5，炮孔主要参数见表 5.1-3。

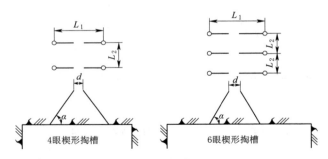

4眼楔形掏槽　　　　　　　　6眼楔形掏槽

图 5.1-5　常见楔形掏槽炮孔布置图

表 5.1-3　　　　　　　　　　常用楔形掏槽孔主要参数表

岩石坚固性系数 f	炮孔倾角 $\alpha/(°)$	炮孔间距 L_2/m	孔底间距 d/m
$2\sim6$	$75\sim70$	$0.60\sim0.50$	0.30
$6\sim8$	$70\sim65$	$0.50\sim0.40$	0.30
$8\sim10$	$65\sim63$	$0.40\sim0.35$	0.20
$10\sim12$	$63\sim60$	$0.35\sim0.30$	0.20
$12\sim16$	$60\sim58$	$0.30\sim0.20$	0.15
$16\sim20$	$58\sim55$	0.20	0.10

斜孔掏槽具有所需掏槽孔较少，掏槽体积大，易将岩石抛出，炸药耗量低等优点。其主要缺点是掏槽深度受到开挖断面宽度和岩层硬度的限制，不易提高每一循环的进尺，岩

质越硬，炮孔倾角越小，掏槽孔有效深度受开挖断面的限制也越大。

3. 直孔掏槽

直孔掏槽是由若干个垂直于开挖面的彼此距离很近的炮孔组成，其中有一个或几个不装药的空孔，作为装药掏槽炮孔爆破时的辅助自由面，保证掏槽孔范围内的岩石被破碎、抛出槽外而成一个设定的槽腔。隔河岩水电站引水洞开挖采用直孔掏槽，其典型掏槽炮孔布置如图 5.1-6 所示。

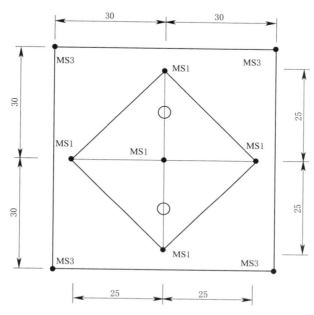

图 5.1-6　隔河岩水电站引水洞开挖典型掏槽炮孔布置图（单位：cm）

随着钻孔机械技术进步，钻孔数量的增加不会给工程施工循环时间及成本带来更多的增加。采用中心孔装药，中心孔外布置一圈空孔，其外再布置一圈掏槽孔方式进行掏槽爆破方式已开始采用，特别是采用排孔方式进行岩塞爆破时，掏槽均采用这种方式。

直孔掏槽适合于各种岩层的开挖，其主要优点：由于所有炮孔均垂直于开挖面，钻孔方便，钻孔时各台凿岩机之间相互干扰小，便于多台凿岩机同时作业，提高了钻机效率。当开挖循环进尺调整时，直孔掏槽原则上无需改变设计图，而斜孔掏槽却需要更改。主要缺点是：直孔掏槽需要更多的炮孔数目和更多的炸药耗量，并且要求钻孔的位置和精度更精确。随着凿岩台车等钻孔设备的发展，钻孔效率已有很大提高，工程中越来越多采用平行龟裂掏槽、角柱掏槽，虽需要更多的炮孔数目，但却能提高工程进度。

直孔掏槽的型式很多，常用的有平行龟裂掏槽、角柱掏槽和螺旋形掏槽等。

（1）平行龟裂掏槽。平行龟裂掏槽孔布置在一条直线上，彼此间严格平行，装药孔与空孔间隔布置，起爆后在整个炮孔深度范围内形成条状槽缝，为崩落孔创造自由面。平行龟裂掏槽最适用于工作面有较软的夹层（如薄煤层、碳质泥、页岩）或接触带相交的情况，正常情况下很少采用。

平行龟裂掏槽孔装药长度一般为炮孔深度的 90%，过小会产生炮孔内部爆通，孔口部位爆不开，岩渣抛不出来的现象，从而影响槽腔的形成。龟裂掏槽一般由 5～9 个炮孔组成，其间距为 0.1～0.2m，孔深小于 2m 为宜，装药系数 0.7～0.9。平行龟裂掏槽炮孔布置及主要参数见表 5.1－4。

表 5.1－4　　　　　　　　　平行龟裂掏槽炮孔布置及主要参数表

类　型	布　置　图	技术特点及适用条件
平行龟裂掏槽	 	1. 孔距 L＝100～200mm； 2. 孔深以小于 2m 为宜； 3. 装药系数 0.7～0.9； 4. 各装药孔同时起爆

（2）角柱掏槽。角柱掏槽也叫桶形掏槽，是充分利用大直径（75～100mm）空孔或数个与装药孔直径相同空孔，作为临空孔和岩石破碎后的膨胀空间，爆破后能形成桶状槽腔。桶形掏槽装药孔的装药长度一般不小于炮孔深度的 90%，孔距一般为 0.1～0.2m（第一段炮孔到空孔的距离应不大于 1.5 倍空孔直径），孔深小于 2m 为宜。角柱（桶形）掏槽炮孔布置及主要参数见表 5.1－5。

表 5.1－5　　　　　　　　　角柱（桶形）掏槽炮孔布置及主要参数表

类　型		布　置　图	技术特点及适用条件
菱形陶槽	单空孔型		1. 孔距：L_1＝100～150mm，L_2＝170～200mm，L_3＝100mm； 2. f＞8 采用双空孔； 3. 孔深以小于 2m 为宜； 4. 分两段起爆，单空孔型也可以同时起爆
	双空孔型		
五星掏槽			1. 孔距：软岩 L_1＝140mm，L_2＝250～300mm，中硬岩 L_1＝100mm，L_2＝250mm； 2. 孔深 2.5～3m 时应采用高威力炸药； 3. 分两段起爆

续表

类　型	布　置　图	技术特点及适用条件
四角柱状掏槽		1. 为五星掏槽的变形，分两段起爆； 2. 孔距 $L_1 = 200\text{mm}$，$L_2 = 350 \sim 400\text{mm}$； 3. 适用于中硬岩石，掏槽深度以小于 3m 为宜
角柱状掏槽		1. 孔距 $L = (2 \sim 3)d$，d 为炮孔直径； 2. 孔深不宜超过 2m； 3. 同时起爆
三角柱状复式掏槽		1. 正槽：$L_1 = 300 \sim 400\text{mm}$，装药系数 0.8～0.9； 2. 副槽：孔距 $L_2 = (1.1 \sim 1.4)L_1$，装药系数 0.7～0.8； 3. 三段顺序起爆，时差 50～100ms
圆柱状复式掏槽		1. 为五星掏槽的变形，分多段起爆； 2. 为全排孔岩塞爆破常用掏槽型式； 3. 孔距 $L = (2 \sim 3)d$，d 为炮孔直径； 4. 孔深大于 3m 时应采用高威力炸药
大空孔角柱状掏槽		1. 中心大孔直径 $D = 70 \sim 125\text{mm}$； 2. 孔距：$L_1 = 1.5D$，$L_2 = 2.5D$； 3. 孔深一般大于 2m； 4. 分两段起爆； 5. 适用于中硬以上岩石，中等以上断面巷道

（3）螺旋形掏槽。螺旋形掏槽是由桶形掏槽发展而来，其特点是各装药孔至中心空孔的距离依次递增；其装药孔连线呈螺旋状，并按螺旋线顺序微差起爆。它能充分利用自由面，扩大掏槽效果，减少钻孔工作量，但随着多臂钻等钻孔设备的普及，螺旋形掏槽已较少使用。

螺旋形掏槽装药孔的装药长度一般为炮孔深度的 90%。装药孔与空孔之间的距离分别为 $a=(1\sim2)D$，$b=(2\sim3)D$，$c=(3\sim4)D$，$d=(4\sim5)D$。D 为空孔直径，一般不小于 100mm。装药系数 0.55～0.75。遇坚硬难爆的岩石，可增加 1～2 个空孔，空孔可比装药孔长 20～30mm，并在孔底装少量炸药（0.2～0.5kg），在掏槽装药孔爆破后随即起爆，以利抛渣。螺旋形掏槽炮孔布置及主要参数见表 5.1-6。

表 5.1-6　　　　　　　　　　　螺旋形掏槽炮孔布置及主要参数表

螺旋形掏槽	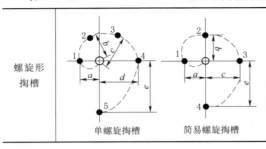　单螺旋掏槽　　简易螺旋掏槽	1. 孔距 $a=(1\sim2)D$，$b=(2\sim3)D$，$c=(3\sim4)D$，$d=(4\sim5)D$，D 为空孔直径； 2. 装药系数 0.55～0.75； 3. 适用于各种岩石； 4. 分段起爆：岩石愈坚固和炮孔愈深，间隔时间愈大，根据孔深 3.3m 的试验情况，间隔时间可取 100ms

在大断面隧洞开挖中，常采用双螺旋掏槽法。双螺旋掏槽的特点是：至空孔距离逐渐加大的螺旋炮孔是成对布置的，炮孔相继顺序起爆，有利扩大槽腔并把槽腔内的岩渣抛出。

瑞典朗斯费尔建议采用的双螺旋直孔掏槽炮孔布置见图 5.1-7。当炮孔深度小于 4.7m，中心空孔直径为 100mm 时，这种掏槽方式能保证炮孔利用率达到 95%～100%；当炮孔深度为 4.7～6.0m 中心空孔直径为 200mm 时，炮孔利用率为 85%～95%。双螺旋掏槽孔孔距参数见表 5.1-7。

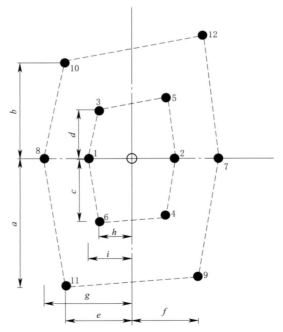

图 5.1-7　双螺旋直孔掏槽炮孔布置图

$a\sim i$—孔距参数；1～12—起爆顺序

表 5.1-7　　　　　　　　　　　　双螺旋掏槽孔孔距参数表

空孔直径/mm	a	b	c	d	e	f	g	h	i
75	465	340	160	120	235	245	270	75	110
85	496	365	175	130	250	270	290	85	120
100	558	410	190	140	280	300	325	95	130
110	600	443	205	150	305	330	350	105	140
125	687	505	235	175	350	375	400	115	160
150	780	580	280	210	400	430	455	125	190
200	900	700	385	365	500	540	570	170	250

（4）影响直孔掏槽效果的主要因素。在进行直孔掏槽爆破设计与施工时，应考虑到以下几个影响掏槽效果的主要因素：

1）要考虑岩性对掏槽爆破的影响。直孔掏槽一般适用于完整性好的脆性岩体隧洞开挖；对于塑性岩体而言，采用直孔掏槽则要困难得多。

2）要考虑空孔与装药孔之间距离的影响。当采用等直径空孔和装药孔时，其距离一般随岩性不同而不同，变动范围为炮孔直径的 2～4 倍；当采用大直径空孔时，最先起爆孔至空孔的距离不宜超过空孔直径的 2 倍。当孔距过大时，爆后岩石将发生塑性变形，孔间岩石将会被挤压在空孔的位置，导致掏槽爆破失败。当孔距过小时，不仅钻孔困难，而且还有可能使相邻掏槽炮孔出现殉爆而打乱设计起爆顺序，或使相邻掏槽炮孔装药挤实至超过其极限密度而拒爆。因此，设计中应针对不同情况进行现场试验，采取相应技术措施，合理选取掏槽炮孔的孔距值。

3）要考虑炮孔装药爆破的管道效应影响。当孔深超过 2.5m 时，易产生管道效应。此时应选择合适的不耦合系数或配用消除炮孔管道效应的装药结构。大瑶山隧道采用粉状硝铵类炸药的实践表明：炮孔直径与药卷直径的比值为 1.14～1.15 时，均没有出现管道效应现象。

4）要考虑掏槽炮孔装药量的影响。在掏槽设计与施工中，其装药孔的装药长度应考虑孔距以及空孔直径的影响，一般为炮孔深度的 90% 左右，若按体积公式校核，其单耗值达到 $14～18kg/m^3$。

5）要考虑炮孔的起爆问题。一般掏槽炮孔应采取反向起爆，以便更好地破碎岩石，并将岩渣抛出槽外；掏槽孔排间及孔间的起爆顺序应遵循距空孔最近的炮孔最先起爆的原则，排间时差宜为 50～100ms，同圈间孔间时差不宜太大，采用高精度导爆管雷管接力起爆时最小时差可为 9ms，采用工业电子雷管起爆时，同圈孔间起爆时差最小可为 3ms。

6）要考虑钻孔偏差的影响。施工中要采取适当措施保证钻孔的准确性，使各炮孔之间保持等距，平行是非常重要的。否则，钻孔出现过大偏差，将会出现上述恶化掏槽爆破效果的不利情况。

（5）国内部分水利水电工程直孔掏槽实例。当前国内外快速开挖的隧洞大都采用直孔掏槽。隔河岩水电站引水隧洞和导流隧洞、天生桥一级水电站引水隧洞和导流隧洞、三峡永久船闸输水隧洞和茅坪溪防护工程泄水隧洞、江垭水电站导流隧洞、鲁布革水电站引水隧洞和导流隧洞、广州抽水蓄能电站引水隧洞等均采用了直孔掏槽方式爆破开挖。

国内部分水利水电工程隧洞开挖直孔掏槽主要参数见表5.1-8，国内部分水利水电工程隧洞直孔掏槽型式及特性见表5.1-9。

表5.1-8　　　　　　　国内部分水利水电工程隧洞开挖直孔掏槽主要参数表

工程名称	岩　性	孔深/m	炮孔直径/mm	药卷直径/mm	炮孔间距/m	单孔装药量/kg	平均循环进尺/m
隔河岩水电站引水隧洞	石灰岩、页岩	4.5	45	32	0.25～0.3	3.0	3.7
三峡茅坪溪防护工程泄水隧洞	花岗岩	4.0	45	32	0.2	2.7	3.3
天生桥一级水电站引水隧洞	泥岩、砂岩	3.0	50	32	0.3	2.4～2.5	2.0
广州抽水蓄能电站引水隧洞	花岗岩、片麻岩	4.5	48	43	0.2	5.25	4.0

表5.1-9　　　　　　　国内部分水利水电工程隧洞直孔掏槽型式及特性表

项　目	鲁布革水电站引水隧洞	天生桥一级水电站引水隧洞	隔河岩水电站导流隧洞
掏槽型式图（图中尺寸单位为cm）			
孔的个数	17	17	13
孔深/m	3.3	3.3	5.0
循环进尺/m	2.96	3.0	3.0～3.66
爆破效率/%	89.8	91.0	60～72

4. 混合掏槽

在断面较大、岩石较硬的隧洞钻爆开挖中，为确保掏槽效果，加大槽腔深度和体积，可采用斜孔和直孔组合的混合掏槽方式。混合掏槽的炮孔布置型式非常多，一般为直孔的桶形掏槽和斜孔的锥形或楔形掏槽相结合的方式，弥补斜孔掏槽深度不够与直孔掏槽槽腔体积较小的不足。常见隧洞混合掏槽类型、技术特点和适用条件见表5.1-10。

表 5.1－10 **常见隧洞混合掏槽类型、技术特点和适用条件表**

混合方式	布置图	技术特点及适用条件
角柱形掏槽与楔形掏槽		1. 孔距 $L_1=750\sim850$mm，$L_2=100$mm，$L_3=800\sim1000$mm，$L_4=100\sim150$mm； 2. 楔形掏槽孔与工作面夹角 $75°\sim85°$，孔底与直孔距离 $150\sim250$mm； 3. 孔深 $2\sim3$m，装药系数直孔为 0.7，斜孔为 $0.4\sim0.5$； 4. 分两段起爆； 5. 适用于中硬以上岩层及大、中型断面的巷道
直线掏槽与楔形掏槽		1. 孔距 $L_1=600\sim800$mm，$L_2=100\sim150$mm； 2. 孔深 2m 左右； 3. 适用于中硬岩以上大岩层
大空孔角柱状掏槽与锥形掏槽		1. 孔距 $L_1=600\sim800$mm，$L_2=150\sim200$mm，$L_3=100\sim150$mm； 2. 孔深 2m 左右； 3. 适用于中硬岩以上岩层及大、中型断面的巷道

5.1.4.2 崩落孔

掏槽孔和周边孔的爆破决定排炮进尺和开挖轮廓面效果，而崩落爆破决定爆破块度大小和爆堆形状。

崩落孔的布置主要是确定炮孔间距和最小抵抗线，一般根据岩石强度和炸药爆炸力的大小而定，并由现场生产性试验优化调整。崩落孔间距经验值见表 5.1－11。

表 5.1－11 **崩落孔间距经验值表**

岩性	软岩	中硬岩	坚硬岩	特硬岩
孔距/m	$1.0\sim1.2$	$0.8\sim1.0$	$0.6\sim0.8$	$0.5\sim0.6$

周边孔内侧的崩落孔，是决定光面层的炮孔，其装药量比其他崩落孔要适当削减 20% 左右，孔间距也适当减少 20%。

崩落孔应在整个断面上均匀布置，其抵抗线一般为炮孔间距的 60%～80%。

5.1.4.3 周边孔

在隧洞开挖爆破施工中，采用周边轮廓控制爆破能使隧洞的围岩受到的爆破破坏和振动大为减轻，并能使隧洞岩壁表面平整，改善围岩支护结构的受力状况，有利于围岩稳定。隧洞轮廓控制爆破是指光面爆破和预裂爆破。

在一般情况下，对于完整的围岩，完全可依靠光面爆破得到较好的壁面效果；对于较破碎围岩，预裂爆破只会使得周边区域的围岩变得更破碎；对于高围压区，预裂爆破难以形成预裂缝，不宜采用。

光面爆破是"新奥法"施工的三大支柱之一。其区别于普通爆破的主要特点是：爆破后的围岩断面轮廓成型规整，符合设计断面的轮廓要求，从而减少了应力集中和局部落石的现象，增加了施工安全度，减少了超挖和支护回填量；最大限度地减轻了爆破对围岩的扰动和破坏，尽可能保存了围岩自身原有的承载能力，改善了支护结构的受力状况，若与锚喷支护相结合，能节省大量混凝土，降低工程造价，加快施工进度。

　　此外，由于围压的存在，隧洞在一般情况下采用光面爆破。但如有特殊轮廓要求，如竖井、牛腿、岩壁梁及其临近上下层等部位时，也可采用预裂爆破。

　　1. 隧洞光面爆破的主要参数

　　光面爆破的基本要求是将周边孔范围内的岩石爆落下来，形成规整的轮廓面，并尽可能多地保存残留半孔和减小对围岩的扰动。影响光面爆破参数选择的因素很多，主要有岩石的爆破特性、炸药品种、一次爆破的断面大小、断面形状、凿岩钻孔机具配置等，其中影响最大的是地质条件。光面爆破参数的选择，通常是采取经验公式计算，并结合工程类比加以确定，再通过施工生产性试验加以调整优化。

　　(1) 药卷直径。周边光爆孔宜采用小直径（d 一般采用 $22 \sim 35mm$）、低猛度、低爆速、低密度、爆轰稳定性好的光爆专用炸药，采用不耦合装药，不耦合系数宜大于 $2.0 \sim 2.5$。当采用空气间隔装药结构来实现光面爆破时，孔内应用导爆索传爆。

　　(2) 光爆孔间距。孔距与最小抵抗线的比值称为炮孔密集系数，一般周边孔间距不宜大于光爆层厚度以确保在周边孔间形成贯通裂缝，一般密集系数取 $1.0 \sim 0.5$。光爆孔的间距与炮孔直径有关，经验的计算公式为

$$a = (8 \sim 15)d \tag{5.1-1}$$

式中　a——光爆孔间距，m；

　　　　d——炮孔直径，m，破碎和软弱围岩取小值，对完整和坚硬围岩取大值，在岩石特别破碎地层中，孔间还常设不装药的导向孔。

　　(3) 最小抵抗线。最小抵抗线应满足周边孔爆炸应力波传播至相邻周边孔及反射形成孔间平整贯穿裂缝，以及传播至自由面反射引起岩石破碎抛出之间的时间和能量分配合理。抵抗线过小，则爆炸应力波到达自由面反射的时间早，能量较集中分配于破碎岩面，易使周边各孔形成单一爆破漏斗，造成周边欠挖，且壁面爆破裂隙多。抵抗线过大，爆炸应力波到达相邻周边孔反射时间较短，及作用于孔间缝面的能量较多，易造成周边壁超挖和爆破裂隙多。

　　周边孔的最小抵抗线 W 可用式（5.1-2）计算：

$$W = Q_b / (q_{光} aL) \tag{5.1-2}$$

式中　W——最小抵抗线，m；

　　　　Q_b——周边孔内的装药量，kg；

　　　　$q_{光}$——光爆单耗，kg/m^3；

　　　　a——炮孔间距，m；

　　　　L——炮孔深度，m。

　　(4) 线装药密度 q。线装药密度与岩石性质关系很大，一般范围为 $70 \sim 350g/m$，软

岩、破碎岩取小值，坚硬完整岩取大值。

隧洞光面爆破参数一般参考值见表5.1－12，国内部分水工隧洞开挖的光面爆破参数见表5.1－13。

表 5.1－12　　　　　　　　　　隧洞光面爆破参数一般参考值表

围岩条件	钻爆参数			适用条件
	炮孔间距 a/m	最小抵抗线 W/m	线装药密度 q/(kg/m)	
坚硬岩	0.55～0.70	0.80～1.00	0.30～0.35	炮孔直径40～50mm，药卷直径20～25mm，炮孔深1.0～3.5m
中硬岩	0.45～0.65	0.60～0.80	0.20～0.30	
软岩	0.35～0.50	0.40～0.60	0.08～0.12	

表 5.1－13　　　　　　　　　　国内部分水工隧洞开挖的光面爆破参数表

工程名称	岩性	线装药密度 q/(g/m)	炮孔间距 a/m	最小抵抗线 W/m	密集系数 /m
隔河岩水电站引水隧洞	石灰岩	150～200	0.40～0.50	0.60～0.70	0.65～0.75
	页岩	50～100			
天生桥一级水电站引水隧洞	泥岩、砂岩	250～300	0.40～0.50	0.50～0.60	0.67～0.83
广州抽水蓄能电站引水隧洞	花岗岩、片麻岩	289	0.60	0.70	0.86
鲁布革水电站引水隧洞	石灰岩、白云岩	200	0.55	0.75	0.80
漫湾水电站导流隧洞	流纹岩	250～275	0.60	0.70	0.75
大朝山水电站尾水隧洞	玄武岩	200～210	0.60	0.75	0.80
水布垭水电站交通隧洞	灰岩	160～170	0.50	0.70	0.70
锦屏一级水电站公路隧洞	大理岩	200～220	0.50	0.70	0.70
糯扎渡水电站导流隧洞	花岗岩	180～200	0.40～0.50	0.60	0.75
彭水水电站尾水隧洞	灰岩	200～250	0.55～0.60	0.70	0.80

2. 实施隧洞光面爆破的技术措施

为了获得良好的光面爆破效果，应采取以下技术措施：

（1）钻孔精度是关系到能否达到良好光面爆破效果的关键。在施工中，要采取适当措施确保周边孔达到准、正、平、直、齐的设计要求。

（2）使用低爆速、低猛度、低密度、传爆性能好、爆炸威力大的炸药。

（3）采用不耦合装药结构。光面爆破的不耦合系数一般在1.25～2.50范围内。水工隧洞开挖的光面爆破不耦合系数一般在2.0左右。

（4）严格控制装药集中度。装药过于集中或炮孔全长均匀装药都将影响光爆质量。在有光爆专用炸药的情况下，应优先考虑选用专用炸药卷进行连续装药，并在孔底部位适当加强装药；否则一般选用导爆索加自制小药卷，用竹片加工成串状装药结构。

（5）在不耦合系数较大并采用光爆专用炸药连续装药情况下，应在炮孔内装入一根导爆索，以免由于管道效应而引起熄爆现象。同时，周边孔应尽量同时起爆为好；若同时起爆引起的爆破振动效应过大，可适当分段起爆。

（6）底板的周边孔装药量应加倍，底板孔应装直径较大的药卷，以克服岩体的夹制作用。

3．光面爆破效果检验

光面爆破的效果，可按下列标准检验：

（1）残留炮孔痕迹应在开挖轮廓面上均匀分布，炮孔痕迹保存率，完整岩石等于或大于 80%，较完整和完整性差的岩石不小于 50%，较破碎和破碎岩石不小于 20%。

（2）相邻两孔间的岩面应平整，孔壁不应有明显的爆破裂隙。

（3）相邻两茬炮之间的台阶最大外斜值应小于 200mm。

5.1.5　隧洞爆破开挖参数设计

除掏槽型式和布孔参数外，隧洞钻爆开挖主要爆破参数还包括：单位炸药消耗量（以下简称炸药单耗或单耗）、炮孔直径与装药直径、炮孔深度、抵抗线、炮孔间距和炮孔数目等。合理的爆破参数不仅要考虑岩层地质条件与隧洞施工要求，还要考虑各参数间的相互关系及其对爆破效果的影响。

5.1.5.1　炸药单耗

炸药单耗的大小取决于炸药性能、岩石性质、隧洞断面、炮孔直径及深度等因素，一般可根据工程类比初步确定。

隧洞开挖爆破所需的炸药单耗参考值见表 5.1－14，国内部分水工隧洞开挖爆破参数见表 5.1－15。

表 5.1－14　　　　　隧洞开挖爆破所需的炸药单耗参考值表　　　　　单位：kg/m³

开挖断面面积 /m²	围　岩　类　别			
	Ⅰ	Ⅱ～Ⅲ	Ⅲ～Ⅳ	Ⅳ～Ⅴ
4～6	2.9	2.3	1.8	1.6
7～9	2.5	2.0	1.6	1.3
10～12	2.25	1.8	1.5	1.2
13～15	2.1	1.7	1.4	1.2
16～20	2.0	1.6	1.3	1.1
40～43	1.4	1.1		

表 5.1－15		国内部分水工隧洞开挖爆破参数表					
工 程 项 目	围岩岩性	断面面积 /m²	开挖方式	炮孔个数	炮孔密度 /(个/m²)	炸药单耗 /(kg/m³)
隔河岩水电站引水隧洞	石灰岩、页岩	100	全断面	200～220	2.0～2.2	1.35～1.5
三峡茅坪溪防护工程泄水隧洞	花岗岩	68（上半部）		149	2.2	1.25
广州抽水蓄能电站引水隧洞	花岗片麻岩	81.7		197	2.4	1.8
广州抽水蓄能电站尾水隧洞	花岗片麻岩	83.8		166	2	1.2
广州抽水蓄能电站交通隧洞	花岗片麻岩	48.3		118	2.48	1.43

5.1.5.2 炮孔直径和装药直径

炮孔直径的大小直接影响钻孔速度、工作面的炮孔数目、炸药单耗、爆落岩石的块度和隧洞轮廓的平整性等。大炮孔直径可使炸药能量相对集中，爆破效果得以改善，但也会导致钻孔速度明显下降，并影响岩石破碎质量、洞壁平整度和围岩的稳定性；直径过小会影响炸药的稳定爆轰。

一般炮孔直径根据药卷直径和标准钻头直径来确定。在隧洞开挖爆破中，采用的药卷直径一般为 32mm 或 35mm，为使装药顺利，炮孔直径要比药卷直径大 4～7mm，匹配的标准钻头直径为 36～42mm。深孔爆破采用凿岩台车钻孔时，炮孔直径一般为 45～55mm，采用直径 40～45mm 的药卷。

5.1.5.3 炮孔深度

炮孔深度是指炮孔底至开挖面的垂直距离。炮孔深度直接决定着每个循环的进尺量，也就是决定着开挖中钻孔和装药等主要工序的工作量和完成各工序所需的时间，是确定开挖循环劳动量和工作组织的主要钻爆参数。

合适的炮孔深度有助于提高开挖速度和炮孔利用率。炮孔深度一般根据下列因素确定：①围岩的岩性；②凿岩机的允许钻孔长度，操作技术条件和钻孔技术水平；③开挖爆破循环时间安排。

5.1.5.4 炮孔数目

炮孔数目的确定，主要取决于岩石性质（裂隙率、坚固性系数）、隧洞断面尺寸、炸药性能和药卷直径、炮孔深度等。合理的炮孔数目应当保证有较高的爆破效率（一般要求炮孔利用率 85% 以上），爆落的岩块和爆破后的轮廓均能符合施工和设计要求。

炮孔数目过少会影响爆破效果；过多会增加钻孔工作量，从而影响开挖速度。炮孔数量应正好容纳一次爆破循环的总装药量，即

$$N = \frac{qsL}{La\gamma} = \frac{qs}{a\gamma} \tag{5.1-3}$$

式中　N——炮孔数目，不包括不装药的掏槽部位的空孔数；

　　　q——炸药单耗，kg/m³；

　　　L——炮孔长度，m；

　　　s——开挖断面面积，m²；

α——炮孔装药系数，即装药长度与炮孔全长的比值，可参考表 5.1 - 16；

γ——炸药的单位长度重量，kg/m；2 号岩石乳化炸药单位长度重量可参考表
5.1 - 17。

表 5.1 - 16　　　　　　　　　　　　炮孔装药系数 α 值表

炮孔名称	围 岩 类 别			
	I	II	III	IV、V
掏槽孔	0.65～0.80	0.60	0.55	0.50
崩落孔	0.55～0.70	0.50	0.45	0.40
周边孔	0.60～0.75	0.55	0.45	0.40

表 5.1 - 17　　　　　　　　　2 号岩石乳化炸药单位长度重量表

药卷直径/mm	32	35	38	40	45	50
γ/(kg/m)	0.88	1.06	1.25	1.38	1.75	2.16

注　2 号岩石乳化炸药药卷密度按 $1.1g/cm^3$ 计。

5.1.5.5　每一循环总装药量计算

每循环的总装药量的计算公式为

$$Q = qLS \tag{5.1 - 4}$$

式中　Q——一个循环的总装药量，kg；

q——爆破每立方米岩石所需的炸药耗量，kg/m^3；

L——炮孔深度或设计循环进尺，m；

S——开挖断面面积，m^2。

5.1.5.6　总装药量的分配

每一循环总的装药量 Q 应分配到各个炮孔中去。由于各炮孔的作用及受到岩石夹制
情况不同，装药量也不同。通常装药量的分配可根据表 5.1 - 16 炮孔装药系数 α 进行。当
采用直孔掏槽时，掏槽孔可适当增加 10%～20%，以保证掏槽效果。分配完后，应按装
整卷或半卷炸药的档次进行调整，以方便装药施工。

5.1.5.7　隧洞爆破的炮孔布置及起爆顺序

1. 1 炮孔布置

隧洞开挖爆破炮孔一般按先布置掏槽孔，其次是周边孔，最后是崩落孔，其布置
原则：

（1）掏槽孔一般应布置在开挖面中央偏下部位，其深度应比其他孔深 0.15～0.20m。
为爆出平整的开挖面，除掏槽孔和底板炮孔外，所有炮孔底部应落在同一平面上。

（2）周边孔应严格按照设计位置布置。断面拐角处应布置炮孔。为满足机械钻机需要
和减少超欠挖，周边孔设计位置应考虑 3%～5% 的外插斜率，并应使前后两循环炮孔的
衔接锯齿形的齿高最小。锯齿高一般不应大于 0.15m。

（3）崩落孔应在整个断面上均匀布置，其抵抗线一般为炮孔间距的 $60\% \sim 80\%$。当炮孔深度超过 2.5m 时，靠近周边孔的内圈崩落孔应与周边孔有相同的倾角。

2. 起爆顺序

只有采用正确的起爆顺序才能达到理想的爆破效果。起爆顺序原则是先爆破的炮孔应为后续爆破的炮孔减小岩石的夹制作用，增大自由面，创造更好的爆破条件。即在隧洞开挖爆破时，应先爆破掏槽炮孔（掏槽孔的首段应采用正向装药起爆，其他孔采用反向装药起爆），后爆破崩落孔，然后是底板孔，侧墙孔，顶拱孔。此前，在无瓦斯与煤尘爆炸危险的水工隧洞中进行爆破开挖多采用塑料导爆管起爆系统起爆，随着工业电子雷管的普及，特别是城市浅埋隧洞开挖爆破一般采用工业电子雷管起爆系统起爆。

5.1.6 隧洞开挖爆破施工

5.1.6.1 钻孔

为保证达到良好的爆破效果，钻孔前应由专门人员根据施工图标出掏槽孔、崩落孔和周边孔的位置，严格按照炮孔的设计位置、深度、角度和孔径进行钻孔。

5.1.6.2 装药

装药前应对炮孔参数进行检查验收，测量炮孔位置、炮孔深度是否符合设计要求。然后对钻好的炮孔进行清孔，可用风管通入孔底，利用风压将孔内的岩渣和水分吹出。

确认炮孔合格后，即可进行装药工作。一定要严格按照施工图中的装药量和装药结构进行装药，如炮孔中有水或是潮湿时，应采取防水措施或改用防水炸药。

装炸药时要注意起爆药包的安放位置。工程实践经验证明，反向起爆能提高炮孔利用率，减小岩石破碎度，增大抛渣距离，降低炸药消耗量。装药时不可用猛力去捣实起爆药包，防止早爆事故或将雷管脚线拉断造成拒爆。

当采用导爆索起爆时，例如周边孔爆破，应该用胶布将导爆索与每个药卷紧密贴合，充分发挥导爆索的引爆作用。

5.1.6.3 填塞

炮孔装药后孔口未装药部分应该用填塞物进行填塞。良好的填塞能阻止爆轰气体产物过早地从孔口冲出，提高爆炸能量的利用率。

常用的填塞材料有砂子、黏土、岩粉等，而小直径炮孔则常用炮泥（由砂子和黏土混合配制而成的，其重量比为 3∶1，再加上 20% 的水，混合均匀后再揉成直径稍小于炮孔直径的炮泥段）。填塞时将炮泥段送入炮孔，用炮棍适当挤压捣实。炮孔填塞应是连续的，中间不要间断。填塞长度不能小于最小抵抗线。

5.1.6.4 起爆网路连接

采用非电起爆网路时，周边孔宜采用导爆索连接，使周边孔同时起爆，如有振动控制要求时，也可采用至少 4 孔同时起爆分段爆破。掏槽孔、崩落孔及底板孔，根据孔位布置分段爆破，其分段爆破时差，应使每段爆破独立作用，每圈起爆时差宜为 $50 \sim 100ms$。

5.1.6.5 起爆

应确认周围的安全警戒工作完成，并发布起爆信号后，方可发出起爆命令；警戒人员应按规定警戒点进行警戒，在未确认撤除警戒前不得擅离职守；要有专人核对装药、起爆炮孔数，和检查起爆网路、起爆电源开关及起爆主线；起爆后，确认炮孔全部起爆，经检查后方可发出解除警戒信号、撤除警戒人员。如发现盲炮，要采取安全防范措施后，才能解除警戒信号。

5.1.6.6　盲炮处理

发生盲炮后，应立即封锁现场，由现场技术人员针对装药时的具体情况，找出拒爆原因，采取相应措施处理。处理盲炮一般可采用二次爆破法、炸毁法及冲洗法等三种方法。属于漏接的拒爆药包，可再找出原来导爆管或工业电雷管脚线，经检查确认完好后，进行二次起爆；对于不防水的硝铵炸药，可用水冲洗炮孔中的装药，使其失去爆炸能力；对防水炸药装填的炮孔，可掏出堵塞物，再装入起爆药包将其炸毁。如果拒爆孔周围岩石尚未发生松动破碎，可以在距拒爆孔约 0.3m 处，钻一平行新孔，重新装药起爆，将拒爆孔炸毁。

5.2　隧洞开挖爆破

5.2.1　隧洞开挖施工方法

隧洞开挖施工方法及参数的选择，应以地下工程的围岩分类及产状结构特征、断面形状及尺寸为主要依据，结合支护类型、工期要求及现有钻孔、出渣、支护等机械的施工能力等因素综合研究确定。选择施工方法的基本因素如下：

（1）工程地质及水文地质。工程地质及水文地质条件是选择开挖方法的基本依据，在确定开挖方法时既要考虑围岩自身承载能力，同时应满足施工进度的要求。

（2）断面形状和尺寸。断面形状和尺寸对洞室周边围岩稳定非常重要，特别是地应力较大和侧压力较大的洞室，易发生底鼓和片帮的现象，这时应该慎重地选择开挖方法，甚至调整断面形状。

（3）洞室交叉洞段的稳定状态。在洞室交叉洞段最容易发生失稳现象，其原因是在交汇的洞段往往是围岩应力释放部位，不仅可能发生坍塌，浅埋的还往往出现冒顶，因此在施工通过这种洞段时应采取预先加固措施并在施工中加强监测，防止意外事故发生。

（4）工期要求及可利用资源。服从工程总工期要求，单项工程的可用工期往往决定了需要比选采用工效合适的施工方法，而可利用的人员、材料、机械设备甚至施工环境等都可能成为制约工效或施工方法选择的因素。

根据隧洞的地质条件、断面尺寸，有关规范对钻爆法的应用要求，隧洞开挖一般有全断面法、台阶法、环形开挖预留核心土法、中隔壁法（CD法）、交叉中隔壁法（CRD法）和双侧壁导坑法等。隧洞主要开挖工法及适用性见表 5.2-1。

5.2.1.1　全断面法钻爆施工

全断面法是在地质条件较好、断面较小的隧洞施工中，以凿岩台车钻孔、装药、填塞、起爆网路连接，一次性完成整个设计断面的钻爆开挖方法。对于围岩坚硬、完整、稳定的隧洞，且断面尺寸满足适宜时，宜选用全断面开挖法。

表 5.2－1　　　　　　　　　　　隧洞主要开挖工法及适用性表

序号	开挖方法	横断面示意图	适用围岩类别
1	全断面法		Ⅰ类、Ⅱ类、Ⅲ类围岩 Ⅰ类、Ⅱ类围岩（浅埋）
2	台阶法	① ②	Ⅳ类围岩 Ⅲ类围岩（浅埋）
3	环形开挖预留核心土法	① ② ③ ②	Ⅳ类、Ⅴ类围岩 Ⅲ类、Ⅳ类围岩（浅埋）
4	中隔壁法（CD法）	① ④ ② ⑤ ③ ⑥	Ⅴ类围岩
5	交叉中隔壁法（CRD法）	① ③ ② ④ ⑤ ⑥	Ⅳ类、Ⅴ类围岩
6	双侧壁导坑法	② ① ③ ①	Ⅳ类、Ⅴ类围岩

全断面法施工场地宽敞，工作面空间大，有利于较大规模爆破作业，能充分发挥机械的效能，便于大型机械作业，并只有一道开挖工序，通风排水及管线布置简单，干扰少，工序集中，开挖工效高，施工进度快。

由于开挖施工机械发展十分迅速，多臂钻、钻架台车喷射混凝土机具的广泛应用，在较好的Ⅰ～Ⅲ类围岩中开挖 10m 以内洞径的洞室十分方便，宜采用全断面开挖。

隧洞采用全断面法施工时，应符合下列规定：

（1）施工时尽量配备凿岩台车和高效率装运机械设备，以尽量缩短循环时间，各道工序应尽可能平行交叉作业，提高施工效率。

（2）宜采用凿岩台车钻深孔，以提高开挖进尺。

（3）初期支护应严格按照设计及时施工。

5.2.1.2　台阶法钻爆施工

台阶法是先采用掏槽爆破开挖隧洞上部，再扩大为全断面的开挖方法。根据隧洞的高度，可分为两级或更多级的台阶，其中上台阶超前一定的距离后，上、下台阶可同时并进开挖。台阶法一般用于断面尺寸较大，或围岩条件较差的隧洞中。

在Ⅳ类和Ⅴ类围岩中，当洞径超过5.5m时，从安全的角度出发，宜实行分部开挖，每一循环开挖后应立即支护，防止围岩变形过大而造成塌方事故。

非直边墙洞室的下部一般应布置水平孔，直边墙洞室的下部开挖可布置垂直孔或水平孔。

台阶法可以实现快速开挖，顶层开挖可起到提早探明地质、提早处理特殊地质的作用；将全断面分多次爆破，可以达到降低振动影响，创造自由面，减少正洞钻孔数量，改善爆破效果等作用。台阶法在工期紧、断面大、地质条件复杂的隧洞施工中被广泛应用。

隧洞采用台阶法施工时应符合下列规定：

（1）台阶法开挖长度主要根据围岩条件确定，以确保开挖、支护质量及施工安全。

（2）台阶高度应根据地质情况、隧洞断面大小和施工机械设备情况确定。

（3）上台阶施作钢架时，应采用扩大拱脚或施作锁脚锚杆等措施，确保初期支护对围岩的支护效果。

（4）下台阶应在上台阶喷射混凝土达到设计强度75％以上时开挖。当岩体不稳定时，应采用缩短进尺，必要时上、下台阶可分左、右两部错开开挖，并及时施作初期支护和仰拱。

（5）施工中应解决好上、下台阶的施工干扰问题，下部施工应减少对上部围岩、初期支护的扰动。

5.2.1.3　环形开挖预留核心土法钻爆施工

环形开挖预留核心土法是在上部断面以弧形导坑领先，其次开挖下半部两侧，再开挖中部核心土的方法。

采用环形开挖预留核心土法施工时应符合下列规定：

（1）环形开挖每循环长度宜为0.5～1.0m。

（2）开挖后应及时施作喷锚支护、安装钢架等初期支护结构。

（3）预留核心土面积的大小应满足开挖面稳定的要求。

（4）当地质条件差，围岩自稳时间较短时，开挖前应进行超前注浆、超前注浆小导管、超前锚杆等超前支护。

（5）上部弧形，左、右侧墙部，中部核心土开挖各错开3～5m进行平行作业。

5.2.1.4　中隔壁法（CD法）

中隔壁法（CD法）是将隧洞分为左右两大部分进行开挖，先在隧洞一侧采用台阶法自上而下分层开挖，待该侧初期支护完成，且喷射混凝土达到设计强度75％以上时再分层开挖隧洞的另一侧，其分部次数及支护型式与先开挖的一侧相同。

采用中隔壁法施工时应符合下列规定：

（1）各部开挖时，周边轮廓应尽量圆顺，减小应力集中。

（2）每一部的开挖高度应根据地质情况及隧洞断面大小而定。

（3）后一侧开挖形成全断面时，应及时完成全断面初期支护闭合。

（4）左、右两侧洞体施工时，纵向间距应不大于15m。

（5）中隔壁宜设置为弧形，并偏斜1/2个刚拱架宽度。

（6）在二次衬砌浇筑前，应逐段拆除中隔壁临时支护，拆除时应加强监测，一次拆除长度一般不宜超过15m。

5.2.1.5 交叉中隔壁法（CRD法）

交叉中隔壁法（CRD法）仍是将隧洞分侧分层进行开挖，分部封闭成环。每开挖一部均及时施作锚喷支护、安装钢拱架、施作中隔壁、安装底部临时仰拱。一侧超前的上、中部，待初期支护完成且喷射混凝土达到设计强度75％以上时再开挖隧洞的另一侧的上、中部，再开挖一侧的下部，最后开挖另一侧的下部，左右交替进行。

采用交叉中隔壁法施工时，应符合下列规定：

（1）各部开挖时，周边轮廓应尽量圆顺，减小应力集中。

（2）每一部的开挖高度应根据地质情况及隧洞断面大小而定。

（3）同一层左、右侧两部纵向间距不宜大于15m，同侧上下部纵向间距不宜大于8m。

（4）每一分部的临时仰拱应及时设置，步步成环，并尽量缩短成环时间。

（5）中隔壁宜设置为弧形，并偏斜1/2个钢拱架宽度。

（6）在二次衬砌浇筑前，中隔壁和中间临时仰拱应逐段拆除，拆除时应加强监测，一次拆除长度一般不宜超过15m。

5.2.1.6 双侧壁导坑法钻爆施工

双侧壁导坑法是采用先开挖隧洞两侧导坑，及时施作导坑四周初期支护及临时支护，必要时施作边墙衬砌，然后再根据地质条件、断面大小，对剩余部分采用二台阶或三台阶的开挖方法。

采用双侧壁导坑法施工时，应符合下列规定：

（1）侧壁导坑形状应近似椭圆形，导坑断面宽度宜为整个断面的1/3。

（2）侧壁导坑、中央部上部、中央部下部错开一定距离平行作业。

（3）导坑开挖后应及时进行初期支护及临时支护，并尽早封闭成环。

（4）侧壁导坑采用短台阶法开挖，左右侧壁导坑施工可同步进行。

（5）当全断面初期支护封闭成环后，监测变形已收敛，支护体系稳定时，方可拆除临时支护，并及时浇筑二次衬砌。

（6）临时支护拆除时应加强监测，一次拆除长度一般不宜超过15m。

5.2.2 炮孔布置和爆破参数

5.2.2.1 常用掏槽型式

水利水电工程隧洞的掏槽孔一般采用斜孔掏槽或直孔掏槽。斜孔掏槽具有所需掏槽孔较少、掏槽体积大、易将岩石抛出、炸药单耗低等优点，其缺点是掏槽深度受开挖面宽度限制，也受岩石硬度限制，因此难以提高排炮循环进尺。直孔掏槽所有炮孔均垂直于开挖面，钻孔方便，虽然要求更多的炮孔数量和更多的炸药量，而且对钻孔精度要求很高，但是随着钻孔设备发展，钻孔效率和质量均有较大提高，水利水电工程隧洞开挖常用直孔掏槽。

掏槽孔一般布置在开挖面中间偏下部，其深度比其他孔深15～20cm。掏槽孔型式很多，水利水电工程隧洞钻爆开挖常用的有斜孔掏槽和直孔掏槽。

1. 斜孔掏槽

斜孔通常为楔形或锥形两种型式，适用于软岩或循环进尺不大的隧洞开挖。锥形孔中向上的炮孔施工较困难，尤其是凿岩台车造孔时，在水利水电工程中运用较少，一般都采用楔形孔，楔形孔又分为单排和多排，单级和多级复式，多级复式楔形掏槽孔布置见图5.2-1。

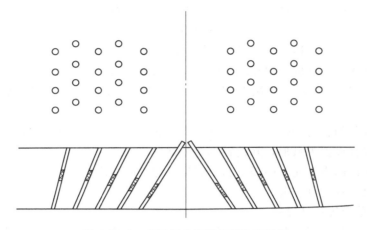

图5.2-1 多级复式楔形掏槽孔布置图

在软岩中，仅用单排楔形掏槽就会有较好效果；在硬岩中，要采用分层掏槽方式。第一层（内层）掏槽孔用较小的倾角，岩质越硬，倾角越小。

2. 直孔掏槽

直孔掏槽适用于坚硬、均质、裂隙不大发育的岩体中，也适用于排炮进尺较大的隧洞开挖中。直孔掏槽的型式很多，常用的有平行龟裂掏槽、角柱掏槽和螺旋形掏槽等。

5.2.2.2 爆破参数设计

1. 炮孔深度

隧洞开挖的循环进尺可根据围岩类别和施工机械等条件选用下列数值：

（1）Ⅰ～Ⅲ类围岩，采用手风钻造孔时，循环进尺宜为2.0～4.0m；采用液压单臂或多臂钻造孔时，循环进尺宜为3.0～5.0m。

（2）Ⅳ类围岩，循环进尺宜为1.0～2.0m。

（3）Ⅴ类围岩，循环进尺宜为0.5～1.0m。

（4）循环进尺应根据爆破效果和监测结果进行调整。

开挖循环进尺小于3m时，炮孔利用系数为0.90～0.95，即钻孔深度需超深0.15～0.30m；开挖循环进尺达3～4m时，炮孔利用系数为0.83～0.90，即钻孔深度需超深0.30～0.80m。

2. 药包及炮孔直径

国内隧洞工程一般炮孔直径都在 38～50mm 之间，垂直孔爆破时，钻孔直径一般在 60～100mm 之间。

药包直径一般比钻孔直径小 4～7mm。

3. 掏槽孔

楔形掏槽的基本参数：

（1）楔形掏槽孔倾斜角度（掏槽角）与岩性、隧洞断面有关，一般为 60°～75°，上下排距为 40～90cm。

（2）大断面隧洞采用楔形掏槽时，应尽量加大第一级掏槽孔之间的水平距离，缩小掏槽角。

（3）楔形掏槽炮孔深度大于 2.5m 时，底部 1/3 炮孔长度加强装药或装高威力炸药。

（4）填塞长度一般为炮孔长度 20%，但不少于 40cm。

（5）楔形掏槽应使用毫秒延时爆破，每级掏槽孔尽量同时起爆，各级之间时差以 50ms 为宜。

4. 崩落孔

崩落孔应均匀布置在整个断面上，相对于掏槽孔和周边孔，其精度要求较低，崩落孔的布置主要是确定炮孔间距和最小抵抗线，该参数一般根据岩石强度而定，其抵抗线一般为炮孔间距的 60%～80%。

5. 周边孔

隧洞开挖的周边孔一般采用光面爆破孔，光面爆破的主要参数包括孔距 a、或最小抵抗线（光爆层厚度）W、密集系数 m、线装药密度等。

（1）孔距 a。一般取 8～15 倍的孔径 d，软岩、破碎岩取小值，坚硬完整岩取大值。水利水电隧洞开挖水平孔钻孔直径一般选用 38～50mm，即孔距 a 一般为 0.3～0.8m。

（2）最小抵抗线 W。最小抵抗线选取不当可能会造成周边壁面的欠挖、超挖或爆破裂隙多。隧洞中最小抵抗线一般取 0.5～0.8m，软岩、破碎岩取小值，坚硬完整岩取大值。

（3）密集系数 m。一般取 0.6～0.8。

（4）线装药密度。一般范围为 100～350g/m，软岩、破碎岩取小值，坚硬完整岩取大值。

（5）装药结构。使用低爆速、低猛度、低密度、传爆性能好的炸药，严格控制装药集中度。掏槽孔和崩落孔优先选用专用药卷连续装药，并在孔底部位适当加强装药量；周边孔可自行加工用竹片串成，分散绑扎，并附绑上导爆索以解决传爆问题。

5.2.3 起爆网路

隧洞爆破炮孔中的炸药有正向和反向起爆，研究表明掏槽孔的首段应该采用正向装药起爆，其他孔采用反向装药起爆。

起爆程序为先掏槽孔，再由最接近掏槽孔的崩落孔一层层向外依次起爆，最后是周边光爆孔。

掏槽孔内的爆破孔，应给予一定的时差顺序起爆，而掏槽孔附近的崩落孔起爆时差可以相隔 50ms 以上，以提高爆破效果。此外，为达到更好的爆破效果，每孔的雷管宜装在孔底部位，并让聚能穴朝向孔口。

周边孔尽量同时起爆，若因有特殊要求不可能同时起爆时，可适当分段起爆。底板的周边孔装药量应加倍，底脚孔应装粗药卷，以克服岩体的夹制作用。

5.2.4　隧洞中、下层开挖时常用的爆破方法

大断面或围岩较差的隧洞一般都需要分层开挖，而中、下层开挖时，中层开挖一般采用垂直钻作业，它相当于明挖中的台阶开挖爆破。为保证开挖质量，凡是直立边墙，一般都采用预裂法，但围岩稳定性较差而又要求控制开挖轮廓规格的软岩中一般采用光面爆破。

预裂爆破相对于光面爆破来讲，要求孔距相对较密，线装药量密度更大，一般孔距为 8～12 倍孔径。

浅孔预裂爆破参数见表 5.2 - 2、深孔预裂爆破参数见表 5.2 - 3。

表 5.2 - 2　　　　　　　　浅孔预裂爆破参数表

岩石类别	周边孔孔距/m	崩落孔与周边孔距/m	线装药密度/(g/m)
特硬岩石	0.50	0.45	450～600
硬岩	0.40～0.50	0.40	300～400
中硬岩	0.40～0.45	0.40	200～250
软岩	0.35～0.40	0.35	70～120

注　表中炮孔直径为 40～50mm，药卷直径为 22～35mm。

表 5.2 - 3　　　　　　　　深孔预裂爆破参数表

岩石性质	岩石抗压强度/MPa	钻孔直径/mm	钻孔孔距/m	线装药密度/(g/m)
特坚硬岩石	>120	90～100	0.80～1.00	300～700
		100	0.80～1.00	300～450
硬岩	80～120	90	0.80～0.90	250～400
		100	0.80～1.00	250～350
中硬岩石	50～80	80	0.60～0.80	180～300
		100	0.80～1.00	150～250
软弱岩石	<50	80	0.60～0.80	100～180

注　药卷直径为 22～35mm。

5.2.5　工程实例

香炉山隧洞为滇中引水工程输水线路首个建筑物，在丽江市玉龙县石鼓镇冲江河右岸山体内与石鼓泵站相连，在鹤庆县松桂与积福村渡槽相接，隧洞全长 62.596km，设计引

水流量 $135\mathrm{m}^3/\mathrm{s}$，圆形断面，净断面直径 $8.3\sim9.5\mathrm{m}$。

香炉山隧洞8号支洞主要作为香炉隧洞出口段钻爆法的施工通道，长约 $650\mathrm{m}$，最大坡度 7.50%，净断面尺寸 $8.0\mathrm{m}\times6.5\mathrm{m}$（宽×高）。支洞在桩号 X8K0＋343～365 段隧洞埋深 70～80m，围岩为三叠系上统中窝组（T_3z）灰黑色中厚层～厚层灰岩夹泥质灰岩，岩体总体呈次块状～块状结构，完整性较好，无地下水活动，综合评判围岩类别为Ⅲ类。

该桩号段支洞开挖断面为 $8.2\mathrm{m}\times6.5\mathrm{m}$（宽×高），采用全断面一次爆破成型，开挖进尺约4m，炮孔利用率达 90% 以上。

采用简易台架作为施工平台，分三层共11把支腿式手风钻造孔，钻孔直径 $42\mathrm{mm}$。掏槽孔位于隧洞的中下部，采用复式楔形掏槽孔，孔距约0.5m，排距约0.5m；崩落孔孔距0.9～1.0m，排距0.5～0.8m；光爆孔边顶拱孔距0.45m、底板孔距0.5m，边顶拱距离最近一圈崩落孔间距约0.5m。

采用直径32mm的二号岩石乳化炸药，光爆孔间隔装药，线装药密度约 $0.20\mathrm{kg/m}$，其余炮孔采用耦合装药，单耗约 $1.25\mathrm{kg/m}^3$。起爆网路为非电起爆网路，同一圈炮孔装同段雷管，每圈孔为间隔一个延时段别，最高段别为MS11。香炉山隧洞8号施工支洞Ⅲ类爆破布置见图5.2－2、爆破参数见表5.2－4。

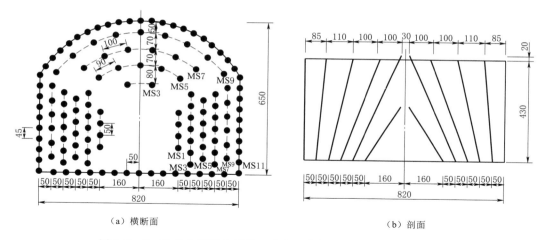

（a）横断面　　　　　　　　　　　　（b）剖面

图 5.2－2　香炉山隧洞8号施工支洞Ⅲ类爆破布置图（单位：cm）

表 5.2－4　　　　　　　　　香炉山隧洞8号施工支洞Ⅲ类爆破参数表

炮孔名称	钻 孔 参 数					装 药 参 数							雷管段别
	孔径/mm	孔深/m	孔距/m	孔数/个	最小抵抗线/m	直径/mm	炸药节数/节	装药长度/m	填塞长度/m	单孔药量/kg	线密度/(kg/m)	单段药量/kg	
掏槽孔	42	2.72	0.5	8		32	4	1.4	1.32	1.09		8.74	MS1
	42	4.90	0.5	14		32	11	3.85	1.05	3.00		42.04	MS3
	42	4.57	0.5	12		32	10	3.5	1.07	2.73		32.76	MS5
	42	4.40	0.5	14		32	8	2.8	1.6	2.18		30.58	MS7
	42	4.31	0.6	12		32	7	2.45	1.86	1.91		22.93	MS9

炮孔名称	钻 孔 参 数					装 药 参 数							雷管段别
	孔径/mm	孔深/m	孔距/m	孔数/个	最小抵抗线/m	直径/mm	炸药节数/节	装药长度/m	填塞长度/m	单孔药量/kg	线密度/(kg/m)	单段药量/kg	
崩落孔	42	4.30	1.0	2		32	10	3.5	0.8	2.73		5.46	MS3
	42	4.30	0.9	5	0.80	32	10	3.5	0.8	2.73		13.65	MS5
	42	4.30	1.0	6	0.70	32	9	3.15	1.15	2.46		14.74	MS7
	42	4.30	1.0	9	0.70	32	8	2.8	1.5	2.18		19.66	MS9
周边孔	42	4.30	0.45	41		32	2.5	3.1	1.2	0.68	0.2	27.98	MS11
底部孔	42	4.30	0.5	15		32	6	2.1	2.2	1.64		24.57	MS11
合计				138								243.11	

爆破效果良好，开挖后洞壁平整、半孔残留率达 90% 以上。香炉山隧洞 8 号施工支洞爆破效果如图 5.2-3 所示。

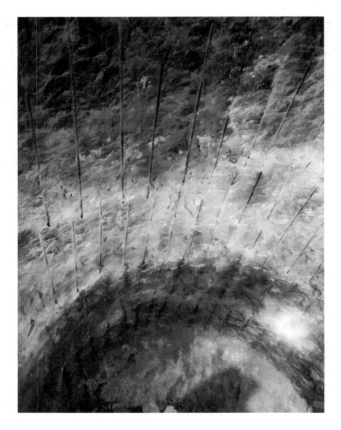

图 5.2-3　香炉山隧洞 8 号施工支洞爆破效果图

5.3 竖井与斜井开挖爆破

　　水利水电地下工程的竖井和斜井主要有调压井、闸门井、引水隧洞压力管道斜井、施工斜井和施工竖井等。

　　竖井与斜井开挖方法可根据其断面尺寸、深度、倾角、围岩特性、工期要求、施工设备、地形条件、交通条件和施工技术水平等因素选择。

5.3.1　竖井开挖方法

　　应综合分析竖井的地质条件、结构布置、断面尺寸、深度、交通条件等因素选择开挖方法及施工设备，开挖方法选择应符合下列规定：

　　（1）应创造从井底出渣的条件，若不具备从竖井底部出渣的条件时，则应全断面自上而下开挖。

　　（2）在Ⅰ类、Ⅱ类围岩中开挖小断面竖井，可采用吊罐法、爬罐法或反井钻机法自下而上全断面开挖。

　　（3）在Ⅰ类、Ⅱ类围岩中开挖中断面以上的竖井时，可采用先挖导井再自上而下扩大开挖的施工方法，导井断面宜为 $4\sim5m^2$。导井开挖可选择反井钻机法、爬罐法等开挖。长度小于250m的竖井，导井开挖宜采用反井钻机，也可采用爬罐；长度大于250m的竖井，宜采用爬罐开挖反导井，必要时人工开挖正导井相配合，正导井的长度不宜超过150m。

　　（4）自上而下开挖围岩为Ⅲ类、Ⅳ类、Ⅴ类时，应紧跟开挖面进行支护。

　　随着钻井设备的发展，越来越多的竖井采用竖井钻井施工，如厄瓜多尔美纳斯水电站压力竖井直径5.5m，高约452m，先采用71RM从顶部向竖井底部钻先导孔，再用RD5-55全断面反井钻直接扩挖至设计断面。

5.3.2　斜井开挖方法

　　应综合分析斜井地质条件、结构布置、断面尺寸、坡度、长度、交通条件等因素选择开挖方法及施工设备，其开挖方法选择应符合下列规定：

　　（1）斜井倾角为6°～30°时，宜采用自上而下全断面开挖。

　　（2）斜井倾角为30°～45°时，可采用自上而下全断面开挖或自下而上开挖。采用自下而上开挖时，应有扒渣和溜渣设施。

　　（3）斜井倾角为45°～75°时，可采用自下而上先挖导井、再自上而下扩挖，或自下而上全断面开挖。

　　（4）自上而下开挖时应优先采用全断面开挖，出渣宜选用有轨式的装渣、运渣设备。

　　（5）自下而上开挖时，宜采用自下而上开挖导洞，再自上而下进行扩大开挖，导洞应满足溜渣要求。

5.3.3　炮孔布置和爆破参数

斜井开挖炮孔布置及爆破参数和隧洞开挖基本相同，本节主要为竖井炮孔布置和爆破参数。

同平、斜洞一样，竖井炮孔由中心向外，依次为掏槽孔、崩落孔和周边孔。

5.3.3.1　常用掏槽型式

自上而下开挖的竖井掏槽孔布置围绕井筒工作面的中心，按炮孔的角度分锥形和直孔两种型式。竖井采用导洞溜渣出渣时，需要注意的是爆渣块度必须满足溜渣通道要求，避免堵塞出渣通道。竖井常用掏槽型式见表 5.3 - 1。

表 5.3 - 1　　　　　　　　　　　竖井常用掏槽型式表

名　称	布　置　图	特　点
锥形掏槽		1. 圈径 1.8～2.0m，孔数 6～8 个； 2. 炮孔倾角 α 为 70°～80°； 3. 装药系数 0.7～0.8； 4. 中心预留一空孔，深度为槽孔的 2/3
锥形分段掏槽		1. 圈径：第一圈 1.8～2m，深度约为二圈的 2/3，第二圈 2.5～3m； 2. 倾角：第一圈 α_1 为 70°～75°，第二圈 α_2 为 70°～80°； 3. 装药系数 0.7 左右； 4. 适用于韧性大的岩石
一阶直孔掏槽		1. 圈径 1.2～1.8m，孔数 3～6 个； 2. 装药系数 0.5～0.8； 3. 在中心可设 1～3 个空孔，其深度为槽孔的 2/3； 4. 适用于孔深 2m 以下

续表

名　　称	布　置　图	特　　点
二阶直孔掏槽		1. 一阶圈径同一阶直孔掏槽。孔深取 $L_1=(0.6\sim0.7)L_2$，装药系数同一阶直孔掏槽； 　2. 二阶圈径较一阶增大 2～5m；装药系数 0.4～0.5，一般二阶孔装药的低端低于一阶炮孔的底端； 　3. 适用于孔深 2m 以上
三阶直孔掏槽		1. 一阶、二阶圈径和装药系数同二阶直孔掏槽，孔深取： 　$L_1=(0.5\sim0.6)L_2$， 　$L_2=(0.5\sim0.6)L_3$； 　2. 三阶圈径较二阶圈径增大 2～5m； 　3. 三阶孔装药系数 0.3～0.45
二阶同深直孔掏槽		1. 一阶、二阶孔同深，圈径同二阶直孔掏槽； 　2. 装药系数：一阶槽孔 0.5～0.8；二阶槽孔 0.4～0.6，坚硬岩石取上限，软弱岩石取下限； 　3. 毫秒分段起爆
分段直孔掏槽		1. 炮孔布置同一段直孔掏槽； 　2. 孔内分上、下两段装药，上、下段装药长度比值 1.0～1.3，药量比 0.8～1.0； 　3. 上下段毫秒分段起爆

竖井开挖爆破参数主要包括：炮孔深度、药包直径、炮孔直径、抵抗线（或圈距）、孔距、装药系数、炮孔数目和炸药单耗等，设计中应根据竖井施工的地质条件、岩石性质、施工机具和爆破材料等因素综合考虑，合理确定。

5.3.3.2　爆破参数设计

1. 炮孔深度

影响炮孔深度的因素有：竖井断面大小及掏槽类型、钻孔机具可能达到的最大钻孔深度和精度、炸药的爆轰性能、施工组织形式和工序衔接等。当采用手风机钻孔时，孔深一般为 1.5～2.0m；当采用伞钻钻孔时，一般为 3.0～5.0m。

2. 药包和炮孔直径

炮孔直径与钻孔设备有关，普通凿岩机的钻孔直径为 38～42mm，重型凿岩机的钻孔直径为 45～55mm，药包直径一般比炮孔直径小 4～7mm。

3. 崩落孔有关参数

崩落孔的参数包括最小抵抗线（圈距）、孔距、装药系数和崩落孔炮孔数目。

（1）最小抵抗线 W（圈距）。崩落孔的圈距即崩落孔的最小抵抗线，它与岩石性质、炸药做功能力和药卷直径等因素有关，W 一般为 0.7～0.9m。当岩石不太坚固或采用高威力大直径药卷时，W 取大值，反之则取小值。紧邻周边孔的一圈崩落孔应保证周边孔的圈距满足光面爆破要求的最小抵抗线值。

（2）孔距 a。在最小抵抗线确定后，各圈崩落孔可按下列公式确定孔间距 a：

$$a = mW \tag{5.3-1}$$

式中　a——孔间距，m；

　　　m——炮孔密集系数，一般为 1.0～1.2，紧邻周边孔的一圈崩落孔宜取 0.8～1.0；

　　　W——最小抵抗线（圈距），m。

4. 周边孔参数

采用普通爆破法时，周边孔的参数可以参照崩落孔参数布置，a 一般为 0.5～1.0m，其装药系数与崩落孔的相近或略低于崩落孔。

5. 装药系数

装药系数一般为 0.4～0.8，岩石坚固性低或高威力大直径药卷时取小值，反之取大值。

6. 装药结构

掏槽孔、崩落孔和周边孔的爆破条件和爆破作用各不相同，应当依据它们的特点选用不同威力的炸药或不同的装药结构，合理地利用炸药的爆炸能量以获得预期的爆破效果。

掏槽孔和崩落孔应根据岩石的坚固程度选用威力较高的炸药，连续装药结构，掏槽孔装药系数一般为 0.6～0.8，崩落孔的装药系数一般为 0.5～0.7。

周边孔则应选用低威力但能稳定爆轰的炸药，如有条件应采用光面爆破专用炸药。根据经验采用间隔装药，导爆索串连，底部起爆的光面爆破效果更好。

7. 炸药单耗

炸药单耗与岩石性质、竖井断面大小和炸药性能等因素有关。合理的炸药消耗量应该是在保证最优爆破效果下爆破器材消耗量最少。

竖井开挖爆破炸药单耗可参考表 5.3－2。

表 5.3－2   竖井爆破炸药单耗表

岩石坚固性系数 f	井筒直径/m								
	4	4.5	5	5.5	6	6.5	7	7.5	8
	炸药单耗/(kg/m³)								
<3	0.75	0.71	0.68	0.64	0.62	0.61	0.60	0.58	0.57
4～6	1.25	1.17	1.11	1.07	1.05	0.99	0.95	0.92	0.91
6～8	1.63	1.53	1.46	1.41	1.39	1.32	1.28	1.24	1.23
8～10	2.01	1.89	1.8	1.74	1.72	1.65	1.61	1.56	1.55
10～12	2.31	2.2	2.13	2.04	2.0	1.92	1.88	1.81	1.78
12～14	2.6	2.5	2.46	2.34	2.27	2.18	2.14	2.05	2.0
15～20	2.8	2.76	2.78	2.67	2.61	2.53	2.5	2.38	2.3

注　表中数据系指 4 号岩石抗水硝铵炸药单耗。

5.3.3.3 起爆网路

1. 起爆顺序与延期时间间隔

合理的起爆顺序与间隔时间是竖井爆破的重要一环，起爆顺序和延期时间间隔应满足：

（1）后起爆的炮孔在前起爆炮孔已形成新的自由面的条件下进行爆破，一般顺序是从掏槽孔开始，依次是崩落孔和周边孔。

（2）各炮孔均能按预计的抵抗线破碎岩体。

（3）爆破效率高且破碎岩石块度均匀，爆下的岩石堆积范围符合所用装载机械的要求。

（4）爆破振动小、无飞石，能确保人员与设备的安全。

起爆间隔时间应随每圈炮孔的最小抵抗线和深度的增加而增长。竖井起爆间隔时间要求见表 5.3－3。

表 5.3－3   竖井起爆间隔时间表

间隔时间	要　求
掏槽孔之间	直孔掏槽时可隔段使用短延期雷管，其间隔时间宜取 50～100ms，孔深时取上限；圆锥掏槽时为了克服按顺序使用短延期雷管抛掷距离大的缺点，可隔 3～4 段使用短延期雷管或使用百毫秒延期雷管，其间隔时间宜取 75～100ms
崩落孔之间	可按顺序使用毫秒雷管，一般时差 50～150ms，低段位毫秒雷管可间隔使用，岩石破碎程度好，爆下的岩石堆积较集中
周边孔	尽可能使用同段雷管同时起爆

2. 起爆网路

竖井开挖爆破中常用工业电子雷管和导爆管雷管，早期大量使用的是导爆管雷管，竖井下导爆管雷管起爆网路多采用接力式簇联网路。不断发展与完善的工业电子雷管技术，为实现高精度起爆时序控制、精确爆破设计及控制爆破效果提供了新的技术支持。

5.3.4 工程实例

拉西瓦水电站位于青海省贵德县与贵南县交界的黄河干流上，是黄河上游龙羊峡至青铜峡河段规划的大中型水电站中紧接龙羊峡水电站的第二个梯级电站。电站距上游龙羊峡水电站 32.8km，距下游李家峡水电站 73km。

拉西瓦水电站引水发电系统采用单机单管引水方式，包含有渐变段、上平段、上弯段、竖井段、下弯段及下平段。6 条引水压力管道竖井段设计长度为 82.75～148.75m，断面为直径 10.7m 的圆。引水压力管道均位于微风化花岗岩岩体之内，岩体中断裂构造发育较少，完整性较好，整体结构稳定，围岩类别以 Ⅱ 类为主。

引水压力管道上平段上层和下平段上层开挖完成后，先用 LM-300 型反井钻机进行 250mm 导孔，然后由下而上由反拉形成直径为 1.4m 的导井，第一次扩挖成直径 3.4m 的溜渣井，采用反井法施工，即手风钻自下而上钻凿与水平面夹角为 30° 的下向钻孔，第二次扩挖至设计断面，采用正井法施工即自上而下进行。

导井第一次扩挖采用反井法，由吊笼作为运输工具及钻孔作业平台。采用 YT28 手风钻孔，炮孔斜长为 1.4m，与水平面夹角为 30°。钻孔一次完成，从导井底部一直打到导井顶部，然后每 6m 高度为一个爆破高度。拉西瓦水电站竖井第一次扩挖钻爆剖面如图 5.3-1 所示。

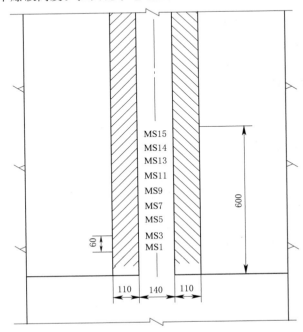

图 5.3-1 拉西瓦水电站竖井第一次扩挖钻爆剖面图（单位：cm）

竖井第二次扩挖采用正井法，即扩挖由上至下进行，每次扩挖高度为 3.0m。采用 YT28 手风钻造垂直孔，爆破孔间最大排距为 0.9m×0.8m，小于溜渣井洞径的 1/3，周边光面爆破孔间距 0.5m，线装药密度 200g/m。拉西瓦水电站竖井第二次扩挖钻爆布置见图 5.3-2。

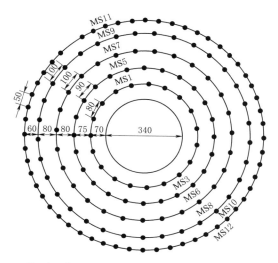

图 5.3-2　拉西瓦水电站竖井第二次扩挖钻爆布置图（单位：cm）

5.4　地下厂房开挖爆破

地下厂房系统一般由洞室群组成，由引水洞、高压管道、主厂房、副厂房、主变室、出线电缆洞（井）、调压室（或井）、尾水洞、交通洞、通风洞（井）等组成。洞室群或平行或交叉，开挖、支护衬砌、安装平行交叉作业，施工技术复杂，考虑施工方法上要统筹兼顾，根据围岩稳定状况、交通运输方式及支护方式等条件综合分析确定。

国内部分大型地下厂房规模见表 5.4-1。三峡工程地下厂房系统布置如图 5.4-1 所示，构皮滩水电站地下厂房系统布置如图 5.4-2 所示。

表 5.4-1　　　　　　　　　　　国内部分大型地下厂房规模表

工程名称	装机/MW	主厂房尺寸（长×宽×高）/m	总洞挖方量/万 m³	尾调型式及高度
龙滩水电站	9×700	388.50×30.70×75.40	310	长廊式
小湾水电站	6×700	298.10×30.60×86.43	181	两个圆筒式，高 90m，直径 32m
拉西瓦水电站	6×700	306.00×32.00×75.00		圆筒式
瀑布沟水电站	6×550	294.10×30.00×70.18	106	长廊式，高大于 70m
三峡工程	6×700	301.30×31.00×83.84	140	

241

续表

工程名称	装机/MW	主厂房尺寸（长×宽×高）/m	总洞挖方量/万 m³	尾调型式及高度
彭水水电站	5×350	252.00×30.00×84.50	81	无
溪洛渡水电站	2×9×710	430.00×31.90×75.10	2×503	长廊式，高 77.5m
向家坝水电站	4×800	245.00×33.40×85.50	188	圆筒式
糯扎渡水电站	9×650	418.00×31.00×77.47	261	三个圆筒式，高 92m，直径 32.3m
锦屏一级水电站	6×600	276.69×28.90×68.80		圆筒式，高 80.5m
锦屏二级水电站	8×600	314.95×25.80×71.20	1300	无
构皮滩水电站	5×600	230.45×27.00×75.32	170	长廊式，高 90.42m

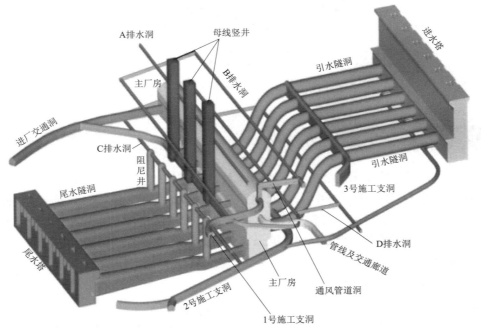

图 5.4-1　三峡工程地下厂房系统布置三维图

　　地下厂房系统的地下洞室群可以分成三个相对独立的区域施工。第一区域为引水系统，包括引水上平洞、引水斜井（或竖井）和引水下平洞，它们由相互平行的数条引水隧洞组成；第二区域为三大洞室，包括主厂房、主变压室和尾水调压室及与其相关联的洞室，如母线洞、出线洞、通风洞、交通洞等；第三区域由数条尾水洞组成。三区虽相对独立，但又相互有机的联系，如地下主厂房的第六、七层开挖常常要用引水下平洞作为通道，地下主厂房底层开挖要从尾水管进入，尾水调压室的底层就是尾水管通过的地方，其中部开挖要从其底部出渣等等。地下厂房系统纵剖面如图 5.4-3 所示。

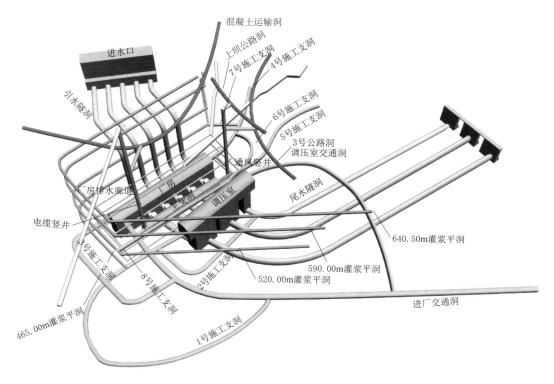

图 5.4-2 构皮滩水电站地下厂房系统布置三维图

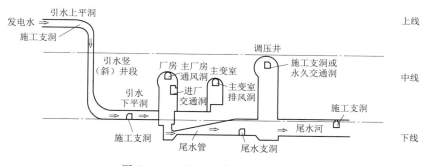

图 5.4-3 地下厂房系统纵剖面图

5.4.1 总体施工方案

引水洞与一般平洞、斜井或竖井开挖没有差异，但在开挖程序上需先开挖引水上、下平洞，待引水上、下平洞开挖到其斜井（或竖井）两端时斜井（或竖井）才能开挖。斜井（或竖井）一般都是先开挖溜渣导井，再扩大开挖成型。

三大主体洞室岩壁厚度一般为 30~40m，在开挖程序上相互之间不受限制，但地下厂房一般是关键线路所在，常常是以主厂房为主线进行开挖工期安排。三大洞室都是采用自上而下分层开挖法。在开挖上大体分四种类型，即顶层城门洞型的开挖、岩壁梁所在层

243

的开挖（主变和尾调室没有岩壁梁）、大断面直高边墙区段的开挖和底层开挖。因此，三大洞室的开挖常常是按"立体多层次，平面多工序"的方式展开。

地下洞室间岩墙薄，开挖爆破对相邻洞室的围岩稳定有严重影响，在洞室群中任一部位的开挖都会引起应力多次重分布，必须要求开挖后的支护及时跟进，而且相邻洞室间要错开距离开挖。特别是三大洞室分多层开挖，分层厚度的确定及支护的及时性都是极为重要的，否则会引起围岩（顶拱和边墙）的较大变形。地下厂房三大洞室的体形大，都为长廊式方圆形断面（也有尾调为圆筒形），总体施工方案大体相同，一般都要分 9～12 层进行开挖。地下主厂房典型开挖分层剖面如图 5.4-4 所示。

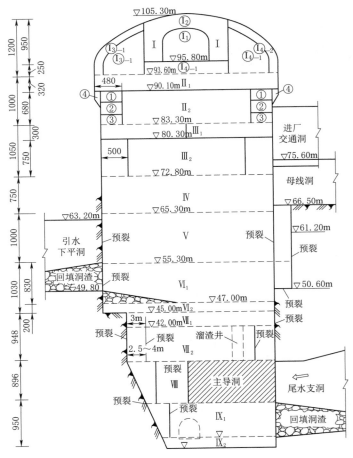

图 5.4-4　地下主厂房典型开挖分层剖面图（单位：cm）

5.4.2　施工通道布置

地下厂房各建筑物施工必须有可靠的开挖、运输等的施工通道，当永久通道不能满足施工需求时，则需专门布置施工临时路、洞、井等。施工通道条件也与施工程序、施工方法等密切相关。

地下厂房主厂房施工通道一般需四层，自上而下分别为顶拱层施工通道、中上层施工通道、中下层施工通道、底层施工通道。其中顶拱层施工通道如无合适的永久通风洞可利用，则需专门设顶拱施工支洞，根据进度要求可设在一端墙或两端墙处；中上层施工通道通常利用永久进厂交通洞；中下层施工通道一般利用接引水洞下平段的施工支洞；底层施工通道可利用已完成的尾水洞或尾水洞施工支洞。

施工支洞洞线的长度应满足洞内施工道路的坡降要求；洞内净空及洞线转弯半径应满足洞内运输及管线布置要求；洞口应选在稳定的岩体中；施工支洞进口高程应在设计导流标准的洪水位以上；施工支洞口位置应尽可能靠近主干道；施工支洞的数量应满足施工强度的要求等。施工支洞断面一般设计成城门洞形，设单车道时参考净断面尺寸 4.5m×5.0m～5.0m×6.0m（宽×高）；设双车道时参考净断面尺寸 8.0m×6.0m～9.0m×7.0m（宽×高）；有钢衬运输等其他需求时，根据具体需求复核确定支洞净断面尺寸。施工支洞一般采用锚、喷、网及钢拱架支护，对局部如洞室交叉口、进洞口、Ⅳ类、Ⅴ类洞段加强支护甚至用钢筋混凝土衬砌锁口；当使用年限较长时，建议按永久洞室要求进行支护衬砌。

5.4.3 洞室顶层的开挖爆破

三大洞室的弧形顶拱层的开挖方法基本相同，可采用全断面开挖一次成型、先开挖中导洞后扩挖两侧、先挖两侧导洞后扩挖中间岩体等。由于洞室的跨度较大，宜采用先开挖导洞，然后向两侧扩挖，导洞的位置及尺寸可根据地质条件和施工方法确定。当地质条件较差，围岩难以形成拱座时，为了减少开挖跨度以降低坍落高度，多采用核心支撑法，先开挖厂房两侧，浇筑混凝土边墙，然后开挖、衬砌顶拱，再挖除中间核心支撑体。中间岩体开挖一般采用台阶法开挖，深孔台阶爆破，台阶高度一般为 5～10m。洞室顶层开挖分区具体可分为以下三类：

（1）先开挖中部，然后两侧分步扩挖，一般在顶拱开挖完毕，再进行混凝土衬砌。

（2）先开挖两侧，然后扩挖中部。可分部进行混凝土衬砌，先衬砌两侧，后衬中间拱部。

（3）肋拱法。一次纵向开挖长度一般不超过 5～10m，衬砌长度 3～8m，即两端混凝土表面距岩面各留 2m 左右的空间，适应于围岩地质条件差的洞室。

洞室顶层开挖分区如图 5.4－5 所示。

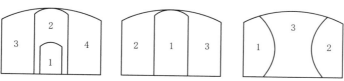

注：1、2、3、4为开挖顺序。

图 5.4－5　洞室顶层开挖分区图

不论采用哪种开挖方法，其钻爆要素基本相同，可分为掏槽爆破、周边孔光面爆破和主爆孔崩落爆破。不同的开挖方法，仅仅是掏槽的位置布置不同而已。

5.4.3.1　掏槽爆破

目前，水利水电工程地下厂房使用最多的掏槽型式有楔形掏槽和龟裂一字形掏槽两种。一般不大于 3.0m 的地下洞室以楔形掏槽为主，在硬岩中，往往要采用多层楔形掏槽方式。龟裂一字形掏槽爆破效率高，在硬岩中多采用，但它对钻孔精度要求高，一般适用于多臂钻孔台车作业。其他常用的掏槽方式还有螺旋掏槽、双螺旋掏槽和混合掏槽等。

5.4.3.2　周边孔光面爆破

地下洞室开挖中，顶层周边孔一般采用光面爆破，以减少超欠挖及减少爆破松动圈。光面爆破的具体参数与一般隧洞爆破相同。

由于中导洞开挖面跨度较大，为防止先爆孔爆破飞石击断连接周边孔的导爆索，保证周边孔的准爆性，在周边孔的主导爆索上大致等距地连接三个同段高段位导爆管雷管。

5.4.3.3　崩落爆破

掏槽和周边孔的爆破决定排炮进尺和开挖轮廓质量，而崩落爆破决定爆破块度大小和爆堆成形。崩落孔的参数根据岩石的强度、坚硬程度等选取，崩落孔主要参数见表 5.4 - 2。

表 5.4 - 2　　　　　　　　　　　崩 落 孔 主 要 参 数 表

岩体坚固系数 f	4~6	7~9	10~14	15~20
间距/m	1.0~1.2	0.8~1.0	0.6~0.8	0.5~0.7
装药系数 ψ	0.55~0.60	0.60~0.65	0.65~0.70	0.70~0.80
岩石级别	Ⅳ类岩体	Ⅲ类岩体	Ⅱ类岩体	Ⅰ类或高强度岩体

5.4.3.4　起爆顺序

在整个地下洞室爆破中起爆顺序为先掏槽，再由最接近掏槽孔的崩落孔一层层向外依次起爆，最后是周边光爆孔。而掏槽孔周围的崩落孔间时差，可以相隔 50ms 以上，以提高爆破效果。

大型洞室分区开挖时，对于已有自由面区域的开挖，无须再进行掏槽，采用临近自由面处向开挖周边方向依次层层起爆。

5.4.4　岩壁梁层开挖爆破

岩壁梁岩台一般位于地下厂房开挖的第二层或第三层中，岩台开挖一般分多区进行。《水电水利工程岩壁梁施工规程》（DL/T 5198—2004）中对岩壁梁开挖施工质量及技术要求均进行了规定。首先是中部槽挖，并在两侧预留 3~4m 的保护层。槽挖时为使边墙不受破坏，需进行开挖边线施工预裂。

岩壁梁岩台开挖的关键部位是保护层内的开挖，一般采用下列两种方法：

（1）沿地下厂房主轴线方向进行的逐步前进法：其钻孔方向与厂房主轴线方向一致，将保护层由表及里层层剥离，最后达到岩台设计规格线。岩台开挖采用短进尺、低药量弱爆破及隔孔装药方式，且严格控制装药量。岩台光面爆破孔的钻爆参数一般如下：

孔距：0.3~0.4m。

孔深：3.0~2.5m。

线装药密度：75~200g/m（视岩性不同而定）。

不耦合系数：2.0～1.8。

该方法的缺点是施工速度慢，必须一个循环一个循环地进行，而光爆孔太深也容易引起两茬炮孔间的错台加大。

（2）钻孔与地下厂房主轴线成大角度相交法爆破：它将保护层又分几次开挖，最后留下岩台以上的梯形区，布置垂直于主厂房轴线方向的周边孔进行光面爆破，岩壁梁层开挖分区程序如图 5.4－6 所示。光爆$_2$孔在 II$_3$ 区开挖前钻好，并采用 PVC 管插入进行保护，以免在爆破 II$_3$ 区时将光爆$_2$孔振塌。光爆$_3$孔在光爆 II$_3$ 区开挖后方能钻孔，与光爆$_2$孔同时起爆。

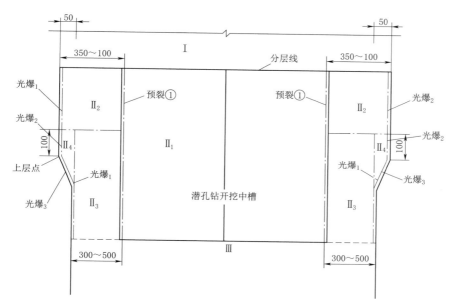

图 5.4－6 岩壁梁层开挖分区程序图（单位：cm）

该方法施工速度快，爆破效果好。为了让岩台开挖质量得到保证，常常使用钻孔样架，根据岩台周边孔的角度设计并制作，将钻机置于样架上进行操作，使其钻孔角度、深度都不发生偏离，从而使钻孔质量得到极好的保证。

表 5.4－3 和图 5.4－7 为某地下厂房岩壁梁保护层开挖钻孔布置和爆破参数。

表 5.4－3　　　　　某地下厂房岩壁梁保护层开挖钻孔与装药参数表

炮孔名称	钻 孔 参 数					装 药 参 数					
	雷管段别	孔径/mm	孔深/m	孔距/m	最小抵抗线/m	孔数/个	药径/mm	装药长度/m	填塞长度/m	线密度/(g/m)	单孔装药量/kg	单段药量/kg
主爆孔	MS1	40	2.8	0.90	0.90	9	35	2.0	0.8		1.79	16.11
	MS3	40	2.8	0.90	0.80		35	2.0	0.8		1.79	16.11
	MS5	40	2.8	0.90	0.60	5	35	2.0	0.8		1.79	8.95
	MS7	40	2.8	0.90	0.60	11	35	2.0	0.8		0.91	10.01

续表

炮孔名称	雷管段别	孔径/mm	孔深/m	孔距/m	最小抵抗线/m	孔数/个	药径/mm	装药长度/m	填塞长度/m	线密度/(g/m)	单孔装药量/kg	单段药量/kg
		钻　孔　参　数					装　药　参　数					
周边孔	MS9	40	2.8	0.55	0.60	13	25	2.3	0.5	250	0.70	9.10
预裂孔		40	2.1	0.50			25	1.5	0.6	320	0.67	
合计						47						60.28

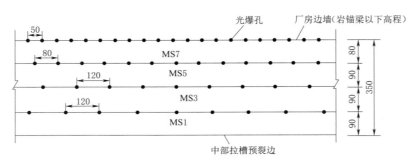

图 5.4 - 7　保护层开挖爆破参数图（单位：cm）

5.4.5　临近岩壁梁层开挖爆破

岩壁梁所在层和临近岩壁梁上下层的开挖有其特殊性和重要性，开挖时要使梁岩台不受爆破振动破坏。上层厚一般为 8m，下层厚一般为 4m，其开挖方法与措施不同于普通层，它既采用深孔预裂又采用浅孔爆破，同时还采用两道预裂以加快爆破振动的衰减，避免对岩壁梁造成破坏。同时这几层开挖都必须预留保护层，保护层厚度一般为 3～4m。

岩壁梁所在层中槽开挖深度可达 8m 左右，为避免中槽开挖爆破时破坏两侧预留的保护层，在中槽两侧先进行施工预裂爆破，再进行中槽开挖，两侧保护层再分为两个台阶进行开挖。

岩壁梁以下层，一般层顶与岩壁梁下拐点距离为 3m 左右，这层的开挖厚度在 4m 左右。在岩壁梁浇筑前，先对该层进行两道预裂爆破，一道为边墙预裂爆破，另一道为保护层内侧边的预裂爆破。在主爆区开挖时，爆破振动波通过两道预裂缝，对岩壁梁混凝土的振动影响减小到最低限度。同时通过单段药量的控制，使爆破时在岩壁梁处产生的振动速度不超过 7cm/s。

这几层的主爆孔与预裂孔多采用中、小孔径，即 45～76mm。薄层爆破时，主爆孔排距相对较小，一般 45mm 孔径时，主爆孔排距为 0.8～1.0m，孔间距为 1.2～2.0m，浅孔预裂爆破参数见表 5.4 - 4。

深孔预裂时为避免钻孔出现漂移现象，宜采用较大孔径（相应钻杆刚度大）。地下工程一般以 $d=76～90mm$ 为宜，孔距为 $(8～12)d$，不耦合系数取 1.5～2.5。深孔预裂爆破参数见表 5.4 - 5。

表 5.4-4 浅孔预裂爆破参数表

岩石类别	周边孔孔距/m	崩落孔与周边孔距/m	线装药密度/(g/m)
特硬岩石	0.50	0.45	400~600
硬岩	0.40~0.50	0.40	250~400
中硬岩	0.40~0.45	0.40	150~250
软岩	0.35~0.40	0.35	70~120

注 炮孔直径为 40~50mm，药卷直径 20~25mm。

表 5.4-5 深孔预裂爆破参数表

岩石性质	岩石抗压强度/MPa	钻孔直径/mm	钻孔孔距/m	装药线密度/(g/m)	药卷直径/mm
特坚硬岩石	>120	76~80	0.80~1.00	300~450	32~35
硬岩	80~120	76~90	0.80~1.00	250~400	32~35
中硬岩石	50~80	76~90	0.80~1.00	180~300	32~35
软弱岩石	<50	76~80	0.60~0.80	100~180	32

线装药密度取决于孔距、孔径和岩石抗压强度，破碎的岩体孔距要小，完整性好的硬岩孔距宜大。实际开挖时，先做好爆破试验，以确定最优参数。

5.4.6 直立边墙区开挖爆破

下部开挖一般可在顶拱开挖完成后，从上而下分层进行，分层开挖高度可取 6~9m，最大不宜超过 10m。对高地应力区，应适当减少分层开挖高度。如围岩地质条件较差，顶拱宜先进行混凝土衬砌，然后再开挖下部。对于下部有多层施工通道，为加快施工进度，也可上、下同时施工，留中间岩板最后开挖，但应注意保留岩板的稳定。

直立边墙区可按分层高度逐层开挖，各层开挖宜采用深孔台阶爆破。轮廓线处采用光面爆破或预裂爆破，两侧预留保护层。与厂房交叉的洞口岩体是岩体开挖后应力集中部位，除采用控制爆破外，还应及时进行支护或超前支护，以防岩体急剧变形而被破坏。

主爆孔孔径 d 为 76~90mm，排距为 $(20~25)d$，以取小值为好，一般为 1.8m，孔间距取排距的 1.0~1.5 倍。直立边墙区装药系数见表 5.4-6。

表 5.4-6 直立边墙区装药系数表

岩石坚固系数 f	4~6（Ⅳ类）	7~9（Ⅲ类）	10~14（Ⅱ类）	15~20（Ⅰ类）
装药系数 a	0.55~0.60	0.6~0.65	0.65~0.7	0.7~0.75

炸药单耗受岩石性质、爆破面几何特性、孔深等的影响，在相同岩性条件下，爆破面空间越狭小，所需炸药单耗越大，各岩石单位炸药量可参考露天台阶爆破。

5.4.7　底层区开挖爆破

5.4.7.1　主厂房肘管椎管层开挖爆破

肘管锥管层是主厂房底层，采用浅井方式开挖。该层下部一般与地下厂房上部同时进行开挖，即从尾水管向厂房方向开挖进入肘管底层，为其开挖提供施工通道。肘管锥管层的最终开挖是在主厂房中部平层开挖结束且尾水管开挖进入厂房最底层后进行。肘管椎管层开挖顺序如图5.4-8所示。

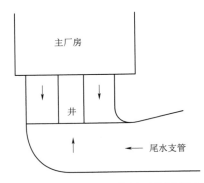

图 5.4-8　肘管椎管层开挖顺序图

肘管椎管层在主厂房开挖分层中常常属于9~12层，多采用人工反导井法开挖，在尾调底层也可采用这种方法开挖。先由下向上打通反导井，反导井断面一般为2.0m×2.0m，周边可不采用光面爆破，以直孔掏槽方式逐层开挖，循环进尺为2.0~1.5m。贯通后，再自上而下进行扩挖成型，扩挖前周边可先采用手风钻浅孔预裂。

5.4.7.2　尾水调压井底层开挖爆破

尾水调压室不论是长廊式或圆桶式，其底层开挖方法基本同主厂房锥管肘管层开挖方法，尾调底层开挖顺序如图5.4-9所示。

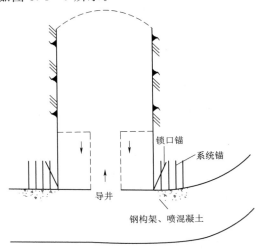

图 5.4-9　尾调底层开挖顺序图

尾水调压井底部为尾水管道,在开挖至底层前,先完成尾水管道的开挖和支护,再进行调压井底层开挖。底层开挖采用竖井溜渣导井先行,后扩大成型。该层厚度一般不超过15~20m,溜渣导井多采用人工反导井法开挖。

5.4.7.3 主变压室底层开挖爆破

主变室底层常是先于主变室中层开挖而先行导洞进入母线洞直通主厂房,这是因为母线洞开挖要先于该高程的主厂房开挖。底部通道与母线洞的开挖和普通平洞开挖方法钻爆参数相同。主变室底层开挖如图5.4-10所示。

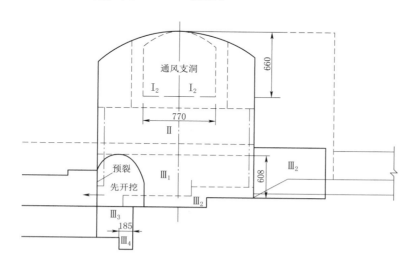

图 5.4-10 主变室底层开挖顺序图 (单位:cm)

5.4.8 圆筒式调压室开挖爆破

调压室分为长廊式调压室与圆筒式调压室两种类型。长廊式调压室的开挖爆破方法与大型地下厂房的顶层、大断面高边墙层开挖方法相同。

圆筒式调压室规模较大,如乌东德水电站半圆形调压室,直径为42m,尾水洞顶部以上高度约84.5m,如图5.4-11所示。

这类调压室的开挖只能自上而下分层开挖。顶部是个半圆形的穹顶,开挖穹顶需布置一条通道,由通道向里开挖进入调压室中心部位,再用反井法向上开挖至室顶轮廓线,然后自上而下分层开挖。调压室穹顶开挖顺序如图5.4-12所示。

穹顶开挖的规格要求很高,对钻爆参数有严格要求。白鹤滩水电站左岸尾调室穹顶特征,提出了"扇形分块、中心扩展、分区开挖、随层支护"的精细化开挖爆破的施工工法,解决了深埋巨型尾调室穹顶围岩稳定困难及开挖爆破成型质量差的难题,为其他类似工程提供了很好的工程实例。

白鹤滩水电站左岸尾调室穹顶施工方法如下:

(1) 施工分区。左岸尾调室穹顶以尾调通气支洞底板为界,自上而下将穹顶分为2个分层、9个分区进行开挖爆破支护施工。

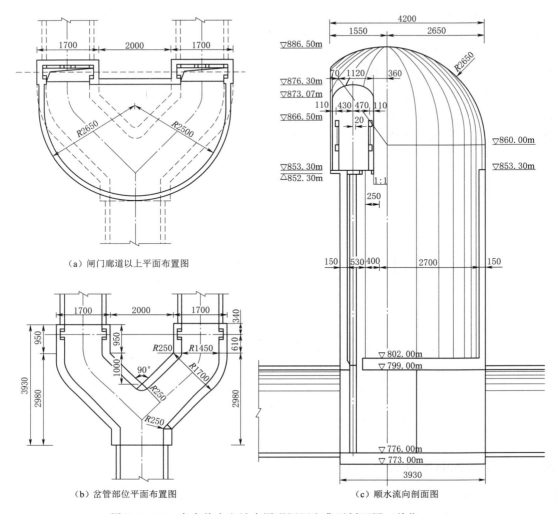

（a）闸门廊道以上平面布置图

（b）岔管部位平面布置图

（c）顺水流向剖面图

图 5.4－11　乌东德水电站半圆形调压室典型剖面图（单位：cm）

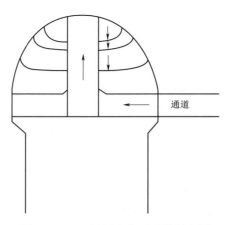

通道

图 5.4－12　调压室穹顶开挖顺序图

1）穹顶Ⅰ层高度约 15.5m，开挖爆破采用先中间后两边的施工程序。穹顶第Ⅰ层又分为 2 小层 5 区进行开挖爆破支护。

（a）Ⅰ$_1$ 层高度为 10.5m，层内分 2 区进行开挖爆破。第①区是尾调通气洞至尾调室穹顶之间导洞开挖爆破，为后续开挖爆破支护提供施工通道。第②区是距离调压室中心线半径 15m 范围内的环形区域，为尽早施工顶拱对穿预应力锚索提供作业空间。

（b）Ⅰ$_2$ 层高度为 4.5～5.0m，层内分为 3 区进行开挖爆破，第③区为中部斜坡道拉槽开挖爆破，第④区为中间区域开挖爆破，第⑤区为周边预留环形保护层开挖爆破。

2）穹顶Ⅱ层。穹顶Ⅱ层高度为 3.5～4m，分为 4 区进行开挖爆破。采用降坡开挖爆破的方式，由尾调通气洞进入，沿调压室中心线按 12% 的坡度降坡开挖爆破至穹顶Ⅱ层底板位置，降坡道宽度为 9.0m。第⑥区为中间拉槽降坡段开挖爆破，第⑦区为中间区域预留岩体开挖爆破，第⑧区为周边预留环形保护层开挖爆破，第⑨区为Ⅱ层预留斜坡道的挖除。

白鹤滩水电站左岸尾调室穹顶开挖爆破分层、分区如图 5.4-13 所示。

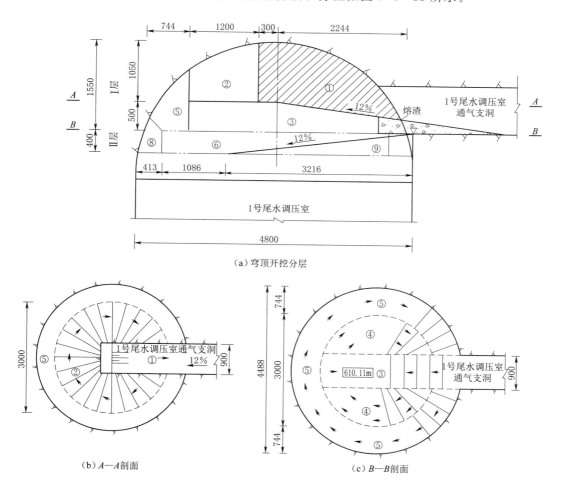

（a）穹顶开挖分层

（b）A—A 剖面　　　　（c）B—B 剖面

图 5.4-13　白鹤滩水电站左岸尾调室穹顶开挖爆破分层、分区图（单位：cm）

（2）施工程序。总体上，相邻的尾调室穹顶分为两序、错距开挖爆破，施工过程中根据安全监测数据的分析反馈情况及时对后续穹顶的施工进行动态调整。

尾调室穹顶"扇形分块、中心扩展、分区开挖、随层支护"精细化开挖爆破方案，穹顶Ⅰ层采用"先中导洞后两侧、分扇形条块、开挖区域逐步扩大、应力分期释放、穹顶对穿锚索支护跟进"的施工程序。

（3）爆破参数。穹顶采用先中部拉槽、后边墙扩挖，最后完成预留 2m 保护层开挖爆破方式。通过试验确定整个穹顶全部采用掏槽开挖爆破预留 2m 保护层，在实现高地应力提前释放的同时，确保光面爆破有足够的自由面。

1）保护层开挖爆破采用手风钻水平钻孔、孔径 42mm、标准孔深为 1.5m、局部孔深为 1.0m、1.2m。

2）设计轮廓线采用光面爆破，周边孔孔距为 40cm，光面爆破层厚度为 60cm。

3）主爆孔及辅助孔采用 $\phi32$mm 乳化炸药连续装药，周边孔底部装 1/2 节 $\phi32$mm 药卷，孔身段采用 1/3 节 $\phi25$mm 药卷间隔装药，1.0m、1.5m 孔深的线装药密度 133g/m，1.2m 孔深的线装药密度 139g/m。

室顶开挖结束后，要进行调压室井身部分开挖。这部分开挖与一般的竖井开挖方法相同，先用反井钻机自下而上进行溜渣导井开挖，再自上而下扩挖成型。

5.4.9　竖井、斜井开挖

竖井、斜井的开挖在井两端都已有工作面后进行，如引水斜井（或竖井）须待上、下平洞挖到井两端后方能开挖。斜井、竖井开挖方法大致相同，一般先开挖导井，再扩挖成型。导井开挖主要有人工反向挖导井法、爬罐反导井开挖和反井钻机导井法。竖井、斜井开挖爆破参数可参考表 5.4－7 和表 5.4－8。

表 5.4－7　　　　　　　　　　　某竖井、斜井爆破参数表

部　位	开挖断面 /m²	钻孔个数 /个	预期进尺 /m	爆破效率 /%	爆破方量 /m³	总装药量 /kg	炸药单耗 /(kg/m³)	备　注
导井扩挖	9.8	30	2	89	19.6	16.0	0.82	按三圈孔计算
竖井全断面扩挖	97.97	172	2.7	90	264.51	230.3	0.87	

表 5.4－8　　　　　　　　　　　某竖井、斜井钻孔装药参数表

部　位	孔名	孔径/mm	孔深/m	孔距/m	药径/mm	装药长度/m	单孔药量/kg
竖井全断面扩挖	崩落孔	42	3.0	0.8～1.0	32	1.0～2.0	0.5～1.8
	周边孔	42	3.0	0.5	25	2.2	0.075～0.5

5.4.10　引水洞、尾水洞、母线洞、交通洞等平洞开挖爆破

引水洞、尾水洞、母线洞、交通洞等洞室大小断面不同，在地下电站中所占比例较大，而且形状各异，有城门洞形、圆形和马蹄形等，断面大的洞径可达 20m 以上。

这些平洞的开挖爆破方法、爆破参数与普通地下洞室大致相同。洞径在 10m 以下的采用一次爆破成型，高度超过 10m 的采用分层开挖。断面高度大于 10m 的中硬岩平洞（引水、尾水）典型钻孔布置如图 5.4-14 所示。

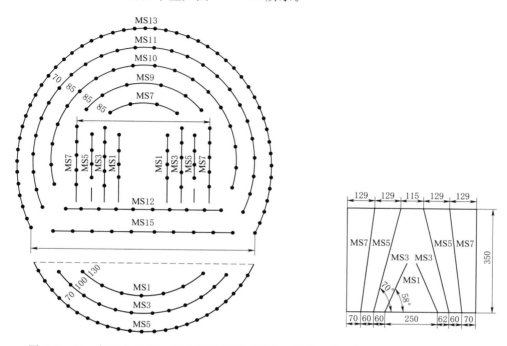

图 5.4-14　断面大于 10m 的中硬岩平洞（引水、尾水）典型钻孔布置图（单位：cm）

地下电站一般布置有多条引水洞和尾水洞。如龙滩水电站布置的引水洞和尾水洞各有 9 条，且洞间隔墙厚度都不足一倍洞径（9m 多），因此，对这些相距很近的地下平洞开挖程序有特别要求：

（1）不能几个相邻洞室齐头并进开挖，必须跳洞开挖，且开挖后及时进行支护，而相邻洞的开挖掌子面须错开 30m 以上。

（2）为避免后开挖隧洞爆破时的振动破坏伤及岩柱，后开挖隧洞不宜采用全断面一次爆破成型，宜采用中、下导洞超前，再扩大成型法。

5.4.11　交岔洞口的开挖

地下厂房系统因为是多洞室的地下洞室群，所以交岔洞口多，开挖时，必须注意爆破程序、爆破方法和钻爆参数。这种情况在两岔洞口的处理最为重要，否则将会损伤岩墙。

两个或几个岔洞分别先进中、下导洞，层层开挖，两相邻洞开挖不能同步进行，要先后错开一定距离，并且先开挖的洞段必须支护好后，方能开挖相邻洞室。这种交岔洞口开挖一般要求分三部分进行，第一步中、下导洞；第二步扩挖至光面层；第三步为光面层爆破。逐层扩大后最后的光爆层厚一般不超过 0.6m，对中硬岩而言，光爆孔的线装药密度减至 100g/m 以下，其线装药密度是正常光爆的 2/3，光爆孔孔距不超过 0.4m。交岔洞口开挖顺序如图 5.4-15 所示。

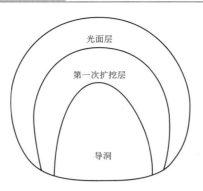

图 5.4-15 交岔洞口开挖顺序图

许多隧洞如引水洞、尾水洞、交通洞、母线洞等都与地下厂房相连，有的是先开挖大洞室再在洞室墙上开洞口，称先墙后洞法；也有的是先开挖隧洞进入大洞室，而后大洞室分层开挖与该洞相接，称先洞后墙法。

一般隧洞没有严格要求次序，但有些洞，如母线洞，它在岩壁梁下方，如若先浇筑好岩壁梁后再来开挖母线洞，则母线洞开挖使围岩又一次产生应力调整变形，易使岩壁梁产生开裂，因此母线洞须先于岩壁梁浇筑前进入地下厂房。

5.4.11.1 先墙后洞法

先墙后洞法和普通的洞口开挖相同，先将洞脸进行喷锚挂网支护，当围岩低于Ⅲ类时则需要沿洞口开挖轮廓线架设钢构架并与锚杆尾焊接牢固，洞口支护完后再用中、下导洞超前开挖。为了减少对洞室周边围岩的振动破坏，扩挖成洞时可采取由内向外层层剥离法。先墙后洞法开挖顺序如图 5.4-16 所示，层层剥离钻爆参数见表 5.4-9。

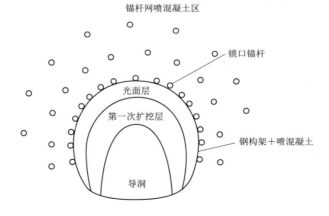

图 5.4-16 先墙后洞法开挖顺序图

表 5.4-9 层层剥离钻爆参数表

孔型	孔径/mm	孔距/m	层厚/m	药卷直径/mm	线密度/(g/m)	不耦合系数
内层孔	40	0.8	0.6~0.8	32		
中层孔	40	0.6	0.6~0.7	32		
周边孔	40	0.4	0.5~0.6	32	100	1.6

5.4.11.2 先洞后墙法

像母线洞之类的洞必须先于厂房边墙开挖，母线洞进入厂房内数米，其开挖方法与普通隧洞开挖方法相同。为避免厂房下挖时洞口不稳定，首先支护好近厂房边墙的洞段；再沿洞口与边墙交线进行环向预裂爆破，预裂爆破的线装药密度由孔口向孔底逐渐增加。先洞后墙法开挖顺序如图5.4-17所示，预裂爆破参数见表5.4-10。

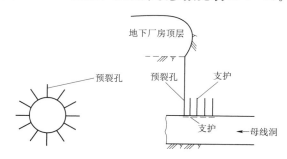

图 5.4-17 先洞后墙法开挖顺序图

表 5.4-10 先洞后墙法预裂爆破参数表

岩性	孔口边距/m	孔径/mm	孔深/m	线装药密度/(g/m)	不耦合系数
硬岩	0.4	40	3.0	300～400	1.6
中硬岩	0.4	40	3.0	250～300	1.6
软岩	0.3	40	3.0	100～150	1.6

5.4.12 爆破振动速度控制

爆破振动对地下洞室群的结构会产生一定影响，地下洞室开挖时，应对爆破单段药量进行控制。爆破振动对地下洞室群的破坏有以下几种：

(1) 对已作了初期支护但未浇筑混凝土的地下洞室。其振动速度要求并不高，即使到 $20\sim30\mathrm{cm/s}$ 的振速也不至于破坏，但为确保地下洞室的围岩稳定，必须对最大一段起爆药量进行控制，以减小爆破振动。《爆破安全规程》(GB 6722—2014) 规定，水工隧洞安全允许质点振动速度 $7\sim15\mathrm{cm/s}$。

(2) 对已浇混凝土结构的振动破坏。如已浇筑的岩壁梁，这类结构不允许开裂，要尽量采取各种措施减少爆破振动对结构混凝土产生的破坏。根据中国水利水电第十四工程局有限公司对10多座地下厂房岩壁梁的爆破振动速度测试分析，当混凝土达到设计强度后，振动速度小于 $7\mathrm{cm/s}$ 时，对岩壁梁混凝土不产生不利影响。

5.4.13 工程实例

5.4.13.1 概述

三峡工程右岸地下厂房位于长江右岸白岩尖山体内，主要建筑物由进水塔、引水隧洞、排沙洞、主厂房、母线洞（井）、尾水洞及阻尼井、尾水平台及尾水渠、进厂交通洞、管线及交通廊道等组成。三峡工程地下厂房洞群开挖尺寸特性见表5.4-11。

表5.4-11　　　　　　　　三峡工程地下厂房洞群开挖尺寸特性表

序号	名　称	宽/m	高/m	长度/m	数量/个	开挖量/万 m³
1	主厂房	31	83.84	301.30	1	61.8
2	母线洞	10.2	9.5	21	6	1.12
3	母线竖井	9.6	10.3	113	3	4.06
4	母线廊道	7.8	11.7	201.1	1	1.45
5	管线及交通廊道	6.7	7.5	86.6	1	0.38
6	通风及管道洞	平洞长22.55，断面宽5.6、高5.5，竖井深20.7，断面宽5.6、高5.6		43.2	1	0.173
7	进厂交通洞	13	11.4	253.2	1	3.357

地下厂房区内岩石主要为前震旦系闪云斜长花岗岩和闪长岩包裹体，岩体中尚有花岗岩脉和伟晶岩脉，主厂房围岩属于微新岩体，岩石坚硬，完整性较好。上覆山体一般厚度为63.0～93.0m，左侧最薄处仅有35.0m。地下厂房洞室群开挖具有周边地质条件复杂、施工干扰大、爆破作业环境复杂等特点。

5.4.13.2　施工方案

根据主厂房的布置及结构尺寸，并结合主厂房施工通道及开挖机械化施工的需要，确定主厂房开挖分9层开挖，分层高度在9.5m左右，岩壁梁部位预留5m保护层，其余部位保护层厚度2.5m。利用厂左1号、厂右4号施工支洞、进厂交通洞、5号施工支洞及母线廊道和母线洞、2号施工支洞及引水下平洞、尾水洞等施工通道，从上向下分层开挖及支护。

三峡工程地下主厂房开挖分层如图5.4-18所示，各层开挖方法见表5.4-12。

表5.4-12　　　　　　　　三峡工程地下主厂房各层开挖方法一览表

部位	高程/m	施工通道	开挖程序及方法
第Ⅰ层	94～105.24	1号施工支洞 4号施工支洞	开挖采取中洞（10m×9.24m）超前6～10m，两侧（11.3m×10.66m）扩挖跟进，平面上呈"品"字形推进，三臂凿岩台车钻爆，周边光面爆破，正常排炮循环进尺3.0m，不良地质段1.0～1.5m。每排炮爆破后反铲进行安全处理，采用4m³ 正铲、3m³ 侧卸装载机配20t自卸汽车出渣
第Ⅱ层 岩壁梁	94～84.5	1号施工支洞 4号施工支洞	先采取中部台阶拉槽，然后边墙预留保护层开挖的方法施工。先对中部拉槽边线进行施工预裂，中部潜孔钻台阶爆破超前约40m；边墙保护层厚度为5m，采用三臂钻水平双层光面爆破一次成型方案跟进。采用4m³ 正铲、3m³ 装载机和3m³ 反铲配20t自卸汽车出渣

部位	高程/m	施工通道	开挖程序及方法
第Ⅲ层	84.5～75.0	1号、4号施工支洞厂房交通洞	采取先台阶拉槽，后预留保护层开挖的方法施工，保护层厚度为4.2m。本层台阶爆破后暂不出渣。用推土机、反铲翻渣。保证爆破有良好的自由面，翻出的石渣面与Ⅲ层顶面齐平，多余石渣由反铲装自卸车运出，以不影响岩壁梁混凝土施工。岩壁梁混凝土浇筑及Ⅱ层支护结束后，对保护层进行开挖，同时进行中槽出渣。采用4m³正铲、3m³装载机和3m³反铲配20t自卸汽车出渣。主厂房辅助段底板采用顶留2m厚保护层，三臂钻水平光爆开挖，保护层开挖结束后，用潜孔钻对辅助段右端墙高程74.30～65.50m（安装间底板高程）垂直面进行顶裂
第Ⅳ层	75～65.5	厂房交通洞母线下平洞	上下游、左端墙预裂及拉槽方法同Ⅲ层，保护层厚度为2.5m，右端墙已在上层开挖中预裂，安装段底板预留2m厚保护层，然后采用三臂钻水平光爆开挖，保护层开挖结束后，用潜孔钻对安装场右端高程65.00～45.00m（集水井平台高程）垂直面进行预裂。采用4m³正铲、3m³装载机和3m³反铲配20t自卸汽车出渣
第Ⅴ层	65.5～56	母线下平洞引水下平洞	上下游端墙、左端墙预裂、拉槽、出渣方法同Ⅳ层，右端墙预裂已在Ⅳ层施工中完成
第Ⅵ层	56～45	引水下平洞	上下游端墙、左端墙预裂、拉槽、出渣方法同Ⅳ层，右端墙预裂已在Ⅳ层施工中完成。基坑间岩台面预留2m保护层，采用三臂钻水平光爆开挖
第Ⅶ层	45～35	上部：引水下平段进入；下部：从尾水洞进入	上下游边墙、左、右两侧均用潜孔钻进行预裂。局部槽挖轮廓线用手风钻光爆，为保证机坑间岩柱的稳定，本层机坑分组间隔开挖，即按先1号、3号、5号，后2号、4号、6号的顺序进行。先开挖导井，再扩挖。导井开挖采用正井法，先从各尾水洞以8m×7m导洞进入主厂房，并贯通集水井与主厂房连通的排水洞。各机坑中部位置用手风钻挖正导井，导井贯通后，中部用潜孔钻或手风钻再次扩挖开挖石渣在第Ⅸ层装运，采用3m³装载机配20t自卸汽车从尾水洞出渣
第Ⅷ层	35～27	从尾水洞进入	根据尾部开挖支护进度，以不占用主厂房开挖直线工期为原则适时安排第Ⅷ层开挖。为保证尾水洞间岩柱的稳定，采取间隔分组开挖支护。左、右两侧均用潜孔钻进行预裂，并在上游面预留2.5m保护层，最后用手风钻自上而下垂直光面爆破，台阶高度2～3m。使用3m³装机装渣、20t自卸汽车从尾水洞出渣
第Ⅸ层	27～19	从尾水洞进入	本层属坑槽开挖，在上游面及机坑左、右墙面预留2.5m保护层，然后潜孔钻中部台阶爆破，最后用手风钻自上而下垂直光面爆破。该层底部2m保护层采用手风钻、气腿钻浅孔小药量光爆。机坑岩柱连通排水洞以气腿钻造孔，短进尺、弱爆破，周边光面爆破，人工出渣至机坑内装运

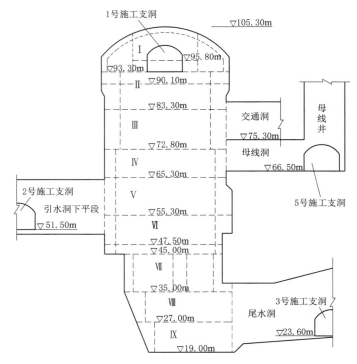

图 5.4-18 三峡工程地下主厂房开挖分层图

5.4.13.3 爆破设计

1. 顶拱开挖

主厂房顶拱开挖高程范围为 105.30～93.30m，分为 5 区开挖，分别为中导洞（8m×6.5m）开挖、中部扩挖（15m×9.5m）、下游侧扩挖、上游侧扩挖及中底扩挖。主厂房顶拱开挖分区如图 5.4-19 所示。

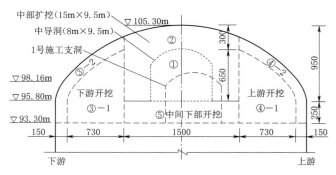

图 5.4-19 主厂房顶拱开挖分区图（单位：cm）

2. 岩壁梁开挖

岩壁梁岩台位于主厂房开挖第Ⅱ层内，由于Ⅱ层开挖顶部高程 93.30m 到上拐点高程 88.30m 高差达到 5m，采用手风钻造垂直孔一次成孔难度较大，故在进行岩台开挖前先进行了Ⅱ₁层的开挖。Ⅱ₂层开挖采用中部台阶拉槽超前，两侧采取施工预裂爆破开挖；上下游两侧预留4.8m厚保护层，保护层采用垂直孔光爆分3层开挖滞后于中部拉槽，最后预留梯形岩台一次双光爆成型。

（1）Ⅱ₁层边墙系统支护。为了保证后续岩台上拐点以上1.8m高直边墙开挖成型质量，避免Ⅱ₂层边墙出露后结构面、节理、裂隙的延伸及扩张，在Ⅱ₁层中部拉槽出露一段后及时进行上部边墙的系统锚杆、锚索等的永久支护。

（2）Ⅱ₂层拉槽施工预裂。Ⅱ₂层开挖高度为6.8m，采用潜孔钻造孔进行施工预裂，采取此预裂方案主要是对预留的保护层及岩台区的振动影响起到隔断和消弱作用，对岩台开挖前的保护起到至关重要的作用。预裂孔采用潜孔钻造孔，孔径76mm，孔距0.8m，孔底超深0.5m，线装药密度400g/m。

（3）Ⅱ₂层中部台阶拉槽。Ⅱ₂层拉槽区台阶爆破采用潜孔钻造孔，炮孔参数：孔直径90mm，排间距2m×3m，乳化炸药药卷直径70mm，填塞长度为2.5m，采用非电毫秒雷管Ⅴ形起爆网路。钻孔时为便于潜孔钻机造孔使炮孔与水平面呈75°～80°夹角。

（4）岩台上拐点垂直孔造孔。中部拉槽完成后在预留的4.8m宽岩台保护层上进行岩台上直墙垂直造孔施工，造孔采用YT-28手风钻，间距0.35m（局部地质条件差的部位间距0.3m），造孔采用自制脚手架钢管样架强制定位技术，并在钢管中间采用夹片对中固定措施，同时为了消除造孔过程中人为因素的不利影响，在样架上部设置水平控制横杆，并采用同长度钻杆，钻机钻到控制横杆位置即无法下钻，以确保孔底高程保持一致。孔造好后立即组织进行验孔，孔深合格后才进行临时孔口保护填塞。

（5）岩台保护层开挖。岩壁梁保护层开挖是岩台成型好坏的关键所在，根据其他工程岩台预留保护层的宽度及所用钻机的性能及操作空间距离，结合三峡工程地下主厂房具体情况，将保护层宽度拟定为4.8m或4.0m，保护层高度同中部拉槽高度为6.8m。根据手风钻的性能，为避免造成岩台下拐点以下径向偏差较大，故将保护层分成3层进行层层光爆开挖，分层高度分别为2.3m、2.5m、2.0m。保护层开挖内侧均采取垂直光面爆破，主爆孔也采用垂直造孔，这样有利于施工方便、减小对预留岩台的保护及确保开挖质量。

装药前对所有钻孔按"平、直、齐"的要求进行认真检查验收并做好钻孔记录以及绘制爆破孔孔位布置图。为加快施工进度，先在洞外采用竹片按照设计参数加工光爆药卷，装药时则根据实际情况进行调整。装药时先进行垂直孔的药卷安装，然后再进行斜面孔的安装，岩台一次爆破长度一般在30～40m。每次岩台爆破后，岩台开挖小组及时对爆破效果进行分析，并进行断面超欠挖检查。实际施工时的爆破参数为：岩石较完整部位，孔距0.30～0.35m，线装药密度垂直孔70～90g/m，斜面孔60～80g/m。结构面及节理裂隙较发育部位的孔距和线装药密度适当减小。岩壁梁开挖分区如图5.4-20所示。

3. 开挖效果

三峡工程地下主厂房开挖方量约62万m³。通过监测资料分析，其拱顶平均超挖为8.5cm，边墙平均超挖均小于9cm，岩壁梁平均超挖小于6cm，远远小于规范控制要求（超挖小于20cm），开挖平整度小于9cm，且爆破半孔率达到了95%以上。从成型外观看，所有爆破孔呈平、直、齐均匀分布，排炮台坎小，平整度高。同时通过施工期监测，主厂房顶拱最大变形控制在3mm以内，边墙局部点最大变形在13mm以内，大部分

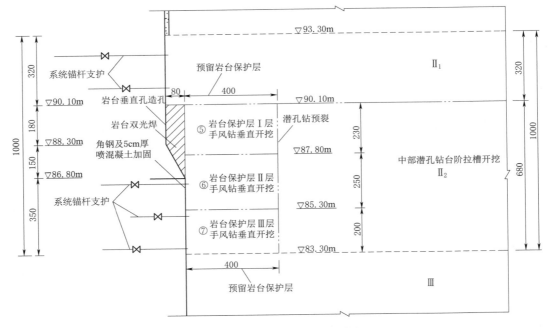

图 5.4-20 岩壁梁开挖分区图（单位：cm）

最大变形小于 7mm。其变形指标明显优于国内同等规模的其他地下工程在该阶段的变形指标。围岩的爆破松动圈在 0.40~0.80m 之间，爆破对围岩的损伤较小，围岩整体稳定。三峡地下电站主厂房施工被国务院质量专家组评价为施工质最优良，围岩稳定，为罕见的精品工程，因此可以说，采取以上一些爆破开挖控制手段是行之有效的。

5.5　洞室特殊部位爆破

5.5.1　洞口段钻爆开挖

隧洞洞口段一般地质条件差，且地表水汇集，施工难度较大，施工时要结合洞外场地和相邻工程的情况、全面考虑、妥善安排、及早施工，为隧洞洞身施工创造条件。

隧洞洞口应按照"早进晚出"的原则优化方案。洞门在施工前按设计要求并结合地形条件作好截、排水沟和施工场地、便道的规划，应尽量减少对原坡面的破坏和对周围环境的影响，开挖后的坡面应达到稳定、平整、美观的要求。

洞口工程施工前，应对施工的各工序进行分析，确定隧洞洞口边仰坡土石方开挖及防护、防排水，洞门墙及洞口段衬砌、背后回填的施工方法、施工顺序等。边、仰坡地质条件不良时，开挖前根据设计需要采取预加固措施，如采用抗滑桩、钢管桩、地表注浆等方法对洞口地表进行加固处理。

洞口段开挖方法的确定取决于工程地质、水文地质和地形条件、隧洞自身构造特点、施工机具设备情况、洞外相邻建筑的影响等诸多因素。施工中应根据实际，综合选定洞口段开挖进洞施工方法：

（1）中断面以下（含中断面）规模洞室，当岩体较为完整，其围岩类别为Ⅰ～Ⅲ类时，可采用全断面开挖，开挖后除进行支护外，必要时还应对其进口段采用混凝土衬砌；当围岩类别为Ⅳ类或Ⅴ类时，可采用短进尺和分部开挖方式施工，每部分开挖后立即进行初期支护，待全断面形成后，立即进行混凝土衬砌浇筑。

（2）大断面以上（含大断面）规模洞室洞口开挖，宜采用分部开挖，开挖后立即实施临时支护，并根据围岩情况和构造采取加固措施。

（3）洞口段地质浅埋段，可采用地表预加固和围岩超前支护方法，如管棚、超前注浆小导管、超前锚杆、超前注浆等辅助措施进行预加固后，再开挖。

5.5.2　洞室交叉部位钻爆开挖

洞室交叉点钻爆施工方法应根据该部位的岩体结构及地质条件，结合施工设备情况、技术水平等因素综合分析确定。一般情况下，围岩稳定的隧洞，尽量采用全断面一次爆破施工法；围岩比较稳定，断面较大的洞室，或其断面的上部或下部有软岩时，宜采用台阶法施工；在稳定性较差的松软岩层中，宜采用相应的导洞施工法。

与大断面洞室交叉洞口处，开挖后应立即支护。支护长度应根据围岩条件及控制性软弱面的延伸范围等因素确定，但不应小于5m。

隧洞相向开挖的两个工作面相距30m或5倍洞径距离爆破时，双方人员均应撤离工作面；相距15m时，应停止一方工作，单向开挖贯通。

5.5.3　小净距隧洞钻爆开挖

在水利水电工程建设中，经常会出现两条平行隧洞并行开挖或者在既有隧洞附近新建一条隧洞的情况。有时由于隧洞布置方向的限制或工程的需要，两条隧洞之间的间距较小，若净距缩小，则将影响隧洞的稳定性。

隧洞间的距离直接影响隧洞的稳定和安全，隧洞的爆破开挖对既有隧洞的安全，受爆源、介质和隧洞自身三大条件的影响，可能会引起邻近既有隧洞围岩的损伤和稳定。施工中的关键是控制爆破对围岩的破坏，保证爆破施工中间岩柱的稳定性，保证邻近既有隧洞在爆破振动下的稳定。

小净距隧洞应遵循"少扰动、快加固、勤量测、早封闭"的原则，将中间岩柱的稳定与加固作为设计与施工的重点，对中间岩柱稳定和受爆破振动影响作出具体的安全监测要求。

小净距隧洞施工采用分区开挖、循环施工的方案，可减小爆破振动。施工前做好爆破试验，施工中需要处理好爆破开挖与支护的关系，严格控制钻爆施工工艺，做好爆破振动和隧洞稳定监测，提高施工管理水平，具体要求如下：

（1）中部岩石采用中槽先进，两侧预留光爆层的爆破方法。预留光爆层迟后中槽两个循环与中槽一次起爆。

（2）中槽爆破布设防振带，即布一列孔先爆形成一破碎带在中间岩柱和中槽主爆破之间起降振作用。

（3）预留光爆层应有足够的厚度保证中间岩柱围岩在中槽爆破后不至于因围岩暴露时间长，岩体卸荷、应力释放而产生整体变形，使中间岩柱岩体受损；又能创造较好的自由面减少爆破振动影响并保证光面爆破效果。

（4）相邻洞室的开挖掌子面应错开 30m 以上。

5.6 不良地质洞段爆破

5.6.1 软岩隧洞钻爆开挖

目前，人们普遍采用的软岩定义基本上可归于地质软岩的范畴，按地质学的岩性划分，地质软岩是指强度低、孔隙度大、胶结程度差、受构造面切割及风化影响显著或含有大量膨胀性黏土矿物的松、散、软、弱岩层，该类岩石多为泥岩、页岩、粉砂岩和泥质砂岩等单轴抗压强度小于 25MPa 的岩石。软岩隧洞开挖爆破，主要具体措施如下：

（1）合理选择开挖方案。软岩和极软岩洞段应采用分部开挖法，每部位开挖后应立即进行临时支护，支护完成后方许可进行下一循环或下一分部的开挖。

应严格控制开挖进尺。软岩洞开挖进尺不宜超过 1.5m；极软岩洞段开挖进尺不宜超过 1.0m，有地下水洞段还应缩短开挖进尺。

（2）周边光面爆破。在比较风化、破碎的地质条件下，宜采用光面爆破，或保护层光面爆破，或采用风镐开挖修边。

（3）合理选择掏槽方式。从隧洞爆破开挖质点振动速度的监测中发现，一般情况下，掏槽爆破的振动强度比其他部位炮孔爆破时的振动强度都要大，斜孔掏槽在控制爆破振动方面优于直孔掏槽。因此，为减小掏槽爆破的振动强度，一般宜选用楔形掏槽，尤其是小进尺循环楔形掏槽效果好，能为辅助孔创造较大的自由面，减小爆破振动。孔深稍大一点时，应采用多级楔形掏槽、直孔分层掏槽。在有条件钻大直径空孔时，可选用螺旋掏槽。总之，在雷管段数足够的条件下，掏槽部位的岩体逐层进行爆破，既能保证掏槽效果，又能使掏槽的单段药量减少，保证减振效果。

（4）控制最大单段药量。确定允许的爆破振动速度值，由实际测得的爆破振动速度衰减规律或参照类似工程条件的爆破振动速度公式计算最大单段药量。

（5）优化炮孔的布置方式。合理分区，适当布置起爆顺序，对于下台阶爆破，可采用竖直钻孔方式。

底板孔的爆破，早期的习惯做法是加大装药量，并且最后同时起爆，以达到翻渣的目的，便于出渣。但隧洞爆破振动监测表明，隧洞爆破产生的振动强度除掏槽最大外其次是底板孔的爆破，有时底板孔爆破产生的振动强度最大，对围岩稳定极为不利。所以应将底板孔分成几个段落分开起爆，并在周边孔前起爆，以减小底板孔爆破产生的振动强度。

（6）选择合理的延期间隔时间。隧洞由掏槽孔开挖，逐层向光爆孔爆破，确定雷管段别时应注意三点：①应有合理的间隔时间；②同一段炮孔的装药量应小于最大单段允许装药量；③前一段的爆破要尽量为后段爆破创造良好的自由面。

在软弱围岩中爆破，振动频率一般均在 100Hz 以下；振动持续时间，纵向和横向振动持续时间大时可达到 200ms 左右，垂直向可达到 100ms 左右。为避免振动强度的叠加作用，雷管段间隔时差应考虑控制在 100ms 以上。一般毫秒雷管最好跳段使用，特别是 1～5 段的低段雷管，当然在雷管段数不足的情况下，可采用减少单段雷管一次共同作用的炸药量来进行控制，段间隔时差可适当缩小。

5.6.2 浅埋隧洞爆破

在水利水电等工程设施建设中，经常遇到浅埋隧洞。浅埋隧洞爆破开挖有以下特点：

（1）由于洞顶覆盖岩土层薄，一般都比较破碎，工程地质条件较差，爆破开挖必须确保隧洞围岩稳定。

（2）隧洞上方如建有厂房、民房等建筑物，爆破开挖必须确保隧洞上方建筑物的安全。

（3）浅埋段施工周边环境一般比较复杂，爆破振动对施工区域影响大，容易引起"扰民"，必须认真重视爆破施工对人员的影响。

对浅埋隧洞的爆破施工，应注意以下三点：

（1）以爆破施工全过程的安全实时监测为依托，全面、超前掌握围岩和应保护建筑物的安全动态，指导施工安全。

（2）以降低爆破振动为重点，制定科学、合理的施工方案，采取有效的综合措施，确保隧洞上方建筑物的安全，保证工程的顺利进展。

（3）以实施信息化施工为手段，加快反馈速度，及时调整爆破参数，优化设计，实现爆破对环境影响的有效控制。

"短进尺、弱爆破、多循环、强支护"是浅埋隧洞爆破开挖施工的基本原则。采用轮廓光面爆破和先进的掏槽减振技术是前提；实施毫秒延时爆破是关键；控制爆破规模即控制单段药量是降低爆破振动的保证；还可以采取选用低爆速炸药或采用小直径炸药，布置减振孔等辅助技术措施。

5.6.3 瓦斯洞段施工

对瓦斯洞段，钻爆时应结合实际情况制定预防瓦斯的安全措施，并应遵守下列规定：

（1）结合详勘资料，做好加强预报。在临近煤系地层前就需开展相关超前地质预报，其中超前钻探法可结合安设测定仪表预测瓦斯压力、浓度、涌出量等。

（2）施工现场配备足够的防护服及防护面罩。施工现场配备足够的防护服和防护面罩，配备必要的抢险机械、物资，明确组织和人员分工，出现问题迅速采取措施，减少影响和损失。洞口设置医疗救护站，配齐救护设备，对中毒人员立即撤离至空气新鲜处，并进行针对性的治疗及抢救。

（3）加强通风。加强通风是防止瓦斯爆炸最有效的办法。瓦斯隧洞必须采用机械连续通风，应采用防爆风机，采用抗静电、阻燃的风管，并保证风管百米漏风率不大于 1%。

（4）注浆封堵。如开挖洞段瓦斯排放量较大，使用一般的通风手段难以稀释到安全标准时，可使用超前周边全封闭预注浆封堵。

（5）及时支护。提高光面爆破效果，使隧道壁面尽量平整，开挖后及时进行喷锚支护，封堵岩壁的裂隙，减少瓦斯渗入。

（6）防止瓦斯突出。采用钻孔排放、真空抽放、水力冲孔、煤层注水等措施，主要目的在于降低岩层中的瓦斯含量、降低瓦斯压力。

（7）加强机电管理。通风、排水设备及通讯、信号等安全设备的电源采用双回路电源线路。洞内防爆区使用的机、电、灯具、通信、自动化装置和仪表均采用"矿用防爆型"设备，开关装在近风口。

（8）加强瓦斯监测。当工作面瓦斯浓度超过 1.0%，或二氧化碳浓度超过 1.5% 时，必须停止作业，撤出施工人员，采取措施，进行处理。

（9）制定严格的管理制度，专人管理。

（10）其他安全措施参照《煤矿安全规程》（2021年版）执行。

参 考 文 献

[1] 汪旭光，郑炳旭，张正忠，等.爆破手册 [M].北京：冶金工业出版社，2010.

[2] 张正宇，等.现代水利水电工程爆破 [M].北京：中国水利水电出版社，2003.

[3] 刘百兴，倪锦初，朱卫军.水利水电工程施工组织设计指南 [M].北京：中国水利水电出版社，2015.

[4] 马洪琪，周宇，和孙文，等.中国水利水电地下工程施工 [M].北京：中国水利水电出版社，2011.

[5] 尹俊宏，徐萍.大断面地下洞室爆破成形控制关键技术研究 [J].工程爆破，2007，13（4）：29 - 31，40.

[6] 刘燕波，陈敦科，尹俊宏.三峡工程地下电站岩壁梁岩台开挖技术研究 [J].水利水电快报，2006（20）：16 - 18.

[7] 徐成光.三峡右岸地下电站主厂房系统爆破开挖程序及开挖方法研究 [J].施工组织设计，2005（1）：1 - 7.

[8] 张志斌，李明新.三峡地下电站主厂房顶拱开挖施工 [J].水力发电，2007：33（12）：29 - 30，72.

[9] 洪飞，周阔，李兼超.拉西瓦水电站竖井钻爆技术 [C].第九届全国工程爆破学术会议，2008.

第 6 章 水下爆破

CHAPTER ⑥

6.1 概述

在水中、水下以及侧向临水固体介质内进行的爆破作业，被称为水下爆破。

水下爆破被应用于航道疏浚及水下炸礁、水下管道沟槽爆破、水下爆破挤淤与水下爆夯、水下清障与拆除爆破、围堰及岩坎拆除爆破、水工建（构）筑物、道路桥梁、港口码头等涉水爆破工程领域。

水下爆破的特点如下：

（1）水的深度对被爆介质的爆破效果有明显影响。由于水具有不可压缩性，被爆介质具有不同水深产生的垂直向或侧向水压力的作用。

（2）爆后石渣在水中的抛掷作用不明显。

（3）受水文、水流条件影响，水下爆破施工难度大。

（4）水下爆破的炸药单耗比陆地爆破的炸药单耗高。

（5）水下爆破对炸药、雷管、导爆索等爆破器材的抗压抗水性能要求高。

6.2 水下爆破作用机理

6.2.1 水中爆破作用机理

炸药在水中爆炸产生的冲击波以球面波形式向外传播，对距药包一定距离的固体介质产生冲击破坏；随后爆破高温高压气体继续向外膨胀做功，形成水中脉动压力，将直接作用到与水接触的固体介质表面，进一步加剧固体介质的破坏。

6.2.2 水下固体介质爆破作用机理

本节以水下岩石钻孔爆破来说明水下固体介质爆破作用机理。

水下爆破装药后孔内炸药一般处于水耦合状态，炸药爆炸时，水的耦合作用削减了炸药爆轰波的初始冲击压力，使孔内爆轰波的压力处于比较均匀的状态，炮孔内壁一般不会出现粉碎性的压缩圈。在爆炸应力波传播到岩石与水分界面之前，水下爆破的岩石爆破破碎作用机理与陆地爆破的作用机理是相同的，但一旦爆炸应力波传播到岩石与水的分界面时，既会出现透射到水中的压缩波，也会出现反射至固体介质中的拉伸波，这与陆地岩石爆破时入射波几乎全部反射形成拉伸波不同。同时，由于水压力的作用，相当于给岩石临水自由面增加了一个预应力，也会抵消一部分反射拉应力的作用，水下岩石爆破临水自由面的反射破坏作用没有陆地爆破明显，并随着水深的增加，爆破漏斗半径将变小。破碎后的岩块运动由于受到水的阻力，其运动距离将大大缩小，这也是水下爆破当达到一定的水深，一般不会产生爆破飞石的原因。炸药能量在破碎岩石的同时，有部分炸药能量通过破碎岩石的缝隙作用到水体中，产生水击波或动水压力，并产生涌浪等。

6.3　水下裸露爆破

6.3.1　方法特点

水下裸露爆破是将制作的炸药包直接放置在水下被爆介质表面而进行的爆破，其爆破原理与陆地裸露爆破相似，但炸药用量、施工方法则明显不同。

水下裸露爆破的特点：

（1）施工简单、操作方便、不需要钻孔设备。

（2）爆破炸药单耗高，炸药能量利用率低，爆破效果差，爆破产生的水击波等有害效应影响大。

随着水下钻孔爆破技术的发展，水下裸露爆破已从水下炸礁的主要手段逐渐退化为一种辅助施工方法。

6.3.2　应用范围

水下裸露爆破主要适用于下列情况：

（1）孤礁、孤石、局部浅点的水下爆破。

（2）水下开挖厚度小于1.5m、工程量不大的水域。

（3）水下软基爆破处理。

（4）水下盲炮的诱爆处理。

（5）水下钻孔爆破施工明显不经济、不安全的区域。

6.3.3　爆破参数

6.3.3.1　炸礁

$$Q = KV \tag{6.3-1}$$

式中　Q——总装药量，kg；

V——礁石体积，m³；

K——炸药单耗，取 $K = 5 \sim 10$ kg/m³，礁石小、流速大的水域取小值，反之取大值。

6.3.3.2　水下开挖

（1）装药量 Q：

1）对于水下平坦地形：

$$Q = K_1 W^3 \qquad\qquad (6.3-2)$$

2）对于水下石梁突嘴：

$$\left. \begin{array}{l} Q = K_2 W^3 + f(n) K_0 h^3 \\ f(n) = 0.4 + 0.6n^3 \end{array} \right\} \qquad (6.3-3)$$

式中　Q——装药量，kg；

K_1、K_2——标准炸药单耗，kg/m^3，见表 6.3-1；

　　　　W——最小抵抗线，m；

　　　　K_0——水介质的炸药单耗，取 $0.2kg/m^3$；

　　　　h——礁石顶部水深，m；

　　　　n——爆破作用指数，水深 h 和 $f(n)$ 的对应关系见表 6.3-2。

表 6.3-1　　　　　　　　　　　水下裸露爆破 K_1、K_2 经验系数

系　数	项　目				
	岩块类型		岩石普氏系数 f		
	卵石	大块石	6	7～8	9～10
$K_1/(kg/m^3)$	40	50	50～70	80～110	150～210
$K_2/(kg/m^3)$	40	50	85	135	250

表 6.3-2　　　　　　　　　　　水深 h 和 $f(n)$ 对应关系

水深 h/m	0.5～3.0	3.0～3.5	3.5～4.0	4.0～4.5	4.5～5.0
n	1.0	0.95	0.90	0.80	0.75
$f(n)$	1.0	0.91	0.84	0.71	0.65

（2）药包间距 a：$a = (1.5～2.5)W$。

（3）药包排距 b：$b = (1.5～2.5)W$。

（4）破碎深度 W：取 0.4～0.6m。

6.3.3.3　装药量与水深

为保证爆破效果，水深应满足的条件为

$$h \geqslant 1.3\sqrt[3]{Q} \qquad\qquad (6.3-4)$$

式中　h——水深，m；

　　　　Q——单药包重量，kg。

爆破体较厚时，可考虑分层爆破，分层厚度可取 0.5～0.8m；也可采用聚能药包进行水下裸露爆破。

6.3.4　施工工艺

6.3.4.1　药包加工

1. 常规药包加工

水下裸露爆破的常规药包，一般加工成长方体扁平药包，其长、宽、厚度之比宜为

3：1.5：1。

炸药一般采用 2 号岩石乳化炸药、水胶炸药、TNT 等抗水炸药。

雷管一般采用抗水性能好的电雷管、导爆管雷管或工业电子雷管等。

根据岩性、爆破要求及水文条件，为方便施工，药包重量可取 8～24kg；每个药包内应放置两个起爆体。通常用塑料袋包装捆扎，为防止药包在水中漂移，应给药包加配重，配重重量应是药包重量的 1～2 倍，当水流速度为 2～5m/s 时，配重重量应是药包重量的 2～5 倍。

2. 聚能药包加工

利用炸药的聚能效应，采用爆速高、猛度大的炸药，将药包制作成锥体或半球几何形。将制作好的聚能药包安放在需要爆破的岩石表面，并保持一定的爆高，注意应采取可靠措施，确保聚能穴及爆高范围内不应有水，否则会影响聚能爆破效果。

6.3.4.2　药包投放

根据爆破施工区域的水文地质、气象、施工船舶通航条件以及爆破工程量的大小，水下裸露爆破可采用不同的药包投放方法。

1. 船投法

(1) 适用范围：面积大、流速高的爆区作业。

(2) 爆破施工顺序：一般由下游方向至上游方向、从深水区域到浅水区域。

(3) 划分爆破区域：按纵向分段、横向分条的原则，根据测量控制划分爆破区域。

(4) 施工程序：①在爆区水流上游方向 50～80m 距离处，将定位船（宜采用专用非机动铁驳船或挖泥船，配备前后绞缆系统，船舷绞缆设备用于移船定位，船尾绞缆设备用于收、放投药船及爆破主绳）锚固稳定。②将投药船移至爆破点；③准确定位后，由投药船投放药包；④药包入水到位后，检查起爆网路；⑤投药船移至定位船；⑥起爆。

2. 缆绳投递法

(1) 适用范围：在崖陡、狭窄、流急的河段，无法使用船只的水域。

(2) 施工程序：①在爆破区域上游 20～30m 的河面上，跨河固定一根钢缆（钢缆直径可选 16mm 左右）；②在钢缆上穿一铁环，铁环上系两根拉绳，分别拉至左右两岸（为叙述方便，以此钢缆为 X 轴，河中心为 X 轴原点，水流方向为 Y 轴），牵引铁环向左右岸移动，可大致确定药包设计位置（x_i，y_i，h_i）中的 x_i 值；③在药包上再系几根脚绳拉至左右两岸，可确定药包设计位置（x_i，y_i，h_i）中的 x_i 值、y_i 值，从而调整确定药包入水的平面位置。④在药包上系一根主绳，并将主绳穿过铁环，通过松放主绳调节药包入水深度，可确定药包设计位置（x_i，y_i，h_i）中的 h_i 值；⑤重复上述第②、③、④步骤，可确定下一个药包的位置。

3. 潜水员敷设法

(1) 适用范围：流速低（<1.5m/s）、孤礁等情况的爆破。

(2) 潜水员敷设法优点：药包定位准确，安放稳固。

(3) 潜水员敷设法缺点：施工效率低、成本高。

6.3.4.3　起爆方法

(1) 电力起爆法。将每个药包中的两发电雷管分开，分别与相邻药包中的雷管串联，

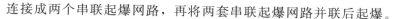

连接成两个串联起爆网路，再将两套串联起爆网路并联后起爆。

（2）非电起爆法。将每个药包中的两发非电雷管分开，分别与相邻药包中的雷管串联或簇联，形成两套起爆网路，再将两套起爆网路并联起来，用一根较长的非电导爆管作为起爆线，在岸上或水面某个合适的位置进行起爆。

（3）导爆索起爆法。在采用导爆索起爆药包的情况下，将起爆导爆索引出水面，并用主导爆索将各起爆药包连接起来，再用电雷管、非电雷管或工业电子雷管进行起爆。

6.3.5 施工质量与安全

6.3.5.1 施工质量

（1）精确定位。大面积水下炸礁的平面控制，可采用 GPS、北斗或全站仪定位；高程应设置水准尺进行控制。

（2）流态观察。水下裸露爆破应避免有旋涡时投药，并应顺水流向施工，以保证药包入水后的位置准确。

（3）爆破主线松紧适度。根据流速、水深调整爆破主线长度，流速小（＜1.0m/s）时，可将爆破主线拉直；水深大（＞4.0m）时，可适当放长主线。

6.3.5.2 施工安全

（1）救生装备应齐全。施工人员必须戴安全帽，穿防滑鞋，佩戴救生设施；施工船舶配齐救生器材。

（2）防走锚移位。定位船锚定后，必须随时检查船位位置，防止因走锚而影响投药位置的准确性。

（3）防挂带药包。每次投药后，应检查船舵是否挂带药包绳。

（4）安全距离应足够。起爆时，施工船舶应按爆破设计要求，撤离到爆破安全区域，在水深小于 2.5m 的浅水区域实施爆破时，安全距离还应适当增加。水下裸露爆破安全距离计算见第 11 章。

（5）安全细节应记牢。起爆器由爆破员专职管理；按爆破安全规程要求，现场爆破准备工作就绪后，发出警戒、起爆等信号；警戒完成、起爆信号发布后，起爆器才能充电起爆；起爆结束，经检查确认安全后，才能发出解除警戒信号。

6.4 水下钻孔爆破

6.4.1 方法特点

水下钻孔爆破，是在作业船或水上作业平台上，利用配套的钻孔设备，对水下岩石进行钻孔，并通过套管进行装药、填塞、连线和起爆的一种爆破施工方法。

与陆地爆破相比，水下钻孔爆破的主要特点如下：

（1）对钻孔设施、设备要求高。需使用特定的水上作业船或工作平台，使用配套钻孔设备才能进行水下钻孔、装药、填塞、联网等施工作业。

（2）受水文、气象影响大。水下爆破施工受水流速度、潮汐、涌浪、水深等水文气象以及水下地形地质条件的影响大，施工难度大、成本高。

（3）对爆破器材质量要求严格。对用于水下爆破的炸药、雷管、导爆索等爆破器材的抗水、抗压性能要求高。

（4）爆破质量要求高。对水下爆破块度与大块率、爆破有害效应、拒爆率等均有严格的控制要求。一旦出现大块率高的情况，水下出渣就困难、出渣效率就低；一旦爆破有害效应的危害超过预期，就会造成索赔甚至停工；一旦出现拒爆事故，水下处理将十分困难，且对下一道工序影响很大。

（5）对清挖设施、设备要求高。需要配备反铲式或正铲式挖泥船及大斗容抓扬式挖泥船进行水下清挖。

与水下裸露爆破相比，水下钻孔爆破的优点如下：

（1）生产效率高。可满足工程建设工期要求紧迫的需要；

（2）炸药能量利用率高。由于炸药装在炮孔内，炸药能量将大部分用于破碎岩石，大大提高了炸药的能量利用率。

（3）爆破效果好。施工质量容易得到控制，爆破效果可通过精细爆破设计、精心爆破施工实现。

（4）施工安全性好。爆破施工各工序均在作业船或平台上完成。

（5）爆破有害效应可控。水下钻孔爆破有害效应可通过加强孔内填塞、起爆网路分段等施工措施加以控制，有利于环境工程安全和保护。

6.4.2　应用范围

在水下爆破中，水下钻孔爆破应用最为广泛，主要应用于沿海港口工程建设；内河航道的疏通、浚深；水下建筑物的取水口、岩坎及围堰的爆破拆除；水下构筑物及障碍物爆破拆除等。

6.4.3　钻孔作业平台（船）

目前水下钻孔爆破的施工作业平台（船）主要有以下几种。

1. 固定支架水上作业平台

在近岸处搭建支架平台，在平台上进行钻孔爆破的作业方式。这种方式主要是因为施工区域水深无法满足专业钻爆船（平台）的吃水要求，而采取的一种变通的临时作业方式，是水下钻孔爆破的辅助形式。包括水中固定支架平台及岸边固定支架平台等。主要适用于海况较好，水浅、近岸或潮间带区域。

（1）适用范围：固定支架平台水上钻孔爆破作业，主要适用于浅水区或水位变化不大的近岸区域。

（2）工艺特点：在浅水或水位变化不大的近岸区域，利用钢管、木桩等材料在水上搭设钻孔作业固定支架平台，在固定支架平台进行水下钻孔作业，并进行装药、联网、填塞等爆破施工作业。

（3）主要工艺流程：测量水深—确定固定支架平台顶面高程—支架结构设计—搭设固定支架平台—钻孔作业—装药—拆除部分固定支架平台—联网—起爆。

2. 漂浮式钻孔爆破作业船与作业平台

在目前水下钻孔爆破中，漂浮式钻孔爆破作业船与作业平台使用最多，分类形式见表 6.4-1，适用条件见表 6.4-2。

表 6.4-1　　　　　　漂浮式钻孔爆破作业船与作业平台分类形式

分类方式	动力	船体结构	驻位
形式	自航	单/双体船	有/无定位桩
	非自航	单体船	无定位桩

表 6.4-2　　　　　漂浮式与升降式钻孔爆破作业平台（船）适用条件

钻孔设备类型	水深/m	流速/(m/s)	浪高/m	风速/(m/s)
漂浮式钻孔爆破船	3～50	0～1.5	0～1.0	0～10
支腿升降钻孔爆破平台	3～30	0～3.0	0～3.0	0～60

（1）适用范围：漂浮式钻爆船施工作业主要适用于作业区域流速小、风浪小的良好作业条件。

（2）工艺特点：漂浮式钻爆船有作业方便、移船位快的特点。

（3）主要工艺流程：

1）定位。漂浮式钻爆船一般配备 6 套绞锚系统，船首、船尾分别布置一条中缆与锚，船的两边各布置两条边缆与锚。采用六缆定位法，船只方向一般与水流方向平行，其定位及移位均通过布锚及绞缆完成。

2）钻孔。钻孔平台一般布置在船舷一侧，钻机采用固定式或沿导轨滑动，每钻完一排孔，施工船只均需进行一次移位。

3. 升降式水上钻孔作业平台

升降式水上钻孔作业平台是一种利用四根液压支腿，将船体升离水面的作业船舶。平台升离水面后，钻孔、装药、联网等爆破施工，均在施工平台上进行，受海浪、水流、潮流和潮差的影响小。适用条件见表 6.4-2。

（1）适用范围：一般用于水深 3～30m 的钻孔爆破作业，海洋气候条件相对恶劣的情况下也可适用。

（2）工艺特点：与漂浮式钻爆船相比，具有钻孔定位快、精度高、抗水流、抗风浪等特点。但在移动位置时，耗时相对较多，升降船体时应选择合适的风浪及水流条件，以免发生滑桩等事故对支腿产生损害。在普通漂浮式钻爆船无法正常作业的海洋恶劣气候条件下，采用支腿升降式水上钻孔平台作业更为安全。

（3）主要工艺流程：

1）平台就位，利用拖船将平台牵引至爆破区域，通过定位系统调整船位。

2）升平台，将平台 4 根支腿慢慢放入水中，直至岩面，支撑船体离开水面。

3）钻孔与装药，按设计孔位进行钻孔，钻孔完毕即进行装药；钻机可沿轨道进行前后左右的移动，直至下一个设计孔位。

4）降平台，一个船位炮孔钻孔、装药、联网等工作结束后，将平台降至水面，收起 4 根支腿。

5）移平台，将平台迁移爆破区域至安全距离，准备起爆。

6.4.4　爆破器材

1. 炸药

水下钻孔爆破应选择与水深相适应的具有抗水、抗压性能的炸药，目前常用的炸药有：乳化炸药、水胶炸药以及震源药柱（铵梯炸药震源药柱、乳化炸药震源药柱等）。

2. 起爆器材

起爆器材主要有：具有一定抗水抗压性能的电雷管、非电导爆管雷管以及工业电子雷管等。

6.4.5　爆破参数

水下钻孔爆破参数应结合爆破区域的水深、设计开挖深度以及清渣设备性能等综合分析确定。

（1）炮孔直径 D。根据钻机设备确定，一般宜为 $75\sim165\text{mm}$。

（2）炸药单耗 q。常用的水下钻孔爆破炸药单耗通常由以下几个部分组成：

$$\left.\begin{aligned}
q &= q_1 + q_2 + q_3 + q_4 \\
q_1 &= 2q_0 \\
q_2 &= 0.01h_2 \\
q_3 &= 0.02h_3 \\
q_4 &= 0.03h
\end{aligned}\right\} \qquad (6.4-1)$$

式中　q_1——基本炸药单耗，kg/m^3；

$\quad\quad q_0$——陆地台阶爆破炸药单耗，kg/m^3；

$\quad\quad q_2$——爆区上方水压炸药单耗，kg/m^3；

$\quad\quad q_3$——爆区上方覆盖层炸药单耗，kg/m^3；

$\quad\quad q_4$——岩石膨胀炸药单耗，kg/m^3；

$\quad\quad h_2$——水深（至开挖底部），m；

$\quad\quad h_3$——覆盖层（淤泥或土、砂）厚度，m；

$\quad\quad h$——台阶高度，m。

也可根据表 6.4-3 选取，水深超过 15m 时，炸药单耗可根据水深变化适当调整。从工程实践来看，表中经验值偏大。

表 6.4-3　　《水运工程爆破技术规范》（JTS 204—2008）参考参数

底质类别	水下钻孔爆破单耗/(kg/m³)	底质类别	水下钻孔爆破单耗/(kg/m³)
软岩石或风化石	1.72	坚硬岩石	2.47
中等硬度岩石	2.09	—	—

注　表中系 2 号岩石硝铵炸药综合单位消耗量的平均值，采用其他炸药时应换算。

（3）孔距 a 与排距 b。

延米装药量 Q_1：

$$Q_1 = (1/4)\pi d^2 \rho \qquad (6.4-2)$$

式中　Q_1——延米装药量，kg/m；

　　　d——装药直径，m；

　　　ρ——装药密度，kg/m³。

炮孔负担面积 S：

$$S = Q_1/q \qquad (6.4-3)$$

式中　S——单个炮孔爆破负担的面积，m²；

　　　Q_1——延米装药量，kg/m；

　　　q——炸药单耗，kg/m³。

炮孔孔距 a 与排距 b：

$$a = S/b \qquad (6.4-4)$$

炮孔密集系数 m：

$$m = a/b \qquad (6.4-5)$$

式中　m——炮孔密集系数，一般宜取 1.0～1.2。

（4）最小抵抗线 W：

$$W = S/a \qquad (6.4-6)$$

（5）超钻深度 Δh。通常在 1.0～2.0m 范围内选取，但至少不小于 0.8m，最大不超过 1 倍最小抵抗线；硬岩取较大值，软岩取较小值；每次起爆的首排炮孔应比其后各排孔加深 0.2m。也可按表 6.4-4 选取。

表 6.4-4　　　　　钻孔超深与台阶高度、岩石普氏系数关系

台阶高度 h/m	Δh/m			
	4～6	7～10	11～14	≥15
	岩石普氏系数 f			
1.0	0.30	0.40	0.50	0.65
2.0	0.40	0.50	0.60	0.80
3.0	0.55	0.70	0.85	1.10
4.0	0.70	0.90	1.10	1.40
5.0	0.90	1.10	1.30	1.70
6.0	1.10	1.35	1.60	2.10
7.0	1.30	1.60	1.90	2.50
8.0	1.50	1.85	2.20	2.90

注　本表是针对 90mm 孔径的，对其他孔径应进行适当修正。

（6）炮孔深度 L 可按式（6.4-7）计算：

$$L = H + \Delta h \qquad (6.4-7)$$

式中　L——炮孔深度，m；

　　　H——台阶高度，m；

　　　Δh——超钻深度，m。

（7）填塞长度 L_d 可按式（6.4-8）计算：

$$L_d = kW \qquad (6.4-8)$$

式中　L_d——填塞长度，m；

　　　k——填塞系数，通常取 0.3～1.0；

　　　W——最小抵抗线，m。

（8）单孔装药量 Q。可按体积法公式计算：

$$Q = qabH \qquad (6.4-9)$$

式中　Q——炮孔计算装药量，kg；

　　　q——水下钻孔爆破炸药单耗，kg/m³；

　　　a——孔距，m；

　　　b——排距，m；

　　　H——台阶高度，m。

相应地，对于确定的药卷直径，每个炮孔允许装药量为

$$Q = \pi d^2 \rho l / 4 \qquad (6.4-10)$$

式中　Q——炮孔允许装药量，kg；

　　　d——药卷直径，m；

　　　ρ——装药密度，kg/m³；

　　　l——装药长度，m。

国内大面积水下钻孔爆破的钻孔参数见表6.4-5。

表 6.4-5　　　　　　　　国内大面积水下钻孔爆破的钻孔参数

工作水深/m	孔径/mm	孔距/m	排距/m	超深/m	清渣设备
≤8.0	80～100	1.6～2.0	1.5～1.8	1.0～1.2	1.5～4m³ 抓斗
>8.0	95～115	2.2～2.4	1.5～2.0	1.0～1.4	4～8m³ 抓斗

注　工作水深等于施工水深加孔深；孔距、排距，硬岩取较小值，软岩取较大值；超深值，硬岩取较大值，软岩取较小值。

瑞典爆破手册中推荐的水下爆破参数见表6.4-6。

表 6.4-6 瑞典爆破手册水下爆破推荐参数

孔径/mm	水深/m	台阶高度/m	孔深/m	抵抗线/m	孔距/m	实际装药量 kg	实际装药量 kg/m	炸药单耗/(kg/m³)
40	2.0～5.0	2.0	3.2	1.20	1.20	4.5	1.6	1.11
		5.0	6.2	1.15	1.15	9.3	1.6	1.20
		7.0	8.1	1.10	1.10	12.3	1.6	1.26
	5.0～10.0	7.0	8.1	1.10	1.10	12.3	1.6	1.31
51	2.0～10.0	2.0	3.2	1.20	1.20	5.0	2.6	1.16
		3.0	4.5	1.50	1.50	10.4	2.6	1.19
		5.0	6.5	1.45	1.45	15.6	2.6	1.25
		10.0	11.5	1.35	1.35	26.0	2.6	1.40
70	2.0～10.0	2.0	3.2	1.20	1.20	10.0	4.9	1.16
		3.0	4.5	1.50	1.50	19.0	4.9	1.19
		5.0	7.0	1.95	1.95	30.4	4.9	1.25
		10.0	11.9	1.85	1.85	55.4	4.9	1.40
	20.0	10.0	11.8	1.80	1.80	55.4	4.9	1.50
		15.0	16.7	1.70	1.70	78.9	4.9	1.65
100	5.0～10.0	2.0	3.2	1.20	1.20	16.0	6.4	1.16
		3.0	4.5	1.50	1.50	23.7	6.4	1.19
		5.0	7.3	2.25	2.25	42.2	6.4	1.25
		10.0	12.1	2.10	2.10	73.0	6.4	1.40
		15.0	17.0	2.00	2.00	103.7	6.4	1.55
	20.0	15.0	17.0	1.95	1.95	103.7	6.4	1.65
	25.0	20.0	21.9	1.85	1.85	136.3	6.4	1.85

注 表中实际装药量大于按炸药单耗计算出的装药量, 计算值未考虑超深部分药量。

国内外水下钻孔爆破典型工程爆破参数见表 6.4-7。

表 6.4-7 国内外水下钻孔爆破典型工程爆破参数

	工程地点	孔径/mm	孔距/m	排距/m	孔深/m	钻孔角度/(°)	超深/m
国内	广东黄埔航道整治工程	91	2.5～3.1	1.7～2.5	4.5～7.5	90	1.0～1.5
	湖南大湾航道	50	1.2	1.2	2.5	70～85	0.8～1.2
	广西贵梧航道羊栏滩	105	2.4	2.0	3.0	90	1.5
	浙江舟山马岙航道	120	2.6	1.8	7.2	90	1.8
	辽宁某原油码头港池	125	2.4	2.0	3.0	90	1.5～1.8
	上海洋山深水港航道工程	165	3.5	2.8	9.0	90	3.0
	福建福炼海底输油管沟开挖工程	115	2.5	2.0	8.5	90	2.5

工程地点		孔径/mm	孔距/m	排距/m	孔深/m	钻孔角度/(°)	超深/m
国外	日本三号桥爆破	50	2.0	2.0	2.5～3.1	90	
	日本种市港爆破	75	2.6	2.5	4.0	90	
	英国美尔福德港扩建工程	76	1.3～1.5	1.3～3.0	4.5～8.0	90	
	瑞典诺尔彻平港	51	1.50	1.50	4.6～8.4	50～60	1.5
	美国德拉瓦河	152	3.0	3.0	2.4～7.2	45～60	
	意大利热那亚港	64	2.25	2.25	8.0	90	
	俄罗斯安加拉河	43	1.0	1.0		90	0.3～0.4
	巴拿马运河	76～101	3.0	3.0		60～70	
	瑞典法尔肯贝里港	51～70	1.5～2.0	1.5～2.0		70～75	1.5
	德国摩泽尔河	43	1.5	1.5		90	1.0

6.4.6 水下钻孔爆破起爆网路

水下钻孔爆破工程目前主要采用电雷管和非电导爆管雷管两种起爆方式，一般需采用复式起爆网路。随着工业电子雷管起爆技术的发展，水下钻孔爆破也有采用工业电子雷管起爆系统的趋势。

6.4.6.1 电雷管起爆网路

水下钻孔爆破电雷管起爆网路，一般采用并串联、串并联及复式起爆网路。

施工前应根据爆破规模、起爆电源的形式等进行起爆网路设计，规模较小时，可采用并串联起爆网路；当爆破规模较大时，应进行支路电阻平衡和起爆电流能力的计算校核。

6.4.6.2 非电起爆网路

非电导爆管起爆网路具有使用安全、操作方便等特点，在水下钻孔爆破中应用最为广泛。

非电起爆网路根据爆破规模不同，可采用簇联、并串联、串并联等连接方式，当爆破规模不大时，可采用孔内不同段别的延时雷管进行分段起爆；当爆破规模较大，延时雷管的段别不能满足分段要求时，可采用孔外延时分段起爆网路，并对孔外起爆网路进行保护。

6.4.6.3 工业电子雷管起爆系统

工业电子雷管起爆系统是在三峡三期 RCC 围堰拆除爆破中得到成功应用以后，我国的工业电子雷管起爆系统才真正开始研制、发展起来的。工业电子雷管可按毫秒量级进行雷管延期时间的设置，由于其具有延时精度高、延期时间设置灵活，对静电、射频电和杂散电流具有本质安全性，并可对起爆网路中每发雷管的状态随时进行安全检测，是今后水下爆破起爆网路应用的发展方向。

6.4.7 施工工艺

水下钻孔爆破施工工艺的一般流程如图 6.4-1 所示。

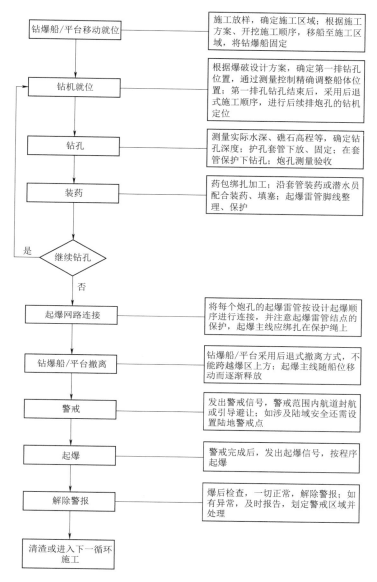

图 6.4-1 水下钻孔爆破施工工艺的一般流程

1. 钻爆船及平台定位

钻爆船及平台定位时应遵循的原则如下：

（1）定位时，应根据水流方向、风浪方向及潮汐大小等水文气象条件进行。

（2）钻孔时，应按深水到浅水的顺序进行。

（3）移位时，船体不得越过已装药的炮孔。

（4）起爆时，钻爆船及平台应撤离至安全距离。

定位方法主要有：后方交会法、前方交会法以及 GPS 或北斗定位法，由于前两种定位方法误差较大或测量距离有限，目前已基本淘汰。现在更多采用自动化程度高、测量距离远且精确度高的 RTK 法进行定位。

2. 水下钻孔

（1）钻爆船及平台水面钻孔。在钻爆船及平台上，由水面向水下进行钻孔，常用的钻孔作业方式有如下两种：

1）单套管作业法。单套管作业法目前使用最为广泛，大多采用风动钻具，钻孔作业分为下套管、开机钻孔两个工序。

下套管的操作过程为：①配接套管，根据施工区孔位和水深，配接套管长度；②吊放、牵引并固定套管。

开机钻孔操作过程为：①选择钻杆，为便于接卸钻杆，钻杆长度应根据钻架高度选取；②钻杆入套管，开机钻孔；③高压吹洗，当岩体表面有覆盖层或强风化岩时，先用高压风吹洗，然后钻进；④上下洗孔，当钻至设计深度后，再上下提钻数次，确保成孔质量；⑤提出钻杆，进入下一工序。

2）双套管作业法。双套管水下钻孔作业法与欧美各国和日本广泛采用的 OD 法（Over – burden Drilling Method）基本相同：外套管的作用是固定钻孔位置，保护钻具在钻孔过程中免受流水的冲击影响；内套管的作用是作为钻孔和装填炸药的导向管，内套管的头部镶有环形钻头，可钻过覆盖层到基岩一定深度。在内套管保护下用钻头旋转冲击钻孔。

操作过程为：①配接套管，钻孔前根据施工区孔位和水深，配接外套管和内套管长度；②吊放外套管，船舶定位后，先下放外套管并固定；③吊放内套管，吊起内套管并放入外套管内；④钻孔，在内套管保护下，钻孔至设计底标高。

（2）水下钻孔施工应遵守的规定为：①钻孔偏差，内河不大于 0.2m，沿海不大于 0.4m；②宜按深水到浅水顺序钻孔施工；③水下钻孔深度宜一次钻至爆破设计底高程。

3. 炮孔装药及填塞

水下炮孔装药与陆地爆破不同，具有显著水下爆破特点。

（1）药包加工。目前水下爆破专用药卷主要有以下两种：

1）震源药柱。塑料壳外包装，外壳底部和口部均有螺口，用配套的塑料套进行连接，装药时可逐节连接装入孔内。每节炸药卷均预留有一个装起爆雷管插孔，根据设计在相应部位装入起爆雷管。

2）塑料软包装药卷。需将炸药卷绑扎在竹片或其他材料上，根据各孔设计装药量，加工成不同长度和重量的药包，然后装入相应的炮孔内。

（2）起爆体加工。将雷管装入炸药卷内制作成起爆体，每孔至少装 2 发雷管。应将雷管脚线绑扎在尼龙绳或麻绳上，绳索与药筒应绑牢，雷管脚线不应受力，避免被水流冲散、冲断。

（3）钻孔检测、装药和填塞。水下钻孔爆破，一般在钻孔完成后应立即装药。

1）检测炮孔。装药前，应将孔内的泥沙、石屑清除到设计孔深，并用测绳或送药杆检查炮孔，检查钻孔深度，达到设计要求后再进行装药。

2）装药。药包直径应小于炮孔直径 10～20mm，装药时不应使药包自由坠落。水下钻孔爆破一般使用 2 个起爆体，装药时将加工好的药柱沿内套管缓慢送入孔内，拉住提绳、送药杆压住药包顶部，直至装药到位。水下深孔采取间隔装药时，各段均应装有起爆药包，各段起爆药包的导线应标记清楚，不得错接。

3）填塞：炸药装至离孔口约 1m，用送药杆压住药筒顶部，抽出提绳，用装有粗砂或碎石塑料袋进行填塞，填塞长度应确保药包不致浮起。拔出送药杆，提起导向管，拉出雷管脚线，系于钻爆船或钻爆平台上。

4. 起爆网路连接及起爆

（1）起爆网路连接。对于电起爆网路（包括工业电子雷管起爆网路），起爆网路连接时应注意：①电起爆网路的接头应包扎紧密、绝缘可靠，避免产生漏电现象；②各炮孔雷管脚线连接时，要松紧适度，防止雷管脚线被拉断；③对于流速较大的水域，还需对每个炮孔脚线采用加保护绳措施进行保护，尽可能让雷管脚线少受力或不受力；④对于爆破网路的主线应采用强度高、防水性和柔韧性好的绝缘胶线，并将起爆主线绑扎在尼龙绳或麻绳上进行保护。

对于非电起爆网路，起爆网路连接时应注意：①各炮孔雷管导爆管脚线连接时，要松紧适度，防止雷管脚线因受力不均被拉断；对于流速较大的水域，还需将每个炮孔的雷管脚线松弛地绑扎在保护绳上，尽可能让雷管脚线少受力或不受力。②非电网路连接雷管应摆放有序，防止雷管碎片破坏网路，造成拒爆。③对于爆破网路的主线应采用高强度导爆管，对于有流速的河段或沿海地区，应将起爆网路主线用胶布或细麻绳松弛地绑扎在主绳上。

（2）起爆。起爆程序为：①警戒就绪。警戒及起爆准备工作完成后，再进行移船。②网路保护。移船时要时刻注意对起爆网路的保护，防止起爆网路因钻爆船移动被拉断。③安全距离。根据水深、爆破规模等，按设计要求的安全距离进行撤离，钻爆船一般应移离爆区 100m 以上。④再度确认。再次对起爆网路进行检测，确认周围环境满足要求后进行起爆。

6.4.8 典型工程实例

6.4.8.1 洋山深水港航道炸礁工程

上海国际航运中心洋山深水港区一期航道炸礁工程，位于杭州湾口东北部，上海南汇芦潮港东南的崎岖列岛海域。

1. 工程特点

（1）水下炸礁方量大。上海洋山深水港航道炸礁工程，主要包括：航道中间的泥灰礁礁盘，炸礁方量为 10.94 万 m^3；航道一侧的小岩礁，炸礁方量为 48.5 万 m^3，合计水下炸礁方量为 59.44 万 m^3。

（2）水下爆破基岩厚度极不均匀。水下礁盘坡度约为 24°，设计炸礁底标高为 $-18.00m$，爆破基岩厚度为 3～21m。

（3）地质条件复杂。泥灰礁基岩为灰白色中粒花岗岩，中等风化，无松散堆积覆盖层，岩石坚硬，单轴饱和抗压强度为 69.21MPa。

（4）水文条件十分复杂。水深、流急、风多、浪高，且水流无规则，大潮汛时水流可达 4m/s。

（5）施工环境复杂。施工区域来往船舶较多，施工干扰大，安全要求高。

2. 爆破方案及参数

（1）钻爆设备。采用2艘自升式钻爆平台船，分别为平台1号、平台2号，配置有高风压潜孔钻，其中平台1号钻孔孔径为115mm，平台2号钻孔孔径为165mm，一次钻爆面积为200m²（长20m，宽10m）。

（2）爆破器材。炸药采用ϕ95mm、ϕ140mm高能乳化炸药（密度为1.15～1.25g/cm³、爆速不小于4500m/s、猛度不小于16mm、殉爆距离不小于8cm、作功能力不小于340mL），塑料壳体防水包装，为确保炸药在深水中稳定起爆、传爆，在雷管起爆处增加了高能起爆具；雷管采用高强度、高精度、防水导爆管雷管。

（3）炸药单耗。根据本工程特点、8m³抓斗式挖泥船清渣对爆破块度的要求，水下爆破炸药单耗确定为$q=1.28～2.0kg/m³$。

（4）孔距、排距及超深。平台1号的钻孔孔距为2.3～2.5m，排距为2.0～2.8m；平台2号的钻孔孔距为3.0～3.5m，排距为2.8m。超深均为3.0m。

（5）装药结构。钻孔内采用连续装药。孔深小于10m的装2发雷管，雷管分别放置在总装药长度的1/4和3/4处；孔深大于10m装3发雷管，雷管分别放置在总装药长度的1/4、1/2和3/4处。

（6）起爆网路。孔内采用分段雷管入孔，孔外再采用2～3个段别的雷管进行连接。

3. 方案实施

（1）爆破参数。根据岩礁岩性及钻爆平台特点，将泥灰礁分成了Ⅰ、Ⅱ、Ⅲ、Ⅳ、Ⅴ5个区域，泥灰礁及小岩礁的爆破参数见表6.4-8。

表6.4-8　　　　　爆　破　参　数　表

分区	炸礁设备	孔径/mm	孔距/m	排距/m	药卷直径/mm	线装药密度/(kg/m)	超深/m	炸药单耗/(kg/m³)
泥灰礁Ⅰ	平台1号	115	2.5	2.8	95	8	3	1.12
泥灰礁Ⅱ			2.5	2.5				1.28
泥灰礁Ⅲ			2.5	2.0				1.60
小岩礁			2.3	2.0				1.74
泥灰礁Ⅳ	平台2号	165	3.5	2.8	140	16	3	1.63
泥灰礁Ⅴ			3.0	2.8				1.90

（2）施工方法及程序如下：

1）定位：钻爆平台定位采用2台RTK-DGPS全球定位系统；前后4个锚抛成八字形，锚缆长400m，锚重3t/个，平台通过绞锚完成移动。

2）钻孔：采用全液压航道潜孔钻，在套管内进行钻孔。孔深根据施工水位、爆破底标高及下至岩面的钻杆长度确定，即孔深＝水位高程－爆破底标高－岩面水深。

3）装药：每个炮孔钻到设计深度后，提起钻杆，沿着套管将加工好的药柱及起爆体装入孔内，并用炮棍将炸药压到位；采用粒径小于3cm的石子进行堵孔，鉴于施工海域水深流急，每个炮孔均需填塞，填塞长度为0.5～1.0m；提起套管，将每个炮孔内的雷管脚线从套管底部掏出，整理并固定在平台适当位置。

4）联网：孔内采用 MS1～MS5 段雷管，分区起爆时，采用 MS6、MS9 段雷管进行孔外连接。根据船位、孔深分别采用排间或对角毫秒延期起爆网路。用 180m 长的导爆管雷管与起爆网路连接后，将船移至 150m 外进行起爆。

4. 爆破效果

从后期清渣效果来看，总体效果较好。由平台 2 号施工的泥灰礁Ⅳ区、Ⅴ区，清渣后全部达到设计底标高。由平台 1 号施工的泥灰礁Ⅰ区、Ⅱ区有少量的船位需要补爆；泥灰礁Ⅲ区及小岩礁爆破效果很好，达到设计要求。

经验总结：①该工程的成功爆破说明，在无良好临空面条件下的大厚度（20m 左右）水下深孔爆破是可以实施的；②深水条件下炸礁，炸药单耗应适当增加，该工程采用高能乳化炸药，炸药单耗在 1.80～1.95kg/m³ 比较合理；③通过水下爆破工程施工实践，该工程选用自升式平台钻爆船和 8m³ 以上的重斗式挖泥船是极为合适的。

6.4.8.2 深水海底沟槽爆破开挖

福建炼油乙烯项目海底原油输送管线工程位于福建省泉州市湄洲湾，原油输送管道直径 711mm，长 13.1km，其中海底岩石区爆破开挖沟槽长度为 2588m。

1. 工程特点

（1）施工精度要求高。管道沟槽开挖底宽为 6.0m，边坡为 1∶0.67，爆破方量为 5.5 万 m³；超过 25m 水深的开挖沟槽长度达 1430m，占开挖总工程量的 80%，最大水深达 51m。

（2）水文条件十分复杂：位于湄洲湾风口区，风大浪高、涌浪高度达 2～3m，流速 2m/s，暗流复杂多变。

（3）地质条件复杂：岩石为微风化～中风化花岗岩，节理裂隙发育程度一般，单轴饱和抗压强度大于 80MPa。

（4）施工环境复杂：施工区域处于交通航道，来往船舶较多，施工干扰大，起爆时要确保船舶的航行安全。

2. 爆破方案

（1）钻爆设备。选用自升式钻爆平台船"海钻 202"，钻孔孔径为 165mm，大型漂浮式钻爆船"海钻 204"，钻孔孔径为 115mm。

（2）爆破器材。炸药采用塑料壳包装高密度震源药柱，选择了两种直径的药柱：Ⅰ型药卷直径为 145mm，单节药卷长 0.5m，单节重量为 4.75kg；Ⅱ型药卷直径 95mm，单节药卷长 0.5m，单节重量为 2.5kg；炸药爆速不小于 6500m/s、爆力不小于 380mL。雷管采用高精度高强度非电导爆管雷管，该导爆管单根抗拉力可达 40kg，相邻段延期时间间隔均为 25ms，误差小于 2ms。

（3）炸药单耗。水下爆破炸药单耗确定为 $q=2.0～2.1kg/m³$。

（4）孔距、排距及超深。"海钻 202"的钻孔孔距、排间均为 3.0m，超深为 4.0m；"海钻 204"的钻孔孔距为 2.0m，排距为 2.5m，超深为 3.5m。

（5）装药结构。钻孔内采用连续装药。

（6）起爆网路。孔内采用分段雷管入孔。

3．方案实施

（1）爆破参数。根据工程岩体特性及钻爆船规格性能，确定每次爆破的面积。"海钻202"每个船位设计爆破面积为12m×9m，每个船位布置4排孔，每排布置3个孔，使每次船位爆破的面积处在平台船内框的正中间，以减小定位误差带来的影响。"海钻204"属漂浮式钻爆船，每个船位设计爆破面积根据现场实际情况，灵活调整，每船位布置4～7排，每排布置4个孔。爆破参数见表6.4-9。

表6.4-9 爆 破 参 数 表

施工船	孔径 /mm	孔距 /m	排距 /m	药卷直径 /mm	线装药密度 /(kg/m)	超深 /m	炸药单耗 /(kg/m³)
海钻202	165	3.0	3.0	145	9.5	4.0	2.1
海钻204	115	2.5	2.0	95	5.0	3.5	2.0

（2）施工方法及程序如下：

1）船机设备改造。为了确保深水下管沟爆破成功，对原有船机设备进行了改造：①为确保漂浮作业的稳定性，增加了大吨位锚机；②为降低涌浪对钻孔的影响，在钻机上增加了防涌浪装置；③为提高抗水流能力，将钻孔套管壁厚由原先8mm增至12mm。

2）定位：采用GPS三点测量法。

3）钻孔：加大超深量，钻孔直径为165mm的超深由以往的2.5～3.0m增加到4.0m；钻孔直径为115mm的超深则由以往的2.0～2.5m增加到3.5m。

4）联网：孔内采用MS1～MS6段雷管，采用掏槽爆破法，合理安排起爆顺序，如图6.4-2所示。

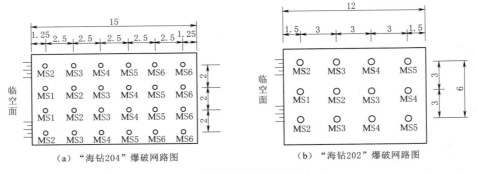

（a）"海钻204"爆破网路图　　　　　（b）"海钻202"爆破网路图

图6.4-2 爆破网路图（单位：m）

4．爆破效果

从清渣效果来分析：爆破块度最长边不超过0.4m，破碎效果较好；岩层厚度小于8m的管沟部位，都一次性清挖到设计标高；但岩层厚度超过8m的管沟部位，存在浅点，主要是边坡位置附近达不到设计标高。后对浅点部位进行了补爆，从补爆的钻孔情况来看，补爆部位基本上是虚渣，且虚渣厚度达2.0～3.5m，再次清挖后，全部达到设计标高。

总的来看，爆破效果比较理想，但对于线型管沟槽爆破工程，所选用的清礁船只性能不理想，抓斗为梅花斗，容积为 4m³，斗重 13t，开口 4.7m，不是重型抓斗，且开口较大。在流速较大时容易产生漂斗，定位误差较大，有挖偏现象，对于底宽只有 6m 的沟槽，容易发生倒斗。在岩层较厚的部位，爆破后的下部爆渣还是比较密实的，如果上层没有清挖好，下部岩层根本无法清挖。

6.4.8.3 深水区水下岩坎爆破

辽宁省某引水工程取水口位于辽宁省本溪市桓仁县境内的桓仁水库，桓仁水库正常蓄水位为 300.00m，取水口位于水库岸边的小冲沟内，预留岩坎段位于闸门竖井前，长 123m，底宽 12m，底高程为 261.00~263.00m。

1. 工程特点

（1）钻孔难度大。岩坎爆破拆除方量大，水下爆破钻孔密而多，深水定位、钻孔施工难度大。

（2）爆破块度要求高，水下出渣难度大。水下清渣对爆破块度要求较严，由于大型船舶无法到达水库施工现场，只能采用自制抓渣船清挖出渣，效率低，开挖难度大，成本高。

（3）爆破器材抗水性能要求高。爆破作业水深为 35~40m，对炸药、起爆器材的抗水、抗压性能要求高。

（4）施工环境复杂。爆区距离建筑物近，降低爆破对建筑物的影响难度大。岩坎水下拆除爆区距离最近建筑物仅 20m，爆破时需要严格控制最大单段药量。

2. 爆破方案

（1）钻爆设备。钻孔船采用现场拼装，尺寸为 18m×8.5m×1.5m，采用船上布置的 1 台 XY-4 全液压航道潜孔钻钻孔，如图 6.4-3 所示。钻孔采用孔口下套管钻进，设计孔径为 120mm，再插入外径为 110mm、内径为 90mm 的特制 PVC 套，沿 PVC 管装入药径为 75mm 的炸药，一次钻爆面积约为 160m²。

（a）全景图　　　　　　　　　　　　（b）局部图

图 6.4-3　钻爆设备

（2）爆渣清运设备。水下挖渣采用抓斗挖渣船、脱底运渣船进行挖渣和出渣。挖渣船采用钢制浮箱拼装平台，规格型号：24m×12m×1.5m，根据挖渣效率及水深，在挖渣平台上安装 1 台自重 30t、斗容 4m³ 抓斗履带吊，挖渣效率 350m³/d。运渣船尺寸 12m×10.5m×1.5m，装渣容量 50m³，采用脱底式卸渣，如图 6.4-4 所示。

（a）全景图　　　　　　　　　　　　　　　　（b）局部图

图 6.4-4　爆渣清运设备

（3）爆破器材。炸药采用 ϕ75mm 震源药柱型乳化炸药（密度 1.10~1.15g/cm³、爆速不小于 4500m/s、猛度为 12~16mm、殉爆距离不小于 7.5cm、作功能力不小于 320mL），塑料壳防水包装，为确保炸药在深水中稳定起爆、传爆，在雷管起爆处增加了高能起爆具；雷管采用高强度、高精度、防水导爆管雷管。

（4）炸药单耗。根据本工程特点、4m³ 抓斗式挖泥船清渣对爆破块度的要求，水下爆破炸药单耗确定为 $q=1.6~2.0$kg/m³。

（5）孔距、排距及超深。钻孔孔距为 2.0m，排距为 1.5~1.8m，超深为 2.0m。

（6）装药结构。钻孔内采用连续装药。孔深小于 10m 的装 2 发雷管，雷管分别放置在总装药长度的 1/4 和 3/4 处；孔深大于 10m 装 3 发雷管，雷管分别放置在总装药长度的 1/4、1/2 和 3/4 处。

（7）起爆网路。孔内采用分段雷管入孔，孔外采用 1 段非电导爆管雷管联网。

3. 方案实施

（1）爆破参数。根据工程岩体特性及钻爆船规格性能，确定每次爆破的面积。每船设计爆破面积可根据现场实际情况灵活调整，每个船位布置 6~8 排孔，每排布置 7 个孔，每钻完一排炮孔，进行水上施工平台的移位，然后重新定位，以减小定位误差带来的影响。爆破参数见表 6.4-10。

表 6.4-10   爆 破 参 数 表

孔径 /mm	孔距 /m	排距 /m	孔深 /m	单孔装药量 /kg	线装药密度 /(kg/m)	超深 /m	炸药单耗 /(kg/m³)
120	2.0	1.5	3.0~10.0	12.0~40.5	4.2	2.0	1.6

（2）施工方法及程序。

1）岩坎拆除采用分区爆破，爆破拆除工艺流程：施工准备→水下测量→钻孔船及钻机定位、水下钻孔→装药、联网、起爆→盲炮检查→水下挖渣、清运。

2）定位：钻爆平台定位采用 2 台 RTK-DGPS 全球定位系统；前后 4 根缆绳固定在取水口两侧边坡，成八字形，平台通过绞锚完成移动。

3）钻孔：全液压航道潜孔钻钻孔，在套管内进行钻孔。孔深根据施工水位、爆破底标高及下至岩面的钻杆长度确定，即孔深＝水位高程－爆破底标高－岩面水深。

4）联网：岩坎分区钻孔结束，在船上将炸药及导爆管绑成药柱，由潜水员配合，把绑好的药柱放入孔内，将导爆管尾线引至船上，逐一编号（见图 6.4-5），并按爆破设计进行检查、连线及起爆。孔内采用 MS2~MS14 段雷管，采用孔内毫秒延期起爆网路，合理安排起爆顺序，如图 6.4-6 所示。

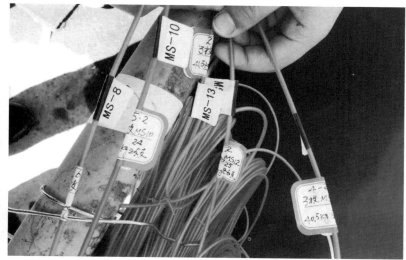

图 6.4-5　药柱绑扎及雷管脚线编号

4. 爆破效果

起爆后，先出现水冢及水柱现象，几秒钟后水面开始冒泡及鼓水，根据这些爆破宏观效应可初步判断炸药正常爆轰。后期清渣过程中未见拒爆的炸药，爆破块度合理，表明本次爆破效果良好。

从清渣效果来分析：爆破块度最长边不超过 0.5m，破碎效果较好；岩层厚度小于 8m 的部位，都一次性清挖到设计标高。总的来看，爆破效果比较理想。

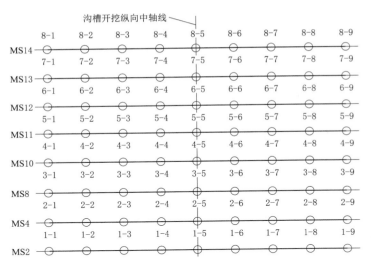

图6.4-6　爆破网路图

6.5　软基处理水下爆破

爆炸法处理水下淤泥质软基技术由中国科学院力学研究所和连云港建港指挥部等单位于20世纪80年代共同研究开发完成，该项技术包含的施工方法种类繁多，根据作用原理不同，施工工艺及机具不同以及炸药单耗使用量的不同可以分为"爆炸挤淤填石法""堤下爆炸挤淤法""控制加载爆炸挤淤置换法"和"水下淤泥质软地基爆炸定向滑移处理法"等。

6.5.1　爆炸挤淤填石法

6.5.1.1　基本原理

爆炸挤淤填石法是利用炸药爆炸能量将淤泥软土换填成块石或砾石的置换方法。爆炸挤淤填石法基本原理：在抛石体外缘一定距离和深度的淤泥质软基中投放炸药包群，利用炸药爆炸能量，将淤泥向周围挤压，并向上抛掷形成爆炸空腔，抛石体在爆炸空腔负压、重力作用下，坍塌、充填空腔形成"石舌"，瞬间实现泥石置换。

6.5.1.2　工艺特点

（1）简便快捷。水下爆炸挤淤填石法工艺简单，不需要大型施工机具和船舶，施工速度快。

（2）受气候影响小。施工作业主要在陆上进行，受风浪影响小。

（3）石料要求不高。对石料块度及强度要求不高，含土砂量小于10%即可。

（4）淤泥反压。堤脚两侧淤泥的反压力，有利于堤身的稳定。

（5）振动密实。后续爆炸挤淤施工产生的震动对已形成的堤段能起到连续密实作用，爆破处理后的堤身密实度高，后期沉降量小。

（6）爆破次生危害不可避免。水下爆炸产生的水击波、振动等有害效应不容忽视。

（7）后期清理工作量大。爆后内外侧淤泥包的清理及堤身消坡工作量大等。

（8）适用范围广。可处理不同厚度、不同性质的各类淤泥质软基；爆炸挤淤填石法的置换表层淤泥厚度为 4～12m。

6.5.1.3 爆破方案

1. 爆破器材

水下爆炸处理软基施工宜选用乳化炸药或硝铵类炸药，当选用硝铵类炸药时必须做好防水处理。

水下传爆、引爆器材宜采用导爆索或导爆管等非电爆破器材；起爆宜采用同厂、同批号瞬发或延期电雷管。随着工业电子雷管的推广应用，也可采用抗水性能好的工业电子雷管。

2. 爆破参数

（1）一次爆破药量。爆炸挤淤筑堤药量计算方法与采用的不同施工方法密切相关，爆炸定向滑移处理法的药量按式（6.5-1）计算：

$$Q_l = q_0 L_H H_m L_L \qquad (6.5-1)$$

式中　Q_l——一次爆破药量，kg；

　　　q_0——爆除单位体积淤泥的炸药量，kg/m^3；

　　　L_H——一次爆破推填的水平距离，m；

　　　H_m——置换淤泥层厚度，包含淤泥包隆起高度，m；

　　　L_L——布药线宽度，m。

炸药单耗 q_0 与淤泥物理力学指标、淤泥层厚度、覆盖水深、堤身断面形式等因素有关，可按表 6.5-1 选取。

表 6.5-1　　　　　　爆破挤淤填石炸药单耗建议值　　　　　　单位：kg/m^3

淤泥厚度/m		0～4	4～12	12～20	>20
Ⅰ类软基	$H_m/H_s \leq 1.0$	—	0.24	0.30	0.36
	$H_m/H_s > 1.0$	0.20	0.30	0.36	0.48
Ⅱ类软基	$H_m/H_s \leq 1.0$	0.24	0.36	0.48	0.60
	$H_m/H_s > 1.0$	0.30	0.48	0.60	0.72

注　1. Ⅰ类软基指的是含水量在 55% 以上的淤泥，Ⅱ类软基指的是除Ⅰ类之外的其他软基，包括淤泥质土、淤泥质粉质黏土及含有砂层等其他相的复杂土体。

　　2. H_s 为泥面以上的填石厚度，m。

（2）循环进尺 L_H。根据水深、泥厚条件、装药工艺及施工工期要求确定，一般取 4.0～8.0m。

（3）布药线宽度 L_L。根据设计断面落底宽度及堤身下部抛石宽度确定。

（4）单药包重量 Q_d。一般取 20～60kg，淤泥厚度大时取大值，反之取小值。

（5）药包间距 a。药包间距根据布药线宽度及药包个数确定，一般应为 2.0～5.0m。

（6）药包埋深 H_y。药包埋深计算见式（6.5-2），折算淤泥厚度计算见式（6.5-3）。

$$H_y = 0.5 H_{mw} \qquad (6.5-2)$$

$$H_{mw} = H_m + (\gamma_w / \gamma_m) H_w \qquad (6.5-3)$$

式中 H_y——药包埋深，m；

       H_{mw}——计入覆盖水深的折算淤泥厚度，m；

       H_m——置换淤泥层厚度，包含淤泥包隆起高度，m；

       H_w——覆盖水深，即泥面以上的水深，m；

       γ_w——水密度，kg/m³；

       γ_m——淤泥密度，kg/m³。

3. 起爆网路

爆炸挤淤起爆网路多采用导爆索网路、导爆管网路或两者的混合网路。

首先用导爆索加工成起爆体，放入药包中；然后用导爆索或导爆管引出水面，构成了导爆索网路或导爆管网路。

6.5.1.4 施工工艺

（1）装药方式。爆炸挤淤需将炸药放置到设计位置，如淤泥中一定深度处或淤泥表面。常规装药方式有四种，如图6.5-1所示。

（a）履带式挖掘机直插式装药

（b）振冲式装药

（c）吊架式装药

（d）布药船装药

图6.5-1 常规装药方式

1）直插式装药，由普通履带式长臂挖掘机改装而成，适用于4～20m厚的淤泥环境，可于陆地实现水下装药，不受风浪影响，一次循环作业时间为1.0～1.5h。

2）振冲式装药，由一台振动锤和一套装药器构成。装药器是由多节无缝钢管对接而成，上部钢管留有一个装药窗口，钢管的底部安装了一个由细钢丝绳控制开启与闭合的仓门；将装药器连接到振动锤底部，即构成一套完整的振冲式装药装备。

3）吊架式装药，起重机配合装药吊架，用于泥石交界面上的装药。适用于覆盖水深、5～10m厚的淤泥环境，可于陆地实现水下装药，不受风浪影响，一次循环作业时间约1.0h。

4）船式装药，通常用于无法进行陆上装药的特殊情况，如爆夯、水抛石爆破挤淤等。适用于10～30m厚的淤泥环境，水上装药，受风浪影响大，一次循环作业时间较长。

（2）起爆网路连接。将每一个药包用导爆索串联到主导爆索上，最后将主导爆索拉上岸，警戒后进入起爆环节，用电雷管或非电雷管连接起爆。

（3）盲炮处理。根据爆破飞散物、爆后现场检查以及爆破过程摄像资料分析，判定是否发生盲炮或拒爆。对于不同盲炮或拒爆原因，选择不同的处理方法，如网路原因产生的拒爆，故障排除后，经检查合格，可再重新连线起爆；如个别药包发生拒爆，可采用诱爆法进行处理。

6.5.2 爆炸夯实

6.5.2.1 基本原理

爆炸夯实是在水下布置悬浮或贴面药包，利用炸药爆炸产生的高温高压气体、水中冲击波、爆破振动等效应，使水下地基或基础得到密实的方法。

爆炸夯实的原理是设计药包按照一定的网格参数，布置在块石基床的表面或悬浮在其上部，药包在一定覆盖水深条件下起爆，爆炸产生的高温、高压气体，在水中产生冲击波和气泡脉动，使抛石体石块之间发生位移，空隙率减小，基床抛石体被压实；抛石基床在爆破地震波的震动作用下，使原有的松散稳定结构遭到破坏，石块产生挤压、滑动、错位，抛石体重新排列组合，密度增大。

6.5.2.2 爆破参数

（1）单药包药量 Q 按式（6.5-4）计算：

$$Q = q_0 abH\eta/n \tag{6.5-4}$$

式中　Q——单药包药量，kg；

q_0——爆破夯实炸药单耗，kg/m^3，一般为4.0～5.5kg/m^3，较松散石体取大值，较密实石体取小值；

a、b——药包间距、排距，m，对块石 $a = 2～5m$，对砂性土 $a = 5～10m$；

H——爆破夯实前石层平均厚度，m；

η——夯实率，%，没有预压密的石体可取10%～20%，预压密过的石体可作适当折减；

n——爆破夯实遍数，对没有前期预压密的取 $3\sim4$ 遍，对前期有预压密的取 $2\sim3$ 遍。

（2）药包间距、排距：间、排距可取 $2\sim5m$，宜取正方形网格布置，当压密层厚度大时取大值，反之取小值。

（3）药包悬高 h_2 应满足式（6.5-5）要求：

$$h_2\leqslant(0.35\sim0.50)Q^{1/3} \tag{6.5-5}$$

式中 h_2——药包悬高，即爆破夯实药包中心在石面以上的垂直距离，m；

Q——单药包药量，kg。

（4）在平面上分区段爆破夯实时，相邻区段布药应搭接一排药包。

爆夯效果与单个药包重量、药包分布密度、药包悬浮高度、爆夯遍数、基础厚度、块石级配、地基持力层土质及基槽边坡土质等因素有关。分层夯实厚度不宜大于 $12m$。

6.5.2.3 施工工艺

（1）施工准备：对抛石基床开挖深度、尺寸是否满足设计要求进行验收与复测。

（2）药包制作：按爆破设计进行药包加工，每个药包应配置浮漂和配重。

（3）布药与联网：船上布药时，将一排药包同步放入水中，并通过 GPS 定位调整药包位置，移船至下一排进行布药，连接每排药包的支线导爆索，并连接到主干导爆索，主干线导爆索一般采用双股。

（4）警戒与起爆。布药完成后，进行安全警戒，一切就绪后起爆；起爆完成后，进行安全检查，一切正常后再解除警报。

6.5.3 软土地基水下爆破典型实例

6.5.3.1 深圳前湾填堤围堰工程爆破挤淤技术

1. 工程特点

深圳前湾填堤围堰工程位于深圳市南山区前海片区，填堤围堰处的淤泥为欠固结状态，处于流塑状，天然含水量平均值为 91%，平均厚度为 $8\sim12m$，最深为 $15m$，持力层主要为黏土和砾砂层。

采用爆破抛石挤淤法形成的围堰工程设计顶标高为 $4.50\sim6.00m$，堤顶宽为 $15\sim20m$，堤身设计坡度为 $1:1.5\sim1:2.0$，围堰内侧设置防渗倒滤层结构。爆破挤淤的平均厚度为 $8\sim12m$，最深为 $15m$。

2. 爆破设计参数

根据式（6.5-1）~式（6.5-3），并参照类似工程经验和试验，得到爆破挤淤参数如下：

（1）药量：单药包为 $30kg$；布药宽 $28\sim40m$。

（2）布药位置：距离石与泥交界线 $1.5\sim2.0m$，埋药孔距为 $1.8\sim2.5m$。

（3）埋药深度 $(0.5\sim0.8)H_m$（H_m 为处理淤泥层厚度），即 $5\sim12m$，起爆水深为 $0\sim2.0m$；循环推进量为 $6\sim7m$；超抛高度为 $1.5\sim2.0m$。

3. 施工工艺

（1）药包配重制作。在爆破施工前，将药包配重（水泥坨或沙袋）预先制作完成。

（2）药包制作。将称量好的炸药装到塑料编织袋内，导爆索的一端做成起爆头，插入炸药内部，用细麻绳捆扎袋口，导爆索的另一端用塑料防水胶布包扎。

（3）装药设备。装药机是用 CAT320B 挖机改装而成。CAT320B 的臂长为 8.6m，在其顶部加设 3.5m 的长臂，长臂下横梁长 2.5m，插药器杆长 11m，则它的水平距离可达到 7.0～7.5m，垂直深度可达到 12～15m。

（4）装药工艺。挖掘机行至指定位置，提起装药器打开底门，将药包送入药室后关门。然后向设计的布药孔位置水平旋转装药器，至设计孔位后，伸臂向下旋转，通过钻杆向装药器施加压力，通过装药机上标尺控制药包深度，当药包埋设至设计深度后打开底门，提起装药器进行下一循环作业。

（5）起爆。爆破挤淤的起爆网路比较简单，各药包之间用导爆索串联，然后用电雷管引爆导爆索，采用齐发爆破或延时爆破方法进行起爆。

4．爆破效果

尽管挤淤厚度超过了 12m，难度较大，但在施工中制定严格的爆破挤淤施工工艺，选择适宜的爆破器材，精心设计挤淤参数和药包结构，并采用机械布设药包和导爆索电雷管起爆网路，最后达到了理想的爆破挤淤效果。

爆破参数和抛填参数是爆破挤淤施工中相互关联相互制约的两个重要参数。根据各断面形式和淤泥厚度的不同，采用不同的爆破参数及抛填参数，并根据施工的具体情况进行调整。

经验总结：①堤头高度是爆破挤淤施工的重中之重，为了保证爆破挤淤达到预期的效果，堤头抛填石的高度应比成形堤身高 1.5～2.0m，长度为 3～4m；②抛填时采用一次成形；③抛填时推土机作业应一直采用缓坡向上推的原则进行。

6.5.3.2 爆夯法处理水下抛石基床在曹妃甸的应用

1．工程特点

唐山港曹妃甸港区通用码头工程位于河北省唐山市滦南县境内渤海湾北部曹妃甸岛。码头轴线长度共计 1336.98m，采用重力式沉箱结构，码头前沿顶高程 4.8m（曹妃甸理论最低潮面），码头前底标高 −15.00m（预留至 −15.50m），码头水工结构按 10 万 t 级设计。预制沉箱尺寸为 17.95m×17.28m×17.5m（长×宽×高），单个重量 2300t，共计 78 个沉箱。

抛石基床厚度为 8m，底标高 −23.50m，顶标高 −15.50m，沉箱安装后顶标高 +2.0m。基床基底土质为粉质黏土。采用爆夯法处理的基床抛石量为 35.4 万 m^3，使用炸药近 100t。

2．爆夯设计

（1）爆夯分层。基床厚 8m，采用一次抛填到顶、一次爆夯密实基床的工艺。

（2）炸药选择。选择 2 号岩石乳化炸药，采用塑料导爆索和电雷管引爆。

（3）参数设计。按式（6.5−4）进行单个药包重量的计算，综合考虑该工程基床厚度、上覆水深等爆夯条件，爆夯炸药单耗取 4.0kg/m^3。曹妃甸码头水下抛石基床爆夯参数设计见表 6.5−2。

3．施工工艺

爆夯施工流程如图 6.5−2 所示。

表 6.5-2　　　　　　　　　曹妃甸码头水下抛石基床爆夯参数设计

基 床 参 数				药包布置参数						炸药参数	
基床顶宽/m	石层厚度/m	夯实率/%	爆夯遍数	药包间距/m	药包排距/m	药包悬浮高度/m	布药宽度/m	每排药包/个	每段爆夯长度/m	单药包重量/kg	一次最大布药量/kg
22.3	8.0	15	3	3.0	5.0	0.8	15	6	60	24	1872

注　药包间距为基床横断面上布置的药包之间的距离；药包排距为沿码头轴线布置的药包之间的距离。

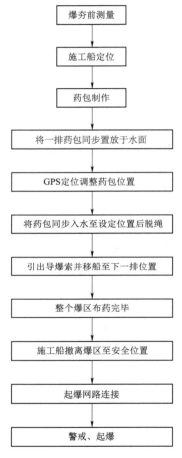

图 6.5-2　爆夯施工流程图

药包制作：将设计炸药量装入编织袋，并将导爆索从编织袋的一侧抽出，用绳子扎紧编织袋口，药包制作完毕。

布药：布药船定位后，在船舷一侧按设计药包间距标出布药点，药包上的导爆索与导爆管雷管连接，然后将药包与配重连接，配重采用编织袋装粗砂；将一排药包投入水下基床的顶面；一排药包布设完毕后，将全部导爆管并联；用延时雷管将每组导爆管连接，由一根主起爆管引线将全部延时雷管分别依次连接，准备实施爆夯。爆夯布药平面布置如图

6.5-3 所示，基床及布药横断面如图 6.5-4 所示。

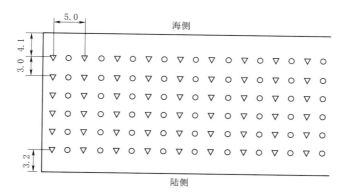

图 6.5-3 爆夯布药平面布置图（单位：m）

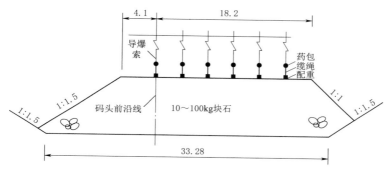

图 6.5-4 基床及布药横断面图（单位：m）

图 6.5-3 中，三角代表第一遍和第三遍爆夯药包位置，圆圈代表第二遍爆夯药包位置；药包间距 3.0m，排距 5.0m。

4. 爆夯效果

（1）采用爆夯工艺，夯沉率大多在 13％以上，因此基础更加密实，有利于降低地基和基础残余沉降。

（2）采用爆夯工艺，进度可较传统锤夯工艺提高 61.67％。

（3）沉箱安装完成后对沉箱的沉降情况进行了跟踪观测、统计和及时分析，沉降最大值为 122mm，最小值为 28mm，平均沉降量 82mm。

经验总结：①实践证明，个别地段采用增加爆夯遍数来增加夯实率的办法并不见效，增加的一遍爆夯甚至出现使部分基床顶标高测点变高的现象。不宜制定较高的夯实率作为刚性指标控制，宜确定为不小于某一值或指定范围，并辅以选点复夯验收。②在确保周围建筑物安全的情况下，如采用毫秒延期起爆，则一次起爆药量应尽可能大，以保证爆夯效果。③药包采取一定的计算悬高，有利于保证爆夯效果。④爆夯完成后、基床整平前，采用对基床重锤满夯一遍，有利于基床表层块石的密实，尤其对比较高大的沉箱安装有利。

参 考 文 献

[1] 吴金仓，孙健，刘佳政，等. 复杂海况条件下水下深孔控制炸礁技术 [J]. 工程爆破，2006，12 (1)：66-70.

[2] 张永卿. 深水中深孔炸礁爆破的实践 [J]. 爆破，2005，22 (1)：83-84.

[3] 汪旭光，郑炳旭，张正忠，等. 爆破手册 [M]. 北京：冶金工业出版社，2010.

[4] 汪旭光，等. 爆破设计与施工 [M]. 北京：冶金工业出版社，2014.

[5] 吴金仓. 深水海底沟槽爆破开挖技术 [J]. 工程爆破，2010，59 (4)：44-46.

[6] 向建军，欧正保. 厚层淤泥的爆破挤淤技术 [J]. 工程爆破，2007，14 (2)：36-38.

[7] 解占强，张金柱，李小民，等. 爆夯法处理水下抛石基床在曹妃甸的应用 [J]. 水运工程，2011 (3)：154-158.

第 7 章 水下岩塞爆破

CHAPTER ❼

7.1 水下岩塞爆破概述

7.1.1 基本概念

为了增加水库的调蓄能力、放空水库多蓄洪水、提高水头扩机发电及保证城市供水等，需要对部分水库或天然湖泊增建水工隧洞进行二次开发，这些增建的水工隧洞进口常位于水面以下数十米甚至百米深处。增建水工隧洞的进水口时，避免降低库水位及在深水中建造围堰，先完成后部的工程（包括隧洞开挖、混凝土衬砌和金属结构及埋件安装），仅在进口预留下一块岩体（体型类似瓶塞子），在隧洞口进行预留岩塞体一次性爆破炸除实现贯通的特殊水下控制爆破工程称为水下岩塞爆破。

岩塞爆破具有不受水位消涨和季节条件的影响，可省去工期长、成本高的围堰工程，施工与水库的正常运行互不干扰等优点。尤其适合在界河流域上不允许修建围堰进行增建水工隧洞的工程。

随着国民生产需水总量的日益增长，岩塞爆破可应用于水资源开发利用、水利水电工程、病险库加固、城市及乡镇供水、防洪抗旱减灾、生态环保等多个领域。随着我国水下岩塞爆破技术的不断发展，岩塞爆破技术在引水、发电（已有电站扩机）、火电厂或核电站取水、灌溉、调水、调沙、放空水库、防洪泄洪、工农业供水、城市供水、应急抢险、湖泊连通、海底取水、航运及鱼道进口等技术领域均有较好的应用，近年来呈现出越来越普及的趋势。

7.1.2 水下岩塞爆破分类

水下岩塞爆破可按爆破装药方式、爆破岩渣处理方式以及爆破模式进行分类。

（1）按爆破装药方式，可分为集中药室爆破、排孔（钻孔）爆破和集中药室与排孔相结合的组合爆破三类。

集中药室爆破是在岩塞体内部开挖一个大药室或多个小药室，放置集中药包或条形药包进行爆破，一般用于断面较大的岩塞，如国外的休德巴斯及我国的丰满、清河、镜泊湖、刘家峡等工程均采用了这种方式。排孔爆破是在岩塞掌子面布置较为密集的炮孔，中心布置掏槽孔，周围布置扩大孔，岩塞周边布置光面爆破孔或预裂爆破孔，炮孔中装药进行爆破，早期一般用于断面较小的岩塞，如国外的阿斯卡拉、雪湖以及我国的香山、密云等工程均采用这种爆破方式。但随着国内水下岩塞爆破技术的发展及钻孔技术的进步，近年来逐渐应用于大直径的水下岩塞爆破，如我国的某水电站改造工程进水口岩塞爆破工程、某输水工程进水口岩塞爆破工程。集中药室与钻孔两者结合的爆破是综合了药室爆破、排孔爆破的特点，一般是在岩塞体中间开挖药室，在岩塞周边布置一圈预裂或光爆孔，也有在岩塞体靠近水面的前部布置集中药室，在掌子面药室后部的岩塞体内部布置各类钻孔，进行装药爆破，这种相结合的爆破方法，以集中药室药包为主，确保"爆通"，钻孔爆破为辅，保障"成型"，如国外的意大利列地岩塞爆破和我国的汾河岩塞爆破、响洪甸水电站岩塞爆破等。

（2）按爆破石渣的处置方式，可分为集渣和泄渣两类。集渣型岩塞爆破是在岩塞后部预先挖好集渣坑，使爆破的岩渣聚集在其中，保证在正常运行时这些岩渣不被水流带走，如图 7.1-1 所示。国外的岩塞爆破几乎都采用集渣方式，有单坑集渣和双坑集渣之别。国内的几个工程，从清河"211"工程取水口岩塞爆破开始，也多为集渣方式。集渣坑分为梯形、靴形等，或集渣坑与平洞相结合的形式。后来，发展了泄渣型岩塞爆破，即爆破的石渣借水流将其排至下游河床中去，如图 7.1-2 所示。泄渣方式，如果对隧洞混凝土衬砌面磨损轻微，又不破坏门槽的埋件，不影响将来的运行，并对发电的尾水位不起抬高作用，早期确实是一个很好的设计方案，特别适用于中小型水库工程。我国的玉山、香山、密云等工程均采用了泄渣型岩塞爆破。值得一提的是，泄渣必定对下游环境产生一定的影响，应慎重采用。

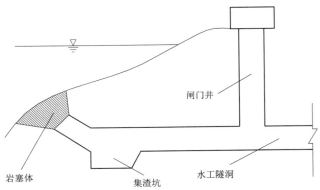

图 7.1-1 集渣型岩塞爆破

（3）按爆破模式，可分为开敞式和封闭式两类。开敞式是在岩塞爆破时，与大气直接连通，封闭式是岩塞爆破时，与大气隔绝。开敞式岩塞爆破模式一是采用泄渣爆破，使岩塞爆破时直接与大气连通；二是在闸门井下游隧洞中设置临时堵头，以便岩塞爆破时通过闸门井与大气连通。在开敞式岩塞爆破模式中，为防止爆破石碴随水流被推移到闸门位置，在爆破前对进口段隧洞进行适当的充水是非常必要的，同时，为防止岩塞爆破时将洞内的充水推出闸门井的顶部并威胁闸门操作室的安全，充水的高度应通过水工模型试验确定。封闭式岩塞爆破模式是利用闸门（设在闸门井上游侧）将进口段隧洞与大气压完全隔

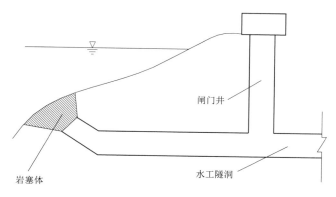

图 7.1 - 2 泄渣型岩塞爆破

开，这种模式要求在岩塞和闸门之间具有较长的距离，以防岩塞爆破所产生的最大压力损坏闸门及临近建（构）筑物。另外，在采用封闭式岩塞爆破模式时，应在设计阶段进行大量水工模型试验。据统计，我国实施的岩塞爆破大多采用开敞式岩塞爆破模式。

7.1.3 水下岩塞爆破基本技术要求

首先，要求做到岩塞爆破一次爆通。一旦未一次爆破成功，需要的补救处理措施是相当复杂、难度极大的，势必会给工程的建设工期、投资带来重大影响，甚至影响工程未来的运行和效益。因此，确保一次爆通是水下岩塞爆破的最根本要求。挪威斯科尔格湖水下岩塞爆破，由于未能一次爆通而被迫进行了 7 次补救爆破和大量的潜水作业。同时，国内外水下岩塞爆破工程实践表明，只要查明岩塞部位的地形、地质条件，查明岩面线、岩石构造、节理裂隙及岩石渗漏情况，选择合理的岩塞爆破参数，确定正确的爆破方案，完全可以一次爆通。

其次，要求爆破后的岩塞口成型优良，既要使进水口具有良好的水力学条件又要保证满足设计断面尺寸的要求，从而满足隧洞设计过流等综合利用功能要求。同时还应保证岩塞口长期运行的安全性、稳定性，以及岩塞口周边岩壁、进口边坡和附近的岸坡岩体不存在坍塌或滑坡的风险与隐患。

再次，爆破时确保周边已有建筑物的安全和稳定。在岩塞口附近常有大坝、发电厂房、引水隧洞、闸门、边坡及供水管线等水工建筑物，同时有房屋、道路、桥梁及码头等民用或公共建筑。爆破会对周边现有建筑物产生一定的振动、冲击波等影响。应就岩塞爆破对建筑物的影响程度进行专题论证和试验研究，通过采取合理的爆破方案，以及必要的技术和安全防护措施，以确保所有建筑物在爆破时的安全。可见如何控制最大单段药量、确定合理的爆破振动和冲击波等安全允许标准、确保爆破不对周围保护物造成破坏，同时确保岩塞一次爆通是水下岩塞爆破设计的关键。

最后，要保证岩塞爆破的岩渣集渣、泄渣基本可控。根据选择的爆破岩渣处理方案，采用集渣方案时要确保集渣效果；采用泄渣方案时，要确保爆破岩渣顺利冲至隧洞出口以外；对于采用集渣和泄渣相结合的方案时，应保证爆后岩渣达到设计预计的集渣、泄渣效果。总之，要保证爆后岩渣不对闸门带来影响而导致闸门无法正常启闭，或者对隧洞造成堵塞或局部堵塞，从而影响工程正常运行。

以上要求归纳起来就是：一次爆通、成型优良、爆破安全、岩渣可控，即"爆通、成型、安全"。

7.1.4　水下岩塞爆破地形测量和地质勘察要求

要保证水下岩塞爆破安全、爆通成型、爆后运行稳定，必须结合岩塞爆破技术的特点，选择地形地貌、地质条件有利的位置。岩性单一，无较大的断层破碎带，岩石完整性好，风化较轻，岩石透水性小的地段更有利于岩塞爆破。应查明洞脸边坡、覆盖层、岩塞、集渣坑等部位的地质条件，并获取相应部位的岩土物理力学参数。

7.1.4.1　水下地形测量要求

水下地形图的测量精度是关系到岩塞爆破成败的主要因素之一，岩塞表部地形的起伏与基岩面的平整情况对岩塞爆破影响很大，高精度水下地形图可以为设计人员确定岩塞体的厚度、倾角、预裂孔深度、药室位置、药量、爆渣抛出的方向及各种爆破参数的选择提供可靠的依据。因此，对岩塞口的水下地形测量工作提出较高的精度要求，要求测图比例尺不应低于 1∶100，但洞口以外比例尺可适当放大。水下地形图的测量范围一般是以岩塞口为中心，沿岩塞轴线方向向上测至坡顶或闸门井，向下测至坡底或不小于 1 倍洞径，沿垂直轴线方向不应小于 10 倍洞径。有覆盖层的岩塞口应在覆盖层清理完成以后进行水下地形复测，取得基岩面地形图，比例尺精度不宜低于 1∶200。

7.1.4.2　地质勘察要求

对一些坡度较陡，地形复杂的地方，仅仅依靠水下地形图还不易搞清地形情况，应利用钻孔以了解岩塞地质和岩石覆盖情况，同时，在爆破实施前还须进行补充修正测量。勘察范围一般是岩塞口为中心，沿岩塞轴线方向向上测至坡顶或闸门井，向下测至坡底或不小于 1 倍洞径，沿垂直轴线方向不应小于 5 倍洞径。

岩塞进口段勘察测绘范围，必要时可适当扩大，以满足设计人员对岩塞位置进行调整的要求。岩塞口部位地质条件简单时钻孔间距一般为 10～15m，地质条件复杂时应进行加密。岩塞口中心、集渣坑均应布置钻孔，孔深应进入底板以下 10～15m。岩塞体应布置由内向外辐射勘探孔，孔数不应少于 5 个。

洞脸边坡地质条件复杂时，宜选用探洞查明边坡岩性、风化界限、地质构造等地质条件。辐射孔的布置主要为复核岩面线，进一步查明岩塞体地质构造情况，岩体透水性，检测岩塞体灌浆效果，为岩塞爆破提供技术支撑。

7.1.5　国内外部分水下岩塞爆破工程简况

岩塞爆破为国外首创。据报道，实施岩塞爆破最多的国家是挪威，已进行了 500 多例。我国从 1971 年在清河"211"工程取水口采用之后，已实施了近 30 个工程。其兴建目的不甚相同，有引水发电、灌溉与泄洪的，也有专为放空水库的。国内外岩塞爆破工程爆破时作用水头不等，低者数米，高者达到 119.00m。从地质岩性而论，在火成岩、沉积岩和变质岩中均进行过成功的爆破。岩塞的几何尺寸，就厚度（H）与直径（D）之比，有的小于 1.0，有的大于 2.0。爆破方法，有的采用洞室或条形药包集中爆破的；有的采用钻孔（深孔或炮孔）装药爆破的；有的是洞室和钻孔装药相结合的。为了使岩塞爆破的周边轮廓较好，一般都采用了控制爆破技术（包括提前于主药包起爆的预裂爆破或滞后于主药包的光面爆破）。随着钻孔机械的改进，国内目前实施的岩塞爆破多采用深孔排孔爆破。国内外部分水下岩塞爆破工程简况见表7.1-1。

表7.1-1 国内外部分水下岩塞爆破工程简况

序号	工程名称	国家	兴建目的	爆破时间	爆破水深/m	岩塞尺寸/m 直径	厚度	爆破方式
1	清河水库	中国	火电厂引水	1971年7月	24	6.0	7.5	集中药室
2	玉山县"七一"水库	中国	灌溉发电	1972年11月	18	3.5	4.2	集中药室与排孔结合
3	镜泊湖水库	中国	发电	1975年11月	23	8（短轴）×9（长轴）	8	单层集中药室
4	香山水库	中国	泄洪	1979年1月	24.1	3.5	4.52	排孔
5	丰满水库	中国	泄水放空	1979年5月	19.8	11	15	三层集中药室
6	密云水库	中国	供水	1980年7月	34.2	5.5	5.8	排孔
7	山西太原汾河水库	中国	泄洪洞	1995年4月	7	8	9.05	集中药室与排孔结合
8	贵州印江岩口	中国	抢险	1997年4月	19	6	6.2	排孔
9	安徽响洪甸	中国	发电	1999年8月	25	9	9~13	集中药室与排孔结合
10	贵州塘寨	中国	取水	2011年5月	15	2个3.5	5	排孔
11	某水电站改造工程	中国	发电	2014年6月	50	10	12.5	排孔与中导洞结合
12	刘家峡洮河口	中国	排沙	2015年9月	50	10	12.3	集中药室
13	某输水工程	中国	引水	2018年9月	45	7.5	12.8	排孔
14	兰州水源地	中国	引水	2019年1月	29	5.5	8.5	排孔
15	弗利埃尔湾	挪威	引海水	1935年	22	1.8×1.5	5.6	排孔
16	马尔克湖	挪威	发电	1938年4月	28	2×2.2	4	排孔
17	芬尼奇湖	英国	引水	1950年9月	24.7	4.6	4.6	排孔
18	伊萨尔赖斯湖	法国	—	1953年	37	2.1	2.7	排孔
19	阿尔托斯湖	秘鲁	发电	1966年9月	35	2.1	4.1	排孔
20	雪湖引水	美国	鱼道	1939年10月	50	1.36×1.36	2.1	排孔
21	修德巴斯引水	加拿大	引水	1960年	15	18×18	21	集中药室
22	洛米引水	挪威	发电	1978年	75	4.65	4.5	排孔
23	蒂依湖引水	挪威	发电	1983年9月	50	3.18	3.0	排孔

水下岩塞爆破器材

7.2.1 爆破器材基本要求

水下岩塞爆破工序多、施工期长，从装药到最后起爆少则 3～5 天，多则 10 天左右，而爆破器材（炸药、雷管、导爆索）是放在药室或炮孔内，岩塞顶面有水作用，对于有集渣坑的充水爆破，岩塞底面也有可能被水淹没。当药室及导洞或炮孔填塞后，在长时间的渗漏水作用下，爆破器材处于潮湿或高压水中。因此，为避免出现炸药拒爆或不完全爆轰，引起爆破失败或影响爆破效果，岩塞爆破所用的爆破器材应具有良好的抗水性和稳定性，基本要求如下：

1. 炸药

在爆破时可能的最大水深条件下浸泡若干天（计划装药天数＋联网天数＋其他工作天数＋2 天）后，能在最大水深条件下被在同等条件下浸泡后的雷管可靠起爆并连续传爆，爆速为 4500～5000m/s，作功能力大于 320mL，猛度为 14～16mm，殉爆距离大于 1 倍的药径，药卷具有可靠的防水外包装。

2. 雷管

（1）导爆管雷管。单发准爆率应在 99.9％以上；在爆破时可能的最大水深条件下浸泡若干天（计划装药天数＋联网天数＋其他工作天数＋2 天）后，能在最大水深条件下可靠起爆在同等条件下浸泡后的炸药，且延时精度满足设计要求。

（2）工业电子雷管。单发准爆率应在 99.9％以上；在爆破时可能的最大水深条件下浸泡若干天（计划装药天数＋联网天数＋其他工作天数＋2 天）后，能在最大水深条件下可靠起爆在同等条件下浸泡后的炸药，且延时精度满足设计要求；延期时间应能在 10s 内现场任意设置，并通过控制器对电子雷管进行身份采集、位置编号和延期时间输入；在延期时间设定后，应能通过控制器对整个起爆网路的电子雷管位置编号、身份编码、延期时间等信息进行检查，并对可能出现的漏接、短路等情况发出提示信号，以便及时修正；一次能起爆的雷管数量满足设计要求。

3. 导爆索

在爆破时可能的最大水深条件下浸泡若干天（计划装药天数＋联网天数＋其他工作天数＋2 天）后，能在最大水深条件下被在同等条件下浸泡后的雷管（或炸药）可靠起爆并连续传爆且可靠起爆炸药。

7.2.2 爆破器材试验

岩塞爆破是整个工程的咽喉部位，其成功与否决定着整个工程的成败，一旦出现问题将会产生难以估量的生命财产损失和社会影响。因此，需要通过试验选择满足工程要求的爆破器材。

7.2.2.1 爆破器材调研选型

随着工业水平的提高，爆破器材厂家生产线的改进，会有新的产品替代，加上爆破器材的购买和运输需经公安部门审批，因此需要对满足工程要求的爆破器材进行初步调研及进行选型试验，在产品性能指标满足要求条件下，宜首选在当地供应过爆破器材的厂家及优先选择本省的产品。

7.2.2.2 爆破器材现场试验

对初步选定的爆破器材运送至工地后还应进行现场试验及性能检测。对炸药应进行抗水性试验、爆破漏斗试验、殉爆距离试验，为了解炸药的性能应进行密度、猛度、爆速的测试；对雷管应进行抗水性试验及起爆性能试验，检测雷管的准爆率和延期时间；对导爆索应进行抗水性试验及起爆、传爆性能试验。

7.2.2.3 起爆网路模拟试验

为了保证所采用的起爆网路的可靠度，爆前抽取当次爆破所用的雷管若干发，在水下浸泡后进行网路模型试验，具体操作可按 3.3.4 节实施。

7.3　水下岩塞爆破设计

随着爆破技术的发展和设计水平的提高，在岩塞爆破方案设计时，为实现精细化爆破设计的目标，可以利用三维模型确定药室、钻孔及施工导洞等相互空间关系，为精准岩塞爆破设计提供精确的药室、炮孔抵抗线、炮孔孔深等爆破基础数据，并通过建立的三维设计模型真实地反映施工引起的偏差，为设计人员提供准确的实际施工基础资料，通过合理调整装药结构、补孔等措施，确保岩塞爆破成功实施。

7.3.1　设计基本要点

岩塞爆破的设计要点：①岩塞布置：岩塞厚度一般为岩塞底部直径的 1～1.5 倍，太厚则难以一次爆通，太薄则不安全；②石渣处理方式：集渣处理、泄渣处理；③装药量计算：岩塞爆破为水下爆破，装药量计算应考虑静水压力的作用，比常规抛掷爆破药量增大 20%～30%；④岩塞爆破的方法：集中药室爆破法、排孔爆破法以及集中药室＋排孔爆破法，其中集中药室爆破法又分为集中药包爆破法和条形药包爆破法；而排孔爆破法又包括大孔径深孔爆破法和小孔径浅孔爆破法；还有就是上述方法的组合；⑤起爆顺序：中间集中药包（或掏槽爆破孔）首先起爆，扩大药包（或崩落孔爆破）随后起爆，岩塞贯通，最后周边光爆孔起爆，形成平整的周边轮廓面，也有部分工程采用周边轮廓孔首先起爆的预裂爆破方式；⑥岩塞爆破均应采用复式起爆网路，必要时采用电-非电双复式起爆网路。

7.3.2　岩塞位置与体型

7.3.2.1　岩塞位置

岩塞爆破后作为水工建筑物的进水口，过水条件良好与运行期岩体稳定是工程获取成功的必要条件。其次，岩塞口岩石覆盖层薄、便于施工、岩石地质构造较为简单、节理裂隙不甚发育、岩面平顺、岸坡在 $30°\sim60°$ 的位置上为宜，以及爆破时不影响其他水工建筑物的安全等是其选取的重要条件。

7.3.2.2 岩塞体型

1. 岩塞尺寸

岩塞尺寸应满足过水最大流量要求，并要求水的流速不大于塞口岩体抗冲刷流速。当需要泄渣时，应尽量使石渣下泄时的水流流态平缓，减轻石渣的冲刷力。满足抗冲要求时过水断面可按式（7.3-1）计算确定：

$$F = K \frac{Q}{[V]} \tag{7.3-1}$$

式中 F——过流断面，m^2；

   Q——设计最大过流量，m^3/s；

   K——裕度系数，取 $1.2 \sim 1.5$；

   $[V]$——爆破岩塞口围岩的抗冲刷流速，m/s。

抗冲流速 $[V]$ 的确定，宜通过试验选取；缺少试验数据时，可采用表 7.3-1 中数据。

表 7.3-1 　　　　　　　　　　　　**基岩的抗冲流速 $[V]$**

序号	基 岩 岩 性	抗冲流速/(m/s)
1	砾岩、泥灰岩、页岩	$2.0 \sim 3.5$
2	石灰岩、致密的砾岩、砂岩、白云白灰岩	$3.0 \sim 4.5$
3	白云砂岩、致密的石灰岩、硅质石灰岩、大理岩	$4.0 \sim 6.0$
4	花岗岩、辉绿岩、玄武岩、安山岩、石英岩、斑岩	$15.0 \sim 22.0$

对于有岩块粒径要求的，基岩抗冲流速 $[V]$ 也可按式（7.3-2）估算：

$$[V] = 4.6 \times d^{1/3} h^{1/6} \tag{7.3-2}$$

式中 d——控制的岩块粒径，mm；

   h——水深，m。

2. 岩塞轴线倾角

岩塞轴线倾角越大，越有利于爆破岩渣进入集渣坑，但倾角越大，施工难度越大。为使水流平顺，岩塞进口与水工隧洞连接得圆滑，使水头损失小，对洞口的磨损轻，倾角也不宜太大。根据以往实践经验，岩塞轴线倾角应大于水下岩块的堆积休止角，一般以 $40° \sim 60°$ 为宜。这样能保证在运行期间岩塞口即使有少量块体坍落，也不会堵住进水口而自然滑落于集渣坑之中。

3. 岩塞发散角

为确保岩渣顺利滑入集渣坑，岩塞下部与水平面的夹角一般大于 $30°$；为便于钻孔施工，岩塞上部与水平面的夹角一般不大于 $70°$。因此，岩塞的发散角一般以 $10° \sim 15°$ 为宜，该角度主要是水流流态要求，对于施工来说，角度越小越好。

4. 岩塞厚度

岩塞的厚度应根据地质条件和采取的爆破方案而定，其次与岩塞尺寸的大小、外水压力的大小以及渗漏情况等因素有关。在保证施工期岩塞稳定情况下，尽量减薄岩塞体的厚度。当采取集中药室方案时，岩塞厚度与直径的比值在 1.0～1.5 之间选取，个别地质状况较差时也可选择大于 1.5 的比值。当采取排孔方案时，岩塞厚度甚至可小于岩塞直径，经验比值为厚度是直径的 1.0～0.85 倍，个别地质状况较差时也可选择大于 1.0 的比值，无论采用何种厚度与直径比，均应经过稳定性分析进行安全复核。

7.3.3 方案选择

水下岩塞爆破是在一定水深条件下，在预留岩塞中进行的具有两个临空面，有夹制作用的一种控制爆破。为了保证"爆通、成型、安全"的效果，同时满足施工简单、安全、工期短的要求，水下岩塞爆破设计方案应通过水工模型验证、现场试验或模型试验、数值模拟计算分析等综合方法和手段，也可采用工程类比法，开展专题比选论证研究，通过多方案比较，必要时通过现场模型试验进行验证，并综合考虑地形地质、水文地质、岩塞结构尺寸、隧洞布置、保护对象对爆破有害效应的相关要求、爆破岩渣处理方式和工程永久运行要求等各种边界条件以及不同爆破方案的特点和适应性，选择技术先进、经济合理、安全可靠的爆破方案。

7.3.3.1 集中药室爆破

一般讲，集中药室爆破方案具有起爆网路简单，装药集中，抛掷能力强等优点。该方案适合于工程规模较大的岩塞爆破，或岩塞口外侧有深厚固结淤积层情况，但在岩塞体中开挖药室安全性差，且药室开挖、装药填塞等工程量较大，爆破漏斗破裂线不易精确控制，受地质构造影响大，成型较差。基于施工期岩塞的稳定安全和施工作业安全，要求岩塞厚度一般不小于 10m。

集中药室一般布置在岩塞中部，保证爆破后岩塞被拉通。成型及边坡处理一般采用预裂爆破法。药量计算一般采用地面集中药室爆破药量计算公式。集中装药量在水深小于 20m 时，单耗增加 30%～40%；水深在 20～40m 时单耗增加 50%～150%；当水深大于 40m 时，单耗应增加 150% 以上，并应进行验证性试验。预裂孔装药量与陆地爆破基本相同。

岩塞轴线上部集中药室的爆破开口范围由爆破漏斗上、下破裂半径确定，爆破漏斗破裂半径按式（7.3-3）及式（7.3-4）计算：

上破裂半径 R'

$$R' = W\sqrt{1 + \beta n^2} \tag{7.3-3}$$

下破裂半径 R

$$R = W\sqrt{1 + n^2} \tag{7.3-4}$$

式中　R'——集中药包上破裂半径，m；

　　　R——集中药包下破裂半径，m；

W——集中药包最小抵抗线，m；

n——爆破作用指数；

β——根据地形坡度和土岩性质而定的破坏系数，按表 7.3 - 2 选择。

表 7.3 - 2　　　　　　　　　　破　坏　系　数　β

地面坡度	土质、软石、次坚石	坚硬岩石及整石带
20°～30°	2.3～3.0	1.5～2.0
30°～50°	4.0～6.0	2.0～3.0
50°～70°	6.0～7.0	3.0～4.0

集中药包阻抗平衡按式（7.3 - 5）计算：

$$\frac{W_2}{W_1}=\sqrt[3]{\frac{k_1 f(n_1)}{k_2 f(n_2)}} \qquad (7.3-5)$$

式中　W_1、W_2——药包上、下岩石最小抵抗线，W_2/W_1 可在 1.05～1.35 范围内选取，m；

n_1、n_2——药包上、下的爆破作用指数；

$f(n_1)$、$f(n_2)$——药包上、下的爆破作用指数函数，其表达式为 $f(n)=0.4+0.6n^3$；

k_1、k_2——药包上、下的标准岩石单位耗药量，kg/m^3。

集中药室之间的距离不应小于式（7.3 - 6）计算值。

$$a=W_{cp}\sqrt[3]{f(n_{cp})} \qquad (7.3-6)$$

式中　a——集中药室间的最小距离，m；

W_{cp}——相邻药室的平均最小抵抗线，m；

$f(n_{cp})$——相邻药室的平均爆破作用指数函数。

集中药室与岩塞预裂边线间应留有保护层，最小厚度应不小于式（7.3 - 7）计算值。

$$b=0.7B+R_c \qquad (7.3-7)$$

式中　b——集中药室与预裂边线间最小保护层厚，m；

B——药室宽度，m；

R_c——压缩圈半径。

$$R_c=0.62\times\sqrt[3]{\frac{Q}{\rho}\mu} \qquad (7.3-8)$$

式中　Q——集中药包药量，kg；

ρ——炸药密度，kg/m^3；

μ——压缩系数。

压缩系数 μ 的确定，宜通过试验选取；缺少试验数据时，可采用表 7.3 - 3 中数据。

岩石等级	土岩性质	μ
Ⅲ	黏土	250
Ⅳ	坚硬土	150
Ⅴ～Ⅵ	松软岩石	50
Ⅵ～Ⅷ	中等坚硬岩石	20
Ⅸ及以上	坚硬岩石	10

表 7.3－3　压 缩 系 数 μ

7.3.3.2　排孔爆破

排孔爆破方案具有不要开挖药室、施工简单，施工较安全（即使炮孔钻穿也不会有什么大的危险，有意打穿个别孔还可掌握该处岩塞的实际厚度），排孔爆破的装药较分散，具有爆破时对周围环境影响小，周边轮廓面较易控制，成型较好等优点。排孔爆破方案的不足之处是：钻孔数量较多，装药结构复杂，每孔都要放置起爆雷管，爆破网路较复杂，对地质勘察工作的精度要求较高。以前它适合小断面岩塞爆破工程，但随着国内水下岩塞爆破技术的发展，主要是钻孔机具和起爆器材的进步，近年来已逐渐应用于大直径的水下岩塞爆破，最大内径已达 10m。

排孔爆破方案中，一般由洞内向洞外打孔，其中孔底距水面最小距离为 $1.0\sim1.5m$，岩体较完整时可适当缩小。排孔爆破炸药单耗值可取 $1.0\sim1.8kg/m^3$。排孔爆破方案视岩塞地质状况而定，必要时应进行锚固灌浆处理，亦可将上述部位延至保留区内。如果在保留区距边界一定范围内布置锚杆，虽增加少量投资，但对岩塞体的稳定大有好处。值得注意的是，如果需在岩塞部位用锚杆加固时，应采用可爆性好的树脂锚杆。

7.3.3.3　集中药室与排孔结合爆破

合理的集中药室与钻孔相结合的爆破方案应当是岩塞中部用集中药包和周边扩大部分用排孔爆破。这种爆破方案集中了上述两方案的优点，克服了两方案的不足，较适合于任意断面的岩塞爆破。其不足之处是该方案的起爆网路比较复杂，增加一套施工设备，比钻孔方案开挖量要大。

7.3.4　稳定性分析

岩塞的稳定性主要取决于地质条件，其次是地形、施工方法及施工期的长短、外水压力的大小，渗漏情况等多方面因素。从几何尺寸看，岩塞直径小比较容易稳定，故在使用条件允许的情况下，尽量缩小岩塞口的尺寸，是有利于洞口及岩塞的稳定。

岩塞的厚度直接影响到施工的安全和岩塞爆破的难易程度、岩塞口以及爆破洞脸的稳定。岩塞的厚度主要取决于岩塞的直径、地质条件和岩塞爆破方法，其次与岩塞倾角的大小、外水压力的大小以及渗漏情况等因素有关。在可能的情况下，应该尽量减薄塞体的厚度。岩塞薄，岩渣方量少，用炸药量也减少。这不但减小了爆破的振动影响，减少集渣坑的开挖方量，而且减少了不衬砌洞口的长度，有利于洞口和洞脸的稳定。岩塞厚度的设计，在一般情况下，首先根据地质、地形条件、施工方案等因素初步确定一个岩塞的大致尺寸，然后再根据计算分析进行修正。

7.3.4.1 极限平衡公式法

考虑到岩塞受坡外水压力和自重等作用，因为岩塞处于地表山坡，岩体的初始应力场仅考虑自重场。据此，把岩塞四周的节理、裂隙或断层作为破坏面进行抗剪破坏分析。目前，岩塞爆破的相关标准有《水下岩塞爆破设计导则》（T/CWHIDA 0008—2020），设计通常采用极限平衡抗滑或抗冲切公式，计算公式如下：

$$K = \frac{cs}{P+G} \tag{7.3-9}$$

式中　K——安全系数，钻孔后大于 3，钻孔前大于 5；

c——岩塞滑动面单位抗剪断指标，Pa；

s——岩塞滑动面有效面积，m^2；

P——岩塞轴线方向的外水压力，N；

G——岩塞自重引起的轴线方向压力，N。

以上计算公式基于以下原则和假定：①岩塞和围岩是刚性体，在水压作用下不产生变形。②岩塞在水荷载作用下产生剪应力沿周边均匀分布。③岩塞的抗压强度是安全的，只作抗滑稳定计算；实际存在的地应力、灌浆压力、围岩高低不平形成的抗剪力等作为额外安全储备，不参与计算。④水头产生的压力是作用于岩塞上的唯一外荷载等。⑤不考虑岩塞与围岩间的摩擦力（作为安全储备）。

7.3.4.2 数值模拟分析法

传统的极限平衡法仍然是目前工程界进行稳定性分析的首选方法，其安全系数的概念简单，物理意义明确，得到了广泛的认可。但极限平衡计算中的原则与假设存在与实际不符之处：①实际中岩塞和围岩是变形体；②通常岩塞一般采用漏斗形，沿洞轴线方向由上游向下，上游断面大，下游断面小，在上游水推力作用下，其剪应力并不是均匀分布的；③同时岩塞泊松效应，侧向变形对围岩形成挤压，岩塞本身除受到围岩剪切阻力外，还受到了侧向挤压力作用。

而单纯的数值分析方法并不能直接给出安全系数，因此数值分析的成果需要与安全系数挂钩才能方便实际工程中使用。Zienkiewicz 于 1975 年首次提出了抗剪强度折减系数的概念，由此确定的强度储备安全系数和 Bishop 在极限平衡法中所给的稳定性安全系数在概念上是一致的。这种强度折减技术非常适合用有限元、有限差分等数值方法来实现。采用强度参数 c_i 和 φ_i 进行弹塑性数值分析，其中

$$\left.\begin{array}{l} c_i = c/f_i \\ \tan\varphi_i = (\tan\varphi)/f_i \end{array}\right\} \tag{7.3-10}$$

式中　f_i——强度折减系数，当 f_i 不断增大达到某一临界值时，边坡处于临界失稳状态，则将系统的安全系数取为此时的 f_i。

相对于极限平衡方法，采用数值分析中的强度折减法计算安全系数具有以下优点：①满足力的平衡条件且考虑了岩体的变形及其本构特性，克服了极限平衡方法中将岩体视为刚体的缺点；②能模拟施工过程，可适用于任意复杂的边界条件，实现对各种复杂介质

和地质结构进行分析；③能够动态模拟失稳过程及搜索滑移路径，无须事先假定滑移面的形状；④通过研究渐进破坏过程，了解支护结构的内力分布及其与岩体的相互作用机理。

7.3.5 水下岩塞爆破试验

岩塞爆破全过程可理解为两个过程：一是爆破动力学过程，二是水力学过程。在爆破动力学过程中，主要表现为爆破产生的爆轰冲击波，伴随的高压爆轰气体和高速运动的爆渣。在水力学过程中，主要表现为起爆后极短时间内水流挟带爆渣形成突泄水体往下游运动，爆破产生的部分高压气体向上游逸出，推动水体向上游运动；随后水体夹带大量气泡从与大气连通的出口（闸门井、未封堵的支洞口、通风竖井等）开始上升，并不断震荡，期间伴随气泡不断从水面涌出，将持续数分钟甚至几小时。

为确保岩塞一次爆破成功及工程长期运行的安全，要保证水流畅通，水力条件良好，爆渣不致被水流挟带冲入下游水工隧洞内，同时，要防止井喷造成闸门井的金属结构埋件及闸门室上部建（构）筑物的破坏。因此，要达到此目的，需要通过水工模型试验和爆破参数（现场）试验，研究不同爆破工况条件及不同形式集渣坑的爆渣堆积效果，验证岩塞爆破设计方案的可行性，以及为岩塞口体型优化设计、闸门井及其金属结构的防护设计提供依据。

7.3.5.1 水工模型试验

1. 水工模型试验的意义和作用

由于水下岩塞爆破的性质和特点，爆破后极短时间内的水流运动与一般水流运动性质已有很大改变，水流运动任一断面的能量不是恒定的，已不符合水力学伯努力方程的物理意义，对这种复杂的水力情况，难以用计算与分析方法得出结果。而在工程设计中，对于集渣坑的结构型式、尺寸大小及爆渣不致被水流挟带冲入下游水工隧洞内，同时，要防止井喷造成闸门井的金属结构埋件及闸门室上部建（构）筑物的破坏，都需要慎重考虑，以保证整个工程的成功。因此，岩塞爆破水力学过程中的相关问题需借助水工模型试验进行研究，对集渣坑体型、尺寸及临时堵头的设计进行验证和优化，来解决工程中的实际问题。

2. 水工模型试验研究范围

水工模型试验应当根据水工隧洞的功能，爆渣处理方式以及设计方案进行模型设计。它可以是局部模型，如在发电、调水等需保护下游工程安全采用集渣方式的岩塞爆破工程中，可选取临时堵头至岩塞口的水工建筑物制成局部模型；也可以是整体模型，如在防洪、排沙、灌溉等采用泄渣或开门集渣方式的岩塞爆破工程中，需观察爆破过程中爆渣在洞内及出口的运动规律，爆渣运动对结构物的影响和泄渣效果等，应制成整体模型。

水下岩塞爆破水工模型试验的理论和方法尚不够完善，试验内容尚有一定局限，一般只对水力学过程进行模拟，即进水口爆通后水流挟带爆渣形成突泄水体往下游运动的水力现象模拟。目前水工模型试验研究主要包括下列内容：

（1）不同型式、尺寸的集渣坑，不同爆破模式及不同爆破水力条件下的集渣效果。

（2）临时堵头前的集渣措施，如集渣坑内充水、充气等措施改善集渣效果。

（3）不同工程布置的爆渣运动、稳定状况和分布规律，以及进水口、集渣坑等部位的水流流态。

（4）临时堵头和某些结构部位的受力测量，以及闸门（检修）井内的涌浪情况观测，确定减小"井喷"现象的措施，复核检修、工作平台的安全性及防护措施。

（5）水挟带爆渣过洞运动特点和某些规律。在泄渣方案中，观察岩渣运动规律，检验岩渣粒径组成对泄渣的影响和效果，过流断面尺寸以及带渣过流对水工隧洞的磨损影响。

3．水工模型试验设计原则

水下岩塞爆破水工模型试验只对水力学过程进行模拟，因此，水下岩塞爆破水工模型设计和常规水工建筑物相同。根据水流相似力学原理进行，遵守几何相似性、运动相似性、动力相似性。按照重力相似准则进行模型设计，几何比尺为 $1:n(\lambda_L=\lambda_h=n)$，相应其他比尺关系分别为：①流量比尺 $\lambda_Q=\lambda_L^{2.5}$；②流速比尺 $\lambda_v=\lambda_L^{0.5}$；③时间比尺 $\lambda_t=\lambda_L^{0.5}$；④力比尺 $\lambda_p=\lambda_L^3$。

具体模型的几何比尺，要根据任务要求、解决问题的性质、模型制作可行性、操作方便、爆破影响等多方面因素综合分析决定。

7.3.5.2　爆破参数试验

1．爆破参数试验的意义和作用

由于水工模型试验只是模拟解决了岩塞爆破水力学过程中的问题，是以岩塞成功爆通为前提的。而在工程设计中，对于预留岩塞体的体型（直径、厚度、轴线倾角、发散角等）、施工质量及地质条件等影响岩塞一次性爆通的不利因素，同时要确保岩塞口成型、防止进水口边坡失稳堵塞岩塞口以及对其他需保护的建筑物造成破坏，都需要慎重考虑，以保证整个工程的成功。因此，岩塞爆破动力学过程中的相关问题需借助爆破参数试验进行研究，对爆破设计方案进行验证和优化，来解决工程中的实际问题，达到"爆通、成型、安全"的效果。

2．爆破参数试验研究范围

爆破参数试验应当根据爆破方案、试验场地条件以及试验任务实施。它可以是原型（一般为 $1:2$）模拟试验，这种试验方法大多在实际岩塞口附近选取试验部位，专门开挖一条试验洞，创造一个岩塞条件进行爆破的现场原型模拟试验，多用于集中药室方案的岩塞爆破；也可以是隧洞模拟试验，该试验方法是利用工程本身的水工隧洞的开挖，模拟岩塞条件，对岩塞爆破关键技术进行分解试验（如掏槽型式、轮廓成型控制、贯通效果等），一般适用于采用钻孔方案的岩塞爆破。爆破参数试验研究主要包括以下内容：

（1）炮孔（药室）布置、装药结构、周边孔光面或预裂、起爆时差等爆破参数设计检验。

（2）根据设计方案进行钻孔、装药、填塞、起爆网路的连接等施工全过程进行演练，总结成功经验、发现存在的问题，以便采取相应的技术措施，有利于实际岩塞爆破施工全过程的质量控制。

（3）检验起爆网路的可靠性。

（4）对爆破有害效应进行监测，为实际岩塞爆破单段最大药量的控制提供科学依据。

（5）对爆破的成型效果进行宏观调查。

3. 爆破参数试验设计原则

原型模拟试验需要在实际岩塞口附近专门开挖试验洞，成本高，风险大，试验次数有限，一旦试验失败将损失巨大，且对环境的影响也大。因此，现场原型爆破模拟试验应能验证岩塞爆破方案的合理性，其主要相似条件及设计原则如下：

（1）通过详细的勘查尽量保持地形和地质的相似性。试验洞进口岩塞处的岩面线坡度尽量与主体工程岩塞处的岩面线坡度相近，岩性应与主洞相同，围岩分类与主洞接近。

（2）模拟试验的岩塞体型、中心线的倾角和发散角等几何相似。

（3）模拟试验所采用的爆破器材性能应与实际岩塞爆破一致。

（4）药室布置、周边轮廓孔的布置、炸药单耗、装药结构、最大单段药量的控制以及起爆网路的分段和时间间隔等爆破参数应满足与实际爆破方案的相似性，保证为实际爆破实施方案提供科学验证依据。

（5）模拟试验的岩塞厚度选择在满足几何相似条件下，还应满足稳定要求，并保证导洞、药室开挖的施工期安全，同时要满足爆破方案药室布置的要求。

（6）进行模拟试验动态监测，获取数据资料，对监测的数据进行分析，为实际岩塞爆破方案优化设计提供科学依据。

随着钻爆设备更新换代，洞内钻孔深度可达10m以上，其钻孔误差可控制在1°以内；随着起爆器材的不断创新，采用工业电子雷管可以实现任意分段，以上技术的发展为排孔爆破在大直径岩塞爆破中的应用创造了条件。鉴于此，某工程岩塞爆破首次采用了隧洞环境下进行岩塞爆破模拟试验的方法，即利用工程本身的水工隧洞的开挖，在大断面隧洞环境下，模拟岩塞条件，开展钻孔岩塞爆破试验，此种试验方法与传统的原型模拟试验方法相比具有如下优势：①环境影响小：结合隧洞正常钻爆开挖施工进行试验，无须专门开挖试验洞；②安全风险低：可预先对岩塞爆破关键技术分解模拟；③可进行多次试验。

为确保实际岩塞爆破成功，隧洞模拟试验的设计原则如下：

（1）可对掏槽型式、轮廓控制爆破、全断面（单临空面）进尺及贯通试验（双临空面）效果等关键技术进行分解模拟。

（2）可结合数值模拟分析减少模拟试验的次数，但应至少进行一次单临空面试验和一次双临空面（贯通）试验，其中单临空面试验段厚度不小于岩塞实际厚度的一半，双临空面试验段的厚度与实际岩塞厚度一致。

（3）进行双临空面试验时，孔底预留抵抗线的厚度应考虑实际岩塞钻孔欠深的情况，分为 2～3 个不同抵抗线厚度的试验区域，观察各区域爆通效果。

（4）隧洞模拟试验炮孔布置的间排距与实际岩塞爆破顶部（迎水面）的间排距一致。

（5）考虑到水的影响及体型的不同，隧洞模拟试验的炸药单耗和装药量应满足与实际岩塞爆破方案的相似性，无水条件下，炸药单耗可取实际单耗的（1/2～1/4）。

（6）起爆器材和起爆网路与实际岩塞爆破方案相同。

（7）隧洞模拟试验与实际岩塞爆破使用的炸药不一样时，应通过试验检测两种炸药的性能差异，通过调整装药结构保证其相似比例。

（8）进行模拟试验动态监测，获取数据资料，对监测的数据进行分析，为实际岩塞爆破方案优化设计提供科学依据。

7.3.6 安全防护设计

爆破设计要正确选用各种爆破参数、合理的药量及装药结构布置型式，尤其是如何合理选择复杂条件下的水下岩塞爆破炸药单耗；综合考虑爆破振动影响，要保证取水口周围保留岩体完整稳定；岩塞爆破施工要简单、安全、稳妥，封堵施工要密实，爆破网路必须进行严格检查，最终实现一次爆通。

对于爆破振动、空气冲击波、水中冲击波及动水压力等爆破有害效应的防护，控制最大单段起爆药量是安全防护设计最直接、有效的手段，最大单段起爆药量不应超过最敏感保护对象的安全允许药量值。

对于闸门井的涌浪、"井喷"现象的防护，应根据水工模型试验的情况，在洞内进行充水、充气，在爆破前应将闸门调试合格后提出井口，安放在检修闸门室或检修平台并锁牢，门槽内宜设置防护门框，机电设备采用抗冲击防护措施。

7.3.7 岩塞爆破动态监测

7.3.7.1 监测目的

通过现场动态实时监测及资料的分析研究，了解岩塞爆破有害效应的危害，判断岩塞爆破对周围需保护物的影响情况，为评价建筑物及设备的安全状况提供数据资料，也为工程竣工验收提供科学依据。同时，对监测的数据进行分析比较，研究岩塞爆破的动力影响，为提高设计理论和施工技术水平，积累经验，为工程竣工验收提供科学依据。

7.3.7.2 监测原则

（1）监测范围涵盖重要保护对象，监测对象和监测断面（部位）有代表性。

（2）监测项目涵盖爆破可能产生的主要有害效应。

（3）同监测断面的各监测项目收集的数据能互相印证，监测成果能为爆后处理提供依据，能为安全评定提供依据。

（4）尽量结合永久观测设施进行动态监测，以便进行对比分析。

7.3.7.3 监测项目

根据岩塞爆破可能产生的有害效应，主要进行以下动态监测项目：

（1）岩塞爆破的地震效应。包括水工隧洞内部衬砌的质点振动速度及加速度，周边需保护的建筑物及岩塞口上部边坡岩体的质点振动速度及加速度。

（2）水中冲击波压力及动水压力。包括库区内的水击波和水工隧洞内（洞内充水情况下）的水击波及动水压力。

（3）岩体和混凝土的应力和应变。

（4）空气冲击波、气浪和涌浪。与大气直接连通的部位，比如闸门井、未封堵的施工支洞或通风竖井等通道中空气冲击波和涌浪。

（5）岩塞爆破效果的实时图像采集。包括水库水面运动及集渣坑内水流运动的实时图像采集。

（6）水下测量，包括进水口爆破成型及集渣坑集渣效果。

7.3.7.4 监测设备及布置

监测的设备及布置详见第 12 章。

7.4 水下岩塞爆破施工

7.4.1 爆破安全保障措施

（1）水下地形复核。取水口岩塞地形陡峭、长期处于数十米甚至百米水深以下，水下地形比较复杂。岩塞爆破设计对地形精度要求极高，若地形测量误差过大，有可能导致钻孔与水库相通，影响施工安全；也有可能导致底部抵抗线过大，不能顺利爆通。因此爆破施工前应采用水下三维测量系统对岩塞外地形进行复测。

（2）岩塞探孔施工。鉴于水下三维测量系统只能了解地形情况，不能了解岩石表面覆盖情况。因此应在岩塞中心线及岩塞周边布置若干探孔，全面了解岩塞厚度和岩塞岩体结构情况。每个岩塞探孔布置 4～5 个，一般中心布置 1 个，四周均匀布置 4 个，逐个施工，钻探一个封堵一个。

（3）岩塞口的支护和固结灌浆。为了保证岩塞爆破施工的安全，应对岩塞口的围岩进行锚杆支护和固结灌浆处理。固结灌浆孔深入基岩 3m，间距 1.5，排距 2.0m，梅花形布设。

（4）岩塞体渗水处理。在钻孔施工过程中，还应进行超前注浆堵漏。当岩塞面开挖至岩塞设计厚度时，应对岩塞体进行全面灌浆防止渗漏。在爆破孔钻孔过程中，如钻孔深度没有达到设计值即出现较大渗漏，应即刻封堵再进行灌浆处理，处理后再继续钻孔。

（5）钻孔技术要求及质量检查。严格按设计要求进行布孔、造孔，控制好孔位、孔向和孔深。钻孔精度要求：开孔误差控制在 ±2cm，孔底误差控制在 ±3cm，深度误差控制在 ±3cm。

7.4.2 钻孔施工特殊情况处理

虽然岩塞体要求进行预灌浆，但由于岩塞体离地表较近，而且受外部水压力的作用，在钻孔过程中还有可能出现塌孔、渗水、涌水等特殊情况，对这些特殊情况，可采取以下处理措施：

（1）塌孔情况。钻孔时，如遇到能够钻至设计孔深塌孔情况，先采用高压风反复冲孔，若冲孔后仍不能达到装药的要求，应采用钻机重新扫孔。钻孔时不能钻至设计孔深的炮孔，则对该孔进行灌浆处理，再重新钻设该孔，并进行验孔。

（2）串孔情况。钻孔过程中严格控制炮孔的位置、孔深、角度与炮孔布置图一致，避免出现串孔现象。出现串孔时，采用灌注水泥浆封堵其中一孔，另一个孔重新进行扫孔，然后在合适位置重新开孔补钻。

（3）渗水、涌水情况。对渗漏水的炮孔应测量渗漏流量，当流量小于 20L/min，不用处理；当流量 20～30L/min，可待后处理；流量大于 30L/min，必须及时处理。对于流量小于 30L/min 的漏水孔应长期进行观察及流量监测，若发现流量变大或水中夹杂着细沙、污泥等情况，必须及时处理。

7.4.3　爆破效果检查

爆破效果水下观测包括地表检查和岩塞口及集渣坑内部检查。

地表检查内容为：在岩塞口附近进行地形测量的范围是以岩塞口中心点为原点，选取一定范围的水域，测量精度为 1：100。测得的水下地形高差与实际高差不应超过 0.2m。根据爆前和爆后的地形变化情况，论证岩塞爆破效果。

岩塞口及集渣坑内部检查内容如下：采用水下机器人进入岩塞口和集渣坑内部检查爆破后岩塞口成型和集渣坑集渣效果以及洞壁和集渣坑混凝土结构是否产生破坏。

7.5　工程实例

7.5.1　清河"211"取水工程水下岩塞爆破

7.5.1.1　工程特点

辽宁省清河热电厂供水隧洞进水口是我国第一个水下岩塞爆破工程，于 1971 年 7 月 18 日爆破成功，它的成功有力地促进了水下岩塞爆破工程的发展。该岩塞位于已建成的清河水库水面以下24m处，设计过水流量 8m³/s。曾对围堰方案与水下岩塞爆破方案进行了比较，水下岩塞爆破方案具有造价低、工期短的明显优点，可节省投资 200 多万元。岩塞口处于半风化的前震旦纪变质岩中，节理裂隙及断层等地质构造发育，岩石透水性较强。岩塞轴线倾角45°，设计直径为 6m，厚度为 7.5m，岩塞覆盖层厚 3.5m，岩石厚度与直径比值为 1.25。

采用集渣坑容纳爆破下来的岩渣，并考虑利用爆后气浪和水流挟带岩渣的能力，将集渣坑施工平洞适当扩大作为集渣坑的延长部分，容渣率50%（这种布置只能在集渣坑不充水的情况下爆破，平洞才能进渣；如果集渣坑充水爆破，平洞将不能进渣，就起不到集渣的作用）。在集渣坑后面设计了拦石坝和拦石坑，阻截被冲入隧洞的岩渣（实际上在不充水爆破中，岩塞爆破井喷现象严重，大量的石渣随爆破时的高速水流被带到隧洞内，拦石坎以内的引水洞也存了大量的石渣，起不到预想效果）。为了避免闸门被冲击变形，爆破时不下闸门，在闸门后侧引水洞内中浇筑厚 2m 的混凝土堵塞段挡水，进水口布置如图 7.5-1 所示。

7.5.1.2　爆破方案及实施

清河"211"取水工程岩塞爆破采用集渣坑不充水堵塞爆破方案，设计爆破方量 590m³，设置二层药室和地表三个钻孔，具体为：在岩塞地表布置 3 个 $\phi108$mm 钻孔，单孔装药量 30～50kg，钻孔的装药量约为 110kg；周边布 $\phi40$mm 预裂孔，孔深 3.0m，间距 35cm，共布 50 孔，每孔装药 450g，共装药 22.5kg；在岩塞内布置上下两个十字形长条药包，为了避免中间开口面积不够，在小井中部增加两个点药包，集中药室装药量约为 981kg，总装药量 1190.4kg，其药包布置见图 7.5-2。采用毫秒延时爆破，预裂孔为第一段，深孔为第 2 段（目的是排除水压和风化岩对主药包爆破的影响），上部"王"字形布

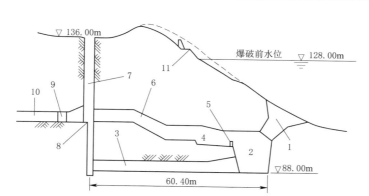

图 7.5-1　清河"211"取水工程岩塞爆破进水口布置图

1—岩塞体；2—集渣坑；3—集渣平洞；4—拦石坑；5—拦石坎；6—闸前引水洞；
7—闸门井；8—闸门井底梁；9—混凝土堵头；10—闸后引水洞；11—挡土墙

药面的 6 个小药包为第 3 段，下部"王"字形布药面的 6 个小药包为第 4 段，中间集中药包为第 5 段。

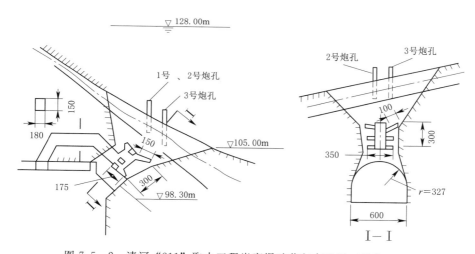

图 7.5-2　清河"211"取水工程岩塞爆破药包布置图（单位：cm）

7.5.1.3　爆破效果

岩塞爆通后闸门井发生井喷，水柱超出井口 12m 以上，水流携带岩渣在井筒中反复运动数次才平稳下来，随水流喷出约 $2m^3$ 石块，其中最大者约为 600kg，闸门井中钢爬梯被撞变形。爆破后经潜水检查，岩塞口满足使用要求，但由于装药量偏多，致使岩塞实际开口尺寸比设计偏大，如图 7.5-3 所示。原设计爆破方量为 $590m^3$，实测方量约 $800m^3$。原设计过水断面积为 $13m^2$，实测过水断面积约为 $24m^2$。周边预裂孔因孔内没有装药，未收到预期效果。从开口剖面形状看，下破裂线下移。外口设计高程为 105.00m，爆后实测高程为 104.00m 左右，对取水条件是有一定好处的。岩塞口外没有堆积，是这次爆破的明显优点。然而口内超控，加大了破坏作用，影响洞口长期运行的稳定性。

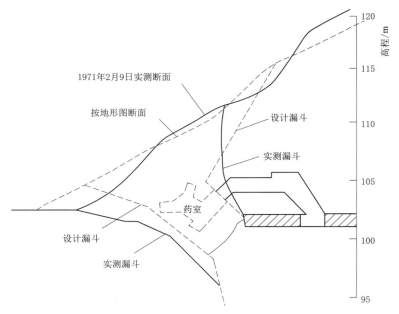

图 7.5 - 3　清河"211"取水工程岩塞爆破开口图

7.5.2　丰满水电站泄洪洞水下岩塞爆破

7.5.2.1　工程特点

丰满水电站泄洪洞进水口是我国规模最大的水下岩塞爆破工程,于 1979 年 5 月 28 日爆破成功。该岩塞位于已建成的丰满水库正常高水位以下 37m 处 (实际爆破时位于水面以下 19.8m),设计正常高水位 261.00m 时的泄水量为 1129m³/s。采用水下岩塞爆破比围堰方法节省 700 万元投资,并可缩短工期。岩塞轴线倾角 60°,设计直径为 11m,厚度为 18.5m (包括 3.5m 厚的覆盖层),岩石厚度与直径比值为 1.36。

为了防止岩渣排泄到下游抬高发电站尾水位以及防止岩渣磨损隧洞内衬砌,采用了开闸门聚渣爆破方案。岩塞内侧设集渣坑,考虑岩塞超挖量为 15%,取松方系数为 1.5,集渣坑的容积为 9550m³,出口布置弧形闸门控制流量和截流,进水口布置如图 7.5 - 4 所示。

7.5.2.2　爆破方案及实施

采用开启闸门集渣爆破方式,岩塞爆破实方量为 3794m³,其中岩石方量 2690m³,覆盖层 1104m³,采用胶质炸药,总装药量 4075.6kg,最大一段药量 1979kg,采用三层药室布置,共分 8 个药室,集中药室布置成"王"字形,装药量为 3874.2kg,如图 7.5 - 5 所示。上层主药室和底层药室的作用是将岩塞爆通,初步达到一定开口尺寸,然后借助中间药室使开口进一步扩大,达到设计断面。为有效地控制岩塞轮廓及减小振动,沿周边设预裂孔,孔深 8.0m,孔径 40mm,孔距 30cm,线装药密度 270g/m,共钻 104 孔,实际装药量为 201.4kg。采用毫秒延期间隔爆破,预裂孔、1~2 号药室和 3~8 号药室的起爆时间分别为 0ms、25ms、75ms。

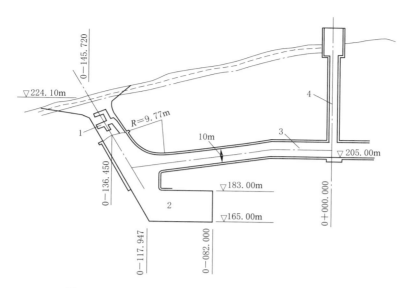

图 7.5-4　丰满水电站泄洪洞岩塞爆破进水口布置图

1—岩塞体；2—集渣坑；3—引水洞；4—闸门井

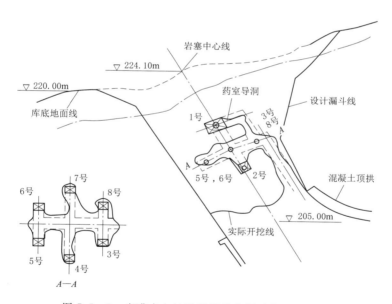

图 7.5-5　丰满水电站泄洪洞岩塞爆破药包布置图

7.5.2.3　爆破效果

起爆后岩塞口库水面鼓包形状呈马鞍形，直径 50m，高 31.2m。起爆后 23.7s 时流水头到达隧洞出口，流态紊乱，底部为黑色泥石流，表面挟大量泥土，起爆后 8min 水流变清，为减少弃水，出口弧形闸门于起爆后 35min 开始下闸，起爆后 44min 顺利关好弧形闸门，切断了洞内水流。洞内金属埋件完好，平板闸门关闭密合，出口弧形闸门只底部腹板有宽近 2mm 的两道擦痕，洞身混凝土磨损轻微，仅有局部擦痕、麻坑或硬伤，没有钢筋外露现象，位置一般都在圆断面底拱和城门洞型断面底板处。爆后经测量与水下检查，证实爆破口尺寸与设计值基本相符，实际开口如图7.5-6所示。

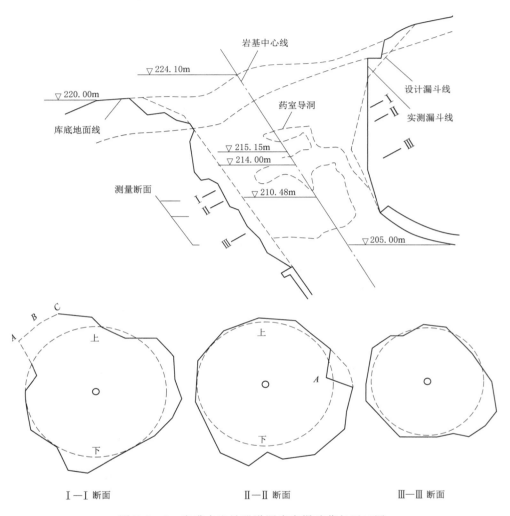

图7.5-6　丰满水电站泄洪洞岩塞爆破药包开口图

7.5.3　某水电站改造工程水下岩塞爆破

7.5.3.1　工程特点

某水电站改造工程取水口水下岩塞爆破于2014年6月成功实施，它的爆破成功从工程层面填补了我国大直径全排孔岩塞爆破的技术空白，使我国的岩塞爆破技术达到国际领先水平。该岩塞位于水库正常蓄水位以下63.3m，岩塞中心轴线与水平夹角43°，岩塞段厚度为12.5m，岩塞外口直径为14.6m，塞底直径为10m，扩散角10°，岩塞厚径比为1.25。国内之前采用全排孔爆破方案的岩塞最大直径仅为6m，该水下岩塞进水口将国内全排孔岩塞爆破的直径提高近2倍，爆破方量扩大近8倍，其规模为当时全排孔岩塞爆破的世界之最。

岩塞与集渣坑之间设中心线长7m的连接段，内径10m。集渣坑段采用气垫式布置，集渣坑长73.0m，宽11.0m，高13.00～31.94m，体型规整，在爆破时上部为气垫室，爆破后为过水断面。爆破时不下闸门，在闸门后侧引水洞内中浇筑临时混凝土堵头挡水，爆破后，关闭闸门再进行临时堵头的拆除，进水口布置如图7.5-7所示。

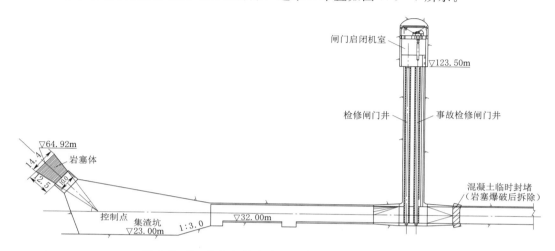

图7.5-7 某水电站改造工程岩塞爆破进水口布置图

7.5.3.2 爆破方案及实施

该水电站改造工程岩塞爆破采用"气垫式"闭门集渣的全排孔爆破方案，岩塞体设计方量1419m³，分为中导洞区、扩大区、轮廓区三个区域，共布置9圈炮孔：炮孔钻孔直径均为90mm，中导洞区布置5圈炮孔，共计6个空孔和32个爆破（掏槽、辅助掏槽）孔；扩大区布置3圈炮孔，共计69个爆破孔；轮廓区布置1圈炮孔，共计48个光爆孔。炮孔布置如图7.5-8所示。孔底抵抗线按1.5m控制，由于漏水或地质缺陷等原因部分炮孔不能继续钻进，实际孔底抵抗线在1.1～4.5m范围内，80%炮孔的孔底抵抗线小于2.5m。

中导洞区和扩大区的爆破孔采用ϕ60mm乳化炸药连续装药，轮廓区的光爆孔采用直径32mm的乳化炸药装药，总装药量2839.8kg。装药前对岩塞掌子面所有炮孔采用高压风进行清孔，逐个量测孔深并挂标牌，量测后根据炮孔数据计算装药长度及封堵长度，采用直径70mm有一定柔性的PE管预先加工药包（筒）、单孔一次性安装到位的工艺。采用高精度导爆管雷管和电子雷管复式起爆网路，高精度导爆管雷管起爆网路的段（孔）间延期时间17ms，排（圈）间延期时间100ms，电子雷管延期时间与高精度导爆管雷管起爆网路延期时间一致，爆破孔2～3孔一段，光爆孔4孔一段，最大单段药量为76.5kg，高精度起爆网路如图7.5-9所示。

集渣坑充水近5天，充水结束时集渣坑水位46.95m，闸门井水位56.69m，随后转为补气状态，最终闭气压力低于设计值。

爆破前停止对集渣坑充气，此时集渣坑水位为45.40m，闸门井水位68.77m。起爆瞬间，监测屏幕出现岩塞起爆图像，直至采集摄像头被爆破冲击波破坏和淹入水中。随

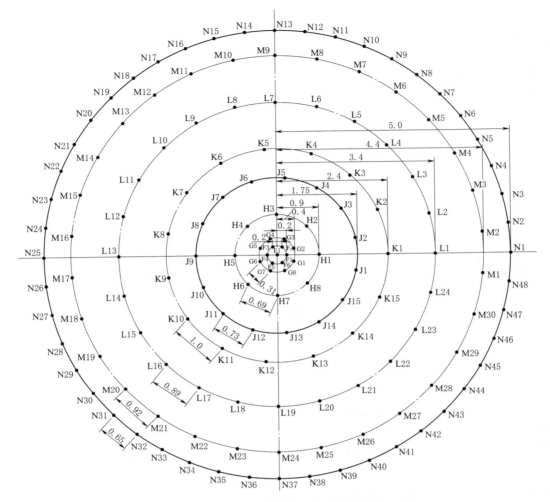

图 7.5-8 某水电站改造工程岩塞爆破炮孔布置图（单位：m）

后，库面观察组传来起爆后水面鼓包信息，确认岩塞爆破成功。

7.5.3.3 爆破效果

爆破后，闸门井水位上升至库水位，未发现涌浪进入闸门井启闭室底板（高程123.50m）现象。启闭室恢复动力电源供给后，闸门缓慢下降，顺利关闭，表明爆渣未进入闸门槽附近。

隧洞、厂房、大坝等关键部位爆破振动峰值均控制在安全允许范围之内，坝前及养殖区爆破水击波峰值均低于安全允许值，爆破网路完全起爆且具有较高延期精度，达到了预期的爆通、控振及环保效果。

通过水下检查，进水口的洞顶高程约70.20m与设计数据基本相符，进水洞口周边区域无明显塌方。进水口大致形状和尺寸与设计数据基本相符，具体数据尺寸如图7.5-10所示。岩塞体周圈爆破开挖面和连接段周圈表面与设计数据也基本相符，未发现明显凹凸状，连接段未发现明显破损。集渣坑坑内爆渣距连接段与集渣坑交接处（高程48.28m）

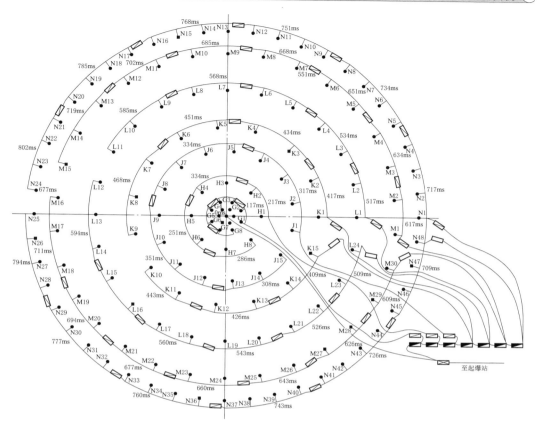

图 7.5-9　某水电站改造工程岩塞爆破高精度起爆网路图

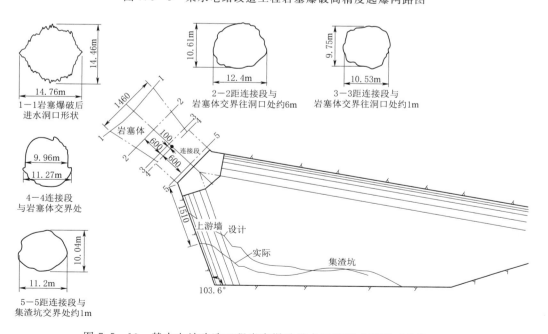

图 7.5-10　某水电站改造工程岩塞爆破进水口实际成型图（单位：cm）

约 15m，与 ROV 潜水器水下检查基本相符，集渣坑内爆渣体形与设计模拟数据相类似，但爆渣体形整体高程要比设计模拟数据小。

7.5.4　刘家峡洮河口排沙洞水下岩塞爆破

7.5.4.1　工程特点

刘家峡洮河口排沙洞进水口是我国淤泥最厚的岩塞爆破工程，主体工程由中国电建集团西北勘测设计研究院有限公司设计、中国水利水电第六工程局有限公司施工，中水东北勘测设计研究有限责任公司承担了该工程的岩塞爆破设计工作，长江水利委员会长江科学院承担了该工程的爆破安全监理工作。工程于 2015 年 9 月 6 日爆破成功。该岩塞位于已建成的刘家峡水库正常蓄水位以下 70m 处，淤泥的厚度达 27m，岩塞轴线倾角 45°，设计内口直径为 10.0m，厚 12.3m，厚度与直径比值为 1.23。

与丰满水电站泄洪洞进水口岩塞爆破工程一样，采用了开闸门聚渣爆破方案。岩塞体的自然方量为 2718m³，考虑爆破时不确定因素的影响，集渣坑体型设计为靴形，集渣坑长 40m，宽 10m，容积为 5980m³。

7.5.4.2　爆破方案及实施

岩塞爆破共布置 7 个药室，7 个药室呈"王"字形布置，药室开挖尺寸见表 7.5-1，药室布置剖面如图 7.5-11 所示。上部 2 个药室为 1 号、2 号药室，中部 3 个药室为 3 号、4 号、5 号药室，下部 2 个药室为 6 号、7 号药室，其中，4 号药室分解成上、下两部分，称之为 4 号上药室和 4 号下药室。各个药室通过导洞与外界相连。1 号、2 号、3 号、5 号、6 号、7 号药室近似位于同一平面上。4 号上和 4 号下药包的作用是将岩塞爆通，初步达到一定的开口尺寸，然后借助同一平面上的 1 号、2 号、3 号、5 号、6 号、7 号药室使开口进一步扩大，达到设计断面，药室布置断面如图 7.5-12 所示。

表 7.5-1　　　　　　　　　　　药室开挖尺寸表

部　位	药室开挖尺寸 （长×宽×高）/m	部　位	药室开挖尺寸 （长×宽×高）/m
1 号药室	0.96×0.96×0.96	4 号下药室	0.88×0.88×0.88
2 号药室	1.06×1.06×1.06	5 号药室	0.88×1.36×1.36
3 号药室	0.88×1.05×1.05	6 号药室	1.08×1.08×1.08
4 号上药室	1.33×1.33×1.33	7 号药室	1.06×1.23×1.23

为保证岩塞体成型良好，保护岩塞口围岩不受大的破坏，在岩塞周边布置一圈预裂孔，共计 121 个预裂孔，钻孔直径为 76mm。为避免厚淤泥影响爆破效果，在岩塞口上部的淤泥层中布置 12 个淤泥扰动孔，分布在进水口轴线的上和左右两侧，呈菱形布置，钻孔直径为 110mm，孔间距为 1.8m，淤泥扰动钻孔平面布置图如图 7.5-13 所示，淤泥扰动钻孔剖面如图 7.5-14 所示，采用洞内集中药室和洞外淤泥层扰动协同爆破技术。

岩塞合计装药量为 7373.25kg，预裂爆破药卷预加工 2 天、预裂爆破装药及填塞 2 天，药室装药及填塞 2 天（与预裂爆破装药及填塞同时进行）、水上淤泥孔装药及填塞 1

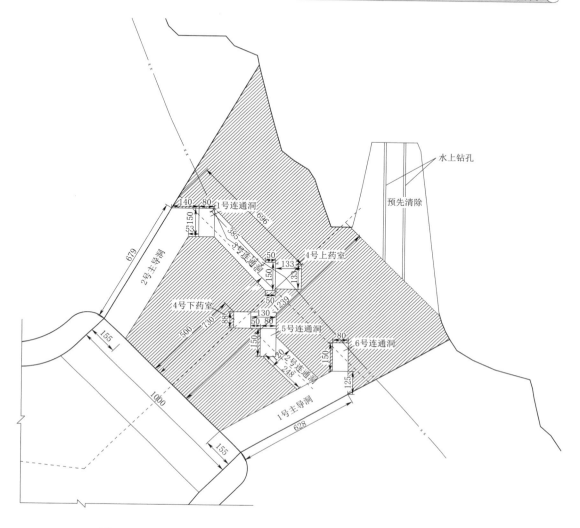

图 7.5-11 刘家峡洮河口排沙洞岩塞爆破药室布置剖面图（单位：cm）

天、洞内施工排架拆除 2 天、洞内施工栈桥拆除 1 天、起爆 1 天，施工过程顺利。

7.5.4.3 爆破效果

爆破后，裹挟着大量泥沙的水流从排沙洞出口喷涌而出，一段时间后，顺利关好弧形闸门，切断了洞内水流，洞身混凝土磨损轻微。爆后经测量与水下检查，证实爆破口尺寸与设计值基本相符。2018 年 1 月 10 日，洮河口排沙洞扩机工程 2 台 15 万 kW 机组圆满完成厂内动态调试和试验。

7.5.5 某输水工程取水口水下岩塞爆破

7.5.5.1 工程特点

某输水工程取水口是进口段最长的岩塞爆破工程，该岩塞位于水库正常蓄水位以下

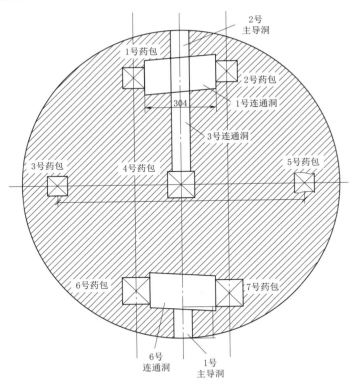

图 7.5－12　刘家峡洮河口排沙洞岩塞爆破药室布置断面图（单位：cm）

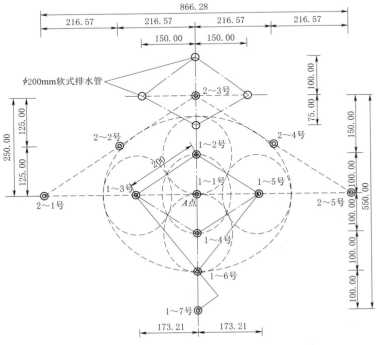

图 7.5－13　刘家峡洮河口排沙洞岩塞爆破淤泥扰动钻孔平面布置图（单位：cm）

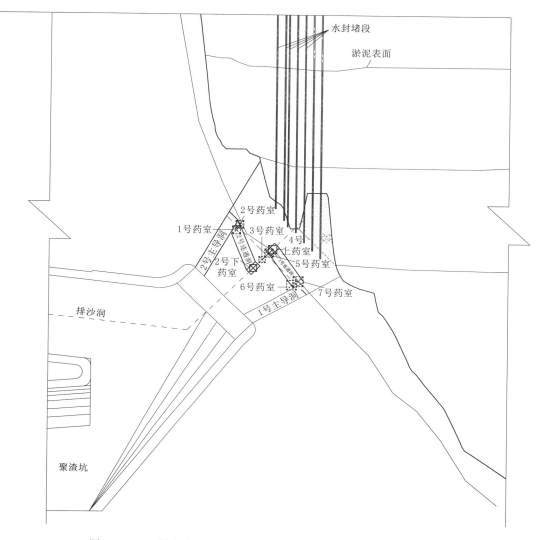

图 7.5 - 14 刘家峡洮河口排沙洞岩塞爆破淤泥扰动钻孔剖面图

45m 处，进口段长 4.376km，岩塞轴线倾角 55°，由上口内径 14.02m 渐变至下口内径为 7.55m，发散角 15°，厚 12.8m，厚度与直径比为 1.56。

采用集渣关门充水的爆破方案，集渣坑长度为 44m，最大高度为 19.6m，衬砌厚度 0.8m，为圆拱直墙型，圆拱部分开挖半径为 4.6m，成洞半径为 3.65m，直墙部分成洞高度为 15.035～15.910m，集渣坑容量约为 3800m³，进口段布置纵断面如图 7.5 - 15 所示。岩塞爆破前钻孔利用岩塞体进行挡水，爆破过程中，利用竖井内的检修闸门进行挡水，其中通风竖井、1 号支洞为岩塞爆破的调压建筑物，起到爆破消能作用，起爆后水面未见明显鼓包，实现了敏感水域无明显反应的爆破效果，有效地将爆破有害效应控制在设计范围内。

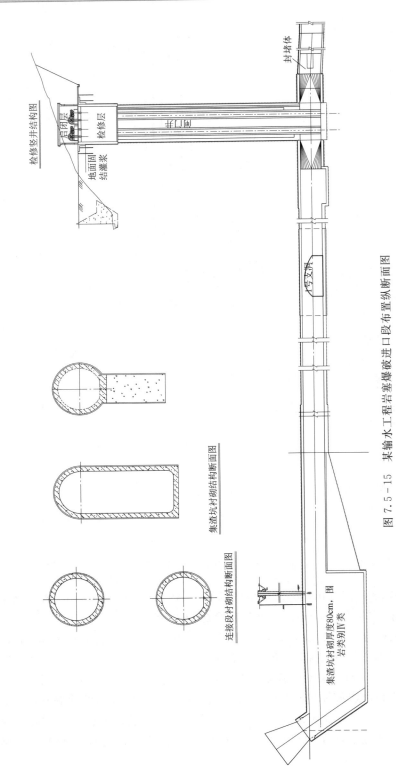

检修竖井结构图

启闭层

检修层

地面固结灌浆

封堵体

岩口洞

1号交洞

集渣坑衬砌结构断面图

连接段衬砌结构断面图

集渣坑衬砌厚度80cm，围岩类别Ⅳ类

图 7.5-15　某输水工程岩塞爆破进口段布置纵断面图

7.5.5.2 爆破方案及实施

该工程岩塞爆破采用闭门集碴的中心掏槽、圆周扩展、光面成型的全排孔爆破方案，岩塞体设计方量为 1163m³，共布置 8 圈炮孔，炮孔钻孔直径均为 90mm，布置 6 个空孔、9 个掏槽孔、10 个辅助掏槽孔、49 个主爆孔以及 40 个光爆孔，共计 114 个炮孔，孔底与迎水面垂直距离为 1.5m。炮孔布置平面见图 7.5－16，炮孔布置纵断面见图 7.5－17。

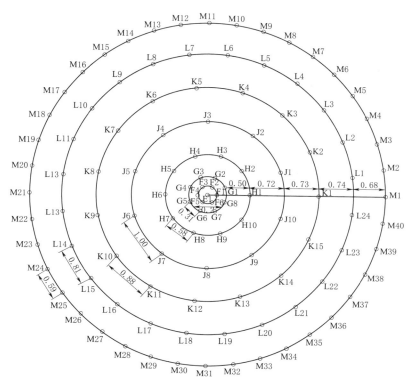

图 7.5－16　某输水工程岩塞爆破炮孔布置平面图（单位：mm）

爆破孔采用直径为 60mm 的乳化炸药连续装药，轮廓区的光爆孔采用直径为 32mm 的乳化炸药装药，总装药量为 2112.2kg，其中轮廓孔装药量为 486.2kg。装药前对岩塞掌子面所有炮孔采用高压风进行清孔，逐个量测孔深并挂标牌，量测后根据炮孔数据计算装药长度及封堵长度。采用高精度导爆管雷管和工业电子雷管双复式起爆网路，高精度导爆管雷管起爆网路的段（孔）间微差时间为 9ms，排（圈）间微差时间为 100ms，工业电子雷管延期时间与高精度导爆管雷管起爆网路延期时间一致，爆破孔 2～3 孔一段，光爆孔 4 孔一段，最大单段药量为 82.8kg，高精度起爆网路如图 7.5－18 所示，工业电子雷管起爆网路如图 7.5－19 所示。

该项目于 2018 年 9 月 22 日开始装药，9 月 25 日完成装药，进行起爆网路连接工作，9 月 26 日完成起爆网路连接开始施工平台的拆除，9 月 27 日晚上对洞内进行充水，共充水 16 万 m³，洞内充水水位达到要求后，进行爆破警戒，在确认警戒范围内人员已全部清场、安全防护工作全部完成后，于 9 月 30 日 11 时 28 分，岩塞爆破正式起爆，成功爆通。

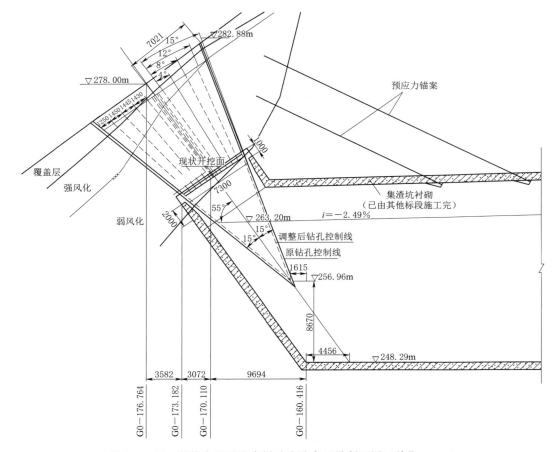

图 7.5－17　某输水工程岩塞爆破炮孔布置纵断面图（单位：mm）

7.5.5.3　爆破效果

（1）岩塞爆破后进水口水下地形复核测量坡度约为 1∶1.35，与岩塞爆破前测量坡度基本一致。岩塞爆破后的进水口中心处 P 点高程约为 278.00m。进水口的洞口尺寸呈现不规则的圆形，尺寸约为 16.0m×16.0m。岩塞爆破后进水口形态如图 7.5－20 所示。

（2）通过单波束对爆破段和锁口段进行测量，并比较不同高程的测量形态，如图 7.5－21 所示，岩塞段和锁口段的尺寸形貌与设计图纸基本相符。并将测量数据与设计断面数据对比，不同高程下（265.00～276.00m）测量的断面数据与设计断面的数据，保持良好的一致性，对比数据见表 7.5－2。

表 7.5－2　　　　　　　　　　单波束洞内爆破段及锁口段与设计断面对比表

序号	实测位置高程/m	换算成轴线高程/m	设计值/m	测量值/m
1	265.00	266.00	7.30	7.40
2	267.00	269.30	8.07	8.10

序号	实测位置高程/m	换算成轴线高程/m	设计值/m	测量值/m
3	270.00	270.80	9.05	9.00
4	273.00	272.00	9.84	10.40
5	276.00	275.00	11.78	12.60

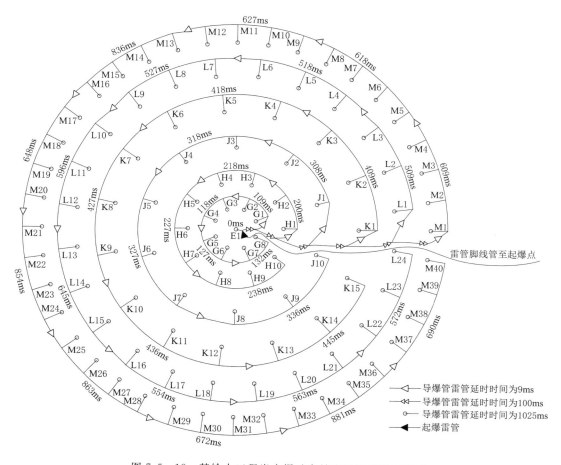

图 7.5-18 某输水工程岩塞爆破高精度雷管起爆网路图

（3）单波束声呐通过 ROV 潜水器在高程 260.00m 处的形态如图 7.5-22 所示。由图可知，在集渣坑底部，存在一定量的堆积物。由不同高程测量的集渣坑横向和纵向堆积图，可以计算出集渣坑堆积物的形态分布，如图 7.5-23 所示。由图 7.5-22 可知，ROV潜水器检测高程约为 251.00m，轴线偏左约 1.5m。图 7.5-23 中集渣坑的颜色填充区域为堆积物，横向堆积整体形状东低西高，两侧高差约 0.9m。

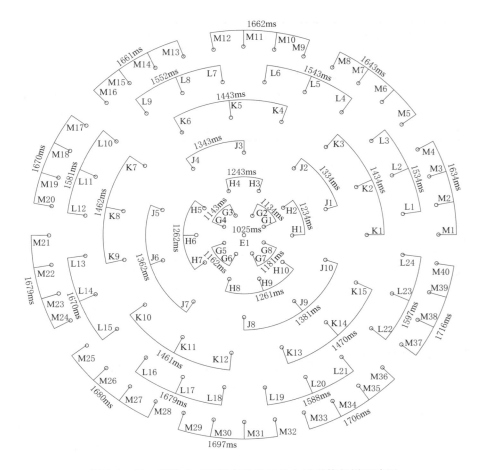

图 7.5-19　某输水工程岩塞爆破工业电子雷管起爆网路图

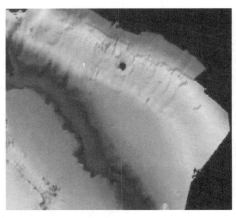

（a）岩塞口整体水下三维地形图

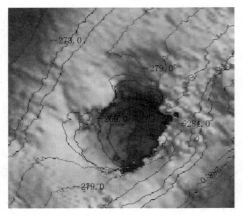

（b）岩塞口局部水下等高线图

图 7.5-20（一）　岩塞爆破后进水口形态图

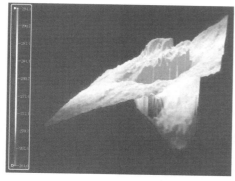

（c）岩塞口水下透视图

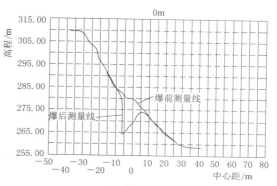

（d）岩塞口轴线横断面图

图 7.5-20（二） 岩塞爆破后进水口形态图

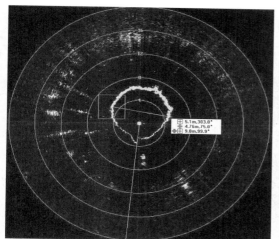

（a）高程 265.00m

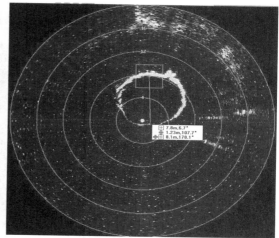

（b）高程 267.00m

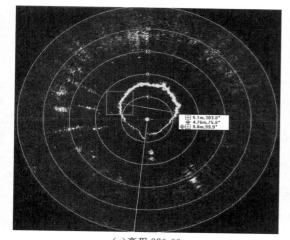

（c）高程 270.00m

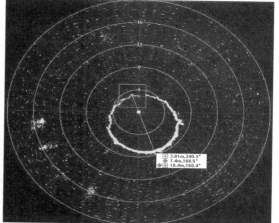

（d）高程 273.00m

图 7.5-21（一） 爆破段和锁口段断面形态图

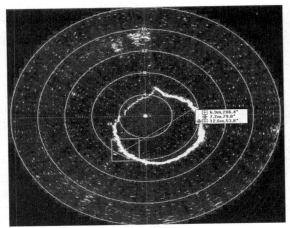

(e)高程 276.00m

图 7.5－21（二）　爆破段和锁口段断面形态图

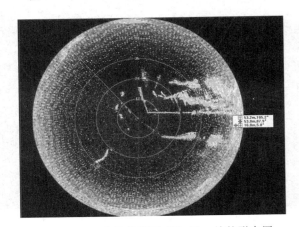

图 7.5－22　集渣坑高程 260.00m 处的形态图

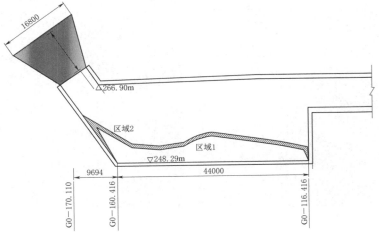

图 7.5－23　集渣坑堆积物的形态分布图（单位：mm）

参 考 文 献

［1］ 汪旭光，郑炳旭，张正忠，等. 爆破手册［M］. 北京：冶金工业出版社，2010.

［2］ 汪旭光. 中国典型爆破工程与技术［M］. 北京：冶金工业出版社，2006.

［3］ 黄绍钧，郝志信. 水下岩塞爆破技术［M］. 北京：水利电力出版社，1993.

［4］ 水电部东北勘测设计院. 水下岩塞爆破［M］. 北京：水利电力出版社，1983.

［5］ 赵根，吴新霞，周先平，等. 深水条件下岩塞钻孔爆破关键技术及应用［J］. 工程爆破，2016，22（5）：13－17.

［6］ 赵根，吴新霞，周先平，等. 电子雷管起爆系统及其在岩塞爆破中的应用［J］. 爆破，2015，32（3）：91－94，149.

［7］ 杨建喜. 隧洞环境双临空面条件下岩塞爆破试验与成果分析［J］. 人民珠江，2016，37（8）：53－56.

［8］ 胡英国，吴新霞，赵根，等. 单、双临空面岩塞爆破的贯穿机制与试验研究［J］. 岩石力学与工程学报，2016（a02）：3716－3724.

［9］ 李江，叶明. 厚淤泥条件下大型水下岩塞爆破施工技术［J］. 水利水电施工，2016（1）：40－42.

［10］ 赵荫炳，王文斌，荣显彬，等. 二五〇工程泄水洞进口水下岩塞爆破［J］. 水力发电，1980（1）：11－19.

［11］ 郭宗彦. 挪威水下岩塞爆破［J］. 水力发电，1986（11）：64－66.

第 8 章 围堰拆除爆破

CHAPTER ❽

8.1 基本概念

围堰是指涉水工程建设期间，在永久性结构设施周围修建的临时性挡水结构，防止水流、泥沙和土石进入施工区域，便于堰内开展排水排沙作业，使基坑开挖、主体结构建造及附属设施安装在无水环境下进行。围堰除用作永久性挡水结构物的部分外，一般在基坑内的结构设施建设完成后即可拆除。

围堰一般根据地形、地质条件因地制宜地进行修建，因此堰体材料种类多，结构类型比较复杂。按堰体材料可分为混凝土围堰、钢结构围堰、岩坎围堰、土石围堰等；按围堰与水流方向的相对位置可分为横向围堰、纵向围堰；按导流期间基坑是否允许淹没可分为过水围堰、不过水围堰。水利水电工程围堰常用的型式有混凝土围堰、土石围堰、岩坎围堰、浆砌石围堰、钢板桩围堰等。

拆除围堰的方法有人工拆除法、机械拆除法和爆破拆除法等。对于木桩（笼）围堰、草土围堰等无心墙土石围堰，一般采用以机械为主、人工为辅的拆除方法。对于钢板桩围堰，一般采用机械拆除法，也可采用以机械为主、爆破为辅的拆除方法。对于混凝土心墙土石围堰，通常先以爆破方式破碎心墙，然后使用机械清挖主体填料。对于混凝土围堰、岩坎围堰等，一般采用爆破方法一次性或分区分层分步拆除。

围堰拆除爆破的基本程序如下：

（1）调查掌握围堰所在水域的水文地质条件、围堰形态与材料特性、邻近建（构）筑物的分布与状态、机电设备和金属结构的类型与状态、周边环境的详细情况等。

（2）比选确定围堰拆除方式（一次性爆破或水下钻孔爆破、分区分层爆破、整体倾倒）、破碎方式（松动爆破、加强松动爆破或抛掷爆破）及清渣方式（水流冲渣、机械清渣或集渣坑集渣）。

（3）以相关标准规范为依据，通过工程类比、理论分析与仿真模拟等方法制定围堰拆除爆破有害效应的安全控制标准。

（4）遵循"高单耗、低单段"原则设计爆破参数、起爆网路；选取符合防水、抗冻、耐水压、耐腐蚀、耐高温等性能要求的爆破器材，雷管应满足起爆网路的组网质量与延时精度要求。

（5）根据围堰拆除爆破设计制定施工组织设计，主要内容应包括：施工准备、人员分工、作业流程、进度计划、施工工艺、防护与警戒措施、应急预案等。

（6）按照围堰拆除爆破设计与施工组织设计有序开展钻孔、装药、联网、防护、起爆、爆后检查等作业。

（7）围堰拆除爆破过程中宜在需保护的建（构）筑物、设施设备及周边水体开展爆破有害效应的安全监测工作，监测主要内容包括爆破质点振动速度、水中冲击波、空气冲击波与噪声、爆破飞散物等；爆后根据安全监测成果对围堰拆除爆破进行安全影响评价。

8.2 围堰拆除爆破方法

围堰拆除爆破按照拆除底面标高与水位的相对位置可分为干区爆破和水下爆破两种类型。

围堰拆除爆破的底面标高高于水位线属于干区爆破。此时堰顶、临水面与背水面均处于无水状态，拆除施工具有良好的场地条件，可在围堰顶部、侧面及内部廊道等部位进行钻孔、装药、联网与防护作业，爆渣可向基坑外抛掷借助水流冲渣，也可向基坑内坍塌后使用挖掘机械清运。

围堰拆除爆破的底面标高低于水位线属于水下爆破。由于围堰仍处于挡水状态，使得堰体至少有一个方向处于无水状态，可在堰顶、背水面及内部廊道等无水区域进行钻孔、装药和联网作业；为防止爆破产生高速石渣流对基坑内重要结构设施，特别是闸门造成不利影响，通常向基坑内充水至内外水位处于同一高程后实施拆除爆破。围堰水下爆破要求一次爆通成型，以满足泄水和进水需要；破碎块度应满足水流冲渣或机械清运要求；拆除底面应符合平整度要求；同时还应确保爆区周边既有水工建（构）筑物、设施结构、机电设备不会受到损伤。

围堰拆除爆破方法主要分为两种：炸碎法和倾倒法，炸碎法是通过炸药爆炸释放的高温、高压产物及冲击波充分破碎需拆除的岩体。倾倒法是以爆破方式在围堰临水面形成缺口或倾斜滑面，使需要拆除的堰体向水中倾倒或滑移。其中炸碎法是目前围堰拆除爆破通常采用的施工方法。

8.2.1 总体方案

制定围堰拆除爆破总体方案首先需要确定拆除方式，即采用一次性或多次控制爆破实施围堰拆除。为适应爆区周边环境，降低钻孔施工难度，控制有害效应影响范围，减轻清渣工作强度，围堰拆除一般考虑沿垂直方向分层进行爆破，对轴线尺寸较大的围堰还会在同一层内沿水平方向划分若干区域逐次爆破。

围堰拆除爆破的总体方案还包括：抛掷或倾倒方向、钻孔形式、爆破参数、起爆网路形式、爆后清渣方式、安全校核等。

爆破方案从围堰内侧充水与否来分有堰内不充水、堰内充水爆破方案；从装药形式来分有钻孔爆破、集中药室爆破方案。上述只是从某一个角度来进行分类，涉及具体的工程，则是爆破方案的综合运用。

一般情况下，为减少水下爆破清渣的工作量、降低钻孔施工难度，以及工程的实际需要，首先要考虑分层（分区或分次）爆破方案，大多数工程实际上也是这样实施的。

8.2.2　钻孔形式

围堰拆除爆破常用的钻孔形式有：垂直孔、倾斜孔、水平孔及其相互组合。钻孔形式的选择如下：

（1）垂直孔方案。垂直孔方案是指以垂直孔为主要钻孔形式，局部布置少量倾斜孔、水平孔，垂直炮孔一般在围堰顶面、背水斜坡上面钻凿。

（2）倾斜孔方案。倾斜孔方案是指以倾斜孔为主要钻孔形式，局部布置少量垂直孔、水平孔，倾斜炮孔一般在背水斜坡上钻凿，也有在围堰顶面钻凿倾斜孔的情况。

（3）水平孔方案。水平钻孔方案是以水平孔为主要钻孔形式，局部布置少量垂直孔和倾斜孔。在实际工程中，水平孔方案多以10°左右的缓倾斜孔的形式实现。倾斜孔一般在背水侧斜坡（台阶）上钻凿。

8.2.3　爆破参数

（1）钻爆法爆破参数。钻孔爆破法围堰拆除爆破参数主要有：钻孔倾角与炮孔直径、超深与孔深、炸药单耗、炮孔布置及孔排距、填塞长度、单孔装药量及总药量等。

（2）洞室爆破法爆破参数。采用洞室爆破法进行围堰拆除的实例较少，主要爆破参数有：爆破作用指数、最小抵抗线、药包间排距、装药量等。

8.2.4　起爆技术

在围堰拆除爆破中，单段药量的控制需由起爆网路来实现，导爆管雷管起爆网路、工业电子雷管起爆网路、导爆管雷管与工业电子雷管混合起爆网路等均有应用实例。

8.2.5　抛掷或倾倒方向

在选择围堰拆除爆破的抛掷或倾倒方向时，炸碎法产生的石渣可根据现场条件向堰外水中抛掷或堰内基坑坍塌；倾倒法通常使需拆除的堰体向水中倾倒。

8.2.6　清渣方式

围堰拆除爆破的清渣方式主要有：水流冲渣、机械清渣、集渣坑集渣等。

8.2.7　安全校核

围堰拆除爆破周边区域通常存在帷幕灌浆区、围堰保留坝段、大坝坝体、电厂中控室、发电机组、金属闸门及轨道、启闭机等对环境振动敏感的结构与设施等，爆破设计时应对爆破振动、水击波及动水压力、个别飞散物、空气冲击波及噪声等进行安全校核。具体参见第12章。

8.3　混凝土围堰拆除爆破

8.3.1　工程特点

早期我国大多采用土石围堰，随着施工技术的进步，混凝土围堰也开始得到应用，特别是自 20 世纪 80 年代以来，快速施工的碾压混凝土技术已广泛应用于水利水电工程的围堰修建中，如广西岩滩水电站上、下游围堰，湖北清江隔河岩水电站上游横向围堰，三峡工程三期上游横向围堰等，均为碾压混凝土围堰（以下简称 RCC 围堰）。RCC 围堰一般为重力式结构。RCC 围堰拆除爆破主要特点有：

（1）爆破块度受 RCC 围堰层面的影响较大。RCC 围堰由于配合比、施工碾压间歇时间以及气候等因素，对 RCC 围堰的碾压层之间的胶合质量存在一定的影响，表现为 RCC 围堰的层面是力学性能的软弱面。如某水电站 RCC 围堰标号 100 号，钻探资料表明：通过水平层面取得的芯样有 30% 是脱开的。层间抗剪断试验表明：试块绝大多数沿层面剪断，只有少数呈不规则面剪断。这表明层面胶结强度不均匀，骨料产生分离。

RCC 围堰爆破效果受层面的影响主要表现在爆破块度及块体特征不同于常态混凝土的破碎特征，多呈两面平行的板、块状，层面胶结强度的差异还影响了爆渣的不均匀性及块体的线性长度，且对基底的平整度起控制作用。在炸药爆炸的压缩圈范围内，由于爆炸压力很高，RCC 围堰层面影响并不显著；在破裂圈内，因爆炸应力在弱层面集中，使介质很易沿层面开裂而产生大块，破碎效果差，RCC 围堰层面胶结强度对块度的影响表现在块度的不均匀性上。又因 RCC 围堰的碾压层面多为平行面，所以爆破块体又多呈两面平行的板块状。RCC 围堰大都为（30±3）cm 分层碾压，实爆表明，两个层面之间块度的线性尺寸分别为 30cm、60cm、100cm 不等，这说明由于 RCC 围堰上、下层间胶结强度有差异，软弱面总是先脱开，故其块度不均匀。

（2）分层爆破时可充分利用 RCC 围堰的层面。当围堰采用分层拆除爆破方案时，可利用 RCC 围堰层面胶结较弱的特点，不需采用水平预裂或光面爆破，将分层高度设计在弱面处，利用弱层面作为下一层的工作面。同时也要考虑有些层面的胶结较好，会使下一工作面呈凹凸状而不利施工。因此，应根据实际 RCC 围堰的质量，合理选择爆破参数。

（3）炸药单耗对爆破效果影响较大。在爆破参数设计中，特别是在选择炸药单耗时，必须充分考虑 RCC 围堰层面的影响，如将常规混凝土爆破的炸药单耗应用于 RCC 围堰拆除爆破中，就可能产生大块。工程实践经验表明，在无水状态下，RCC 围堰拆除爆破合理的炸药单耗应在 $0.55 \sim 0.65 \mathrm{kg/m^3}$。

早期碾压混凝土层面较常态混凝土层面明显，但随着施工质量的不断提高，从爆破拆除特点来讲两者差距不大，其特点主要如下：

（1）边界条件明确。由于混凝土围堰均按照设计尺寸进行浇筑，在实施围堰拆除爆破时可以根据施工图设计爆破方案，确定孔位、孔斜与孔深。

（2）堰体材料均匀。混凝土围堰材质为素混凝土或钢筋混凝土，局部存在廊道或管构件，采用合适的爆破参数可以达到良好的爆破效果。

（3）周边环境复杂。混凝土围堰往往距离大坝坝体、永久水工建（构）筑物和金属结构物较近，对爆破安全控制要求高，少数敏感部位需采取特殊的技术措施。

8.3.2　爆破设计

混凝土围堰拆除爆破设计应注意以下几点：

（1）适当提高炸药单耗。根据碾压混凝土的特点，当炸药单耗较低时，爆炸能量较小，爆炸能量首先使薄弱层面裂开，爆炸气体从层面裂缝逸出，使混凝土块体尚未破碎即被逸出气体带出，形成大块。

（2）采用耦合装药和均匀间隔装药结构。耦合装药爆破在孔壁产生的压力最大，最有利于爆破介质的破碎。在装药结构设计时，应尽可能采用耦合装药结构，即使采用间隔装药，也要使装药段处于局部耦合状态。

（3）减小填塞长度或顶部布置手风钻炮孔。碾压混凝土爆破时，由于层面的存在，在填塞段最容易形成大块，所以炮孔填塞长度应较常规爆破适当减小，也可在顶部布置一些浅孔，对填塞段进行辅助破碎。

（4）采用合理的起爆方式，如采用中间掏槽对称式传爆的孔间毫秒延期爆破方式，增加爆渣在空中相互碰撞的机会，有利于渣块的破碎。

混凝土围堰拆除爆破设计说明书应包含但不限于以下内容：

（1）工程概况。工程概况应包含工程背景、围堰结构型式、拆除范围、拆除工程量、地形地貌、地质条件、水文条件、周边建（构）筑物分布以及技术要求等内容。

（2）工程特点。结合工况条件与技术要求从技术层面分析工程特点和施工难点。

（3）方案论证。围堰拆除通常采用一次性整体爆破、分层分次爆破拆除、药室爆破整体倾倒、部分炸碎部分倾倒等方案，进行方案筛选时，应从工程实际出发，比较上述方案的优劣，从中选择施工便捷、安全可靠、环保经济的拆除方案。

（4）安全控制标准。根据《爆破安全规程》（GB 6722—2014）及相关规程规范，参考类似工程案例经验，通过理论论证、数值模拟、现场试验等方法，制定围堰拆除区域周边保护对象的爆破振动、空气冲击波、爆破噪声、个别飞散物（也称爆破飞石）、水下冲击波等有害效应的安全控制标准，具体参见第 11 章。

（5）参数设计。围堰拆除的主要设计参数有：钻孔形式、钻孔直径、炸药单耗、钻孔间排距、孔深、炸药种类、药卷直径、装药结构等。

（6）最大允许单段药量。根据爆破安全控制标准，代入现场试验获得的爆破振动、空气冲击波与水下冲击波衰减传播规律，计算围堰拆除的最大允许单段药量，以实现有效控制爆破有害效应强度与范围的目的。

（7）起爆网路设计。起爆网路设计包括选择合理的起爆网路类型、确定起爆雷管和接力雷管段别或延时、确定起爆位置及传爆顺序、起爆网路连接方式、制定地表传爆网路的保护措施。

设计过程中还应分析围堰拆除可能出现的极端工况条件，对拟采用的爆破器材分别进行抗水、抗压试验，并进行起爆网路模拟试验以验证网路的合理性与可靠性。

（8）安全防护。对围堰拆除产生的地震效应、空气冲击波、水下冲击波（脉动压力）、涌浪、爆破飞石、滚石及水石流对邻近水工建（构）筑物的影响进行论证，针对不同爆破有害效应的损伤机理制定相应的安全防护措施。

（9）工作量统计及爆破器材消耗量。围堰拆除钻孔工作量应包括：各类型钻孔数量、钻孔进尺等。爆破器材消耗量（含试验消耗）应包括：雷管类型及数量、规格、炸药品种、规格、数量；导爆索规格、数量等。

8.3.3　工程案例

8.3.3.1　三峡三期 RCC 围堰爆破拆除

1. 工程概况

三峡三期 RCC 围堰是三峡三期工程的重要组成部分；围堰顶部宽 8.0m，底部最大宽度为 107.0m，围堰最大高度为 115.0m。三峡三期 RCC 围堰平行于三峡大坝布置，左右岸端部分别与纵向围堰上纵堰内段和右岸白岩尖山体相接，轴线位于大坝轴线上游 114.0m，轴线总长 580.0m，堰体共分 14 个堰块，从右至左依次为右岸坡段（2～5 号堰块，长 106.5m）、河床段（6～15 号堰块，长 380.0m）和左接头段（长 60.0m）。三峡三期 RCC 围堰主要功能为施工期挡水、防洪并提供初期发电水头。按照三峡三期工程总进度计划，2006 年 5 月右岸大坝浇筑至坝顶高程 185.00m，大坝已具备汛期挡水防洪条件，至此三峡工程由围堰挡水发电期向初期运行期过渡。作为过渡期标志性工程，必须在 2006 年汛前对三峡三期 RCC 围堰影响右岸电站机组过流部分（高程 110.00m 以上堰体）实施拆除。

三峡三期 RCC 围堰爆破拆除工程具有以下主要特点：

（1）爆破规模大；三峡三期 RCC 围堰计划实施爆破拆除的混凝土总量 18.67 万 m^3，拆除围堰全长 480.0m。

（2）水深大；三峡三期 RCC 围堰爆破拆除前需要向堰内充水至高程 139.50m，药室所在部位的最大水深 38.00m，钻孔爆破的最大水深 45.30m。此前国内外围堰爆破拆除的最大水深为 22.00m。

（3）周边环境复杂；围堰轴线距离三峡三期厂房坝段轴线 114.0m，炮孔距离大坝上游面最近处 86.5m，距离左岸电厂 650.0m。在爆破警戒区域范围内存在三峡大坝、电站厂房及多处机电设施等保护对象，爆破拆除不能影响左岸电厂的正常生产运行。

（4）超前设计；在三期 RCC 围堰设计过程中引入水工围堰全周期设计理念，将排水廊道作为拆除作业通道布置在倾倒缺口的底部所在高程（110.00m），并在廊道上游侧预设药室，下游侧预埋断裂炮孔，有效降低了爆破拆除施工难度和作业工作量。

2. 爆破方案

（1）倾倒方式。三峡三期 RCC 围堰计划采用堰体底部爆破形成缺口，堰体整体向上游侧水体倾倒的方案。上部堰体倾倒所需的水体最大深度为 30.0m，水下测量河床地形表明 6 号堰块上游侧水体深度（水面距离河床的高度）为 15.0～46.0m；7～14 号堰块上游侧水体深度为 46.0～48.0m；15 号堰块上游侧水体深度为 37.0～48.0m。由于 7～15

号堰块上游侧具备足够的倾倒空间，6号堰块上游侧的倾倒空间不足，因此7～15号堰块采用倾倒入水的方式实施拆除，6号堰块采用倾倒与炸碎相结合的方式实施拆除。

（2）倾倒支点。在上游侧预设药室和下游侧预埋断裂炮孔起爆后，高程110.00m上游侧堰体形成缺口，下游侧堰体形成断面，上部围堰块体受到重力G、浮力$F_浮$、上游面水压力F_1、下游面水压力F_2的作用，在倾覆力矩作用下围绕支点O倾倒，如图8.3-1所示。

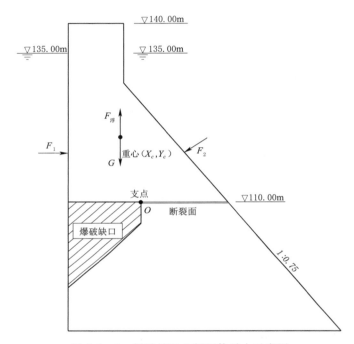

图8.3-1　爆破缺口上部堰体受力示意图

堰体围绕支点O向上游方向倾倒的起始条件需满足倾倒支点距上游面的距离$x_0 > x_c$，同时应满足：

$$(M_G - M_{F浮}) + M_{F2//} \geqslant M_{F1} + M_{F2\perp} \tag{8.3-1}$$

式中　M_G——重力矩，N·m；

$\quad M_{F2//}$——下游面水平向水压力矩，N·m；

$\quad M_{F浮}$——浮力力矩，N·m；

$\quad M_{F1}$——上游面水压力力矩，N·m；

$\quad M_{F2\perp}$——下游面水压力力矩，N·m。

（3）水文条件。三峡三期RCC围堰实施拆除时要求上游侧堰外水位降至高程135.00m，下游侧堰内水位充至高程139.00m，利用堰内外水头差对围堰形成向上游方向的倾覆力矩，以增加围堰倾倒的可靠度。

（4）预置药室爆破参数。标准抛掷单耗计算公式为

$$K = 0.4 + (\gamma/2450)^2 \tag{8.3-2}$$

式中 γ——爆破介质容重，kg/m^3。

药室药量计算公式为

$$
\left.
\begin{aligned}
Q &= eK_d(K+HC_a)W^3 f(n) \\
f(n) &= 0.4+0.6n^3
\end{aligned}
\right\}
\tag{8.3-3}
$$

式中 e——炸药换算系数；

K_d——双向作用系数；

K——水上标准抛掷单耗，kg/m^3；

H——水深，m；

C_a——水深影响系数；

W——最小抵抗线，m；

$f(n)$——爆破作用指数函数；

n——爆破作用指数。

为兼顾爆破效果与安全控制要求，在计算药室装药量时 1 号、2 号、3 号药室的爆破作用指数分别取 1.50、1.25、1.46，各药室药量计算结果见表 8.3-1。

表 8.3-1　　　　　　　　　　　　药室装药量计算表

计算参数	单位	1号药室	2号药室	3号药室
设计药室间距	m	2.2	5.0	4.0
炸药换算系数 e		1	1	1
双向作用系数 K_d		1.2	1.2	1
水上标准抛掷单耗 K	kg/m^3	1.36	1.36	1.36
水深 H	m	26.3	33.5	28.6
水深影响系数 C_a		0.01	0.01	0.01
最小抵抗线 W	m	2.2	6.0	3.5
爆破作用指数 n		1.50	1.25	1.46
药室药量 Q	kg	50	690	160

（5）切割孔爆破参数。三峡三期 RCC 围堰爆破拆除过程中为减小围堰整体倾倒产生的塌落震动，需将 6～15 号堰块在施工横缝以爆破进行切割，使单个堰块依次倾倒。在 6～14 号堰块间每个横缝面布置 1 列切割孔，孔径为 91mm，孔距为 0.85～0.90m，孔底距断裂孔装药段 1.0m，共布置 8 列计 184 个孔。切割孔底部加强装药，线装药密度 $q_{底部}=4.2kg/m$；中部装药段的线装药密度 $q_{中部}=1.0kg/m$；孔底加强装药段长度为 1.6～3.2m；填塞长度为 1.5～2.0m。

（6）断裂孔爆破参数。为确保高程 110.00m 以上的倾倒堰体与底部保留堰体分离，围堰施工过程中在高程 110.00m 处廊道下游侧预置了 1 排断裂孔。

断裂孔底部 3.0m 加强装药，线装药密度 $q_{底部}=6.0$kg/m，以保证混凝土充分破碎形成倾倒支点；为防止相邻段发生殉爆，同段最右侧断裂孔底部线装药密度控制在 2.0kg/m；中部装药段的线装药密度 $q_{中部}=1.5$kg/m。

3. 起爆网路

（1）网路延时。倾倒部分相邻的 1～3 号药室之间及断裂孔段间时差为 68ms。切割孔分三段起爆，每排切割孔段间时差 68ms；最大单段起爆药量 690.0kg。起爆顺序为 15 号堰块的第一个药室起爆，至 6 号堰块的最后一个断裂孔结束，倾倒部分的设计延时为 6103ms，三峡三期 RCC 围堰的爆破总延期时间 12888ms。

（2）网路连接。网路连接各药室（孔）装药时，在工业电子雷管脚线端部贴上标签，标签上标明药室（孔）的编号及对应的设计延期时间，并将工业电子雷管身份证号（ID 编码）进行一对一的登记造册。廊道内对应的 5 个 2 号药室范围内的工业电子雷管集中为一束，从廊道内排水孔牵引至堰顶；切割孔、断裂孔内的工业电子雷管也分别集中至堰顶。每 120～180 发工业电子雷管为一组，用一个 LOGGER 工业电子雷管控制器。LOG-GER 控制器可逐一输入工业电子雷管位置编号和对应的延期时间，在工业电子雷管延期时间设定后，通过 LOGGER 控制器对起爆网路的工业电子雷管位置编号、身份编码、延期时间等信息进行检查。

（3）工业电子雷管设置与校核。工业电子雷管在进行延期时间设置前先检测工业电子雷管的导通与漏电情况。对照工业电子雷管的尾部标签，在现场用编码器对本区内的每个工业电子雷管进行延时的设定，现场编码分区为主编码区与辅编码区两部分，由主辅两个起爆器负责各区的起爆，每个编码器负责一个编码区。主编码区包括 10 个编码器，负责 1369 发雷管；辅编码区包括 9 个编码器，负责 1137 发雷管。将联网信息进行输出，对照设计施工情况，核对设置的延期时间与雷管数量是否正确无误。

4. 爆破效果

三峡三期 RCC 围堰于 2006 年 6 月 6 日 16 时准时起爆，起爆网路历时 12888ms 如完成设定爆破过程。爆破过程为：左连接段炮孔首先起爆，在水面激起粗大的水柱；起爆约 3s 后堰前出现水波从 15 号堰块向 6 号堰块方向快速传播，这是各堰块 1 号药室起爆后在水面产生的激波；与此同时堰顶处从左岸向右岸依次窜出一排水柱，这是各堰块廊道内的水体在药室爆破产生的高压气体作用下沿排水口产生的喷射效应。当布置在堰块之间的切割孔按约 0.9s 的时间间隔依次起爆时，各个堰块按设计顺序依次向上游方向倾倒并形成涌浪；当 5 号堰块从右岸向左岸反向传爆时，右岸炸碎部分激起较大水柱，水柱汇集涌浪一起向上下游方向传播。

综合分析爆破安全监测成果和爆后水下测量数据，三峡三期 RCC 围堰爆破拆除达到预期目的，具体体现在以下方面：

（1）围堰按设计意图顺利倾倒。

水下地形测量和水下机器人拍摄的影像证实：①形成了良好的爆破缺口；②堰块全部倾倒在上游侧河床淤泥中；③水下位于高程 110.00m 的堰体底面基本平整。

（2）爆破有害效应控制在允许范围之内。

1）右厂坝段坝顶和基础灌浆帷幕廊道实测最大质点振速均小于安全控制标准；右岸漂孔弧形闸门下支臂实测最大主应变小于钢闸门的安全控制标准。

2）左岸电站厂房钢筋混凝土结构、中控室控制设备、电气设备实测最大质点振速均小于安全控制标准；爆破期间发电机组未发生报警，运行正常。

3）实测最大涌浪爬高为3.8m，与爆前预测值4.2m基本一致。

4）爆破前后对振动测点附近开展宏观调查，没有出现爆生裂隙（缝），原有裂隙长度和开度没有发生变化。

8.3.3.2 向家坝水电站二期纵向围堰爆破拆除

1. 工程概况

向家坝水电站二期纵向围堰分中游段和下游段，在二期工程施工中发挥了重要作用，由于过流和通航需要，要求将部分堰段实施爆破拆除，具体如下：

（1）在2011年12月前将中游导墙厂房段由堰顶高程303.00～296.00m拆除至高程279.00m，拆除高度为24.0～17.0m，总方量约2.05万m³（以下简称二纵围堰B区）。

（2）在2013年年底前分期将下游导墙由堰顶高程290.50～280.00m拆除至高程259.00m，拆除高度为21.0～31.5m，总方量约8.0万m³（以下简称二纵围堰C区）。

向家坝水电站二期纵向围堰爆破拆除工程具有以下特点：

（1）二纵围堰B区和C区均为干区爆破，爆区距离坝后厂房、冲沙孔坝段、主导航墙、机组蜗壳等结构物小于100.0m，距离下方的导流底孔、帷幕灌浆区约20.0m；需要严格控制爆破有害效应对需保护物产生的不利影响（见图8.3-2）。

（2）二纵围堰B区和C区爆破拆除方量大，作业空间狭窄，施工时间紧张，存在大量立体交叉作业，同时需要协调与爆区相邻的坝后厂房和升船机混凝土浇筑、水轮机组和金属结构安装工作。

（3）二纵围堰B区和C区爆破拆除的炮孔数量多、爆破器材用量大，为保证拆除效果和爆破安全，应采用安全性能好的起爆器材。

2. 爆破方案

（1）二纵围堰B区。二纵围堰B区爆破拆除采用的总体方案为：围堰厂房侧斜坡部位布置下倾31°的倾斜孔、堰顶辅以垂直浅孔；围堰上下游端部边界各布置1排垂直预裂孔，设计拆除底标高处布置1排水平预裂孔和1排水平光爆孔，起爆网路采用工业电子雷管组网，这是国产工业电子雷管在围堰拆除爆破中的首次应用。

1）垂直预裂孔孔距为0.60m，底部水平预裂孔孔距为0.80m，光爆孔孔距为0.80m，主爆孔间排距为1.50m×1.50m，缓冲孔间排距为0.80m×0.80m。

2）围堰厂房侧布置9～12排倾斜主爆孔，孔深4.94～10.00m；上下游端部各布置1列垂直预裂孔；堰底布置1排水平预裂孔和1排水平光爆孔；围堰顶部布置8排垂直主爆孔。

3）二纵围堰B区爆破平均单耗$q_B=0.75kg/m^3$；围堰上部及端部单耗适当降低，取$0.65～0.70kg/m^3$；中下部为克服夹制作用，加强抛掷效果，适当增加炸药单耗至$0.75～0.80kg/m^3$。

二纵围堰B区爆破参数见表8.3-2。

（a）二纵围堰B区

（b）二纵围堰C区

图 8.3-2　向家坝水电站二纵围堰

表 8.3-2　　　　　　　　　　　　二纵围堰 B 区爆破参数汇总

类　型	孔距 /m	排距 /m	孔深 /m	单孔药量 /kg	总药量 /kg
倾斜主爆孔	1.5	1.5	4.94～10.00	7.40～22.00	9400.20
破碎孔	0.8	0.8	0.80～4.66	0.20～3.80	2006.40
边界预裂孔	0.6	—	5.00～13.40	1.20～3.60	133.60
堰底光爆孔	0.8	—	13.4	3.60	396.00
堰底预裂孔	0.8	—	12.8	3.60	403.20
导向孔	—	—	13.0	—	—
隔振孔	0.5	—	13.00/20.00	—	—
合计	—	—	—	—	12339.40

（2）二纵围堰 C 区。二纵围堰 C 区第 1 次爆破拆除采用的总体方案为：围堰导航墙侧台阶部位布置下倾 37°的倾斜孔、堰顶辅以垂直浅孔，在基坑侧空间不足的堰块仅布置垂直孔或下倾 84°缓斜孔；设计拆除底标高处布置 1 排水平预裂孔，二纵围堰 C 区与主导航墙交接处布置 1 排垂直光爆孔；起爆网路采用进口高精度导爆管雷管网路传爆。

二纵围堰 C 区第 2 次爆破拆除采用的总体方案为：围堰导航墙侧台阶部位与堰顶布置垂直孔，围堰与主导航墙交接面布置 2 排垂直预裂孔，起爆网路采用高精度导爆管雷管网路传爆。

二纵围堰 C 区第 1 次拆除爆破的主要爆破参数如下：

1）垂直预裂孔孔距为 0.80m，底部预裂孔孔距为 0.80m，光爆孔孔距为 0.60m，主爆孔孔排距为 1.60m×1.40m；手风钻孔孔排距为 0.80m×0.80m。

2）二纵围堰 C 区第 1 次爆破平均单耗 $q_{C1}=0.70\mathrm{kg/m^3}$。

3）全部炮孔均用散装粉河沙填塞，孔口用黄泥封闭；主爆孔填塞长度为 1.20m；手风钻孔孔深小于 1.20m 时填塞长度为 0.80m，孔深大于 1.20m 时填塞长度为 1.00m；预裂孔和光爆孔填塞长度为 0.80m。

二纵围堰 C 区第 1 次拆除爆破参数见表 8.3-3。

表 8.3-3　　　　　二纵围堰 C 区第 1 次拆除爆破参数汇总

类　型	孔距 /m	排距 /m	孔深 /m	单孔药量 /kg	总药量 /kg
主爆孔	1.6	1.4	3.51～18.5	4.62～33.60	21548.70
手风钻孔	0.8	0.8	1.11～3.77	0.50～2.97	1215.53
边界预裂孔	0.8	—	1.32～13.94	0.80～5.86	68.90
堰底预裂孔	0.8	—	12.30	5.20	1034.80
缓冲孔	1.2	—	1.05～8.35	0.25～7.50	163.80
光爆孔	0.6	—	0.60～8.45	0.10～3.00	136.40
隔振孔	—	—	12.30		
合计	—	—	—	—	24168.13

二纵围堰 C 区第 2 次拆除爆破的主要爆破参数如下：

1）预裂爆破孔孔距为 0.80m，缓冲孔间排距为 1.50m×1.00m，主爆孔间排距为 2.00m×1.50m，围堰内部廊道爆破孔间排距为 2.00m×1.50m。

2）二纵围堰 C 区第 2 次爆破平均单耗 $q_{C2}=0.65\mathrm{kg/m^3}$。

3）全部炮孔均用散装粉河沙填塞，孔口用黄泥封闭；主爆孔和缓冲孔填塞长度为 1.50m，孔深小于 1.50m 时填塞长度为 0.80m；预裂孔填塞长度为 1.00m。

二纵围堰 C 区第 2 次拆除爆破参数见表 8.3-4。

表 8.3-4　　　　　　　　　　二纵围堰 C 区第 2 次拆除爆破参数汇总表

类型	孔距/m	排距/m	孔深/m	单孔药量/kg	总药量/kg
主爆孔	2.00	1.5	4.10~12.00	1.00~23.00	24268.70
缓冲孔	2.00	—	1.20~12.00	1.00~19.09	2186.18
预裂孔	0.80	—	4.10~12.00	0.20~4.40	937.30
合计	—	—	—	—	27392.18

3. 起爆网路

(1) 二纵围堰 B 区。二纵围堰 B 区拆除爆破采用工业电子雷管起爆网路,起爆顺序设计为以 B 区围堰中部炮孔为起爆原点,采用 V 形依次向上下游方向起爆。孔间延时 36ms,排间延时 117ms,总延期时间为 5238ms。

(2) 二纵围堰 C 区第 1 次拆除爆破。二纵围堰 C 区第 1 次拆除爆破采用高精度导爆管雷管起爆网路,起爆顺序设计为以 C 区围堰下游端部主爆孔为起爆原点,孔间延时 17ms,排间延时 42ms,总延期时间为 4023ms。

(3) 二纵围堰 C 区第 2 次拆除爆破。二纵围堰 C 区第 2 次拆除爆破采用高精度导爆管雷管起爆网路,起爆顺序设计为以二纵围堰 C 区下游端部主爆孔为起爆原点,孔间延时 17ms,排间延时 42ms,总延期时间为 1304ms。

4. 爆破效果

(1) 二纵围堰 B 区。向家坝水电站二纵围堰 B 区于 2011 年 11 月 10 日 11 时 50 分实施爆破拆除,爆堆 90% 块径小于 0.60m（见图 8.3-3）,爆破安全监测和宏观调查表明:

图 8.3-3　二纵 B 区围堰爆后堆渣体

1) 堰体爆渣大部分堆积在厂房安装间,未落入蜗壳,最大块径 0.50m,抛掷最远的个别飞散物距离爆区约 170.0m。爆破产生的飞石未对蜗壳、压力钢管、施工机械与混凝土结构造成损伤。

2）与二纵围堰 B 区相邻的冲沙孔坝段、渡槽段墩墙、安装间、交通洞等混凝土结构物未出现开裂、掉块等现象；压力钢管、蜗壳、变压器等金属结构采用竹跳板覆盖，未出现金属变形和焊缝开裂现象。

3）围堰周边保护对象的爆破振动峰值速度均小于安全允许标准，爆破振动及塌落振动频率均大于 10Hz，远离大坝的卓越频率，没有引起大坝主体和混凝土结构物的共振破坏。

（2）二纵围堰 C 区。向家坝水电站二纵围堰 C 区第 1 次拆除爆破于 2012 年 11 月 28 日 13 时实施爆破拆除，第 2 次拆除爆破于 2013 年 2 月 23 日 14 时 58 分实施爆破拆除，2 次爆破拆除产生的爆堆 95% 块径小于 0.60m（见图 8.3-4），爆破安全监测和宏观调查表明：

1）大部分爆渣向左岸方向抛掷落入河道，少量爆渣落到导航墙顶部，未发现有飞出警戒区域的飞散物，最远抛掷距离约为 100.0m。

2）主导航墙、辅助闸室、下闸首等结构物未出现混凝土开裂和掉块，升船机金属预埋件、变压器房等金属结构未出现金属变形和焊缝开裂现象。

3）围堰周边保护对象的爆破振动峰值速度均小于安全允许标准，爆破振动及塌落振动频率均大于 10Hz，远离大坝的卓越频率，没有引起大坝主体和混凝土结构物的共振破坏。

图 8.3-4 二纵围堰 C 区爆后堆渣体

8.3.3.3 岩滩水电站碾压混凝土围堰爆破拆除

1. 工程概况

岩滩水电站上、下游是重力式，以 18 号坝段作为纵向围堰，其中下游围堰堰顶高程为 178.20m，顶宽 7.4m，堰体下游迎水面垂直，背水面呈 1:(0.50～0.66) 的阶梯状。拆除的最终平面高程不尽相同，分别为 162.00m 高程（桩号 x：0+429～0+459）、157.00m 高程（x：0+406～0+429）、150.00m 高程（x：0+263.36～0+351.5）及河中深槽145.00m高程（x：0＋351.5～0＋406.5）。下游围堰拆除段长314.8m，最大拆除高度为33.2m，总方量约96300m³。RCC围堰爆破拆除当时在我国还是首次。

2. 爆破方案

为确保围堰拆除爆破时主体水工建筑物的厂房、导墙、鼻坎、机电安装工程及20～23号坝段新浇碾压混凝土等的安全，需严格控制爆破振动、爆破飞石等有害效应。由于尾水工程尚未完工，在下游临时土围堰尚未合龙之前，下游RCC围堰还有挡水要求，因此，堰体爆除的进度应随下游可能出现的洪水位逐层下降。

依据下游可能出现的洪水位情况，决定分五层开挖，第Ⅰ层拆除高程为178.20～170.00m，第Ⅱ层为高程170.00～162.00m，第Ⅲ层为162.00～157.00m，第Ⅳ层为157.00～150.00m，第Ⅴ层为150.00～145.00m；其中第Ⅰ层为试验层。

3. 爆破参数

（1）Ⅰ～Ⅴ层炮孔孔网参数见表8.3－5。

表8.3－5　　　　　　　　　　岩滩水电站下游RCC围堰孔网参数

分层编号	分层高度 /m	孔间距 $a \times b$ /(m×m)	孔径/mm 垂直孔	孔径/mm 斜孔	孔深/m
Ⅰ	8.2	2.1×1.8	100	—	$h_1=8.2$　$h_2=8.7$　$h_3=8.5$
Ⅱ	8.0	2.8×2.8	100	150	$h_1=8.5$　$h_2=8.8$
Ⅲ	5.0	2.5×2.2	100	150	$h_1=5.5$　$h_2=5.8$
Ⅳ	7.0	2.5×2.2	100	100	$h_1=7.5$　$h_2=7.8$
Ⅴ	5.0	2.0×2.0	100	100	$h_1=6.0$　$h_2=6.5$

（2）平台各分层爆破的两端部布置了预裂炮孔，预裂孔距0.7m。在预裂孔前布置一排缓冲孔，孔距1.3m，以保护预裂面的质量。

（3）炸药单耗。设计炸药单耗在0.45～0.6kg/m³之间，根据爆破效果适当调整。预裂爆破线装药密度200～220g/m。

（4）填塞长度。垂直孔填塞长度按（0.8～1.0）W（抵抗线长度）选取。斜孔一般在1.0m抵抗线的炮孔位置开始填塞，预裂孔填塞长度1.0m。

（5）装药结构。垂直孔一般为连续耦合装药；斜孔根据实际抵抗线，采用变药径、不耦合、间隔装药等多种装药结构形式；预裂爆破的结构为药串，绑在导爆索和竹片上。

（6）起爆网路。采用导爆索-导爆管混合起爆网路，排间采用MS3段接力传爆，紧临18号坝段部分采用逐孔顺序起爆网路。

4. 爆破效果

下游RCC围堰的第Ⅰ层为试验层，1991年9月底以前分三次爆除。第Ⅱ层高8.0m，第Ⅲ层高5.0～6.5m，分别于1991年10月30日和12月15日爆除。第Ⅱ层总方量20000m³，总药量9676.6kg，平均单耗0.48kg/m³，共分84段起爆，设计总延时

3760ms。第Ⅲ层总方量 13500m³，总装药量 7100kg，平均单耗 0.53kg/m³，共分 61 段起爆，设计总延时 2725ms。

（1）爆后现场调查。第Ⅱ层、第Ⅲ层爆破约 50％以上的爆渣堆弃于堰体两侧，渣堆形状较为理想。第Ⅲ层的爆破块度优于第Ⅱ层，需改炮的大块均在 5％以下，弧线段在 3％以下。大块主要出现在直线段的填塞段和堰背三角体区。弧线段局部呈碎粒状（骨料脱离）。爆渣块体特征绝大部分表现为两面平行的板、块状，不像常态混凝土爆渣那样，块体呈不规则形状。

第Ⅱ层的基底平整度欠佳，起伏差为 0.5～1.0m。第Ⅱ层、第Ⅲ层爆破在迎水面均出现 45°的拉裂，背水面则无拉裂现象。

飞石抛距绝大部分不超过 30m，开口处约 50m，未对建筑物和设备造成伤害。

（2）影响因素。RCC 围堰爆破拆除效果既与钻爆参数有关，也与堰体混凝土自身的特点及浇筑碾压质量有关。

1）钻爆参数对破碎效果的影响。第Ⅱ层炮孔呈 2.8m×2.8m 的方形布孔，采用对角线起爆，实际间排距 4.0m×2.0m，中间孔的单耗达到 0.6kg/m³，而边孔只有 0.4kg/m³ 左右，平均单耗 0.48kg/m³，实践证明这一单耗值偏小。在第Ⅲ层爆破时，孔网参数做了调整：取为 2.5m×2.2m 的矩形布孔，实际起爆的间排距 3.3m×1.6m，平均单耗增至 0.53kg/m³，实爆效果证明，破碎效果优于第Ⅱ层。从整个爆破效果来看，下游 RCC 围堰的单耗值取 0.6～0.65kg/m³，围堰破碎效果较好。

2）RCC 围堰的层面对爆破效果的影响。爆渣一般呈板块状，有两个平行面。两个层面之间块度的线性尺寸分别为 30cm、60cm、100cm 不等。这与 RCC 围堰大多为（30±3)cm 的分层碾压有关，还与层面胶结强度有关。即使同一层面，胶结强度也不一致。第Ⅱ层爆后，底层面不平整就证明这一点。

3）RCC 围堰质量对爆破效果的影响。下游 RCC 围堰在运行期，弧形段曾发现三条垂直于堰轴的裂缝，据了解弧形段在第Ⅲ层混凝土碾压期间曾遇下雨，钻探及压水试验揭示，直线段芯样获得率及吸水率指标均优于弧形段，说明直线段的质量优于弧段。介质质量的优劣表现为物理力学性能的差异，反映在可爆性上则是性质软弱的介质破碎效果好，反之亦然。弧形状局部爆后呈碎粒状，足以说明此段 RCC 围堰的质量差。

（3）监测成果。下游围堰第Ⅱ层、第Ⅲ层爆破实测资料表明，各测点垂直向或水平向中的最大值为：厂房尾墩为 0.872cm/s；12 号坝顶 2.88cm/s，12 号坝脚 1.31cm/s；溢流坝闸墩 1.56cm/s；18 号坝顶 22.4cm/s，20～23 号坝段新浇混凝土 2.15cm/s。除 18 号坝段外，实测爆破振动速度均未超过允许值或与允许值相差不大。而 18 号坝段虽超过 15cm/s，但未发现损坏或发生裂缝现象。

8.3.3.4 构皮滩水电站下游围堰拆除爆破

1. 工程概况

构皮滩水电站下游围堰为碾压混凝土围堰（见图 8.3-5），其形体为梯形构造物，其中第①～③号堰块为 C20 混凝土，其余堰块外部 2.0m 为 C30 混凝土，内部为 C15 碾压混凝土。围堰拆除高程 464.60～442.50m，从横剖面看：围堰顶宽 8.0m，顶部 8.0m 为正方形，下部 14.1m 为梯形，下游为直墙，上游坡面坡度 1:0.7，底部最大拆除宽度

17.9m，拆除总方量 4.75 万 m³。围堰为部分拆除，部分保留，爆破拆除部分要求尽量向下游江面抛掷，尽可能减少上游基坑侧的塌落方量。围堰保留部分与大坝相连，爆后形成二道坝。

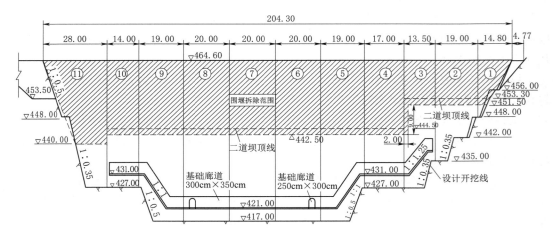

图 8.3-5　构皮滩水电站下游围堰断面图（单位：m）
①～⑪—堰块编号

2. 爆破方案

根据构皮滩水电站下游围堰的工程特点、设计原则和施工条件，决定围堰底部和周边采用光面爆破；围堰主体采用深孔加浅孔，垂直加斜孔；围堰爆破拆除向下游侧抛掷，上游侧以松动为主，一次性爆破至拆除高程的爆破方案。

3. 爆破设计

(1) 爆破参数。

1) 钻孔直径。堰顶采用 CM351 钻机造垂直孔，钻头直径 d 为 90mm 或 100mm，堰后三角体采用锚杆钻机或 YQ100B 钻机造倾斜孔和光爆孔，钻头直径 $d=90$mm，局部浅孔采用手风钻造孔，钻头直径 $d=38\sim42$mm。

2) 最小抵抗线。按照下游抛掷上游松动的设计要求，取下游侧最小抵抗线 $W=2.5$m。

3) 孔排距。根据炮孔所处部位及钻孔直径调整孔距，靠近下游侧炮孔以抛掷为主，孔距 $a=2.0$m，靠近上游侧炮孔以松动为主，孔距 $a=3.0$m；手风钻孔孔距 $a=1.5$m。

排距实际为该排炮孔的最小抵抗线，最大不超过 2.5m。

4) 孔深。垂直孔孔深由围堰拆除高度和超深确定，倾斜孔孔深由钻孔角度、拆除高度及超深确定。

5) 炸药单耗。碾压混凝土强度和硬度相当于中硬岩石，炸药单耗一般在 0.50kg/m³ 左右，考虑到围堰拆除特殊性和前抛后松的要求，故对不同炮孔选择了不同的单耗，前排垂直面炸药单耗 $q=0.50$kg/m³ 即可将其抛出，为保证后部炮孔爆破抛掷效果炸药单耗 $q=0.60\sim0.80$kg/m³。

（2）起爆网路。下游围堰爆破拆除采用导爆管雷管，起爆网路设计遵循孔内雷管长延时起爆，地表雷管短延时接力的原则，孔间、排间采用双发导爆管雷管连接，段间时差17ms，排间时差大于150ms。

4. 爆破效果

爆破后爆渣绝大部分抛向下游侧，爆破块度均匀，完全符合设计意图。爆破时进行了振动监测，实测资料表明，爆破没有对周围需保护对象产生破坏影响。爆后巡查未发现测点附近混凝土结构、喷混凝土及岩石有明显破坏迹象。

清渣后，堰体保留面平整，光爆孔半孔率在90%以上。并通过同孔、跨孔声波测试法检测保留堰体的质量及受爆破影响的范围。爆破前后声波测试结果表明：

下游碾压混凝土围堰4～10号堰块各测区爆后未受爆破影响部位的跨孔平均波速在4371～4718m/s之间，同部位同孔声波平均波速在4650～4849m/s之间，同孔声波波速略高于跨孔，但二者误差在允许范围内。

同孔声波测试结果主要反映测孔壁附近浅层混凝土波速沿高程方向分布，更利于反映混凝土分层对波速影响；跨孔声波测试的是两测孔之间测试断面上混凝土波速均值，两者测试范围有所不同，后者偏重反映测试断面上混凝土整体受爆破影响状况。

未受爆破影响区域波速主要受混凝土分层碾压及碾压密实度的影响，沿测孔高程方向波速局部呈现"锯齿"状波动，但仍基本保持在4000m/s以上，个别部位降至3700m/s左右。从6号、8号堰块声波测试结果分析，对于原碾压混凝土层中存在缺陷部位，爆破影响深度局部可至高程442.50m保留面以下约2m，主要表现为使原缺陷部位波速进一步降低。跨孔声波测试结果表明爆破对测试断面上保留混凝土体影响深度一般控制在0.3～0.7m以内，同孔声波测试结果表明爆破对测孔部位保留混凝土体影响深度一般控制在0.5～0.9m以内，二者差别不大。结合各测孔注水调查结果来看，本次围堰拆除对爆破危害效应控制总体较好，基本达到了设计的预期要求。

8.3.3.5　向家坝水电站坝后横向围堰拆除爆破

1. 工程概况

右岸坝后电站下游横向围堰为碾压混凝土围堰，混凝土标号为C15。围堰轴线长131.675m，堰顶高程为287.60m，堰顶宽7.0m，下游侧迎水面铅直，上游侧高程278.60m以上铅直，高程278.60m以下为综合坡度1∶0.75的台阶状边坡，最大堰高32.6m，拆除总量为37741.19m³。

坝后横向围堰布置在尾水渠末端，右端轴线与尾水平台下游最小距离约117m，上游为电站尾水段结构物及下游帷幕灌浆、挡水闸门、顶部门机、扩机电站厂房（蜗壳以下金属结构已安装，尚未装机）；其左端与消力池右导墙（内设廊道，底部布设有帷幕灌浆）相接，更远则有消力池、左岸发电厂房；右端与地下电站排沙洞泄槽左边墙（仅一层保温被隔离）相接，再向右岸方向还有地下电站尾水洞出口闸门及控制楼；下游方向岸边有水位观测房、左岸电厂出线塔、8号公路、水富县城；围堰左端头20.0m上方有左岸电厂出线横跨堰体。

2. 爆破方案

根据本工程特性及总体施工程序要求，坝后横向围堰分成5个区实施拆除。Ⅰ区为横向围堰背水侧坡面台阶部分；Ⅱ区为横向围堰堰顶高程 283.2m 以上部分（采用机械破碎拆除）；Ⅲ区为下基坑道路围堰加宽段高程 272m 以上部分；Ⅳ区为剩余堰体高程 272m 以上部分；Ⅴ区为剩余堰体高程 272～260m 部分；其中Ⅰ～Ⅲ区为干地拆除；Ⅳ区为水上爆破水下清渣；Ⅴ区为水下爆破。横向围堰拆除施工流程为：围堰背水侧Ⅰ区干地爆破拆除→Ⅱ区机械破碎开挖→Ⅲ区爆破拆除→Ⅳ区爆破拆除→尾水渠基坑充水→Ⅴ区水下爆破。

3. 爆破设计

（1）爆破参数。

1）坝后横向围堰包含有预裂孔（水平和垂直预裂孔）、缓冲孔、主爆孔，手风钻孔采用 YT－28 手风钻机穿孔，孔径为 42mm，主爆孔、预裂孔、缓冲孔采用 QZJ－100B 快速钻机穿孔，孔径为 76mm。

2）手风钻孔距 $a=0.8m$，排距 $b=0.65m$；预裂孔孔距 $a=0.75m$；缓冲孔对应主爆孔位置，孔距 0.65～1.5m，轴线与预裂孔轴线间距 1.1m。

3）主爆孔孔深 4.0～19.5m，手风钻孔孔深 1.5～5.0m，水平预裂孔孔深按孔底至结构轮廓线控制，孔深 8.5～11.5m。垂直预裂孔按孔底或边界至结构轮廓线控制，与预留结构面相连的三面均需布置垂直预裂孔，孔深 1.05～19.5m；缓冲孔孔深 1.05～19.5m。

4）实际填塞长度可根据孔深及实际抵抗线做适当调整，通过调整顶部药卷位置，确保手风钻孔填塞不低于 1.0m，主爆孔填塞不低于 1.5m，其余炮孔的填塞长度在 1.0～2.0m。

5）预裂孔线装药密度 0.40～0.45kg/m。主爆孔单耗取值 $q=0.50～0.60kg/m^3$；缓冲孔单耗取主爆孔单耗的 60%～80%，即 0.30～0.40kg/m³。

（2）爆破网路。

1）由于下游横向围堰周围环境复杂，需严格控制单段药量、段间时差，横向围堰拆除爆破采用高精度毫秒导爆管雷管。

2）爆破网路连接遵循孔内高段起爆，孔外低段传爆的原则，孔间、排间采用双发高精度毫秒导爆管雷管连接，预裂孔孔间采用 9ms 雷管，主爆孔、光爆孔孔间采用 17ms 雷管，排间采用 42ms 雷管。

3）最大单段药量。为控制爆破振动，采用孔间、排间毫秒延期的起爆方法，最大单段药量为 27.8kg。

4）起爆顺序。Ⅰ区、Ⅲ区爆渣采取干地开挖方式，起爆方向朝上游基坑侧；Ⅳ区爆渣抛掷入江，起爆方向朝下游金沙江侧，起爆点设在爆破区域中间部位，逐孔向两侧传递。

4. 爆破效果

坝后横向围堰爆破拆除在向家坝水电站大坝下游侧建（构）筑物、混凝土及灌浆帷幕、左右岸电厂、云天化小区等处产生的振动速度、空气冲击波超压峰值均控制在安全控制标准以内，未对防护目标产生不利影响；向上游侧抛掷的飞石和滚石控制在基坑内 100.0m 范围以内，未对周边永久结构物和围堰上方 20.0m 的右岸电厂高压线路造成损害。

8.4 导流洞进出口围堰拆除爆破

8.4.1 工程特点

在水电工程建设中导流洞的施工需要在进出口围堰的保护下进行，由于受地形地质条件的限制，往往利用导流洞进出口的预留岩坎作为临时挡水围堰，在导流洞施工完成后、大江截流前，需将岩坎围堰拆除，一般要求在挡水条件下一次爆破到设计要求的过流断面，实现即时过流。在导流洞围堰拆除爆破中，为实现爆破后即时过流，需采取有效的爆破技术措施，将围堰体炸成一定粒径的爆渣，并在适当的位置形成过流缺口，使爆渣能在水流的作用下，被水流顺利冲走。这涉及多大的爆渣块度才能被水流冲走的水力学问题，又涉及如何通过爆破来实现的爆破技术问题。

8.4.2 爆破设计

8.4.2.1 爆渣块度水力学研究

1. 最大爆渣块度与起动流速的关系

水流的冲渣效果与爆渣块度、水流速度有关，这涉及水力学中的起动流速与粒径的关系问题。在水力学模型试验中，有关起动流速与粒径的关系较多，最早应用的是依兹巴什公式：

$$V_{\min} = 0.86 \sqrt{2g \frac{\gamma_s - \gamma}{\gamma} D} \tag{8.4-1}$$

$$V_{\max} = 1.2 \sqrt{2g \frac{\gamma_s - \gamma}{\gamma} D} \tag{8.4-2}$$

式中 γ_s、γ——块石和水的容重，kg/m^3；

     D——块石的等效直径，m；

     $V_{\min}$——最小流速，m/s；

     $V_{\max}$——最大流速，m/s。

式（8.4-1）是块石抗滑动流速公式，系数 0.86 是块石的抗滑动系数，当水流流速超过 $V_{\min}$ 时，位于平滑垫层上的块石开始滑动；式（8.4-2）是块石抗滚动流速公式，系数 1.2 是块石的抗滚动系数，当水流流速超过 $V_{\max}$ 时，块石抵抗不了水流的作用，开始滚动。

上述两个公式可写为通式：

$$V = K \sqrt{D} \tag{8.4-3}$$

在模型试验的实践中，长江水利委员会长江科学院、南京水利水电科学研究院等科研院所根据试验成果提出了不同的起动流速公式，由于计算散粒料的起动流速方法不一，用式（8.4-3）形式求得的 K 值在 $5.00 \sim 10.75$ 范围内变化，其平均值接近 8。差别主要在于：水中的抛石与底部冲刷的差别；均匀流与强紊动水流的差别；起动条件及其判断的差别等。当散粒体起动方式为滚动、而水流又为较强紊动的底部冲刷时，则 K 值为 $7 \sim 8$。

根据式（8.4-3）可得到在水流速度一定的情况下，起动方式为滑动或滚动时的爆渣最大允许块度公式：

$$D_{\max}=(V/K)^2 \qquad\qquad (8.4-4)$$

式中　$D_{\max}$——爆渣最大允许块度，m；

其余符号意义同前。K 值宜取 7～8 为宜。

对于河流中的水流速度，可通过实测得到，但对于导流洞围堰在爆破后的水流速度则难于确定，这是因为，围堰爆破后过流断面无法确定，因而分流量、流速也就无法确定。即便过流断面确定了，由于导流洞与河床的位置关系以及边界条件等不同，也难以准确确定分流量和流速。因此，导流洞围堰爆破后的分流流速需通过模型试验来确定。

在大江截流后，导流洞将完全承担导流任务，此时，可根据导流洞进出口水头差确定流速，按式（8.4-4）即可确定允许最大爆渣块度，超过此块度尺寸，就不能被水流冲走，将留在导流洞内，对导流洞的过流、安全等产生不利的影响。

2. 冲渣块度与起动速度模型试验

由导流洞分流能力、围堰爆破后的过流断面、流速等，可确定最大爆渣块度与起动流速的关系。用散粒料模拟岩基的冲刷，其实质上就是以模型散粒体冲料起动流速与原型岩基的起始冲蚀流速相似的条件确定模型冲料的粒径。

根据《水工（常规）模型试验规程》（SL 155—2012）的规定，按重力相似准则设计，模型与原型保持几何相似、水流运动相似和动力相似，经分析计算，模型水流处于阻力平方区，满足水流相似要求。相应参数比尺为：时间比尺为 $\lambda_t=\lambda_l^{1/2}$；流量比尺为 $\lambda_Q=\lambda_l^{5/2}$；流速比尺为 $\lambda_v=\lambda_l^{1/2}$；糙率比尺为 $\lambda_n=\lambda_l^{1/6}$。

原型允许流速给定后，根据重力相似定律将 V 值换算成模型流速，这个模型流速就是散粒体的起动流速，用它选取相应的模型冲料粒径，应用式（8.4-4）可试验得到爆渣块度与起动流速的关系。如原型流速选为 4～5m/s，模型长度比尺为 1∶50，模型砂选用 $D_{50}=5.3$mm 的普通河砂，其起动流速约为 0.6m/s，相应于原型流速 4.24m/s。

通过模型试验，可测得围堰爆破后的导流洞分流量、堰顶流速、爆渣堆积形状，以及便于分流的缺口位置等。

3. 围堰爆破即时过流瞬间的水流力学参数

在围堰爆破后的瞬间，一般情况下，水流将从爆堆的最低缺口处进行过流，由于爆渣将主要堆积在围堰内外两侧，只是利用爆堆顶部至水面的横断面进行过流，导流洞的分流能力还未发挥出来，水流量较少，流速也不会很大，如要求利用堰顶水流冲渣，则要求水流速度很大，或将围堰炸成更小块度的爆渣。

围堰爆破往往利用起爆技术，首先形成爆堆最低缺口，让水从爆破缺口最低处流入、下泄，在底部形成较大的流速，将围堰爆渣堆积体的底部爆渣冲走，到一定程度后，围堰堆积体由于底部被水流掏空将发生坍塌，围堰堆积体上部的过流断面将增大，流量、流速也增大，块度适宜的爆渣将被水流冲走。这与水力学中的溢流坝水流下泄情况有些类似。表征其水力特性的水力要素有单宽流量 q_c、水深 h_c 及流速 v_c。现以溢流坝为例来讨论如何确定这些水力要素。

泄流收缩断面力学要素如图 8.4 - 1 所示。显然，沿坝面下泄的水流由于势能不断地转化为动能，在下游坝趾最低处必然形成收缩断面 c—c。取通过收缩断面槽底的水平面作为基准面，则坝段水流（从 0—0 断面到 c—c 断面）的能量方程：

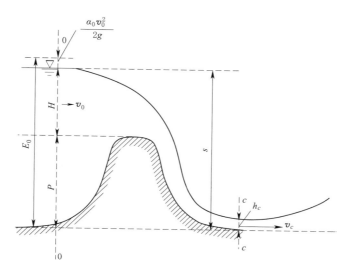

图 8.4 - 1　泄流收缩断面力学要素

$$E_0 = h_c + \frac{\alpha_c v_c^2}{2g} + h_w \qquad (8.4-5)$$

式中　E_0——相对于收缩断面最低点的上游总水头；

　　h_c、v_c——收缩断面水深与流速；

　　　α_c——收缩断面水流的动能修正系数；

　　h_w——坝段水流的水头损失，可表达为

$$h_w = (\xi + \lambda) v_c^2 / 2g \qquad (8.4-6)$$

式中　ξ——溢流坝局部阻力系数；

　　　λ——坝面沿程阻力系数。

　　令流速系数

$$\varphi = 1/\sqrt{a_c + \xi + \lambda} \qquad (8.4-7)$$

则式（8.4 - 5）可写作

$$E_0 = h_c + \frac{v_c^2}{2g\varphi^2} \qquad (8.4-8)$$

可见收缩断面的流速表达式为

$$v_c = \varphi \sqrt{2g(E_0 - h_c)} \qquad (8.4-9)$$

一般的收缩断面是矩形断面，故以 $v_c = q_c/h_c$ 代入式（8.4 - 8）得

$$E_0 = h_c + \frac{q_c^2}{2g\varphi^2 h_c^2} \qquad (8.4-10)$$

式（8.4-10）为溢流坝收缩断面水深的关系式，可知收缩断面水深 h_c 取决于 E_0、q_c 及 φ；而 $E_0 = P + H_0$。在工程计算中，下游高坝 P 是给定的。收缩断面的单宽流量 q_c 和堰上水头 H_0，将给定其中的一个而用堰流公式 $q = \sigma_c m \sqrt{2g} H_0^{3/2}$ 去求得另一个。于是只有流速系数 φ 值尚待确定。

流速系数 φ 主要反映坝段水流水头损失的程度。局部水头损失与堰型、坝高及入流条件有关。沿程水头损失主要与单宽流量及坝面流程有关，坝面糙率和反弧曲率也有一定的影响。由于影响因素复杂，一般仍采用经验公式来估算。

$$\varphi = 1 - 0.0155 \frac{P}{H} \tag{8.4-11}$$

$$\varphi = \left(\frac{q^{2/3}}{s} \right)^{0.2} \tag{8.4-12}$$

式中　s——坝前库水位与收缩断面底部的高程差，m；

　　　q——单宽流量，$m^3/(s \cdot m)$；

其余符号意义同前。

4. 最大允许爆渣块度与流速关系分析

由截流后导流洞正常分流时的流速：可得允许爆渣块度最大值的上限；由堰顶流速：可得可启动的爆渣块度最大值；由洪水期的流速：可得爆渣块度最大值的极限值；用瞬间流速验算块度能否可能冲走。如试验得到堰顶的流速为 3.0m/s，则按式（8.4-4），可得利用堰顶水流冲渣的最大爆渣块度为 0.14m；导流洞正常分流时，如导流洞内的流速达到 5.0m/s，可得到最大爆渣块度为 0.39m；如洪水期最大流速达 10.0m/s，可得爆渣块度最大值的极限值为 1.56m，个别大块不超过 1.56m 也可在洪水期被冲走，但这涉及导流洞的冲刷破坏问题。因此，围堰拆除爆破应尽可能将爆渣块度控制在 0.39m，才能利用截流流量将爆渣冲走。

8.4.2.2　导流洞进出口围堰拆除技术

在导流洞即时过流围堰拆除爆破中，需解决两大关键技术问题：即满足一定流速条件下水下爆破块度的确定和实现这一爆渣块度的水下爆破参数计算。

（1）爆破块度的确定。根据围堰的实际情况，分析爆破后不同流量情况的水流速度，根据一定流速条件下的爆渣能被水流冲动的最大允许爆破块度尺寸计算公式，确定允许爆破块度。

（2）炸药单耗的确定。在允许爆破块度尺寸确定后，利用水下块度分布预测模型，计算炸药单耗，并据此确定相应的爆破参数。

（3）爆堆形状的确定。根据水力学分析或水力学模型试验，确定有利于即时过流的爆堆形状、最先过流的缺口位置及尺寸。通过起爆网路设计，选择合理的起爆位置、起爆顺序，确保爆破后的爆堆形状、最低爆破缺口的位置及尺寸等，实现导流洞围堰爆破后即时过流。

（4）进出口围堰起爆顺序的确定。为实现导流洞围堰爆破后即时过流，一般要求进口围堰与出口围堰同时爆破。从技术角度来讲，进、出口围堰同时起爆不存在任何问题，但从安全角度或者心理角度来分析，又担心万一进口或出口围堰起爆后，另一个围堰的起爆出现问题怎么办的问题，因此又希望两者起爆有一个时间差。由于出口围堰的水位相对进口围堰水位要低些，如在出口围堰起爆后，进口围堰起爆不成功，从出口围堰通过导流洞倒流至进口围堰处的水流还不至于影响进口围堰的下一步处理；反之，如在进口围堰起爆后，出口围堰起爆不成功，从进口围堰通过导流洞下泄至出口围堰处的水流将淹没出口围堰，影响出口围堰的下一步处理。从这一角度来分析，出口围堰应先于进口围堰起爆，两者的时间差根据导流洞的长度确定，一般以水流到达导流洞上游 $1/2 \sim 2/3$ 为宜。

8.4.3 工程案例

8.4.3.1 小湾导流洞进出口围堰爆破拆除

1. 工程概况

小湾水电站在左岸布置两条导流洞，受地形、地质等条件限制，围堰均距离被保护物很近，特别是进口围堰，距离进水塔的最小距离仅为 5m，需拆除部位与引渠边墙紧连。进口围堰顶高程 1018.00m，其中高程 996.00～998.00m 以上为混凝土围堰，以下为预留岩埂，岩埂属于花岗片麻岩，节理裂隙发育，要求爆破拆除至 988.00m 高程。出口围堰堰顶高程 1008.00m，其中高程 992.00～994.00m 以上为混凝土围堰，以下为预留岩埂，岩性与结构基本与进口相似。

2. 爆破方案

由于围堰拆除方量大，超过 3 万 m³，且堰内堆渣空间严重不足，因此前期应尽可能进行预拆除，尽量减小最后一次爆破方量。同时由于堰前堆渣及淤泥已达 1003.00m 高程，爆后堆渣还将升高，而爆破时的进口水位在 1004.00～1008.00m 高程之间。为保证爆后水流能直接冲渣，必须使渣堆形成一边高一边低的形态，即形成冲渣过流的最低缺口。综合分析后，确定爆破方案如下：

前期采用常规爆破方法将围堰堰顶降低，进口由高程 1018.00m 降低到高程 1010.20m，出口由高程 1008.00m 降低到高程 1000.00m，剩余堰体进出口一次爆除。主体围堰采用由堰内向堰外钻水平孔或缓倾角斜孔的布孔方式，通过调整起爆顺序，在合适位置形成最低爆破缺口，以便顺利过流冲渣。在底板和两边壁布置预裂孔，对围堰堰体实施三面预裂，保持周边平整，并达到减震目的。爆破块度控制在 30cm 以下，其中大于 30cm 的块度不大于 10%，便于爆渣由水流冲走。

整体原则为：多钻孔、高单耗、低单段，高精度分段，确保爆破和冲渣效果，确保周围保护物的安全。

3. 爆破参数

（1）钻孔直径。采用液压潜孔钻造孔，其中预裂孔、混凝土上的主爆孔钻孔直径为 90mm，基岩部位钻孔直径为 110mm。为防止塌孔，基岩部位的炮孔均用 ϕ90mm 高强度 PVC 套管进行护孔。

（2）炸药单耗。根据水力学模型试验成果，要求爆渣块度控制在 30cm 以下，按水下爆破块度预测模型以及水下爆破炸药单耗计算方法，在考虑基岩有压渣及水压的情况下进行抛掷，单耗选择在 1.5～2.5kg/m³ 之间。

（3）孔网参数。岩埂底部采用高单耗，爆破参数按 1.25m×1.25m 布置；岩埂上部按 1.5m×1.5m 布置；炮孔按 5°下倾角，平行于导流洞轴线布置。围堰上部混凝土考虑分缝的影响，将水平炮孔布置在两条分缝的中心位置，进口围堰混凝土分缝高度为 1.5m，其上布置的孔网参数则为 1.5m×1.5m，出口围堰混凝土分缝高度为 2m，则炮孔实际布置为 1.2m×2.0m。

根据分流模型试验研究结果，进口 2 号洞分流较 1 号洞困难，为了保证 2 号洞也能顺利分流，在 2 号导流洞围堰上部布置垂直孔。炮孔深度为 5.5m 左右，高程 1010.20～1004.70m，孔网参数为 1.2m×1.2m。

（4）到临空面的距离。为克服堰外水压和压渣对炮孔底部的约束，减小大块率。孔底距离临空面的距离按 1.0～1.2m 设计。

（5）装药结构。爆破孔采用连续装药结构，乳化炸药的延米装药量为 4.2kg/m，全部装 ϕ70mm 的药卷。为了保证装药到位，基岩岩埂采用定制的塑料壳包装的乳化炸药。

（6）填塞长度。为防止过多爆破飞石，保证爆破效果。主爆孔的填塞长度：当间排距为 1.5m 时，取 1～1.2m；当间排距为 1.25m 时，取 0.8～1.0m。填塞物为袋装沙。

（7）预裂孔爆破参数。两侧预裂孔间距为 0.8m，线装药密度为 500g/m，孔口填塞长度为 1.0m，采用导爆索将 ϕ32mm 药卷绑扎成串状的装药结构。为克服上部压重对岩埂底部爆破效果的影响，底部预裂孔间距 1.2m，线装药密度 1.0kg/m。

4. 起爆网路

（1）雷管选择。围堰拆除追求最佳的爆堆形状，最合理的抛掷方向，最优化的抛掷顺序，最佳的减震效果，对起爆顺序和起爆时间的准确性要求很高，传统的非电雷管和非电起爆系统难以满足要求。而该次爆破距重要建筑物较近，为减小爆破振动的破坏影响，必须严格控制单段药量，要求段与段之间尽可能不重段，同时考虑降震的需要，这就对孔间起爆时差提出了更高的要求。根据这种要求，决定选择高精度导爆管雷管。

1）孔间传爆雷管的选择。利用堰前预拆除爆破安全监测资料进行了谱分析。从分析结果来看大多数预裂实测波形的主频范围在 30～40Hz 范围，深孔爆破主频范围一般在 30～60Hz 之间，主振周期是 33～17ms。根据频谱分析的成果，从理论上讲段间起爆时差在 16.5～8.5ms（半周期）之间即可起到降振作用。因此，孔间采用 17ms（局部采用 9ms）雷管接力

2）排间传爆雷管的选择。在考虑起爆雷管延时误差的情况下，必须保证前后排相邻孔不能出现重段和串段现象，杜绝前排孔滞后或同时于后排相邻孔起爆。因此排间雷管的延时误差应尽可能小于孔间雷管的延时。根据孔间选择 17ms 延时的情况，选择 42ms 做排间雷管延时。

3）起爆雷管的选择。为防止先爆孔产生的爆破飞石破坏起爆网路，对于孔内雷管的延期时间必须保证在首个炮孔爆破时，大部分接力起爆雷管已起爆。这就要求起爆雷管的延时尽可能长些，但延时长的高段别雷管其延时误差也大，为达到排间相邻孔不串段、重段，同一排相邻的孔间尽可能不重段的目的，高段别雷管的延时误差不能超过排间接力传爆雷管的延时值，对单段药量要求特别严格的爆破，高段别雷管的延时误差还不能超过同一排孔间的接力雷管延时值。综合考虑，孔内延时雷管选择 600ms。

（2）起爆方案。由于 1 号、2 号导流洞进、出口围堰需一次爆破，为实现导流洞围堰

爆后即时过流，起爆方案需解决三个方面的问题：一是围堰爆破最低缺口选择问题，二是同一导流洞的进口围堰与出口围堰起爆顺序问题，三是两条导流洞围堰起爆顺序问题。

1）爆破最低缺口位置选择。根据模型试验，下游侧过流条件比较好，爆破必须在下游侧炸出最低缺口。因此起爆网路应从上游侧开口，后续炮孔依序向上游侧抛掷，使爆渣尽量向上游侧堆积，为下游侧炸出最低高程创造条件。

2）同一导流洞进出口围堰起爆顺序选择。为避免石渣和水流破坏出口围堰爆破拆除的网路。经综合分析，确定出口围堰先爆，进口围堰随之起爆。

3）1号、2号导流洞围堰起爆顺序选择。由于抛掷方向是向上游侧，为保护起爆网路的安全，上游侧2号导流洞围堰先于1号导流洞围堰起爆，2号导流洞的进口、出口围堰的起爆时间均比1号导流洞提前300ms。

5. 爆破效果

爆渣按设计的方向向上游侧堆积，在下游侧形成了最低缺口，整个爆破总装药量55t，总方量2.9万 m^3，最大单段药量108kg，总分段数919段，平均炸药单耗1.90kg/m^3。

爆破后的巡视检查表明，爆破飞石均控制在安全范围内，进水塔、闸门槽及防护闸门均完好无损。爆破振动测试结果表明，各结构体的基础质点振动速度控制在15cm/s以内。爆破取得了圆满成功，分流效果理想。1号导流洞爆破后不到20s，开始过水，爆破石渣整体向洞内推移，60s以后，进口处石渣已经完全被水流带走，2min左右，出口开始出水，3.5min后，出口石渣基本冲走，只轻微看到有水流在出口形成"龙抬头"的现象，10min以后，出口1号导流洞水流开始变平缓，出口石渣被冲走。2号导流洞进口在爆破后2min左右，开始大量过流，10min后，石渣基本被冲走，出口在12min左右开始大量过流，20min以后2号导流开始平稳分流，根据中国电建集团昆明勘测设计研究院有限公司小湾设计代表处的测算，在爆破后30min，导流洞进口江面水位即下降2.6m，分流比达到50%（见图8.4-2）；第二天（24h后）分流比超过75%，分流效果超过预期。

（a）爆破前进口围堰

图8.4-2（一）　小湾导流洞进出口围堰爆破拆除

（b）爆破后30min导流洞进口过流情况

（c）爆破后30min导流洞出口过流情况

图 8.4－2（二）　小湾导流洞进出口围堰爆破拆除

8.4.3.2　构皮滩导流洞进出口围堰拆除爆破

1. 工程概况

构皮滩电站处于高山峡谷地区，受地形、地质条件限制，导流隧洞分左右岸布置。围堰离进水塔和闸门的最小距离不足 25m，与明渠边墙紧连。受左右岸边坡爆破开挖石渣下河影响，爆破拆除期间水位涌高，且变幅不定，左右岸两个围堰之间距离很近，爆破时存在相互影响。

左岸围堰堰顶高程 452.00m，上部为毛石混凝土，高程 438.00～440.00m 以下为石灰岩，岩石较破碎，节理裂隙较发育。堰前基岩以上部分存在 1～4m 的松渣堆积层，堰后经过后期开挖，形成一个直立的坡。前期已将堰顶降低至 445.00m 高程。因堰外水位涌高，堰内进水，在高程 445.00m 以上又加修了一个挡水围堰。防渗灌浆孔是从堰顶452.00m 高程钻孔到 427.00m 高程。围堰（包括岩埂）拆除至高程 434.00m。

右岸围堰堰顶高程 450.37m，高程 440.00～441.00m 以下为预留岩埂，上部为 C10毛石混凝土，顶宽 2m，两端与明渠进口两侧山坡相连。围堰浇筑时不均匀地埋有毛石，且模板采用了 φ12mm 钢筋拉条（1.5m×1.2m），防渗灌浆孔从堰顶 450.37m 高程钻孔到 427.00m 高程。堰外基岩以上部分有 2～5m 的松渣堆积层，存在大量超径石，堰后基岩部分的坡度为 1：2。围堰（包括岩埂）拆除至高程 434.00m，拆除垂直高差 16m。

2. 爆破方案

（1）左岸围堰。左岸提闸开门爆破，靠水流冲渣，为保证形成最低缺口，选择围堰两端同时开口，爆渣向围堰两侧同时抛掷，最后在中部形成最低缺口。炮孔布置采用由堰内向堰外的倾斜布置，同时可利用倾斜孔的前抛作用使爆渣大量向河心抛掷，降低整个爆堆的平均高度。堰外基岩部位最靠外侧的两排炮孔增加单耗，尽量做到抛掷和破碎堰外松渣中的大块石。

（2）右岸围堰。采用关门放炮，机械清渣。堰体是上窄下宽的梯形结构，上部为混凝土，下部为基岩。基岩向堰外延伸很远，堰顶钻孔很难到位，所以基岩部位采用在堰内向堰外钻一定倾角的倾斜孔，钻孔在堰内进行；上部混凝土采用垂直孔，钻孔在堰顶进行。起爆时，上部垂直孔首先起爆，爆渣向围堰外侧大量抛掷，然后下部水平孔自上而下顺序起爆。

3. 爆破参数

（1）钻孔直径。主爆孔和预裂孔采用潜孔钻造孔，钻头直径选用 110mm。

（2）钻孔布置。左岸采用正方形或矩形布孔。右岸上部混凝土部位（高程 441.5m 以上）采用梅花形交叉布孔，下部混凝土和基岩部位采用正方形布孔。

（3）爆破块度。左岸围堰"开门放炮"，依靠水流冲渣，根据其流速和流态，爆破块度控制在 40cm 以内（大块率不超过 5%），可以顺利冲渣。右岸围堰"关门放炮"，机械清渣，为方便挖渣，右岸的爆破块度也按 40cm 控制。

（4）炸药单耗。考虑基岩有压渣及水压的条件和抛掷需要，最低单耗选为 1.5kg/m³。

（5）孔网参数。为确保岩埂基岩的爆破效果，并考虑到底部钻孔条件复杂，还有透水等因素的影响，炮孔适当加密。左岸底部基岩按 $a \times b = 1.5m \times 1.25m$ 布置，中上部按 $a \times b = 1.50m \times 1.50m$ 布置；右岸底部基岩及中上部孔均按 $a \times b = 1.50m \times 1.50m$ 布置。

（6）装药结构。爆破孔均采用连续装药结构，炮孔底部装直径为 70mm 的乳化炸药，装药量为 4.2kg/m；扇形孔的上部局部考虑装直径为 65mm 的乳化炸药，延米装药量为 3.5kg/m。

（7）填塞长度。当间排距为 1.5m 时，取 1.2～1.3m；当排距为 1.25m 时，取 1.0～1.1m。由于是扇形布孔，孔口的间排距相对较小，孔口部位采用各孔不同深度装药结构，同时填塞长度也不同，保证单耗控制在 1.5kg/m³ 以内。填塞物为袋装砂。

（8）单段药量。围堰拆除的爆破单段药量按 150kg 设计，深孔按单孔单段起爆，浅孔则按 2 孔或多孔一段起爆。

4. 爆破网路

（1）雷管选择。孔间传爆雷管：根据类似工程经验，围堰爆破振动波的主频范围一般在 30～60Hz 之间，主振周期 17～33ms。理论上段间起爆时差在 16.5～8.5ms（半周期）之间即可起到降震作用。因此孔间采用 17ms（局部采用 9ms）低段雷管接力。

排间传爆雷管：考虑起爆雷管延时误差下，必须保证前后排相邻孔不能出现重段或串段现象，杜绝前排孔滞后或同时于后排相邻孔起爆。因此排间雷管的延时误差应小于孔间雷管的延时，综合比较，选择 42ms 做排间雷管。

孔内起爆雷管：为防止由于先爆孔产生的爆破飞石破坏起爆网路，对于孔内雷管的延期时间必须保证在首个炮孔爆破时，大部分接力起爆雷管已起爆。这就要求起爆雷管的延时尽可能长些，但延时长的高段别雷管其延时误差也大，必须做到高段别雷管的延时误差不能超过排间接力传爆雷管的延时值。综合考虑，孔内延时雷管选择 600ms。

（2）起爆方案。

1）左岸围堰起爆方案。左岸采用水流冲渣，必须形成最低缺口，即渣堆一部分高于平均高程，另一部分低于平均高程，低高程即为便于冲渣过流的低缺口。为保证最低缺口的实现，爆炸开口选在高堆渣部位。综合分析左岸围堰的形体，最低缺口在中部形成最有利于冲渣，因此开口位置选择在围堰两端，同时起爆，开口后的各排炮孔按一定的抛掷方向向缺口部位抛掷，在中间部位形成最低缺口。

2）右岸围堰起爆方案。右岸采用机械清渣，由于围堰上游侧有一条出渣路，渣路可以直达围堰引渠中部，因此选择围堰爆渣向中部堆积。开口方向选择在围堰中间，两端顺序向该部位抛掷。

5．爆破效果

构皮滩水电站导流洞进出口围堰于 2004 年 11 月 11 日顺利实施爆破拆除。右岸围堰首先起爆，随后左岸围堰也顺利起爆，预先设计的爆破缺口和爆堆形状全部形成。其中爆破后不到 20s，左岸导流洞开始过水，爆堆石渣整体向洞内推移，1min 以后，进口石渣已经完全被水流带走，3min 左右，出口开始出水，30min 后，出口石渣基本冲走，只轻微看到有水流在出口形成"龙抬头"现象。整个爆破总装药量 16.4t，总方量 1.1 万 m^3，最大单段药量 150kg，平均炸药单耗 1.49kg/m^3。

爆破后的巡视检查表明，爆破的飞石均控制在安全范围内，进水塔、闸门槽及防护闸门均完好无损。爆破震动测试结果表明，各保护物的基础质点震动速度控制在 10cm/s 以内。爆破取得了圆满成功，分流效果理想。

8.4.3.3　深溪沟水电站导流洞预应力围堰爆破拆除

1．工程概况

深溪沟水电站枢纽建筑物沿坝轴线方向自左至右依次布置为：左岸挡水坝、3 孔泄洪闸、1 孔排污闸、河床式厂房及 2 条泄洪冲沙洞（与导流洞全结合）等建筑物。

深溪沟水电站导流洞共 2 条，导流洞进口围堰自下游至上游分别为 1 号、2 号围堰。围堰结构复杂，上部采用混凝土围堰，下部为预留岩坎，围堰内侧有多级混凝土台阶。围堰下基岩岩性为白云质灰岩和白云岩，河床基岩浅表呈中等透水性，上、下游围堰以含漂卵砾石层作为地基，漂石块径 20～70cm，卵石粒径 4～9cm，成分较杂，以花岗岩、砂岩、白云岩为主。

为保证围堰整体的稳定性，预留岩坎采用锚杆和锚索加固，并采用 27 束长 32m 的预应力锚索将上部混凝土与下部岩坎进行锚固加固。

1 号、2 号围堰顶部宽约 4m；从 636.50m 高程拆除至 616.00m 高程，拆除高度为 20.5m；围堰轴线长度分别为 48.0m、50.1m；616.00m 高程处底宽分别为 13.7m、15.3m；1 号、2 号围堰拆除总方量约 9000m^3。

根据工程提前分流的要求，导流洞围堰必须在 2007 年 10 月底完成拆除工作。

2. 工程特点

深溪沟水电站导流洞进口围堰与常规围堰相比，具有以下工程特点：

（1）预应力围堰。为保证围堰在汛期的稳定性，围堰上共布置了 27 束锚索，其中 1 号围堰上布置了 15 束锚索，2 号围堰上布置了 12 束。锚索长约 32m，设计载荷为 2000kN，每孔锚索有 12 根 $\phi15.24mm$ 无黏结钢绞线。

（2）围堰内的锚索需切断。围堰拆除底高程 616.00m 以上锚索长度有 20.5m，而锚索孔至闸门槽的最小距离只有 17.5m，如在爆破拆除过程中不对锚索进行切断，爆破后处于自由状态的锚索将随水流漂至闸门槽附近，将影响闸门的正常启闭。

（3）部分围堰混凝土需保留。1 号围堰长度为 48.0m，根据导流洞进口设计体型的要求，实际需拆除长度为 46.2m，在 1 号围堰下游侧有 1.8m 围堰混凝土需保留，作为进口垂直边坡，且作为 636.50m 高程以上护坡混凝土的基础使用。

2 号围堰长度为 50.1m，实际需拆除长度为 39.3m，在 2 号围堰下游侧有 10.8m 围堰混凝土需保留，作为进口边坡使用，坡比为 1∶0.64，且作为 636.50m 高程以上护坡混凝土的基础使用。

（4）距防护对象近。导流洞进口围堰与永久建筑物距离较近，其中 1 号围堰距离导流洞下游侧闸墩的最小距离仅为 0.2～0.3m，2 号围堰距离导流洞下游侧闸墩的最小距离为 1.2m，且与进口明渠的右边墙紧连。围堰对岸约 200m 处为运行繁忙的成昆铁路。

（5）爆破块度控制要求高。深溪沟导流洞的平均坡降仅 0.1% 左右，且主流方向与导流洞进口轴线不一致，对冲渣不利；导流洞后期将作为泄洪冲沙洞使用，要求导流洞内的石渣尽可能被水流冲走。因此，要求爆渣粒径控制在 30cm 以下，其中大于 30cm 的块度不大于 10%。

3. 爆破参数

（1）爆破拆除设计总体方案。根据围堰的结构特点以及大渡河的水文情况，深溪沟导流洞进口围堰爆破拆除设计总体方案为：首先解除围堰预应力，然后进行堰内削薄处理，再根据水位情况分层爆破，同时结合试验情况，用爆破法或机械切割法对影响导流洞闸门运行的部分锚索进行处理。

（2）堰内削薄爆破拆除设计。由于深溪沟导流洞的平均坡降仅 0.1% 左右，流速相对较小，且主流方向与导流洞进口轴线不一致，对冲渣不利。因此，应尽可能减少最后一次爆破的方量，也即尽可能增大堰内削薄爆破的方量。

第一次削薄范围为 623.00m 高程以下部分，采用垂直浅孔，孔径 42mm，孔深 2.0～3.0m，孔间距 1.2m，排距 0.8m，炸药单耗 0.6～0.75kg/m³。

第二次削薄范围为 625.00m 高程以下部分（含 625.0m），采用垂直深孔，孔径 90mm，孔深 4.0～9.0m，孔间距 1.2m，排距 1.0m，炸药单耗 0.6～0.75kg/m³。

（3）分层爆破拆除设计。根据成都勘测规划设计研究院深溪沟项目部提供的水文资料，若 10 月中旬拆除围堰上层，该时期水位变幅大，应根据水文气象预报选择适当的拆除水位，需考虑至少 2 年一遇洪水 2410m³/s 的影响，拆除最低高程应不低于 628.50m；若 10 月下旬拆除围堰上层，可按 $P=10\%$ 旬平均流量 1720m³/s 考虑，拆除最低高程范围为 627.00～627.50m。经综合考虑，设计分两层进行拆除，第 I 层、第 II 层拆除分界高程确定为 628.50m。

1）第 I 层拆除爆破参数设计。第 I 层拆除顶高程为 636.5m，拆除底高程为 628.5m，最大拆除高度为 8m。布置 6 排垂直炮孔，其中第三排为沿锚索孔中心线布置的需用潜孔钻机钻凿的深孔，其余均为用手风钻钻凿的浅孔，在第 I 层、第 II 层分界高程 628.5m 处布置有水平预裂孔。

深孔爆破参数：孔径 90mm；垂直钻孔，孔深 7.5m，孔底距水平预裂孔 0.5m；最小抵抗线 $W = 1.2$m；炮孔间距为 1.4～2.5m；炸药为 ϕ70mm 乳化药卷；炸药单耗 0.75kg/m³。

浅孔爆破参数：孔径 42mm；垂直钻孔，孔深 1.2～3.2m；孔间距 1.25m，排距 0.6～0.8m，梅花形布孔；炸药为 ϕ32mm 乳化药卷；炸药单耗 0.6～0.75kg/m³。

采用孔内高段（MS13 或 MS15）、孔间 MS3（局部 MS2）、排间 MS5 普通塑料导爆管雷管接力起爆网路。

2）第 II 层拆除爆破参数设计。在第 I 层拆除完成后，水位只有 625.00m 高程，经研究决定第 II 层拆除顶高程在原设计高程 628.50m 的基础上再降低 2.5m，因此，1 号、2 号围堰第 II 层拆除实际高程为 626.00m，拆除高度是 10.0m。两个围堰的爆破参数基本相同，仅在边界上略有差异。

1 号、2 号围堰垂直主爆孔爆破参数：采用潜孔钻钻孔，钻孔直径 90mm；垂直孔梅花形布置；孔深 9.4～11.5m；锚索孔连线上的垂直主爆孔的炮孔间距为 1.25～2.0m（根据锚索孔的具体位置确定），其余垂直主爆孔的间排距为 1.5m×1.5m；炸药单耗 1.6kg/m³ 左右；主爆孔均采用 ϕ70mm 乳化药卷连续装药的装药结构；填塞长度取 1.2m；最大单孔药量约为 40.0kg。

1 号、2 号围堰浅孔爆破参数：采用手风钻钻孔，钻孔直径 42mm；采用垂直孔；孔深 0.9～3.0m；孔间排距为 1.0m×1.5m；炸药单耗 0.9kg/m³ 左右；采用 ϕ32mm 乳化炸药连续装药的装药结构；填塞长度取 0.5m；最大单孔药量约为 2.1kg。

为了使围堰拆除爆破后留下一个平整的过流面，在 616.00m 高程处布置一排水平预裂孔，水平预裂孔爆破参数：钻孔直径 42mm；孔距为 0.4～1.2m，一般为 0.8m；孔深 1.0～3.4m；线装药密度 400g/m；采用双股导爆索将 ϕ32mm 乳化药卷绑扎成串状的装药结构。

采用孔内高段（1025ms）、孔间 25ms（局部 9ms）、排间 65ms 的高精度塑料导爆管雷管接力起爆网路。

（4）围堰混凝土保护性爆破拆除设计。在 1 号围堰下游侧有 1.8m 围堰需保留，作为进口垂直边坡；在 2 号围堰下游侧有 10.8m 围堰需保留，作为进口边坡（坡比为 1：0.64），且均作为 636.50m 高程以上护坡混凝土的基础使用。

为此，在第 I 层、第 II 层围堰拆除爆破中，该部位均采用"预裂-光爆双保护层"爆破拆除技术，即在围堰内侧最终边界处布置光爆孔，预留一定的光爆层厚度，平行于光爆孔布置预裂孔。

光爆孔和预裂孔均采用潜孔钻钻孔，孔径均为 90mm，孔间距均为 0.8m，光爆孔与预裂孔间距取 1.0m。边墙预裂孔的线装药密度为 400g/m，光爆孔的线装药密度为 300g/m，均采用 ϕ32mm 乳化炸药药卷捆绑在双股导爆索上，填塞长度取 0.8m。

（5）围堰锚索切断试验与处理方法。由于围堰拆除的工期较紧，没有时间做专门的锚索切断爆破试验，只能结合第Ⅰ层围堰拆除爆破，进行了锚索爆破切断试验。

在炮孔布置上，在锚索孔的前后左右紧靠锚索孔布置 4 个深孔和在锚索孔左右紧靠锚索孔布置 2 个深孔的布孔方案；在装药结构上，采用对称装药和非对称装药两种装药结构。第 1 次试验采用乳化炸药，爆破后，锚索没有被切断。又在第Ⅱ层顶部 2.5m 的拆除爆破中，进行第 2 次试验，紧贴并围绕锚索钻了 4～5 个孔，在锚索的一侧装 2 号岩石硝铵炸药，并装了 15m 左右的导爆索结加强起爆，爆破后，锚索仍没有被切断，只是锚索表皮有些被炸的痕迹。

分析锚索没有被炸断的原因，一是围堰上每孔锚索有 12 根 ϕ15.24mm 无黏结钢绞线组成，从其预应力为 2000kN 就可看出锚索的抗拉强度非常大，不易被切断；二是由于无法采用高威力聚能装药结构形式，普通炸药的爆炸威力不够；三是在锚索预应力解除后，锚索顶部已处于自由状态，炸药爆破能量只是将锚索从顶部锚固墩中抽出，而无法炸断锚索。

对于本工程而言，围堰采用分层爆破法予以拆除，用爆破法切断锚索仅仅是试验，并不是必需的。在第Ⅰ层拆除完成后（拆除高度为 8m），采用人工机械方法切断露出的锚索后，锚索长度已由 20.5m 变成了 12.5m；在原第Ⅱ层拆除设计顶高程基础上降低 2.5m 后，又采用人工机械方法对出露的锚索进行切断，此时锚索长度又由 12.5m 变成了 10.0m。因此，1 号、2 号围堰第Ⅱ层拆除爆破后，残留的锚索长度只有 10.0m，小于锚索孔至闸门槽的最小距离 17.5m，不会对闸门启闭产生任何影响。

4. 爆破效果

2007 年 10 月 16 日 1 号进口围堰第Ⅰ层（636.50～628.50m 高程）爆破，2007 年 10 月 17 日 2 号进口围堰第Ⅰ层（636.50～628.50m 高程）爆破，2007 年 10 月 29 日 1 号、2 号进口围堰第Ⅱ层（626.00～616.00m 高程）同时爆破。

堰内削薄部分以及第Ⅰ层拆除爆破后，没有产生过多的飞石，爆破块度满足现场机械设备的铲装能力的要求；临近边坡以及距爆区只有 0.2～0.3m 的永久建筑物没有受到任何损坏；采用"预裂-光爆双保护层"爆破拆除技术后，边坡成型效果好，1 号、2 号围堰需保留部分残留半孔率达 98%，达到了部分围堰混凝土保护性爆破拆除的目的。

1 号、2 号进口围堰第Ⅱ层爆破时，两个围堰的起爆网路相对独立，1 号围堰用 1025ms 高段雷管作为起爆雷管，并将之与 2 号围堰起爆点的雷管并在一起，用即发电雷管起爆，使 1 号围堰滞后 2 号围堰 1025ms 起爆。爆破后导流洞实现了即时分流，从分流效果来看爆破块度达到预期效果；爆破飞石控制在安全允许范围内，没有对附近建筑物产生任何影响，正对爆区 200m 的成昆铁路正常运行也没有受到任何影响。

1 号、2 号进口围堰拆除爆破安全监测结果表明，爆破在导流洞进口闸门槽、边墙以及进水塔产生的振动影响均明显低于设计的安全允许振速，爆破没有对进口闸门、进水塔、进口边坡以及新浇混凝土等防护目标产生危害影响。

8.4.3.4 彭水水电站导流洞出口岩坎拆除爆破

1. 工程概况

乌江彭水水电站导流洞出口岩坎是开挖后形成，由于电站位于高山峡谷地区，受地质、结构等条件限制，岩坎离保护体较近，其边缘的最小距离不足 30m，拆除部位与明渠边墙紧连。

岩坎顶部经前期爆破已降至高程 220.00m，要求拆除至高程 208.00m，最大拆除高度为 12m。经过预拆除后围堰外侧开挖形成了 1∶0.5 左右的坡面，但堰外堆积有大量松渣，且块度不均匀，堆积高程为 215.00m，即使经挖渣处理，堆渣仍可能在 212.00～210.00m 高程。堰内为陡峭的原始地形。在 1 号与 2 号导流洞明渠出口处，预留中墩。一次拆除方量：1 号围堰约 5600m³，2 号围堰约 6400m³。

2. 爆破方案

爆破技术要求：应将爆渣充分破碎，粒径控制在 30cm 以下，超径率不超过 10%；将爆渣抛向堰外，爆堆形成一个最低缺口，便于过流冲渣；应确保周围建筑物的安全；轮廓面开挖采用预裂爆破，形成良好壁面，起减震作用。

经方案论证，形成方案如下：在围堰底部 208.00m 高程布置水平预裂孔，以降低爆破对导流出口明渠底板混凝土的影响，提高导流洞明渠出口岩石底板的抗冲刷能力；导流明渠边坡开挖采用预裂爆破，同时布置缓冲孔，以确保边坡开挖质量；中部布置竖直向炮孔，采用"高单耗、低单段"围堰拆除技术，实现炸碎与安全的技术要求。

3. 爆破参数

(1) 钻孔直径。钻孔直径以 90mm 为主，局部岩石比较破碎的部位采用 105mm，并下高强度 PVC 套管。两侧预裂孔钻孔直径 90mm。底部水平预裂孔直径 45mm。

(2) 钻孔布置。受导流洞平面布置的限制，采用菱形布孔。

(3) 炸药单耗。正常的岩石破碎单耗为 0.4～0.6kg/m³，彭水水电站下游围堰爆破后主要依靠水流冲渣，挖渣只是作为辅助手段。要求爆渣块度控制在 30cm 以下，所需要的单耗为 0.9～1.2kg/m³（参考水电站过渡料的开采单耗），考虑基岩上有压渣及水压的条件和抛掷的需要，最终设计炸药单耗选为 1.5kg/m³ 左右。缓冲孔大多在水面以上，其炸药单耗有所降低；局部需要加强抛掷的部位炸药单耗适当增加。

(4) 孔网参数。为确保岩埂基岩的爆破效果，炮孔底部装 φ70mm 乳化炸药。炮孔的延米装药量按 $Q = 4.2$kg/m 计算，综合考虑导流洞平面布置形式，炮孔间距、排距均取 1.6m。此外在局部需要增加单耗的部位，如开口部位和加强抛掷部位，炮孔根据具体情况适当加密布置。

(5) 炮孔超深。选择合理的炮孔超深是为了更好地克服炮孔底部的约束，减小爆破后的大块率，避免留下根底。由于要求岩埂拆除到 208.00～207.00m 高程，并考虑到尽量不留根底，因此炮孔按超深 1～3m 施钻，同时要求围堰靠外侧的炮孔超钻深度应比靠内侧炮孔的超钻深度大，以避免在由外至内的起爆过程中造成前部形成陡坎，影响后续炮孔爆破的现象。如果堰前堆渣清理至高程 208.00m 以下，炮孔超深可为 1～1.5m。

（6）装药结构。主炮孔均采用连续装药结构，炮孔底部装 $\phi70\mathrm{mm}$ 乳化炸药。缓冲孔底部装 1 节 $\phi70\mathrm{mm}$ 乳化炸药，其余部位连续装 $\phi50\mathrm{mm}$ 乳化炸药。

（7）填塞长度。填塞的目的可防止产生过多的爆破飞石，保证爆破效果。主爆孔和缓冲孔的填塞长度为 1.2m，预裂孔填塞长度为 1.0m。填塞物为黏土或砂土。

（8）预裂参数。间距为 0.8m，线装药密度为 $350\sim450\mathrm{g/m}$，孔口填塞长度为 1.0m，采用导爆索将间隔装药的 $\phi32\mathrm{mm}$ 药卷连接起来。

4．起爆网路

（1）设计原则。单段药量满足震动的安全要求，同一围堰同排相邻段、前后排的相邻孔尽量不出现重段和串段现象。单个围堰的整个网络传爆雷管在全部传爆或仅留少数排的接力雷管未爆的情况下，第一段的炮孔才能起爆。为保证爆堆形成的缺口，必须合理选择最先起爆点及爆渣抛掷方向。

（2）雷管选择。依据现有的普通非电雷管段别，以及围堰拆除的爆破规模及布孔形式，确定孔内布置 2 发 MS15 延时，排间布置 2 发 MS5 接力，并进行一次搭接，孔间采用双发 MS2 接力，局部采用双发 MS3 接力。

（3）起爆顺序。根据大量围堰拆除爆破经验，为保证爆后水流能直接冲渣，必须使爆堆形成冲渣过流的低缺口。为保证上述堆渣形态的实现，围堰爆炸开口应选在高堆渣部位。开口后的各排炮孔按一定的抛掷方向向缺口部位抛掷，在后爆破的部位形成最低缺口。爆破开口选在靠山体一侧，最低缺口在靠中隔墩的两侧形成。

5．爆破效果

2004 年 12 月 9 日，彭水水电站导流洞出口岩坎拆除爆破顺利实施。2 号导流洞岩坎形成的最低缺口高程为 216.50m，1 号导流洞形成的最低缺口高程为 214.50m，均具备汛期过流冲渣的条件。爆破时由于闸门没有开启，导流洞内无水，爆破后水流通过爆渣向洞内渗透，证明本次爆破底部彻底炸透。通过本次爆破证明在围堰或者是岩坎宽度较宽的情况下，要形成最低缺口，必须采取加强抛掷爆破。

8.5 引水洞进出口围堰拆除爆破

8.5.1 工程特点

引水洞进出口围堰与导流洞进出口围堰作用相同，但爆破条件和要求有所不同，其主要特点如下：

（1）爆破成型要求高。引水洞进出口围堰不管采用一次爆除还是采用分区分次爆破，爆破成型要求高，要求边坡稳定，底部不留残埂，断面要满足设计要求，保证水流通畅，否则，会恶化进口水流流态，影响电站出力或取水流量。

（2）安全控制要求严。引水洞进出口围堰往往与闸墩及闸门邻近，必须严格控制爆破震动、水击波和飞石等对爆区周围的建筑物产生影响。

（3）爆破块度爆堆形状要求高。岩坎爆破后，上游只能采用机械清渣，则爆渣块度需满足水下清渣设备挖掘能力的要求，下游还可采用水流冲渣，此时，还需考虑爆堆形状需有利于过流冲渣，其爆破块度要满足一定水流速度下的冲渣要求，因此，爆破块度、爆堆形状要求高。

（4）水下地形复杂，外侧边界不确定因素多。预留岩坎外侧为自然边坡处于水下，加上水流湍急，水下地形测量难度大。施工中数量不等的石渣堆积在其表面，使岩坎水下地形更为复杂，即使能进行水下地形测量，测到的地形也是有淤泥、石渣覆盖情况下的地形，并不能反映岩坎真实的地形，给岩坎围堰爆破拆除设计、施工带来很大的困难。

（5）地质条件复杂，施工难度大。预留岩坎外侧表面往往风化严重，节理、裂隙发育，有的有冲沟、大块孤石等，在钻孔施工过程中，很容易发生透、漏水现象，施工条件差，施工难度大。

8.5.2　爆破技术

8.5.2.1　分区、分层拆除爆破

引水洞进出口围堰一般拆除方量比较大，为减小水下清渣工作量，减小爆破有害效应的影响，降低施工难度，岩坎围堰拆除大多采用分区、分层、分阶段拆除方案，根据水位变化情况，进行分层拆除，降低岩坎拆除高度，通过施工期临时挡水岩坎经济断面稳定性分析计算，对经济断面的内、外侧进行分区拆除，使最后一次经济断面的岩坎爆破方量尽可能减小。堰内分区拆除采用常规的陆地爆破方案，爆破后的石渣可陆地清运，大大降低清渣成本。堰外分区拆除可利用枯水期的有利时机进行爆破，并将爆破石渣尽可能清理干净，使最后一次爆破的堰外边界由不确定、不清晰变为既确定又清晰，使爆破效果处于可控阶段。

引水洞进口围堰在工期允许时也可采用水下钻孔爆破拆除，如卡里巴水电站南岸扩机工程进水口围堰拆除爆破。

8.5.2.2　堰顶与堰内钻孔爆破

当岩坎横断面不大，且顶部足够宽时，应优先考虑堰顶钻孔方案，其优点是孔口全部都在堰顶，钻孔、装药、联网方便，避免了钻孔过程中渗、漏水带来的一系列施工难题，其缺点是孔口炮孔密集，上下抵抗线不均匀，容易产生爆破飞石。

当无法在堰顶布置炮孔时，只能采用堰内钻孔方案，根据岩坎地形，布置与岩坎坡面相近角度的炮孔，其优点是各炮孔的抵抗线比较均匀，但最大的缺点是钻孔过程中容易出现渗、漏水，甚至透水现象，另外还需搭设钻孔作业平台，钻孔、装药、联网等施工都需要在作业平台上进行，施工条件差，联网结束后，还需拆除工作平台，施工环节繁杂。

8.5.2.3　深孔爆破与洞室爆破

岩坎爆破大多采用深孔爆破，该方法有利于单段药量的控制，且爆破块度较均匀，早期也有极少数工作由于各方面采用洞室爆破的工程案例。

8.5.2.4　堰内充水爆破

为防止岩坎爆破后水流夹杂石渣冲击洞内闸门，或当采用机械清渣时，防止爆渣随水流冲进洞内，需采用堰内充水方案，但需防止由此带来的水击波对闸门的影响，可采用气

泡帷幕技术予以防护。如岩坎爆破采用堰内钻孔方案，则起爆网路全部处于水下，这就要求所使用的起爆器材具有可靠的抗水、抗压性能。

8.5.2.5 起爆网路

岩坎拆除爆破中，由于爆破规模大，而单段药量控制严格，早期大多采用导爆管雷管接力起爆技术，当爆破振动控制要求严格时，还需采用高精度导爆管雷管，岩坎爆破起爆网路不同于常规陆地爆破，其孔内起爆雷管延期应尽可能长些，同时，还应采取可靠的防水流冲击，防被表面松动岩块击中起爆网路的安全防护措施。

随着我国工业电子雷管质量的不断提高，近年来实施的围堰拆除爆破大多采用工业电子雷管起爆网路。

8.5.3 工程案例

8.5.3.1 禹门口提水泵站进口岩坎拆除爆破

1. 工程概况

山西省河津市黄河禹门口提水工程一级站为岸边式取水建筑物。混凝土围堰顶高程384.00m，岩坎高程378.00～380.00m。围堰顶宽3.0～3.5m，圆弧段为1.5m。岩坎拆除底高程上游段为370.61m，下游段为369.90m，此高程拆除范围为：顺水流方向长度46m，垂直水流方向最大长度14.5m。拆除工程量为：混凝土围堰350.5m³，岩坎陆上方量945.0m³，岩坎水下方量1640m³（水上与水下分界高程为380.50m）。

水下基岩为浅灰色至深灰色白云质灰岩，岩体风化溶蚀严重，有6条从上至下的垂直于水流方向的贯通夹层。在高程374.00m和376.00m附近有不连续的水平破碎区。由于黄河流态紊乱、冲淤交替，覆盖层厚度不断变化，爆破期间一般为6m。

围堰及岩坎拆除爆破时，其防护目标为"两桥一线"、进水闸及主、副厂房建筑物等。一级站进水闸混凝土已浇筑至384.00m高程，主、副厂房部分混凝土已浇筑至390.00m高程。爆区与各保护对象间的最近距离为：闸墩前缘0.1m，拦污栅4m，叠梁闸门5.2m，主厂房12m，国家级通信线40m（上方），黄河铁路桥80m，公路桥67m。

2. 爆破方案

一级站进水闸前沿与岩坎最大空间距离为1.5m。1号闸墩牛腿伸入围岩凹处，其余牛腿紧邻混凝土围堰。为确保建筑物的安全减少水下开挖工程量，在保证岩坎安全稳定和有一定宽度的钻孔平台的前提下，采用小药量控制爆破进行陆上开挖，增大岩坎与进水闸间的空间，减少岩坎水下爆破方量。经多次论证比较后，确定围堰及岩坎的拆除方案为："揭顶"→"削薄"→"岩坎一次爆除"（见图8.5-1）。

"揭顶"是将混凝土围堰由高程384.00m拆至380.00m。采用控制爆破方法，将混凝土切割成块，留在原地，由8t吊车吊走。"削薄"是将岩坎内侧宽1.0～2.5m范围的岩石，采用浅孔爆破、光面爆破的手段分层爆破。"岩坎一次爆除"是在"揭顶"与"削薄"后，剩余的大部分岩体采用一次爆破的方法予以拆除。

3. 爆破参数

岩坎由进口段、直线段和出口段三段组成。进、出口段拆除部分呈圆台状，顶面为小圆弧平台、底面为大圆弧平台。直线段横断面为槽形，靠河床一侧为1:0.2的边坡。

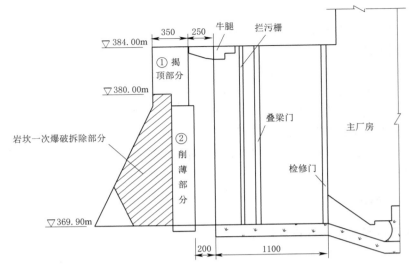

图 8.5-1　禹门口提水泵站围堰及岩坎拆除施工顺序（单位：cm）

（1）参数设计。为了弥补基岩地形资料不准，防止孔底抵抗线过大，采用小排距密孔的布孔方式。

根据岩坎地形和开挖断面轮廓布孔，各段孔底、孔口的抵抗线、排距、孔距均不相同。

抵抗线：孔底为 2.5～2.0m（上下游段）、孔口为 1.0～0.8m。

排距：孔底为 1.2～0.8m、孔口为 1.0～0.5m。

孔距：孔底为 2.2～1.5m（上下游段）、孔口为 0.4～0.3m。

台阶高度：上游为 380.80－370.60＝10.2m、下游为 380.50－369.90＝10.6m。

超深、孔深：取超深为 1m，当炮孔斜为 30°时最大孔深为 13.0m。

炸药单耗：上、下游段外侧炮孔按加强抛掷爆破选取炸药单耗，以利于打开自由面，保证爆破后开挖到位。内侧炮孔按松动爆破取炸药单耗，以求岩体破碎，又不致产生过大的后冲破坏。

禹门口提水泵站岩坎爆破整体炸药单耗为 1.40kg/m³。各炮孔按岩坎外、中、内位置取不同炸药单耗。其平均数值为：开口段取 1.90kg/m³；下游段取 1.44kg/m³；直线段取 1.29kg/m³；上游段取 1.43kg/m³。

最大单段药量：取岩坎距叠梁门最近距离的断面作为计算断面，按类似工程的质点振动速度公式计算，振速为 15cm/s 时的允许药量在 67.3～23kg 之间。结合装药结构确定最大一段药量为 24.1kg。

（2）装药结构。最外侧炮孔：上、下游段（包括开口段）采用药量集中于底部的装药结构，装药长度 6.8m，保证上部填塞长度在 5m 左右，不致因填塞短而造成飞石。为避免因炮孔填塞过长而使表面产生大块，地表布置 1～2 排手风钻孔，在该部位岩块脱离岩体后起爆，起解炮作用。

中间炮孔：上游段炮孔的孔底距较大，孔口距较小，下游段炮孔排距较小，采用变直径装药结构，孔底装大直径药卷，使孔体岩体充分破碎。其上部连续帮扎小药包，中间炮孔还需控制装药高度，使药包顶部内、外侧岩体厚度大致相等，以防止后冲向破坏和上部产生大块石。填塞长度为 1.2～2.0m。

内侧炮孔：为防止后冲破坏，选取较小单耗，根据单耗大小确定装药结构。填塞长度 3.0m 左右。

炮孔内起爆结构：为了提高炮孔起爆的可靠性，孔内设二根导爆索，全孔药包均绑在导爆索上。由四个非电毫秒雷管引爆，其中二个绑在孔口以下 1.5m 处的导爆索上，二个绑在 6m 以下的药包内。

4. 爆破网路

开口段共 8 孔，孔内分别选用 MS1～MS8 段导爆管雷管引爆。每孔设 4 个同段的雷管分为两组，每组导爆管雷管在孔外并联，由 2 个 MS1 段导爆管雷管引爆。

下游段、直线段和上游段分二组采用复式交叉并串联网路。地面网路由 MS3 段导爆管雷管组网。

下游段孔内雷管选用 MS5 段、MS6 段；直线段和上游段选用 MS8 段、MS9 段、MS10 段。下游段网路由 MS6 段导爆管雷管引爆；直线段和上游段网路由 MS4 段导爆管雷管引爆。

5. 安全防护

为了保证岩坎爆破能达到预想的效果，施工中除采用一般的工程技术措施外，还采取了一些特殊措施，以保证设计意图的贯彻。

（1）水泥球封孔、套管护壁。由于炮孔四周裂隙与黄河连通，泥沙不断涌入孔内，加之孔壁的碎石使孔内淤积严重，冲孔无效。为了使药包顺利进入孔底，采取了封孔和塑料套管护壁的措施。

首先将打穿的炮孔用水泥球封堵，然后待水泥凝固后进行扫孔（即套原孔重钻）。在扫孔后，即刻放进 6m 或 2m 的塑料套管（外径 90mm）2～3 节，由于下部岩石完整，套管放至孔底后，孔内回淤现象终止。

（2）爆破网路连接和结点防护。由于施工场地狭小，各炮孔孔口与孔底的前后位置不一致，炮孔起爆顺序按平面和断面图综合判断确定。为保证爆破网路准爆，采取了凭炮孔孔口和药串上的标志（孔号、结点号、雷管段次等）联网的措施。

因为地面炮孔分布过密，为了防止先爆结点碎片将后爆网路砸断，每个结点外套一段长 30cm、外径 40mm 的胶皮管。网路上铺 20cm 厚的粗砂，再覆盖沙袋。

（3）安全防护措施。为了保护邻近建筑物和国家通讯线不受爆破碎石石渣及飞石的破坏，采取了一系列防护措施。

进水闸前沿：进水闸共 5 孔，每一孔均从底板起，用直径 10cm 的圆木横排至 384.00m 高程，并均匀布置三根竖向圆木增加防护体的强度，以保护叠梁门不受爆渣的直接撞击。

基坑：在 381.00m 高程以下约 1000m³ 基坑空间内填筑成捆的树枝或麦草，并将其压紧。在 381.00～384.00m 高程堆 2m 宽的树枝，这一措施主要起减震作用，并减少进入基坑的石渣。

岩坎外水面防护：岩坎外边线长 40m，设计水面防护宽度上游段为 8m，其他地段 6m。用两端固定在岸上的钢丝绳将两层竹排连在一起密布在紧靠岩坎的水面上，防止水下飞石冲出。

主厂房防护：为了保护厂房内的楼板、过道等薄弱部分，在未封顶的 390.50m 高程的墙上，间隔 2.5m 放置长 12m 的工字钢或槽钢，然后在其上铺一层 4cm 厚的木板。

6. 爆破效果

禹门口岩坎于 1991 年 6 月 3 日实施爆破拆除，虽因黄河水位上涨，基坑由放空状态变为充水状态，起爆网路干线铺设由陆上变为水下，但仍取得较好的爆破效果，破碎的岩块大部分通过竹排下面抛出水面，岩坎上的尼龙网完好无损。进水闸、主厂房及"两桥一线"未受到飞石的威胁，叠梁门也未受到任何破坏影响，仍正常挡水。除个别点外，基础部位质点振动速度控制在允许范围内，岩石破碎块度基本满足 1.0m³ 抓斗的出渣要求。

8.5.3.2　白鹤滩水电站右岸 7 号、8 号尾水出口岩坎围堰拆除爆破

1. 工程概况

白鹤滩水电站左、右岸地下厂房各布置 8 台单机容量 1000MW 的水轮发电机组，尾水隧洞采用两机一洞的布置格局，左、右岸各 4 条尾水隧洞，平面上呈近平行布置。右岸 7 号、8 号尾水出口以预留岩坎作为围堰，堰顶高程 609.00m。为保证 2021 年 7 月白鹤滩水电站蓄水发电，需在 2020 年 2—5 月枯水期对右岸 7 号、8 号尾水出口围堰（岩坎）进行爆破拆除，拆除设计底高程为 580.00m。

2. 爆破方案

白鹤滩水电站右岸 7 号、8 号尾水出口围堰拆除期间，尾水隧洞内部分区域仍在进行施工，必须保证拆除期间江水不漫顶、围堰不渗水。因此根据拆除期间金沙江水文条件，将右岸 7 号、8 号尾水出口围堰分 3 层进行拆除，其中第Ⅰ层、第Ⅱ层为水上部分，采用明挖爆破实施拆除；第Ⅲ层为水下部分，先将靠江侧岩坎分区减薄开挖，形成经济断面围堰后最终实施一次性爆破拆除（见图 8.5-2 和图 8.5-3）。

右岸 7 号、8 号尾水出口围堰拆除爆破方案为：在围堰顶部采用履带式潜孔钻机钻孔，孔径不小于 90mm；孔内装入 ϕ70mm 防水乳化炸药，高精度毫秒延期起爆网路起爆；爆后使用 1m³ 长臂反铲捞渣，装载机配合 25t 自卸车出渣，不能机械出渣的部分利用水流冲渣。

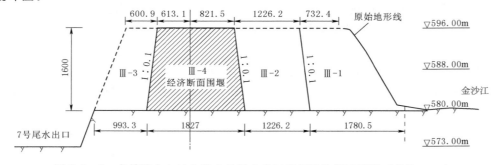

图 8.5-2　白鹤滩水电站右岸 7 号尾水出口围堰拆除施工顺序（单位：cm）

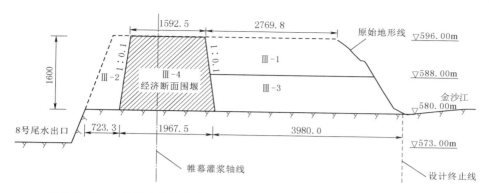

图 8.5 - 3 白鹤滩水电站右岸 8 号尾水出口围堰拆除施工顺序（单位：cm）

3. 爆破参数

（1）钻孔直径：采用履带式潜孔钻进行钻孔，需要 PVC 管护孔的爆破孔孔径 110mm，PVC 管外径 96mm；不需要 PVC 管护孔的爆破孔孔径 90mm。

（2）炸药单耗：考虑水的作用和施工中存在的不确定因素，炸药单耗按 $1.4\sim2.0\text{kg/m}^3$ 设计。

（3）炮孔孔排距：爆破孔呈矩形分布，孔排距取 2.0m×1.5m、1.8m×1.5m 及 1.5m×1.5m。

（4）钻孔深度：出口岩坎拆除的台阶高度 16.0m，钻孔超深 1.5m，钻孔深度＞17.5m（倾斜孔）。

预裂孔爆破主要参数见表 8.5 - 1。

表 8.5 - 1　　　白鹤滩水电站右岸 7 号、8 号尾水出口围堰预裂孔爆破参数

孔深 /m	孔径 /mm	孔距 /m	药卷直径 /mm	单孔药量 /kg	线装药密度 /(kg/m)	填塞长度 /m
9.0～18.0	≥90	0.8	32	5.75～10.25	1.5（底部 2m）0.6（中上部）	1.5

4. 起爆网路

白鹤滩水电站右岸 7 号、8 号尾水出口经济断面围堰拆除爆破采用高精度导爆管雷管起爆网路，其中孔间传爆雷管延时选择 17ms 和 9ms，排间传爆雷管延时选择 65ms。

为缩短起爆网路的孔外接力雷管的传爆时间、降低爆破振动、改善爆破效果、保护尾水出口洞脸及周边水工建筑物，尾水出口围堰拆除爆破选择向下游方向开口，从围堰中间起爆，向两端传爆，爆渣向开口部位抛掷的起爆方式。

5. 安全防护

（1）爆破飞石的安全距离按《爆破安全规程》（GB 6722—2014）确定为 300m；为控制爆破飞石，对于水深小于 6m 的岩坎部位，设计时炸药单耗取小值。

（2）设置气泡帷幕对尾水隧洞检修闸门进行防护；出口围堰下游 1km 范围内的江面禁止船舶航行或停泊，爆破过程中禁止人员及牲畜在水中游泳。

（3）被拆除围堰位于狭窄河道，为避免爆破产生的涌浪冲上江岸造成损害，爆前需将

江边人员、牲畜、机械设备、设施等转移至警戒区域外。

6. 爆破效果

白鹤滩水电站右岸 7 号、8 号尾水出口围堰于 2020 年 10 月至 2021 年 1 月分区实施拆除爆破，大部分爆渣向临江侧抛掷，无大角度抛射现象；爆后永久边坡的预裂面平整度良好；振动监测数据表明爆破地震波对邻近的隔墩新浇混凝土、集鱼站、出口围堰边坡等保护对象的影响较小，未产生有害影响；各处混凝土未发现爆生裂隙，尾水闸门未出现变形、漏水现象。

8.5.3.3　白莲河抽水蓄能电站工程尾水出（进）水口预留岩坎拆除爆破

1. 工程概况

白莲河抽水蓄能电站工程装机规模为 120 万 kW，地下厂房内布置 4 台单机容量为 30 万 kW 的可逆式水泵水轮电动发电机组。尾水出（进）水口岩坎是为了保证抽水蓄能电站尾水出（进）水口边坡开挖及尾水闸门与拦污栅混凝土结构正常施工而在边坡开挖时预留的挡水围堰，位于主坝右岸上游约 150m 处，预留岩坎顶高程 90.50m，岩坎上部混凝土子围堰堰顶高程 93.90m，拆除最大纵深水平长度约为 59m，拆除总方量约 7.1 万 m³。

2. 爆破方案

通过白莲河抽水蓄能电站工程尾水出（进）水口预留岩坎的预拆除与否、钻孔形式和堰内充水与否等方案的比较，拆除爆破采用预拆除、缓倾孔、堰内充水的总体方案，其中预拆除主要进行岩坎内侧削薄和混凝土子围堰拆除；起爆网路为采用高精度导爆管雷管实现单孔单段接力起爆。

岩坎内侧削薄是为了缩短超深孔的长度、增大最后一次爆破距离拦污栅的距离、减少水下出渣量、降低最后一次的爆破方量，利用干地施工的有利条件，对围堰内侧的岩石进行削薄处理。削薄爆破采用手风钻自上而下按照每层 2～3m 分层剥离，并通过光面爆破技术保证保留岩坎壁面完整。

混凝土子围堰顶高程为 93.90m、顶宽 0.5m、底高程 91.50m、底宽约 1.0m，由于岩坎顶面不平整，在岩坎顶部浇注了一层高 1.0m、宽 2.5m 的混凝土垫层。根据最后水库水位情况，混凝土子围堰预拆除至 90.50m 高程，拆除方量约 500m³。

3. 爆破参数

（1）炮孔布置。从围堰内侧钻下倾 10° 的缓倾孔为主；预裂孔从堰内 70m 高程起坡，沿上倾 1∶5 的坡面钻孔，交 75m 高程等高线；两侧边坡面根据实际情况布置预裂孔。

（2）炮孔直径。在钻孔过程中，为避免渗漏水、成孔后塌孔及装药方便，爆破孔成孔后采用 PVC 套管护孔。对于孔内装 ϕ75mm 药卷的爆破孔，PVC 管内径不小于 95mm，爆破孔直径不小于 115mm。

（3）炮孔间排距。高程 72.00m 以上深孔部分，孔间排距为 1.5m×1.5m；高程 72.00m 以下浅孔部分，孔间排距为 0.75m×0.75m。

底部及两侧边坡布置的预裂孔孔距 0.8m。

（4）炮孔超深。预裂孔的孔底至 74.00m 高程，预裂面上的主爆孔不超深，主爆孔的炮孔底高程距预裂面 1.0m，手风钻浅孔的炮孔底高程距预裂面 0.5m。

底部无预裂面部位，对于拆除至 75.00m 高程部位，为保证爆破效果，炮孔超深 1.0m，即炮孔底高程至 74.00m。

（5）炮孔深度。由于水下岩坎纵深较大，最大纵深水平长度为 58.8m，水下岩坎平均坡度约 37°，最大孔深 51.7m。钻孔深度与钻孔数统计见表 8.5-2。

表 8.5-2　　　　　　　　　　钻孔深度与钻孔数统计表

炮孔名称	<10m	10～20m	20～30m	30～40m	40～50m	>50m	合计
φ115mm 主爆孔	203	239	210	84	42	8	786
手风钻浅孔	162	—	—	—	—	—	162
预裂孔	—	—	158	—	—	—	158

（6）炸药单耗。炸药单耗按 1.8～2.5kg/m³ 设计，装药时再根据实际情况作适当调整。

（7）装药结构。水深 6m 范围内的爆破孔装 φ60mm 药卷；水深 6m 以下的爆破孔装 φ75mm 药卷。采用连续装药的装药结构形式。为增加孔内炸药的传爆性能，孔内用单根导爆索传爆。

孔深 10m 以内爆破孔在装药段上、下部分别放置 2 发起爆雷管；孔深 10m 以上爆破孔在装药段上、中、下部分别放置 2 发起爆雷管。

（8）填塞。对于间排距为 1.5m×1.5m 爆破孔填塞长度取 1.5m；对于间排距为 0.75m×0.75m 爆破孔填塞长度取 0.7m。填塞材料为袋装砂或黏土。

（9）预裂爆破参数。底部及两侧预裂孔采用潜孔钻钻孔，孔径 100mm 左右，孔间距为 0.8m。两侧边坡预裂孔孔深由开挖边坡的纵深长度确定，底部预裂孔的孔深为 20.5m 左右。线装药密度为 320g/m 左右，孔口填塞长度为 1.0m，采用双股防水导爆索将 φ32mm 乳化药卷绑扎在竹片上，为间隔不耦合装药结构。

4. 起爆网路

由于围堰两侧地形地质复杂，出现成孔困难的情况，实际施工过程中出现部分孔缺失的情况，特别是在围堰左侧，堰内局部欠挖造成无法钻凿预裂孔。实际装药主爆孔 765 个（14 排）、底部预裂孔 87 个、侧面预裂孔 30 个。

起爆网路分别选择延时为 25ms（局部 9ms）、42ms 高精度导爆管雷管作为孔间、排间连接雷管，每个结点使用双发雷管。考虑到围堰漏水量较大，为保证网路安全，在漏水量大的部位每个结点采用 3 发连接雷管，并按 5 个结点增加一列排间连接支线。底部及侧面预裂孔按照每 4 孔分为一段，段间采用延时 42ms 的高精度导爆管雷管连接，孔外起爆网路的传爆总时间为 1263ms。

5. 安全防护

（1）近体安全防护措施主要有：加强孔口填塞质量，采用砂袋、竹跳板、钢丝网等材料对保护对象表面进行覆盖。为避免爆破产生的水中冲击波对拦污栅造成损伤，采用预制简易叠梁门对拦污栅进行防护，即在拦污栅前清污机轨道之上安装简易叠梁门，防止飞石及泥沙进入拦污栅后面的流道部位，保护闸门门槽。此外对近岸建筑、无法转移的设备设施等在朝爆区方向采用钢板、竹跳板、废胶管帘等做立体遮护。

（2）由于爆破采用堰内充水方案，在分流墩前底板高程布置2道气泡帷幕，两道气泡帷幕发射管的间距为1.0m，防止水击波对拦污栅、尾水闸门等建筑物的损伤与破坏。

（3）在正对爆区的大坝坡面前水面上，布置防浪竹排（或其他防浪措施），宽5m左右。同时在正对爆区的大坝坡面上，覆盖一层土工布，至水面以上15m，在水面以下1m处固定。

6. 爆破效果

白莲河抽水蓄能电站工程尾水出（进）水口预留岩坎爆破飞石控制在安全允许范围内，爆破安全监测结果表明，拆除爆破在大坝、西干渠引水建筑物、穿坝涵管、电站进水口闸室产生的振动影响均小于安全允许振速，爆破未对周边水工建（构）筑物和金属结构物产生有害影响。

8.5.3.4 卡里巴水电站南岸扩机工程进水口围堰拆除爆破

1. 工程概况

卡里巴水电站位于赞比亚和津巴布韦两国交界的赞比西河中游卡里巴峡谷，赞比亚一侧为装机容量60万kW的北岸电站，津巴布韦一侧为装机容量为66万kW的南岸电站。卡里巴水电站大坝为混凝土双曲拱坝，坝高最高128m，坝顶长度617m，水库总库容1840亿m³。

为缓解电力紧张的现状，津巴布韦国家电力公司对南岸电站扩机2台15万kW水轮发电机组，工程于2014年11月份开工，由中国水利水电第十一工程局有限公司施工，长江水利委员会长江科学院承担围岩拆除爆破现场技术咨询工作。南岸扩机工程进水口围堰为底部预留岩坎，上部混凝土子堰的形式，全长182.86m；围堰水下开挖最大深度21m；围堰总拆除方量6.6万m³。

2. 爆破方案

卡里巴水电站南岸扩机工程进水口围堰分为三期进行拆除（见图8.5-4）。第一期为削薄处理，将围堰顶部拆除至高程480.00m，围堰内侧按相应坡比削薄处理宽度为4～10m，围堰左侧高程471.50m以下不进行开挖，以保证围堰的稳定。第二期为机械开挖，先在进水渠底板及两侧边坡（底部硬岩部分）进行水平孔预裂，然后投入大型挖掘机配合长臂挖掘机后退式对水面以下全部范围及最大深度进行机械清挖，在防渗墙及围堰内侧硬岩等部位辅助钻孔爆破。第三期为水下爆破开挖，采用工作船3m³机械抓斗清挖覆盖层，然后用工作船上的水下潜孔钻分区进行水下钻孔爆破，爆渣通过机械抓斗清挖，驳船运至上游弃渣场的方式。下面主要介绍第三期水下爆破开挖。

3. 爆破参数

（1）炮孔直径。浅孔孔径42mm，水下炮孔孔径110mm，预裂孔孔径89mm。

（2）炮孔间排距。水下爆破的孔间排距为1.5m×1.5m。

（3）炸药单耗。炸药单耗按1.3～1.6kg/m³设计，实际装药量比设计计算装药量有增加，装药单耗达到1.6～1.9kg/m³以加强岩石爆破破碎效果。

（4）装药结构。用胶布将双股导爆索与起爆体、炸药紧密贴合绑扎，使用炮棍确保药柱安装到达孔底；填塞长度保证不小于0.5m。

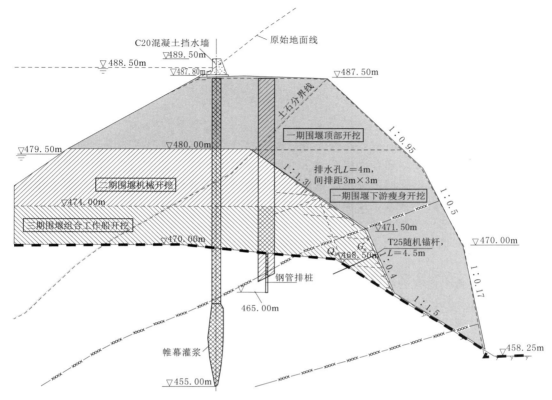

图 8.5-4 卡里巴水电站南岸扩机工程进水口围堰拆除分期示意图

（5）预裂爆破参数。削薄处理完成后，在第二期施工前进行第三期底部水平预裂。预裂孔装 $\phi32mm$ 药卷，线装药密度 $500g/m$，药卷绑在 PVC 管上送入孔内；使用双股导爆索作为孔内传爆器材，导爆索端头进行防水加工；药卷插入 1 发 25ms 非电导爆管雷管作为保险备用。

4．安全防护

为避免爆破产生的水中冲击波对拦污栅造成损伤，采用刚性框架内填柔性材料方式对拦污栅进行防护，即在工字钢和槽钢骨架上安装钢筋、轮胎、竹跳板等材料组装成防护排架，安装在拦污栅前清污机轨道之上，起到缓冲水击波的冲击作用，还能防止泥沙进入拦污栅后面的流道部位。

为防止爆破产生的块体和石渣对进水口混凝土底板造成损伤，爆前在底板上铺设黄沙作为缓冲垫层，开挖完成后使用清淤管吸走黄沙，完成底板清理工作。

5．爆破效果

围堰爆破过程中未产生大量飞石，爆破块度满足工作船清挖能力的要求。拦污栅防护排架靠拦污栅一侧水击波峰值小于 0.1MPa，爆后潜水员检查拦污栅及进水塔流道，拦污栅无破损，进水塔流道无泥沙淤积。围堰拆除爆破安全监测结果表明，爆破在进水口闸门底板、检修闸门槽、大坝坝体等部位产生的质点振动速度均小于安全允许振速，爆破对周边水工建（构）筑物和金属结构未造成损伤，特别是对距离围堰较近的卡里巴大坝和老进水口未产生不利影响。

8.6　土石围堰防渗墙拆除爆破

8.6.1　工程特点

在河道上修建水利水电工程，需先进行施工导流，修筑围堰形成基坑，为枢纽主体建筑物创造干地施工条件。随着大中型和巨型水利水电工程的兴建及施工技术的发展，围堰高度和规模逐渐增大，围堰基础地质条件趋于复杂，其施工难度也随之增大，在工程建设实践中促进了围堰设计和施工技术的发展。

土石过水围堰的下游坡面及堰脚目前采用的护面措施主要有：大块石护面、钢筋石笼护面、加筋护面、混凝土板护面及混凝土楔形块护面，较普遍采用的是混凝土板护面。

防渗墙材料主要有普通混凝土和塑性混凝土。水利水电工程防渗墙一般采用普通混凝土，标号为 200 号。近年来，发展塑性混凝土作为防渗墙材料，即在混凝土拌和时掺黏土或膨润土，以减少水泥用量，其抗压强度为 2～10MPa，变形模量 200～1000MPa。塑性混凝土能适应水下堰体填料的地基变形，因而使墙体具有应力状态好、抗震性能较好的结构性能。

浆砌石围堰一般修建在岩坎围堰的顶部，作临时挡水的子堰较多。也有用浆砌石围堰做大规模施工围堰的，如二滩水电站左右岸导流洞进出口围堰即采用浆砌石重力式围堰，其中出口围堰的最大高度达 26.04m。

土石围堰主要采用爆破法拆除防渗墙，其特点如下：

（1）拆除方量大。土石围堰在修建过程中，一般中部为水中抛填的沙砾石料、混合料，两侧为石渣块石体，为保证土石围堰的稳重，围堰两侧边坡较缓。在围堰高度较大的情况下，土石围堰的总体方量就十分庞大。如葛洲坝大江上游土石围堰上游侧堰体土石方量达 274 万 m^3，其中防渗墙的拆除工程量为 2.15 万 m^3；三峡工程二期上游围堰土石方拆除开挖量达 333.1 万 m^3，其中混凝土防渗墙拆除工程量为 1.86 万 m^3。

（2）防渗墙拆除条件复杂。土石围堰的防渗一般采用混凝土防渗墙、塑性混凝土防渗墙以及基础灌浆帷幕等。如三峡工程二期上游土石围堰布置了 1～2 排塑性混凝土防渗墙，每道墙厚 0.8～1.0m，双排防渗墙间距为 5.0m，且墙体内沿轴线每间隔 1.5～1.6m 预埋直径 114mm、管壁厚 4mm 的灌浆钢管及固定保持架。混凝土防渗墙拆除爆破通常在两侧无临空面的条件下进行，爆破条件复杂，难度大。

（3）爆破拆除要求高。防渗墙爆破拆除既要将混凝土破碎，同时又要将灌浆钢管炸断而不影响下一步的水下清渣。且不同堰中防渗墙的拆除爆破产生的振动、飞石、水击波等必须控制在安全允许范围之内，以确保周围建筑物的安全。

8.6.2　拆除方法

土石围堰除防渗墙需要采用钻爆法拆除外，其余部分可采用机械法拆除，但由于拆除方量大，为减少水下出渣量，一般采用预留确保围堰挡水稳定经济断面的分区拆除方法对经济断面以外的部分先行拆除，在围堰破堰进水前进行防渗墙拆除爆破，爆破后与经济断面填筑料一起采用水下清渣方式挖除。

8.6.3 爆破技术

防渗墙墙厚一般在 $0.8\sim1.0m$，只需布置一排垂直孔，当灌浆钢管或塑料管间距合适时可直接利用。由于防渗墙两侧处于无临空面状态，当墙体埋深愈大时，其受到的夹制作用也愈大。炸药单耗需根据防渗墙不同埋置深度选取，埋置愈深部位的炸药单耗愈高。葛洲坝大江围堰防渗墙拆除试验表明，对于埋置深度为 $5\sim10m$ 范围内的混凝土墙，当炸药单耗达到 $1.44kg/m^3$ 时，其爆破效果最好。对于埋深较浅部分，为防止产生过多爆破飞石，炸药单耗应降低。如三峡三期下游土石围堰防渗墙拆除炸药单耗取 $0.8kg/m^3$。

由于防渗墙爆破在炮孔深度各部位的炸药单耗不同，决定了炮孔内的装药结构也是底部装药量最大，上部装药量最小。实际操作中采用串状间隔装药结构。当在灌浆钢管内装药时，装药结构还需考虑钢管的炸断效果，使爆后钢管长度不影响水下清渣。

为减少爆破有害效应，防渗墙爆破采用导爆管雷管接力起爆网路，尽可能降低单段起爆药量，以后可采用工业电子雷管起爆网路实现毫秒延期爆破保证周围建筑物安全。

8.6.4 工程案例

8.6.4.1 三峡工程三期下游围堰防渗墙拆除爆破

1. 工程概况

三峡三期下游土石围堰为Ⅲ级临时建筑物，右侧与导流明渠右岸边坡相接，左侧接纵向围堰下纵第 20 堰块。围堰轴线呈折线形式布置，围堰防渗采用高压旋喷墙上接土工合成材料心墙型式，高喷墙墙顶高程为 $69.00m$，轴线全长 $426.35m$，最大墙深 $28.0m$，其上土工合成材料"之"字敷设至高程 $79.00m$，对于基础透水岩体及右岸坡透水带采取防渗帷幕灌浆处理。高喷墙内沿轴线间距 $1.8m$ 布置有帷幕灌浆孔，采用插灌浆钢管到距墙底 $0.5m$ 止，其中高渠段钢管管径为 $89mm$，低渠段钢管管径为 $108mm$，钢管壁厚 $4\sim4.5mm$。

高喷墙在基坑充水至 $59.00m$ 高程后须采用一次性钻孔爆破方式进行拆除，左侧拆除至混凝土纵向围堰，右侧拆除至导流明渠混凝土护坡，下部拆除至导流明渠底部高程，即高渠部分拆至 $58.00m$ 高程，拆除墙高 $11m$，低渠部分拆至 $45.00m$ 高程，拆除墙高 $24m$。为有利于水下开挖施工，确定混凝土防渗墙爆破后块度不大于 $50cm$，预埋灌浆钢管长度不大于 $100cm$。

根据三峡二期围堰混凝土防渗墙爆破拆除的成功经验，三期下游围堰高喷墙采用不耦合间隔装药结构及孔间毫秒延期非电双复式交叉起爆网路技术。

2. 爆破参数

（1）炮孔布置。炮孔根据不同堰段的高喷墙体厚度和埋管特点进行布置，左右两侧岸坡及高低渠连接段高喷墙加厚区布置 1 排钢管孔和 3 排无钢管孔；低渠段主要布置 1 排钢管孔和 1 排无钢管孔，高渠段主要布置 1 排钢管孔。

根据爆破试验成果和其他类似工程经验，并考虑高喷防渗墙强度较低的特性，确定炮孔孔距与预埋灌浆钢管间距一致，均为 1.8m，如钢管间距大于 2m 则在两孔之间补钻一孔，各排炮孔梅花形布置。

左右端头各布置 1 排缓冲孔和 1 排预裂孔，缓冲孔孔距 0.8m，预裂孔孔距 0.4m（采用隔孔装药，空孔起导向作用），缓冲孔和预裂孔距离 0.7m。

（2）炮孔深度。根据二期围堰防渗墙拆除经验，在底部加强药量和装药结构合理情况下，炮孔至设计底板终孔即可满足不留坎的要求。针对高喷墙的特点，考虑到墙厚存在不均匀和高喷桩间可能存在的薄弱面，主爆孔超深 30cm，预裂孔超深 200cm。

（3）钻机选型及炮孔直径。炮孔分两种类型：有钢管炮孔和无钢管炮孔。有钢管炮孔因钢管的导向作用对精度要求不高，采用快速钻或全液压钻钻孔，由于受到钢管管径限制，选择直径 75mm 的钻头，现场施工中因存在扩孔系数，最终成孔直径将与钢管的内径一致。无钢管防渗墙的爆破效果很大程度上依赖于钻孔质量，由于炮孔较深，孔网参数小，因而对钻孔精度的要求较高。孔底在各向的偏斜误差均不得超过孔深的 7.5‰。因药包直径、药量的要求及装药结构复杂，无钢管防渗墙段孔径为 91mm。根据现场钻孔经验，孔深小于 11m 时，采用快速钻可达到上述要求，孔深大于 11m 时，采用地质钻机进行钻孔。

（4）炸药单耗。一般防渗墙墙体爆破的炸药单耗为 0.3～0.4kg/m³。对两侧有经碾压过的风化砂约束时，提高炸药单耗对墙体的破碎极为有利，爆炸能量不会造成渣块四处飞散，其爆炸能量绝大部分用于对介质作破碎功。综合考虑后取 0.8kg/m³。

（5）装药结构。采用不耦合间隔装药结构，为了保证破碎效果，使防渗墙能够充分破碎，同时尽量使得爆破能量分布合理，根据墙体厚度与炮孔位置水深不同，将炮孔分成若干段，每段的单耗按该段的底部最大单耗计算，一般分段越多，设计更加合理，但施工复杂，经综合考虑，该次爆破对炮孔最多分 4 段。采用直径为 55mm 及 75mm 的乳化炸药，底部加强装药，孔顶减弱装药，中间为正常段装药。根据钢管爆破试验及防渗墙爆破试验，确定孔口填塞长度为 1.5～2.0m。

3. 起爆网路

孔内炸药采用双导爆索（"U"形）起爆，导爆管雷管绑扎在孔口导爆索上，每孔用 4 发雷管起爆，每排孔采用 MS8、MS9、MS10、MS11 段别的导爆管雷管，其导爆管两根一组分别连接在两侧主干线上，每条干线传爆结点采用两发 MS3 段导爆管雷管连接，结点间除了纵向连接外，两干线结点间还进行交叉连接，组成双复式交叉传爆网路。

主爆破最大单孔药量小于 60kg，采取 1～2 孔 1 段的起爆方式，最大单段药量小于 120kg。预裂孔单组导爆索串联的炮孔数为 4 个，最大单段起爆药量小于 70kg。

起爆点选在右岸，传爆方向为从右岸向左岸依次传爆，爆破共分 439 段，爆破总延时 12.38s。

4. 爆破效果

三峡三期下游围堰防渗墙共布置炮孔 463 个，使用乳化炸药总装药量约 23.2t，导爆管雷管总数 3896 发，于 2007 年 2 月 28 日 15 时实施起爆。根据爆破后现场观察及水下开挖情况，防渗墙墙体破碎块度、灌浆钢管断开长度均满足水下开挖设备挖装要求，为水下高强度开挖作业创造了良好条件，爆破监测显示各项指标均在安全范围内，达到了预期目标。

8.6.4.2 向家坝水电站土石围堰防渗墙拆除爆破

1. 工程概况

向家坝水电站二期要求下游横向土石围堰防渗墙全长约 450m，顶部高程为 272.00～274.00m，拆除至高程 260.00m，下墙幕 0+393.0 以左部分防渗墙墙体厚度为 0.8m，顶部为 1.0m 厚的常态混凝土，下墙幕 0+393.0 以右为 1.5m 厚的常态混凝土防渗墙。防渗墙左端与二期纵向混凝土围堰右侧墙体相接，右端与尾水渠下游右岸护坡相连接，墙体内埋设有 ϕ110mm 帷幕灌浆钢管，间距 2.0m 及钢管固定钢筋支架。防渗墙上游侧土石堆积体在拆除爆破前已开挖清除，横向土石围堰基本处于水位线以上，因此围堰及防渗墙拆除为干区施工。

防渗墙爆区右侧紧邻重件公路，爆区下游与云天化小区的最近直线距离约 200m，上游与大坝坝体的最近直线距离约 190m，与工区水厂、二期纵向围堰直线距离约 150m，在爆区周围 200m 范围内还有水泵站、施工变电站、现场办公板房等临时建筑与设施。

2. 总体方案

横向土石围堰采用"防渗墙混凝土顶部竖直钻孔一次性爆破拆除"的拆除方案，采用液压潜孔钻钻孔，孔径 90mm，孔内间隔不耦合装药结构，同时后排加密孔距，适当缩小排距保证防渗墙混凝土充分破碎。

3. 爆破参数

横向土石围堰拆除为干区施工，防渗墙内预埋钢管拆除方便，故不在钢管内造孔。主爆孔沿墙体中心线布置，孔距 1.5m，在主爆孔后排增加 1 排缓冲孔加强破碎效果，主爆孔与缓冲孔间隔布置，排距分别为 0.2m（墙厚 1.5m）和 0.1m（墙厚 0.8m）。

爆破孔设计超深 0.5m，下墙幕 0+28.0 以左部分已拆除，下墙幕 0+28.0～0+322.0 孔深 12.5m，下墙幕 0+322.0～0+414.0 孔深 14.5m，下墙幕 0+414.0 以右部分为右岸护坡连接段，为减少爆破对右岸护坡影响，右岸护坡连接段爆破孔底部预留 3.0m保护层，采用机械拆除，孔深 2.1～11.0m。

堆石体已挖除部分炸药单耗 0.4～0.5kg/m³，尚未挖除部分炸药单耗为 0.9kg/m³。

爆破孔填塞长度 2.0～2.5m，底部编织袋封堵后填塞细砂或岩粉并捣密。

采用乳化炸药 ϕ60mm（长度 0.36m，重量 1.0kg）间隔不耦合装药，将药卷和传爆导爆索绑扎在竹片上，线装药密度根据防渗墙厚度和边界条件进行调整，炮孔底部连续装药，中部采用乳化炸药 ϕ32mm 间隔装药；为增强墙体顶部破碎效果，在填塞段也装了0.2～0.4kg 炸药。

4. 起爆网路

起爆网路采用导爆管雷管接力起爆网路，爆破孔口采用双发 MS15 段导爆管雷管绑扎在孔口导爆索上，接力雷管采用 MS3 段雷管，采用双复式传爆网路，每段 2～4 孔，自右岸向左岸方向传爆，孔数 491 个，总装药量 2907.0kg，总延期时间 6950ms，最大单段药量 60.0kg。

5. 安全防护

（1）在防渗墙上游侧已挖除区域底部回填高度 2.0～3.0m 土石料作为飞石防护层。

（2）防渗墙上部覆盖并固定铁丝网与保温卷材。

（3）在每个孔口覆盖 1～2 个质量大于 20.0kg 的沙袋。

（4）孔外接力雷管覆盖编织袋或包装箱纸防护。

（5）在防渗墙临空面已清除的部分墙段增加防护栏保护施工人员安全。

6. 爆破效果

爆破飞散物控制在 100.0m 以内，大坝基础质点振动速度监测最大值为 3.0cm/s，远小于设计值允许质点振动速度 10.0cm/s，爆破块度均匀，钢管脱离混凝土满足挖装要求，底部无残留底坎，满足设计要求。周边保护对象爆破振动安全监测成果见表 8.6－1。

表 8.6－1　　　　　　　　　周边保护对象爆破振动安全监测成果

周边保护对象	爆源距/m	质点振动速度/(cm/s)		备注
		允许标准	实测数据	
大坝基础	190	10.0	3.0	
云天化公司精密仪器	260	0.5	0.3	
水厂厂房	150	3.0	1.9	
导航墙新浇混凝土	23	5.0	4.8	龄期 7d
廊道底板	30	2.5	2.2	

参 考 文 献

[1]　赵根. 深水条件下围堰拆除爆破技术研究 [D]. 合肥：中国科学技术大学，2008.

[2]　夏仲平. 水利工程施工围堰技术进展 [J]. 人民长江，2005 (11)：3－4，74.

[3]　汪旭光，郑炳旭，张正忠，等. 爆破手册 [M]. 北京：冶金工业出版社，2010.

[4]　赵根. 水工围堰拆除爆破 [M]. 北京：中国水利水电出版社，2009.

[5]　张正宇，等. 现代水利水电工程爆破 [M]. 北京：中国水利水电出版社，2003.

第 9 章 水工建(构)筑物拆除爆破

9.1　概述

9.1.1　基本概念

水利水电工程中，除了围堰外，还有许多水工建（构）筑物需要拆除，如大坝、溢洪道、水闸、厂房及内部结构、渡槽等，由于年代久远，混凝土已老化、或洪水冲毁、或临时工程已完成其使命需拆除，而爆破法拆除是重要的手段之一。

拆除爆破是利用少量炸药把需要拆除的建（构）筑物按所要求的破碎度进行爆破，使其塌落解体或破碎，通过爆破达到拆除工程要求的目的，同时要保护邻近建（构）筑物和设备等需保护物的安全。

拆除爆破是一门跨学科的工程技术，它需要对爆炸力学、材料力学、结构力学和断裂力学等工程学科有深入了解。拆除爆破的特点是：既要有足够的"破坏力"使结构解体，又要有完善的保护措施保证周边建筑和人员的安全，在设计施工中要同时解决好这对矛盾，拆除爆破五项基本技术要素如下：

（1）控制炸药用量。拆除爆破一般在复杂环境中进行，炸药释放的多余能量往往会对周围环境造成有害影响。因此拆除爆破应尽可能少用炸药，将其能量集中于使结构失稳，而充分利用剪切和挤压冲击力，使结构解体。

（2）控制爆破界限。拆除爆破必须视具体工程要求进行设计与施工，例如对于需要部分保留、部分拆除的建（构）筑物、基础等，则需要严格控制爆破的边界，既要达到拆除目的，同时又要确保被保留部分不受影响。

（3）控制倒塌方向。拆除爆破一般环境比较复杂、周围空间有限，特别是对于高耸建（构）筑物，往往可以倾倒的方向和空间非常有限，这就要求定向非常准确，如发生侧偏或反向都可能造成严重事故，因此准确定向应是拆除爆破成功的前提。

（4）控制堆渣范围。高耸建（构）筑物爆破解体后爆渣的堆积范围远大于建（构）筑物原先的占地面积。另外，高耸建（构）筑爆破后，重力作用下的挤压冲击力很大，其触地后的碎渣具有很大的能量，爆破解体后渣堆超出允许范围，可能导致周边被保护的建（构）筑物、设施的严重损坏。

（5）控制爆破有害效应。爆破产生的有害效应即爆破产生的振动、飞石、噪声、冲击波和粉尘等，以及建（构）筑物解体时的触地振动，是每一个工程都会遇到的，必须加以严格控制。

9.1.2 基本原理

关于拆除爆破的基本原理，目前有多种说法，就其实质而言，是从不同角度将拆除爆破的理论实质加以阐述，有失稳原理、最小抵抗线原理、剪切破碎原理、挤压冲击原理、水压爆破原理等。

9.1.2.1 失稳原理

利用控制爆破的手段，使高耸建（构）筑物以及大型建（构）筑物部分（或全部）承重构件失去承载能力，在自身重力作用下，建（构）筑物出现失稳，产生倾覆力矩，使建（构）筑物原地塌落或定向倾倒，并在倾倒过程中解体破碎。这一原理称为失稳原理，也称为重力作用原理。

在高耸建（构）筑物以及大型建（构）筑物拆除爆破中，失稳原理应用最多，一般首先全面分析和研究建（构）筑物的结构、受力状态、载荷分布和实际承载能力，然后依据失稳原理进行方案设计，确定倾倒方向和进行爆破缺口参数设计，使建（构）筑物形成相当数量的铰支，在重力的作用下，建（构）筑物失稳，随着建（构）筑物重心偏移产生倾覆力矩，最后完全倾倒及破碎。

常见的爆破后建（构）筑物失稳塌落有两种方式：①定向倾倒；②原地塌落（逐段塌落）。

施工期临时栈桥桥墩一般采用定向倾倒方式拆除，而废旧渡槽拆除一般采用原地塌落方式拆除。

9.1.2.2 最小抵抗线原理

爆破破碎和抛掷的主导方向是最小抵抗线方向，称为最小抵抗线原理。最小抵抗线方向的爆破介质破碎程度最厉害，同时也是爆破无效能量的释放方向，在这个方向极易产生飞石。在拆除爆破中，最小抵抗线原理对爆破参数设计和爆破防护设计有着重要的指导作用。例如，基础类建筑物的拆除爆破，最小抵抗线方向必须避开保护对象；如果不能避开保护对象时，必须严格验算并加强防护。

在进行装药作业时，必须了解每个炮孔的最小抵抗线方向及大小，当最小抵抗线发生变化时，应当对原设计药量进行调整，避免爆而不破或产生大量飞石等不利情况出现。

需要注意的是，在拆除爆破中，最小抵抗线方向不能单纯以药包到自由面的最小距离来确定，而应结合所拆除爆破对象的结构、材质等因素综合考虑。比如考虑钢筋布置的密度、钢筋的直径，爆破对象是否有夹层、材质是否一致等。

常见的有厂房基础、混凝土或浆砌石挡墙等拆除。

9.1.2.3 剪切破碎原理

大型建（构）筑物拆除爆破时，利用延时起爆技术，通过精心设计和巧妙布置，让一部分承重立柱先炸，利用爆破的"时间差"解除局部支撑点，从而改变结构原有的受力状态，使楼板和梁受弯矩和剪切力的多重作用，并在这种反复弯剪的状态下破坏而自然解体，常称为"内爆法"。

城市中高大建（构）筑物由于环境限制而无法采用定向倾倒爆破拆除时，大都采用这种"内爆法"，看似原地坍塌，实为在各层面适当部位爆除部分承重立柱，使重力作用下的主梁、圈梁和楼板弯曲变形，直至剪切破坏而层层解体，最终使整栋建筑完全解体。利用逐段塌落拆除爆破的水电站地面厂房以及渡槽等，可使被爆建（构）筑物爆后充分解体，全部塌落于原地。

9.1.2.4 挤压冲击原理

钢筋混凝土结构由于自重，在塌落过程中受重力加速度的作用，在解除了节点约束，改变了受力平衡之后，建筑结构在倾倒和剪切过程中，由于"高度差"使上部结构在重力作用下冲击下部梁、板、墙、柱，形成挤压冲击力可使未爆钢筋混凝土结构破碎并产生反复的挤压、冲击破坏而导致充分解体，渣堆能尽量降低，混凝土构件尽可能地破碎，从而减小振动、飞石，减轻二次破碎工作量，达到理想的拆除效果。

9.1.2.5 水压爆破原理

利用水传递炸药的爆炸能量，破坏结构物达到拆除目的的爆破称为水压爆破拆除。

水压爆破拆除适用于可充水容器类混凝土结构物，特别是薄壁结构的钢筋混凝土构筑物。对薄壁结构的钢筋混凝土构筑物若采用钻孔爆破方法拆除，要布置很多炮孔，炮孔浅，炸药爆破能量利用率低，爆破噪声大，爆破效果差。相反，水压爆破拆除产生的爆破振动、噪声、粉尘和飞石的影响更容易进行有效控制。

炸药在水中爆炸产生很强的冲击波，由于水的不可压缩性，水击波压力随距离衰减相对较慢。水压爆破时，爆破荷载对被爆的混凝土容器状结构的作用分两种：一种是水中冲击波作用；另一种是爆炸气体膨胀作用，两者联合作用来破碎被爆构筑物。

大型混凝土罐体或渡槽槽体等可存水构筑物可采用水压爆破拆除。

9.1.3 技术要求及分类

9.1.3.1 技术要求

拆除爆破的技术内容可概括为：根据工程要求的目的和爆破点周围的环境特点和要求，考虑建（构）筑物的结构特点，确定拆除爆破的总体方案。通过精心设计、精细施工，采取有效的防护措施，严格控制炸药爆炸作用范围、建（构）筑物的倒塌运动过程和介质的破碎飞散程度，达到预期的爆破目的，同时将爆破的影响范围和危害作用控制在允许的范围内。主要技术要求如下：

（1）按工程要求确定的拆除范围、破碎程度进行爆破。要求只破坏需要拆除的部分，需要保留的部分不受到损坏。

（2）控制建（构）筑物爆破后的倒塌方向、堆积形状和堆积范围。建（构）筑物在爆破后坍塌堆积超过设计范围也可能导致邻近结构或设施的损坏。

（3）控制爆破时破碎块体的堆积范围、个别碎块的飞散方向和抛掷距离。如在厂房内拆除爆破设备基座时，要控制和防止个别飞石打坏附近机电设备，更不能危害人员的人身安全。

（4）控制爆破时产生的冲击波、爆破振动和建（构）筑物塌落振动的影响范围。爆破振动和建（构）筑物塌落的振动效应不能损坏附近的建（构）筑物和其他设施。

9.1.3.2　分类

（1）按拆除对象可分为大型厂房拆除爆破、基础工程拆除爆破、围堰拆除爆破（见第 8 章）、栈桥拆除爆破和渡槽拆除爆破等。

（2）按爆破方式可分为钻孔爆破、水压爆破、聚能切割爆破等。

（3）按爆破的结构种类可分为大体积混凝土爆破、浆砌石结构爆破、钢筋混凝土大板结构爆破、砖混结构爆破、钢筋混凝土框架结构爆破、钢筋混凝土框-剪结构爆破、钢筋混凝土框筒结构爆破、钢筋混凝土全剪力墙结构爆破和钢结构爆破等。

9.2　拆除爆破设计

拆除爆破设计既要达到工程拆除的目的，又要保护邻近的建（构）筑物和设备不受损害，因此爆破设计的内容不仅包括拆除爆破设计方案、爆破设计参数，还应包括控制爆破施工可能产生危害的防护措施。

为制定出经济上合理、技术上安全可靠的爆破设计方案，爆破技术人员首先应全面地搜集拆除爆破对象的原有设计和竣工资料，了解建（构）筑物的结构设计特点、原施工质量和使用情况，然后进行实地勘察与核对。如无原始资料，则应对实物进行测量并绘制图纸和注明尺寸，调查内部结构，查明有无配筋和布筋的部位等。要仔细了解爆破点周围的环境，包括地面和地下需要保护的重要建（构）筑物和设施，它们和爆破点的相对位置关系等。

拆除爆破工程设计的内容和步骤，一般包括总体方案设计、技术设计和施工组织设计三个步骤。

9.2.1　总体方案设计

拆除爆破总体方案设计是对要拆除的建（构）筑物选择确定最基本的爆破方案、设计思想。如对基础类建（构）筑物是采用钻孔破碎爆破方案，还是采用充水实施水压爆破拆除方案；对建（构）筑物拆除爆破是采用定向倒塌方案，还是采用折叠倒塌方案，还是分段（跨）原地塌落的爆破方案；对栈桥桥墩进行拆除爆破是一个一个地分别爆破，还是多个桥墩一次爆破实施完成；对渡槽槽墩结构物爆破时倒塌方向的选择，如果槽墩整体定向倒塌的场地不够，或是倒塌方向有严格的约束条件，是否需要提高爆破部位的高度，采用分段（高度）进行折叠的定向爆破倒塌方案。

爆破设计总体方案要在多种方案的比较后确定，比较方案的安全可靠性，爆破后建筑构件解体是否充分，爆破施工作业量和经济上是否节省。

9.2.2　技术设计

拆除爆破技术设计是在总体爆破设计方案确定后编制具体的爆破设计文件，设计文件包括的具体内容有工程概况、爆破设计方案、爆破设计参数选择、爆破装药结构设计、爆破网路设计、爆破安全及防护措施设计等。

工程概况包括要拆除爆破建（构）筑物的基本情况，如结构特点、主要尺寸、材质等；爆区周围环境状况，如地面和地下建（构）筑物及重要设施等分布情况；拆除工程的目的和要求。

爆破设计方案要详细描述设计方案的思想和内容，如选择定向倒塌方案的依据、倒塌方向确定的原则、爆破部位的确定、起爆先后次序的安排等。

爆破设计参数选择是爆破设计的基本内容。它包括炮孔布置、各个药包的最小抵抗线、炮孔直径、炮孔间距、炮孔深度、炸药单耗、药量计算、填塞长度等参数的确定。

爆破网路设计包括起爆方法的确定、网路设计计算和连接方法、起爆方式等。

爆破安全及防护措施设计的内容包括：根据要保护对象允许的质点振动速度，确定最大一段的起爆药量及一次爆破的总药量；预计拆除物塌落触地振动和飞溅物对周围环境的影响以及要采取的减振、防振措施；对槽墩类建（构）筑物爆破后可能产生的后坐力及残体滚落、前冲可采取的防护措施；对爆破体表面的覆盖或防护屏障的设置；对保护物的覆盖防护措施；减少和防护爆破粉尘的措施以及安全警戒范围等。

9.2.2.1 拆除爆破参数设计

在拆除爆破的技术设计中，正确选择爆破设计参数是一个非常重要的问题，爆破参数的选择是否恰当，将直接影响爆破效果和爆破安全。目前，在拆除爆破工程设计中，大多用经验公式进行设计计算，参照类似结构和材料的拆除爆破工程实施效果进行比较设计是十分有效的方法。正式爆破前应按《爆破安全规程》（GB 6722—2014）要求进行爆破试验，并依据试验结果对爆破设计参数进行调整和优化。

建（构）筑物拆除爆破设计的主要参数包括：最小抵抗线 W、炮孔间距 a、炮孔排距 b、炮孔深度 l、爆破单耗 q 以及单孔装药量 Q 等。爆破设计的几何参数主要根据结构的尺寸来确定。

1. 炮孔直径 d 和炮孔深度 l

目前，在拆除爆破工程施工中，大多采用小孔径钻孔，炮孔直径 d 一般采用 38～44mm；大体积混凝土拆除爆破时，为加快施工进度，条件允许时也可采用大孔径钻孔，孔径可达 76～108mm。

炮孔深度 l 也是影响拆除爆破效果的一个重要参数。合理的炮孔深度可避免出现冲炮或坐炮，避免炸药能量得到充分利用，获得良好的爆破效果。设计的炮孔深度原则上应大于最小抵抗线 W 的长度，同时应尽可能避免钻孔方向与药包的最小抵抗线方向重合。炮孔装药后的填塞长度 l_1 要大于或等于最小抵抗线 W，即 $l_1=(1.1～1.2)W$。

实践表明，炮孔深的爆破效果好，炮孔利用率高，爆破破碎方量大，还可缩短每延米的平均钻孔时间，从而加快施工进度和节省费用。但炮孔深度的确定受爆破体的几何形状的约束，不可能任意加深。原则上应尽可能设计深度大的炮孔，如拟爆破的是柱梁，应从柱梁的短边钻进。但梁柱的短边往往是承受抗弯强度的地方，钢筋配比量大，有的钢筋密集到无法钻进，这时不得不从梁柱的长边钻进。从短边钻孔炮孔浅，为达到同样的破碎度，炮孔个数多，起爆雷管的个数也多。

一般说来，在拆除爆破施工中，为便于钻孔、装药及填塞操作能顺利进行，小孔径炮孔深度不宜超过 2m，大孔径爆破时孔深宜大于 5m，小于 10m。

炮孔深度 l 与爆破体的长、宽和高度 H 有关，在确保炮孔深度 $l>W$ 的前提下，当爆破体底部有临空面时，取 $l=(0.5\sim0.65)H$；底部无临空面时，取 $l=(0.7\sim0.8)H$。孔底留下的厚度应等于或略小于侧向抵抗线，这样才能保证下部的破碎，又能防止爆炸气体孔底冲出或产生坐炮，避免爆破体侧面和上部得不到充分破碎。

2. 最小抵抗线 W

最小抵抗线 W 是所有爆破工程设计中最基本的设计参数。在拆除爆破工程中，由于爆破的部位是建筑结构的构件，大多数情况下最小抵抗线是由要爆破构件的几何形状和尺寸所确定的。同时，要考虑爆破体的材质、钻孔直径和要求的破碎块度大小等因素进行调整选定。

爆破的构件是钢筋混凝土梁柱时，W 值就是梁柱断面中小尺寸边长的一半，即 $W=(1/2)B$，B 为梁柱断面短边的长度。实践经验表明，B 小于 30cm，即 W 小于 15cm 时，这种薄壁结构或梁柱的爆破飞石需要采用严密的覆盖防护才能控制。因此，薄壁结构物应考虑采用其他施工方法进行破碎。

对于拱形或圆形结构物，为使爆破部位破碎均匀，药包至两侧临空面的抵抗线应不一样，药包指向外侧的最小抵抗线应取 $(0.65\sim0.68)B$，指向内侧的最小抵抗线 $(0.32\sim0.35)B$。

当爆破对象为大体积的建（构）筑物（如桥墩、桥台或重型机械设备的混凝土基座等），最小抵抗线的选取决定于要破碎的块度尺寸。尽管爆破破碎的块度还与炮孔间距 a、排距 b 与药量分配有关。若要求爆破破碎块度不宜过大，便于人工清渣，小孔径钻孔时最小抵抗线 W 可取如下值：

混凝土结构 $\qquad\qquad W=35\sim50\mathrm{cm}$

浆砌片石、料石结构 $\qquad W=50\sim70\mathrm{cm}$

钢筋混凝土 $\qquad\qquad W=(3/4\sim4/5)H$

式中 $\quad H$——建（构）筑物厚度，cm。

若爆破后采用机械方法清渣时，W 可以选取较大值。因此，要考虑机械吊装和运载能力确定破碎的块度大小或重量，来设计确定 W 值。

最小抵抗线的选择原则上在满足施工要求和安全的条件下，应选用较大的 W 值。大孔径时抵抗线可达 1m 以上，根据选用的炸药单耗及单孔装药量进行推算。

3. 炮孔间距 a 和排距 b

在爆破大体积混凝土体时，往往还需要布置多排炮孔，因此相邻两排炮孔之间的排距 b 也是一个重要设计参数，a 值和 b 值的选择是否合理，对爆破效果和炸药能量的充分利用有直接影响。

根据一定埋深情况下装药爆破的破坏影响范围，确定合理的炮孔间距可以使两个药包共同作用获得最佳破碎效果。炮孔间距 a 与最小抵抗线 W 成正比变化，其比值 $m=a/W$ 称为密集系数，它随 W 的大小、爆破体材质和强度、结构类型、起爆方法和顺序、爆破后要求的破碎块度或是要求保留部分的平整程度等因素而变化。

当 $m<1$，即 $a<W$，炮孔间距过小时，爆破后往往会沿炮孔连线方向裂开，容易形成大块。因此，只有在要求切割整齐轮廓线的光面爆破中，选取 $a<W$。

为了获得良好的拆除效果，一般均应取 a 大于 W。在满足施工要求和爆破安全的条件下，应力求选用较大的 m 值，此时爆破块度更均匀，但不宜大于 2。实践表明对各种不同建筑材料和结构物，可以采用下列各式计算炮孔间距：

混凝土结构　　　　　　$a = (1.2 \sim 2.0)W$

钢筋混凝土结构　　　　$a = (1.0 \sim 1.3)W$

浆砌片石或料石　　　　$a = (1.0 \sim 1.5)W$

浆砌砖墙　　　　　　　$a = (1.2 \sim 2.0)W$

预裂切割爆破　　　　　$a = (8.0 \sim 12.0)d$

式中　d——炮孔直径。

上述公式中，m 值的上下限取值要根据建筑材料的质量和抵抗线值的大小变化。一般情况下，材质差的，抵抗线大时取大值；材质好的，抵抗线小时取小值。混凝土地坪破碎爆破，如混凝土路面的拆除，由于是垂直地面钻孔，钻孔深度就是药包的最小抵抗线。若是超强（多层）配筋的钢筋混凝土结构物，其 m 值将比上述取值的下限还要小。因此，上述公式的取值范围需要现场爆破试验进行调整。

混凝土切割爆破时，要保护保留的混凝土不受破坏，考虑切割面平整度的要求和混凝土的强度，这时需要采用较密布孔。可以按预裂爆破设计参数计算炮孔间距 a。

多排炮孔一次起爆时，排距 b 应略小于炮孔间距 a。根据材质情况和对破碎块度的要求，可取 $b = (0.6 \sim 0.9)a$。

4. 炸药单耗 q

炸药单耗 q 是爆破破碎或抛掷单位体积被爆介质的用药量，是拆除爆破设计中的一个重要参数。炸药单耗大，炸得碎，碎块也容易抛得远。因为爆破对象千变万化，材质不同，爆破要求的目的不同，所以炸药单耗的选择要十分谨慎。选择不合适不仅影响爆破效果，有时还会产生爆破事故。

在拆除爆破工程中，除了大体积构筑物爆破时，炮孔比较深，大多数都是比较浅的炮孔爆破，浅孔爆破由于填塞长度小，炸药爆破的能量利用率低，为了达到工程要求的破碎度，不得不增加用药量。但是炮孔长度有限，增加了装药量的长度，填塞长度就更短了，就会有更多的能量不能用于破碎。一般情况下，抵抗线大，炮孔深度也大时，可以选用较小的炸药单耗 q 值。若抵抗线小，炮孔浅，炸药单耗 q 值就要取大值。

炸药单耗可以采用下列两种方法确定：

(1) 单个药包药量计算与总体积炸药消耗量比较法。根据爆破体的材质、强度、最小抵抗线和临空面条件等，按炸药单耗用量表所给出的经验数据初步选取一个 q 值，然后按药量计算公式计算单孔装药量 Q，各个炮孔的药量因为参数不一样，计算的药量也有差别；然后对要爆破的部位所有炮孔的计算药量累计，求出爆破的总药量 ΣQ，总药量与相应炮孔爆破部位的体积之比 $\Sigma Q/V$ 称为总体积炸药消耗量。比较 Q/V 比值和初步选取的 q 值的大小，如果二者相近，便可采用所选取的 q 值。

(2) 对重要的拆除爆破工程，或是对爆破体的材质、强度和原施工质量不了解，为了保证爆破效果，应对爆破体进行小范围内的局部试爆，根据爆破试验的情况，选定 q 值。试爆要按实爆时设计的孔网参数进行布置炮孔，试爆的炮孔不应少于 3～5 个。可以根据试爆体的材质初步选取 q 值计算炮孔的装药量。试爆的 q 值一般应选取小值，可能爆破破碎的效果差一点，也要按照"宁小勿大，只松不飞，确保安全"的原则进行试爆。试爆应选择处于比较安全的部位或构件，爆破后绝对不能影响建（构）筑物整体或结构的安全和稳定。即使这样，也要采用严密的防护措施，确保试爆的安全。

5. 炮孔布置

合理地设计炮孔方向和布置炮孔对保证拆除爆破效果至关重要。炮孔布置要考虑多种因素的影响，诸如爆破体的材质、几何形状和尺寸、建（构）筑物的类型、施工条件等。

一般说来，考虑爆破体临空面的状况，炮孔方向分为垂直炮孔、水平炮孔和倾斜炮孔三种。当爆破对象有水平临空面时，一般要采用垂直向炮孔，因为钻孔作业效率高、劳动作业强度低、钻孔质量容易保证。有的场坪基础拆除爆破工程，由于基础的厚度方向有限，为了增加有效的炮孔长度和填塞长度，提高炸药爆破的能量利用率，可以选择采用倾斜炮孔，如混凝土路面的拆除。倾斜炮孔的方向可以采用固定的或可变的角度支架进行控制。如果爆破对象是柱和墩体，不能在顶部钻垂直孔时，就不得不进行水平向钻孔。水平向钻孔劳动强度大，需要用支架来控制钻机的凿进方向。倾斜炮孔和水平向钻孔方向的偏离将会影响爆破效果。如果相邻两个炮孔底端接近，其间的距离小于设计的炮孔间距，将使局部的炸药单耗变大，炸药单耗过大容易造成飞石。如果相邻两个炮孔底端相距过大，其间的距离大于设计的炮孔间距，将使局部的炸药单耗变小，爆破效果差。因此在施工条件允许时应尽可能设计垂直炮孔。

炮孔布置的原则应是力求炮孔排列规则与整齐，使药包均匀地分布于爆破体中；以保证爆破后破碎的块度均匀或切割面平整。

在爆破断面尺寸小的基座时，一般是在结构物的中线上布置一排炮孔，如果尺寸大（≥70cm），可以布置两排孔，两排炮孔可以平行布置，也可以交错布置。

在进行切割爆破时，为防止损伤保留部分的边角，可在邻近爆破体的边缘处布置 1～2 个不装药的炮孔，亦称导向孔，有利于切割面沿预定的方向形成。导向孔距爆破边缘和主炮孔（即装药炮孔）的距离小于设计的炮孔间距 a，其值可控制在 $(1/3～1/4)a$ 范围内。相邻导向孔之间的距离可控制在 $(1/2～1/3)a$ 范围内。

当大体积构筑物要求全部拆除爆破时需要布置多排炮孔，前后排间或上下排间的炮孔可布置成矩形或三角形（梅花形）排列，三角形交错布孔方式有利于炮孔间的介质充分破碎。为满足爆破振动安全设计要求，可采用毫秒延时起爆技术，分段起爆。

6. 分层装药

（1）小孔径炮孔。当炮孔深度不小于 $1.5W$ 时，则应设计分层装药，如厚度大的深槽的钻孔爆破、梁体减弱爆破解体等。分层装药设计是将计算出的单孔装药量 Q 分成两个或两个以上的药包。分层药包的分配原则是：两层装药时，上层药包为 $0.4Q$，下层药包为 $0.6Q$；三层装药时，上层药包为 $0.25Q$，中层药包为 $0.35Q$，下层药包为 $0.4Q$。

设计分层装药时，最上层药包的填塞长度不小于最小抵抗线，或等于炮孔间距。

分层药包的起爆可以在每个药包中安装起爆雷管，如有导爆索时，可将各个分层药包按设计的间距绑扎在相应长度的导爆索上，采用预裂爆破的装药结构。

（2）大孔径炮孔。拆除爆破周围有大量需保护物，对爆破振动影响控制要求严，大孔径炮孔单孔装药量大，可能单孔单段起爆也不能满足振动控制要求，一般采用降低台阶高度来减小单孔药量，但有时可能受施工条件限制，不能降低台阶高度，这时需在孔内进行分段装药，上下段间设置不同段别的延期雷管，上下段间进行填塞阻隔，填塞长度不小于0.8m，孔口的填塞长度不小于0.7倍最小抵抗线。

9.2.2.2 拆除爆破药量计算

1. 爆破破碎的药量计算

在拆除爆破工程中采用的药量计算经验公式，爆破的破碎程度和材料强度的影响都包含在炸药单耗 q 内。考虑临空面条件、爆破器材的品种和性能，以及填塞质量要选择合适的炸药单耗 q 值。不同结构条件下的单孔装药量 Q_i 的药量计算公式有如下形式：

$$Q_i = qaWH \tag{9.2-1}$$

$$Q_i = qabH \tag{9.2-2}$$

$$Q_i = qaBH \tag{9.2-3}$$

式中 Q_i——单个炮孔装药量，kg；

    W——最小抵抗线，m；

    a——炮孔间距，m；

    b——炮孔排距，m；

    B——爆破体的宽度或厚度，m，$B = 2W$（单排孔，双临空面）；

    H——爆破体的高度，m；

    q——炸药单耗，kg/m³。

式（9.2-1）适用于多排布孔时第一排炮孔的药量计算。

式（9.2-2）适用于多排布孔时中间各排炮孔的药量计算。

式（9.2-3）适用于爆破体较薄、只在中间布置一排炮孔时的药量计算。

表 9.2-1 和表 9.2-2 中所列出的各种不同材质及不同条件下拆除爆破的炸药单耗和平均炸药单耗，是通过大量生产性爆破和试验爆破数据统计得出的经验值。

表 9.2-1　　　　　　　　　　**炸药单耗 q 及平均炸药单耗**

爆破对象及材质	最小抵抗线 W/cm	炸药单耗 q/(g/m³)			平均炸药单耗 /(g/m³)
		一个临空面	二个临空面	三个临空面	
混凝土强度较低	35～50	150～180	120～150	100～120	90～110
混凝土强度较高	35～50	180～220	150～180	120～150	110～140
混凝土桥墩及桥台	40～60	250～300	200～250	150～200	150～200
混凝土公路路面	45～50	300～360	—	—	220～280
钢筋混凝土桥墩台帽	35～40	440～500	360～440		280～360
浆砌片石及料石	50～70	400～500	300～400		240～300

爆破对象及材质		最小抵抗线 W/cm	炸药单耗 q/(g/m³)			平均炸药单耗 /(g/m³)
			一个临空面	二个临空面	三个临空面	
桩头直径	1.0m	50	—	—	250～280	80～100
	0.8m	40			300～340	100～120
	0.6m	30			530～580	160～180
浆砌砖墙	厚约37cm	18.5	1200～1400	1000～1200	—	850～1000
	厚约50cm	25	950～1100	800～950		700～800
	厚约63cm	31.5	700～800	600～700		500～600
	厚约75cm	37.5	500～600	400～500		330～430
混凝土大块 二次爆破	$BaH = 0.08～0.15m^3$		—	—	180～250	130～180
	$BaH = 0.16～0.4m^3$				120～150	80～100
	$BaH > 0.4m^3$				80～100	50～70

表9.2-2　　　　钢筋混凝土梁柱爆破炸药单耗 q 及平均炸药单耗

W /cm	q /(g/m³)	平均炸药单耗 /(g/m³)	布筋情况	爆破效果
10	1150～1300	1100～1250	正常布筋单箍筋	混凝土破碎、疏松、与钢筋分离，部分碎块逸出钢筋笼
	1400～1500	1350～1450		混凝土破碎、疏松、脱离钢筋笼，箍筋拉断，主筋膨胀
15	500～560	480～540	正常布筋单箍筋	混凝土破碎、疏松、与钢筋分离，部分碎块逸出钢筋笼
	650～740	600～680		混凝土破碎、疏松、脱离钢筋笼，箍筋拉断，主筋膨胀
20	380～420	360～400	正常布筋单箍筋	混凝土破碎、疏松、与钢筋分离，部分碎块逸出钢筋笼
	420～460	400～440		混凝土破碎、疏松、脱离钢筋笼，箍筋拉断，主筋膨胀
30	300～340	280～320	正常布筋单箍筋	混凝土破碎、疏松、与钢筋分离，部分碎块逸出钢筋笼
	350～380	330～360		混凝土破碎、疏松、脱离钢筋笼，箍筋拉断，主筋膨胀
	380～400	360～380	布筋较密双箍筋	混凝土破碎、疏松、与钢筋分离，部分碎块逸出钢筋笼
	460～480	440～460		混凝土破碎、疏松、脱离钢筋笼，箍筋拉断，主筋膨胀
40	260～280	240～260	正常布筋单箍筋	混凝土破碎、疏松、与钢筋分离，部分碎块逸出钢筋笼
	290～320	270～300		混凝土破碎、疏松、脱离钢筋笼，箍筋拉断，主筋膨胀
	350～370	330～350	布筋较密双箍筋	混凝土破碎、疏松、与钢筋分离，部分碎块逸出钢筋笼
	420～440	400～420		混凝土破碎、疏松、脱离钢筋笼，箍筋拉断，主筋膨胀

W /cm	q /(g/m³)	平均炸药单耗 /(g/m³)	布筋情况	爆破效果
50	220～240	200～220	正常布筋单箍筋	混凝土破碎、疏松、与钢筋分离，部分碎块逸出钢筋笼
	250～280	230～260		混凝土破碎、疏松、脱离钢筋笼，箍筋拉断，主筋膨胀
	320～340	300～320	布筋较密双箍筋	混凝土破碎、疏松、与钢筋分离，部分碎块逸出钢筋笼
	380～400	360～380		混凝土破碎、疏松、脱离钢筋笼，箍筋拉断，主筋膨胀

2. 爆破切割的药量计算

对混凝土结构物要进行部分切除，可以布置一排密孔，炮孔间距小于最小抵抗线，混凝土切割爆破可以采用式（9.2－1）进行药量计算。式（9.2－1）中的 H 是要切割的厚度。

混凝土切割爆破炸药单耗 q 及平均炸药单耗可参照表 9.2－3 选取。

表 9.2－3　　　　　**混凝土切割爆破炸药单耗 q 及平均炸药单耗**

材质情况	临空面	W/cm	q/(g/m³)	平均炸药单耗 /(g/m³)
强度较低的混凝土	2	50～60	100～120	80～100
强度较高的混凝土	2	50～60	120～140	100～120

若要对大体积或是大面积的混凝土结构物进行分离破碎，也可以类似岩石开采中采用光面爆破的方法进行切割分离，这时炮孔装药量可按式（9.2－4）计算：

$$Q_i = q_1 a B \qquad\qquad (9.2-4)$$

式中　Q_i——单孔装药量，g；

　　　a——炮孔间距，m；

　　　B——爆破部位的厚度或宽度，m；

　　　q_1——爆破部位单位面积用药量，g/m²，可根据材质情况参照表 9.2－4 选取，表中为单位面积的平均耗药量。

表 9.2－4　　　　　**混凝土光面爆破单位面积用药量 q_1**

材质情况	W/cm	q_1/(g/m²)	$\dfrac{\sum Q_i}{S}$/(g/m²)
强度较低的混凝土	40～50	50～60	40～50
强度较高的混凝土	40～50	60～70	50～60
厚 20～30cm 混凝土地坪	30～60	100～150	—

3. 水压爆破拆除的药量计算

圆筒形的水池或罐体是适合采用水压爆破拆除的典型结构物。圆筒形的水池或罐体一般是轴对称结构物，当在其内充水，中心线上一定高度布置药包爆炸的水击波作用造成筒壁的破碎及运动，水压爆破对结构的破坏是水击波压力的持续作用，当在筒壁上产生的应力超过材料的破坏强度时，结构将发生破坏。通过求解筒壁在水击波冲量作用下的位移，考虑材料的动态特性及工程要求的破坏程度，圆筒形薄壁结构物水压爆破拆除药量计算公式为

$$Q = KR^{1.41}\delta^{1.59} \tag{9.2-5}$$

式中　δ——壁厚，m；

R——圆筒形薄壁结构的计算半径，为内半径与外半径之和除以 2，m，$\delta/R \leqslant 0.1$；

K——药量系数，根据爆破结构物的材质、结构特点、拆除工程要求的破碎度决定的综合经验系数。由于影响因素多，大量实际工程资料给出的 K 值取值范围是 $2.5\sim10$。对素混凝土 K 取 $2\sim4$；对钢筋混凝土筒形建（构）筑物，正常配筋取 $4\sim8$，加强配筋取 $9\sim10$。要求破碎块度小时取大值，反之取小值。

对不是筒形，即截面不是圆环形的建（构）筑物，可以采用等效半径和等效壁厚进行计算。

等效外半径：

$$\overline{R} = \sqrt{\frac{S_R}{\pi}} \tag{9.2-6}$$

式中　S_R——爆破结构物横断面的面积，m²。

等效壁厚：

$$\overline{\delta} = \overline{R}\left(1 - \sqrt{1 - \frac{S_\delta}{S_R}}\right) \tag{9.2-7}$$

式中　S_δ——爆破结构物要拆除材料的面积，m²。

9.2.2.3　拆除爆破的起爆网路设计

一座大型建（构）筑物的拆除爆破，需要布置多个炮孔进行爆破，有的多达数千上万个药包，要确保每个雷管能安全准爆，爆破网路设计和施工质量十分重要。拆除爆破起爆网路的特点是雷管数量多，起爆时间要求准确。为此，拆除爆破起爆网路设计一般采用工业电雷管起爆网路和导爆管雷管起爆网路。拆除爆破禁止采用导爆索起爆方法，因为导爆索传爆有大量炸药在空气中爆炸，空气冲击波对周围环境的危害和干扰大。

导爆管起爆网路起爆量大，网路连接施工方便，早期在拆除爆破工程中用得最多。导爆管起爆网路连接多采用束（簇）接，大型起爆网路都要设计采用复式交叉的起爆网路。随着工业电子雷管的普及，现在多采用工业电子雷管起爆网路。

大型起爆网路设计若采用孔内外延期技术时，孔内应采用高段位的延期雷管，孔外采用低段位的延期雷管，且孔内起爆的时间应大于孔外延期的累计时间，以避免第一段药包爆破的飞片可能会打坏孔外正在传播起爆信号的导爆管或雷管，造成拒爆事故。

9.2.2.4　拆除爆破的安全设计

拆除爆破安全设计包括的主要内容是指爆破实施过程中由于爆破作用产生的有害效应的控制和防护设计。它们是：炸药爆破造成的振动和由于建（构）筑物解体构件下落撞击地面的触地震动、空气冲击波与噪声、爆破时的飞石和粉尘等。具体见第 11 章爆破安全控制。

9.2.3　施工组织设计

施工组织设计主要包括以下内容：

（1）施工总平面图。

（2）施工组织：施工方法和程序、人员配备、材料配备、设备配备、施工现场平面布置、劳动力安排计划等。

（3）施工管理：组织机构、岗位职责等。

（4）质量管理：质量目标、质量保证体系、质量保证措施、质量管理制度等。

（5）安全保证措施：安全生产管理目标、安全保证组织、一般安全措施、爆破作业安全措施、爆破器材管理安全措施等。

（6）施工进度计划及工期保证措施。

（7）文明施工方案：拆除文明施工管理、拆除现场施工管理。

（8）消防、环保及保卫安全方案：消防安全方案、环保安全方案、降低环境污染安全措施、保卫安全措施、制度及方案等。

（9）安全警戒方案：组织机构设置、警戒范围、爆破通告、警戒人员、通信联络、警戒清场时间安排、警戒信号、起爆站及起爆指挥部、起爆命令及起爆程序等。

9.3　基础类建（构）筑物拆除爆破

9.3.1　工程特点

基础类建（构）筑物拆除爆破是水工建（构）筑物拆除爆破工程中应用最多的一种。基础类拆除爆破对象包括有：各种机械设备基础、仪器设备基础、各种试验台等；各种厂房基础、渡槽基础、河岸堤坝以及各种建（构）筑物基础；浇筑质量不符合要求的大体积混凝土等。基础类建（构）筑物的材质复杂，有素混凝土、钢筋混凝土、浆砌片石、砖砌体、三合土等；基础类建（构）筑物形状多样，有方形、柱形、锥形、台阶状的实心体和环形、沟槽形的腔体，以及薄板结构体。

基础类建（构）筑物拆除爆破通常有两种情况：一种是将建（构）筑物全部拆除，称为整体拆除爆破；另一种是将建（构）筑物的一部分拆除，而其他部分保留，称为切割拆除爆破。一般爆破工程量不大，但安全要求极为严格。尤其在室内拆除爆破时，通常要求在不影响生产的条件下进行爆破拆除作业，环境复杂。在厂房内爆破作业，厂房本身是封闭空间，爆破时产生的空气冲击波会发生反射叠加，对仪器设备具有极强的破坏力；设备、仪器、电源等与爆破作业地点距离很近，容易被飞散物砸坏；爆破时产生的振动会影响中控室内的电气设备和其他精密机械设备的安全运行。因此，基础类建（构）筑物的拆除爆破必须精心设计施工，加强安全防护。

9.3.2 爆破设计

9.3.2.1 布孔参数

1. 孔径

基础拆除一般均采用小孔径、浅孔爆破方式。孔径一般为 38～44mm，切割爆破孔径可小至 32mm。

2. 孔深

孔深 l 一般不大于 2～3m，条件许可时，亦可增大至 4～5m。孔深主要与孔底边界条件有关，亦应考虑钻孔效率。孔深按式（9.3-1）计算：

$$l = KH \tag{9.3-1}$$

式中　　K——经验系数，可按表9.3-1取值；

　　　　H——厚度，m。

表 9.3-1　　　　　　　　　　　经 验 系 数 K 值 表

底部边界条件	K 值	备　注
有自由面	0.6～0.7	与飞散方向有关
为土质垫层	0.65～0.75	—
下有施工缝	0.75～0.85	炮孔孔底至施工缝应大于 10cm

3. 炮孔方向

炮孔方向分为垂直孔、水平孔和倾斜孔三种，考虑到钻孔方便，应尽量采用垂直孔。

4. 最小抵抗线

一般钢筋混凝土的最小抵抗线取 0.3～0.5m，砌石取 0.5～0.8m。最小抵抗线 W 的选取除考虑装药量、安全、结构本身断面尺寸外，钢筋布置形式亦很重要，配筋率高时，应取小值。对室内无法采用机械出渣，需人工清理时，最小抵抗线 W 宜小于 0.3m。

5. 孔间距

炮孔应尽量均匀分布，达到爆破块度均匀的目的。炮孔间距 a 常取 (1.0～1.5)W。

6. 孔排距

炮孔可布置成工字形或梅花形，排距 b 取 (0.8～1.0)W。若为一次齐发起爆，b 取小值；若为分次起爆，b 可取至 W。每段起爆的排数 N 不宜大于 4 排。

9.3.2.2 药量计算

单孔装药量 Q，可按体积公式计算：

$$Q = qV \tag{9.3-2}$$

对于多排炮孔，也可按式（9.3-3）和式（9.3-4）计算：

多排布孔中的第 1 排炮孔 $\qquad Q = qWaH \qquad$ (9.3-3)

多排布孔中的其他几排炮孔 $\qquad Q = qabH \qquad$ (9.3-4)

式中 q——炸药单耗，g/m^3，可参考表 9.3-2 选择；

$\quad a$——孔距，m；

$\quad b$——排距，m；

$\quad W$——最小抵抗线，m；

$\quad H$——基础爆破厚度，m。

表 9.3-2 炸药单耗表

材质情况	W/m	$q/(g/m^3)$	材质情况	W/m	$q/(g/m^3)$
强度较低混凝土	0.35~0.60	100~150	普通钢筋混凝土	0.30~0.50	280~340
强度较高混凝土	0.35~0.60	120~140	布筋较密钢筋混凝土	0.30~0.50	360~420

机械无法进入的室内基础，可选择较大炸药单耗，实施强松动爆破，以便于人工清渣。

当炮孔深度 $l > 2W$ 时，为达到破碎均匀，减少飞石的目的，宜采取分层装药。分层以两层为宜，上层装药 $0.4Q$，下层装药 $0.6Q$，相邻两层装药间距应大于 20cm；当两层尚不能满足均匀破坏要求时，可采取相邻炮孔层间错开装药方法。

9.3.2.3 起爆网路

在室内或周围环境有限制时，宜采用导爆管雷管毫秒延时起爆网路或工业电子雷管起爆网路。

9.3.2.4 爆破安全与防护

1. 爆破振动

一般采用毫秒延时爆破减少单段起爆药量，或在基础周围开挖一定宽度的沟槽，以减轻爆破振动的影响。

2. 爆破飞石

一般采取覆盖措施防止爆破飞石、空气冲击波的危害及爆破粉尘污染。常用的覆盖材料有草袋、竹笆、荆笆、胶皮带、胶袋帘、土袋等。

3. 爆破冲击波

爆破冲击波在封闭空间传播受到约束，不能自由传播。虽然填塞良好的浅孔爆破空气冲击波较弱，但爆破时也必须将周围所有门窗和通道打开，进行卸压。

9.3.3 工程案例——鱼塘水电站溢洪道钢筋混凝土底板拆除爆破

9.3.3.1 工程概况

鱼塘水电站由于溢洪道水泥板块间的接缝处理不当，导致部分单元板块受高压水流作用而移位破损，需对水毁的单元板块进行拆除。水毁板块位于溢洪道泄槽内，长度为 60m，宽度为 37.5m，需拆除板块与相邻保留板块之间只有一道 10mm 的结构缝，爆破时必须确保相邻保留板块不受到破坏，对爆破技术要求高。整个溢洪道底板宽 52.5m，长

90m，上游是泄流斜坡道和闸门，下游为消力水池，两侧是 20m 高的混凝土结构墙体。溢洪道泄槽内水毁板块位置如图 9.3-1 所示。

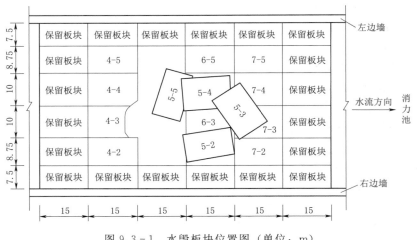

图 9.3-1 水毁板块位置图（单位：m）

需拆除板块为 C30 的钢筋混凝土结构，用 ϕ20mm 螺纹钢编织成筐体浇筑而成，水泥覆盖层 20cm，板块厚 2.2m，有 15m×10m、15m×8.75m 两种尺寸，板块坐落于基岩之上，基岩与混凝土体用 ϕ32mm 钢筋锚接。拆除的钢筋混凝土板块总方量为 4950m³。水毁混凝土板块结构如图 9.3-2 所示。

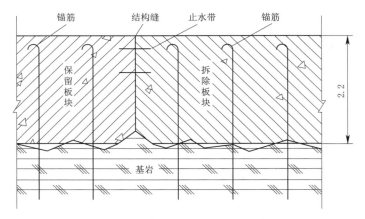

图 9.3-2 水毁混凝土板块结构图（单位：m）

9.3.3.2 拆除爆破设计

1. 爆破方案

（1）先对冲散的 5-2、5-3、5-4、5-5 独立板块分别进行整体爆破，清运爆渣，为被压在下面板块的钻孔工作创造工作面。

（2）在拆除区域四周的拆除板块上按孔间距为 20cm，排间距为 20cm 布 2 排梅花形减震孔，孔深要超过板块厚度即要达到 2.2m。钻孔工作完成后要做好孔口的填塞保护工作。保留板块与拆除板块间有 10mm 宽的结构缝，其减震作用远大于 2 排减震孔的减震作用，因此，无须设置 2 排梅花形减震孔。

（3）利用 5－2～5－5 被水冲毁形成的临空面，4－2～4－5 由下游向上游 V 形起爆，6－2～6－5 及 7－2～7－5 由上游向下游 V 形起爆。

2. 爆破参数

（1）爆破参数。炮孔直径为 38mm，孔深 l 取 2m，孔距 a 取 0.8m，排距 b 取 0.8m，爆破单耗 q 取 $0.6kg/m^3$。

孔内分 2 层装药，每层采用空气不耦合间隔。由于板块底面基本不存在临空面，因此下层药包加强，药包中心向下偏移。填塞长度保证 40cm，填塞材料用水泥和细砂的拌和料。拉槽、扩槽爆破装药结构如图 9.3－3 所示。

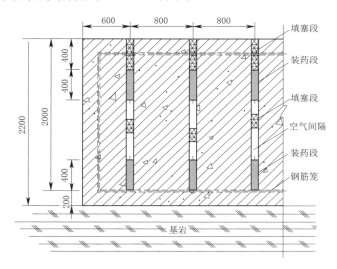

图 9.3－3　拉槽、扩槽爆破装药结构图（单位：mm）

（2）减震孔的爆破参数。炮孔直径为 42mm，前期其用处是减震，因而要求打穿板块。在装药爆破前，所选用的孔要重新回填至孔深 l 取 2m，孔距 a 取 0.2m，排距 b 取 0.2m，梅花形交错布孔。爆破单耗 q 取 $0.5kg/m^3$。

由于爆破体高宽比值较大，因而孔内分 3 层装药，每一层可以看成为一个独立的炸药负担部分，73cm 一层。每层用填塞材料间隔堵实，采用空气不耦合装药，药包尽量布置在钢筋附近，减震孔装药结构如图 9.3－4 所示。

3. 爆破网路。

采用微差接力 V 形起爆网路，MS11 段导爆管雷管入孔，表面采用低段导爆管雷管接力，在距离保护体 8m 左右的距离时，5 个孔连成一段起爆，单段药量 4kg。

9.3.3.3　爆破效果

爆破剥离效果很好，混凝土大部分脱笼，产生的大块很少，为钢筋的切割和爆渣的清运创造了良好条件。

爆破临空面和爆破网路的设计合理，爆渣绝大部分都往基坑抛掷，有效地控制了飞石。

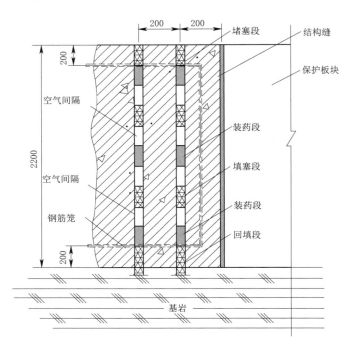

图 9.3-4 减震孔装药结构图（单位：mm）

在减震孔范围的混凝土拆除以后，露出的保护板块侧壁大部分平整光鲜，虽然表面有一些掉皮现象，但在保护板块混凝土体内没有产生任何裂纹。

9.4 高耸建（构）筑物拆除爆破

9.4.1 工程特点

水工建（构）筑物中高耸建（构）筑物一般是指进水塔、启闭机室、厂房、渡槽支撑墩、栈桥桥墩等，其特点是重心高而支撑面积小，非常容易失稳。由于爆破法可以在瞬间使建（构）筑物失去稳定性而倒塌解体，具有迅速、安全、经济的优点，所以通常采用爆破的方法拆除。

高耸建（构）筑物多位于环境复杂的地方，为确保爆破时周围建（构）筑物与人身安全，必须精心设计与施工，除严格执行控制爆破施工与安全的一般规定和技术要求外，还应特别注意下列有关问题：

（1）获取可靠的环境和建（构）筑物现状基础资料。爆破设计前必须对被拆除对象的周围环境进行详细调查了解，首先获取被拆除对象和周围保护建（构）筑物、设备、管线网路等的空间关系和水平距离数据；其次了解拆除对象结构状况、材质、风化程度等基础资料，为设计提供可靠的依据。

（2）由于高耸建（构）筑物的爆破要求缺口完全打开，以抛掷爆破为主，炸药单耗较大，为防止飞石逸出，在爆破缺口部位应做必要的防护。防护材料可以用荆笆、胶帘等。

（3）清理倒塌现场和做好防振工作。高耸建（构）筑物倾倒后会对地面产生巨大的冲击，所以为了避免建（构）筑物触地冲击造成飞石，减缓冲击振动，必须清理现场原有碎石和做好防振工作。

9.4.2 爆破设计

9.4.2.1 拆除爆破方案选择

高耸建（构）筑物拆除常用的方案有三种：定向倒塌、折叠倒塌和原地坍塌。

1. 定向倒塌

定向倒塌是在高耸建（构）筑物倾倒方向一侧的底部，用爆破的方法炸开一个具有一定高度，长度大于 1/2、小于 2/3 周长的缺口，使建（构）筑物整体失稳，重心外移，在建（构）筑物自身重力作用下，形成倾覆力矩，使高耸建（构）筑物朝预定方向倒塌。

选用此方案时，必须至少一个方向具有一定宽度的狭长地带作为倒塌场地。对该场地宽度和长度的要求与建（构）筑物本身的结构、刚度、风化破损程度以及爆破缺口的形状、几何参数等多种因素有关。对于钢筋混凝土或者刚度好的混凝土建（构）筑物，要求狭长地带长度大于建（构）筑物高度的 1.2 倍，垂直于倒塌中心线的横向宽度不得小于建（构）筑物爆破部位外径的 2.0 倍。对于刚度较差的混凝土建（构）筑物，狭长地带长度要求相对较小些，一般取 1.0～1.5 倍建（构）筑物的高度，垂直于倒塌中心线的横向宽度不得小于建（构）筑物爆破部位外径的 3.0 倍。

水电站厂房大都是框架或框-剪结构，拆除爆破时必将立柱段高度的混凝土进行充分爆破破碎，使它们和钢筋骨架脱离，使柱体上部失去支撑。爆破部位以上的建筑结构物在重力作用下失稳，在重力和重力弯矩作用下，爆破柱体以上的构件将受剪力破坏，同时向爆破一侧倾斜塌落。如果后排立柱根部和前排柱同时或是延时松动爆破，则建（构）筑物整体将以其支撑点转动塌落。值得注意的是，水电站主厂房是大跨度结构，中间没有立柱，不适合定向倾倒。

厂房拆除前还应注意对剪力墙的预处理，化墙为柱。一般剪力墙厚度都在 20～25cm，仍属于薄板范畴，当剪力墙厚度达到 30～40cm 时，则需采用钻爆方法处理。

剪力墙以水平孔为主，特点是两侧都有自由面，墙厚 δ，最小抵抗线为 $W=1/2\delta$，但必须考虑一定的超钻，以增加填塞长度，钢筋混凝土墙的药量计算中的 q 值见表 9.4-1。

表 9.4-1 　　　　　　　　　　　**钢筋混凝土墙 q 值参考表**

墙厚/cm			20	30	40
$q/(kg/m^3)$	直墙水平孔	部分脱笼	1.4～1.6	0.6～0.7	0.47～0.52
		全部脱笼	1.7～1.9	0.8～0.9	0.52～0.60

注 实际选取时，当配筋率大时，q 相应取大值。

对于厚度 25cm 以上的剪力墙，如果条件允许也可以从侧面沿墙钻水平孔，这不仅可以减小钻孔工作量，而且可以采用分节装药，大大提高爆破效果。

根据大量工程实践，定向倾倒主缺口内的剪力墙最好在爆前用人工、机械或爆破法进行预处理。其中，对于30～40cm厚度的剪力墙，采用钻孔爆破方法处理时，应进行试爆。

2. 折叠倒塌

折叠倒塌方案是在倒塌场地任意方向的长度都不能满足整体定向倒塌的情况下采用的一种拆除爆破方案。

折叠式倒塌可分为单向和双向交替折叠倒塌方式，其原理与定向倒塌的原理基本相同，除了在底部炸开一个缺口以外，还需在高耸建（构）筑物上部的适当部位炸开一个爆破缺口，使高耸建（构）筑物从上部开始，逐段向相同或相反方向折叠，倒塌在原地附近。

3. 原地坍塌

原地坍塌方案是在需拆除的建（构）筑物周围没有可供倾倒场地时采用的一种拆除爆破方案。

原地坍塌是将建（构）筑物底部沿周长炸开一个具有足够高度的缺口，依靠建（构）筑物自重，冲击地面实现解体的。原地坍塌方案的实施难度较大，爆破缺口高度要满足建（构）筑物在自重作用下，冲击地面时能够完全解体。大跨度水电站厂房适合采用原地坍塌爆破拆除方案。

综上所述，在选择爆破方案时，需首先进行实地勘查与测量，仔细了解周围环境和场地条件，以及建（构）筑物的几何尺寸与结构特征等。确定方案时，以定向倒塌、折叠倒塌和原地坍塌的顺序考虑。

9.4.2.2 爆破缺口设计

建（构）筑物爆破缺口设计内容包括有：缺口类型、缺口高度和缺口长度确定等。

1. 爆破缺口的类型

爆破缺口是指在要拆除爆破的高耸建（构）筑物的底部用爆破方法炸出一个一定宽度和高度的缺口。爆破缺口一般位于倾倒方向一侧，是为了创造失稳条件，控制倾倒方向，因此爆破缺口的选择直接影响高耸建（构）筑物倒塌的准确性。

在高耸建（构）筑物拆除爆破中，有不同类型的爆破缺口，如图9.4-1所示。爆破缺口以倾倒方位线为中心左右对称，常用的有：矩形、梯形、反梯形、反斜形、斜形和反"人"字形。图中 h 为爆破缺口的高度，L 为缺口的水平长度，L' 为斜形缺口水平段的长度，L'' 为斜形缺口倾斜段的水平长度，H 为斜形、反斜形及反人字形缺口的高度，α 为其倾斜角度。采用反人字形或斜形爆破缺口时，其倾角 α 宜取35°～45°；斜形缺口水平段的长度 L' 一般取缺口全长 L 的0.36～0.4倍；倾斜段的水平长度 L'' 取 L 的0.30～0.32倍。

实践表明，水平爆破缺口设计简单，施工方便，高耸建（构）筑物在倾倒过程中一般不出现后座现象，有利于保护其相反方向临近的建（构）筑物。斜形爆破缺口定向准确，有利于高耸建（构）筑物按预定方向顺利倒塌，但在倾倒过程中可能会出现后座现象。

2. 爆破缺口高度确定

爆破缺口高度是保证定向倒塌的一个重要参数。缺口高度过小，高耸建（构）筑物在倾倒过程中会出现偏转；爆破缺口高度大一些，虽然可以防止高耸建（构）筑物在倾倒过程中发生偏转，但会增加钻孔工作量。因此，爆破缺口的高度不宜小于爆破部位壁厚 δ 的

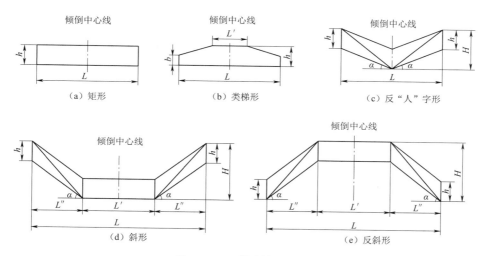

图 9.4-1 爆破缺口类型

1.5 倍。通常取 $h = (1.5 \sim 3.0)\delta$。

3. 爆破缺口长度确定

爆破缺口的长度对控制倒塌距离和方向均有直接影响。爆破缺口过长，保留起支承作用的筒壁太短，若保留筒壁承受不了上部重量，在倾倒之前会被压垮，发生后坐现象，严重时可能影响倒塌的准确性或造成事故；爆破缺口长度太短，保留部分虽然能满足了建（构）筑物爆破前的支承作用，但可能会出现爆而不倒的危险局面，或倒塌后可能发生前冲现象，从而加大倒塌的长度。一般情况下，爆破缺口长度应满足：

$$\frac{3}{4}s \geq L > \frac{1}{2}s \tag{9.4-1}$$

式中　s——高耸建（构）筑物爆破部位的外周长。

对于强度较小的砖结构，L 取小值，强度较大的砖结构和钢筋混凝土结构，L 取大值。

4. 定向窗

为了确保高耸建（构）筑物能按设计的倒塌方向倒塌，除了正确地选择爆破缺口的类型和参数以外，还需提前在爆破缺口的两端用风镐或爆破方法开挖出一个窗口，这个窗口叫作定向窗。开定向窗的作用有二：一是将筒体保留部分与爆破缺口部分隔开，使缺口爆破时不会影响保留部分，以保证正确的倒塌方向；二是可以进行试爆进一步确定装药量及降低一次起爆药量。窗口的开挖是在缺口爆破之前，钢筋要切断，墙体要挖透。当倒塌场地条件较好时，也可用一排炮孔来代替定向窗，孔距为 0.2m。

定向窗的高度一般为 $(0.8 \sim 1.0)H$，长度为 $0.3 \sim 0.5$m。

9.4.2.3 爆破参数设计

1. 炮孔布置

炮孔布置在爆破缺口范围内，炮孔垂直于建（构）筑物表面，对于圆筒形建（构）筑物，炮孔应指向高耸建（构）筑物中心。一般采用梅花形布置，爆破的周长为内衬周长的一半左右。

2. 炮孔深度 l

对于圆筒形高耸建（构）筑物，爆破缺口的横截面类似一个拱形结构物，装药爆炸时，会使拱形结构物的内侧受压、外侧受拉。由于砖和混凝土的抗压强度远大于其抗拉强度，孔太浅，则拱形内壁破坏不彻底，形不成爆破缺口；孔太深，外壁部分破坏不充分，同样形不成所要求的爆破缺口。上述情况都可能会形成危险建（构）筑物。根据工程实践经验，合理的炮孔深度可按式（9.4-2）确定：

$$l = (0.67 \sim 0.7)\delta \tag{9.4-2}$$

式中　l——炮孔深度，cm；

　　　δ——高耸建（构）筑物的壁厚，cm。

3. 炮孔间距 a 和排距 b

炮孔间距 a 主要与炮孔深度 l 有关，应使 $a < l$。

对于混凝土结构，$a = (0.85 \sim 0.95)l$。

在上述公式中，如果结构完好无损，炮孔间距可取小值；如果结构受到风化破损，炮孔间距可取大值。

炮孔排距应小于炮孔间距，即 $b = 0.85a$。

4. 单孔装药量计算

单孔装药量可按体积公式计算，即 $Q = qab\delta$。

钢筋混凝土结构，炸药单耗系数 q 按表9.4-2选取。

表9.4-2　　　　　　　　　炸 药 单 耗 系 数 q 值

δ/cm	钢筋网	$q/(\text{g/m}^3)$	δ/cm	钢筋网	$q/(\text{g/m}^3)$
20	一层	1800～2200	60	两层	660～730
30	一层	1500～1800	70	两层	480～530
40	两层	1000～1200	80	两层	410～450
50	两层	900～1000			

9.4.2.4　起爆网路

拆除爆破本身产生的振动不是很大，主要是根据爆破方案来决定起爆延时，如定向爆破时，倒塌方向最前排的炮孔最先起爆，段间时差一般介于100～300ms，如果起爆总延时大于1000ms时，孔内宜采用长延时的高精度雷管，或直接采用工业电子雷管。

9.4.3　工程案例

9.4.3.1　石门坎水电站门机栈桥桥墩定向拆除爆破

1. 工程概况

石门坎水电站门机栈桥由钢结构桥面和4个矩形截面空心薄壁桥墩组成，桥面采用机械方法拆除，桥墩需采用爆破方法拆除。桥墩盖梁长9m、宽1.8m、高2.5m，单个混凝土量 39m³；墩柱高 35m，为变截面结构，内设纵横隔墙及隔板，底部长 6m，宽 2.47m，顶部长 6m，宽 1.6m，墩柱及中间隔墙厚度均为 0.4m，单个混凝土量约 260m³。混凝土标号均为 C40，混凝土墩身为双层布筋，外侧竖筋为Φ22@200mm，箍筋为Φ12@200mm，内侧竖筋为Φ16@200mm，箍筋为Φ12@200mm。门机栈桥墩结构如图 9.4-2 所示。

桥墩附近除大坝和消力池，下游右岸 130m 左右处的钢筋混凝土厂房外，周围无其他建（构）筑物。但栈桥桥墩位于大坝下游的消力池内，离大坝和浇筑用塔吊很近，爆破时要求不能对消力池造成过大冲击，并要保证大坝和塔吊的安全。

2. 爆破设计方案

结合现场实际情况，经分析比较，采用沿桥墩长轴方向定向倾倒、地面解体的拆除爆破方案，实施分段微差爆破。在实施中，只要对触地振动及最大一段起爆药量加以控制，爆破时所产生的地震效应和空气冲击波就不会危及建（构）筑物的安全。

3. 拆除爆破参数设计

（1）缺口位置及倒塌方向。为保证爆破效果，爆破缺口底部设在高程 659.50m 处，即空腔底部；倒塌方向沿桥墩长轴方向向下游倾倒。

（2）缺口形式及尺寸。从侧面看，爆破缺口形式是三角形。三角形底边长为 5.6m，即桥墩底边长 6m 减去桥墩壁厚 0.4m。

最小开口高度 $H_{min} = 6\tan\alpha = 6 \times 0.176 = 1.1$（m）。

为保险起见：取开口高度 $H = 3$m。

（3）炮孔布置。炮孔布置剖面如图 9.4-3 所示。

（4）爆破参数。爆破参数设计见表 9.4-3。

表 9.4-3 爆破参数表

爆破部位	孔深 /cm	间距 /cm	排距 /cm	W/cm	Q/g	炮眼数 /个	总装药量 /kg
侧墙	26	30	26	20	50	216	10.8
前墙	26	30	26	20	50	96	4.8
中隔墙	110	30	26	20	50	48	2.4
盖梁	200	70	50	50	525	36	18.9
合计						396	36.9

上游侧墩壁仅在高程 659.60m 处布置一排水平孔，孔间距为 0.2m，间隔减弱装药，由于采用定向倾倒爆破，爆破部位远离地面，且为多点布药方式，爆破振动影响不大。但上部盖梁单个重达 97.4t，爆破时将产生较大的触地振动，并对消力池底板产生冲击作用。

（5）定向窗及预处理。为减少倒塌爆破时的用药量，也便于观察墩柱的内部结构，在桥墩主爆破之前，先在墩柱的两侧侧墙的空腔部位结合试爆进行预处理，清除预处理暴露

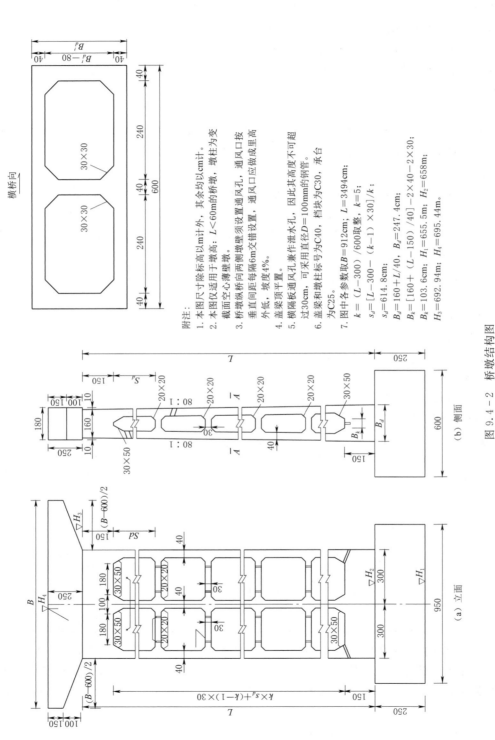

附注：
1. 本图尺寸标高以 m 计外，其余均以 cm 计。
2. 本图仅适用于墩高：L<60m 的桥墩，墩柱为变截面空心薄壁墩。
3. 桥墩纵桥向两侧墙须设置通风孔，通风口按垂直间距每隔 6m 交错设置，通风口应做成里高外低，坡度 4%。
4. 盖梁顶平置。
5. 横隔板通风兼作泄水孔，因此其高度不可超过 30cm，可采用直径 D=100mm 的钢管。
6. 盖梁和墩柱标号为 C40，挡块为 C30，承台为 C25。
7. 图中各参数取值 B=912cm；L=3494cm；

$$k = (L-300)/600 取整，k=5;$$
$$s_d = [L-300-(k-1)\times30]/k;$$
$$s_d = 614.8cm;$$
$$B_d = 160 + L/40，B_d = 247.4cm;$$
$$B_k = [160 + (L-150)/40] - 2 \times 40 - 2 \times 30;$$
$$B_k = 103.6cm；H_1 = 655.5m；H_2 = 658m;$$
$$H_3 = 692.94m；H_4 = 695.44m。$$

（b）侧面

（a）立面

图 9.4-2 桥墩结构图

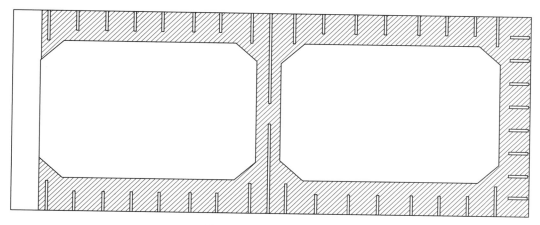

图 9.4-3　炮眼布置剖面

出来的钢筋和钢管，割断四个墩脚处的角钢，并将倾倒方向上的角钢去掉一截。在靠近支撑墙的试爆部位，用风镐修整后当定向窗使用。定向窗及预处理如图 9.4-4 所示。

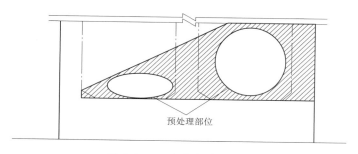

预处理部位

图 9.4-4　定向窗及预处理

（6）装药与填塞。两侧壁和前壁炮眼，每个炮孔底部装 1 个集中药包，中隔墙炮眼，每孔装 3 个药包，炮泥间隔，外面用炮泥满填。

（7）起爆网路。爆破采用毫秒导爆管雷管起爆系统，电磁雷管引爆，4 个桥墩分 3 次进行爆破：先进行 2 号桥墩爆破，随后 1 号、3 号同时进行爆破，最后进行 4 号桥墩的拆除爆破。每次爆破后先用液压锤对墩体进行破碎，随后对实心盖梁进行解体爆破，之后再进行下一次爆破。

（8）安全措施。预先拆除桥墩倒塌方向上的照明线及其他供电线路；对需要保护的电缆等设施实施近体防护；装药前，切断所有通往爆破区的电源。

4. 爆破实施效果

桥墩拆除共分 3 次，第一次爆破左中部位的 2 号墩，经爆后验证，倾倒方向十分准确，起爆瞬间桥墩向下游预定方向缓慢倒塌，整个过程持续大约 6s，倒塌后桥墩墩体全部倒在预设缓冲层上，未对消力池造成破坏，爆破振动较小，无飞石。爆后检查对大坝和塔吊无破坏影响。第二次爆破拆除左边 1 号墩及右中 3 号墩，第三次爆破拆除右边 4 号墩，盖梁触底位置采用土石渣及毛竹防护，爆破倾倒方向及触地位置十分准确，爆破质点振动速度及塌落触地振动速度值均在安全控制值范围以内。

9.4.3.2 某水电站主坝上部结构控制爆破拆除

1. 工程概况

某水电站的主要建筑物由拦河大坝、坝后式厂房、变电站和副坝组成。主坝为混凝土重力坝，在挡水坝段坝顶上设有挡水墙。

该水电站在运行多年后，存在诸多隐患，经安全检查后，相关部门决定对其金属结构和安全监测工程进行改造。改造时需对溢流坝段泄洪闸墩上部的启闭机工作桥及桥墩全部采用爆破法拆除，桥墩下部的分流墩需要保留。

2. 爆破设计

（1）爆破方案。

1）溢流坝段泄洪闸墩上部的启闭机工作桥部分，采用定向控制爆破拆除方案。在工作桥墩根部进行控制爆破，形成爆破切口，拆除混凝土方量为 2800 余 m^3。

2）采用手风钻钻孔，炮孔直径为 40mm，孔深 1.6m，炮孔间距 40cm，抵抗线 36cm，单个桥墩掏槽钻孔数量为 22 个。

3）工作桥桥墩根部处布设 2 排减震孔，减震孔孔径为 40mm，孔深为 2m，孔距 20cm，排距 20cm，单个桥墩减震孔孔数为 27 个。

4）闸墩墩头铺设双层原木垛进行防护，原木垛上布置 2 条废汽车轮胎，轮胎直径为 1m。

5）为确保拆除爆破顺利实施，对工作桥桥墩爆破掏槽区域进行预挖处理，开挖至露出桥墩表层主筋，并采用气焊切断。

（2）爆破参数。

1）炮孔深度 h。炮孔深度 h 一般为 0.8～0.95 倍被爆体厚度，此处闸墩厚度 2.0m，炮孔深度取 1.6m。

2）炮孔孔距 a。炮孔孔距 a 为 10～16 倍炮孔直径 D，为降低爆破块度，取 $a=10D$，即孔距 a 取 40cm。

3）炮孔排距 b。为提高开挖抛掷效果，取炮孔排距 $b=0.9a$，即排距 b 取 36cm。

4）抵抗线 W。抵抗线 W 一般不大于孔距 a，取 $W=(0.6～1)a$，最终抵抗线 W 取 36cm。

5）炸药单耗 q。按类似工程经验选取 q 为 0.8g/m^3。

6）单孔装药量 Q。

$$Q=qV/n$$

最终取单孔 Q 为 0.21kg。

7）爆破参数表。爆破钻爆参数见表 9.4-4，工作桥单个闸墩炮孔布置如图 9.4-5 所示。

（3）爆破装药方法。装药采取连续不耦合结构，孔底与中部间隔分段装药，间隔 35cm，孔口和孔底药卷各装一枚同段位毫秒导爆管雷管，孔内 3 个药卷用导爆索相连接，毫秒导爆管雷管起爆后导爆索孔内引爆。孔口段用炮泥填塞，填塞长度 40cm。装药结构如图 9.4-6 所示。

表 9.4 - 4 爆 破 钻 爆 参 数 表

段位	孔号	抵抗线 W/m	孔深 H/m	炮孔直径 D/mm	角度 α/(°)	孔距 a/m	排距 b/m	填塞长度 L_0/m	装药量 Q/kg	炸药单耗 q/(kg/m³)
1	1～3	0.36	1.6	40	水平	0.43	0.36	0.4	0.63	
3	4～6	0.36	1.6	40	水平	0.37	0.36	0.4	0.63	
5	7～9	0.36	1.6	40	水平	0.40	0.36	0.4	0.63	
7	10～12	0.36	1.6	40	水平	0.44	0.36	0.4	0.63	0.8
9	13～15	0.36	1.6	40	水平	0.44	0.36	0.4	0.63	
11	16～18	0.36	1.6	40	水平	0.44	0.36	0.4	0.63	
13	19～20	0.36	1.6	40	水平	0.44	0.36	0.4	0.42	
15	21～22	0.36	1.6	40	水平	0.44	0.36	0.4	0.42	

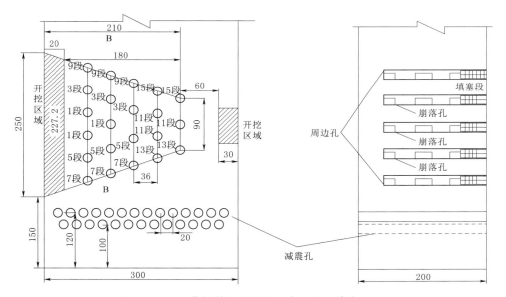

图 9.4 - 5 工作桥单个闸墩炮孔布置图（单位：cm）

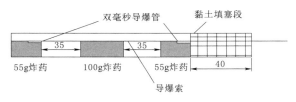

图 9.4 - 6 装药结构示意图（单位：cm）

（4）起爆网路。起爆主线为导爆索，支线为导爆管，向每个工作桥桥墩传爆。起爆网路示意图如图 9.4 - 7 所示。

（5）爆破器材。炸药采用防水性能好，易于装填的 2 号岩石乳化炸药。

选用 MS1、MS3、MS5、MS7、MS11、MS13 等段别导爆管雷管孔内延时，同时选

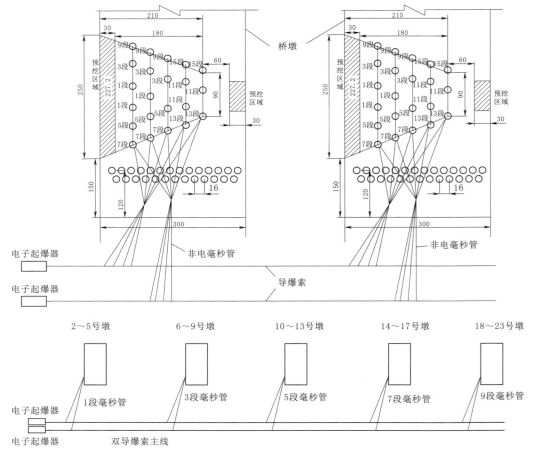

图 9.4 - 7　起爆网路示意图（单位：cm）

用 MS1、MS3、MS5、MS7、MS9、MS11、MS13、MS15 等段别导爆管雷管实现闸墩间接力。

3. 爆破效果

通过爆破试验确定炸药单耗及孔网参数后，再整体爆破拆除，成功拆除了 26 个工作桥墩及桥面。从爆破效果来看，工作桥墩完全按设计方案向上游侧一次倾倒，保证了底部水工结构的完好无损。从各项监测数据分析，爆破拆除未对周边建（构）筑物产生不利影响。

9.5　坝体改扩建拆除爆破

我国在 20 世纪修建了大量的水利水电工程，随着时间的推移，不少工程接近了使用年限，进入了老化期，旧坝的拆除、改扩建以及原址新坝的建设成为当前水利水电建设中面临的重要问题。

如丹江口水利枢纽工程，作为南水北调水源地，需对老坝部分坝段拆除爆破后加高到高程 176.60m。

又如我国最早建成的位于吉林市境内松花江上的丰满水电站，经多次修复，大坝安全仍处于危险状态。为此，国家有关部门决定利用老丰满大坝作为上游围堰，在坝址轴线下游 120.0m 处新建一座混凝土重力坝，新坝建成后，老坝局部拆除。

9.5.1 工程特点

坝体改扩建拆除爆破一般都具有以下特点：

（1）拆除结构复杂，拆除部位均与大坝、厂房等相连，拆除部位与保留部位紧密相连，施工技术复杂。

（2）拆除施工期间部分大坝、厂房可能处于正常运行状态，复杂的施工边界条件对施工技术、施工组织与施工管理要求严格。

（3）混凝土拆除施工时必须采取相应的安全防护措施，以防爆破飞石或拆除体砸坏保留建（构）筑物。

（4）拆除爆破施工前必须进行有针对性的生产性爆破试验，且施工期必须对保留体和邻近建（构）筑物进行跟踪安全监测。

（5）泄水建（构）筑物部位的混凝土拆除不能在汛期施工，必须与坝体混凝土浇筑紧密配合，在规定的时间内完成相应坝段的混凝土拆除。

（6）拆除部位与保留部位紧密相连，施工技术复杂，拆除项目与其他施工项目相互干扰大。

（7）拆除手段分机械拆除和钻爆拆除。其中机械拆除效率较低或需较高的机械设备使用费；钻爆拆除要求严格，必须严格控制爆破规模、爆破方式、爆破装药量及起爆方向，确保保留体和邻近建（构）筑物的安全。

9.5.2 爆破设计

有些坝体改扩建只需要对表层进行拆除爆破。如安康水电站表孔消力池底板存在层间脱离等缺陷，改扩建方案为将表层 1.0m 厚的钢筋抗冲耐磨混凝土采用爆破拆除，0.1m 基础垫层混凝土采用人工凿除，新浇筑三级配 C35 钢纤维混凝土至原设计体形。这类改扩建工程一般爆破工程量不大，但安全要求极为严格，施工技术复杂，其爆破参数设计可参考基础类建（构）筑物拆除爆破设计。

另一种坝体改扩建工程拆除爆破规模较大，采用台阶爆破的方式进行拆除爆破。如丹江口大坝加高旧混凝土拆除施工，由于爆破在大坝上进行，且爆区紧邻下游正常运行的电厂，故需严格控制单段起爆药量。采用小药量控制爆破法拆除，分为 3～4 层拆除，孔间毫秒延期爆破网路分段起爆。这类拆除爆破设计可参考围堰拆除及台阶爆破设计。

9.5.3 工程案例

9.5.3.1 丹江口水电站大坝加高老混凝土拆除爆破

1. 工程概况

丹江口水利枢纽由两岸土石坝、左联混凝土坝段、右联混凝土坝段、河床坝段、升船机、电站等组成，初期工程于 1973 年建成，正常蓄水位 157.00m，坝顶高程 162.00m。大坝加高工程完成后，坝顶高程 176.60m，升船机规模由 150t 级提高到 300t 级。混凝土坝平面布置如图 9.5-1 所示。

丹江口大坝加高工程老混凝土拆除主要包括右 1 号、1 号坝段高程 143.00m 以上混凝土及 8～13 号深孔坝段，14～17 号和 19～24 号溢流坝段，18 号坝段及左联、右联坝段等部位的公路桥面、板、梁及闸墩顶部混凝土拆除。

2. 拆除爆破设计

（1）现场爆破试验。现场爆破试验按照爆破试验设计参数进行钻孔爆破，对附近保留建（构）筑物进行质点振动速度安全监测、保留混凝土声波测试检查爆破影响深度，并对爆破效果进行评价。考虑到大坝拆除体主要为素混凝土，进行了素混凝土台阶爆破及预裂爆破与光面爆破试验。

1）爆破试验参数。台阶爆破钻爆参数：孔深 2.0～2.5m，孔距 1.0～1.2m，排距 0.8～1.0m，单孔药量 0.64～1.33kg，平均单耗 0.31～0.38kg/m³，最大单段药量 1.33kg。孔内从下至上分两层装药，装药结构及装药量：孔深 2m 时单孔装药（280～600g）/（220～300g），中间填塞 50cm，孔口填塞 70～100cm；孔深 2.5m 时单孔装药（500～650g）/（300～500g），中间填塞 50～70cm，孔口填塞 80～100cm。炮孔孔内分别布置 MS7、MS9、MS10、MS11 及 MS12 段导爆管雷管，地表以 MS3 导爆管雷管接力传爆，实现逐孔毫秒延期起爆。

光面爆破：孔深 2.0m，孔距 0.5m，抵抗线 0.5～0.6m，单位面积用药量 100～150g/m²，单孔药量为 100～150g。先将药卷沿纵向切开，再分为小药卷，装药结构分别为：50g、30g、20g，间隔 80cm，孔口填塞 40cm，及 60g、40g、30g、20g，间隔 60cm，孔口填塞 20cm。

预裂爆破孔距 0.45～0.55m，孔深 2.5m，线装药密度 125g/m。先将药卷沿纵向切开，减小药卷直径，采用间隔装药结构，药量在孔内分布从下至上为 100g、50g、50g、50g、25g，孔口填塞 20～30cm。

2）爆破效果。部分爆渣堆散在约 2 倍爆区范围之内，个别飞散物稍远，少量爆渣块度较大，为 0.6～1.1m，主要原因为上部填塞段的混凝土块体未爆开，其余块度较小，爆破振动效应控制在安全范围之内，声波检测爆破影响深度较小，爆破效果良好。

老混凝土拆除台阶爆破炮孔以 5 排为宜，最多不超过 7 排，可以较好地爆除根底；混凝土爆破的特点是装药段块度较为破碎，不装药的填塞段容易出现大块，试验成果表明填塞长度小于 1.0m 时，表层大块块度大为减小，故采用孔内分层装药的结构是合理的。

采用孔间毫秒延期起爆方式，使先爆孔为后爆孔创造临空面，爆破根底较少，提高了钻爆效率，爆破振动效应大为降低。

比较光爆层爆破壁面与预裂壁面的质量，前者壁面爆破裂隙少、完整性好、残留炮孔的半孔率高；后者壁面质量相对较差。预裂爆破和光面爆破壁面声波检测结果也表明后者的影响深度较小。老混凝土拆除大多为低台阶一孔一段爆破，预裂爆破单段药量大于主爆孔单段药量，预裂缝的减震作用已失去意义。所以拆除体与保留体壁面尽可能采用光面爆

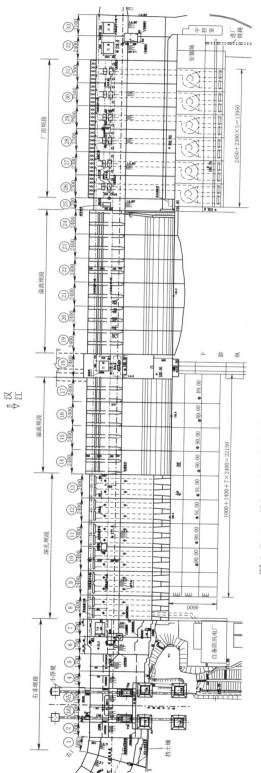

图 9.5-1 丹江口混凝土坝平面布置图（尺寸单位：cm，高程单位：m）
①~㉝—坝段编号

破，如确需采用预裂爆破，需注意控制预裂爆破同段起爆孔数及最大单段起爆药量，以降低爆破振动效应。

3）推荐爆破参数。根据钢筋混凝土和素混凝土拆除爆破试验成果，推荐的钻爆参数见表9.5-1及表9.5-2。

表9.5-1 素混凝土拆除台阶爆破推荐钻爆参数表

项目	孔深/m	孔距/m	排距/m	炸药单耗/(kg/m³)	填塞长度/m	最大单段药量/kg
素混凝土	2	1～1.2	0.8～1	0.3～0.36	0.6～0.8	1

表9.5-2 光面爆破及预裂爆破推荐参数表

项目	孔深/m	孔距/m	抵抗线/m	单位面积用药量/(kg/m²)	线密度/(g/m)	间隔长度/m	填塞长度/m
光面爆破	2	0.5	0.5～0.6	0.2～0.28	—	0.5～0.8	0.4
预裂爆破	2～2.5	0.45～0.55	—	—	110～150	0.4～0.5	0.2～0.3

（2）实施阶段拆除爆破。根据爆破试验推荐的钻爆参数及起爆网路，结合老混凝土拆除体的具体情况，如形状、部位、临空面条件、与保护物的距离等，合理调整参数及起爆网路，同时进行爆破质点振动速度监测，对距离较近的保护物采取有效的方式进行防护。

在丹江口加高施工之前周围环境如此复杂的情况下的大规模拆坝爆破前所未有，通过现场爆破试验、精心拆除爆破设计、爆破质点振动速度安全监测、飞石安全防护措施，成功控制了拆除爆破的有害效应，对保留的大坝混凝土体未产生不利影响，大坝、电站及输变电设施等均运行正常，丹江口大坝加高工程老混凝土拆除按期圆满完成。

9.5.3.2 原丰满水电站大坝混凝土拆除爆破

1. 工程概况

原丰满大坝位于吉林省境内松花江干流上的丰满峡谷口处。由于工程建设于特殊的历史时期，大坝设计与施工存在严重的先天性缺陷，大坝整体存在安全隐患，且抵御风险能力差。国家有关部门批准对丰满水电站进行全面治理（重建），利用原丰满大坝为上游围堰，在坝址轴线下游120.0m处新建一座混凝土重力坝，施工期原大坝（以下简称老坝）承担防洪及供水任务，新坝建成后，老坝局部拆除。

老坝拆除的坝段缺口为6～43号坝段，共38个坝段，总长686.0m（防护后净宽684.0m），坝顶高程为267.70m，缺口底高程为239.90m（防护后底高程240.20m），拆除高度27.5m，混凝土拆除工程量26多万m³。原丰满大坝拆除范围如图9.5-2所示。

2. 拆除爆破设计

（1）拆除爆破总体方案。综合分析大坝各坝段的结构特点、周边环境条件、施工交通、控制水位等要求，该项目的总体爆破方案为"干地分四层的拆除方案"。

总体爆破方案横向分四层，每层又分不同区，原丰满大坝拆除爆破分层分区施工顺序如图9.5-3所示。

图 9.5-2 原丰满大坝拆除范围

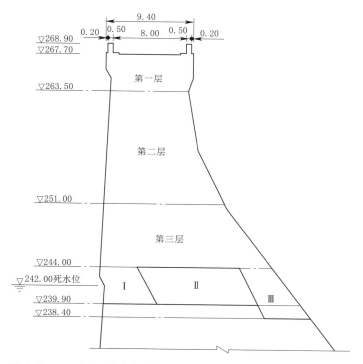

图 9.5-3 原丰满大坝拆除爆破分层分区施工顺序图（单位：m）

横向分四层：

第一层拆除范围为高程 267.70～263.50m（4.2m）。

第二层拆除范围为高程 263.50～251.00m（12.5m）。

第三层拆除范围为高程 251.00～244.00m（7m）。

第四层拆除范围为高程 244.00～239.90m（4.1m）。

每层纵向分区：①第一层分为左右岸 2 个区；②第二层分为 5 个区，左岸 2 个区，右岸 3 个区（包含右岸端头预留道路 2 个区）；③第三层左右岸各分 2 个区共 4 区；④第四层分为

5 个区，上下游方向分为Ⅰ（挡水坎）、Ⅱ、Ⅲ（钻机平台）共 3 个大区，其中Ⅱ、Ⅲ区各分为左右岸 2 个区。采用工业电子雷管进行爆破，每个区一次性爆破，共计爆破 16 次。

老坝爆破拆除前先解除闸墩对穿预应力锚索，机械拆除坝顶观测用房、观礼平台等其他附属建（构）筑物。

（2）孔网参数。根据丰满水电站老坝拆除爆破工程的特点，工期要求紧，且在严寒冬季施工，炮孔直径取 90mm。

由于坝体外侧布置了大量钢筋，需采取小抵抗线，大单耗才能保证破碎效果。因此炮孔的孔距和排距不宜过大。

坝段顶宽不一致，每层炮孔的排孔距也不一致，排距为 1.0～1.7m，孔距约为 2.0m。

拆除完成后，缺口两侧及底板需要浇筑防护混凝土，因此在高程 239.90m 处布置 1 排水平预裂孔。同时在 5 号坝段距离 6 号坝段 1.0m 和 44 号坝段距离 43 号坝段 1m 处各布置 1 排垂直预裂孔或光爆孔。

（3）炸药单耗。钢筋混凝土及锚杆混凝土部位的炸药单耗为 0.8～1.2kg/m³，素混凝土的炸药单耗为 0.5～0.8kg/m³。预裂孔和光爆孔线装药密度为 500～600g/m。

（4）装药结构。采用药径 70mm 的乳化炸药连续装药的方式，对于钻孔深度小于 7.0m 的炮孔，每个炮孔孔口装 1 发工业电子雷管，钻孔深度大于 7.0m 的炮孔，每个炮孔孔口和孔底各装 1 发工业电子雷管，预裂孔和光爆孔底部 1.0m 采用药径 32mm 的乳化炸药双节绑扎加强装药，其他部位采用药径 32mm 的乳化炸药间隔装药，采用导爆索连接，每一段导爆索上绑扎 1 发工业电子雷管。

（5）起爆网路设计。为保证坝体爆破施工质量和破碎效果，有效控制爆破有害效应的影响程度和范围，丰满水电站老坝拆除爆破采用工业电子雷管组建起爆网路。在满足爆破振动安全要求的前提下，采取 1～3 孔 1 段，从爆区的中部开始起爆往两边传爆。雷管延时为：段间延时为 17ms，排间延时为 100ms。

9.6　水工钢结构拆除爆破

9.6.1　工程特点

钢结构具有强度大、韧性好、自重轻等特点，其拆除爆破首选的基本爆破器材是聚能切割器。

在装药底部预留空穴，或加药型罩并取适当炸高，就可使爆炸能量集中到一定方向上发挥作用。利用装药一端的空穴以提高局部破坏作用的效应，称为聚能效应或空心效应。此种现象称为聚能现象。

空穴装药爆炸后，具有高温、高压的爆轰产物沿装药空穴表面法线方向迅速散射时，在空穴影响下，必然在空穴前方汇集成面（或线），大大增强对某一个方向的局部破坏作用；再罩上药型罩和外壳（如金属、玻璃等材料；外壳和聚能罩通常为一体），可制成切割器，它使炸药爆炸产生的能量会聚成一个平面，形成金属射流以及伴随在它后面的一支运动速度较慢的杆体，这种金属射流和杆体具有很强的穿透能力，作用于金属等物体上，产生很深的切缝。

9.6.1.1 钢结构物拆除爆破方案设计的基本思路

对于一般的砌体结构和混凝土框架结构，拆除爆破的设计思路是：利用炸药的爆炸作用在建筑结构上制造一定形状的切口（主动作用），依靠重力作用，结构物失稳而定向倒塌，并在倒塌的过程中破碎解体（被动作用）。这个设计思路是建立在砌体和混凝土材料本身强度低、韧性小、结构本身自重大、易于解体的特点之上的，而钢结构物构件强度大，结构自重轻，在倒塌过程中不易破碎解体。

根据分析，钢排架结构物在失稳倒塌过程的运动状态，主要取决于梁与柱的连接方式与连接强度，以及立柱的固定形式；而且钢结构物失稳后下落速度较快，构件变形较大，主要构件如果不进行切割一般不会断裂。在进行爆破方案设计时，要充分考虑这些特点。

9.6.1.2 钢结构物切割爆破安全防护的特殊性

聚能切割爆破基本上无覆盖，属裸露爆破，产生的主要危害有破片、冲击波与噪声。聚能切割器主要产生两类破片，一类是爆破时切割器外壳破碎而形成的破片，这类破片颗粒很小，携带的能量也很小，飞散距离不大，破坏效应较小；另一类是振落破片，这类破片块度较大，飞散距离很远，携带的能量也很大，而且方向性极强（方向一般与射流方向一致），必须重点防护。上钢一厂钢结构爆破所采用切割器，对 A3 钢的最大切割能力达 2.2cm。利用它对 2cm 和 1.6cm 厚的结构钢板进行切割试验，发现振落的破片一般为 20～200g，飞散距离可达几百米，破坏力很强。钢结构物拆除爆破，由于采用外部装药，不但破片危害严重，而且爆破的冲击波和噪声的危害也特别突出，因此重点应防护爆破噪声、冲击波和破片。

9.6.1.3 钢结构厂房拆除爆破预处理及其稳定性分析

对于采用外部装药的、大面积的结构物拆除爆破必须分多次进行，一般需要进行三项爆破预处理。

（1）拆除厂房内的吊车等设备，这些设备有些是结构荷载的一部分，处理以后，有利于结构的稳定。

（2）将沿纵向布置的各种管线切断，在横向上要将连跨结构切开，这项预处理的主要目的是分割爆区，不会对厂房的结构稳定性产生不良的影响。

（3）对立柱进行切割处理，这些处理直接改变了结构件的内力分布，处理不当会导致结构在爆破之前失稳倒塌，酿成灾难。因此，必须对爆破方案中切割的部位、切割方式与切割高度、装药部位的切口形式及切口高度等问题进行深入细致的分析，应根据分析确定具体的预处理方案。

爆破预处理结构稳定性分析是钢结构爆破方案设计中最为关键的方面，一些关键部位的预处理参数（如对立柱进行处理时切口的高度），需要根据稳定性原理进行设计；另外，还需要对结构总体进行稳定性分析。

一般利用有限元法对结构总体稳定性进行分析。一般做法是将组成结构的每一个构件作为一个单元，使每个单元满足平衡条件和变形协调条件；再把所有被离散的单元集合起来，进行结构整体分析，保证系统的平衡条件和变形协调条件得到满足，从而实现对结构的稳定性分析。

9.6.2　工程案例——坪江水电站导流洞可爆堵头爆破

9.6.2.1　工程概况

坪江水电站由于上游 700m 处出现滑坡意外险情，需要在雨季到来前对导流洞可爆堵头实施爆破，对水库进行放空处理，同时要求爆后放空管完全切割贯通，使水库水流顺利放空，确保混凝土支撑墩及洞外周边保护物的安全。

（1）放空钢管直径 1m，管壁厚度 14mm，法兰盘至止水间距离约 2.7m，距离混凝土堵头约 3m。

（2）金属法兰封堵钢板厚度 12mm，法兰封堵钢管直径 1m。

（3）固定螺栓直径 50mm，长度 35cm，共计有 12 个螺栓，两边用螺母固定。

金属法兰封堵剖面及可爆堵头如图 9.6-1、图 9.6-2 所示。

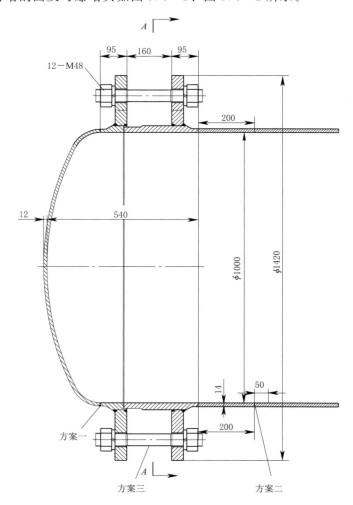

图 9.6-1　金属法兰封堵剖面图（单位：mm）

图 9.6-2 可爆堵头

9.6.2.2 爆破方案

原有的设计是炸可爆堵头的金属法兰连接螺栓,一般是采用聚能药包进行爆破切割,国外是采用特制的螺栓,可在螺栓内装药进行爆破切割。坪江水电站的可爆堵头所采用的螺栓只能采用聚能爆破进行切割,当年中国水利水电科学研究院对该类堵头进行了试验,其方法是采用高能炸药同时炸断所有的螺栓,并验证了专用设备及起爆药包,由于年代久远设备已无法找到,专用炸药也难以很快找到生产厂家。

长江水利委员会长江科学院接到抢险任务后,立即联系专门从事聚能药包生产厂家进行螺栓爆炸切割试验。试验结果表明,单根螺栓可采用现有的切割索一次爆炸切割成功,但方案的关键是所有的聚能药包需同时起爆,要求起爆时间小于 $10\mu s$,相对极差小于 $20\mu s$,现有的起爆装置无法满足,相邻的聚能药包起爆时差达到毫秒级时则可能产生拒爆或影响切割效果,解决的方案是:在确保安全的条件下,爆破前预拆除部分螺栓,但风险较大。

近年来,我国的聚能切割技术得到巨大发展,采用聚能药包切割 12~14mm 钢板技术已非常成熟,且所用药量较原设计切割螺栓药量小,因此其安全性更高,最终采用的方案是对放空钢管进行切割爆破。

为确保安全准确地切割放空钢管,在具体实施前进行了切割试验。首先进行了 14mm 厚钢板切割爆破试验,采用线装药密度为 160g 的聚能索顺利切割,具体见图 9.6-3 和图 9.6-4。

由于本次为抢险工程,最终采用的切割索型号为 SGPQ-15,装药量为 0.4kg/m,规格为 30mm×25mm,总装药量为 1.291kg,该型号的切割索可切割 18mm 厚钢板,用其切割 14mm 厚钢管有富裕度,从最终的切割效果来看,是完全切断。聚能切割是由爆炸产生的金属射流来切割钢管,钢管内部的高压水不会对金属射流产生不利影响,且有利于拉断已切割的钢管,但为保险起见仍然将试验板厚度增加 10%。

图 9.6－3　14mm 厚钢板切割爆破试验准备

图 9.6－4　14mm 厚钢板切割爆破试验效果

施工前对金属法兰封堵钢板或放空钢管爆破部位进行清理、创造施工条件。具体方案为：在切割作业前先对放空钢管布药部位的浮渣等异物清理干净，沿周长方向清理出宽度为 5cm 的圆环，以确保切割索装置能够顺利安装到位。

9.6.2.3　安全性评估

虽然是抢险工程，仍然需对爆破安全进行复核，确保施工作业人员及周围需保护物安全，避免次生灾害的发生。

1. 爆破作业安全距离

爆破作业安全距离按《爆破安全规程》（GB 6722—2014）规定中裸露药包爆炸安全距离进行复核。

切割爆破炸药装药量为 1.291kg，大量的能量产生射流切割钢管，为安全起见还是按全部药量进行复核，同时考虑本工程采用的是高能炸药，按 1.5 倍药量（1.9365kg）进行复核，计算出的安全距离为 40.8m。

由于切割作业点在洞内，考虑到冲击波在洞内传播有反射加强作用，要求爆破作业时的警戒点设在洞口（距离爆破作业点约 100m），装药作业期间无关人员不得进入洞内。

2. 冲击波超压复核

冲击波超压可能产生的危害是对洞壁产生破坏以及对洞外人员等产生危害。

其超压计算公式参照爆炸加工时空气冲击波计算公式：

$$\Delta P = 0.67 \times (Q^{1/3}/R)^{1.13} \tag{9.6-1}$$

式中　　ΔP——空气冲击波超压值，0.1MPa；

　　　　Q——一次爆破 TNT 炸药当量，秒延时爆破为最大一段药量，毫秒延时爆破为总药量，kg；

　　　　R——爆源至保护对象的距离，m。

计算出距离爆破点最近处洞壁的超压为 1.26MPa（考虑了壁面反射加强），远小于混凝土的抗压强度，因此，爆破时产生的空气冲击波超压不会对混凝土壁面产生直接破坏。

同时还计算出 100m 洞口处冲击波超压为 0.00047MPa，远小于《爆破安全规程》（GB 6722—2014）规定人体承受的最大冲击波超压值 0.02MPa，实测值也远小于规范规定的允许值，爆破未对导流洞外人员产生有害影响。

3. 爆破振动安全复核

与钢管直接相连的为混凝土支撑墩，切割钢管爆破点距离混凝土支撑墩的最小距离为 3.0m，估算出与混凝土接触处可能最大振速为 11.7cm/，实际爆破后混凝土墩完好无损。

9.6.2.4　实施效果

2016 年 4 月 4 日 15 时 20 分顺利实施爆破，实测爆破振动及噪声均未对周围需保护物产生危害。爆破后仅 1min，大股水流达到洞口，赶在雨季前，实现了可爆堵头的快速开启。

参　考　文　献

[1]　汪旭光，郑炳旭，张正忠，等. 爆破手册 [M]. 北京：冶金工业出版社. 2010.
[2]　张正宇，等. 现代水利水电工程爆破 [M]. 北京：中国水利水电出版社，2003.
[3]　汪旭光，等. 爆破设计与施工 [M]. 北京：冶金工业出版社，2014.
[4]　乐松，池恩安. 溢洪道水毁钢筋混凝土底板爆破拆除 [J]. 爆破，2009，26（1）：84-88.
[5]　杨仲洪，问智博，曹龙. 石门坎水电站门机栈桥混凝土桥墩除 [J]. 云南水力发电，2011，27（6）：126-129.
[6]　占学军，任贤斌，张晓萍. 石门坎大坝栈桥桥墩爆破倾倒历时及振动效应分析 [J]. 长江科学院院报，2012（7）：41-44.
[7]　赵忠信，曾仲友，王文博，等. 水丰水电站大坝工作桥定向控制爆破拆除 [J]. 水电工程技术，2011（1）：62-64，68.
[8]　刘殿中，杨仕春. 工程爆破实用手册 [M]. 北京：冶金工业出版社，2003.

第 **10** 章

CHAPTER ❿

级配料开采爆破

10.1.1 基本概念

级配料开采爆破特指在水利水电工程建设中,采用爆破方法直接开采坝体填筑石料的施工行为。

水利水电工程合格级配料开采的典型特征是其最大粒径小于设计要求且级配连续,以达到堆石坝坝体压缩性低、抗剪强度高、渗透稳定性好的要求。

堆石坝的最大坝高已超过 300m。截至 2021 年,坝高超过 100m 的堆石坝已超过 130 座。级配料开采爆破要求块度大小不均匀,级配分布曲线满足特定要求,开挖总量大,要求高。部分国内混凝土面板堆石坝工程简况见表 10.1-1。

表 10.1-1 部分国内混凝土面板堆石坝工程简况

序号	工 程	坝 型	最大坝高/m	装机容量/MW	坝料总量/万 m³
1	水布垭水电站	混凝土面板堆石坝	233.0	1840	1563
2	猴子岩水电站	混凝土面板堆石坝	223.5	1700	980
3	江坪河水电站	混凝土面板堆石坝	219.0	450	745
4	洪家渡水电站	混凝土面板堆石坝	179.5	600	902
5	天生桥一级水电站	混凝土面板堆石坝	178.0	1200	1870
6	阿尔塔什水利枢纽	混凝土面板砂砾石堆石坝	164.8	755	2494
7	紫坪铺水电站	混凝土面板堆石坝	156.0	760	1200
8	九甸峡水电站	混凝土面板堆石坝	133.0	300	300
9	公伯峡水电站	混凝土面板堆石坝	132.2	1500	474

序号	工程	坝型	最大坝高/m	装机容量/MW	坝料总量/万 m³
10	双沟水电站	混凝土面板堆石坝	110.0	280	239
11	洞巴水电站	混凝土面板堆石坝	105.8	72	336
12	盘石头水库	混凝土面板堆石坝	102.2	10	548

心墙堆石坝与面板堆石坝类似，其坝体填筑料主要采用当地石料爆破取得，部分为工程开挖利用料，部分为料场爆破开采料；部分国内心墙堆石坝工程简况见表 10.1-2。

表 10.1-2 部分国内心墙堆石坝工程简况

序号	工程	坝型	最大坝高/m	装机容量/MW	堆石料总量/万 m³
1	双江口水电站	砾石土心墙堆石坝	314.0	2000	4075
2	古水水电站	黏土心墙堆石坝	305.0	2600	6361
3	两河口水电站	砾石土心墙堆石坝	295.0	3000	4300
4	糯扎渡水电站	砾石土心墙堆石坝	261.5	5850	3360
5	长河坝水电站	砾石土心墙堆石坝	240.0	2600	3500
6	瀑布沟水电站	砾石土心墙堆石坝	186.0	4260	2227
7	去学水电站	沥青混凝土心墙堆石坝	164.2	246	3978
8	小浪底水电站	壤土斜心墙堆石坝	154.0	1560	4808
9	狮子坪水电站	砾石土心墙堆石坝	136.0	195	587
10	苗尾水电站	砾质土心墙堆石坝	131.3	1400	693
11	鲁布革水电站	土心墙堆石坝	103.8	600	223

10.1.2 级配料开采要求

堆石坝堆石料有严格的级配要求，工程设计方提出堆石料级配包络线，上坝料必须满足级配要求才能上坝。

堆石坝坝体填筑量大，各工程大坝设计虽然不完全相同，但结构类似，典型面板堆石坝及心墙堆石坝结构如图 10.1-1 所示。堆石坝填筑料种类较多，如混凝土面板堆石坝坝料分为：主堆石料、过渡料、垫层料和次堆石料等。

混凝土面板堆石料有以下几个要求：

（1）堆石料要有合理的级配。坝料级配设计中，多数是先根据岩性相近的工程资料进行类比初步确定，然后根据料场爆破情况及碾压试验结果调整。

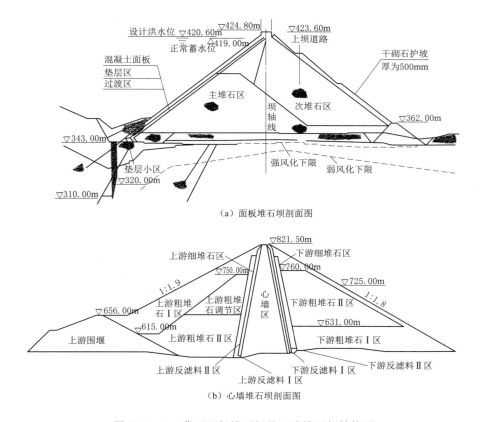

（a）面板堆石坝剖面图

（b）心墙堆石坝剖面图

图 10.1-1 典型面板堆石坝及心墙堆石坝结构图

（2）堆石料最大粒径不大于铺层厚度。为了使堆石料在碾压后达到设计要求的密度，堆石料上坝铺料厚度不能太大，否则无法碾压密实。一般主堆石料最大粒径为 800mm，部分为 600mm；过渡料最大粒径 300mm。

（3）堆石料中、细粒料含量要求适中。混凝土面板堆石坝的堆石料中，垫层料、过渡料、主堆石料、次堆石料，渗透性是由小到大，块度由小到大，细料含量由多到少。例如：要求主堆石料中小于 25mm 的含量不大于 50%，小于 0.074mm 的含量不大于 12%；或者小于 5mm 的含量不大于 20%，小于 0.074mm 的含量不大于 12%。

（4）堆石料经过碾压后，必须密实。碾压后的堆石体容重应大于设计值，孔隙率应小于设计值。

（5）堆石料一般要求不能有超粒径块石，主堆石料最大粒径有 800mm 和 600mm 两种，对于小于 5mm 含量的要求各工程不尽相同，一般要求含量小于 5mm 颗粒不超过 20%。

工程中设计方通常基于主体工程的建设要求，提出堆石料的级配上、下包络线，如图 10.1-2 所示，级配分布曲线位于上、下包络线以内的级配料才能作为合格料被允许上坝。

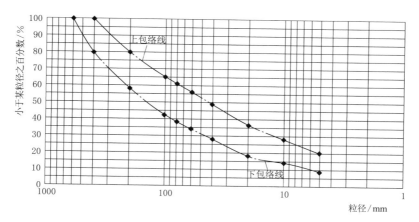

图 10.1-2　堆石料颗粒级配分布曲线图

部分国内面板堆石坝工程主堆石料设计基本要求见表 10.1-3。

表 10.1-3　　　　　　部分国内面板堆石坝工程主堆石料设计基本要求

序号	工　　程		岩　　性	主堆石料最大粒径/mm	P5含量/%	碾压后最小干密度/(g/cm³)	碾压后孔隙率/%
1	水布垭水电站		茅口组灰岩	800	4～15	2.18	19.6
2	江坪河水电站	高程 380.00m 以下	冰碛砾岩	800	8～15	2.20	18.2
		高程 380.00m 以上				2.16	19.7
3	洪家渡水电站		白云质灰岩及状灰岩	800	5～20	2.18	20.0
4	天生桥一级水电站		灰岩	800	<15	2.12	22.0
5	阿尔塔什水利枢纽		灰岩	600	12～20	2.20	19.0
6	紫坪铺水电站		石灰系灰岩	800	5～15	2.16	20.6
7	公伯峡水电站		花岗岩/砂岩	800	<8	2.09	20.3
8	高塘水电站		花岗岩	600	<8	2.10	21.0
9	双沟水电站		安山岩	600	10～20	2.15	20.0
10	洞巴水电站		砂岩夹泥岩	800	<20	2.12	22.0
11	盘石头水库		灰岩	600	<9	2.15	20.0
12	株树桥水电站		灰岩/板岩	600	5～10	2.10	22.2
13	三枝树水电站		灰岩	600	5～15	2.16	21.3

10.1.3　级配料开采研究现状

通常认为爆破级配的形成是爆炸应力波的动态破坏和爆生气体的准静态破坏共同作用

的结果，国内外较为统一的认识如下：

（1）爆破后应力波的作用先于爆生高温高压气体。岩体中原有结构面与爆炸应力波的作用，基本划定了岩块的尺寸，应力波可使原有裂隙扩展并促使一些裂隙贯通。

（2）爆破的加载速度对裂隙的生长有较大作用，慢加载有利于裂隙的贯通和扩展；快加载容易产生较多的短裂隙，但也抑制了裂隙的贯通。

（3）爆生高温高压气体的作用，主要使已破裂的岩体破碎和分离，对块度的划定不起主要控制作用。

10.1.3.1　爆破块度计算模型

爆破块度计算模型分为两大类：理论模型和经验模型。常用的理论模型见表 10.1－4，经验模型见表 10.1－5。

表 10.1－4　　　　　　　　　　　爆破块度预测的理论模型

模　　　型	研　究　者	目　　　的	方　　　法	需　要　数　据
BCM（Bedded Crack Model，1981 年）	马戈林（Margolin）	研究破碎形成	破碎机理和动态应变	爆轰的基本参数；动态应变模型
NAG－FRAG（1983 年）	麦克休（Mchlugh）	岩石破裂的产生和扩展	破裂产生和扩展的统计模型	裂纹分布和弹性参数等
SHALE（1983—1985 年）	亚当斯（Adqms）德穆斯（Demth）马戈林	岩石破碎本质	用以说明破碎机理的应力波和气体模型	爆轰学；破碎分布；弹性参数和韧性破碎
KUSZ（1983 年）	库斯兹莫夫（Kuszmaul）	模拟岩石破裂	损伤力学方法	除一般岩石性质外，尚需损伤变量值

表 10.1－5　　　　　　　　　　　爆破块度预测的经验模型

模　　　型	研　究　者	目　　　的	方　　　法	需　要　数　据
Work Index（1959 年）	邦得（Bond）	露天矿破碎预测（初步）	涉及能量、体积的减小	平均块度尺寸；能量消耗
BLASPA（1963 年以来）	法夫罗（Favreau）	详细爆破设计及破碎预测	由于爆炸气体和冲击作用而产生破碎的动态模型	爆轰学；岩石的物理性质和爆破设计
Kuz－Ram（1973 年）	库兹涅佐夫（Kuznezov）坎宁安（Cunningham）	台阶爆破平均块度尺寸的预测	爆破参数与平均块度的经验公式	能量因数；岩石分类和爆炸参数
HARRIES（1973 年以来）	哈里斯（Harries）	破碎、隆起、破碎度和破坏的预测	动态应变引起的炮孔周围的破碎	爆破振动和岩石的动载特性

模　型	研究者	目　　的	方　　法	需要数据
爆破设计准则（1978年）	兰格福斯（Longefors）	岩体爆破设计准则	经验型的爆破设计	岩石破碎参数；爆破几何形状及炸药性能
块状岩石模型（1977年、1983年、1990年）	盖玛（Gama）	构造体岩石的破碎预测	多面体的块状描述，破碎作用理论和能量消耗	岩石结构；能量消耗；破碎作用特性
可爆性指数（1986年）	丽莱（Lilly）	普通露天矿爆破设计指南	破碎与岩石参数的相关式	岩体分类；爆破设计
SABREX（1987年）	ICI炸药集团（包括澳大利亚，加拿大分公司）	预计台阶爆破效果	计算机图解计算法，炸药与岩石相互作用解析法	岩石力学参数，爆破几何参数；炸药、爆破器材及钻孔的单位成本
JKMRC（1988年）	克莱因（Kleine）勒安（Leung）	破碎预测，炸药选择和爆破设计	破碎理论应用到原岩矿体	现场矿块尺寸分布；能量分布和破碎特性

分析上述模型可以发现：理论模型的共同特点是用某一理论为基础，在一定的假设条件下，将爆破机理与块度预测联系起来建立的模型。它们往往因假设条件苛刻，与实际情况相差较大。或因引入的未知参数太多，致使计算程序复杂，难以在工程中推广使用。经验模型常常为了简便而忽略很多因素，因而具有一定的局限性。

10.1.3.2 Kuz-Ram 模型介绍

在水利水电工程级配料开采爆破中常用 Kuz-Ram 模型对块度进行预测，该模型依据 Kuznezov 方程和 R-R 分布函数而提出。它从爆破参数导出 R-R 分布函数的指数，将爆破参数与块度分布联系起来。它对于块度分布曲线的粗粒径部分具有良好的相关性，其基本表达式由 Kuznezov 方程和 R-R 分布函数和均度不均匀指数三部分所组成：

$$\overline{X} = Aq^{-0.8}Q^{1/6}(115/E)^{19/30} \tag{10.1-1}$$

$$R = 1 - e^{-\left(\frac{X}{X_0}\right)^n} \tag{10.1-2}$$

$$n = (2.2 - 14W/d)(1 - e/W)[(m+1)/2]L/H \tag{10.1-3}$$

根据式（10.1-2），当 $R = 0.5$ 时，有

$$0.5 = 1 - e^{-\left(\frac{X}{X_0}\right)^n} \tag{10.1-4}$$

此时，$X = X_{50}$

$$X_0 = X_{50}/(\ln 2)^{1/n} \tag{10.1-5}$$

式中　A——岩石系数，其值大小与岩石的节理、裂隙发育程度有关，中硬岩 $A=7$，节理发育坚硬岩 $A=10$，节理不发育坚硬岩 $A=13$；

　　　　q——炸药单耗，kg/m^3；

　　　　Q——单孔装药量，kg；

E——炸药相对重量威力，铵油炸药取值 100，TNT 取值为 115；

$\overline{X}$——爆破岩块的平均粒径，即 X_{50}，cm；

R——代表小于某粒径的石料质量百分数，%；

X——岩块粒径，cm；

X_0——特征块度，即筛下累积率为 63.21% 时的块度尺寸，cm；

n——不均匀指数，表示分布曲线的陡缓；

e——钻孔精度标准差，m；

L——不计超深部分的装药长度，m；

d——炮孔直径，mm；

W——最小抵抗线，m；

m——炮孔密集系数；

H——台阶高度，m。

Kuz-Ram 模型具有以下明显的优点：

（1）参数容易确定。该模型建立了各种爆破参数（如最小抵抗线 W、孔距 a、炸药单耗 q、台阶高度 H、钻孔精度标准差 e、炮孔直径 d 等）与爆破块度分布的数学关系，而这些参数是已知的，便于进行爆破块度分布的量化分析。

（2）计算简便。该模型所涉及的数学计算很简单，且其计算成果可直接绘制成爆破块度分布曲线，形象直观，便于推广应用。

（3）修正相对容易。该模型把问题分为平均块度、R-R 分布及不均匀系数，便于对不同爆破情况计算时进行扩展和修正。

10.1.4 堆石坝爆破级配智能设计系统

随着计算机与信息化技术的发展，级配料的开采爆破设计与优化由传统的人工方式转变智能模式是大势所趋。

堆石坝爆破级配智能设计系统的核心是将复杂的设计与运算过程由计算机完成，设计人员只需输入初始资料、地质条件与开采要求等信息，计算机自动运算输出爆破设计，并根据工程需要对级配分布、爆堆形状及爆破振动效应等进行精确预报；同时系统搭载施工信息管理模块，可对爆破施工质量和爆破效果进行实时记录，计算机可根据前期的试验成果以及施工过程中不断补充的筛分或碾压检测数据，通过自学习，修正预报模型并给出合理的爆破设计参数。系统的总体构架示意图如图 10.1-3 所示。

级配料开采爆破智能设计系统总体包括基本资料、爆破设计、爆破效果预测以及施工管理信息四个部分。

（1）基本资料模块的主要内容包括工程概况和相关参数，是关于工程多方面参数的集合。

（2）爆破设计模块分为爆破参数设计、装药结构设计以及爆破网路设计，其中爆破参数设计为系统的核心部分，内置了多种不同的计算模型与分析方法。

（3）爆破效果预测模块主要基于系统设计的爆破参数，对爆破级配分布、爆堆形态以及爆破有害效应进行预测。

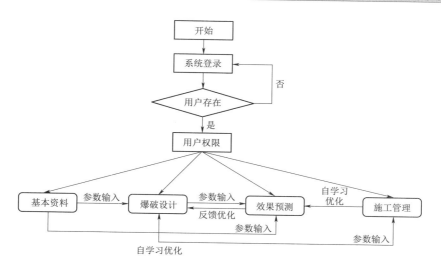

图 10.1 - 3　系统的总体架构示意图

（4）施工管理信息模块的功能主要分为两大部分。第一部分为提高爆破施工管理的质量，为爆破施工过程建立了包括炮孔放样、爆破筛分、碾压检测、振动监测以及施工进度等方面的数据库，供查询和存档。

第二部分，施工管理信息模块由于融合了大量的爆破效果监测数据，其与爆破设计模块和爆破效果预测模块存在大量的反馈关系，使系统的设计具有智能和自学习的特性。

10.2　级配料爆破设计

10.2.1　设计原则

（1）根据现场条件，选择合理的爆破参数及施工工艺，使爆破的级配料满足设计的上坝要求。

（2）通过校核前排抵抗线以及加强填塞，严格控制爆破飞石和冲击波的影响范围，确保周围人员、建筑物、设备设施等安全。

（3）通过起爆网路设计，严格控制最大单段药量，确保保留岩体的稳定与周围需保护物的安全。

（4）严格执行有关法律、法规、标准及技术规范。

10.2.2　设计流程

对于某一具体工程，在设计之前，或者在接受任务之前一些参数已经确定，例如钻孔直径、台阶高度、炸药品种等，有些招标书中甚至将炸药单耗也予以限定（一般这一数值应通过爆破试验后确定）。

若设计之前上述参数没有确定，应先根据工程具体情况选定，然后再按以下方法进行爆破设计：

（1）在设计部门提出的填筑料级配上、下包络线与 $R = 63.21\%$ 水平线两交点之中点所对应的粒径为设计特征粒径 X_0。

（2）根据分布函数 $R = 1 - \exp\left[-\left(\dfrac{X}{X_0}\right)^n\right]$，以不同的 n 值算出几组不同的 R-X 分布曲线与设计级配曲线，绘于同一坐标图上，选用其中一条包含在包络线内的部分最多的曲线的 n 值为设计 n 值（该曲线称之为设计的理想曲线）。此时的 n 值也必须满足优良级配的要求。

（3）采用上面选定的 R-X 分布以此曲线与 $R = 50\%$ 水平线的交点对应的粒径 X 为爆破设计的 X_{50}，并将之代入式（10.1-2）中。

（4）将炮孔密集系数 m（在 $1.0 \sim 2.0$ 间选取）、钻孔精度标准差 e（一般取为 $0.05H$ 左右）、炮孔直径 d、台阶高度 H 等已知的参数全部代入式（10.1-3）中，据此即可求出 W 和 a。

（5）根据 $Q = abHq = mW^2Hq$ 及式（10.1-1）即可求得 q。

（6）按上述计算得到的爆破参数进行试验，根据试验结果确定式（10.1-1）中 A 值，然后重新计算 q 值。

（7）取不同的 m 值算出几组爆破参数，从中选出不均匀系数 C_u、曲率系数 C_c 等满足设计要求的爆破参数。

10.2.3　主要设计参数

级配料开采爆破设计的主要参数包括：布孔方式、台阶高度与超深、钻孔直径、装药直径、抵抗线、孔距、排距、装药结构、填塞长度以及炸药单耗等。级配料主要爆破设计参数的确定过程与深孔台阶爆破较为接近，但通常水利水电工程深孔台阶爆破的主要目的是开挖形成平整的建基面或永久边坡；级配料开采爆破的目的是爆破获得具有一定级配分布特征的石料，二者存在一定区别。

10.2.3.1　布孔方式

级配料开采爆破的布孔一般采用垂直钻孔与倾斜钻孔两种方式。垂直钻孔和倾斜钻孔爆破，从原理上和施工上均有差别，表 10.2-1 列出二者差别的比较，在级配料开采爆破中，二者都得到广泛应用。

表 10.2-1　　　　　　　　　垂直钻孔爆破与倾斜钻孔爆破比较表

垂　直　钻　孔　爆　破	倾　斜　钻　孔　爆　破
1. 钻孔施工方便，塌孔率低	1. 钻孔难度稍大，塌孔率稍高
2. 钻孔角度易控制偏差小	2. 钻孔角度较难控制，偏差大
3. 爆破块度不易保证，大块率高	3. 爆破块度易控制，大块率低
4. 底部与上部抵抗线不同，底部抵抗线大，爆后易留底坎	4. 抵抗线均匀，底部不易留底坎

垂 直 钻 孔 爆 破	倾 斜 钻 孔 爆 破
5. 爆炸能量利用率不如倾斜孔爆破。因底部阻力大，要求底部药量也大	5. 爆炸能量利用率优于垂直孔爆破，底部增加的药量也低于垂直孔爆破
6. 爆破振动较大，台阶后冲方向拉裂范围较大，对后一循环的第一排钻孔不利	6. 爆破振动较小，台阶后冲方向拉裂较小

注 随着钻孔机具与样架技术的改进，倾斜孔的使用逐渐增多。

10.2.3.2 台阶高度与超深

台阶高度主要考虑地质情况、边坡稳定性、钻孔精度、钻机性能、爆堆高度与装载设备匹配的影响等，级配料爆破台阶高度一般为 5～15m。工程中，料场规划设计时通常会提出设计的台阶高度建议值，以便规划施工道路。

10.2.3.3 钻孔直径

钻孔直径主要取决于钻机类型、台阶高度、岩石性质和作业条件等。通常情况下，对于垫层料和过渡料，钻孔直径一般为 76～90mm；对于主堆石料，钻孔直径一般为 90～115mm，甚至更大，但不宜超过 150mm。

10.2.3.4 装药直径

与坝基开挖爆破不同，级配料开采爆破为提高效率，一般采用耦合装药的方式进行，药卷直径一般略小于或等于炮孔直径。原则上只要炸药能顺利装入孔中，尽量使用直径更大的药卷。

10.2.3.5 炸药单耗

在级配料开采爆破中，炸药单耗的取值与常规的露天台阶开挖爆破存在一定区别。炸药单耗主要的确定方法为采用 Kuz - Ram 模型初步试算确定其初始值，通过爆破试验结果进行优化调整，具体确定过程见 10.2.2 节。q 值与岩石性质、爆破效果、炸药性能以及施工条件等因素有关。

10.2.3.6 填塞长度

填塞长度应以控制爆炸气体不过早逸出造成飞石飞散为原则。增加填塞长度可以延长爆生气体在孔内的作用时间，但填塞段过长将导致上部大块增加。填塞长度也与填塞材料、填塞质量密切相关，国内水利水电工程级配料开采爆破多采用钻屑作为填塞材料。填塞长度一般按下列公式确定：

$$l_2 = (0.7～1.0)W \tag{10.2-1}$$

对于垂直深孔，取 $l_2 = (0.7～0.8)W$；倾斜深孔取 $l_2 = (0.9～1.0)W$。

10.2.3.7 抵抗线

抵抗线是台阶爆破最重要的参数之一，它由钻孔直径、岩石性质、炸药特性和爆破级配要求综合确定。抵抗线过大，会造成残留根底多、大块率高以及爆破振动大；抵抗线过小，不仅浪费炸药，增大钻孔工作量，且易产生爆渣飞散、飞石与噪声等有害效应。

抵抗线与炸药威力、岩石可爆性、岩石破碎要求、炮孔直径、台阶高度以及坡面角等多种因素有关。设计中，抵抗线的确定可由式（10.1－3）估算，并在生产试验中进行优化调整。

钻孔超深与岩石的构造和性质最为密切，当岩石比较坚硬，超深较大；岩石比较软弱或节理裂隙发育，超深较小。一般按式（10.2－2）计算：

$$\Delta h = (0.15 \sim 0.35) W_{\text{底}} \tag{10.2-2}$$

式中 $W_{\text{底}}$——底盘抵抗线，m。

10.2.3.8 间排距

孔距 a 是同一排炮孔中，相邻两钻孔中心线的距离，可按式（10.2－3）计算。

$$a = mW \tag{10.2-3}$$

式中 m——炮孔密集系数，通常取值为 1.0～1.5。

排距是多排孔爆破时，相邻两排炮孔间的距离。采用等边三角形布孔时，排距与孔距可采用式（10.2－4）计算：

$$b = a \sin 60° \tag{10.2-4}$$

采用多排孔爆破时，每孔都有一合理的负担面积 S，可采用式（10.2－5）确定排距 b。

$$S = ab \tag{10.2-5}$$

10.2.4 装药结构

（1）主爆区爆破孔。通常情况下，为保证开采效率，级配料的主爆区通常采用耦合装药。特殊情况下，需要调整或增加大粒径块度时，可考虑采用分段装药或不耦合装药。

（2）轮廓爆破孔。若开采中，需要对爆破形成的边坡轮廓进行控制，则需在邻近保留岩体的部位实施预裂爆破或光面爆破，其装药结构为不耦合装药，具体设计可参见第 4 章相关内容。

10.2.5 爆破网路

堆石坝级配料开采爆破中，通常采用毫秒延期起爆网路，最常见的起爆网路有以下几种：

（1）排间顺序起爆。在已有的级配料开采爆破，如果周围环境好，在满足爆破振动要求的前提下，多采用排间顺序起爆网路，特别是采用导爆管雷管起爆时，同排孔采用同一段雷管起爆，从前排至后排，雷管段别逐段提高，施工简单、方便，爆堆分布比较均匀整齐。典型的排间顺序起爆示意图如图 10.2－1 所示，顺序 1～顺序 4，孔内分别装 MS5 段～MS9 段导爆管雷管。

（2）V 形顺序起爆。与排间顺序起爆相同，要求爆区周围环境好，在满足爆破振动要求的前提下，可采用 V 形顺序起爆网路，其

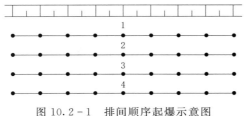

图 10.2－1 排间顺序起爆示意图

优点是爆堆集中，两侧炮孔爆渣向中间运动，增加了碰撞，有利于改善破碎质量、降低大块。典型的 V 形起爆示意图如图 10.2-2 所示，顺序 1～顺序 8，孔内分别装 MS1 段～MS8 段导爆管雷管，也可以采用接力起爆网路，孔内装 MS10 段导爆管雷管，前后顺序相差 50ms，即地表采用 MS3 段接力。

（3）孔间顺序起爆。随着工业电子雷管的推广使用，孔间毫秒顺序起爆网路已大量使用，合理选择孔间时差，可有效控制爆破振动、改善爆破效果。典型的孔间顺序起爆示意图如图 10.2-3 所示，采用普通导爆管雷管起爆时，孔内装 MS10 段导爆管雷管，同排孔段间时差 25ms，前后排时差 110ms，即地表同排孔采用 MS2 段接力，前后排孔采用 MS5 段接力；采用高精度导爆管雷管时，孔内装延期时间为 600ms 的导爆管雷管，同排孔段间时差 17ms，前后排时差 65ms；采用工业电子雷管起爆时，延期时间可以参照高精度导爆管雷管起爆网路的时间设置，如果振动控制严格时，可以采用两孔一段或单孔单段，同排孔段间时差宜为 9～20ms，前后排孔时差宜为 42～65ms。

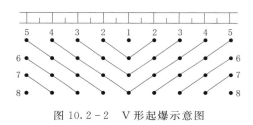

图 10.2-2　V 形起爆示意图

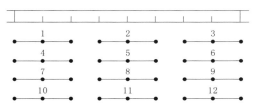

图 10.2-3　孔间顺序起爆示意图

10.3　级配料爆破试验

10.3.1　试验目的

利用深孔台阶爆破直采堆石坝填筑级配料，需在现场进行爆破试验，研究爆破参数、岩体特性与爆破块度分布的相互关系，其目的是通过较少的试验次数得到满足工程要求的爆破参数。

10.3.2　试验目标

（1）基于当地爆破器材供应情况以及以往工程经验，确定适合工程的爆破器材。

（2）通过理论分析及现场试验，确定满足坝体填筑料级配要求的爆破孔网参数、炮孔装药结构及起爆网路。

（3）施工期根据开挖过程揭露的地质条件变化，利用爆破块度预报模型来优化、调整爆破参数，指导后期施工，确保整个施工过程开挖料满足级配要求。

（4）根据设计提出的坝料级配要求范围以及爆破块度预报模型进行爆破参数优化设计，确定最优的钻爆参数（即满足级配要求的最小炸药单耗，最大孔网参数及延米钻孔爆破方量）和装药结构。

10.3.3　试验内容

（1）钻孔设备及爆破器材选型。

（2）现场爆破开采施工步骤。

（3）级配料爆破参数的比选与确定。

（4）爆破对周围需保护物的影响分析。

（5）爆破级配的优化设计与建议。

10.3.4　试验案例

10.3.4.1　工程特点

玉龙喀什水利枢纽工程位于和田河支流玉龙喀什河中游河段上，是玉龙喀什河山区河段的控制性水利枢纽工程，在保证向塔里木河下泄生态水量目标的前提下，通过与乌鲁瓦提水利枢纽联合调度，以调控生态输水、灌溉补水为主，结合防洪，兼顾发电等综合利用。水库正常蓄水位2170.00m，总库容5.36亿m³，电站装机容量200MW，设计年发电量5.14亿 kW·h，为Ⅱ等大（2）型工程。枢纽坝型为混凝土面板堆石坝，最大坝高230.50m，为强震、寒冷峡谷山区河段上的230m级高混凝土面板坝。

10.3.4.2　试验情况

玉龙喀什水利枢纽工程为获取合格级配料曲线，前期开展了两次级配料开采爆破及碾压试验，因为岩石为致密花岗岩，最早爆破试验采用炸药单耗达 1.2kg/m³ 时仍没有炸出可直接上坝的合格级配料，其主要问题是 P_5（级配料颗粒尺寸为5mm以下）含量偏少，碾压后不能满足设计要求的密度和孔隙率，所以2019年重新启动开采爆破和碾压试验。

2019年3—8月，共计开展了6次专项爆破试验，试验中孔、排距取值根据前一次的爆破试验结果选择。如爆破料偏粗，则孔、排距往小的方向调整；反之，孔、排距则取值变大。

针对孔距2.0~2.6m、排距2.0~2.6m进行了详细试验，炸药单耗在0.8~1.3kg/m³之间。炸药为2号岩石乳化炸药，主爆孔装直径80mm、长度35cm、重量2.0kg的药卷；轮廓孔装直径32mm、长度30cm、重量300g的药卷，雷管为工业电子雷管，爆破试验参数见表10.3-1。

表 10.3-1　　　　　　　　　爆破试验参数表

项目	第1次	第2次	第3次	第4次	第5次	第6次
孔距/m	2.0	2.5	2.2	2.2	2.4	2.5/2.6
排距/m	2.0	2.0	2.2	2.2	2.4	2.5/2.6
孔深/m	10.0	8.0	12.0	11.0	11.0	11.0
爆破时间	2019年5月2日	2019年5月13日	2019年5月26日	2019年5月31日0.8m铺厚碾压	2019年7月22日1.0m铺厚碾压	2019年8月10日

10.3.4.3 试验结果

爆破后对石料进行了严格的取样和筛分，筛分结果见表10.3-2。

表 10.3-2　　　　　　　　爆破试验筛分结果统计情况

项目	第1次试验	第2次试验	第3次试验	第4次试验	第5次试验	第6次试验
结果	P_5 含量基本达到设计要求	P_5 含量基本达到设计要求	P_5 含量基本达到设计要求	P_5 含量达到设计要求	P_5 含量达到设计要求	P_5 含量达到设计要求
问题	P_5 含量大，部分取样料超过下包络线	爆堆上部 P_5 含量少，中下部满足设计要求	局部细料多，与地质条件相关	局部细料多	无	孔距 2.6m 区域级配稍差，偏均匀

每次试验取6组样进行筛分，部分试验的筛分级配曲线如图10.3-1、图10.3-2所示。

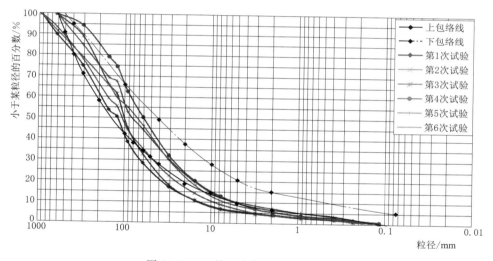

图 10.3-1　第5次爆破试验筛分结果

基于以上爆破试验，推荐爆破参数见表10.3-3。

表 10.3-3　　　　　　　　推 荐 爆 破 参 数

爆破参数	单位	主堆石料
排距	m	2.5
孔距	m	2.5
台阶高度	m	10
炮孔直径	mm	90
填塞长度	m	1.7~2.0

续表

爆破参数	单位	主堆石料
超深	m	0.7～1.0
炸药单耗	kg/m³	0.80～0.90
最大单段药量	kg	200
最大爆破规模	t	10
布孔方式	—	矩形布孔
起爆网路	毫秒延期顺序爆破网路，单孔单段，排内孔间隔 9ms，排间间隔 110ms	

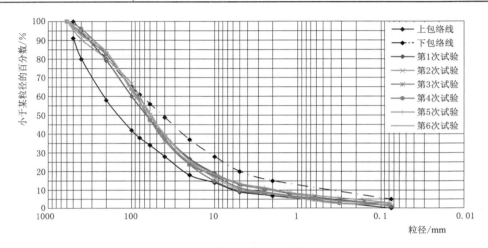

图 10.3-2　第 6 次爆破试验筛分结果

需要注意的是，根据试验得到的爆破参数主要适用于类似试验场地的地质条件的部位，随着开采高程的降低，岩性变好，地质结构也会发生变化，约束条件和试验期间会有差异，需要随着开挖条件的变化进行不断优化调整。

10.4　爆破块度测量方法

10.4.1　传统的测量方法

常用的岩石块度分布测量方法有：目测法、筛分法。

目测法主要依赖于现场爆破技术人员的经验，比较主观，往往会导致最终得到的结果偏差较大。

筛分法通过采集爆破后破碎岩石样本，使用一系列不同尺寸的筛盘，对石料进行筛分，统计每个筛盘筛分出的岩石的重量，从而获得破碎岩石的块度分布，如图 10.4-1 所示。筛分法得出的结果具有较好的一致性，然而工作量较大，通常在专项爆破试验中采用；在开采过程中，定期进行，取样及筛分要求查阅《碾压式土石坝施工规范》（DL/T 5129—2013）和《水电水利工程粗粒土试验规程》（DL/T 5356—2006）中的相关规定。

图 10.4 - 1 不同粒径的块度筛分

10.4.2 计算机图像处理技术

随着计算机图像处理技术的进步和相关分析工具的应用，图像分析技术已经成为爆破破碎块度评价较为有效的方法。

图像分析技术是指采用 2D 拍照、3D 图像或 3D 激光扫描等测量方式，采集爆堆图像，并对这些图像进行处理，以此来获得破碎颗粒的块度分布，如图 10.4 - 2 所示。然而，这一测量手段在实际运用过程中仍然存在一定的局限：

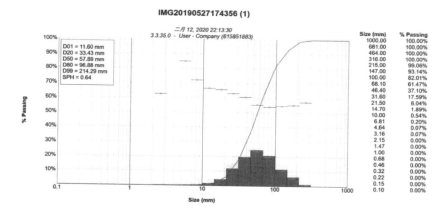

图 10.4 - 2 某图像分析软件的块度分布界面

（1）由于岩石颗粒的分解，很难准确描述破碎颗粒的轮廓。

（2）爆堆表面的颗粒块度分布并不能精确反映整个爆堆的块度分布。

（3）图像处理技术对照片的分辨率要求比较高，如果拍摄出的照片分辨率不够高，后续使用图像分析技术得出的结果会产生较大的偏差。

（4）由于颗粒形状的影响，图像分析中指定的岩石尺寸与筛分中的岩石尺寸可能会不同。

（5）在图像分析法中所有的颗粒都使用相同的密度，使得体积分布和质量分布直接相关。

尽管存在上述局限性，但是图像处理方法仍然是矿山测量破碎岩石块度分布最常用的方法。目前，矿山较为常用的图像采集方式是将照相机布置在特定的位置来捕获破碎岩石的照片，如爆堆底部、电铲、卡车、破碎站以及传送带等。

矿山主要关心大块获得率，而堆石坝级配料需要知道全级配块度分布，采用图像处理技术来分析小颗粒料的含量精度更低，随着图像处理技术的不断进步，图像分析终将取代人工筛分。

10.4.3　基于三维图像扫描的测量方法

为了进一步准确测量爆破块度，人们提出使用先进的激光雷达或立体摄像机的 3D 测量技术捕获爆堆图像。使用 3D 测量技术对爆破破碎块度分布进行分析，不需要参照物，同时也减小了由于爆堆形状引起的误差，该技术还可以消除光线不均匀所引起的误差。

虽然 3D 图像技术相比 2D 拍照技术有了明显的提升，但是在某些方面仍需要改进。例如：使用激光雷达技术测量爆堆图像需要大量的扫描时间，仅限于从固定位置捕捉图像，需要较多技术人员进行操作，且定点测量时空分辨率较低。

10.4.4　无人机拍摄测量方法

近年来，国外一些先进的矿山开始使用无人机（Unmanned Aerial Vehicle，简称 UAV）技术来对矿山环境进行地形测量、监测和体积计算，这些数据可以为爆破设计优化提供支持。此外，UAV 能够快速、频繁地采集数据，提高测量数据的统计可靠性。

根据 UAV 技术特点，其主要优势有：

（1）使用 UAV 技术进行数据采集过程中，不会影响正常生产工作。

（2）UAV 可以对一些现场工作人员无法到达的位置进行拍摄。

（3）UAV 实时采集数据，可以通过 Wi-Fi 直接传输到计算机，通过软件即时进行分析，并调整 UAV 飞行路径，以优化破碎分析的结果。

（4）实时分析结果可以使爆破技术人员及时调整和优化爆破设计。

（5）每天长时间的测量，可以减小表面采样误差。

（6）针对爆堆的不同区域，可以通过近距离或远距离拍摄来调整数据采集分辨率。

（7）同一区域图像多次采样，可以控制采样偏差，消除异常数据。

10.5　爆破级配料的主要影响因素

级配料开采爆破的影响因素包括：地质因素、爆破参数因素及其他不确定性因素三类。各类影响因素是相互关联，针对不同的级配料开采要求，要综合考虑，对关键因素要有所侧重。

10.5.1　地质因素

10.5.1.1　结构面对平均块度的影响

1. 试验简介

印度学者在砂岩模型上进行单孔试验（孔径 6.5mm、导爆索起爆），研究爆破作用方向与不同节理裂隙走向情况下爆破块度分布规律。

试验模型尺寸为 600mm×350mm×150mm，外加一个 50mm 的平台（见图 10.5-1，模型尺寸相同）。在每种情况中分别进行了节理面沿逆时针方向旋转时，与水平正向平面所成 θ 角（以面向台阶面的方向为正向）为 30°、45°、60°、75°、90°、105°、120°、135°、150°等方向的试验。模型中台阶面为垂直面。前二种情况的最小抵抗线为 20mm 和 25mm，第三种情况的最小抵抗线为 20mm。

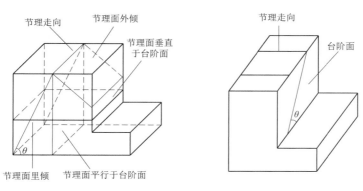

图 10.5-1　不同节理分布的试验模型示意图

2. 试验结果

分三种情况对试验结果进行分析：

(1) 节理裂隙与台阶面平行（爆破作用方向与节理裂隙面垂直）时，平均块度尺寸（X_{50}）随抵抗线增大而增加。节理裂隙面倾角 θ 为 90°时，X_{50} 最大；节理裂隙面倾角逐渐向台阶面外倾时（$\theta > 90°$），X_{50} 较大；节理裂隙面内倾时（$\theta < 90°$），X_{50} 稍小。

(2) 节理裂隙与台阶面垂直（爆破作用方向与节理裂隙面平行），$\theta > 90°$时随 θ 的增加和 $\theta < 90°$时随 θ 的减小，X_{50} 随之增大，得到的 d_{50} 均比 $\theta = 90°$时大。

(3) 节理裂隙与台阶面斜交时，当斜交的角度小于 45°时，与节理裂隙走向与台阶面平行时的情况相似；当斜交角大于 45°时，与节理裂隙走向与台阶面垂直的情况相似。部分试验结果如图 10.5-2 所示。

当节理走向与爆破作用方向一致时，爆生气体侵入使裂隙面张开，导致炮孔内压力降低，不利于岩石破碎。当它们与爆破作用方向垂直时，有利爆炸应力波传播及反射，此时，爆生气体的作用也有利于岩石破碎。当爆破作用方向与它们斜交，其效果介于前二者之间。

10.5.1.2　结构面对爆破级配的分区影响特征

1. 分区特征

工程实践表明，粒径范围在 100～800mm 的块度，由原始结构面控制所占到的比例达 50%～75%；对于小于 100mm 的岩块，随着粒径的变小，其破碎面中原生结构面影响所占的比例逐渐减少，例如：当粒径为 100mm 和 10mm 时，结构面影响所占的比例从 50% 降到 10%。结构面对爆破块度的影响具有典型的分区特征。

2. 工程现象

以阿尔塔什水利枢纽工程为例，其工程规划的料场岩体结构特征存在明显差异，按结

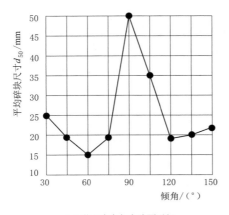

（a）节理走向与台阶面平行

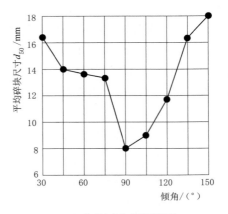

（b）节理走向与台阶面垂直

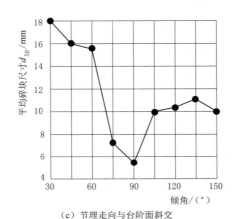

（c）节理走向与台阶面斜交

图 10.5-2　结构面倾角对爆破块度的影响

构面发育情况可分 3 类：第 1 类位于下游侧，岩体为层状，爆破后易产生大块片状岩块；第 2 类位于料场的中部，长度不足 30m，为挤压破碎带，受地质构造的影响，岩体已切割成 20cm 以下小块；第 3 类位于料场的上游侧，岩体相对较完整。爆破试验时在 3 类岩体结构中均采用多组相同的爆破参数进行对比分析，对比不同块度占比，如图 10.5-3 所示。

在相同的爆破参数下，结构面发育程度不同的岩体开挖部位，5～10mm 以下的级配比例非常接近，相差在 5% 以内；而随着块度粒径的增加，不同结构面发育程度的区域，大粒径的块度占比差距非常明显，当粒径超过 70mm 时，占比差距已超过 30%。

10.5.2　爆破参数因素

10.5.2.1　炸药单耗的影响

（1）炸药单耗是影响级配料开采的主要因素。单耗越小，块度越大；单耗越大，细料含量越多。

（2）根据 Kuz-Ram 模型平均块度计算公式，炸药单耗与平均块度成 -0.8 次方关

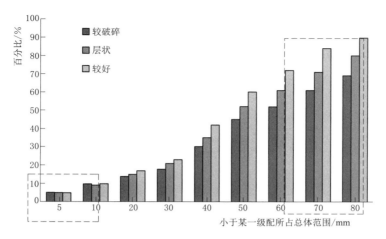

图 10.5-3 不同结构面发育程度的爆破块度粒径统计图

系，即炸药单耗越高，平均块度越低，在炮孔直径一定的条件下，单耗越高，炮孔间排距越小，增加了钻孔工作量。

（3）一般情况下，炸药单耗与岩性关联度大，与设计级配中的细料含量要求密切相关。

10.5.2.2 抵抗线及间排距的影响

在炸药单耗不变的条件下，平均块度随着抵抗线增加而增加，随着抵抗线减小而减小。图 10.5-4 为不同炮孔排距（抵抗线）及炸药单耗条件下，爆渣平均块度变化曲线。

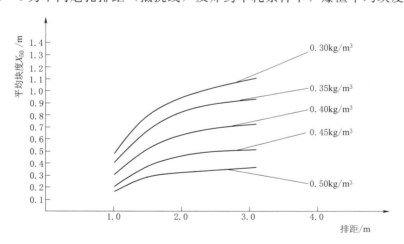

图 10.5-4 不同炮孔排距及炸药单耗条件平均块度 X_{50} 变化曲线

（1）在堆石坝级配料开采中，为了获得良好的级配，炮孔间排距不宜过大。例如孔径 $90 \sim 105$mm 的间排距一般为 $(2.5 \sim 4.5)$m $\times 2.5$m 或 $(3.0 \sim 5.0)$m $\times 3.0$m。当爆破开采过渡料时，炮孔间排距比上述值更小。

（2）抵抗线和排距确定后，孔间距的选择对块度分布的影响很大。试验表明，当炮孔间距系数 $m > 2$ 后，爆破大块率明显下降，块度分布变得均匀，不均匀系数明显变小，对级配料开采不利。

（3）与矿山开采、一般弃料开采不同，除岩石节理裂隙特发育的岩体外，堆石坝石料开采不宜采取宽孔距爆破法。爆破块度均匀化，将增大坝体孔隙率和减小填筑料容重，对坝体安全不利。

（4）此外，m 值小于 1 时，容易造成孔间过早拉开而泄气，对爆破破碎不利，不宜采用。因此，堆石坝级配料开采时，宜在 1～2 之间选取 m 值。m 值对爆破块度的影响如图 10.5 - 2 所示。

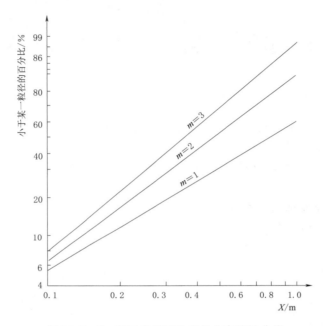

图 10.5 - 5　某工程爆破块度的分布特性曲线

10.5.2.3　装药结构的影响

装药结构主要指耦合装药、不耦合装药、间隔装药、连续装药或以上几种形式的组合装药，对级配的主要影响如下：

（1）堆石坝级配料中的细料，一般依靠炸药爆轰产生的冲击波压碎岩体来获得，耦合装药结构能比较好地满足这一要求。不耦合装药由于削减了爆轰波作用到岩壁上的压力，因而减少了细料的含量，导致岩石破碎块度的均匀化。当要求提高堆石坝填筑料中的细料含量时，耦合装药是必备条件之一。

（2）目前堆石坝级配料开采中，对于坚硬岩体（软岩不能作为上坝料）存在的主要问题是细粒径料含量不够。因此，在采用耦合装药时，应尽力提高炸药的猛度和爆力，增大压缩破裂圈的范围。某工程在白云岩中的试验表明，耦合装药较不耦合装药（不耦合系数为 1.45）的爆破，可使 5mm 以下粒径含量增加 2.6%～2.8%，C_u 值也相应提高了。

（3）当需要调整或增加级配料中大、中粒径料的含量时，可考虑采用间隔装药结构，间隔装药可使必需的药量在炮孔内的分布更趋合理，间隔堵塞长度以 1m 左右为宜。

10.5.2.4 填塞长度的影响

（1）级配开采中，为保持和延长炮孔内高压气体的作用时间，提高破碎效果和减少个别飞石，必须进行炮孔填塞。

（2）一般，炮孔填塞长度宜选为（0.7～1.0）W；当料场周围环境的安全条件较好时，填塞长度也可取为（0.5～0.7）W。

（3）填塞长度 L_d 与装药长度 L_e 的比值对爆破块度的分布也有重要影响。在某试验中，保持填塞与装药长度之和（300mm）不变，抵抗线为100mm。爆破块度采用 R－R 分布函数进行线性拟合，得出块度不均匀指数（n）与填塞长度（L_d）同药柱长度（L_e）之比的关系（见表 10.5－1 和图 10.5－6）。

表 10.5－1 　　　　　　　　　　　爆破块度回归统计表

试验组编号		填塞长度与药柱长度之比（L_d/L_e）	块度不均匀指数 n
天生桥试验	a	0.17	0.73
	b	0.21	0.90
模型试验	c	0.25	1.34
	d	0.43	1.60
	e	0.67	1.40
	f	1.00	1.41
	g	1.50	1.20
	h	2.23	1.29

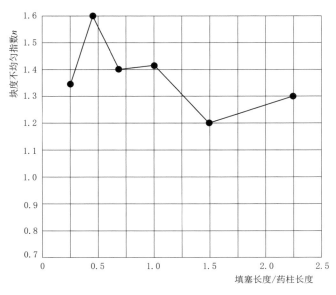

图 10.5－6　块度不均匀指数（n）与填塞长度
/药柱长度（L_d/L_e）的关系

443

如果台阶高度选取较高，例如大于 15m 或达到 20～30m，L_d/L_e 值很小，填塞长度的影响也越小；当 L_d/L_e 值很大时，填塞长度影响明显。

在级配料开采爆破中，装药长度应是填塞长度的 2 倍以上。例如，抵抗线或排距选为 2.5m，装药长度应大于 5.0m，台阶高度相应大于 7.5m，在考虑 L_d/L_e 的比值时，如钻孔的精度能得到保证，台阶高度越高越有利。

10.5.2.5　起爆时差的影响

（1）在级配料开采爆破中，合理的微差间隔时间既能改善爆破破碎效果，同时能有效控制爆破的不利影响。

（2）以过渡料为例，由于开采块度要求严，通常导致炸药单耗高，炮孔间排距较常规爆破小，且为耦合装药，爆破产生的应力波对相邻炮孔的影响相对较大，起爆时差的合理设计更加重要。

（3）排间起爆时差与抵抗线大小成正比，小抵抗线要求排间起爆时差更小，精度更高。

（4）短时差起爆可增加爆渣在空中二次碰撞的概率，提高破碎效果。

10.5.3　其他不确定性因素

（1）岩体本身的不均匀性。岩体是不均匀的结构体，具有不连续性，加上地应力和地下水的作用，使岩体在爆破作用下的力学性质变得非常复杂。例如，测量岩体本身裂隙分布，只要测点足够多，测量的精确度可以保证；但由于岩体出露条件的局限性，很难确切描述岩体裂隙的分布特征。

（2）有限的试验难以代表整个工程特性。爆破试验的结果主要适用于类似试验场地的地质和岩体条件的部位。随着开采高程的降低，岩性变好，地质结构也会发生变化，约束条件和试验期间会有差异，需要随着开挖条件的变化进行不断优化调整。

（3）爆破工程的模糊性、随机性带来爆破效果的不确定性。影响爆破效果的因素很多，诸如岩体结构、特性，炸药种类，爆破参数等。它们存在结构上多样性，炸药性能差异和参数的多样性。上述因素使建立在这些参数上的预测模型产生极大的不确定性；同时测量、计算的精确性与岩体性状因素客观判断的模糊性、随机性之间的差异也非常突出。

10.6　级配料爆破优化

10.6.1　爆破优化的目标函数

10.6.1.1　成本构成

爆破开挖是由以下四个工作环节组成：钻孔、装药爆破、装载和运输。因此，开采成本包括：钻孔成本 C_1、装药爆破成本 C_2、装载成本 C_3、运输成本 C_4 以及基建成本 C_5。其优化设计的目标就是追求 $\min\sum C_i$。

基建成本随各工程具体情况不同而异，在此不作考虑。

装载及运输成本随爆破块度的大小而变化。一般而言，爆破块度越大，装载及运输成本越高；爆破块度越小，装载及运输成本越低。目前，施工单位的装载及运输设备已定，设备能力较强，特别是对于堆石坝的级配料的块度大小是由设计所需的块度级配确定，因此爆破块度的大小对装载及运输的成本影响不是太大，合理地管理和调度设备，对装载及运输的成本降低更有利。

10.6.1.2　目标函数

级配料开采爆破的优化设计主要考虑爆破参数优化设计，其目标是以尽量少的钻孔量、尽量低的炸药单耗以及尽量少的火工品用量，在确保周围保护物安全的条件下，使爆破获得尽量多的合格石料。其目标函数为

$$\min\sum C_i(W,q,m,b,H)=1.05K_1/mb^2+K_2q+(K_3/mb^2H) \qquad (10.6-1)$$

式中　　K_1——钻孔单价，元/m；

　　　　K_2——炸药单价，元/kg；

　　　　K_3——起爆材料综合单价，元/孔；

　　　　q——炸药单耗，kg/m³；

　　　　m——孔间排距系数，$m=a/b$；

　　　　H——台阶高度，m。

最小抵抗线与孔间、排距有一定的关系，但随布孔形式及起爆方式的不同而异，台阶高度由施工道路等决定，实际目标函数中只有3个变量：q、m及W（或a、b）。

10.6.2　爆破优化的约束条件

10.6.2.1　级配控制约束

（1）堆石坝级配料开采中的约束条件主要是对块度的大小和不均匀性的约束。

（2）根据R-R块度分布函数可知，块度的具体分布由n和X_0反映。在级配曲线图中，X_0是块度分布曲线的一个拐点，该点上下曲线的凹凸方向相反。

（3）指数n变化时，曲线的陡缓（弯曲的程度）发生变化；n值越大，曲线越陡（块度分布范围越窄，曲线弯曲程度越大）。

（4）可以用X_0和n的不同取值来控制级配曲线的形状和位置，即对块度分布进行控制。一般，X_0的取值范围可直接由设计级配曲线的上、下包络线所对应的X_0确定。

（5）由于涉及设计级配包络线本身分布规律的影响，确定n的取值范围较为困难。n值的约束条件是：以R-R分布曲线通过设计级配下包络线的上端点和上包络线的下端点（图10.6-1中的1点和4点）来确定n的上限；以曲线通过下包络线的上端点和上包络线的下端点（图10.6-1中的3点和2点）来确定n的下限。

在对数坐标中，上、下包络线成为上、下两直线（图10.6-1中两实线）。该直线的斜率即为对应设计包络线的n值。包络线约束下的n值应该在1、4和3、2两线的斜率之间。

据上，级配料开采爆破的约束条件为

$$X_{0上}<X_0<X_{0下} \qquad (10.6-2)$$

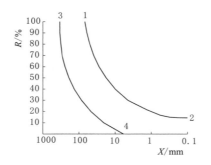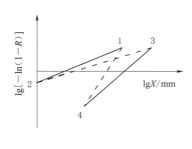

图 10.6 - 1　爆破级配包络线图

$$n_小 < n < n_大 \tag{10.6-3}$$

式中　$X_{0上}$、$X_{0下}$——设计级配上、下包络线所对应的特征块度值；

　　　　$n_小$、$n_大$——图 10.6 - 1 中直线 2、3 和 1、4 的斜率，式（10.6 - 2）表示设计级配包络线对粒径的约束；式（10.6 - 3）表示设计级配包络线对 n 值的约束。

　　　当爆破后的石料作为弃渣时，爆破块度只需满足装运设备的要求即可。其约束条件为

$$X_m \leqslant [X_m] \tag{10.6-4}$$

式中　$[X_m]$——装运设备允许的最大块度，m。

10.6.2.2　爆破不利影响控制约束

　　　水利水电工程爆破开挖中应将控制爆破振动作为约束条件。根据有关规程和规范规定，爆破安全标准为质点峰值振动速度，其约束条件可写成式（10.6 - 5）：

$$v_m \leqslant [v] \tag{10.6-5}$$

式中　v_m——爆破引起的保护物的最大质点振动速度，m/s；

　　　　$[v]$——需保护物允许的最大质点振动速度（由现场试验或参考类似工程确定），m/s。

　　　v_m 可通过现场实测爆破振动质点衰减规律确定。

　　　当爆区周围有建筑物需要保护时，振动约束用于限制最大单段药量，否则可以不考虑振动约束。

10.6.3　级配参数与爆破参数的关系分析

10.6.3.1　C_u 值、C_c 值与 n 值的关系

　　　反映爆破级配分布的参数是 C_u 值和 C_c 值。它们可由式（10.6 - 6）和式（10.6 - 7）表示：

$$C_u = X_{60}/X_{10} \tag{10.6-6}$$

$$C_c = X_{30}^2/(X_{60}X_{10}) \tag{10.6-7}$$

式中　C_u、C_c——级配料的不均匀系数和曲率系数。

　　　若假定爆破块度遵从 R - R 分布时，根据式（10.6 - 6）、式（10.6 - 7）及 R - R 分布函数可得：$C_u = 8.697^{1/n}$，$C_c = 1.381^{1/n}$。C_u 值越大，说明级配料粒径分布越不均匀，其

压实效果也越好。一般，面板堆石坝级配料的 C_u 值应大于 5，C_c 值应在 1~3 之间。C_u 值太小，碾压效果不好；但 C_u 值太大的级配料在生产、运输中，容易产生分离现象，导致填筑料的级配恶化和增加开采难度。

填筑料优良级配的 C_u 值应在 10~25 之间，从而与此对应的不均匀指数 n 值在 0.64~0.88 之间。

10.6.3.2 n 值与抵抗线的关系

通过在试验过程中绘制 n 值与抵抗线（或排距）W 的关系曲线，如图 10.6 - 2 所示。从中可以看出，在其他变量相同的情况下，抵抗线（或排距）W 越大，不均匀系数越小，二者存在比较明显的线性关系。

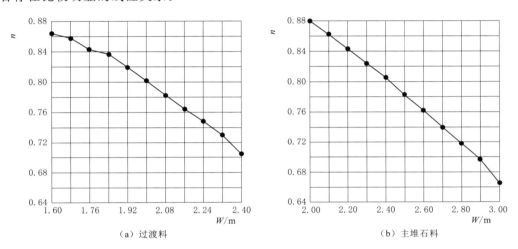

（a）过渡料　　　　　　　　　　（b）主堆石料

图 10.6 - 2　某工程 n 值与抵抗线（或排距）W 关系曲线

10.6.3.3 n 值与炮孔直径 d 的关系

对某工程爆破试验的有关参数进行计算分析，获得了 n 值与炮孔直径 d 的相互关系（见图 10.6 - 3）。

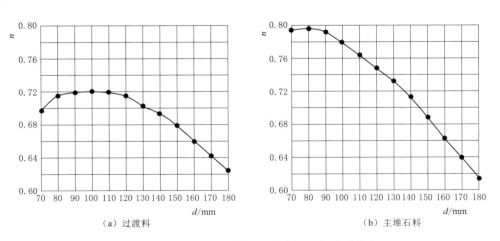

（a）过渡料　　　　　　　　　　（b）主堆石料

图 10.6 - 3　某工程 n 值与炮孔直径 d 的关系曲线

随着炮孔直径的增大，n 值下降。d 增大时，W 增加，每米进尺的爆破方量增加，可通过调整孔网参数使 n 值基本保持不变，而 d 的增加对 C_u 值、C_c 值影响不大。

10.6.3.4　n 值、C_u 值、C_c 值与孔网参数的关系

假定炸药单耗 q、台阶高度 H、装药长度 L、钻孔直径 d 和钻孔精度标准差 e 不变，当每米钻孔进尺爆破方量不变时，W 增加，m 值减小，n 值将降低，C_u 值会增加；当 m 值增加，即孔间距加大 n 值会增加，C_u 值将降低。若 m 值增加到一定程度时，会使 C_u 值小于 10，那时有可能使级配料不合格。这也是不宜采用宽孔距爆破法开采堆石坝级配料的原因。

每米钻孔进尺爆破方量不变时，$\overline{X}$ 不变，n 值降低使 X_{97} 增大（X_{97} 是允许大块率为 3% 的大块尺度），不宜盲目追求大的 C_u 值。过大的每米钻孔进尺爆破量，将使 W 增大，导致块度加大。对于某一钻孔直径，主堆石料和过渡料每米钻孔进尺爆破量均有上限值。

10.6.4　修正的 Kuz - Ram 模型

Kuz - Ram 模型在块度预测中被广泛应用，实践表明其对粗粒径部分的预测有较好的准确性，但对细粒径的预报尚存差异。表 10.6 - 1 给出了采用 Kuz - Ram 模型对某工程爆破块度分布的预测结果，并与实测结果进行了对比。

表 10.6 - 1　　　　　　　某工程爆破块度计算值与实际值对比表

试验编号	岩石系数 A	不均匀指数 n			相关系数 r	临界相关系数 r_0	X_{50}/cm		
		实测值	计算值	相对误差/%			实际值	计算值	相对误差/%
ⅢA - 1	2.74	0.72	1.06	47.2	0.9955	0.7545	3.11	8.30	167
ⅢA - 2	2.88	0.70	1.09	55.7	0.9998	0.7067	3.91	9.33	139
ⅢB - 1	4.88	0.90	1.06	17.8	0.9997	0.6319	13.95	15.59	11.8
ⅢB - 2	3.98	0.76	1.10	44.7	0.9931	0.6319	12.21	15.14	24.0
ⅢB - 3	4.08	0.80	1.07	33.8	0.9976	0.6319	10.91	15.05	37.7

对比结果表明，Kuz - Ram 模型的计算值与实际值相差很大：对 X_{50} 而言，过渡料的相对误差竟达 139% ～ 167%，主堆石料的相对误差较小，在 11.8% ～ 37.7% 之间；n 值的相对误差达到 17.8% ～ 55.7% 之间。因此，堆石坝级配料便超出了该模型的正常适用范围，必须对 Kuz - Ram 模型进行修正。

10.6.4.1　岩石系数 A 的修正

岩体节理、裂隙对爆破的块度分布有很大影响，Kuz - Ram 模型中设定了岩石系数 A 反映它们的影响，它既考虑了岩石的物理力学性质，又考虑了岩石节理裂隙发育情况。

Kuz - Ram 模型中规定了几种不同情况 A 的取值，但很难全面、客观地反映不同岩性、不同节理裂隙开度及分布对岩石块度的影响，基于大量的试验验证资料，岩石系数 A 确定的新方法如式（10.6 - 8）所示：

$$A = 0.06(RMD + JF + RDI + HF) \tag{10.6 - 8}$$

式中　　RMD——岩石性能系数，按表 10.6 - 2 取值；

JF——节理特征系数，按表10.6-3取值；

RDI——密度系数，$RDI = 25RD - 50$，RD 为密度，g/cm^3；

HF——硬度系数，当 $E < 50GPa$ 时，$HF = E/3$，当 $E > 50GPa$ 时，$HF = UCS/5$（E 为杨氏模量，GPa，UCS 为抗压强度，MPa）。

表 10.6-2　　　　　　　　　　　　岩石性能系数取值表

岩石性能	RMD	岩石性能	RMD
易成粉末、易碎的岩石	10	构造均匀	70~80
节理、裂隙（较发育）	20~30		

表 10.6-3　　　　　　　　　　　　节理特征系数取值表

节理特性		JF
水平节理		20
节理走向与台阶面平行	节理间距为 0~0.1m	10
	垂直节理间距为 0.1~MS	20
	节理间距为 MS~DP	50
倾斜节理		20
节理走向与台阶面垂直	垂直节理面	10
	倾斜节理面	10~20
节理走向与台阶面斜交	垂直节理面（倾角=90°）	10
	节理面自由面里倾斜（倾角<90°）	10~30
	节理面自由面外倾斜（倾角>90°）	15~30
多组节理裂隙交错出现		20~40

注　MS 是超大块尺寸，m；DP 是钻孔布置尺寸，m。

10.6.4.2　特征尺寸 X_{50} 计算公式的修正

Kuz-Ram 模型比较适用于矿山开采爆破的块度分布模型，矿山开采石料大块粒径一般都在 1.0m 以上，而水利水电工程中过渡料、主堆石料的允许最大粒径分别限制在 0.3m 和 0.6~0.8m。考虑到爆破石料最大粒径是诸多因素综合作用的结果，引入石料允许最大粒径 X_m 这一参数来描述其他未考虑因素对平均块度的综合影响，进行修正，其相关指数由试验资料计算确定。修正后的 X_{50} 计算公式为

$$X_{50} = A(1/q)^{0.8} Q^{1/6} (115/E)^{19/30} X_m^k \tag{10.6-9}$$

式中　X_m——石料允许最大粒径，m；

　　　k——待定指数；

其他符号意义同前。

将系列工程的试验资料代入式（10.6-9），求出各组的待定指数 k 值，见表10.6-4。

表 10.6 - 4　　　　　　　　　　　　　待定指数（k）计算表

资料来源	试验编号	RMD	JF	RDI	HF	岩石系数 A	允许最大粒径 X_m/m	待定指数 k
天生桥一级电站	$Ⅲ_A - 1$	20	30	17.5	14	4.89	0.3	0.576
	$Ⅲ_A - 2$	20	30	17.5	14	4.89	0.3	0.463
	$Ⅲ_B - 1$	30	50	17.5	14	6.69	0.8	0.532
	$Ⅲ_B - 2$	25	40	17.5	14	5.79	0.8	0.480
	$Ⅲ_B - 3$	20	40	17.5	14	5.49	0.8	0.598

由表 10.6 - 4 可知，待定系数 k 可取 0.5。

10.6.4.3　修正后的 Kuz - Ram 模型表达形式

修正后的爆破块度分布模型的完整形式如下：

$$X_{50} = A \sqrt{X_m}(1/q)^{0.8} Q^{1/6} (115/E)^{19/30} \tag{10.6 - 10}$$

$$R = 1 - e^{-\left(\frac{X}{X_0}\right)^n} \tag{10.6 - 11}$$

$$n = (2.2 - 14W/d)\sqrt{(m+1)/2}(1 - e/W)(L_d/W)^{6/5}L/H \tag{10.6 - 12}$$

式中符号意义同前，修正模型的计算值与实际值的比较结果见表 10.6 - 5。

表 10.6 - 5　　　　　修正模型中不均匀指数 n 的计算值与实际值的比较结果

试验编号	$Ⅲ_A - 1$	$Ⅲ_A - 2$	$Ⅲ_B - 1$	$Ⅲ_B - 2$	$Ⅲ_B - 3$
修正模型计算值	0.71	0.80	0.87	0.76	0.68
实际值	0.72	0.70	0.90	0.76	0.80
相对误差	-1.4%	14%	3.3%	0	-15%

原 Kuz - Ram 模型限定 n 值在 0.8～2.2 内，而修正模型的 n 值多在 0.8 以下，修正模型是原模型在水利水电工程堆石坝级配料开采领域的拓展和延伸。

10.6.5　优化实例

以天生桥一级水电站为例，介绍堆石坝开采爆破中的参数优化过程。

（1）n 值的约束条件。过渡料 $Ⅲ_A$、主堆石料 $Ⅲ_B$ 的 n 值约束条件为 $0.64 < n < 0.88$。

（2）粒径的约束条件。由于天生桥一级电站实际爆破料的级配曲线与设计包络线在 R 大于 63.2% 的部分不一致，为避免该部分过多地超出包络线，在求 X_0 的上限时，应将 X_0 转换为 R 较大时的 X 来控制。

以设计级配包络线的内插点 $X_{94.5} = 300\text{mm}$（$Ⅲ_A$ 料）和 $X_{92} = 800\text{mm}$（$Ⅲ_B$ 料）来控制，其上限的约束条件为：对于 $Ⅲ_A$ 料，$X_{94.5} < 300\text{mm}$；对于 $Ⅲ_B$ 料，$X_{92} < 800\text{mm}$。

将 n 值取上限（$n_{\text{上}}=0.88$）代入式（10.1-5）可将 III_A 料粒径上限约束条件转换为：$X_{50}<59\text{mm}$，同样，III_B 料的粒径约束条件也可转换为：$X_{50}<184.1\text{mm}$。

n 值约束条件下限（0.64）分别等于和稍大于 III_A、III_B 料设计上包络线的 n 值。故 X_0 的下限可直接由设计包络线上读取，即：对于 III_A，$X_0>81.94\text{mm}$，对于 III_B，$X_0>198.29\text{mm}$。

将 n 值下限（0.64）代入式（10.1-5）可得：对于 III_A，$X_{50}>46.2\text{mm}$，对于 III_B，$X_{50}>111.8\text{mm}$。

若 n 值的约束下限小于上包络线的拟合 n 值，则在求 X_0 的下限时，需将 X_0 转换为 R 较小时的 X 来控制，以免细粒部分过多地超出上包络线。若 n 值的约束下限大于上包络线的拟合 n 值且相差较大时，则在求 X_0 的下限过程中，需将 X_0 转换为 R 较大时的 X 来控制，以免粗粒部分过多地超出上包络线。

（3）炸药单耗 q 值的取值范围。将 III_A 料试验条件下的 $A=4.89$、$X_m=0.3\text{m}$、$Q=49.4\text{kg}$、$E=145$ 分别代入式（10.6-10）可得：$0.70<q<0.95$；将 III_B 料试验条件下的 $A=5.49$、$X_m=0.8\text{m}$、$Q=40.2\text{kg}$、$E=145$ 分别代入式（10.6-10）可得：$0.35<q<0.64$。

（4）抵抗线 W 的取值范围。对于 III_A 料，令孔口堵塞长度 $L_d=1.7\text{m}$（以 $0.7W$ 计），装药间隔长度 $L_j=0.8\text{m}$，线装药密度以 6.5kg/m 计，台阶高度 $H=10\text{m}$，装药长度 $L=7.5\text{m}$，单孔装药量 $Q=48.75\text{kg}$，可得合适的抵抗线 W 取值范围为 $2.3\sim2.6\text{m}$。对于 III_B 料，令孔口填塞长度 $L_d=2.1\text{m}$，装药间隔长度 $L_j=0.8\text{m}$，线装药密度以 6.5kg/m 计，台阶高度 $H=10\text{m}$，装药长度 $L=7.1\text{m}$，单孔装药量 $Q=46.15\text{kg}$，可得合适的抵抗线 W 取值范围为 $2.7\sim3.5\text{m}$。

10.7　堆石坝爆破级配料块度的预测

10.7.1　基于天然块度的爆破块度预测方法

10.7.1.1　小粒径块度级配料的预测

由于小粒径块度主要受爆破荷载本身的影响，与岩体结构面分布特征并无明显关联，可根据爆破破碎理论，辅以试验筛分的修正，提出小粒径级配的预测方法。将小粒径块度分布区近似为爆破粉碎区，可得爆破粉碎区半径表达式：

$$r_c=\left(\frac{P_0}{[\sigma_d]}\right)^{1/a}r_0 \qquad (10.7-1)$$

式中　P_0——粉碎区内爆炸冲击波压力，MPa；

　　　$[\sigma_d]$——岩体的动抗压强度，MPa；

　　　r_0——炮孔半径，mm；

　　　α——衰减指数，与岩体泊松比 ν 有关，$\alpha=\dfrac{\nu}{1-\nu}+2$。

爆破粉碎区的半径与炸药本身的性质、炮孔半径以及岩体性质有关。由于式（10.7-

1）包含诸多假定，理论计算仅能算出爆破粉碎区半径理论解，并不能对粉碎区内岩石块度的大小进行精确计算。为此，引入反映现场实测结果的级配系数 K_x，建立如下小粒径块度半径计算公式，级配系数 K_x 通过工程筛分采用反分析法确定。

$$R_x = K_x \left[\frac{\rho_e D^2}{2(\gamma+1)} \left(\frac{a}{r_0} \right)^{2\gamma} / [\sigma_d] \right]^{1/\alpha} r_0 \qquad (10.7-2)$$

式中 R_x——粒径小于 x 块度分布半径，mm；

ρ_e——炸药密度，kg/m^3；

D——炸药爆速，m/s；

a——炸药直径，mm；

r——等熵指数；

r_0——炮孔半径，mm；

K_x——筛分拟合系数，由试验筛分结果来确定。

以两河口和长河坝江嘴的过渡料开采爆破为例，对爆破级配预测系数进行统计，试验结果见表 10.7-1、表 10.7-2。

表 10.7-1　　　　　　　　　　两河口料场 K_5、K_{20} 值结果

系数	两河口（1）	两河口（2）	两河口（3）
K_5	1.10	0.98	1.12
K_{20}	1.78	1.63	1.81

表 10.7-2　　　　　　　　　　长河坝江嘴料场 K_5、K_{20} 值结果

系数	江嘴（1）	江嘴（2）	江嘴（3）
K_5	0.87	0.78	0.81
K_{20}	1.24	1.18	1.20

根据长河坝江嘴料场试验数据计算得到，K_5 介于 0.78~0.87 之间，K_{20} 介于 1.18~1.24 之间。根据两河口料场试验数据计算得到该工程 K_5 介于 0.98~1.10 之间，K_{20} 介于 1.63~1.81 之间。

同一工程 K_x 值变化不大，因此，对同一工程可通过少量的试验获取 K_x 值，采用式（10.7-2）就可对小粒径块度级配料进行预报。

10.7.1.2　中、大粒径块度级配料的预测

通过选取适当的试验场地，采用三维激光扫描仪对岩体三维表面形态、裂隙空间位置、产状等信息进行识别，建立三维数字模型。结合结构面地质调查分析，实现结构面信息的有效提取及矢量化识别，在此基础上，进行结构面统计分析并实现天然裂隙的三维网络模拟，如图 10.7-1 所示。

基于三维扫描结果，采用三维块体切割方法搜索出结构面网络切割形成的所有块体，实现评价不同结构面发育特征下，天然岩体的完整性和块度分布特征，并绘制出对应的岩体天然块度分布曲线，如图 10.7-2 所示。

图 10.7-1 岩体天然块度三维激光扫描工作实例

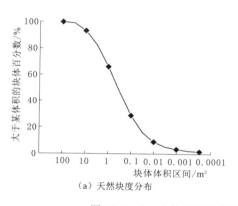

（a）天然块度分布

（b）岩体切割模型

图 10.7-2 岩体天然块度的分布及其数学模型

对于粒径大于 $100\sim800\text{mm}$ 的块度，由原始结构面控制所占到的比例达 $50\%\sim75\%$。因此中、大粒径的块度与天然块度存在紧密的关联，如需粗略、简洁地估算中、大粒径块度，可采用式（10.7-3）表达：

$$R_x = A \qquad (10.7-3)$$

其中 A 为天然块度的分布。如果精确地考虑中、大粒径与天然块度的对应关系，参考小粒径的表达式，采用式（10.7-4）计算：

$$R_x = K_x A^\theta \left[\frac{\rho_e D^2}{2(\gamma+1)} \left(\frac{a}{r_0}\right)^{2\gamma} / [\sigma] \right]^{1/a} r_0 \qquad (10.7-4)$$

式中　R_x——粒径小于 x 块度分布半径，mm；

　　　$[\sigma]$——岩体强度，剪切破坏时，可取 $[\sigma]=([\sigma_d]-[\sigma_b])/2$，抗拉破坏时，可取 $[\sigma]=[\sigma_b]$，$[\sigma_b]$ 为岩体抗拉强度，Pa；

　　　K_x——级配拟合系数；

　　　θ——修正系数；

其余符号意义同式（10.7-2）。

10.7.2　基于神经网络的爆破块度预测方法

人工神经网络理论是 20 世纪 80 年代中后期迅速发展起来的一个前沿研究领域。近年来，许多工程技术人员对人工神经网络在岩土工程的应用进行了大量研究和探索，其在建立多因素与多目标的相互关系方面具有独特的优势。

影响爆破块度的因素种类繁多，包括岩体条件、炸药特性、爆破参数以及施工工艺等。块度预测是爆破条件与爆破结果之间的多因素与多指标间的对应关系。

采用人工神经网络算法，寻找在天然块度（多因素）与爆破块度（多指标）之间建立数学映射关系，由此建立爆破块度预测模型，成为爆破块度预测值得探索的路径，其实现方法如图 10.7 - 3 所示。

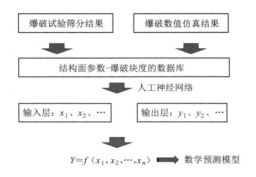

图 10.7 - 3　考虑天然块度的爆破块度预测模型建立方法

10.7.3　基于爆破振动的爆破块度预测方法

爆破振动本质上是爆炸应力波在岩石或结构中传播造成的质点振动。通常认为，质点的振动峰值速度越大，岩石材料受到的扰动和损伤也越大。因此寻求建立质点振动速度与爆破块度的对应关系成为爆破块度的预测途径之一。

岩石在爆炸冲击波的作用下，质点的振动速度 v 和爆炸冲击波压力 P 成比例关系。对于二维面波，波阵面的压力和质点振动速度的关系如式（10.7 - 5）所示：

$$P = \rho_0 C_p v \tag{10.7 - 5}$$

式中　C_p——材料纵波速度，m/s；

　　　v——质点振动速度，m/s；

　　　ρ_0——材料密度，kg/m³。

岩石破坏是从岩石材料中的孤立的微空洞成核开始，形成微裂纹，然后微裂纹发展为宏观裂纹。根据已有的研究，认为爆破块度服从 R - R 分布，爆炸荷载作用下，岩石微裂纹成核过程依然符合这一分布，根据岩石强度准则，新形成的裂纹缺陷数量 N 依然服从这一分布，如式（10.7 - 6）所示：

$$N = \begin{cases} N_0 \exp\left(\dfrac{P_s - P_{n0}}{P_1}\right), & P_s > P_{n0} \\ 0, & P_s \leqslant P_{n0} \end{cases} \qquad (10.7-6)$$

式中　N_0 和 P_1——材料常数；

　　　　P_s——材料在荷载作用下的拉伸应力；

　　　　P_{n0}——材料裂纹成核的临界压力。

该计算公式可以用于脆性材料，同时又适用于韧性材料。

将质点峰值振动速度用 PPV 代替，可以得到

$$P_s = \rho C_p PPV \qquad (10.7-7)$$

$$P_0 = \rho C_p PPV_0 \qquad (10.7-8)$$

式中　PPV_0——岩体临界破碎质点峰值振动速度，m/s；

　　　　其余符号意义同式（10.7-5）和式（10.7-6）。

由此可以得到平均块度 $\overline{x}$ 基于 PPV 的块度预测模型：

$$\overline{x} = \begin{cases} \dfrac{x_0}{N_0 \exp\left(\dfrac{PPV - PPV_0}{\eta}\right)}, & PPV > PPV_0 \\ x_0 / N_0, & PPV \leqslant PPV_0 \end{cases} \qquad (10.7-9)$$

式中　x_0——岩体初始块度，由岩体初始节理确定，m。

对于通常范围内的岩体，η 值的取值和岩石强度参数和密度有关，一般在 $0.4 \sim 1.2$ 之间。由上述模型可以看出，爆破块度分布和岩体初始块度 x_0、材料常数 N_0、η 以及临界破碎 PPV_0 有关，通过数值模型计算得到爆破近中区的质点震动峰值速度分布，即可求得对应的爆破块度分布。

10.8　工程案例

当前堆石坝石料开采，主要参考其他已建工程经验，同时进行针对性的爆破专项试验，确定爆破参数。国内部分工程主堆石料开采爆破基本情况见表 10.8-1。

表 10.8-1　　　　国内部分工程主堆石料开采爆破基本情况

序号	工程	钻孔直径/mm	台阶高度/m	孔距/m	排距/m	填塞长度/m	单耗/(kg/m³)	炸药品种	岩体岩性
1	三板溪水电站	140	15	4.0~5.5	3.0~3.5	2.5~3.0	0.30~0.45	乳化炸药	凝灰质砂板岩
2	两河口水电站	115	15	4.0~5.0	3.5~4.5	3.5	0.45~0.55	乳化炸药	泥质砂岩
		115	15	3.0~4.0	2.5~3.5	3.5	0.65~0.75		变质砂岩
3	糯扎渡水电站	115	15	5.5	3.0	2.5	0.45	乳化炸药	角砾岩

序号	工 程	钻孔直径 /mm	台阶高度 /m	孔距 /m	排距 /m	填塞长度 /m	单耗 /(kg/m³)	炸药品种	岩体岩性
4	洪家渡水电站	90	15	3.5～4.0	2.0～2.5	2.0	0.50～0.65	铵油炸药	白云灰岩
5	天生桥一级水电站	90	10	2.5～3.0	2.5～3.0	1.8～2.4	0.45～0.67	硝铵炸药	白云岩
6	阿尔塔什水利枢纽	115	15	4.0	4.0	3.5～5.0	0.4～0.5	散装膨化硝铵炸药	白云灰岩
7	紫坪铺水电站	100	10	3.0	3.0	2.0	0.56	乳化炸药	砂岩
8	水布垭水电站	150	12	5.5	4.0	3.5	0.50	混装乳化炸药	灰岩
9	猴子岩水电站	115	15	4.5	3.0	3.0	0.40	乳化炸药	变质灰岩
10	巴基斯坦卡洛特水电站	115	10	4.5	3.5	2.0	0.55	乳化炸药	砂岩

　　面板堆石坝过渡料一般需要量小，多为几十万立方米。部分工程采用爆破法直接开采，不仅保证施工强度，还大大节省了投资。过渡料开采爆破的钻孔孔距、排距小，钻孔密，单耗高。国内部分工程过渡料开采爆破基本情况见表 10.8 - 2。

表 10.8 - 2　　　　　　　　　　　国内部分工程过渡料开采爆破基本情况

序号	工 程	钻孔直径 /mm	台阶高度 /m	孔距 /m	排距 /m	填塞长度 /m	单耗 /(kg/m³)	炸药品种	岩体岩性
1	两河口水电站	115	15	3.0～3.5	2.0～2.5	2.0	0.6～0.8	乳化炸药	泥质砂岩
		115	15	2.0～2.5	1.5～2.0	2.0	0.9～1.1	乳化炸药	变质砂岩
2	江坪河水电站	90	10	2.4	1.4	3.0	0.95	乳化炸药	砾岩
3	天生桥一级水电站	90	10	1.8～2.3	1.8～2.3	1.8	0.83～1.24	2 号岩石硝铵炸药	灰质白云岩
4	长河坝水电站	90	10	1.6	1.6	1.5	2.2	乳化炸药	花岗岩
5	水布垭水电站	115	15	3.5～5.0	2.5～3.5	2.0～3.0	0.90～0.95	混装乳化炸药	灰岩
6	苗尾水电站	105	10	1.5～2.0	1.5	2.0	2.0～2.3	乳化炸药	片麻岩
7	瀑布沟水电站	115	15	4.5～5.0	3.0～3.5	3.0～3.5	0.6～0.8	铵油炸药	粗粒花岗岩
8	芹山水电站	90	12	2.0	2.0	3～4	0.9～1.0	乳化炸药	凝灰熔岩
9	万安溪水电站	90	10	2.1～2.3	2.1～2.3	3.0～3.5	0.7～0.8	乳化炸药	粗粒花岗岩
10	泽城西安水电站	90	8	2.0～2.5	1.0～1.3	1.5	1.9～2.2	硝铵炸药	石英砂岩

10.8.1 长河坝水电站大坝级配料开采

10.8.1.1 工程特点

长河坝水电站位于四川省甘孜藏族自治州康定市境内，为大渡河干流水电梯级开发的第 10 级电站，工程区地处大渡河上游金汤河口以下 4～7km 河段上，坝址上距丹巴县城 82km，下距泸定县城 49km。长河坝水电站是以单一发电为主的大型水电站，无航运、漂木、防洪、灌溉等综合利用要求。工程为Ⅰ等大（1）型工程，挡水、泄洪、引水及发电等永久性主要建筑物为 1 级建筑物，永久性次要建筑物为 3 级建筑物，临时建筑物为 3 级建筑物。

大坝为砾石土心墙堆石坝，坝顶高程 1697.00m，最大坝高 240.00m，整个大坝填筑方量达 2763.87 万 m³，其中大坝上游过渡层 125.40 万 m³，下游过渡层 121.04 万 m³，两岸过渡层 44.53 万 m³，过渡料达 20.03 万 m³。设计对级配料的技术要求如下：

（1）过渡料最大粒径不大于 300mm。

（2）小于 0.075mm 的颗粒含量不大于 5%。

（3）小于 5mm 的颗粒含量不大于 30%，不小于 10%，$D_{15} \leqslant 8$mm。

长河坝水电站堆石坝过渡料级配要求严格，最初设计平均块度最大值仅 4.8cm（一般面板堆石坝平均块度的最大值在 6cm 以上），经工程设计单位对级配曲线进行调整后平均块度最大值仍只有 5.2cm（见图 10.8-1），采用一般面板堆石坝级配料开采爆破参数难以开采出合格过渡料。早期施工单位在响水沟、江嘴两个石料场共进行了十多次过渡料爆破试验，爆破料级配较粗，均不能满足过渡料原设计级配及调整后级配的要求。施工单位试验时采用的炸药单耗已远大于招标前现场试验获得的炸药单耗（试验部位岩石强度远低于设计对上坝料的要求），工程建设方委托第三方进行现场试验，确定开采出满足过渡料上坝要求的炸药单耗。

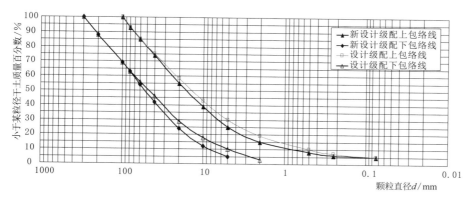

图 10.8-1 设计要求的过渡料上下包络线

10.8.1.2 爆破参数

2013 年 8—12 月，参建各方共联合开展了 5 次爆破试验，具体试验情况见表 10.8-3。

表 10.8-3　　　　　　　　　　爆 破 试 验 成 果 汇 总

试验编号	响水沟（1）	江嘴（1）	江嘴（2）	江嘴（3）	江嘴（4）
单耗/(kg/m³)	2.5/2.46	1.98/1.84	1.6/1.42	1.87/1.80	2.5/2.31
间距/m	1.63	1.69	1.9/2.0	1.7	1.5
排距/m	1.4	1.7	1.8/1.9	1.7	1.5
台阶高度/m	10	10	10	10	10
填塞长度/m	1.5	1.5	1.2	1.5/3.0	1.2
单孔药量/kg	57/55	57/52.5	54	54	56.8
单段起爆药量/kg	115.2	113.4	139.2	107.8	424.9
岩体情况	致密，完整	裂隙发育	致密，完整	致密，完整	致密，完整
平均块度/cm	5.2	3.8	9.5	7.0	4.1~7.0
岩石系数 A	5.01	2.93	5.92	5.44	
经济单耗/(kg/m³)	2.5	1.3	3.0	2.7	2.5
单耗2.5kg/m³对应平均块度/cm	5.2	—	6.0	5.5	最大 7.0

第 1 次试验［编号为响水沟（1）］爆破获得的石料基本满足过渡料的要求，该部位岩石坚硬完整，炸药单耗达到了 2.5kg/m³，为降低成本改在岩石可爆性相对好一点的江嘴料场。

第 2 次试验［编号为江嘴（1）］实际炸药单耗为 1.84kg/m³，爆破获得的石料完全满足过渡料的要求，其主要原因是靠近破碎带，岩体质量较差，可爆性较好，而随着开挖部位降低，岩体的完整性将更好，岩石的可爆性将降低。

第 3 次及第 4 次试验部位岩体的可爆性较第 2 次试验部位差，然而炸药单耗不足 2kg/m³，爆破开采的石料均较设计要求偏粗。

第 5 次试验，虽然炸药单耗提高到 2.5kg/m³，由于爆破器材供应受到限制，前后排炮孔起爆有部分窜段，使得爆破开采的石料仅两侧满足设计要求，而中部较设计要求稍微偏粗。

10.8.1.3　爆破效果

通过试验长河坝水电站在其两个料场中的完整致密岩体中可以采用爆破法直接开采过渡料，爆破单耗达 2.0~2.5kg/m³，最终推荐平均炸药单耗为 2.2kg/m³。炸药单耗太高，导致孔间排距也很小，极易发生拒爆，只要有拒爆开采出的石料就不能满足设计上坝要求，最终施工单位采用的炸药单耗为推荐值的 70% 左右，再对爆破料进行少量的二次破碎，按期完成工程任务。

10.8.2　两河口水电站大坝级配料开采爆破智能设计

10.8.2.1　工程概况

两河口水电站位于四川省甘孜藏族自治州雅江县境内雅砻江干流与支流庆大河的汇河

口下游，在雅江县城上游约 25km，坝址处多年平均流量 664m³/s，水库正常蓄水位为 2865.00m，相应库容 101.54 亿 m³，调节库容 65.60 亿 m³，具有多年调节能力，电站装机容量为 3000MW（6×500MW），多年平均发电量 110.62 亿 kW·h。

两河口水电站共有两个石料场，分别为两河口石料场和瓦支沟石料场。经坝料平衡计算该工程两个石料场需要开采有用料 3717.1 万 m³。其中两河口 2363.5 万 m³；瓦支沟 1353.6 万 m³。大坝填筑方量巨大，随开采的进行，料场的岩性变化复杂，如何针对较长的开采周期和复杂多变的岩性条件，及时、准确地调整爆破设计是需要解决的核心问题。为解决这一问题，该工程的建设单位雅砻江流域水电开发有限公司组织长江水利委员会长江科学院、中国水利水电第十二工程局有限公司、中国水利水电第五工程局有限公司等参建单位，共同研发了两河口水电站大坝级配料开采爆破智能设计系统。

10.8.2.2　系统介绍

两河口水电站大坝级配料开采爆破智能设计系统总体包括基本资料、爆破设计、效果预测以及施工管理四个部分，设计人员只需在数据库中选择地质条件与爆破开采要求，计算机可根据前期的试验成果以及施工过程中不断补充的爆破参数、筛分以及碾压检测数据修正预报分析模型并给出下一循环合理的爆破参数，并可输出生产合理级配的爆破设计文件。

爆破设计模块与效果预测模块为系统的核心部分，主要通过嵌入先进的爆破级配控制理论与计算方法，输出爆破设计，并给出对应的效果预测。基本资料在系统中起关键作用，是爆破设计、效果预测以及施工管理的输入信息，在系统的运行中，需要大量调用基本资料的信息。施工管理模块的作用主要体现在两方面：一方面，该模块中记录的爆破参数及相应的级配筛分或碾压效果将会作为重要的数据，对爆破设计与效果预测中的计算方法进行自学习的优化和修正；另一方面，该模块针对施工环节的重要质量数据进行实时记录，对提高工程的管理水平具有重要意义。两河口水电站大坝级配爆破智能设计系统的登录界面如图 10.8-2 所示。

图 10.8-2　系统的登录界面

10.8.2.3　系统特点

（1）在级配预测方法中引入了自学习功能。现有的爆破块度预测模型常常建立炸药单耗与某一特征块度的关系，其中以 Kuz‑Ram 模型为例，主要建立的是炸药单耗与平均块度的关系，但是在模型建立过程中，涉及大量的参数确定和校准，而且这些参数随着开采进行是不断变化的，否则影响模型的精度。在两河口水电站大坝级配料爆破智能设计系统中，建立了炸药单耗与平均块度的指数型拟合关系，通过生产样本构成数据库，这样每一次爆破的结果都对爆破块度预测的准确性具有指导意义，使爆破块度预测具有自学习的功能，如图 10.8‑3 所示。

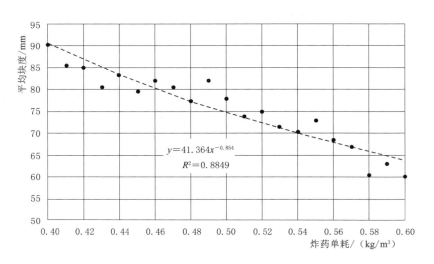

图 10.8‑3　系统部分样本炸药单耗与平均块度的对应关系

（2）采用先进的数学计算方法进行爆破优化。传统的爆破优化方法是基于爆破机理和效果，从技术角度进行单一目标的优化，在智能爆破设计系统中，最大的优势是基于系统后端的数据库和数据流动机制，引入了支持向量机与细菌觅食算法等深度学习算法，从爆破效果的多目标以及爆破参数的多因素角度进行爆破优化，系统采用的块度优化算法技术路线如图 10.8‑4 所示。

（3）涵盖了设计、施工与管理等一体化全流程管理。关于爆破智能设计的可视化技术已有一些软件，这些软件的主要做法是采用 CAD 等绘图软件的基础框架进行二次开发，但它的设计功能受限，且二次开发和自主产权受到原软件的约束。两河口水电站大坝级配料开采爆破智能设计系统采用的是图片元件编程，从底层构建图片元件和设计程序，每一个爆破设计的图源代码都是自主编辑。

在系统中专门设置了全流程管理功能，管理过程中，现场爆破采用的作业备案表、爆破器材申请表以及相关人员的资质管理，都从系统中可以直接打印和查询。系统打印的表格直接是现场使用盖章的表格，可直接提交用于办理公安审批手续。

10.8.2.4　应用效果

两河口水电站大坝级配料爆破智能设计系统应用后，经过多次优化，两河口料场堆石

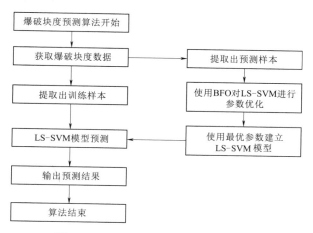

图 10.8 - 4 块度优化算法的技术路线

料开采爆破所用炸药单耗降低率为 $10\%\sim15\%$，局部可达 20%；过渡料的炸药单耗降低了 10% 左右；反映爆破级配料开采优化指标的最优百分比稳定上升，如图 10.8 - 5 所示。

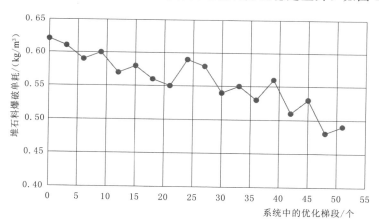

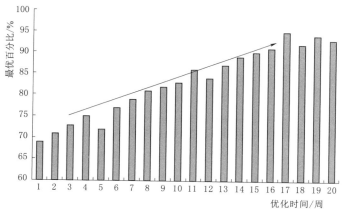

图 10.8 - 5 系统使用后单耗与最优百分比的变化过程

461

在级配料开采与大坝填筑过程中，该工程参建各方对各区碾压后坝料颗粒级配进行了全过程检测，各项检测成果满足设计和规范要求；大坝堆石区最大沉降变形约为相应部位坝体填筑高度的 1.3%，满足小于 1.5% 的设计要求；大坝各项安全监测指标受控，优于同类工程。智能爆破设计系统应用以来，共开采级配料约 2300 万 m³，有效保障了大坝级配料开采的质量和进度，对大坝工程提前 1 年填筑到顶起到了促进作用。

10.8.3　阿尔塔什水利枢纽大坝工程

10.8.3.1　工程特点

阿尔塔什水利枢纽工程位于塔里木河源流之一的叶尔羌河干流山区下游河段的新疆维吾尔自治区克孜勒苏柯尔克孜自治州阿克陶县库斯拉甫乡境内，是一座在保证向塔里木河干流生态供水目标的前提下，承担防洪、灌溉、发电等综合利用任务的大型骨干水利枢纽工程。水库工程正常蓄水位为 1820.00m，水库设计洪水位为 1821.62m，校核洪水位为 1823.69m，总库容 22.49 亿 m³；电站装机容量 755MW。阿尔塔什水利枢纽工程为 I 等大（1）型工程。

拦河坝坝型为混凝土面板砂砾石-堆石坝，坝轴线全长 795.0m，坝顶高程 1825.80m，坝顶宽度 12m，最大坝高 164.8m，上游主堆石区采用砂砾石料，坝坡坡度为 1:1.7。下游采用爆破法开采的堆石料及排水料，以及边坡等石方开挖利用料，坝坡坡度为 1:1.6。面板坝直接建造于河床深厚覆盖层上，覆盖层最大厚度 94m。大坝抗震设计烈度为 9 度，100 年超越概率 2% 的设计地震动峰值加速度为 320.6gal。

工程要求的排水料级配要求见表 10.8-4，次堆石料级配见表 10.8-5。

表 10.8-4　　　　阿尔塔什工程排水料级配（小于某一粒径重量）　　　　%

粒径/mm	400~600	200~400	100~200	80~100	60~80	40~60	20~40	10~20	5~10	<5
设计下包络线		100	82	65	60	53	45	32	23	15
设计上包络线	100	80	57	42	40	35	30	23	17	10

表 10.8-5　　　　阿尔塔什工程次堆石料级配（小于某一粒径重量）　　　　%

粒径/mm	400~600	200~400	100~200	80~100	60~80	40~60	20~40	10~20	5~10	<5
设计下包络线		100	82	65	60	54	46	36	28	20
设计上包络线	100	80	57	43	38	33	29	23	17	12

10.8.3.2　爆破试验参数

阿尔塔什水利枢纽排水料和主堆石料的开采中，结合生产性爆破开展了十余次试验。主要通过不同的孔网组合、填塞长度和炸药单耗等参数的调整，以及相应的毫秒延期起爆网路实施，在对爆破料进行颗粒筛分的基础上，取得能够使堆石料满足设计级配要求开采爆破方案与钻爆参数。试验台阶高度 15m，钻孔直径 90mm，垂直钻孔。采用矩形布孔，间排距系数按照 1~2 选取。装药结构为连续装药，受炸药供应控制，现场同时使用

φ70mm乳化炸药（以下简称卷药）和散装膨化硝铵炸药（以下简称散药），部分爆破试验参数见表10.8－6。

表 10.8－6 　　　　　　　　　　　　 P_1 料场部分爆破试验参数表

爆破编号	第1次	第2次	第3次	第4次	第5次	第6次
平台高程/m	1870	1855	1855	1840	1855	1855
爆破部位	中部	下游	中部	下游端靠江边	下游端及中部	下游中间区域
岩体情况	薄层	厚层坚硬	薄层	厚层坚硬	各种层厚均有	中厚层
台阶情况	有堆渣	好	好	好	好	好
布孔方式	矩形	梅花形	矩形	矩形	矩形	矩形
主爆孔排距/m	4.0	3.5	4.0	3.5	3.5	4.0
主爆孔孔距/m	5.0	5.5	4.0	6.0	下游5.0、中部6.0	4.0
装药结构	连续散药92kg	散药、卷药交错，连续110kg	连续散药100kg（无乳化药）	连续散药100kg	散药连续，下游110kg，中部90kg	连续散药100kg（无乳化药）
填塞长度/m	5.0	5.0	4.5～5.0	4.0	下游3.5、中部5.0	4.0
起爆网路	近似V形	孔间毫秒延期顺序	孔间毫秒延期顺序	孔间毫秒延期顺序	孔间毫秒延期顺序	孔间毫秒延期顺序
抛掷方向	下游	近似下游	下游	下游	江边	下游

10.8.3.3　爆破效果

图10.8－6、图10.8－7给出了部分爆破试验的级配筛分曲线。

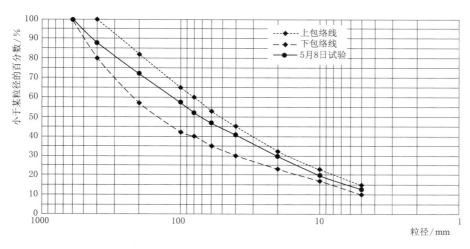

图 10.8－6　爆破试验级配曲线实例1

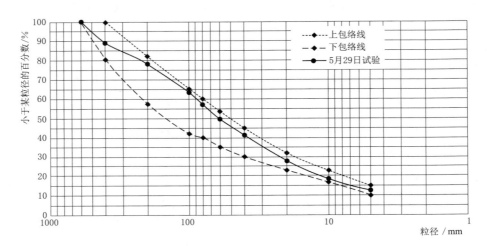

图 10.8 - 7 爆破试验级配曲线实例 2

试验结果表明，级配分布曲线基本处于上、下包络线之间，满足设计要求，基于多次试验，得到以下结论：

（1）由于岩性差异巨大，施工中应根据岩性的变化、开采料级配的变化等及时调整爆破参数。

（2）由于爆破料允许最大粒径为 600mm，单个炮孔的负担面积受限，不同岩体炮孔负担面积应作调整。

（3）不宜采用压渣爆破，要求每次爆破前应将前次爆破的爆渣清理干净，避免对后次爆破的不利影响。

（4）料场边坡高达 200m，边坡也未支护，必须控制爆破振动，应控制上一台阶爆破振动速度小于 10cm/s。P_1 料场控制临近边坡 300m 以内的主爆破孔最大单段起爆药量控制不大于 300kg，预裂孔最大单段起爆药量控制不大于 50kg。其他区域最大单段起爆药量控制不大于 500kg。

10.8.4 猴子岩水电站大坝工程

10.8.4.1 工程特点

猴子岩水电站位于四川省甘孜藏族自治州康定市境内，是大渡河干流水电梯级开发的第 9 级电站，上游为丹巴水电站，下游为长河坝水电站。电站开发的主要任务为发电，总装机 1700MW，水库正常蓄水位 1842.00m，总库容为 7.06 亿 m³，具有季调节能力。枢纽建筑物主要由拦河坝、两岸泄洪及放空建筑物、右岸地下引水发电系统等组成。拦河坝为混凝土面板堆石坝，坝顶高程 1848.50m，最大坝高 223.50m。坝体填筑总量为 1075.37 万 m³，主要利用色龙沟料场、桃花料场开挖料及工程开挖可利用石渣。根据大坝填筑料源规划，坝体上游灰岩堆石料区填筑量 212.04 万 m³，料源为位于坝址上游 1km 的色龙沟石料场。

根据规范要求及相关试验，色龙沟料场直供上坝堆石料的设计要求为：料场开采石料的饱和抗压强度应大于 50MPa，软化系数大于 0.8；堆石料最大粒径为 $400\sim800$mm，小于 5mm 粒径颗粒含量不超过 20%，小于 0.075mm 粒径的颗粒含量不超过 5%；孔隙率不大于 19%，干密度不小于 2.25g/cm³，相对密度 $D_r\geqslant0.9$；堆石料压实后应具有良好的颗粒级配，不均匀系数 $C_u>5$，曲率系数 C_c 介于 $1\sim3$ 之间，堆石料设计级配要求见表 10.8 - 7。

表 10.8 - 7　　　　　　　　　　　　　　堆石料级配设计要求

包线	最大粒径/mm	小于某粒径（mm）的颗粒占总重量的百分数/%														
		800	600	400	300	200	100	80	60	40	20	10	5	2	0.7	0.5	0.25	0.075
上包络线	800	100	86	72	63	52	37	33	27	20	11	7	5	2.5	1.5	1	0.5	0
下包络线	400			100	88	75	58	53	48	42	32	25	20	15	10	8	6	5

10.8.4.2　爆破参数确定

为确定合理的爆破参数，开展了爆破级配料开采试验，为使爆破试验具有代表性，爆破试验场地选择在色龙沟料场中部 1870.00～1920.00m 高程。至 2013 年 10 月共进行了有效爆破试验 6 次，主要通过不同孔距和排距（抵抗线）的孔网组合、填塞长度和炸药单耗等参数的调整，以及相应的毫秒延期起爆网路实施，在对爆破料进行颗粒筛分的基础上，取得能够使堆石料满足设计级配要求的料场开采爆破方案与钻爆参数，采用的爆破试验参数见表 10.8 - 8。

表 10.8 - 8　　　　　　　　　　　　　色龙沟料场爆破试验参数

爆破场次	孔径/mm	药径/mm	孔深/m	孔距/m	排距/m	布孔方式	填塞长度/m	起爆方式	炸药单耗/(kg/m³)	爆破方量/m³
1	115	90	16.5	5.0	4.0	矩形	3.0	V 形	0.40	5500
2	100	70	16.5	4.0	3.0	矩形	2.5	斜线	0.35	5700
3	115	90	16.5	5.0	4.0	矩形	2.2	V 形	0.40	7500
4	115	90	16.5	5.0	4.0	矩形	2.5	V 形	0.50	9000
5	115	90	16.5	3.0	3.0	矩形	2.5	斜线	0.60	5600
6	115	90	16.5	4.5	3.0	矩形	3.0	V 形	0.40	13150

10.8.4.3　爆破效果

针对色龙沟料场共开展了 6 次爆破试验，分别在各场次爆破料不同部位选择了 3 组有效试样进行筛分，其中 120mm 以上粒径采用现场人工测定；20～120mm 粒径采用抬筛进行现场人工筛分；20mm 以下粒径采用室内振动筛分。根据筛分试验结果绘制出各场次爆破试验颗粒级配曲线，如图 10.8 - 8 所示。

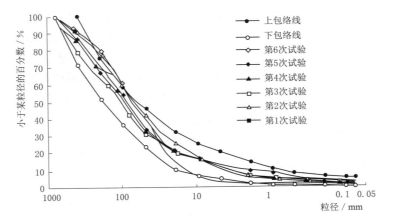

图 10.8-8　色龙沟料场爆破试验颗粒级配曲线

　　由图 10.8-8 可以看出，第 1、第 2 次爆破试验所获得的爆破级配料细颗粒偏少，第 5 次爆破试验所获得的爆破级配料缺少 200mm 以上大颗粒的石料，不能满足设计要求；第 3、第 4、第 6 次爆破试验所获得的爆破级配曲线完全处在设计包络线内，能够满足堆石料设计要求；但第 4 次爆破试验所获得的爆破级配料细颗粒含量偏高，大块石含量偏低，其级配曲线相较第 3、第 6 次爆破试验差；从经济最优的原则考虑，推荐采用第 6 次爆破试验的参数进行色龙沟料场爆破开采。色龙沟料场采用第 6 次爆破试验获得的参数进行大规模开采作业，开采的堆石料符合设计要求，爆破效果如图 10.8-9 所示，爆破料能够直接上坝填筑，具有显著的经济技术优势。

图 10.8-9　色龙沟料场开采爆破效果

10.8.5　老挝 Nam Khan2（南坎 2）水电站大坝工程

10.8.5.1　工程特点

　　Nam Khan2（南坎 2）水电站位于老挝琅勃拉邦东南约 30km 的南坎河上，主要由大坝、溢洪道和引水发电系统等建筑物构成，工程规模为大（2）型。大坝为钢筋混凝土面板堆石坝，最大坝高为 136m，坝顶宽度为 10m，最大坝顶长为 365m，上游坝坡坡比为 1：1.4，下游坝坡综合坡比为 1：1.4。大坝总库容 6.862 亿 m³，电站总装机容量 130MW（两台机组）。大坝于 2012 年 12 月开始填筑，2014 年 6 月填筑完成。

根据南坎 2 水电站总体施工组织设计及施工经济性综合考虑，设左、右岸两个采石料场。其中，右岸料场为砂石骨料加工厂的供料来源，也是大坝垫层料的来源；左岸料场主要作为大坝过渡料、上下游主次堆石料和下游块石护坡料的供料来源。坝体各区材料设计指标和工程量见表 10.8－9。

表 10.8－9　　Nam Khan 2（南坎 2）水电站坝体各区材料设计指标和工程量

材料分区	材料要求及来源	设计干密度 /(t/m³)	孔隙率 /%	D_{max} /mm	$D<5mm$ /%	$D<0.075mm$ /%	工程量 /m³
垫层区 2A	右岸料场经加工的弱风化至新鲜灰岩料	2.20	19.0	60～80	35～55	4～8	117049
特殊垫层区 2B				<40			
过渡区 3A	左岸料场爆破弱风化至新鲜灰岩料	2.19	19.5	300～350	15～30	0～5	161510
岸坡过渡区 3AA							79785
上游堆石区 3B	左岸料场爆破弱风化至新鲜灰岩料	2.18	20.0	500～800	5～15	0～2	2486881
下游堆石区 3C	左岸料场爆破弱风化灰岩料	2.17	20.3	500～800	5～15	0～2	1006915
黏土铺盖区 1A	左岸弃渣场土料场开挖料	—	—	—	100	70～90	129667
石渣盖重区 1B	左岸弃渣场石渣料场开挖料	2.04	25.0	<30	—	—	320618
下游块石护坡 P	左岸料场爆破弱风化至新鲜灰岩料	—	—	600～1000			27807

10.8.5.2　爆破参数确定

根据左岸料场地形、地质条件并结合现场实际情况，对大坝不同填筑级配要求的坝料进行爆破设计。下游块石护坡料不需单独进行爆破设计，主要料源来自过渡料和主次堆石料的超径料即可满足工程需要。坝料开采的基本思路是根据大坝不同分区所需开采级配的不同，结合以往类似工程经验，进行相应的爆破设计并经爆破试验和生产性试验，选择以满足实际开采要求的爆破参数。爆破参数见表 10.8－10。过渡料炸药单耗为 0.46kg/m³，主次堆石料炸药单耗为 0.38kg/m³。

10.8.5.3　爆破效果

试验完成后，分别选取过渡料、主次堆石料爆破后部分石料作为筛分样品进行筛分试验，根据筛分试验数据绘制过渡料和主次堆石料爆破后的颗粒级配曲线，如图 10.8－10、图 10.8－11 所示。

表 10.8－10　　　　　　　　　　　　过渡料和主次堆石料梯段爆破参数

爆破参数	炮孔类型									
	预裂孔		缓冲孔		主爆孔Ⅰ		主爆孔Ⅱ		主爆孔Ⅲ	
	过渡料	主次堆石料	过渡料	主次堆石料	过渡料	主次堆石料	过渡料	主次堆石料	过渡料	主次堆石料
炮孔直径/mm	89									
炸药类型	粉状岩石硝铵炸药									
孔深/m	11.5		11.5		6		11		11.04	
超深/m	1.04		1.04		—		1		1	
孔斜/(°)	73		73		90		90		85	
孔距/m	0.8	1.2	2.5	3.0	5.5	6.5	5.5	6.5	5.5	6.5
排距/m	—		2.0	2.5	4.6	5.0	4.6	5.0	4.6	5.0

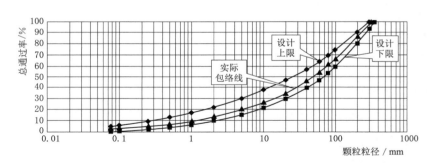

图 10.8－10　过渡料颗粒级配曲线

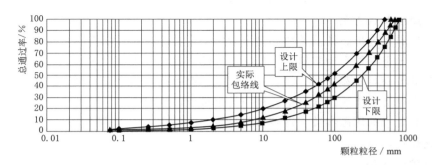

图 10.8－11　上、下游主次堆石料颗粒级配曲线

由级配曲线图可以看出，过渡料和主次堆石料爆破后的颗粒级配均满足设计要求，其爆破参数可以作为过渡料和主次堆石料开采使用。

参 考 文 献

［1］ 张正宇，张文煊，吴新霞，等. 现代水利水电工程爆破 ［M］. 北京：中国水利水电出版社，2003.

［2］ 吴新霞，彭朝晖，张正宇，等. Kuz - Ram 模型在堆石坝级配料开采爆破中的应用 ［J］. 长江科学院院报，1998 （4）：40 - 42.

［3］ 吴新霞，彭朝晖，张正宇. 面板堆石坝级配料开采爆破块度预报模型及爆破设计参数优化研究 ［J］. 工程爆破，1996 （4）：95 - 100.

［4］ 李啸. 围堰拆除爆破块度及爆堆形态的预测与控制研究 ［D］. 武汉：长江水利委员会长江科学院，2012.

［5］ 胡建华，纪大波，罗先伟，等. 爆破块度频率与质量分布转换及工程应用 ［J］. 爆破，2014，31 （3）：52 - 56，113.

［6］ 蔡建德，郑炳旭，汪旭光，等. 多种规格石料开采块度预测与爆破控制技术研究 ［J］. 岩石力学与工程学报，2012，31 （7）：1462 - 1468.

［7］ 聂军，史秀志，陈新，等. 基于 GEP 的露天矿台阶爆破块度预测模型 ［J］. 爆破，2015，32 （2）：82 - 88.

［8］ 钱烨. 基于分形理论的节理岩体爆破块度试验研究 ［D］. 武汉：武汉理工大学，2005.

［9］ 武仁杰，李海波，于崇，等. 基于统计分级判别的爆破块度预测模型 ［J］. 岩石力学与工程学报，2018，37 （1）：141 - 147.

［10］ 吴发名，刘勇林，李洪涛，等. 基于原生节理统计和爆破裂纹模拟的堆石料块度分布预测 ［J］. 岩石力学与工程学报，2017，36 （6）：1341 - 1352.

［11］ 张宪堂，陈士海. 考虑碰撞作用的节理裂隙岩体爆破块度预测研究 ［J］. 岩石力学与工程学报，2002 （8）：1141 - 1146.

［12］ GRADY D E, KIPP M E. Continuum modeling of explosive fracture in oil shale ［J］. Int. J. Rock Mech. Min. Sci. , 1980, 17 （1）：147 - 157.

［13］ 江国华. 露天台阶爆破块度参数的 RBF - SVM 预测模型 ［J］. 铜业工程，2016 （5）：27 - 30.

［14］ 汪学清，单仁亮. 人工神经网络在爆破块度预测中的应用研究 ［J］. 岩土力学，2008，29 （S1）：529 - 532.

［15］ 郑炳旭，冯春，宋锦泉，等. 炸药单耗对赤铁矿爆破块度的影响规律数值模拟研究 ［J］. 爆破，2015，32 （3）：62 - 69.

［16］ 佘勇，佘红兵，刘强. 基于三维激光扫描的露天台阶爆破数字化研究 ［J］. 采矿技术，2017，17 （5）：99 - 101.

［17］ 张家发，叶加兵，陈劲松，等. 碎石颗粒形状测量与评定的初步研究 ［J］. 岩土力学，2016，37 （2）：343 - 349.

［18］ 叶加兵. 碎石颗粒形状评定及其对碎石料渗透性影响的初步研究 ［D］. 武汉：长江水利委员会长江科学院，2015.

［19］ ONEDERRA I, THURLEY M J, CATALAN A. Measuring blast fragmentation at Esperanza mine using high - resolution 3D laser scanning ［J］. Mining Technology, 2014, 124 （1）：34 - 36.

［20］ 何满潮，杨国兴，苗金丽，等. 岩爆实验碎屑分类及其研究方法 ［J］. 岩石力学与工程学报，2009，28 （8）：1521 - 1529.

［21］ 赵国彦，戴兵，马驰，等. 基于 3DFR 算法的爆破块度图像处理研究及其应用 ［J］. 中南大学学报（自然科学版），2013，44 （5）：2002 - 2007.

［22］ 史秀志，黄丹，盛惠娟，等. 矿岩爆破图像二值化分割技术的研究与选择 ［J］. 爆破，2014，31 （1）：47 - 50，113.

[23]　朱传云，戴晨，姜清辉. DDA 方法在台阶爆破仿真模拟中的应用［J］. 岩石力学与工程学报，2002（S2）：2461 - 2464.

[24]　刘红岩，杨军，陈鹏万. 爆破漏斗形成过程的 DDA 模拟分析［J］. 工程爆破，2004（2）：17 - 20.

[25]　焦玉勇，张秀丽，刘泉声，等. 用非连续变形分析方法模拟岩石裂纹扩展［J］. 岩石力学与工程学报，2007（4）：682 - 691.

[26]　ZHAO Z Y, ZHANG Y, WEI X Y. Discontinuous deformation analysis for parallel hole cut blasting in rock mass［A］. Society for Rock Mechanics and Engineering Geology（Singapore）：Research Publishing Services，2009：169 - 176.

[27]　甯尤军，杨军，陈鹏万. 节理岩体爆破的 DDA 方法模拟［J］. 岩土力学，2010，31（7）：2259 - 2263.

[28]　魏斌. 爆破破岩模拟的 DDA 方法及其应用［D］. 绵阳：西南科技大学，2016.

[29]　赵根，王秀杰，吴新霞，等. 三峡三期 RCC 围堰拆除爆破倾倒效果 DDA 模拟［J］. 固体力学学报，2006（S1）：148 - 154.

[30]　赵斌，于亚伦. 损失岩体破碎块度分布的预测［J］. 金属矿山，1997（5）：17 - 19.

[31]　王谦源，姜玉顺，胡京爽，等. 岩石破碎矿体的粒度分布与分型［J］. 中国矿业，1997（3）：50 - 55.

[32]　CUNNINGHAM C. 预估爆破破碎的 KUZ - RAM 模型［J］. 第一届爆破破岩国际会议论文集，长沙岩石力学工程技术咨询公司编译，1985：251 - 257.

[33]　郑瑞春. 爆岩块度分布预测的 BOND - RAM 模型［J］. 金属矿山，1988（6）：25 - 28.

[34]　HARRIES G. The Calculation of the Fragmentation of Rock from Catering［A］. 15th APCOM Symposium［C］. Brisbane，1977：325 - 3310.

[35]　HARRIES G. A Mathematical model of Cratering and Blasting［J］. Australia，1973.

[36]　邹定祥. 计算台阶爆破的三维数学模型［J］. 爆炸与冲击，1984（3）：48 - 59.

[37]　邹定祥. 露天矿台阶爆破破碎过程的三维数学模型［C］∥露天矿爆破技术论文选编，1983.

[38]　张继春，等. 节理岩体爆破块度计算的损伤力学模型探讨［C］∥工程爆破论文选编［M］. 武汉：中国地质大学出版社，1993：13 - 17.

[39]　MARGOLIN L G, 等. 爆破的数值模拟［C］∥第一届爆破破岩国际会议论文集. 长沙岩石力学工程技术咨询公司编译，1985：203 - 210.

[40]　邵鹏，东兆星，张勇. 岩石爆破模型研究综述［J］. 岩土力学，1999（3）：91 - 96.

[41]　高克林，邢占利，宋克英，等. 台阶炮孔排间毫秒岩石爆破爆堆形状的计算机模拟［J］. 爆破，2005，22（4）：35 - 37.

[42]　肖富国，李启月，李夕兵，等. 节理岩体爆破块度预测模型综述［J］. 矿业研究与开发，2001（2）：42 - 410.

[43]　张有才. 岩体爆破块度分布的预报模型分析［D］. 武汉：武汉大学，2005.

[44]　JUST G D. The application of size distribution equations to rock breakage by explosive［J］. Rock Mechanics，1971，5（3）：151 - 162.

[45]　张继春. 岩体爆破块度的理论及其应用［M］. 成都：西南交通大学出版社，2001.

[46]　刘殿中. 工程爆破实用手册［M］. 北京：冶金工业出版社，1999.

[47]　刘亮. 基于岩石破碎过程模拟的台阶爆破效果预测［D］. 武汉：武汉大学，2016.

[48]　TAJI M, ATAEI M, GOSHTASBI K, et al. Anew approach for open pit mine blasting evaluation［J］. Journal of Vibration and Control，2012，8：1738 - 1752.

[49]　宋书中，周祖德，胡业发. 振动筛分机械发展概述及新型振动筛研究初探［J］. 矿山机械，2006（4）：73 - 710.

[50]　宋建民，张娟英. 贾沟矿区大块率的统计分析与应策［J］. 世界采矿快报，2000（Z2）：95 - 98.

[51]　吕林. 图像处理技术在岩体块度分析中的应用［D］. 武汉：武汉理工大学，2011.

[52]　傅洪贤，张幼蒂. 爆堆图像处理技术及爆破粒度控制模型的研究［J］. 合肥工业大学学报（自然

科学版），2001，24（增）：662 - 665.

[53] 冷振东，卢文波，陈明，等. 岩石钻孔爆破粉碎区计算模型的改进 [J]. 爆炸与冲击，2015，35（1）：101 - 107.

[54] 冷振东，卢文波，严鹏，等. 基于粉碎区控制的钻孔爆破岩石-炸药匹配方法 [J]. 中国工程科学，2014，16（11）：28 - 35.

[55] HUSTRULID W A. Blasting principles for open pit mining - Theoretical foundations [M]. Rotterdam：Balkema，1999.

[56] 戴俊. 岩石动力学特性与爆破理论 [M]. 北京：冶金工业出版社，2002.

[57] ESEN S，ONEDERRA I，BILGIN H A. Modelling the size of the crushed zone around a blast hole [J]. International Journal of Rock Mechanics and Mining Sciences，2003，40（4）：485 - 495.

[58] 张云鹏，于亚伦. 露天矿台阶爆破岩石抛掷与堆积模型的研究 [J]. 金属矿山，1995（9）：19 - 22.

[59] 钮强. 岩石爆破机理 [M]. 沈阳：东北工学院出版社，1990.

[60] ONEDERRA I，ESEN S，JANKOVIC A. Estimation of fines generated by blasting - applications for the mining and quarrying industries [J]. Mining Technology，2004，113（4）：237 - 247.

[61] 吴发名，刘勇林，李洪涛，等. 基于原生节理统计和爆破裂纹模拟的堆石料块度分布预测 [J]. 岩石力学与工程学报，2017，36（6）：1341 - 1352.

[62] 于灯凯，陈庆凯，雷高，等. 孔底起爆对台阶爆破效果影响研究 [J]. 黄金，2015（12）：35 - 37.

第 11 章 爆破安全控制

CHAPTER 11

11.1 概述

炸药爆炸达到开挖或拆除目的的同时也将产生有害效应，水电站边坡、地下洞室及料场等开挖爆破将产生振动、空气冲击波、噪声、飞石及有毒有害气体等；围堰拆除及水下炸礁等水下或临水爆破将产生振动、水击波及动水压力、涌浪等，浅水时也可能产生飞石、空气冲击波、有毒有害气体等；水下岩塞爆破将产生振动、水击波及动水压力、水石流、涌浪等。只要能将爆破产生的有害效应控制在允许范围内，就能保证工程本身及周围需保护物的安全。爆破安全控制的主要工作是制定合理的安全控制标准，采用有效的安全控制措施，实施可行的安全监测方案。

11.2 安全控制标准

通常情况下，企业标准严于行业标准，行业标准严于国家标准，但是一味地追求更严格的标准也是不科学的，过于严格的标准需要付出更长的工程周期以及建设成本，因此，应根据工程实际针对不同保护对象制定合理的爆破安全控制标准。

11.2.1 国家及行业标准

11.2.1.1 爆破振动安全标准

炸药在岩土体中爆炸时，一部分能量对炸药周围的介质引起扰动，并以波动形式向外传播。岩土介质是非均匀固体介质，扰动以应力状态描述，其波动被称为应力波；在距爆源一定距离的远处，以介质运动参数描述的扰动传播称为地震波。地震波是一种弹性波，它包含在介质内部传播的体波和沿地面传播的面波。

水利水电工程爆破中在爆区一定范围内，当爆破地震波引起的振动达到一定强度时，就会造成各种破坏现象，如滑坡、建筑物或构筑物破坏等。通过对不同爆源距离的地震强度测量，可建立描述地震强度随炸药量、药包埋置深度、爆区介质特征以及随距离因素变化的数学表达式，了解地震波的传播与衰减规律，同时对地震波传播范围内（指弹性波范围）各种建（构）筑物等进行爆破振动强度、频率和持续时间的监测，可得出建（构）筑物等受到损坏时相应的振动强度等参数。依据这些实测数据，再考虑增加一定的安全系数，定出不同建（构）筑物安全允许标准。许多建（构）筑物不受损坏的振动强度测量值也是确定该标准的参考值。

经过几十年的努力，世界许多国家的爆破工作者积累了大量的测量资料。总结出描述建（构）筑物损坏的判据及相应的破坏与不破坏的强度标准，将确定的安全允许标准纳入国家或地区的规程、规范中。我国现行的国家标准《爆破安全规程》（GB 6722—2014）就是以质点振动速度为判据，表 11.2－1 列出了相应的安全允许标准。

表 11.2－1　　　　　爆破振动安全允许标准（摘自 GB 6722—2014）

保护对象类别		安全允许质点振动速度/(cm/s)		
		$f \leqslant 10Hz$	$10Hz < f \leqslant 50Hz$	$f > 50Hz$
土窑洞、土坯房、毛石房屋		0.15～0.45	0.45～0.9	0.9～1.5
一般民用建筑物		1.5～2.0	2.0～2.5	2.5～3.0
工业和商业建筑物		2.5～3.5	3.5～4.5	4.5～5.0
一般古建筑与古迹		0.1～0.2	0.2～0.3	0.3～0.5
运行中的水电站及发电厂中心控制室设备		0.5～0.6	0.6～0.7	0.7～0.9
水工隧道		7～8	8～10	10～15
交通隧道		10～12	12～15	15～20
矿山巷道		15～18	18～20	20～30
永久性岩石高边坡		5～8	8～10	10～15
新浇大体积混凝土（C20）	龄期：初凝～3d	1.5～2.0	2.0～2.5	2.5～3.0
	龄期：3～7d	3.0～4.0	4.0～5.0	5.0～7.0
	龄期：7～28d	7.0～8.0	8.0～10.0	10.0～12.0

注　1. 爆破振动监测应同时测定质点振动相互垂直的三个分量。
　　2. 表中质点振动速度为三个分量中的最大值，振动频率为主振频率。
　　3. 频率范围根据现场实测波形确定或按如下数据选取：洞室爆破 $f < 20Hz$，露天深孔爆破 f 在 10～60Hz 之间，露天浅孔爆破 f 在 40～100Hz 之间；地下深孔爆破 f 在 30～100Hz 之间，地下浅孔爆破 f 在 60～300Hz 之间。

目前水利水电工程开挖执行两个系列的标准，水利工程执行 SL 标准，水电工程执行 DL 标准。国家标准《爆破安全规程》（GB 6722—2014）中有关运行中的水电站及发电厂中心控制室设备、水工隧道、永久性岩石高边坡和新浇混凝土的爆破安全允许标准是参考相关水工开挖标准制定的。《水电水利工程爆破施工技术规范》（DL/T 5135—2013）和《水工建筑物岩石地基开挖施工技术规范》（SL 47—2020）分别规定了爆破振动安全允许标准，具体见表 11.2－2～表 11.2－7。由于两个标准颁布的年代不同，因此，对同一类保护对象，有的允许标准值有所不同，可以按以下方法取值：①水利工程和水电工程分别按 SL 标准和 DL 标准取值；②保险起见可按最严格标准取值；③按最新标准取值。

表 11.2－2　　　爆破振动安全允许标准（摘自 DL/T 5135—2013）

序号	保护对象类别	安全允许质点振动速度/(cm/s)		
		$f \leqslant 10Hz$	$10Hz < f \leqslant 50Hz$	$f > 50Hz$
1	土窑洞、土坯房、毛石房屋	0.5	0.5~1.0	1.0
2	一般砖房、非抗震性大型砌块建筑	1.0	1.0~2.5	2.5~3.0
3	钢筋混凝土框架房屋	2.0	2.0~4.0	4.0~5.0
4	一般古建筑与古迹	0.2	0.2~0.6	0.6
5	水工隧洞	5	5.0~8.0	8.0~10.0
6	水电站及发电厂中心控制室设备	0.2	0.2~0.5	0.5
7	水电站中控室、厂房及输电设备基座	3.0	3.0~4.5	4.5~5.0

表 11.2－3　　灌浆区、预应力锚索（杆）、喷射混凝土爆破振动允许标准
（摘自 DL/T 5135—2013）

序号	保护对象类别	安全允许质点振动速度/(cm/s)			备　　注
		龄期 3d	龄期 3~7d	龄期 7~28d	
1	混凝土	2.0~3.0	3.0~7.0	7.0~12.0	
2	灌浆区	0	0.5~2.0	2.0~5.0	含坝体、接缝灌浆等
3	预应力锚索（杆）	1.0~2.0	2.0~5.0	5.0~10.0	锚墩、锚杆孔口附近
4	喷射混凝土	1.0~2.0	2.0~5.0	5.0~10.0	距爆区最近的混凝土

表 11.2－4　　　　民用建筑物爆破振动安全允许标准（摘自 SL 47—2020）

序号	保护对象类别	安全允许质点振动速度/(cm/s)		
		主频≤10Hz	10Hz<主频≤50Hz	50Hz<主频
1	土窑洞、土坯房、毛石房屋	0.15~0.45	0.45~0.9	0.9~1.5
2	一般民用建筑物	1.5~2.0	2.0~2.5	2.5~3.0
3	工业与商用建筑物	2.5~3.5	3.5~4.5	4.5~5.0
4	一般古建筑与古迹	0.1~0.2	0.2~0.3	0.3~0.5

注　1. 表列主频为主振频率。
　　　2. 主频范围可根据类似工程或现场实测波形选取。

表 11.2－5　　机电设备及仪器的爆破振动安全允许标准（摘自 SL 47—2020）

序号	保护对象类别	状态	安全允许质点振动速度/(cm/s)
1	水电站及发电厂中心控制室设备	运行中	0.9
		停机	2.5
2	计算机等电子仪器	运行中	2.0
		停机	5.0

注　鉴于机电设备及仪器仪表的控制标准具有一定的复杂性，可根据实际情况确定。

表 11.2－6　　新浇大体积混凝土的爆破振动安全允许标准（摘自 SL 47—2020）

序号	龄期	安全允许质点振动速度/（cm/s）		
		主频≤10Hz	10Hz＜主频≤50Hz	50Hz＜主频
1	初凝～3d	1.5～2.0	2.0～2.5	2.5～3.0
2	3～7d	3.0～4.0	4.0～5.0	5.0～7.0
3	7～28d	7.0～8.0	8.0～10.0	10.0～12.0

注　1. 非挡水新浇大体积混凝土的安全允许质点振动速度，可根据本表给出的上限值选取。
　　2. 控制点位于距爆区最近的新浇大体积混凝土基础上。

表 11.2－7　　灌浆区与预应力锚固区的爆破振动安全允许标准（摘自 SL 47—2020）

序号	保护对象类别	安全允许质点振动速度/（cm/s）		
		1d≤龄期＜3d	3d≤龄期＜7d	7d≤龄期＜28d
1	灌浆区	＜0.5	0.5～2.0	2.0～5.0
2	预应力锚索（锚杆）	1.0～2.0	2.0～5.0	5.0～10.0

注　1. 地质缺陷部位一般临时支护后再进行爆破，或适当降低控制标准值。
　　2. 预应力锚索（锚杆）控制点位于锚杆孔口附近、锚墩。

11.2.1.2　爆破空气冲击波安全标准

空气冲击波超压安全允许标准：对不设防的非作业人员为 0.02×10^5 Pa，掩体中的作业人员为 0.1×10^5 Pa；建筑物的破坏程度与超压关系见表 11.2－8。

空气冲击波安全允许距离，应根据保护对象、所用炸药品种、地形地貌和气象条件由设计确定。

11.2.1.3　爆破水中冲击波安全标准

根据《爆破安全规程》（GB 6722—2014）规定，水下爆破产生冲击波的安全距离为：

（1）水下裸露爆破，当水覆盖厚度小于 3 倍药包半径时，对水面以上人员或其他保护对象的空气冲击波安全允许距离的计算原则与地面爆破时相同。

（2）在水深不大于 30m 的水域内进行水下爆破，水中冲击波的最小安全允许距离，对人员按表 11.2－9 确定；客船 1500m；施工船舶，按表 11.2－10 确定；非施工船舶可参考表 11.2－10 和式（11.2－1），并根据船舶状况综合分析确定。

一次爆破炸药量大于 1000kg 时，对人员和施工船舶的水中冲击波安全允许距离，可按式（11.2－1）计算。

$$R = K_0 \sqrt[3]{Q} \tag{11.2-1}$$

式中　R——水中冲击波的最小安全允许距离，m；

　　　Q——一次起爆的炸药量，kg；

　　　K_0——系数，按表 11.2－11 选取。

在水深大于 30m 的水域内进行水下爆破，水中冲击波安全允许距离，应通过实测和试验研究确定。在重要水工、港口设施附近及水产养殖场或其他复杂环境中进行水下爆破，应通过测试和专家论证研究确定安全允许距离。

此外还可以采用水中冲击波峰值压力作为建筑物是否破坏的判据，即通过实际测量水

表 11.2－8　建筑物的破坏程度与超压关系（摘自 GB 6722—2014）

破坏等级	1	2	3	4	5	6	7
破坏等级名称	基本无破坏	次轻度破坏	轻度破坏	中等破坏	次严重破坏	严重破坏	完全破坏
超压 $\triangle P/10^5$ Pa	<0.02	0.02～0.09	0.09～0.25	0.25～0.40	0.40～0.55	0.55～0.76	>0.76
玻璃	偶然破坏	少部分呈大块、大部分呈小块	大部分呈小块到粉碎	粉碎	—	—	—
木门窗	无损坏	窗扇少量破坏	窗扇大量破坏，窗框、窗扇破坏	窗扇掉落、内倒，窗框、门扇大量破坏	门、窗扇摧毁，窗框掉落	—	—
砖外墙	无损坏	无损坏	出现小裂缝、宽度小于 5mm，稍有倾斜	出现较大裂缝、缝宽 5～50mm，明显倾斜，砖垛出现小裂缝	出现大于 50mm 的大裂缝，严重倾斜，砖垛出现较大裂缝	部分倒塌	大部分到全部倒塌
木屋盖	无损坏	无损坏	木屋面板变形，偶见折裂	木屋面板、木檩条折裂，木屋架支坐松动	木檩条折断，木屋架杆件偶见折断，支坐错位	部分倒塌	全部倒塌
瓦屋面	无损坏	少量移动	大量移动	大量移动到全部掀动		—	—
钢筋混凝土屋盖	无损坏	无损坏	无损坏	出现小于 1mm 的小裂缝	出现 1～2mm 宽的裂缝，修复后可继续使用	出现大于 2mm 的裂缝	承重砖墙全部倒塌、钢筋混凝土承重柱严重破坏
顶棚	无损坏	抹灰少量掉落	抹灰大量掉落	木龙骨部分破坏，出现下垂	塌落	—	—
内墙	无损坏	板条墙抹灰少量掉落	板条墙抹灰大量掉落	砖内墙出现小裂缝	砖内墙出现大裂缝	砖内墙出现严重裂缝至部分倒塌	砖内墙大部分倒塌
钢筋混凝土柱	无损坏	无损坏	无损坏	无损坏	无破坏	有倾斜	有较大倾斜

（建筑物破坏程度）

表 11.2 - 9　　　　　　　　对人员的水中冲击波安全允许距离

（摘自 GB 6722—2014）　　　　　　　　　　　　　　单位：m

装药及人员状况		炸 药 量		
		$Q \leqslant 50kg$	$50kg < Q \leqslant 200kg$	$200kg < Q \leqslant 1000kg$
水中裸露装药	游泳	900	1400	2000
	潜水	1200	1800	2600
钻孔或药室装药	游泳	500	700	1100
	潜水	600	900	1400

表 11.2 - 10　　　　　　　对施工船舶的水中冲击波安全允许距离

（摘自 GB 6722—2014）　　　　　　　　　　　　　　单位：m

装药及人员状况		炸 药 量		
		$Q \leqslant 50kg$	$50kg < Q \leqslant 200kg$	$200kg < Q \leqslant 1000kg$
水中裸露装药	木船	200	300	500
	铁船	100	150	250
钻孔或药室装药	木船	100	150	250
	铁船	70	100	150

表 11.2 - 11　　　　　　　　K_0 值（摘自 GB 6722—2014）

装药条件	保护人员		保护施工船舶	
	游泳	潜水	木船	铁船
裸露装药	250	320	50	25
钻孔或药室装药	130	160	25	15

中冲击波峰值压力、建筑物变形、应变等，并调查建筑物损坏情况，建立水中冲击波峰值压力与建筑物破坏程度关系。这种方法需要大量实践资料和试验数据，并且带有很大的经验性。水中冲击波超压峰值对鱼类影响安全控制标准见表 11.2 - 12。

表 11.2 - 12　水中冲击波超压峰值对鱼类影响安全控制标准（摘自 GB 6722—2014）

鱼类敏感程度	鱼类品种	自然状态/10^5Pa	网箱养殖/10^5Pa
高度敏感	石首科鱼类	0.10	0.05
中度敏感	石斑鱼、鲈鱼、梭鱼	0.30～0.35	0.20～0.25
低度敏感	冬穴鱼、野鲤鱼、鲟鱼、比目鱼	0.30～0.50	0.25～0.40

11.2.1.4　个别飞散物安全允许距离

一般工程爆破个别飞散物对人员的安全允许距离不应小于表 11.2 - 13 的规定。

表 11.2-13　　爆破个别飞散物对人员的安全允许距离（摘自 GB 6722—2014）

爆破类型和方法		最小安全允许距离/m
露天岩土爆破	浅孔爆破法破大块	300
	浅孔台阶爆破	200（复杂地质条件下或未形成台阶 工作面时不小于 300）
	深孔台阶爆破	按设计，但不小于 200
	洞室爆破	按设计，但不小于 300
水下爆破	水深小于 1.5m	与露天岩土爆破相同
	水深大于 1.5m	由设计确定
破冰工程	爆破薄冰凌	50
	爆破覆冰	100
	爆破阻塞的流冰	200
	爆破厚度大于 2m 的冰层或爆破阻塞流冰， 一次用药量超过 300kg	300
金属物爆破	在露天爆破场	1500
	在装甲爆破坑中	150
	在厂区内的空场上	由设计确定
	爆破热凝结物和爆破压接	按设计，但不小于 30
	爆炸加工	由设计确定
拆除爆破、城镇浅眼及复杂环境深孔爆破		由设计确定
地震勘探爆破	浅井或地表爆破	按设计，但不小于 100
	在深孔中爆破	按设计，但不小于 30

　　注　沿山坡爆破时，下坡方向的个别飞散物安全允许距离应增大 50%。

　　对设备或建（构）物的安全允许距离，应由设计确定；抛掷爆破时，个别飞散物对人员、设备和建筑物的安全允许距离应由设计确定。

　　洞室爆破个别飞石的安全距离 R_F，一般按式（11.2-2）计算：

$$R_F = 20 K_F n^2 W \qquad (11.2-2)$$

式中　　R_F——爆破飞石安全距离，m；

　　　　K_F——安全系数，一般取 $K_F = 1.0 \sim 1.5$；

　　　　n——爆破作用指数；

　　　　W——最小抵抗线，m。

应逐个药包进行计算，选取最大值为个别飞散物安全距离。

11.2.1.5 爆破作业噪声安全标准

爆破突发噪声判据，采用保护对象所在地最大声级，其控制标准见表 11.2 - 14。

表 11.2 - 14　　　　　爆破噪声控制标准（摘自 GB 6722—2014）

声环境功能区类别	对应区域	不同时段控制标准/dB（A）	
		昼间	夜间
0 类	康复疗养区、有重病号的医疗卫生区或生活区，进入冬眠期的养殖动物区	65	55
1 类	居民住宅、一般医疗卫生、文化教育、科研设计、行政办公为主要功能，需要保持安静的区域	90	70
2 类	以商业金融、集市贸易为主要功能，或者居住、商业、工业混杂，需要维护住宅安静的区域；噪声敏感动物集中养殖区，如养鸡场等	100	80
3 类	以工业生产、仓储物流为主要功能，需要防止工业噪声对周围环境产生严重影响的区域	110	85
4 类	人员警戒边界，非噪声敏感动物集中养殖区，如养猪场等	120	90
施工作业区	矿山、水利、交通、铁道、基建工程和爆炸加工的施工厂区内	125	110

在 0～2 类区域进行爆破时，应采取降噪措施并进行必要的爆破噪声监测。监测应采用爆破噪声测试专用的 A 计权声压计及记录仪，监测点宜布置在敏感建筑物附近或敏感建筑物室内。

11.2.2　典型工程爆破安全控制标准

11.2.2.1　爆破振动安全控制标准

1. 工业与民用建筑物的破坏资料

我国对爆破地震效应的研究始于 20 世纪 50 年代末，中国科学院地球物理所在花岗岩、石英砂岩、页岩、冲积层和黄土等地质条件下进行测量，药量从几千克到几千吨。1962 年提出垂直向振动速度传播规律的经验计算式为

$$\lg V = K + 0.6\lg Q - 1.8\lg R \qquad (11.2 - 3)$$

式中　V——垂直向质点振动速度，cm/s；

　　　Q——药量，kg；

　　　R——观测点至爆源距离，m；

　　　K——与地质条件等有关的系数。

他们提出普通民房在 V 为 10～15cm/s 开始有轻微破坏；大于 30cm/s 时，一般都有损坏；大于 60～70cm/s 时，建筑物有严重破坏，基岩露头开始出现裂缝。

长江科学院、冶金部长沙矿山研究院、铁道科学院、中国科学院工程力学所等单位在 1960 年前后，开始并一直未间断地进行爆破振动测试工作。但是，各单位都没有制定专

门研究爆破振动标准的计划，一般是结合工程收集资料。

表11.2－15列举了长江水利委员会长江科学院等单位的部分成果。官厅水库溢洪道扩挖时，正好有砖砌平房和砖柱干打垒布瓦平房各一座位于要挖除的爆区，给破坏试验提供了极为良好的条件。爆破逐渐逼近房屋，测量了三个正交方向的振速值，获得较为准确的临界值。我国幅员辽阔，广大农村房屋结构差异较大，有必要寻求不同结构房屋的破坏标准。

表11.2－15　　　　我国爆破振动对建筑物破坏的部分资料

名　　称	质点振动速度 /(cm/s)	建筑物特征	破坏情况	资料来源
湖北阳逻造船厂 台阶小药室爆破	2.68～5.20 （垂向）	砖瓦房仓库、金工车间、办公楼（三层）、宿舍等	未破坏	长江水利 委员会 长江科学院
	＞27.3	砖砌变电房（位于爆破后冲向）	严重破坏，不能使用	
官厅水库溢洪道 深孔台阶毫秒 爆破	9.17（垂向） 8.73（径向） 4.38（切向） 13.40（合速度）	砖砌水泥砂浆勾缝、钢筋混凝土顶盖板平房	原有裂缝稍有扩大和延长	长江水利 委员会 长江科学院
	11.35（垂向） 24.49（径向） 7.59（切向） 28.04（合速度）	砖砌水泥砂浆勾缝、钢筋混凝土顶盖板平房	产生新裂缝，顶盖板与砖墙接触处错动，窗角产生45°裂缝	
	6.93（垂向） 9.25（径向） 5.82（切向） 12.92（合速度）	浆砌块石基础，砖柱干打垒土墙，人字木屋架布瓦平房	砖柱水平勾缝出现细微裂缝	
石砭峪水库 定向爆破	10.45	观测掩体	顶部掉块，裂缝张开，明显晃动	黄河水利 委员会 水利科学 研究所
密云水库溢洪道 洞室爆破	3.23 5.68	溢洪道闸门启闭机房下部 溢洪道闸门启闭机房上部	顶棚一处掉灰 其他无破坏	长江水利 委员会 长江科学院

2. 地表、地下基岩的安全控制标准

现今并无系统的资料说明爆破对基岩、水工建筑物、地下工程、各种结构物和设备等的破坏程度。表11.2－16罗列了长江水利委员会长江科学院等单位对地表岩石、地下工程、岩石边坡、水工建筑物及少数设备破坏情况的观测数据。

分析表11.2－16的资料，可以看出地表岩面振速小于13cm/s时，岩体基本未见破坏。振速13～26cm/s时岩体产生诸如原有裂缝扩大、延长等现象。而当振速达26～55cm/s时基岩产生裂缝、原裂缝有较大扩宽，但这一范围的数据不多。振速大于55cm/s时岩体产生较严重的破坏。从岩性上看，坚硬岩在振速接近20cm/s也没有破坏，而软弱岩石的破坏界限要低一些，根据瑞典基尔斯特拉姆提供的资料，其临界值可以小于3.5cm/s。依据表11.2－16的资料，大体可以粗略划分几个界限：①2.5～10cm/s为很软弱的岩体和很破碎岩体发生轻微破坏的振速界限；②10～20cm/s为软弱和裂隙比较发育的岩体产生轻微破坏的界限；③20～30cm/s为中等硬度岩体发生轻微破坏的界限；④30cm/s以上为坚硬岩体可能产生轻微破坏的界限。

表 11.2－16 爆破对基岩破坏测试结果和破坏情况

名　称	速度/(cm/s) 或加速度	结构特征	破坏情况
辽宁清河水库 岩塞爆破	＞26.2（垂向） 3.34g	长石石英片岩和闪长岩严重风化，有混凝土砂浆喷层	基岩露头出现裂缝砂浆层被掀起、断开并与基岩脱开
辽宁清河水库 岩塞爆破	9.6（垂向）	长石石英片岩和闪长岩严重风化，有混凝土砂浆喷层	基岩露头未见破坏
黑龙江310工程 岩塞爆破	7.0（径向）	闸门井附近岩石露头	未破坏
	23.4～27.3	平洞	顶部有少量石块掉落
湖南东江水电站	45.3（径向） 15.5（垂向）	裂隙中等发育的花岗岩	基岩产生小裂缝
河南新县陡山河 岩塞爆破试验	＜20（垂向）	花岗岩露头	未破坏
	20～75（垂向）		原有裂缝张开
	＞75（垂向）		闭合裂缝张开，岩体破坏
河南新县香山 水库岩塞爆破	7.3（垂向）	花岗岩露头	未破坏
密云水库岩塞 爆破	11.5（垂向）	片麻岩及辉绿岩、岩塞口顶部基岩露头	未破坏

根据长沙矿冶研究院已观测到的资料，滑坡体坡脚振动速度大于40cm/s时将发生滑坡，而小于20cm/s时则不发生滑坡。因资料尚不多，这两个数值可能有局限性，但却给出了滑坡体可能产生滑动的数量概念。

地下洞室岩石开始有小块掉落时的质点震动速度为5～11cm/s；速度为11～28cm/s时有较多的掉块，破碎段有时还有小塌方，原有裂缝张开和裂缝宽度有所扩大。表内超过28cm/s的数据不多，从仅有的几个数据看，速度在28～88cm/s时，岩体原有裂缝严重扩张，浮石大面积脱落和产生新裂缝。

3. 围堰（岩坎）拆除的爆破安全控制标准

制定邻近爆破区不同类型水工建筑物爆破安全控制标准是围堰及岩坎爆破安全设计最为关键的一项内容。表11.2－17～表11.2－33给出了成功实施的十余个围堰及岩坎爆破设计采用的安全振动控制标准及实际控制情况，供读者参考。

表 11.2－17 锦屏右岸导流洞进、出口围堰爆破拆除安全控制标准

保护对象	允许振速/(cm/s)
进水渠边墙	10
中墩	10
进口洞顶	10

表 11.2－18　白莲河抽水蓄能电站下库出（进）水口预留岩坎拆除爆破安全振速控制标准

防护对象名称		允许振速/(cm/s)		备注
		设计	校核	
主坝	上游坝踵处	1	2	
	主坝坝顶	2	4	
左岸中控室		0.5	0.9	
左岸开关站		0.5		
帷幕灌浆区		1.2/2.0	2.5	坝基/坝肩
启闭机（未运行）		5		
右岸小电厂		1	2	
紧邻爆区的闸墩结构混凝土		15	18.5	此处距离爆源最近
西干渠取水口及隧洞		5		
爆区周围民房		1	2	
大体积混凝土	龄期：初凝～3d	2～3		
	龄期：3～7d	3～7		
	龄期：7～28d	7～12		

表 11.2－19　沙溪口水电站导流洞进口围堰拆除爆破安全振速控制标准

防护对象名称	爆源距防护对象最小距离/m	允许振速/(cm/s)	备注
大坝挡水建筑物	5.00	5.00	
基础帷幕灌浆	11.10	1.80	
闸门墩	5.00	5.00	
坝顶启闭机房	24.50	2.50	对爆破振动起控制作用的是左岸上游5号导航墩和大坝基础帷幕灌浆
左岸上游5号导航墩	6.93	7.00	
基础上游导航墙	62	5.00	
电厂设备	235.00	0.50	

表 11.2－20　岩滩水电站围堰拆除爆破安全振速控制标准

防护对象名称	爆源距防护对象最小距离/m	水平向允许振速/(cm/s)	垂直向允许质点振速/(cm/s)
厂房建筑物	180	2.0	4.0
18号坝段	相邻	4.0	6.0

续表

防护对象名称	爆源距防护对象 最小距离/m	水平向允许振速 /(cm/s)	垂直向允许质点振速 /(cm/s)
12号导水导墙	70	4.0	6.0
消力戽鼻坎	30	4.0	
20~23号坝段（新浇）	150	2.0	
右岸拌和楼	110	5.0	
爆破近区		15.0	

表 11.2 - 21　葛洲坝上游围堰混凝土心墙拆除爆破安全振速控制标准

防护对象名称	爆源距防护对象 最小距离/m	允许振速 /(cm/s)	备　注
二江正在运行的电站	800	0.5	
大江电厂前混凝土护坡	60	5.0	
灌浆廊道		2.5	
大江冲沙闸	480	2.5	
大江厂房8号机行车梁牛腿		5.0（1g）	
大江船闸升楼顶楼		2.5	对爆破振动起控制作用的是 基础帷幕灌浆
1号船闸	420	0.41	
高压输电线塔基础	160	3.0	
靠船墩	290	5.0	
大江电厂基础帷幕灌浆区	250	1.2	

表 11.2 - 22　禹门口上游岩坎拆除爆破安全振速控制标准

防护对象名称		爆源距防护对象 最小距离/m	允许振速 /(cm/s)	备　注
闸墩前缘		1.5	15.0	
拦污栅		3.5	15.0	
叠梁闸门		4.7	15.0	
主厂房		11.5	15.0	对爆破振动起控制作用的是 闸墩前缘和公路桥台
黄河山西侧	铁路桥台	80.0	5.0	
	公路桥台	67.0	5.0	
	公路锚定洞	70.0	5.0	

表 11.2－23　　　　　乌东德水电站右岸 4 号尾水出口围堰及堰外岩坎拆除

爆破安全振速控制标准

防护对象名称	爆源距防护对象 最小距离/m	允许振速/（cm/s）	备　　　　注
集鱼站	3.90	15.00	围堰边界距离集鱼站最近 3.9m， 实际爆破取围堰中心线，中线距离集 鱼站钢筋混凝土结构物边界为 25m
闸门墩	—	20.00	
出口围堰边坡		根据《爆破安全规程》 （GB 6722—2014）取值	
其他钢筋混凝土结构物	—	15.00	

表 11.2－24　　大朝山水电站 1～4 号尾水出口围堰及岩埂拆除爆破安全振速控制标准

部　　　位	允许振速/（cm/s）	备　　　　注
尾水洞洞内及洞口上部混凝土衬砌物	15	3 号、4 号尾水支洞出口岩坎的防渗灌浆体， 目前无资料可供参考，根据在 2 号尾水支洞出 口岩坎进行爆破试验的测试结果，当岩坎上部 点振动速度达 8cm/s 时，堰体未发生漏水
闸门井混凝土结构物	15	
澜沧江大桥桥墩	5	
闸门启闭机室	3	

表 11.2－25　　　　　三峡三期上游 RCC 围堰拆除爆破安全振速控制标准

序号	部　　　位	允许振速/（cm/s）
1	上游坝踵处	5.0
2	坝顶	10.0
3	厂房基础	5.0
4	帷幕灌浆区	2.5
5	电站厂房机电设备（正常运行）	0.5～0.9
6	电站厂房机电设备（未运行）	2.0～3.0
7	电站引水管进水口处（闸门槽）	5.0
8	行车轨道（停靠点）	5.0
9	与纵向围堰连接处上游坝面	15

表 11.2－26　　　　景洪水电站纵向混凝土围堰拆除爆破安全振速控制标准

防护对象名称		允许振速/（cm/s）	
		设计	校核
大坝及电站尾水 新浇混凝土	龄期：1～3d	2	3
	龄期：3～7d	3	7
	龄期：7～28d	7	12
大坝 10～16 号坝段混凝土（龄期大于 28d）		12	20
厂房基础		3.5～4.5	

续表

防护对象名称		允许振速/(cm/s)	
		设计	校核
帷幕灌浆区	龄期不大于28d	1.5~5	
	龄期大于28d	5	
右冲坝段坝基锚固区		5	
厂房内机电设备（正常运行）		0.5	0.9
厂房内机电设备（未运行）		2~3	
电站进水口闸门门槽		5	12
拦污栅架		3.5	
右冲砂底孔挑流坎		15	20

表 11.2－27　乌江渡扩建工程尾水出口预留岩坎拆除爆破安全振速控制标准

防护对象名称	允许振速/(cm/s)
左岸泄洪洞、滑雪道	10.0
钢筋混凝土框架结构	5.0
灌浆帷幕	2.5~5.0
中控室、发电机组	1.0
隧洞、竖井基础或壁面	10.0
护坡混凝土	10.0
钢筋混凝土岩壁梁（28d）	7.0

表 11.2－28　湖南柘溪水电站扩机工程挡水岩坎拆除爆破安全振速控制标准

防护对象名称	允许振速/(cm/s)	备注
7号拦污栅背坡边墙	10.0	
8号闸门后底板	5.0	
7号闸门后底板	5.0	
右坝肩帷幕	1.5	爆后附近建筑物和设施等均完好无损，满足设计安全要求
坝体基础灌浆廊道	5.0	
3－3断面马道	5.0	
附近民房	2.0	

表 11.2－29　漳河水库增容工程复杂环境下岩坎的拆除爆破安全振速控制标准

防护对象名称	允许振速 /(cm/s)	备　注
观音寺大坝左段接头部位建基面	5	各部位实测振动值均低于设计安全允许振速，爆破未对防护目标造成任何破坏影响
左岸岩质高边坡	10～15	
进口洞脸及闸门井	5～10	

表 11.2－30　李家峡水电站导流洞预留岩坎控制爆破安全振速控制标准

防护对象名称	允许振速 /(cm/s)	备　注
明渠边墙	10	混凝土表面未发现裂纹，爆破后对明渠混凝土边墙进行了波速测试，与爆破前所测波速基本一致，说明建筑物没有任何损坏
进水塔	5	
高边坡	5	

表 11.2－31　高坝洲电站碾压混凝土纵向围堰拆除爆破安全振速控制标准

防护对象名称	允许振速 /(cm/s)	备　注
钢筋混凝土	8.0	各部位实测值均小于允许质点振动速度，振动频率也高于建筑物卓越频率。周围建筑物均处于安全状态，发电机组保持正常运行
机电设备	0.9	
灌浆帷幕	1.2	

表 11.2－32　谟武水电站混凝土围堰拆除爆破安全振速控制标准

防护对象名称	爆源距防护对象的最小距离/m	允许振速 /(cm/s)	备　注
4 号导航墩基础	18	5.0	通过预裂缝衰减
5 号孔启闭机房	23	2.5	
厂房操作层	60	0.5	
5 号闸墩顶	8	5.0	
4 号闸墩下导墙	18	5.0	通过预裂缝衰减

4. 边坡的爆破安全控制标准

三峡永久船闸一期工程永久边坡的安全振速标准为：稳定边坡 $V \leqslant 25cm/s$；较稳定边坡 $V \leqslant 20cm/s$。小湾水电站高边坡以爆区上一马道台阶坡脚来控制，安全指标为：Ⅱ类岩体 10～15cm/s；Ⅲ类岩体 5～10cm/s；Ⅳ类岩体 2～5cm/s。三峡临时船闸边坡的安全振速为 10～15cm/s，其中中隔墩的安全振速为 6～8cm/s。清江隔河岩工程边坡安全振速为：右岸及厂房进出口边坡 $V < 22cm/s$；左右岸及升船机边坡 $V < 28cm/s$；船闸引航道边坡 $V < 35cm/s$（小湾水电站岩石高边坡爆破振动速度安全阈值研究，陈明，2007）。不同的边坡结构及岩体特性，其开挖爆破控制标准不同，表 11.2－34 给出了长江水利委

员会长江科学院在部分水电站高边坡开挖中确定的控制标准，表 11.2-35 给出了长江水利委员会长江科学院统计的爆破对边坡的破坏测试结果。

表 11.2-33　三峡三期下游土石围堰防渗墙拆除爆破安全振速控制标准

防护对象名称	爆源距防护对象的最小距离/m	允许振速/(cm/s)	备　注
大坝 15 号坝段	595	5	
右电厂 15 号机	469	0.9	
右电厂 17 号机	488	0.9	
左电厂 14 号机	800	0.9	
地电 1 号槽	659	5	各部位振动均低于设计安全允许振速，爆后调查表明：根据爆破后现场观察及水下开挖情况，防渗墙墙体破碎块度、灌浆钢管断开长度均满足水下开挖设备挖装要求，各防护目标在爆破中均是安全的
地电围堰	564	5	
浸水湾变电所	830	0.9	
高压输电线塔	183	5	
右导墙	590	5~8	
三期尾水闸门	469	5	
右岸尾水边坡	187	5~8	
纵向围堰	10	5~8	

表 11.2-34　部分水电站高边坡开挖爆破安全振速控制标准

坝体类型	工程名称	保护对象	岩性及分类	控制点位置	允许振速/(cm/s)
双曲拱坝	白鹤滩水电站	坝肩高边坡	较完整玄武岩	上一级马道坡脚	10
			柱状节理玄武岩		5（先灌浆后开挖）10（常规开挖）
	乌东德水电站	坝肩高边坡	较完整灰岩	上一级马道坡脚	10
	溪洛渡水电站	拱肩槽高边坡	Ⅱ	上一级马道坡脚	10~15
			Ⅲ		7.5~10
			Ⅳ		5~7.5
	小湾水电站	高边坡	Ⅱ	上一级马道坡脚	10~15
			Ⅲ		5~10
			Ⅳ		2~5

续表

坝体类型	工程名称	保护对象	岩性及分类	控制点位置	允许振速/(cm/s)
混凝土重力坝	三峡工程	永久船闸一期边坡	稳定边坡	距爆源5m处	25
			较稳定边坡		20
		永久船闸二期边坡	微风化花岗岩	—	15～20
			弱风化花岗岩		10～20
			强风化花岗岩		10
	隔河岩水电站	进出水口边坡	石灰岩	爆区同高程坡脚处	22
		坝基及升船机边坡	石灰岩	爆区同高程坡脚处	28
	葛洲坝工程	边坡岩体	黏土质粉砂岩	裂隙扩张即破坏	13～21
			中粗粒砂岩		22～35
			裂隙发育花岗岩		22～60
			Ⅲ		5～10
			Ⅳ		2～5
土心墙堆石坝	两河口水电站	左岸边坡（坝肩、泄洪建筑物进口、溢洪道出口）	变质砂岩夹粉砂质板岩	上一级马道坡脚	10

表 11.2-35　　　　　　　　爆破对边坡的破坏测试结果统计

工程名称	质点振动速度/(cm/s)	结构特征	破坏情况
三峡工程1～6号厂房及钢管槽开挖爆破对厂房尾水段边坡及钢管槽隔墩的影响	10.62～14.33	尾水段边坡，花岗岩，常规台阶爆破	未见破坏
	20～23.38	尾水段边坡，花岗岩，常规台阶爆破	爆破近区岩体拉裂破坏但尾水段边坡未破坏
	10.12～18.37	尾水段边坡，花岗岩，常规台阶爆破	属正常台阶爆破未见边坡破坏
	12.31～19.89	尾水段边坡，花岗岩，常规台阶爆破	未见破坏
	13.12～13.28	钢管槽隔墩，钢管槽小台阶及光面爆破	未见破坏
云南大朝山水电站3号尾水岩坎爆破	5.23（垂向）5.40（径向）	3号洞出口上部喷混凝土边坡（测点位于坡脚）	未见破坏
云南大朝山水电站4号尾水岩坎爆破	4.57（垂向）3.12（径向）	4号洞出口上部喷混凝土边坡（测点位于坡脚）	未见破坏

工 程 名 称	质点振动速度/(cm/s)	结 构 特 征	破 坏 情 况
云南大朝山水电站 3 号尾水岩坎爆破	7.68（垂向） 4.15（径向）	1 号洞口上部混凝土边坡（测点位于坡脚平台）	未见破坏
三峡工程 1～10 号机，厂房开挖对边坡影响	5.15～8.51	花岗岩边坡，边坡预裂及台阶爆破	未见破坏
三峡工程永久船闸边坡闸室拉槽台阶爆破	16.39～22 12.84～20.00 7.76～22.66	花岗岩边坡	未见破坏
云南镇雄县大水沟水库高边坡开挖	10.67（垂向） 14.09（垂向） 16.69（垂向） 10.20（径向）	砂质、泥质粉砂岩、泥质页岩组成，发生过多次滑坡。存有节理裂隙与层间软弱夹层组成的层间滑动，已开挖的边坡有锚喷支护层，台阶爆破与预裂爆破	未见破坏
小湾水电站 1245.00m 高程以上高边坡开挖爆破试验	16.1	4 号山梁边坡，花岗片麻岩，预裂及台阶爆破	上层坡脚浅部少量岩体脱落，少部分裂隙少量加宽
	9.35	4 号山梁边坡，花岗片麻岩，预裂及台阶爆破	未见破坏
	＞25.4	A2 区边坡，花岗片麻岩，预裂及台阶爆破	上层坡脚调查面表面 60%脱落，剩余裂隙明显加宽
	11.98	A1 区边坡，花岗片麻岩，预裂及台阶爆破	上层坡脚大部分裂隙有明显加宽
溪洛渡水电站坝肩高边坡开挖爆破试验	＞25.4	坝肩边坡，玄武岩，预裂及台阶爆破	上层坡脚调查面浅部有少量岩体脱落，部分裂隙加宽
	16	连接段边坡，玄武岩，预裂及台阶爆破	上层坡脚调查面浅部有少量岩体脱落
	9.7	坝肩边坡，玄武岩，预裂及台阶爆破	未见破坏
	6.2	坝肩边坡，玄武岩，预裂及台阶爆破	未见破坏
两河口水电站左岸坝肩高边坡开挖爆破试验	14.18～15.96	左岸坝肩边坡、溢洪道进口边坡，变质砂岩夹粉砂质板岩	未见明显破坏，少量裂隙延伸

5. 地下洞室（厂房）开挖爆破安全控制标准

表 11.2-36～表 11.2-39 给出了不同地下厂房开挖爆破安全振动控制标准。

表 11.2-36　　　　小浪底地下厂房开挖爆破安全振速控制标准

防护对象名称	爆源距防护对象最小距离/m	允许振速/(cm/s)
相邻洞	15	10
本洞	15	10

表 11.2-37　　　　清江隔河岩引水洞开挖爆破安全振速控制标准

防护对象名称	混凝土龄期/d	允许振速/(cm/s)
新浇混凝土	<28	10.0
	<7	5.0
	<3	1.5
灰岩		10

表 11.2-38　　　　鲁布革地下开挖爆破安全振速控制标准

防护对象名称	爆源距防护对象最小距离/m	允许振速/(cm/s)
所有保护物	未要求	25

表 11.2-39　　　　东风地下厂房开挖爆破安全振速控制标准

防护对象名称	爆破时喷层混凝土龄期/d	允许振速/(cm/s)	备　注
新喷混凝土	<3	<1.8	控制标准通过模拟试验与现场实测资料综合分析所得。对临时性支护可不考虑振速要求，现喷混凝土可在 30min 内达到设计强度的 50%～70%，对于永久性支护，其允许振速可按达到设计强度时允许振速的 50%～70%确定
	3～7	1.8～3.0	
	7～28	3.0～15.0	

长江水利委员会长江科学院和武汉大学联合对龙滩地下厂房开挖爆破破坏特征进行了系统研究，对爆破开挖进行了全过程监测及数值模拟，结合现场声波检测及静态监测资料，提出的龙滩地下厂房开挖各保护对象的爆破振动控制标准，见表 11.2-40、表 11.2-41，该标准被随后开展的地下厂房开挖爆破设计广泛采用。

表 11.2-40　　　　龙滩地下厂房开挖爆破安全振速控制标准

防护对象名称	允许振速/(cm/s)	防护对象名称	允许振速/(cm/s)
岩壁梁	7	本洞	3
厂房高边墙	7	新喷混凝土	5
相邻洞	5		

表 11.2－41   龙滩地下厂房开挖岩壁梁爆破安全振速控制标准（混凝土龄期 28d 及以上）

开挖部位	允许振速/(cm/s)	
	设计	校核
Ⅲ₁保护层开挖	14.0	22.2
Ⅲ₂中间抽槽	14.0	20.0
Ⅲ₂保护层开挖	14.0	14.3
第四层抽槽	7.0	7.5
第四层扩挖	7.0	7.0
第五层抽槽	7.0	13.8
第五层扩挖	7.0	7.3
第六层抽槽	7.0	12.6
第六层扩挖	7.0	8.7
第七层开挖	7.0	8.7

11.2.2.2　爆破空气冲击波安全控制标准

《爆破安全与防护》中列出的冲击波超压对建筑物的破坏程度以及对人员的杀伤程度见表 11.2－42、表 11.2－43。

表 11.2－42   冲击波超压对建筑物的破坏程度

破坏等级	破　坏　程　度	$\Delta P/(N/cm^2)$
1	砖木结构安全破坏	＞19.6
2	砖墙部分倒塌或缺裂，土墙倒塌	9.8～19.6
3	木结构梁柱倾斜，部分折断。砖结构屋顶掀掉，墙部分移动或裂缝。土墙裂开或部分倒塌	4.9～9.8
4	木版隔墙破坏，木屋架折断，顶棚部分破坏	2.94～4.9
5	门窗破坏，屋面瓦大部分掀掉，顶棚部分破坏	1.47～2.94
6	门窗部分破坏，玻璃破碎，屋面瓦部分破坏，顶棚抹灰脱落	0.69～1.47
7	砖墙部分破坏，屋面瓦部分移动，顶棚抹灰部分脱落	0.20～0.69

表 11.2－43   冲击波超压对人员的杀伤程度

$\Delta P/(N/cm^2)$	破　坏　程　度
1.96～2.94	轻微（轻度挫伤）
2.94～4.90	中等（听觉器官损伤、中等挫伤、骨折等）

续表

$\Delta P/(\text{N/cm}^2)$	破　坏　程　度
4.90~9.80	严重（内脏严重挫伤，可引起死亡）
>9.80	极严重（可能大部分死亡）

11.2.2.3　爆破噪声安全控制标准

1. 国家标准《声环境质量标准》（GB 3096—2008）中噪声限值

该标准将工程爆破噪声定义为"突发噪声"。环境噪声限值见表 11.2－44。

表 11.2－44　　　　　　　　环　境　噪　声　限　值　表　　　　　　　单位：dB（A）

声环境功能区类别		时　　段	
		昼间	夜间
0 类		50	40
1 类		55	45
2 类		60	50
3 类		65	55
4 类	4a 类	70	55
	4b 类	70	60

同时，该标准还规定：各类声环境功能区夜间突发噪声，其最大声级超过环境噪声限值的幅度不得高于 15dB（A）。在该标准"声环境功能区的划分要求"中对"乡村声环境功能的确定"的规定如下：

乡村区域一般不划分声环境功能区，根据环境管理的需要，县级以上人民政府环境保护行政主管部门可按以下要求确定乡村区域适用的声环境质量要求：

位于乡村的康复疗养区执行 0 类声环境功能区要求；

村庄原则上执行 1 类声环境功能区要求，工业活动较多的村庄以及交通干线经过的村庄（指执行 4 类声环境功能区要求以外的地区）可局部或全部执行 2 类声环境功能区要求；

集镇执行 2 类声环境功能区要求；

独立于村庄、集镇之外的工业、仓储集中区执行 3 类声环境功能区要求；

位于交通干线两侧一定距离内噪声敏感建筑物执行 4 类声环境功能区要求。

2. 向家坝水电站爆破噪声允许标准及调查结果

向家坝水电站开挖爆破全过程进行了爆破噪声监测，从监测及宏观调查资料得到：当爆破噪声低于 120.0dB 时，人们对爆破噪声有一定的反应，但可以接受；爆破噪声在 120.0~129.9dB 区间时，一般人们普遍有一惊的感觉，偶尔出现可以接受；爆破噪声大于 130.0dB 时，人们普遍有惊吓感，应严格控制。

通过对实测及宏观调查资料综合分析，参考国内外已有控制标准，最终确定向家坝爆破噪声控制标准：设计值为120dB（生活区中心，该值为当时国家标准）和125dB（生活区临爆区侧），校核值为130dB。在随后监测中，当爆破噪声控制在130dB以下时，居民对爆破作业无抱怨。

　　3. 部分国外爆破噪声允许标准

　　美国提出的标准把脉冲噪声分为两种，如图11.2-1所示。一种是简单的爆破［如图11.2-1中所示（1）波形］。另一种是爆破后有混响的自振波［如图11.2-1中所示（2）波形］。图11.2-1中给出的是两种不致耳聋的极大值与延续时间的关系。图11.2-1中波形（1）的允许声压级（图中"延续时间 A"线）不变，与延续时间无关；图中波形（2）的允许声压级［图中"延续时间（有反射 $B+B'$）"线］指能保护90%的人每天在4min至几小时内耳朵正对声源（正入射）听100发枪声而不致造成听力损害的峰压值，随延续时间的增加而下降，枪声发数每增加10倍，声压级大致降低5dB。延续时间大于200ms后最高允许声压级峰值不得超过138dB。

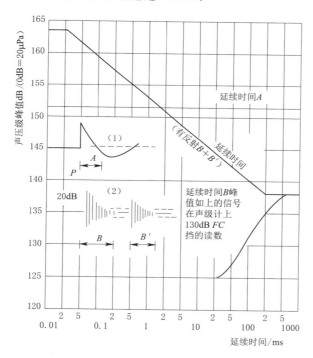

图11.2-1　脉冲噪声的损伤评价曲线

（1）—自由空间的爆炸声；（2）—有混响的衰变声

　　美国矿业局的标准是：安全区120dB（A）以下；警告区120～136dB（A）；最大允许值136dB（A）。

　　日本有资料提出，爆破噪声不应大于125dB（A），城市中，不应大于90dB（A）。根据爆破作业时间的长短，绘制了爆破允许噪声强度标准图（见图11.2-2）。

　　美国矿山局很长一段历史用声压级140dB（L）作为限制建筑和采石场爆破空气冲击波超压的标准，随后采用更为严格的134dB（L）作为限制爆破空气冲击波的标准。

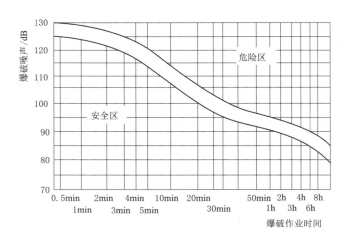

图 11.2 - 2　爆破作业时间与爆破允许
噪声强度标准（日本）

在某些国家以不致引起人感觉不舒服为准则，采用 120dB 来限制爆破产生的空气冲击波。如澳大利亚将该指标作为"参考"列入标准（AS 2187.2—1993）附件中。

综上所述，对于爆破空气冲击波超压的限制实际上存在两个不同的准则：第一个是防止结构破坏，而第二个是不应使人感到不舒服。

某些文献中提供的典型爆破空气冲击波超压指数表给出了上述第一个准则依据的标准如下（其中 psi 的单位为磅每平方英寸）：

3.0psi（180dB）——某些结构可能破坏。

1.0psi（171dB）——一般的窗户破裂。

0.1psi（151dB）——偶尔有窗户破裂。

0.029psi（140dB）——长期被应用于工程安全规程。

0.0145psi（134dB）——美国矿山局推荐作为大型露天矿爆破的安全标准。

澳大利亚政府环保部的报告中给出了第二个准则的依据如表 11.2 - 45 所示，但该报告中指明噪声水平单位为 dB（A），即 A 计权，而不是 dB（L），即线性。

表 11.2 - 45　　　　　　　　　　噪 声 水 平 典 型 例 子

噪声水平/dB（A）	0	20	40	60	80	100	110	120	140
典型例子	听觉的临界值	宁静的郊外	客厅	交谈	繁忙的交通噪声	气锤	摇滚乐	开始感到不舒服	开始感到耳痛

11.2.2.4　爆破水击波安全控制标准

水下爆破在水体中所形成的压力，主要是爆破冲击波压力，高压气体脉动压力及地震波动水压力。爆破水中冲击波压力幅值大、传播远的特点决定了它是水下爆破的主要危害。

水下爆破冲击波的波形特征主要表现在压力幅值的跳跃式陡峭上升（微秒级），然后又迅速按指数规律下降，在深水区域整个作用过程一般只有几毫秒。但在浅水中，由于水面水底的反射，其持续的时间将长得多。

群药包进行的水底裸露爆破时，测得的压力波形与单药包爆破波形不同。群药包压力波形虽有陡峰，却没有明显的指数衰减规律，具有振动波形的特点。由于群药包中的不同雷管起爆时间误差及各药包到达测点距离不同，造成冲击波到达测点的前后时差，使波形持续时间延长。

水下冲击波的传播特性与药包大小、水域条件及爆破方法等因素有关。爆破方法不同，药包与水体及与基岩的相对位置发生了变化，改变了爆破能量的分配及水下冲击波的产生条件，从而使冲击波压力大小及衰减规律存在较大的差别。此外，冲击波在浅水区域中传播时，会受到来自水面、水底及周围边界的反射干扰，还会受到浅水中水的黏滞性、声速（温度）分布、水面波浪、潮汐流速流向的差异等因素的影响，而形成了复杂的传播特性。

三峡三期上游 RCC 围堰拆除中提出的水工建筑物及结构爆破水击波安全控制标准见表 11.2-46。

表 11.2-46　　　　三峡三期上游 RCC 围堰拆除爆破水击波安全控制标准

防护对象名称	允许水击波压力/MPa	备　注
大坝迎水面	0.4	混凝土
引水管钢闸门	0.4	钢结构
止水结构	0.4	柔性结构
拦污栅排架	0.1	

从大量水击波实测资料分析，其爆破作用时间在 100kg 单段药量情况下仅为微秒至毫秒量级。例如：在三峡三期 RCC 围堰拆除中曾对水击波作用下坝体反应进行过分析计算，假定 1000kg 炸药（梯恩梯）在水中集中爆炸，在 114m 处产生的水击波压力约为 3.3MPa，作用时间不足 1ms，将此荷载加在坝体的迎水面，由此产生的最大动应力仅为 0.005MPa，约为所加荷载的 1/660，由此可见，水击波对坝体产生的动力影响是非常小的。三峡三期围堰爆破时实测闸门前水击波峰值压力达 0.9MPa，实测闸门峰值动应变不足 $60\mu\varepsilon$，数值分析结果与实测值具有一致性，爆后宏观调查未发现破坏或渗流量增加，因此，后来开展的白莲河岩坎拆除工程参考三峡三期上游 RCC 围堰拆除爆破，确定闸门前允许水击波压力设计值为 0.4MPa，校核值为 0.9MPa。

爆破产生的动水压力虽然值不大，但作用持续时间较长，其作用是不可忽视的。白莲河大坝校核洪水位 110.90m，设计洪水位 108.06m，岩坎拆除爆破时库水位约为 89.00m，两水位差为 20.9m。即使只考虑静水压力，大坝至少还有 0.209MPa 的压力空间，如考虑动水压力系数 1.3，其承压空间至少可达 0.27MPa。因此，对大坝在爆破作用下的动水压力允许值按 0.27MPa 考虑，见表 11.2-47。

表 11.2-47　　　　　白莲河抽水蓄能电站围堰拆除水击波安全控制标准

防护对象名称	允许水击波压力/MPa	备注
大坝迎水面	0.27	土坝
钢闸门	设计 0.4/校核 0.9	钢结构

11.2.3　新浇混凝土振动安全标准

11.2.3.1　研究现状及存在问题

新浇混凝土爆破振动安全允许标准在确保水工大体积混凝土施工质量方面发挥了巨大作用。由于爆破振动对新浇混凝土影响问题本身的复杂性及现场破坏性试验方面的限制，该标准主要通过相关工程经验的总结来确定。现有的一些室内外试验结果表明，工程界现行采用的新浇混凝土安全爆破振动速度可能具有较大的安全储备。

在新浇混凝土爆破安全控制标准确定中应注意以下问题：

（1）由于问题的复杂性以及试验条件的限制，国内外对于新浇混凝土结构的爆破振动控制研究主要依靠室内和现场试验，以及工程实测资料的反馈分析等手段。但其间由于不同工程的结构特性、混凝土配合比设计和荷载条件不同，以及室内试验中试件成型条件及爆破振动荷载施加方式等的差异，导致不同研究者所获得的研究成果与结论在定量方面的差异较大，使其普适性受到限制。

（2）国内外的大部分研究工作重点强调爆破振动对新浇混凝土本身的强度影响，而非对整个新浇混凝土结构的影响。事实上，爆破振动荷载作用下，对于大坝或厂房的大体积基础混凝土，其薄弱环节是混凝土和岩石基础的结合面；同样，对新浇衬砌混凝土、砂浆锚杆、灌浆锚索或灌浆帷幕结构等新浇筑（喷射、灌注）混凝土结构而言，最可能产生破坏的也是混凝土与岩石或锚杆、锚索的结合面。可见，爆破振动荷载作用下新浇混凝土结构的破坏实际上由混凝土和岩石或锚杆的结构面强度所控制。这意味着通过爆破振动作用下新浇混凝土体强度的影响研究不能根本解决爆破振动对新浇混凝土结构的影响问题。

（3）新浇薄层基础混凝土、大体积混凝土、衬砌混凝土或锚索锚头等新浇混凝土结构的动力特性间存在显著差异，不同的新浇混凝土结构可能有不同的爆破振动破坏机理和爆破振动破坏标准。正在实施的《爆破安全规程》（GB 6722—2014）仅针对新浇大体积混凝土的爆破振动控制标准做了明确规定，但是国内对新浇薄层基础混凝土、衬砌混凝土及刚完成灌浆的锚固支护结构或灌浆帷幕结构等新浇筑（喷射、灌注）混凝土结构的爆破振动控制也往往参照《爆破安全规程》（GB 6722—2014）执行，其间明显存在极大的不合理性。

结构的动力响应不仅依赖于结构的动力特性，还与爆破振动荷载的类型、幅值和方向，振动的频率及持续时间等因素密切相关。对于爆破振动荷载，沿地表传播爆破地震波的主体为瑞利波（面波），在岩体内部传播的爆破地震波则一般为体波（包括压缩波和剪切波）。各种波向外传播时，每一种波的能量密度都将随着离开波源距离的增加而减小，这种能量密度（或振幅）因波阵面几何扩散而减小的现象称为几何阻尼，或几何扩散。而在介质表面压缩波和剪切波的振幅与距离 r 按 $1/r^2$ 比例减小，瑞利波的振幅与距离按 $1/\sqrt{r}$ 比例减小，因此，瑞利波随距离的衰减比体波慢得多。这就意味着，对爆源中远区，基础混凝土的破坏主要是面波作用下的结构面破坏；而对于爆破振动对邻近平行隧洞中已浇筑衬砌的影响问题显然应该重点关注直达体波（包括压缩波和剪切波）对衬砌和围岩结合面的破坏问题。另外，由于介质的阻尼作用和波传播过程的几何扩散，随着爆心距的增大，爆破地震波的振动频率降低、幅值减小，但振动持续时间却得到延长。

因此，对不同的新浇混凝土结构，应按照其所承受的爆破地震波荷载特性，通过应力波与结构的相互作用分析或结构动力响应计算来研究其爆破振动破坏机理，确定爆破振动控制安全判据。

（4）对新浇混凝土结构的爆破振动破坏不单由随龄期增长的混凝土早期动态强度所决定，而且还与静力状态下混凝土内的初始应力状态密切相关。新浇混凝土体内的初始应力状态受到结构承受的静荷载、混凝土温度应力、混凝土收缩变形和徐变特性等多方面的影响。

11.2.3.2　现场试验与实测资料成果

国外针对爆破振动对新浇混凝土的影响研究始于 20 世纪 70 年代，早期的研究主要针对解决爆破开挖和混凝土浇筑间的并行施工和确保新浇混凝土结构安全问题。国内从 20 世纪 80 年代初期开始，针对大坝基础混凝土的爆破振动影响控制，葛洲坝、大化、万安和隔河岩等工程施工，开展了大量的现场观测及试验工作，长江水利委员会长江科学院在葛洲坝和大化水电站测得一些资料，证明大体积新浇混凝土可以承受一定的扰动，并建议上述工程龄期 3d 以内的混凝土允许振速不超过 1.2cm/s，大约在同一时期巴西水电工程建设中也提出大体相似的标准。在随后的工程中也进行了大量现场试验及室内试验研究，并提出了不同龄期大体积混凝土的爆破安全允许标准。

长江水利委员会长江科学院与国内外爆破工作者关于爆破对混凝土影响的测试结果列于表 11.2-48、表 11.2-49 和图 11.2-3。

表 11.2-48　　　　　　　　　爆破对不同龄期混凝土影响的观测资料

序号	混凝土龄期	实测振速 $V/(\text{cm/s})$	破坏情况	资料来源
1	3h（未初凝）	5.75	不破坏	葛洲坝、大化、万安、隔河岩等水利水电工程
2	6h（已初凝）	2.95		
3	1d	1.65		
4	2d	1.79		
5	7d	4.6		
6	35d	25.4		
7	40d	30.2		
8	40d	46.6～65.3	破坏	
9	1.5d	27.9～50.8	破坏	美国 Auburn 大坝
10	7d	27.9～50.8	不破坏	
11	6～72h	16.0	抗压强度降低	美国 Finland 大坝
12	6～72h	7.1～9.4	抗压强度不降低	

表 11.2－49　　　　　　　　　　爆破对不同类型混凝土影响的测试结果

类别	工程名称	实测振速 /(cm/s)	结构特征	破坏情况	资料来源
新浇筑大体积混凝土	葛洲坝工程	0.8～4.6	浇筑 7d 以内的 200 号大体积混凝土	不破坏	长江水利委员会 长江科学院
	大化水电站	1.7～4.8	浇筑 7d 以内的 200 号大体积混凝土	不破坏	长江水利委员会 长江科学院
		<1.0 2.0～5.0	1. 浇筑 3d 以内的混凝土 2. 初凝前和 3d 以后的混凝土	不破坏	巴西
	西班牙维拉卡姆波水电站	<3.0	闸门墩	不破坏	
大坝老混凝土	丰满水电站	1.2	重力坝坝基	不破坏	中水东北勘测设计研究有限责任公司
		4.0～6.9	重力坝坝顶	不破坏	
洞内衬砌老混凝土		<5.0	花岗岩、片麻岩地带衬砌	不破坏	巴西
		34.0	衬砌厚度 30cm	破坏	日本
		2.5		建议采用的允许振速	

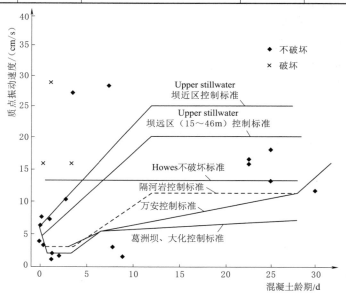

图 11.2－3　不同龄期混凝土的破坏观测资料和控制标准

由表 11.2－48 可见，当振速低于 1cm/s 时，未初凝或初凝（7d 内）的混凝土均不会破坏；当振速达到 16～65cm/s 时，不论是 1.5d 的初凝或 40d 龄期的混凝土均出现强度降低或破坏情况；极个别的是 7d 龄期，有 27.9～50.8cm/s 的爆破动载荷作用混凝土不破坏的例子（见表 11.2－48 中序号 10）。这些结论，在图 11.2－3 中同样得到印证。

鉴于上述实测结果，国内外一些工程制定出一些以振速来控制的爆破安全控制标准见表11.2-50、表11.2-51。

表 11.2-50 部分有代表性的工程新浇混凝土的爆破安全控制标准

工程名称	混凝土龄期	允许振速/(cm/s)	备注
葛洲坝、大化水电站	初凝前	5.75	根据现场实测资料制定
	3d前	1.65	
	3～7d	1.65～4.6	
	7～28d	4.6～7.0	
隔河岩水电站	1d前	1.25	
	1～3d	2.5	
	3～12d	2.5～10.0	
	>12d	10.0	
万安水电站	初凝～3d	1.5	
	3～7d	3.0～5.0	
	7～28d	5.0～10.0	
	>28d	10.0～15.0	
巴西的一些工程	3d前	1.0	根据现场实测资料制定
	初凝前和3d后	5.0	
美国田纳西流域管理局（TVA）	<1d	15.0	根据室内模型试验资料制定
	1～3d	22.5	
	3～7d	30.0	
	7～10d	37.5	
	>10d	50.0	
美国上游静水坝	0～12d	5.0～25.0	根据现场实测资料并参照其他工程的标准制定
	>12d	25.0	

表 11.2-51 长江水利委员会长江科学院参与的部分工程新浇混凝土的爆破安全控制标准

工程名称	防护对象	允许振速/(cm/s)			来源
		初凝～3d	3～7d	7～28d	
白莲河抽水蓄能电站尾水岩坎拆除	大体积混凝土	2～3	3～7	7～12	长江水利委员会长江科学院
三峡三期上游RCC围堰拆除爆破	新浇混凝土	1.5～2.0	2.0～3.0	3.0～5.0	
景洪水电站纵向混凝土围堰拆除	大坝及电站尾水新浇混凝土	2	3	7	
隔河岩水电站引水洞开挖	新浇混凝土	1.5	5	10	

11.2.4　安全控制标准的确定方法

制定爆破安全控制标准主要有以下几种方法：①查阅现有国家及行业标准的相关规定；②参考类似工程实际所采用的爆破安全控制标准；③采用试验或数值计算等方法分析确定；④按需保护对象的地震设防烈度降2度来确定爆破振动允许标准。

最简单的是查阅现有的国家及行业标准规定的爆破安全允许标准，对于水利工程主要查阅 SL 系列标准，相关的有：《水工建筑物岩石地基开挖施工技术规范》（SL 47—2020）；对于水电工程主要查阅 DL 系列标准，相关的有《水工建筑物岩石基础开挖工程施工技术规范》（DL/T 5389—2007）、《水电水利工程爆破施工技术规范》（DL/T 5135—2013）等；料场开挖等涉及周围工业或民用建筑物时应查阅国家标准，相关的有《爆破安全规程》（GB 6722—2014）。

现行的国家及行业标准中有关的爆破安全允许标准可参考值有限，如地下工程中岩壁梁的安全控制标准等，可根据工程结构以及地质条件等采用查阅类似工程实际所采用的爆破安全控制标准。对于重要工程以及地质条件特殊的工程应通过现场爆破试验、应力分析或数值计算等方法来分析确定其爆破安全允许标准。

表 11.2-52 给出了部分中国地震烈度，如果是 7 度设防区的保护对象，可以按 2～4cm/s 确定其爆破振动允许标准。

表 11.2-52　　　　　　　　中国地震烈度表（部分）

烈度	在地面上人的感觉	房屋震害程度		其他震害现象	水平向地面运动	
		震害现象	平均震害指数		峰值加速度/(m/s²)	峰值速度/(m/s)
Ⅰ	无感	—	—	—	—	—
Ⅱ	室内个别静止中人有感觉	—	—	—	—	—
Ⅲ	室内少数静止中人有感觉	门、窗轻微作响	—	悬挂物微动	—	—
Ⅳ	室内多数人、室外少数人有感觉，少数人梦中惊醒	门、窗作响	—	悬挂物明显摆动，器皿作响	—	—
Ⅴ	室内普遍、室外多数人有感觉，多数人梦中惊醒	门窗、屋顶、屋架颤动作响，灰土掉落，抹灰出现微细裂缝，有檐瓦掉落，个别屋顶烟囱掉砖	—	不稳定器物摇动或翻倒	0.31（0.22～0.44）	0.03（0.02～0.04）
Ⅵ	多数人站立不稳，少数人惊逃户外	损坏：墙体出现裂缝，檐瓦掉落，少数屋顶烟囱裂缝、掉落	0～0.1	河岸和松软土出现裂缝，饱和砂层出现喷砂冒水；有的独立砖烟囱轻度裂缝	0.63（0.45～0.89）	0.06（0.05～0.09）

续表

烈度	在地面上人的感觉	房屋震害程度		其他震害现象	水平向地面运动	
		震害现象	平均震害指数		峰值加速度 /(m/s²)	峰值速度 /(m/s)
Ⅶ	大多数人惊逃户外，骑自行车的人有感觉，行驶汽车驾乘员有感觉	轻度破坏：局部破坏，开裂，小修或不需要修理可继续使用	0.11~0.3	河岸出现坍方；饱和砂层常见喷砂冒水，松软土地上地裂缝较多；大多数独立砖烟囱中等破坏	1.25 (0.90~1.77)	0.13 (0.10~0.18)

11.3 安全防护措施

11.3.1 爆破振动控制

水利水电工程爆破振动引起的破坏，主要表现在以下方面：

（1）基坑开挖中，台阶爆破、预裂或光面爆破对保留岩体的破坏，特别是有地质缺陷的部位。

（2）开挖爆破对新浇混凝土、灌浆帷幕等的影响。

（3）坝肩、深基坑、船闸、渠道等高边坡开挖爆破对边坡稳定及喷层、锚杆、锚索等的影响。

（4）水下爆破、水下压实与挤淤爆破等对建（构）筑物、码头及船舶等的影响。

（5）地下洞室群爆破对相邻隧洞、廊道、厂房等稳定的影响。

（6）开挖爆破对地面和地下建（构）筑物、设备等的破坏。

（7）在古建筑物附近进行爆破时造成的危害。

（8）水工围堰或岩坎拆除爆破对附近建（构）筑物的影响。

（9）地下厂房开挖爆破对厂房高边墙围岩的破坏及稳定的影响，以及对喷锚支护和各种衬砌结构造成的破坏；电站、厂房等进行改建时，开挖爆破对附近厂房、变电站、通信线塔、水工机械、电气设备及中控室等的影响。

11.3.1.1 爆破振动传播经验公式

通过现场爆破试验获得爆破场地的爆破振动特征，分析爆破地震波的衰减传播规律是爆破振动安全控制研究的重要内容。通过已获得的爆破振动特征和地震波传播衰减规律能推导出单段药量的限值，更好地指导现场爆破施工。目前工程中通常采用以炸药量和爆心距为主要影响因素的萨道夫斯基经验公式对质点峰值振动速度的衰减特性进行描述，其表达式为

$$v = K \left(\frac{Q^{1/3}}{R} \right)^{\alpha} = K \rho^{\alpha} \tag{11.3-1}$$

式中 v——峰值质点振动速度，cm/s；

ρ——比例药量，$\rho = Q^{1/3}/R$，$kg^{1/3}/m$；

Q——最大单段药量，kg；

R——爆心距，m；

K、α——与爆区地形、地质等条件有关的系数和衰减指数，可按表 11.3-1 选取。

表 11.3-1　　　　　爆区不同岩性的 K 值、α 值（摘自 GB 6722—2014）

岩　性	K 值	α 值
坚硬岩石	50～150	1.3～1.5
中坚硬岩石	150～250	1.5～1.8
软岩石	250～350	1.8～2.0

通过若干次爆破试验所获得的最大单段药量 Q 和峰值质点振动速度 v，采用回归分析的方法，可获得 K 值、α 值，从而得到爆破振动的衰减规律。

式（11.3-1）适用于地势平坦的情况，对于被保护物与爆区相对高差不大时可考虑采用。当爆破区与观测点或建筑物、防护目标的高程差对质点振动速度传播规律有影响，即考虑爆破地震波传播的高程效应时，需要将式（11.3-1）进行修正，根据《水电水利工程爆破施工技术规范》（DL/T 5135—2013）、《水电水利工程爆破安全监测规程》（DL/T 5333—2021）及《水工建筑物岩石基础开挖工程施工技术规范》（DL/T 5389—2007）等相关规程、规范推荐，修正后的经验公式如下：

$$v = K \left(\frac{\sqrt[3]{Q}}{D} \right)^{\alpha} \left(\frac{\sqrt[3]{Q}}{H} \right)^{\beta} \tag{11.3-2}$$

式中　D——爆心与测点之间的水平距离，m；

　　　H——爆心与测点之间的高程差，m；

　　　β——与地形、地质条件有关的高程影响衰减指数；

其余符号的意义同前。

同样地，通过爆破试验参数对式（11.3-2）进行二元线性回归，即可获得相应的衰减参数。

对于测点与爆源顶面相对高差较小时，一般可以忽略 $Q^{1/3}/H$ 项或者采用式（11.3-3）进行回归拟合：

$$v = K \left(\frac{\sqrt[3]{Q}}{D} \right)^{\alpha} e^{\beta H} \tag{11.3-3}$$

11.3.1.2　爆破振动控制措施

（1）采用毫秒微差爆破控制单段药量。式（11.3-1）～式（11.3-3）表明，爆破振动速度的大小与单段药量的多少成正比例关系，若岩性、爆破场地及爆心距 R 一定的条件下，控制质点峰值振动速度的最有效方法为通过采用毫秒微差起爆技术，控制最大单段药量。当爆破规模增大时，必须采用分段起爆，可以保证在不影响爆破总装药量和爆破方量的前提下，降低每段爆破的药量，从而达到降低爆破地震波峰值的效果。现在推广的工业电子雷管起爆系统可以很好地控制单段起爆药量以及设置合理的段间时差，来降低爆破振动危害。

（2）采用预裂爆破和缓冲爆破技术。预裂爆破技术使得在主爆区起爆前预先在被保护物和爆区之间形成张开的预裂面，大量主爆破的能量被反射，阻隔了能量向被保护物传播，有效地降低爆破振动危害。一般预裂孔超深于主爆孔能够更有效地降低爆破振动危害。

缓冲爆破通过降低靠近保护物一侧的炮孔药量，实际起到了降低单段药量的目的，能够有效控制爆破振动，避免爆破裂隙延伸到保护物。

但预裂爆破本身的单段药量过大时，也会引起较大的振动。

（3）改善临空面条件、合理设计抵抗线、避免压渣爆破。增加临空面数量，隧洞开挖布置空孔改善掏槽孔的临空面条件、在确保飞石防护安全的条件下适当减小抵抗线，爆破前清除最小抵抗线方向（抛掷方向）的爆渣等能够有效降低爆破振动强度。

（4）分散装药和采用低爆速炸药。采用不耦合装药能够有效降低作用于炮孔壁面的压力峰值，增加爆破作用时间，此外，采用不连续装药能够避免炸药过于集中，对于改善爆破效果、降低振动峰值也是有利的。采用低爆速炸药同样可以降低爆破压力峰值达到控制爆破振动的目的。

（5）设置多排减振空孔或开挖减震沟。在爆破区域和保护物之间错孔位设置多排减振空孔能够大幅度降低向保护物传播的爆破能量，开挖减震沟可以有效地降低减震沟附近需保护对象的振动强度。

（6）适当减少孔口填塞深度、让爆破能量适当溢出。填塞长度过大表面易形成大块，岩石不能从孔口破碎抛出，爆破能量无有效的溢出路径，导致爆破振动过大，在确保飞石安全的情况下，适当减小填塞长度能够改善爆破效果，减小爆破振动。

（7）炮孔排数不宜过多。爆破排数过多使后排夹制作用较大，岩石无法有效推出，压渣效应明显，可能导致振动偏大。

（8）合理选用微差间隔时间。选取合理的微差间隔时间，可以防止不同段间爆破振动的叠加，避免产生重段或串段现象。

（9）控制钻孔质量、严格按设计要求进行施工。在钻孔过程中，必须严格按爆破设计的孔径、孔距、排距、孔向、孔深等钻孔参数进行施工，严禁擅自变更。因为最小抵抗线发生变化可能加大夹制作用，孔位偏差可能导致装药集中、抵抗线增大、炮孔延伸至保留岩体内等，引起局部爆破振动增大，导致保护物损伤。在装药过程中，应严格按设计装药结构进行装药，避免过量装药引起单孔装药量突破设计单段药量控制值。在起爆网路连接过程中，严格按设计要求的雷管段别进行连接，避免出现因雷管段别错接引起重段、串段现象，造成爆破振动超标。

11.3.2 爆破空气冲击波与噪声防护

炸药爆炸时，无论介质是空气还是岩石，都会有空气冲击波从爆炸中心传播开来。炸药若是在空气中发生爆炸，其高温高压的爆炸产物就会直接作用在气体介质上；炸药若是在岩石中爆炸，这种高温高压的爆炸产物就会在岩石破裂的瞬间冲入周围空气中，强烈地压缩邻近的空气，使其压力、密度、温度突然升高，形成空气冲击波。冲击波在空气中传播时，将会形成压缩区和稀疏区。压缩区内因空气受到压缩，其压力大大超过当地大气压，称之为冲击波超压；稀疏区内由于紧随冲击波后面的爆炸产物的脉动，其压力低于当地大气压，即出现负压。

由于空气受到压缩而向外流动，这种向外流动的空气所产生的冲击波压力称为动压。由于冲击波具有较高的压力和流速，所以不但可以引起爆破点附近一定范围内建筑物的破坏，而且还会造成人员伤亡。

在进行爆破作业时，为了确保人员和建筑设施等的安全，必须对空气冲击波加以控制，使之低于允许的超压值。如果在作业条件不能满足爆破药量和安全距离的要求时，可在爆源或被保护对象附近构筑障碍物，以削弱空气冲击波的强度。控制空气冲击波的途径有四种：防止产生强烈的冲击波；产生冲击波后，设法立即削减它；在冲击波传播过程中进行削减；在条件允许的情况下，扩大空气冲击波的通道，或按设计线路设置"泄波"通道，使冲击波泄入大气。

在爆破区域或被保护物附近构筑阻波墙，可以在空气冲击波产生后或传播过程中予以削弱。具体手段如下：

（1）水力阻波墙。水力阻波墙在结构上是在两层不透水的墙之间充满水。这种水力阻波墙多用于保护通风构筑物、人行天井。目前有些国家使用高强度的人造织物和薄膜制成水包代替这种水波墙，取得了较好的效果。充满水的水包与巷道四周紧密连接，当冲击波来到时，水包压力增加，并把这种压力转移到巷道两旁，从而增强了抗冲击波能力。为了防止飞驰在冲击波后面的岩块和其他物体损坏水力阻波墙，在水力阻波墙前可适当设置一些坚固材料做成的挡板。

实践证明，水力阻波墙造价低，构造快，防冲击波效果好，冲击波减弱幅度可达75%以上。此外，还能降低粉尘和有毒有害气体含量。

（2）沙袋阻波墙。沙袋阻波墙是用沙袋、土袋等垛成的，地面爆破和地下爆破均可使用。它具有造价低、建造工期短的特点。其高度、长度和厚度视被保护对象尺寸、重要程度和冲击波强度而定。一般来说，冲击波强度越高，沙袋阻波墙的长度也需加大，以防沙袋被吹跑。为可靠起见，可在其外表面覆盖与地面或巷道壁牢固固定的铁丝网或铁索等，构成混合阻波墙，这样可大大提高其防波能力。

（3）防护排架。在控制爆破中，还可采用木柱或竹竿作支架，草帘、荆笆等作覆盖物架设成的防护排架，它对冲击波具有反射、导向和缓冲作用，因此可以较好地起到削弱空气冲击波的作用，一般单排就可降低冲击波强度30%～50%。因此，它应用非常广泛。

防护排架的尺寸依据被保护对象而定，而其强度则由冲击波强度、被保护对象的抗冲击波能力及其重要性而定。其形状一般为"人"字形，迎爆面与地面的夹角应比背面与地面夹角大，一般为60°～75°。且迎爆面应加固。为延缓防护排架在冲击波作用下的位移时间和增强其刚度，其支柱脚应埋入地下0.3m以上。对重点保护对象，可架设双排或多排支架，排间距为 4～6m。

除上述空气冲击波控制措施外，还可在爆源上加覆盖物，如袋装砂或草袋，或盖胶管帘、废轮胎帘、胶皮帘等覆盖物。对建筑物而言，还可打开窗户并设法固定或摘掉窗户。如要保护室内设备，可用厚木板或沙袋等密封门、窗。

只要采用钻孔爆破，并按安全设计要求进行填塞，露天爆破不会对开阔环境需保护物产生危害，主要应注意地下工程开挖爆破产生的空气冲击波及噪声的危害，特别是在洞口开挖时，如果洞口朝向居民区时，应采取措施消减空气冲击波及噪声，最有效的措施是在洞口安装防护门，防护门采用刚性支撑，包裹柔性材料消减冲击波及噪声。

11.3.3 爆破个别飞石控制与防护

爆破飞散物是指爆破过程中个别或少量脱离爆破主体、飞得较远的碎石或碎块。爆破飞散物虽然数量较少，但由于飞行方向无法预测，散布距离难以计算，往往是造成人员伤亡、建（构）筑物和露天设施损坏的主要因素。

爆破飞散物按其飞行状态可分为抛射和抛掷两种形式。抛射飞散物多与被爆破介质结构中存在弱面及爆生裂隙有关；抛掷飞散物则主要与抵抗线不足或装药过量而产生的爆炸剩余能量有关。

产生飞石的具体原因大致如下：

（1）填塞材料与被爆体材料的物理力学性质差异太大，这容易导致孔口部分介质破碎而产生沿孔口正对方向的飞石。

（2）爆破参数选择有误，药包所处位置的最小抵抗线偏小或过量装药。

（3）对被爆破体结构及其材料的性质、分布情况了解不够。有软弱界面时，该处破碎程度加剧，爆生气体大量涌入，导致这些部位产生大量飞石。

（4）检查核实工作不到位，施工人员没有按设计参数进行施工，如在装药时施工者自行加大单孔药量，而管理人员没有检查到位，则易产生飞石。

（5）起爆时差过大，前排起爆体起爆后破坏了部分防护设施，使后排起爆体在缺乏必要防护的情况下起爆，飞石无遮挡。

11.3.3.1 安全距离计算经验公式

爆破飞散物受到爆破方式、装药结构、炸药单耗、地形地貌、填塞质量、风速风向等因素影响，飞行方向和散布范围带有较大的随机性，难以用数学分析方法精确计算，现有的计算公式多建立在工程经验和数据统计基础上。

国内外研究人员在搜集分析了大量工程资料后，对飞散物最大抛掷距离提出了多项经验计算公式。

台阶深孔爆破可以采用下列公式计算飞散物抛掷距离：

$$R_f = 100K_1K_2\frac{\gamma^3}{W^3} \tag{11.3-4}$$

式中　R_f——个别飞散物抛掷距离，m；

　　　K_1——深孔密集程度系数；

K_2——炸药爆能与抵抗线相关系数；

γ——深孔半径，cm；

W——第一排炮孔最小抵抗线，m。

K_1 和 K_2 取值可参考表 11.3 - 2 和表 11.3 - 3。

表 11.3 - 2 深孔密集程度系数 K_1

K_1	2.0	1.5	1.0	0.7	0.6	0.5	0.4	0.3
炮孔密集系数	0.5	1.0	2.0	3.0	4.0	5.0	6.0	7.0

表 11.3 - 3 炸药爆能与抵抗线相关系数 K_2

K_2	0.3	0.5	0.9	1.1	1.3	1.5	1.7	1.9	2.0
抵抗线/m	1.0	2.0	3.0	4.0	5.0	6.0	7.0	8.0	9.0

瑞典爆炸研究基金会提出了露天台阶爆破的飞散距离计算公式为

$$R_f = K_q D \tag{11.3 - 5}$$

式中 R_f——飞散距离，m；

K_q——安全系数，$K_q = 1.57$；

D——爆破孔径，mm。

日本全国火炸药保安协会通过对采石场爆破的数据统计与回归分析，采用式（11.3 - 6）计算飞散距离：

$$R_f = 144q - 29 \tag{11.3 - 6}$$

式中 R_f——飞散距离，m；

q——炸药单耗，kg/m^3，q 取值 0.2~0.9kg/m^3。

Jimeno 提出台阶爆破飞散物：

$$\frac{R_f}{D} = -1.024 + 5.118q \tag{11.3 - 7}$$

式中 R_f——飞散距离，m；

D——爆破孔径，mm；

q——炸药单耗，kg/m^3。

在拆除爆破中可采用下列公式对个别飞散物距离进行计算：

$$v_0 = (Q^{1/2}/W)^2 \tag{11.3 - 8}$$

$$R_f = f_1 f_2 v_0^2 \sin 2\alpha / g \tag{11.3 - 9}$$

式中 v_0——个别飞石初速，m/s；

Q——单孔最大装药量，kg；

W——距保护目标最近处的装药孔最小抵抗线，m；

g——重力加速度，m/s^2；

R_f——飞散距离，m；

f_1——介质系数，介质为钢筋混凝土时取 9.23～9.60，砖介质时取 3.6～6.0；

f_2——防护系数，二层防护取 1.0，三层防护取 0.5；

α——飞石抛射角。

11.3.3.2 爆破飞石的控制与防护

1. 爆破参数调整

（1）优化爆破参数。如选择微差起爆方式，控制一次起爆药量和炸药单耗，合理安排起爆顺序和延期时间，选取适宜的孔距、排距、最小抵抗线等爆破参数，并尽可能使主要的飞石方向避开重要保护目标；准确选取炸药单耗，必要时通过试验来确定合理单耗，避免单耗失控。

（2）保证炮孔填塞质量。选取优质的填塞材料，保证合理的填塞长度和填塞质量。填塞要密实、连续，填塞物中应避免夹杂碎石；要保证填塞长度不小于最小抵抗线值。

（3）合理布置药包。根据爆破要求、被爆破体的性质、结构、软弱部位等因素，合理布置药包，切忌药包布置在地质缺陷部位，钻孔时应记录是否存在漏气现象，必要时局部填塞，进行分段装药。

（4）选用合理的炸药。必要时选用低能炸药、低爆速炸药。这会增加钻孔工作量，增加成本，一般在安全要求高的特殊环境下采用。

（5）采用合理的装药结构。如采用不耦合装药、非连续装药等，变集中装药为分散装药。

2. 被动防护

被动防护分为对物的防护和对人员的防护。对物的防护主要形式有覆盖防护、近体防护、保护性防护和缓冲防护。覆盖防护是指直接在爆破对象上覆盖防护物，防护材料多以废旧被子等柔性透气材料为主。近体防护是指在爆破对象附近设置用竹笆等做成的临时防护装置，以遮挡覆盖防护未能阻挡的飞散物。对重点对象往往采用保护性防护，爆破危险区内若有重要设备、设施需要保护时，在被保护对象上进行遮挡或覆盖防护。对高耸拆除物采用缓冲防护，为避免高耸拆除物倒塌下落时，触地造成反弹飞散物，可铺设砂土等垫层。对人的防护具体措施有：为爆区作业人员设置掩体、在爆区四周安全距离外设置封锁线、设置警示标志、加强警戒、强制非作业人员必须撤离警戒区等。

对建筑物的防护，应根据实际情况，选用下列 3 种防护措施：

（1）覆盖防护。防护材料直接覆盖在爆破体上，以阻挡飞石飞出，或降低其飞出的速度。防护重点是可能产生飞石的薄弱面以及面向居民区、交通要道等保护物的方向。

（2）近体防护。在爆破体附近设置防护装置，一般用竹笆或厚尼龙塑胶布架设成防护墙。

（3）重点对象的防护。在被保护物体上用竹笆等防护材料进行遮挡或覆盖。

影响飞石的因素很多，尽管进行了精心的爆破设计和施工，但主动防护措施不能完全控制飞石的产生。为防止万一，在爆区附近必须进行被动防护。

选取防护材料一般应把握：①就地取材，运输方便；②富有弹性和韧性；③便于搬动、裁剪和拼接。

国内常用竹笆、保温被、旧车胎等作为防护材料，国外常用金属网、厚尼龙塑胶布、旧工业用毡等作为防护材料。

11.3.3.3　其他防护要求

（1）复核前排抵抗线是否满足爆破飞石安全控制要求。

（2）探明是否存在对飞石方向存在影响的软弱结构面、溶洞等地质缺陷，必要时采用间隔装药和对地质缺陷进行补强等措施。

（3）避免先爆炮孔造成后续爆破孔防护措施失效和改变后续爆破孔抵抗线方向。

11.3.4　爆破水击波防护与控制

11.3.4.1　超压峰值的估算

在无限水介质场中，忽略重力与位移的影响，对于悬挂在水中的 TNT 集中药包，库尔得出初始水击波的压力峰值为

$$\left.\begin{array}{l} P = 533\rho^{1.13} \\ \rho = Q^{1/3}/R \end{array}\right\} \tag{11.3-10}$$

式中　Q——单个起爆药包药量，kg；

　　　R——测点至药包中心距离，m；

　　　P——冲击波峰值压力，10^5Pa。

然而，对于围堰及岩坎爆破，由于大部分炸药能量被用来破碎、抛掷被爆体，只有极小部分能量形成水击波；加之实际工程大多为有限水域，水击波在传播中经过多次折射与反射，还将耗散部分能量，因此在设计中采用库尔公式计算水击波压力必然会与实际情况有很大出入，往往会大大限制爆破规模，影响工程进度。表 11.3-4 列出了几个工程实测对比资料。

表 11.3-4　　　　　　　　水下爆破水击波压力经验公式与库尔公式的对比

工程名称	爆破方式	水击波压力经验公式	与水中爆炸的压力比	ρ 值范围
青岛灵山工程	岩坎爆破	$23.3\rho^{1.48}$	—	—
葛洲坝工程	围堰心墙爆破	$11.47\rho^{0.95}$	—	—
密云水库工程	岩塞爆破	$80.27\rho^{1.42}$	0.4%～3.6%	0.01～0.5

11.3.4.2　水击波防护措施

水下爆破的冲击波会对水中生物以及周围建筑物带来很强的破坏作用。研究表明，水下爆破冲击波对水中生物如鱼类的伤害程度不仅与峰值压力有关，还与其能量密度有密切的关联；水下爆破冲击波对水中建构筑物或挡水结构的破坏则主要表现为冲击载荷作用引起的强烈振动响应，在水击波及爆破地震波的共同作用下，这些结构有可能会产生强迫振动响应，从而造成它们部分功能失效（诸如启闭困难、漏水等）。

一般在围堰及岩坎爆破条件下，水击波压力峰值均不高，不可能构成威胁大坝等主体水工建筑物的安全问题。通常要予以重视的是水面以下迎水侧的闸门、拦污栅及坞门等结

构。因此要做好安全复核，采取必要的主动防护和加固措施。目前最常用的减轻水下爆破冲击波破坏效应的措施主要有以下两种：

（1）采用毫秒延时爆破。把群药包分为若干组，按一定间隔顺序起爆。毫秒延时爆破的延期间隔时间一般为几毫秒至几十毫秒，炮孔的起爆顺序是相间布置的，相邻孔间先后以毫秒时间间隔起爆。延时爆破产生的地震效应和冲击波比齐发爆破要小得多，且其地震波能量在时间和空间上是分散的。由于采用延时爆破能降低地震和水中冲击波的有害效应，在附近有建筑物的地方进行爆破施工时一般都采用延时爆破。群药包延时爆破时，它们之间的相互作用会对爆破效果的好坏产生很大的影响，当前排药包起爆后，松动周围的坚固岩石，使之变成松散碎石体，这些松散碎石体具有吸收多余能量的作用。后排药包起爆时，产生的过量飞石大部分会被前方的松散碎石体阻挡，冲击波也会被松散碎石体吸收，因此减小了飞石和冲击波的危害程度。在一次总起爆药量不变的情况下，采用延时爆破，合理控制单段起爆药量及微差起爆时间，可有效降低爆破水击波及爆破地震水压力效应影响。

（2）对水击波效应进行主动防护的措施。主要是采用气泡帷幕防护技术。所谓气泡帷幕，就是在爆源与被保护物之间的水底设置一套气泡发射装置，自水底发射出的无数细小气泡，由于浮力的作用自下而上运动，形成一道帷幕，它能有效地耗散穿越它的水击波能量，从而达到削减水击波压力峰值的目的。气泡帷幕中的气泡密度越大，帷幕厚度越厚，则气泡帷幕削减水击波峰值压力的效果越显著。因此，设计气泡帷幕的原则是尽可能地提高单位时间内气泡在水中的密度。即要尽可能地提高气泡发射装置内压缩空气的压力和流量；适当增加发射孔的数目和减小孔的直径；改善发射装置的结构或设置多排发射装置等。葛洲坝大江围堰混凝土心墙爆破拆除中采用的气泡帷幕发射管为一根直径 91mm 的钢管，总长 160m，发射管上有二排发射孔，呈三角形布置，孔间距 60mm，孔直径 1.5mm，发射角 45°，发射管的底部设置了一排排水孔，排水孔直径为 1.75mm，间距 30cm，共用 8 台 9m³/min 的移动式空压机供风。现场实测结果表明，采用气泡帷幕技术，能削减水击波峰值压力 70％以上。

气泡帷幕技术最早由阿杜尔夫工程师提出，并在加拿大 Ortario 水电站的水下爆破施工中首次采用。随后，苏联、美国、日本、瑞典、意大利等国在进行水下爆破时，广泛采用这种技术来保护鱼类、船舶和水工建筑物。我国则是广东省水电厅马乃耀在 1968 年提出了气泡帷幕方法，并在黄埔港不封航水下炸礁中，采用低压气泡帷幕防护技术，消减炸礁引起的冲击压力。我国水电工程最早在大朝山围堰拆除爆破中采用，并测试了帷幕前后的水击波峰值压力变化，单层气泡帷幕消减水击波压力达 95％。

11.3.5 爆破粉尘和有毒气体防护

爆破的过程中会产生大量的爆破粉尘和一氧化碳（CO）、氧化氮（NO 和 NO_2）等有毒气体，会对地下洞室内作业环境和作业人员造成较大的危害。

爆破粉尘具有浓度高、滞留时间长等特点。爆破瞬间可以产生数千毫克每立方米浓度的粉尘，有实测资料表明：如果无有效的降尘措施，爆后一小时后，某地下洞室的粉尘浓度仍高达 20～30mg/m³ 以上。爆破粉尘具有颗粒小、质量轻的特点，很容易侵入肺泡。

长期在这种环境下作业，会让人患上尘肺病。同时，爆破粉尘还有扩散快、分布范围广，因而不仅会对工作面处的作业人员造成危害，还会对其他作业人员造成影响。

在炸药爆炸产生的有毒气体中，一氧化碳主要对肺组织产生剧烈的刺激和腐蚀作用，形成肺水肿，并导致呼吸道收缩，降低其对感染的抵抗能力。氮氧化合物（NO_x）与碱性氧化物反应生成硝酸盐或亚硝酸盐而致癌。接触高浓度的二氧化氮，还可能损害中枢神经系统等。

11.3.5.1　爆破粉尘防护措施

爆破产生的粉尘中有一部分其粒度非常细微，能在空气中长期悬浮和飘移，在其表面会吸附富集多种有机物和无机物，并在颗粒表面发生一系列化学反应，有可能改变物质的化学形态和生物毒性，对劳动场所、环境和人体健康构成很大危害。我国规定作业地带空气中五毒的最高允许浓度是：含游离二氧化硅 10％以上的粉尘为 $2mg/m^3$，其余各种粉尘为 $10mg/m^3$。爆破粉尘难以消散，其降尘措施必须有明显降尘效果、实施方便、成本较低且可长期应用。

（1）爆破工艺参数优化。爆破工艺参数上防尘毒主要包括保证填塞长度、采用孔底起爆、控制炸药的包装材料、完善炸药配方、采用高台阶挤压爆破或松动爆破等。提高炮孔填塞质量可有效降低爆破粉尘和有害气体含量，如采用水袋填塞等，但由于多方面的原因，实际工程爆破中炮孔的填塞很不理想。为了操作的简便和节省炮孔填塞费用，露天爆破炮孔一般仍采用钻孔屑或土、砂、小石等填塞，地下爆破炮孔则大部分采用纸团、草把填塞，少数采用泥团、沙袋或水袋填塞，有些则根本不填塞，部分高速摄影表明，尽管用上述材料填塞炮孔比不填塞的爆破效果好，但由这些材料所形成的炮孔填塞体不能有效地防止爆炸气体直接由炮孔口喷出而引起卸压，"冲天炮"依然普遍存在，由于岩体破碎与高温高压爆炸气体膨胀做功的多少密切相关，因而，爆炸气体由炮孔口直接喷出泄漏而成为爆炸能量严重损失、炸药单耗量明显增加的根本原因之一。实践证明，对于光爆炮孔，不堵就比用黄泥填塞多耗 10％～15％的炸药。试验同样证明，用高强材料填塞炮孔与用常规方法填塞相比，一般可节省炸药 20％～30％。

（2）湿法防尘毒。湿式防尘毒近几年发展较快，方法也越来越多，主要有充水药室爆破、水塞爆破、用胶糊填塞炮孔、爆破区洒水、泡沫覆盖爆区、使用喷雾器实现人工降雨、人工降雪、表面活性剂溶液降尘毒等。例如用富水胶冻炮泥填塞炮孔，富水胶冻炮泥由水、水玻璃、硝酸铵、硫酸铜等组成，在酸性盐、硝酸铵和 Cu^{2+} 的作用下，水玻璃发生水解和电离，形成硅胶，放置一段时间后，硅溶胶自动形成凝胶即富水胶冻炮泥。在爆破瞬间，有毒气体和粉尘与富水胶冻炮泥微粒接触，发生复杂的物理、化学反应，可减少尘毒的产生，同时在爆破后一段时间内，也能使尘毒量明显下降。实验表明，用富水胶冻炮泥填塞炮孔与用砂土填塞相比，有毒气体下降可达 70％以上，粉尘下降达 90％以上。此外，最简单有效的措施还是采用水填塞，或在爆区覆盖水袋爆炸形成水雾降尘。

（3）钻机和铲装作业防尘技术。钻机防尘措施主要有干式捕尘、湿式除尘及干湿联合除尘三种方法。干式捕尘指除尘器安装在钻机口进行捕尘。湿式除尘主要采用风水混合法除尘，即利用压气动力把水送到钻孔底部，在钻进和排渣过程中湿润粉尘，形成潮湿粉团或泥浆，排至孔口密闭罩内或用风机吹到钻孔旁侧。干湿联合除尘是将干式捕尘和湿式除尘联合起来使用的一种综合除尘方式。铲装作业的基本防尘措施是湿式作业，对司机室密闭净化。增加爆渣湿度是防止粉尘飞扬，降低空气含尘量的有效方法。它包括预先湿润爆堆和装载时喷雾洒水。预先湿润爆堆在挖装前 30min 进行，可取得良好的防尘效果，又不影响作业。装载时喷洒水是在铲装作业的同时，利用喷雾器向作业地带喷雾洒水。这种方法设备简单、使用方便、效果较好。为了提高普通喷雾的效果，特别是呼吸性粉尘的降尘效果，可采用以下措施：①利用声波技术，利用声波发生器产生的高频高能波，使尘粒之间、尘粒与水雾之间产生声凝聚效应，从而提高水雾对尘粒的捕集效率；②利用荷电水雾，利用水雾粒子与尘粒间的静电相互作用来提高捕尘效率；③利用磁化水喷雾，水经磁化后，其表面张力、吸附能力、溶解能力增加，同时水的雾化程度提高，还提高了水与尘粒的接触能力与机会。

（4）水雾降尘。最有效的降尘措施是采用水雾降尘，可采用专用的喷雾装置。喷雾装置有移动式、固定式和高塔式。喷雾射程可达 100m，单台覆盖面积可达 2 万～3 万 m^2。对于狭窄河谷地段边坡开挖，可拉几根横穿河谷的水管，在水管上均匀设置细微孔，采用高压水喷雾进行降尘，这一方法最早在锦屏和溪洛渡坎肩槽开挖中应用，且效果良好。

11.3.5.2 有毒气体的预防与控制措施

（1）使用合格炸药，炸药组分的配比应合理，尽可能做到零氧平衡。加强炸药的管理，禁止使用过期、变质的炸药。

（2）做好爆破器材的防水处理，确保装药和填塞质量，避免半爆和爆燃；装药前尽可能将炮孔内的水和岩粉吹干净，使有害气体减至最低程度。

（3）爆破前后加强通风，采取措施向死角盲区引入风流，必要时采用机械通风。

（4）爆破后，经过通风散烟，检查确认空气质量合格并等时间超过 15min 后，方能允许作业人员进入爆破作业地点。

（5）工作面的炮烟毒气含量每月测定一次；在爆破炸药量增大时，在爆破前后测定爆破有毒有害气体含量。

11.4　爆破安全评价

11.4.1　安全评价方法

爆破安全评价首先需要明确爆破安全控制标准，有标准的，主要依据国家行业标准，或者制定严于国家行业标准的爆破安全控制标准；无标准的，可参照 11.2.4 制定相关的控制标准。爆破安全评价可通过监测手段获取相关的控制指标参数，与控制标准进行比对，并辅助以爆破宏观调查、数值模拟分析等手段进行。必要时，还应该采用联合测试技术，以应力、应变测试，声波检测，钻孔电视等，获取多个指标进行比对分析，综合评价。

11.4.2　地下工程开挖爆破安全评价案例

以红水河龙滩水电站地下厂房开挖爆破振动对厂房高边墙稳定和岩壁吊车梁结构安全

的评价为例进行说明。

11.4.2.1　工程特点

龙滩水电站是红水河梯级开发中的骨干工程，地下洞室群规模巨大，地质条件复杂，岩石类别主要为中厚层砂岩、粉砂岩和薄层泥板岩，洞室开挖时，交替出露，软硬不均，高边墙稳定问题突出。

地下厂房采用岩壁吊车梁，岩壁梁层以下各层开挖产生的爆破振动对岩壁梁结构（包括新浇筑的混凝土、新灌注锚杆、岩壁梁岩石台座及以下的高陡岩壁等）的影响问题。如果爆破振动控制不当，将对岩壁梁的安全运行产生不利影响。

本案例通过龙滩水电站地下厂房开挖过程中的动、静力安全监测结果对比分析、围岩声波检测结果、结合数值模拟方法对开挖爆破对地下厂房围岩及岩壁梁的影响进行分析评价。

11.4.2.2　成果分析

1. 爆破振动效应影响分析

（1）主厂房岩石边墙及岩壁梁安全振速控制标准为爆破质点振速小于 7cm/s，边墙喷护混凝土振速控制标准为爆破质点振速小于 5cm/s；据此标准进行统计，2003 年度地下厂房系统共出现 57 次爆破振动超标事件。

（2）振动影响频次、范围最大的是主厂房预裂及拉槽爆破。

（3）主厂房Ⅲ层拉槽及预裂爆破开挖对岩壁梁的振动影响较大，母线洞以及保护层爆破对岩壁梁的影响也不可忽视。

（4）主变室自身开挖爆破振动未对相邻的主厂房边墙及岩壁梁产生过大影响。

（5）对主厂房（包括主变室及母线洞、引水洞）超标爆破振动峰值主频进行分段统计表明：峰值振动主频在 100～200Hz 之间的比率最高，达 62.96%，其次是主频在 50～100Hz 之间的振动，没有出现主频低于 30Hz 的峰值振动，爆破振动频率相对地下厂房结构的固有频率来说是很高的，具有瞬时的冲击荷载特性，振动能量较小且相应的影响范围及深度均较小，因而危害性也相应较小。

2. 静力监测成果

2003 年度主厂房锚杆应力计有 12 点次超量程、26 个测点测值最大日变化率明显大于其他测点；主厂房锚索测力计有 8 个测点最大锚固力超锁定值 10% 以上，表明其岩体产生了较大变形；主厂房岩石变位计有 14 个测点最大位移超过 10mm，有 10 个测点位移最大日变化率明显大于其他测点，达到 0.5mm/d 以上。

岩壁梁锚杆应力计有 5 点次超量程、16 个测点测值最大日变化率明显大于其他测点；岩壁梁测缝计有 6 个测点最大测缝值超过 1mm，有 4 个测点测缝最大日变化率明显大于其他测点。

3. 静、动力监测资料对比分析

通过对静力和动力监测数据进行综合对比，以找出超标爆破振动与静力测值超量程以及测值日变化率较大事件的关系，分析爆破振动与主厂房围岩以及岩壁梁应力及变形的关系。对比结果如下：17 次锚杆应力超量程事件中与爆破振动超标有直接关系的只有 1 例，56 次应力、变形突变事件中与爆破振动影响有直接关系的只有 2 例。上述对比结果表明：

（1）主厂房拉槽爆破试验以及动、静力资料综合分析的结果表明，厂房内单次爆破振动直接引发非爆破近区岩体应力及变形状态突变的可能性很小，对围岩与岩壁梁胶结面的直接影响也不大，但集中高频度超标爆破振动的破坏影响仍不可忽视。

（2）爆破近区以外的应力及变形加剧仍主要是由开挖卸荷引发的围岩应力场徐变或地质弱面及缺陷引起的。

4. 数值模拟及对比结果

采用大型商用软件 ANSYS，对龙滩地下厂房开挖中引起的开挖动态卸荷问题和爆破施工进行数值模拟，对地下厂房第二层至第七层爆破开挖过程岩石高边墙及岩壁梁的动力响应进行了模拟，完成了基于质点峰值震动速度安全判据的爆破损伤范围预测、基于最大拉应力准则的围岩爆破损伤范围预测。

（1）岩体开挖动态卸荷效应及爆破作用影响的比较。开挖爆破对地下洞室围岩的影响包括开挖卸荷引起的应力重分配和爆炸荷载作用（包括爆源近区的爆炸冲击波作用和中远区的爆破振动作用）引起的动力损伤。模拟结果表明：虽然爆破荷载峰值比地应力荷载峰值大（同一量级），但其荷载作用只是在近区影响较大，在远区其影响要小于初始地应力动态释放的影响。

（2）爆破振动荷载作用下岩石高边墙和岩壁梁的动力响应。在爆破振动荷载作用下，岩壁梁与围岩的结合面是整个岩壁梁结构中的薄弱环节。结合面上最大拉应力出现在岩壁梁与围岩结合面的顶部或底部。

岩壁梁混凝土浇筑后，厂房第三层的开挖对岩壁梁的影响最大，由于保护层离岩石高边墙的水平距离最近以及其后冲方向正对边墙，保护层爆破在岩壁梁处引起的振动往往处于控制地位，而对中间拉槽和扩挖爆破，由于施工预裂缝的存在加上离边墙距离较远，其引起的爆破振动值反而较保护层爆破小。

从整体看在地下厂房开挖过程中，岩石高边墙上的质点峰值振动速度不存在明显的高程放大效应，这有利于岩石高边墙的动力稳定；在岩壁梁部位，其垂直向振速则存在程度有限的局部放大效应。

地下厂房岩壁梁以下各层的爆破开挖在岩壁梁处 X 方向（垂直于岩壁梁与岩壁结合面）引起的拉应力在 $0.1 \sim 0.9$MPa 之间，而岩壁梁和岩台（壁）结合面间的胶结力在 1MPa 以上。据此判断，爆破振动荷载作用下岩壁梁和岩台（壁）间的结合面不致被破坏，岩壁梁的结构整体性没有受损，岩壁梁是安全的。

岩壁梁以下各层开挖中，由于与岩壁梁的高差不同引起诱发的振动响应特性不同，从而导致不同开挖层有不同的安全质点振动速度标准。龙滩地下厂房开挖中以 7.0cm/s 的爆破振动控制标准进行控制，对第四至第七层的开挖而言比较合理；对第三层的开挖应属于偏严，对该层理论上的安全质点振动速度标准可达 14cm/s。

（3）数值模拟与爆破损伤范围声波测试成果对比分析。综合考虑取龙滩地下厂房区岩石的动态抗拉强度为 $2 \sim 4$MPa，龙滩水电站工程地下厂房开挖过程中，在不考虑岩体的初始应力状态条件下，基于最大拉应力准则进行模拟计算表明，预裂爆破爆炸荷载作用造成的最大径向破坏范围在 $5 \sim 24$ 倍炮孔直径范围内（预裂、光爆孔径分别取 80mm、

42mm，预裂孔底采用 ϕ65mm 药卷时，破坏范围取上限）；而采用 ϕ25mm 药卷爆破时，光面爆破的围岩破坏范围较小，其影响范围约为 10 倍孔径量级。据此分析，轮廓面爆破最大影响深度为 0.4～1.9m。

龙滩地下厂房Ⅱ类、Ⅲ类、Ⅳ类围岩进行了开挖后声波检测，具体结果见表 11.4－1。

表 11.4－1　　　　　龙滩地下厂房声波测试结果汇总表

测试部位		岩性	测试时间	孔底平均波速 /(m/s)	破坏范围 /m	松动圈波速下降比率/%
主变室上游边墙		Ⅱ类	爆后 3 天	5296～5311	<0.6	10～15
主厂房	上游边墙	Ⅱ类	爆后 100 天以上	5186～5316	<0.5	10～15
	上游边墙	Ⅲ类	爆后 100 天以上	5007～5046	1.4～1.6	10～30
	下游边墙	Ⅳ类	爆后 100 天以上	5138	1.3～1.7	10～25

以上测试部位轮廓面均采用孔径 ϕ45mm 光面爆破；破坏范围的判别以爆后声波纵波波速下降幅度为依据，若同部位爆后波速较爆前下降幅度超过 10%，即判断为爆破破坏。由表 11.4－1 可见，在岩性较完整部位光面爆破影响深度在 10 倍炮孔直径范围以内，在岩体完整性较差的部位，其围岩松动圈范围上限可达 1.6～1.7m。

对比分析可见：岩石声波检测结果和数值动力模拟分析结果有较好的一致性，二者互为印证，表明总体来看爆破振动不会对深部岩体产生直接破坏作用，不过仍要注意减少对局部地质弱面围岩的破坏影响。

11.4.2.3　评价结论

（1）动力监测资料综合分析表明，主厂房Ⅲ层拉槽及预裂爆破开挖对岩壁梁的振动影响相对较大，母线洞以及保护层爆破对岩壁梁的影响也不可忽视。

（2）主厂房拉槽爆破试验以及动、静力监测、数值模拟结果综合分析表明，厂房内单次爆破振动直接引发非爆破近区岩体应力及变形状态突变的可能性很小，对围岩与岩壁梁胶结面的直接影响也不大，但集中高频度超标爆破振动的破坏影响仍不可忽视。

（3）声波检测及数值模拟结果均表明爆破引起的损伤范围均限制在保留岩体的表层，不过仍要注意减少对局部地质弱面围岩的破坏影响。

（4）爆破近区以外的应力及变形加剧主要是由开挖卸荷引发的围岩应力场徐变或地质弱面及缺陷引起。

（5）由于岩壁梁以下各层开挖诱发的振动响应特性不同，龙滩地下厂房开挖中以 7.0cm/s 的爆破振动控制标准进行控制，对第四至第七层的开挖而言较合理，而对第三层的开挖属于偏严。

11.4.3　露天开挖爆破安全评价案例

以小湾水电站坝肩高边坡施工期爆破安全评价为例进行说明。

11.4.3.1　工程特点

小湾水电站枢纽左右岸坝肩边坡最大开挖高度达 687m，也是国内高的水电站边坡之一，1245m 高程以上边坡台阶坡比从 1：0.65 递减至 1：0.25，进入坝肩槽开挖后边坡除了预留 1m 宽的马道外，台阶坡面均为直立坡，高程 1245～1000m 段垂直高度 245m。边坡坡高陡峻、表层风化及卸荷严重，地形、工程地质及水文地质复杂，开挖爆破的规模和强度极大。

爆破振动能否得到有效控制直接影响到高陡边坡的稳定及安全，有必要通过爆破试验及施工过程中岩体运动、动力参数以及松动范围等监测数据对比分析，科学评价爆破对高陡边坡的安全影响程度，并为选择合理的施工方法、爆破参数及工程竣工验收提供依据。

本案例根据地表及边坡内部运动参数监测结果与静力监测结果、边坡及马道破坏范围声波测试结果、宏观调查结果，结合动力数值分析方法综合分析高边坡开挖爆破破坏特征以及破坏范围，并对其施工期安全进行评价。

11.4.3.2　成果分析

1. 爆破振动效应影响分析

爆破振动安全标准为：开挖区上一马道部位 $V \le 10 \sim 15 \text{cm/s}$。

（1）振动速度峰值分段统计结果表明：统计的 1245m 高程以上边坡台阶及预裂爆破，振动控制在 $10 \sim 15 \text{cm/s}$ 以内所占总比率为 78.7%；统计的 1245m 高程以下边坡台阶及预裂爆破，$10 \sim 15 \text{cm/s}$ 以内振动所占比率提高至 84.2%，说明前期施工进度紧张、爆破区宽度较大情况下的大规模爆破次数较多、爆破振动强度偏大，同时也表明根据爆破试验成果控制爆破振动效应影响取得了较明显成效。

（2）各马道测点与频率的关系：爆区上一马道测点振动频率以 $10 \sim 50 \text{Hz}$ 为主，大于 50Hz 且振动大于 15cm/s 的极少；随着高程的增加，上部测点振动频率有所下降。

（3）产生较大爆破振动的原因分析。经过对振动超标事件出现频次、部位以及出现频次与爆破排数、预裂爆破时间的相关性分析，以及对典型超标事件及实测爆破振动历程进行深入、详细分析后认为，较大爆破振动峰值产生的主要原因是：爆破排数较多时的后排爆破振动、爆破段数过多时主爆孔的重段或段别间隔时间过短引起的振动叠加、预裂爆破与主爆破孔爆破的振动叠加、前排强风化区因钻孔困难造成底盘抵抗线过大或压渣、局部缺孔特别是连续缺孔、前排缺孔或前排抵抗线较小及未密集布孔问题，此外，还有个别是联网不当、爆破飞石破坏网路造成起爆顺序混乱以及预裂缝未充分形成或成缝宽度不够等问题；预裂爆破及主爆破孔单段药量不是产生较大振动的主要原因。

2. 宏观调查成果分析

（1）巡视检查结果。爆破引起的边坡破坏现象主要有边坡楔形体或与边坡走向较一致的薄层节理岩体崩塌、局部松动及掉块、岩石节理面明显张开，对于高倾角及与边坡走向大角度斜交的节理面未发现较大的宏观破坏现象，其破坏形式主要是表层及坡口处节理发育岩体结构的浅层松动或崩垮；在同一地段附近集中发生连续较大爆破振动事件（振速超 20cm/s）将对边坡稳定造成不利影响，尤其是在边坡楔形体或与边坡走向相近的结构面附近爆破更易引起开裂、掉块甚至塌方等损害，如遇降雨或排水不畅，则将对局部边坡的安全与稳定造成危害影响。

（2）专项调查结果。专项调查主要进行爆破裂隙调查与编录工作。

本项调查主要在Ⅲ类岩体中进行。为尽量靠近爆区以及便于多次观测，爆破裂隙调查与编录面布置在预裂面上的坡脚位置处。在爆破裂隙相对比较发育的位置选定面积为1m×1m 的爆破裂隙调查区并用红漆作出标记，爆破前对调查区进行详细的地质编录，包括结构面和爆破裂隙的数目、长度、宽度以及整个调查区的整体接触性质等，爆后再次进行观测，再爆后进行第三次观测。爆破裂隙调查一般为 2～3 次，直到调查区内无明显变化时为止。调查时间尽量靠近爆破时间。

爆前调查成果表明预裂面上调查区内受爆破影响明显，爆破裂隙比较发育。爆后或预裂单独爆破后，有 4 个调查面受邻近爆破有少许影响，对应的爆区上一马道坡脚振速为15.3～16.1cm/s；再次爆破后，当调查区部位实测振速为 4.5～13.9cm/s 时爆破影响均不明显。

3. 声波测试成果分析

边坡声波测试结果表明：

左岸Ⅳ类岩体中，爆前测试时边坡的爆破松弛深度一般为 1.2～1.9m，Ⅲ类岩体中，爆前测试时边坡的爆破松弛深度一般为 0.6～1.6m，左岸坝肩槽爆破松弛深度一般在0.2～1.0m 之间。

在 2003 年 5 月以前，右岸边坡爆前测试时的爆破松弛深度一般为 0.6～1.0m，5—10月，由于右岸爆破振动偏大，边坡上同类岩体松弛深度比 5 月以前加深 0.2m，达到0.8～1.2m，右岸坝肩槽爆破松弛深度一般为 0.6～1.4m。

第二次爆破后，边坡的松弛深度大部分测区内没有加深，少部分测区内加深 0.2m，极少部分测区内加深 0.4m，其主要影响形式只是松弛范围内的岩体再度松弛，松弛范围内的声速、声幅进一步衰减，也就是爆破主要对已经松弛的浅部岩体有明显影响，边坡岩体水平深度超过松弛深度（1.0m 左右）后，爆破对其影响不明显，波速变化在正常波动范围内。

4. 动、静态测试成果对比分析

进行爆破振动与锚索应力计、多点位移计对比测试。表 11.4 - 2、表 11.4 - 3 列出爆破振速大于 7cm/s 的测点振动与锚索应力以及多点位移计测试对比分析结果。

表 11.4 - 2　　　　　　　　　　边坡质点振速与锚索应力测试结果对比分析

爆破时间	观测时间 （爆破前、后）	部　　　位	最大振速峰值 V_{max}/（cm/s）	应力计编号	荷载损失 /%
2003 - 05 - 30	5 月 30 日、6 月 3 日	右Ⅲ$_A$ 区 1350.00m 高程	16.20	C2B - 2Ⅲ - PR - 02T	0.56
				C2B - 2Ⅲ - PR - 03T	− 0.8
2003 - 06 - 25	6 月 24 日、6 月 30 日	右Ⅲ$_A$ 区 1335.00m 高程	22.20	C2B - 2Ⅲ - PR - 04T	− 0.3
2003 - 06 - 25	6 月 24 日、6 月 30 日	右Ⅲ$_A$ 区 1350.00m 高程	20.0	C2B - 2Ⅲ - PR - 03T	− 0.64
2003 - 07 - 12	7 月 8 日、7 月 17 日	右Ⅲ$_A$ 区 1335.00m 高程	20.0	C2B - 2Ⅲ - PR - 04T	0.73
2003 - 07 - 21	7 月 17 日、7 月 26 日	右Ⅲ$_A$ 区 1335.00m 高程	7.04	C2B - 2Ⅲ - PR - 04T C2B - 2Ⅲ - PR - 05	0.26 − 0.27

表 11.4-3   边坡质点振速与多点位移计测试结果对比分析

爆破时间	观测时间 （爆破前、后）	部　　位	最大振速峰值 $V_{max}/(cm/s)$	位移计编号	位移 /mm	最大位移 部位/m
2003-05-30	5月30日、 6月3日	右Ⅲ_A区1335.00m 高程	20.0	C2B-2Ⅲ-M-04	0.14~0.47	孔口
2003-05-30	5月30日、 6月3日、 5月30日、 6月9日	右Ⅲ_A区1350.00m 高程	16.20	C2B-2Ⅲ-M-02	-0.36~0.47	孔口
				C2B-2Ⅲ-M-03	0.18~0.70	孔口
2003-06-25	6月24日、 6月30日	右Ⅲ_A区1335.00m 高程	22.20	C2B-2Ⅲ-M-04	-0.04~0.03	孔口及11.5
2003-06-25	6月24日、 6月30日	右Ⅲ_A区1350.00m 高程	20.0	C2B-2Ⅲ-M-02	-0.04~0.03	12.5
				C2B-2Ⅲ-M-03	-0.13~0.13	孔口及5.0
2003-07-12	7月12日、 7月15日	右Ⅲ_A区1335.00m 高程	20.0	C2B-2Ⅲ-M-04	-1.41~0.27	孔口
2003-07-21	7月15日、 7月26日	右Ⅲ_A区1335.00m 高程	7.04	C2B-2Ⅲ-M-04	-0.82~0.38	孔口

由表11.4-2可见，当地表振速最大峰值达16.2~22.2cm/s时，预应力锚索爆破前后其计算荷载变化虽较振速为7.04cm/s时略有增大，但均无明显突变特征，荷载损失仍很小或有微小增长，以上事件共出现4例；此外，在其他各次对比测试中也均未出现爆破前后锚索荷载突变事件。

由表11.4-3可见，除了2003年7月12日爆破后，在7月15日观测到多点位移计C2B-2Ⅲ-M-04孔口出现明显负位移（对应峰值振速20.0cm/s）外，其他各次当实测地表振速最大峰值达16.2~22.2cm/s时，各多点位移计测值均无明显突变特征，且最大位移值大部分出现在孔口，这表明当观测部位地表振速达到20cm/s左右时，深部岩体不会产生破坏，即使出现局部破坏也是在岩石表层附近；而边坡声波测试结果也表明，在岩层较完整部位，下层边坡爆破一般只会引起边坡表面松弛层内岩体的进一步破坏，而松弛层范围内增加很少甚至不变，可见二者的观测结果具有一致性。

5. 高边坡动力响应数值分析结果

根据小湾岩石高边坡爆破响应二维和三维动力有限元计算得到的各级马道上最大动拉应力、最大质点峰值振动速度分布呈现以下规律：无论是对于最大拉应力和最大质点峰值振动速度，沿深度方向均呈现快速衰减的趋势；最大拉应力和最大质点峰值振动速度出现的部位及对应的时刻并不一致，虽然马道边坡外侧边缘振动速度存在局部的爆破振动放大效应，其峰值振速一般较马道内侧坡脚更大，局部放大系数可达1.5~3.0，但对应的动拉应力分布正好相反，对动拉应力而言，仅在各级马道边坡坡脚内侧的局部范围存在动拉应力集中现象；通过统计分析发现，边坡马道内侧和外侧，最大拉应力和最大质点峰值振动速度间存在线性关系。

根据本工程地形地质条件选取岩体完整性差、强度较低、存在潜在滑动面的代表性断面，根据动、静应力场确定滑移面 S，采用可能滑移面 S 的抗剪断强度比值法进行边坡稳定性计算分析表明：在爆破荷载作用下，边坡的稳定安全系数均大于 1，但爆破振动对边坡的稳定安全系数仍有较大影响；边坡动力稳定安全系数在静力稳定安全系数值附近振荡，对应稳定性安全系数最低的时刻，边坡体动拉应力均小于 1MPa，且影响范围小，对整个边坡稳定性将不会产生不利影响。

11.4.3.3　评价结论

通过动、静力监测结果、声波测试结果、宏观调查结果对比，结合动力数值分析方法综合分析高边坡开挖爆破破坏特征以及破坏范围，并对其施工期安全进行评价认为：小湾水电站爆破振动对高边坡稳定的影响主要表现为结构面的错动、张开等破坏现象，而岩层地质条件对爆破作用结果将产生较大影响，岩层地质条件好，结构面不发育或闭合较好边坡部位受爆破影响较小；较大爆破振动及重复振动对高边坡破坏特征主要表现在岩体沿不同深度薄弱结构面松动后的抗振能力降低、再次振动后加强松动以至垮塌等，对边坡的稳定影响不容忽视；总体来看，爆破振动对小湾岩石高边坡动力稳定性的影响仍仅限于边坡岩体的表层，对不存在整体滑动面的较完整岩体边坡而言，将不至于影响高边坡的整体稳定性。边坡动力响应计算、岩石声波测试以及爆破影响宏观调查结果均说明了这一点。

参 考 文 献

［1］　张正宇，等.现代水利水电工程爆破 ［M］.北京：中国水利水电出版社，2003.

［2］　陈士海，高文乐.复杂环境下的安全爆破技术 ［J］.煤矿爆破，2000，30 (3)：21-23.

［3］　范磊，沈蔚，李裕春.拆除爆破中飞石产生的原因及其防护 ［J］.工程爆破，2002，8 (1)：35-37.

［4］　吴新霞，沙保卫.白莲河抽水蓄能电站取水口围堰拆除爆破控制标准研究 ［J］.爆破，2010，27 (1)：99-103.

［5］　陈明，卢文波，吴亮，等.小湾水电站岩石高边坡爆破振动速度安全阈值研究 ［J］.岩石力学与工程学报，2007，26 (1)：51-56.

［6］　张正宇，等.水利水电工程精细爆破概论 ［M］.北京：中国水利水电出版社，2009.

［7］　王文辉，刘华.水下爆破冲击波影响的控制与防护 ［C］//第七届全国工程爆破学术会议论文集 ［M］.北京：北京理工大学出版社，2001.

［8］　佟锦岳，石教往，熊长汉，等.水下工程爆破对环境影响规律研究 (上) ［J］.爆破，2000 (3)：6-12.

［9］　郑国和，邢维复，王天颂，等.汾河水库隧洞工程岩塞爆破监测成果及分析 ［J］.水力发电，1996 (1)：24-29.

［10］　司剑峰.水下爆破冲击波理论分析及试验研究 ［D］.武汉：武汉科技大学，2013.

［11］　张正宇，曹广晶，钮新强，等.中国三峡工程 RCC 围堰爆破拆除新技术 ［M］.北京：中国水利水电出版社，2008.

［12］　孔德仁，朱蕴璞，狄长安.工程测试技术 ［M］.2 版.北京：科学出版社，2009.

［13］　胡代清，赵根，甘孝清，等.抽水蓄能电站预留岩坎拆除爆破 ［M］.北京：中国水利水电出版社，2012.

［14］　江文武，廖明萍，郭云，黎强.基于物元模型的露天爆破效果评价 ［J］.爆破，2016，33 (1)：137-141.

［15］　张召. 存在采空区的台阶爆破效果评价及参数优化［D］. 武汉：武汉理工大学，2015.

［16］　曾新枝. 矿岩爆破效果综合评价体系研究与实现［D］. 武汉：武汉理工大学，2012.

［17］　周磊. 台阶爆破效果评价及爆破参数优化研究［D］. 武汉：武汉理工大学，2012.

［18］　汪旭光，于亚伦，刘殿中. 爆破安全规程实施手册［M］. 北京：人民交通出版社，2004.

［19］　刘益勇，吴新霞. 向家坝水电站爆破噪声控制标准研究［J］. 长江科学院院报，2005，22（6）：41-43.

［20］　邹定祥. 毗邻高层居民楼的爆破工程产生的空气冲击波超压的研究和探讨［J］. 工程爆破，2006，12（3）：79-83.

［21］　曹根顺. 关于爆破中的冲击性低频噪音的研究［J］. 国外现代爆破技术文集，1997（5）：75-82.

［22］　纪冲，龙源，刘建青. 爆破冲击性低频噪声特性及其控制研究［J］. 爆破，2005，22（1）：92-95.

［23］　朱传统，梅锦煜. 爆破安全与防护［M］. 北京：人民交通出版社，1989.

［24］　王新建. 爆破空气冲击波及其预防［J］. 中国人民公安大学学报：自然科学版，2003，9（4）：41-43.

［25］　苏欣. 厦门海域水下爆破冲击波监测与传播特性分析［D］. 厦门：厦门大学，2007.

［26］　王文辉，刘华，唐世来. 水下爆破冲击波影响的控制与防护［C］. 全国工程爆破学术会议，2001.

［27］　熊炎飞，董正才，王辛. 爆破飞石飞散距离计算公式浅析［J］. 工程爆破，2009，15（3）：31-34.

［28］　JIMENO E L，JIMINO C L，CARCEDO A. Drilling and blasting of rocks［M］. CRC Press，1995.

第12章 CHAPTER 12 爆破安全监测

12.1 概述

为保障水利水电工程爆破施工安全以及确保爆破周围建（构）筑物的安全，应加强爆破安全监测工作。水利水电工程爆破安全监测应根据工程等级和规模、爆破规模及其地形、地质条件和地理环境等因素，设置必要的监测项目，依据爆破时间或定期进行系统的监测。

大、中型水利水电工程地面、地下、水下岩石开挖爆破以及拆除工程爆破均应进行爆破安全监测。监测范围包括坝基、坝肩、坝体和与水工建筑物的安全有直接关系的输、泄水建筑物和设备，以及对大坝安全有重大影响的近坝区岸坡。爆破安全监测应采取仪器监测和宏观监测相结合的方法，这也是水利水电工程系统一直沿用的方法，特别是在爆破试验中对边坡、基础破坏范围的监测通常采用仪器监测和宏观监测相结合的方法，宏观监测较为简单、直观，但瞬态和内部的变化是无法获得的，只有通过仪器随机信号的采集、记录、分析取得。

爆破安全监测主要包括以下内容：爆破质点振动速度监测、爆破质点振动加速度监测、爆破动应变监测、爆破孔隙水压力及沙土液化监测、爆破空气冲击波及噪声监测、爆破有害气体及粉尘对环境影响监测、爆破水击波及动水压力监测、爆破涌浪监测、爆破破坏影响深度监测。

12.2 监测设计

12.2.1 设计原则

水利水电爆破工程安全监测设计遵循如下原则：

（1）监测范围应涵盖重要保护对象；监测对象和监测断面（部位）有代表性。

（2）监测项目涵盖爆破可能产生的主要有害效应。

（3）监测成果能为爆后处理提供依据，能为安全评定提供依据。

（4）监测断面的选择原则：选择与爆破影响关系密切的关键部位布置监测断面；选择距离爆区最近的部位布置监测断面；选择河床最深、大坝最高的部位布置监测断面；选择岩石存在地质缺陷的部位布置监测断面。

（5）各监测仪器、设施的布置，应密切结合工程具体条件以及静态安全监测测点布置情况，既能较全面地反映工程开挖爆破影响状态，又能突出重点和少而精。相关项目应统筹安排，配合布置，保证同监测断面的各监测项目收集的数据能相互印证。

（6）各监测仪器、设施的选择，要在可靠、耐久、经济、实用的前提下，力求先进和便于实现无线监测。

（7）各监测仪器、设施的安装和埋设，应按设计要求精心施工，保证质量。安装和埋设完毕，应绘制竣工图、填写考证表，存档备查。

12.2.2 监测项目及内容

C级及以上爆破工程，还有可能危及社会公共安全、环境安全、工程自身安全以及引起纠纷的爆破工程，应进行爆破有害效应监测。监测项目分为：爆破地震效应（质点振动速度、加速度、应力、应变与位移）、空气冲击波、水中冲击波与动水压力、孔隙动水压力、涌浪、噪声、飞石、滚石、有毒气体、粉尘瓦斯、断层和地应力变化以及可能引起次生灾害的危险源等。

爆破监测设计应包括以下内容：监测目的及内容；监测目标及测点位置；监测仪器及设备；分析软件及数据处理；预期成果；爆破监测承担单位应收集爆区周围的地形及地质资料并了解监测目标及爆破设计。

12.2.3 监测要求及一般规定

（1）可行性研究阶段：应提出爆破安全监测系统的总体设计方案、监测项目及其所需仪器设备的数量和投资估算。

（2）初步设计阶段：应优化爆破安全监测系统的总体设计方案、测点布置、监测设备及仪器的数量和投资概算。

（3）招标设计阶段：应提出监测仪器设备清单、各主要监测项目及测次；各监测设施、仪器安装技术要求及投资预算。

（4）施工阶段：应根据监测系统设计和技术要求，提出施工详图。承担爆破安全监测单位应做好仪器设备的埋设、安装、调试和保护；固定专人进行监测工作，并应保证监测设施完好及监测数据准确、完整。工程竣工验收时，应将监测设施和竣工图、埋设记录和施工期监测记录，以及整理、分析等全部资料汇编成正式文件，上交工程建设单位。

（5）相互有关的监测项目，应力求同一时间进行监测。各项监测应使用标准记录表格，认真记录、填写，严禁涂改、损坏和遗失。监测数据应随时整理和计算，如有超过控制标准影响工程安全时，应及时反馈给有关部门。

（6）当在危险区附近进行爆破施工时，应加强巡视检查，并对重点部位的有关项目加强监测。

（7）当工程进行除险加固、扩建、改建时，应根据有关规程规范规定进行爆破监测系统设计。

（8）承担爆破监测的单位应符合下列条件：持有省级及以上计量部门颁发的计量认证

证书，其检测范围应包括爆破监测的有关内容；经工商部门注册的企业（事业）法人单位；有同时持有爆破工程技术人员安全作业证和检（监）测上岗证的技术人员。

（9）应由工程建设单位邀请有资质的监测单位进行爆破监测。

（10）承担爆破监测的单位，不应为该项工程的施工或设计单位。

（11）实施爆破工程时，应根据爆破规模、爆区周围的设施，确定爆破效应的监测项目。

（12）进行爆破监测的设备应符合下列规定：监测设备测试前应经计量部门标定，取得计量合格证。未经标定的仪器、设备不得使用。由于爆破监测所使用仪器的性能参数、指标关系到测试成果的可靠性及精度，仪器出厂前厂家对其性能指标参数需标定，用户在使用中为确保测试质量应对仪器性能参数进行定期标定和检验。重大工程爆破监测中如采用多套设备或几个单位合作时，在爆破安全监测前全部仪器应在同一条件下进行标定。被监测量的峰值大小应在监测仪器的量程范围内。被监测量的频率范围应在监测仪器的频响范围内。

（13）在爆区周围有需保护建筑物时应结合爆破监测，同时开展爆前爆后的宏观调查。

12.2.4 高边坡及建筑物基础开挖爆破安全监测设计

（1）应进行爆破质点振动速度监测及爆破影响范围检测。工程爆破安全评估需要进行数值分析时，还应进行相应物理量的监测。

采用速度反应谱进行数值分析时，可不进行质点振动加速度监测。

（2）监测断面及测点布置：

1）应遵循重点监测断面与随机监测断面相结合的原则进行监测断面设计。

2）重点监测断面的选择宜与静态监测断面一致，应布置质点振动速度测点及爆破影响范围声波测试孔，视工程需要在岩体内适当布置质点振动速度、加速度及动应变测点。

3）随机监测断面应布置表面质点振动速度测点。

高边坡和建筑物基础开挖，一般规定单次爆破装药量在 5t 以上的为规模爆破。规模以上爆破区附近无重点监测断面时，应在爆区附近布置随机监测断面。

（3）重点监测断面数量宜为：大坝坝端、溢洪道及钢管槽边坡 2～4 个；水垫塘、电站进（出）水口等高边坡 1～2 个。

开挖区附近有陡边坡、堆积体等不良地质区，经估算爆破对其可能产生危害时，应布置重点监测断面。开挖区附近的边坡体内有地下洞室，经估算爆破对其可能产生危害时，宜在距离爆区最近洞壁上离底板约 1/3 洞高处布置监测点。

（4）在临近爆区不同高程马道上，测点宜布置在马道内侧坡脚处，测点数不少于 3 个，最近测点宜布置在距离爆区边缘 10m 范围内。

表面测点布置在距离爆区最近的不同高程马道上，一般为 3～5 点，内部测点宜布置在距离坡面 3～8m 的山体中。

（5）在重点监测断面的马道及坡面处宜各布置一组垂直于被测基岩面的爆破影响深度声波测试孔。

一般每组声波测试孔数为 3 孔且呈三角形布置，孔间距 1～2m，孔深根据检测目的确定。

（6）在新浇混凝土、喷锚支护（临时喷锚支护除外）以及其他特殊部位附近进行爆破作业时，应在这些部位距爆区最近点上布置质点振动速度测点。

一般爆破可能影响邻近新浇大体积混凝土质量时，宜在新浇混凝土距离爆区基岩最近处布置质点振动速度测点。喷锚支护及特殊要求部位的测点，宜布置在与它们紧邻的基岩上。

（7）当需要测量爆破振动传播规律时，测点宜布置在具有代表性的重点监测断面上。

爆破振动传播规律测量的测点布置，宜近密远疏，满足回归分析需要。所有测点应布置在完整的基岩上。

12.2.5　地下工程开挖爆破安全监测设计

（1）应进行爆破质点振动速度监测、爆破影响深度检测、爆破有害气体检测及粉尘监测。

（2）大型洞室开挖爆破应布置1～2个与静态监测断面一致的重点监测断面。

地下工程开挖，一般规定单次爆破装药量在1t以上的为大规模爆破。规模以上爆破区附近无重点监测断面时，应在爆区附近布置随机监测断面进行监测。

（3）每一监测断面应设3～5个测点；地下厂房开挖爆破时，岩壁梁上的测点宜布置在边墙侧，最近测点宜布置在距爆区边缘10m范围内。

除中导洞开挖外，地下厂房开挖的测点应布置在高边墙上的不同高程处，一般为3～5个测点，分别布置在：岩壁梁、距离爆区10m范围内的后冲向及爆区上部的边墙上。

（4）重点监测断面的岩壁梁上及各开挖层上下游侧的边墙上，应各布置一组垂直于被测基岩面的爆破影响深度声波测试孔；引水洞、尾水洞、母线洞及主变洞等隧洞按不同围岩类别及每100m布置一组垂直于被测基岩面的声波测试孔，每条洞不少于一组。

（5）洞间距小于1.5倍平均洞径的相邻洞爆破时，应在非爆破的邻洞布置质点振动速度测点，定期进行监测；需要时还应进行本洞爆破质点振动速度监测。

洞间距指两相邻洞壁间的最小直线距离。当洞间距大于2倍平均洞径时，可只对较大洞径的隧洞受邻洞爆破的影响进行监测。

（6）在新浇混凝土等特殊部位附近进行爆破作业时，可参考12.2.4节相关内容。

（7）当需要测量爆破振动传播规律时，可参考12.2.4节相关内容。

（8）爆破有害气体监测详见12.3.6节相关内容。

12.2.6　岩塞爆破和围堰拆除爆破安全监测设计

（1）岩塞爆破和围堰拆除爆破时，应在厂房及敏感的机电设备基础、大坝基础廊道及坝顶、帷幕灌浆区、进（出）水口或围堰附近的闸墩顶部、启闭机排架基础、闸门槽等部位，根据需要布置质点振动速度或加速度测点。

将混凝土围堰、预留挡水岩坎通称为围堰。在岩塞爆破和围堰拆除爆破实施前，有条件进行爆破试验时，应测试爆破振动传播规律，用于正式爆破时预估各监测点的振动值。

（2）爆区附近水域中有建筑物、金属结构等保护物时，宜根据需要布置水击波和动水压力测点。

围堰爆破的近区水域中既可能产生水击波又可能产生动水压力，只是它们的波速大小、频率高低及峰值大小等不同，可按估算的水击波参数选择传感器及记录设备。

（3）采用下闸挡水爆破时，宜根据需要在挡水闸门上布置动应变测点。

采用下闸挡水爆破时，宜估算出可能产生最大应力的范围，在相应的部位布置动应变测点。

12.2.7 水电站扩机开挖爆破安全监测设计

（1）水电站扩机开挖爆破应在厂房及敏感的机电设备基础、开关站、坝基及坝顶、帷幕灌浆区、进水口工作闸门及与闸门相关结构物等部位，根据需要布置质点振动速度或加速度测点。

一般水电站扩机开挖项目，应在设计阶段进行场地爆破地震效应试验、获得爆破振动传播规律。

在监测初期，可布置测点对前期设计中提供的爆破振动传播规律进行复核和修正，指导爆破施工。

（2）需进行地下开挖时，参考 12.2.5 节内容进行。

12.2.8 水下开挖爆破安全监测设计

（1）水下爆破对水工建筑物、金属结构、码头、桥梁、水面船只及水下生物等有安全影响时，应进行水击波和动水压力以及涌浪监测。

水下爆破产生的水击波超压对水中生物将产生不利影响，如：死亡、瞬时昏迷、繁殖率降低等，可通过监测爆破产生水击波超压进行监控。

（2）水下爆破对附近岸坡和建筑物有安全影响时，应进行爆破质点振动速度监测，必要时进行岸坡涌浪监测。

水下爆破引起岸坡和建筑物的振动，一般为水击波传至岸边激起的高频振动（数百赫兹量级）和地震引起的低频振动（数十赫兹量级）。在选择测量仪器时应注意频带范围。当爆破规模较大时，考虑涌浪监测。

（3）水下爆破对土质岸坡有安全影响时，宜进行孔隙动水压力监测。

一般饱和度大于 95％的沙土在振动荷载作用下存在液化可能性，需对此类基础的土质岸坡进行监测。

12.2.9 其他开挖爆破安全监测设计

（1）料场开挖、废旧水工建筑物拆除等爆破可能危及周围建筑物安全时，应对保留建（构）筑物进行爆破质点振动速度监测和爆破影响深度测试。

爆区周围有大量保护对象时，可对保护对象进行分类，根据保护对象的重要性、结构特征、距离爆区的远近等布置测点。

保护对象类型遵照表 11.2－1 进行分类。一般对于同一类型的保护对象可选择在距离爆区最近处的建筑物基础布置监测点，经调查由于地质、地形等原因，在较远处可能产生更大危害时，还应增加测点。

（2）料场开挖爆破形成的边坡高度在 50m 以下的，地质条件不好时，宜在上一台阶马道内侧或坡顶布置测点进行爆破质点振动速度监测；形成的边坡高度 50m 以上、坡度 55°以上的，应在紧邻爆区的上二阶马道内侧布置测点进行爆破质点振动速度监测。

（3）基坑开挖爆破对挡水围堰安全有影响时，选择 2～3 个围堰监测断面，并在浸润线下不同高程堰体内布置 2～3 个测点，同时监测质点振动速度及孔隙动水压力。

基坑开挖爆破对挡水土石围堰安全有影响时，测点一般布置在临基坑的背水侧围堰体内，同一测点应同时布置质点振动及孔隙动水压力传感器。

（4）爆破对附近工业或民用建筑物有影响时，应进行爆破振动监测，必要时还应进行噪声及飞石等有害效应监测。

12.3 监测实施

12.3.1 宏观调查与巡视检查

宏观破坏观察是评价爆破影响的主要指标。爆破对保护对象可能产生危害时，应进行宏观调查与巡视检查。

巡视检查是对爆区周围的保护对象进行全面细致查看，宏观调查是有针对性地对保护对象进行爆破前后对比观察。轮廓面采用预裂或光面爆破方式开挖时，爆后壁面上残留孔数量和孔壁爆破裂隙是评价爆破参数、施工质量和破坏影响的主要指标，加强巡视及时反馈监测资料和分析意见，对优化爆破设计很重要；此外通过目视巡查，还可发现爆破岩体稳定性和工程结构方面的异常迹象或存在的隐患和缺陷，以便及时提出补救措施和改进意见。

12.3.1.1 观测内容

为确保爆破安全监测、爆破试验资料的真实性、准确性和可对比性，须对爆破区域附近岩体的断层、裂隙、层面、节理，被保护对象的原始状态和爆后的变化情况进行观测。

主要内容应包括：①保护对象的外观在爆破前后有无变化；②邻近爆区的岩土裂隙、层面及需保护建筑物上原有裂缝等在爆破前后有无变化；③在爆区周围设置的观测标志有无变化；④爆破振动、飞石、有害气体、粉尘、噪声、水击波、涌浪等对人员、生物及相关设施等有无不良影响。

12.3.1.2 观测要求

（1）对爆破可能产生影响的周围建筑物应进行爆前、爆后的宏观调查。

（2）要使资料真实、准确，应尽可能缩短爆破前、后的观测间隔时间；如果只进行爆后观测，则应建立具有可比较或有变化规律的测点进行观测；一般水利水电工程基础岩石、边坡开挖采用爆前、爆后对比观测方法，对改、扩建工程当条件允许时可考虑采用有变化规律的测点进行观测。

（3）对重点需保护物的已有破坏迹象进行检查，爆前应设置明显标记，并进行详细描述记录，必要时应测图、拍照或录像；设立测量标志（贴纸、抹石膏浆、贴玻璃片、量裂缝宽度、确定裂缝末端位置等），确定裂缝宽度及延伸长度。

（4）测量标志应尽量与测区内的建筑物和仪器测点相结合。

（5）爆破前后，调查人员及所使用的设备（尺、放大镜等）应一致。

（6）应根据宏观调查与巡视检查结果，并对照仪器监测成果，评价保护对象受爆破影响的程度。

12.3.1.3　评判标准

1. 巡视检查确定破坏程度等级

(1) 未破坏：建筑物、基岩完好；原有裂缝无明显变化，爆破前后读数差值不超过使用设备的分辨力。

(2) 轻微破坏：建筑物、基岩轻微损坏；房屋的墙面有少量抹灰脱落；爆破前后原有裂缝的读数差值超过使用设备的分辨力，但不超过 0.5mm，经维修后不影响使用功能。

(3) 破坏：建筑物、基岩出现损坏；房屋的墙体错位、掉块，原有裂缝张开延伸并出现新的细微裂缝等。

(4) 严重破坏：建筑物、基岩严重损坏；原有裂缝张开延伸和错位，出现新的裂缝，甚至房屋倒塌。

2. 爆破噪声、振动对人员的影响程度分级

(1) 无影响：爆破振动和噪声未对人们的生活和工作带来不利影响。

(2) 心理影响：爆破振动和噪声使人们产生惊吓感觉，可能引起少量心脏病、老年人慢性病复发。

(3) 生理影响：爆破超压引起人们耳鸣、耳聋等危害。

3. 爆破有害影响对动物影响程度分级

(1) 无影响。

(2) 轻微影响：惊吓，或昏厥。

(3) 严重影响：残疾或死亡。

爆破宏观记录调查表见表 12.3 - 1～表 12.3 - 3。

表 12.3 - 1　　　　　　　　　　爆破宏观记录调查表（陆地爆破）

爆破编号		起爆时间		天气	
工程部位		爆破部位	X:　　　　　　 Y:	H:	
爆破类型		炸药品种		飞石方向	
钻孔直径/mm		炸药直径/mm		孔数	
孔深/m		孔距/m		排距/m	
单孔药量/kg		总装药量/kg		最大单段药量/kg	
防护措施				填塞长度/m	
测点部位	记录仪编号	传感器编号	爆心距/m	速度（加速度、噪声、空气超压等）	
噪声感觉	感受	可以忍受	一般	建筑（保护）物	爆破飞石
本人					
旁人					
备注					

记录：　　　　　　　　　　　　　　校核：　　　　　　　　　　　　页码：

表 12.3 - 2 **爆破宏观记录调查表（水下爆破）**

爆破编号		起爆时间		天气	
工程部位		爆破部位	X: Y:	H:	
爆破类型		炸药品种		炸药入水深度/m	
钻孔直径/mm		炸药直径/mm		孔数/个	
孔深/m		孔距/m		排距/m	
单孔药量/kg		总装药量/kg		最大单段药量/kg	
防护措施				填塞长度/m	
测点部位	记录仪编号	一次仪表编号	传感器编号	爆心距/m	质点振速（加速度、噪声、水中超压等）
水中生物反应			船舶影响	爆破涌浪	
死亡数	击昏数	无影响			
备注					

记录：　　　　　　　　　　　校核：　　　　　　　　　　　页码：

表 12.3 - 3 **爆破宏观记录调查表（孔隙动水压力）**

爆破编号		起爆时间		天气	
工程部位		爆破部位	X: Y:	H:	
爆破类型		炸药品种		炸药入水深度/m	
钻孔直径/mm		炸药直径/mm		孔数/个	
孔深/m		孔距/m		排距/m	
单孔药量/kg		总装药量/kg		最大单段药量/kg	
防护措施				填塞长度/m	
测点部位	记录仪编号	一次仪表编号	传感器编号	爆心距/m	孔隙动水压力（峰压、持续时间等）
渗漏	裂缝		沉陷	滑移	管涌
备注					

记录：　　　　　　　　　　　校核：　　　　　　　　　　　页码：

12.3.2　爆破质点振动监测

12.3.2.1　监测适用范围

1. 露天工程爆破监测范围

露天工程爆破对工程及周围保护物有振动影响时，应进行爆破质点振动速度监测。在边坡钻孔爆破中，对于不良地质条件部位和需保留的不稳定岩体，采取控制爆破技术，边开挖、边支护，应加强爆破安全监测，确保边坡稳定。不良地质地段或不稳定岩体边坡的钻孔爆破，必须注意爆破产生的地震波、空气冲击波对边坡的不利影响。高边坡开挖过程中为确保施工安全和边坡稳定，往往采取边开挖边支护方式。近年来国内有关科研单位就爆破动荷载对已施工或正在施工的预应力锚杆、锚索的影响做了不少试验研究工作，试验表明当爆破荷载输入时，锚杆（索）体各部位会产生不同程度的相对位移，索体不仅受轴向力的作用，而且受到弯扭的作用，使已建立的预应力受到一定程度的损失，甚至遭受破坏。故在锚杆（索）体封孔灌浆未能达到一定强度时应进行爆破振动监测，并需对钻爆施工加以控制。

2. 地下工程爆破监测范围

地下工程爆破中，涉及爆破对大型洞室、隧洞以及相邻洞振动影响时，应进行爆破质点振动速度监测。在进行洞口段开挖现场爆破试验时，应进行爆破地震效应及其传播规律的测试，其目的是控制爆破规模和单段药量，有利于洞口段围岩稳定及成洞断面形状的形成，尤其在不良地质条件下显得尤为重要，确保安全生产顺利进洞。在平洞钻孔爆破中，尤其是在大断面和特大断面洞室爆破开挖中，为减少对围岩的扰动，确保支护结构和附近建筑物的安全，应测试爆破振动传播规律，控制爆破单段药量，必要时进行跟踪监测。在特殊部位的钻孔爆破中，如相向掘进的两个工作面临近时、洞室群、交叉洞段、岩壁吊车梁支座等，应通过现场爆破试验确定爆破震动效应的控制标准和要求。在不良地质洞段的钻孔爆破中，如高地应力区洞室、成洞条件差的大断面洞室、临近断层破碎带的钻孔爆破，应进行爆破安全监测。

地下洞室钻孔爆破与混凝土衬砌平行作业时，为确保混凝土衬砌不受破坏，应通过现场测试获得爆破振动传播规律，确定最大单段药量，以最小安全距离控制爆破振动作用。应考虑各段药量产生爆破地震波的峰值叠加，并控制在安全允许范围内。

3. 水下工程爆破监测范围

水下爆破对附近岸坡和建筑物有安全影响时，应进行爆破振动监测。水下钻孔爆破、岩塞爆破时，应对附近岸坡、建筑物及设施等进行振动监测。尤其是岩塞爆破，施工前应进行爆破振动传播规律测试，确保岩塞口的洞脸、附近山坡的安全稳定，邻近建筑物的安全。在集渣坑钻爆过程中应严格控制最大单段药量，确保闸门结构和岩塞体的安全。

4. 拆除爆破监测范围

拆除爆破对周围建筑物有振动影响时，应进行爆破质点振动速度监测。拆除爆破是对原有的水利水电工程进行改造和扩建，这是一项十分复杂的工作，既要将计划目标拆除，又要保护好附近的建筑物和正在运行的设备不受爆破影响。

在厂房扩建钻孔爆破中，电站厂房扩机增容开挖钻孔爆破工作难度较大，它既要考虑爆破产生的地震效应、飞石对正在运行设备的影响，又要降低噪声和避免粉尘的扩散。

在坝体改建钻孔爆破中，拆除已建的部分工程，因涉及邻近保留的建筑物或正在运行的设备的安全，应对爆破振动和飞石进行跟踪监测。

临时挡水建筑物与岩坎钻孔爆破，应测试现场爆破振动传播规律，依据爆区附近建筑物或设备的防护标准，作为控制单段最大起爆药量的依据。爆破时基坑内分充水起爆和无水起爆两种，前者除监测爆破地震效应外，还有水击波、飞石对建筑物的危害，后者主要是监测地震效应、空气冲击波和飞石影响。

5. 其他部位的爆破监测

（1）在新浇大体积混凝土、新灌浆区、新喷锚支护区和已建建筑物附近进行爆破，以及有特殊要求部位进行爆破作业时，应进行爆破质点振动速度监测。为确保灌浆和混凝土质量不受影响，必须严格控制爆破振动速度。

（2）在做爆破试验或生产性试验时，应进行爆破振动传播规律测试。

（3）边坡开挖爆破，应进行沿边坡高程的爆破振动传播规律测试。大中型水利水电工程岩石开挖钻孔爆破时，应防止爆破对边坡、基础岩石和周围建筑物设施等造成不利影响。根据工程特点和要求，在进行爆破试验、生产性试验时，应进行爆破地震效应及其传播规律的测试，为制定开挖爆破技术措施提供科学依据。

12.3.2.2　测试方法及要求

1. 测点布置

（1）应选择 2～3 个重点监测断面布置表面或内部测点，重点监测断面一般与静力监测一致，对于规模以上爆破附近临时布置表面测点。

（2）当进行爆破振动传播规律测试时，测点应布置在具有代表性的重点监测断面上。

（3）当进行常规爆破监测时，测点数和位置应根据不同的监测目的和要求进行布置，并根据总体布置情况，进行统一编号。

（4）当进行爆破振动传播规律测试时，测点距爆源的距离，可根据爆破规模用经验公式进行估算，按近密远疏的对数规律布置，并进行编号，测点数不应少于 5 个。

（5）当进行爆破振动传播规律测试时，应布置垂直向、水平径向和水平切向三个方向的传感器。

（6）当进行常规爆破监测时，可只布置垂直向或垂直与水平两个方向的传感器，用于数值仿真分析的监测应布置垂直向、水平径向和水平切向三个方向的传感器。

（7）测点与爆区位置的相互关系应进行测量，并做好记录。

测点布置应注意以下事项：

（1）为深入研究爆破时地震效应和确定建筑物安全范围或划定爆破危险区域，需要在爆破地震效应较大的区域内布置较密的测点，以便测定爆破地震强烈的区域以及地面振动强度随爆心变化的规律。

（2）为研究爆破振动效应作用特征，需要在一定范围内，在特定的地质地形条件下，测定爆破地震波的传播规律。测点数要足够多，一般一条测线上测点数不少于 5 个。另外，在不同的地貌、地质条件下也应布置测点，以便了解这些条件对爆破震动效应的影响。

（3）为避免测试数据密集在某一区域内，相邻二测点比例距离倒数的对数值之差最好选为常数。

（4）为研究爆破地震时建筑物的动力响应，应在建筑物附近地面和建筑物基础布置测点，并在建筑物上其他具有代表性部位布置测点，测定建筑物地面震动参数及结构的动力响应参数，以便进行结构安全性评价。

2. 测试仪器的正确选用

（1）仪器的频率响应。任何一种仪器都有一定的频率响应范围，因而在爆破振动测试中应特别注意仪器频率响应是否满足要求。在爆破近区、中远区，不同的爆破方法、地质条件、土层的松软，爆破振动的频率都是不同的，因此，在选用仪器（包括传感器、放大器及记录仪）应首先对所测信号的频率有所了解，然后有针对性地选用合适的仪器。

例如，振动频率因爆破方法不同而异，集中药包爆破时，频率较低；浅孔爆破时，频率较高；拆除爆破时，建筑物塌落触地震动频率也明显较爆破振动频率更低。

洞室爆破质点振动速度频率范围：$<20\,\mathrm{Hz}$。

深孔爆破质点振动速度频率范围：$10\sim60\,\mathrm{Hz}$。

浅孔爆破质点振动速度频率范围：$40\sim100\,\mathrm{Hz}$。

建筑物塌落触地振动频率范围：$<20\,\mathrm{Hz}$。

（2）仪器的动态范围。振动测试中除注意仪器的频率响应问题外，还应特别注意仪器的量程问题，应根据具体情况采用合适的测量仪器。例如，用量程小的传感器去测量大的振动量会引起仪器超量程甚至损坏，记录仪量程不够会引起信号切头，造成某些峰值丢失。用大量程仪器测量振动量，灵敏度低，测量精度差。

（3）系统的标定。测试前，应对所用仪器在同一振动台上做系统标定，若有几个单位进行同一重大爆破工程的测试，最好将全部仪器作统一标定。测试时各仪器的状态应保持和标定时一致，若临时改变，待测试后应再进行标定。

3. 仪器设备安装及防护

传感器的安装及防护中应注意以下事项：

（1）传感器的安装。为了可靠地得到爆破地震动或结构动力响应的记录，传感器必须与测点的表面牢固地结合在一起，否则爆破振动时可能会导致传感器松动、滑动，使得信号完全失真。

若测点表面为坚硬岩石，可直接在岩石表面修整一平台。若岩石风化，则可将风化层清除，再浇筑一混凝土墩。测点表面为土质时，一般将表面松土夯实，然后再将带长固定螺杆的传感器插入其中，固定可采用如下方法：

1）采用环氧砂浆、环氧树脂或其他高强度黏合剂，在干燥条件下，还可采用石膏、水玻璃等材料。

2）在浇筑混凝土墩时，先预埋固定螺栓，然后用压板将传感器底板与预埋螺栓紧固相连。

3）对于带螺杆传感器在砂土质介质上的安装，应将传感器上的长螺杆全部插入被测介质内，使传感器与介质紧密连接。

4）根据具体情况也可采用其他方法将其固定。

5）传感器安装时，还应注意定位方向，要使传感器方位与所测量的振动方向一致，否则，也会给测量结果带来误差。

（2）传感器的防护。当测点布置在露天野外，距爆心较近时，传感器有可能被爆破后的飞石损坏，以及受自然气候（风、雨）的影响，有时还可能遭受其他因素影响损坏，因此，在野外测试时，应对传感器做必要的安全防护。一般在测点处采用防护盒，值得注意的是，金属盒可能会影响磁电传感器的测试精度。

4．其他要求

（1）测试设备应与测点传感器编号呈一一对应关系。

（2）应根据估算的各测点振动特性，设置测试仪器系统参数。

（3）应与爆破起爆人员密切配合，以便观测系统同步记录。

5．有关测量导线问题

爆破振动测试一般都在野外，而且爆区振动强烈，爆破近区还可能受飞石影响，为保证测试仪器安全，故应注意以下几点：

（1）测量导线应采用屏蔽线，当压电式加速度计采用电荷放大器测试系统时，应采用低噪声电缆，以避免导线本身造成的干扰信号。

（2）为避免爆破飞石或其他因素（如人畜、车辆等）对导线的损坏，可将导线敷设在电缆沟内，然后用松土或草袋等掩埋防护。

（3）利用振动测试同时测量场地地震波传播速度时，一般采用长导线同步测量，当长导线由数根导线连接而成时，在导线连接处应打结，以免受力拉断，在接头处应保证屏蔽线连通，并进行严格防水、防潮密封措施。

（4）信号导线的线路不应与交流电线路平行，以免强电磁场干扰。

（5）由于爆破地振动的影响，无法避免导线的振动，应特别注意导线的两端固定问题。连接传感器一端应使另一端导线与振动的地面或结构表面紧密接触固定，使之不引起局部摆动而造成干扰信号，在导线末端与仪器相连接段也应进行有效固定，在导线其他部位也应尽量避免产生过大的摆动。

6．振动测试中的抗干扰问题

爆破振动测试中，目前主要还是采用电测法，而此法会受到各种干扰信号的影响，以致对测量结果造成较大误差甚至使测量结果没有实用价值。其中主要的外部干扰因素有机械干扰、热干扰、湿度干扰、电磁干扰，此外，还有静电干扰、地电压和地电流的干扰等。其中，电磁干扰是电子测试仪最严重的干扰，对于抑制其干扰的措施主要有以下几种：

（1）采用屏蔽方法：一般采用屏蔽导线，屏蔽的一端接地，不要两端接地。

（2）使导线尽量避开大的电气设备，如变压器、电机等，若不可避免与电源线相遇时，应使导线与电源线路不平行。

（3）仪器正确接地：应使各仪器与屏蔽线在一点接地，要求传感器与测点表面绝缘。

（4）使用滤波器抑制干扰：若采取其他抗干扰措施后，测量信号中仍有明显的干扰信号，而且其频率与被测的有用信号频率相差较远时，则可采用滤波器将干扰信号滤掉。

12.3.2.3　振动监测系统

振动监测系统一般包括三级，即振动传感器、信号放大器和记录存储分析处理器。振动传感器将原始振动信息变换为所需的电信号（如电压、电荷等）。信号放大器可将传感器转换的微弱信号进行滤波阻抗变换处理并放大后输入到记录设备。目前随着计算机应用技术和各种监测传感器的发展，振动测量的配套仪器设备也较为多样，有的便携式记录仪可紧随传感器布置并兼有放大和记录功能。振动监测系统框图见图 12.3-1。

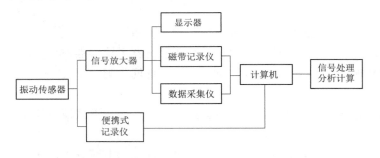

图 12.3-1　振动监测系统框图

1. 振动传感器

振动传感器主要有位移、速度和加速度传感器。由于位移和速度可以分别由速度和加速度积分而得到，因此有的振动传感器是可兼用的。从换能原理来区分振动测试传感器有磁电式、压电式、电感式、电容式、压阻式、应变式、激光等类型，理想的传感器是在满足动态频响和灵敏度等要求条件下，对其他的输入信号不敏感。目前振动测量应用较广的为磁电式、压电式和压阻式传感器等。

一方面，由于传感器选取的频响和阻尼比值不同，测振传感器就具有监测不同振动参数的性能，适用于不同的条件。另一方面，由于爆源情况多样，有露天、地下、水下等爆破引起，它们能量级别不同，振动频率和作用时间也在很大的范围内变化，它们对工程结构作用的特点，产生的振动效应的幅值、频率等也差异甚大。因此，振动测试前要认真分析这些特点，选用合适的传感器和配套系统。

（1）灵敏度。根据所测对象的爆源条件和预测的振动频率和振幅变化量来选择采用不同型式的传感器，灵敏度则表示传感器输出信号与被测振动量之比，根据传感器非电量转换的工作原理，有电压灵敏度、电荷灵敏度、应变灵敏度等，传感器应有较高的灵敏度，以提高信噪比，同时，要求传感器横向灵敏度要小，一般应小于主轴方向灵敏度的 5.0%。如某厂家速度传感器技术指标为：量程 0.008～35cm/s，工作频带 5～300Hz，重量不足 1.0kg。

（2）动态范围。动态范围是可测量的最大振动量和最小振动量之比，因工程测振要求在很宽的范围内测量，因此引入了分贝来表示各种量的相对大小。定义分贝级为

$$dB = 20\lg \frac{x}{x_0} \tag{12.3-1}$$

假定可测量最小位移 x_0 为 1mm，最大位移 x 为 100mm，则位移传感器动态范围为

$20\lg\dfrac{100}{1}=40\mathrm{dB}$。所以要求传感器的动态范围要宽。

（3）线性度。理论上传感器在工作频带内输出灵敏度应为常数，而实际上幅值是有微小的波动，这个偏离常数的范围称为线性度，以百分数表示，即指传感器在工作情况下的误差范围。各类型传感器有不同要求，但动态测量仪器较复杂，所以一般不超过 $3.0\%\sim5.0\%$。

（4）环境条件。一般传感器均使用在常温条件下，但有时在特殊的酷热、严寒条件或有较强磁场条件下的使用，传感器应有对应的防护措施或需特制，并给出相应的指标数据，试验检验后方可使用。

2. 信号放大器

信号放大器将传感器产生的微弱电信号进行放大以满足进行数据采集、记录和显示等要求，放大器除满足传感器的动态范围、通频带等各项要求外，应具有输入阻抗高，一般为 $10^{5}\sim10^{11}\,\Omega$，而输出阻抗低，一般为几十欧姆，这样传感器的输入信号能较通畅地进行放大处理，而输出至下一级的信号也不会产生较大的误差，放大器一般还兼有滤波、归一化、积分处理等各种配置的功能，使测得的物理量与显示的电压值有明确的对应关系。如放大器归一化调至 $1.0\mathrm{V}/$（$\mathrm{cm/s}$）或放大器归一化调至 $0.5g/\mathrm{V}$ 等，则表示测值每伏电压将分别表示振速值为 $1.0\mathrm{cm/s}$ 或加速度为 $0.5g$ 的测量结果。

目前，一般常用的信号放大器有电压放大器、电荷放大器、应变放大器等，它们分别与不同型式的测振传感器配用。电压放大器的缺点是必须增加放大器输入电阻来改善低频性能和受传输电缆电容影响，降低了传感器电压灵敏度。而电荷放大器则克服了以上缺点，因此应用较广泛。在采用微机配套的动态采集系统中，经阻抗转换后一般均采用数字程控放大和数字滤波技术使用更为方便而测试结果的精度也有很大的提高。

3. 振动测量记录设备

振动测量中，经常是同时对多路振动和相关监测项目信号进行数据记录，以前的记录设备如光线示波器、磁带记录仪、瞬态记录仪等，均为信号模拟量的记录，它的缺点是精度低，抗干扰能力差，不便进一步的分析处理，而目前广泛采用的动态数据采集仪均已进入数字化时代，信号的采集、放大、滤波、存储和分析计算处理，包括远程数据传送均由系统配置专用软件的微机完成，工作较为简便。系统的工作原理是将一个连续变化的动态信号按采样频率进行离散后采集，经模数转换器变换并经量化后成为数字信号记录在存储器内，采集时还可对信号进行程控放大和数字滤波等。存储的数字信号由专用软件再进行波形反演和时域内的最大振幅值、主振频率及作用时间等参数分析及频域内的各种波谱分析计算等。多通道动态数据采集系统工作示意图见图 12.3-2。

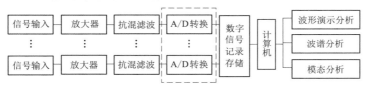

图 12.3-2 多通道动态数据采集系统工作原理示意图

目前市场上应用微机再配置各种功能卡及专用软件组成的数据采集仪是较多的，在多通道采集系统中，有的是共用一个模数转换器（A/D），各通道信号由多路转换开关分别完成数字转换，它的优点是结构简单、一致性好，而且成本较低，缺点是采样频率要降低为 $1/n$（n 为通道数），对于采样频率要求较高的情况是每个通道都有独立的采样保持器及模数转换器，它的缺点是费用较高，采集仪结构复杂。现常用的采集分析仪，除完成数据采集和对信号的时域分析（瞬态时间波形幅值、幅值、主频、自相关、互相关函数等），频域分析（傅氏谱、功率谱、功率谱密度、反应谱、模态分析等）外，还具备多功能信号发生器的作用，生成各种数字信号，如正弦波、方波、三角波等为测试人员提供了简便、经济而又适用的信号源并完成各种绘图任务。

4. 数字便携式振动测试系统

针对爆破振动监测布置机动、分散，测量设备外接电源不便，野外测试环境复杂、恶劣等使用特点，目前爆破振动测试系统使用的记录设备多为数字便携式，其主要特点是多采用 16bit 以上精度的 A/D 转换，内置程控放大器及直流电源，可不带计算机独立测试，以自触发方式记录，具有掉电数据存储保护功能，多采用 USB 或网络接口与终端进行数据传输通信，可支持无线远程取数及监测，部分设备还支持云端管理及测试功能，体积小，自重轻。

（1）便携式数字振动记录仪。目前国内生产的爆破振动记录仪种类繁多，其中多为数字便携式，另有部分为高速海量数据采集系统，主要用于高速大容量数据记录。

便携式爆破振动记录仪主要技术指标如下：

通道：1～4 通道可选，并行采集，可实现振动速度或加速度与噪声同步测量。

A/D 精度：16～24bit。

前置放大：程控手动可选或自适应选择。

量程：±5～±20V，部分带量程自动设置功能。

触发方式：带通阈值触发，内触发，外触发。

记录容量：64MB 以上，可扩展，或云端功能。

采样速率：1～200kHz 多挡可调。

直流精度：<0.5%。

记录方式：可多次触发，自动记录，分段存储，单段、多段任意可调。

数据接口：USB、Wi-Fi、4G、5G、网口 RJ45（自适）。

时间系统：内置 COMS 掉电保护时钟，并能自动记录事件发生时刻，提供时间修改校正功能。

供电模式：外接直流电源、内置锂电池（可充电）等多种供电模式，最大单次工作时间不小于 12h。

实时显示：带 LED 或 LCD，现场可直接设置采集参数以及快速浏览最大值、频率、电量等参数指标，或采用手持式数据采集终端可实现利用掌上电脑、手机等对设备的现场移动控制。

云端功能：远程数据预警、远程数据推送、远程开关机、云端数据自动筛选、测点 GPS 定位、时钟授时、远程仪器自检等。

重量：可低至 1kg 以内。

（2）速度传感器。传感器是反映被测信号的关键设备。目前国内爆破振动速度传感器主要是磁电式，其工作频带范围一般在 5～500Hz 之间，灵敏度 0.2～0.5V/（cm/s），线圈最大限位 1.5～4mm，谐波失真不大于 0.2%，适用温度范围：最大－40～＋70℃。

（3）分析软件。测试系统的好坏与测试方法的正确与否，直接决定爆破振动测试的成败，而信号的分析处理则是把所采集的振动信号的特性和规律尽可能如实地反映出来。所以这两个环节是标志一次爆破振动测试是否有效的关键所在，因而对测试分析软件的功能也有严格要求。目前配置的分析软件均是基于 Windows 操作平台开发，主要功能包括通信、显示、分析处理、打印输出等。

其中，分析处理功能一般包括以下内容：

基本处理功能，包括各通道最大值，主频的快速读取，并迅速定位到波形，采样参数的快速浏览，定义文件、编辑数据内容以及转换生成十进制数据等。

信号处理功能，包括各通道波形叠加、相减，分离显示，波形的拉伸（鼠标截选放大）、压缩，去直流等。

频谱分析功能，包括 FFT 分析、功率谱分析等。

数字滤波功能，包括低通、带通、带阻和高通滤波。

积分、微分功能，包括积分（由加速度计算速度、位移）、微分（由位移计算速度、加速度）。

此外，部分产品还有安全判据功能以及数据回归分析功能等。

5. 测振传感器和系统的校准

为保证振动测试结果的可靠性和满足规定的精度要求，必须对传感器和测试系统根据相关的规程规范要求，在合格的计量设备上进行校准（或称标定）。校准的主要指标为：

（1）传感器灵敏度：输出量与被测输入量之间的比值。

（2）频率特性：在工作频带内幅值对频率的变化。

（3）线性度：幅值变化的线性度以百分数表示。

（4）横向灵敏度：与传感器主轴垂直方向的灵敏度，一般以百分数表示。

（5）特殊环境条件：指传感器处于高温、严寒、压力场等特定环境下的灵敏度变化检查。校准的对象主要是传感器，而且主要是前面（1）、（2）、（3）三项，也可对整个测试系统进行检验（这比较复杂、费用也较高，一般是检查性的）。校准方法有绝对校准法和比较校准法，采用绝对校准法是由已经过计量部门认可的高精度振动台等设备作为震源、输出信号、传感器记录输出进行校准。而一般采用比较校准法，即标准传感器已由国家计量部门校准认可，被校传感器信号与之比较，达到校准的目的。校准工作应由经国家认可的各级计量部门进行并出具相关的检定证书，传感器和系统经校准合格后，才可开展测振工作。

12.3.2.4 爆破振动测试数据处理

1. 振动波形的直观分析和数据处理

爆破地震波和结构爆破振动的测试结果是反映各种振动信号的曲线，即振动波形图。爆破地震波和结构动力响应信号都属于随机信号，在记录到的波形图上，它的频率、振幅都是随时间不规则变化的，信号分析和数据处理就是要去伪存真的过程。一些测试仪直接通过电子计算机给出测振数据及处理结果，非常简便，但在实际操作中，有时需用人工方法进行比较简单和初步的分析和处理。

（1）波形的直观分析和数据处理。波形直观分析是从波形图上量取确定有用的数据。这个分析方法比较简单、省时、实用，而又具有一定精度，一般来说，主要是量取主振相中的最大振幅，即波形上的最大偏移。

当波形图在基线两侧不对称时，一般只读取峰值，即读取最大振幅 A，振动参量数值 V 是将振动波形的幅值乘以测振仪器系统的标定灵敏度值，即

$$V = AK \qquad\qquad (12.3-2)$$

式中　A——记录波形的幅值；

　　　K——测试系统灵敏度标定值。

（2）振动频率（周期）。振动波形的频率比较复杂，用直观分析法时，量取周期比取频率方便，取最大振幅相邻两个峰或两个谷之间的时间为周期 T，其倒数即为振动波形的主频率，即 $f = 1/T$，此频率为该振动波形中占优势的主频率。

（3）振动持续时间。指测点运动开始到全部停止所持续的时间。由于实测的波形图上质点运动开始和停止的时间不易确定，通常规定，若记录中最大振幅为 A，则从振幅 A/e 开始到波形衰减到 A/e 为止的一段时间作为爆破振动持续时间，e 为自然对数，取值为 2.7。

还应指出，进行波形分析和处理时，都应保证分析的原始波形正确，否则将会造成错误的结果。爆破振动波形是复杂的，尤其是现场测试中会受到各种干扰的影响。例如，由于测试系统的漂移、漏电、干扰等种种原因，会造成实测记录波形的基线漂移，这将造成分析结果出现误差，这种情况下首先应对波形的基线进行处理，然后按修正后的波形进行波形分析和数据处理；还有可能在爆破振动波形上叠加高频震荡的复合波形，为此对波形要进行平滑处理，去掉高频干扰；量程档位选取不合理时，会使波形溢出，此时要考虑对波形的延拓；涉及时间量时，必须注意记录装置给出的时标及波形记录速度；当记录的测点较多时，必须搞清各个波形之间的关系，逐个测点进行波形分析。

数据处理的过程，实质上是从测试波形中提取有用信息的过程。对于爆破振动监测，最重要的数据是爆破振动最大振幅及振动主频率。

2. 爆破振动测试报告

在爆破振动监测中，还应当在爆破前后对被保护物有无损坏迹象做好细致的调查，并做好文字和图像等记录，这对于爆破振动的安全评估十分重要。

在每次爆破后应及时提交测试报告，测试报告内容应包括：监测目的和方法，测点布置，测试系统的标定结果，实测波形图及其处理方法，各种实测数据，判定标准和测试结论。

一个完整的爆破振动测试报告应包括如下记录内容：

（1）基本情况：时间、地点、温度、湿度、风向、风力、测试单位、测试人员等。

（2）爆源情况：总装药量、分段数、最大单段药量、总炮孔数、爆区范围、起爆方式等。

（3）测试场地情况：测点方位、离爆源距离、测点地形和地质条件、周围环境等。

（4）传感器安装情况：传感器安装方法、安装方向、传感器型号、厂家、传感器灵敏度、频率范围、量程、线性度、编号等。

（5）记录仪情况：记录仪名称、型号、触发方式、量程选择、采样频率、通道数及编号等。

（6）测试记录（见表12.3-4）及记录波形输出：振动波形应有时间标尺，标出最大振幅值和所处时刻。

表 12.3-4   工程爆破振动测试记录表

时间		湿度		风力		测试单位	
地点		温度		风向		测试人员	
总装药量		总炮孔数		分段数		爆区范围	
起爆方式		地形地质条件					
传感器安装方法		传感器型号				生产厂家	
记录仪名称		记录仪型号				生产厂家	
记录仪编号		负延时		触发方式		采样频率	
通道号							
传感器编号							
测量方向							
量程选择/V							
灵敏度/[V/(mm/s)]							
线性度/%							
频率范围/Hz							
距离/m							
段别	药量/kg	峰值时刻/ms	峰值速度/(mm/s)				
最大峰值速度/(mm/s)							
主振频率/Hz							
最大合速度/(mm/s)							

（7）振动衰减规律回归分析：根据经验公式回归，求出 K 值和 a 值。

（8）描述爆破前后仪器和保护物有无损坏迹象。

（9）附上仪器传感器标定证书。

12.3.3 爆破动应变监测

爆破应力应变测量包括两个方面，一是在爆破荷载作用下介质内部应力波参数变化的特征；二是处在这一区域内的地下或地表建筑物或构筑物的响应，并由此而产生的各部分力学状态的变化。

炸药爆炸后，冲击波沿着爆源辐射方向向外传播，岩体或混凝土受到作用即发生变形。这种变形与冲击波（应力波）能量和介质性质有着密切联系。了解在爆炸作用下测点变形发展到什么程度以判明构件所处的应力状态，以及在怎样的变形条件下介质将发生破坏，这就是爆破动应变测量的目的。

12.3.3.1 测试方法及要求

1. 监测仪器设备应符合的规定

（1）爆破动应变监测的传感器宜预加工为动测应变元件——应力环、应变梁或应变砖等。应变砖和回填材料的动弹模应和埋入岩体的动弹模基本一致。

（2）应根据被测应变波频率范围确定应变片长度，一般要求应变片长度 $L \leqslant C$（波速）$/f$（应变波频率）；用于混凝土测试的应变片长度应大于 2 倍最大骨料粒径，可降低骨料粒径对监测结果的影响。

（3）记录设备的采样频率应大于 12 倍被测应变波的上限主振频率，量程及存储容量应满足测试要求，应采用多芯屏蔽电缆。

（4）应变仪和记录设备的高频响应、量程及存储容量应满足测量要求（频响不小于 $100\mathrm{kHz}$）。

（5）爆破动应变监测的记录设备应经省级以上计量部门计量标定，动应变仪可采用标准信号发生器进行自标定。

2. 测点布置应符合的规定

（1）根据需要测点可布置在结构体关键部位内部或结构物表面。高边坡开挖爆破的测点宜布置在开挖区后冲向，距爆区 100 倍爆破孔径以内的边坡体中；坝基开挖爆破的测点宜布置在开挖区的底部，距离爆区 30 倍爆破孔径以内的岩体中；结构物表面测点宜布置在可能变形最大的部位。

（2）同一测点有振动参数及动应变测试时，两类传感器应尽量靠近，但不能相互影响。

（3）测点数和位置应根据不同的监测目的和要求进行布置，并根据总体布置情况，进行统一编号。

（4）测点的坐标、高程以及与爆区的相互关系应进行测量，并做好记录。

3. 应变片的安装应符合的规定

（1）在结构体表面进行监测时，应首先对被测物表面进行平整、防潮处理，然后将应变片贴在被测物表面。测点的绝缘电阻应大于 $100\mathrm{M}\Omega$，应变片长轴方向应与测试方向一致。

（2）在结构体内进行监测时，应变片宜预加工成动测应变元件，一般为应变砖、应变梁或应力环，动测应变元件和回填材料的声阻抗应与被测介质相同。

4. 应变片的选用与安装注意事项

（1）正确选用电阻应变计。尽量选用性能优良的品牌电阻应变计，一般来讲基底材料应采用胶基，在选用标距方面如为均质钢材，铝材或铜材，一般可选用应变栅标距为 3～5mm，不宜选得太短，因为在贴片过程中操作不方便，又会产生方位偏差影响，如为非均质材料（混凝土、石材等）表面，则应选用被测试材料内部最大粒径的 2 倍以上。对于某些特殊条件下的测试，如存在水下或混凝土内部施工成型过程中的预拉或局部挤压破坏影响，则必须采用防水应变计。对于十分重大的工程检（监）测项目，除上述所说的要选用合适的电阻应变计外，有条件时还可对选用的电阻应变计测量零漂，了解所选用的电阻应变计的工作稳定性。

（2）严格贴片工艺全过程，确保电阻应变计成活质量，是应变检（监）测成功的一个关键。电阻应变电测过程中应按严格的贴片工艺过程保证贴片质量和成活率，做好防潮密封。

12.3.3.2 动态应变测试系统

1. 动态应变测试系统

动态应变测量及分析系统框图见图 12.3－3。应变计作为传感器元件把被测试件的应变变化转换成电阻变化，动态或超动态应变仪的电桥电路将电阻变化转变成电压信号，并经放大、检波、滤波后输入显示记录分析仪器中进行记录、显示或分析。

图 12.3－3 动态应变测量及分析系统框图

（1）动态应变测量中应变计的选择。动态应变测量中选择应变计应着重考虑应变计的频率响应特性。影响应变计频率响应的主要因素是应变计的栅长和应变波在被测物材料中的传播速度。

设应变计的栅长为 L，应变波波长为 λ，测量相对误差为 ε。当 $L/\lambda = 1/10$ 时，$\varepsilon = 1.62$；当 $L/\lambda = 1/20$ 时，$\varepsilon = 0.52$。显然，应变计栅长与应变波波长之比 L/λ 越小，相对误差越小。当选用的应变计栅长为被测应变波波长的 $1/20 \sim 1/10$ 时，测量误差将小于 2%。

一定栅长的应变计可以测量动态应变的最高频率 f，取决于应变波在被测物材料中的传播速度 v，即 $\lambda = v/f$。若取 $L/\lambda = \dfrac{1}{20}$，则可测得动态应变的最高频率 f 为

$$f = 0.05\,\frac{v}{L} \tag{12.3-3}$$

此外，选择应变计还必须考虑应变梯度和应变范围。

（2）动态应变仪的选择。动态应变仪的工作频率和测量范围主要根据被测应变梯度和

应变范围来选择。而仪器的线数根据需测点数来确定，精度则按测量性质的要求来确定。

（3）滤波器的选择。滤波器主要根据测试的目的选定。当仅需测量动态应变中某一频率的谐波分量时，可配用相应的带通滤波器；当只需测定低于某一频率的谐波分量时，可配用相应截止频率的低通滤波器；当对记录应变波形的频率结构没有什么特定要求时，可以不用滤波器。

（4）记录仪器的选择。动态应变测试选用记录仪器，除考虑频率响应外，还需考虑测试环境。另外，还要注意仪器间的阻抗匹配，以及输入和输出量之间的衔接问题。

2. 动态应变测量的标定

动态应变测量的结果是一个代表各测点应变的波形图。要知道某瞬间应变状态和最大应变值及其频率，必须将所测应变波形图与已知振幅和频率的波形相比较。通常把标准波形的获得方法称为标定。

（1）幅值标定。在一般动态应变测量中，动态应变幅值标定可以从应变仪上的电标定装置获得。标定时，只需拨动"标定开关"输进不同的应变信号，便可以从记录器上给出一个相应的标准方波。它又被称为参考波，如图 12.3 - 4 所示。

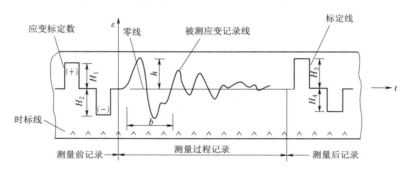

图 12.3 - 4　动态应变记录波形图

图 12.3 - 4 中的应变标定线是动态应变仪输出一定数值标准应变时所得到的记录线，其作用是使应变记录中有一标准应变的尺度来衡量被记录的实测动态应变的大小，这相当于在应变记录中对 ε 坐标画出应变刻度。如果某瞬间应变记录曲线的幅高为 h，则该瞬时的被测应变 ε_t 为

$$\varepsilon_t = \frac{h}{H}\varepsilon_b \qquad\qquad (12.3 - 4)$$

式中　H——与 h 高度相近的标准应变线至应变零线的距离，一般标定都在测量前、后

各进行一次，然后取二次的平均值作为标准应变，即 $H = \dfrac{H_1 + H_2}{2}$；

ε_b——与 H 对应的标准应变值。

（2）频率标定。频率标定较简单，将时标信号输入记录器中即可得到时标。这相当于在时间坐标 t 上画出了时间刻度。据此可确定出被测应变的周期 T 或频率 f。

$$T = \frac{b}{B}T_b \,;\, f = \frac{B}{b}f_b \qquad\qquad (12.3 - 5)$$

式中　b——被测应变信号记录中的周期，s；

　　　B——与 b 相应的两相邻时标线间距，s；

　　　T_b——与 B 对应的时间间隔，s；

　　　f_b——时标信号频率，Hz。

12.3.3.3　爆破动应变测试数据处理

1. 动态应变波形分析

（1）时域分析。爆破应变测试中一般可由人工直接对测试记录的波形进行量测而获得。通过时域分析可以获得应变极值、应变持续时间和上升时间等特征参数。

（2）频域分析。通过频域分析可以得到应变波形的功率谱和自相关函数等，从而可进一步确定该应变信号的频率成分和其他特征。

（3）回归分析。为指导工程爆破实践，尚需研究不同条件下（如不同地质、岩层、装药量、装药结构和距离等）应变波的传播变化规律，而要解决这一问题，则须对所测数据进行回归分析。

2. 应变应力换算

电阻应变测试测出的只是试（构）件上某测点处的应变，其应力还必须经过换算才能得到。不同的应力状态有不同的换算关系。

（1）单向应力状态。当测点处于单向应力状态，应变计沿主应变方向粘贴，测得的主应变为 ε，则该点的主应力 σ 为

$$\sigma = E\varepsilon \tag{12.3-6}$$

式中　E——被测试件材料的动弹性模量，Pa。

（2）已知主应力方向的二向应力状态。这种情况下可沿两个主应力方向粘贴两个相互垂直的应变计。设测点的两个主应变为 ε_1 和 ε_2，那么该点的主应力 σ_1、σ_2 分别为

$$\sigma_1 = \frac{E}{1-\nu^2}(\varepsilon_1 + \nu\varepsilon_2) \tag{12.3-7}$$

$$\sigma_2 = \frac{E}{1-\nu^2}(\varepsilon_2 + \nu\varepsilon_1) \tag{12.3-8}$$

式中　ν——被测试件材料的泊松比。

（3）未知主应力方向的二向应力状态。由于主应力方向未知，在测点处粘贴三个不同方向的应变计（即应变花），分别测出这点三个方向的应变后才能算出主应力。常用的应变花有两种，如图 12.3-5 所示。

1）三轴 45°应变花用于主应力方向大致知道，但不能完全肯定的情况。若三个方向的应变分别为 ε_0、ε_{45}、ε_{90}，则测点的主应力大小和方向分别为

$$\begin{matrix}\sigma_1\\\sigma_3\end{matrix} = \frac{E}{2}\left[\frac{\varepsilon_0+\varepsilon_{90}}{1-\nu} \pm \frac{\sqrt{2}}{1+\nu}\sqrt{(\varepsilon_0-\varepsilon_{45})^2+(\varepsilon_{45}-\varepsilon_{90})^2}\right] \tag{12.3-9}$$

$$\tan2\alpha = \frac{2\varepsilon_{45}-\varepsilon_0-\varepsilon_{90}}{\varepsilon_0-\varepsilon_{90}} \tag{12.3-10}$$

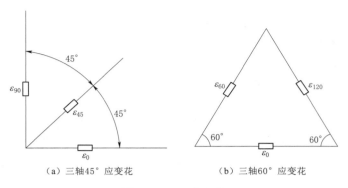

（a）三轴45°应变花   （b）三轴60°应变花

图 12.3 - 5 应变花

式中 α——σ_1 方向与 ε_0 方向的夹角，逆时针转向为正。

2）三轴 60°应变花常用于主应力方向无法估计的情况。设三个方向的应变为 ε_0、ε_{60}、ε_{120}，那么测点的主应力大小及方向为

$$
\begin{matrix} \sigma_1 \\ \sigma_3 \end{matrix} = \frac{E}{3}\left[\frac{\varepsilon_0+\varepsilon_{60}+\varepsilon_{120}}{1-\nu}\pm\frac{\sqrt{2}}{1+\nu}\sqrt{(\varepsilon_0-\varepsilon_{60})^2+(\varepsilon_{60}-\varepsilon_{120})^2+(\varepsilon_{120}-\varepsilon_0)^2}\right]
$$

$$(12.3-11)$$

$$
\tan2\alpha=\frac{\sqrt{3}(\varepsilon_{60}-\varepsilon_{120})}{2\varepsilon_0-\varepsilon_{60}-\varepsilon_{120}}
$$

$$(12.3-12)$$

12.3.4 爆破水击波、动水压力及涌浪监测

在重要的水工建筑物、港航及水产养殖场附近或其他复杂环境中进行水下开挖爆破、水下拆除爆破、水下岩塞爆破、航道疏浚爆破、水下爆夯等，应进行水击波及动水压力监测。

12.3.4.1 爆破水击波及动水压力监测

1. 爆破水中冲击波、动水压力的产生

炸药在无限和静止的水中爆炸时，由于爆炸产物高速向外膨胀，首先在水中形成冲击波，同时在爆炸产物和水的界面处产生反射稀疏波，以相反的方向向爆轰产物的中心运动。随着水中冲击波的传播，其波阵面压力和速度下降很快，且波形不断拉宽。在离爆炸中心处较近时，压力下降非常快，而离爆炸中心距离较远处，压力下降较为缓慢。

当水中冲击波到达水面附近时，在水面上可以看到一个迅速扩大的水圈，它的移动速度很快。当冲击波在水面发生反射时，根据水面处入射波与反射波相互作用之后压力接近于零的条件，反射波应为拉伸波（因为水的声阻抗远大于空气的声阻抗），由于水几乎没有抗拉能力，因此，在拉伸波的作用下，表面处水的质点向上飞溅，形成一个特有的飞溅水冢。在此之后，当爆炸产物形成的水泡到达水面时，又出现了与爆炸产物混在一起的飞

溅水柱。如果气泡是在最大膨胀时到达水面，由于气泡上浮速度小，气泡几乎只作径向飞散。如果气泡是在最大压缩的瞬间到达水面，气泡上升速度很快，这时气泡上方所有的水都垂直向上喷射，从而形成一个高而窄的喷泉式水柱，其高度和上升高度取决于装药的深度和药量。但是当炸药在足够深的水中爆炸时，没有喷泉出现。对于普通炸药来说，可折算为梯恩梯炸药量进行估算，此深度 h 为

$$h \geqslant 9.0Q^{1/3} \qquad (12.3-13)$$

式中 h——炸药中心爆炸深度，m；

       Q——梯恩梯当量值，kg。

在有水底存在时，水中爆炸如同炸药在地面爆炸一样，将使水中冲击波的压力增高。对于绝对刚性的水底，相当于 2 倍装药量的爆炸作用。实际上水底不可能完全是绝对刚体，它要吸收一部分能量。实验表明，对于砂质黏土的水底，冲击波压力增加约 10%，冲量增加 23%。

水中爆炸除形成水击波外，高压气体的上浮与胀缩运动还形成二次脉动压力。实验表明，二次脉动压力的最大压力一般不超过冲击波峰值压力的 10%～20%。但是，它的作用时间远远超过冲击波的作用时间，因此它们的冲量作用可与第一次冲击波相比拟，有时不能忽视它的破坏作用。

水下钻孔爆破及水底裸露药包爆破时，由于药包处在岩体内部或直接与岩面接触，会使基岩产生较强烈的地震波，地震波到达水底界面时会向水体中折射能量，从而在水体中形成地震动水压力。另由于地震波在岩体中的传播速度至少是水击波速（约 1500m/s）的 2 倍以上，因此地震动水压力总是在水击波到达测点之前就已出现。在爆源近区，由于时差小，地震动水压力与水击波会产生叠加，从而使水击波超压增大，增大的幅度与测点距水底的高度有关，一般为 15%～30%，当靠近水底或爆区条件有利于形成地震动水压力时，增大的幅度有时可高达 50% 左右。在爆源的中远区，地震动水压力与水击波到达的时差逐渐加大，两者波形逐渐拉开，且地震动水压力随距离增加幅值衰减也较快，故远区对水击波影响小。

2. 测试系统

水下爆破产生的水中冲击波对目标的破坏，一般用波阵面最大压力 P_m、比冲量 I_+ 等水中冲击波的特征参数来度量。水中冲击波测量中常用的传感器分为两类：自由场压力传感器和测量反射波用的传感器。目前在水中冲击波测量中，应用较多的是压电式、压阻式压力传感器。

水中冲击波测试系统框图如图 12.3-6 所示。

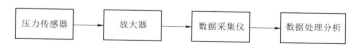

图 12.3-6 水中冲击波测试系统框图

（1）水下爆破冲击波及动水压力测试系统的技术指标。

1）测量范围：0.001～100MPa。

2）工作带宽：≥100kHz（冲击波）、0～2kHz（动水压力）。

3）上升时间：<2μs（冲击波）、<0.2ms（动水压力）。

4）非线性：<2%。

5）测量精度：±0.5%。

6）采样精度：12 位 A/D 以上分辨率。

7）采样频率：≥1MHz（冲击波）、≥20kHz（动水压力）。

8）触发预置采样长度：≥10000 单位采样长度。

9）存储方式：实时存盘卡通过直接存盘接口芯片，存入硬盘或其他扩展存储卡。

10）存储容量：≥16MB/通道。

11）分析参数：超压峰值、上升时间、作用时间、比冲量等（冲击波压力），幅度值、功率谱等（动水压力）。

12）环境条件：温度－20～60℃。

13）传感器防护：IP68。

如果测试水中爆炸产生的水击波，测试系统的工作带宽和采样频率还应高一个数量值。

（2）测试系统的基本要求。

1）测试系统的频响不仅要在冲击波压力及动水压力的频率成分所确定的频带内，频幅特性是平坦的，而且其相频特性也须在这两个频带内不发生相畸变。

2）必须能线性地传递很大的冲击信号，并有一个较宽的动态范围。

3）输出的零点漂移要小，受冲击振动环境影响小，而且便于将记录信号作数学处理。

3．测试方法

（1）测试仪器设备。

1）传感器的敏感元件选用侧向效应很小的压敏元件，如天然碧玺宝石或人造的锆钛锡酸铅等。

2）传感器的工作频率，不应小于 100kHz，测压量值应大于被测压力范围。

3）记录器工作频率范围不低于 100kHz，具有大量程和良好动态响应特性，信号经低噪声电缆输入至专用击波放大器，记录设备使用大容量智能数据采集分析系统。

4）传感器的体积要小，不得影响水中应力场。

5）仪器系统的频响范围，测量量程及灵敏度，应定期进行标定或校准。

6）测试系统要有良好的防水绝缘性能（尤其连接件）。

（2）测点布置。

1）测区宜布置在具有代表性的保护物附近。

2）应满足工程监测的目的和要求。

3）需要测试水击波和动水压力传播规律时，应从爆源附近开始到被保护对象间布设测线，每条测线布 5 个测点，由近到远测点间距按对数关系布置。

4）测点的坐标、入水深度以及与爆区的相互关系应进行测量并做好记录。

5）测点应进行统一编号。

6）在水面上设置悬索或木排（标志船），传感器固定悬挂在木排（标志船）的迎水面，各传感器应在同一高程上。

7）爆源距建筑物很近（水域狭窄）时测点应布置在迎水面距建筑物 0.5m 左右，避免反射波的干扰，同时又能测得反射波的强度。

（3）监测实施。

1）根据现场条件估算爆破水中冲击波的量值，选择仪器系统的灵敏度。

2）爆源、测点及被保护建筑物应绘在同一个平面图上，并计算出测点与爆源之间的距离。填好现场监测记录表。

3）被保护的建筑物应做爆前爆后的宏观调查。

4）监测前应做好明确分工及操作程序，并报现场负责人批准，必要时要向爆破工交底，协调配合。

4. 监测成果整理与分析

（1）监测成果应及时整理，将冲击波的超压 ΔP 填入监测记录表内，并与被保护对象的允许安全标准做好对比，反馈施工单位，以便调整爆破参数。

（2）积累一定的资料后，按式（12.3-14）整理爆破冲击波计算式：

$$\Delta P = K(Q^{1/3}/R)^a \qquad (12.3-14)$$

式（12.3-14）可作为工程估算水击波压力和调整爆破参数的依据。水击波测量设备应在无限水域的水池中用标准泰安药球或在激波管中进行动态标定。

水下爆破应充分考虑水击波对附近建筑物的安全影响。对水下钻孔爆破、岩塞爆破、临时挡水建筑物与岩坎拆除爆破，应进行水击波对附近建筑物、设备的安全影响监测。为防止水击波对建筑物的破坏作用，实践证明采用气泡帷幕防护效果较好。

某工程水下钻孔爆破实测水击波压力计算公式为

$$P = 52.7(Q^{1/3}/R)^a \qquad (12.3-15)$$

式中 P——水击波压力，MPa；

Q——药量，kg；

R——药包中心至测点距离，m；

a——衰减系数，取 1.13。

一般情况下，钻爆船冲击波压力限值为 2MPa；航行船舶限值为 1MPa。

5. 测试中的注意事项

由于水上作业，加之水中冲击波强度较大，测试中需要采取某些特殊措施，以保证测量的精确性和可靠性。

（1）测点的定位问题。测点定位是水中冲击波测量中一个突出的问题。现场测试中是采用水上测量浮排或平台抛锚定位。传感器应安装在浮排或平台上设置的水中定位钢管端部，确保其水中的方位。

（2）电缆效应和电缆的防护问题。水中冲击波强度大，它作用于电缆时由于电缆效应产生的摩擦电荷是一个相当可观的虚假信号，它将叠加在被测信号之上。为了消除或削弱电缆效应的影响,传感器至前置放大器的连接电缆应采用特殊的低噪音电缆,并从钢管中引出到测量浮排。钢管一方面起着隔离作用,防止水中冲击波直接作用到连接电缆上,同时也保护了电缆使其免遭破坏。目前已有很多设备采用微型水下高输入阻抗前置放大器或阻抗匹配器,直接用防水接头安装在传感器的输入端,以减小"电缆效应"和提高信噪比。

(3)放大器及接头等的保护问题。水中冲击波测量,放大器的隔振和防水以及联接插件和电缆接头的密封、防水问题必须予以充分重视。特别是海上测试,它的腐蚀性比淡水强,需要采取更严密、抗腐蚀的防水措施。否则可能造成传感器、前置放大器等绝缘性能下降,甚至失效。

12.3.4.2 爆破涌浪监测

(1)本项监测适用于:在水工建筑物、堤防附近进行水下爆破,当涌浪可能对附近建筑物产生危害时应进行爆破涌浪监测。

(2)监测仪器设备应符合下列规定:监测仪器应具有较高的灵敏度,测试精度应达到0.1m 水头。波浪周期较长,持续时间很长,要记录波浪产生和消失全过程,仪器应具有长时间记录的特点,宜不小于1min。通常采用电阻式或压阻式敏感元件做成传感器。仪器系统应有较好的防水绝缘抗电磁干扰性能。

(3)测点布置应符合下列规定:宜布置在被保护建筑物的迎水面以下 1~1.5m。传感器宜悬挂在水中,承压面不要贴在建筑物表面,被建筑物阻隔。

(4)监测应符合下列规定:仪器系统要进行静水头压力标定,标定范围要超过测量范围一倍。绘制仪器布置、爆源、被保护建筑物相关的平面图,准确测定目标之间的距离,有关爆破药量、爆源位置、传感器位置等有关信息,填入现场监测记录表内。操作程序应向爆破现场负责人汇报,并向现场操作的爆破工交底,避免失误。

(5)监测成果整理与分析应符合下列规定:监测最大涌浪压力、持续时间、作用频率(周期),均填入现场监测记录表中。以大坝或堤坝允许超过设计水头的高度为准,分析涌浪对大坝、堤防的危害。多次监测可以建立在本工程条件下爆破药量和涌浪的相互关系,作为校核涌浪的依据。

12.3.5 爆破孔隙动水压力监测

12.3.5.1 监测适用范围

(1)本项监测适用于:软基加固时,采用动力法,如打桩、振冲、爆炸压实等,对附近的饱和砂土地基和堤坝浸润线以下的堤身都应进行动孔隙水压力及沙土液化破坏监测;航道疏浚时,爆破距河堤 50m 范围内,爆破可能造成土堤边坡滑移,也需进行动孔隙水压力监测;大型水电站土石围堰,在开挖施工期需进行动孔隙水压力监测,尤其在洪水期需加强监测;通过加密压实的砂质软基,在运行期应加强动孔隙水压力及沙土液化监测。

(2)爆破振动可能造成较大影响时,在沙基、沙土堤坝等浸润线以下饱和度大于95%的部位,需设置孔隙动水压力及质点振动速度(或加速度)监测点,并同时进行监测。

(3)在特殊沙质地基或构筑物附近进行爆破时,进行必要的爆破质点振动速度及孔隙脉动水压力监测或专门试验，以确定被保护物的安全。

（4）爆破孔隙动水压力监测时，爆破前后的地下水位变化需同步监测。

12.3.5.2 测试方法及要求

1. 测点布置

测点布置符合下列规定：确定沙土液化范围及深度的监测，测点布置以爆源（震源）中心，由近及远布置，在近区不同高程（深度）布置 2～3 个点，所有测点均应埋入饱和土层内。基础下部有不利抗液化的土层，应在该土层内埋设测点，埋设深度不超过 15m。

2. 监测设备

监测设备符合下列规定：超动态孔隙水压力应采用工作频率比较高、量程比较大的压敏元件传感器，用瞬态记录仪、数字模块记录仪记录。动孔隙水压力宜采用电阻式压力盒、渗压计做传感器，通过动态应变仪将信号输入到数字模块记录仪或多通道记录仪进行记录。仪器系统应进行动态标定，尤其是超动态脉动压力测量系统。液化监测主要采用宏观观测的办法，确定液化的范围。

3. 监测设备埋设安装

监测设备及其安装符合下列规定：

（1）孔隙动水压力监测宜采用动孔隙水压力计，如渗压计等，由动态应变仪将信号输入到记录设备。

（2）孔隙动水压力传感器宜采用钻孔埋设法。根据孔中埋设的仪器数量，一般采用直径为 110mm 以上的钻孔。成孔后应在孔底铺设厚约 20cm 中粗沙垫层。

（3）孔隙动水压力传感器的连接电缆，应用软管套护。传感器埋设应自下而上依次进行，用中粗沙封埋测头，用膨润土干泥球逐段捣实封孔，并随时进行检查。

（4）应对监测对象的干密度、级配等物理性质进行取样检测，取样点应在监测点附近；必要时还应进行有关土的力学性质试验。

（5）封孔段长度，应符合设计。在孔隙动水压力传感器埋设与封孔过程中，一旦发现仪器测头与连接电缆损坏，必须及时处理或重新埋设。

（6）仪器埋设与爆源（震源）的相对关系，应标注在平面图和剖面图上，剖面图上应标明土层物理力学性质。填写现场监测记录表。准确测定地下水水位。

12.3.5.3 测试系统性能要求

为了准确、稳定、可靠地获得测量数据，对于测试系统有以下基本要求：

（1）测试系统的频响要在冲击波压力及脉动土压力的频率成分所确定频带内，频幅特性应保持平坦，而且其相频特性也须在这两个频带内不发生相畸变，即相位滞后为零或随频率而呈线性变化。

（2）较宽的动态范围（不低于 100dB）。

（3）输出的零点漂移小，受冲击振动环境影响很小，而且便于将记录信号作数学处理。

测试系统详细技术指标可参见爆破水击波、动水压力测试系统。

12.3.5.4 测试成果整理与分析

监测成果整理与分析符合下列规定：

（1）监测后应填写爆破孔隙动水压力监测记录表，并及时汇总监测成果，包括测试的孔隙脉动压力最大值，持续时间、脉动压力分布规律、液化范围观测成果等。

（2）根据脉动压力及液化范围观察资料，确定沙土液化的发生指标，对所监测对象的安全性作出初步评价；建立爆破规模与脉动压力的关系，达到控制液化、调整爆破规模的目的。

（3）振动液化：爆破振动不应对沙质地基或构筑物（如沙质土挡水堤、坝等）产生液化破坏。沙质地基或构筑物的爆破安全性应同时满足安全振动速度和孔隙脉动水压力的要求，主要类型的沙质地基和构筑物的爆破安全控制标准如下：

1）挡水堤坝允许振速 5cm/s 时，允许脉动水压力为 220kPa（三峡二期围堰控制标准，由一期实测资料和参考大量振动引起液化和非液化资料及理论分析所得，已在三峡工程中成功应用）。

2）沙质地基需要试验确定。

12.3.6　爆破有害气体、空气冲击波及噪声监测

12.3.6.1　爆破有害气体监测

1. 爆破有害气体的产生及危害

（1）爆破有害气体的产生。工程爆破中所用的炸药一般都是混合物，主要由燃料和氧化剂等两类物质组成：其中，常用的燃料有柴油、松香、石蜡、沥青、木粉和煤粉等，其所含的有效元素主要是碳、氢等易氧化的非金属元素，氧化剂主要是硝酸铵，有些炸药还含有少量的硝酸钠或亚硝酸钠等，其有效元素主要是氧，但氧化剂中的氧元素不是单独存在的，而是与氮和氢等结合一起、以氮为载体而存在的。爆破反应的实质是装药中所含的氧、碳、氢、氮等元素之间的氧化还原反应，而生成较为稳定的化合物。炸药爆炸生成物主要是指化学反应终了瞬间的化学反应产物（即爆轰产物），另外，也包括爆轰产物进一步膨胀，或与外界空气、岩石等其他物质互相作用，发生新的反应，形成新的产物。炸药爆炸产物组成成分很复杂，它决定于炸药的成分和爆炸条件。即使同一成分的炸药，由于爆炸条件的不同，爆炸产物也不相同，例如硝酸铵的爆炸反应，爆炸产物中有气体、液体和固体残渣，其中主要有 CO_2、H_2O、CO、NO_2、C、O_2、N_2 等，若炸药的含氧量不足或爆炸条件不理想，则还可能生成 C_mH_n、NH_3 以及 HCN。爆炸产物的不同，一方面反映爆炸反应热效应的差别，另一方面表明有毒气体的不同，因此炸药的爆炸产物如何，直接影响到爆破效果和炸药的使用。从提高炸药的爆炸威力，充分利用炸药能量，降低有毒气体生成量的角度看，显然应力求爆炸反应时炸药中的可燃元素（C、H）完全氧化生成二氧化碳、水，而应避免生成一氧化碳和氮氧化物。

工业炸药爆炸后产生的有毒气体，主要是指一氧化碳（CO）及氧化氮（NO 和 NO_2），此外，在含硫矿床中爆破作业时，还可能出现硫化氢（H_2S）和二氧化硫（SO_2）。

（2）有毒气体性质及其危害。在炸药爆炸产生的有毒气体中，CO 和 NO_x 最重要。CO 主要对肺组织产生剧烈的刺激和腐蚀作用，形成肺水肿，并导致呼吸道收

缩，降低其对感染的抵抗能力，尤其是气喘病人，而受 NO_2 的侵袭后，对灰尘和花粉的敏感性将大大加强。NO_x 与碱性氧化物反应生成硝酸盐或亚硝酸盐而致癌。接触高浓度的 NO_2，还可能损害中枢神经系统，同时，NO_2 的气溶胶对视力也有伤害。

CO 中毒后的症状因中毒的程度不同而异，轻度中毒时，表现为头痛、头昏、心悸、恶心、呕吐和四肢无力；中度中毒者除上述症状外，还会出现面色潮红、黏膜呈樱桃红色、全身疲软无力、步态不稳、意识模糊甚至昏迷；重度中毒后，前述症状发展成昏迷，可并发休克、脑水肿、呼吸衰竭、心肌损害、肺水肿、高热、惊厥等，治愈后常有后遗症，而且在短时间内吸入大量的 CO 时，可能在无任何不适感的情况下就很快丧失意识而昏迷，甚至死亡。NO_2 的急性中毒主要表现为肺水肿、化学性肺炎和化学性支气管炎，长期接触低浓度的 NO_x 则会引起慢性咽炎、支气管炎，而且还可能出现头昏、头痛、无力、失眠等症状。

爆破有毒气体不仅能引起急性中毒，对人体造成伤害，而且能对大气形成污染。据研究，爆炸所产生的有毒气体 NO_x 在阳光作用下会与挥发性有机化合物（VOCs）发生化学反应，形成光化学烟雾，由此而产生以臭氧为主体的百余种化合物组成的混合物，当这种光化学烟雾在地面附近形成时，其中的臭氧对大多数有生命的有机体都是一种具有高度活性的有毒气体。因此，NO_x 也能间接地危害人体和其他生物。CO 则能与大气中的羟基反应，间接地促进光化学烟雾的形成，此外，NO_x 还能导致酸雨，对农业、森林和水生环境以及建筑材料的耐风蚀性等造成有害影响。CO 和 NO_2 浓度与人体中毒程度/反应的关系见表 12.3-5 和表 12.3-6。

表 12.3-5　　　　　　　　　　CO 浓度与人体中毒程度的关系

CO 体积浓度/%	在该浓度空气中连续作业的时间	中毒程度
0.016	数小时	轻微中毒，吸入新鲜空气即恢复
0.048	1h	轻微中毒
0.128	0.5～1h	严重中毒
0.4	20～30min	致命中毒
1.0	1～2min	死亡

表 12.3-6　　　　　　　　　　NO_2 浓度与人体中毒反应的关系

NO_2 体积浓度/%	人体中毒反应
0.004	经 2～4min 还不会引起显著中毒反应
0.006	短时间内对呼吸器官有刺激作用，咳嗽、胸部发痛
0.01	短时间内对呼吸器官起强烈作用，剧烈咳嗽，声带痉挛性收缩、呕吐、神经系统麻木
0.025	短时间内很快死亡

2. 爆破有害气体监测

(1) 爆破有害气体监测一般规定。

1) 监测适用范围。

(a) 爆破产生的有害气体及粉尘已成为公害，所有场所的爆破都应加强监测、预防和消除工作，监测是预防、消除的有效手段。

(b) 露天爆破、拆除爆破，粉尘对环境的影响非常重要。

(c) 地下开挖由于有害气体（CO 和氮化物、粉尘）不易扩散，对施工环境影响很大，会造成人员伤害、意外爆炸事故，应定期对有害气体含量、粉尘类型进行监测。

(d) 施工方法、施工条件发生改变时，应及时论证排烟、降尘措施的可靠性。

2) 监测实施规定。

(a) 应按《工业炸药爆炸后有毒气体含量的测定》（GB 18098—2000）规定的方法监测爆破后作业面和重点区域有害气体的浓度，其浓度值不应超过表 12.3－7 的规定。

表 12.3－7　　　　　　　　地下爆破作业点有害气体允许浓度

有害气体名称		CO	N_nO_m	SO_2	H_2S	NH_2	R_n
允许浓度	按体积/%	0.00240	0.00025	0.00050	0.00066	0.00400	$3700Bq/m^2$
	按质量/（mg/m^2）	30	5	15	10	30	

(b) 地下爆破作业面炮烟浓度宜每周监测一次，露天洞室爆破后 24h 内，应多次检查与爆区相邻的井、巷、涵洞内的有毒、有害气体浓度，防止人员误入中毒。

(c) 采样环境应与日常施工环境相同，监测爆破后工作时段内的有害气体浓度宜采用便携式智能有毒气体检测仪检测。

(d) 应建立有害气体的产生与分布和排烟、降尘措施的档案。

(e) 爆破炸药量增加、更换炸药品种或施工方法、施工条件发生改变时，应在爆破前后测定爆破有害气体浓度。

(f) 采用便携式智能有毒气体检测仪检测时，应配置与检测项目有关的即插即用型智能化电化学传感器；宜由专业人员进行现场检测或采样化验，必要时可由具有专业资质的第三方承担检测工作。

(g) 检测的时间应根据施工组织设计的有关规定进行，检测应由掌子面开始沿施工主巷道的不同部位采样，有盲洞时在盲洞的内部也应采样检测。

(h) 监测成果应及时反馈施工单位及有关部门，督促调整施工程序、排烟、降尘措施。

(i) 建立有关有害气体及粉尘的产生与分布和排烟、降尘措施的档案。

(2) 爆破有害气体检测方法。当前，易燃、易爆、有毒、有害气体的快速检测技术较多，发展也很快。主要包括仪器法、气体传感器法、化学检测法等。

1) 仪器法。用各种气体快速测定仪器，对易燃、易爆、有毒、有害气体进行快速测定。

(a) 热学式气体测定仪。用可燃气体在催化剂作用下，燃烧产生的热量改变热敏电阻的阻值，测定易燃易爆气体的浓度。如常用的易燃易爆气体测爆仪，一氧化碳测定仪，爆炸粉尘测定仪等。

（b）光电式气体测定仪。用气体对某种单色光的吸收，改变入射光的强度，在光电中产生电信号，通过测定电信号而测定气体的浓度。如对芳烃气体及对紫外和可见光有一定吸收的有毒、有害气体的测定。

（c）电导式气体测定仪。利用易燃、易爆、有毒、有害气体溶于某种电解质中，改变这种电解质的组成和电导，通过测定电解质溶液的电导测定气体的浓度。如氨气测定仪，二氧化氮测定仪等。

2）气体传感器法。

（a）半导体气体传感器。半导体气体传感器主要使用半导体气敏材料，具有灵敏度高、响应快的优点而得到广泛的应用。例如：WO_3 气体传感器可检测氨气的浓度；$ZnO \sim CuO$ 气体传感器对一氧化碳气体非常敏感。

（b）固体电解质气体传感器。固体电解质气体传感器使用固体电解质气敏材料作气敏元件。由于这种传感器电导率高，灵敏度和选择性好，因而得到了广泛的应用，仅次于金属氧化物半导体气体传感器。如检测硫化氢气体的 $YST \sim Au \sim WO_3$ 传感器，检测氨气的 $NH_4^+ \sim CaCO_3$ 传感器等。

（c）接触燃烧式气体传感器。接触燃烧式气体传感器分为直接接触燃烧式和催化接触燃烧式两种。这种传感器只能检测可燃气体，对不燃性气体不敏感。例如，在 Pt 丝上涂敷活性催化剂 Rh 和 Pd 等制成的传感器，具有光谱特性，可以检测各种可燃气体。

（d）高分子气体传感器。利用高分子气敏材料的气体传感器近年来得到了很大的发展。高分子气体传感器具有对特定气体分子灵敏度高、选择性好的优点，并且结构简单，能在常温下使用，可以弥补其他气体传感器的不足。

仪器法和气体传感器法检测危险性气体，操作简便，检测速度快，定量效果好。但不易进行气体定性鉴定，不利于气体种类的鉴定。

3）化学检测法。利用化学试剂制成的指示剂与被检测气体发生化学反应，使指示剂的颜色发生变化，根据指示剂颜色的变化判断气体的种类和浓度。化学检测法除检测灵敏度较高，测定速度快，定性能力强等特点外，它的最大优点是可随时通过实验找出显色反应，自己动手制作检测器材，最大限度地满足未知检测气体种类多对检测技术的要求，而且检测成本低，便于携带。因此，化学检测法是应用十分广泛的气体快速检测方法。气体快速化学检测方法主要包括检气管法，试纸法，溶液快速法、电化学法等。

（3）爆炸有害气体生成量的简易测定。对爆炸有毒气体生成量的测定方法，通常采用实验室测定和巷道测定两种方法。

1）实验室测定。这种方法是将试验炸药放在爆炸筒内爆炸，然后分析爆炸有毒气体的含量。爆炸筒是一个容积 4.4L 的钢制圆柱形厚壁筒。内装试验炸药 20g，充填 100g 标准石英砂，用 6 号铜壳瞬发电雷管起爆，待弹体温度冷却到室温后，通过气体流量计、储气瓶和水银压力计等指示的数据，计算出爆炸气体总量。然后将定量气体引入气体分析仪中，气体逐渐经过相对应的吸收液和燃烧器而被吸收和燃烧，由体积逐次减小而计算出各有毒气体的百分含量。

2）巷道测定。在使用被测定炸药的巷道内，选择一段试验巷道，离掘进工作面一定距离处用帆布等做成门帘封闭。爆破前停止通风，并取出气样，作为对比试验的初始数据。爆破后，戴防毒面具进入巷道采样。在距离工作面 2m 处、距门帘 1.5m 处和中间处，分别取上下层两个气样，采样时间不得超过 10min。

对采好样的气体进行分析和测定，将测得有毒气体的百分浓度乘以密闭巷道的容积，再除以爆破用的炸药量，即得每千克炸药爆炸后生成有毒气体的立方数。

（4）气体检测传感器性能。气体检测传感器是气体检测系统的核心，通常安装在探测头内。从本质上讲，气体传感器是一种将某种气体体积分数转化成对应电信号的转换器。探测头通过气体传感器对气体样品进行调理，通常包括滤除杂质和干扰气体、干燥或制冷处理、样品抽吸，甚至对样品进行化学处理，以便化学传感器进行更快速地测量。

气体传感器应具备以下特性：

1）稳定性。稳定性是指传感器在整个工作时间内基本响应的稳定性，取决于零点漂移和区间漂移。零点漂移是指在没有目标气体时，整个工作时间内传感器输出响应的变化。区间漂移是指传感器连续置于目标气体中的输出响应变化，表现为传感器输出信号在工作时间内的降低。

2）灵敏度。灵敏度是指传感器输出变化量与被测输入变化量之比，主要依赖于传感器结构所使用的技术。大多数气体传感器的设计原理都采用生物化学、电化学、物理和光学。首先要考虑的是选择一种敏感技术，它对目标气体的阀限制（thresh - old limit value，TLV）或最低爆炸限（lower explosive limit，LEL）的百分比的检测要有足够的灵敏性。

3）选择性。选择性也被称为交叉灵敏度。可以通过测量由某一种浓度的干扰气体所产生的传感器响应来确定。这个响应等价于一定浓度的目标气体所产生的传感器响应。这种特性在追踪多种气体的应用中是非常重要的，因为交叉灵敏度会降低测量的重复性和可靠性，理想传感器应具有高灵敏度和高选择性。

4）抗腐蚀性。抗腐蚀性是指传感器暴露于高体积分数目标气体中的能力。在气体大量泄漏时，探头应能够承受期望气体体积分数 10～20 倍。在返回正常工作条件下，传感器漂移和零点校正值应尽可能小。

气体传感器的基本特征，即灵敏度、选择性以及稳定性等，主要通过材料的选择来确定。选择适当的材料和开发新材料，使气体传感器的敏感特性达到最优。

（5）气体检测仪。

1）气体检测仪的选择应符合以下要求：

（a）检测器应该根据现场爆炸危险区域的划分，爆炸性气体混合物的级别和组别，环境条件及气体介质对检测元件的毒害程度等选用。

（b）根据检测器安装场所，大气中有害组分对可燃气体检测器的影响选用普通型或抗毒性检测器。硫化物、硅烷及含硅化合物、四乙基铅等物质能使元件中毒。毒性物质含量过高、会使检测器无法工作；含有毒性物质，会降低检测器的使用寿命。毒性物质的含量与检测元件的使用寿命（直至无法使用）之间无严格的定量数据。

抗毒性检测元件主要是抗硫化物、硅化物对检测元件的毒害；抗毒性又分为：普通型、抗硫化氢、氯乙烯等不同系列。我国的深圳安路公司、燕化公司仪表厂、无锡梅思安公司、格林公司等均生产抗中毒型可燃气体检测器。

2）根据被检测有毒气体的特性选用不同工作原理的检测器：使用电化学型检测器时，由于温度过高过低都会引起电解质的物理变化，应注意使用温度不超过制造厂所规定的使用环境温度。当环境温度不适合时，应采取措施或改用其他型式的检测器。

3）有毒气体检测器的选用，应综合考虑气体的物性、腐蚀性、检测器的适应性、稳定性、可靠性、检测精度、环境的影响及使用寿命，并根据检测器安装场所中的各种气体成分的交叉反应和制造厂提供的仪表抗交叉影响的性能，选择合适的检测器。

4）检测器的防爆类别组别必须符合现场爆炸性气体混合物的类别、级别、组别的要求。爆炸危险区域的划分应按释放源级别和通风条件确定，分为三个区域，即0区、1区、2区。爆炸性气体混合物按其最大试验安全间隙和最小点燃电流比分级（Ⅰ、ⅡA、ⅡB、ⅡC）；按其引燃温度分级（T1、T2、T3、T4、T5、T6）。选用的检测器的级别和组别不应低于安装环境中的爆炸性气体混合物的级别和组别。

5）根据安装现场的环境条件及该点检测对生产和人体的危害程度选用不同的采样方式。吸入式检测器较之自然扩散式检测器增加了机械吸入装置，有更强的定向、定点采样能力，但覆盖面较小，大量使用的应该是自然扩散式检测器。

12.3.6.2　爆破空气冲击波及噪声监测

1．一般规定

（1）监测适用范围。本项监测适用于：裸露爆破、洞室爆破、拆除爆破、露天爆破等，需对周围建筑物、人群活动比较密集的地方进行空气冲击波及噪声的监测。

炸药爆炸所产生的空气冲击波是一种在空气中传播的压缩波，是由于裸露药包在空气中爆炸所产生的高压气体冲击压缩药包周围的空气而形成的；或者由于装填在炮孔和药室中的炸药爆炸产生的高压气体通过岩石中的裂缝或孔口泄露到大气中，冲击压缩周围的空气而形成的。空气冲击波具有比自由空气更高的压力，常常会造成爆区附近建筑物的破坏、人类器官的损伤和心理反应。为评价空气冲击波的影响程度，应对空气冲击波进行监测。

（2）监测项目及内容。监测项目有爆炸空气冲击波超压、爆炸噪声。爆炸空气冲击波是由压缩相和稀疏相两部分组成，在大多数情况下，冲击波的破坏作用是由压缩相引起的。确定压缩波破坏作用的特征参数是冲击波波阵面上的超压值 ΔP：

$$\Delta P = P - P_0 \qquad (12.3-16)$$

式中　ΔP——冲击波波阵面上的超压值，Pa；

　　　P——空气冲击波波阵面上的峰值压力，Pa；

　　　P_0——空气中的初始压力，Pa。

炸药在固体介质中爆炸向空中逸出爆破空气冲击波和噪声，在空气中传播过程中，能量逐渐耗损，波强逐步下降而变为噪声和哑声，它们的超压较低，一般用声压级表示，即用分贝表示。

（3）监测仪器设备。监测仪器设备符合下列规定：爆破冲击波监测仪器，目前都采用电测系统，测量冲击波的强度、频率和历时。传感器宜采用工作频带较宽的压电或压阻式元件。记录设备宜采用多通道瞬态波形记录仪或数字模块记录仪等。噪声测试宜采用声级计、频率分析仪、自动记录仪等，记录噪声的分贝数。现场监测仪器应经过标定，宜采用标准声发生器进行灵敏度标定。

（4）测点布置。测点布置符合下列规定：爆破的最小抵抗线方向是爆破能量最先和最有利于溢出的方向，因此，测点宜布置在爆破抛掷方向。传感器应选择在空旷的位置，距周围障碍物应大于 1.5m，距地面应大于 1m，避免反射波的干扰。测点可以设在被保护建筑物附近，也可以由近及远布设。测点附近的建筑物要进行宏观破坏调查，注意门窗、玻璃及内外墙粉刷层的脱落、破损等。

（5）监测实施要求。监测应符合下列规定：测区及爆区平面图注明爆区范围、起爆方式等爆破参数及相应坐标高程，测区应注明被保护建筑物结构坐标，注明爆区和测区之间有什么建筑物、障碍物（如树林、山包）等。将爆区和测区的相关参数填入现场监测记录。向爆破负责人汇报操作程序，向爆破现场指挥和操作人员交底，保证监测工作安全及工作协调。

2. 产生及危害

（1）爆破空气冲击波及噪声的产生。炸药爆炸时，无论药包周围的介质是空气或者是岩土，由于爆炸反应瞬间释放出大量的能量，从而导致药包邻近的介质被冲击和压缩，进而产生了空气冲击波。另外高温、高压、高速的爆炸气体产物以极高的速度向周围扩散，就如一活塞在充满气体的无限长的管子中高速运动，强烈地压缩相邻的气体，使其压力、密度、温度状态参数突跃式变化，形成初始的空气冲击波。

爆炸产物这个"活塞"最初以极高的速度沿爆破中心辐射方向运动。由于传播半径不断增大，能流密度不断减小，单位质量气体的平均能量不断下降以及在传播过程中的能量损耗，它的速度迅速衰减，一直到零为止，即形成压力降低区。由于压力急剧下降，而体积不断膨胀。当爆炸产物膨胀到某一特定体积时，它的压力就降至周围空气未经扰动时的初始压力 P_0。但是由于惯性作用，此时爆炸产物并不会停止运动，而是过度膨胀，一直膨胀到某一最大容积。这时，爆炸产物的平均压力已低于周围气体未扰动时的初始压力 P_0，这就出现了负压区。出现负压后，周围的气体反过来又向爆炸中心运动，对爆炸产物进行第一次压缩，使其压力不断增加。同样，由于惯性作用，将产生过度压缩，爆炸产物的压力又会出现大于 P_0 的情况。这就又开始第二次膨胀～压缩的脉动过程。经过若干次膨胀～压缩的脉动过程后，最后停止，达到平衡。由于空气的密度小，惯性也小，有实际意义的只是第一次膨胀～压缩的脉动过程。图 12.3 - 7 为典型的爆破空气冲击波 $\Delta P - t$ 曲线。

（2）工程爆破产生空气冲击波的原因。

1）裸露在地面上的炸药、导爆索等爆炸产生空气冲击波。

2）炮孔填塞长度不够或填塞质量不好，炸药爆炸高温高压气体从孔口冲出产生空气冲击波。

3）因局部抵抗线太小，沿该方向冲出的高温高压气体产生空气冲击波。

4）多炮孔或多药室爆破时，由于起爆顺序不合理，导致部分炮孔抵抗线变小，甚至裸露造成空气冲击波。

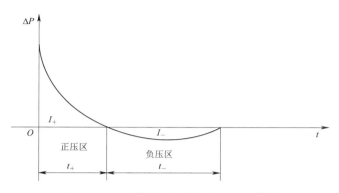

图 12.3-7　爆破空气冲击波 ΔP-t 曲线

5）在断层、夹层、破碎带等弱面部位高温高压气体冲出产生空气冲击波。

6）大型洞室抛掷爆破时，鼓包破裂后冲出的气浪，以及在河谷地区大爆破气浪形成"活塞状"压缩空气，形成空气冲击波。

7）炸药库房或运输中的爆破器材发生意外爆炸产生空气冲击波。

炸药爆炸后在一定体积内瞬间产生大量高温高压的气体产物并高速向周围膨胀，在离爆源较近的地方，空气中产生的波动表现为冲击波；在离爆源较远的某一距离的地方，就衰减以声波形式传播，在工程爆破作业中，人们听到的爆炸声实质上就是爆破噪声。国外学者认为空气冲击波压力降至 180dB 以下时才可以称为爆破噪声。

噪声的强度随时间有规律性起伏的称为周期性变化噪声，如蒸汽机车的噪声；噪声随时间无一定规律变化的称为无规噪声，如街道交通噪声；如果噪声突然爆发又很快消失，持续时间不超过 1s，并且 2 个连续爆发声之间间隔大于 1s 的，则称为脉冲噪声，如枪、炮噪声等。显然，爆破噪声是一种脉冲噪声。

（3）爆破空气冲击波及噪声的危害。空气冲击波的破坏作用主要与下列因素有关：冲击波波阵面峰值压力（ΔP_m）、冲击波正压区作用时间（t_+）、冲击波冲量（I）、冲击波作用到的保护物的形状、强度和自振周期（T）等。

如果空气冲击波超压低于保护物的强度极限，即使有较大冲量也不会对保护物产生严重破坏作用；依同理，如果冲击波正压作用时间不超过保护物由弹性变形转变为塑性变形所需的时间，即使有较大超压也不会导致保护物的严重破坏；当保护物与爆心有一定距离时，冲击波对其破坏的程度，由保护物本身的自振周期 T 与正压作用时间 t_+ 来确定。当 $t_+ \ll T$ 时，对保护物的破坏作用主要取决于冲量 I；反之，当 $t_+ \gg T$ 时，保护物的破坏则主要取决于冲击波超压峰值 ΔP_m。除超压之外，随之而来的气流、空气冲击波负压等，均是构成空气冲击波破坏的不可忽视的因素。

空气冲击波达到一定值后，会对周围人员、建筑物或设备造成破坏。工程爆破中，一般都是根据爆心与建筑物或设备的距离及它们的抗冲击波性能确定一次爆破的最大药量。一次爆破药量不能减少时，则需要设法降低冲击波的超压值，或对保护对象采取防护措施。

空气冲击波对人和建筑物的危害程度与冲击波超压、比冲量、作用时间和建筑物固有周期有关。它对人和建筑物的危害见表 12.3-8～表 12.3-10。

表 12.3－8 空气冲击波和超压对人体的危害情况

序号	超压值/$(10^5 N/m^2)$	伤害程度	伤害情况
1	<0.02	安全	安全无伤
2	0.2～0.3	轻微	轻微挫伤
3	0.3～0.5	中等	听觉、气管损伤；中等挫伤、骨折
4	0.5～1.0	严重	内脏受到严重挫伤；可能造成伤亡
5	>1.0	极严重	大部分人死亡

表 12.3－9 空气冲击波超压、冲量与建筑物破坏程度关系

序号	超压值/$(10^5 N/m^2)$	冲量值/$(10^3 N \cdot s/m^2)$	建筑物破坏程度
1	0.001～0.05	0.01～0.015	门窗玻璃安全无损
2	0.08～0.10	0.016～0.02	门窗玻璃局部破坏
3	0.15～0.20	0.05～0.10	门窗玻璃全部破坏
4	0.25～0.40	0.10～0.30	门、窗框、隔板破坏；不坚固的砌砖墙、铁皮烟筒被摧毁
5	0.45～0.70	0.30～0.60	轻型结构严重破坏；输电线铁塔倒塌；大树被连根拔起
6	0.75～1.00	0.50～1.00	砖瓦结构的房屋被破坏；钢结构构筑物严重破坏；进行中的汽车被破坏；大船沉没

表 12.3－10 作用时间为 3ms 时的超压与人伤亡情况

序号	超压值/$(10^5 N/m^2)$	致伤情况	序号	超压值/$(10^5 N/m^2)$	致伤情况
1	0.352	个别人耳鼓膜破坏	5	7.042	个别人死亡
2	0.352～1.056	50%的人耳鼓膜破裂	6	9.155～12.676	50%的人死亡
3	2.113～3.521	个别人肺损伤	7	>14.084	人全部死亡
4	5.633～7.042	50%的人肺严重损伤			

爆破噪声会危害人体健康，使人产生不愉快的感觉，并使听力减弱；频繁的噪声更使人的交感神经紧张，心脏跳动加快，血压升高，并引起大脑皮层负面变化，影响睡眠和激素分泌；当爆破脉冲噪声峰压级较高时，会使耳膜破裂，甚至造成爆震性耳聋。

3. 爆破空气冲击波测试

(1) 测试系统基本要求。为了准确、稳定、可靠地获得测试数据，测试系统应满足下述基本要求：

1) 测试系统的频响不仅要在冲击波压力的频率成分所确定的频带内，幅频特性是平坦的，而且其相频特性也须在该频带内不发生相畸变，即相位滞后为零或随频率而呈线性变化。

2）必须能线性地传递很大的冲击信号，并有一个较宽的动态范围。

3）输出的零点飘移要小，受冲击振动环境影响要小，而且便于将记录信号作数学处理。

（2）测试系统技术指标推荐。推荐空气冲击波测试系统基本技术指标如下：

1）可测参数值范围：$(0.01\sim100)\times10^5 Pa$。

2）信号频率响应范围：$\geqslant10kHz$。

3）非线性：$<2\%$。

4）测量精度：$\pm0.5\%FS$。

5）采样精度：12 位 A/D 以上分辨率。

6）采样速率：$\geqslant100kHz$。

7）触发预置采样长度：$\geqslant1000$ 单位采样长度。

8）存储容量：$\geqslant10MB/$通道。

9）环境条件：温度为$-20\sim60℃$；相对湿度为 $RH\leqslant90\%$。

（3）监测成果整理与分析。

1）将监测的超压值填入现场监测记录表内。

2）依据监测值和相关距离，可推算空气冲击波值，当在平坦地形的地表进行大当量爆炸时，可按照 $\Delta P=14Q/R^3+4.3Q^{2/3}/R^2+1.1Q^{1/3}/R$ 计算。

上述可作为工程估算冲击波和调整爆破参数的依据。

3）爆破（裸露爆破）产生空气冲击波的安全距离按经验公式计算：

$$R_K=K_K Q^{1/3} \tag{12.3-17}$$

式中　R_K——空气冲击波最小安全距离，m；

　　　Q——一次爆破的炸药量，kg（秒延期爆破时，按最大单段药量计算；毫秒延期爆破时，按一次爆破的总药量计算）；

　　　K_K——系数（对掩体内作业人员取 25，对居民或其他人员取 60，对建筑物薄弱部位取 55）。

4）洞室爆破产生空气冲击波对建筑物允许超压值 ΔP 的安全距离按经验公式计算：

当 $n\geqslant1$ 时　　　　　　$R_K=2(1+n^2)(Q/\Delta P)^{1/2}$

当 $n<1$ 时　　　　　　$R_K=4n^2(Q/\Delta P)^{1/2}$

式中　ΔP——允许的冲击波极限超压值，Pa；

　　　n——爆破作用指数。

（4）爆破空气冲击波测试若干技术问题。为了获得可靠的现场测试结果，除了正确地选择和使用测试仪器设备，设计合理的测试系统外，还应注重有关测试中的技术问题，否则将人为产生测试误差。

1）传感器的现场安装。在自由场冲击波压力测试中，传感器及其安装支架都应设计加工成流线型体，并使其轴线沿着冲击波的传播方向安置，而且指向爆心。定位支架和安装件的几何尺寸在满足一定刚度要求的情况下，应尽可能小（远小于被测冲击波的波长），使所测的流场在传感器及支架加入后发生的畸变最小。

在测试地面或结构物表面的反射冲击波时，传感器的感受端面应与地面或结构物表面齐平，传感器的感受端面凸出或低于地面和结构物的表面，都会形成一个空腔，这都将使压力传感器感受面附近的流场受到扰动，从而使所测试的冲击波波头发生畸变。一般在安装齐平后，在表面还涂抹一薄层绝缘油脂（如凡士林、炮油等），消除某些残存的安装问题。

无论是自由场压力测试还是反射压力测试，传感器安装时都要有减振措施，通常是在压力传感器和安装夹具之间设置一个减振橡胶套或垫圈，防止地震波或安装支架的振动传递到传感器上，产生一个虚假的振动信号。

2）电缆的选择。尽量选择自记式爆破冲击波或噪声测试系统，减小传感线与记录仪的连接线长度，且采用屏蔽电缆。

3）场地的平整。如果是试验来测试空气冲击波或噪声的传播规律，在地面反射压力测试中，应将试验区推平，否则地形和地物的影响将引起测试波形畸变，特别是小药量爆破试验，冲击波波长较短，地形地物影响更为明显。

4. 爆破噪声测试

（1）爆破噪声评价方法。

1）表征噪声的物理参数。衡量噪声的物理量主要有两个：一个是声音强弱的度量，即反应噪声的大小；另一个是噪声频率的高低度量。

声压是表示声音强弱的物理量。对于正常听力的人来说，当 1000Hz 纯音的声压为 2×10^{-5}Pa 时，则刚刚能听到，称之为听阈声压或基准声压；当声压达到 20Pa 时，则出现耳痛感，称之为痛阈声压。

单纯用声压度量噪声的强弱极不方便。比如从人耳的听阈到痛阈，声压的绝对值之比是 $10^6:1$，即相差一百万倍。为此，引入"级"的概念来表示声音的强弱，不仅表达方便而且计算简化，同时也符合人耳听觉的分辨能力，即声压级。

声压级的数学表达式为

$$L_P = 20\lg(P/P_0) \tag{12.3-18}$$

式中 L_P——声压级，dB；

P——声压，Pa；

P_0——基准声压，20×10^{-6}Pa。

2）A 声级。在声学测量仪器中，声级计的"输入"信号是噪声客观的物理量声压，而"输出"信号不仅是对数关系的声压级，而且最好是符合人耳特性的主观量响度级。为使声级计的"输出"符合人耳特性，应采用一套滤波器网路对某些频率成分进行衰减，将声压级的水平线修正为相对应的等响曲线。故一般声级计中参考等响曲线设置计权网路 A、B、C 三种，对人耳敏感的频域加以强调，对人耳不敏感的频域加以衰减，可直接读出反映人耳对噪声感觉的数值，使主客观量趋于一致。常用的是 A 计权和 C 计权，B 计权已逐渐淘汰。

A 计权网路是效仿倍频等响曲线中的 40 方曲线设计的，它较好地模仿了人耳对低频段（500Hz 以下）不敏感，而对 1000～5000Hz 声敏感的特点。用 A 计权测量的声级叫作

A声级，记作分贝（A），或 dB(A)。由于 A声级是单一的数值容易直接测量，且是噪声的所有频率分量的综合反映，故目前在噪声测量中得到广泛应用，并用来作为评价噪声的标准。

声级计的读数均为分贝值，经 A计权网路后声压级已有修正，其读数不应是声压级，也不是响度级，称作声级的分贝值。

A声级可用 A计权网路直接测量，也可由测得的倍频带或 1/3 倍频带声压级转换为 A声级，其转换公式如下：

$$L_A = 10\lg \sum_{i=1}^{n} 10^{-0.1(R_i + \Delta_i)} \tag{12.3-19}$$

式中　R_i——测得的倍频带声压级；

　　　Δ_i——修正值，见表 12.3-11。

表 12.3-11　　　　　倍频带和 1/3 倍频带声压级转换为 A声级的修正值

中心频率/Hz	修正值/dB	中心频率/Hz	修正值/dB
10	−70.4	500	−3.2
12.5	−63.4	630	−1.9
16	−56.7	800	−0.8
20	−50.5	1000	0
25	−44.7	1250	+0.6
31.5	−39.4	1600	+1.0
40	−34.6	2000	+1.2
50	−30.2	2500	+1.3
63	−26.2	3150	+1.2
80	−22.5	4000	+1.0
100	−19.1	5000	+0.5
125	−16.1	6300	−0.1
160	−13.4	8000	−1.1
200	10.9	10000	−2.5
250	−8.6	12500	−4.3
315	−6.6	16000	−6.6
400	−4.8	20000	−9.3

（2）爆破噪声测试方法及控制措施。噪声测试是进行噪声控制的首要步骤，为了得到准确的测试结果，除了正确选用测试仪器外，还要掌握其测试方法以及有关测试工作中应

注意的事项。

1）仪器的选择和校正。根据不同的测试目的、内容和要求，选用与之相适应的测试仪器。对于爆破噪声测试，应选用脉冲精密声级计、自动记录仪、实时 1/3 倍频程分析仪和相匹配的记录仪。可直接选用带爆破噪声测试的爆破自记系统进行测试。

噪声测试仪器和声级计必须定期进行校准。一般每年一次，另外，在使用前后，应仔细检查仪器，并交计量单位校准。仪器的校准方法应根据产品说明书进行。

2）测试方法及测试内容。

（a）测试方法选择。根据噪声测试的复杂性及其特性，以及描述噪声需要的严密程度不同，其测试方法一般有下列三种。

调查法：该方法要求最少的时间和设备，主要用于性质相似的噪声源之间的比较，用声级计测得的声级来描述。其准确程度要求不高。只用有限的测点数，对声学环境不做详细分析，但要记录被测噪声的时间关系。可以采用 A 或 C 计权声级，A 声级对评价人的响应是有用的，但此法对评价降低噪声措施提供的信息是有限的。

工程法：此方法要求声级或声压级的测试比较准确，并辅以频带声压级的测试，还需记录声级的时间关系，分析声学环境，以求出对测试的影响。测点和频率范围则根据噪声源的特性及其工作环境选择。主要用于采取工程措施测试，如降低噪声方案等。

精密法：这种方法测试的噪声问题要尽可能完全描述，声级和声压级的测试更为准确，并辅以频带声压级的测试，按照噪声的持续时间和起伏特性，在适当的时间段上做记录，而且对声学环境要做仔细分析，测点和频率范围依据噪声源的性质和工作环境选择。如有可能，环境对测试的影响要做定量分析。这种方法主要用于对声场进行严密描述的场合。

（b）测试的内容。对不同的测试对象，有不同的评价量。所以在噪声测试之前必须确定选择哪一种评价量，然后再根据所求的评价量确定测试内容。爆破噪声测试常用的测试量有六种。

测试噪声级：需要采用"计数"测试。所用仪器一般都配有计数网路 A、B 和 C，有的还有 D。把旋钮转到那个"档"，读数都为噪声级。建议采用以 A 声级作为评定工程噪声的大小，同时记录下其余各档读数做参考。

等效噪声级：主要用于测试间断性噪声，也可直接用噪声计量仪进行快速测试。

总声压级：要测试某噪声源的总声压级，就需要采用宽带测试，所选用仪器的频率响应，在 $20 \sim 20 \mathrm{kHz}$ 的声频范围内具有均匀的响应，用"线性"档测试，其读数值即为总声压级。另外因为计数网路 C 具有近乎平直的响应，故常把 C 档读数看作总声压级。

频带声压级：几乎所有的噪声都具有一个复杂的频谱，测试噪声的频谱，可为深入研究噪声产生的机理以及控制措施提供必要的数据。

频谱测试：根据不同的测试目的和要求，可采用恒定带宽频谱分析仪、恒定百分带宽式频谱分析仪和等对数频带宽式频谱分析仪中的任何一种对噪声进行频谱测试。

峰值声压级：峰值声压级即指声压级中的最大值。上面说的噪声级和总声压级都是指有效值，即均方根值。对于枪、炮、爆破等脉冲噪声则需要测试峰值。所谓脉冲噪声，是指上升到峰值的声强时间小于 $35 \mu \mathrm{s}$，并且从峰值下降 20dB 的时间不大于 $500 \mu \mathrm{s}$。如果脉冲间隔小于 $500 \mu \mathrm{s}$，则认为是涨落噪声。测试脉冲噪声必须用具有"峰值保持"功能的精密脉冲声级计"线性"挡，一般将脉冲声级计旋至"线性"和"峰值保持"挡，就可以测试持续时间大于 $20\mu s$ 的脉冲总的峰值。

（3）爆破噪声测试设备。随着电子工业的飞速发展，现代噪声测试仪器日新月异，品种繁多。常用的测试分析仪器有声级计、频谱分析仪、实时分析仪、磁带记录器等。下面主要介绍部分常用声级计的性能参数，以便正确选择和使用。

1）声级计。声级计也称噪声计。是用来测试和计数声音的声压级的常用仪器，一般由传声器、放大器、衰减器、计数网路、指标器等部分组成，属于便携式设备。声级数可直接在仪器表头上读出或记录后在专用软件上进行分析，适用于现场快速测试。

声级计分类方法较多，但通常按其测试精度分为四种类型即 0～Ⅲ。0 型常用于实验室作标准声级计，Ⅰ型则作为精密声级计，Ⅱ型和Ⅲ型为普通型声级计。而爆破噪声测试应选用Ⅰ型精密声级计为宜。

2）频谱分析仪。为了解噪声频率成分，需要进行噪声的频谱分析。对于一些脉冲声信号、如爆破噪声等，可采用实时分析仪。该仪器的最大特点，是能在极短时间内显示出声信号的 A 声级、总声级和频谱。实时 1/3 倍频程分析仪主要用于声音和振动的快速频率分析测试。能将复杂的脉冲信号测试结果显示在屏幕上并能直接读出数据，特别适用于脉冲声信号快速分析。

3）声级计性能指标要求。声级计应满足下列标准要求：*Electroacoustics - Sound level meters - Part 1 Specifications*（IEC 61672-1—2013）、《电声学　声级计　第一部分：规范》（GB/T 3785.1—2010）、《电声学　倍频程和分数倍频程滤波器》（GB/T 3241—2010）、《声级计》（JJG 188—2017）。

常用声级计性能指标见表 12.3-12。

表 12.3-12　　　　　　　常用声级计性能指标

频率范围	3Hz～20kHz
测量上限	≥130dB（A）
本机噪声	≤23dB（A）、≤25dB（C）
线性范围	>100dB
分辨率	≤0.1dB
计权方式	频率：A、C；时间：F、S、I；并行计权
统计分析测量	L_{eq}、L_5、L_{10}、L_{50}、L_{90}、L_{95}、SD、L_{max}、L_{min}、L_n、L_d、L_{dn}、采样率、经纬度（带 GPS）、气象数据（带气象模块）
频谱分析	实时 1/3oct 和 1/1oct 分析（可选），16Hz～20kHz
测量（保存）数据类型	（1）瞬时值：L_{AFp}、L_{ASp}、L_{AIp}、L_{CFp}、L_{CSp}、L_{CIp}、C_{peak}、A_{peak} （2）统计值：自定义时间长度（10min～1h 以内）统计分析、小时统计（整点）、天统计 （3）事件：电校准、加热、噪声超标、仪器启动、仪器关机、停电、机箱门被打开、存储器出错、电池电压不足等 （4）录音：WAV 格式的文件

存储容量	4G CF 卡（可根据要求扩展容量），可存储 90 天以上的原始测量数据（不录音）
自动上传数据	瞬时值、事件和录音；所有保存的各种数据可以通过中心服务器软件读取
显示	数据实时显示
输出接口	（1）RJ45 网口：可通过有线或无线路由器与中心服务器相连，也可以直接通过局域网相连 （2）RS－232 串口：可通过无线模块（GPRS 或 CDMA）与中心服务器相连，也可以直接用串口线相连
录音	超标自动录音，传输网路空闲时自动上传录音文件
扩展模块（选配）	气象模块、GPS 全球定位模块、专用显示屏
供电电源	直流 6～35V；220V±20V 交流市电，内置蓄电池，停电后可保证仪器正常工作不少于 24h，也可采用太阳能供电
工作环境	温度：－25～＋70℃；相对湿度：0～100％（不凝结）；大气压：65～108kPa

（4）噪声测试中应注意的技术问题。爆破噪声的测试较为复杂，包括测点选择、读数方法、数据记录等。

1）测点选择。根据噪声测试的目的不同，应选择不同的测点。如果为了评价爆破噪声对人员健康的危害，可把测点选在职工经常所在的位置。记录时应将测点与噪声源的分布示意图画出，并标明各测点声级。

2）测试前的准备。在现场进行噪声测试前，应当先测试环境噪声级及其倍频带声压级。当被测噪声源的声级和倍频带声压级都大于相应的环境声 10dB 以上时，则环境噪声影响可忽略不计。

若噪声源等于或接近环境噪声级时，应停止测试。

若噪声源大于 3dB，小于 10dB 时，应按表 12.3－13 进行修正。

表 12.3－13　　　　　　　　　被测噪声源的修正值表

被测噪声与环境噪声声压级差/dB	3	4	5	6，7，8，9	10
修正值/dB	3	2	2	1	0

即从测得的噪声级减去修正值就是所测噪声源的实际噪声级。在使用电子管仪器进行噪声测试时，如果电源电压不稳定，将直接影响测试结果，这时应备用稳压器；在室外进行噪声测试时最好选择无风天气，风速超过四级时可给传声器戴上防风罩或包一层绸布。

另外，应减少或消除噪声源、传声器附近的反射物，以减小测试误差。

3）声级计的握持方法和传声器的取向。正确选择声级计的握持方法和传声器的取向，直接关系测试的精度。

在一般情况下，国产的普通声级计和进口的小型声级计，都可握在手中进行测试。实践表明：传声器距离人体 0.5m 较适宜。如过远时间较长时人支持不下来；如太近人体本身就是反射体；特别是对于 $400\sim500\mathrm{Hz}$ 噪声测试结果会产生较大误差，可配支架固定声级计。

噪声的入射方向，最好不要垂直入射（即 $0°$ 入射）到传声器膜片上，而以 $90°$ 或 $270°$ 入射为宜。

如果选用长电缆，则以垂直入射为佳。另外，对所有测点都要保持同样的入射方向。否则即是同一测点，由于传声器的指向性不同，测试结果也会产生误差。误差大小还与选用的传声器类型有关，一般以电容传声器的误差较小。

4）读数方法。对于爆破钻孔噪声，在规定的测点使用"峰值保持"放在线性或计数网路"C"读出最大总声压级。如果没有"峰值保持"可利用"脉冲""脉冲保持"或"快"挡。应注意：利用"峰值保持"的读数比"脉冲保持"的读数高 $13\sim20\mathrm{dB}$，比"快"挡高 $20\sim27\mathrm{dB}$，其差值大小与脉冲噪声的特性及测试环境诸因素有关。

对噪声的频谱测试时，一般选用精密声级计和倍频程滤波器组成频谱分析仪进行测试，在各测点中选择 A 声级读数最大的测点作为对声源进行频谱分析的测点。首先将"计数网路"开关旋置于"滤波器"，转动倍频程滤波器的开关，从中心频率 $63\sim8000\mathrm{Hz}$，分别读取表盘数据。

12.3.7 爆破影响深度检测

12.3.7.1 常用检测方法及实施要求

本项监测适用于爆破影响深度的检测，作为地基、围岩等质量检查与验收的依据。

1. 常用检测方法

岩体破坏范围的常用测试方法有声波测试、钻孔电视测试及压（注）水测试等。

（1）声波法。是通过检测声波在爆破前后的岩体中传播速度或衰减规律，分析岩体内部结构状态、力学参数及破坏程度等指标的一种测试技术，以评价爆破效果及反馈指导爆破设计。采用同孔法、跨孔法确定纵波速度明显变化的范围。声波测试法是比较成熟的检测方法。

（2）地震波剖面法。也可作为爆破破坏影响深度检测的方法，但需由弹性波纵波波速观测法进行抽检复核。

（3）压水或注水试验法可以定性地了解岩土层爆破裂隙发育的相对程度，评价爆前爆后岩土层的透水性。

（4）钻孔电视（或水下钻孔电视）直接观察爆破裂隙的范围和钻孔内部情况，包括岩石断层、裂隙、破碎带、岩溶发育等的状态，根据岩石的颜色、颗粒结构特征划分地层，特别是对一些不易钻探取芯的复杂地层进行直接观察。对地质构造能精确分析其产状，还能检查混凝土的浇筑质量、灌浆效果等，对爆破前后岩石的破坏程度进行对比分析。

2. 布置原则

（1）测区宜布置在具有代表性的工程岩体部位。

（2）应满足工程监测的目的和要求。

3. 声波观测孔布置方法与要求

（1）测点宜布置在岩性均匀、表面较平整的部位。

（2）观测孔应垂直于建基面，对于垂直壁面可以打小于 6° 的斜孔。

（3）测孔数量应根据建基面面积和岩石结构构造确定，宜不小于 5 组，每组孔间距 1～1.5m（视仪器发射能力调整）。

（4）用于跨孔测试的两孔轴线宜在同一平面内且相互平行。

（5）采用爆前爆后对比观测时，测孔位置应进行测量定位。

4. 设备要求

（1）声波检测设备宜采用岩石声波参数测定仪（发射频率 35kHz）。

（2）声波同孔测量采用柱状一发二收换能器，跨孔测量采用柱状压式换能器。

（3）所有设备应满足计量认证要求。

5. 技术要求

（1）测孔应进行编号，冲洗钻孔并注满清水作为耦合剂。对向上倾斜的测孔，应采取有效的供水、止水措施，或采用干孔换能器。

（2）声波监测法宜同时采用同孔法和跨孔法。

（3）进行跨孔测试时，换能器应装上扶位器，测量两孔口中心点的距离，相对误差应小于 1%；当两孔轴线不平行时，应测量钻孔的倾角和方位角，计算不同深度处两测点间的距离。

（4）同孔测试时，发射点至接收点的间距宜为 0.3～0.5m，换能器每次移动距离宜为 0.2m。

（5）进行跨孔测试时，换能器每次移动距离宜为 0.2～1.0m，并应对发射点与接收点之间的距离进行校正。

（6）岩石声波参数测试仪应按《岩石声波参数测试仪校验方法》（SL 120—2012）进行校验。

（7）测试前应测定仪器与换能器系统的零延时。

（8）将波形显示屏上的时标关门信号调至纵、横波初至位置，测读声波传播时间，对智能化声波仪也可利用自动关门装置测读声波传播时间。

（9）每一测点应测读 3 次，取其平均值为读数值。对异常测段和测点，应增加测读 3 次，读数差不宜大于该读数的 3%，以测值最接近的 3 次测值作为读数值。

6. 实施规定

（1）声波法测试应符合下列规定：

1）可采用跨孔法或同孔法，用振幅衰减或纵波波速的方法测试。

2）爆区内应布设不少于 2 对测孔。

3）测孔在爆破孔底以下的深度应大于爆破孔孔径 40 倍，每对孔孔距应根据声波仪换能器发射能量确定，一般为 1～2m。

4）沿测孔孔深方向测点点距为 20cm，爆前、爆后每点重复读数 3 次。绘制波幅、纵波波速变化对比图，作为破坏区分析的依据。

（2）地震法测试应符合下列规定：

1）爆破区内设 2～3 条测试线，每条测试线布设 3～5 个测孔。

2）测孔在爆破孔底以下的深度应大于爆破孔孔径 40 倍。孔距应按地震波衰减规律确定，一般为 4～5m。

3）爆前、爆后在原孔进行对比测试，爆破孔底部作为测点起始高程，孔底以上 2m 范围内每间隔 20cm 量测一次，2m 以下每间隔 50cm 量测一次。

4）绘制各孔各点爆前、爆后纵波波速变化图，作为破坏分析的依据。

（3）压水试验法应按下列规定执行：

1）爆破区中心设压水孔测其底部破坏范围，爆心周围布设压水孔，孔数为 4～5 个，测其水平方向破坏范围。

2）压水孔孔径应小于 110mm，压水试验段长度为爆破孔孔底以下 40 倍孔径。

3）爆前爆后在相同高程用双层阻塞法分段作压水试验，试验段长度为 0.5～1.0m。

4）测试水压一般为 49kPa，但不得抬动基岩。每 5min 读数一次，稳压时间为 1h。根据爆前爆后渗漏量变化确定破坏范围。当岩石较为破碎无法起压时，可改为注水试验法测试。

（4）爆破测试孔在爆前测试完毕后应采用粗砂回填，回填高度应高于爆破区底部高程 50cm，确保原孔进行爆后测试。

（5）爆破施工应进行全过程跟踪监测，监测内容应根据工程质量、安全要求选择确定。监测成果作为工程竣工验收的依据。重要部位爆破作业应进行跟踪监测，目的在于防止超标对保护对象产生不利影响。如有超标现象出现，必须分析原因，以便采取措施。监测资料可作为工程竣工验收的档案材料，也是评定工程质量的依据之一，应全面、完整、准确地收集并符合相关标准要求。

7. 成果整理与分析

（1）测试记录应包括：工程名称、岩石特性、测点位置、测试方法、测点间距、传播时间、仪器系统的零延时、测试人员、测试日期等。

（2）弹性波纵波波速测试判断爆破破坏或基础岩体质量的标准，以同部位的爆后波速（C_{P2}）小于爆前波速（C_{P1}）的变化率 η 来衡量：

$$\eta = 1 - (C_{P2}/C_{P1}) \qquad (12.3-20)$$

当 $\eta \leqslant 10\%$ 时，判断为爆破破坏甚微或未破坏。

（3）若只在爆后测试，可用测试部位附近原始状态的波速作为爆前波速。

12.3.7.2　声波测试

1. 测试基本原理

当外力对介质的某一部分产生扰动时，这种扰动将由一个质点传播到另一个质点，如此继续传播下去，就形成弹性波。对于岩体，当外力不大时，扰动表现为弹性变形，并以弹性波的形式向外传播。频率在声频范围（20Hz～20kHz）的弹性波称为声波；低于声频范围的弹性波称为次声波；高于声频范围的弹性波称为超声波。在声波测试中，习惯把声波和超声波称为声波。声波的波动特性可用波长、振幅、频率和波形描述。在各向同性的弹性介质内部，只有纵波和横波存在，它们属于体积波。当介质存在自由面或两种介质的交界面时，在自由面或交界面还将产生另外一种弹性波，即面波。目前，在声波测试技术中面波是一种干扰波。

岩体的主要特点是存在无数结构面，既有矿物颗粒之间或矿物晶体之间的微观结构面，又有断层、节理、层理和裂隙等宏观结构面。对于爆源附近的岩体，还会产生爆破震伤弱面。这些结构面和弱面的性质、形状、大小、方向和组合状况等，对声波的传播速度和能量衰减有着不同程度的影响。反之，岩体声波的波动特性，能反映岩体的特性和爆破对岩体内部的损伤程度。理论和实践都表明：岩体特性与纵、横波速度以及波动特性有密切关系。

根据弹性波理论可知，用弹性模量 E 和泊松比 ν 表示的 V_p 和 V_s 为

$$V_p = \sqrt{\frac{E(1-\nu)}{\rho(1+\nu)(1-2\nu)}} \qquad (12.3-21)$$

$$V_s = \sqrt{\frac{E}{2\rho(1+\nu)}} \qquad (12.3-22)$$

上式表明，岩石波速是只与弹性常数 E、ν 和密度 ρ 有关的常数。它揭示了弹性介质和声波波速之间的关系，是声波测试技术的主要理论基础。

2. 测试方法

声波与岩体的相互关系即岩体的声波特性，是岩体声波测试技术的理论前提。纵、横波传播速度及其振幅特性，是最基本的岩体声波性质。声波测试的主要内容和任务是：

（1）岩体性质的声波测试。即在岩体的相应区域同时确定所有的声学特征，对岩体进行一系列物理指标和现象的综合测试分析，为爆破设计提供依据。

（2）爆破破坏的声波测试。通过对爆破前后岩体声波特性的对比测试，确定爆破破坏范围及破坏程度，为支护提供依据，同时分析爆破破坏机理，评价爆破质量。

采用声波法测试爆破影响深度，主要采用透射波法。透射波法是利用声波直接穿透介质来探测岩体内部的测试方法。按换能器的配置方式，透射波法还可分为表面直透法、表面平透法和孔壁透射波法（即双孔法）。

透射波法不仅可以研究沿任何路径进行的声波传播，而且因为发、收换能器的电声或声电的能量转换效率高，在岩体中穿透能力强，传播距离长，探测范围大。同时，干扰因素少，波形单纯、清楚、起跳点清晰、各类波形易于辨认。因此，透射波法是一种既简单，效果又好的测试方法，是目前声波测试的最基本方法。但是，透射波法要求发、收换能器之间的距离必须测量准确，否则计算误差比较大。

3. 震相识别方法

具有不同振动性质（如纵波和横波）和不同传播途径（如直达波和反射波）的波在接收波形图上特定的标志称为震相。所谓特定的标志，大部分是指波的初动，有时也指波列中振幅的极大值。在声波测试中，岩体结构的全部信息包含在接收到的波形图中，对所获波形的震相识别是声波测试技术中最基本的问题。

区别纵波（P）、横波（S）和面波（R）应注意以下几点：

（1）波速的区别。根据式（12.3-21）和式（12.3-22）可得纵波波速和横波波速的关系：

$$\frac{V_p}{V_s}=\sqrt{\frac{2(1-\nu)}{1-2\nu}}\qquad(12.3-23)$$

对于大多数岩石来说，其泊松比 ν 之值在 0.25 左右，若取 $\nu=0.25$，则由式（12.3-23）得

$$\frac{V_p}{V_s}=\sqrt{3}\approx1.73\qquad(12.3-24)$$

在一般情况下，面波的速度 V_R 又是横波速度的 0.9194 倍。所以，在声波测试的接收波形图中，纵波在前，横波居中，面波最后。

（2）振幅的区别。在介质体内，无面波的传播，而纵波的振幅小于横波的振幅。

沿表面方向上，面波的能量衰减与传播距离的一次方成反比，而纵波、横波的能量衰减与传播距离的二次方成反比；自震源辐射出的能量中，面波占 67%、横波为 26%、纵波为 7%。故在介质表面上，面波的振幅大，横波次之，纵波最小，面波是最强的优势波。波的传播次序如图 12.3-8 所示。

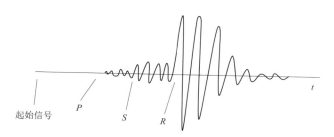

图 12.3-8 纵波、横波及面波的传播次序
P—纵波；S—横波；R—面波

图 12.3-9 是对大型混凝土构件采用 10kHz 换能器相距 7m 时的声波测试波形记录。

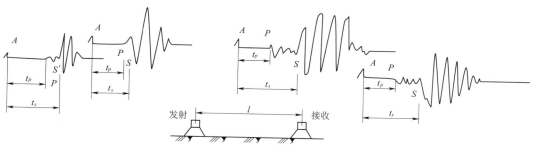

图 12.3-9 实测波形的初至时刻判读
A—发射波起始点；t_p—P 波走时；P—纵波初至时刻；
t_s—横波走时；S—横波初至时刻；l—测点距离

（3）频率和相位的区别。纵波的频率高于横波的频率，横波的初至相位与纵波的初至相位相差 180°。但应注意，实际测试中由于横波初至往往处于纵波续至区而使波形变得

复杂，因而横波初至较难识别。

4．测距选择

由于各类波形的波速不同，振幅的衰减系数也不同，因此，合理地选择测距，可以使待测波形在时间轴上与其他波形分离或使其振幅突出。

当采用折射波法（首波法）测试时，测点要适当布置得远些，以保证折射波（首波）在直达波之前到达测点。也可以多布置一些测点，先从首波突出的测距上开始观测，然后逐渐追踪其变化。

当测试横波时，测距合理，可以使横波起始点不受纵波影响。下面举例说明根据波形的发射频率和脉冲宽度确定使纵波和横波不发生干扰的合理测距。

例：设在花岗岩中进行声波测试。测距为 1m，其纵波走时 $t_p = 200\mu s$，横波走时 $t_s = 350\mu s$，纵波波速 $V_p = 5000 \text{m/s}$，横波波速 $V_s = 2857 \text{m/s}$，波速比 $n = 1.75$，发射频率 $f = 15385 \text{Hz}$，周期 $T = 65\mu s$，发射脉宽（5 个脉冲）$T_k = 65 \times 5 = 325\mu s$。

当 $t_s - t_p \geqslant T_k$ 时，纵、横波在时间轴上分离，不发生干扰。此时纵波走时 $t_p' \geqslant \dfrac{T_k}{n-1} = \dfrac{325}{0.75} = 433.33\mu s$。与 t_p' 相对应的横波走时 $t_s' \geqslant nt_p' = 758.33\mu s$。从而得 $l_0 = V_p t_p' = 5000 \times 0.00043333 = 2.17\text{m}$。这就是说，当测距大于 2.17m 时，纵波和横波不发生干扰；反之，将出现波的干扰。

5．滞后延时校正

滞后延时 t_0（亦称零延时）包括声波仪的电子线路造成的延时、换能器的外壳厚度延时以及耦合介质的厚度延时，应校正扣除。

对于平面换能器，滞后延时校正值一般采用下述两种方法确定：

（1）用表面直透法观测时，取两换能器对接，直接测量 t_0。但应注意将仪器的发射输出置于低压档，以免将换能器损坏。

（2）表面平透法测试时，发射中心点并不就是换能器的中心点，这时可采取固定发射换能器，改变接收换能器位置，作时距曲线的办法确定系统的滞后延时校正值。

对于钻孔用换能器，按下述两种情况校正：

（1）当采用跨孔间透射法测试时，利用浅水水池模拟现场测试，将换能器平行移动，逐点测记初至波的到达时刻，然后按作时距曲线的办法，测定 t_0。

（2）当采用同孔法测试时，可应用现场充水实测，将发射换能器置于孔底，然后移动接收换能器，按作时距曲线的办法测定 t_0，应注意要区分换能器置于钻孔中心还是固定孔壁的不同情况，根据需要分别测定。

6．孔距校正

进行跨孔测试时，孔间距离是否精确直接影响测试精度。如果两测孔的方位、倾角一致，孔中各测点的距离，可据孔口距离直接算出，两孔相应深度处的孔距等于孔口距。否则，需要测量两钻孔的倾角、方位角以及测点深度后予以校正，以校正后的测距进行波速的计算。

7．声波测试应用范围

（1）声波波速的岩体分类。岩体声波波速不仅反映了岩石的波阻抗特征和动力学特征，还能反映岩体的结构状态和地震波的能量传递效率。因此，根据声波的测试结果，结合地质情况，就可以对岩体进行分类，为爆破设计提供依据。

（2）岩体爆破破坏深度及松弛带的测定。洞室开挖完成后，由于爆破损伤及爆后空区造成的应力释放原因，一般会产生围岩应力重新分布现象。围岩出现应力降低区和升高区，形成松弛圈。爆破后测定松弛圈的影响程度和范围，可以作为评价爆破效果、判断围岩稳定性和进行支护设计的主要依据，尤其是临时支护据此设计。

（3）预裂成缝效果的测定。利用声波探测法检查预裂爆破的效果，无论用波速比较或振幅衰减方法，都可以得到良好的效果。测孔一般成对布置，即发射孔和接收孔分别位于预裂缝两侧，爆破前后分别采用双孔同步平行测试，求得波速或振幅随深度的变化曲线，根据爆破前后曲线的相对变化，即可判知预裂缝的实际成缝情况，测定裂缝形成带、爆破影响带和不良影响带。

12.3.7.3 钻孔电视测试

钻孔电视主要分成四大部分：照相及录像系统、监视系统、方位及深度测量系统和分析成像系统。照相及录像系统包括孔内摄像头、视频传输电缆和地面记录设备等几个部分，采用反光锥镜或三棱镜摄取360°孔壁图像；监视系统主要是地面监视器；方位及深度测量系统，包括数码光标深度计和电子罗盘；分析成像系统主要功能是对图像与范围及深度测量参数组合及处理，由计算机对图像进行采集处理，形成连续的全孔壁展开图像，孔壁图像的展开按 N—E—S—W—N 顺序展开的，图像的纵向连接是按深度顺序拼接的，还可生成立体孔壁图像（数字岩芯），使整个孔壁图像一目了然。钻孔电视设备现场工作布置如图 12.3-10 所示。

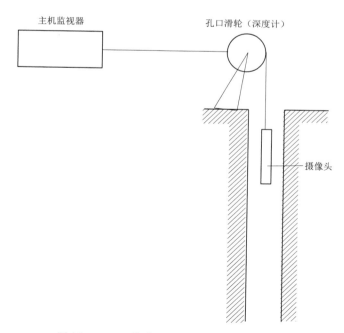

图 12.3-10　钻孔电视设备现场工作布置图

由于视频传输电缆不能承受拉力，因而孔内摄像头需要另配钢丝绳绞车。选用适宜孔径的摄像头直径，拧紧相关密封接头，通过孔口滑轮徐徐将摄像头放入孔内，即可开机进行观测。观测过程中实时调节焦距，以保持视野清晰。全孔观测完毕后数据存盘即可。

12.3.8　在线爆破安全监测

12.3.8.1　概述

由于爆破作业的周边条件、工况千差万别，在具体操作上也大有不同。以前大多爆破安全监测都采用人工监测的方式，需要提前预知爆破现场的爆破时间安排，并提前安装好传感器，连接好采集设备，配置好后，等待现场爆破，并采集信号，需要人员待爆破完成，再将便携式爆破测试仪中的数据拷贝到电脑进行分析。存在的主要问题是：需要人员现场守候，不能第一时间得到爆破对监测对象的影响，人力测量成本高，不易实现多点同步监测；并且当需要长时间的监测爆破事件时，设备所在的复杂环境容易使得仪器记录很多非爆破事件，这使得爆后工作人员的数据识别和处理变得麻烦。

针对上述问题，可以采用无线传输在线爆破安全监测系统，对爆破需保护的对象进行实时监测和数据的分析处理。

12.3.8.2　监测数据无线传输

一个大型爆破工程，有时需持续相当长时间的监测，因此监测仪器会不加区分地记录大量的监测数据。这些大量的数据会通过无线传送到该系统的电脑端并储存到硬盘，以供用户查看。以爆破振动监测为例的无线传输系统示意如图 12.3 - 11 所示。

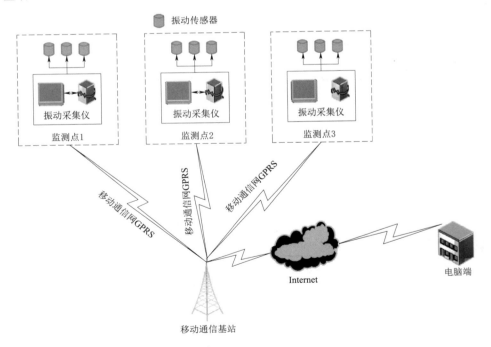

图 12.3 - 11　无线传输系统示意图

12.3.8.3 监测数据识别与分析

大量的监测数据传输到电脑端，还需要筛选出爆破监测的有效数据。但面对大量的监测数据，仅仅依靠人为筛选费时费力。系统运用卷积神经网络，针对传送到电脑端的监测数据进行特征提取。再与已存储的爆破监测有效数据进行对比分析，筛选出相应的爆破数据随之补充到爆破监测有效数据库中，并存储在用户指定文件夹中以供用户查看。随着爆破监测工作的进行，系统的爆破数据库随之更新补充，可以更准确地识别出相对应工程的爆破监测有效数据。爆破监测有效数据波形的分类流程如图 12.3-12 所示。

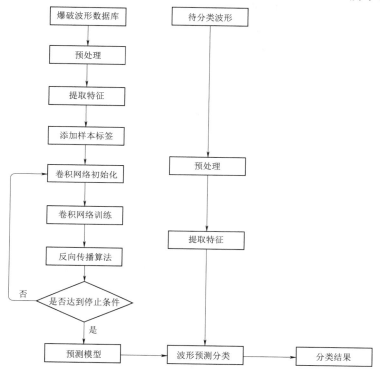

图 12.3-12　爆破监测有效数据波形的分类流程图

12.3.8.4 爆破在线安全监测

通过上述方法，可以在各种环境中实现在线安全监测爆破作业，特别是在需要长时间监测的爆破作业中优势巨大。该系统大大简化了现场工作人员的作业任务，提高了工作效率，并且避免了多次布置仪器带来的人为误差和安全隐患。方便快捷地实时对多个监测点位的爆破作业进行安全监测。

该系统还可以针对不同的爆破工程的安全控制标准，设定相对应的爆破振动阈值。当爆破振动值超过这一设定的阈值时，系统将自动发出报警信号并将该次超标的爆破振动参数弹窗，提醒工作人员查看。通过对监测数据的汇总分析，可对爆破现场的安全状态进行评估，随时根据监测数据，指导爆破作业。大量的实时数据的补充，也为特定的水工建筑物、发电设备等提供安全运行依据，为后续的安全性评估提供定量的对比数据和结构健康诊断档案。

12.4 典型监测实例

12.4.1 露天边坡监测案例

以白鹤滩水电站拱坝坝基爆破监测为例。

12.4.1.1 工程特点

白鹤滩水电站为混凝土双曲拱坝，坝高 289m，坝基地质构造主要有玄武岩岩流层中形成的层间、层内构造错动带以及断层、构造裂隙系统，柱状节理发育，坝肩槽岩体的开挖质量对坝体稳定性至关重要。对此，爆破开挖中制定了由施工单位、科研单位以及监理单位共同对大坝建基面爆破设计、施工的综合控制流程，针对岩体爆破振动速度以及爆破损伤深度进行了严密控制，建立了定量化的爆破效果评价体系，实现了坝基岩体爆破开挖全过程的精细控制，作为爆破效果控制的主要手段之一，爆破安全监测为有效控制爆破损伤并确定合理的爆破参数发挥了重要作用。

12.4.1.2 监测设计

（1）监测项目及布置。

1）爆破振动监测。在开挖的各个台阶根据地形条件及现场场地条件，在爆区后冲向布置监测断面（测线），每个监测断面（测线）布置测点 2～5 个。爆破振动控制点布置在爆区正后冲方向垂直高度 10m 处，位于边坡马道内侧，其他测点沿大坝轴线自下而上布置。

上述测点布置为爆破监测时的首选方案，但当周围条件不允许时，需采取替代方案。替代方案的原则为尽量靠近目标测点位置，通过爆破振动衰减规律，推算目标测点的爆破振动峰值。另外，为增强爆破监测的可靠性，依据现场实际，在控制点位置适当增加爆破监测点。典型测点布置示意如图 12.4－1 所示。

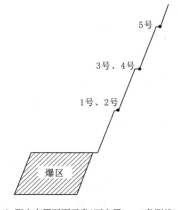
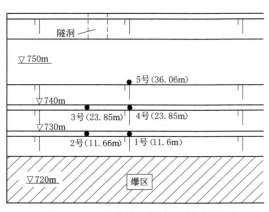

（a）测点布置断面示意（可布置1～3条测线）　　（b）测点布置平面示意（布置2条测线，增加1个控制点）

图 12.4－1　左岸坝肩槽边坡爆破振动效应监测测点布置示意图

2）声波检测。爆破对边坡岩体保留壁面的影响声波测试孔布置方式如下：

（a）从爆区表面钻斜向的声波孔，穿过爆区到达保留岩体内，穿过预裂面 7m，全孔深约 15m，孔径 90mm。爆破试验区钻设两组声波测试孔，一组声波孔包含 3 个相互平行的钻孔，孔间距为 1.0～1.2m；另一组声波测试孔包含 2 个相互平行可钻孔，孔间距为 0.85m，如图 12.4－2 所示。

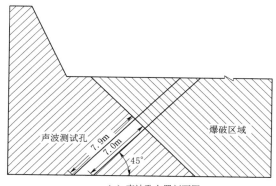

（a）声波孔布置剖面图

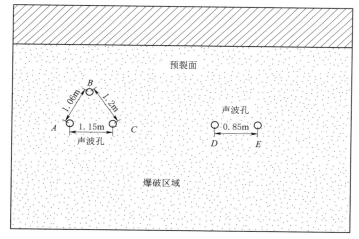

（b）声波孔布置平面图

图 12.4－2　声波测试方案示意图

（b）爆破前 1～2 天进行第一次声波测试（包括同孔和跨孔）。测试完后将孔内灌满细沙子，对炮孔进行保护。

（c）爆破后待爆渣清理到合适高程，将炮孔中的细沙用高压风吹出，进行爆破后的声波测试（包括同孔和跨孔）。

（2）安全标准。

1）振动安全标准。见表 11.2－34。

2）爆破影响范围判定及控制标准。通过岩体的声波测试可以较为精确地判定岩体的爆破影响范围。该工程以纵波波速变化率 η 来判定爆破影响范围和评价岩体爆破开挖质量的好坏。

$$\eta = 1 - \frac{V_{P1}}{V_{P2}} \tag{12.4-1}$$

式中　　V_{P1}——爆破前所测岩体纵波波速；

　　　　V_{P2}——爆破后所测岩体纵波波速。

判定标准为：$\eta \leqslant 10\%$，认为无影响或影响甚微；$10\% < \eta < 15\%$，认为影响轻微；$\eta \geqslant 15\%$，认为爆破对岩体开挖有影响或基础岩体开挖质量差。

控制标准规定：爆破前后岩体声波降低率不得超过 10%，否则判定为损伤；块状玄武岩爆破损伤深度应控制在 1m 以内，柱状节理玄武岩爆破损伤深度应控制在 0.8m 以内。据此对爆破参数的合理性进行评价和优化。

12.4.1.3　监测结论

（1）通过对大坝坝基长期、持续的爆破振动跟踪监测（共计 132 次），除前期少量的爆破试验台阶及局部地质条件的影响外，爆破振动峰值均在设计的安全控制标准以内，大坝坝基的爆破振动控制合格率为 96.2%，满足工程要求。

（2）大量关键及重要部位爆破前后单、跨孔声波测试（共计 118 次）结果表明，除试验台阶和局部地质条件的影响外，爆破损伤深度均在设计规定范围以内，整个大坝建基面的爆破损伤深度控制合格率为 95%，满足工程要求。

精细化的爆破设计、定量化的爆破效果评价以及严格的爆破施工工艺和管理体系，使白鹤滩大坝坝基的开挖取得了成功。从爆破技术层面，白鹤滩大坝工程建基面开挖凝聚了岩体边坡爆破技术的前沿与精华，具有广泛的应用和推广价值。

12.4.2　围堰爆破监测实例

以三峡三期 RCC 围堰拆除爆破安全监测为例。

12.4.2.1　工程特点

三峡工程右岸厂房坝段和右岸非溢流坝段浇筑至高程 185.00m 并具备挡水条件后，为满足右岸电站厂房进水条件和右岸排漂过流条件，于 2006 年 6 月将三期上游 RCC 围堰做部分拆除。拆除时，堰前挡水水位为 135.00m，大坝全线挡水运行，坝顶高程 185.00m，左岸电站 14 台机组全部投产发电，右岸电站厂房正在紧张施工之中。拆除爆破区距下游侧的右岸厂房坝段及坝底防渗帷幕体的水平距离 114m，距正在运行的左岸电站机组 620m，距正在安装施工的右岸电站机组 215m，距右岸地下电站进水口及边坡约 350m，距正在施工的右岸地下电站洞室群约 350m。纵向围堰坝段左侧与泄洪坝段相接、右侧与右厂坝段相接，上游通过纵向围堰与拆除体相连。

12.4.2.2　监测设计

（1）安全监测范围及项目。三峡三期 RCC 围堰拆除爆破安全监测范围包括左右岸大坝坝体及基础结构、左右岸电站厂房及机电设备、右岸高架桥、爆区附近场内主要施工设施（设备）等。

三峡三期 RCC 围堰拆除爆破可能产生的主要有害效应包括：爆破振动，倾倒块体触地振动，水击波，动水压力及块体倾倒产生的涌浪。根据拆除爆破可能产生的有害效应，主要监测以下项目：

1）振动效应监测，主要监测爆破振动、倾倒块体触地振动及涌浪引起的地震波对周围建筑物及设施的影响情况。

　　2）爆破水击波及动水压力监测，主要监测爆破水击波超压及动水压力对周围临水建筑物及设施的影响情况。

　　3）爆破噪声监测，主要测试拆除爆破周围区域噪声大小。

　　4）块体倾倒涌浪监测，主要监测块体倾倒涌浪爬高情况。

　　5）爆破应变监测，主要检测金属结构的影响情况。

　　6）坝底压水检测，主要检测大坝混凝土与基岩结合处的影响情况，及爆破对帷幕灌浆体的影响情况。

　　7）坝底声波检测，主要检测大坝混凝土与基岩结合处的影响情况，及爆破对帷幕灌浆体的影响情况。

　　8）利用大坝已埋设的永久观测设备进行观测，特别应注意对大坝坝基和坝体，左厂1～5号坝段、右厂24～26号坝段坝基和基础的应力、变形、渗流、渗压、锚索应力等内容的加密观测，通过爆破前后观测资料的对比分析及研究观测数据时程曲线变化趋势，判断拆除爆破对大坝建筑物的影响程度。

　　9）宏观调查，采取可靠的手段及技术措施，对可见测点及其附近介质进行爆破前后的详细调查，调查资料与测试资料综合分析、判断破坏程度和安全性。

　　（2）爆破安全标准。见表11.2-25。

　　（3）主要安全监测部位及测点布置。爆破振动效应及水击波压力监测测点布置平面示意如图12.4-3所示。

　　1）安全监测布置原则。

　　（a）选择与拆除爆破影响关系密切的关键部位布置监测断面。

　　（b）选择距离爆破区最近的部位布置监测断面。

　　（c）选择河床最深、大坝最高的部位布置监测断面。

　　（d）选择基础岩石存在地质缺陷的部位布置监测断面。

　　（e）每种类型坝段至少布置一个监测断面。

　　2）振动效应监测部位及测点布置。在重要建筑物的关键部位布置振动速度监测测点，每测点设置1个垂直向、1～2个水平测向传感器，以便综合分析监测成果。距离爆区较近的建（构）筑物有：右岸厂房坝段、右岸电站厂房、右岸非溢流坝段、纵向围堰、纵向围堰坝段、泄洪坝段、左岸厂房坝段、左岸电站厂房、右岸施工桥及右厂24～26号坝段锚索区及吊车等施工设备。为了获得较全面的实测资料，设置18个监测断面（或单元）和一条振动衰减规律测线。

　　3）水击波及动水压力测试部位及测点布置。为了测试水击波及动水压力沿程衰减规律及对右厂坝段上游迎水面混凝土、金属结构（如闸门等）的影响，在堰内水域布置2条水平测线，在RCC围堰上游水域布置1条水平测线，三期大坝迎水面前布置4条垂直测线（其中1条对比测试水击波超压经过气泡帷幕的衰减情况），在库区布置了5个随机动水压力测点。

　　4）涌浪爬高测试部位及测点布置。为了监测块体倾倒的涌浪爬高情况，在爆区上游

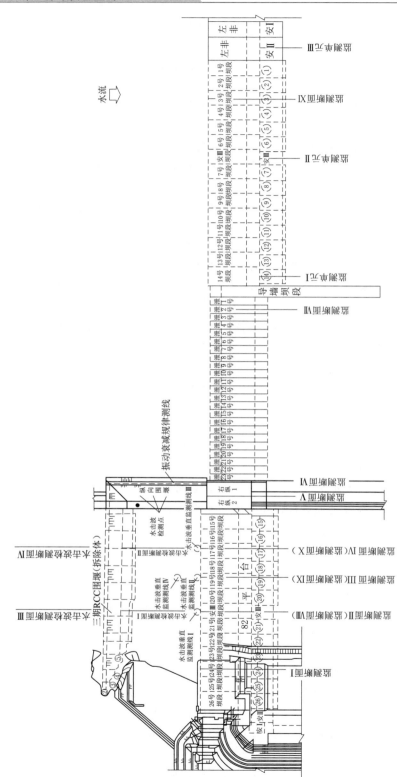

图 12.4－3　爆破振动效应及水击波压力监测点布置平面示意图（单位：m）

说明：1. 本图为三峡三期 RCC 围堰拆除爆破安全监测振动测线（点）和水击波测线（点）布置示意图。
　　　2. 除注明外，监测断面（单元）是指振动监测。

布设 2 个涌浪监测点和 1 个岸坡波浪监测点,进行涌浪爬高监测。

5)应变测试部位及测点布置。为了监测爆破作用下金属结构的应变情况,在右非 1 号坝段 3 号排漂孔工作闸门(弧形门)及右厂 17 号坝段和右厂 19 号坝段电站进水口工作闸门各布置 6 个应变测点,每测点布置 3 个测向(垂直向、水平向和 45°方向)。

6)压水测试孔布置。为了检测 RCC 围堰拆除爆破对大坝与基岩接触面和对帷幕灌浆整体的影响,在右安Ⅲ坝段上游基础灌浆廊道(高程 39.00m)。右厂 19 号坝段上游基础灌浆廊道(高程 38.30m)和右厂 17 号坝段上游基础灌浆廊道(高程 49.00m)内各布置两个压水试验孔,进行爆破前后压水试验。

7)声波测试孔布置。利用在基础灌浆廊道内布置的压水试验孔进行爆破前后对比检测。

8)噪声监测点布置。噪声测点与部分爆破振动测点布置在同一部位。其中右岸 5 个测点布置在工作闸门基础、施工桥桥墩、茅坪民房及茅坪副坝头等部位,左岸 11 个测点布置在坝段廊道、坝顶及厂房发电机层等部位。

12.4.2.3 监测结论

2006 年 6 月 6 日,三峡三期 RCC 围堰成功实施爆破拆除,爆破全过程关键部位均进行了安全监测且效果符合预期状态。

通过测点附近宏观调查区爆前爆后宏观调查,没有发现新生爆破裂隙(缝)和变形,或原有裂缝张开的现象,静态观测成果显示测值变化量均较小,在安全范围内变化,表明拆除爆破对周围建(构)筑物影响较小,周围建(构)筑物及设备均是安全的,大坝及左岸电站均正常运行。

12.4.3 岩塞爆破监测实例

以某电站改造工程发电进水口岩塞爆破安全监测为实例。

12.4.3.1 工程特点

某电站改造工程为某水库该电站的改造工程,改造工程安装 2 台单机 100MW 的机组,总装机容量 200MW,主要建筑物由岩塞进水口、闸门井、引水隧洞、调压井、岔管段、压力管道、发电厂房、尾水系统等组成,引水隧洞长约 1850m,断面为 10m 直径的圆形隧洞。该水库的实际运行水位基本在 80.00～127.00m 之间,水位变幅大,而改造工程为了实现在水库中、低水位时能替代原电站进行稳定发电,要求发电进水口高程较低,经分析,确定改造工程的进水口底高程 60.00m,位于水库设计死水位 95.00m 以下 35.0m,位于水库正常蓄水位 123.30m 以下 63.3m。若采用常规进水口围堰施工方法,不仅施工困难较大,且工程安全性很低。因此参考国内外已建水库或天然湖泊内建设引水洞进水口的经验,并经过经济技术对比,改造工程发电进水口选择采用岩塞进水口方式施工。

岩塞进水口系统由岩塞体、连接段和集渣坑等部分组成。岩塞中心轴线与水平夹角 43°,岩塞段厚度为 12.5m,岩塞外口直径为 14.6m,塞底直径为 10m,扩散角 10°,岩塞厚径比为 1.25。岩塞与集渣坑之间设中心线长 7m 的连接段,内径 10m。集渣坑段采用气垫式布置,该段下部为集渣坑,上部在爆破时为气垫室,爆破后为过水断面。

该岩塞爆破是我国 20 世纪以来实施的首个大型全排孔岩塞爆破，岩塞断面平均直径达 12.3m，平均厚度超过 12m。

该工程对岩塞爆破效应实施了系统监测，首次获得了集渣坑内部爆破过程的动态图像，全方位跟踪监测起爆前后的爆破振动、水击波和变形等参数，爆破完成后通过各种监测数据、视频资料、水下检查成果等检验爆破效果，建立了水击波、爆破振动及边坡变形等多方位综合的岩塞爆破效果评价方法，为工程竣工验收提供了科学依据，大直径全排孔岩塞爆破有害效应的安全控制关键技术为类似项目提供了具有普遍借鉴意义的创新。

12.4.3.2　监测设计

1. 安全监测范围及项目

该岩塞爆破安全监测范围包括岩塞口、集渣坑、锚固灌浆洞及引水隧洞围岩，闸门井及临时堵头，大坝、原电站厂房等周边水工建筑物及设备、水库等。

主要进行以下安全监测项目：

（1）振动效应监测，主要监测爆破冲击波同时在水中及岩石中传播的叠加动力响应引起的振动效应对围岩、周围建筑物及设施的影响情况，包括爆破质点振动速度及加速度实时监测。

（2）水、空气击波压力效应监测，通过在岩塞进水口至闸门井后临时堵头迎水面布置水击波计和空气击波计监测起爆过程爆破冲击波压力及贯通后水流压力峰值变化过程，为临时堵头荷载推算方法的修正以及爆破冲击波荷载安全控制提供依据；此外，通过在水库内布置水击波传感器监测爆破对水库大坝、库区养殖鱼类的影响。

（3）闸门井内涌浪动态监测，监测闸门井内涌浪引起的水位变化，为闸门井涌浪高度的理论确定方法提供工程验证。

（4）岩塞周边围岩变形监测，监测岩塞爆破前后岩塞口上部围岩和集渣坑顶拱的变形，结合动态安全监测结果为围岩安全评价提供依据。

2. 爆破安全标准

建筑物爆破振动安全控制标准见表 12.4 - 1。

表 12.4 - 1　　　　　　　　　建筑物爆破振动安全控制标准

序号	部　　　位	允许质点振动速度/(cm/s)
1	上游坝踵处	5.0
2	坝顶	10.0
3	厂房基础	5.0
4	坝基锚索区	2.5
5	电站厂房机电设备（正常运行）	0.5～0.9
6	电站引水管进水口处（闸门槽）	5.0

爆破水击波及动水压力安全控制标准见表 12.4 - 2。

表 12.4 - 2 爆破水击波及动水压力安全控制标准

防护对象名称	允许水击波及动水压力/MPa	备　注
大坝迎水面	0.4	混凝土
止水结构	0.4	柔性结构

水库养殖区鱼类爆破水击波及动水压力安全允许值 $P_允 < 0.1MPa$。

3. 主要安全监测部位及测点布置

(1) 水、空气击波压力测点布置。

1) 隧洞内监测范围为岩塞进水口至闸门井后临时堵头迎水面，分别布置空气击波计 3 处，水击波计 8 处。

2) 在水库布置 2 条水击波测线，每条测线各布置 5 个测点。一条为岩塞进水口至大坝方向，主要监测水击波对大坝的影响；另一条为岩塞进水口至上游方向，主要监测水击波对库区特别是对养殖鱼类的影响。所有水击波测点均位于水面下 6m，用浮标固定。

(2) 振动效应监测。

1) 围岩爆破质点振动速度、加速度测点：主要测点与水、空气击波计同位置布置，另在锚固灌浆洞内、闸门井 123.50m 高程检修平台、临时堵头迎水面以及堵头下游约 20m 处的引水隧洞渐变段右侧边墙内布置 4 组测点，质点振动速度、加速度各 12 个测点。

2) 大坝、原电站厂房等周边建筑物质点振动速度、加速度测点：在水库右岸坝头、电站原发电厂房水轮机层、中控室布置 3 组测点，质点振动速度测点 5 个、加速度测点 3 个。

3) 闸门井内涌浪动态监测：在闸门井内布置动态水位计测点 1 个，监测涌浪引起的水位变化，同时在闸门井内 130.00m 高程平台布置 1 台自录式摄像机实时记录涌浪现象。

4) 岩塞周边围岩变形监测：2 套多点位移计均布置在锚固灌浆洞，分别监测岩塞口上部围岩和集渣坑顶拱的变形。

12.4.3.3　监测结论

2014 年 6 月 16 日，改造工程岩塞进水口成功实施爆破，爆破全过程关键部位均有视频监视且效果符合预期，事后的监测数据表明爆后石渣分布情况、临时堵头的水击波压力、爆破振动速度、闸门井涌浪高度等均在设计指标范围内，也验证了采用的爆破方案和超爆网路安全可靠，岩塞口周边围岩变形有突变现象，但此后围岩变形又趋于平稳，周边围岩处于稳定状态，随后水下检查结果表明岩塞进水口成型良好，爆渣分布形态与设计吻合。岩塞爆破施工专项工程验收书指出：岩塞爆破爆通后，岩塞体周围及山体周围基本无塌方，各项安全监测值正常，进水口过水断面面积满足设计要求、成型较好，爆渣堆积情况符合要求。多次检查和实际运行考验证明，改造工程的水下岩塞进水口爆破取得了圆满成功。

参 考 文 献

[1]　王德厚. 水利水电工程安全监测理论与实践 [M]. 武汉：长江出版社，2007.

[2]　汪旭光，郑炳旭，张正忠，等. 爆破手册 [M]. 北京：冶金工业出版社，2010.

[3]　孟吉复，惠鸿斌. 爆破测试技术 [M]. 北京：冶金工业出版社，1992.

[4]　刘殿中. 工程爆破实用手册 [M]. 北京：冶金出版社，2000.

[5]　张正宇，等. 现代水利水电工程爆破 [M]. 北京：中国水利水电出版社，2003.

[6]　张正宇，曹广晶，钮新强，等. 中国三峡工程 RCC 围堰爆破拆除新技术 [M]. 北京：中国水利水电出版社，2008.

[7]　邵建章. 气体快速检测技术及在消防上的应用 [J]. 消防技术与产品信息，2001 (7)：32 - 35.

[8]　杨年华. 爆破振动理论与测控技术 [M]. 北京：中国铁道出版社，2014.

[9]　龚超超. 爆炸荷载作用下 RC 框架结构的动力响应研究 [D]. 长沙：长沙理工大学，2018.

[10]　曹凤霞. 爆炸综合毁伤效应研究 [D]. 南京：南京理工大学，2008.

[11]　彭蜀君. 爆炸冲击波的生物影响效应研究进展 [J]. 四川化工，2012，15 (6)：24 - 25，31.

[12]　汪旭光，于亚伦，刘殿中. 爆破安全规程实施手册 [M]. 北京：人民交通出版社，2004.

[13]　黎剑强. 爆破工程施工安全技术标准实用手册 [M]. 合肥：安徽文化音像出版社，2004.

[14]　饶宇，赵根，吴新霞，等. 应力波入射滑移节理传播特性的数值模拟 [J]. 长江科学院院报，2016，33 (12)：94 - 98.

[15]　曲忠伟. 岩石爆破中炸药爆炸应力波分布的测试与研究 [D]. 淮南：安徽理工大学，2009.

[16]　张文煊，刘美山，张正宇，等. 水电工程开挖爆破空气冲击波的作用原理与防护 [J]. 工程爆破，2008，14 (4)：82 - 85，72.

[17]　闫胜昝. 铝合金车轮结构设计有限元分析与实验研究 [D]. 杭州：浙江大学，2008.

[18]　齐瑞贤，兰立丰. 减少炸药爆炸后有害气体产物的方法及途径 [J]. 西部探矿工程，2007 (8)：160 - 163.

第13章 抢险救灾爆破

CHAPTER ⓭

13.1 概述

采用爆破法处置因自然灾害或重大事故造成的河道堆坝截流、道路阻断等险情或灾情称为抢险救灾爆破。在处置抢险救灾的行动中，常常利用爆破的先导作用疏通河道、抢通道路，为各方力量展开抢险救灾行动创造便利的条件。与水利水电相关的抢险救灾爆破主要有：分洪爆破、堰塞湖抢险爆破、危岩体处置爆破、病险水工建筑物拆除爆破、水中障碍物清理爆破、道路抢通爆破、防凌爆破等。

13.2 分洪爆破

13.2.1 分洪爆破的基本概念

分洪爆破一般是指水库、湖泊或者河流水量太大，超过了其承载能力，有可能导致溃坝或者决堤风险。为了降低或消除风险，提前找一个比较合适的位置，比如对居民影响最小或者损失最少的地方，将该位置破开，实现分流，降低水库、湖泊或者河流水位，预防或降低自然决堤所带来的损失。

（1）分洪爆破的分类。第一类为水利工程按防洪规划设置非常溢洪道或分洪堤，布置预埋药室，当洪水水位达到分洪标准时进行装药爆破分洪；第二类为遇紧急情况下采用非常规爆破法分洪，如地震、滑坡产生的堰塞坝爆破。

（2）分洪爆破的要求。分洪爆破一般都是在紧急情况下实施，爆破方案应安全可靠、便于施工，并确保在分洪爆破命令下达后，在规定的时间内迅速完成所有爆破工序。同时要求爆破不得对周围保护物造成破坏，确保爆区邻近重要设施的安全，最关键还必须保证参与抢险工作的作业人员安全。

（3）分洪爆破设计所需的基础资料。分洪爆破设计除常规爆破设计所需的资料外，还应收集以下资料：①分洪时的水位和要求的分洪流量；②爆破部位的填筑材料性质、颗粒大小、断面尺寸以及结构特性；③爆破区附近保护对象的分布情况、类型、结构特征；④爆破有关的其他资料等。

（4）爆破设计原则。作为特大洪水保坝爆破分洪预案，必定是在时间紧迫、事关重大的情况下才能采取的方案。因此方案必须要考虑这种紧迫紧张的实际工作条件，分洪方案必须满足以下原则：①施工简便，在时间紧迫的危急关头，采用的方案必须简单易行，过分复杂的方案容易造成实施过程中出现各种不可预见的情况，会影响方案的最终效果；②稳定可靠，分洪爆破必须一次成功，否则后果极为严重；③爆破器材和其他辅助耗材必须容易采购，储存和运输都比较方便，最好是当地就可以生产或采购，且使用简单可靠；④爆破监测系统稳定可靠，布设简便，可以实现实时监控。

13.2.2　分洪过流断面的确定

分洪爆破一般发生在遭遇超标准洪水位，已有泄洪建筑物不能满足泄洪要求或需要在规划的蓄洪区蓄洪时，在非常溢洪道或预留分洪堤上的预埋药室中进行装药，也可在分洪堤上临时布置药室或炮孔进行装药爆破，利用炸药爆炸和水流的冲刷作用，形成最终的过流分洪断面。因此，分洪过流断面尺寸的确定至关重要，对于预埋药室的分洪爆破，可通过模型试验确定需爆破产生的非常溢洪道或分洪堤的宽度，过流断面深度受施工条件的限制一般为 2～3m；临时布药爆破分洪时，过流断面宽度则可按有坎宽顶堰的流量公式（13.2-1）反推进行估算：

$$B = \Phi Q / H^{3/2} \tag{13.2-1}$$

式中　B——爆破形成过流断面的平均宽度，m；

Q——要求的爆破瞬间的分洪流量，m^3/s；

H——分洪断面过水深度，与爆破参数、堤坝的材质以及水位有关，m；

Φ——综合系数，一般取 0.63。

13.2.3　爆破方案及参数选择

分洪爆破是要把大坝（堤）炸出一个分洪缺口，因此爆破预案一般参考大坝或围堰拆除方法，可以分为深孔爆破法和小药室爆破法。作为分洪预案，不论是深孔爆破法还是小药室爆破法，都必须将炮孔或药室预先埋入坝体，在分洪的紧急关头，只需装药、联网即可爆破。

深孔爆破法分预置炮孔和现场临时钻凿炮孔，预置炮孔施工本身程序就很复杂，预置在坝体内部的炮孔，时间长了容易发生杂物堵塞问题，且清理不便，给分洪爆破带来困难；后期装药联网也比较复杂，且耗时较长。而现场临时钻凿炮孔，需调集钻孔设备，施工程序复杂，且钻孔同样工期较长，不适合在紧急关头采用。不管是预置炮孔还是临时钻凿炮孔的爆破方法，都有一个致命的缺陷，就是当炸药装入炮孔后，如需临时终止爆破时，孔内炸药不易取出。鉴于上述原因，分洪爆破不宜采用深孔爆破方案。

小药室爆破是一种比较成熟的坝体或围堰拆除方案，在三峡三期碾压混凝土围堰爆破拆除中，就采用了预置药室小药室爆破方案，一次拆除碾压混凝土 18.6 万 m^3，取得了良好的爆破效果。小药室爆破方案，预置的药室个数比较少，且体积比较大，预置简单，后期的清理也容易，且不容易发生堵塞淤积，装药联网也比较快速，适合在紧急情况下采用，因此，分洪爆破一般采用小药室爆破方案。

如果需要爆破的堤坝是混凝土等不易冲刷的结构时，爆破形成的过流断面宽度按式（13.2-1）计算的基础上再适当增加1~2m或增加总宽度的10%。为便于炸药埋设和取出以及达到抛掷爆破效果，一般采用集中药室爆破方案，即在堤坝上部布置小竖井型药室，药室中心距离堤坝顶部的垂直距离为3~5m，图13.2-1是一个典型的爆破设计药包布置图。也可能发生在药室已经完成装填炸药的情况下，根据洪水预报，不必破坝（堤）分洪，此时药室内的炸药需全部取出并按《爆破安全规程》（GB 6722—2014）的规定安全销毁。

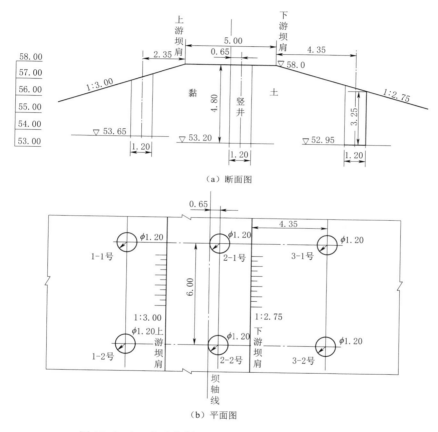

图13.2-1 典型的爆破设计药包布置图（单位：m）

分洪口门宽度与分洪流量有关，有的达数千米。如果采用连续药包爆破方式开口是不经济的，也是不安全的。通常是间隔一定距离布置一组药包，每组药包间距可依据被爆体的可冲刷性，以及要求的分洪流速确定，一般可取20m左右或更大，甚至可以只布置一列药包，爆破后只要实现上下游过流即可。

采用集中药包进行抢险爆破，首先根据断面尺寸，合理确定药包位置，分别计算每一个药包的最小抵抗线，并复核爆破后是否能形成上下游贯通的流道。爆破药量、爆破参数及爆破漏斗尺寸可参考药室爆破设计方法计算，并考虑水的影响。需要计算的参数有：可见爆破漏斗深度，爆破上、下破裂半径以及单个药包药量。分洪爆破一般要求尽量少布药包，但需尽快形成行洪通道，避免爆破后采用机械扒渣。因此，一般采用抛掷爆破或加强抛掷爆破，爆破作用指数 n 取 1.5～2.0，上游迎水面药包取大值，下游背水面药包取小值。标准炸药单耗 K：土质堤坝取 1.0～1.2kg/m³；有浆砌块石护坡时取 1.3～1.5kg/m³；混凝土堤坝时取 1.5～1.7kg/m³。均应选用防水爆破器材。

13.2.4　爆破安全复核及预报

（1）单组药包爆破形成的断面复核。根据药包布置及爆破参数确定可见爆破漏斗尺寸，堤坝介质压缩系数可取 50～100。一般复核后要求爆破形成的过流断面最小深度应大于 1m。当药包埋深达到 2.5m 时，即使水位低于堤顶 0.5～1.0m，爆破后形成的过流断面最小深度一般也能达到 2m。要达到爆破瞬间过流的目的，在同一断面上的药包爆后应形成贯通上下游的断面。

（2）爆破对周围需保护物影响预报。非常溢洪道扒口段的分洪爆破应避免扒口段过流底板及其下面的混凝土防渗墙遭受破坏，避免对扒口段以外的主河床土石坝及两端裸头造成不利影响。同时，应保证周围邻近建筑物的运行安全。爆破有害效应预报，主要是指爆破振动、水击波及涌浪等。

（3）爆破过流断面拓展时间预报。理论分析及实测资料表明，只要初始过流最小水深达到 1m，粒径 30cm 以下的石块均能被水流带走。1954 年湖北省发生特大洪水，荆江地区干堤及主要民堤多处溃口，溃口拓宽平均速度为 1.6～5.6m/s。分洪爆破时，口门拓宽速度可参照堤坝的溃口速度取值，在有块石或混凝土护坡，或填筑料黏性较大时取小值。根据需要拓展的单个过流断面最大宽度 $B_{d\max}$ 及平均拓展速度 v，就可确定爆破后过流断面的最大拓展时间 t：

$$t = B_{d\max}/v \qquad (13.2-2)$$

13.2.5　起爆网路及爆破施工注意事项

13.2.5.1　起爆网路

分洪爆破一般处在雷雨期，因此宜采用导爆管雷管或工业电子雷管等抗雷电的起爆器材组网。

每组药包宜间隔 100～200ms 延时起爆，同组药包应由下游至上游顺序起爆。多排爆破时，排间起爆间隔时差宜为 25～50ms。

13.2.5.2　爆破施工注意事项

（1）合理安排时间，在规定的时间内完成以下作业：药室挖掘或清理、混凝土路面破碎、爆破器材运输及加工、装药、填塞、联网、防护、安全撤离及警戒，最后起爆。

（2）采取措施，确保终止分洪时装入药室的炸药能安全取出。

（3）分洪堤坝顶部如有混凝土路面时，应在爆破前采用机械方法破碎，最大块度小于 1m，也可采用钻孔爆破，与药室药包在同一起爆网路中先于药室起爆。

（4）爆破前应确保下游行洪区人员全部撤离至安全地带，起爆站应设置在固定的塔站内或山坡上，避免因快速决堤带来人员伤害。

13.2.6 大堤分洪爆破工程实例

大堤分洪爆破以梁子湖为例。

梁子湖是湖北省蓄水量第一大、面积第二大湖泊，流域面积 $3265km^2$，地跨鄂州、大冶、武汉市江夏区和东湖高新区。2016 年入梅至 7 月上旬梁子湖流域降雨量达 670mm，是常年平均值的 3 倍。但由于梁子湖堤顶高度不够、堤身单薄，局部地方仍依靠子堤挡水，长时间高水位运行险情不断，溃决风险不断加大。2016 年 7 月 12 日，湖北省委常委（扩大）会议研究决定，同意省防汛抗旱指挥部建议：为应对梁子湖流域严峻防洪形势，湖北省第二大湖泊梁子湖的牛山湖实施破垸分洪，同时永久性退垸还湖，发挥湖泊绿色发展在长江大保护中的积极作用，还湖于民、还湖于史、还湖于未来。

牛山湖实施破垸分洪方案是将牛山湖与梁子湖间子堤进行爆破破堤。爆破时梁子湖水位 21.50m，水深 6m，牛山湖水位 20.36m，堤顶高程 21.80m，堤中间石渣，两侧黏土，路面宽 3m，历经两次维修，为混凝土路面。爆破拆除长度 1500m，如图 13.2－2 所示。

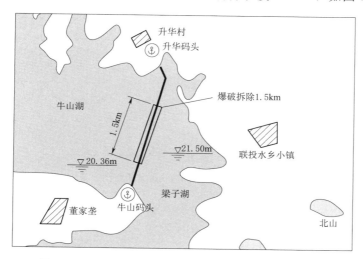

图 13.2－2　梁子湖与牛山湖之间子堤爆破拆除平面图

13.2.6.1 爆破方案

为了确保分洪爆破安全可靠，万无一失，爆破网路采取导爆管雷管起爆网路。炸药采用防水乳化炸药，孔内采用导爆索连接，孔外采用交叉接力导爆管雷管连接，利用 2 个并联的电雷管通过起爆器来起爆（在爆破前夕才连接）。

（1）最小抵抗线。考虑爆破后实际形成漏斗在梁子湖一侧出露高程应低于其水位 21.50m，在牛山湖一侧出露高程应低于其水位 20.36m，针对湖堤结构形体以及要求的爆破效果，首先确定爆破作用指数 n 为 1.5，确定不同的抵抗线依据第 7.3 节进行试算，最终确定最小抵抗线为 2.7m。在爆破前拆除堤顶 0.2～0.4m 厚混凝土道路，将湖堤两侧边坡修整到 1:1。

（2）装药量确定。按照加强抛掷爆破进行药量设计计算，现场堤坝为黏土碎石堤，经参考相关资料，确定标准炸药单耗取 $1.5kg/m^3$，计算得到单个药包药量 71.6kg。为保证爆破效果以及方便装药，适当加大装药量，最终单个药室装药 72kg。

（3）爆破药包间距确定。集中药包爆破时，炮孔间距一般取 1.0～2.0 倍最小抵抗线，由于现场条件及湖堤的结构限制，所有药包布置在同一高程，为便于操作，最终确定药室间距为 3m。

（4）药包布置。药包布置横断面：根据上述计算，药包布置在湖堤轴线下游 0.5m，高程 19.10m 处，在装药完成后，按照图 13.2-3 修整了断面，实际最小抵抗线为 2.5m，实际爆破作用指数为 1.645。药包布置纵断面：根据计算选取药包间距为 3m，药包布置纵断面布置如图 13.2-4 所示。

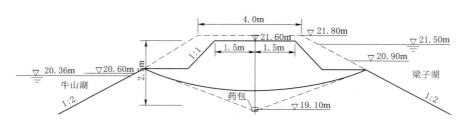

图 13.2-3　药包布置横断面图

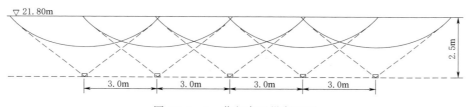

图 13.2-4　药包布置纵断面图

（5）单个药包结构。根据计算单个药室装药量 72kg，为 3 箱乳化炸药，垂直堤轴线方向并排放置，如图 13.2-5 及图 13.2-6 所示。

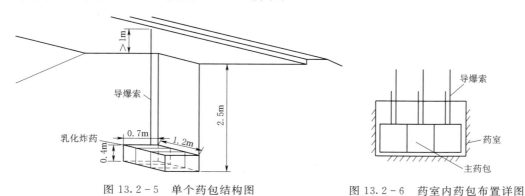

图 13.2-5　单个药包结构图　　　　　图 13.2-6　药室内药包布置详图

（6）爆破网路设计。爆破网路采用导爆管雷管毫秒延期起爆网路，如图 13.2-7 所示。每 3 个药室为一个起爆段位，单段最大药量为 216kg。每接力点采用双发雷管。

（7）爆破安全。

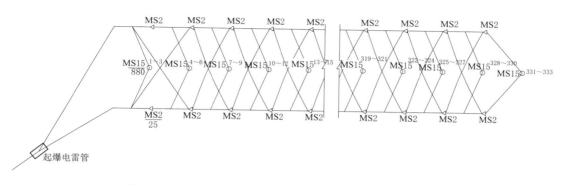

图 13.2 - 7　毫秒延期导爆管雷管交叉接力起爆网路示意图

1）爆破振动。爆破振动按经典萨道夫斯基公式进行复核，与地形地质条件有关的系数 K 取 250；与地质条件有关的振动波衰减系数 α 取 2.0；Q 为最大单段起爆药量，考虑到控制目标在 700m 以外，按整组药包进行复核，取 1800kg；R 为爆炸点距民房的最小距离，计算到距离爆破点最近距离 700m 处的民房的振动速度仅为 0.08cm/s。

2）空气冲击波。一般采用集中药室爆破，孔口有填塞，可以不校核空气冲击波。为安全起见，也可按照露天爆破计算，计算得到爆破空气冲击波的安全距离为 73.50m。

3）水中冲击波的安全距离。按水下钻孔爆破进行复核，计算得到水中冲击波的安全距离为 150m。

4）飞石安全距离。按实际的爆破作用指数及抵抗性对逐个药包进行复核，计算得出飞石安全距离的最大值，考虑顺风和其他因素的影响，飞石安全距离增加 1 倍。本工程飞石安全距离的计算值是 203m，最终实际采用的安全距离为 400m。

13.2.6.2　爆破器材

爆破所需器材见表 13.2 - 1。

表 13.2 - 1　　　　　　　　　　爆 破 所 需 器 材

序号	名　　称	单位	数量	备　　注
1	起爆器	部	2	
2	欧姆表	部	2	
3	工具包	个	12	
4	剥线钳	把	20	
5	电工刀	把	20	
6	起爆电导线	m	4000	
7	MS1 导爆管雷管	发	500	脚线长 12m
8	MS2 导爆管雷管	发	800	脚线长 12m
9	MS5 导爆管雷管	发	400	脚线长 12m

续表

序号	名　　称	单位	数量	备　　注
10	MS15 导爆管雷管	发	2200	脚线长 12m
11	导爆索	m	30000	
12	电雷管	发	10	
13	ϕ2cm 波纹管	m	4500	
14	胶布	卷	1000	
15	炸药	t	36	

13.2.6.3　爆破效果

承担牛山湖堤破垸分洪任务的是武警水电第七支队官兵，2016 年 7 月 13 日开始清理堤坝，用破碎锤打碎 40cm 厚表层混凝土，在整个爆破作业中耗时最长。上下游修坡（爆破区域修成 1∶1 坡）及堤坝清理完成后，在 1km 长堤坝上每隔 20m 布置一组药包，每组药包5～6 个，药室间距 3m，采用反铲挖掘，共计 333 个药室。7 月 14 日天刚亮，完成炸药埋设及起爆网路联接，爆破作业人员撤出爆破现场，共计装 24t 炸药。7 时整准时起爆，总起爆延时 2.75s，在 1km 长的隔堤上，巨大的水击波夹杂着泥土冲天而起，形成一道水、泥混合的"幕墙"，空中一架正在拍摄新闻的无人机也被卷得无影无踪。

爆破后，梁子湖的湖水顺着被炸开的隔堤，迅速地涌向 1m 落差的牛山湖，14 日 9时，牛山湖水位 20.96m，较 7 时水位上涨 0.52m；梁子湖（武汉区域内）水位 21.38m，较 7 时水位下降 0.14m，两边最终平压后，梁子湖水位下降了 0.35m，达到了预期效果。

13.2.7　水库大坝应急预案工程实例

水库大坝应急预案以某枢纽为例。

某枢纽是一座兼有防洪、灌溉、发电、航运、供水、养殖和试验任务的大型综合性水利枢纽，总库容数亿 m³，挡水建筑物由一座混凝土主坝和 15 座副坝组成，该水库调度规程规定：当水库遭遇 1000 年一遇以上标准洪水袭击，或上游梯级大型水库突然失事危及本枢纽安全时，必须采取保坝措施，炸开备爆副坝以增大泄流量，控制库水位于校核洪水位以内，炸坝顺序为 1 号 B、1 号 A、9 号副坝。

13.2.7.1　爆破应急方案

爆破应急方案在技术上是不难实现的，关键问题是洪水发生后，给予爆破的实施时间有多长？怎样保证在短时间内将炸药运送到位并装药起爆？时间是否充足？

（1）爆破过程的时间安排。从决定炸副坝到 3 座副坝全部炸开的历时共约 6h，这是很紧张的，稍有耽搁，库水位将超过极限允许值，后果不堪设想。需准确确定炸药的准备时间、装车时间、运输路径及时间、装药填塞及联网时间。

（2）药室布置形式。药室布置形式：1 号 B、1 号 A 采用沿坝体横断面布置三排药室，每排布置两个，中间一排紧邻坝轴线略靠下游布置。然后在上游坡面和下游坡面各再布置一排。9号副坝在上下游坡面靠坝肩位置各布置一排药室，共两排，每排布置3个。

（3）药室开挖。药室以井挖方法施工，在井壁土体有崩塌的情况下附加临时支撑。竖井以现浇150号混凝土衬砌，底板、井壁厚皆为10cm，井壁用滑升钢模施工。

（4）爆破参数设计。药室直径1.2m，均竖直向布置，自上而下直径一致。药室施工完成后，在上面用水泥盖板盖好，以免杂物进去。

1号B副坝从迎水面到背水面，分三排布置6个药室，第一排距离上游坝肩2.35m，深度3.77m；第二排距离大坝轴线0.65m，靠下右侧布置，深度4.80m；第三排距离下游坝肩4.35m，深度3.69m。每排布置2个药室，同一排2个药室之间的距离为6m。1号B副坝爆破参数见表13.2-2。

表13.2-2　　　　　　　　　　　　　1号B副坝爆破参数

编号	药室深度/m	药室间距/m	药量/kg	装药高度/m	单位容积/m³
1-1	3.77	6.0	136	0.15	1.13
1-2	3.77	6.0	136	0.15	1.13
2-1	4.80	6.0	475	0.54	1.13
2-2	4.80	6.0	475	0.54	1.13
3-1	3.69	6.0	206	0.23	1.13
3-2	3.69	6.0	206	0.23	1.13
合计			1634		

1号A副坝从迎水面到背水面，分三排布置6个药室。第一排紧靠上游坝肩，上游侧布置，深度4.35m；第二排紧靠大坝下游坝肩，下右侧布置，深度4.71m；第三排布置在副坝下游侧坡面，深度2.77m。每排布置2个药室，同一排2个药室之间的距离为6m。1号A副坝爆破参数见表13.2-3。

表13.2-3　　　　　　　　　　　　　1号A副坝爆破参数

编号	药室深度/m	药室间距/m	药量/kg	装药高度/m	单位容积/m³
1-1	4.35	6.0	136	0.15	1.13
1-2	4.35	6.0	136	0.15	1.13
2-1	4.71	6.0	475	0.54	1.13
2-2	4.71	6.0	475	0.54	1.13
3-1	2.77	6.0	206	0.23	1.13
3-2	2.77	6.0	206	0.23	1.13
合计			1634		

9 号副坝从迎水面到背水面，分两排布置。6 个药室。第一排布置在上游坝肩，深度 4.35m；第二排布置在副坝下游侧坡面，距离第一排 6.0m，深度 4.71m。每排布置 3 个药室，同一排 2 个药室之间的距离为 6m。爆破参数见表 13.2-4。

表 13.2-4　　　　　　　　　　9 号 副 坝 爆 破 参 数

编号	药室深度/m	药室间距/m	药量/kg	装药高度/m	单位容积/m³
1-1	4.35	6.0	206	0.15	1.13
1-2	4.35	6.0	206	0.15	1.13
1-3	4.35	6.0	206	0.15	1.13
2-1	4.71	6.0	475	0.54	1.13
2-2	4.71	6.0	475	0.54	1.13
2-3	4.71	6.0	475	0.54	1.13
合计			2043		

爆破设计时还需进行爆破漏斗校核与破坏范围分析，计算爆破漏斗几何要素，主要有压缩圈半径、上下破裂线，复核是否能形成贯穿流道。采用表 13.2-2～表 13.2-4 中的参数进行计算，得到爆破漏斗的压缩圈半径、上破裂线和下破裂线见表 13.2-5 和表 13.2-6。

表 13.2-5　　　　　1 号 B、1 号 A 副坝爆破漏斗几何要素计算

编号	最小抵抗线/m	装药量/kg	压缩圈半径/m	上破裂线/m	下破裂线/m
1	3.15	206	1.88	4.73	4.46
2	4.21	475	2.49	7.91	7.46
3	1.97	136	1.64	2.95	2.78

表 13.2-6　　　　　　　9 号副坝爆破漏斗几何要素计算

编号	最小抵抗线/m	装药量/kg	压缩圈半径/m	上破裂线/m	下破裂线/m
2	3.15	206	1.98	4.73	4.46
1	4.21	475	2.49	7.91	7.46

13.2.7.2　装药结构与装药方法

（1）装药前应对所有药室进行清理和量测，发现问题及时处理，并做好记录。符合设计要求后方可进行装药工作。

（2）采用人工装药，根据药室数量、装药高度、装药结构、分组进行，各个药室的装药结构基本一致，目的是加快装药速度。

（3）炸药包采用带耳环的小木箱堆放，以方便取出。

（4）填塞质量的好坏是保证爆破效果和爆破安全的重要环节，因此严禁不填塞爆破，为了保证填塞质量，必须选择袋装沙（半袋装，并扎紧），以便取出。按设计长度分层填

塞并压实。

13.2.7.3 起爆网路

起爆网路是爆破成败的关键，因此在起爆网路设计和施工中，必须保证能按设计的起爆顺序、起爆时间安全准爆。且要求网路标准化和规格化，有利于施工中联接与操作，因此，设计采用在水电行业得到普遍应用的导爆管雷管起爆网路。其特点是易于采购、使用简便、分段灵活、不受雷电及杂散电流影响。网路设计原则如下：

（1）起爆网路的单段药量应满足振动的安全要求。

（2）整个网路传爆雷管全部传爆后，第一个药室才能起爆。

（3）为保证形成分洪缺口，必须合理选择最先起爆点及爆渣抛掷方向。

采用向下游抛掷的起爆方案。为了加强抛掷作用，邻近同排的两个药室同段起爆。

13.2.7.4 炸药拆除

爆破终止时拆除程序：由于是分洪爆破，所以必定要在洪水可能达到警戒水位前将炸药埋入药室，做好炸坝分洪的准备，但如果水位最终没有到分洪的警戒水位，则不必分洪。此时要将药室内的炸药取出。因此在操作程序上是装药联网，等候洪水水位，当洪水水位达到警戒水位，则炸坝分洪；如果没有到警戒水位，则取出炸药并予以销毁。

爆破终止时拆除方法：在进行装药施工的时候就要考虑拆除的问题，采用制作箱体，将炸药置入箱体，箱体用麻绳放入药室，做到既可放入也可提起，在进行填塞的时候，箱体的麻绳也必须留在地面。填塞物也采用可进可出的箱体或袋子。绳子或者麻绳必须一端在药箱绑扎好，另一端在地表固定好，整个施工过程不能损坏。

13.3　堰塞湖抢险爆破

13.3.1　堰塞湖的基本概念

堰塞湖是由火山熔岩流，冰碛物或由地震活动使山体岩石崩塌下来等原因引起山崩滑坡体等堵截山谷、河谷或河床后贮水而形成的湖泊。堵截山谷、河谷或河床的土石堆积体就是堰塞体（或称堰塞坝）。依据堰塞体固体物质来源，可分为熔岩堰塞湖、崩塌堰塞湖、滑坡堰塞湖、泥石流堰塞湖和冰碛堰塞湖等五类。近10年来，危害最大的是滑坡堰塞湖、泥石流堰塞湖，典型的包括唐家山堰塞湖、雅鲁藏布江堰塞湖和白格堰塞湖等。

我国是堰塞湖地质灾害高发区，尤其是长江上游及西南诸河的峡谷地带，河谷深切、构造作用强烈。复杂的地形及地质条件使得区域内崩塌、滑坡、泥石流等地质灾害频发，是我国堰塞湖最为多发的区域。堰塞湖往往具有堰塞体方量大、蓄水量大、安全威胁大、灾害链长等特点，不仅会淹没土地、堵塞河道，而且还存在突然溃决风险，给下游带来巨大威胁和损失。

13.3.2　堰塞湖的主要成因

堰塞湖的形成过程为：①原有水系被堵塞物堵住；②河谷、河床被堵塞后，流水聚集并且往四周漫溢；③储水到一定程度便形成堰塞湖。堰塞湖一旦决口会对下游形成洪峰，处置不当会引发重大灾害。

（1）山体滑坡形成。由山崩滑坡所形成的堰塞湖多见于藏东南峡谷地区，且年代都很新近，如 1819 年在西姆拉西北，因山崩形成了长 24～80km、深 122m 的湖泊。藏东南波密县的易贡错是在 1990 年由于地震影响暴发了特大泥石流堵截了乍龙漱河道而形成的，波密县的古乡错是 1953 年由冰川泥石流堵塞而成（实则也属冰川湖）。八宿县的然乌错是 1959 年暴雨引起山崩堵塞河谷形成的。

（2）地震形成。多形成于活动频繁的地区，1941 年 12 月，嘉义东北发生一次强烈地震，引起山崩，浊水溪东流被堵，在海拔高度 580m 处溪流中，形成一道高 100m 的堤坝，河流中断，10 个月后，上游的溪水滞积起来，在天然堤坝以上形成一个面积达 6.6km²、深 160.0m 的堰塞湖。较新形成的堰塞湖是 2009 年 6 月 5 日重庆武隆区山体垮塌形成百米高的堰塞湖。

（3）熔岩形成。我国东北的五大连池旧称乌德邻池，在五大连池市郊，地处纳诺尔河支流——白河上游，北距小兴安岭仅 30.0km，系由老黑山和火烧山两座火山喷溢的玄武岩熔岩流堵塞白河，使水流受阻，形成彼此相连呈串珠状的 5 个小湖得名。

五大连池火山群的火山活动始于侏罗纪末至白垩纪初。据史料记载，最近的一次火山喷发，始于 1719 年（清康熙五十八年），而清《黑龙江外记》的记载则更详："墨尔根东南，一日地中忽出火，石块飞腾，声震四野，约数日火熄，其地遂呈池沼，此康熙五十八年事。"这次火山喷发，堵塞了原纳漠河的支流白河，迫其河床东移，河流受阻形成由石龙河贯穿成念珠状的 5 个湖泊。

五大连池湖水清澈，从附近火山峰顶望去，有如一画面明镜，映射着天光云影，美不胜收。

黑龙江省的镜泊湖就是由第四纪玄武岩流在吊水楼附近形成了宽 40m、高 12m 的天然堰塞堤，拦截了牡丹江出口，抬高了水位而形成的面积约 90.3km² 的一个典型熔岩堰塞湖。镜泊湖四周为群山环抱，森林茂密，风光秀丽，不仅有火山口森林，溶岩洞与唐代渤海的遗址，还有湖中的大孤山、小孤山、珍珠门、吊水楼瀑布与镜泊山庄等"八大名景"，从而成为我国著名的旅游湖泊。

13.3.3　堰塞湖的危害和风险评估

13.3.3.1　堰塞湖的主要危害

堰塞湖的堵塞物不是固定永远不变的，它们也会受冲刷、侵蚀、溶解、崩塌等等。一旦堵塞物被破坏，湖水便漫溢而出，倾泻而下，形成洪灾，极其危险。伴随次生灾害的不断出现，堰塞湖的水位可能会迅速下降，有可能导致重大洪灾。灾区形成的堰塞湖一旦决口后果严重，堰塞湖一旦决口会对下游形成洪峰，破坏性不亚于原生灾害的破坏力。

13.3.3.2　堰塞湖的风险评估

在判断何种方法把湖水排空时，首先进行的是对堰塞湖的风险评估，对众多堰塞湖排一个顺序，最危险的地方必须马上处理。评估堰塞湖风险就必须进行相关勘察，包括遥感勘察和野外勘察。汶川地震期间，在地震后充分运用了现代化的科技手段以帮助抢险和救灾。通过全面掌握堰塞湖特征包括数量分布，特别是堰塞湖的性质分析，包括堰塞湖溃决的条件和溃决的风险，其中，主要判断对下游城市破坏程度，即对水流的破坏等级的评估。在分析水流对建筑物的破坏时，一般把破坏程度分为以下 5 个等级：

（1）基本完好。建筑物承重构件完好，个别非承重构件有轻微损坏。不需修理，可继续使用。

（2）轻微破坏。个别承重构件出现可见裂缝非承重构件有明显裂缝。不需修理或稍加修理即可继续使用。

（3）中等破坏。多数承重构件出现细微裂缝，部分构件有明显裂缝，个别非承重构件破坏严重，需要一般修理。

（4）严重破坏。多数承重构件破坏较严重，或有局部倒塌，需要大修，个别建筑修复困难。

（5）毁坏。多数承重构件严重破坏。结构濒于崩溃或已倒毁，已无修复可能。

13.3.4 堰塞湖的治理

在完成堰塞湖的风险评估后，就需要进行堰塞湖的治理，堰塞湖的治理一般是基于其可能的溃决方式。堰塞湖一般有两种溃决方式：逐步溃决和瞬时全溃。逐步溃决的危险性相对较小；但是，如果一连串堰塞湖发生逐步溃决的叠加，位于下游的堰塞湖则可能发生瞬时全溃，将出现危险性最大的状况。可根据堰塞湖的数量、距离，堰塞坝的规模、结构，堰塞湖的水位、水量等进行判断。如堰塞坝是以粒径较小、结构松散的土石堰塞坝，相对来说是比较容易溃决的。

对于危险性大的堰塞湖，必须以人工挖掘、爆破、拦截等方式来引流，逐步降低水位，以免造成大的洪灾。水被蓄高，具有了很大的势能，一旦堰塞湖的湖口破裂，水的势能化为动能，动能越大，破坏性越强。方案有疏通导渠，逐步排水，或者炸开堰塞体。

在排险的同时，堰塞湖要及时进行监测和预警。应立即开展对危害严重、情况危急的堰塞湖现场调查评估，进行动态监测，预测堰塞湖溃决时间及泛滥范围，撤离居住在泛滥范围内的受灾群众，安置抢险救援人员的临时驻扎场所，并制定下游危险区的应急预案。

13.3.4.1 堰塞湖的一般治理方法

堰塞湖治理的关键在于控制岩塞坝的瞬间崩溃。为防止堰塞体瞬间崩溃带来的洪水泥石流危害，在下游人员转移相对困难及重建难度较大的情况下，为减小洪水对下游城镇的破坏，可以采用安全排水渠法。治理的原理是按照疏导水流，控制堰塞湖水位。安全排水渠法强调人力资源及主观能动性的投入，对湖水自然溢出采取严格控制，即"洪水是顺着人的思路被动流入下游"，而不是自然溢出。这种方法是解决分散、水位较低、流量较小的中小型堰塞湖和灾害晚期、重建工程开始的情况下所采用的决策。

安全排水渠的开挖方法主要有 5 种，包括开挖成渠、爆破成渠、引流槽成渠、抽排水、开挖泄水洞。上述方法又可以根据所需机械设备情况划分为爆破法、机械开挖法、人工开挖法。其中机械开挖法往往需要大型设备的调运，离不开施工通道，对于应急抢险来说，往往施工通道条件是不具备的，因此只能在考虑简易施工设备的条件下确定成槽方案。根据长江科学院多个堰塞湖的处置经验，当土的含量占比较大时，堰塞体普遍较破碎，可以以机械开槽为主，当岩石占比较高，尤其是超过挖掘机斗容时，以爆破为主。

爆破泄洪一般是采用人工或简易机械在堰塞体上装埋炸药完成，是及时解决岩石占比高、块度大的堰塞湖危机的主要方案。爆破泄洪的决策是在最紧急情况下（下游城市将面临灭顶之灾）和人员已经被成功转移的前提下才实施的。

与爆破泄洪有关的处理方式有：钻孔爆破、裸露药包爆破、小药室爆破和岩塞爆破。当堰塞坝体稳定、溃坝风险小，且地形地质条件较好时，经专门的水工设计，开挖导流洞，并对堰塞坝进行加固处理后，可将堰塞湖改造成天然水库。

如采用破堰分流方案，爆破破堰点应尽量选择在较破碎的堆积体部位。破口深度取决于堰塞坝坝身堆积体的可冲刷性，堆积体的可冲刷性与其材料性质和粒径大小有关。对于粒径为 $20 \sim 40\text{mm}$ 的石块，其启动流速为 $1.3 \sim 1.5\text{m/s}$，只需 1m 水头。实际情况只要水流漫过堰顶，细小的颗粒首先被水流带走，水深逐渐加大，水流速度随之增大，可冲刷的颗粒粒径也变大。当达到一定水深时则形成快速冲刷，因而很快就能达到要求的过流断面。

13.3.4.2　钻孔爆破及裸露药包爆破

钻孔爆破及裸露药包爆破一般是配合机械作业，用于破碎大的块石。此外对于坝体不高、坝坡较陡、方量不大，且有少量漫顶溢流时，可采用水中裸露药包爆破法，加快溢流，降低水位。

裸露的群药包爆破还可形成泄洪槽。设计时首先确定总的破碎深度，一般每层的破碎深度在 1.5m 左右，当破碎深度要求较大时，应分层爆破。药包间距和排距为 1.5 倍的破碎深度，平均单耗可取 $6 \sim 20\text{kg/m}^3$，岩石越坚硬，平均单耗越高。药包布置可采用正方形或梅花形。

13.3.4.3　小药室爆破

当条件允许时，也可采用小型药室爆破法。药室可人工或机械挖掘。为安全起见，人工挖掘深度一般不超过 1.5m，机械挖掘深度不超过 2.5m。药包间距为 $1.5 \sim 2.0$ 倍的药包埋深。采用加强抛掷爆破，爆破作用指数取 $1.5 \sim 2.0$。

堰塞坝抢险爆破宜采用抗水乳化炸药，每个药包内至少布置一个起爆体。为保证爆破效果和起爆网路安全，同一网路的所有药包应小间隔时差起爆，时差可以选择 9ms。

13.4　危岩体处置爆破

危岩体是指陡峭边坡上被多组结构面切割，在重力、风化营力、地应力、地震、水体等作用下与母岩逐渐分离，稳定性较差的岩体。这类岩体随着时间的推移，在水体、地震、风化营力等进一步作用下，在不确定时间将产生滑坡、崩塌等地质灾害。危岩体的爆破治理，有开挖排水洞加固处理及爆破卸荷两种方法。

13.4.1　排水洞开挖爆破

大型的滑坡体主要采用开挖排水洞等工程措施进行加固处理，如水布垭大雁塔滑坡治理、三峡库区秭归县县城滑坡治理。

排水洞类似城门洞型，通常采用爆破法开挖。为控制开挖爆破对危岩体的不利影响，一般钻孔深度为 1m 左右，严格控制单段起爆药量，其他爆破参数可参考第 5 章中有关章节选择。加固处理的危岩体上或附近一般会有大量保护性建筑物，爆破时地表建筑物基础的质点振动速度应控制在 1cm/s 以下，同时避免雨季施工。

13.4.2　爆破卸荷

采用爆破卸荷处理的危岩体主要分以下两种情况：

（1）水库库区的危岩体。水库蓄水前边坡是稳定的，但在蓄水后降低了边坡的力学参数，潜藏着滑坡的可能，国内外均有水库库区内危岩体产生滑坡，引起巨浪，发生溃坝的灾害事例，因此，需要在枯水期或大坝建设期采用卸荷方式处理危岩体。

（2）公路边坡附近的危岩体。公路边坡经开挖后，由于雨水等作用，形成危岩体，无法预计何时产生滑坡，也可采用爆破方式进行卸荷处理。库区危岩体一般规模较大，早年采用洞室爆破法进行处理，近年主要采用机械钻孔爆破法；突发地质灾害形成的危岩体，由于条件险恶，机械设备无法到达，可因地制宜采用裸露药包爆破法。

钻孔爆破的布孔方式和爆破参数可参考本手册有关章节进行计算，但应注意以下几点：

（1）应自上而下进行卸荷爆破，必要时先加固坡脚再进行上部开挖。

（2）应通过爆破试验获取合理的爆破参数，确保爆破不对保留边坡产生有害影响。

（3）应设置必要的监测项目，对爆破全过程进行监测，确保施工安全。

（4）爆破卸荷后形成的边坡应及时进行加固。

裸露药包爆破法，应注意以下事项：

（1）条件允许时，应将药包包装成扁平状置于爆破点，上部覆盖沙袋或土袋，如作业人员无法到达爆破点或无法固定药包，可在危岩体的反斜面找牢靠的大树固定绳索一端，并将绳索的另一端捆住药包，沿斜坡吊送到爆破点进行爆破。

（2）宜采用导爆管雷管或工业电子雷管起爆系统，起爆网路应与吊拉药包的绳子连在一起，每隔 1m 用细绳固定，且保持导爆管或起爆电线始终呈松弛状态，确保导爆管或起爆电线不被拉断。

（3）起爆站应设在危岩体后山坡反斜面的安全地带，确保爆破作业人员的安全。

13.5　抢险救援道路抢通爆破

由于全球自然环境破坏，局部气候调节能力减弱，我国极端天气事件明显增多，自然灾害呈多发、频发、重发趋势。特别是近几年以来，洪水、地震、泥石流、滑坡等自然灾害有愈演愈烈的趋势，危害性也越来越大。我国人口密集，城市及乡村基础设施状况较差，设防标准低，国民防灾观念普遍淡薄，抢险救灾形势非常严峻。道路抢通是抢险救灾首要和龙头任务，本书主要论述道路抢通与安全管理，以期为抢险救灾中道路抢通提供技术支持与管理借鉴。

13.5.1　抢险救灾中道路抢通的特点

道路是通往灾区的生命线，是决定救灾人员和物资能否快速、安全抵达灾区的关键，是抢险救援取得胜利的重要保障。从抢险救灾道路抢通实践来看，有以下特点：

（1）社会影响大。抢险救灾关系到群主生产和生活安全，时刻受到媒体跟踪报道和公众关注监督，稍有不慎就会产生负面影响，甚至给人民群众的生产生活造成恐慌。

（2）行动紧迫。各种灾害或事故灾难大多发生突然，需要快速投入，准备和应对时间紧迫。

（3）任务危险。救援行动往往在原生灾害持续发展，次（衍）生灾害不断出现的过程中开展，遭受灾害侵袭的概率极大。

（4）处置专业。在参与重大能源、交通设施、水库的排险中，需要运用多种技术手段，依靠大型装备，投入专业力量，才能完成任务。

（5）保障困难。事发地区自然条件差，环境艰苦，道路、电力、通信设施受损严重，救援行动面临障碍，组织指挥，通信、装备和生活等保障艰巨复杂。

13.5.2　抢险救灾中道路抢通主要方法

（1）滑坡体道路抢通方法。滑坡是斜坡岩土体在重力和水及其他外力作用下，沿某一薄弱结构面产生剪切破坏的一种地质现象。

内部石块较多且粒径不大的滑坡地段道路抢通，这类滑坡体自身的稳定性较好，挖掘机在滑坡体上沿修路方向修出一条施工通道，按挖掘机、装载机依次间隔的顺序在一定的安全间隔范围内"一"字形摆开进行除险，所有设备相互配合、同时出力、多点开花，加快抢通速度。

表面松散但内部石块较大的滑坡体段道路抢通，这类滑坡体自身不稳定，休止角较小，重型设备参与处置无法保证自身的安全。滑坡体不长且表面松散、大石块较多的地段，首先，从坡脚基础稳定位置开始，在距挖掘机 3～5m 的前方挖出大坑，引导松散的泥沙及石头自然跌入坑内，控制边坡飞石滚落方向；然后，设备退回塌方体前，在坡角与其自身休止角接近时，继续向前推进；以此类推，逐步推进。滑坡体长且表面松散、大石块较多的地段，挖掘机一次或两次的开挖很难将边坡坡角降至与其自身休止角接近。采用"跳跃引流"的开挖方式在滑坡体上修出施工便道，抢险时设备要紧贴便道外侧并尽快穿过滑坡体；挖掘机、装载机从滑坡体两侧开挖，将坡角降至与其自身休止角接近后向中间推进。

（2）地面塌陷道路抢通方法。地面塌陷是指地表岩土体受自然因素作用或人类工程活动影响，向下陷落，并在地面形成塌陷坑洞而造成灾害的现象。自然塌陷包括暴雨塌陷、洪水塌陷、地震塌陷、重力塌陷；人为塌陷包括坑道排水、突水塌陷、采空区塌陷、抽汲岩溶地下水塌陷、水库蓄水或引水塌陷、振动或加载塌陷、地表水下渗塌陷等。

地面塌陷段道路抢通通常采取绕行道路、石渣换填、搭设贝雷桥、修建钢（木）便桥等方式。

（3）河道地段道路抢通方法。河道淤泥带或弹簧基础带道路抢通，首先选择混合石渣换填，换填厚度一般为 2m 左右，现场无石渣换填，则通常采取路基箱铺垫、搭设浮桥、贝雷桥，修建钢（木）便桥等方式。

（4）桥梁、隧道抢通方法。桥梁、隧道加固抢通，技术含量高，作业区域狭窄，作业展开受限。处置中要选调精兵强将，调集专业设备，本着精确监测、突出要害、点面防护的原则，全面查排险情，恢复通行能力。桥梁抢通，通常采取搭设浮桥、贝雷桥，修建钢（木）便桥等方式。隧道抢通，主要是对漏顶坍塌、沉陷、浸水，采用钢拱架、锚杆、灌浆、抽排水等手段进行处理。抢险救灾过程中，要特别注意检测、排除洞内有害气体。

13.5.3 道路抢通安全管理

道路抢通，安全隐患多，在保证抢险进度的同时，更要加强自身安全的防护。

（1）建立安全管理体系。接受抢险任务后，要在第一时间建立健全安全管理体系，落实各岗位安全管理责任，确保层层有管控，事事有落实。对每一个抢险环节，每一个抢险路段，每一个抢险部位，责任具体到人，不漏掉任何一个可能发生事故的苗头。

（2）根据现场情况，做好危险源分析、评价，制定安全预案。开始抢险前，对可能造成边坡滑坡、塌方、滚石的部位，组织相关技术人员，在技术负责人的主持下，会同机械操作手和安全员等相关人员共同分析、讨论，制定安全施工方案，明确应对各种险情的安全撤离措施。安全措施和应急预案要详细。要对现场进行安全风险评估，除规定作业过程中常规作业安全措施外，还应对周围环境安全监测部位、监测方法进行明确，对受灾害影响的道路、桥梁作出限行或限载规定。应急预案应简单明了，必要时应组织避险演练。

（3）狠抓制度落实，打牢安全防范意识尤其要注意防止次生灾害对抢险工作人员的安全威胁。

13.6 防凌爆破

在我国的西北和东北，气候干冷，冬季温度都在 0℃ 以下，整个河道封冻，每到春季，随着气候转暖，河道开始解冻形成流冰，当河道内流冰受阻可能形成冰坝或冰塞堵塞河道，引发涨水、漫滩、溢堤，甚至决堤。有些大块的流冰还可能对跨河大桥、水工建筑物等产生强烈冲撞。黄河由于其特殊的地理位置，下游河段晚于上游河段解冻，上游河段开河时，下游河段还处于冰封状态，历史上黄河凌汛灾害易发性高，容易形成冰塞及冰坝，危害面广，灾害严重。2008 年春，黄河乌前旗段遭遇了 40 年来最严重的凌情，大堤多处出险，共发生 110 处管涌，有 35 处出现险情。防治冰凌危害的工程措施主要有：修建水库、堤防、涵闸和分凌区，以及采用爆破法炸毁可能产生危害的冰凌。

在"十二五"期间，我国专门列了科技攻关项目，研究如何利用爆破方式快速有效地消除冰凌灾害，以预防次生灾害的发生。

13.6.1 防凌爆破特点

防凌爆破主要有两类：一类是破冰，一类是破凌。

当上游河道先于下游河道解冻形成流冰，下游未解冻的河道可能阻挡流冰的运动，形成冰坝，需对下游未解冻的河道采用人工干预的方式使其解冻，常用的方法是在冰块下布置药包爆破冰块。由于冰体的抗拉强度和抗剪强度都很低，在外力作用下易发生弯曲折裂，如果药包在冰块下相对密闭的水体中爆炸时，产生水击波及动水压力，水冲击波作用于冰体，将产生应力波在冰体中传播，由于衰减很慢可产生多次反射，导致冰体大范围破碎，在爆生气体的作用下破碎的冰块产生运动。

即使上下游河道同时解冻，由于不利的河道形态，也可能造成冰凌堆积，需对冰凌堆积体采用人工干预的方式降低其堆积高度，早期采用炮击和飞机轰炸方式破冰，随着环保要求的提高以及科技进步，现在可采用无人机定点精确布药进行爆破。

13.6.2　防凌爆破方法

有资料表明，同样药量条件下，如果炸药布置在冰面上裸露爆破，破冰体积仅为水下爆破破冰体积的 $1/6 \sim 1/10$，且产生较强的空气冲击波及爆破噪声，个别冰块飞得很远，因此，对大体积的冰块以及未解冻的冰面采用在冰块上钻孔，将药包布置在水下进行爆破破冰。

（1）按爆破漏斗理论推导的集中药包爆破破冰的计算公式如下：

$$Q = K' L_j^2 h \tag{13.6-1}$$

$$r_p = 2.24 L_j \tag{13.6-2}$$

$$b = 2 r_p \tag{13.6-3}$$

式中　Q——单个药包的药量，kg；

　　　L_j——冰面至药包中心的距离，m；

　　　K'——经验系数，一般取 $1.74 \sim 3.60 \mathrm{kg/m^3}$；

　　　h——冰的厚度，m；

　　　r_p——爆破漏斗破裂半径，m；

　　　b——药包间排距，m。

（2）按水压爆破理论推导的集中药包爆破破冰的计算公式。集中药包在水中爆炸进行破冰爆破，其爆破机理类似水压爆破，冰层相当于爆破容器的顶板，爆破需破碎的介质由混凝土或钢筋混凝土变为冰，介质的强度变低，因此，仍然可以采用水压爆破药量设计方法来确定其爆破参数。单个药包药量计算公式及药包间排距计算公式如下：

$$Q = K R^{1.4} h^{1.6} \tag{13.6-4}$$

$$b = K_R R \tag{13.6-5}$$

式中　Q——单个药包的药量，kg；

　　　R——药包中心至冰层中心的距离，m；

　　　h——冰的厚度，m；

　　　K——药量系数，与要求的爆破程度有关，可通过试验获得，一般在 $6 \sim 12$ 中取值均可；

　　　b——药包间排距，m；

K_R——距离系数，与要求的爆破程度有关，可通过试验获得。

中国人民解放军 66267 部队和中国水利水电科学研究院等单位在"十二五"期间对水中爆破破冰参数进行了系列试验。试验地点在内蒙古包头市黄河磴口段，以开河前冰盖为试验对象，采用 2 号岩石乳化炸药，集中药包型式，试验了 8kg、10kg、12kg 三种药包，每种药包均布置了 6 个，8kg 重药包间距为 30m，其余两种药包间距均为 35m，相同重量药包入水深度分别为 0m、0.9m、1.2m、1.5m、1.8m、2.1m。试验结果表明，8kg 和 10kg 药包的最佳入水深度为 1.5m，12kg 药包的最佳入水深度为 1.8m；炸药能量利用率最高的是 8kg 药包，最后推荐在黄河地区河水深度 2.5~5.3m 和冰厚 0.5~0.7m 条件下，宜选用 8kg 药包，入水深度宜为 1.5~1.8m，药包间距约 10m。

黄河包头磴口段破冰效率最高的一次试验参数为，冰层厚度 0.56m，冰面至药包中心的距离为 2.06m，由此可确定计算爆破漏斗破裂半径为 4.61m、药包量为 4.13~8.55kg、药包间排距为 9.22m，实际的破裂半径为 5.55m、药量为 8kg。

从施工角度来说，单个药包重量增加几千克，施工难度不大，达到同样的爆破效果，减少药包数量意义更大。增加药包埋深将增大单个药包重量，也可增加药包间排距，但埋深受爆破区水深的影响，一般宜不大于 1/3 的水深，最多不大于 1/2 水深。单个药包的重量也受爆破区附近需保护对象的控制，应从水击波及爆破振动等方面进行安全复核，确定最大单段允许起爆药量，单个药包的药量不能大于最大单段允许起爆药量。

13.6.3 防凌爆破安全注意事项

（1）加强凌情观测和预报，为冰凌爆破积累基础资料。凌情观测是防凌的依据，是防凌工作的耳目，其目的是了解和掌握全部冰凌、气象资料，研究冰凌的发展变化。冰情观测主要是观测结冰地点、面积、冰量、淌凌密度、速度、封冻地点、长度、宽度、封冻形式、冰厚以及冰色、冰质变化、冰堆形成的位置等。凌情严重时，适当增加观测点，增加观测次数，及时分析凌情，预测冰凌的发展趋势，及早采取防凌措施，为防凌决策提供可靠依据。

（2）实施爆破前，需准备一定数量的防凌机械和破冰工具，事先详细勘察封冰河段的河势流向，根据冰凌预报、河道封冻、断面过流等情况，制定爆破计划。爆破员要熟悉破冰技术和安全操作规程，按照"宽河道不破、窄河道破"的原则，选好破冰河段，预测可能形成冰凌卡塞、产生冰坝的河段，掌握破冰经验和注意事项，严格实行岗位责任制，选择好破冰时机，确保爆破工作的顺利实施。

（3）破冰爆破属于涉水爆破，要求爆破器材具有良好的抗水性能，在被水的浸润作用下不失效，并不过分降低其原有性能。同时由于水的传爆能力较强，在爆破参数设计时要注意殉爆影响。

（4）水能提高裸露药包的破碎效果，但炸药的爆炸威力随水深、水压的增加而降低，爆破效果变差，因此冰凌爆破往往采用较大的药量，并且多为裸露药包爆破，在等量装药的情况下，水下爆破产生的地震波比陆地爆破要大，水中冲击波的危害较突出。所以作业人员首先应注意自身安全。

参 考 文 献

［1］　汪旭光，郑炳旭，张正忠，等．爆破手册［M］．北京：冶金工业出版社，2010．

［2］　吴昊．汉宜高速"5·18"特大交通事故抢险救援战例分析［J］．中国应急救援，2010（3）：62．

［3］　刘立文．交通事故抢险救援中车辆抱死解除方法研究［J］．武警学院学报，2008（6）：124．

［4］　梁向前，何秉顺，谢文辉．黄河冰层的爆炸破冰及作用效应试验［J］．工程爆破，2012（2）：83．

第 14 章 CHAPTER ⑭

二氧化碳致裂爆破

二氧化碳致裂爆破是指利用二氧化碳相变致裂、膨胀破碎固体介质，是一种无炸药爆破，也有称为二氧化碳膨胀爆破。20 世纪 60 年代初，美国等一些发达国家开始研究这种物理爆破法，利用压缩机等机械设备或通过物理变化（如液态变为气态）来产生高压气体，在岩体中安装高压气体致裂管，使致裂管内的高压气体瞬间释放，以对周围介质致裂做功进而达到破碎目的。近年来，二氧化碳致裂爆破技术越来越被重视和开发，由于其原料来源稳定、无复杂的审批程序、设备及施工简便等技术优势，且与机械破碎比，具有成本低、规模大、效率高等优点，目前在国内外被主要应用于破碎岩石、混凝土和其他固体物质。此外，我国已成功将二氧化碳致裂爆破用于水下炸礁工程。同时因其具有破碎介质过程中诱发振动小、对周边环境影响小、无火花外露，具有很高的安全性能等特有优势，也可为复杂环境下水利水电工程施工开辟一片新天地。作为一种飞速发展的新兴岩体破碎技术，国内外尚无规程、规范对该技术做出统一、完整的定义，为使前后文一致，本书统一将该技术称为二氧化碳致裂爆破。

14.1 基本概念

14.1.1 二氧化碳性质

二氧化碳是一种气态化合物，在自然界中含量十分丰富；它的分子式为 CO_2。二氧化碳分子由两个氧原子和一个碳原子通过共价键构成，其结构式为 $O=C=O$，它的相对分子质量为 44。二氧化碳除了一般的气态、液态、固态这三种相态外，还存在一种特殊的超临界相态。超临界二氧化碳（$SC-CO_2$）是当外界的温度和压力达到一定时二氧化碳的液相气相相界面消失的一种相态，此时处于临界点的温度被称为临界温度，压力被称为临界压力。超临界相态完全不同于其他三种相态，是一种密度高、分子扩展性好的特殊流体。超临界二氧化碳流体是从常温常压的常态连续变化到达超临界相态的，从而没有相际效应。在物理性质上，它的密度与液态类似，但其同时又具有分子间作用力，与气态接近，并且有着较好的流动性。表 14.1-1 给出了二氧化碳的部分物理参数。

表 14.1-1　　　　　　　　　　　二氧化碳部分物理参数表

物理性质	数值大小	物理性质	数值大小
熔点/℃	−56.6（527kPa）	相对密度（空气＝1）	1.522（21.1℃，1atm）
沸点/℃	−78.5	临界密度/(kg/m³)	467
熔化热/(kJ/kg)	195.8	气体密度/(kg/m³)	1.833（21.1℃，1atm）
汽化热/(kJ/kg)	201.21（10℃）	临界压力/MPa	7.385
升华热/(kJ/kg)	573.6	临界温度/℃	31.1
比容/(m³/kg)	0.5457（21.1℃，1atm）	偏差系数	0.274
绝热系数 K	1.295	偏心因子	0.225

由表 14.1-1 可知，二氧化碳在温差稍微大一点的时候可以不经过液态直接从固态变为气态，是强升华物质；表中 −78.5℃ 下的沸点，不是通常情况下所定义的沸点，而是指在此温度下固体二氧化碳（干冰）直接由固态变为气态时的温度。一般情况下，当压强为大气压，在环境温度超过 −78.5℃ 时，固态二氧化碳便直接升华为气体且中间不存在液态的二氧化碳。研究表明，当压强超过 5.1 倍的大气压时，二氧化碳才会以液态的形式存在，并且在压强超过 5.1 倍的大气压强的情况下，二氧化碳的液化点为 −56.6℃。在临界条件下，当压力为三相点压力 0.52MPa 时，二氧化碳的临界压力为 7.385MPa，临界温度为 31.1℃。当环境压力低于 0.52MPa 时，二氧化碳只会以固态和气态的状态存在；而当温度降低时，二氧化碳以固相存在。以下是二氧化碳在不同压力、温度下的相态：

（1）超临界状态。当压力高于 7.385MPa，温度高于 31.1℃ 时，二氧化碳会变成超临界状态，此时二氧化碳分子间像液体一样，密度接近于液体，但扩散系数较高，远高于一般液体，接近于气体。

（2）一般液态状态。温度低于 31.1℃ 且高于 −56.6℃，压力低于 7.385MPa。

（3）密相液态状态。温度低于 31.1℃ 且高于 −56.6℃，压力高于 7.385MPa。

（4）固态状态。温度低于 −56.6℃，压力高于 0.52MPa。

（5）气态状态。温度高于 −56.6℃，压力低于 0.52MPa。

（6）当温度超过 31.1℃ 时，压力低于 7.385MPa，液态二氧化碳都将在 40ms 内气化。

14.1.2　二氧化碳致裂爆破技术

当温度低于 31.1℃ 且压力高于 7.385MPa 时，二氧化碳气体会液化，即以液态的形式存在，而且无论液态二氧化碳所受的压力多大，只要温度超过 31.1℃ 就会发生汽化。利用这一特点，用加注装置在致裂管主管内充装高压二氧化碳（压力为 8.5～12MPa），然后启动二氧化碳致裂管内的加热装置，液态二氧化碳会迅速汽化，同时致裂管内二氧化碳的体积会迅速膨胀 400～650 倍，产生大量的高压二氧化碳气体。当致裂管内的压力超过泄能片的额定压力后，泄能片瞬间断裂，致裂管内的高压气体沿着泄能头两侧的排气孔急速喷出，在岩体中产生应力波，使目标岩体产生裂隙，达到爆破破碎目的。

二氧化碳致裂爆破过程中致裂管主管内压力变化过程曲线如图 14.1－1 所示。

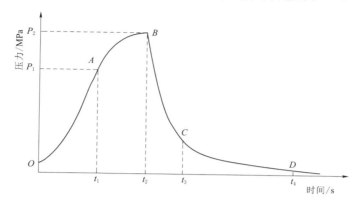

图 14.1－1　爆破过程中致裂管主管内压力变化过程曲线图

OA 阶段：刚开始充装液态二氧化碳的压力为 8.5～12MPa，然后启动起爆器，主管内的加热器迅速加热二氧化碳，即刻发生相变，经过 20～40ms 的时间，主管内二氧化碳由气液共存态转化为次临界态，再转化为超临界态，压力急剧升高到泄能片的额定压力 P_1。

AB 阶段：泄能片的精确度有限，压力升高到泄能片额定压力时，泄能片无法瞬间破断，因而主管内的压力继续升高，直到泄能片发生破断，即达到最大压力 P_2。

BC 阶段：泄能片破断后，致裂管主管内二氧化碳迅速气化，高压气体从致裂管出气孔高速喷出，冲击岩体，并在出气孔方向形成两个导向型爆破空腔；爆破孔与致裂管之间冲击波不断反射叠加，在致裂管出气孔附近的爆破孔不断扩孔，与爆破空腔一起形成粉碎区，气体压力和冲击波速度急剧下降。

CD 阶段：随着冲击波速度的下降，进而转化为应力波，裂隙开始扩展，岩体产生径向裂隙和切向裂隙。随着应力波的衰减，岩体压缩变形区域的变形能也逐渐释放，形成卸载波，进而产生环向裂隙。接着二氧化碳气体楔入裂隙，以准静态压力的形式作用在裂隙面上，在气体的膨胀、挤压及气楔作用下裂隙继续扩展延伸，形成最终爆破裂隙区。

14.1.3　二氧化碳相变能量

在压力低于 7.385MPa、温度低于 31.1℃且高于 −56.6℃时，对于液态二氧化碳致裂爆破过程热量变化计算可分为两个阶段：第一阶段是液态转化为气态所需热量，即相同压力、温度下，液态二氧化碳转变成气态二氧化碳所需热量即气化潜热 W_q，因为压力、温度不变，仅是由液态转变成气态，所以此部分能量为相变能量；第二阶段为一定压力下气态二氧化碳爆炸膨胀至标准大气压条件下所需膨胀功 W_p。

压力、温度不变，液相转变为气相需克服两部分做功。从微观角度分析，根据分子运动理论，液体分子间距比气体小很多，液态二氧化碳分子间吸引力较大。二氧化碳从液相转变为气相，必须克服分子间的引力而做功，这部分为内功。当物质从液相变为气相时，体积急剧增大许多倍，还必须克服大气压力而做功，这种功被称为外功。做功需要消耗一定的能量。当液体蒸发或沸腾时，温度保持不变，都必须从外界输入能量，此时液体气化就需要气化潜热。

根据美国国家标准技术协会（National Institution of Standard and Technology，NIST）提供的液态二氧化碳相变能量变化数据，一定温度、压力下的液态二氧化碳气化潜热见表 14.1-2。

表 14.1-2　　　　　　　不同温度、压力下液态二氧化碳气化潜热

温度/℃	压力/atm	气化潜热/(kJ/kg)	温度/℃	压力/atm	气化潜热/(kJ/kg)
-30	14.09	303.48	10	44.43	197.15
-20	19.43	282.44	20	56.54	152.00
-10	26.14	258.62	30	71.19	60.58
0	34.39	230.89			

计算一定压力下气态二氧化碳爆炸膨胀至标准大气压条件下所需膨胀功可使用理想气体方程进行计算，但理想气体状态方程有适用条件，且没有一种真实气体能完全服从该方程。一般来说，气体分子越简单，偏差越小，在临界点附近，气体状态方程往往误差较大。对于多数气体来说，气体压力较高时，理想气体状态方程误差较大，必须使用真实气体状态方程即 Pen-Robinson 方程，简称 P-R 方程。通过该方程计算二氧化碳流体的摩尔体积，误差低于 5%。P-R 方程表达式为

$$P = \frac{RT}{V-b} - \frac{\alpha(T)}{V(V+b)+b(V-b)} \tag{14.1-1}$$

$$b = 0.078\frac{RT_c}{P_c} \tag{14.1-2}$$

$$\alpha(T_c) = 0.45\frac{R^2 T_c^2}{P_c} \tag{14.1-3}$$

$$\alpha(T_r,\omega) = [1+k(1-T_r^{0.5})]^2 \tag{14.1-4}$$

$$\alpha(T) = \alpha(T_c)\alpha(T_r,\omega) \tag{14.1-5}$$

$$k = 0.37 + 1.54\omega - 0.27\omega^2 \tag{14.1-6}$$

式中　P——膨胀压力，MPa；

　　　T——绝对温度，K；

　　　V——气体摩尔体积，L/mol；

　　　R——通用气体常数，8.314J/(mol·K)；

　　α、b——与物质种类有关的常数；

　　　T_c——临界温度，K；

　　　P_c——临界压力，Pa；

　　　T_r——对比温度，可表示为 $T_r = T/T_c$；

ω——偏心因子，常数，二氧化碳气体偏心因子为 0.225；

k——决定于物质种类的特性常数。

根据式（14.1-1）～式（14.1-6），二氧化碳真实气体状态方程可用式（14.1-7）表示：

$$P=\frac{8.314T}{V-26.7}-\frac{396306.77[1+0.71(1-T_r)^{0.5}]^2}{V(V+26.7)+26.7(V-26.7)} \qquad (14.1-7)$$

绝热过程-多变过程是爆炸过程中气体膨胀功计算的基础，液态二氧化碳爆炸过程中存在相变过程，绝热过程不适用于二氧化碳致裂爆破释放能量做功计算。多变过程中的膨胀功可按式（14.1-8）计算：

$$W=\int_1^2 Pdv=\int_1^2 \frac{8.314T}{V-26.7}-\frac{396306.77[1+0.71(1-T_r)^{0.5}]^2}{V(V+26.7)+26.7(V-26.7)}dv \qquad (14.1-8)$$

液态二氧化碳的热力学性质非常特殊，理想气体状态方程具有一定的局限性，采用真实气体状态方程计算了不同压力下膨胀至 0.1MPa 时的膨胀功。气体压力不高时，压力越大，膨胀功越大，整体上呈非线性增大趋势，且在临界点附近存在着膨胀功的突变，尤其是在临界点附近液态二氧化碳具有更大的膨胀功，如图 14.1-2 所示。

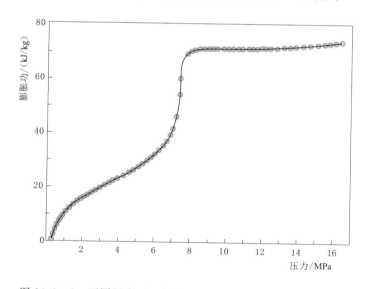

图 14.1-2　不同压力下二氧化碳膨胀功（绝对温度 304.15K）

综上所述，单位质量液态二氧化碳致裂爆破能量为一定压力下气化潜热与单位质量的膨胀功之和（见图 14.1-3），可按式（14.1-9）计算：

$$W=W_q+W_r \qquad (14.1-9)$$

式中　W_q——气化潜能，kJ/kg；

W_r——气体膨胀过程所做功，kJ/kg。

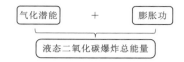

图 14.1 - 3 液态二氧化碳致裂爆破所需能量计算示意图

14.1.4 二氧化碳致裂爆破及炸药爆破参数对比

炸药爆破属于化学反应。通常情况下，炸药的特性比较稳定，但只要有能量激发，炸药就可以迅速地燃烧或分解，数微秒内会在炮孔内产生很高的爆炸压力和超高温的爆轰气体，在其共同作用下形成压缩粉碎区、破碎区和弹性振动区。根据爆破的化学反应快慢、激发情况、炸药特性和其他条件的不同，其反应状态也具有差异，主要分为热分解、燃烧、爆炸和爆轰四种情况。以上情况在一定条件下可以相互变化，即热分解可转变为燃烧、爆炸。爆炸也可转化为燃烧、缓慢分解。

炸药爆破作业的主要危害有爆炸产生的冲击波引起周围岩石的振动和飞出、出现爆炸过早或过晚以及引起岩爆等，对施工现场的人员和设备安全、建（构）筑物等造成严重的损害。比如，爆破引起的振动效应不仅对周围的建筑物、设备设施和岩层等会产生剧烈影响，洞室爆破还易引起大规模的冒顶、片帮危害。爆破设计时，如果装药最小抵抗线不准确，超过合理用量，会增大破坏范围，引起人员和设备损失。此外，如果没有及时处理爆炸产生的有毒有害气体，将引起现场人员中毒，严重时会导致人员死亡。

相比炸药的化学爆破，二氧化碳致裂爆破技术因其安全性高、易控制，在煤矿生产领域已获得了广泛的应用。二氧化碳致裂爆破在岩体开挖中具有以下优点：①由于二氧化碳既不能燃烧也不支持燃烧，在爆破时不会产生明火或火花，属于低温致裂，爆破后二氧化碳致裂管表面温度极低，再加上发出的高压二氧化碳是一种物理化学性质极其稳定的物质，从本质上杜绝了天然气、瓦斯爆炸的可能性，可用于天然气管道、市政等工程建设；②二氧化碳与炸药相比具有更好的安全性，且不属于民爆产品，在运输、储存和使用的过程中无须有关部门审批和公安部门的严格监管；③二氧化碳致裂爆破能量大、冲击波作用时间长，诱发振动小、不产生远距离飞石，操作简单，较难引起伤人事故；④二氧化碳致裂爆破后，不易产生粉尘，消除了二次爆破的危害；⑤二氧化碳致裂爆破能量可控，通过选择不同泄能片、二氧化碳充装质量及加热管等可调节控制致裂管的工作压力；⑥二氧化碳致裂爆破后，由于加热管的燃烧仅会产生微量二氧化碳气体，与炸药相比，较大地改善了工作环境；⑦二氧化碳致裂爆破一次投入所有装置可重复使用，且消耗品液态二氧化碳气体易于制备或采购。

下面对在岩石开采中使用炸药爆破、水压致裂及二氧化碳致裂三种技术参数进行对比。

（1）加载技术指标对比。由表 14.1 - 3 和图 14.1 - 4 可知，二氧化碳致裂爆破与炸药爆炸对比，压力峰值低、作用时间滞后、压力持续时间长；与水压致裂相比，压力峰值高、加载迅速、压力持续时间短。因此三者在致裂目标介质时，二氧化碳致裂技术比炸药爆破产生的威力小、更容易被控制、引起的振动小，亦不会对致裂区域范围外的介质产生不必要的副作用，如对岩体介质及邻近建筑物扰动强度小，减少诱发次生灾害危险等；比水压致裂技术产生的威力大、致裂范围广、作用更为直接，更能满足工程实践的要求。

表 14.1-3 三种技术参数对比

类　型	峰值压力/MPa	升压时间/s	加载速率/(MPa/s)	总过程/s
炸药爆炸	$>10^4$	10^{-7}	$>10^8$	10^{-6}
二氧化碳致裂	10^2	10^{-3}	$10^2 \sim 10^6$	10^{-2}
水压致裂	10	10^2	$<10^{-1}$	10^4

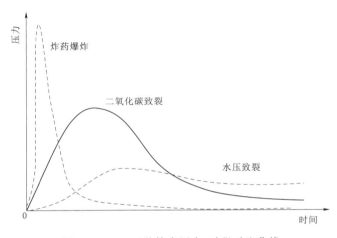

图 14.1-4　三种技术压力-时程对比曲线

（2）施工工艺对比。钻孔施工完成后，利用钻杆将致裂管推送到预定位置，比炸药人工放置定位更精确，与水压致裂设备相比，对钻孔要求低，辅助设备少，使用过程中亦不会出现喷孔现象。

（3）对环境影响对比。二氧化碳致裂爆破在致裂工作完成后，仅有二氧化碳气体产生，不会产生有毒有害气体，不产生明火，也不会产生废水，更不需要更多的辅助设备占用狭小空间等。

（4）安全性对比。二氧化碳致裂爆破能量易于掌控，在满足致裂要求同时，诱发振动衰减快、无明火，无引燃引爆瓦斯、天然气的危险；致裂过程属于二氧化碳气体相态的物理变化，不产生有毒有害的炮烟，因此其使用不会对水利水电工程安全生产产生任何危害。

综上所述，二氧化碳致裂爆破比炸药爆破与水力压裂破岩有着技术、施工、环境保护、安全等多方面的优势，值得在我国的水利水电工程岩体开挖中推广使用。

14.2　技术装置

二氧化碳致裂爆破设备按使用过程进行分类，分别是充装设备、推送设备、致裂设备、启动和检验设备。整套设备中主要是充装和致裂设备，包括二氧化碳储液罐、二氧化

碳致裂器空压机及充装架、二氧化碳致裂器、旋头机、旋转台、过渡架等，如图 14.2 - 1
所示。

（a）二氧化碳储液罐　　　　　　　　　　　　　（b）二氧化碳致裂器空压机及充装架

（c）旋头机、旋转台及过渡架　　　　　　　　　（d）二氧化碳致裂器

图 14.2 - 1　二氧化碳致裂爆破相关设备

14.2.1　充装设备

二氧化碳致裂爆破系统中的充装设备主要包括二氧化碳储液罐、二氧化碳致裂管空压
机及对致裂器进行固定和充装的充装架，如图 14.2 - 1 （a）、（b）所示。二氧化碳储液罐
是专门储存高浓度的液态二氧化碳的设备，可与二氧化碳致裂器空压机相连，以一定的压力
灌注到固定在致裂器充气台上的致裂器，从而完成对致裂管液态二氧化碳的充装。在整个过
程中一定要注意管口密封性、致裂管管口的拧紧以及对致裂管的固定，同时在充装前还要检
查致裂管内有无杂物和未排干净的气体，保证致裂过程中的安全性和致裂结果的有效性。

（1）液态二氧化碳储液罐。提供一定纯度的液态二氧化碳，纯度越高效果越好，考虑
到经济效益选择 99.9％级别的液态二氧化碳最合适。大型致裂工程利用大型液态二氧化
碳储液罐储存液态二氧化碳，如图 14.2 - 1 （a）所示。对于小型工程，可以直接采购液
态二氧化碳，可采用钢瓶储存。

（2）充装架。充装架的主要结构包括底座、加压泵、夹持器、充气口、出气口。底座起到
稳定装置的作用；加压泵可以将钢瓶或钢罐里的液态二氧化碳以一定的压力注入储液管里面；
夹持器用来在拆卸储液管时固定管体，方便用工具拆卸，为了保证储液管的密封性，需要很大

的力量拧紧储液管的导电头和释放管；充气口用来注入液态二氧化碳，出气口用来排除储液管内的杂物和空气，在充气完成时也起到一定的泄压作用，如图 14.2-1（b）所示。

（3）空压机。主要作用是在充装液态二氧化碳时为加压泵提供动力，将液态二氧化碳压入储液管内，同时充装架上的夹持器也靠空压机提供的空压转化为夹持力，方便拆卸储液管相关部件，如图 14.2-1（b）所示。

14.2.2　推送设备

推送设备的作用是将致裂系统快速、方便和安全地推送到预定致裂位置。在致裂过程中，推送设备具有控制和固定的作用。在致裂结束后，推送设备还有退出致裂系统的功能。推送设备主要由特制的推送机和特殊的推送杆组成。如果致裂的深度很浅，也可以用人力配合特殊的推送杆将致裂系统送到预定位置。

14.2.3　致裂设备

致裂设备简称致裂管，是全部二氧化碳致裂爆破技术装备的核心。致裂设备由以下构件组合而成，包括储液管、加热装置、充装阀、定压剪切片、释放管、止飞器和一部分密封零件，如图 14.2-2 所示。

图 14.2-2　二氧化碳致裂爆破致裂设备示意图
1—充装阀；2—加热装置；3—储液管；4—密封垫；5—定压泄能片；6—释放管；7—止飞器

在爆破时，可根据情况将二氧化碳致裂爆破致裂设备同时串联使用，即为了增加致裂强度，将串联起来的二氧化碳致裂爆破致裂设备同时引爆。

（1）释放管。释放管由高强度的钢材制成，在启动爆破后，其作用是将高压二氧化碳气体按照设定的角度和方向经释放管头上导气孔射出，因此可根据作业现场制造所需要的各种类型释放管头，将释放管应用在岩体爆破致裂时，可以提升爆破致裂半径，达到工程要求的破岩效果，如图 14.2-3 所示。

图 14.2-3　释放管

（2）储液管。储液管由特种钢材经过特殊的工艺制造而成，具有较高的强度，耐腐蚀，在致裂结束以后能够重复使用。储液管主要用来储存液态二氧化碳，同时兼作液态二氧化碳相变致裂的一个发生器。储液管具有不同型号，材质一样主要体现在外观上，不同型号的储液管充液量各不相同，工程上可以根据不同的作业要求选择不同的充液量的储液管，如图 14.2-4 所示。致裂管按储液管外径不同进行分类，常用规格见表 14.2-1。

图 14.2-4　储液管

表 14.2-1　　　　　　　　　　二氧化碳致裂管常用规格表

规格	储液管外径/mm	储液管长度/mm	二氧化碳充装量/kg
$\phi51$	51 ± 1	1200	$\geqslant0.8$
$\phi73$	73 ± 1	1000	$\geqslant1.1$
$\phi95$	95 ± 1	1500	$\geqslant3.0$
$\phi108$	108 ± 1	2200	$\geqslant5.5$
$\phi114$	114 ± 1	2200	$\geqslant6.0$
$\phi127$	127 ± 1	2500	$\geqslant10.0$
$\phi186$	186 ± 1	2900	$\geqslant30.0$

（3）加热管。加热管中含有特殊化学成分，具有加热功能的物质。其主要作用是经电流激发后，在储液管内猛烈燃烧产生大量热量，使液态二氧化碳迅速气化，进而使二氧化碳致裂设备泄能片破裂产生物理爆炸。根据致裂设备中的二氧化碳充装量大小，加热装置中的化学物质含量也不同，如图 14.2-5 所示。

（4）定压泄能片。定压泄能片在致裂系统中起着非常重要的作用。当管内膨胀压力大于定压泄能片破坏压力时，定压泄能片被击破，高能二氧化碳气体从储液管中喷出。它有两个作用：①在正常情况下起到密封的作用；②控制致裂时气体的压力，压力越大，威力越大。定压泄能片也有不同的型号，配合着不同储液管和加热管，产生不同的致裂威力，不同状态下定压泄能片状况如图 14.2-6 所示。

（5）压力密封连接部件。压力密封连接部件是指储液管两端在连接加热管和定压泄能片处用到的一些密封垫片等，防止致裂系统漏气泄压从而导致的系统失效。不同的储液管选用不同材质和规格的垫片。

图 14.2 - 5　加热管实物图

（a）释放前

（b）释放后

图 14.2 - 6　定压泄能片

14.2.4　启动及检验设备

　　启动及检验设备包含两个部分，分别是致裂启动装置和系统检验设备（见图 14.2 - 7）。致裂启动装置是用来在致裂时提供电流，启动加热管进而引发整个致裂过程，爆破时起爆器可采用起爆电雷管的起爆器，通过电导线与加热电极连接，加热活化器从而激发整个致裂系统。为确保安全起爆，采用数字化回路检测仪对线路导通情况进行检测。它主要是对系统的电阻进行检测，当系统处于导通的状态时电阻很小，当启动后加热电极内的线路熔断，系统处于断路的状态时电阻无限大。

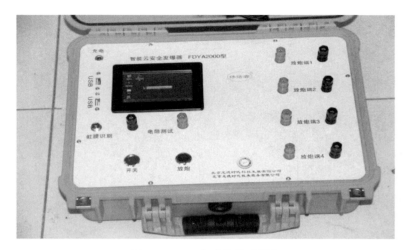

图 14.2 - 7　启动及检验设备

14.3　效果影响因素

14.3.1　影响二氧化碳致裂爆破效果的因素

二氧化碳致裂爆破的基本原理可以简述为二氧化碳由液态相变为气态体积急剧膨胀并伴随冲击波对介质作用与破坏。国内外专家对二氧化碳致裂爆破时钻孔周围压力进行研究试验，借助压力传感器测定二氧化碳相变后的压力，对数据处理分析发现致裂器泄爆口与孔壁间距对致裂的压力转化比有直接关系，致裂器直径和炮孔孔径存在不耦合。在进行冲击压力监测时发现，加热药卷重量、二氧化碳加注量、泄能片规格与剪切口直径、起爆器等都对致裂效果有一定的影响。

（1）单一地改变加热药卷重量，当加热药卷产生热量不满足将液态二氧化碳相变或气态所需能量时，管内压力难以使泄能片发生脆性破裂，内部高压气体会随着剪切片塑性变形由泄能片和阀头间缝隙缓慢释放；当加热药卷热量满足相变所需能量时能够瞬间打开泄能片，逐渐增多发热药卷重量时并不能够提供致裂威力，仅能够在一定程度上缩短相变过程吸热时间。

（2）对二氧化碳加注量分组开展实验，致裂器管内加注至气液混合状态，部分情况下泄能片也能够被剪切打开；在岩体致裂模拟试验中发现单根致裂器的二氧化碳加注量大小能够影响致裂范围和应用效果，但在加注量达到一定程度后致裂影响范围和威力不再提升。

（3）泄能片厚度与剪切口直径密切相关，泄能片的厚度直接影响气体释放瞬间压力峰值，合理的剪切口直径能够使高压气体压力转化比更高，致裂效果更加理想。当泄能片厚度和剪切口直径设计不合理时，能量损耗大。

（4）二氧化碳致裂管做功能力与做功介质数量和做功介质释放压力相关，数量多压力大做功能力大。根据岩石坚固性系数 f，二氧化碳致裂爆破也可以参考二氧化碳单耗 k 值确定致裂管规格及数量，相关数值见表 14.3-1。

表 14.3-1　　　爆破各种岩石的单位二氧化碳消耗量

岩石名称	岩　体　特　征	f 值	二氧化碳单耗/(kg/m^3)	
			松动 k'	抛掷 k
页岩	风化破碎	2～4	0.1～0.2	0.3～0.5
千枚岩	完整、风化轻微	4～6	0.15～0.3	0.4～0.5
板岩	泥岩、薄层、层面张开、轻破碎	3～5	0.1～0.2	0.3～0.5
泥灰岩	较完善、层面闭合	5～8	0.2～0.3	0.4～0.5
砂岩	泥质胶结、中薄层或风化破碎	4～6	0.15～0.2	0.3～0.4
	钙质胶结、中厚层、中细粒结构、裂隙不甚发育	7～8	0.2～0.3	0.4～0.5
	硅质胶结、石英质砂岩、厚层、裂隙不发育、未风化	9～14	0.3～0.4	0.5～0.7
砾岩	胶结较差，砾石及砂岩或较不坚硬的岩石为主	5～8	0.2～0.3	0.4～0.5
	胶结好，以较坚硬的砾石组成，未风化	9～12	0.2～0.3	0.4～0.6
白云石	节理发育，较疏松破碎，裂隙频率大于 4 条/m	5～8	0.2～0.3	0.6～0.7
大理岩	完整坚实	9～12	0.2～0.3	0.4～0.5
石灰岩	中薄层，或含泥质的，或鲕状、竹叶状结构的及裂隙较发育	6～8	0.15～0.2	0.25～0.4
	厚层、完整或含硅质、致密	9～15	0.2～0.3	0.4～0.5
花岗岩	风化严重，节理裂隙很发育，多组节理交割，裂隙频率大于 5 条/m	4～6	0.2～0.30	0.4～0.6
	风化较轻，节理不甚发育或未风化的微晶粗晶结构	7～12	0.30～0.4	0.5～0.7
	结晶均质结构，未风化、完整致密岩体	12～20	0.4～0.5	0.6～0.8
流纹岩 粗面岩	较破碎	6～8	0.15～0.20	0.3～0.4
蛇纹岩	完整	9～12	0.2～0.4	0.4～0.6
片麻岩	片理或节理裂隙发育	5～8	0.15～0.2	0.3～0.4
	完整坚硬	9～14	0.2～0.3	0.4～0.6
正长岩	较风化，整体性较差	8～12	0.2～0.4	0.5～0.6
闪长岩	未风化、完整致密	12～18	0.4～0.5	0.6～0.7
石英岩	风化破碎，裂隙频率大于 5 条/m	5～7	0.2～0.3	0.4～0.5
	中等坚硬，较完整	8～14	0.2～0.4	0.4～0.6
	很完整，坚硬致密	14～20	0.4～0.6	0.6～0.8

岩石名称	岩 体 特 征	f 值	二氧化碳单耗/(kg/m³)	
			松动 k'	抛掷 k
安山岩	受节理裂隙切割	7～12	0.3～0.4	0.5～0.6
玄武岩	完整坚硬致密	12～20	0.4～0.5	0.6～0.7
辉长岩、辉绿岩	受节理裂隙切割	8～14	0.2～0.4	0.5～0.7
橄榄岩	很完整，很坚硬致密	14～25	0.4～0.5	0.6～0.7

（5）起爆器起爆能量能够影响致裂管串联时爆破成功与否，导致个别电阻值偏大的致裂管未能同步起爆。

14.3.2 致裂管安全性

致裂管在充气和反应过程前后不仅受到活化剂反应时的瞬态高温、二氧化碳膨胀的高压和高速气体冲刷动荷载作用，与此同时还受到惯性力、冲击力和气流摩擦等机械力作用。研究致裂管强度时需要考虑外部荷载、温度应力等综合因素产生的应力。本书为计算方便忽略温度对致裂管的影响，同时将致裂管视为弹性体，主要考虑致裂管在充满液态二氧化碳时保证致裂管不破裂，同时保证活化剂点燃后高压气体冲破泄能片而致裂管完好无损。

在利用充装机将致裂管充满二氧化碳时，管壁受到内压将会产生一定的应力和应变。实际上活化剂引燃后二氧化碳膨胀冲开泄能片时间非常短，反应时致裂管处于动态受力过程。由于材料变形响应速度较慢，可将此过程近似当作静力平衡过程，为了方便研究以建立合适模型，做出以下假设：

（1）致裂管具有各向同性。

（2）致裂管所受压力垂直于管壁且分布均匀。

（3）管内充满二氧化碳产生的压力为静压力，管身各点处于静力平衡状态。

致裂管仅受内压作用的厚壁圆筒分析如下：

切向应力
$$\sigma_\theta = \frac{P_i R_i^2 - P_0 R_0^2}{R_0^2 - R_i^2} + \frac{(P_i - P_0)R_i^2 R_0^2}{R_0^2 - R_i^2}\frac{1}{r^2} \tag{14.3-1}$$

径向应力
$$\sigma_r = \frac{P_i R_i^2 - P_0 R_0^2}{R_0^2 - R_i^2} - \frac{(P_i - P_0)R_i^2 R_0^2}{R_0^2 - R_i^2}\frac{1}{r^2} \tag{14.3-2}$$

轴向应力
$$\sigma_z = \frac{P_i R_i^2 - P_0 R_0^2}{R_0^2 - R_i^2} \tag{14.3-3}$$

式中　r——计算点半径，m；

　　　R_0——致裂管的外径，m；

　　　R_i——致裂管的内径，m；

　　　P_0——致裂管的外壁处压力值，Pa；

　　　P_i——致裂管的内壁处压力值，Pa。

泄能片作为致裂管的泄能装置，具有容易生产、结构简单而被广泛应用。泄能片在反应前不仅需要保证致裂管的安全性和密封性，更重要的是需要确保反应时能够准确破膜泄压，避免哑炮。因其具有至关重要的作用，泄能片设计研究得到广泛的关注。不同型号的泄能片配合不同型号的储液管和加热管，往往其致裂威力不同。泄能片的破膜压力与材料属性、加工工艺、厚度和形状等都有很大关系，任何一个因素的改变都会影响泄能效果。泄能片一般分为平板泄能片、正拱形泄能片和反拱形泄能片。

在相变致裂反应前受到致裂管内二氧化碳流体压力、温度应力和腐蚀作用，选取合适的材料对于正确计算泄能片厚度至关重要。同时由于泄能片在反应后会损坏，属于一次性消耗构件，因此可不考虑疲劳效应带来的影响。在加热管触发时高压二氧化碳冲开泄能片，泄能片发生剪切破坏，其破裂时剪切强度分析如下：

$$2\pi rt\tau = \pi r^2 P_0 \tag{14.3-4}$$

式中　r——泄能片有效半径，m；

　　　t——泄能片厚度，m；

　　　τ——泄能片极限剪切强度，Pa；

　　　P_0——致裂管内腔压，Pa。

为保证致裂管安全起爆，管内壁压必须远小于致裂管管壁钢材的极限强度，同时又能冲破泄能片。显然致裂管中切向应力 σ_θ 为第一主应力 σ_1，轴向应力 σ_z 为第二主应力 σ_2，径向应力 σ_r 为第三主应力 σ_3。根据致裂管钢材脆性断裂受力特点，由最大拉应力强度准则可知，只要致裂管内一点处的最大拉应力 σ_1 达到单向应力状态下的极限应力，构件发生脆性断裂，因此致裂管内壁处为危险应力部位，必须保证 $\sigma_1 = \sigma_\theta \leqslant [\sigma]$。

据最大切应力理论准则知只要切应力 τ 达到致裂管的极限切应力时，材料发生破坏，因此必须同时保 $\sigma_1 - \sigma_3 = \sigma_\theta - \sigma_r \leqslant [\sigma]$ 才能保证致裂管正常使用。

14.3.3　二氧化碳致裂爆破特性

相较于传统的炸药爆破，液态二氧化碳致裂爆破技术有着自身显著的特点。

14.3.3.1　低温特性

传统的炸药爆破是一个高温高压的变化过程，形成爆炸的能量来自炸药迅速发生化学反应时所释放的能量，而液态二氧化碳相变致裂仅是介质的状态参数发生了变化，化学性质并未发生改变，实质为高压气体的膨胀做功，属于物理爆破过程。且二氧化碳致裂爆破过程是由液相变为气相是一个吸热的过程，因此二氧化碳相变致裂过程具有低温的特性。

14.3.3.2　聚能特性

液态二氧化碳相变作用原理和传统的炸药爆破不同。由于致裂器泄能头的特殊结构，相变产生的高压二氧化碳气体击穿定压泄能片后，以高压气体射流的形式从两侧排气口冲出，作用到炮孔内壁岩体上，在此方向上加强了高压气体对介质的作用，这个过程类似于"炸药聚能爆破"，体现了二氧化碳致裂爆破过程具有聚能特性。

聚能爆破是利用特定的装药结构设计聚能药包对爆破对象进行作用的一种爆破方法，作用机理是利用聚能效应，将装药前段（与致裂方向一致）做成空穴，用药型罩包裹。高压气体作用在装药轴线上，在此方向上形成高速、高密度的射流并穿透岩体，产生初始裂缝，通过高压气体作用进一步将裂缝扩展贯通形成断裂面。

　　基于聚能管爆破技术和双向聚能模型，二氧化碳致裂器的排气孔相当于"聚能孔"。与传统炸药爆破不同的是，二氧化碳相变是高压气体膨胀的物理爆破过程，不产生爆燃波，而产生物理冲击波。传统炸药非聚能爆破起爆后气体向四周扩散，压力作用均匀，大部分能量消耗在岩体粉碎上，与聚能爆破相比存在粉碎区范围大而裂隙区范围小的现象。二氧化碳致裂爆破在非聚能方向上致裂作用原理类似于非聚能爆破，产生的裂隙范围较小，而在聚能方向上聚能作用造成高压气体扩散方向发生了改变，能量绝大部分表现为动能的形式，因此避免了高压气体膨胀引起能量的分散，形成了速度和动能更高的聚能射流。聚能射流侵彻岩体形成初始裂隙，裂隙方向沿聚能方向，而裂隙尺寸受到岩体和聚能射流性质的控制。聚能射流侵彻对裂隙发育起定向作用，而后在相变能量作用下向有利于裂隙在聚能方向充分扩展，与非聚能方向相比扩大了岩体致裂范围。

14.3.3.3　不耦合结构特性

　　液态二氧化碳相变致裂是将致裂管通过人工或机械推送送入炮孔中，在炮孔的底部留有一定的空隙，具有不耦合装药结构致裂的特性。根据致裂器直径和炮孔间间隙的大小，计算不耦合装药系数：

$$K = \frac{R}{r} \qquad\qquad (14.3-5)$$

式中　R——炮孔直径，m；

　　　r——致裂管直径，m。

　　相较于传统炸药爆破而言，液态二氧化碳相变致裂技术具有低温、聚能和不耦合装药的特性。作为一种物理爆破手段，其爆破过程同样也存在冲击波、应力波和高能气体的作用过程，且由于聚能特性，在钻孔内壁上首先产生高能气体射流侵彻岩体作用过程，之后高压气体作用于炮孔内壁上，在岩石中激发形成冲击波并很快衰减为应力波。冲击波在致裂中心附近的岩石中产生"压碎"现象，应力波在压碎区以外产生径向裂隙。随后高能二氧化碳气体以准静态形式"楔入"到应力波作用下产生的裂隙中，致使岩体进一步破坏。

14.4　致裂爆破能量计算

14.4.1　能量计算方法

　　液态二氧化碳致裂爆破过程释放的能量分成两个部分：第一部分是液体状态转化为气体状态，由于是在极短的时间发生即可以认为温度压力没有变化，即此阶段为状态变化产生的相变释放能量；第二部分为液态二氧化碳爆炸后变为气体状态迅速膨胀至 1 个大气压条件下而产生的膨胀做功能量。

14.4.1.1　二氧化碳相变释放能量

　　由于液态二氧化碳致裂爆破本质是物理爆炸，其爆炸产生的能量与二氧化碳所处环境的压力、致裂管中所能容纳的体积以及二氧化碳在致裂管内的物质状态有关。目前常用是物理爆炸计算模型主要有以下三种：

（1）介质全部为液体时的爆炸能量计算模型。当介质全部为液体时，爆炸能量为对液体加压时所做的功，爆炸释放能量计算模型如下：

$$E_l = \frac{\Delta p^2 V \beta_t}{2} \times 10^{-3} \qquad (14.4-1)$$

式中　E_l——介质全部为液体时爆炸能量，kJ；

　　　Δp——爆炸前后介质的压力差，Pa；

　　　V——容器容积，m^3；

　　　β_t——液体在压力 p 和温度 T 下的压缩系数，Pa^{-1}。

（2）介质为液化气体和高温饱和水时的爆炸能量计算模型。在这个模型中，当容器发生爆炸时所释放的能量包括气体迅速膨胀导致的膨胀功和相态变化过程中所释放的能量。在这种情况下通常物理爆炸的绝大部分能量来源于其膨胀功，相态变化产生的能量比较小，因此在这里只考虑膨胀做功。故这个模型的爆炸能量按式（14.4-2）计算：

$$E = [(H_1 - H_2) - (S_1 - S_2)T_1]W \qquad (14.4-2)$$

式中　E——介质为液化气体和高温饱和水时的爆炸能量，kJ；

　　　H_1——爆炸前介质的焓，kJ/kg；

　　　H_2——常温常压下介质的焓，kJ/kg；

　　　S_1——爆炸前介质的熵，kJ/(kg·℃)；

　　　S_1——常温常压下介质的熵，kJ/(kg·℃)；

　　　T_1——介质在常压条件下沸点，℃；

　　　W——介质的质量，kg。

（3）介质为压缩气体和液体时的爆炸能量计算模型。当介质为压缩气体和水蒸气，即介质以气态形式存在，容器发生物理爆炸时，其爆炸能量可按式（14.4-3）计算：

$$E_g = \frac{pV}{\gamma - 1}\left[1 - \left(\frac{10^5}{p}\right)^{\frac{\gamma-1}{\gamma}}\right] \times 10^3 \qquad (14.4-3)$$

式中　E_g——介质为压缩气体和水蒸气时的爆炸能量，J；

　　　p——介质的绝对压力，Pa；

　　　V——容器的容积，m^3；

　　　γ——气体的绝热指数，常用气体介质绝热指数见表 14.4-1。

表 14.4-1　　　　　　　　　　　常用气体介质绝热指数

气体名称	空气	氮气	氢气	过热蒸汽	二氧化碳	二氧化氮
γ 值	1.400	1.350	1.412	1.300	1.295	1.310
气体名称	乙烷	一氧化碳	氮气	氧气	甲烷	氢氟酸
γ 值	1.180	1.395	1.320	1.397	1.316	1.310

液态二氧化碳致裂爆破开始之前，爆破管内的二氧化碳以气-液共存状态形式存在。当加热管被激发时，致裂管内的温度和压力升高，管内二氧化碳相变为次临界状态，随着压力和温度的不断升高逐渐相变为超临界状态，因此可排除介质全部为液体时的爆破能量计算模型。

由于含有液化气体的压力容器爆炸爆破计算模型针对的是过热的液体，式中含有介质在标准状况下饱和液体的焓和熵。从图 14.4-1 可知，在标准状况下，二氧化碳为气体，管内的液态二氧化碳属于永久低温液体的高压液化气体，在大气压和过热压力下，都不存在液态的二氧化碳。液态二氧化碳爆破的实际相变过程与模型不符，因此排除介质为液化气体和高温饱和水时的爆破能量计算模型。

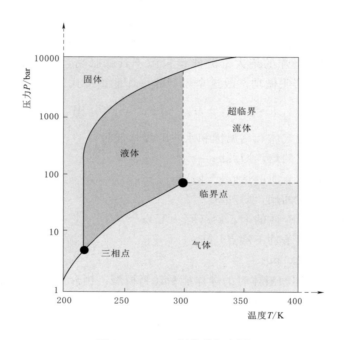

图 14.4-1　二氧化碳相变图

由液态二氧化碳爆破技术的原理可知，其相变过程为物理变化过程。当大量的液态二氧化碳相变后，二氧化碳的体积迅速膨胀，容积内的压力急剧升高，当达到定压泄能片的破裂压力时，泄能片破裂，容器发生爆破。故可以使用介质为压缩气体和液体时的爆破能量计算模型进行计算。

14.4.1.2　二氧化碳膨胀做功能量

当爆破发生时，除了二氧化碳状态变化释放的能量外，还存在二氧化碳由液态转变为气态时迅速膨胀做功。在整个二氧化碳气体膨胀的过程中，其作用时间基本在 40ms 内，体积就可在瞬间膨胀 400~650 倍，致裂管可达到的压力为 300~400MPa。其膨胀过程中引起的破坏能量巨大，正是由于膨胀做功才能导致岩体的破裂。

因此，二氧化碳致裂爆破过程中气体膨胀做功能量 W 可根据热力学公式计算：

$$W = -p_{外}\,dV = -p_{外}(V_2 - V_1) \tag{14.4-4}$$

式中　$p_{外}$——系统外界压强，Pa；

　　　V_1——介质初始状态下的体积，m^3；

　　　V_2——介质最终状态下的体积，m^3。

　　将二氧化碳致裂爆破过程中状态变化的能量与气体膨胀过程中的能量进行合并，因此，二氧化碳致裂器爆破过程中的总能量 E 可通过式（14.4-5）进行计算：

$$E = E_g + W \times 10^{-3} \tag{14.4-5}$$

式中　E——二氧化碳致裂爆破释放总能量，kJ；

　　　E_g——相变释放能量，kJ；

　　　W——气体体积膨胀做功能量，J。

14.4.2　炸药当量转化计算

　　以常用的二氧化碳储液管型号为基础，换算成工程中常用 2 号岩石乳化炸药爆破的当量，即配套的 GTZ-A 二氧化碳致裂器灌注机、MZT-83 型二氧化碳致裂管以及 XTJ 致裂器旋头机，计算其爆破当量。

　　由式（14.4-3）知，需要测量的数据为：①MZT-83 型二氧化碳致裂器定压卸能片的破裂绝对压力 p，单位 Pa；②MZT-83 型二氧化碳致裂器启动时的装液量 M，单位 kg；③MZT-83 型二氧化碳致裂器储液管的容积 V，单位 m^3。

　　已知的数据为：二氧化碳的绝热指数 $\gamma = 1.295$。

　　则通过式（14.4-3）计算二氧化碳致裂爆破过程中状态变化的能量。

　　由式（14.4-4）知，需要测量的数据为：①介质初始状态下的体积 V_1，单位 m^3；②介质最终状态下的体积 V_2，单位 m^3。

　　已知的数据为：系统外界气压，$p_{外} = 101.325$kPa。

　　则通过式（14.4-4）计算储液罐内二氧化碳膨胀释放的能量。

　　二氧化碳致裂爆破对应的 2 号岩石乳化炸药当量 $W_{乳化}$ 可以通过式（14.4-6）计算：

$$W_{乳化} = \frac{E}{q_{乳化}} \tag{14.4-6}$$

式中　E——二氧化碳爆破过程中释放的总能量，kJ；

　　　$q_{乳化}$——单位质量 2 号岩石乳化炸药的爆炸能量，取 $q_{乳化} = 1350$kJ。

　　通过计算可得知不同型号致裂器换算成 2 号岩石乳化炸药当量表（见表 14.4-2）。

表 14.4-2　　　　　　　　　　　炸药当量换算

致裂器型号	38 型	51 型	57 型
炸药当量/kg	0.18	0.43	0.70

不同型号致裂器参数见表 14.4 - 3。

表 14.4 - 3　　　　　　　　　不同型号致裂器参数

项　　目	38 型	51 型	57 型
致裂管长度/m	1.09	1.24	1.48
储液管外径/mm	38	51	57
储液管内径/mm	26	33	39
储液管长度/mm	1000	1100	1300
储液管容积/L	0.39	0.847	1.379
二氧化碳充装量/kg	0.42	0.87	1.17
泄放压力/MPa	188	228	280

从前面分析计算可知，相较于炸药爆破，二氧化碳致裂爆破释放能量与加载速率较低，因而对应的应力波峰值强度较小，诱发的振动峰值也较小。相关研究表明，二氧化碳致裂爆破振动由气体物理爆炸应力波激发，其频率集中在 $0 \sim 100Hz$ 范围内，不发生高频振动，且强度远小于炸药爆破引起的振动。陶明等在某工程基坑开挖中进行了对比试验，试验台阶高度为 5.0m，采用二氧化碳致裂爆破时布置 6 个炮孔，每孔装 4 节 73 型致裂管，单节致裂管液态二氧化碳含量为 1.6kg，共计装了 38.4kg 液态二氧化碳。所有炮孔同时起爆，其爆破能量与 8.88kg 乳化炸药产生的爆炸能量相当，同时还进行了单段起爆药量为 9.0kg 的乳化炸药对比试验，实测质点振速峰值对爆心距变化曲线如图 14.4 - 2 所示。从图中可知，二氧化碳致裂爆破引起的峰值质点振动速度远低于炸药爆破引起的峰值质点振动速度，距离爆源 4.6m 处，实测二氧化碳致裂爆破引起的峰值质点速度为 2.78cm/s；距离爆源 27.1m 处，实测乳化炸药爆破引起的峰值质点振动速度为 3.78cm/s。说明二氧化碳致裂爆破能够有效降低爆破振动，但由于二氧化碳致裂爆破常被用于复杂敏感环境下的岩体开挖工程中，其振动控制要求较高，振动效应仍不可忽视。

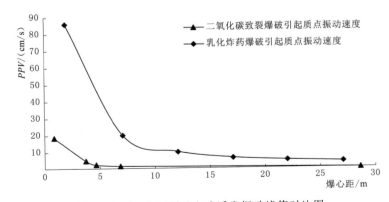

图 14.4 - 2　不同爆破方式诱发振动峰值对比图

施工工艺

14.5.1 充装、起爆

1. 加注阶段

（1）把所需要的工具及仪器放在便于操作的位置并摆放整齐，用欧姆表检查药卷和阀体连接后的电阻值（如 9Ω 的药卷连接阀体后正常阻值为 9Ω 左右）。

（2）连接设备，将压风与操作台连接，将钢瓶与操作台连接。安装致裂管，致裂管尾端先装一个紫铜圈，然后放上一个泄能片，最后安装泄爆头，拧紧；致裂管头端，安装带有药卷并缠有生料带的阀体，拧紧，再用欧姆表检查阀体的电阻值，然后在每根致裂管上贴上标签，记录初始重量。

（3）空压机接通电源（三相380V），准备注入液态二氧化碳。注前用阀芯和阀堵专用扳手拧紧阀芯和阀堵（顺时针为紧，逆时针为松），然后再用阀芯专用扳手将阀芯松一圈，在阀体进气口处放上四氟垫，并拧紧操作台与阀体连接处的充气夹。开启钢瓶阀门，打开操作台与致裂管相连接的（"1路"或者"2路"）充装阀门，打开注二氧化碳旋转开关（顺时针为关，逆时针为开），开启操作台压风按钮，注入二氧化碳。注完二氧化碳后再次用欧姆表检查阀体的阻值是否正常，并称重记录［注意阀体阀芯拧紧后松一圈，否则无法注入二氧化碳；时刻看着操作台上的三个压力表（分别为风压压力表，二氧化碳钢瓶压力表，致裂管压力表）读数，分压压力表读数要达到 $0.6MPa$（注二氧化碳时在 $0.2\sim$ $0.6MPa$ 区间来回摆动），二氧化碳钢瓶压力表显示正常（满瓶时压力一般为 $5.5MPa$ 左右），致裂管压力表读数达到 $8.5MPa$ 时充满，待致裂管压力表读数达到 $8.5MPa$ 时，关闭注二氧化碳旋转开关，并关闭操作台压风按钮，停止灌注；打开操作台与致裂管连接处的充气阀前，要拧紧阀芯，操作时手要远离阀体的注气口］。

2. 起爆阶段

（1）将注好二氧化碳的致裂管安装连接器，然后带上起爆时所需的材料（在致裂管送入爆区工作面过程中防止磕碰）。

（2）先将装有锥形阀体端的致裂管连接好炮线，然后送入钻孔中，之后依次连接剩余致裂管并连线，直至连接好所有致裂管，然后安装变径，接钻杆，直到将致裂管送到预定位置为止，接着开始封孔，最后起爆。

出于安全考虑，致裂管安装、推送过程中需注意以下几点：

1）接线时要用绝缘胶带缠好，并且用胶带每隔 $30cm$ 将炮线缠在致裂管上，且起爆线在经过泄爆头时要避开泄爆头的两个泄爆口。

2）致裂管推送过程中，确保泄爆头的两个泄爆口方向保持一致且均与岩体断层走向和倾向保持水平关系。

3）致裂管推送入炮孔时，注意将起爆线朝上，避免与孔壁接触摩擦导致断路，并保持欧姆表与起爆线一直连接。

4）封完孔后，将最后一根钻杆保持与巷道地面接触，起支撑作用。

5）送入致裂管过程中注意人身安全，起爆前所有人员撤离至安全区域。

3. 取致裂管阶段

起爆后，安全员解除警报后，其余人员方可到爆破位置准备取致裂管，用管钳一根一根拆卸下来取走，最后运至地面，在地面拆卸致裂管。整理好拆卸下来的材料，准备下次爆破用（取致裂管过程中注意人身安全，拆除炮线时要避免损坏阀体及阀体上的连接线）。

14.5.2　安全管理

14.5.2.1　操作流程

二氧化碳致裂爆破操作流程如图 14.5－1 所示。

14.5.2.2　二氧化碳致裂管的使用与管理

1. 二氧化碳致裂管的正常工作环境

（1）环境压力：80～106kPa。

（2）环境温度：0～±30℃。

（3）空气相对湿度：≤＋95％（＋25℃）。

2. 二氧化碳充装设备车间的工作要求

（1）室内温度：0～30℃。

（2）充装设备和液态二氧化碳储存罐应远离火源和热源。

（3）应避免阳光直射液态二氧化碳储存罐；当使用大于 $0.2m^3$ 有真空夹层的储罐时不受此限。

（4）待充装的致裂管和已完成充装的致裂管应分区域存放，存放区域和已经完成充装的致裂管应有明显标识。

3. 药卷的储藏

（1）材料储藏应符合《易燃易爆性商品储藏养护技术条件》（GB 17914）要求。

（2）库房耐火等级不低于 3 级，库房应冬暖夏凉、干燥、易于通风、密封、避光，库房温度约 5℃，相对湿度不大于 80％，库房周围应无易燃物，库房应配备泡沫灭火器。

（3）材料应避免阳光直射、远离火源、热源、电源，无产生火花的条件。

（4）不允许落地存放，垫高度应大于 15cm，堆垛高度不超过 3m，堆垛间距应符合：主通道 2180cm；墙距 230cm；堆距 210cm；顶距 250cm。

4. 药卷的运输和包装

（1）货物包装标志应符合《危险物货物包装标志》（GB 190）规定。

（2）货物的包装储运图示标志《包装储运图示标志》（GB 191）规定。

（3）货物的运输包装分级及运输包装容器应符合《危险货物运输包装通用技术条件》（GB 12463）的规定。

5. 致裂管的组装、充装及运输

（1）组装致裂管及充装液态二氧化碳必须在地面进行。

（2）组装致裂管之前，用数字万用表测试药卷阻值。组装之后，特别是主体已充装气体的致裂管，不可再用万用表直接测量。必须测试时，要接一根不小于 20m 长的放炮线，人员撤离后方可进行测量。

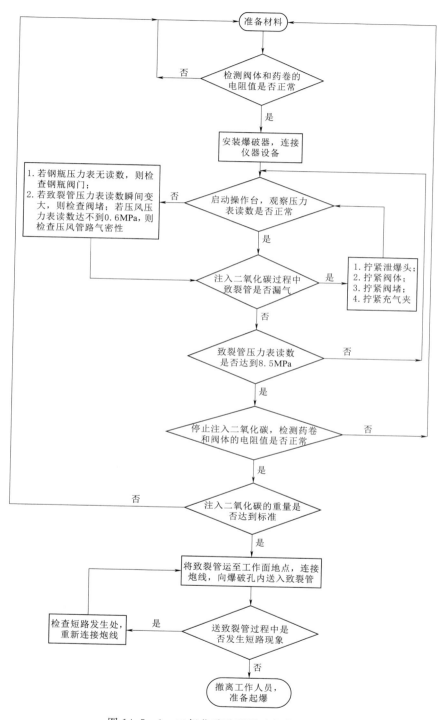

图 14.5-1 二氧化碳致裂爆破操作流程

（3）用户充装液态二氧化碳必须使用生产厂配套提供的成套充装设备。

（4）充装压力应不大于 10MPa。

（5）致裂管充装二氧化碳重量应符合生产厂家使用说明书规定。

（6）已完成组装和充装液态二氧化碳的致裂管，在存放或运输过程中应远离电源、热源，保护充排气阀上的电极，防止淋水和粉尘进入。

6. 致裂管的使用操作

（1）必须由专职人员按生产厂商的使用说明书规定的方法正确使用致裂管。

（2）使用矿用发爆器进行操作时，发爆器管理、爆破线连接、电爆网路检查和爆破工作应遵守《煤矿安全规程》第 334～339 条的相关规定。

（3）致裂管漏气的处理。

1）致裂管漏气的处理应参照《煤矿安全规程》相关规定，漏气的致裂管不能再次使用，并应安全泄放掉液态二氧化碳。

2）致裂管漏气后至少要等待 10min，方可进入工作面检查处理。

14.5.2.3　安全技术措施

二氧化碳致裂爆破的安全技术措施如下：

（1）作业前对相关人员进行培训，并在地面进行各种操作的模拟实验，确保每一名作业人员能够正确掌握操作规程。

（2）地面车间进行充气时要提前做好安全防护措施，防止二氧化碳喷出造成人员冻伤或刺伤。

（3）钻孔施工严格按照、实施方案施工，应当安排专人对钻孔施工负责人，确保孔眼满足施工要求。

（4）起爆前必须检查确认每一根起爆管都已经与钢丝绳相连接，钢丝绳必须固定到至少 2 根锚索上且连接牢固，以防"飞管"事故的发生。

（5）起爆前必须严格检查炮孔的封孔情况，确保封孔质量良好。

（6）二氧化碳致裂爆破前所有人员及设备撤出警戒区，同时阻止无关人员进入危险区，直至得到警戒解除令。爆破后，暂不解除警戒，须由有经验的爆破员或爆破技术人员率先进场检查，防止爆破不安全而发生意外情况，待有关人员检查完毕确认安全后，方可发出解除警戒信号。警戒信号如下：

1）第一次信号（即起爆预告信号）发出后，所有与起爆无关人员应立即撤到警戒危险区以外。

2）第二次信号（即起爆信号）发出后，在确认人员、设备全部撤离危险区，具备安全起爆条件时，总负责人方准发出引爆指令，起爆员根据指令进行引爆。

3）第三次信号（即解除警戒信号）。响炮后爆破警戒岗哨应坚守岗位，不准任何人进入危险区，经指定的检查人员检查确认安全后方准发出解除警戒信号，其他人员方可进场。

14.5.3　二氧化碳致裂爆破的技术特点

（1）致裂压力可调控。可根据岩层厚度、硬度等条件通过选用不同规格定压剪切片控制二氧化碳相变致裂压力，以适应不同岩层条件。

（2）安全性好。整个致裂过程是二氧化碳由液态到气态的相变过程，相变过程是物理过程，不产生火花，同时相变过程为吸热降温过程，二氧化碳常温下是一种不助燃、不可燃的气体，使用过程中不产生其他有毒有害气体，致裂起爆后振动小，几乎无扬尘，最大程度保证工人身体健康。

（3）操作简单。工艺流程包括钻孔、送入、连线、撤人、爆破、取出等环节，致裂爆破过程无须验炮、操作简单方便。

（4）致裂成本低。二氧化碳致裂器主要耗材包括加热装置、垫片、定压剪切片、二氧化碳等，二氧化碳致裂器可重复使用，可达 3000 次以上，使用成本相对机械破碎低。

14.6 工程案例

14.6.1 白云抽水蓄能电站

14.6.1.1 工程概况

福建永泰白云抽水蓄能电站工程是福建省内重点能源项目，位于福建省福州市下辖永泰县白云乡。在工程建设当中，涉及爆破作业项目众多，开挖组织协调工作量大；同时，爆破作业区距离当地村庄、X114 县道等重要生产生活设施距离较近，作业环境较为复杂，采用炸药爆破，作业难度大，而采用静态爆破，见效慢、爆破效果较差、成本高。因而利用二氧化碳致裂爆破实现破岩，是一种较好的方法。同时，在节假日、大型政治经济活动会议召开期间，经常可能因治安管制无法供应爆破器材导致爆破作业暂停，而二氧化碳致裂管具有易采购、部分装置可重复使用等优点，便于生产组织管理。因此，二氧化碳致裂爆破可作为在爆破器材无法供应的情况下岩石开挖的应急方法。

14.6.1.2 试验参数设计

考虑二氧化碳致裂爆破特点和现场条件，施工试验地点选在永泰白云抽水蓄能电站中控楼开挖作业区。试验前，该区域清理工作已经完成，施工便道路基已基本成型，可观察视野和安全避炮条件较好。现场试验位置布置如图 14.6-1 所示。

图 14.6-1　现场试验位置布置示意图

孔网参数和装填参数见表 14.6-1，炮孔布置如图 14.6-2 所示。

表 14.6-1　　　　　　　　　　　　　　**爆破试验参数一览表**

孔 网 参 数		装 填 参 数	
台阶高度/m	3.8	单孔致裂管数/根	3
孔深/m	3.6	单孔电阻/Ω	6
钻孔角度/(°)	90	干线电阻/Ω	2
孔径/mm	90	线路总电阻/Ω	35
孔距/m	1.5	连接杆外露/cm	30
抵抗线/m	1.5		
孔数/个	7		

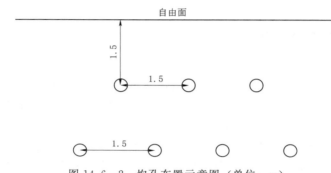

图 14.6-2　炮孔布置示意图（单位：m）

14.6.1.3　效果分析

（1）破岩效果。整体破岩效果较好，台阶前方岩石散离原位，钻孔连线处出现宽度达 30～50cm 的裂缝。

（2）振动效应。在钻孔旁边一侧 6m 处和 15m 处，分别布置振动测试仪进行测试，测得的地面最大振动速度分别为 0.21cm/s 和 0.12cm/s。

（3）空气冲击波效应。在靠近 1 号钻孔 12m 处，布置噪声（分贝）测试仪进行测试，测得的现场噪声值为 65dB。

（4）飞石效应。在钻孔后方约 1m 处，布设岩石碎片收集装置进行测试，基本上未收集到大的块石，只有少量的回落土。

14.6.2　新建珠三角城际轨道交通工程

14.6.2.1　工程概况

新建珠三角城际轨道交通工程竹料站位于广东省广州市白云区竹料镇。站房主体位于高架站东侧，站房南侧为广州地铁十四号线竹料站，距离 G105 国道约 110m。区域内地表建筑较多，场地内管线已经迁改完毕，未发现其他埋藏物。地面高程为 15.00～19.00m，该区域主要为山前冲积平原地貌单元，站场土方尚未回填。

竹料站场地地层为：第四系全新统冲洪积层淤泥；第四系上更新统冲洪积层淤泥、黏土、粉质黏土、粉砂、细砂、中砂及粗砂；下第三系粉砂岩。

竹料站地表水主要为小溪流，水量、水位随季节变化；地下水主要为第四系孔隙水和基岩裂隙水。第四系孔隙水主要分布于粉质黏土和砂土层中，基岩裂隙水分布于粉砂岩中。地下水主要受大气降水补给，以蒸发及地下水径流的方式排泄。地下水埋深为 0.3～3.3m（高程为 14.24～16.84m），季节变化幅度为 2～3m。

14.6.2.2 破岩试验程序及施工方法

根据现场施工条件，采用 95 型（长 1500mm）单节致裂管分台阶破岩，钻孔直径 115mm。对二氧化碳致裂爆破岩技术进行了两次现场试验，并对其破岩效果进行比对。第一次试验为单排布孔，间距 1m，共布置 6 个炮孔；第二次试验为双排布孔，共 13 个孔。

（1）前期准备。

1）试验设备及材料：

（a）二氧化碳破岩设备一套（95 型致裂管）。

（b）钻孔设备一台（带除尘装置）。

（c）配有 ϕ175mm 钎杆的破碎锤一台。

（d）填孔用碎石。

2）施工条件：

（a）便于进出的施工道路。

（b）作业面应平整。

（c）3～5m 的作业临空面。

（d）380V 三相四线交流电。

（e）破岩设备到达作业现场并完成调试完毕。

（2）钻孔。钻孔前，根据试验方案布置孔位，核实无误后方可进行钻孔。钻孔期间若灰尘过大，应做好相应的降尘、除尘工作。钻孔结束后，应使用塑料袋等及时封闭孔口，以免杂物进入。

1）单排试验。单排布孔时，孔间距为 1.0m，距离临空面 1.5m，并在距离引爆区域 15.5m、16.5m 处分别设置振动监测仪，对破岩试验的振动速度进行监测。第一次试验布孔如图 14.6-3、图 14.6-4 所示，参数取值见表 14.6-2。

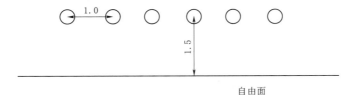

图 14.6-3 单排试验炮孔布置示意图（单位：m）

表 14.6-2 单排试验爆破参数

抵抗线/m	孔距/m	排距/m	孔深/m
1.5	1.0	—	3

图 14.6 - 4　单排试验炮孔布置效果图

2）双排试验。双排布孔时，双排孔同时激发。孔间距为 0.8m，排间距为 0.5m，前排孔距离临空面 1.2m，并在距离引爆区域 3.5m、14.5m 处分别设置振动监测仪。第二次试验布孔如图 14.6 - 5、图 14.6 - 6 所示。参数取值见表 14.6 - 3。

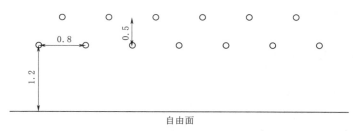

图 14.6 - 5　双排试验炮孔布置示意图（单位：m）

图 14.6 - 6　双排试验炮孔布置效果图

表 14.6 - 3　　　　　　　　　　双排试验爆破参数

抵抗线/m	孔距/m	排距/m	孔深/m
1.2	0.8	0.5	3

（3）充气工艺流程。二氧化碳充气工艺流程为：清洗致裂管→安装加热管、充气头、密封垫片、定向破裂片、泄能头→机械密封致裂管→检查致裂管导流通电情况→充装二氧化碳→检查致裂管气密性（见图 14.6 - 7）。

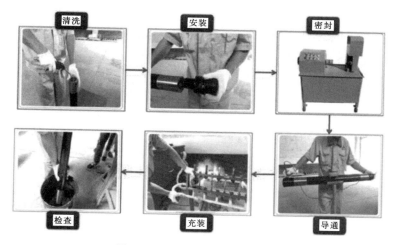

图 14.6-7 二氧化碳充装流程

（4）安装工艺流程。若致裂管为多节，其安装工艺流程为：致裂管连接锥头安装→多节致裂管接长→致裂管端头连接→卡具拧紧→导线连接→激发引爆（见图 14.6-8）。

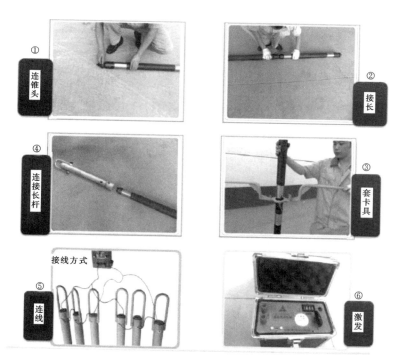

图 14.6-8 二氧化碳致裂管安装流程

（5）连线引爆。将所有的致裂管装入钻好的孔内，采用碎石、钻屑等材料填塞孔与管之间的缝隙，并使用手持振动棒将其振捣密实。将每组致裂管的连接杆用钢丝绳连成整体（钢丝绳与连杆相接处需隔离绝缘），以防止致裂管飞出或滑落，如图 14.6-9 所示。

图 14.6-9 二氧化碳致裂爆破网路

加热管利用电能进行激发，当导电网络中电阻较大时，将难以正常工作，此时应选用并联导电网路以减小网路的电阻值。因此，单排试验可采用串联导电网路，而双排试验则宜采用并联导电网路，以便破岩试验正常进行。

在连接起爆器主线前，应对网络电阻进行检测，当计算值与检测值相差较大时，应查明原因，待合格后方可进行引爆。二氧化碳引爆后，必须由专门的技术人员对现场进行检查，确认无安全隐患后，方可允许其他施工人员进入现场。

14.6.2.3 效果分析

1. 现场效果

两次二氧化碳致裂爆破破岩效果如图 14.6-10、图 14.6-11 所示。

图 14.6-10 单排试验二氧化碳致裂爆破破岩效果

2. 效果对比分析

两次二氧化碳致裂爆破破岩效果对比分析见表 14.6-4。

由表 14.6-4 可知，对于中风化或微风化泥质粉砂岩、砾岩，采用双排布孔的方式破岩效果更为明显，孔位的间排距应控制在 1m 以内。

此外，为了对二氧化碳致裂爆破的安全性开展进一步评价，试验过程中还对爆破诱发地表质点振动进行了测试，测试结果见表 14.6-5。

图 14.6-11　双排试验二氧化碳致裂爆破破岩效果

表 14.6-4　　　　二氧化碳致裂爆破破岩效果对比

试验组	抵抗线 /m	孔距 /m	排距 /m	孔深 /m	岩体破碎效果
单排孔	1.5	1.0	—	3	岩体破裂不明显，裂缝宽度为10~15cm，裂缝长度约8m，破岩效果一般
双排孔	1.2	0.8	0.5	3	岩体破裂明显，达到破碎程度，完全剥离原岩体，裂缝长度约15m，破岩效果较好

表 14.6-5　　　　二氧化碳致裂爆破地表振动监测结果

试验组	爆心距/m	振速/(cm/s)	飞石范围/m
单排孔	15.5	—	<10
	16.5	—	
双排孔	3.5	2.176	
	14.5	1.817	

由表 14.6-5 可知，在单排试验中，测点的振动速度低于 0.1cm/s，振动监测仪未被触发，该方案对环境的影响很小。

在双排试验中，振动监测仪被触发，距离引爆区域 3.5m 处测点的最大振动速度为 2.187cm/s，距离引爆区域 14.5m 处测点的最大振动速度为 1.817cm/s，均小于规范安全允许值（3cm/s）。此外，在两次试验中，飞石控制在 10m 范围内，这进一步说明了二氧化碳破岩技术的安全性较好。

14.6.3 乌鲁木齐市地铁 1 号线工程

14.6.3.1 工程概况

王家梁站是乌鲁木齐市地铁 1 号线工程的中间站，为暗挖车站。该车站主体结构总长为 232.2m，车站标准段采用箱型框架结构，高为 15.64m，宽为 20.1m。王家梁站暗挖段工程周边环境特殊，地质复杂，主要岩性为中风化泥岩及中风化砂岩，现场取样检测最大抗压强度达到 70MPa，岩性较硬，施工难度大。

14.6.3.2 施工工艺

1. 致裂准备

致裂准备与测量同步，在放线的同时，准备导线，组装致裂器，并对组装好的致裂器进行外观检查和结构试验，具体检查内容见表 14.6 - 6。

表 14.6 - 6 致裂器的外观、结构和性能检查内容表

外观检查内容	试 验 检 查	
	检查内容	标 准
检查有无明显的划痕、锈蚀及肉眼可见的裂痕	试验密封性	将组装好的致裂器放在水中，观测 2min，观察所有连接处是否有气泡溢出，如果无气泡，则密封良好，反之，则密封不好
检查泄能器的结构是否能够使储液管内高压二氧化碳在达到泄放压力后充分泄放	试验表面温度	当加热装置已经启动并且致裂器压力还未释放时，在发热材料所在区段对应的储液管外壁的中心位置附近，沿轴向布置 3 个温度传感器，随后触发启动器，读取温度的最大值，重复以上步骤 3 次，取其中的最大值，确认所取最大值是否在合理的范围内
检查二氧化碳致裂管的合格证	检查加热装置	测试脚线、电阻、抗震性能、安全电流等技术指标

2. 钻孔

在车站主体小导洞掌子面使用 5 台直径 55mm 的风钻同时进行钻孔作业。炮眼布置的原则是先布置周边孔然后布置辅助孔再掏槽孔，炮孔布置如图 14.6 - 12 所示，具体参数见表 14.6 - 7。根据地质条件，每循环开挖进尺控制在 1.5m。

3. 安放致裂器

在炮眼内安放二氧化碳致裂器的方法为中心轴线方向从外至内安放，安装时向各个致裂器内注入 0.4～1.0kg 的液态二氧化碳。

(1) 利用钻孔时间提前安放致裂器，在致裂器的充气阀处接出 2 根导线，用防水胶布将导线与致裂器粘贴好，将致裂器放入炮眼中，并预留出 10cm 左右以便连线。

(2) 将炮孔入口用木楔塞紧，使用泡沫剂进行密封，填塞深度为 9～11cm；各个致裂器的导线用串联的方式进行连接，最后将每炮串联的 2 根导线分别接在启动器上。

4. 启动及通风

致裂器设置完毕后，施工人员应避免在致裂区间内逗留，确认安全后，方可启动致裂器，并对隧道进行通风。

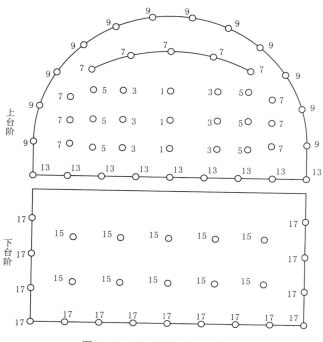

图 14.6-12 炮孔布置示意图

表 14.6-7　　　　　　　　　　爆 破 参 数 表

部　　位	类别	炮孔标号	孔径/mm	排距/mm	孔距/mm
上台阶	辅助孔	1	55	—	1500
	底孔	13	55	1100	1200
	轮廓孔	9	55	1200	1100
	崩落孔	7	55	1200	1100
	掏槽孔	3，5	55	1500	1500
下台阶	轮廓孔	17	55	1100	1200
	崩落孔	15	55	1100	1200

14.6.3.3 效果分析

1. 施工监测

通过对量测数据的分析，掌握结构稳定性的变化规律，并确定对周边环境的影响情况，监测数据见表 14.6-8。

由表 14.6-8 可知，累计沉降量未达到预警值，安全可控。

2. 施工振动影响

通过对建筑物进行振动监测，显示二氧化碳致裂爆破过程中建筑物振速小于 0.6cm/s，周边建（构）筑物均无异常。

表 14.6 - 8　　　　　　　　　　监 测 数 据 表

监测点号	初始值/mm	累计沉降量/mm	预警值/mm	控制值/mm
DB - 35 - 02	816.97390	−6.73	±25.5	±30
DB - 38 - 05	817.17131	−2.61	±25.5	±30
DB - 42 - 03	817.20646	−5.27	±25.5	±30
JCJ - 08 - 07	820.09651	−2.88	±17.0	±20
JCJ - 11 - 04	817.25351	−5.73	±17.0	±20
JCJ - 12 - 05	817.40874	−3.03	±17.0	±20
GCRL - 05 - 02	818.52945	−0.42	±8.5	±10
GCRL - 05 - 08	817.30994	−0.71	±8.5	±10
GCY - 06 - 08	816.99570	−4.92	±8.5	±10

14.6.4　乌鲁木齐轨道交通工程

14.6.4.1　工程概况

　　三屯碑站—新疆大学站区间（以下简称"三新区间"）全长 738.412m，全部为地下开挖。其中小线间距暗挖隧道段采用单洞双线暗挖，长 224.751m，采用双侧壁导坑法施工。线间距增大后采用单洞单线暗挖，长 500.241m，采用台阶法施工。

　　根据成因和勘察，三新区间场地内主要地层由冲、洪积形成的第四系全新统粉土、粉质黏土和角度不整合下伏的三叠系泥岩、砂岩、砾岩构成。隧道穿越地层为三叠系的中等风化的泥岩和砂岩。其中泥岩呈黄绿色、紫红色，泥质结构，层状构造，泥质胶结；岩芯呈短柱或长柱状，用手难掰开，该层分布广泛。根据岩石试验结果，其饱和单轴抗压强度 $R_b = 1.60 \sim 9.12\text{MPa}$，岩体基本质量等级为 V 级；砂岩呈灰绿色、紫红色，砂状结构，层状构造，钙质胶结，用手难掰开，该层分布广泛。根据岩石试验结果，其饱和单轴抗压强度 $R_b = 12.70 \sim 60.50\text{MPa}$，岩体基本质量等级为 Ⅳ 级。

　　三新区间隧道地质条件差，施工环境复杂；隧道埋深浅，该段胜利路是城市南北主干道，车流量大、人员密集、社会复杂等，对地表沉降、地表振动比较敏感，如控制不当极易造成地表建筑开裂、管线破坏等现象，从而造成重大的经济损失和不良的社会影响。该段区间地表建筑物及地下管线密集，三新区间隧道施工共有 15 个一级环境风险源，其中包括 5 个下穿邻近房屋、5 个下穿市政管线和 5 个自身风险源。一级房屋风险源距离隧道最近距离为 3m，极易产生沉降、裂缝，一级管线风险源距离隧道拱顶 1.5m，隧道施工对地表沉降要求较高。由于上述因素影响，在不使用炸药爆破前提下，传统的液压破碎锤或人工破除效率低，施工工期难以保证，因此采取二氧化碳致裂爆破方式开挖。

14.6.4.2　参数设计

　　采用二氧化碳致裂爆破时，需在隧道掌子面中心部位多打空孔，主要可以改变岩石发生裂缝的方向，起到减少振动和保证岩石破碎效果等作用。因早期二氧化碳致裂器无延时起爆功能，所有孔均同时起爆，所以掌子面中心部分的炮孔布置不宜布置斜眼，宜采用直眼布孔形式，目的为使致裂器底部泄能孔在释放压力时，岩石剪切面在同一断面上，以保证致裂效果。

（1）上台阶二氧化碳致裂参数。上台阶每循环进尺控制深度为1.5m，钻孔直径为68mm；周边轮廓孔孔深1.3m，间距0.6m；崩落孔孔深1.5m，间距0.6m；掏槽孔孔深1.3m，间距0.8m；底板致裂孔孔深1.5m，间距0.6m。二氧化碳相变致裂器无段位区分，所用孔均同时起爆，起爆网路采用逐孔串连。

（2）下台阶二氧化碳致裂参数。下台阶每循环进尺控制深度为1.5m，钻孔直径为68mm；轮廓孔孔深1.3m，间距0.6m；崩落孔孔深1.5m，间距0.6m；掏槽孔孔深1.5m，间距0.8m，排距0.8m。二氧化碳相变致裂器无段位区分，所用孔均同时起爆，起爆网路采用逐孔串连。

（3）二氧化碳致裂参数调整。施工中根据岩层强度调整致裂器型号，根据断面形状、大小调整炮孔排数和个数；根据爆破岩块大小、围岩松动范围调整炮眼单位面积布置个数。二氧化碳致裂爆破，其周边眼间距可根据现场试验效果进行参考取值，一般在$500\sim800$mm之间，为保证致裂效果，一般需在周边致裂孔中间打设空孔，作为致裂导向孔，导向空孔深度小于致裂装管孔$200\sim300$mm。二氧化碳致裂爆破周边孔和辅助周边孔在装致裂管时需调整孔内致裂器的泄能孔方向，其中周边眼内的二氧化碳致裂器泄能孔方向为平行周边轮廓线方向；周边辅助孔内的二氧化碳致裂器泄能孔方向为垂直周边轮廓线方向。可保证周边孔及辅助周边孔的致裂爆破效果。经现场试验，二氧化碳致裂爆破周边孔的最小抵抗线和光面爆破相比有明显的区别，取值要比光面爆破值小，一般最小抵抗线为周边孔间距的$0.6\sim0.8$倍之间。

14.6.4.3　效果分析

振动监测结果表明，二氧化碳致裂爆破方式振速值较小，在距离致裂区15m处可将振速控制在0.5cm/s以内，对周边环境扰动小，可使地铁暗挖隧道顺利穿越特、一级风险源等复杂环境，对周边居民影响较小，对环境保护、节约施工成本、降低隧道开挖难度以及加快施工进度等方面具有重要价值。

14.6.5　广州地铁轨道交通（十一号线）工程

14.6.5.1　工程概况

广州地铁十一号线天河公园站岩层较完整、微风化岩面埋深相差较大，呈"夹层风化"现象。透水性大，不利于明挖段围护结构施工与土方开挖，传统的露天爆破开挖影响范围太大，对地铁基坑周边的老式建筑物以及周边的交通带来巨大的影响，甚至会给人们的生活造成严重的影响。尤其是城市老旧建筑地基不深，主要采取的是传统的砖墙结构修建，在进行城市地铁车站开挖时很容易引起地基不均匀沉降，从而导致城市密集老城区建筑的严重损坏，造成不利后果。同时，风化岩中广泛分布砾岩，砾石含量大，砾径相差大，强度较高，对盾构施工影响较大，切削砾石颗粒及风化岩与刀具摩擦大，造成刀具（刀盘）壁磨损严重，推进缓慢。线路沿线地下水水位埋藏较浅，地下水位的变化与地下水的赋存、补给及排泄关系密切，每年4—9月为雨季，大气降雨充沛，水位会明显上升，而在冬季因降水减少，地下水位随之下降，水位年变化幅度为 2.5～3.0m。地下水按赋存方式分为第四系土层孔隙水，层状基岩裂隙水、块状基岩裂隙水、碳酸盐岩类裂隙溶洞水。在不适宜采用传统的露天爆破与盾构法情况下，采用二氧化碳致裂爆破破碎并结合人工机械的方式进行开挖。

14.6.5.2　参数设计

根据现场条件，采取双排布孔方式进行炮孔布设，孔距为 60cm，排距为 60cm，距离临空面 45cm，具体参数见表 14.6-9，炮孔和测点布置如图 14.6-13 所示，现场布孔装药作业如图 14.6-14 所示。

表 14.6-9　　　　　　　　　　二氧化碳致裂爆破参数

孔径/mm	孔距/m	单孔二氧化碳量/kg	堵塞长度/m	孔数	致裂管直径/mm	孔深/m
110	0.6	2	0.3	14	100	3

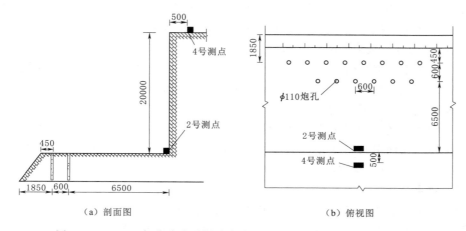

（a）剖面图　　　　　　　　　　　　　　（b）俯视图

图 14.6-13　二氧化碳致裂爆破炮孔及测点布置示意图（单位：mm）

图 14.6-14　二氧化碳现场布孔装药图

14.6.5.3 效果分析

1. 二氧化碳致裂破岩效果

2017 年 1 月 11 日下午，位于广州地铁十一号线天河公园站进行了第三次二氧化碳致裂爆破破岩试验。激发二氧化碳破岩装置时，现场人员仍可以近距离对试验现场进行观察记录，现场未搭设任何扬尘阻挡物，现场图如图 14.6-15 所示。在二氧化碳致裂爆破结束后，基本无大块，大多数剥离岩体可直接装载运出。但是，多排布孔的缺点也有体现，破岩过程中出现了一根致裂管的弯曲，但矫正后可继续投入使用。现场破岩效果如图 14.6-16 所示。

图 14.6-15 爆破后现场实拍图

图 14.6-16 爆破后岩块破碎效果

2. 振动测试

两个测点与爆区的空间位置如图 14.6-17 所示。其中 2 号测点爆心距为 6.5m，4 号测点爆心距为 21m。二氧化碳破岩振动速度测试结果见表 14.6-10。破岩试验中，两台振动监测仪都被触发。其中，距离爆区最近的 2 号测点，其最大振动速度为 0.77cm/s，远点边墙上 4 号振动检测仪测得最大振动速度为 0.12cm/s，二者均小于规范要求值。

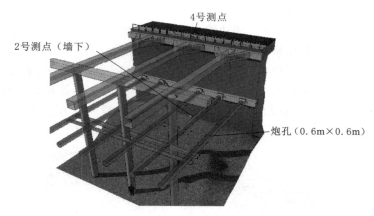

图 14.6-17　振动测点布置示意图

表 14.6-10　　　　　　　　　　振 动 测 试 结 果

测点编号	垂 直 向		水 平 径 向		水 平 切 向	
	幅值/(cm/s)	主频/Hz	幅值/(cm/s)	主频/Hz	幅值/(cm/s)	主频/Hz
2	0.02	400.00	0.77	14.33	0.05	235.29
4	0.12	133.33	0.12	74.07	0.07	129.03

14.6.6　二氧化碳致裂爆破在高边坡开挖中的应用

14.6.6.1　工程概况

田洋快速通道高边坡开挖施工项目工作区位于汕头市金平区内，与庵揭公路、南干渠紧邻。施工区域最近距工区驻地约 100m，距某工厂约 80m；距工区搅拌站约 60m，距 220kV 高压电塔约 260m；距某交通驾校的训练场约 160m；边坡东端的坡下便是一条需保护的 3m 宽水泥公路。工程环境整体复杂，如图 14.6-18 所示。

图 14.6-18　工程区建筑物分布图

14.6.6.2 技术方案

根据总体开挖方案，边坡分四级台阶开挖，每级高 10m，终了边坡各级台阶预留宽 2.0m 马道（见图 14.6-19），同时结合岩石状况及工程实际，确定采用"二氧化碳致裂爆破＋机械破碎"方案破岩，按自上而下的顺序依次进行小台阶施工，即破岩作业台阶高度为 3.5～10.0m，宽度由钻孔、二次破碎等设备作业与腾挪的安全要求确定为不小于 4.0m。

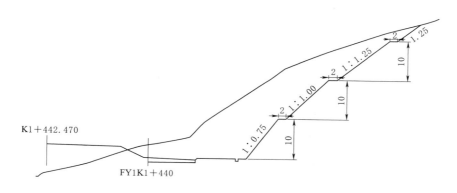

图 14.6-19　边坡开挖典型断示意面（单位：m）

致裂爆破破岩器材主要包括二氧化碳储气容器及充装机、激发器以及致裂器。二氧化碳储气容器与充装机选用合格的专用容器与充装机，激发器选用防爆型电脉冲专用发爆器，致裂器选用经鉴定确定安全性能高的装配式电热激发管和具有只能在孔内充装液态二氧化碳功能的新型一次性孔内充装致裂管。该项目钻孔直径为 90～105mm，与其相适配致裂器的技术参数见表 14.6-11。

表 14.6-11　　　　　　　二氧化碳致裂爆破器材技术参数表

直径 /mm	长度 l_1/m	二氧化碳充装量 /kg	匹配的炮孔直径 D/mm	激发管直径 d/mm	激发管长度 l/mm	激发管点火头个数 n/个
76	1.45	5.0	90～105	35	86	2
76	0.80	3.0	90～105	35	76	2

14.6.6.3 参数设计

该工程采用的二氧化碳致裂爆破破岩主要参数见表 14.6-12。

表 14.6-12　　　　　　　二氧化碳致裂爆破破岩主要参数

致裂管规格直径/mm	台阶高度 H/m	底盘抵抗线 W_d/m	钻孔倾角 α/(°)	孔距 a/m	排距 b/m	孔深 L/m	超深 h/m	临近坡面炮孔保留深度 Δh/m	间隔长度 l_0/m	填塞长度 l_2/m	延时起爆间隔时间 Δt/ms
76	5.0	1.5～2.0	80～90	1.5～2.0	1.5～2.0	4.5	0.3	0.2	2.0～2.5	3.5	100～150
76	3.5	1.1～1.5	80～90	1.1～1.5	1.1～1.5	3.5	0.3	0.2	—	2.7	100～150

根据类似经验,当炮孔深度不大于 8m 时,采用单管装孔。炮孔深度大于 8m 时,采用双管间隔装管结构,炮孔装管结构见图 14.6-20。炮孔分别按台阶破岩"单排'一'字形"和"多排梅花形"(见图 14.6-21 和图 14.6-22)等多种方式布置。

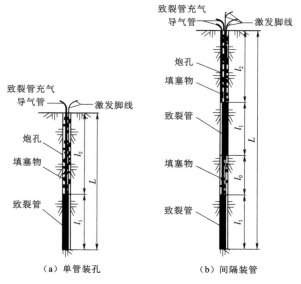

（a）单管装孔　　　（b）间隔装管

图 14.6-20　炮孔装管结构示意图

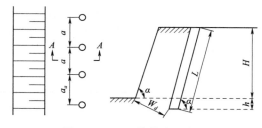

图 14.6-21　单排炮孔布置

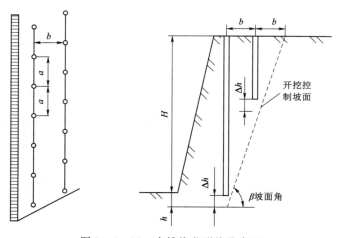

图 14.6-22　多排梅花形炮孔布置

二氧化碳致裂爆破激发网路采用电激发网路（见图14.6-23）。单排孔激发采用瞬时激发网路，联网采用"串联"方法。多排孔激发，采用延时激发网路，联网采用"并-串"方式，即孔内致裂器并联，同排孔串联，延时通过使用延时继电控制器来实现，前排孔先激发先起爆。

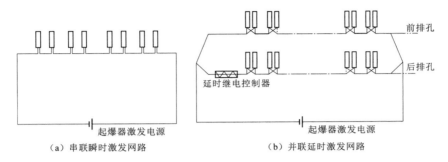

（a）串联瞬时激发网路　　　　　（b）并联延时激发网路

图 14.6-23　激发网路

14.6.6.4　效果分析

在该项目应用中，所用工艺保证了工程任务的如期圆满完成，实施的功效及破碎效果令人满意，安全效果优势突出，实现了飞石弱、振动弱、噪声弱施工，说明二氧化碳致裂爆破不会对高边坡开挖过程的边坡稳定性产生不利影响并能达到预期的开挖目的，在安全敏感区等复杂环境下破岩作业时，二氧化碳致裂爆破具有不可替代性的优势。

经现场检测和统计，飞石均未飞出30m，振动微弱，对高边坡扰动影响极小。距爆区20m处，振动速度值不足0.23cm/s，人员基本体察不到震感，冲击波影响距离不足20m；噪声小，最大不足70dB。但需要指出，在工程实践中，致裂管的气密性、激发管的供热状况、工程地质条件（尤其是地质弱面的影响）对二氧化碳致裂爆破破岩的作用过程以及宏观效果具有不可忽视的影响，应引起高度重视，还需深入研究。

参 考 文 献

［1］　王莉，陈杰，李必红. 复杂环境下CO_2膨胀爆破工程应用［J］. 工程爆破，2021，27（1）：95-99.

［2］　范迎春，霍中刚，姚永辉. 复杂条件下二氧化碳深孔预裂爆破增透技术［J］. 煤矿安全，2014，45（11）：74-77.

［3］　STANCIC G. Research of technical technological parameters for application of "cardox" system in underground exploitation of coal layers［J］. FMG，Belgrade，2009.

［4］　VIDANOVIC N. Application of unconventional methods of underground premises construction in coal mines［J］. Technics Technologies Education Management，2011，6：861-865.

［5］　PICKERING D H. Tests on Cardox for the reinstatement of approval for use in coal mines，Research and Laboratory Services Division，Health and Safety Executive［R］. Research Project，1990.

［6］　SINGH S P. Non-explosive applications of the PCF concept for underground excavation［J］. Tunneling and Underground Space Technology，1998（13）：305-311.

［7］　李必红，夏军，陈丁丁. CO_2液-气相变膨胀破岩机理及其安全效应测试研究［J］. 采矿技术，

2017, 17 (1): 61 - 63, 68.

[8]　李必红, 王莉, 卓桃胜, 等. 二氧化碳膨胀爆破炮孔间排距计算及工程应用 [J]. 采矿技术, 2020, 20 (6): 97 - 99.

[9]　胡军科, 徐坤鸿, 赵存, 等. 一次性二氧化碳致裂器筒体刻槽有限元分析 [J]. 计算机仿真, 2019, 36 (6): 246 - 250.

[10]　孙可明, 辛利伟, 张树翠, 等. 超临界二氧化碳气爆致裂规律实验研究 [J]. 中国安全生产科学技术, 2016, 12 (7): 27 - 31.

[11]　董庆祥, 王兆丰, 韩亚北, 等. 液态二氧化碳相变致裂的 TNT 当量研究 [J]. 中国安全科学学报, 2014, 24 (11): 84 - 88.

[12]　吴卫生, 马紫峰, 王大璞. 超临界流体技术发展动态 [J]. 化学工程, 2000, 28 (5): 45 - 48.

[13]　王莉, 张力, 孙礼超, 等. 地铁车站二氧化碳相变致裂法施工的动力响应分析 [J]. 城市轨道交通研究, 2019, 22 (6): 94 - 98.

[14]　郭勇, 柯波, 吴著明, 等. 液态 CO_2 爆破系统相变过程的热力学特性研究 [J]. 爆破, 2018, 35 (4): 108 - 115.

[15]　刘光辉, 王海亮, 吴钦鑫. 竖井爆破振动及 CO_2 致裂振动信号的小波包分析 [J]. 煤矿安全, 2018, 49 (9): 233 - 237.

[16]　韩布兴. 超临界流体技术 [J]. 化工冶金, 1999, 20 (3): 298 - 302.

[17]　HE S, JIANG P X, XU Y J. A computational study of convection heat transfer to CO_2 at supercritical pressures in a vertical mini tube [J]. International Journal of Thermal Sciences, 2005, 44: 521 - 530.

[18]　杜玉坤, 王瑞和, 倪红坚, 等. 超临界二氧化碳射流破岩试验 [J]. 中国石油大学学报 (自然科学版), 2012, 36 (4): 93 - 96.

[19]　黄飞, 卢义玉, 汤积仁, 等. 超临界二氧化碳射流冲蚀页岩试验研究 [J]. 岩土力学与工程学报, 2015, 36 (4): 787 - 793.

[20]　ALBERTO M, TIM H, JEREMY J. CO_2 transportation for carbon capture and storage: Sublimation of carbon from a dry ice bank [J]. International Journal of Greenhouse Gas Control, 2008 (2): 210 - 218.

[21]　徐颖. 高压气体爆破采煤技术的发展及其在我国的应用 [J]. 爆破, 1998, 15 (1): 67 - 69.

[22]　邵鹏, 徐颖, 程玉生. 高压气体爆破实验系统的研究 [J]. 爆破器材, 1997, 26 (5): 6 - 8.

[23]　孙建中. 基于不同爆破致裂方式的液态二氧化碳相变增透应用研究 [D]. 北京: 中国矿业大学, 2015.

[24]　杜泽生, 范迎春, 薛宇飞, 等. 二氧化碳爆破采掘装备及技术研究 [J]. 煤炭科学技术, 2016, 44 (9): 36 - 42.

[25]　徐颖, 程玉生. 国外高压气体爆破 [J]. 煤炭科学技术, 1997 (5): 52 - 53.

[26]　郭志兴. 液态二氧化碳爆破筒及现场试爆 [J]. 爆破, 1994 (3): 72 - 74.

[27]　陶明, 赵华涛, 李夕兵, 等. 液态 CO_2 相变致裂破岩与炸药破岩综合对比分析 [J]. 爆破, 2018, 35 (2): 41 - 49.

[28]　刘征, 李昆, 费日东. 二氧化碳炮爆破技术在山体石方开挖工程中的应用 [J]. 城市建设理论研究 (电子版), 2017 (14).

[29]　范永波, 乔继延, 李世海, 等. 液态 CO_2 多致裂管爆破同步性研究 [J]. 爆破器材, 2018, 47 (3): 60 - 64.

[30]　陈喜恩, 赵龙, 王兆丰, 等. 液态 CO_2 相变致裂机理及应用技术研究 [J]. 煤炭工程, 2016, 48 (9): 95 - 97.

[31]　洪林, 马驰, 陈帅. 二氧化碳爆破布置参数数值模拟 [J]. 辽宁工程技术大学学报 (自然科学版), 2017, 36 (10): 1026 - 1030.

[32]　黄园月, 尹岚岚, 倪昊, 等. 二氧化碳致裂器研制与应用 [J]. 煤炭技术, 2015, 34 (8): 123 - 124.

［33］ HU S B，PANG S G，YAN Z Y. A new dynamic fracturing method：deflagration fracturing technology with carbon dioxide ［J］. International Journal of Fracture，2019，220（1）：99 – 111.

［34］ 孙可明，辛利伟，吴迪，等. 初应力条件下超临界 CO_2 气爆致裂规律研究 ［J］. 固体力学学报，2017，38（5）：473 – 482.

［35］ 黄晓实，张范立，张政，等. 二氧化碳致裂器在岩石中深孔预裂爆破中的应用研究 ［J］. 爆破，2017，34（3）：131 – 135.

［36］ 郭杨霖. 液态二氧化碳相变致裂机理及应用效果分析 ［D］. 郑州：河南理工大学，2017.

［37］ SCHOOLER D. The use of carbon dioxide for dislodging coal in mines ［D］. Missouri：Missouri University of Science and Technology，1944.

［38］ KANG J H，ZHOU F B，QIANG Z Y，et al. Evaluation of gas drainage and coal permeability improvement with liquid CO_2 gasification blasting ［J］. Advances in Mechanical Engineering，2018，10（4）：1 – 15.

［39］ 孙可明，辛利伟，吴迪，等. 初应力条件下超临界 CO_2 气爆致裂规律研究 ［J］. 固体力学学报，2017，38（5）：473 – 482.

［40］ CALDWELL T. A comparison of non – explosive rock breaking techniques ［D］. Brisbane：The University of Queensland. School of Engineering，2004.

［41］ 杜玉昆. 超临界 CO_2 射流破岩机理研究 ［D］. 北京：中国石油大学，2012.

［42］ 谢晓锋，李夕兵，李启月，等. 液态 CO_2 相变破岩桩井开挖技术 ［J］. 中南大学学报（自然科学版），2018，49（8）：2031 – 2038.

索　引

《水利水电工程爆破手册》
编辑出版人员名单

责任编辑：张　晓　　王志媛

文字编辑：张　晓

审稿编辑：丛艳姿　　孙春亮　　黄会明　　王志媛

封面设计：李　菲

版式设计：吴建军　　郭会东　　孙　静　　聂彦环

责任校对：梁晓静　　黄　梅　　张伟娜

责任印制：冯　强

排　　版：吴建军　　郭会东　　孙　静　　丁英玲